U0669276

中华人民共和国
科学技术发展规划纲要
地方篇
（2016—2020）

中华人民共和国科学技术部创新发展司　编

科学技术文献出版社
SCIENTIFIC AND TECHNICAL DOCUMENTATION PRESS
·北京·

图书在版编目（CIP）数据

中华人民共和国科学技术发展规划纲要.地方篇：2016—2020 / 中华人民共和国科学技术部创新发展司编. —北京：科学技术文献出版社，2018. 10

ISBN 978-7-5189-3759-2

Ⅰ.①中…　Ⅱ.①中…　Ⅲ.①科学研究事业—规划—汇编—中国—2016—2020　Ⅳ.①G322.1

中国版本图书馆 CIP 数据核字（2018）第 001902 号

中华人民共和国科学技术发展规划纲要·地方篇（2016—2020）

策划编辑：李　蕊　　责任编辑：李　晴　崔灵菲　杨瑞萍　　责任校对：文　浩　　责任出版：张志平

出　版　者　科学技术文献出版社
地　　　址　北京市复兴路15号　　邮编 100038
编　务　部　（010）58882938，58882087（传真）
发　行　部　（010）58882868，58882870（传真）
邮　购　部　（010）58882873
官 方 网 址　www.stdp.com.cn
发　行　者　科学技术文献出版社发行　全国各地新华书店经销
印　刷　者　北京时尚印佳彩色印刷有限公司
版　　　次　2018 年 10 月第 1 版　2018 年 10 月第 1 次印刷
开　　　本　889×1194　1/16
字　　　数　1565千
印　　　张　65.75
书　　　号　ISBN 978-7-5189-3759-2
定　　　价　268.00元

指导委员会

编委会

序　言

根据我国社会主义建设事业的需要，制定科学技术发展规划纲要，阐明一个时期内我国科学技术发展的战略、方针、政策和重点任务，是党和政府领导科学技术工作的有效途径，对于凝聚全社会共识，形成各方面合力，共同推动科学技术事业发展和创新型国家建设，具有极其重要的作用。

中华人民共和国成立以来，在党中央、国务院领导下，从1956年起，我国先后制定了《1956—1967年科学技术发展远景规划纲要》《1963—1972年科学技术发展规划纲要》《1978—1985年全国科学技术发展规划纲要》《1986—2000年国家中长期科学技术发展纲领》《科学技术发展十年规划和“八五”计划纲要（1991—1995—2000年）》《全国科技发展“九五”计划和2010年长期规划纲要》《国家中长期科学和技术发展规划纲要（2006—2020年）》等一系列科学技术发展规划纲要。这些规划纲要在时间、任务上有序衔接，明确各个时期科技发展的指导方针和总目标，与五年科技规划相互协调、互为支撑，有力推动了我国科学技术事业实现整体性、历史性、格局性的重大变化。在科学技术发展规划纲要的指引下，我国科技实力和创新能力不断提升，取得了“两弹一星”、杂交水稻、载人航天和探月工程、载人深潜、深地钻探、超级计算、量子通信、中微子振荡、诱导多功能干细胞等重大创新成果，高速铁路、水电装备、特高压输变电、新一代移动通信、对地观测卫星、北斗导航、电动汽车等重大装备和战略产品取得了重大突破，部分技术和产品开始走向世界，这极大地增强了我国的综合国力、提高了我国的国际地位、振奋了我们的民族精神，为经济发展、民生改善和国家安全提供了有力支撑。

未来10～20年是全球政治、经济和创新格局深刻变革的历史时期，是我国从大国迈向强国的战略机遇期，也是我国科学技术事业加速赶超的关键阶段。全球科技创新现在已经进入空前密集活跃期，新一轮科技革命和产业变革正在重构全球创新版图、重塑全球经济结构。以人工智能、量子信息等为代表的新一代信息技术加速突破应用，以合成生物学、基因编辑等为代表的生命科学领域孕育新的变革，融合机器人、数字化、新材料的先进制造技术正在加速推进制造业向智能化转型。众多前沿技术、颠覆性技术持续涌现，科学研究、技术创新和产业发展范式正在发生重大变革，科学学科、技术领域、社会人文之间日益呈现交叉融合趋势。在新形势下，科学系统地梳理我国历次科技发展、科技创新规划纲要，总结宝贵历史经验，对于科学判断世界科技发展趋势，准确把握经济社会发展需求，着力解决科技发展中的突出问题，充分发挥科技创新规划对科技乃至经济社会发展的引领作用，指导新一轮科技创新规划编制工作具有非常重要的意义。

党的十八大以来，以习近平同志为核心的党中央对科技创新提出一系列新理念、新战略、新部署。党的十九大对建设社会主义现代化强国新征程做出战略安排，对加快建设创新型国家和世界科技强国提出明确要求，进一步强调创新是引领发展的第一动力。2018 年 7 月 13 日，习近平总书记在中央财经委员会第二次会议上指出，要抓紧研究制定 2021—2035 年中长期科技创新规划。制定新一轮中长期科技创新规划是全面落实习近平总书记关于科技创新重要论述和党的十九大精神、聚焦国家重大战略和经济社会发展需求，明确主攻方向，构筑先发优势，增强高质量科技供给，建设科技强国，实现 2035 年跻身创新型国家前列的目标的行动指南；也是与历次科学技术发展规划形成梯次接续的重要一环。

以史为鉴，面向未来。我们要以习近平新时代中国特色社会主义思想为指引，紧抓规划引领，坚持科技创新和制度创新“双轮驱动”，为开创国家创新发展新局面、早日建成世界科技强国不懈奋斗。

科技部党组书记、部长 王志刚

二〇一八年十月

前　言

为贯彻落实习近平新时代中国特色社会主义思想和党的十九大精神，贯彻落实习近平总书记关于科技创新的重要论述，科技部创新发展司组织汇编了《中华人民共和国科学技术发展规划纲要（1956—2020年）》，对回顾总结我国科学技术发展历程和重大科技创新成就，指导新一轮国家中长期科技规划纲要编制具有重要的借鉴意义。

回顾历史，中华人民共和国成立以来，我国科学技术发展走过了“向科学进军”“科学的春天”“科教兴国”“建设创新型国家”和“建设世界科技强国”5个阶段。制定科学技术发展规划纲要在我国科学技术事业发展过程中发挥着引领、指南和凝聚的重要作用。我们取得了一系列重大历史性成就，涌现出了一大批重大成果，锻炼成长了一支敢打硬仗的科研队伍，使我国科研实力正在从量的积累向质的变化跃迁，从点的突破向系统能力提升转变，在若干重要领域开始成为全球创新的引领者。

围绕我国科学技术发展的历史逻辑，我们收录了中华人民共和国成立以来的科学技术发展规划纲要文件共151件，分4册，体现了以下三个方面的特点。一是还原历史脉络。以1956年党中央制定《1956—1967年科学技术发展远景规划纲要》为历史起点，到2016年党中央、国务院印发的《国家创新驱动发展战略纲要》和国务院印发的《“十三五”国家科技创新规划》为关键标志，完整收集整理了中华人民共和国成立以来，特别是改革开放40年来，尤其是党的十八大以来我国科学技术发展规划纲要，以及行业、领域和各项科技工作专项规划纲要。二是彰显时代特征。各个时期的规划纲要具有很强的时代性，充分反映了当时我国科学技术发展的时代特点。特别是《“十三五”国家科技创新规划》，首次将“科技创新”作为一个整体，强调实施创新驱动发展战略，支撑供给侧结构性改革这条主线，从创新的全链条进行顶层设计。三是突出引领未来。各个时期的规划纲要既有对现状的总结描述，又有对未来我国科学技术发展的超前研究、谋划布局和顶层设计。通过对历史文献的梳理、研究，以及与现实科学技术发展的印证分析，我们可以从中寻找我国科学技术发展的基本规律和经验模式，为科技创新战略决策和编制新的中长期科技发展规划纲要提供依据和参考。

中国特色社会主义已经进入新时代。科技创新面临新的使命，与建设社会主义现代化强国和世界科技强国的宏伟目标相比，还要做出更加艰苦的努力、进行更加扎实的奋斗。按照党中央、国务院的统一部署，科技部牵头启动2021—2035年国家中长期科技发展规划纲要的研究编制工作。"雄关漫道真如铁，而今迈步从头越"。我们将按照习近平总书记"抓战略、抓规划、抓政策、抓服务"的要求和关于科技工作"思路、政策、重点"的重要指示精神，坚持战略思维和系统思维，加强战略谋划和规划布局，积极组织推动新一轮国家中长期科技发展规划纲要和"十四五"国家科技规划的编制工作，努力描绘新时代我国科学技术事业发展的宏伟蓝图，支撑引领创新型国家和世界科技强国建设。

科技部党组成员、副部长 李萌

二〇一八年十月

出版说明

地方科技工作是我国科技创新事业的重要组成部分，为了增进交流、促进相互学习，方便科技工作者准确掌握相关政策并积极参与推动规划实施，切实发挥规划对地方科技创新发展的引领作用，科技部在编辑出版《中华人民共和国科学技术发展规划纲要（1956—2020）》的基础上，汇总了全国31个省（市、自治区）、新疆生产建设兵团、5个计划单列市的“十三五”科技创新规划。

希望本书的出版发行，能够为地方政府管理部门提供决策参考依据，为科技工作者提供研究及参照素材，引导各有关方面努力为“十三五”国家科技创新发展贡献力量。

本书出版过程中，得到了地方政府、地方科技厅（委、局）等有关部门的大力支持，在此一并表示感谢。

编者

二〇一八年十月

出版说明

[illegible]

目　录

北京市“十三五”时期加强全国科技创新中心建设规划 …… 1
天津市科技创新“十三五”规划 …… 24
河北省科技创新“十三五”规划 …… 49
山西省“十三五”科技创新规划 …… 68
内蒙古自治区“十三五”科技创新规划 …… 100
辽宁省“十三五”科学和技术发展规划纲要 …… 169
吉林省科学技术发展“十三五”规划 …… 194
黑龙江省“十三五”科技创新规划 …… 212
上海市科技创新“十三五”规划 …… 247
江苏省“十三五”科技创新规划 …… 268
浙江省科技创新“十三五”规划 …… 287
安徽省“十三五”科技创新发展规划 …… 307
福建省“十三五”科技发展和创新驱动专项规划 …… 338
江西省“十三五”科技创新升级规划 …… 362
山东省“十三五”科技创新规划 …… 388
河南省科技创新“十三五”规划 …… 424
湖北省科技创新“十三五”规划 …… 466
湖南省“十三五”科技创新规划 …… 488
“十三五”广东省科技创新规划 …… 518
广西科技创新“十三五”规划 …… 566
海南省“十三五”科技发展规划 …… 592
重庆市科技创新“十三五”规划 …… 609
四川省“十三五”科技创新规划 …… 645
贵州省“十三五”科技创新发展规划 …… 677
云南省“十三五”科技创新规划 …… 703

西藏自治区“十三五”科技创新规划 …… 735
陕西省“十三五”科学和技术发展规划（2016—2020） …… 755
甘肃省“十三五”科技创新规划 …… 796
青海省“十三五”科技创新规划 …… 822
宁夏科技创新“十三五”发展规划 …… 845
新疆维吾尔自治区“十三五”科技创新发展规划 …… 874
“十三五”时期兵团科学技术发展规划 …… 894
大连市科学技术（知识产权）发展“十三五”规划 …… 919
宁波市“十三五”科技创新规划 …… 936
厦门市“十三五”科技创新发展规划 …… 957
“十三五”青岛市科技创新规划 …… 983
深圳市科技创新“十三五”规划 …… 1016

北京市“十三五”时期加强全国科技创新中心建设规划

一、把握新机遇，全国科技创新中心迈向新征程

（一）形势与使命

加强全国科技创新中心建设要引领创新方向，抢占国际竞争制高点，打造全球创新网络关键枢纽。当前，世界范围内新一轮科技革命和产业变革正在孕育兴起，信息技术、生物技术、新材料技术、新能源技术等广泛渗透，带动了以绿色、智能、泛在为特征的群体性技术突破，重大颠覆性创新时有发生，对国际政治、经济、军事和安全等产生深刻影响，科技创新成为重塑世界经济结构和竞争格局的关键。为此，世界各国纷纷加强创新部署，美国创新战略、日本新成长战略、德国工业4.0 战略等相继应运而生。坚持和强化北京全国科技创新中心定位，必须站在世界科技创新前沿，坚持全球视野，坚持创新自信，积极融入全球创新网络，全面增强自主创新能力，实现从“跟跑”“并跑”向“领跑”转变。

加强全国科技创新中心建设要支撑新常态下经济发展和社会进步，成为科技与经济结合的典范。我国经济发展进入新常态，表现出速度变化、结构优化、动力转换三大特点，发展动力正在从主要依靠资源和低成本劳动力等要素投入转向创新驱动。北京加强全国科技创新中心建设，必须主动适应、积极引领新常态，率先形成有利于大众创业、万众创新的良好局面，发动创新的“新引擎”，推动改革的“点火系”。依靠科技创新提高全要素生产率，大力推动供给侧结构性改革，通过科技创新形成新产品、新业态、新产业，创造新供给，引导新消费，实现创新驱动内涵式增长。

加强全国科技创新中心建设要有力支撑京津冀协同发展等国家战略，引领创新驱动发展新方向。北京是京津冀协同发展的核心，通过建立健全创新体系，努力打造技术创新总部聚集地、科技成果交易核心区、全球高端创新中心及创新型人才聚集中心，并推动创新资源带动津冀、服务全国。同时，全力加快京津冀协同创新共同体建设，联合打造创新发展战略高地和自主创新源头，让科技创新成

北京市人民政府，京政发〔2016〕44 号，2016 年 9 月 22 日。

为支撑经济社会可持续发展的原动力，勇当区域协同发展和创新驱动发展的先行者。

（二）基础与条件

高端创新要素不断聚集。截至 2015 年年底，在京两院院士 766 人，约占全国的 1/2。各类科研院所 412 家，位居全国首位。国家重点实验室 120 余家，国家工程技术研究中心近 70 家，分别约占全国的 1/3 和 1/5。国家高新技术企业超过 1.2 万家，约占全国的 1/6。创业投资和股权投资管理机构 3800 家，管理资金总量约 1.6 万亿元。2015 年，研究与试验发展（R&D）经费投入占北京地区生产总值的比重达到 5.95%，居全球领先水平。

自主创新能力显著增强。承接了 11 个国家科技重大专项，涌现出北斗卫星导航系统、超大规模集成电路、第三代核电技术、碳基集成电路、遗传诊断技术、三维感知技术等一批处于国际前沿水平的重大科技成果。子午工程、凤凰工程等 6 个科技基础设施在京建设，国家蛋白质科学中心（北京基地）开始运行。截至 2015 年年底，万人发明专利拥有量达到 61.3 件。"十二五"期间，累计获得国家科学技术奖项目数量占全国的比重超过 30%，中关村企业累计创制国际标准 184 项。

"高精尖"经济结构初步显现。六大高端产业功能区创造了全市 45.2% 的地区生产总值。2015 年，科技服务业增加值 1820.6 亿元，年均增速达到 14.1%，占北京地区生产总值的比重达到 7.9%。中关村国家自主创新示范区增加值达到 5557.4 亿元，占北京地区生产总值的 24.2%。金融、信息、科技服务三大优势产业对经济增长贡献率超过 70%。"十二五"时期，针对"大城市病"治理难题，大力推动科技成果示范、应用和推广，单位地区生产总值能耗、水耗累计分别下降 24.5% 和 20.2%。

体制机制不断创新。先后出台《关于深化科技体制改革加快首都创新体系建设的意见》《关于进一步创新体制机制加快全国科技创新中心建设的意见》等重大改革措施，"京校十条""京科九条"等政策突破了一系列机制障碍，创新政策体系不断完善。在中关村国家自主创新示范区率先实施"1+6""新四条"等先行先试政策，其中 10 余项试点政策在全国推广。涌现出一批基于"互联网 +"的融合式发展新业态。率先开展服务业扩大开放综合试点、三网融合试点、电子商务试点。诞生了一批以众创空间为代表的创新型孵化器，创业孵化服务新兴业态初步显现。

辐射引领能力不断增强。2015 年，北京技术合同成交额达到 3452.6 亿元，占全国的 35.1%，其中 70% 以上的技术辐射到国内其他省区市和国外地区，持续推动首都科技资源向社会开放。联合国教科文组织创意城市网络"设计之都"建设稳步推进。与 40 多个国家的 400 多个国际技术转移机构建立长期合作关系。"北京市国际科技合作基地"达到 370 余家。连续成功举办中国（北京）跨国技术转移大会和中意创新合作周等系列活动，品牌效应明显提高。

但同时，本市在推进全国科技创新中心建设过程中，仍面临一些突出问题。如全球高端创新要素集聚能力、原始创新能力尚需进一步提升；科技创新在支撑"高精尖"经济结构、治理"大城市病"、发现和培育新经济增长点等方面还需进一步强化；市场配置创新资源的决定性作用发挥不够充分，政府服务创新水平有待提高，企业创新动力和活力还需进一步增强。因此，进一步促进科技创新与经济社会各方面的深入融合，增强全社会共同参与科技创新的积极性和主动性，仍是"十三五"时期北京建设全国科技创新中心的重要使命。

二、总体思路、基本原则和发展目标

（一）总体思路

深入贯彻落实党的十八大和十八届三中、四中、五中全会精神，深入学习贯彻习近平总书记系列重要讲话和对北京工作的重要指示精神，按照“五位一体”总体布局和“四个全面”战略布局，牢固树立创新、协调、绿色、开放、共享的发展理念，从供给侧和需求侧两端发力，全面落实创新驱动和京津冀协同发展战略，以《北京加强全国科技创新中心建设总体方案》为指导，以人才为第一资源，以全面创新改革为主线，以中关村国家自主创新示范区为主要载体，更加注重增强原始创新能力，更加注重推动科技创新与经济社会发展紧密结合，更加注重服务全国和国际开放合作，更加注重营造良好创新创业生态环境，努力把北京建设成为科技创新引领者、高端经济增长极、创新人才首选地、文化创新先行区和生态建设示范城，为把我国建设成为世界科技强国做出更大贡献。

（二）基本原则

坚持全面改革。将改革贯穿于全国科技创新中心建设的各个领域和环节，统筹推进科技体制改革和经济社会各领域改革衔接，实现科技创新、制度创新、开放创新的有机统一和协同发展。

坚持市场主导。市场配置创新资源的决定性作用和更好地发挥政府作用，破除制约创新的体制机制障碍，建立公平、开放、透明的市场规则，激发创新主体和全社会创新创业的活力与潜能，强化科技和经济社会发展的紧密结合。

坚持人才优先。将人才作为创新的第一资源，充分释放人才红利，更加注重对国内外高端人才的吸引，更加注重创新人才的培养与优化配置，更加注重完善创新人才的激励机制，更加注重营造有利于人才创新的社会文化氛围。

坚持开放合作。将北京的发展置于京津冀协同发展乃至全国创新驱动发展的大局中加以谋划和推进，积极融入全球创新网络，立足世界前沿科技和全球产业链高端环节，实现区域发展新跨越和国际影响力持续提升。

（三）发展目标

到 2020 年，北京全国科技创新中心的核心功能进一步强化，成为具有全球影响力的科技创新中心，支撑我国进入创新型国家行列。积极争取国家实验室在北京建设，在基础研究和战略高技术领域抢占全球科技制高点。建成中关村科学城、怀柔科学城、未来科技城，形成国际一流的综合性大科学中心。突破一批具有全局性、前瞻性、带动性的关键、核心和产业共性技术，率先形成以创新为引领的产业体系。初步建成京津冀协同创新共同体，创新驱动发展体制机制基本完善，创新创业生态系统更加优化。

1. 原始创新能力显著提高。基础研究经费占研究与试验发展（R&D）经费的比重达到 13%。万人发明专利拥有量达到 80 件。高被引论文数占全国比重达到 30%。通过专利合作协定（PCT）途径提交的专利申请量年均增长率保持在 25% 左右。

2. 科技对经济社会发展的贡献更加突出。规模以上工业企业研发投入占企业销售收入比重超过1.3%。科技服务业收入达到1.5万亿元。技术交易增加值占地区生产总值的比重保持在9%左右。诞生一批具有全球影响力的创新型企业和品牌，培育一批技术创新、应用服务创新和商业模式创新相融合的新业态。

3. 开放协同取得新突破。全面服务“一带一路”[1]、京津冀协同发展、长江经济带等重大国家战略。输出到京外的技术合同成交额占北京技术合同成交额的比重保持在70%左右。围绕产业链布局一批具有产学研协同特征的科技企业集团，推进其在京津冀地区联动发展。

4. 创新创业生态系统进一步优化。聚集一批站在国际前沿、具有国际视野的战略科学家、科技领军人才、企业家、创新创业团队和企业研发总部。全社会研究与试验发展（R&D）经费支出占地区生产总值比重保持在6.0%左右。各类孵化机构在孵企业数量超过10000家。全市公民科学素养达标率达到24%。

三、实施知识创新中心计划，建设全球原始创新策源地

（一）央地协同，共建国家原始创新中心

1. 全面对接国家科技重大专项和科技计划

主动服务国家创新战略，全力配合国家科技重大专项实施，争取更多重大任务在京实施。鼓励和支持在京企业、高等学校和科研院所承接重大专项项目。以应用基础研究为重点，加大对资源环境、人口健康、能源交通、信息、材料等领域国家重点研发计划的配套支持力度。鼓励市自然科学基金与国家自然科学基金成立联合基金，共同资助若干优势领域和方向的基础研究。

2. 服务国家重大科技基础设施建设

争取更多的重大科技基础设施落户北京，完善相关配套政策措施，提供全方位服务保障。积极配合综合性国家科学中心布局，加快推进高能同步辐射光源、综合极端条件实验、地球系统数值模拟等大科学装置建设，为原始创新提供开放共享平台。积极推动转化医学国家重大科技基础设施建设。建成支撑未来网络基础研究开发和产业创新的基础性公共平台。

3. 推进首都科技资源融合发展

以国家战略目标和需求为导向，推动建设跨学科综合型国家实验室。继续深化与国家有关部委会商合作，全力推动中关村科学城、怀柔科学城、未来科技城建设。深化与中国科学院的院市合作机制，积极配合“率先行动计划”，重点支持卓越创新中心建设。促进与中央企业和民营科技型企业等合作，支持重点实验室、工程（技术）研究中心等高水平研发中心建设。加强军民融合，鼓励在京企业、高等学校、科研院所承担国防科技前沿创新工作，促进国防科技成果向民用领域转移转化。

[1] 为了尊重历史，本书中“一带一路”战略说法仍保留。

专栏 1　“三大科技城”的主要功能及特点

中关村科学城。依托中国科学院有关院所、高等学校和中央企业，聚集全球高端创新要素，实现基础前沿研究重大突破，形成一批具有世界影响力的原始创新成果。聚集产学研创新主体和产业高端要素，集中建设下一代互联网及应用技术创新园、航天科技创新园、航空科技园、宽带技术产业创新园等专业园区，打造新型特色产业园和产业技术研究院。在信息科学、基础材料、环境、能源等领域，开展基础及应用研究，为创新发展提供储备和支撑；在信息、生物医药、先进制造、导航等技术领域，突破一批关键共性技术，增强高技术产业的国际竞争力；在第五代移动通信（5G）技术、类脑芯片、第三代半导体、三维（3D）打印、智能机器人等领域，推动技术创新跨越工程实施，为经济社会发展孕育新兴产业增长点，形成国家知识创新和战略性新兴技术重要源头。

怀柔科学城。以建设大科学装置为核心，重点拓展与中国科学院的合作，共同建设高能同步辐射光源、综合极端条件实验、地球系统数值模拟等大科学装置。依托重大科技基础设施集群和中国科学院怀柔科教产业园，搭建大型科技服务平台，建设综合性国家科学中心，建设世界一流的科技人才聚集区，建设综合型和专业型国家实验室。汇聚优势科研机构，不断涌现原始创新成果，打造我国科技综合实力的新地标。

未来科技城。集聚一批高水平企业研发中心，集成在京科技资源，引进国际创新创业人才，强化重点领域核心技术原始创新能力，打造大型企业集团技术创新集聚区。围绕能源、材料、电子、信息、民用飞机设计等领域，产生国际先进的科技成果。成为一流科研人才的聚集地、引领科技创新的研发平台和全新运行机制的人才特区。建成代表我国相关产业应用研究技术前沿水平、引领产业转型升级的创新高地。

（二）超前部署，抢占世界未来科技发展制高点

1. 坚持需求导向，开展应用基础研究

紧扣国家科技发展战略需求，重点部署围绕信息科学、材料科学、生物医学、农业科学、环境科学、能源科学等领域关键问题开展原始创新、集成创新和引进消化吸收再创新，为经济社会发展提供基础研究支撑和技术储备。

专栏 2　需求导向的基础研究领域和方向

信息科学。包括电子系统与软件基础理论、人机交互理论、网络安全与信息安全理论、新型电子器件与传感器设计理论等。

材料科学。包括基础材料改性优化的理化基础、新材料的物理化学性质、材料基因组研究、先进材料制备科学、新材料设计及新工艺机理与方法等。

生物医学。包括脑医学、重大疾病分子与细胞基础、病原体传播、变异规律和致病机制、药物在分子（细胞）与整体调节水平上的作用机理、中医药学理论体系、恶性肿瘤的发病机制和干预、心脑血管疾病的发病机制和干预、重大传染病与新发突发传染病、生物大分子结构、干细胞发育与分化、生物种质资源、生物信息学基础等。

农业科学。包括农业生物基因和功能基因组学、生物多样性与新品种培育的遗传学基础、农业生物与生态环境的相互作用、现代育种理论与方法、农产品质量安全、农林草综合系统的可持续发展等。

环境科学。包括生态与环境演变、环境污染的机理与控制、大气规律和气候变化、城市化的资源环境效应研究等。

能源科学。包括高性能热功转换及高效节能储能中的关键科学问题、新能源和可再生能源规模化利用的基础研究、节能的新理论与新方法、智能电网的基础研究等。

2. 把握新科技革命机遇，部署前沿技术研究

面向未来高技术更新换代和新兴产业发展需求，重点部署一批科技前沿和战略必争领域研究项目，突破一批关键共性技术，取得一批重大原始创新成果，增强破解重大技术瓶颈能力。发挥科技引领未来发展的先导作用，提升高技术研究能力和高技术产业国际竞争力。

专栏 3　前沿技术研究领域和方向

信息技术。重点研究量子计算与量子信息、光子信息处理、海量数据处理、智能感知与交互等重点技术，开展未来互联网，智能数据感知、采集、存储与应用，卫星移动通讯，下一代广播电视等重大技术系统和战略产品研发。

生物医药技术。重点研究基因组学及新一代测序技术、基于干细胞的人体组织工程技术、生物治疗技术、分子诊断和分子影像技术、生物信息技术、药靶发现与药物分子设计技术等。

先进制造技术。围绕绿色制造和智能制造，开展微纳制造技术、重大装备技术、仿生制造、增材制造、数字化设计与制造技术、智能机器人等研发。

资源环境技术。重点研究新型污染物治理技术与装备、清洁空气技术、大气环境预报预警技术、生态环境监测技术等。开展再生能源、节能技术等研发。

新材料技术。开展纳米器件、超导材料、新型功能与智能材料、高效能源材料、生态环境材料等研发。

新能源技术。重点围绕能源高效、清洁利用和新型能源开发，开展氢能源、能源转换、新型储能技术等研发。

导航技术。在先进遥感、地理信息系统、导航定位、深空探测等领域，开展全球空间信息主动服务、导航定位与位置服务等系统研发。

3. 面向全球产业变革，实施大科学计划

加强顶层设计，将基础研究与前沿技术应用紧密结合，集中力量实施脑科学计划、量子计算与量子通信研究计划、纳米科学研究计划等大科学计划，力争取得一批具有国际影响力的原始创新成果。

专栏 4　解决重大科学问题的未来研究与应用计划

脑科学研究计划。以“脑认知与脑医学”中的重大科学与临床问题为研究重点，建立跨部门、跨学科的脑认知与脑医学研究支撑平台，研发一批创新性关键技术，为脑重大疾病的预测、预防、诊断、治疗到康复提供技术支撑。在“脑认知与类脑计算”方面，建成支撑脑认知与类脑计算基础研究和技术研发的公共平台，着力在类脑计算理论基础研究、类脑计算机研制和类脑智能三方面取得重要突破，形成类脑计算机软硬件研制系统。

量子计算与量子通信研究计划。基于卫星的广域量子通信以及大尺度量子计算、量子信息技术应用，研究远距离量子通信与空间尺度量子关键技术等。

纳米科学研究计划。围绕纳米技术及材料，针对纳米光电子器件、碳材料、碳基纳米器件、纳米药物、纳米生物医学材料、纳米能源、纳米生物效应与安全、纳米技术标准、表征技术、环境纳米材料等开展研究。

（三）夯实基础，强化学科、基地和团队建设

1. 推进新兴交叉学科建设，完善学科布局

部署前沿探索和跨学科研究工作，培育新兴交叉领域，开辟新的学科方向。加强基础学科与应用学科、自然科学与人文社会科学的交叉融合，推动网络数据科学、量子信息学、生物医学、纳米科学与技术、生物信息学等学科的建立与完善。鼓励高等学校开展国际评估，扩大交流合作，推进国际化进程。重视基础研究与教学结合，使科技和教育形成合力，以基础研究推动学科建设，以学科发展促进世界一流大学建设。

2. 推动多方共建研究基地，夯实基础研究根基

支持企业、高等学校、科研院所共建基础研究和前沿技术研究基地。鼓励企业建立研发中心，开展应用基础研究和前沿技术研究，提前布局未来发展。以高端人才培养为核心，建设 20 个左右的“高精尖创新中心”。积极与国家自然科学基金合作，共同建立科学中心。争取国家支持，在京建立国际联合实验室、研究中心和研究网络。

3. 大力培育研究团队和人才，提升基础研发能力

坚持高起点、高标准，建设结构合理的创新人才团队，造就一批具有国际影响力的科学大师和学科带头人等优秀研究群体。在全球范围内吸引一批能够承接重大任务、取得尖端成果、做出卓越贡献、形成“塔尖效应”的顶尖人才。支持高等学校、科研院所和有条件的企业共建基础研究团队。鼓励发起国际大科学计划和大科学工程，吸引海外顶尖科学家和团队参与。

（四）创新机制，培育知识创新乐土

1. 创新支持模式和评价机制

转变项目支持方式，推动由项目支持向人才团队支持转变，由阶段支持向长期连续支持转变，由预定目标向开放式探索研究转变。总结并推广北京生命科学研究所等管理模式经验，支持科研院所采用与国际接轨的管理和运行机制。加强企业和高等学校、科研院所的创新链接，建立基础研究成果的评价服务体系，形成充分体现创新价值的人才激励机制。

2. 加强国际学术交流合作

加强基础研究领域的开放共享，建立国际论坛和学术会议制度，邀请国际知名大学、科研机构以及相关组织和个人，定期开展学术交流活动。支持在京科学家和科研机构参与国际学术组织。围绕前沿科学问题，吸引非政府组织、国际科研机构等开展合作研究。积极参与人类基因组计划、脑研究计划和清洁能源计划等全球重大科学计划。

3. 营造适宜于潜心研究的良好氛围

强化尊重科学规律、宽容失败的社会共识。弘扬自由探索、大胆创新、勇攀高峰的研究精神。建立基础研究保障机制，对于探索性强、风险性高的非共识科研项目，给予管理体制和运行机制上的扶持，优化科研管理体系，创新基础研究管理制度，让研究者“坐得住、钻得进、研得深”，心无旁骛地开展研究。

四、实施技术创新跨越工程，建成国家创新驱动先行区

（一）推进生态文明建设，努力把北京建设成为国际一流的和谐宜居之都

1. 实施首都蓝天行动

推动区域大气污染联防联控，以科技手段破解首都大气治理难题。持续开展细颗粒物（$PM_{2.5}$）、臭氧（O_3）等二次污染特征与成因研究，以及超细颗粒物（PM_1）污染特征与成因前瞻性研究。开展重污染天气综合观测与区域雾霾成因分析，围绕提高重污染天气预报预测准确率和精细化水平开展关键技术研发与示范。继续围绕挥发性有机物（VOC）、氮氧化物（NO_x）、氨（NH_3）等特征污染物开展大气污染治理技术及装备开发，并在供暖、餐饮、石化、养殖以及农村散煤燃烧等重点污染源开展工程示范应用，推动一批成熟科技成果在津冀地区重点工业污染源治理工程中落地应用。开发室内典型污染物快速检测及净化技术，构建室内空气污染防治策略与技术规范体系。开发能源互联网、大规模储能、半导体照明等技术和产品。开展区域移动源排放特征、监管及控制技术研究。

推动完善大气环境保护和污染物排放标准。配合推动京津冀车辆实现燃油排放标准统一。持续完善新能源汽车推广政策，营造新能源汽车推广应用的生态环境，打造新能源汽车推广应用典范城市。

2. 实施生态环境持续改善行动

贯彻落实国务院水污染防治、土壤环境保护和污染治理等行动计划，深入推进生态环境建设、水污染防治、土壤污染防治等，突破一批关键共性技术，进一步提高污水处理技术水平，扩大再生水利用规模，加快“海绵城市”建设，发展海水淡化技术，开展重点流域综合治理，建设节水型城市，保障首都水资源安全。推动符合首都特色的固体废物高附加值再利用技术开发，提高固体废物资源化利用率和管理水平。加快土壤修复技术在工业场地污染和农田污染治理中的应用。加快绿化新品种繁育，推进节约型园林建设，保护生物多样性，提高城市生态功能。开展新型污染物风险评价与治理、高品质再生水深度利用、复合型污染场地修复等前瞻性研究。加大政策支持力度，推广和鼓励垃圾分类、再生水与再生产品使用等，为完善生态环境标准体系提供技术支持。

3. 实施食品质量安全保障行动

构建京津冀食品安全协同防控科技服务体系，形成对食品安全生产经营各环节的科学、高效监督管理，保障食品质量安全。在食用农产品生产基地安全保障、食品生产加工质量安全保障、食品物流质量安全保障和食品质量安全检测监控等领域，重点开展新产品、新技术、新装备研发与应用，研发高通量、高精准、非定向检测技术，开发智能化、数字化新型快速检测试剂和设备等。

建立健全食品安全标准体系，搭建多品种、全方位、高效率的食品安全检测服务平台、物流全程追溯信息服务平台等，进一步提升食品生产加工及食品质量安全检测监控水平，实现肉蛋奶、米面油等重点产业食品安全全程可追溯。

4. 实施重大疾病科技攻关行动

深入落实“健康中国 2030”规划纲要，推动健康科技创新，建设健康信息化服务体系。以科技改善市民健康为理念，继续实施“首都十大疾病科技攻关与管理工作”，重点在脑认知与脑医学、精准医学、再生医学等前沿领域开展创新性研究。加强“首都十大疾病”预防、诊断、治疗、康复等不同阶段的关键技术研究，并推动重要研究成果的转化应用。注重中医及公共技术平台的搭建，完善北京重大疾病临床数据和样本资源库建设。针对罕见病、疑难疾病开展技术攻关，巩固和保持一批具有首都特色的优势学科的学术地位，为保障市民健康提供科技支撑，为建设具有国际影响力的临床医学创新中心做出贡献。推进致残基因筛查研究应用，探索建立残疾风险识别和预防干预技术体系，开发完善相关技术规范和标准。

5. 实施城市建设与精细化管理提升行动

围绕城市建设与综合运行、重点行业运行安全保障、应急救援能力提升、老龄化社会管理等方面，不断推进社会治理创新，提高智能化水平和信息服务能力，开展关键共性技术和产业研发，集成一批高效实用技术和装备，创制和完善相关技术标准规范。进一步推动建筑工业化，发展绿色建筑技术。开展交通大数据分析、评估和预测系统建设，推进交通设施和车辆物联网化，加快交通资源协同利用技术和管理创新，提高交通效率和低碳化水平，完善公众出行信息一体化服务。继续推动新技术、新产品在轨道交通建设运营中的示范应用，组织新一代轨道交通列车运行控制系统开发，支持大数据技术在城市轨道交通网络化运营、安全可靠保障等方面开展应用。强化城市综合运行监控与重点行业安全保障能力，完善应急救援装备体系，提高自然灾害风险防范与应对能力，推动城市应急保障由人力支撑型向科技支撑型转变。加快应急救援科技创新园、产业园和工程技术实验与研发基地建设。引导建立养老产业创新体系，加快技术攻关和产品设计研发，推进适老化改造，提升养老服务行业管理水平，建立养老科技创新示范基地。

（二）实现产业技术跨越，引领新经济发展

1. 瞄准“高精尖”领域，加快战略性新兴产业跨越发展

（1）实施新一代信息技术跨越工程

以新一代移动通信技术带动北京信息服务产业规模和竞争力提升。着力提升集成电路设计水平，在关系国家信息安全的核心通用芯片、网络空间安全等特定领域形成优势。掌握高性能计算、高速互联、先进存储、体系化安全保障等核心技术。全面突破第五代移动通信（5G）技术、未来网络核心技术和体系架构、智能网联驾驶关键技术等，推动量子计算、脑认知与类脑计算、云计算、虚拟现实和大数据等发展。突破智能设计与仿真、制造物联网与服务、工业大数据处理等高端工业软件核心技术，开发自主可控的高端工业平台软件和重点领域应用软件，建立完善工业软件集成标准与安全测评体系。支持海淀区、北京经济技术开发区等建设移动互联网与下一代互联网、集成电路、新型显示、产业互联网应用等产业技术创新中心，推动朝阳电子城等园区和基地发展。鼓励技术创新与商业模式创新融合，推进数据平台共享，完善数据共享利益分配规则与政策，培育新兴业态。

（2）实施生物医药产业跨越发展工程

继续深化北京生物医药产业跨越发展工程（G20 工程），对“十二五”期间培育的重大创新医药品种加强跟踪服务，做好创新端和市场端的衔接，加快推动转化落地。加快医药创新品种开发，培育一批行业领军企业、一批创新引领企业、一批高端服务企业。在单克隆抗体生物新药、创新中药、多联多价新型疫苗、三维（3D）打印人工植入物、新型医用材料、高端医疗设备、创新制剂等领域实现重大技术和产品突破。针对恶性肿瘤、心脑血管病、新发突发传染病等重大疾病，开展高通量基因诊断、分子免疫、组织工程等前沿技术创新及应用。加强对用于预防、治疗、诊断罕见病的药品和儿童药的引导和培育。推进中药标准化、现代化，保持产业持续创新发展动力。

专栏 5　生物医药产业跨越发展（G20）工程

“十三五”时期，继续提升生物医药产业发展质量和规模，加强医药服务业与医药制造业协同，逐步完善具有国际影响力的生物医药创新生态体系。

到 2020 年，培育 3 ~ 5 项引领世界的生命科学领域原创性前沿技术；针对恶性肿瘤、心脑血管疾病等重大疾病，培育一批具有国际水平的 I 类新药和创新医疗器械品种，推动 100 个以上新品种申报或开展临床试验、20 个以上新产品投产上市；新增 10 个以上销售额达到 5 亿元的品种、5 个以上销售额达到 10 亿元的品种；培育 10 家以上具有国际先进技术水平的创新引领企业，5 家以上规模超过 50 亿元、行业竞争力国内领先的领军企业；培育 2 ~ 3 家国家重点实验室、国家工程实验室、国家工程（技术）研究中心；推动 1 ~ 2 个生命科学领域国家重大基础设施建设项目落地。医药行业利润率继续保持全国领先水平，产业规模突破 1800 亿元。

充分发挥注册审批、招标采购等市场端政策对创新的拉动作用。在北京经济技术开发区建设生物医药产业技术创新中心，继续巩固以北京经济技术开发区、大兴区和海淀、昌平区为主的“一南一北”产业格局。推动建立高端

制造代工平台、高端通用名药一致性评价平台等行业急需的专业技术服务平台，进一步提高现有成熟平台的服务效率和技术水平。推动京津冀生物医药产业形成协同创新共同体，提高京津冀生物医药板块在全国的竞争力。

（3）实施能源产业技术跨越工程

加强京津冀能源产业协同发展，强化对全国能源科技发展的示范带动作用。开展新能源开发与利用关键共性技术和设备研发，重点推动太阳能、风能、生物质能等技术研发与示范应用，提高检验检测认证、设计咨询等技术服务能力。支持核电先进堆型关键技术研发和服务。推动昌平区能源产业创新发展，加快延庆区、平谷区绿色能源技术和装备研发，优化新能源产业全链条资源布局。

（4）实施新能源汽车产业跨越发展工程

协同推进智能网联驾驶科技创新发展，将本市建设成为国内一流、国际领先的智能网联驾驶创新中心、测试中心、示范中心和产业基地。开展纯电动汽车关键共性技术研发、工程化及规模化示范应用。围绕全固态锂电池、锂硫电池、锂空气电池和电池环保回收等技术领域，集聚研发优势，突破核心技术，推进动力电池前沿技术从研发向产业过渡。创立电动汽车智能充换电服务平台和检验检测服务平台。推进新能源汽车公共专用、私人自用和社会公用充电设施建设，构建城区快速补电网络，打造京津冀区域一体化公用充电服务网络体系。强化新能源汽车利用的补贴政策，鼓励新能源汽车产业化示范、综合应用示范工程建设及新能源汽车运营商业模式创新。贯彻落实税收政策，完善融资、土地等产业扶持政策。

专栏 6　新能源汽车创新布局

聚焦市场需求，推进以整车为龙头的新能源汽车产业链、创新链和资金链布局，到 2020 年，建成国内最大的新能源汽车研发、应用中心，总体达到国际领先水平。同时，积极部署燃料电池汽车和智能汽车开发及示范，打造具有全球影响力的智能汽车创新中心。

智能网联汽车。推进建设国际一流的智能网联驾驶创新中心和产业基地，突破传感器、控制器、执行器、通信设备等关键基础技术研发与应用，形成智能网联驾驶关键零部件生产配套体系，建立健全关键技术标准体系、安全和隐私保护体系、智能网联数据平台和测试认证外场环境，形成智能网联驾驶技术自主研发的产学研合作体系和跨行业协同机制，开展特定领域智能网联驾驶示范运营。

新能源汽车整车。全面建成大兴、昌平、房山区三大新能源汽车产业基地，重点支持北汽集团、长安汽车等整车企业，全市纯电动汽车产能达到 50 万辆，实现整车单位质量能耗达到 8.9 千瓦时 /100 公里·吨。

动力锂离子电池。形成 3 ～ 4 个核心企业，产能不低于 1000 万千瓦时，实现量产单体电池比能量≥ 300 瓦时 / 公斤。

驱动电机。量产驱动电机比功率达到 4 千瓦 / 公斤，电机寿命达到 15 年或 40 万公里；技术创新方面，实现硅基半导体功率模块（IGBT）及碳化硅芯片国产化，完成轮边轮毂电机整车集成及示范应用。

燃料电池汽车。完成燃料电池轿车工程化开发，车辆续时里程达到 500 公里；实现燃料电池商用车批量生产。

（5）实施节能环保产业技术跨越工程

推动京津冀区域节能环保产业协同发展，建立区域技术开发、装备制造、推广应用技术体系，支撑产业链上下游协同和高端化、规模化发展。以能源清洁高效利用、重点污染源污染控制等领域为重点，开展能源先进燃烧、余热回收利用、烟气深度处理等核心技术和设备研发、系统集成和推广应用。推动能源互联网产业技术创新基地建设，建立新型能源网络，实现能量交易与共享。推进先进适用的节水、治污、土壤修复、生态修复技术和装备产业化发展。在建筑、工业等重点耗能领域推动合同能源管理、合同环境管理等第三方治理模式发展，做大做强以咨询、设计、工程总承包为特色的节能环保科技服务业。加快节能环保企业在海淀、通州区等地聚集，鼓励在河北省联合建立装备制造基地，提高配套能力。完善建筑节能、公共机构节能等法规和节能产品惠民政策，以市场需求拉动技术创新，支持节能环保试点示范工程，促进节能环保产业向高端化发展。

（6）实施先导与优势材料技术跨越工程

以先导材料、优势材料为核心，加快三维（3D）打印材料、磁性超导材料，以石墨烯、碳纳米管等为代表的纳米材料和以碳化硅、氮化镓为代表的第三代半导体材料等新材料技术研发，提高特种材料自给能力。推动海淀区石墨烯技术研发和产业应用，推动怀柔区纳米材料、房山区石化新材料、顺义区第三代半导体材料产业发展。

搭建检验检测认证等共性技术服务平台，推动材料专业孵化机构、专业加速器建设，建立纳米材料产业技术研究院、第三代半导体和基因材料产业创新中心，设立产业发展基金，加快成果转化应用，带动京津冀产业转型升级。

专栏7　第三代半导体全产业链部署

对接国家新材料重大科技任务部署，推动第三代半导体材料研发项目落地北京。围绕材料器件研发与应用，全链条部署、一体化实施。即“1234”总体布局：“1”个基地，即承接国家第三代半导体重大创新基地建设；“2”种材料，即重点聚焦碳化硅、氮化镓2种材料；“3”条主线，围绕光电子、电力电子、微波射频3条应用主线；“4”项任务，即关键技术突破、创新链条构建、成果孵化转化和产业集群建设。

（7）实施数字化制造产业技术跨越工程

抢占数字化制造技术全球制高点，促进高端装备制造业发展，提升产业总量规模和核心竞争力。加强数字化增材制造、智能机器人、高档数控机床等关键技术研发。重点推动智能制造信息化基础理论创新以及系统平台、关键部件开发，智能机器人整机技术、功能部件及成套装备开发，支持原创性技术突破。在北京经济技术开发区建设智能制造应用技术创新中心，引导智能制造产业在海淀区、大兴区、密云区等集群式发展，在中关村南部（房山）科技创新城布局智能制造创新集聚区。创新应用服务模式，搭建智能机器人整机性能检测评价公共服务平台，提升创新服务能力，推动全国智能机器人技术创新中心建设。

专栏8　智能机器人产业链重点部署

坚持问题导向，以协同创新为抓手，针对重点需求，提升智能机器人技术创新能力，推动基础前沿技术突破和应用创新。支持机器人一体化关节和仿生手技术研究及示范、面向人机协作的轻型机器人研发等，以关键共性技术、功能零部件研发和整机与应用示范支撑产业技术创新。

（8）实施轨道交通产业技术跨越工程

依托已有研发和产业优势，支持轨道交通产业自主创新，形成特色鲜明的产业集群。围绕“一带一路”、京津冀协同发展等国家战略对轨道交通创新的需求，重点提升高端装备研制水平和工程技术服务能力。加大新一代绿色智能装备、高速重载轨道交通装备研发。开展通信、信号和运营管理系统开发。推进城际铁路、城市轨道新技术新产品示范应用，打造“北京创造”品牌产品和示范工程。

完善轨道交通产业投融资体制，加强试验验证、认证检测等公共服务平台建设，建立轨道交通产业技术研究院和产业创新中心，推动丰台、房山等区域轨道交通产业技术研发、孵化、技术交易等集聚发展，强化对全国的服务支撑作用。

2. 依托“互联网 +”，推动现代服务业高端化发展

（1）促进科技服务业创新发展

从技术支撑、创业支持、优势引领、业态培育、市场拓展五大方面，推动科技服务业发展。完善创新创业服务体系，重点发展研究开发、技术转移、检验检测认证、创业孵化、知识产权、科技咨询、科技金融、科学技术普及等专业科技服务和设计服务，工程技术服务，科技文化融合等特色科技服务。培育支撑行业转型升级和服务全国市场的综合科技服务业。鼓励各类新型科技服务业态发展。促进科技服务业向专业化、网络化、规模化、国际化方向发展，扩大技术交易市场。优化空间布局，在高端产业功能区建设一批科技服务业综合基地。

（2）实施“互联网 +”行动计划

顺应世界“互联网 +”发展趋势，加快信息技术向传统产业融合渗透，促进基于互联网的产业组织、商业模式等创新，发展分享经济。大力拓展互联网与经济社会各领域融合的广度和深度，推动经济提质增效和转型升级，培育新兴业态，打造新的增长点。围绕创新创业、制造业、农业、金融业等重点领域推进“互联网 +”行动。提升信息安全保障能力，建立基于自主可控基础软硬件的通用开发与运行支撑平台，以及信息安全研发等共性服务平台。

（3）提升信息服务业高端发展能力

大力推广应用物联网、大数据等新一代信息技术，推动信息数据资源开放共享，构建一批数字化公共服务平台。支持基于互联网的产业组织、商业模式、供应链、物流链创新，拓展开放共享的网络经济空间。发展北斗导航位置服务。继续支持软件服务业发展，打造全球软件业领先接包地和全国软件发包地。按照京津冀区域整体功能定位，对云计算、物联网、数字导航、数字高清等信息服务产业基地进行科学合理规划布局，促进信息服务业集群式发展。

3. 以“设计之都”建设为龙头，深化科技与文化融合发展

（1）全面推进“设计之都”建设

提升北京“设计之都”国际影响力，推进北京设计的全球化进程。以联合国教科文组织创意城市网络为平台，加强与教科文组织创意城市网络成员间的交流与合作。加快建设联合国教科文组织国际创意与可持续发展中心（ICCSD）（第 2 类），举办联合国教科文组织创意城市北京峰会等国际品牌设计活动。

聚焦设计产业优势领域，培育一批“设计之都”领军企业、示范企业以及特色企业。实施首都设计提升计划，鼓励设计服务与相关产业深度融合发展，推动优秀民族文化元素提取与现代创新设计，在开发利用中保护、传承、弘扬优秀传统文化。培育一批代表“北京设计”水平的设计创新中心，汇聚国内外高端设计、创意资源，吸引国际一流设计组织、跨国公司和境外著名设计机构来京设立

设计中心或分支机构。

面向城市建设需求，鼓励通过设计集成新技术、新材料、新工艺的科技成果，提升城市品质。加快北京工业设计创意产业基地（DRC）、中国设计交易市场等园区建设。加强知识产权保护，建立快速维权机制。鼓励建立设计产业创新联盟，开展区域合作和创新交流。推动中国设计红星奖、北京国际设计周、“设计之都—设计之旅”等品牌活动，打造“设计之都”品牌群，提升影响力。

专栏 9 “设计之都”建设

紧扣全国科技创新中心和文化中心城市功能定位，围绕“一个品牌，二条主线，四大环节”开展工作。即‘设计之都’品牌；设计 + 制造、设计 + 城市发展等，技术 + 出版、技术 + 影视两条主线；创意创作、设计制作、展示传播和消费体验四大环节。聚焦设计产业自身提升和设计提升产业两方面，带动一批关键共性技术突破与成果推广应用，培育一批设计服务及文化科技领军企业。

（2）提升科技支撑文化发展水平

围绕文化产业科技需求，开展文化内容创意创作、设计制作、展示传播、用户体验等环节关键共性技术研究。强化科技成果转化应用，推动传统产业升级，加强文化艺术、文化传媒、影视科技、新闻出版、网络文化、健康医疗等行业关键设备与集成系统研发，提高重点文化领域的技术装备水平。培育一批特色鲜明、创新能力强的文化科技企业，推进文化科技创新。合理保护利用传统文化资源，将传统文化资源利用与现代设计产业发展有机融合，弘扬民族文化，带动文化消费。加快文化公共服务平台网络化和数字化建设，推动公共文化资源共享，加强历史文化资源数字化保护和开发利用，提升公共文化服务能力。

（3）鼓励新型文化业态发展

加强文化领域技术集成创新与模式创新，培育新兴文化产业。促进云计算、物联网、大数据等信息技术在文化产业的应用。推进国家级文化创意产业示范区建设，发展创意设计产业。大力培育发展动漫游戏、视听新媒体、绿色印刷等新型文化业态，以文化与科技融合催生更多的文化产品与服务新业态，重点推进新媒体、数字出版、智慧旅游等文化产业跨越发展。

（4）推进中关村国家级文化和科技融合示范基地建设

依托海淀、东城、西城、石景山、朝阳等重点文化产业集聚区，围绕中关村国家级文化和科技融合示范基地建设，打造“设计之都”核心区、数字内容集聚区、文化设计融合区。完善文化科技创新服务体系，搭建文化科技融合公共服务平台。鼓励建立文化科技融合产业技术创新战略联盟。推进专业孵化器建设，加强文化科技企业孵化、技术成果转移转化等服务体系建设。加快培育文化科技融合特色突出的市级文化创意产业示范园区，推动区域资源整合和产业协作。

4. 以北京国家现代农业科技城建设为抓手，引领现代农业创新发展

重点建设昌平、顺义、通州等农业科技园，实现一二三产业融合发展，发挥北京国家现代农业科技城对全国的辐射带动作用。

（1）加快推进现代种业发展

实施良种增产增效工程，以生物育种技术为支撑，以良种创制与种业交易中心为依托，以种业

特色园区为载体，着力于作物、畜禽、林果蔬菜、花卉、水产、中药六大种业体系科技创新，探索构建新型种业体系，推进培育、繁殖、推广一体化建设，提高种业自主创新能力和成果转化效率，促进种业做大做强，实现都市型现代农业增产增效。

（2）促进农业安全投入品及食品营养健康产业高端发展

实施农业安全投入品科技保障工程和食品制造业升级科技惠民工程，以生物制造技术为支撑，构建生物肥料、生物农药、生物饲料、兽用生物制品等安全投入品研发平台，促进成果产业化，做大做强生物农业。以农产品加工新技术为支撑，推动技术研发与升级，完善食品监测体系，强化功能食品、营养健康食品开发，提高本市食品的生产效率、安全水平和供给能力。

（3）推动农业装备制造业向智能化发展

实施农业智能装备应用科技促进工程，以互联网、物联网、大数据和云服务技术为支撑，着力推动设施农业和农机装备创新发展。开展关键共性技术和重大产品研发，强化成果示范应用，推动智能农业发展，促进劳动生产率和土地产出率稳步提高。

（4）发展节水节能高效生态农业

实施农业节水节能高效科技支撑工程和生态农业发展科技引领工程，以新材料技术为支撑，以节水和光伏农业为重点，提高农业资源利用效率，转变农业发展方式。以低碳循环技术为支撑，以清洁农业生产、减少面源污染、生物质能源高效利用为重点，着力发展生物燃气及循环农业，推动技术成果集成、示范和应用。着力构建与首都功能定位相一致，与二、三产业发展相融合，与京津冀协同发展相衔接的农业产业结构。

专栏 10　打造农业高端产业链

现代种业	农业智能装备	食品制造与营养健康	农业安全投入品	生物燃气
包括基因组学、分子育种等技术研究：建立成果产权价值化和商业化评估体系：鼓励技术、机制和商业模式融合创新：推动种业科技成果产业化、规模化发展：构建良种创制—成果托管—交易促进—产业化开发的全链条现代种业体系建设。	建立全国智能农业装备研发中心；开发农艺与信息相融合的智能农业装备：成立农业智能装备产业战略联盟：探索众筹等成果推广模式：构建研发—产品—推广—产业服务的全产业链体系建设。	开展包括功能和活性成分分离提取等关键共性技术研究与应用：开展营养与食品工艺和装备研发中试及产业化示范及推广的全产业链体系。	组织包括农业安全投入品核心技术研发：搭建安全投入品科技创新服务平台：构建全产业链体系。	开展生物燃气生产利用高端技术及装备的研发；搭建生物燃气产业技术创新服务平台；开展生物燃气生产利用技术及工程装备示范推广；构建技术创新—搭建平台—示范推广—商业模式的全产业链体系。
2020 年种业交易额达到 150 亿元	2020 年智能装备销售收入 30 亿元		2020 年农业安全投入品总产值 80 亿～100 亿元	

（三）制定科技冬奥行动计划，为2022年北京冬奥会做好科技支撑

深入贯彻“以运动员为中心、可持续发展、节俭办赛”的申办理念，制定实施2022科技冬奥行动计划。打造北京北部和张家口、承德地区绿色生态走廊、绿色能源走廊、绿色交通走廊、绿色食品走廊，创建低碳、清洁、优美、安全、便捷的奥运会举办环境。在体育技术与设施、数字化观赛等领域加强科技攻关与转化应用。充分利用“互联网+”相关技术，构建能源、交通、安防等智能综合管理体系。开展冬奥会气象保障相关技术研究，强化对高山冰雪运动的气象保障能力。努力将2022年北京冬奥会办成精彩、非凡、卓越的奥运盛会，成为展示我国高新技术和创新实力的窗口和舞台。

五、服务区域发展战略，构建协同创新开放共享新格局

（一）优化首都创新布局，夯实协同创新发展基础

1.加强空间统筹协调

优化首都科技创新空间格局，强化“三大科技城”和以北京经济技术开发区为代表的创新型产业集群的科技创新引领作用，加强六大高端产业功能区和四个高端产业新区的产业发展带动作用，明确中关村国家自主创新示范区各园区发展功能和产业定位，坚持综合性园区与专业化园区发展相结合，坚持主导产业和特色产业发展相结合。强化统筹协调，对非首都功能疏解后腾退出的空间进行合理再布局，统筹规划科研用地、中试用地和高端产业用地，优先建设研发创新聚集区。

2.推进差异化发展

围绕全国科技创新中心建设总体目标，引导各区和重点园区结合各自功能定位、资源禀赋、发展阶段、优势特色和基础条件，形成主体功能清晰、发展导向明确、建设秩序规范的发展格局。首都自主创新中心区（城六区）重点推进基础科学、战略前沿高技术和高端服务业创新发展；首都高端引领型产业承载区（城六区以外的平原地区）重点加快科技成果转化，推进生产性服务业、战略性新兴产业和高端制造业创新发展；首都绿色创新发展区（山区）重点实现旅游休闲、绿色能源等低碳高端产业创新发展。

3.推动产学研用协同创新

建立政府部门分工协作工作机制，实现部门协同，在基础研究、应用开发、中试、市场化等技术创新全链条为企业创新创业提供服务。加强创新战略、科技计划与科技政策的统筹协调。发挥政府引导作用，市场导向明确的科技项目由企业牵头、联合高等学校和科研院所共同实施。加强中关村国家自主创新示范区先行先试政策、北京经济技术开发区产业促进政策、顺义天竺保税区税收和外汇政策等的政策统筹集成。

（二）建设京津冀创新共同体，形成区域协同创新中心

1.优化协同创新格局

构建分工合理的京津冀创新发展格局。明确北京市、天津市、河北省科技创新优先领域，实现

合理分工与有序协作，促进区域间、产业间循环式布局。北京市重点提升原始创新和技术服务能力，打造技术创新总部聚集地、科技成果交易区、全球高端创新中心及创新型人才聚集中心。天津市重点提高应用研究与工程技术研发转化能力，打造产业创新中心、高水平现代制造研发转化基地和科技型中小企业创新创业示范区。河北省重点强化科技创新成果应用和示范推广能力，建设科技成果孵化转化中心、重点产业技术研发基地、科技支撑产业结构调整和转型升级试验区。

2. 建立协同创新三大机制

建立政策互动机制。研究在京津冀区域实现高新技术企业互认备案、科技成果处置收益统一化、推行创新券制度等，探索风险共担和利益分享模式，推动中关村国家自主创新示范区政策在京津冀相关地区落地。研究自主创新示范区、自贸区、保税区等政策叠加对协同创新的激励方式，探索“负面清单”“权力清单”等行政管理体制改革模式。研究促进创新人才跨区域流动的政策措施。

建立资源共享机制。整合京津冀地区科技信息资源，促进三地科技项目库、成果库、专家库、人才库等资源互动共享。利用中国（北京）跨国技术转移大会等国际创新合作平台，推动国际创新项目成果在京津冀地区落地。推动共享专家智库信息，定期开展京津冀人才培训班。推动成立产业、专业领域等多种形式联盟，发挥联盟在京津冀协同创新中的优势作用，通过联合引资引智引技，促进京津冀产业对接合作和优化升级。

建立市场开放机制。加强技术交易团队培养和技术转移机构培育，促进京津冀技术市场交易一体化，向京津冀地区全境辐射。支持新技术新产品（服务）和首台（套）重大技术装备服务京津冀三地生态环境治理、产业转型升级等重大需求。设立“京津冀科技成果转化投资基金”，引导社会资本投入，加快推进京津冀区域协同发展。

3. 构建协同创新三类平台

构建创新资源平台。共建技术市场，发挥北京科技创新资源优势，加速成果转移转化、技术交易、信息咨询等资源要素在京津冀地区对接共享。共建创新创业孵化中心，结合京津冀地区产业需求，引导投资机构、创业团队等投资创业。

构建创新攻关平台。促进京津冀重点实验室合作共享，选取共同关注的领域，推动三地重点实验室开放共享和产学研合作，联合开展战略研究和基础研究，共同设立京津冀基础研究专项。共建联合攻关研究院，组建京津冀地区科研团队，开展资源型产业可持续发展研究，为三地产业转型升级提供技术支撑和产业示范。

构建创新成果平台。共建创新成果中试基地，将北京相关创新主体的研发成果在京津冀地区进行中试、孵化，推进其产业化发展。共建科技成果转化基地，围绕京津冀地区企业、科研机构等技术需求，组织本市创新资源、科技成果进行对接，鼓励北京地区创业团队、投资机构等在三地进行成果转化。

4. 开展协同创新若干试点

在重点区域和重点领域，完成协同创新重点任务，形成一套可复制、可推广的建设经验，培育一批在京津冀科学布局的科技企业集团，带动京津冀区域协同创新发展。

开展先行先试政策推广试点。总结中关村国家自主创新示范区先行先试经验，将可复制、可推广的政策措施向河北省、天津市的高新技术产业园区及重点承接平台推广。鼓励京津冀国家级开发区共建跨区域合作园区或合作联盟，打造京津冀科技创新园区链。

开展产业转移升级试点。围绕新材料、生物医药、节能环保、新能源汽车等产业发展，引导北京创新成果在合作区域产业化，促进以创新驱动为主导的高端产业在京津冀地区逐步形成。围绕钢铁、电力、建材、服装纺织等传统型产业，发挥首都创新优势，以先进技术和设计理念全面助推区域产业转型升级。

开展生态文明建设先行试点。从食品安全、水源保护、矿产资源优化利用、绿色能源示范、大气环境治理、智慧旅游等多个方面提升张家口、承德地区的生态安全水平，为京津冀生态环境联动建设提供支撑。推动与河北省张家口、承德市共建生态文明先行示范区。

开展科技金融创新试点。建立科技金融合作平台，拓展投融资渠道，完善科技成果转化平台市场化运营机制，探索形成金融服务实体经济、促进经济结构调整和转型升级的新模式。

（三）促进区域资源成果共享，服务全国创新发展

1. 构建区域创新合作网络

搭建区域创新合作网络，加强与"一带一路"、长江经济带、振兴东北老工业基地、西部开发等发展战略涉及的省区市在电子信息、量子通信、生物医药、新材料、先进制造、航空航天、新能源、节能环保、科技金融等重点领域的合作，引导科技资源的流动与利用。建立科技合作交流与协商机制，结合各地区特点和需求，设定具体合作目标。支持并规范各类科技服务机构发展，引导其参与区域创新合作。

2. 实施创新资源成果共享工程

全面推广"一站一台"合作模式。以首都科技条件平台区域合作站（一站）建设为核心，建立跨区域科技条件信息平台，推动北京与国内各区域创新资源对接与共享。以北京技术市场服务平台（一台）建设为核心，建立跨区域科技成果信息平台和成果转化对接与技术转移转让的绿色通道，促进技术交易、知识产权保护、创业投资协作及科技咨询服务的跨区域交流与合作。建设一批跨领域、跨区域的协同创新机构，促进与京外企业、高等学校、科研院所的联合，推动科技成果跨区域转移落地。推广北京—贵阳大数据应用展示中心模式，加大科技传播影响力。

3. 推进重点合作区域和领域优先发展

与上海、江苏、浙江、安徽等长江中下游省市重点推进基础研究和战略高技术领域的合作；与广东、福建等东南沿海省份重点推进产业关键技术、创新创业等领域的合作；与东北、中西部等地区重点推进技术转移、成果转化、产业转型升级等方面的合作；加强与港澳台全方位合作交流。深化与贵阳市在大数据产业等领域的科技创新合作，推动与赤峰市、昆明市、大同市等城市在科技资源开放共享、科技成果转移转化、科技人才交流等方面的合作。

（四）把握国际化重大机遇，形成全球开放创新核心区

1. 营造国际化创新环境

搭建高端合作交流平台。继续举办中国（北京）跨国技术转移大会、中国北京国际科技产业博览会、

中国（北京）国际服务贸易交易会、联合国教科文组织创意城市北京峰会，引进国际知名的品牌展会在京落户，打造国际活动聚集之都。构筑全球互动的技术转移网络，推动中国国际技术转移中心、亚欧科技创新合作中心、中意技术转移中心、中韩企业合作创新中心等国际技术转移中心的建设，形成面向全球的技术转移集聚区。进一步整合科技与贸易服务优质政策资源，不断推进北京国际科技贸易基地建设，拓宽与美国、德国、日本等发达国家的科技合作领域。

优化国际化服务环境。加快推进与国际接轨的服务标准、市场规则、法律法规等制度规范建设。完善法治化、国际化、便利化的企业营商环境，建立便利跨境电子商务等新型贸易方式。吸引国际组织总部落户北京，将本市建设成为国际性智库集聚地和技术创新总部集聚地。充分发挥海关特殊监管区域政策功能优势，进一步提高投资贸易通关便利化水平。

2. 集聚全球创新资源

吸引全球高端人才和国际风险资本，促进国际高端科技成果在京落地。在全球范围引进诺贝尔奖获得者、首席科学家等世界级顶尖人才和团队来京发展。放宽国外风险资本投资政策，吸引风险投资企业在京参与科技成果转化活动。完善外商投资创业投资企业相关规定，积极引导境外资本投向创新领域。研究保险资金投资创业基金的相关政策。

吸引国际高端创新机构来京发展。鼓励跨国公司在京设立研发中心，并升级成为参与母公司核心技术研发的大区域研发中心和开放式创新平台。引导国内资本与国际优秀创业服务机构合作建立创业联盟或成立创新创业基金。吸引国际科技组织在京聚集，支持北京地区高等学校、科研院所吸引国际科技组织在京设立分支机构。

3. 支持国际化科技创新合作

积极培育具有较强竞争力的本土国际品牌企业和跨国集团，形成一批行业龙头企业、创新型领军企业。加快海外知识产权布局，鼓励企业在海外布局研发中心，通过并购方式整合国外人才、技术、品牌等资源。鼓励企业通过对外直接投资、技术转让与许可等方式实施外向型技术转移。加大对创业投资机构境外投资的支持力度，研究建立境外投资信息引导平台。

支持服务创新国际化。完善市场化、国际化、专业化的服务体系，建立全球创新联络站，促进科技园区国际化，拓展国际合作窗口。深入实施北京市服务业扩大开放综合试点，放宽市场准入、改革监管模式、优化市场环境，形成与国际接轨的服务业扩大开放新格局，推动科技服务加快融入全球化进程。

六、深化全面创新改革，建成全球创新人才首选地

（一）打造中关村制度创新升级版

1. 系统推进新一轮改革试点

用足用好现有“1+6”和“新四条”等系列试点政策，强化中关村创新平台功能，完善“一区多园”统筹发展机制。深入开展政策实施效果评估，依据新形势、新需求对政策进行动态调整，增强政策的延续性、灵活性和实用性，并及时向全国推广。北京市和中央在京单位的改革合力，探索新

一轮更高层面、更宽领域的改革试点，进行新的政策设计，在充分调动科技人员创新创业积极性上再形成新一批政策突破。坚持问题导向和需求导向，着力在激发创新者动力和活力、深化开放创新、鼓励新兴业态和商业模式创新等方面实现突破。

2. 营造良好投资环境

加快国家科技金融创新中心建设。完善创业投资引导机制，通过政府股权投资、引导基金、政府购买服务、政府与社会资本合作（PPP）等市场化投入方式，引导社会资金投入高技术产业初创期、早中期科技型中小企业，培育相关产业发展。打造具有全球影响力的“前孵化”创新服务平台，推动国内外具有重大价值、技术尚处于应用探索或预先研究阶段的重大科技转化项目在京落地。扩大科技成果转化引导基金规模，完善战略性新兴产业创业投资引导基金、中小企业发展基金投入机制，带动社会资本支持科技创新领域。按照国家税制改革的总体方向与要求，对包括天使投资在内的投向种子期、初创期等创新活动的投资，研究探索相关税收支持政策。结合国有企业改革建立国有资本创业投资基金制度，完善国有创投机构激励约束机制。健全创新创业投融资机制，不断创新股、债、贷、担保、保险等科技金融产品和工具。选择符合条件的银行业金融机构在中关村国家自主创新示范区探索为科技创新创业企业提供股权债权相结合的融资服务方式；鼓励符合条件的银行业金融机构在依法合规、风险可控前提下，与创业投资、股权投资机构实现投贷联动。

发挥多层次资本市场作用，支持全国中小企业股份转让系统（“新三板”）和区域性股权市场发展，大力推动优先股、资产证券化、私募债等产品创新。推动互联网金融创新中心建设。完善社会资本筹集机制，鼓励“众筹、众包、众创、众扶”的融资模式。稳步推进科技型、创新型企业在上海、深圳证券交易所上市，推动企业通过发行债券、并购重组等方式做大做强。

3. 建设国际一流创新创业生态

落实国家“双创”政策，建设一批国家级创新平台和“双创”基地，实施“创业中国中关村引领工程”，鼓励龙头骨干企业、科研院所、高等学校建设市场化的众创空间，服务实体经济转型升级。引导众创空间自主探索、自我管理、自律发展。依托社会机构组织开展众创空间评选、创业项目遴选、业务指导和监督管理。实施中关村大街改造提升工程，加快海淀区“一城三街”建设，完善创新生态体系和创新链条。深入推进国家科技服务业区域试点、北京市服务业扩大开放综合试点、中关村现代服务业试点。降低科技服务领域外资准入门槛，引导和鼓励国内资本与境外资本合作设立新型创业孵化平台。

完善商事服务机制，全面推进“五证合一、一照一码”登记制度改革，推进全程电子化登记与审核服务。开展企业自治名称和经营范围以及科技类、文化创意类企业住所和经营场所分离登记管理试点，探索集群注册登记模式，积极推进“先照后证”改革，实现便捷登记。深入落实有限合伙制创业投资企业法人合伙人抵扣应纳税所得额的优惠政策，配合国家有关部门继续完善相关政策。

（二）建设全球创新人才港

1. 实施更具吸引力的海外人才集聚政策

深入推进“千人计划”“海聚工程”等领军人才计划。实施“全球顶尖科学家及其创新团队引进计划”，建立人才与项目对接机制。通过国家科学中心等平台聚集一批从事国际前沿科技研究、带动新兴学科发展的科学家团队，引进一批掌握国际领先核心技术、有助于提升技术和产业发展主导权的高端人才，打造世界一流人才发展平台和人才制度高地。

深入落实中关村人才管理改革试验区各项政策，加快开展外籍人才出入境管理改革试点。对符合条件的外籍人才给予签证、居留和工作许可等便利。开展外籍高层次人才取得永久居留资格程序便利化试点，提供完善的医疗、子女教育等相关服务。规范和放宽技术型人才取得外国人永久居留证的条件。对持有外国人永久居留证的外籍高层次人才在创办科技型企业等创新活动方面给予中国籍公民同等待遇。探索中央在京和市属高等学校、科研院所等事业单位聘用外籍人才的新路径，研究制定事业单位招聘外籍人才的认定标准。

在中关村国家自主创新示范区开展外商投资人才中介服务机构放宽外资持股比例试点，引进一批具有国际先进水平的人力资源跨国机构。支持在本市注册的人力资源服务机构走向世界，在国（境）外设立分支机构。

2. 完善人才梯度培养机制

深入实施“北京市科技新星计划”“科技北京百名领军人才培养工程”“北京学者计划”“高层次创新创业人才支持计划”“中关村高端领军人才聚集工程”等人才计划，建立健全人才梯度培养机制。实施“优秀企业家集聚培养工程”，围绕提升首都企业国际竞争力，集聚培养世界级产业领袖、优秀企业家和专业管理人才。推动实施“高技能人才培养带动工程”，带动劳动者队伍的发展壮大和整体素质提高。探索实施差异化的人才扶持政策。

持续推进北京青少年科技创新“雏鹰计划”“翱翔计划”，组织中小学生参加全国青少年科技创新大赛，提升创新实践能力。支持高等学校开展创业教育、创业训练营等活动，鼓励实施“大学生创业引领计划”，带动大学生自主创业。推进部分普通本科高校向应用型转变，探索校企联合招生、联合培养模式，拓宽校企合作育人的途径和方式。支持企业建立高等学校学生实践训练基地，强化产学研联合培养研究生的“双导师制”，增进教学与实践的融合。探索具有较好应用性学科基础和较强工程化能力的市属高校开展办学自主权试点。建立残疾人创业孵化基地，支持残疾人参与各类创新创业活动。

3. 探索人才自主流动机制

开展人才引进使用中的知识产权鉴定制度试点。探索建立灵活多样的创新型人才流动与聘用方式，破除人才流动的体制机制障碍，探索创业创新型人才在企业与机关事业单位之间流动时社保关系转移接续政策，进一步明确职工在机关事业单位与企业之间流动时养老保险的接续方式及补贴标准。制定高等学校、科研院所等事业单位专业技术人员离岗创业的实施细则。允许高等学校和科研院所设立一定比例流动岗位，吸引企业人才兼职，允许教师和科技人员兼职参与科技成果转移转化。试点将企业任职经历作为高校新聘工程类教师的必要条件。建立健全高校弹性学制管理办法，允许在校生休学创业。

4. 健全创新导向的评价激励机制

深化人才市场化评价机制，建立以科研能力和创新成果为导向的科技人才评价标准。探索职称制度分类改革，创新评价标准和办法，推动专利管理领域职称设置工作。引入专业性强、信誉度高的第三方社会机构参与人才评价。

实行以增加知识价值为导向的分配政策，构建体现智力劳动价值的薪酬体系和收入增长机制，充分调动和激发科研积极性和创造性。加大绩效工资分配激励力度，落实科研成果性收入等激励措施，完善分配机制，使科研人员收入与岗位职责、工作业绩、实际贡献紧密联系。深化科技成果转化决策机制改革，建立健全科技成果转化重大事项领导班子集体决策制度，单位领导在履行勤勉尽责义务、没有牟取非法利益的前提下，免除其在科技成果定价中因成果转化后续价值变化产生的决策责任。争取国家层面授权在京高等学校和科研院所执行本市出台的科技成果转化收益分配等政策措施。

（三）发挥市场配置资源的决定性作用

1. 加快营造公平竞争的市场环境

建立完善公平竞争审查机制，加大对不利于创新创业的垄断协议和滥用市场支配地位及其他不正当竞争行为的调查和处置力度。用好市场准入的倒逼机制，提高生产环节和市场准入的相关标准，形成统一权威、公开透明的市场准入标准体系。破除限制新技术新产品新商业模式发展的不合理准入障碍。探索药品、医疗器械等创新产品审评审批制度改革试点。改进互联网、金融、环保、医疗卫生、文化、教育等领域的监管，支持和鼓励新业态、新商业模式发展。进一步贯彻落实促进自主创新的普惠性税收优惠政策。完善全市企业信用信息体系，健全以信用管理为基础的创新创业监管模式。

优化知识产权保护机制。积极发挥知识产权法院的作用，健全知识产权维权援助体系。强化知识产权保护服务，加快形成行政执法、司法审判、调解仲裁等多渠道维权保护模式。加快推进知识产权运营服务试点工作。加强侵权犯罪情报信息交换互动，对反复侵权、恶意侵权的行为人建立黑名单，加大对知识产权侵权案件的查处力度。建立统一共享的小微企业名录，推进统一信用代码工作。

2. 强化企业技术创新主体地位

建立企业主导的产业技术创新机制，发挥企业和企业家在创新决策中的重要作用。市场导向明确的科技项目由企业牵头，更多运用后补助、间接投入等方式支持企业自主决策、先行投入开展研发攻关。鼓励大型企业发挥创新骨干作用，加快培育科技型中小企业。以企业为主导构建一批产业技术创新战略联盟，重点支持产业联盟搭建专利、标准、检测认证、展示推广及国际交流平台。引导企业增加研发投入、建立研发机构，鼓励跨国公司和有条件的民营企业在京设立研发总部。完善市属国有企业科技创新考核激励机制。进一步完善新技术新产品（服务）政府采购及推广应用政策，研究建立符合技术创新和产业发展方向的政府采购技术标准体系，建设面向全国新技术新产品（服务）政府采购应用推广平台，探索新技术新产品首购首用风险补偿机制。

3. 完善科技创新服务平台体系

深入推进首都科技条件平台、首都科技大数据平台、中关村开放实验室等公共服务平台建设，促进重大科技基础设施、大型科研仪器和专利基础信息等资源向社会开放。鼓励小微企业和创业团队通过创新券方式利用国家级、市级重点实验室、工程技术研究中心及北京市设计创新中心等开展研发活动和科技创新。引导科研院所和高等学校为企业技术创新提供支持和服务。加快院士专家工作站、院士专家服务中心建设。

加强研究开发、技术转移和融资、检验检测认证、质量标准、知识产权和科技咨询等科技服务平台建设。鼓励社会化新型研发机构发展，优化重点实验室、工程实验室、工程（技术）研究中心布局。支持创新型孵化器通过自建、收购、合作等方式，在海外设立跨境创业服务平台。加快发展高端创业孵化平台，提供集创业孵化、资本对接、营销服务等为一体的创新创业服务，为创业者提供集约化、专业化、社区化的创新创业环境。

（四）加快推动政府创新治理现代化

1. 强化科技创新法制保障

贯彻落实国家政策法规，统筹推进地方立法，加快完善涉及创新的法规规章体系。加快推进科技创新和科技成果转化地方立法工作，在先行先试的同时，积极探索立法实践，实现立法和改革决策相衔接，及时推动将成熟的政策经验固化上升为法律法规。

坚持依法履职，完善权力清单和责任清单制度。深化行政审批制度改革，规范行政审批行为，优化服务方式，提高行政效能。建立创新政策协调审查机制和调查评价制度。

2. 完善统筹协调机制

完善政府创新治理机制，发挥顶层设计、统筹协调、整体推进、督促落实的作用。加快政府职能从研发管理向创新服务转变，简政放权、放管结合、优化服务。统筹科技、经济、产业、金融等部门创新管理职能，加强创新资源的统筹配置以及科技政策和经济政策的有效衔接。加强首都新型高端智库建设，为首都科技改革发展提供决策支撑。

各相关部门、各区要依据本规划加强自身职能职责与全国科技创新中心建设任务的对接，围绕优先领域、重点任务、重大项目等加强统筹协调。研究制定规划年度实施方案和“折子工程”，逐年逐项细化分解规划目标和重点任务，明确责任分工，抓好督查落实，确保规划目标任务全面完成。

3. 深化财政科研项目和经费管理改革

发挥政府部门在战略、规划、政策、服务等方面的作用。优化整合全市科技计划（专项、基金等）布局，逐步构建全市统一的科技计划管理体系及信息平台，逐步建立与完善依托专业机构管理科研项目的机制。推进科技报告和创新调查制度常态化，建立健全覆盖全过程的监督和评估机制。加强科研信用信息的归集，健全科研信用管理体系。探索符合科技创新规律的财政科技资金投入方式，提高资金使用效率。赋予科研项目承担单位和科研人员开展科研更大的自主权。进一步完善市财政科研项目和经费管理，简化预算编制和评审程序，下放预算调剂、差旅会议咨询费管理和科研仪器设备采购管理等权限，扩大科研基本建设项目自主权；对科研人员因公出国进行分类管理，切实增强科研人员的获得感。

4. 社会组织作用

建立创新治理的社会参与机制，发挥各类行业协会、基金会、科技社团等社会组织在推动创新驱动发展中的作用。改进创新治理的决策机制，完善决策程序，扩大决策参与范围，引入民间和社会公众力量参与决策。发挥学术咨询机构、协会、学会等社会组织力量对规划实施的监督与评估作用，实现创新决策、监督、执行分离，提高决策科学化和民主化水平。大力发展市场化、专业化、社会化创新服务机构和组织，深化科技创新类社会组织登记管理改革试点，推进社会组织诚信体系建设。

5. 培育全社会创新精神

深化实施“首都创新精神培育工程”，弘扬崇尚创新、包容失败的创新文化。新媒体作用，宣传创新典型。倡导百家争鸣、尊重科学家个性的学术文化，增强敢为人先、大胆质疑的创新自信。树立创新光荣、创新致富的社会导向，强化勇于创新、不惧风险、志在领先的企业家精神。

加强科普服务能力，提升公众科学素养。实施科普惠及民生、科学素质提升、科普设施优化、科普产业创新、互联网 + 科普、科普助力创新、科普协同发展等引领工程。举办全国科技活动周暨北京科技周、北京“双创”活动周、创新创业大赛、发明大赛，开展院士专家校园行、企业行、社区行、京郊行等系列科普活动，形成全社会人人关心创新、鼓励创新、尊重创新、保护创新的良好氛围。

天津市科技创新“十三五”规划

“十三五”时期，是天津加快改革开放、实现创新驱动发展的关键时期。为进一步发挥科技创新对经济社会发展的支撑和引领作用，根据《京津冀协同发展规划纲要》《中国制造 2025》《“十三五”国家科技创新规划》《天津市国民经济和社会发展第十三个五年规划纲要》和《天津市中长期科学和技术发展规划纲要（2006—2020 年）》，编制本规划。[1]

一、基础与形势

“十二五”期间，我市科技创新能力实现历史性跃升，科技型中小企业在拉动经济增长、推动产业结构优化升级、增强创新创业活力、增加就业提高收入方面发挥了顶梁柱和生力军的作用。全市综合科技进步水平指数位居全国第三，圆满完成“十二五”科技发展目标任务，创新驱动在全市发展格局中的核心位置更加突出，率先进入国家创新型省市行列。

（一）发展基础

1. 科技创新能力显著提升。累计实施 160 项自主创新产业化重大项目，32 项科技重大专项和示范工程，取得了超级计算机、抗肿瘤疫苗、混合动力汽车控制系统、新型载药支架、高效中空纤维系列膜组件、基于 28 纳米工艺的移动智能手机基带芯片、国内第一台磁力轴承真空分子泵、埃博拉病毒疫苗、GBase8t 通用数据库等一批重大创新成果。2015 年，全社会 R&D 支出达到 500 亿元，比 2010 年翻一番，研发强度达到 3.03%。被国际三大检索系统收录科技论文 2.3 万篇，是 2010 年的 1.6 倍。每万人口发明专利拥有量达到 12.5 件，比 2010 年增加 3.5 件。“十二五”期间累计获得国家科技奖励 79 项。

2. 科技型中小企业对经济转型的带动作用显著增强。大力实施科技小巨人成长计划，实现“五年两跨越”，小巨人取得大作为，成为天津城市名片。2015 年，全市科技型中小企业数量达到 7.3 万家，是 2010 年的 5.7 倍，科技型中小企业占全市企业总数的比重由 9% 提高到 24%；科技小巨人企业数量达到 3453 家，是 2010 年的 4.7 倍。工业科技小巨人企业年产值占全市规上工业企业的比

[1] 天津市发展和改革委员会，津发改规划〔2016〕925 号，2016 年 9 月 26 日。

重从 2010 年的 16% 增长到 48%。

3. 科技进步支撑引领产业升级取得显著成效。2015 年，我市高新技术产业完成工业总产值 8143.2 亿元，是 2010 年的 1.7 倍，占规模以上工业企业总产值的 29.1%；高新技术企业达到 2300 家，是 2010 年的 2.6 倍。国家级科技产业化基地总数达到 28 个，是 2010 年的 1.6 倍。技术合同登记额 539 亿元。战略性新兴产业快速发展，其中，生物医药产业规模达到 1600 亿元，新能源产业达到 563 亿元，节能环保产业达到 931 亿元，科技服务业增加值达到 500 亿，分别是 2010 年的 3.4 倍、2.4 倍、4.7 倍和 1.7 倍。

4. 科技创新体系与环境建设持续优化。获批建设天津国家自主创新示范区、未来科技城，建成天津国际生物医药联合研究院、国家超级计算天津中心、中科院天津工业生物技术研究所等产业创新大平台。累计引进 114 家国家大院大所和科研机构落户天津。新增国家级重点实验室、工程技术研究中心、企业技术中心、孵化器和生产力促进中心 52 个，新增各类市级创新机构、平台和载体 500 余个。认定众创空间 106 家。累计完成 239 家科技型中小企业股份制改造，117 家科技企业上市挂牌，建立了 22 家科技金融对接服务平台，31 家银行建立了 364 个科技金融专营机构，4 家银行建立了科技支行。组建了科技融资控股集团，形成了多元化、多渠道的科技投融资体系。推动创新创业的政策体系不断完善，科技体制改革有序推进，科技资源统筹协调进一步加强，创新创业氛围渐趋浓厚。

5. 高层次科技人才队伍不断壮大。在津两院院士达到 36 名、国家“千人计划”人才 140 人、国家杰出青年科学基金获得者 75 人、国家 973 计划项目首席科学家 37 人、国家优秀创新群体 44 个，分别是 2010 年的 1.1 倍、3.3 倍、1.5 倍、3 倍和 2.8 倍。培育和聚集国家科技创新创业人才 53 名，建成国家创新人才培养基地 3 家。入选天津“千人计划”达到 534 人、新型企业家培养工程人才 584 人、天津市创新人才推进计划 241 人、天津市人才发展特殊支持计划 70 人。每万名劳动力中研发人员由 2010 年的 54 人年增加到 73 人年。全市公民科学素质达标率提高到 10% 以上。

6. 区域协同与开放创新步伐不断加快。推动京津冀协同创新共同体建设，加快形成武清、宝坻、东丽等五大创新社区为载体的特色产业集群，引进 1000 多家中关村企业落户。部市会商、院地合作、委区共建工作机制不断完善，累计承担国家重大科技项目 5000 多项，获得国家经费支持超过 80 亿元。与中科院、工程院、军事医学科学院等 20 多个中央院所和科技集团建立了深层次院地合作关系。全国科技进步先进区（县）增加到 6 个。与 60 多个国家和地区、60 余个海外政府机构、二百个国际知名大学、科研机构、科技产业园区建立了科技合作关系，形成了 200 余项实质性国际合作项目。

过去 5 年，天津科技创新取得长足进步，主要得益于：一是市委、市政府始终坚持科技创新的战略核心地位，把科技创新作为引领经济社会发展的核心动力，形成了全社会重视科技创新、依靠科技创新、投资科技创新的良好氛围。二是聚焦科技型中小企业发展，把科技小巨人作为加快转变发展方式、提升科技创新能力的关键一招，大力推进政策聚焦、工作聚力、服务聚心、筑巢聚才、宣传聚势，科技型中小企业呈现“铺天盖地、顶天立地”的发展局面。三是按照开放与协同创新的发展路径，坚持深化改革与扩大开放，创新体制机制，大力集聚国内外高端创新资源，使天津科技研发实力与创新能力跃上新台阶。

（二）面临形势

1. 从国际看，新一轮科技革命和产业革命蓄势待发，全球科技呈现多点突破、交叉汇聚的态势，颠覆性的技术不断涌现。科技创新愈加成为世界各国、各地区的竞争焦点，许多国家及地区纷纷发布后金融危机时代的创新战略，战略核心指向加大科技创新投资力度，力图加快创新驱动发展。主要发达国家掀起了“向制造业回归”的浪潮，德国提出工业 4.0 计划，美国提出制造业创新网络计划。产业跨界融合发展呈现加速趋势，培育创新型产业集群成为各国新兴产业发展的重要选择。

2. 从国内看，我国经济发展进入新常态，新时期加强供给侧结构性改革已成为我国培育增长新动能、形成发展新优势的重要举措，为科技创新拓展了更大发展空间。突破人口资源环境的瓶颈制约，推进新型工业化、信息化、城镇化、绿色化深入发展，全面建成小康社会，对科技创新提出了更大需求。全国创新创业潮不断涌现，“创”时代来临，创新创业成为经济转型、提质增效的重大举措。实施创新驱动发展战略已成为适应新常态、引领新常态的根本要求，各省市竞相出台新举措，国内呈现区域协同创新开放创新的新局面。

3. 从天津看，我市正处在新的历史起点上，京津冀协同发展、自主创新示范区建设、自由贸易试验区建设、“一带一路”建设、滨海新区开发开放五大国家战略叠加，机遇千载难逢。同时，科技创新面临的问题依然突出，主要是：创新链、产业链、资金链和服务链的结合不够紧密，创新优势和产业优势相互转化能力不强；科技创新投入力度相比先进地区差距较大，重大原创科技成果较少；创新型领军企业数量不多、实力不强，创新型产业集群尚未形成；创新创业生态系统不完善，科技服务水平亟待提升；科技成果转化等深层次的科技体制机制瓶颈问题尚未破解，全社会创新创业活力不足。

“十三五”时期，要落实中央对天津定位、推动美丽天津建设取得决定性进展，必须紧紧把握国际、国内和我市发展的战略性机遇期，按照市委市政府打造小巨人升级版等重大战略部署，坚持创新发展不动摇、推动以科技创新为核心的全面创新，积极主动迎接国内外的竞争和挑战，大力聚集全球科技创新资源和要素，释放科技创新创业潜能，打造天津发展新动力，培育竞争新优势。

二、发展思路、目标与总体部署

（一）发展思路

深入贯彻党的十八大和十八届三中、四中、五中全会精神，全面落实创新驱动发展战略、京津冀协同发展战略，遵循国家中长期科技发展指导方针，牢固树立创新、协调、绿色、开放、共享的发展理念，按照“引领发展、支撑产业、开放协同、双创突破”的总体要求，促进科技与经济结合，抢抓机遇、敢为人先，大力推动以科技创新为核心的全面创新，促进创新链、产业链、资金链、服务链四链深度融合发展，加快形成大众创业、万众创新的局面，显著提升自主创新能力、产业竞争力和综合科技实力，为建设美丽天津，实现全国先进制造研发基地、北方国际航运核心区、金融创新运营示范区、改革开放先行区“一基地三区”定位，全面建成高质量小康社会提供强有力的创新支撑。

（二）总体要求

——坚持把“引领发展”作为根本任务。以科技创新引领全面创新，将增强自主创新能力作为科技发展的战略基点。以创新促转型，以转型促发展，破解经济社会发展的瓶颈，推动经济社会发展从要素驱动向创新驱动转变、从粗放发展向低碳集约转变，尽快走上创新驱动、内生增长的轨道。

——坚持把“支撑产业”作为战略重点。把建设产业创新中心作为做好供给侧结构改革的重大举措，面向科技促进经济社会发展的主战场，围绕产业链部署创新链，围绕创新链完善资金链和服务链，着力解决关系未来发展的重大科学问题和关键技术问题，着力推动高新技术提升传统产业，加快推进科技创新支撑产业发展，加快建设先进制造研发基地。

——坚持把“开放协同”作为重要路径。坚持把国际化开放创新、京津冀协同创新作为重要路径，以全球视野，拓宽创新资源吸纳渠道，促进国际科技交流合作，谋求产业创新的全球化战略布局。深化部市合作、院地合作，加快京津冀协同创新，构建跨区域协同创新体系，实现区域内创新要素无障碍流动，以科技大开放促进科技大发展。

——坚持把“双创突破”作为关键环节。开创大众创业、万众创新的新局面，形成实施创新驱动发展战略的新动能。深化科技体制改革和京津冀全面创新改革，破除一切制约创新的思想障碍和制度藩篱，增强创新能力、提升创业活力。发挥国家自主创新示范区的核心带动作用，充分释放创新活力和改革红利，面向全球组织创业创新要素和资源，高水平建设“一区二十一园”和“双创”特区，营造公开透明、公平竞争、开放有序的创新创业生态。

（三）发展目标

到 2020 年，努力把天津打造成为经济活力更强、发展动力更足、创新生态更优、发展水平更高的创新创业之都、具有国际影响力的产业创新中心和国际创新型城市。

——科技综合实力保持全国前列。全社会研发支出占地区生产总值比重（R&D/GDP）达到 3.5%，每万人口发明专利拥有量达到 18 件，三大检索系统收录的科技论文数量达到 3 万篇，每万名劳动力中研发人员达到 150 人年，公民科学素质达标率达到 16%，综合科技进步水平在全国各省市中保持第 3 位。

——产业创新能力明显提高。科技型中小企业总量达到 10 万家，科技小巨人企业达到 5000 家，国家高新技术企业达到 5000 家，科技小巨人领军企业达到 200 家，工业小巨人企业产值占规模以上工业产值的比重达到 55%，撒手锏产品达到 300 项，取得一批有重大影响的科技成果。

——创新体系效能不断提升。集聚 200 家国家级科研院所、海内外高水平研发机构、分支机构及产业化基地。支持企业与国内外高校、科研院所、研发机构等联合建立一批高水平的实验室、工程中心、跨境研发中心等。重点引进并支持 1000 名以上海外高层次人才来津创新创业。

——创新生态系统基本完善。构建健全高效的科技服务体系，科技服务业主营业务收入保持 20% 以上的增长速度。自主创新示范区创新活力显著增强，功能定位全面实现。科技创新政策法规不断完善，科技与金融结合更加紧密，各类创新主体的互动与人才、技术、资本等创新要素的流动更加顺畅，知识产权得到有效保护，科技体制机制改革创新全面深化，全社会创新创业活力有效迸发。

（四）总体部署

未来5年，围绕深入实施创新驱动发展战略，强化与中国制造2025战略、国家中长期科学和技术发展规划纲要及“十三五”重点领域和重大任务的衔接，推进以科技创新为核心的全面创新，系统谋划和部署重点领域、重大任务和重要举措，力争攻克一批进入国际领跑行列的关键技术与产品，形成一批具有先发优势的产业领域。

重点领域。以创新驱动发展转型为主线，围绕我市城市功能定位、产业转型升级、区域协同发展的要求，重点部署12个重点领域，按照从基础研究到应用研究的全链条创新过程，布局一批关键技术和产品，全面支撑我市经济社会各领域的协调发展与可持续发展。

重大任务。按照四链深度融合的要求，围绕重点产业发展、科技实力提升和民生科技需求。一是建设25个左右重大平台，按照“产业创新＋孵化培育＋产业集群”三位一体的创新发展模式，支持高校、科研院所创新体制机制、支持企业加强产学研合作，聚集整合国内外科技资源和人才、提升产业研发水平、促进科技成果转化。二是实施10个左右重大专项，成熟一个，启动一个，解决产业重大关键技术、产品、工艺、装备等核心问题，突破一批具有全局性、带动性的关键核心技术，形成一批具有自主知识产权、前瞻性的战略新兴业态。三是实施10个左右重大创新示范工程，促进科技创新成果的集成、应用、示范、推广，发挥示范和辐射带动效应，引领传统产业转型升级和社会民生进步。

重要举措。以完善高效、开放的创新生态系统为导向，着力推进十大举措。一是围绕全市创新驱动发展的总体战略部署，推进实施打造科技小巨人升级版、自主创新示范区建设、京津冀协同创新发展三项举措。二是围绕建设高效率的科技创新体系，夯实创新基础，推进实施提升科技创新体系能级、完善市场化科技服务体系、健全科技金融体系三项举措。三是围绕深化改革和扩大开放，增强创新创业的新动力和新活力，推进实施深化科技体制改革、加强科技人才队伍建设、强化对外开放合作、大力弘扬创新文化四项举措。

三、重点领域

加强与天津市建设全国先进制造研发基地实施方案的衔接，面向我市战略性新兴产业及高新技术改造传统产业等领域，按照四链融合的总体要求，围绕新一代信息技术、高端装备制造等12个重点领域、60个重点方向，开发出200项国内领先的基础研究与前沿技术，实现200项共性技术应用于传统产业改造，突破1000项关键技术和产品，开发一批颠覆性技术，力争攻克20项进入国际领跑行列的关键技术与产品，培育一批具有较强经济带动作用的原创细分产业和新兴业态，引领我市科技创新实现跨越式发展。

（一）新一代信息技术领域

1. 总体布局

重点在集成电路、移动互联网、物联网、大数据与云计算、信息技术改造传统产业 5 个方向，着力突破海量信息处理等 15 项左右基础研究与前沿技术，突破移动智能终端 SoC 芯片设计、智能终端制造等 130 项左右关键技术和产品，促进新兴产业发展和传统产业改造升级。

2. 重点支持的基础研究与前沿技术

海量信息处理理论与技术、信息生成获取理论与技术、信息网络与支撑技术、智能信息处理方法和信息安全理论与技术、微纳电子学、电子与光电子集成技术、新型信息光子学与光电子学效应与器件、生物信息学、量子信息学等。

3. 重点支持的关键技术及产品

——集成电路。重点发展多模式互联网接入与多种应用、系统极低功耗设计、新型智能化仪器仪表芯片设计、高可靠性和安全性金融 IC 卡芯片设计、智能传感器与节点处理器集成、极低功耗芯片设计等。

——移动互联网。重点发展智能终端设计、可穿戴设备操作系统、传感器、移动面板、柔性屏幕、人机交互、搜索软件、浏览器软件、数据库、关键元器件、支付软件等。

——物联网。重点发展有源超高频 RFID、网关接口芯片、微型化智能低功耗传感器、传感器与芯片的封装与集成、多传感器集成与数据融合、面向服务的物联网传输体系架构、基于 IPv6 的新型智能网络传输、传感网与无线局域网融合、物联网智能决策、开放式公共数据服务等。

——大数据与云计算。重点发展分布式高速高可靠性的数据爬取或采集、高速数据解析转换与装载、大容量非易失存储、大数据可视化、可重构计算、面向云计算和大数据的融合架构云数据中心、跨地域多维度多类型融合的云存储设备等。

——信息技术的集成应用。重点发展物联网、移动互联网、云计算、大数据技术在化工、钢铁、冶金、纺织等传统产业的研发设计、生产制造、经营管理、销售服务等全流程和全产业链的综合集成应用等。

（二）高端装备技术领域

1. 总体布局

重点在智能制造共性技术、机器人、成套装备、高性能高可靠性基础零部件 4 个方向，着力突破高精度和智能化制造系统等 20 项左右基础研究与前沿技术，突破高效高速高精密零部件加工等 100 项左右关键技术和产品，培育一批新产业与新兴业态。

2. 重点支持的基础研究与前沿技术

高精度和智能化制造系统、制造业信息化工程技术、微型机械设计与制造技术、增材制造技术；自动化技术重点发展自动化系统的基础支撑、机电复杂系统与智能控制的理论与方法、极限环境下的特种机器人设计与制造技术等。

3. 重点支持的关键技术及产品

——智能制造。重点研发高效高速高精密零部件加工、精密近净成形、数字化控制技术、微机电系统技术、工业传感器核心技术、模块化嵌入式控制系统设计、制造信息互联互通的接口技术、先进控制与优化技术、大型制造工程复杂自动化系统设计等。

——机器人。重点发展高速搬运、重载码垛、喷涂、焊接等工业机器人，医疗手术、家政等服务机器人，水下作业、防控排爆、建筑等特种机器人，RV 减速器、三环减速器、网络化控制器、机器人腕关节等机器人关键零部件。

——成套装备。重点发展列车智能化控制、列车主动维保系统、系统试验验证和可靠性评估等轨道交通成套装备，高精度可靠性液压气压机械传动系统、混合动力驱动系统等海洋工程成套装备，以及建筑成套机械、水电成套设备、输配电成套设备、液压机成套装备、大型成套连轧机组等。

——高性能高可靠性基础零部件制造。重点发展高性能液压气动元件、高速重载齿轮设计制造、中高压螺杆泵、高低压电器产品等。

（三）生物技术与现代医药领域

1. 总体布局

重点在创新药物、医疗器械、生物制造、诊断和医疗、生物医学工程、再生医疗、中成药现代化 7 个方向，着力突破分子生物学、细胞生物学等 28 项左右基础研究与前沿技术，突破高附加值的化学药物剂型改造等 100 项左右关键技术和产品，促进生物技术与现代医药产业壮大。

2. 重点支持的基础研究与前沿技术

分子生物学、细胞生物学、生物生理与病理代谢、生物医学信息与处理、重大疾病相关基因克隆、蛋白质结构和功能研究、重大疾病的诊断与治疗理论、基因工程药物筛选模型、新型疫苗筛选模型、干细胞与重编程、生物材料表面功能化、药物在分子细胞与整体水平上的作用机理、现代中医药理论与制剂等技术。

3. 重点支持的关键技术及产品

——创新药物。重点发展治疗恶性肿瘤心脑血管等药物定向合成新技术、高附加值化学药物剂型改造技术、传统天然药物产品二次开发、组分天然药物开发、天然药物制剂及剂型多样化。

——医疗器械。重点发展高标准移动化数字影像系统、三维高清内镜系统、家用便携式健康监控仪器、关节脊柱和创伤系列骨科相关植入器、微创外科领域高端吻合器、生物降解心脑血管载药支架。

——生物制造。重点发展微生物选育及过程控制技术、生产性能优越的菌种或菌群构造技术、生物质利用成套技术等。

——诊断和医疗。重点发展医疗信息化技术、区域协同医疗服务、差异性医疗服务、健康体检与中医药保健、客户数据深度加工、遗传性疾病与肿瘤个体化诊疗等技术。

——生物医学工程。重点发展医学超声成像关键技术与设备、新型人体生理 / 病理信号监测分析技术和监护设备、医用纳米生物材料与技术、重大疾病的物理治疗康复技术和设备、移动医疗与远程医疗技术与设备等。

——再生医疗。重点发展干细胞移植、干细胞增殖分化、干细胞运用于受损组织的重建技术等。

——中成药现代化。重点发展中药材有效成分提取分离与纯化、中药复方药效物质研究、中药生物效应鉴定、中药虚拟筛选、中药活性成分的分离提取、中药现代化生产过程的检测与质量控制、中成药二次开发等技术。

（四）航空航天领域

1. 总体布局

重点在直升机与无人机、航空飞机制造、火箭卫星应用、民用航空配套 4 个方向，着力突破飞机故障诊断与智能维修等 15 项左右基础研究与前沿技术，突破无人机设计与总装集成等 70 项左右关键技术和产品。

2. 重点支持的基础研究与前沿技术

飞机故障诊断与智能维修、机场 / 空管运行自动化、飞行器建模、飞行器非线性控制、飞行器组合导航与制导、飞行器安全防护等新技术、新方法。

3. 重点支持的关键技术及产品

——直升机与无人机。重点发展无人机设计与总装集成、一体化数字航空飞行控制、无人机载荷、数据链通信及导航、机间信息共享和人机交互、低空空域飞行监视与管理等技术。

——航空飞机制造。重点发展复合材料技术和飞机固定装配、大航电系统设备开发、航空电子电气发动机与起落架等维修检测、适航审定、航空航天用高温特种电线及电缆、航空航天用高端紧固件研发技术等。

——火箭卫星应用。重点发展高分辨率卫星遥感、北斗导航应用、移动（星载、机载、车载、便携）导航终端设备开发、北斗兼容型导航终端及其核心组件开发应用、小卫星制造等技术。

——民用航空配套。飞机零部件维修方面，重点进行飞机 / 发动机故障诊断专家系统、自动检测系统、状态监控系统等。新一代国家空中交通管理方面，重点进行空天地一体化综合信息网络和控制系统、新一代通信导航监视、空管自动化等技术。航空模拟仿真方面，重点进行飞行模拟机、飞机消防应急救援模拟训练等。地面设备通用技术方面，重点开发自制底盘、绿色维修与设备再制造、航空地面特种设备故障诊断、飞行适航认证等技术。

（五）新能源与新能源汽车领域

1. 总体布局

重点在新能源汽车、可再生能源、能源高效存储及转换、智能电网 4 个方向，着力突破风电场运行优化等 20 项左右基础研究与前沿技术，突破高能量长寿命高安全行动力电池等 60 项左右关键技术和产品，培育一批新兴业态。

2. 重点支持的基础研究与前沿技术

风电场运行优化技术、微电网技术、低碳建筑中的可再生能源利用新技术、太阳能高效利用技术、生物质能源技术、基于超低排放的燃烧理论、化石能源高效洁净利用与转化、新能源规模利用的新原理和新途径、高效储能和基于新原理的高效节能技术、面向功能安全的整车控制等技术。

3. 重点支持的关键技术及产品

——新能源汽车。重点发展电驱动态调整控制技术、电动汽车牵引力控制技术、硅碳等新型电池、电动汽车低温充电、第 5 代插电式混合动力公交车动力系统、基于车联网的整车控、通用化系列化的电动专用车等。

——可再生能源。重点发展陆上风电机组发电效率提升、海上风电基础装备开发、风电机组控制、分布式光伏发电系统能效提升、可再生能源安全并网发电等技术。

——能源高效存储。重点发展新型高容量高功率长寿命动力型二次电池制备、氢能高效存储与转换、新型电池材料制备、氢质子交换膜燃料电池制备、超级电容器制造等技术。

——智能电网。重点发展高压特高压输电、大规模间歇式电源并网与储能、高密度多点分布式电流并网、电动汽车充电设施与电网互动协调运行、分布式供能等技术。

（六）新材料领域

1. 总体布局

重点在新型功能材料与复合材料、高性能金属材料、绿色化工材料、3D 打印技术及材料 4 个方向，着力突破新型能源材料等 20 项左右基础研究与前沿技术，突破高性能稀土永磁材料规模化制备等 80 项关键技术和产品。

2. 重点支持的基础研究与前沿技术

新型能源材料、新型光电子材料、新型磁功能材料、新型轻质高性能材料、新型生物医用材料、新型催化材料、新型分离材料等方向研究，突破现代材料设计、通用材料的界面改性、制备与强化技术方面的科学问题和前沿技术问题。

3. 重点支持的关键技术及产品

——新型功能材料与复合材料。重点发展高性能稀土永磁材料规模化制备、纳米材料制备、高性能抗污染膜材料及膜设备、不同类型水处理的膜工艺、石墨烯材料制备、超导材料规模化制备及应用、第三代半导体材料及应用、新型显示材料、先进激光材料及装备等技术。

——高性能金属材料。重点发展环境友好型非高炉炼铁工艺、超纯净钢冶炼工艺、高强高韧耐腐蚀特殊钢冶炼工艺、钢铁生产过程的全自动控制技术、熔融还原炼铁工艺、薄板坯连铸技术、核设施级高端特种钢材制品、轻质高强合金材料等。

——绿色化工材料。重点发展功能化专用化工程塑料新产品及应用、特种工程塑料、树脂共混改性技术、特种性能专用橡胶、特种橡胶专用助剂、特种有机硅改性材料等。

——3D 打印。重点支持细粒径球形钛合金粉末（粒度 20 ~ 30μm）、高强钢、高温合金，光敏树脂、高性能陶瓷、碳纤维增强尼龙复合材料（200℃以上）、彩色柔性塑料以及 PC-ABS 材料等耐高温高强度工程塑料，胶原、壳聚糖等天然医用材料，激光选区熔化（SLM）、激光近净成形（LENS）等技术，大型整体构件激光及电子束送粉 / 送丝熔化沉积等增材制造装备。

（七）节能环保领域

1. 总体布局

重点在大气污染治理、综合节水、土壤和生态修复、废弃物资源化、工业节能、环保服务业 6 个方向，着力突破城市大气复合污染现象机理及防治等 30 项左右基础研究与前沿技术，突破大气环境遥感监测等 80 项左右关键技术和产品。

2. 重点支持的基础研究与前沿技术

城市大气复合污染现象机理及防治、清洁空气与土壤修复、环境事件应急、先进环境监测仪器与智能化生态环境监测、环境污染风险识别与阻断、持久性有机污染物及重金属的迁移机理与控制、固体废物处理处置与综合利用、饮用水安全、再生水风险控制、海水资源综合利用、海岸带生态环境变化机制及生态重建、污灌农区农作物产地的环境质量保障机制与方法等理论与技术。

3. 重点支持的关键技术及产品

——大气污染治理。重点发展重污染天气形成过程中气象场的大气环境质量与气象条件响应关系识别、基于环境大数据的城市大气超级观测与评估、大气多模型集合数据处理、VOCs 小型成套化设备与技术。

——综合节水。重点发展工业废水深度处理与回用、石化冶金行业企业节水减排等行业共性技术，开发喷灌微灌、田间蓄水抗旱保水节灌补水和土壤培肥等节水技术。

——土壤与生态修复。重点发展土壤污染生态风险和健康风险评价、土壤污染植物修复、物理化学治理、地表水河道生态改造、极端条件下工业废水处理、污泥减量化及再利用技术。

——废弃物资源化。重点发展废旧金属拆解破碎回收、尾矿替代植物纤维造纸、新型废旧塑料资源化、废旧动力电池资源化、废钒钛系脱硝催化剂再生及资源化、农业废弃物再利用等技术。

——工业节能。重点发展节能锅炉制造、锅炉节能燃烧、高效 LED 照明、清洁生产、工业余能回收利用等技术。

——环保服务业。重点发展环境质量改善与污染介质修复、环保咨询培训与评估、环境认证与符合性评定、环境监测和污染检测等服务。

（八）海洋技术领域

1. 总体布局

重点在海水淡化、海水直接利用、海水化学资源利用及污海水处理、海洋钻探、海洋监测技术及装备、海洋可再生资源利用 6 个方向，着力突破海洋化工与海水化学资源利用等 14 项左右基础研究与前沿技术，突破大型高倍浓缩多效蒸馏海水淡化等 70 项左右关键技术和产品。

2. 重点支持的基础研究与前沿技术

海洋化工与海水化学资源利用、海水直接利用和海水淡化、海洋生物资源利用、海洋经济重要领域的工程技术、海洋资源环境的可持续发展等方面的基础技术和前沿技术研究，推动深海基础研究基地建设。

3. 重点支持的关键技术及产品

——海水淡化。重点发展海水淡化与综合利用装备、大型高倍浓缩多效蒸馏海水淡化、多效板式蒸馏海水淡化、余热利用海水制冰、海水淡化新型合金蒸发器开发、大型反渗透海水淡化等关键技术与产品。

——海水直接利用。重点发展海水循环冷却、新型环保型海水水处理药剂、大生活用海水技术及相关装备、海水源热泵、深层海水资源开发利用等。

——海水化学资源利用及污海水处理。重点发展海水化学资源利用过程节能高效与产品高值化、浓海水梯级利用、战略性海洋化学资源提取利用、海水淡化水处理药剂研发等技术。

——海洋钻探技术及装备。重点发展 5000 吨级海上石油钻井平台、海上大型钢结构和海洋工程大型模块、钻井船物探船起重铺管船、海上油气开采船液化天然气船等特种作业船舶。

——海洋监测技术及装备。重点发展海洋观测监测与勘探装备、海洋环境远程探测雷达、船载大深度拖曳、深海浮潜标等。

——海洋可再生资源利用技术与装备。重点发展海洋化学资源开发装备、海洋波浪能潮汐能海流能温差能等资源利用装备等。

（九）现代农业领域

1. 总体布局

重点在动植物高效育种、新型兽药、农产品加工贮运、智慧农业、智能农业装备 5 个方向，着力突破重要农艺性状基因克隆及转基因等 15 项左右基础研究与前沿技术，突破农作物蔬菜规模化制繁种、动植物种质资源创新等 70 项左右关键技术和产品，培育一批新兴业态。

2. 重点支持的基础研究与前沿技术

种养殖业主要品种产量品质和抗性等性状形成机理及调控、生物多样性与新品种选育的遗传学、重要农艺性状基因克隆及转基因技术、动植物优异种质资源的挖掘及创新、动植物疫情及致病机理与分子诊断、动植物主要病虫危害、农产品贮藏加工基础理论及技术等。

3. 重点支持的关键技术及产品

——动植物高效育种。重点发展农作物和蔬菜品种的诱变育种、分子靶点与生物学模型设计、动植物品种高通量高密度全基因组标记辅助选择与多基因聚合、生物转基因与体细胞克隆、生物生殖细胞移植等技术。

——新型兽药。重点发展病毒样颗粒疫苗、动物疫病分子诊断、畜禽肠道健康营养、益生菌高密度发酵畜禽产品品质改良的营养调节、饲料添加剂安全与风险评估、畜禽饲料体内外高效转化等技术。

——农产品加工贮运。重点发展农产品精深加工、肉制品与乳制品深加工、果蔬贮运及深加工、智能保鲜、新型保鲜剂、特种经济作物加工等技术。

——智慧农业。重点发展“互联网 + 现代农业”技术，农业精准化生产、农副产品质量安全信息可追溯、农业种养殖环境信息快速联网获取与监测、农业智能控制、智能测土配方施肥、养殖疾病自动诊断与预警、养殖废弃物自动回收、农产品供求信息和物流等技术。

——智能农业装备。重点发展现代智能节水灌溉、农机智能控制、智能保鲜装备、农田精准作业、现代重型拖拉机智能化及整机装配、新型节能环保农用发动机开发、农机定位耕种等技术。

（十）现代服务业领域

1. 总体布局

重点在电子政务与电子商务、现代航运和物流、金融保险服务、科技服务业 4 个方向，着力突破电子政务基础数据库和数据中心网络安全控制等 60 项左右关键技术和产品，搭建一批高端服务平台，促进服务与产业融合，支撑产业创新发展。

2. 重点支持的关键技术及产品

——电子政务与电子商务。重点发展电子政务基础数据库和数据中心的网络安全控制、关键基础数据共享、电子政务中社会应急联动、采用普适计算的政府综合服务支撑平台建设等。

——现代航运与物流。重点开发现代物流系统仿真及应用，全球定位系统（GPS）、地理信息系统（GIS）、遥感系统（RS）等技术在现代物流中的应用，基于 XML 的电子数据交换等技术。

——金融保险服务支撑技术。重点发展网络互联和数据共享、数据仓库和数据挖掘、金融信息安全等技术。

——科技服务业服务支撑平台。重点支持众创空间、企业孵化、科技金融对接、小微企业融资、软件研发外包、创新方法培训、工业设计、工程设计、知识产权等创新服务平台建设。

（十一）人口与健康领域

1. 总体布局

重点在重大疾病及遗传性疾病防治、公共卫生防控、智慧医疗健康、食品安全监控、智慧生活 5 个方向，着力突破基因、神经、免疫等微环境和外部环境对疾病发生作用机理等 13 项左右基础研究与前沿技术，突破恶性肿瘤、心脑血管、代谢病、脑部退行性病变的预防与诊疗等 100 项左右关键技术和产品，提升城乡居民健康水平，带动新兴产业创新发展。

2. 重点支持的基础研究与前沿技术

恶性肿瘤、心脑血管、代谢病、脑部退行性病变等疾病的发病机理以及预防诊疗与康复方面的关键技术研究，基因、神经、免疫等微环境和外部环境对疾病发生作用的机理研究，表观遗传学、群体遗传学等领域新方法、新技术研究，中医药防治重大疾病机理、疗效评价等技术研究，具有原创性重大疾病的早期诊断、防治和治疗的新技术和新方法研究。

3. 重点支持的关键技术及产品

——重大疾病及遗传性疾病防治。细胞遗传学、分子遗传学等方面新技术研究，血液病、器官移植、乳腺癌、心脑血管、创伤愈合、组织修复等方面的临床诊治研究等。

——公共卫生防控。重点支持预防控制、医疗救治、卫生监督等网络建设研究，针对艾滋病、病毒性肝炎、结核病及各种新发传染病的病原体检测、监测和预警系统研究等。

——智慧医疗健康。重点发展移动医疗、远程医疗、健康云、基因诊疗等新兴业态发展，支持基于大数据的云健康服务、健康管理、慢病监测和智慧养老服务等。

——食品安全监控。重点发展食品安全危险性评估、快速检测、预警和风险控制技术，食品中主要污染物残留控制技术，食品生产、加工、储藏、包装、运输过程中安全性控制技术等。

——智慧生活。重点支持可穿戴设备、家居环境、家电物品的智能化、网络化发展，支持企业构建软件、硬件、互联网相融合的智能服务等。

（十二）城市建设与交通领域

1. 总体布局

重点在美丽天津绿化技术、农村城镇化关键技术、智慧建设与智能建筑、智慧交通、智慧港口、公共安全与防灾减灾 6 个方向，着力突破城市重大基础设施等 10 项左右基础研究与前沿技术，突破城市人居环境大数据模型构建等 80 项左右关键技术和产品，促进创新型城市和美丽天津建设。

2. 重点支持的基础研究与前沿技术

城市重大基础设施、大型复杂结构体系设计理论与安全技术、软土地基变形及控制技术、城市灾害机理及控制技术、智能交通技术、海洋灾害监测与预报技术等。

3. 重点支持的关键技术及产品

——美丽天津绿化。重点发展城市人居环境大数据模型构建、城市绿化环境大数据库建设、城市公共用地绿化技术、道路绿化技术、社区绿化技术、人居环境评价标准与评价技术等。

——农村城镇化。重点发展农村城镇化进程中的生态保护修复与改善技术、大城市周边城镇先进规划与方法、农村城镇化虚拟现实与模拟技术、农田保护和土地集约利用技术等。

——智能建筑。重点促进建筑信息模型、建筑可视化、三维打印建造、模块化建筑等先进技术的应用，促进电气集成优化设计、空调节能、照明节能、能耗监测、余热利用、光伏与光热太阳能等建筑节能技术的集成应用与改造等。

——智慧交通。重点发展京津冀区域智慧交通一体化系统建设技术，支持互联网汽车等智能车辆的研发、集成和生产技术，支持车载智能传感器、智能终端、联网通信、汽车智能操作系统建设，支持车辆远程管理与云服务技术等。

——智慧港口。重点发展自动化码头装卸、港口现场监控、关港联动、港口商务与运营管理的信息决策、港口交通配套关键技术等。

——公共安全与防灾减灾。重点发展高危化学品和燃气输送运输动态监管、输油（气、水）管线检测报警关断及维修、事故隐患快速智能诊断、特种设备安全控制、中短期天气精确预报、重大气象灾害及其衍生灾害的预警和监测等技术。

四、重大任务

（一）重大平台

围绕全国先进制造研发基地和具有国际影响力的产业创新中心建设，优选产业重点领域，创新建设模式与建设机制，打造25个左右重大产业创新平台。

1. 优化重大平台建设布局

重点围绕我市生物技术与现代医药、高端装备制造、新一代信息技术、新材料、新能源和新能源汽车、生物医药、现代农业、海洋工程装备、生产性服务业、综合创新十大新兴产业领域，以突破产业发展关键瓶颈问题，培育下一代新兴产业，引领产业转型升级为目标，依托海内外具有领先水平的高校、科研院所，建设5个左右具有行业领先水平和国内外影响力的产业技术研究院。以实现产业研发、转化、产业化的无缝衔接为目标，依托国内具有较强研发转化实力、掌握产业核心技术的企业、高校、科研院所，建设20个左右技术水平高、运营机制新、成果转化优、市场活力强的产业研发转化服务平台。

进一步加大政策支持力度，发挥已建或在建重大平台创新创造活力。积极创造条件，不断升级产业技术研究院或产业研发转化服务平台研发转化与服务实力，建成一批国家级创新中心。

2. 创新重大平台建设模式

以企业为主导建立重大平台。发挥企业创新主体地位和主导作用，健全企业主导产业技术研发创新的体制机制，依托具有国际竞争力的创新型领军企业和龙头企业，在政府引导下，建设一批面向产业的企业研究院等重大平台，增强产业对国内外科技成果、科技人才的吸纳，促进新兴行业产业聚集发展。

以高校院所为主导建立重大平台。发挥高等学校和科研院所在产业创新中的源头作用，建立健全按产业发展重大需求部署创新链的科研运行机制和政策导向，支持、引进有条件的知名高等学校、科研院所建立重大平台，推动高等学校和科研院所面向市场的科技成果转移转化。

以合作共建方式建立重大平台。组织行业骨干企业与科研院所、高等学校合作对接，发挥双方所长、促进优势互补，建立联合开发、成果共享、风险共担的合作机制，共同建立产业创新重大平台，研发重大创新产品，加速科技成果转化。

3. 创新重大平台运营机制

坚持政府引导和市场主导原则，在管理上，探索建立以现代产权制度为基础，所有权与经营权相分离的平台运营机制。在技术上，探索建立技术富集与创新、技术研发与保护的平台管理机制。在人才上，探索建立引进、聚集和充分激发各类优秀团队和人才创新创造活力的选拔、使用与激励机制。在资本上，探索建立灵活便捷的公共财政支持、风险资本介入、高校院所投资的平台建设资金融资机制。在开放合作上，探索建立以项目为牵引、以人才为纽带的对外开放与资源共享机制。

（二）重大专项

围绕经济社会发展重大需求和关键瓶颈问题，重点以企业为主体，组织实施10个左右重大科技专项。

1. 智能制造专项。重点研发制造装备智能化关键技术，突破核心基础零部件智能制造关键材料和工艺，在优势行业推进智能化、数字化车间建设，加快实现“机器换人”和“智能工厂”。

2. 大数据与信息安全专项。重点突破分布式高速高可靠数据采集、高速数据全映像、无线网络与移动通信安全等关键技术，制定一批具有重要作用的标准，打造一批一流研发平台。

3. 科技服务业专项。重点促进促进物联网、智慧技术、云计算等在服务业领域的应用创新和模式示范，推进新能源、新材料、环境、医疗领域检验检测计量标准和溯源体系建设，促进服务模式创新，培育新兴业态。

4. 新药创制专项。针对恶性肿瘤、心脑血管等重大疾病，开展具有重要临床价值的创新药物和专利过期药物仿制研发，推进高端制剂、抗体药物和生物类似药开发；针对禽流感、口蹄疫等危害面广的动物重大病害，开展动物基因工程疫苗研发。

5. 高端医疗器械专项。重点开发大型高端影像设备及核心部件，开发微创手术器材、血液灌流器等创新器械，开发心脏瓣膜、新型血管支架等高端植介入类产品，新一代基因测序等精准个体化医疗产品，提升研发水平、壮大产业规模。

6. 合成生物学专项。重点在化学品制造、天然活性物质人工合成等领域开展生物催化、绿色工艺研发和改良研究，开展高端原料药、珍稀天然活性物质、酶制剂等高附加值产品的研发，推进微生物高通量筛选、系统生物、酶工程等研发平台建设。

7. 营养与健康食品专项。重点开展营养与健康食品的功能因子结构与功能强化技术、靶向设计、营养与功能评价检测、健康营养食品工艺等技术研发与集成，为实现营养与健康食品制造提供技术支撑。

8. 生物育种专项。重点开展农作物种质资源创制及新品种选育，蔬菜商业化育种体系建立与推广，津产粳稻新品种选育及推广，家畜良种繁育、特色淡水鱼品种选育及规模化繁育、海珍品品种选育及规模化繁育等核心技术的研究与应用。

9. 关键材料升级换代专项。重点加强橡胶促进剂与防老剂、新型环保塑料增塑剂与稳定剂的研发制备，加强墨粉树脂、涂料、电子塑封及灌封新材料等电子化学品材料开发，突破中空纤维微滤膜、超滤膜等关键技术，突破砷化镓材料、碳化硅单晶材料等电子材料的研发与产业化技术，突破高端装备用特种合金材料生产技术。

10. 环保技术及装备开发专项。重点开发烟气脱硫脱硝、机动车尾气高效净化等大气污染治理装备、城镇生活污水脱氮除磷深度处理等水污染治理成套装备、生活垃圾资源化处理废旧机电循环利用等固体废物处理装备、重金属氨氮在线监测等环境监测仪器仪表，加快高性能膜、脱硝催化剂纳米级二氧化钛载体、高效滤料等污染控制材料的产业化。

11. 绿色建筑专项。重点开展建筑设计方法、建筑工业化、绿色建材、绿色施工、近零能耗建筑、工业建筑节能、绿色施工装备、既有建筑绿色化改造、建筑废弃物资源化设备和建筑信息模型（BIM）技术的研究与应用，组建 BIM 产业技术创业联盟。

12. 可再生能源专项。重点加快风电、光伏、光热等新能源产业链的延伸和升级，加快智能电网技术的链接，加快新型风电技术研发、新型薄膜光伏产业化、太阳能光热发电技术与装备制造、分布式发电集成示范、微电网技术与装备开发及示范，带动新能源产业及相关产业的高端发展。

（三）重大工程

围绕城市可持续发展总体要求，从支撑产业发展转型、服务社会民生进步两个方面的重大需求出发，以应用促发展，以示范促推广，推进建设10项左右重大创新示范工程。

1. 京津冀大气污染治理重大工程。围绕京津冀电力、冶金、化工、交通等主要污染源节能减排的需求，加强京津冀城市大气环境质量改善技术集成研究，重点促进大气环境监测预警与调控技术、交通运输工具废气控制与提标技术、清洁能源利用技术在重点地区的示范应用，加快技术创新平台与基地建设，构建重大项目区空气质量应急保障和污染联防联控体系。

2. 互联网跨界融合创新重大工程。推动物联网、云计算、大数据、移动互联网等技术在工业生产中的应用，推动传统工业基础设施向工业互联网基础设施演进升级，推动大数据、云计算等互联网技术与服务业的创新融合，面向医疗健康、智慧城市、智能环保、公共服务、金融、科技文化服务、农业服务等领域，开展技术集成和模式创新，催生新的增值服务。

3. 现代中药产业技术升级工程。落实国家中医药发展战略纲要，开展中医药研究的总体设计，在全国率先突破一批中药制药关键技术，促进天津中药产业结构调整；提升中药的质量标准，保证产品质量的均一可控，确保药品的安全性和有效性；降低生产成本，为临床提供安全有效、质优价廉的药品；推动中药现代化进程，促进中药产品进入国际市场。

4. 化学药制剂国际化工程。筛选具有自主知识产权，有市场竞争力的创新药和创新制剂开展国际注册研究；筛选具有市场竞争力的专利过期药进行生产工艺的充分优化，提升产品质量，开展仿制药国际注册研究；按照欧美日等发达国家GMP标准，对重点产品生产线进行升级改造，进行国际认证研究；开展OEM、研发外包、专利许可等国际合作研究。

5. 新能源汽车推广应用重大工程。按照以推广应用带动产业发展，以技术创新支撑产业升级的思路，着力推动多领域应用，加快提升基础设施应用便捷性和网络化、监控平台的服务性和安全性；着力增强产业创新能力，全面提升整车、电池、电机、电控等关键环节技术水平；着力促进产业规模发展，不断提升产业本地配套能力；着力引导商业模式创新，形成以市场为主导的发展环境。

6. 节能技术创新示范重大工程。攻克重点行业关键共性技术，加大关键领域技术集成应用力度，提升节能减排相关产业科技创新能力。在建筑节能、锅炉节能、电机（风机）节能、高效照明、余热余压、计量供热新技术应用、用户侧节电等方向推动建设20项示范工程实现高效利用，培养节能科技小巨人企业创新商业模式，以节能+装备+服务为模式，带动工业节能产业加快发展，为我市节能目标实现提供技术保障。

7. 制造业信息化融合重大工程。面向基础条件较好传统产业和具有较强研发优势的战略新兴产业，支持企业建设信息物理融合系统，支持重点企业全面部署信息化软件，实现产业的精益化、低碳化、节约化，促进制造业向产品设计研发等高附加值方向延展。支持面向行业的第三方制造服务企业蓬勃发展，建设制造业信息化产业联盟。

8. 生态资源保护与生态修复工程。系统调查我市盐碱地区域分布、盐碱类型，对盐碱地的利用与保护进行科学分类。开展不同类型盐碱水土资源渔业综合利用技术示范、耐盐碱品种培育、不同区域特点养殖模式示范、盐碱水渔业改良耕地机制等，制定不同盐碱地资源综合利用技术规范。从耐盐动植物品种推广、生态种养殖、精深加工、副产物综合利用、物流配送等环节，围绕盐碱地农产品开发，加大研发和成果转化力度，建立盐碱农产品特色产业链。

9. 农业新业态创新示范工程。围绕天津市十大区域优势特色产业，推动农业科技特派员创新创业，带动农业产业结构调整和农民创新创业，培育现代都市农业发展的新业态、新商业模式和新服务模式，形成“一、二、三产融合、全链条增值、品牌化、专业化”的现代农业发展态势。

10. 社会治安防控科技重大工程。基于在全市范围内新建的 9.5 万个高清视频监控点位及 1000 余个高清电子卡口，充分运用互联网、物联网、云计算等新一代信息化技术，以及视频监控的图像清晰化处理、视频结构化描述、数据挖掘与数据融合等大数据分析技术，实现我市治安防控视频数据与公安信息化数据的有效关联和综合深度智能化应用。

11. 国际航运中心和物流中心信息技术集成应用重大工程。以建设北方国际航运中心和物流中心为目标，整合我市海运、路运、空运和口岸通关等物流产业相关资源，建立高效的电子政务、电子商务系统，开展现代物流系统的仿真技术、现代物流公共信息平台的标准化技术等物流技术集成创新，搭建国内领先、国际先进的全市物流产业公共服务平台。

五、重要举措

（一）打造科技小巨人升级版

以打造“小巨人大品牌”为中心，以促进经济提质增效升级为重点，以全面创新改革为动力，充分发挥市场配置资源的主导作用和更好地发挥政府引导作用，发挥企业创新主体作用，推动科技企业创新能力升级、规模升级和服务升级，促进科技型企业做优做强做大。

1. 着力推进能力升级。开展小巨人企业创新转型升级试点，遴选影响力大、发展潜力好、自主创新能力强的科技小巨人企业，开展“一企一策”服务；组织实施由小巨人企业牵头、产学研合作的重大创新项目。实施科技小巨人自主品牌培育计划。集中各方面资源，采取多种措施，推动符合条件的科技型中小企业认定为国家和市级高新技术企业。围绕战略性新兴产业和优势产业，加强创新要素和资源的融合共享，建设一批产业技术研究院和产业技术创新战略联盟。组织实施“百家领军企业创新联盟 511 工程”，加快科技小巨人产业链上下游协同创新发展。用 5 年时间，建设 100 个领军企业联盟，形成 10 个超千亿的创新型产业集群。鼓励高校和科研院所服务企业创新发展，共建产学研协同创新平台。支持企业通过多种形式建设重点实验室、工程中心、跨境研发中心等创新平台。推动科技小巨人企业参与实施重大科技创新项目。实施企业高端人才引进培养工程。

2. 着力推进规模升级。以培育超 50 亿元、10 亿元、5 亿元企业为目标，选择高成长企业，逐企制定培育目标，制定个性化帮扶方案。鼓励企业充分利用境内外两种资源，以提升企业产品水平、技术含量、国内外竞争力等为目的开展收购、兼并或合作。鼓励企业通过技术创新和模式创新从制造环节向服务延伸，鼓励企业走出裂变式快速发展的路子。实施互联网跨界融合创新示范工程，支持企业“触网”。鼓励企业利用资本市场，通过资本运作，实现快速持续发展。以国家自主创新示范区核心区和各区（功能区）分园为依托，立足产业定位，加强产业链、创新链、资金链和服务链四链融合，培育创新型产业集群。

3. 着力推进服务升级。围绕企业创新发展进一步推进商事、人才等体制改革，提升政府公共服务能力和水平。以示范区核心区和分园为主，支持与高校、院所合作建立产业公共技术平台，聚集科技研发、检测检验、技术转移、专利代理、财务和法律等专业服务机构，形成“服务不出园区”的完善科技服务体系。强化“一助两促”工作对科技型中小企业的推动作用，增强科技金融服务能力。引导各类园区转变发展理念和模式，打造服务创新创业的软硬环境和富有活力的创新生态系统，增强载体服务能力。实施全面创新改革试验，突出自贸区制度创新优势，抓好示范区创新政策落实，增强政策激励与服务能力。

（二）推动自主创新示范区建设

贯彻落实《天津国家自主创新示范区发展规划纲（2015—2020 年）》，完善示范区管理体系和工作机制，探索政府职能转变和改革创新，将示范区建设成为创新主体集聚区、产业发展先导区、转型升级引领区、开放创新示范区。

1. 打造战略性新兴产业集群。围绕滨海高新区、空港、临港、北辰、西青、东丽、宝坻和宁河分园，发展航空航天、智能装备、海洋工程装备、汽车整车及零部件和专用装备等产业，构建高端装备制造产业集群。围绕滨海高新区、开发区、空港、津南、西青、武清和宝坻分园，发展大数据与云计算、信息安全、互联网金融、移动互联和电子商务等产业，构建新一代信息技术产业集群。围绕滨海高新区、开发区、空港、东丽、北辰和静海分园，发展生物医药、医疗器械、绿色食品和大健康产业，构建生物与健康产业集群。围绕宝坻分园和生态城分园，发展节能环保服务业，构建节能环保产业集群。围绕滨海高新区、西青、武清和蓟州分园，重点发展新能源电池、电动汽车等产业，构建新能源与新能源汽车产业集群。围绕中心城区和滨海新区发展研发设计、科技咨询、科技金融、创业孵化、总部经济、跨境电子商务、文化创意产业，构建现代服务业与文化创意产业集群。

2. 优化分园科技服务体系。围绕自创区各分园产业特色，搭建集研发创新、孵化转化和产业化“三位一体”的创新大平台。建设集众筹基金、众创空间、众包服务“三位一体”的公共服务平台。充分借助社会资本和市场化资源参与示范区建设，优化科技金融对接平台。发挥市场作用，推动市场化、社会化组织机构发展壮大。

3. 加快“双创特区”建设。加快培育和发展一批领军企业、科研机构和众创空间。促进双创人才落户，支持“双创特区”率先建成人才改革试验区。加快引进一批天使投资人和创业投资机构，孵化一批创业企业和创新成果。构建政府引导、市场服务、要素齐全、安全高效的创新创业体系，支持引领产业转型升级。

4. 建设高水平产业技术创新联盟。围绕战略新兴产业和高新技术产业，依托龙头企业、高等学校和科研院所，整合重点实验室、工程中心、技术中心等高层次研发资源，推动产业技术创新联盟建设。探索建立联合开发、优势互补、利益共享、风险共担的产学研合作机制。建成具有全国影响力的产业技术创新联盟 5 ~ 6 个，跨区域产业技术创新联盟 10 个，市级产业技术创新联盟 80 ~ 100 个。

5. 促进自创区与自贸区联动发展。发挥示范区政策优势和自贸区制度优势，加快“双区”体制机制改革创新，实现在科技成果与平台开放、创新资本跨境流动、科技创新服务对外开放、创新创业人才流动等方面的对接与联动。

（三）加快京津冀区域协同创新发展

贯彻落实《京津冀协同发展规划纲要》《关于在部分区域系统推进全面创新改革试验的总体方案》，加快京津冀全面创新改革试验区建设，着力构建协同创新共同体，为实现京津冀协同发展中天津“一基地三区”定位提供支撑。

1. 加快京津冀全面创新改革试验区建设。建立健全京津冀区域创新体系，加快形成一批具有较强带动、引领作用的协同创新共同体。优化创新资源配置机制，构建有利于三地创新资源自由流动、科技资源高效配置、科技成果广泛应用的体制机制。共同构建富有活力的区域创新创业生态系统。以科技创新为核心，统筹推进三地产业、金融、人才、公共服务等全方面创新。加强三地统筹联动，共同做好与国家部委的沟通协调。

2. 构建科技园区协同创新共同体。协同推进与中关村合作，建设天津滨海中关村科技园、宝坻京津中关村科技城和武清、北辰、东丽创新社区。推进静海、蓟州、宁河等其他区科技园区建设园区协同创新共同体。围绕京津高速走廊、高速铁路，以沿线的科技园区、开发区等节点为支撑，加快建设“京津冀科技新干线”。

3. 构建京津冀产业协同创新共同体。合力推进重大产业研发与技术应用示范工程，联合打造一批具有国际竞争力的创新型产业集群。依托重点学科和优势技术领域的高校、科研院所，创新体制机制，建设跨学科跨领域协同创新研究中心。加快京津冀企业、科研机构建立一批高水平的京津冀产业技术创新联盟。

4. 推进京津冀科技服务共同体建设。建设大型科学仪器设备设施协作共用网，共建国家科技资源服务业基地，组建京津冀技术交易联盟、京津冀科技服务业联盟和京津冀知识产权服务联盟，培育一批科技服务业集聚区，促进三地科学研究交流与合作、科技普及交流与合作、服务人才交流与培养。

5. 构建京津冀区域协同创新机制。探索设立京津冀基础研究合作专项，促进重大科学问题联合攻关。推动区域间产学研用合作，加快建立促进成果利用、共享与转化的体制机制。围绕重点领域建立重点实验室联盟合作机制，深化学术交流、项目合作和人才培养，促进科研仪器、数据资料的开放共享。探索建立跨区域的创新人才自由流动机制，破除人才资源流动的体制机制障碍。围绕部分园区、产业或领域，加快建立京津冀区域间创新政策的统筹协调和有效衔接机制，促进创新政策共享。

（四）提升科技创新体系能级

强化顶层设计，着力推进众创空间建设，提升高等学校创新能力，引进和培育一批高水平研发机构，构建创新创业的社会化服务平台，形成网络化、开放、高效的创新体系。

1. 加快众创空间建设。贯彻落实国务院《关于加快众创空间发展服务实体经济转型升级的指导意见》（国办发〔2016〕7号）和《天津市关于发展众创空间推进大众创新创业的政策措施》（津政发〔2015〕9号），支持围绕重点领域发展众创空间，重点打造环天南大创新创业“十字街”区。支持投资机构、行业组织等建设众创空间。鼓励龙头骨干企业围绕主营业务方向建设众创空间。鼓励科研院所、高校围绕优势专业领域建设众创空间。支持依托众创空间激发更多科技人员、大学生等创新创业活力。支持依托众创空间聚集更多的创客和创业团队，孵化培育更多科技型小微企业。支持依托众创空间举办创新创业大赛、创新创业论坛等活动，激发全社会创新创造活力。

2. 提升高等学校创新能力。建立若干支撑科技发展的国内一流学科，系统提升人才培养、学科建设、科技研发水平，增强原始创新能力和服务经济社会发展能力。引导和支持高等学校优化学科结构，创新学科组织模式，打造学科高峰和高层次创新人才高地。坚持产教融合、科教协同原则，着力培养富有创新精神和实践能力的各类创新型、应用型、复合型人才。高起点、高水准推进高校协同创新中心建设。

3. 培育和持续引进高水平研发机构。围绕我市重点发展领域，引进一批国家级科研院所、海内外高水平研发机构或分支机构。加强与国内外研发机构的交流，支持战略合作与共建。扶持有条件的机构，新建一批国家级工程中心、重点实验室、企业技术中心。通过院市、院企合作、引进等渠道，共同推进国家级研发机构的建设。支持高校、军工、企业、外资、社会组织等主体创办研发机构及新型研发组织，构建完善的研发体系。

4. 构建创新创业社会化服务平台。重点发展研发设计、创新创业、科技咨询、人才培养、科技信息与情报、检验检测、科技金融、技术转移、知识产权等专业科技服务和综合科技服务，形成覆盖创新创业全链条的科技服务体系。支持“科淘网”等科技服务电商平台发展，引导发展一批众扶创业平台和众包创新平台，形成“互联网＋科技服务”的新型科技服务模式。着力提升生产力促进中心、孵化器服务机构面向产业的服务能力，促进与产业的深度融合。加快国内外高水平科技服务机构引进或在津设立分支机构，推进服务标准与国际接轨。

（五）完善市场化科技服务体系

整合各类科技服务企业、科技中介机构、商务服务机构等服务资源，加强市场化科技服务平台建设，推动天津自创区建设科技服务业试点，加快形成市场化、网络化的科技服务体系。

1. 做大一批专业化的服务领域。围绕重点行业和领域，大力聚集国家级大院大所、国内外知名咨询机构、跨国公司研发中心等研发服务资源。充分发挥龙头企业、重点企业、大型科研院所面向所在行业的服务和辐射能力，树立服务品牌。发展壮大工程设计与咨询、研发服务与外包、文化创意与动漫等科技服务业领域，形成一批市场化的骨干服务行业。

2. 做强一批市场化的科技中介服务机构。培育和壮大第三方专业化科技中介服务机构，坚持市场导向，创新科技服务模式，丰富和完善服务方式，促进中介机构专业化、网络化、规模化发展。打造集全市科技服务资源为一体的科技服务大平台。建成适应天津经济和科技发展的市场化科技中介服务体系。

3. 推动自创区科技服务业试点建设。落实《国务院关于加快科技服务业发展的若干意见》及《科技部高新司关于开展科技服务业区域试点工作的通知》要求，重点发展科技金融、互联网、技术转移、科技咨询等优势服务业，促进服务业与传统产业的融合发展。围绕自创区主导产业，促进高端科技服务资源在各分园的聚集，打造一批科技服务业集聚区。整合国内外相关资源，高标准推进国家科技资源服务基地建设。实施重大科技服务业项目，建设华北知识产权运营中心等市场化运作的科技服务平台。

4. 完善市场化商务服务体系。围绕科技型中小企业发展的市场化、专业化服务需求，发挥互联网融合作用，建立集企业注册、工商审计、管理咨询、法律服务、人力资源服务、财务服务、市场资讯、产品资讯等多种服务为一体的一站式、全方位的市场化商务服务格局，形成点对点、点对面的商务服务体系。

（六）健全科技金融体系

全面推进科技金融产品和服务创新，大力发展各类科技股权投资基金，探索多元化的科技创新融资模式，支持银行开展科技金融服务，优化科技金融创新的政策环境。

1. 大力发展各类科技股权投资基金。发挥财政资金引导和杠杆作用，通过母基金引导社会资金建立种子基金、天使投资基金、创业投资基金、产业并购基金、新兴产业创业投资引导基金、科技成果转化基金等。通过优惠政策吸引海内外商业基金、商业化科技类股权投资基金落户，引导境外资本投向我市创新领域。鼓励本市企业集团、上市公司、创业投资、股权投资机构与境外科技投资机构新建、共建国际科技创新基金、并购基金。允许符合条件的国有创投企业建立创业投资跟投机制。

2. 健全科技企业融资服务体系。鼓励金融机构、社会资本搭建互联网金融服务平台。鼓励风险投资基金、银行、保险、证券、信托等机构合作，促进众筹、众创、众包、众扶与金融有效嫁接。鼓励金融机构、保险机构建立科技专营机构，发展科技小额贷款公司。提升各区科技金融对接平台功能。设立政策性担保资金，推动投保贷联动，引导企业利用各类债务工具融资。创新知识产权投融资模式，加快知识产权流转和处置便利化。探索建立政府与天使投资、创新创业大赛联合支持方式。

3. 鼓励银行机构开展科技金融服务。创新科技金融机构服务机制，支持民营银行、投资银行面向中小企业需求开展金融产品创新。引导金融机构对新设创新创业科技企业给予信贷支持。支持银行业相关金融机构在津设立具有投资功能的子公司，创新科技型中小企业融资模式，完善投、贷、债、保联动机制。建立知识产权质押融资的市场化风险补偿机制，简化知识产权质押融资流程。

4. 强化资本市场对创新创业的支持。加快发展多层次资本市场，实施科技企业上市融资工程，鼓励企业利用资本市场，通过资本运作实现快速持续发展。鼓励发展多种形式的并购融资。支持企业实行股份制改造，完善治理机制，明晰股本结构，实施股权激励。支持企业利用境内外多层次资本市场实现上市和挂牌，扩大科技企业融资规模。

（七）深化科技体制改革

以市场化和法治化为导向，更好发挥市场在配置资源中的决定性作用和更好发挥政府作用，着力构建面向产业的科技体制机制和创新治理体系，最大限度激发科技第一生产力、创新第一动力的巨大潜能。

1. 创新科技治理方式。明确科技创新领域政府和市场定位，推动政府职能从研发管理向创新服务转变。统筹科技资源配置，建立跨部门、一站式的科技项目管理体系，加强事中、事后的监督检查和责任倒查。委托专业机构进行项目管理，实现科技项目受理、评审、管理与监督、检查、验收的职责分离。针对科学、技术和创新不同导向的科技计划项目，建立差异化的立项评审和验收评价制度。建立覆盖指南编制、项目申请、评估评审、立项决策、监理验收、跟踪考评全过程的科研信用评价制度。

2. 改革科技计划体系。按照国家科技计划管理的顶层设计要求，再造科技计划管理体系。对现有科技计划（专项、基金等）进行优化整合，按照天津市自然科学基金、技术创新引导专项（基金）、科技重大专项与工程、重点研发计划、创新平台与人才专项等科技计划重构科技计划布局。科技计划（专项、基金等）争取纳入统一的科技管理平台，完善统筹协调科技决策机制。

3. 创新科研项目和资金管理方式。建立符合科研规律、高效规范的科研项目和资金使用管理制度，制定和修订相关计划管理办法和经费使用办法。改进和规范科研项目管理流程，提高资金使用效率。完善科研项目间接费管理制度，加强对科研人员的激励力度。

4. 加快科技成果转化。加快落实《促进科技成果转化法》，加快制定和落实相关配套制度措施。完善科技成果转化奖励报酬制度，允许职务发明成果转让收益在单位、完成和转化科技成果做出重要贡献的人员之间合理分配，奖励比例由单位依法自主决定。设立科技成果转化引导基金，加大对风投、保险和担保机构参与科技成果转化的支持力度。建立科技成果转化联动机制，实现与国家科技成果转化行动联动。支持企业引进、转化重大创新科技成果。鼓励高等学校和科研院所建立专业化的技术转移机构，畅通技术转移通道。

5. 推进科研院所改革。加快科研院所分类改革，率先探索科研院所去行政化和混合所有制改革试点，允许科研院所在人事、财务及人才激励等方面进行自主改革，打破职称职务终身制，营造能进能出能上能下的发展局面。推动公益型院所建立理事会治理机制，转制院所建立现代企业治理制度。建立以自主知识产权、产业化绩效、科技持续创新为导向，以科技人才效能发挥为核心的科研院所绩效评价和聘用体系。

（八）加强科技人才队伍建设

充分发挥市场在人才配置中的决定性作用，加强创新人才引进，加大创业人才支持力度，着力培养一批高层次创新人才，创造人尽其才、才尽其用的政策环境。

1. 加强高层次人才引进与培养力度。实行更积极、更开放、更有效的人才引进政策，加快推进“千企万人”计划、天津市千人计划等促进海内外高层次创新人才向企业聚集。深化落实“131”创新型人才培养工程、新型企业家培养工程，进一步加大高层次人才的培养力度。增加人才绿卡的服务功能，加强国内外精英人才聚集，引进一批高水平创新团队。重点在自创区、自贸区先行先试一批重大人才政策，构建具有国际竞争力的人才制度，实施创新人才引进工程，创建“人才特区”。推动自贸区建设海外人才离岸创业基地试点，做好海外人才来津创业的前置服务。进一步健全科技特派员制度，鼓励高校、科研院所科技人员服务企业。

2. 加大创业人才支持力度。鼓励各区、园区在创业人才引进和政策扶持上大胆创新。支持高校科研院所科技人员兼职兼薪和离岗创业。依托众创空间、科技企业孵化器等支持“创业系”“连续创业者”“海外创业者”等为代表的创业群体。支持大型企业建立内部创业服务平台。定期举办创业大赛、创业沙龙等创业活动，营造良好的创新创业社会氛围。

3. 创新人才评价和激励机制。创新科技人才职称评审制度，突出用人主体在职称评审中的主导作用，推动高校、科研院所和国有企业评聘制度改革。建立适应基础研究、应用研究、产业化开发等不同人才特点的动态科技人才分类评价机制。构建以增加知识价值为导向的激励机制。创新科研成果收益分配机制，鼓励与职务发明人（团队）事先协商确定科技成果收益分配的方式、数额和比例。建立既能充分发挥激励作用又合理规范的人员收入分配机制。

（九）强化对外开放与合作创新

紧密围绕天津经济社会发展和自贸区建设等重大需求，推进开放创新，加强顶层设计和整体布局，加快“引进来、走出去”，面向全球组织集聚创新资源。

1. 深化部市会商与院地合作。加强部市会商，集成资源、合力推进京津冀协同创新、天津国家自主创新示范区建设、小巨人企业发展三方面工作。加强院地合作，加快推动中科院重大项目在津落地，尽快孵育一批具有核心竞争力的骨干企业；充分发挥中科院品牌效应、人才优势，助力天津众创空间的建设；推进中科院与我市企业、产业部门、大学等创新主体合作，共建多种形式的转移转化平台。依托中科院联想学院等培训平台，加快培养一批具有战略思维的高端领军人才及复合型创业团队。

2. 加大对境外创新投资的支持力度。探索拓展科技企业境外融资渠道。支持以并购境外研发机构和高科技企业为目标的境外投资。支持本市创投机构加强与海外创投机构合作，共同开展境外创新投资。鼓励企业购买、转化、投资境外关键核心技术。支持企业通过并购或直接投资等方式在境外设立科技创新机构。

3. 大力吸引外资研发机构落户天津。鼓励跨国公司和世界知名研发机构在本市设立独立研发中心，或与本市高校、科研机构和科技企业合作成立联合实验室或联合研发中心。支持外资研发机构参与本市公共研发服务平台建设。鼓励外资研发机构积极参与本市国际科技合作、国际大科学计划和科技援外计划。

4. 积极推动国际科技合作机制创新。探索国际技术转移新机制，加快聚集国内外技术转移服务机构。逐步加大科技计划项目的开放度和包容性。鼓励在津外资企业和科研机构与本市相关机构联合申请承担全市科技计划项目。鼓励小巨人企业和领军企业参与国际技术合作。

5. 主动融入“一带一路”建设。围绕我市先进技术领域，鼓励科技型企业到沿线国家设立技术推广中心或分支机构，输出具有自主知识产权的新技术、新产品，提升产品境外开发能力，拓展境外发展空间。支持企业引进沿线国家先进科技资源，开展关键核心技术及产业化应用研究。着力扶持国际科技服务机构，为促成与沿线国家服务机构合作双赢提供专业支持和相关渠道。鼓励自创区各分园、实力较强的科技企业参与海外科技园区投资建设，探索共建海外园区新模式。

（十）加强科普和创新文化建设

崇尚科学精神，加强科研诚信体系建设，加强科普教育，营造鼓励探索、宽容失败和尊重人才、尊重创造的文化环境。

1. 加强科学精神和诚信体系建设。将科研诚信和科学伦理教育纳入科技人员职业培训体系，强化科技人员的诚信意识和社会责任。加大对科技创新先进人物、典型案例的宣传力度，遏制科研学术研究中的不良风气。发挥科研机构和学术团体的自律功能，引导科技人员加强自我约束、自我管理。加强科研诚信社会监督力度，扩大公众对科研活动的知情权和监督权。

2. 加强科普教育与普及。完善科普政策法规体系，创新科普工作管理机制，建设以信息化为核心的科普体系。充分发挥科普基地作用，深化全民科普教育，重点提升青少年等群体的科学素质。加大高校、科研院所、重点实验室、大型科学仪器设施向社会开放开展科普活动的力度。

3. 培育创新创业文化。引导公众树立务实创新、开放包容的文化价值观。突出营造优良的知识产权保护氛围。形成宽容失败、鼓励创新的科研文化，加快塑造有利于科技创新的城市精神。形成尊重劳动、尊重知识、尊重人才、尊重创造的良好氛围，让创新创业者成为受人尊重的公众人物。

六、保障措施

（一）加强组织领导

切实加强组织领导，贯彻落实创新驱动发展国家战略，发挥国家自主创新示范区建设领导小组等的核心作用。完善部市会商、委区共建机制，加强各区、各部门、各单位与全市的统筹衔接，加强重大事项的会商和协调，明确责任分工和目标节点，切实做好重大任务的分解和落实。加快建立科技管理信息系统，统筹全市科技资源，促进开放共享共用。

（二）加强政策创新

优化法制环境，提升法制观念，认真贯彻落实国家和天津市科技进步法、成果转化法等法律法规，并做好相关配套政策落实。加强供给侧政策创新，优先支持认定的重点新产品和“撒手锏”产品纳入政府集中采购目录。强化需求侧政策引领，重点推进“创新券”制度。推广落实市内外先进政策经验，强化科技政策与财税、金融、产业政策的衔接配套。优化科技服务业支持政策，实施政府采购科技服务的后补助和奖励制度。

（三）加大创新投入

建立财政科技经费投入的稳定增长机制，加大政府和社会科技创新投入力度，确保科技投入稳定增长。建立种子基金、天使投资基金、风险投资基金、新兴产业投资基金等，构建多层次、多渠道投融资保障体系。优化财政资金支出模式，引入后补助等支持方式。发挥财政资金和创业投资引导基金的杠杆作用，加强与科技部、财政部的部市联动，引导和带动更多金融资本、民间资本投入到科技创新。鼓励企业设立研究开发专项资金，促进企业成为创新投入和资本运营主体。

（四）加强监测评估

加强规划实施的年度监测体系和制度建设，及时掌握规划指标的实现进度、任务部署和政策措施的落实情况。着力完善科技创新基础制度，加快建立科技报告制度和创新调查制度。建立健全科技规划动态调整机制，根据监测评估结果，结合科学技术新进展和社会需求的变化，及时对规划指标和重点任务进行调整。

河北省科技创新“十三五”规划

为深入贯彻全国科技创新大会精神，全面落实《国家创新驱动发展战略纲要》，依据《河北省国民经济和社会发展第十三个五年规划纲要》编制本规划。规划主要明确“十三五”时期科技创新的指导思想、发展目标、主要任务和重大举措，是指导全省大力实施创新驱动发展战略、建设创新型省份的行动指南。规划期为2016—2020年。

一、发展基础与面临形势

“十二五”以来，省委、省政府高度重视科技创新工作，大力实施创新驱动发展战略，科技创新能力稳步提高，全省科技进步贡献率达到46%，创新型河北建设取得明显成效。

（一）发展基础

1.重大关键技术取得标志性突破。组织实施了技术创新重大科技专项，攻克了卫星组合导航、高效太阳能电池、高速动车组关键技术、焊接机器人、超薄硅片切割、农业新品种选育等一批关键技术，获得了67项国家科技奖励，并首次获得国家科学技术进步企业技术创新工程奖。长城SUV汽车、石药丁苯酞、东旭液晶玻璃基板、晨光天然色素、张杂谷等一批有市场竞争力的品牌产品不断涌现，“渤海粮仓”等农业示范工程成效显著。

2.创新主体实现快速发展。实施了高新技术产业倍增计划和科技型中小企业成长计划，高新技术企业达到1628家，科技型中小企业达到2.9万家。2015年高新技术产业增加值占全部规模以上工业增加值比重达到16%，为全省加快结构调整、迈向产业中高端提供了重要支撑。[1]

3.创新平台与载体建设迈上新台阶。省级以上重点实验室、工程技术研究中心、企业技术中心、工程研究中心和工程实验室、产业技术研究院分别达到105家、231家、481家、122家、28家，省级以上高新区达到29个。其中国家重点实验室达到9家，燕山大学亚稳材料制备技术与科学国家重点实验室成为第一家材料制备国家重点实验室，新奥集团煤基低碳能源国家重点实验室成为第一家中美合作国家重点实验室。河北农业大学国家北方山区农业工程技术研究中心、河北工业大学技

河北省人民政府，冀政字〔2016〕24号，2016年7月8日。

术创新方法与实施工具等 5 家国家工程技术研究中心在创新发展中发挥了支撑引领作用。

4. 京津冀协同创新取得全面进展。石保廊全面创新改革试验区、京南科技成果转移转化试验区、环首都现代农业科技示范带建设稳步推进，创建了中关村 · 保定创新中心、秦皇岛海淀分园等一批协同创新示范样板，与科技部、京津采用“1+3”模式共建了科技成果转化基金。园区、基地、平台等共建取得新成效，京津冀合作共建科技园区 25 个、创新基地 27 家、创新平台 157 个。引进了一批创新创业人才，联合研发了一批共同关心的重大科技项目，吸引近千家京津高新技术企业落户河北。

5. 创新创业环境不断优化。科技体制改革不断深入，进一步简化了行政审批、认证流程，促进了创新主体的不断壮大。密集出台了一批突破性强、含金量高的科技新政，实施加计扣除政策减税降负，出台资金引导政策鼓励技术研发，众创空间建设不断加快，创新创业氛围日趋浓厚。

（二）面临形势

1. 新一轮科技革命深入推进，新的产业变革蓄势待发。大数据、云计算、移动互联等新一代信息技术成为催生产业变革、引领未来经济社会发展的新“引擎”，新材料技术、新能源技术、生物技术、生命科学等领域孕育着重大突破，世界各国都在加快谋划，抢占科技创新和产业发展战略制高点。我省创新发展、转型发展面临着更加激烈的竞争环境。

2. 创新驱动发展战略深入实施，为我省创新发展带来新动能。党的十八届五中全会将创新发展作为五大发展理念之首，摆在国家发展全局的核心位置、贯穿于党和国家一切工作。全国科技创新大会分析了我国科技创新所处的历史方位、时代定位和国际地位，明确了建成世界科技强国三步走的战略目标。国家密集出台了一批创新创业政策，科技体制及相关体制正在发生深刻变革，这些都为我省实施创新驱动发展战略指明了方向和目标。

3. 京津冀协同发展战略深入实施，科技创新面临重大机遇。《京津冀协同发展规划纲要》全面实施，借力京津、对接京津的格局正在形成，重组区域创新资源、贯通产业链条、弥合发展差距、加快推进京津冀协同创新共同体建设，为弥补我省科技创新短板、提升区域创新能力提供了前所未有的重大机遇。

4. 我省正处于转型升级的关键时期，科技创新推进动能转换的任务重大而艰巨。“中国制造2025”“互联网 +”等国家重大战略的推出，以供给侧结构性改革为重点的经济转型升级，对科技创新提出新要求。加快我省转方式调结构、构建现代产业体系、发展战略性新兴产业和现代服务业，必须依靠创新驱动打造发展新引擎，培育经济增长新动能。

5. 未来发展的环境资源矛盾更加突出，对科技创新提出更多挑战。“十三五”正是我省经济社会发展与环境资源矛盾进一步凸显、硬约束不断强化时期，依靠科技创新破解绿色发展难题、形成人与自然和谐发展新格局更加迫切。人口健康、共享经济、食品安全等民生问题的持续改善，对科技创新的诉求也将明显增多。

面对新形势、新要求、新挑战，我省科技创新还存在明显短板，突出表现在：区域综合创新能力不高，研发投入强度仅相当于全国平均水平的 1/2，规模以上企业建立研发机构的比重仅为全国平均水平的 1/2，创新型领军人才短缺；创新驱动发展能力不强，战略性新兴产业发展不快，高新技术产业增加值占 GDP 比重不高，多数产业处于产业链中低端；创新创业生态还不完善，在降低创新成本、激发主体活力、提高创新要素配置效率等方面改革还有较大空间。

二、指导思想与发展目标

（一）指导思想

全面贯彻党的十八大和十八届三中、四中、五中全会和习近平总书记系列重要讲话精神，加快落实《国家创新驱动发展战略纲要》和省委、省政府的重大部署，坚持创新、协调、绿色、开放、共享的发展理念，把科技创新摆在更加重要的位置，深入实施创新驱动发展核心战略和京津冀协同发展重大战略，把握经济新常态，顺应创新大趋势，以创新推进供给侧结构性改革，聚焦协同发展、转型升级、又好又快的工作主基调，以科技体制改革为动力，以优化创新创业生态为保障，以提升企业创新能力、产业创新能力、区域创新能力、确保进入创新型省份行列为目标，培育新优势、打造新动能、构筑新高地、迈向新高端，为建设经济强省、美丽河北，全面建成小康社会提供强力支撑。

（二）基本原则

1. 坚持创新驱动，培育壮大新动能。坚持以科技创新为核心的全面创新，围绕产业链布局创新链，围绕创新链提升价值链，贯通科技创新和经济社会发展的通道，引领支撑全省培育新动能，加快转型升级。

2. 坚持协同创新，提升创新能力。深入实施京津冀协同发展战略，以构筑战略性标志性科技成果转化平台、创新资源共建共享、关键技术协同攻关、构建协同创新机制为重点，加快推进京津冀协同创新共同体建设，在推进京津冀协同创新中加快提升我省创新能力。

3. 坚持深化改革，激发创新活力。健全市场导向的科技创新体制机制，强化市场配置创新资源的决定性作用，充分释放创新资源的巨大潜力。发挥政府在战略规划、政策制定、监督评估、营造创新创业生态中的重要作用，加快推进科技领域的简政放权、放管结合、优化服务改革，充分激发创新主体活力。

4. 坚持人才为先，引领创新发展。把人才资源开发放在科技创新最优先位置，构建具有国际竞争力的人才制度优势，最大限度地激发人才创新创业的活力，培育、引进和聚集领军人才和创新团队，带领科技创新向世界一流和高端迈进。

5. 坚持开放合作，融入全球价值链。推进国内外科技合作与交流，积极主动地融入全球创新网络，有效吸纳与利用省外和国际创新资源，努力形成深度互利合作、开放共享共赢的国际科技合作体系。

（三）发展目标

到 2020 年，创新型河北建设跃上新的台阶。适应市场经济要求、符合科技创新规律、充满活力和富有效率的体制机制基本建立，具有河北特色的区域创新体系基本形成，创新生态更加优化，创新资源有效聚集，创新能力显著增强，实现“三个提升、两个突破、一个确保”的奋斗目标。

“三个提升”：企业创新能力大幅提升，科技型中小企业达到 8 万家，高新技术企业达到 4000 家；产业创新能力大幅提升，高新技术产业增加值占规模以上工业增加值比重达到 25% 以上；区域创新能力大幅提升，全社会 R&D 经费支出占 GDP 比重达到 2.5%，万人发明专利拥有量达到 8 件以上，具备基本科学素质的公民比例达到 10%。

“两个突破”：京津冀协同创新共同体建设取得重大突破，定位清晰、分工明确、开放共享、协同一体的京津冀协同创新格局基本形成，京津技术输出成交额中我省占比力争达到 10%；科技对经济发展的支撑能力取得重大突破，科技进步贡献率达到 60% 以上，综合科技进步水平进入全国前 15 名。

“一个确保”：确保迈进创新型省份行列。创新成为驱动经济发展的主动力，以创新为引领和支撑的经济体系和发展模式基本形成。

到 2030 年，跻身全国创新型省份先进行列。战略性新兴产业成为支柱产业，主要产业进入价值链中高端，全要素生产率、投入产出率和科技创新能力大幅提升，科技进步贡献率进一步提高，综合科技进步水平明显提升。

表　“十三五”科技创新规划指标与目标值

序号	指标	2015 年指标值	2020 年目标值	指标属性
1	科技进步贡献率（%）	46	60	预期性
2	研究与试验发展经费投入强度（%）	1.14	2.5	约束性
3	规模以上工业企业研发投入占主营业务收入的比例（%）	0.63	1.2	预期性
4	科技型中小企业（万家）	2.9	8	约束性
5	高新技术企业（家）	1628	4000	预期性
6	每万人口发明专利拥有量（件）	1.6	8	预期性
7	每万名就业人员的研发人员数（人年）	24.02*	50	预期性
8	技术市场合同交易总额（亿元）	186	400	预期性
9	公民具备基本科学素质的比例（%）	5.28	10	预期性
10	高新技术产业增加值占规模以上工业增加值的比重（%）	16	25	预期性

注：* 为 2014 年数据。

三、建设京津冀创新共同体，打造创新发展新优势

以建设京津冀协同创新共同体为目标，以协同打造战略性创新平台、创新资源流动共享、重点领域关键技术协同攻关和构建协同创新体制机制为重点，加快推进京津冀协同创新。到 2020 年，京津冀协同创新共同体基本形成。

（一）协同打造战略性创新平台

加快推进石保廊区域全面创新改革试验区建设。按照京津冀区域全面创新改革试验的总体部署，重点围绕增强科技成果转化的承载能力、重点产业的技术研发能力、新兴产业发展的辐射带动能力、创新资源要素的聚集能力，开展石保廊试验区全面创新改革试验，积极推进以科技创新为核心的全面创新，破除制约全面创新的深层障碍，努力将石保廊建设成为与京津创新链、产业链、资金链、政策链深度融合的紧密共同体。

加快推进京南国家科技成果转移转化试验区建设。以白洋淀科技城、固安高新区、亦庄·永清高新区等“一区多园”为核心，加快建设集技术交易、孵化转化、公共服务、众创空间于一体的京南国家科技成果转移转化试验区，打造成战略性标志性创新平台。积极推进三地共建京津冀科技成果转化基金，鼓励金融机构和民间资本成立科技成果孵化转移转化的专项投资基金，促进科技成果转移转化和产业化。

加快推进环首都现代农业科技示范带建设。发挥我省区位和农业优势，对接首都创新资源，以毗邻北京 14 个县（市、区）为核心区，以 107 家省级以上农业科技园区为支点，实施“一带百园”农业科技示范工程，建设成首都农业高新技术成果转移转化首选地、农业高科技产业聚集区，形成环首都现代农业科技示范带。

加快推进科技冬奥绿色廊道建设。发挥张家口资源禀赋优势，围绕“零排供能、绿色出行、5G 共享、智慧观赛”目标，大力推进新能源、智能装备、“互联网 +”、现代电子信息、大数据等领域重大关键技术创新及相关重大科技成果在冬奥会举办中的示范应用，支持张家口争创国家创新型城市和智慧城市试点示范城市，构建智慧能源、智慧交通、智慧安防等综合管理体系，推动科技创新贯穿支撑冬奥会承办全程，打造以科技冬奥为标志的北部科技绿色廊道。

（二）协同推动创新资源流动共享

构建京津冀技术交易市场网络。按照“共建共享、互联互通”的思路，加快构建“线上线下结合、标准统一、服务规范”的京津冀技术交易市场网络。加快京津冀技术转移协同创新联盟、京津冀技术交易河北中心、石家庄科技大市场、承德河北大数据交易中心、唐山科技中心、邯郸科技中心和中国技术交易所秦皇岛技术成果交易市场等建设，建立联通京津、贯通各市、统一高效的“三中心”（技术交易、技术转移、创业培训）、“两平台”（科技金融、科技资源共享）的创新创业综合服务体系。

促进科技资源开放共享。依托科研设施与仪器国家网络管理平台，进一步完善三地科技文献、科学数据信息和科研设施与仪器共享服务网络平台，搭建覆盖创新密集区的科技基础条件平台工作站、区域合作站，推动京津重点实验室、大型科研仪器设备、重大科技基础设施、重大科学工程等向我省开放，推动三地科技文献、科技成果和专利信息、科技专家等基础性信息资源联网共享。支持协同建立基于互联网的制造业“双创”平台，面向全社会开放平台资源，促进创新要素聚集发展，激发企业创新创业活力。营造大中小企业协同共进的“双创”新生态。

（三）协同突破重点领域关键技术

联合实施争创国家重大科学工程。面向科学前沿，聚焦国家和区域重大需求，重点围绕农业、生命、能源、材料、空间与天文、生态等科学领域，整合我省优势科技创新资源，联合京津资源争取创建一批国家重点实验室、工程技术研究中心、重大科技基础设施或分支机构，大力开展协同攻关，增强知识积累和原创储备，谋划争取国家重大科学工程在河北布局。

推动重大关键技术联合攻关。围绕战略性新兴产业培育、传统产业转型升级，支持我省与京津加强大数据及新一代信息技术、大健康与生物医药、新能源与节能环保、高性能新材料、智能绿色制造等领域关键技术联合攻关和集成应用。围绕区域性生态环境问题和民生科技等关键共性技术需求，支持我省高校院所与京津协同开展能源清洁利用、区域大气污染防治、水资源保护和水环境治理、森林植被恢复和保护、土壤污染治理、土污染防治与修复、废物处置与资源化利用、公共安全、医疗卫生、智慧城市、海绵城市、地下综合管廊建设、地下空间利用等领域关键技术联合攻关与集成应用。

（四）协同构建科技创新体制机制

建立协同创新政策联动制度。建立由京津冀三方主管科技的副省级领导任组长，京津冀三方科技部门主要领导任副组长，相关部门参与的区域协同创新联席会制度，及时解决区域协同创新中的重大问题。建立三地创新政策沟通、协同机制，推动三地支持创新政策的协同。设立京津冀协同创新专项资金，面向京津冀三地的大学、科研机构等组织招标，每年筛选确定一批协同创新重大项目或任务予以支持。建立三地高新技术企业、科技型中小企业、创新平台等互认制度，创造更好的科技成果转移转化政策环境。

建立协同创新利益共享机制。积极探索与京津共设基金、共搭平台、共建园区、共建基地、共促转化的利益共享机制。推广国家自主创新示范区创建模式，鼓励各地加强与京津产业园区、企业总部和科研院所创新合作，采取一区多园、总部—孵化基地、整体托管、创新链合作等模式在河北建设各类园区和基地，积极探索税收及运营收益按出资比例分配等多种形式利益分配机制。

四、提升产业创新能力，培育创新发展新动能

深入推进“中国制造 2025”“互联网 +”行动计划和供给侧结构性改革，立足我省产业重大需求，把数字化、网络化、智能化、绿色化作为提升产业竞争力的技术基点，以战略性新兴产业、传统优势产业、现代农业、现代服务业和民生科学技术创新为重点，围绕产业链部署创新链，依托创新链提升价值链，实施十大技术创新专项，推进各领域新兴产业技术跨界创新，培育壮大新技术、新产业、新业态、新模式“四新”经济。到 2020 年，实现战略性新兴产业引领壮大、传统优势产业转型升级、农业现代化水平显著提高、服务业竞争力大幅增强、科技惠民能力不断提升，高新技术产业增加值占规模以上工业增加值的比重达到 25% 以上。

（一）先进装备制造产业技术创新专项

以高度信息化、智能化、柔性化和集成化为方向，以创新引领、智能高效、结构优化为核心，实施“市场主导、强化基础、创新驱动、质量为先”战略，支撑先进装备制造业成为河北第一主导产业。重点支持智能制造装备、交通运输装备、通用航空装备、海洋运输装备、专用装备、大型农业装备和基础装备等领域的核心关键技术研发应用，带动产业链上下游配套。加快培育壮大以高铁动车、数控机床、工业机器人和智能服务机械人、通用航空装备、工程机械等为重点的先进装备制造产业集群，打造智能装备、交通运输装备、工程和专用装备、通用航空装备、基础装备五大产业链。推动河北省高端制造业检验检测计量中心建设。到 2020 年，突破核心关键共性技术 30 项以上，形成新产品和新技术 100 项以上，20 种产品市场占有率排名全国前 3 位，创建省级名牌产品 50 项、国家名牌产品 20 项；形成一批具有国际影响力的企业集团和保定输变电设备、新能源设备、汽车产业集群，唐山冶金矿山设备、高速列车设备、焊接机械人，邯郸现代装备制造，秦皇岛海洋装备，张家口矿山高端装备，石家庄通用航空装备及高速列车设备，怀来航空航天装备，固安卫星导航，承德智能化输送装备等先进装备制造产业集群。

专栏　先进装备制造产业

1. 智能制造装备。重点发展数控高速精密磨削装备、高档数控磨齿机、高精度数控曲轴、数控磨床、超精密高档数控机床以及新一代数字化加工中心；攻克控制系统、减逗器、伺服电机和驱动器、传感器和末端执行器等关键基础工艺技术，加快发展弧焊机器人、真空（洁净）机器人、重载 AGV、消防救援机器人、手术机器人、智能型公共服务机器人、智能护理机器人、无人机等机器人行业标志性产品；积极发展金属材料、非金属材料、医用材料复杂构造的增材制造工艺、技术及制造装备。

2. 交通运输装备。突破安全保障、节能环保和数字化、网络化、智能化技术，加强关键零部件及高速动车等先进轨道交通装备的设计与制造技术开发；突破汽车低碳化、信息化、智能化等核心技术和新能源汽车关键零部件研发，健全乘用汽车产业链条，开发专用汽车产品，推动新能源汽车整车发展；突破航空螺旋桨、直升机动力部件、大型轴冷风机等关键技术，推进飞行器整机与零部件的研发与生产。

3. 专用装备。以大型化、智能化、高效化、绿色化和可靠化为主攻方向，实施工程装备、冶金及矿山装备、消防及安全装备、现代农业机械装备及关键零部件研发制造，整机和配套产品的技术攻关和产品研发。

4. 海洋工程装备。突破船舶修造与配套工程装备、船用钣料生产与处理等关键技术，掌握大型海洋设备集成化、智能化、模块化、系统化等核心技术，开发海洋钻井平台、大型浮体、海水淡化等工程装备，开发海洋油气输送管线。

5. 基础装备。研究开发精密轴承、高精度齿轮传动装置，高压智能液压元件，高性能泵阀，高效节能电机，高强度紧固件和高端精密模具、金属索具、高端管道装备、电线电缆等关键基础件。

（二）大数据及新一代信息产业技术创新专项

大力发展大数据、智能化、移动互联网、云计算、物联网等新一代信息技术及应用，支撑和引领产业迈向中高端，推进研发设计数字化、装备智能化、生产过程自动化和管理网络化。全力打造京津冀大数据走廊，建设国家通信产业研发制造和卫星导航应用示范基地、国家集成电路封装测试产业基地、国家半导体照明产业化基地，构建新型光电显示、通信与导航设备、集成电路、大数据产业、软件与信息技术服务五大产业链，培育河北未来接续产业。到 2020 年，开发具有自主知识产权、处于国内领先水平的关键共性技术 30 项，发明专利授权 100 件，形成 15 个技术创新团队；建成廊坊、秦皇岛、承德、张北等数据产业集群和石家庄集成电路、卫星导航等产业集群。

专栏　大数据及新一代信息产业

1. 大数据及云计算。与京津携手共建"京津冀大数据走廊"，打造"京津冀大数据综合试验区"，加快建设张北、廊坊、承德、秦皇岛、石家庄数据产业基地。加强京津冀大数据产业对接，加快大数据成果转化、推动链条协同联动。发展云服务产业，推动公有云、专有云、混合云等各类云服务模式的应用，加快云计算硬件设备研发和产业化步伐。

2. 物联网。加快发展集软件嵌入、数据采集、数据传输、智能控制、系统集成、网络应用与服务于一体的物联网基础技术电子产品，加快物联网技术与工业、农业、物流、交通、能源、环保等行业的深度融合，推进物联网＋技术在医疗、金融、交通、物流、安防、汽车、工业监测和控制系统等领域广泛应用。

3. 移动互联网。重点研究智能移动设备与基于物联网、云计算和大数据的智慧系统的协同互连的服务访问标准和接口技术；推进 4K 显示、手势输入、语音搜索、语音翻译等技术和智能移动终端产品开发。

4. 智能化。支持宽带移动互联网、云计算、网联网、大数据、高性能计算、移动智能终端等技术研发和集成应用，推动新一代信息技术同机器人和智能制造技术深度融合，促进制造业向数字化、网络化、智能化、绿色化转变，驱动传统优势产业转型升级、新兴产业快速发展。

5. 卫星导航与集成电路。支持通信及导航技术和整机系列产品研发、产业化。围绕集成电路制造生产线的需求，进一步加大制造装备和材料的国产化；以制造为中心，围绕材料—芯片／面板—模组—整机纵向产业链，形成以大型骨干企业为核心、完整产业链配套、完善的产业服务体系为支撑的新型显示产业集群。支持智能工厂应用软件的研发与应用和新兴信息服务业软件开发。

（三）大健康产业技术创新专项

结合非首都功能疏解，发挥华药、石药、以岭国家重点实验室作用和产业基础优势，借力新药创制国家重大科技专项实施的有利时机，围绕健康制造、医疗和健康服务等领域的核心关键技术研发与推广应用，做强生物医药、现代中药新品种与新制剂、健康服务新产品等健康制造业，发展高端医疗技术与健康服务，拓展构建大健康产业。到 2020 年，创制 20 个具有自主知识产权、新结构、新配方、新制剂等创新药物，完成 18 个药物大品种技术改造，实现 8 个优势大品种国际化，形成 3 个扩大临床适应证品种，8 个强化有效性证据品种，发明专利授权 100 件，基本建立老龄人口健康服务监测技术体系，打造石家庄、固安、渤海新区、北戴河新区等生物医药产业集群，石家庄中药制造产业集群和保定、邯郸、邢台、承德药材种植产业集群，支持安国中药都创新发展。

专栏　大健康产业

1. 健康制造。加强创新药物及制剂辅料关键共性技术研发，包括计算机辅助设计、数模转换、超高通量药物筛选、手性化合物不对称合成、手性拆分、结晶制备及晶型分析、蛋白质及抗体分离纯化、新型制剂及新型药用辅料制备等创新药物及制剂辅料研发关键共性技术。剂型升级关键共性技术研发，包括脂质体技术，纳米粒技术，微孔型渗透泵、非水易溶性药物单层渗透泵、推拉式渗透泵的双面打孔技术，缓控释小丸／胶囊、亲水凝胶缓释片、缓控释骨架片、微乳靶向技术，液体硬胶囊技术，聚乙二醇类脂质体辅料技术，缓控释制剂辅料技术等剂型升级关键共性技术。生产工艺优化关键共性技术研发，包括超微粉碎技术，超临界萃取技术，大孔树脂分离技术，膜分离提取技术，中药有效成分提取、分离、纯化技术，生产过程数字化控制与全程质量快速监测技术，抗体药物人源化和人源性抗体制备、哺乳动物细胞大规模培养及药物制备技术等生产工艺优化关键共性技术。

2. 医疗领域。加强临床再评价关键共性技术研发，包括名优药物的药效机制、安全性评价等临床再评价关键共性技术。加强具有自主知识产权的临床检测、诊断仪器和临床应用的新材料技术研发。

3. 健康服务。加强"互联网＋"与高端医疗器械相结合的技术及产品研发。推进老年生理和心理健康的预防、诊治及康复研究。

（四）新能源与节能环保产业技术创新专项

以国家在张家口实施风光储输科技示范工程、科技冬奥工程为带动力，加快以光伏、风电、核电等为重点的新能源产业和以工业废气治理、固体废物资源化、大气污染治理、污水处理、环境监测、超低能耗建筑技术等为重点的节能环保产业发展。到 2020 年，开发具有自主知识产权、处于国内领先水平的新能源利用与节能环保关键共性技术 20 项以上，发明专利授权 60 件以上；加快实验室和研发平台建设，支持建设大宗工业固废和再生资源综合利用平台，新建 6 ~ 8 个新能源和可再生能源实验室和技术研发平台；形成 5 个具有国际先进水平的风电、光伏、节能环保企业和张家口、保定、秦皇岛、邢台、沧州等新能源和节能环保产业集群。

专栏　新能源与节能环保产业

1. 新能源装备。包括突破 ±1100KV 特高压直流输电、柔性节能输电、新能源成套设备、关键零部件、材料制造、智能电网及用户端设备等关键技术和产业化规模化瓶颈，研发特高压输变电设备、智能电网设备、高端风力发电设备、核电设备等高端装备。

2. 储能技术与装备。包括开展储热式热电联产及地源热泵、风电制氢、核能低温供热等技术研究，加快成果转化，做强太阳能光伏、风力发电、智能电网三大产业链。

3. 节能环保工艺与装备。包括新型高效废气净化技术及装置、燃煤烟气脱硫脱硝一体化设备、城市污水和工业废水处理及回用技术及装备、固体废弃物资源化利用技术及装备、循环发电煤气净化技术及装备、挥发性有机物净化技术及装备、环保自动监测成套技术及设备的研发及应用。

（五）高性能新材料产业技术创新专项

加快新材料关键共性技术攻关和具有自主知识产权新材料产品开发，推动产品系列化、高端化、品牌化，形成以液晶显示材料、碳纤维、亚稳材料、石墨烯等为重点的新材料产业集群，为我省产业转型升级提供基础技术支撑。到 2020 年，研发处于国内领先水平的关键技术达到 40 项，发明专利授权 150 件，新产品 50 个；初步建成适应材料工业发展趋势的技术创新体系，新材料产业市场占有率提升 15%；培育形成一批新材料优势企业，打造承德钒钛材料、石家庄医药辅料与液晶显示新材料、邯郸复合材料、邢台新能源和新型建材、唐山石墨烯、廊坊碳纤维、衡水功能新材料等新材料产业集群。

专栏　高性能新材料产业

1. 功能性无机非金属材料。重点研发节能型绿色环保的功能性无机非金属材料。

2. 高性能金属材料。重点研发高强度、耐腐蚀、耐高低温、耐磨、抗疲劳等特殊用途材料。

3. 新型复合材料。重点研发低成本、高性能、环境友好的新型金属基和聚合物基复合材料。

4. 电子信息材料。重点研发半导体照明材料和新型液晶显示材料。

5. 高性能和轻量化金属合金材料。重点研发面向铁道列车、汽车、城市地铁、轻轨列车等交通运输车辆的高性能和轻量化金属合金材料及先进生产加工技术。

6. 精细化工材料与产品。重点研发面向新能源等战略性新兴产业所需的高性能、高附加值的精细化工材料及相关技术。

7. 新型无机非金属材料。重点突破粉体及先驱体制备、配方开发、烧制成型和精密加工等关键环节。

8. 新型建材产品。以产品新型、绿色低碳为主攻方向，重点发展高端水泥基产品、高端玻璃产品和玻璃深加工等产业链。

（六）钢铁产业技术创新升级专项

围绕供给侧结构性改革目标，全面实施技术创新、产品创新、生产过程创新，以钢铁高端化为方向，突破制约钢铁产业发展的技术瓶颈，推进钢铁研发、制造、应用的集成化，用大数据、“互联网 +”等新一代信息技术改造钢铁产业生产装备和生产工艺技术，形成高端引领的钢铁产业体系。到 2020 年，研发应用共性技术 10 项左右、发明专利授权 20 项左右；推进技术商业化，在 5 个钢铁高端产品上形成规模化、品牌化；平台创新能力大幅提升，河北钢铁研究院、中科院唐山钢铁分院等成为钢铁研发的领先者，形成领军人才为核心的国内一流钢铁技术研发团队。

专栏　钢铁产业

1. 关键共性技术。重点研究高炉炉料结构优化技术、高效连铸技术、钢材性能和质量控制技术、“互联网 +”和智能制造等两化深度融合技术、钢材产品及钢结构建筑应用技术等。

2. 重大新产品。重点研发汽车面板、轴承钢、弹簧钢等汽车用钢，重轨、弹簧钢等高速铁路用钢，核电、造船及海洋工程用钢；高强度建筑及结构用钢，模具钢、高速工具钢等特种钢；高磁感取向硅钢等电工钢；生态钢铁产品；钢铁复合材料；钒氮合金、钒铝合金、高纯氧钒等高端钒产品等。

3. 关键工艺装备。重点研究非高炉炼铁、高效低成本纯净钢冶炼等关键工艺装备，连铸连轧、无头轧制、半无头轧制、热送直轧生产设备、在线热处理工艺装备等。

4. 产业绿色发展。重点研究钢铁制造流程工序衔接匹配及优化组合节能、多过程耦合节能技术、网络化能量调配及排放物协同治理节能技术，钢铁生产固体废弃物综合利用技术，社会废弃物消纳技术，大气污染物一体化协同脱除技术等。

（七）化工产业技术创新专项

以化工产业精细化为方向，以曹妃甸、沧州、石家庄等为基础，推动产业园区化发展，着力加强技术研究、技术改造和产品开发，促进循环经济发展。到 2020 年，完成一批新产品和先进工艺技术开发，85% 均获得自主知识产权；化工产业部分技术水平和技术装备达到或接近国际先进水平，清洁生产和资源综合利用效率处于全国领先水平。

专栏　化工产业

1. 石油化工。包括炼油及炼化一体化技术，油品质量升级，石化芳烃产业技术，煤制芳烃技术（MTA）产业化。

2. 煤化工。包括煤电转化、煤炭气化、煤炭液化等煤炭转化技术，煤制天然气相关技术，节能节水环保技术，关键装备设计制造的自主化和系列化，焦炉气制甲醇、二甲醚、醋酸、焦油深加工、粗苯精制、大型煤制甲醇、城市燃气、液体化工运输管道、聚乙烯醇等新产品。

3. 盐化工。包括企业技术改造和技术创新，氯气产品链下游四大主要领域聚氯乙烯、环氧丙烷、环氧氯丙烷和光气系列（聚碳酸酯、MDI、TDI 等）新产品。

4. 精细化工。包括基因工程、纳米技术等尖端科细化工业技术，农药、涂料、染料、塑料加工助剂、橡胶制品及医药中间体、信息及电子用化学品、生物化工产品等精细化工产业和新领域精细化学品新产品。

（八）现代农业产业技术创新专项

以农业现代化为方向，以标准化、集成化技术应用为重点，充分利用地表地貌多样，生物资源丰富的优势，加快培育现代种业，开发现代农业装备、高技术含量功能食品和无公害化肥农药等新产品，着力实施渤海粮仓、粮食丰产、绿山富民等科技示范工程，提档升级农业科技园区、现代农业园区，大力发展循环农业、节水农业、都市农业、数字农业、精致农业、高效农业，推动传统农业向现代生态农业转型。推动省农业科技创新联盟向纵深发展，探索开展京津冀农业科技园区和重大农技推广两项试点，完善现代农业产业技术体系，逐步实现创新团队覆盖全省主要优势产业。到2020年，培育具有自主知识产权的突破性农作物新品种10个，取得300项以上专利授权；主要农作物耕种收综合机械化水平达到80%以上；培育100家科技型农业龙头企业和种业集团；节水节肥节药技术集成示范100万亩，科技支撑现代农业和生态环境发展能力明显提高，着力打造环首都现代农业科技示范带，山前平原高产农业区，黑龙港生态节水循环农业区，山地高效特色农业区，坝上绿色生态产业区和沿海高效渔业产业带，努力构建特色鲜明、良性互动、逐级带动的现代农业协同发展新格局。

专栏　现代农业产业

1. 农作物种质创新及育种。包括耐旱、节水小麦、玉米、棉花，以及马铃薯和杂交谷子等农作物种质和新品种选育技术，培育壮大产学研、育繁推一体化的种业集团。
2. 资源优化配置。包括冬小麦、夏玉米、棉花及设施蔬菜、果树等主要农作物节水丰产技术；化肥农药减施技术；中低产田土壤质量提升技术；果蔬主要病虫害高效绿色防控农艺、生物制剂研发、物理防控以及精准减量化等关键技术。
3. 智能化设施农业装备与技术。包括高灵敏度、高精确度土壤水分传感器，地下蓄水池雾化水技术，简便易操作的灌溉施肥装置，日光温室的排湿降温电动机械装置及智能控制装置等。
4. 农业信息化技术和物联网技术应用。大力发展“互联网＋农业”，培育以电子商务为主要手段的新型流通业态，实现农村电商服务站点全覆盖。借助互联网＋助推一二三产业融合发展。

（九）现代服务业产业技术创新专项

以服务业社会化、专业化、品质化为方向，以科技服务、现代物流、现代商贸、金融、文化创意、旅游等为重点，利用互联网＋催生现代服务业发展新业态、新模式，把服务业打造成为经济增长的“稳定器”和转型升级的“加速器”。到2020年，培育一批品牌服务企业，推进以云计算、大数据、物联网等为技术支撑的科技服务、现代物流、现代商贸、电子商务、文化创意、旅游休闲等服务业应用创新和转型升级，现代服务业竞争力大幅提升，成为河北经济增长的重要引擎。

专栏　现代服务业

1. 推进生产性服务业创新发展。积极推进生产服务业与制造业融合创新，利用“互联网＋”等创新技术手段全方位、多手段改造提升生产服务业。大力发展互联网＋商贸物流，积极发展智慧物流，引领商贸流通提档升级，为建设全国重要现代商贸物流基地提供科技支撑；充分利用京津冀协同发展机遇，加快软件、数据服务等信息服务业创新发展；推进文化创意产业技术、模式、业态、组织创新，促进文化强省建设；整合各类资源，推进市场化改革，通过引进、并购、联合等途径，促进专业服务业做大做强。

2. 推进生活服务业精细智慧。提升生活服务业科技创新水平，积极促进智慧产业在公共服务、生活服务等领域的渗透和融合，大力发展智慧交通、智慧教育、智慧社区、智慧医疗、智慧社保、智慧旅游和智慧公共管理。

3. 推进科技服务业能力提升。建立与完善支撑产业发展的科技研发服务体系；建立与完善以技术（产权）交易市场为平台、技术转移机构为支撑的技术转移服务体系；加快科技企业孵化体系建设，为中小微企业提供全方位科技咨询服务；培育新型科技投融资机构，推进金融产品创新，为科技创新提供强有力资金支持；完善知识产权全链条服务体系；培育专业检验检测认证机构，创新检验检测认证服务模式，打造京津冀区域一体检验检测认证模式，推进检验检测认证机构资质和检验检测结果互认。

（十）科技惠民技术创新专项

围绕社会关注的污染治理、食品安全、公共安全、公共服务、智慧城市等民生改善重大科技需求，实施民生科技联合攻关行动，力求突破一批关键核心技术，推进科技成果示范应用，力争使科技惠民成为推动经济社会发展的"发动机"，为全面建设小康社会提供有力支撑。到2020年，大气污染防治科技支撑能力明显提升，形成京津冀水资源联合调度配置技术体系，基本构建起食品质量安全和生态安全科技支撑体系，社会事业领域关键技术创新取得较大突破，科技惠民创新能力显著增强。

专栏　科技惠民

1. 科技治霾。针对区域大气污染防治关键共性技术需求，支持我省与京津加强大气污染防治、增绿降霾和绿色交通、清洁能源、资源高效利用、清洁生产、监测预警等领域关键技术联合攻关和集成应用，组织研发应用100项实用关键技术，组织实施100项重大成果转化项目，推动大气污染治理和节能环保产业发展。

2. 水污染控制与治理。围绕区域水污染控制与治理重大科技需求，支持我省高校院所与京津协同开展湖泊、湿地生态环境保护和修复、重点行业水污染减排、海水淡化等技术攻关与示范应用，突破一批共性关键技术，为推动水资源保护、水生态安全和水环境治理提供科技支撑。

3. 生态安全。加大燕山—太行山水源涵养与综合治理功能区、京津保过渡带城市生态空间核心保障区、坝上高原防风固沙生态修复功能区、冀东沿海生态防护功能区、冀中南平原生态修复与高效林业功能区五大生态功能区建设，在林木良种、困难立地植被恢复、速生林木材储备、林木病虫害防治等方面取得创新突破。

4. 食品安全。研发应用推广一批方便、快捷、高通量的食品安全检测技术和装备，建立和完善高风险食品行业产品追溯体系和安全性评价体系，基本构建起我省食品质量安全科技支撑体系。

5. 公共安全与公共服务。围绕社会安全监测预警与控制、综合应急技术装备等方面的关键技术瓶颈，开展技术研发与推广应用，加大社会治理基础信息综合应用，创新社会治理管理实践。

五、提升企业创新能力，迈向创新发展新高度

以提升企业创新能力为目标，充分发挥市场配置资源的决定性作用，着力实施企业创新能力提升三大计划，形成创新型领军企业"顶天立地"、科技型中小企业"铺天盖地"的发展格局。到2020年，以企业为主导的技术创新机制更加完善，实现90%的研发投入出自企业、80%的研发机构建在企业、80%的研发人员集中在企业，规模以上工业企业建立研发机构比例力争达到80%以上。

（一）实施创新型领军企业培育计划

围绕补齐"短板"、做强产业链，以行业优势骨干企业为重点，鼓励其与高等学校、科研院所

深入开展产学研合作，共同建设一批国家级（含国家地方联合）、省级企业重点（工程）实验室、工程（技术）研究中心、工程实验室、企业技术中心、工业设计中心、院士工作站和博士后科研工作站等创新平台，加大研发投入，增强自主创新能力。支持装备、钢铁、建材、医药、化工、食品等行业龙头企业通过资产重组和引进战略投资者等途径实现强强联合，打造一批研发实力与创新成果国际一流、产业规模与竞争能力位居前列的创新型领军企业。

（二）实施科技型中小企业成长计划

发挥科技型中小企业创新生力军作用，以规模做大、实力做强为目标，实施苗圃、雏鹰、科技小巨人和新三板上市四大工程，搭建小升规、规改股、股上市成长阶梯，强化差异化服务，加速推动科技型中小企业从苗圃到雏鹰、小巨人、上市的三级跳，实现科技型中小企业裂变式增长、集群化发展。到 2020 年，科技型中小企业达到 8 万家，科技小巨人企业达到 4000 家，上市企业达到 150 家，打造形成环京津、沿渤海、聚省会等一批科技型中小企业发展密集区。

（三）实施高新技术企业“双倍增”计划

通过政策引领，激发企业创新活力，推动高新技术企业数量和高新技术企业上市数量“双倍增”。积极与京津开展对接合作，引进孵化一批技术前沿领域的高新技术企业。选取规模大、技术领先、成长性高、带动性强的高新技术企业，提供定制化的基础服务、发展服务和延伸服务，推动一批高新技术企业高端化发展。聚焦新能源、先进制造、电子信息、新材料、生物医药等优势产业，引导各类创新资源向企业集聚，培育一批创新型高新技术产业集群。到 2020 年，高新技术企业力争达到 4000 家，上市企业达到 500 家。

六、提升区域创新能力，构筑创新发展新高地

围绕全省创新发展重大需求，着力实施区域创新能力提升八大行动，加快构建运转高效的区域创新体系，引领支撑全省创新发展。

（一）实施区域创新高地建设行动

以京南国家科技成果转移转化试验区和石保廊区域全面创新改革试验区为依托，吸纳聚集高端创新资源，搭建一流创新平台，强化京津科技成果转移转化，开展重大产业技术攻关，将石保廊打造成国内具有重要影响力的高端创新资源集聚高地、京津创新成果孵化转移转化高地、全省创新发展的引领高地。其他区域围绕区位条件和产业特色，整合创新资源，加快提升创新能力，建设形成一批创新型城市。依托全省优势产业、特色产业、新兴产业聚集区，以支撑引领全省主导产业、接续产业为目标，构建一批以智能制造、大数据、大健康等重点的产业技术创新中心。

（二）实施一流开发区创建行动

发挥高新区、经济开发区在产业转型升级中的引领和带动作用，聚集高端创新要素，加快科技

成果转化，加快提升开发区创新驱动发展能力。推动石家庄、保定、燕郊国家高新区积极创建国内一流、具有国际竞争力的国家高新区，着力提升唐山、承德等国家高新区的创新发展水平。推动省级高新区突出特色、优化整合、创新发展，争创一批新的国家级高新区。鼓励经济开发区走创新发展之路，支持创新资源密集的经开区设立高新技术产业园、创新型园区，建设战略性新兴产业集聚发展示范基地。打造一批国内具有重要影响的创新型产业集群。到 2020 年，省级以上高新区达 35 家，培育 2000 亿元级创新型园区 5 家、超 1000 亿元级的 20 家、超 500 亿元级的 60 家；经济技术开发区达到 170 家左右。

（三）实施高水平研发平台打造行动

着眼于提升我省重点领域应用基础研究水平和产业技术创新能力，加强与国内外顶尖高校、研究机构合作，围绕工程中的基础力学问题、大数据处理机制、主要农作物种质创新、创新药物等关键科学技术问题，以学科链、专业链对接产业链，重点布局建设一批高水平重点实验室、工程实验室和工程（技术）研究中心，力争攻克一批制约产业核心技术升级的关键、共性和重大科学问题，取得一批原始创新成果。支持建成一批国家级重点实验室等创新平台，积极争取国家重大科研基础设施落地河北。到 2020 年，重点建成高水平研发平台 100 家。

（四）实施高层次创新人才聚集行动

大力推进科技英才“双百双千”工程，突出“高精尖缺”导向，引进一批带技术、带成果、带项目、带资金的高层次产业技术创新创业团队。深入实施“百人计划”“巨人计划”“三三三人才工程”、青年拔尖人才开发计划、杰出青年科学基金计划、青年拔尖人才支持计划等高层次人才引培计划，引进培养一批在原始创新有重大发现、产业技术创新有重大突破、服务科技民生需求有重大贡献的高层次创新型人才和创新团队。充分挖掘省内高校、科研院所潜力，打造一批科技领军人才及后备力量。围绕产业转型升级需求，采用“外引内培”的方式，造就一支高素质的企业家和职业经理人队伍。积极引进海外高端智力，建立一批海外河北人才工作站。到 2020 年，建设 11 家高层次人才创新创业园，新建 500 家院士工作站，引进 200 名国外高端专家人才、1000 名科技型中小企业创新英才，引进和培养 200 名创新创业领军人才，打造 200 个创新创业团队，建成海外人才工作站 10 个。

（五）实施基础研究能力提升行动

面向经济社会发展重大战略需求，瞄准世界科学前沿，鼓励自由探索，开展重大科学问题研究，重点支持基因编辑、机器人制造、3D 打印等我省有一定基础、有望取得重要突破的前沿科学技术，力争在更多领域占有一席之地。优化大学科研布局，加强“双一流”（一流大学、一流学科）建设。重点支持优势学科和协同创新中心，组建优势团队，关注前沿技术，加强基础研究平台建设，持续稳定开展重大基础和应用基础研究，增加知识、技术储备，保持重点学科领域可持续发展，为攻克产业关键技术提供理论支撑。到 2020 年，力争 4 所左右大学达到或接近国家一流大学水平，新建 3 家国家重点实验室，承担国家基础研究项目的总量明显增长。

（六）实施科技成果转移转化推进行动

建立符合科技创新规律和市场经济规律的科技成果转移转化体系，着力构建科技成果网络交易平台、技术创新服务平台、成果转化金融投融资平台、众创空间平台。加快搭建政策协同联盟、“京津冀协同创新”联盟、“京津冀成果转化信息与服务”联盟，促进京津成果在河北转移转化。支持建立国防军工技术交易市场，积极引导国防专利成果在我省转化。推进制定科研人员评价考核机制、具有领导职务科研人员成果转化机制、企业加强科技成果转化应用激励机制、重大科技成果转化资助机制、创新资源开放共享机制和科技成果转化考核机制，激发科技成果转化活力。着力实施百项重大成果转化，着力引培科技成果转移转化领军人才，着力提升技术转移机构的服务能力，着力打造一支面向基层的科技成果转移转化人才队伍。到 2020 年，建设 50 个示范性省级技术转移机构，培养 500 名专业化技术转移人才。

（七）实施军民融合协同创新行动

发挥军地创新资源优势，促进军民科研院所、高校的双向开放和服务，推动省内高校院所和企业与军工集团、军工科研单位等建立军民融合技术创新联盟，合作共建重点（工程）实验室、工程（技术）研究中心、产业技术研究院等创新平台。开展军民两用技术联合攻关，促进军民技术优势双向转移转化应用，争取在高端装备智能制造、电子信息技术、航空航天、新材料、空间信息等领域突破一批共性关键技术，支持军民融合重大科技成果转移转化和产业化。到 2020 年，培育创建省级军民融合产学研用示范基地达到 50 个。

（八）实施国际科技合作促进行动

主动融入“一带一路”国家开放大格局，深入推进国际科技合作与交流。支持我省企业与世界 500 强、跨国公司联合建立实验室、产业技术创新中心、国际合作创新园区和基地。鼓励我省企业面向中东欧、非洲、亚洲地区输出优势产业技术和产能，鼓励我省企业在海外建立研发机构，提升企业国际竞争力。支持省内有条件的企业与境外机构加强合作，采用境外先进创业孵化模式，发展一批新型创业孵化平台。到 2020 年，重点培育国家级国际科技合作基地 5 个，培育省级国际科技合作基地 30 个，建设海外高水平孵化平台 20 个。

七、推进大众创业万众创新，营造创新发展新生态

建设一批低成本、便利化、全要素、开放式的众创空间和创新创业社区，加快构建市场主导、政府扶持的创新创业服务体系、多层次的创新资本市场体系、知识产权保护运营体系，营造浓厚的创新创业氛围。

（一）完善创新创业服务体系

多元搭建众创空间。通过社会力量自建、政府与社会力量共建、高校自建、高校与企业共建等

多种模式，大力发展创业咖啡、创客空间、创业工场、创新社区等众创空间群，推进创客新城建设。建设“互联网 +”创新社区，形成线上线下互动发展、辐射能力强的品牌化众创空间。鼓励企事业单位盘活闲置办公楼、商业设施、老旧厂房等，建设一批具有公益性、社会化、开放式运作的众创空间。鼓励行业领军企业围绕产业链创新创建众创空间。积极引入京津众创空间品牌在我省设立分支机构或共建众创空间。到 2020 年，全省众创空间达到 500 家以上。

推进创新创业资源共享。促进高校、科研院所资源开放共享，推进由财政投入的大型科学仪器设备、科技文献、科学数据等科技基础条件平台，以及重点实验室、工程实验室和工程（技术）研究中心、企业技术中心等研发基地向创业者和创业企业开放。

完善创新创业服务体系。大力发展“创投 + 孵化”“创业导师 + 持股孵化”“创业培训 + 天使投资”等创业孵化服务模式，构筑“互联网 +”创业服务网络体系，完善“创客咖啡—创业苗圃—孵化器—加速器—产业园区”的创业孵化全链条服务。培育发展创新创业服务机构，为创业者提供专业化服务。完善河北省中小企业公共技术服务平台，为创新创业主体提供高效便捷的科技信息服务。建立“科技创新券”制度，资助小微企业和优秀创新创业团队开展合作研发活动，推动创新券在京津冀区域统筹使用。实施创业导师培育计划、青年大学生创业引领计划，组建京津冀创业导师团。

（二）构建创新创业投融资体系

加快发展科技金融机构。支持金融机构、投资机构在各设区市和有条件的县（市、区）设立科技金融机构，逐步实现全省科技支行、科技担保机构、科技创业投资机构、科技保险机构四个“全覆盖”。组建政策性融资担保机构，为初创期和成长期的科技型中小企业提供融资担保服务。鼓励金融行业组建科技金融行业协会，加快发展技术评估、科技成果认证、知识产权代理、技术经纪、技术交易等中介服务，提高科技投融资机构的风险防控能力。

创新科技金融产品和服务。鼓励金融机构开展金融产品和服务模式创新，积极开展股权、仓单、订单、应收账款和票据质押贷款服务，推进知识产权质押贷款，扩大专利保险试点范围和惠及面。探索商业银行为企业创新活动提供股权和债权相结合的融资服务方式，与创业投资机构、保险机构实现投保贷联动。引导各地设立科技型中小企业贷款风险补偿资金和保证保险补偿资金。鼓励发展科技保险、首台（套）产品保险、创业保险、集合债券等新型金融工具，拓宽企业融资渠道。建设河北省天使投资体系，扩大省新兴产业创业投资引导基金规模。

完善多层次的创新资本市场。实施科技企业上市培育计划，建立省市县科技型中小企业上市后备库，推动符合条件的科技型中小企业在主板（含中小板）、创业板、“新三板”、石家庄股权交易所等境内多层次资本市场和境外市场上市挂牌融资。根据科技型企业的不同发展阶段、行业特征的金融需求特点，构建全生命周期、无缝式科技创新金融服务链，支持科技型企业发展壮大。

（三）健全知识产权保护运营体系

提升知识产权创造能力。深入实施知识产权优势企业培育、优质专利品牌产品培育、优秀知识产权人才培养等知识产权“三优”工程，实施专利导航项目，鼓励创新型产业集群构建产业专利池，推进专利导航产业发展，提高知识产权创造能力。放宽知识产权服务业及社会组织准入条件，加快建设知识产权服务业集聚区。注重引进京津两地知识产权服务机构在我省设立分支机构。

加大知识产权保护力度。加强知识产权行政执法、维权援助体系建设，建立重大知识产权目标评估制度和重点领域知识产权评议报告发布制度，围绕知识产权创造、运用、保护、管理、服务五大关键环节，实施严格的知识产权保护制度，引导企业在并购、股权流转、对外投资等活动中加强知识产权保护。充分发挥各类知识产权行政执法队伍的作用，健全“三合一”综合执法体制。

深化知识产权运营管理。推广石家庄高新区知识产权运营管理经验，在全省范围内逐步推行专利质押、专利保险、专利入股等知识产权金融服务，推动知识产权与科技、经济、金融深度融合，盘活科技型中小微企业专利资产。鼓励各市积极探索包括风险池等多种形式的知识产权金融服务产品，创新知识产权质押融资产品和担保方式，推动建立省级知识产权交易服务平台，全面提升知识产权运营能力。

（四）营造创新创业浓厚氛围

全面提升科学素养。支持有条件的科技馆、博物馆、图书馆等公共场所免费开放。推动科研机构、高校向社会开放科研设施，鼓励企业、社会组织和个人捐助或投资建设科普设施。整合科普资源，建立区域合作机制，逐步形成全省范围内科普资源互通共享的格局。支持各类出版机构、新闻媒体开展科普服务，积极开展青少年科普阅读活动，加大科技传播力度，构建科普服务新平台。到2020年，全省公民具备基本科学素质的比例达到10%。

加快建设科技创新智库。要加快建立科技咨询支撑行政决策的科技决策机制，整合科技创新研究资源，建设高水平科技智库，围绕事关科技创新发展全局和长远问题，善于把握世界科技发展大势、研判世界科技革命新方向，为全省科技决策提供准确、前瞻、及时的建议。鼓励省内智库机构与国家和京津高水平智库机构联合开展软科学研究，提升我省科技创新智库整体水平。

营造创新文化氛围。建立鼓励创新、宽容失败的容错纠错机制，保障科技人员的学术自由。加强科研诚信建设，坚守社会责任。加大对“众创、众包、众扶、众筹”知识的普及力度。鼓励各类创新创业载体和社会组织开展创业路演、创业大赛和创业论坛等社会性创新创业活动，省财政根据活动效果给予一定后补助。积极参与“全国大众创业万众创新活动周”，促进各类创业创新要素聚集交流对接，在全社会营造良好的创业创新氛围。

八、深化科技体制改革，激发创新发展新活力

以推动科技创新为核心、激发创新人才积极性为目标，着力在科技计划管理、科技成果转化、科研院所发展、科技人才评价激励等重点领域和关键环节攻坚克难，加快建立起有利于创新发展、符合市场经济规律和科技创新发展规律的科技创新体制机制。

（一）推动科技计划管理改革

聚焦全省重大战略任务，根据国民经济和社会发展重大需求及科技发展优先领域，整合形成重

点研发计划，从基础前沿、重大共性关键技术到应用示范进行全链条创新设计，一体化组织实施。基础性研究由专家论证提出，重大共性关键技术由企业界提出后政府科技管理部门确定，财政资金立项支持；一般性非共性产业技术由企业提出，财政资金择优支持。分类整合各类计划，通过市场机制引导社会资金和金融资本进入技术创新领域。建立科研经费助理制度，完善科研项目和经费的管理制度，简化手续、精简程序，提高研发人员创新效率。完善科技管理基础制度、科技报告制度、创新调查制度建设，建立统一的全省科技管理信息平台。

（二）推动科技成果资本化产业化改革

围绕破解科技成果转移转化的体制障碍，着力进行针对性改革。探索将财政资金形成的科技成果通过奖励等办法把部分股权、知识产权等让渡给科研人员政策。对符合条件的高等院校和科研院所投资的科技企业，放宽股权出售对企业设立年限和盈利水平的限制。允许高等院校和科研院所自行制定成果转化收益分配制度，提高科研人员成果转化收益分享比例。鼓励省属科研机构和高等院校设立专门的技术转移机构，构建符合我省特点的技术转移体系。

（三）推动院所科研体制机制改革

推进科研院所分类改革，加快公益类科研院所建立现代科研院所制度，形成符合创新规律、体现领域特色、实施分类管理的法人治理结构。坚持技术开发类科研机构企业化转制方向，推动转制科研院所深化市场化改革，推动我省科研院所做大做强。扩大科研院所自主权，赋予创新领军人才更大的科研人财物支配权、技术路线决策权。创新支持新型研发组织方式方法，鼓励专业研发公司、网络研发组织、创新工作室等新型研发组织发展。

（四）推动科技人才评价激励改革

构建以科技创新质量、贡献、绩效为导向的分类评价体系，将高校、院所研发人员的薪酬、职称评聘与创新业绩挂钩。围绕我省产业发展的战略需求，建立产业对人才需求的预测调整机制，完善与产业发展需求相适应的人才评价机制。允许符合条件的高等学校和科研院所科研人员经所在单位批准，带着科研项目和成果到企业创新创业。积极探索年薪制和协议工资制，探索股权、期权、分红等激励措施。深入推进我省科技奖励制度改革，发挥科技奖励的激励导向作用，进一步重视原始创新，强化集成创新，突出企业创新，引导协同创新，拓宽奖励推荐渠道，优化奖励等级结构，完善专家遴选及评审机制，提升科技奖励对经济社会的贡献度。

九、保障措施

（一）加强组织领导

省政府负责本规划的组织领导，省科技主管部门牵头组织实施本规划。在规划实施中注重加强与国家、京津的政策协调，与财税、金融、投资、产业、教育、贸易等政策的协同，形成目标一致、部门配合的政策合力。各地各部门要按照“第一动力”“第一生产力”和“第一资源”的要求来谋划工作格局、摆布工作内容、确定工作优先顺序，确保规划的各项任务落细落小落实。

（二）完善投入保障

建立需求牵引规划、规划引导资源的配置机制，围绕产业链部署创新链和资金链，实现规划任务与资源配置有机衔接。持续加大财政科技投入，根据推进改革的需要和确需保障的内容，对科技创新重点支出统筹安排、优先保障。改进财政资金投入方式，综合运用政府购买服务、股权投资、评价后补助、风险补偿、贷款贴息等多种方式，发挥财政资金的杠杆作用，引导更多的金融资金和社会资本进入创新领域，完善多元化、多渠道、多层次的科技投入体系。

（三）开展监测评价

建立定期检测评估制度，建立健全第三方评估机制，有计划、分阶段地对规划实施进度、任务部署和政策措施落实等情况进行追踪。建立滚动调整机制，根据创新发展进展和社会需求新变化，对规划的任务部署进行及时、必要的修订，确保规划的科学性和指导性。开展创新指数评价，建立以创新主体、创新投入、创新人才、创新成果、创新环境等相关指标为重点的创新能力评价体系，对区域创新能力进行量化评价。

（四）严格动态考核

完善以创新发展为导向的考核机制，将创新驱动发展成效作为各级领导班子政绩考核的重要指标，并将考核结果作为干部选拔任用的重要参考。发挥国企在科技创新中的引领示范作用，完善省属国有及国有控股企业经营业绩考核制度，加大技术创新在考核中的比重，落实国有及国有控股企业研发投入视同利润等考核措施。

山西省“十三五”科技创新规划

“十三五”是实现全面建成小康社会奋斗目标的决胜时期，是深入实施创新驱动发展战略和建设创新型省份的攻坚时期，也是全面完成《山西省中长期科学和技术发展规划纲要（2006—2020年）》各项目标任务的关键时期。为充分发挥科技创新对经济社会发展的重要支撑引领作用，根据《“十三五”国家科技创新规划》及《山西省国民经济和社会发展第十三个五年规划纲要》，编制本规划。

一、发展基础与面临形势

（一）发展基础

“十二五”时期是山西省发展很不平凡的五年，经济形势严峻复杂，改革任务艰巨繁重。全省科技工作在省委、省政府的坚强领导下，积极进取，攻坚克难，全面坚持“自主创新、重点跨越、支撑发展、引领未来”的指导方针，以创新驱动发展战略为主线，科技综合实力稳步提升，支撑经济社会发展能力显著增强，区域创新环境日趋优化，科技创新城建设全面启动，顺利完成了“十二五”科技规划确定的各项目标任务，为全省转型发展奠定了坚实基础。

1. 科技综合实力稳步提升

全省有效集聚各类科技资源，取得了一大批科技成果，自主创新能力不断增强，科技综合实力稳步提升。科技经费投入连年增长，2015 年，全省 R&D 经费投入 152.2 亿元，比“十一五”末增长 69.3%。科技人才队伍不断壮大，新增国家杰出青年基金获得者 5 人，立项建设省级科技创新团队 79 个。科技创新平台不断完善，新批准成立国家重点实验室 2 家，立项建设省级重点实验室 43 家，潞安集团建成我省首家国家级工程技术研究中心，新建省级工程技术研究中心 18 家。科技论文和专利数量快速增长，SCI 收录我省科技论文数量达到 1699 篇（2013 年），比“十一五”末增长 72.8%，有效发明专利拥有量达到 8104 件（2015 年），“十二五”年均增幅 24.6%。五年来，共获得国家科技进步奖、国家技术发明奖等国家各类科学技术奖 40 项。技术合同成交额显著增加，

山西省人民政府，晋政发〔2016 年〕62 号，2016 年 12 月 19 日。

2014年，全省技术合同成交总额达到207.61亿元，是“十一五”末的3.7倍。高新技术产业蓬勃发展，全省高新技术企业由“十一五”末的199家增加到720家，长治高新区升级为国家级高新技术产业开发区，新增4家国家级科技企业孵化器，总数达到7家。

2. 支撑经济社会发展能力显著增强

首次设计和编制了煤基低碳产业创新链和非煤高新技术产业创新链，实施了一批科技重大专项，攻克了一批共性关键技术，取得了一批拥有自主知识产权、富有竞争力的标志性成果。研制出我国切割功率最大（1100kW）一次采全高（7.2米）的MG1100/2860-WD大功率大采高电牵引采煤机、智能型千万吨煤炭综采成套设备、世界首台商业规模水煤浆水冷壁气化炉、双循环低温发电机组、新一代显示技术的激光投影机、高容量动力锂离子电池等一批先进技术产品。太原不锈钢产业集群和榆次液压产业集群被认定为国家创新型产业集群试点，实现了我省在国家创新型产业集群中零的突破。农业科技创新取得显著进步，育成的大丰30号玉米杂交品种居国内领先水平，研发的F型小麦不育系是我国农业领域的重大技术创新，杂交大豆高效繁育制种技术取得新突破，承担国务院农村综改试点项目——山西新型农业社会化服务体系建设，建成702家农科服务站，为农业发展提供新型科技综合服务。

3. 区域创新环境日趋优化

科技体制改革不断深化，区域创新的顶层设计不断完善，科技对外开放合作不断加强，创新创业环境明显改善。省级科技计划（专项、基金等）优化整合为应用基础研究计划、科技重大专项、重点研发计划、科技成果转化引导专项（基金）、平台基地和人才专项五大类，在全国率先建立了省级科技管理新体制。出台了《中共山西省委、山西省人民政府关于深化科技体制改革加快创新体系建设的实施意见》《创新驱动山西行动计划》《低碳创新行动计划》《山西科技创新城建设总体方案》《围绕煤炭产业清洁、安全、低碳、高效发展拟重点安排的科技攻关项目指南》，形成了山西省“131”创新驱动战略体系，在全国最先完成并实施了省域创新驱动行动顶层设计。首次召开了全省科技创新大会，出台了《中共山西省委、山西省人民政府关于实施科技创新的若干意见》，对全省科技创新工作进行系统部署。科技对外开放不断拓展，科技合作交流进一步加强，“十二五”期间，新建国家级国际合作基地5家、省级国际合作基地16家，总数分别达到11家和30家。科普工作广泛开展，全社会创新氛围正在逐步形成。

4. 科技创新城建设全面启动

科技创新城作为山西省转型综改试验区建设的标志性工程全面开工建设，累计引进清华大学能源研究院、中国科学院4个研究所、中煤科工集团等35家研发机构，研发方向涵盖煤机装备、煤化工、煤焦化、煤层气、煤电、煤基新材料、富碳农业等7个煤基低碳领域，代表了国内同行业最领先研发水平。科技创新综合服务平台等公共设施和基础设施项目开工建设，完成投资40亿元。出台了《山西科技创新城建设总体方案》《关于建立山西科技创新城人才管理改革试验区的指导意见》《关于山西科技创新城高端人才支持的暂行办法》《关于山西科技创新城平台管理的暂行办法》《关于山西科技创新城促进科技成果转化的暂行办法》《关于山西科技创新城首台（套）重大技术装备认定和扶持的暂行办法》等政策，逐步建立起完善的政策支撑体系。

（二）面临的问题

“十二五”期间，山西省科技工作取得了显著进步。但是总体看，我省科技创新实力基础弱、底子薄，与先进省份相比存在较大差距，一些重要指标值低于全国平均水平。主要表现在以下四个方面。

1. 科技创新能力不足

2015 年，山西省创新能力综合排名位于全国第 25 位，绝大多数指标位于全国 20 位左右，属于科技综合竞争力薄弱地区。科技经费投入不足，2014 年，山西省 R&D 经费投入占 GDP 比重只有 1.19%，明显低于全国 2.05% 的平均水平，R&D 经费投入排全国第 20 位，多元科技投入体系仍不健全，科技风险投资的市场机制没有形成，科技企业利用资本市场能力较弱。科研人才尤其是高层次、领军型人才匮乏，国家级创新团队只有 1 个，2014 年，山西省 R&D 人员全时当量只占全国的 1.32%。聚焦主导产业的创新平台数量少，高端平台更少，国家级重点实验室数量只占全国的 1.25%，国家级高新区数量只占全国的 1.38%，国家自主创新示范区全国 14 家，我省还未建立。全社会大众创业、万众创新的局面亟待打开。

2. 企业创新主体地位亟待提高

企业在技术创新决策、研发投入、科研组织和成果转化等方面的主体地位还没有建立起来，多数企业只注重当前实际问题，缺乏生产一代、研制一代、储备一代创新战略的长效机制。2014 年，山西省规模以上工业企业有研发活动的只占 7.99%，建立研发机构的企业只占 5.43%，明显低于全国 12.62% 的平均水平，R&D 人员数量只占全国规模以上工业企业 R&D 人员总数的 1.34%。科技型中小微企业总量少，创新能力弱，竞争力不强，融资难、创新难、成长难等共性难题亟须得到有效破解。科技型企业孵化器数量少，国家科技企业孵化器只占全国的 1.39%。高标准的产学研合作有待建立，国家级产业技术创新战略联盟只有 1 个。

3. 科技体制改革有待进一步深化

政府职能转变不力，与市场的关系处理不明晰，市场配置资源的决定性作用和更好发挥政府作用的机制没有建立起来。科技成果转化数量不多，转化渠道不畅，科技中介服务市场发展缓慢，交易活动少，科技成果转化、转让、转移的综合服务平台没有建立起来。科技评价和激励机制不能适应经济社会发展需求，评价标准单一，突出数量指标忽视质量和潜力。高校科研体制亟须改革，考评机制落后，办学特色不明显，对产业支撑作用较弱，科研人员研究方向轻需求和问题导向，与经济社会发展需求相脱节。中央驻晋科研院所的优势作用在省内没有充分发挥出来，军地企业院所尚未达到深度融合，省属科研院所改革滞后。科技与金融结合不紧密，科技资源共享的体制机制仍不完善。

4. 科技支撑引领产业发展能力较弱

科技支撑传统产业转型升级能力较弱，煤炭、焦化、冶金、电力等传统产业技术水平低、产品附加值低、质量效益低，高能耗、粗放式产业开发模式仍然存在，产业转型升级和创新缺乏充足有效的技术供给。科技引领新兴产业发展作用较弱，全省高新技术产业化程度低，产业规模偏小，产业层次仍处于产业链的中低端。全省高新技术企业销售收入只占规模以上企业销售收入的11.4%。

（三）形势分析

当今世界，科技创新日新月异，以新能源和生物技术为主要特征的第四次科技革命蓄势待发，将加快推动全球经济发展进入新阶段。更加高效和低碳的绿色能源和生物技术将显著改变经济社会发展的动力结构，世界能源格局将向更清洁、更灵活和更多元发展。风电、太阳能光伏等可再生能源的间歇性供电在全球发电能力的占比将进一步加大，中国将超过欧盟、美国和日本的总和成为可再生能源发电绝对增幅最大的国家。新能源技术高速发展的态势将对我省经济发展带来重大变革。

我国科技创新能力显著增强，战略高技术持续突破，基础前沿领域勇攀新高峰，与国际先进水平相比形成了领跑、并跑、跟跑“三跑”并存的局面，创新型国家建设取得重大进展。国内发达地区的科技创新引领带动作用逐渐显现，上海正在建设全球有影响力的科技创新中心，北京正在建设全国科技创新中心，沿海发达地区正在建设有世界影响力的产业技术创新中心。随着国家开放战略的进一步实施，发达地区的技术溢出效应将持续增强，创新要素和创新资源将不断地向中西部转移，这些条件将为我省科技创新发展提供难得的历史机遇。

从我省情况来看，科技创新是摆脱资源依赖的迫切需要。经济发展新常态和严峻的现实，决定了我省必须依靠科技创新，寻求新的增长动力，走出资源型经济困境，使资源型经济焕发新的生机和活力。科技创新是产业转型升级的迫切需求。传统产业转型和新兴产业发展，都要依靠科技创新、全面创新，通过突破产业发展中的关键技术，带动产业发展的战略性突破和重大升级。科技创新是可持续发展的迫切需要。山西经济增长的传统动力正逐步衰减，发展面临着资源瓶颈制约、环境压力加大的严峻挑战。在未来五年内，要实现经济平稳健康可持续发展，必须最大限度激发科技作为第一生产力、创新作为第一动力的巨大潜能，最大限度释放全社会的创新活力与潜力。

二、指导思想、原则与目标

（一）指导思想

以邓小平理论、“三个代表”重要思想、科学发展观为指导，全面贯彻党的十八大和十八届三中、四中、五中、六中全会精神，深入贯彻习近平总书记系列重要讲话精神，牢固树立创新、协调、绿色、开放、共享五大发展新理念，面向全面实现创新型省份目标，大力实施创新驱动发展战略，充分发挥科技创新在供给侧结构性改革中的基础、关键和引领作用，以实施科技创新重大工程和专项为抓手，以深化科技体制改革为动力，以完善科技创新人才和平台体系为支撑，以围绕产业链部署创新链为路径，着力攻克煤与非煤两大领域技术瓶颈，着力破除制约科技创新发展的体制机制障碍，着力推进大众创业、万众创新，培育发展新动力，形成发展新优势，破解我省资源型经济发展困境，为全面建成小康社会和不断塑造山西美好形象、逐步实现山西振兴崛起提供强有力科技支撑。

（二）基本原则

1. 坚持“四创联动”。发挥优势创造机遇、抓住机遇创造需求、根据需求创新供给、围绕供给创优机制，改造升级存量，创新提升增量，扩大有效供给，提高供给体系的质量和效率。

2. 坚持重点突破。高起点推进山西转型综改示范区等五大科技创新工程建设，围绕煤基低碳、现代农业、高端装备制造、新能源、新能源汽车、电子信息、节能环保、现代物流等重点产业优先部署一批创新链，在制约发展的关键技术和共性技术方面取得重大突破。

3. 坚持深化改革。创新科技管理体制机制，转变资源配置方式，提高企业技术创新主体地位，加快培养和引进高层次人才及团队，促进科技与金融紧密结合，建设高标准科技创新平台，建设区域特色创新体系。

4. 坚持开放合作。主动对接国家开放发展战略，加强与国内外发达地区科技创新合作与共享，主动承接产业与技术转移，通过先进技术的引进、吸收、再创新，快速提升科技创新能力和科技成果转移转化能力。

（三）发展目标

1. 科技综合实力显著增强。全省研究与试验发展经费（R&D）占地区生产总值（GDP）的比重达到 2.5% 以上，研发人员（R&D 人员）全时当量达到 6.72 万人年，有效发明专利拥有量达到 1.3 万件左右，科技创新平台建设迈上新台阶，科技开放合作水平得到明显提升。

2. 科技支撑引领产业发展能力明显提升。煤基科技攻关取得重大突破，煤基产业清洁、安全、低碳、高效发展创新链基本形成，取得一批具有国际国内影响的重大技术成果，形成若干特色突出、竞争力强的新兴产业集群。到 2020 年，全省高新技术企业达到 1000 家以上，技术合同交易额达到 265 亿元，高新技术产值占规模以上工业总产值的比重达到全国平均水平。

3. 科技体制改革取得显著成效。科技管理体制逐渐完善，市场配置资源的决定性作用和政府研发服务职能得到有效发挥，企业成为技术创新投入主体、决策主体和成果应用主体，科技与金融有效结合，科技评价和激励体系建立健全，科技成果在省内得到优先快速转化，转化率每年达到全国平均水平，高校科研体制逐步完善，打造一批服务我省经济社会发展的学科群和人才团队，中央驻晋科研院所科研优势在省内得到充分发挥，军民科技实现深度融合，初步建成要素齐全、布局合理、功能完善、开放合作的区域创新体系。

4. 山西转型综改示范区创新能力明显提高。努力将山西转型综改示范区打造成全省科技创新体制机制改革先导区、科技创新全面开放的综合平台、战略性新兴产业科技创新发展高地。到 2020 年，示范区 R&D 经费投入达到全国先进水平，专利申请量翻一番，力争进入国家自主创新示范区行列。

表　山西省“十三五”时期科技发展指标体系

一级指标	二级指标	2014 年	2020 年
科技投入	R&D/GDP 比重（%）	1.19	2.50
科研人员	研发人员（R&D 人员）全时当量（万人年）	4.90	6.72

续表

一级指标	二级指标	2014 年	2020 年
科技创新平台	国家工程技术研究中心（个）	1	3
	产业技术创新联盟（个）	11	25
	省级以上实验室、工程(技术)研究中心、企业技术中心(个)	225	500
专利	每万人口发明专利拥有量（件）	1.70	3.70
技术贸易	技术合同交易总额（亿元）	207.61	265
高新技术产业	高新技术企业数量（家）	720（2015 年）	1000 家以上

三、实施科技创新重大工程

实施山西转型综改示范区创新工程、园区提质升级工程、低碳创新发展工程、技术转移促进工程和科技型中小微企业培育工程，以五大科技创新重大工程为抓手，打造区域科技创新发展新高地，拓展区域创新发展新空间。突出低碳发展主题，提高科技成果省内转化水平，培育壮大科技型中小微企业，全面提高我省科技创新综合实力，力争到 2020 年进入创新型省份行列。

（一）山西转型综改示范区创新工程

着力提高山西转型综改示范区综合科技创新能力，把示范区打造成全省科技创新体制机制改革先导区、科技创新全面开放的综合平台、战略性新兴产业科技创新发展高地，形成科技创新可复制、可推广的经验，为全省以科技创新培育发展新动能发挥示范作用。

加强示范区创新开放发展，积极与国内外著名高校、科研机构和企业对接，在示范区合作共建一批高端研发机构和专业化科技园区，培育一批高新技术产业集群。加强示范区招才引智，实施积极的人才引进政策，设立示范区创新人才建设专项资金，引进高层次创新人才和团队，鼓励高端人才携带科技成果入驻孵化器或组建研发机构，支持科研人员和在校大学生在示范区创新创业。建设服务全省的科技创新资源、创业孵化和科技金融等公共科技服务平台，打造示范区科技服务高地。建设山西科技创新城煤基低碳科技成果创新基地，同时引进智能装备、电子信息、新材料、生物医药、现代农业等新兴产业高端研发机构，形成科研与产业一体化发展模式。加大对示范区科技创新财政支持力度，建立省级科技计划与示范区研发机构和企业的稳定支持机制。依托示范区申报建设国家自主创新示范区、国家能源创新中心等创新高地。

创新示范区绩效考核机制，将 R&D 经费支出、专利申请量、高新技术企业数量、高新技术产业增加值占规模以上工业增加值比重等主要科技创新指标纳入示范区考核范围。示范区重点产业领域科技创新取得明显突破，煤基低碳、智能装备、新材料等科技创新能力走在全国前列。装备制造、新材料、电子信息、生物医药、食品、煤基低碳研发等新兴产业成长为支柱产业。

（二）园区提质升级工程

加强高新技术产业开发区、经济技术开发区、农业科技园区等各类园区创新体系建设，明确主攻方向，支持差异化发展，拓展区域创新发展新空间，努力把各类园区建设成为我省创新创业的重要载体和带动区域经济社会发展的示范区和引领区。

坚持“全面创新、生态引领、市场导向、开放共享、分类指导、集约高效”的发展原则，实施跨界化、集群化、高端化、生态化、特色化发展战略，建设要素齐备、产业集聚、功能完善、特色彰显的高新技术产业园区。发挥太原和长治国家高新技术产业开发区带动作用，拓展发展空间，搭建增材制造、“互联网＋”等创新创业平台，构建活力产业体系，建设产业科技社区，扩大全球链接辐射，打造有规模、有特色、有优势的高新技术产业集群，建设具有全国影响力的高新技术产业开发区。到2020年，国家高新区科技创新能力和经济创造能力继续保持较快增长，基本形成新的发展动力和发展范式，带动区域经济社会全面发展。新建一批省级高新区和高新技术产业化示范基地。

坚持园区开放发展，支持园区内企业引进国内外先进技术、研发中心和高端人才，鼓励有条件的企业“走出去”，围绕技术、平台和战略性资源开展兼并重组，再创发展新优势。鼓励园区建设科技创新园、创新创业基地等创新平台，优化创新创业环境。发挥园区创新资源集聚优势，打造一批低成本、全要素、便利化、开放式的众创空间等科技企业孵化器，孵化一批小微企业，培育一批“小升高”科技企业。逐步完善科技金融体系，健全科技服务体系，弘扬创新创业文化，创建最优“创客栖息地”。优化园区管理体制，吸引国内优秀园区运营公司、企业和社会组织参与园区管理，参股孵化器、加速器和园区建设。

（三）低碳创新发展工程

突出低碳发展主题，加强技术创新、管理创新和政策创新的有机衔接，实现高碳资源低碳发展、黑色煤炭绿色发展，全面提高生态文明建设水平。以煤炭资源清洁高效利用为主线，围绕洁净煤技术、节能技术、新能源技术以及CO_2减排、捕集、纯化和转化利用技术开发，实施低碳科技创新专项，实现核心技术重大突破，引领和支撑低碳创新行动。提高产业门槛，在煤、焦、冶、电、化工、水泥等高能耗产业，推广使用低碳工艺技术装备。做大做强低碳发展高峰论坛，建立专门机构，筹建永久会址，充分调动社会力量，实行市场化运营，使论坛成为低碳新理念的传播平台、低碳新成果的展示平台、低碳新技术的交易平台。推动晋城国家低碳试点城市建设，发挥示范引领作用，以低碳技术为支撑，以低碳发展为主题，建设一批省级低碳城市，开展低碳机关、低碳企业、低碳社区示范行动，鼓励有条件的地区积极申报国家低碳试点城市。

（四）技术转移促进工程

制定《山西省促进科技成果转移转化行动方案》，建立和完善我省科技成果转移转化体系和长效机制，提高我省科技成果转化率，使科技成果转化为现实生产力，促进科技与经济紧密结合。建立科技成果供给数据库和企业技术需求数据库。培育科技成果转移转化专业化的中介机构和职业化的人才队伍。建立健全科技成果登记制度和挂牌交易机制，巩固和完善技术合同认定登记制度，提高技术合同减免税的兑现水平。强化科技成果以许可方式对外扩散，鼓励以转让、作价入股等方式加强技术转移。建立完善科技成果转化年度统计和报告制度。坚持网上技术市场与实体技术市场相结合，鼓励有条件的市、县（市、区）依法推动技术交易市场和技术转移中心建设，尽快建成集展示、交易、交流、合作、共享于一体的科技大市场，形成有形与无形、线上与线下、网上与网下互联、互动、互补的技术市场体系。加大山西省科技成果转化引导专项的支持力度，设立山西省科技成果转化引导基金，争取国家支持，带动社会资金投入，促进科技成果的资本化、产业化。建立一批科技成果转移转化示范基地，培育一批科技型企业和上市公司，推动山西经济社会发展。

紧抓“一带一路”“京津冀一体化”“环渤海地区合作发展”等国家开放发展战略机遇，充分发挥我省比较优势和后发优势，大力实施“走出去、引进来”发展战略，支持企业引进国内外先进技术、新工艺、新装备，通过消化、吸收和再创新，大幅提高企业工艺装备水平和产品竞争力。重点支持企业引进煤基、装备制造、新材料、新能源、信息技术、现代农业等产业先进技术。发挥国家技术转移示范机构的带动作用，建立省、市、县三级技术转移示范机构。推进县域尤其是贫困县的技术转移力度，通过“项目＋技术＋人才”相结合的方式，把技术引进与产业发展结合起来。在山西转型综改示范区建设山西技术转移示范平台。依托大同中国国际技术转移分中心、晋陕豫黄河金三角承接产业转移示范区等基地建设，加大承接京津冀、长三角、珠三角等地区产业和技术转移力度。

（五）科技型中小微企业培育工程

壮大科技型中小微企业，扶持一批有基础、市场前景好的科技型中小微企业，给予资金、技术和销售等各方面针对性扶持。实施科技创新券政策，对科技型中小微企业购买创新服务、开展技术合作等给予支持。设立山西省中小企业技术创新引导基金，引导企业加大科技投入，提高企业技术研发能力。创造良好的发展环境，探索小微企业创新基地建设。重点培育一批科技创新型龙头企业，发挥示范引领作用。实施科技型企业上市工程，设立科技型企业上市专项计划和培育基金，优化上市环境，着力推动高成长性的科技型企业在中小板、创业板上市。鼓励各地因地制宜建设突出地方产业特色的高新园、科技企业孵化器、科技园等，实施高新技术企业培育计划，完善高新技术企业认定办法，建立高新技术企业信息库及信息共享平台，形成我省高新技术企业培育的梯队军团。到2020年，我省科技型中小微企业争取达到10000家，高新技术企业达到1000家，高新技术产业增加值占地区生产总值（GDP）的比重达到全国平均水平。

四、突破重点领域关键技术

把握科技革命和产业变革的新趋势，围绕我省经济转型发展的改革方案，加强科技创新对产业发展的支撑和引领作用，改造提升传统优势产业，培育发展新兴产业，做好煤与非煤两篇大文章。加强应用基础研究，尤其要突破煤基低碳领域关键基础科学问题，增强创新驱动源头供给。以科技创新推动能源消费革命、能源供给革命、能源技术革命、能源体制革命，推动创新要素向综合能源产业聚集，培育一批具有国际竞争力的能源产业集群。大力发展新兴接替产业、现代农业、现代服务业关键核心技术，拓展产业发展新空间，为我省经济发展提供强有力的科技支撑。

（一）基础研究重点领域

1. 加强应用基础研究

围绕全省经济社会发展重点领域及新兴产业发展重大科技需求，通过产学研合作或多学科协同的方式，加强重大专项和重点研发项目所需要的应用基础研究，解决具有共性的重大科学问题和关键技术基础问题。支持支撑应用基础研究的基础前沿学科、交叉学科的探索，加快推动在若干重要领域和科学前沿取得突破，逐步培养打造全省重点发展领域的高水平基础研究团队，切实增强基础研究在创新驱动发展中的引领与支撑能力。

专栏1　应用基础研究方向

1. 量子通信技术。重点开展连续变量量子保密通信技术研究，实现测量器件无关连续变量量子密钥分发，建立连续变量量子保密通信技术测试与演示验证网。支持开展量子安全直接通信技术，实现基于多通道频率编码的量子安全直接通信，利用频率编码实现图像、文字的准确传输，推动形成量子通信新产业。

2. 原子分子和光子的控制、测量及应用。重点开展量子光学基础和应用、光与原子分子相互作用、全固态激光技术和光量子器件研究，实现原子分子和光子量子态在量子计量和精密测量中的应用。研究低维结构中光、电、自旋的物理机制，制备功能型半导体量子材料。发展高灵敏光谱技术用于气体检测与元素含量分析。

3. 生命过程的定量研究和系统整合。重点支持重要微生物和动物植物资源的生物基因组、蛋白质组、代谢组、转录组学研究，揭示细胞代谢和信号转导通路中的分子机理及其调控机制、生物间生长发育过程相互拮抗与协同机理、功能基因识别与重组研究。

4. 矿产资源勘察和地质灾害防控。围绕不同地质历史时期山西地壳演化与地质构造特征，开展优势特色矿产资源形成机制与分布、高效利用、大规模采矿活动下地质环境与地质灾害的形成演变机制与防控基础、矿产资源勘查新理论、新技术、新方法等研究，揭示地壳结构与演化的地球动力学机制及其资源环境效应，为山西省优势特色矿产资源高效开发利用及地质环境与地质灾害的防控提供科学依据。

5. 大数据建模、分析与处理。面向大数据价值挖掘，针对大数据分析的可计算性、有效性、时效性等核心理论、方法与算法，重点开展数据分解、多源多模态数据模式发现与融合、数据推理的新型计算智能理论、方法与高效算法构建、文本情感与情绪分析、复杂社会网络建模与分析等方面的研究。

6. 数理科学及其在交叉领域的应用。重点支持数理科学领域中各分支学科间的交叉和渗透，支持问题驱动的应用研究，扶持数理科学与信息科学的交叉，开展面向实际问题开展的创新型研究，为相关学科领域发展提供先导和基础。

2. 突破煤基低碳关键科学基础问题

紧密围绕全省煤基低碳产业发展重大战略需求，充分发挥国家自然科学基金委员会与山西省人民政府共同设立的煤基低碳联合基金以及山西省煤层气联合研究基金的重要作用，集聚国内外一流科研人才及团队，着力解决煤基低碳领域战略性、前瞻性、基础性重大科学问题、共性关键技术基础问题与工程基础问题，促进我省煤基低碳科技发展和人才队伍建设。

专栏2　煤基低碳基础研究方向

1. 煤化工基础研究。重点支持煤焦化过程及其产品的高值化利用的基础研究，煤直接转化制备轻质碳氢化合物和燃料油的化学基础研究，煤化工污染物强化处理及资源回收的关键基础研究。

2. 煤机装备基础研究。重点支持煤机装备关键件的性能衰退、失效与寿命预测机理研究，单机与多机协同作业中的煤机装备智能传感与控制的基础研究，高速长距离大运量带式输送机智能监测、诊断与控制基础研究。

3. 煤基新材料基础研究。重点支持煤基先进炭材料的结构设计、可控制备与功能化研究，煤基储能与吸附材料基础研究，煤基高分子材料基础研究，光电、光催化、储能等领域功能材料基础研究。

4. 煤电与新能源领域基础研究。重点支持燃煤发电超低排放过程污染物脱除机理、迁移转化规律及高效低成本控制的基础研究；低热值煤高效洁净燃烧及污染物控制工程基础；煤矿智能配电网安全运行的基础研究。

（二）绿色低碳能源技术

发挥我省能源优势，以绿色低碳为方向，继续推进煤基低碳重大科技攻关项目实施，推动能源技术革命，实现“高碳资源低碳发展、黑色煤炭绿色发展”。

1. 煤炭产业技术

以煤炭“安全、清洁、高效、低碳”发展为目标，大力实施煤炭技术攻关，推进煤炭及其相关产业向市场主导型、清洁低碳型、集约高效型、延伸循环型、生态环保型、安全保障型转变，为建设国家新型综合能源基地提供重要技术支撑。突破复杂地质条件下煤与伴生资源安全高效、资源节约、环境友好开采技术，提升煤炭集约绿色开采水平，开辟煤炭资源利用新空间。发展高精度煤炭洗选和绿色加工技术，实现煤炭深度提质和分质分级。突破煤炭低碳利用技术瓶颈，全面提高资源利用效率，促进资源开发与环境保护协调发展。

专栏 3　煤炭产业技术

1. 煤炭集约绿色开采技术。研发煤炭集约绿色开采与装备技术，实现煤矿开采工艺与现代高新技术的最佳结合，提高资源回采率。研发生产寿命长、可靠性高的采掘及运输装备，推广应用智能化综采设备，开发推广无人值守机械化采掘装备及组织模式，突破复杂地质条件下煤与伴生资源安全高效、资源节约、环境友好开采技术。

2. 煤炭洗选和绿色加工技术。发展高精度煤炭洗选加工，实现煤炭深度提质和分质分级。开发高性能、高可靠性、智能化、大型选煤装备。积极推广先进的煤炭提质、洁净型煤和高浓度水煤浆技术。组织开展井下选煤厂示范工程建设，从源头上提高煤炭资源综合利用效率。

3. 煤炭伴生资源开发利用技术。研发锂、镓、煤珀等煤炭伴生资源高效开发利用技术。

4. 煤炭低碳利用技术。研发高耗能高排放企业节能降耗关键技术及装备，工矿区生态修复技术，大宗工业固废资源化高值利用技术，煤炭及煤化工废水处理及回用技术，高硫煤清洁利用油化电热一体化技术。

2. 电力产业技术

强化我省煤电产业发展的协同能力，全力推进煤电一体化创新发展。研发大容量、高参数超临界、超超临界燃煤发电机组，加快燃煤发电升级与改造，推进燃煤发电机组超低排放改造，进一步提升煤电高效清洁发展技术水平。促进智能电网产业技术发展，全面提高大电网运行控制的智能化水平。开展污染物处理及 CO_2 减排、捕集、纯化和高效转化利用技术研发，实现电力产业节能减排。

专栏 4　电力产业技术

1. 燃煤发电技术。主要开展煤炭分质利用技术、燃煤发电节能提效技术、整体煤气化联合循环发电系统（IGCC）、大型低热值煤发电锅炉的研制开发。

2. 智能电网技术。主要研发电源侧自动发电控制（AGC）优化、大电网智能运行与控制、大规模间歇式新能源并网技术、智能配用电技术、电动汽车与大规模储能系统，建设高效智能电力系统。

3. 煤电污染物处理技术。研究燃煤电厂烟气污染物高效、低成本脱硫、脱硝、除尘技术，开展低成本高效烟气

SCR 脱硝催化剂技术、燃煤烟气前端监测及高效治理技术及装备研制。结合脱硝装置、除尘器、脱硫装置的优化组合及选定方法，研究烟气污染物超净脱除成套技术及装备、高效脱除汞技术，实现烟气污染物超低排放。

4. 烟道气中 CO_2 减排、捕集、纯化及转化利用技术。重点研发 CO_2 低成本大规模捕集及纯化关键技术、CO_2 驱油、驱气与封存技术、CO_2 高附加值化学转化利用技术。

3. 煤层气产业技术

以气化山西为引领，大力发展煤层气产业，开展复杂地质条件下煤层气勘探、监测评估技术研发，推进地面煤层气开发与煤矿井下瓦斯抽采，实施煤矿瓦斯抽采全覆盖工程，研发煤层气储运环境的安全检测、监测技术，提高储运安全性能和储运效率。积极开发煤层气多通道、多途径利用技术，拓展利用途径，提高利用效率，把煤层气产业打造成为我省的战略性支柱产业。

专栏 5　煤层气产业技术

1. 煤层气资源勘查开采技术。研发复杂地质条件下煤层气开采技术，综合研究成藏赋存规律和勘查技术体系，查明不同类型的煤层气成藏作用中的相互关系以及共采地质条件等因素。加强煤层气钻井、压裂、排采、集输等关键技术及装备研发，建立煤与煤层气共采理论及适应我省地质特点的抽采技术体系。开展煤层气开采对地下水和生态环境的影响研究，超前部署我省中低阶煤、深部煤层气开采基础理论与关键技术研究。

2. 煤层气储运技术。结合煤层气基础理论、管输技术、压缩技术及装备、液化技术、新型储运技术与装备五个方面，开展煤层气储运环节的信息化、数字化、安全监测、实时监测以及高效吸附储运（ANG）技术研究，实现管道输送压力、流量、温度等参数的实时监测及泄漏的快速预警，研制出高效甲烷吸附剂等新型储运技术。

3. 煤层气综合利用技术。开展低浓度煤层气提纯和乏风催化燃烧减排技术、煤层气固体氧化物燃料电池发电技术、煤层气燃气汽车技术开发等，开发经济高效的氧化催化剂、吸附剂及配套技术、高效催化涂层技术与电堆组装技术，建成固体燃料电池千瓦级分布式示范电堆，实现低浓度煤层气和矿井乏风的规模化应用。

4. 新能源产业技术

充分利用我省丰富的风能、太阳能等资源，重点突破高效聚光太阳能电池及组件、太阳能光伏并网发电、风力发电机组整机及核心装备、生物质能资源化利用、地热能高效利用、大规模储能系统等方面的关键核心技术，形成风电、光电、生物质发电和地热发电等多轮驱动的新能源供应体系，加快能源开发利用的产业化进程。

专栏 6　新能源产业技术

1. 风电技术。重点支持高可靠性 2MW 低风速风力发电机组、3MW 及以上大型风力发电机组研发，5MW 以上海上风力发电装备研发，以及发电机、齿轮箱、塔筒、叶片等关键零部件研制。研究大型风电机组传动链电气性能、载荷、疲劳寿命、噪声、振动等关键测试技术。

2. 光伏技术。重点支持大尺寸高效太阳能晶硅铸锭及电池工艺研发，紧凑型、多功能智能户用光伏发电模块一体化集成技术，并网 / 独立双模式运行控制技术，光伏产业关键材料及装备国产化技术，高效率大型光伏电站智能运行控制系统关键技术研究与示范。

3. 生物质能和地热能利用技术。重点支持生物质燃气高效制备与高值利用、生物质先进燃烧装备及关键技术，开展干热岩工程化开发利用关键技术研发与示范、水热型储层改造及高效增产关键技术研发与示范。

4. 氢能技术。重点支持氢的绿色制取与高效储运、燃料电池发电等关键技术。

5. 储能技术。重点支持大规模储能系统关键共性技术、风光储互补微网储能系统、高性能柔性炭电极材料及柔性超级电容器、新型相变储能材料、压缩空气储能等关键技术。

（三）高载能产业技术

加强冶金、煤化工、焦化产业等高载能产业技术创新，采用先进技术与装备，促进电力、煤炭与高载能产业互动发展，有效化解过剩产能，淘汰落后产能，显著提高能源就地消纳能力。

1. 冶金工业技术

积极开展冶金工业精深加工技术研发，提高资源就地转化水平，化解产能过剩矛盾，着力推动冶金产业结构调整和优化升级。加强不锈钢与优质合金钢生产关键技术研发，大力发展镁等高强轻合金材料技术，加快高性能铜合金材料技术突破，加大煤—电—粉煤灰—氧化铝—铝及铝加工完整产业链条的关键技术研发，推进煤电铝一体化发展。

专栏 7　冶金工业技术

1. 不锈钢与优质合金钢生产关键技术。积极开展高强高韧和特种专用钢材品种生产工艺研发，研制高性能高铁等交通用钢、海洋工程用耐腐蚀不锈钢、先进能源用钢，推动钢铁制造工艺绿色化与智能化发展。

2. 铝材料生产关键技术。重点开展铝合金板材新型轧制、中厚板固溶淬火、预拉伸与多级效技术研发，开发轨道交通用大型铝合金型材、汽车车身用铝合金材料、高纯高压电子铝箔等高端铝材料。

3. 镁材料生产关键技术。重点开展高性能铸造镁合金及高强韧变形镁合金制备、低成本镁合金大型型材和宽幅板材加工、腐蚀控制及防护技术研发，研制应用于汽车、高速列车及轨道交通、航空航天、电子信息、军工等领域新型轻量化镁合金产品。

4. 铜材料生产关键技术。突破阴极铜规模化生产技术，研发光亮高导铜杆线、压延铜箔、挠性覆铜板等深加工产品。

2. 现代煤化工技术

以做大做强现代煤化工，改造提升传统煤化工，培育壮大化工新材料和精细化工为主攻方向，着力开发以煤气化、低阶煤利用、合成气化工、甲醇及其下游产品、苯及其下游产品、乙炔化工、精细化工、综合利用为重点的新型高效清洁煤气化技术，解决制约我省煤化工产业发展的瓶颈问题，构建全循环产业链，提高产品竞争力。

专栏 8　现代煤化工技术

1. 煤气化技术。重点突破适合山西高灰熔点及低质煤大规模粉煤气化技术和高效碎煤加压气化技术，粉煤快速加氢制备合成油技术开发等关键技术。

2. 低阶煤利用技术。重点突破内构件移动床煤热解技术开发等关键技术，提升我省褐煤、次烟煤综合利用经济效益。

3. 合成气化工技术。重点突破钴基费托煤制油催化剂及工艺技术改进，低能耗中温变压吸附 H_2/CO_2 分离与净化关键技术与装备开发等关键技术。

4. 甲醇及其下游产品开发技术。重点突破高稳定性甲醇制丙烯催化剂及工艺，甲醇制聚甲氧基甲缩醛，煤气化清洁高效生产碳酸二甲酯，甲醇制高附加值芳烃等关键技术。

5. 苯及其下游产品开发技术。重点突破甲醇苯烷基化工艺等关键技术，构建苯及下游创新链，延伸苯产业链，增加产品附加值。

6. 乙炔化工技术。重点突破四氢呋喃聚合生产聚四亚甲基醚二醇催化剂制备等关键技术，增强乙炔化工产品市场竞争力。

7. 精细化工技术。重点突破丁二烯氰化法制己二腈，聚烯烃功能化改性等关键技术，解决我省己二酸等精细化学品行业经济效益不佳的问题。

8. 综合利用技术。重点突破利用合成氨放气或焦炉煤气制备甘氨酸，高浓度酚氨废水综合治理，煤化工高浓污水强化除油降毒预处理，煤化工行业有毒恶臭气体污染控制，气化炉高温合成气热量回收等关键技术。

3. 煤焦化技术

以化解过剩产能、提高化产回收、发展高端产品为主攻方向，重点研发炼焦技术、煤焦化产品利用技术、煤焦化污染物处理及应用技术，实现我省焦化产业以焦为主向焦化并举、以化为主转变，全力推进我省焦化产业脱困振兴。

专栏 9　煤焦化技术

1. 炼焦技术。主要研究劣质煤生产气化焦配煤及成焦工艺方案，适合气化焦的气化工业装置技术配置及工艺流程，气化焦配鲁奇炉气化工艺。研发精细配煤技术，实现精细配煤智能化系统工业化应用。研发清洁高效炼焦新工艺与设备，实现超大型清洁焦炉成套装备国产化，提高大型成套设备稳定性和智能化水平。研发热化学熄焦技术，实现热化学熄焦回收热能并生产合成气。

2. 煤焦化产品利用技术。研发焦炉气高质化利用技术，实现焦炉煤气低温换热式合成天然气，提升利用价值。开展粗苯加工产品精制及副产品二次加工技术研究。研发煤焦油加工技术，实现煤焦油精细分馏，提取高值化学品。研发煤沥青高效低污染高附加值利用技术，发展煤沥青基高品质新材料。

3. 煤焦化污染物处理及应用技术。研发焦化废水深度处理回用技术、焦炉煤气清洁净化技术、焦炉上升管、烟道气余热高效利用技术、焦炉煤气脱硫废液资源化技术、焦化三废制型煤及在大型焦炉中应用技术，提高污染物减排技术水平，解决干法熄焦焦化废水处理难题，提升余热回收技术水平，节约能源消耗。

（四）新兴接替产业技术

以关键技术突破为切入点，积极培育壮大装备制造、新能源汽车、新材料、新一代信息产业、生物产业、中医药产业、生态环保等新兴接替产业，开发具有自主知识产权、市场竞争力强、高附加值的高新技术产品，逐步形成具有山西特色的新兴接替产业体系。

1. 装备制造业技术

以智能化、数字化、精密化、成套化为主攻方向，主要开展轨道交通、煤基装备、煤层气装备、电力装备、煤化工装备、节能环保装备等装备制造业技术研发，强化对优势产业发展的核心装备技术支撑。突破基础制造与关键部件、3D 打印与激光制造、网络协同制造、智能机器人制造、高端重型商用汽车关键等先进制造业技术研发，推动我省装备制造业向高端发展。

专栏 10　装备制造业技术

1. 轨道交通装备技术。研发与高速列车配套的电机、车轴、车轮、轮对、电液转承机等关键元部件，提升轮对总成、电机系统、传动系统研发生产和规模配套能力，加快突破大轴重交流传动货运电力机车、重载铁路货车、城际及城轨车辆的研究与开发，拓宽城市轨道交通装备、工程养路机械等产品领域，打造完善电力机车、载重货车等从原材料、关键零部件到整车的全产业链条。

2. 煤机装备技术。着力解决掘进、开采、提升、运输为一体的煤机成套设备集成技术、新型智能放顶液压支架制造技术，重点发展大型电牵引采煤机、薄煤层采煤机、超重型岩巷掘进机等产品，研发煤矿运输设备和煤机配套产品。

3. 煤层气装备技术。支持煤层气钻探尖端技术、井下松软煤层高效钻进技术等关键技术研发，积极开发煤层气勘探高精尖勘探装备、新型三抽设备、智能化排采系统、径向钻机、提纯装备、液化气化装备等。

4. 电力装备技术。支持研发矿井乏风氧化发电关键技术、低浓度煤层气发电技术、机组智能运行控制系统、大型循环流化床锅炉、清洁环保燃煤发电锅炉等先进技术，重点发展低热值煤大型循环流化床锅炉、低温余热发电装备、3MW 风力发电机组、大功率煤层气发电机组、炉排炉锅炉垃圾焚烧发电系统等发电装备，提升电控柜、变压器、工业控制器、智能电网器件以及特种电线电缆等重点产品设计和制造水平。

5. 煤化工装备技术。重点攻克大型、高压、高温、高效化工装备技术、洁净利用三高劣质煤种的大型煤气化技术等关键核心技术，重点研制劣质煤制烯烃、天然气、煤制油成套设备以及特种材料设备，不断提升合成氨、合成尿素、复合肥等成套装备、转化设备的技术水平，提升煤焦油深加工设备设计制造能力和工程总承包能力。

6. 节能环保装备技术。支持余热、余压、余能的回收利用技术及相关设备研究与开发，提高锅炉自动化控制、燃料品种适应、小型燃煤锅炉高效燃烧等技术水平，大力发展三相异步电动机、稀土永磁无铁芯电机等高效电机产品，提高高压变频、无功补偿等控制系统的技术水平，支持开发新型水处理技术装备，推动垃圾处理装备成套化等装备技术。

7. 高档数控机床与基础装备。重点攻克轨道交通、重型装备、关键基础件等领域高档数控技术、数控系统和功能部件研发。

8. 先进制造业技术。配套落实中国制造 2025，在基础制造与关键部件技术、3D 打印与激光制造技术、网络协同制造技术、智能机器人制造技术、高端重型商用汽车关键零部件制造技术等方向取得研究进展，推动我省制造业向智能化、绿色化、服务化方向发展。

2. 新能源汽车技术

以提高电动汽车、燃气汽车等新能源汽车整车及零部件制造能力和质量水平为主攻方向，突破制约“电—车、气(天然气)—车”产业链发展的关键核心技术。重点支持电动汽车整车集成开发技术、电动汽车电池、电机及电控核心零部件开发技术、燃气汽车开发技术，推进我省新能源汽车产业快速发展。

专栏 11　新能源汽车技术

1. 电动汽车整车集成开发技术。以电动汽车整车开发流程、整车设计、动力总成、电动一体化底盘、整车集成匹配、轻量化设计等关键共性技术研发为重点，支持电动汽车动力系统集成、匹配与优化技术，电动汽车新结构与轻量化技术，电动汽车整车可靠性、状态监测和故障检测技术。

2. 电动汽车电池开发关键技术。重点支持高能量密度、高功率密度和宽工作温度范围锂离子单体电池研发，支持动力电池关键材料，尤其是正极、负极材料研发，在高比能量电池模块技术、电池包(系统)技术、电池均衡管理技术开发等方面形成突破。

3. 电动汽车电机、电控关键技术。重点研发新型电机结构设计、电机控制单元以及先进控制技术、驱动电机控制模块、电机系统热管理技术、电机系统可靠性技术、高性能永磁材料、逆变器的驱动及控制技术、电机驱动系统电磁兼容性技术、驱动系统总成及其匹配和控制，能量回收、分配与优化控制技术等，支持高效、智能和低噪音的电动化控制系统，新型充电设备研发。

4. 燃气汽车开发技术。重点支持车用大功率天然气发动机、电控高压共轨技术研发。

3. 新材料技术

针对我省重大工程和经济转型发展的重大需求，以化学品绿色合成材料、前沿新材料、特种无机非金属材料等领域为重点，以精深加工和提升附加值为主攻方向，加强新材料制备工艺研发，推动我省新材料产业向高端化、规模化和集约化方向发展。

专栏 12　新材料工艺技术

1. 化学品绿色合成材料技术。重点开展基础化学品及关键原料绿色制造、绿色高性能精细化学品关键技术、绿色高效表面活性剂的制备技术研发。

2. 功能化材料。重点突破纳米光电材料合成和材料的纳米功能化改性、三代半导体材料技术研究。

3. 天然高分子功能化及加工技术。重点支持高品质功能纤维及纺织品制备技术、生物基纺织材料关键技术、纺织材料高效生态染整技术研发及应用。

4. 人工高分子的绿色合成、加工与功能化。重点支持合成树脂、合成橡胶高性能化关键技术，塑料轻量化与短流程加工及功能化技术研发。

5. 特种无机非金属材料技术。加快发展水泥特种功能化及智能化制造技术、长寿命高性能混凝土、特种功能玻璃材料及制造工艺技术，先进陶瓷材料及精密陶瓷部件制造关键技术、节能环保非金属矿物功能材料等关键技术研发。

4. 新一代信息技术

大力发展以“互联网 +”、大数据为代表的新一代信息技术，加强信息技术与其他产业领域的深度融合，重点发展 LED、物联网、云计算、北斗卫星导航、软件、无极荧光照明等产业关键核心技术，形成以太原为中心，覆盖我省中部地区的晋中、阳泉、吕梁等市新一代信息技术产业带，增强我省信息技术产业的核心竞争力。

专栏 13　新一代信息技术

1. LED 关键技术。重点支持 LED 显示屏制备及控制技术、大功率 LED 光源、LED 的 COB 封装技术、OLED 显示和照明技术、利用 LED 照明搭建智慧城市控制技术研发，支持微波模块基板制造工艺技术、纳米光波导器件制造关键技术、高灵敏柔性电子器件技术研发，支持激光显示器整机开发与研究、激光加工与测控技术、传像光纤系列产品产业化技术、红外探测器的研发及产业化，支持立体全自动组装封装生产线设备技术、全自动模组自动组装成套生产线技术、SiC 单晶生长工艺设备开发与应用。

2. 物联网与智慧城市。重点突破 RFID、智能传感器、系统模块等感知制造软件开发、物联网与智慧城市管理和安全保障关键技术、物联网智能终端及核心芯片、低功耗可信泛在接入，建立支撑新兴业态的工业互联网，智慧城市数据共享与内容管控平台，互联网 + 智慧城市公共服务平台，加大技术改造提升推进宽带骨干网和城域网升级建设，研发三网融合新技术。

3. 云计算与大数据。着力开展云计算平台的技术与装备研发，推进大数据基础设施与关键技术、基于云模式和数据驱动的新型软件、大数据分析应用与类人智能、云端融合的感知认知与人机交互等关键技术研发。

4. 软件技术。支持具有自主知识产权的移动互联网软件开发，面向煤炭、电力、冶金等传统产业软件开发，开展智慧政务、智慧交通、智慧公共安全、智慧教育、智慧医疗等大型智慧应用软件开发，开展基于移动终端的云服务关键技术应用与示范、电子商务平台及标准、移动互联网络安全认证及安全应用中关键技术研发。

5. 北斗卫星导航技术。着力解决北斗卫星导航智能芯片关键技术，高精度定位智能终端产品关键技术，室内外无缝定位关键技术，地理空间信息可视化、一体化、实时化的关键技术，大数据融合与挖掘的关键技术，核心业务智能信息系统开发关键技术。

6. 无极荧光照明关键技术。研发无极荧光灯镇流器数字化技术，攻克无极灯等离子体产生机理、光电转换效率影响机理的基础理论研究，提高系统发光效率，突破无极荧光灯高效率、集约化、模块化控制技术，实现全系列、多类别智能无极荧光灯控制器的开发，完成无极荧光灯生产的设备升级与工艺改善，提高产品在浪涌电流、电压突变时的稳定性。

5. 生物技术

以生物技术创新带动相关生物产业发展为目标，加快生物技术与农业、工业、医药、新一代信息技术等领域的交叉研究，重点开展前沿生物技术、医药生物技术、工业生物技术、农业生物技术、生物信息与仪器设备等技术研发。

专栏 14　生物技术

1. 前沿生物技术。开展生物芯片及配套设备、药靶发现与药物分子设计技术研发，支持基因工程、利用下一代测序技术的基因分型技术研发，推进蛋白质组技术及分子标志物的研发及产业化。

2. 医药生物技术。开展新型抗肿瘤抗体药物等抗体研发关键技术及产品，加强防控重大传染性疾病的新型疫苗研发关键技术及产品、生物医用材料关键技术及产品、血液相关制品与代用品、新型临床诊疗技术、重组人凝血因子 VII 的优化表达及治疗血友病出血的临床前效果评估技术研发。

3. 工业生物技术。重点研发关键工业酶制剂规模化制备技术，新型酶蛋白分子改造修饰、高效表达制备、固定化、辅酶再生等新技术，高性能发酵菌种的选育与改造技术，推进固体发酵工艺系统优化，工业生物废弃物综合利用，生物基材料关键技术与产品开发。

4. 农业生物技术。建立资源基因组 DNA 和 DNA 文库，开展稀有、优良基因的克隆和 DNA 芯片技术的分离克隆基因技术研究。分离克隆优良基因，培育具有高度抗病虫、抗旱、抗干热风及超高产等优良特性的农作物基因工程品种。采用染色体或其片段的遗传操作，创造优异的种质资源，利用分子技术进行基因型鉴定，完善作物种质创新的技术体系。通过染色体异源重组创造作物新类型，解决黄土高原抗逆性特异种质匮乏问题，发掘抗旱速生基因。将分子技术运用于材料创制、亲本评价、杂种优势预测、不育及恢复基因筛选、抗性基因的聚合及其转化和新品种培育，搭建现代育种技术体系创新平台。

5. 生物信息与仪器设备研发。重点支持生物信息与计算生物关键技术研发，构建生物大数据、生物资源库和信息服务平台，研发分子影像技术、小 RNA 技术，开展生物产业核心生产装备及生命科学新仪器研制。

6. 中医药产业技术

重点支持中药材种植、中药饮片与提取物、中药新药开发、中医药基础及临床研究、中医养生保健、中医药经典古籍及传统知识保护和技术挖掘等方面的研究，着力推进我省中医药科技创新，大力弘扬中医药文化，全面提升我省中医药产业发展水平。

专栏 15　中医药产业技术

1. 山西道地和大宗药材的种质资源与规范化种植及野生抚育技术。重点开展适宜性的良种选育、规范化种植及野生抚育技术研究，引进优势特色的种质资源驯化技术研究，中药材生产全过程质量控制及标准提升研究，集成化初加工设备研发等。

2. 山西道地和大宗药材饮片规范化炮制工艺及专用设备。重点开展全过程的饮片质量标准及质量控制关键技术研究，体现中药材综合利用的中药提取物提取、制备系统工艺技术研究，提取物质量标准及质量控制关键技术研究。

3. 具有临床应用基础和明确疗效的中药新药开发技术。重点开展针对已有较好市场和技术基础名优中成药的安全性评价及品质提升研究，中药注射剂生产关键技术及安全性研究，中药制药新技术与生产过程智能化、集成化控制技术引进开发，有较好临床疗效基础的医院中药制剂品种开发。

4. 重大疑难疾病、慢性病、常见病及多发病的基础及临床研究。开展中医药理论、中医药诊疗技术、辨证规范、临床疗效评价及标准等系统研究。

5. 中医养生保健研究。开展中医养生保健理论及相关产品的研究，开展中医药整体观理论思维、个性化辨证论治以及“治未病”健康保健方法研究等，显著提高中医预防保健服务能力。

6. 中医药经典古籍及传统知识保护和技术挖掘。支持运用信息技术和数据开展中医药经典古籍及传统知识的保护和技术挖掘研究，加强名老中医专家的学术思想、临床经验和辨证论治方法总结研究，切实提高中医药继承与创新水平。

7. 生态环保技术

以改善环境质量、构建绿色安全的生态体系为目标，突出源头减排，提高清洁生产和资源综合利用水平，在生态修复、水污染防治及污水再生利用、大气污染防治技术、固体废物污染防治与资源化、环境监测、预警与污染控制等方面开展技术攻关。

专栏 16　生态环保技术

1. 生态修复技术。支持吕梁山、太行山生态脆弱区森林植被恢复技术、汾河流域生态系统健康修复技术、生物多样性保护技术、土壤污染修复与监测技术、矿区及塌陷区生态修复技术研发，推进关系国家生态安全核心地区生态修复治理。

2. 水污染防治及污水再生利用技术。推进典型行业高浓度难降解工业废水处理技术、城市污水处理厂提标改造及氮磷深度控制技术、小型污废水一体化处理技术、村镇饮用水安全保障技术、地下水环境管理与污染防治技术、城市雨水收集利用技术、模化畜禽养殖废水资源化技术等水污染防治及污水再生利用技术研发。

3. 大气污染防治技术。推进燃煤电厂烟气超低排放技术、燃煤工业锅炉烟气多污染物联合脱除技术、钢铁、焦化行业烟气多污染物协同控制技术、水泥窑炉高效脱硝技术、机动车尾气净化技术、挥发性有机污染物治理技术等大气污染防治技术研发。

4. 固体废物污染防治与资源化技术。推进污泥处理处置及资源化技术、秸秆等生物质无害化利用技术、赤泥无害化处理技术、煤矸石、粉煤灰生态填充利用技术、生活垃圾分类及处理处置技术等固体废物污染防治与资源化技术研发。

5. 环境监测、预警与污染控制技术。开展大气监测先进技术与仪器研发、污染源排放监测技术与设备研发，加快适应环境管理需求的超低排放监控技术和设备的研发。推进流域水体污染防控及预警系统建立关键技术，区域环境、重大工程环境监测、预警技术，温室气体监测评估技术，矿区生态环境监测系统及评价体系研发。

（五）现代农业技术

按照高产、优质、高效、生态、安全的要求，立足省情农情，以产业需求和实际问题为导向，坚持数量质量效益并重原则，着力开展农业关键技术研发和成果转化应用，加快转变农业发展方式，走出一条山西特色农业现代化发展道路。

专栏 17　现代农业技术

1. 动植物新品种选育。采用分子生物学辅助育种和常规育种技术相结合、自主培育和引进改良相配套等多途径不同方法，开展高产、优质、多抗和专用的动植物优异新种质、新材料创制和新品种选育。重点支持主要粮食作物和特色小杂粮作物的新品种选育和干鲜果、蔬菜专用品种选育，健全畜禽良种繁育体系，加强抗旱节水、耐盐碱品种选育，加强优良阔叶乡土树种、常绿树种、干果经济林良种选育，强化转基因技术贮备研究。

2. 农林提质增效关键技术。支持新型高效生物农药、肥料和饲料创制关键技术，加强水肥高效利用，提高高产高效种植技术水平。开发以节水灌溉为重点的集水、节水农业技术、农业覆盖技术和山西农业气候中短期预测预报技术。研发设施农业技术，重点研发温室条件下种苗生产、病虫害防治、栽培管理等技术，珍贵畜禽及特种鱼类养殖技术。加强畜禽规模化饲养综合配套技术研究。开展干果经济林高产优质栽培技术、人工林生产力形成与可持续发展的结构及环境调控技术、森林结构优化及健康经营技术等林业提质增效技术研究。

3. 农产品精深加工技术。重点开展大宗粮油、林果蔬产品产后减损保值、贮运物流技术及其提高产品品质的预处理技术研究，开展特色杂粮功能研究与新产品开发，推动地方名特优传统食品生产技术标准化开发应用，突破畜禽产品保鲜、加工与综合利用关键技术、主要农畜产品快速检测、安全评价及加工全程质量控制技术。

4. 农业信息化技术。加强农业农村信息化建设，推动信息化与现代农业紧密结合，将信息技术应用作为农业生产经营和市场经济相连接的关键纽带，实现农业产前、产中、产后的无缝对接，使广大农民享受现代科技进步成果。重点开展身份识别技术、物联网架构技术、农业传感器技术、农业资源监管和森林资源监测信息化技术、鲜活农产品保鲜与物流配送技术、农产品质量安全监测信息技术研发，对农业资源、农业生态环境、农业生产过程、农产品与食品安全等进行智能化管理。

5. 现代农机装备。研发丘陵山区在种植业、养殖业、林果业等方面需求的小型农机装备及配套技术，智能化、精准化、轻量化农机装备技术，电动农机具、农机装备先进制造技术。

6. 农业面源污染防控与生态修复治理。针对农业施肥、用药、农膜、农作物秸秆、畜禽养殖废弃物、农村废弃物等主要农业面源污染因素，结合我省盐碱地治理、采矿灾害区生态恢复、河流清污治理等重点工程，重点开发新型农药、新型肥料、功能降解地膜等新产品、新技术，研究作物秸秆综合利用新途径，畜禽规模养殖和粪污综合利用技术模式。开展农田重金属污染治理、有机污染治理、盐碱地、矸石山地、采煤灾害区、中低产田开发修复治理研究。建立气候变化影响我省农业、林业、水资源的评估机制，构建山西环境友好型农业清洁生产技术和面源污染防治技术模式与体系。

7. 富碳农业技术。加强富碳农业科技创新力度，重点突破二氧化碳资源化富碳技术、微藻燃油高效固碳技术、食用菌高效固碳优良品种选育与创新利用、设施农业高效固碳技术、困难立地富碳化农业技术、土壤高效固碳技术、林果草高效固碳技术等制约富碳农业发展的关键技术难题，建立富碳农业检测评估服务体系，开发构建富碳农业高效固碳技术体系，进行不同生产模式的试验及产业化示范，实现节能减碳和固碳转化的双重效果。

（六）现代服务业技术

围绕建设“数字山西”“智慧山西”、中西部现代物流中心和生产性服务业大省的目标，突破一批现代服务业共性关键技术和系统集成技术，加强技术集成和商业模式协同创新，显著提升我省文化旅游、现代物流和其他服务业核心竞争力。

1. 文化旅游业技术

依托山西丰厚的历史文化资源，充分发挥科技创新对文化产业、旅游产业发展的重要支撑作用。借助现代科技手段，发展新型文化业态，提高文化产业规模化、集约化、专业化水平。促进旅游和科技深度融合，强化科技对历史文化遗产的保护和利用作用，促进我省由文化旅游资源大省向文化旅游产业强省转变。

专栏 18　文化旅游业关键技术

1. 文化产业关键技术。重点研发文化科技战略高技术与共性关键技术、文化艺术展演系统装备研制与集成应用、文化内容服务系统集成与模式创新、影视媒体融合系统平台研发及应用示范、数字文化旅游技术支撑系统开发与创新服务、文化创意设计技术集成及产业化应用等产业发展关键技术。

2. 旅游产业关键技术。充分利用移动互联网、云计算、大数据、物联网等新一代信息技术，实现全省旅游企业在线服务、网上预定、网上支付、网络营销，加快旅游服务与管理智能化发展，构建新型旅游产业服务模式。将三维动画展示、现代影像技术等先进科学技术融入我省的旅游资源与文化资源创意研发中，提升传统旅游资源及产品的科技化、智能化水平，构建集文本、图形图像、动画声音于一体的多形式的游客体验中心。

3. 历史文化遗产保护技术。重点开展遗产材料成分提取分析技术、无损/微损的遗产残损病害检测技术、动态信息监测及安全性评价技术、遗产关键性保护修缮、修复、维护技术，三维数字化修复技术的研发及应用。着力推进基于三维激光扫描、摄影建模技术在遗产空间几何信息采集中的应用。

2. 现代物流业技术

围绕山西省物流通道网络建设，利用物联网等高新技术，大力发展关联度强、贡献率大、科技含量高的高端物流业，积极推进物流信息化、物流技术装备现代化、物流技术标准化发展，为实现我省建设中西部现代物流中心的发展目标提供技术支撑。

专栏 19　现代物流业关键技术

1. 物流信息化技术。加强北斗导航、物联网、云计算、大数据、移动互联等先进信息技术在物流领域的应用，支持电子标识、自动识别、信息交换、智能交通、物流经营管理、移动信息服务、可视化服务和位置服务等先进适用技术的研发和应用，研发物流信息管理系统解决方案，探索利用物联网技术对物流环节的全流程管理。 2. 物流技术装备现代化。加强物流技术装备的研发与生产，推进物流条形码、电子数据交换、管理信息系统、射频技术、全球定位系统、企业资源计划等物流技术开发和应用。加快食品冷链、医药、机械、汽车、干散货、危险化学品等专业物流装备的研发，推动物流关键技术装备产业化。 3. 物流技术标准化。推进重点物流企业参与专业领域物流技术标准的制定和标准化试点工作，建立物流标准化服务平台，向社会和企业提供高效、便捷、准确、先进的标准化动态信息和技术服务，加强物流标准的培训宣传和推广应用。

3. 其他服务业技术

借力移动互联网、云计算、大数据和物联网等新一代信息技术，加强商贸、运输、快递、餐饮、住宿等领域的科学研究与实用技术开发，推动服务业发展新模式和新业态。优先支持信息、金融、电子商务等现代服务业等技术开发。支持软、硬件及系统集成企业开展技术创新，提供现代服务业平台软件、应用软件、终端设备等关键产品研发和装备制造能力。开发物流、资金流和信息流三流合一平台建设的技术解决方案。

（七）民生领域技术

围绕人民群众最关心、最直接、最现实的社会发展重大需求，切实加强人口健康、公共安全和应急保障、新型城镇化建设等惠及民生领域的技术研发与成果转化，大力提升科技服务民生的支撑作用。

1. 人口健康技术

立足我省广大公众多样化、个性化的健康需求，在重大及高发疾病发病机理及防治、食品营养、公共卫生关键技术应用、医疗器械关键技术等领域取得研究进展，显著提升全民健康保障能力。

专栏 20　人口健康关键技术

1. 重大及高发疾病发病机理及防治研究。支持针对恶性肿瘤、心脑血管、呼吸系统、尿毒症、糖尿病等重大疾病早期干预防治技术及网络平台建设，突破临床诊疗关键技术，开展适用于临床的敏感标志物研究。重点开展基于新剂型的新结构、新机制、分子靶向治疗和化合物改构等创新药物的研究。开展慢性病的防治与康复技术、基层医疗机构适宜技术研发，移动医疗技术大数据管理与疾病模型构建。 2. 食品营养。以苦荞、银杏、山药、杏仁、桃仁、薏仁等纯天然特色资源为基础，积极开发 α－亚麻酸、卵磷脂、沙棘黄酮、麦绿素等营养保健功能食品，推进利用小杂粮生物营养素开发高附加值产品，开发风味醋、保健醋及醋饮料等产品，开发变性淀粉、饴糖、液体葡萄糖、胚芽、蛋白粉、玉米纤维等淀粉制品，开发高品质晋北、东西两山植物蛋白饮品、乳饮、果蔬功能产品。支持以药食同源的中药或营养素，连同其他营养配方，开展专门针对特殊身体和疾病、紊乱等状态下的特殊膳食或营养食品的研究。 3. 公共卫生关键技术应用研究。支持开展重大传染病、地方病、职业病、妇女儿童疾病及心理疾病的早期预防

与治疗研究，支持老年病与康复医学相关技术研究，开展流行病学大数据分析研究。
4. 医疗器械。重点开展有前期研发基础的临床治疗新设备、新器械，适于基层医疗单位使用的多功能、小型化、智能化数字诊疗仪器设备、医学应急救援器械与装备、高档自适应智能运动康复医疗器材、移动式诊疗仪器设备研发。

2. 公共安全与应急技术

重点围绕生产安全、社会安全、信息安全、食品安全领域的关键科技瓶颈问题开展技术攻关和应用示范，建立和推广拥有自主知识产权的标准规范，构建完整的公共安全产品体系和产业链。提升安全生产科技支撑保障能力，用科技力量坚守安全生产“红线”，加强社会治理科技创新，推进社会安全保障创新实践，突破信息安全核心技术，加强网络信息安全建设，强化科技发展对食品安全监测的支撑作用，构建一体化的食品安全解决体系。

专栏 21　公共安全与应急技术

1. 生产安全保障关键技术。重点研发煤矿及非煤矿采掘、油气开发、危险化学品、特种设备等重点行业生产事故与职业危害防控技术，研发事故灾难应急处置技术及装备。
2. 社会安全保障关键技术。研发重要公共基础设施、道路交通、消防等社会安全保障关键技术及应用，研发灾害监测、预测、预警与防灾减灾技术、应急处置技术及装备。
3. 信息安全关键技术。突破电磁信息安全防护、虹膜识别、可信密码模块和可信算法等核心技术，生产一批党政电子政务系统、工业控制安全产品、加密类信息安全产品、信息安全终端及服务器等核心产品，构建网络安全和保密技术保障体系。
4. 食品安全保障技术。研发从源头到餐桌的食品生产全过程安全检测、控制及管理技术体系，发展主要农畜产品快速检测、安全评价及加工全程质量控制技术研发与集成示范，开展食品中广泛存在和新出现有害物质快速检测技术、有害物质的多残留快速检测技术、快速检测新产品研制等，推动建立食品安全突发事件监控与预警立体交叉网络信息系统。

3. 新型城镇化技术

充分发挥国家新型城镇化综合试点地区示范效应，开展城镇基础设施建设与城市功能提升技术、建筑节能与绿色建筑技术、智能交通技术和公共服务与文体事业技术研发，全面推进我省科技支撑智慧、绿色、低碳、宜居新型城镇化建设。

专栏 22　新型城镇化技术

1. 城镇基础设施建设技术。开展市政管线建设、探索、维护、修复和运行的智能化系列技术，电力、通信、燃气、热能源系统结构布局和管网优化技术，地下空间开发建设新技术和新装备、供暖系统节能减排技术、城镇功能提升与防灾减灾安全保障城镇关键技术、城镇数字化综合管理技术研发。
2. 建筑节能与绿色建筑。开展城镇区域建筑用能系统能效提升关键技术、可再生能源在建筑中的利用技术、绿色建材生产与装配式建筑技术、既有建筑节能改造技术、保温结构一体化及其配套构件开发与应用、太阳能与空气能耦合热泵技术、光伏板冷却技术研发。
3. 智能交通开发技术。开展交通实时监控、道路救援、避免及减少违章和规范行人、基于事件出发的条件控制应急系统等技术研发。
4. 公共服务与文体事业技术。开展公共服务智能化与数字化、竞技体育水平提升、全民健身等系列技术研发与应用，培育教育、文化、体育、旅游等事业和产业发展的新业态。

五、建设区域特色创新体系

全面深化科技管理体制改革，打破制约创新活力迸发、影响创新能力提升的体制机制障碍，建立以企业为主体的研发体系，加快科技创新平台建设，促进科技资源开放共享，充分发挥人才在科技创新中的核心作用，大力培养和引进科技创新型人才，加强科技创新交流与合作，发挥军工企业技术、装备和人才优势，推进军民融合协同创新，促进市县科技进步，加大科技扶贫力度。加快建设具有资源型经济转型特色的区域创新体系，形成创新驱动发展新格局。

（一）深化科技管理体制改革

1. 推动政府由研发管理向创新服务转变

转变政府科技管理职能，推动政府从直接管理具体项目中解放出来，围绕从研发到产业化应用的创新全链条，面向产学研用、大中小微等各类创新主体，创新服务方式，负责科技发展战略、规划、政策、布局和监管服务。处理好政府与市场的关系，政府重点支持市场不能有效配置资源的基础前沿、社会公益、重大共性关键技术研究等公共科技活动，积极营造有利于创新创业的市场和社会环境，维护市场公平竞争。引导各类创新要素向企业集聚，具体的技术创新活动由企业主导。建立山西省科技决策咨询制度，建设高水平科技创新智库体系，充分发挥高水平专家在战略规划、咨询评议和宏观决策中的作用，成立山西省科技创新咨询委员会，为科技创新发展提供高质量、高水平对策建议。

2. 推进科技计划（专项、基金等）管理改革

充分发挥科技计划（专项、基金等）的引导作用，带动全社会科技创新更加聚焦我省重大战略任务，解决制约我省产业发展中的关键技术瓶颈问题。进一步优化科技资源配置，实施新的五大类科技计划（专项、基金等）。建立以需求导向、绩效导向为目标的科技管理平台，实施科技计划管理联席会议制度，统领全省科技计划管理工作，负责对全省科技发展战略规划、科技计划的布局与设置、重点任务和指南、科技计划动态调整方案、战略咨询与综合评审委员会的组成、专业机构的遴选择优等事项进行审议。依托专业机构管理项目，将现有具备条件的科研管理类事业单位或企业培育改造成规范化的项目管理专业机构，受理项目申请，组织项目评审、立项、过程管理和结题验收，对实现任务目标负责。建立由科技界、产业界、经济界高层次专家和业务管理部门有关人员组成的战略咨询与综合评审委员会，对我省科技发展规划、计划等提出咨询和评审意见，为联席会议提供决策参考。完善科技管理信息系统，对科技计划的需求征集、指南发布、项目申报、立项和预算安排、监督验收、绩效评价等全过程进行信息管理，并主动向社会公开非涉密信息，接受公众监督，同时对接国家信息系统。加快推进科研项目经费管理改革，积极研究建立符合科研规律、适应创新驱动发展要求的科技经费管理新模式，实行绩效管理，提升使用效益。建立重大项目的预算评审制度，试行重大项目经费预决算公开，建立科研项目间接成本补偿机制。

3. 改革科技评价和奖励机制

根据不同类型科技活动特点，注重科技创新质量和实际贡献，制定导向明确、激励约束并重的评价标准和方法。实行科技人员分类评价，逐步建立基础研究由同行评价、应用研究由用户和专家

评价、产业化开发由市场和用户评价的制度体系。根据省科学技术奖不同奖项的特点完善评审程序，建立公开提名、科学评议、实践检验、公信度高的科技奖励机制。鼓励原始创新和重大发明创造，鼓励产学研合作。进一步提高奖励质量，减少数量，适当延长报奖成果的应用年限。强化对青年科技人才的奖励导向。支持和规范社会力量设奖。

（二）建立以企业为主体的研发体系

1. 强化企业技术创新主体地位

促进企业成为技术创新决策、研发投入、科研组织和成果应用主体。吸纳企业参与研究制定技术创新规划、政策和重大科技项目的决策，提升企业在创新决策中的“话语权”。支持企业建立开发经营和科技创新一体化决策机制，把技术创新作为企业重大决策事项。鼓励有条件的企业每年跟踪研究一项或几项前期研究或中试项目，并在小试、中试环节，甚至实验室研发环节就主动介入，最终真正形成开发一代、研发一代、储备一代的技术创新格局。鼓励企业抓住市场需求及时开展重大产业关键技术、装备、标准和产品的研发攻关、购买创新服务、开展技术合作，政府经过绩效评估通过后补助、发放创新券、间接投入等方式予以支持。加强企业研发机构建设，联合政府多部门成立联席会议制度，大力推进企业研发机构建设，各市制定推进规模以上工业企业研发机构建设方案，支持规模以上工业企业建立企业研究院、企业技术中心、工程技术研究中心、院士专家工作站、博士后流动工作站等研发机构。到 2020 年，省级以上实验室、工程（技术）研究中心、企业技术中心达到 500 家以上，国有企业都有研发活动，建立研发机构的超过 15%。

2. 增强高校科技创新能力

推进高校科研体制改革，增强高校原始创新能力和服务经济社会发展能力。围绕服务和推动产业创新需求，培育一批跨学科、跨领域的科研教学团队和学科群，配置相应的学科建设服务支撑系统，以学科建设带动科技创新。大力推动与产业需求相结合的人才培养模式，推进科教紧密协同。优化高校科研评价制度和人才评价标准，加大科技成果转化和技术转让在高校职称评审条件中的权重。建立协同创新沟通机制推动高校成果转化，通过完善政府牵头、高校和企业参与的定期沟通对接机制，促进科技要素流动，实施面向产业需求的协同创新计划，引导高校教师积极承接企业生产中的技术难题，落实科技资源向产业一线聚集、科技成果向产业高效转化。

3. 建设有特色的高水平科研院所

按照“遵循规律、强化激励、合理分工、分类改革”的原则，深化省属科研院所改革，提升产业共性技术研发能力、专业服务供给能力和行业标准创制能力，打造集研发、技术供给、成果转化于一体的新型研发机构，使省属科研院所成为我省一支重要的科研力量。推动省属技术开发类科研机构向企业转制，转变为科技型企业或进入企业，在市场竞争中发展壮大。设立财政专项资金，支持转制院所中试基地、技术研发实验平台建设。围绕我省产业发展需求，探索组建各类山西省产业技术研究院。

4. 发挥中央驻晋科研院所重要作用

依托驻晋科研院所科技队伍精良、科研经费充足、仪器设备先进等优势，推动中央驻晋科研院所成为我省实施创新驱动发展战略的重要力量。积极鼓励和引导企业、科研院所、科技管理部门主动与中央驻晋科研院所对接，采取联合研发、建立产学研战略联盟等多种形式开展产业共性技术、关键技术研发。鼓励我省企业与中央驻晋科研院所共建联合实验室、工程技术研究中心、企业技术中心等创新平台，将国家优势科技资源有效整合到我省产业发展之中。完善支持中央驻晋科研院所发展配套政策，为中央驻晋院所更好地服务我省转型发展提供良好的环境。加强顶层设计与服务能力提升，与中央驻晋科研院所建立长期稳定的战略合作关系。

5. 加强产学研协同创新

加强以企业为主体的产学研合作，发挥各类创新资源优势，围绕我省煤炭、煤化工、煤层气等煤基产业和装备制造、新能源、新材料等非煤高新技术产业，建设一批高效运行、利益共享、风险共担的产学研协同创新战略联盟和产业技术创新战略联盟，吸引国内外高校、科研院所与我省企业建立“校企联盟”，显著提升产业技术水平。完善产学研协同创新机制，加大对产学研协同创新的财政支持力度，从科技资金增量中设置产学研专项资金，通过补贴或贴息的方式支持企业开展研发和产业化。建立产学研协同创新税收补偿机制，激励企业加大对产学研合作的投入，对于产学研协同创新产品给予优先采购权。采取“风险共担、利益共享”的利益分配方式，形成分层次、分阶段的风险责任体系。构建产学研协同创新平台及产学研协同创新的信息平台。到 2020 年，全省产业技术创新战略联盟达到 25 家，其中国家级达到 6 家。

（三）加强科技创新平台建设

1. 建设以重点实验室为引领的创新基础平台

以我省产业转型和战略需求为导向，在煤与非煤领域组建一批体量更大、学科交叉融合、综合集成的国家级及省级重点实验室。支持企业和高校、科研院所联合共建实验室，基本形成布局合理、装备先进、共建共享、高效运行的重点实验室体系，打造集聚国内外人才高地和协同创新高地，组织具有重大引领作用的协同攻关。加强基础前沿研究、重大共性关键技术研究、科技成果转化、产业化应用示范的全链条组织设计。努力在煤与非煤领域形成代表国家水平、国际同行认可、在国际上拥有话语权的科技创新实力。优先在行业龙头骨干企业、高新技术企业和战略性新兴产业领域布局建设一批企业技术中心、工程研究中心、工程技术研究中心等研发平台，改善科技基础条件。大力支持省级各类创新平台向国家级发展。

2. 加强中试转化基地建设

依托重点科研机构、高等学校、科技型企业、科技开发实体，围绕企业发展的关键性、基础性和共性技术问题，发挥企业和社会的积极性，以企业为主体，以产学研合作为依托，以资本市场融资为手段，加快建设一批符合科技发展规律、适应市场发展需求的省级科技成果中试基地，持续不断地将科技成果进行系统化、配套化和工程化研究开发。建设山西省煤基产业和非煤高新技术产业中试基地。创新中试基地管理机制，按照“开放、合作、服务”的原则，建立开放式实验室、标准化中试车间，为科技研发与成果转化创造良好基础条件，为企业开展科研小试、中试放大、产业孵化等提供系列优质服务。发挥政府的引导和服务职能，结合山西实际制定中试基地建设规划，简化审批办理手续，给予土地优惠、加计扣除、奖励贴息、后补助等普惠性财税政策支持，努力将中试基地打造成完善科研成果、服务成果转化、促进产业发展、加强人才培养的重要载体。

3. 建设科技资源共享平台

重点支持大型科学设施与仪器、科技文献与信息、自然科技资源等共享平台建设。加快重大科研基础设施和大型科研仪器向社会开放共享，进一步提高科技资源利用率和共享水平。建立统一开放的科技资源网络管理与服务平台，将所有符合条件的科研设施与仪器纳入全省科研公共服务网络进行管理。到 2020 年，基本建成覆盖各类科研设施与仪器、统一规范、功能完善的专业化、网络化管理服务平台。利用现代信息技术，构建持续发展的数字时代科技文献资源共享平台，积极对接国家科技文献信息资源平台，集中外文科技期刊、图书、会议记录、学位论文、专利、标准和计量规程等类型文献数据库于一体，为全省提供网络化、集成化、个性化、协同化和公益性的文献信息服务和知识服务。通过现代信息技术与手段，完善山西种质资源、标本资源、木材、土壤、农作物病虫害等自然科技资源库。完善科技人才资源库和科技网络环境。

（四）加快集聚创新型人才队伍建设

1. 引进培育高层次科技人才和团队

按照人才引进国际化、人才使用市场化、人才流动柔性化的要求，围绕我省传统产业转型升级和培育战略性新兴产业，依托重大科技计划、重点科技平台和重大创新项目，发挥国家“千人计划”和我省“百人计划”“三晋学者计划”“科技创新团队建设”等人才引进政策带动作用，建立高端人才团队引进基金，采用“一人一策”制度，重点引进一批能够突破关键技术、带动产业升级、培育高新产业和实现成果转化的高层次人才和团队。大力引进和利用海外高层次人才，健全和完善海外优秀人才来晋学习和工作有关政策和制度，形成有利于海外智力资源引进的长效机制，集聚一批海外高层次创新创业人才和团队。同时，针对我省发展需求，加大力度培育本土创新型人才和团队，尤其是加大本土科技领军人才的优选和培养力度，与引进人才和团队形成有机整体，共同推进创新创业。利用 2 ~ 5 年时间，引进和培育 10 ~ 50 个有望研发出重大产品、解决重大关键技术问题、带动重点产业发展的高端人才团队。

2. 培育和壮大科技型企业家队伍

实施“科技型企业家培育工程”，着力加强科技型企业家队伍建设。将科技型企业家作为特殊人才，纳入人才建设规划，以提高企业家创新意识和能力为目标，明确培养方式、资金投入、政策保障等问题，迅速培养一批具有胸怀山西、视野广阔、创新意识和管理水平先进的科技型企业家群体。建立创新型企业家教育培训制度，加快创新型企业家成长进程。建设面向企业家的科技资源信息共享平台，利用现代信息技术，为企业家提供科技成果、科技人才、科技动态以及最新的科技政策等信息资源。建立创新型企业家与科技部门“绿色通道”，建立畅通协商沟通机制。建立对创新型企业家的激励机制，加强对成功创新型企业家的宣传，总结推广先进经验，发挥示范引领作用。

3. 完善科研人才双向流动机制

推动科研人才双向流动。打破身份限制，改进科研人员薪酬和岗位管理制度，鼓励高校、科研院所科研人员到企业兼职，兼职经历纳入专业技术职务考核内容。符合条件的科研院所的科研人员经所在单位批准，可带着科研项目及成果到企业开展创新工作或创办企业。允许高校和科研院所设立流动岗位，支持企业技术人员承担科研教学任务。完善科研人员在企业与事业单位之间流动时社保关系转移接续等政策。全面推行高校和企业产学研结合的“双导师制”。

4.建立省、市、县科技人才库与专家库

建立省、市、县三级科技人才库，加强科技人才及其成果与企业和社会发展需求相对接，充分发挥科技人才在经济社会发展中的核心作用。选拔我省各领域科技杰出人才、学科带头人、高技能人才、乡土科技人才等具有较强的理论和专业知识以及丰富实践经验的专业人员按照规定程序入选科技人才库。开发科技人才分类统计功能，对科技人才信息进行适度公开和资源共享。在科技人才库基础上，建立省、市、县科技专家库，提高全省科技决策、管理和服务水平。

（五）建设科技创新开放体系

立足我省资源优势和产业基础，突出科技对外开放，加强与国内外发达地区的创新合作与交流，开展科技援疆援藏入滇行动，加强部、省、市、县（区）会商协同创新推进机制，构建互利合作、开放共赢的创新局面。

1.加强国际科技创新合作

充分利用全球资源，提高创新起点，缩短创新周期，推行更加积极主动的开放创新战略，不断拓展新的开放领域和空间，加强引进吸收再创新，提高整合利用外部创新资源的能力，推动我省社会经济发展。发挥企业与国际科技合作与交流的主力军作用，坚持引进来与走出去相结合，支持我省有条件的企业到海外设立、兼并和收购研发机构，并积极引进国外知名高等院校、科研院所、跨国公司来晋共建科技创新载体，设立双向互动的国际科技园或孵化器。鼓励和支持我省科研机构承担或参与国际重大科技合作专项计划，在政府间合作协议框架下实施双边或多边科技合作项目，积极举办双边或多边创新政策研讨会、高水平国际学术会议，并持续开展高水平的国际交流活动。

2.深化区域科技交流与合作。

推进区域科技交流与合作，打造开放共赢的区域创新体系。通过省部会商等有效渠道，争取国家及有关部委对我省科技创新的更大支持，加强与中国科学院、中国工程院、中国科协及中直和省外高等院校、科研机构、企业的合作与交流，鼓励和支持其在晋建立成果转移中心或研发、成果转化基地，开展科技创新活动。积极对接国家“一带一路”、京津冀协同发展、长江经济带区域发展战略，推动环渤海地区科技创新协同发展，扩大与相关地区的科技交流与合作，激发我省的科技创新动力。利用“山西品牌中华行”“山西品牌丝路行”等活动以及举办能博会低碳发展高峰论坛等方式，搭建企业之间的对接平台，宣传和展示山西特色科技产品和资源，推动我省区域科技交流与合作。

3.开展科技援疆援藏入滇行动

利用我省优势科技资源，结合新疆、西藏、云南地区的实际需求，通过科技项目、基地建设和人才培养等方式开展援疆援藏入滇行动。在煤化工、煤焦化、煤电、作物新品种、农产品深加工、装备制造、中药种植与开发、医疗、土壤改良等领域组织凝练科技项目，通过科技项目实施带动当地相关产业的发展。支持建立农业科技示范基地、科技特派员创业服务中心、科技研发基地、科技成果转化基地等创新基地，提高疆、藏、滇地区自主创新能力。组织科技专家赴疆、藏、滇地区进行技术指导和培训，为当地科技发展提供内在动力和人才支撑。实施科技民生工程，把改善当地群众生活条件作为我省科技援疆援藏入滇的出发点和落脚点，着力解决疆、藏、滇地区重大民生科技问题。

4. 加强部、省、市、县会商协同创新推进机制

充分利用部省会商、省院会商工作机制，争取科技部、中国科学院、中国工程院等国家部委的指导和支持，加强互联互动，积极吸收利用国家科技资源，把我省的科技创新工作行动与国家科技战略统一起来。建立厅市、市县会商机制，加强厅市、市县之间科技工作的双向互动，使全省科技创新形成“一盘棋”，发挥合力作用，共同推动全省科技创新快速发展。

（六）促进军民科技融合发展

充分发挥国防科技系统在人才和技术上的强劲优势，加强军民科技融合创新体系建设，推动军民两用技术研发和转移转化，推动军民科技资源互动共享，吸引国防科技力量为我省转型发展提供支撑。

1. 推动军工与民用技术双向转化

主动加强与军工科研单位、军工企业集团的对接和合作，在符合国家安全保密规定的前提下，积极引进军工领域的新技术、新产品、新工艺，推动军工科技成果向民用转移。对于可以直接用于武器装备科研生产的电子信息等民用高新技术及产品，建立动态推荐目录，争取国家支持，进行二次开发，为武器装备发展服务。加强我省与国家国防科技工业局的战略合作，在燃气发电、高铁轮对、光伏发电设备制造及遥感遥测技术应用等重点领域凝练形成军民科技融合创新发展任务，促进形成商业发展模式，形成互利共赢良好局面。积极参与组建山西省军民结合工业技术研究院和山西省军民结合信息中心。在军工科技资源丰富、军民结合产业发达的地区，建设一批军民融合科技创新示范基地。

2. 促进军民科技资源互动共享。

进一步协调和优化军民资源配置，推动军工与高校、民用科研机构科技资源开放共享，加强双向服务协作，实现科技资源互通互动。建立高校、民用科研机构与国防科研机构的协作机制，组织重大科研项目联合攻关，鼓励和支持我省优势企业、高校、科研院所参与国防科技专项的实施，参与武器装备研发和生产，对军地联合科技合作项目给予优先支持。推动建立军民融合联合重点实验室、行业技术中心和产业技术战略联盟，强化协同创新、成果共享。建立军民科技信息交互长效机制，搭建军民科技融合公共服务平台，推进军民科技供需信息共享。

（七）推动市县科技进步与科技扶贫

1. 促进市县科技进步

强化创新资源向区域中心城市聚集，鼓励各市结合当地发展特色，建设一批智慧型城市、创新

型城市和低碳城市，推动城市创新向多元化发展。统筹物质、信息和智力资源，推动物联网、云计算、大数据等新一代信息技术在城市管理和服务体系中的应用，提升智能化水平。逐步建设依靠科技、知识、人才、文化等要素发展的创新型城市。推动低碳城市快速发展。加强县域科技管理机构和人员建设，加大县域科技投入力度。优化县域科技资源配置，支持科技成果在县域转化应用。推广“院县共建”模式，鼓励县域主动与高校、科研院所联系，积极开展合作，突破制约县域产业发展中的关键技术问题。积极支持科技创新基础较好的市县率先发展，发挥骨干龙头作用，建立县域创新能力建设经验交流机制。

2. 积极开展科技扶贫工作

实施《山西省“十三五”科技扶贫行动规划实施方案》，加大科技扶贫工作力度，有效整合和统筹协调农、科、教等科技扶贫资源向贫困地区倾斜，增强贫困地区内生动力，支撑引领贫困地区经济社会快速持续发展，带动脱贫致富。鼓励高校、科研院所和企业技术人员到贫困地区开展科技扶贫服务，开展产业创新战略联盟，促进科技要素带动资金、人才、信息、管理等向贫困地区聚集。建立完善科技服务体系，拓展科技扶贫网络和渠道，为农民提供全方位的技术服务。开展多种形式的科技培训活动，培养乡土科技人才。加强科技特派员在科技扶贫中的重要作用，扩大服务范围和领域。支持科技示范基地、农业科技园区等基地建设，发挥技术示范与推动作用。积极争取将扶贫产业孵化基地建设纳入山西转型综改示范区建设规划，为产业扶贫开发企业打造信息、技术和融资平台。

六、推进大众创业、万众创新

推动科技创新与大众创业、万众创新有机结合，充分发扬晋商“敢为人先、追求创新、百折不挠”的创业精神，实施三晋创业行动计划，培育创新创业文化沃土，完善创新创业服务体系，健全创新创业投融资体系，加强科技创新普及教育，营造全社会创新创业的浓厚氛围，打造经济增长新引擎。

（一）实施三晋创业行动计划

1. 培育和激活创新创业主体

允许和鼓励高校、科研院所和国有企业专业技术人员在完成本单位安排的各项工作任务前提下在职创业，其收入归个人所有，对于离岗创业的，经原单位同意，3 年内保留人事关系，与原单位其他在岗人员享有同等参加职称评聘、岗位等级晋升和社会保险等方面的权利。下放科技成果使用、处置和收益权，提高科研人员成果转化收益比例，加大科研人员股权激励力度，鼓励各类企业通过股权、期权、分红等激励方式，调动科研人员创新积极性。出台有利政策吸引省外科技人才特别是领军人才、高端人才来晋创业，建立和完善省外高端创新创业人才引进机制，对省外高端人才来晋创办高科技企业给予一次性创业启动资金，在配偶就业、子女入学、医疗、住房、社会保障等方面完善相关措施。支持大学生为主的青年创新创业。

2. 打造创新创业活动品牌

举办中国创新创业大赛（山西赛区）、山西青年创新创业大赛、“创青春”山西省大学生创新创业大赛、山西省工业创意设计大赛、山西青年电子商务创新创意创业大赛等赛事，开展创新创业者、企业家、投资人和专家学者共同参与的创新创业沙龙、创新创业大讲堂、创新创业俱乐部和龙城创新创业大学堂等活动，对评选出的优秀创新创业项目进行资助。

3. 加强创新创业实训体系建设

加快完善创新创业课程设置，加强实训体系建设，建立创业创新导师队伍机制，提高创新创业服务水平。把创新创业精神、企业家精神和创业素质教育纳入大学生课程教育体系，加强创新创业知识普及教育，实现全社会创业教育和培训制度化、体系化，使大众创业、万众创新深入人心。加快建立创新创业绩效评价机制，使一批富有创业精神、勇于承担风险的人才脱颖而出。

（二）完善创新创业服务体系

1. 加快发展科技服务业

贯彻落实《山西省人民政府关于推进科技服务业发展的实施意见》（晋政发〔2015〕45 号）。发挥政府引导和市场配置资源的决定性作用，培育和壮大科技服务市场主体，创新科技服务模式，拓展科技创新服务链，促进科技服务业专业化、网络化、规模化发展，建设覆盖科技创新全过程的科技服务体系。紧密围绕我省产业发展需求，重点发展研究开发、技术转移、检验检测认证、创业孵化、知识产权、科技咨询、科技金融、科学技术普及等专业科技服务和综合科技服务，提升科技服务业对科技创新和产业发展的支撑能力。加快培育一批熟悉科技政策和行业发展，社会化、市场化、专业化的科技服务机构。充分借力移动互联网、云计算、大数据和物联网等新一代信息技术，创新科技服务业态。到 2020 年，基本形成覆盖我省科技创新全链条的科技服务体系，服务科技创新能力显著增强，科技服务市场化水平明显提升。

2. 构建专业化众创空间和星创天地

实施众创空间示范工程建设，贯彻落实《山西省人民政府办公厅关于发展众创空间推进大众创新创业的实施意见》（晋政办发〔2015〕83 号）。综合运用购买服务、资金补助、业务奖励等方式，大力扶持发展创业咖啡、创客空间、创新工场等灵活多样的新型创业孵化平台，构建一批低成本、便利化、全要素、开放式的众创空间，为创业者提供政策咨询、项目推介、创业指导、融资服务、补贴发放等“一站式”创业服务。开发区、大学科技园和省级中小企业创业基地等各类园区要充分利用老旧厂房、闲置房屋以及商业设施等资源，为众创空间免费或低价提供专门场所。充分发挥山西省作为国家“构建新型农业社会化服务体系工作”试点省份的示范作用，以农业科技园区、科技特派员服务站等为载体，加大星创空间建设力度，为科技特派员、返乡农民工、大学生等提供专业化、社会化、便捷化的科技创业服务环境，构建开放性全方位新型农业科技服务体系。引导和支持大企业利用现有国家及省级重点实验室等各类创新平台，创建服务创业的开放创新平台，面向企业内部和外部创业者提供资金、技术和服务支撑。

3. 发展创新创业服务新模式

积极探索 O2O 服务模式，建立科技创业服务平台，加快发展“互联网 +”创业网络体系，促进创业与创新、创业与就业、线上与线下相结合，降低全社会创业门槛和成本。积极推广众包、用户参与设计、云设计等新型研发组织模式和创业创新模式。推广应用创业券、创新券等公共服务新模式，对创业者和创新企业提供社会培训、管理咨询、检验检测、软件开发、研发设计等服务，建立和规范相关管理制度和运行机制，逐步形成可复制、可推广的经验。依托 3D 打印、网络制造等先进技术和发展模式，建立 3D 打印公共服务平台，开展样品快速制造、三维反求逆向设计、3D 扫描、3D 检测、3D 打印等面向创业者的社会化服务。

4. 加快建设科技企业孵化器

在提升现有科技企业孵化器运行质量的基础上，扩大全省孵化器规模，扩大创新创业服务覆盖面。发挥财政资金的引导作用，吸引社会资本建成一批低成本、全要素、便利化、开放式的科技企业孵化器，显著扩大全省孵化器规模，形成以企业孵化为核心的全省科技创新创业服务体系。

（三）健全创新创业金融体系

1. 加快创业投资发展

发挥财政资金杠杆作用，设立山西省创业投资引导基金，通过阶段参股、跟进投资、风险补助（补偿）、投资保障、收益让渡等方式，引导国内外创业投资基金、私募股权投资基金、天使投资等在我省开展创投业务，支持战略性新兴产业和高技术产业早中期、初创期创新型企业发展。设立扶持众创空间发展专项资金，制定山西省众创空间补助及种子资金使用管理办法。建立创业企业、天使投资、创业投资统计指标体系，与国家统计指标体系相衔接，规范统计口径和调查方法，加强监测和分析。

2. 大力推动创新创业融资

强化资本市场对创新创业的支持，鼓励创新创业企业进入资本市场融资。建立科技型企业进入资本市场的财政引导基金，支持有条件的高新技术企业在国内主板、中小企业板、创业板和“新三板”挂牌、上市融资。鼓励有条件的地区成立科技支行、科技中小微企业金融支行、科技担保公司、科技保险公司和科技小额贷款公司等新型科技金融机构，优化科技型中小企业融资环境。加大创业信贷支持力度，引导银行推出针对创业创新的特色信贷产品，加大创业创新企业信贷投放。鼓励小额担保贷款机构向科技型创业企业提供信贷服务。开展省内专利质押融资工作试点，鼓励各类担保机构为专利权质押融资提供担保服务。以山西转型综改示范区、高新区等各类开发区（园区）为载体，设立一站式金融服务平台，探索建立投贷联动金融服务模式，提高创业创新企业融资效率。积极探索股权众筹、网络借贷等互联网融资新模式，支持创新创意企业开展非标融资。支持符合条件的创新型、成长型企业通过发行短期融资券、中期票据等方式在银行间市场进行票据融资。吸引保险资金参与创业创新，建立科技型中小微企业创新产品市场应用的保险机制。探索以众创空间运营商为担保主体，为众创空间内创客企业提供“统借统还”形式的贷款担保。

（四）加强科技创新普及与教育

1. 加大科技创新普及力度

积极推进全民科学素质纲要实施，提高全民科学素养。充分运用互联网、微信、报纸、杂志、广播、电视等媒体和宣传手段，强化“互联网 + 科普”思维，设立科普类专题、专栏、专版，打造区域创新文化宣传阵地，持续宣传我省的创新政策及创新成果、创新人才等各方面的创新典型，努力营造崇尚创新的社会氛围。充分发挥省科协科普宣传主力军作用，全面实施科普惠农、益民、强企、助教“四大科普计划”，做好“科普三晋”品牌宣传活动，大力弘扬持之以恒、久久为功的创新精神，不断强化“尊重劳动、尊重知识、尊重人才、尊重创造”的社会价值取向，在我省掀起全面创新的热潮。

2. 加强领导干部创新教育与培训

充分利用“梅山课堂”等各类讲座活动，建立科技创新学习制度，定期举办科技创新专题学习培训活动。努力学习煤基低碳、非煤高新技术和互联网、云计算等前沿科技知识，充实科技政策、科技法规、科技管理等方面的知识，全面提高领导干部的创新意识和创新能力。

3. 加强科研诚信教育与监督

加强科研诚信体系建设，倡导遵守学术规范，恪守职业道德、诚实守信的科学精神。推进科研诚信法制和规范建设，加强科研诚信教育，提升科研人员的科学道德素养，完善监督和惩戒机制，遏制科研不端行为，共同营造科研诚信环境。进一步完善科研信用体系建设，建立统一的评估和监管机制，实行“黑名单”制度和责任倒查机制。深入开展创新方法研究，加强高校创新方法教育，提高在校学生创新素质，实施创新方法应用示范工程，加强典型经验的总结和推广。

七、加强规划实施保障

加强组织领导，落实主体责任，优化规划实施政策环境，加大科技投入力度，建立创新调查制度，强力推进规划顺利实施。

（一）优化规划实施政策环境

1. 落实和完善科技创新政策法规

认真贯彻《中华人民共和国科技进步法》《中华人民共和国促进科技成果转化法》《中华人民共和国科学技术普及法》等创新法律法规。进一步完善和落实研发费用加计扣除、高新技术企业税收优惠、优先使用创新产品采购、固定资产加速折旧等普惠性优惠政策。落实国家对投向种子期、初创期等创新活动投资的税收优惠政策，允许有限合伙制创业投资企业实行税收抵扣。落实国家重大装备的“首台（套）”保险政策。建立政府采购“首台（套）亘大新产品制度”。加强我省科技政策与中央各项政策的统筹协调，加强科技体制改革与经济体制改革协调，加强科技政策与财政、金融、产业政策衔接协同，形成政策合力，为规划实施提供良好的政策环境。

2. 深入实施知识产权战略

规划实施过程中严格落实《山西省知识产权战略实施行动计划（2015—2020 年）》（晋政办发〔2015〕19 号），提高知识产权创造、运用、保护、管理、服务能力，提升知识产权数量和质量，进一步增强企事业单位运用知识产权的能力，充分发挥知识产权行政执法和司法保护作用，创新知识产权运用与保护机制，研究新业态新领域创新成果的知识产权保护办法。健全知识产权公共服务机构及平台，形成全方位、多功能的知识产权服务体系。建立完善知识产权创造运用激励机制，大力推进专利创新创业工作，加速专利技术的转化应用。

（二）加大科技投入力度

1. 建立财政科技投入稳定增长机制

牢固树立科技投入是转型投入、后劲投入的理念，积极增加省本级财政科技投入，加大市县财政科技投入，确保规划各项任务顺利完成。创新财政资金投入机制，确保财政科技投入稳定增长，通过投资奖补、贷款贴息、投资入股和税费优惠等办法，稳定支持重大战略性产业和重点领域科技创新。充分发挥财政资金的杠杆作用，引导金融资金和民间资本进入创新领域。

2. 提高财政科技投入配置效率

完善财政资金使用机制，提高资金使用效率，加强资金使用的规范性、高效性和结果导向性，确保财政科技资金能够优先、有效、有针对性地用于制约我省产业发展的关键技术问题、科技平台建设、战略性新兴产业培育等重要领域。

（三）建立创新调查制度

1. 开展创新活动统计调查

围绕规划指标体系，制定山西省创新活动统计调查方案，组织开展企业、研究机构、高等学校等创新活动统计调查，整理科技、经济和社会统计与创新有关的数据，获取全社会创新统计调查数据，全面、客观地反映全省科技创新活动特征。坚持监测数据准确性原则，确保基础数据的法规性、权威性、持续性和及时性。

2. 开展创新能力监测和评价

在科学、规范的统计调查基础上，科学构建指标体系，对全省、区域、企业、典型产业和创新密集区的创新能力进行全面监测和评价，形成监测评价的标准和方法。规范发布创新能力监测报告和创新能力评价报告，为落实规划提出的各项任务和完善科技创新政策提供支撑和服务。

（四）加强规划实施与管理

1. 健全规划实施管理制度

加强规划实施组织，省科技厅与各市科技管理部门协同推进规划实施与管理，对规划执行中出现的新情况、新问题，要及时采取相应对策措施，提出调整和修订意见与建议。各地、各有关部门要依据本规划，结合实际，编制相应的科技发展规划，强化科技发展部署，在年度计划和工作中加以落实。加强规划实施监测评估，对规划指标的进度进展、任务部署和政策措施的落实情况进行年度监测，及时掌握规划实施情况。

2. 明确目标责任

建立全省科技创新发展目标责任制，建立健全区域科技创新发展考核监测体系，重点考核各地政府“一把手抓第一生产力”的责任意识、科技行政部门机构建设与履行职能等情况。要将规划目标任务完成情况列入政府绩效考核指标体系，作为领导班子调整和领导干部选拔任用、奖励惩戒的重要依据。各地各部门要加强对规划实施的统筹协调，强化政策支持，及时研究解决科技发展重点任务落实过程中遇到的困难和问题。建立领导干部科技创新离任考核审计制度。

内蒙古自治区“十三五”科技创新规划

“十三五”时期是内蒙古全面建成小康社会的决胜阶段，也是推进转型发展、创新创业的攻坚阶段。这一时期，我区将迈进创新型省区行列，对创新驱动发展的要求日益紧迫。为主动适应和引领经济发展新常态，推进创新型内蒙古建设，加快发展驱动力的根本转换，根据《“十三五”国家科技创新规划》《内蒙古自治区国民经济和社会发展第十三个五年规划纲要》《内蒙古自治区创新驱动发展规划（2013—2020年）》等的要求部署，特制定本规划。

第一篇　形势分析

第一章　新形势与新要求

一、自治区科技发展新特征

“十二五”期间，特别是党的十八大以来，自治区认真贯彻落实中央关于创新发展的决策部署，坚持把创新作为推动发展的第一动力，紧紧围绕国家战略需求和地方经济特色，大力推进以科技创新为核心的全面创新，研究制定了《内蒙古自治区创新驱动发展规划（2013—2020年）》《内蒙古自治区深化科技体制改革实施方案》等重要文件，改革科技项目形成机制，创新科技资金投入机制，健全创新发展的协调推进机制，实施科技创新三大工程，有力地促进了我区科技实力和综合经济实力的提高。

创新资源投入。2015年，我区科技活动人力投入列全国第7位，较2010年上升6位；全社会研发经费达到136.06亿元，“十二五”期间年均增速16.38%，占GDP比重达到0.76%，列全国第25位，较2010年前移3位；本级财政科技拨款持续稳定增长，2015年的拨款规模是2010年的1.8倍，平均增速为15.68%；“十二五”期间各类科技计划资金拨款总额达到32.08亿元，是“十一五”的6.5倍。

创新体系建设。创新平台载体有序发展，体系初具规模。“十二五”期间，新增4家自治区重

内蒙古自治区人民政府办公厅，内政办〔2017〕114号，2017年7月4日。

点实验室，总数达 94 家；新增 76 家自治区工程技术研究中心，总数达 128 家；新建院士专家工作站 69 家，引进院士 81 名，联系院士专家团队 480 个；新组建 38 家新型研发机构。已建有 10 个自治区级（以上）高新区、78 个特色科技产业化基地、19 个科技企业孵化器、17 个产业技术创新战略联盟、41 个众创空间试点或培育基地；重新认定 237 个国家高新技术企业。

创新人才引进培养。结合“草原英才”工程科技子工程运行，培养自治区产业创新创业团队 175 个，培育自治区层面高端创新人才 712 名，引进海内外高层次人才 97 人，培育国家“千人计划”专家 13 名、国家“万人计划”专家 2 名。5 年共有 11 人、4 个创新团队、1 个创新人才培养示范基地入选科技部创新人才推进计划。依托“草原英才”工程建设的创新创业基地，投入人才专项扶持资金 1.4 亿元。

创新支撑产业发展。科技创新推动产业层次不断升级：传统产业通过高新技术改造和先进技术装备的引进消化再创新，技术层次大幅提升，产品结构得到优化；2015 年高新技术产业化效益列全国第 5 位，较 2010 年上升 11 位；高技术产业增加值率列全国第 4 位，较 2010 年上升 8 位。农牧业新技术覆盖率超过 70%，主要农作物优良品种覆盖率保持在 95% 以上，牲畜良种改良种比重达到 95% 以上，林业适用技术覆盖率超过 70%。社会发展科技创新，在生态保护、环境治理、中蒙药开发、生命科学等领域取得积极进展，建设、完善了一批退化生态综合治理和可持续发展试验示范基地，重点治理区域状况明显改善；研究开发了几种蒙药新药，民族医疗特色疗法疗效关键技术及应用研究形成规范。

同时也应清醒地看到，与建设创新型内蒙古的要求相比，自治区综合创新能力依然薄弱。2015 年我区科技进步贡献率为 42%，处全国中后位置；R&D/GDP 仅 0.76%，列全国第 25 位；地方财政科技支出占地方财政支出比重 0.84%，列全国第 28 位；每万人发明专利拥有量 1.22 件，仅为全国平均水平的 1/5；万人科技论文数 1.38 篇，列全国第 28 位。原始创新与重大成果产出总量少，科技成果转化率低，高端创新人才短缺，较少拥有国家级创新平台，基于自主知识产权和核心技术的企业竞争力低；没有形成完备的基础研究资助体系，院所高校缺乏潜心研究环境，制约了重点实验室等重大科技基础设施建设、重点学科带头人培育以及开创新的研究方向；科技资源配置效率整体低下。总体上看，创新基础条件落后，科技创新能力不强，人才力量薄弱，面向经济社会发展提供支撑的任务紧迫而艰巨。

二、把握科技创新新机遇

认清国际国内科技发展新特征，准确把握战略机遇期内涵的深刻变化，破除制约创新发展的思想观念和深层次体制机制障碍，推进创新需求供给侧结构性改革，为科技创新拓展更大发展空间。

世界科技发展进入空前活跃的创新时代，科技资源全球流动，国际科技合作日趋活跃，加速演进的新一轮科技革命、产业变革和军事变革与我国加快发展方式转变形成历史性交汇。我国经济发展进入速度变化、结构优化和动力转换新常态。推进供给侧结构性改革，促进经济提质增效、转型升级，需要依靠科技创新培育发展新动力。协调推进新型工业化、信息化、城镇化、农牧业现代化和绿色化，需要依靠科技创新突破资源环境瓶颈制约。

“中国制造 2025”“互联网 +”行动计划的实施，《国家创新驱动发展战略纲要》的颁布，大众创业、万众创新的发展新动能，必将使我区的发展动力从主要依靠要素投入转向创新驱动，必须坚持把创新摆在发展全局的核心位置，破除制约创新发展的体制机制障碍，发挥创新对拉动经济增长、推进结构优化、促进动力转换的乘数效应，形成以创新为主要引领和支撑的经济体系和发展模式。走超常规跨越式发展道路，努力增强自主创新能力，采取差异化策略和非对称路径，制定系统性技术解决方案：在优势传统产业领域，积极推动产业升级和重点领域技术跨越，解决关键共性技术制约，新技术、新工艺的应用及产品更新换代；在以高新技术产业为主导的战略性新兴产业领域，加快提升创新能力和扩充产业规模，重点解决创新成果转化、核心技术突破、自主产品研发及品牌化规模化，壮大一批新产业向支柱产业发展；在现代农牧业领域，着力构建高产优质型、节约型、循环型、生态型农牧业，侧重新品种的更新率、新技术的覆盖率、深加工链的延伸和地方特色产品体系的丰富；在社会发展领域，全面节约和高效利用资源，加强环境综合整治和退化生态修复领域技术进步，推动低碳循环发展，以及满足不同档次健康与消费需求选择的民生新福祉；在服务业领域，突出以“互联网 +”、物联网、大数据、云计算应用、公共技术平台、基于计算机和网络的创意设计、应用软件开发、基于适用技术集成示范的科技服务新业态，推广众创、众包、众扶、众筹空间等新模式。

第二篇　发展蓝图

第二章　总体要求

一、指导思想

高举中国特色社会主义伟大旗帜，全面贯彻党的十八大和十八届三中、四中、五中、六中全会精神，以马克思列宁主义、毛泽东思想、邓小平理论、“三个代表”重要思想、科学发展观为指导，深入贯彻习近平总书记考察内蒙古重要讲话精神，深入贯彻自治区第十次党代会精神，统筹推进“五位一体”总体布局和协调推进“四个全面”战略布局，坚持创新、协调、绿色、开放、共享的发展理念，适应把握引领经济发展新常态，坚决守住发展、生态、民生底线，大力促进“五化”协同，以深入实施创新驱动发展战略为主线，以科技体制改革和科技对外开放为动力，大力推动以科技创新为核心的全面创新，加快形成大众创业、万众创新的局面，为建成创新型内蒙古、打造祖国北疆亮丽的风景线提供强有力的科技支撑。

二、基本原则

坚持引领转型。紧扣发展脉搏，突出问题导向、需求导向、目标导向，以智能、绿色、泛在为特征的群体性技术革命，引领全面转型升级，围绕结构转型、产业发展迈向中高端聚集创新目标，优选创新主题，进行科学合理的顶层设计。

坚持法治创新。以法治思维和法治方式推进创新驱动，改变人治思维习惯，摒弃以权代法。通过完善法治规范政府在创新活动中的行为边界，减少和纠正行政手段包揽或干预科技创新活动，促进法治成为创新驱动的支撑和保障。

坚持协调发展。协调推进新型工业化、信息化、城镇化、农牧业现代化和绿色化。不断拓展发展空间，让发展更加协调平衡，从更高层次更宽视野促进资源优化配置、主体功能约束有效、基本公共服务均等、资源环境有序承载的协调新格局。

坚持改革开放。牢记改革是发展的强大动力，以科技体制改革为切入点，破除一切不利于创新驱动发展的体制机制障碍，为发展提供持续动力；牢记开放是发展的必然要求，以宽广的世界眼光和大局意识谋划发展，进一步加强国际国内两种创新资源的整合，集成利用全方位科技开放，跨地域配置创新资源，提高创新活动的开放度。

坚持强化激励。坚持创新驱动实质是人才驱动，突出“高精尖缺”导向。改革和完善人才发展机制，建立以能力和贡献为导向的科技人才评价体系，建立有利于优秀人才脱颖而出、充分展示才能的选人用人机制。落实以人为本，尊重创新创造的价值，激发各类人才的积极性和创造性。

坚持协同创新。弘扬协同创新理念，集众智、借外脑，围绕规划目标多主体、多元素共同协作，互补创新优势。确立企业创新主体地位，强化大学、科研机构自主创新和公益服务能力，培育发展新型创新组织，推进产学研协同创新。激发大众创新、创业活力，实现创新团队、创新平台、众创空间的多元互动和多极支撑。

三、发展目标

（一）总体目标

经过一系列不懈的努力，到 2020 年，基本建成创新型内蒙古，高新技术产业取得集群突破，战略性新兴产业初具规模，若干领域形成具有国际竞争力的核心技术体系。建成一批具有较高水平的本土自主创新型企业、特色产业研发机构、开放型实验室、研究型大学、公益科研机构和现代化科普场馆，自主创新能力和自主品牌比例显著提高，公民科学素质进入全国中等靠前先进水平，初步形成创新驱动发展格局。

（二）分项发展目标

综合科技实力进入全国中等水平。到 2020 年，科技进步贡献率达到 55%，全社会研究与试验发展（R&D）经费占生产总值比重达到 2.2%，每万人发明专利拥有量达到 3 件，技术市场合同交易总额达到 300 亿元，创新装备条件大幅改善，自主创新领域不断拓宽，综合科技实力在全国的排位进入前 20 位。

科技创新体系日臻完善。建成完善的、能够支撑全面建设小康社会和创新型内蒙古要求的科技创新体系，政府科研机构全面建立现代院所制度，重点实验室和工程技术研究中心覆盖自治区优势学科专业和特色产业，形成一批国家级创新平台、高新技术产业开发区和特色科技产业化基地，自主创新示范区建设取得成效。

企业技术创新主体地位确立。企业 R&D 经费占全社会 R&D 经费总量比例稳定在 85% 以上；规模以上工业企业平均研发投入占主营业务收入比例提高到 0.85%；规模以上企业普遍建立研发机构，骨干企业核心竞争力显著增强。

科技服务业快速发展。科技服务业增加值年均增速高于服务业增加值增速 5 个百分点以上。构建以信息咨询、创业孵化、科技会展及技术产权交易、知识产权服务、生产力促进、发展战略研究与科技智库建设为主体格局的科技服务体系，拓展"互联网 +"、云计算应用、创意设计、检验检测、科技保险等科技服务新业态。建设 100 个示范性众创空间，形成大众创业，万众创新的载体支撑。

产业整体技术水平显著提高。高新技术产业产值占规模以上工业总产值比重达到 20%，战略性新兴产业增加值占地区生产总值比重达到 10% 以上。多项产业技术水平大幅提高，重点领域实现技术跨越。高新技术领域、农牧业主体技术领域以及面向自治区重大战略需求的基础科学领域，取得一系列重大关键技术集群突破。工业整体技术水平进入全国中等靠前位置，农牧业主体技术达到全国领先水平，生态、资源与环境科技水平保持全国先进，社会信息化水平达到全国先进，流通、交通、金融等服务业技术应用达到全国中等以上水平。

专栏 1 "十三五"科技创新主要指标

序号	指标名称	2015 年实际	2020 年目标
1	综合科技实力全国排名	23	不低于 20
2	科技进步贡献率（%）	42	55
3	研究与试验发展经费占生产总值比重（%）	0.76	2.2
4	每万人发明专利拥有量（件）	1.22	3
5	高新技术产值占规模以上工业总产值比重（%）	10.8	20
6	战略性新兴产业增加值占地区生产总值比重（%）	5.6	10
7	每万名就业人员研发人力投入（人年 / 万人）	26.13	48.0
8	知识密集型服务业增加值占国内生产总值比重（%）	7.70*	20
9	规模以上工业企业研发投入占主营业务收入比例（%）	0.63	0.85
10	技术市场合同交易总额（亿元）	189.96	300
11	公民具备基本科学素质的比例（%）	5.14	10

注：* 为 2014 年数据。

知识产权和技术标准取得突破。每万人发明专利拥有量达到 3 件，发明专利申请量达到申请总量的 30%；培育一批科技名牌产品，其中国内知名品牌 20 个以上；掌握一批具有自主知识产权的核心技术，组织制定一批特色产业技术标准进入国家标准或提案，其中 5 ~ 7 项进入国际标准或提案；力争规模以上企业至少拥有 1 项具有自主知识产权的核心技术和自主品牌，提升参与国内外市场竞争的能力。

创新人才发展机制不断完善。R&D 人员总量保持 4% 的增长速度，到 2020 年达到 6.35 万人，每万名就业人员 R&D 人力投入达到 48.0 人年 / 万人。引进培育 100 名国内顶尖的、具有组织创新团队能力的领军人才，引进培养 1000 名具有较强组织创新能力的学科、技术带头人，高层次创新人才及创新团队的研究水平在若干领域跻身国内领先。人才发展机制不断完善，建立以能力和贡献为导向的创新人才评价机制，调整人才资源市场功能，引导创新人才资源合理配置和流动。

第三篇　主要任务

聚焦自治区战略和经济社会发展重大需求，充分发挥科技创新在推动产业迈向中高端、加快培育新业态、打造经济增长新引擎、拓展发展新空间、提高发展质量和效益中的核心引领作用，加强关键核心共性技术研发与转化，推进颠覆性技术创新，加速引领产业变革。

第三章　现代农牧业体系技术支撑

总体要求。以保障农畜产品安全和农牧民增收为总目标，充分发挥科技创新驱动作用，着力解决现代农牧业发展中的瓶颈性技术难题，构建适应产出高效、产品安全、资源节约、环境友好农业发展要求的科学技术支撑体系，保障农畜产品有效供给和质量安全，提升农牧业可持续发展能力。

一、种植业关键技术

构建现代生物育种技术体系。开展农作物种质资源收集、保存和利用，研究种质资源的结构多样性和功能多样性，建立精准表型和重要性状基因鉴定体系；建设和完善主要作物生物育种平台，突破主要作物传统杂种优势利用的高效育种技术；开展高效种子繁育配套技术研究，创造一批拥有自主知识产权和突破性的抗逆、优质、专用玉米、小麦、大豆、油菜、向日葵、甜菜等作物新品种。

创新农作物耕作栽培管理技术。开展主要农作物优质高产品种配套栽培技术，农作物光、热、水、养分等资源优化配置与绿色高产高效种植模式，“间套作”与“轮作休耕”等养地型生态种植模式与技术、粮饲兼顾型种植模式与耕作技术，农作物生长监测与精确栽培技术，主产区土壤培肥与耕作技术，农作物灾变过程及其减损增效调控技术等研究，创新现代农作物耕作栽培管理技术体系。

构建绿色病虫害防控技术体系。开展主要农作物病虫草鼠疫情防控关键技术、危险性入侵物种与潜在入侵物种可持续综合防御与控制的关键技术、除病虫草剂减量使用技术、病虫害抗药性综合治理技术研究和新型农药、绿色防控生物农药研发。

提高机械化农业生产水平。突破保护性耕作、水肥药一体化、玉米籽粒直收、棉花采摘、马铃薯收获、向日葵收获、甜菜收获、杂粮精准播种与收获等机械化瓶颈技术；创新精准作业等为代表的关键零部件效能提升和可靠性技术；研发机械化栽种装备、精量水肥药施用机械、高效植保机械、高效自走式联合收获机械。强化农机农艺融合研究，建立适合不同地域的农业装备系统和机械化、标准化生产技术规范。

促进资源高效利用。重点研发作物节水生理调控技术、增蓄降耗高效农艺节水技术、新型集雨设施设备及高效利用技术等；创新地力提升、耕层增厚、养分平衡等土壤理化性状调控关键技术，以及休耕轮作、有机培肥、残茬管理、多元养分协同等农田养分均衡调控技术；研发有机肥、粪肥高效利用技术，实施农田养分综合管理；研发无农药农产品生产关键技术，农作物秸秆高效资源化利用技术，废旧地膜回收利用技术。

专栏2　农作物生产关键技术研究

玉米。抗逆优质丰产玉米资源创新和利用，采用常规及分子标记、基因组学、蛋白组学等生物辅助育种的方法选育出早熟、耐密、高产、多抗、宜机收玉米新品种，开展遗传多样性、杂优类群和遗传组成研究，进行玉米耕层调控改良、抗倒防衰、机械化收获、秸秆低温高效降解、高效过腹转化、有害生物综合治理及农药减施技术等高产高效关键技术的研究。

小麦。发掘具有育种利用价值的优异种质资源，进行优质中、强筋小麦新品种选育及优质高产绿色栽培技术研究，节水抗旱、高产优质小麦新品种选育及抗旱高产综合栽培技术研究，小麦接茬复种一年二熟高效生产模式及关键技术研究，春小麦超高产栽培生理基础研究与种质资源创新，旱地小麦一次性高产保优施肥技术集成研究，春小麦隐性灾害防控综合技术研究。

大豆。采用常规育种技术和性状分子标记辅助选择及分子遗传转化技术开展大豆种质资源收集、精准鉴定，高产、优质、专用大豆新品种选育及抗除草剂、抗虫转基因新品系研发，采用品种、农艺、农机、耕作、植保技术相结合优化集成开展绿色大豆全程机械化、标准化栽培与管理技术和免耕全程机械化生产模式研究。

马铃薯。马铃薯种质资源的引进、筛选和创新，马铃薯育种技术的研究应用和新品种选育，马铃薯高产高效的良种繁育体系和完善的种薯质量控制体系建立，开展马铃薯脱毒苗工厂化快繁、旱作马铃薯水分高效利用、灌溉条件下马铃薯高产高效低成本生产、马铃薯病虫害综合防治、全程机械化种植等技术研究与应用。

燕麦、荞麦。国内外抗逆、优质种质资源收集、筛选和利用，燕麦抗旱耐瘠、高产优质饲草及粮饲兼用新品种选育，荞麦抗寒耐瘠、高产优质新品种选育，合理轮作、抗旱节水、丰产高效栽培技术及体系研发。

谷子、糜子。抗逆、优质种质资源收集、筛选和利用，开展常规育种和分子标记辅助育种研究，选育抗旱耐瘠、高产优质谷子新品种和不同生态区粳性、糯性糜子新品种，研究建立抗旱节水、丰产高效栽培技术及体系。

大麦。通过抗旱、耐盐碱种质资源鉴选，建立抗旱种质和耐盐碱种质核心亲本库，综合运用杂交育种、辐射诱变、穿梭育种、分子标记辅助选择、早代近红外品质检测等育种技术，开展优质、高产、专用、抗逆大麦新品种选育，研究建立大麦抗逆、丰产高效生产关键技术。

水稻。综合利用分子育种、近远缘杂交、航天育种等技术，选育抗低温、产量高、抗性好、米质优、适应性广、适宜机械化作业的水稻新品种，开展旱育稀植培育壮秧与高光效栽培技术、膜下滴灌旱地水稻种植技术、灌溉水稻全程机械化生产技术、水稻病虫害预警监测和防治技术。

向日葵。抗黄萎病、菌核病、抗列当、高含油率、高油酸油用向日葵、长籽粒食用向日葵优异种质资源引进、评价与创新，选育抗病、优质、高产、商品性好、适应性强的向日葵新品种，开展向日葵种子重要品质性状无损伤快速检测技术、病虫害防控关键技术与绿色防控技术、向日葵抗逆（抗旱、抗盐碱）栽培技术、水肥高效利用技术、向日葵全程机械化及农机农艺融合技术研究。

油菜。高抗、高含油、双低甘蓝型春油菜种质资源引进、收集与创新利用，抗病、高油、双低、丰产的甘蓝型春油菜杂交品种选育和配套的机械化栽培技术研发，油菜病虫草害绿色防控与化学农药减施技术研究，增强油菜综合抗逆性的蛋白诱导抗剂研发与应用。

胡麻。胡麻特异种质资源挖掘和创新，胡麻重要性状基因挖掘及转基因应用研究，胡麻脂肪酸代谢途径相关基因的克隆及功能分析，高产、抗病新品种选育，高产、高效综合栽培技术研究。

甜菜。甜菜有益优良基因挖掘及利用，利用分子标记技术对甜菜不育系、保持系材料进行细胞质、细胞核类型鉴定，适机收抗土传病种质资源创新与单胚新品种选育，甜菜特异资源材料组培技术扩繁体系构建，单胚雄性不育系选育，种子包衣和丸粒化、机械化节本增效、抗逆高产优质栽培等关键技术研究。

食用豆类（绿豆、小豆、芸豆等）。高产、优质、多抗、适宜机械化生产和出口创汇的优良种质资源创新与品种选育，节本增效、病虫害绿色防控等全程机械化栽培技术研究。

棉花。优质高产、抗旱、耐寒、耐盐碱、抗病虫、抗除草剂的机采棉花新品种选育，促早集中成熟化控、水肥一体化、化学打顶、脱叶催熟和病虫草害综合防控等关键技术和智能化管理技术研究，播种、中耕、植保、采收等主要植棉装备和植棉智能化相关设备研发，集成形成植棉全程机械化、轻简化栽培技术体系。

菊芋。国内外高含糖菊芋资源材料收集与监督，高含糖菊芋新品种选育，高产优质高效和全程机械化高产高效栽培技术研究。

蔬菜。抗逆、抗病、高产、适应性强、耐贮运品种选育和引进，露地鲜食蔬菜品种选育，适合内蒙古地区露地生产的优质、高效栽培技术机械化及标准化育苗技术及产业化开发，高效育种新技术研究，北方高寒地区新型蔬菜设施及配套环境调控技术，设施蔬菜新生产模式研究示范，设施蔬菜优质、高效、安全、生态生产技术研究，野生蔬菜种质资源开发及良种培育，采后保鲜贮运技术，产品质量安全快速检测技术，除草剂合理使用及残留控制技术，内蒙古冷凉蔬菜品种抗逆性鉴定体系及品质形成机理研究，有机、绿色、无公害蔬菜生产技术体系构建，脱水蔬菜干燥技术研究。

果树。抗逆优质特色果树资源开发和种质创新、露地及设施新品种选育及应用，适合内蒙古地区露地果树生产的优质、高效栽培技术研究，矮砧密植技术研究，快速育苗技术及产业化开发，常规杂交育种与分子辅助育种研究，北方高寒地区新型果树设施及配套环境调控技术，设施果树新生产模式研究示范，设施果树优质、高效、安全、生态生产技术，果实采后保鲜贮运技术，产品质量安全快速检测技术，除草剂合理使用及残留控制技术，有机、绿色、无公害果树生产技术体系研究。

花卉。抗逆优质花卉资源开发和种质创新，露地及设施新品种选育，适合内蒙古地区露地花卉生产的优质，高效栽培技术标准化，育苗技术及产业化开发，高效育种新技术研究，北方高寒地区花卉设施及配套环境调控技术，设施花卉新生产模式研究示范，设施花卉优质、高效、安全、生态生产技术，产品采后保鲜贮运技术，产品质量安全快速检测技术研究。

专栏 3　耕地保育与农业资源高效利用技术研究

耕地保育与地力提升关键技术研究。重点开展高产耕地质量保育技术、中产田培肥与增粮增效技术、低产田改良与障碍因子消减技术及有机肥、粪肥高效利用技术研究，创新地力提升、耕层增厚、养分平衡等土壤理化性状调控关键技术和水肥协同、合理休耕轮作、有机培肥、残茬管理、多元养分协同等农田养分均衡调控技术。

保护性耕作技术研究。开展秸秆覆盖、免（少）耕播种种床整备、少耕带作、机械深松、秸秆还田、病虫草害综合控制、休耕轮耕等关键技术和配套关键装备研发和不同区域保护性耕作技术模式研究，针对不同区域特点构建标准化、机械化的现代保护性耕作技术模式与技术规范。

肥药减量增效关键技术研究。开展化肥氮磷减施增效、农药减量控害的机理与调控途径等研究，高效缓（控）释肥、同步营养肥等新型肥料与化肥替代减量技术、低效高毒农药替代技术及产品研发、高效施肥施药新技术及新装备研发，构建化肥农药减施与高效利用的理论方法和综合技术模式。

农业副产物资源化利用技术研究。开展秸秆饲料化利用、秸秆还田快速腐解、秸秆基质化利用等技术研究，促进秸秆的全量化利用，开展残留农膜回收利用技术研究，推动生物有机肥、生物基材料等工程化应用。

水资源高效开发利用技术研究。以雨水、地表水、地下水和非常规水等多水源适应性高效利用为核心，重点开展贫瘠土壤持水能力提升、雨水蓄积保墒增加作物生长季可利用水资源、化学调控提高单位耗水产出、覆膜保水、垄沟集雨、留茬覆盖和机械深松等节水补灌和作物应急抗旱灌溉技术。

全程机械化技术与装备研发。针对耕整地、播种、田间管理、收获、产地初加工等生产过程中的薄弱环节，突破技术瓶颈，研发配套装备与技术，实现玉米、小麦、大豆、马铃薯等主要作物全程机械化和向日葵、杂粮杂豆、甜菜、棉花等作物关键环节机械化，针对不同区域不同土壤生态条件下农作物适宜机械化作业的耕作制度和种植模式，构建农机农艺相融合的标准化、机械化生产模式。

二、养殖业关键技术

开展畜禽育种关键技术研究。开发利用好地方优质畜禽遗传资源，开展畜禽优良品种资源保存与创新利用研究；通过基因组学分析和多基因标记辅助选择育种，建立优良基因挖掘技术体系；建设家畜杂交配套系及产业化示范平台，创建优秀核心育种群，开展标准化、规范化基础性育种和畜禽育种繁殖新技术研究，完善畜禽良种扩繁体系，选育一批优良畜禽新品种（配套系）。

提高畜禽养殖技术含量。选择适宜本地区的畜禽养殖优良品种，开展兽药、饲料原料营养效价与安全性、饲料利用效率、养殖废弃物排放等基础性数据监测，建立相应数据库。研发畜禽健康养殖模式，开发高效安全环保饲料和饲料添加剂、粪便减量化、无害化、资源化利用等关键技术、工程装备及其智能化产品，形成现代畜禽健康养殖智能管理以及养分和粪便等综合管理方法。

集成高效安全病害防控技术。开展重大外来动物疫病发生机理与监控基础研究，开展和寄生虫病防控关键技术研究；重视动物病原菌与寄生虫分子耐药机制，研发动物用抗菌药替代技术和产品以及中蒙新兽药新制剂创制和精准用药技术；支持新型、安全、高效疫苗和兽药研制，推进动物疫病常规疫苗、新型疫苗、兽药以及快速、轻简化、高通量诊断与监测试剂的研发及标准化应用；开展生物安全措施、诊断监测、免疫防控、区域净化等多项安全生产技术集成。

打造绿色安全畜禽产品。研究制定畜禽产品生产全程危害分析与关键控制点技术及规范，着重开展农兽药残留、生物毒素风险评估与残留限量标准研制；积极进行畜禽追溯系统关键技术集成示范，满足绿色有机畜产品可追溯公共服务平台的技术需求。

专栏 4　畜禽养殖关键技术研究

肉牛。本土肉牛重要性状基因组学研究与优良基因挖掘，引进品种的本土化选育与专门化新品系培育，优质良种肉牛种用价值评价与种畜培育技术研究，肉牛高效养殖技术工艺性创新和设备研发，肉牛营养检测调控与绿色高效养殖技术，肉牛精准养殖技术研究与智慧牧场建设，基于动物福利需求的肉牛健康养殖关键技术研究与生产体系建设示范，肉牛质量安全追溯体系研究与示范。

奶牛。寒冷地区奶牛专门化品系选育，奶牛高效繁育体系与生产性能标准化测定体系建设，奶牛消化道健康与营养代谢互作性研究，奶牛饲料营养成分和毒物高效快速检测方法研究，奶牛营养代谢检测体系的建立与示范，奶牛高产稳产健康养殖技术体系研究，规模化奶牛场小气候环境控制技术和设备开发，规模化奶牛场保健和免疫程序优化研究。

肉羊。肉羊分子标记育种、转基因研究，肉羊遗传资源引进与利用，本土肉羊多胎、短尾、多脊椎、抗逆等地方品种选育及改良与优良经济性状基因挖掘利用以及遗传机理，肉羊杂交配套系建立与产业化示范，改进肉羊精液冷冻技术提高绵羊受胎率研究，肉羊高繁新品种、品系选育技术研究，肉羊标准化养殖关键技术研究与产业化示范，现代高效繁育技术集成示范，羔羊标准化育肥技术研究与示范，规模化肉羊养殖场免疫规程优化及示范，北方绿色肉羊生产及产品加工食品病原卫生检测控制技术研究与示范。

细毛羊。内蒙古细毛羊品种资源整合与联合育种平台建设，数据挖掘技术在细毛羊育种和生产中的应用研究，影响细毛羊性状的机理机制和功能基因开发，优质细毛羊专门化品系、超细细毛羊新品系选育和关键技术，高效良种繁育体系（育种联合体）建立与示范，高效养殖模式研究，细羊毛后整理配套（质量检测）技术研究。

绒山羊。优质绒山羊品种选育，山羊绒生长周期差异的比较研究，皮肤组织遗传规律研究，诱导性多功能干细胞研究，主要类型羊绒纤维品质及遗传多样性研究，次级毛囊周期性发育相关基因筛选及功能验证，绒毛生长分子调控机理研究，新品系选育扩繁及产业化示范，应用细管冷冻精液提高绒山羊受胎率技术，优质高产绒山羊现代生物技术繁育，绒毛生长机理及舍饲营养调控技术，增绒复合饲料研究，圈舍饲养综合配套技术集成示范。

生猪。猪品种选择与种猪配种技术，猪饲料调配技术，猪快速育肥技术，保健养猪技术，生态养猪技术，发酵床养猪及粪污无害化处理技术。

马。蒙古马优异特色基因挖掘及特种马（乳肉马）新品系培育，纯种蒙古马和引进纯种马纯繁选育的 BLUP 模型利用，优质蒙古马、三河马、锡民河马专门化品系选育和胚胎筛选，良种马精液高效生产与保存技术，马匹育种繁殖技术体系建立，运动和骑乘马新品系培育技术。

驴。驴品种资源评估与优异基因挖掘利用，肉驴新品种选育与引进，肉驴规模化养殖技术研究与产业化示范，驴专用饲料开发与利用，驴病害防控关键技术，肉驴产业化发展模式研究与特色产业基地建设。

骆驼。双峰驼遗传基因多样性分析，绒驼、肉驼、奶驼等优良骆驼品种培育，阿拉善双峰驼标准化繁育群体及优良种公驼育种数据库建立，优良驼品种高效养殖技术、胚胎研究、优质饲草饲料研究。

家禽。鸡鸭兔鹅等主要家禽繁殖育种及饲养管理技术，主要家禽适宜养殖规模及饲养模式研究，标准化禽舍建设技术，家禽养殖废弃物高效养分综合管理技术，家禽饲料营养与疫病防治技术。

专栏 5　养殖业资源高效利用技术研究

废弃物高效利用。开展畜禽粪便、病死畜禽、屠宰废弃物等废弃物资源调查、基础能量与物质参数的研究和营养效价评定与安全性评估，研发废弃物机械化、减量化、无害化、资源化处理和利用关键技术与装备，建立畜禽养殖废弃物高效养分综合管理技术体系。

饲料资源。牧区非常规饲料资源的开发利用和灌木类资源饲料化利用技术开发，秸秆高效养牛综合配套技术研究与产业化示范，草原放牧系统优化技术研究与示范。

三、草业关键技术

重视野生牧草种质资源评价与利用。开展野生牧草种质资源收集鉴定、引种驯化与生态适应性评价，选育抗逆、高产、优质的牧草品种与材料，研发配套栽培技术。

建设优质牧草种子繁育体系。研究优质牧草种子生产关键技术，加快建立专业化、规模化、标准化的现代牧草种子繁育体系，提高牧草种子产量与质量。巩固完善原有牧草种子生产基地，支持不同草原类区建立生态分区的种子生产基地，形成产业优势。

加强天然草原保护、建设与利用。建立长期定位监测体系，研究天然草原综合生产能力构成，建立天然草原综合生产能力评价体系，综合评价我区天然草场生产与承载能力；开展退化、沙化草地恢复机理机制及生态治理关键技术研究，重视草畜平衡与可持续草地家畜生产技术，培育打草场，构建区域草地草畜互作发展模式。

提升人工草地生产能力。重点突破人工草地生产关键栽培技术，合理配置草种组合，提升饲草生产机械研发与应用水平，开展放牧与割草两种类型人工草地建植的关键技术研究与集成示范；研究草田轮作短期人工草场的栽培管理技术，加强优质高产一年生饲草料基地建设。

加强病虫鼠害防控与草产品加工贮运的技术研究。开展草原病虫鼠害防治关键技术研究与应用，加强天然草、人工饲草料的加工、储藏和营养平衡技术研究，研发安全高效饲料和饲料添加剂及生产技术，增强草产品供给能力。

支持生态草牧业示范区建设。探索不同类区草原饲草资源配置模式，集成天然草原合理利用关键技术，提高人工种草比较效益，建立农畜产品产业发展链条，创建内蒙古不同区域生态草牧业发展模式。

专栏6　草业关键技术研究

优良野生牧草资源的挖掘利用与选育。野生牧草种质资源收集鉴定，引种驯化与生态适应性评价，选育抗逆、高产、优质的牧草品种与材料，草坪草、地被植物及药用植物的选育与栽培利用，国外优良牧草品种的引种栽培和适应性评价。

天然草原保护与合理利用。区域草地资源承载力分析，草畜平衡动态监测与优化管理体系建立，退化、沙化草地恢复机理机制与生态治理关键技术研究，重大工程的生态绩效评估方法研究与示范，不同草原类区草畜互作发展模式研究，草原灾害防治及外来入侵生物防治等技术研究。

饲草饲料生产加工。饲草饲料优良新品种开发与应用，草田轮作和饲草饲料地优化建植技术研究，旱生牧草和灌木类饲草高效利用技术研究，非粮型饲料资源挖掘和粮饲兼收高效种植模式研究，新型绿色安全饲料添加剂开发。

四、林业关键技术

林业生态建设支撑技术研究。以支撑天然林保护、退耕还林、三北防护林、京津风沙源等国家林业生态建设工程攻坚为目标，重点开展干旱阳坡、盐碱地、密集流动沙丘等困难立地造林及植被恢复、防护林体系构建、天然林生产力提高、高效稳定农林复合、工程效益量化评价等技术研究与试验示范。

林木长期育种工程。以主要造林树种及重要乡土树种为重点，建立种质基因库和长期育种基地，从生长、产量、材性、抗性等多性状目标进行定向改良，研究杂交育种、配合力育种、轮回多性状综合育种和分子辅助育种技术，推进高世代育种，选育适合我区不同立地条件的速生优质高产高抗林木新品种，建立杨树、松树等高产用材树种新品种培育技术体系。

经济林建设及产业升级技术。以干鲜果等主要经济林产品产业升级为目标，重点研究育种、栽培、贮藏运输、加工利用和质量控制等产业链中各个环节的关键技术，构建特色经济林良种选育、可持续经营与高效利用为一体的产业技术体系。

林下经济开发实用技术。以改善民生、服务林农致富为目标，重点开展林下经济开发模式集成研究，开发林菌、林禽、林畜、林菜、林药、林草等系列实用技术。

低产低效林改造技术研究。以调整树种结构、提高林分质量、最大限度地提高林地生产力、增加单位面积产量和效益为目标，以分类经营为基础，科技支撑为手段，通过科学规划，有计划、有步骤地开展低产低效林改造，促进林业产业发展和林农增收。

灌木林资源高效培育技术。以高生产力灌木林资源培育与高效利用为目标，重点开展灌木林资源定向培育和生态功能技术研究。

森林多功能经营技术。针对我区森林质量及效益低下的问题，以增加森林覆盖率、增加森林蓄积量为目标，开展抚育经营、低效林改造、森林资源精准调查、森林经营规划、森林收获预估与结构调控等关键技术研究与示范，提出人工林可持续高效经营和天然林森林健康经营技术体系。

林业病虫害防控技术。针对我区森林病虫害频发的态势，研究森林生物灾害诊断与持续控制、经济林生物灾害无公害防控、生态林有害生物生态调控、外来有害生物灾害预警与防控、极端气候灾害应对等林业灾害防控技术，开发林用生物药剂，力争使无公害防治率达到 80% 以上，灾害防控测报准确率达到 85% 以上。

森林火灾监测预防扑救技术。针对我区重大森林火灾频发的严峻形势，重点开展森林可燃物综合调控、森林火灾动态监测预警、森林火灾区域风险评估与安全扑救、高山林区森林火灾监测及预防扑救、多手段航空消防等技术研究，森林火灾监测识别准确率达到85%以上、预警准确率达到90%以上。

森林、湿地、荒漠系统生态质量与服务功能观测与评估技术。围绕生态系统健康与服务功能评估的观测与计算方法多样、结果无法比较等问题，重点开展三大系统的定位观测研究，继续按照保质保量、统一共享的原则积累数据，完善标准体系及测算方法，为全区林业资源清查评价及生态效益补偿提供支撑。

林业资源综合监测与信息化技术。以支撑林业信息化建设为目标，以森林资源、湿地、荒漠化土地和林业灾害为主要对象，研究天地一体化数据采集处理、动态监测等关键技术。

生物多样性研究。针对生物多样性保护的科技需求，重点研究自然保护区建设、生物多样性维护与发展等关键技术，为我区林业生态保护工程建设提供技术支撑。

五、水产养殖技术

开发大中水域渔业综合养殖技术。综合评价全区大中水域渔业生产现状，明确不同地区适宜的养殖方式和养殖品种，有针对性地开展土著鱼类地方良种保护与选育技术体系、地方品种与引进品种杂交及人工繁育增殖技术体系、适宜名特优新苗种引进与繁育技术体系的建设，支持鱼类病害预测与综合防治技术研究，支持大中水域渔业生物措施治理水体富营养化、有机化、盐化污染技术研究。重点支持呼伦湖、乌梁素海、岱海、巴图湾水库等较大水域开展鱼病调查、鱼浮游规律生物监测。

发展沿黄滞洪区大宗淡水鱼类放牧式养殖技术。攻克选择性捕捞与生态管理等关键共性技术，提升已有渔业品牌技术含量。引进及改良一批名特优淡水鱼类，完善生产技术标准和配套技术规范，合理控制养殖密度，减少和避免养殖水域富营养化现象发生。

集成低洼盐碱地池塘养鱼技术。开展池塘养殖投入品（饲料、鱼药）安全评价与调控技术研究，推进养殖池塘标准化改造，改进进排水设施，配备水质净化和环保设备。支持名优水产养殖增殖及池塘增产增效技术示范推广，尝试鱼菜共生、鱼鸭共养等新型高效养殖技术。

六、地方特色种养技术

重视特色野生资源开发。加强特色野生资源基因原生地保护，收集名、特、稀品种资源，建设品种资源库，加大野生资源的驯化和品种创新工作力度，培育特色新品种。开展主要林区林下资源开发利用、主要沙地沙生植物开发利用、主要山区山野菜资源开发利用技术研究示范。

强化特色种养业关键技术研究。加强特色优质品种生产技术和设施的研发，着力提高特色种养业的科技含量和产品精深加工能力，开发特色农产品加工、储藏与保鲜等新工艺和新设备，推进特色农产品生产和品质标准体系建设，建设和完善特色农产品质量监控体系。

专栏 7　地方特色种养资源综合开发与利用技术研究

野生植物资源保护与利用。芍药、防风、甘草等野生药用植物和野生花卉的天然资源保护与人工繁殖技术研究，沙地适生植物种类筛选和引种驯化试验研究，野生固沙植物规模繁育技术、沙生植物资源抚育保护和人工种植技术研究。

特色植物种植。蓝莓、甜叶菊、籽用西葫芦等新品种的选育，开展人工麻黄草、枸杞、沙棘等高产高效栽培技术研究，文冠果、肉苁蓉、锁阳等人工高产稳产种植技术研究。

食用菌栽培。黑木耳品种营养配方筛选和绿色生产技术研究，寒地灵芝种植与孢子粉采集技术研究，野生珍贵低温型草腐菌驯化选育与工厂化高效培育技术研究，冬虫夏草人工引种、驯化和栽培等关键技术研究，食用菌实用栽培模式创新研究。

特种养殖。柞蚕特色养殖技术研究，进行冷资源条件下野猪、鹿、狐、貂、鹅、獭兔等特色高效养殖技术研究与集成示范。

七、保障农牧业科技服务的有效供给

加大农牧业政策支持力度。用好国家和自治区支持发展农牧业、龙头企业、小微企业、服务业等现有政策，争取更多对农牧业产业发展的政策支持。对从事农牧业生产和农牧业产品初加工的企业，按国家有关规定免征、减征企业所得税。推进马铃薯、杂粮、牛羊肉等我区优势资源成为期货品种上市交易。支持马铃薯、玉米、杂粮、牛羊肉、羊绒等我区优势产业建立要素市场，开展现货交易。积极争取国际政府贷款，加大对农牧业基础设施建设的投入。放宽对农牧业产业外商投资者进入某些相关行业或领域的限制，改善投资环境。

加大农牧业资金投入力度。加大农牧业资金投入力度，盘活存量科技资源，强化涉农高等学校、科研院所服务“三农”职责，引导农牧业相关科研教学单位开展农技推广服务。支持各地区深度配置服务资源，整合已有农牧业服务平台、创新载体，构建公益性与经营性相结合、专项服务与综合服务相协调的新型农牧业科技服务体系。抓好区域性农牧业科研机构功能升级，配备必要的基础服务设施、实验基地、野外台站等。强化农牧业中介服务体系建设，探索符合市场规律、贴近农牧民需求的服务模式。

加快科技成果转化与应用。尊重市场规律，遵循自愿、互利、公平、诚信的原则，推动农业科技成果转化应用。完善农业科研院校科技成果快速转化应用机制，健全科技成果转移转化的统计和报告制度。在成果转化同时，把农牧业适用技术推广摆在农牧业科技工作的突出位置。针对地区农牧业发展需求，凝练一批关联度大、产业链长、推广面广、示范效应显著的先进适用技术和重大应用成果，优先扶持优质高产节本增效的集成及配套技术、模式化饲养技术、家庭农牧场合理利用技术、农作物病虫害防治技术、动物疫病防控技术的推广应用。

开展农牧业科技培训。相关科技计划设置科技培训专项指标，延伸原有星火培训、科技富民强县培训内涵，拓展培训对象，提升培训内容、方法。充分利用农村牧区科技带头人、致富能手、科技特派员、乡土科技人才，带动科技培训，形成“一人兴一业、一户带一片”的示范效应。依托“村村通”科技网络工程，开展网上培训，解决科技培训由点到面的问题。

充分发挥“互联网 +”的平台作用。围绕发展“互联网 +”农牧业服务，发展精准化生产方式，开发精准农业农田信息快速获取技术系统、精准作业数字化管理与智能决策、肥水药精准实施装备等一批共性关键技术和重大产品系统；构建温室、畜禽、水产等领域全产业链条的智慧农业系统。开展物联网技术在农牧业科技服务领域应用示范，优先建设农畜产品质量安全检测和追溯体系，实现绿色有机农畜产品质量安全信息共享。支持物联网信息平台建设技术研究，选择重点龙头企业实现基地生产、加工过程的视频监控。

第四章　现代工业体系技术支撑

总体要求。把握新常态下动力转换、结构升级机遇，结合化解过剩产能和产业优化，广泛应用高新技术改造提升传统产业，加快培育战略性新兴产业，破解瓶颈制约，保障技术供给，推动颠覆性技术创新，形成具有较强竞争力的现代产业技术体系，构筑引领型发展的支撑基点。

一、能源产业技术

开展能源高效利用科技攻关，推动装备改进升级。

发展安全、高效、智能化煤炭开采技术，促进煤炭清洁、高效、集约利用。

发展煤炭分级分质清洁高效转化利用技术，优先开展分级液化技术和低阶煤干燥、热解、中温焦油加工成套技术。

发展适应内蒙古地区煤种的预处理技术，重点开展煤种配煤制备高浓度成浆性技术，高硫主焦煤脱硫技术，煤种焦化精细化智能配煤系统开发及工业示范，煤种型煤技术。

开展煤炭资源深部分布规律、煤炭资源特性、煤岩学与煤地球化学特征的系统研究；查明煤中有价元素与有害元素的分布赋存规律；开展煤炭自燃特征与形成机理、燃烧变质作用对煤质的影响研究。加强煤炭自燃防治与地热利用，煤层气赋存规律与开发利用技术的研究；加强煤炭开发生态环境保护，重点研发井下采选充一体化、绿色高效充填开采、无煤柱连续开采、矿区地表修复与重构等关键技术装备。

发展煤炭伴生资源综合利用技术，支持开展粉煤灰中有价元素提取工艺技术研究。优化完善高铝粉煤灰提取氧化铝技术，建立高铝煤炭资源循环利用全产业链。

建立煤炭质量标准化技术体系。发展煤矿安全生产技术，促进煤矿安全技术装备升级，提高煤矿抗灾能力。

积极发展新型煤基发电技术，进一步提高煤电参数等级，研发燃煤烟气氮氧化物、硫化物的协同脱除与资源化利用技术，重点突破重金属、有机污染物等 $PM_{2.5}$ 前驱体一体化脱除技术，建立适宜于内蒙古缺水地区多种污染物协同脱除技术与装备。

支持大型坑口燃煤电站发展煤化电多联产系统核心单元技术和系统集成技术；在高效洁净燃煤火力发电及发电环保技术、超大规模互联电网安全稳定运行控制技术研究应用方面取得重大进展。

专栏 8　煤炭高效开采与集约利用技术

建井关键技术与装备研究，煤矿信息化技术，煤炭生产装备数字化、生产过程智能化技术。

深层煤炭资源高精度勘探及开发技术，煤炭高效开采和低污染转移技术；煤炭脱硫技术，煤炭高效、保水、低污染燃烧技术，低热质煤改质技术，煤基新材料（粉煤灰、煤矸石）开发利用关键技术，褐煤多联产与梯级利用技术，新一代煤炭气化、液化技术。

煤沥青清洁高效转化利用技术，煤基高值功能化碳材料制备技术。

优化完善高铝粉煤灰提取氧化铝技术，重点突破成渣量较高、副产品资源化利用等问题，形成针对大型煤粉锅炉高铝粉煤灰提取氧化铝的技术经济指标体系，建立粉煤灰年产 50 万吨氧化铝工艺技术包，开发低成本、低渣量碱法提取氧化铝技术。

二、新型化工产业技术

解决传统煤化工产业技术布局分散、结构层次低的瓶颈制约，夯实煤制甲醇、煤焦化、煤制合成氨尿素、电石聚氯乙烯等产业升级换代的技术基础，广泛应用节能减排、污染物控制、资源综合利用技术。

推进现代煤化工示范升级和技术跨越式发展，全面完成煤制油、煤制天然气、煤制烯烃、煤制乙二醇、煤制芳烃等核心技术的产业化示范，形成 3 ~ 5 项具有国际先进水平的现代煤化工成套技术、5 ~ 8 个煤化工领域重点实验室、10 ~ 15 个创新团队。

发展煤化工下游产品延伸技术，拓展煤基精细化工、材料化工产业链。重点在精细化学品、有机化工原料、功能性高分子材料、高效催化剂生物可降解塑料、合成染料等关键产品技术取得突破，聚合物加工技术、农用化工技术、新型催化技术等取得重大进展。

构建传统煤化工改造升级与现代煤化工自主创新相结合的技术集群，形成迈向国际前沿的新型化工技术研究开发能力和水平，引领我国新型化工产业的发展。

专栏 9　新型化工产业关键技术

大型高效合成和精制技术。高温费托合成技术，低温费托合成技术，合成气制乙二醇技术，焦炉煤气低温换热式合成天然气技术，合成气催化制低碳混合醇技术，1，4 丁二醇国内自主技术，甲醇制乙醇技术，甲烷化技术，大型甲醇合成技术及装备，甲醇制乙烯、丙烯工程化技术及装备，甲醇制芳烃工程化技术。

煤气化技术。固定床加压气化技术，高温高压下控制溶渣排出技术，自主加压流化床气化技术，4.0MPa 大型干粉煤气化技术，6.5MPa 高压干粉煤气化技术，8.7MPa 高压大型水煤浆气化技术。

下游产品延伸技术。费托合成油品深加工技术，乙炔下游产品开发技术，甲醇制聚甲氧基二甲醚技术，烯烃、乙二醇、尿素下游系列产品开发技术，煤焦油沥青改型技术及路用性能研究，煤基聚烯烃功能化改性技术，聚碳酸酯工艺技术开发，碳酸乙烯 / 聚乙烯醇强化过程开发，合成异丁醇工艺技术开发，合成乙醇工艺技术开发，煤系针状焦制备技术研发与中试，涂装高分子材料制备，粗苯反应精馏与副产物噻吩衍生物技术及工业示范，煤焦油馏分加氢制清洁燃料油技术及工业示范，煤基甲醇制汽油技术，芳烃下游产品开发系列技术，草酸酯路线制取乙醇酸甲酯化学品技术，大型变压吸附及膜分离技术，甲醇蛋白技术。

系统优化集成与设计技术。电厂余热用于低阶煤热解生产过程优化，焦化副产品综合利用技术，气化灰水结垢处理技术，煤炭干馏—循环流化床气化多联产技术，煤化工与高耗能工业过程耦合技术，煤化电热多联产技术。

余热回收利用技术。烟气无压余热高效再利用技术，新型熄焦技术开发，水蒸气熄焦副产合成气工艺开发，余热梯级回收与工业废渣协同利用技术。

排放物控制技术。煤化工废水处理及回用技术，气化炉渣处理研究及示范，煤化工循环水氯离子处理技术，甲醇废旧催化剂处理技术，焦炉烟囱脱硫技术，二氧化碳驱气技术装备，绿藻培育及利用技术，碳汇林种植技术，二氧化碳低能耗捕集及资源化利用技术。

三、有色金属开采加工技术

促进解决国家有色金属生产加工基地建设面临的冶炼产品转化率不高、资源保障程度低、高新技术储备和高端产品开发不足、整体技术装备水平低、高耗能高污染仍然突出等问题，加强高技术含量、高附加值产品的自主创新，在铝、铜、锌、铅、镁等绿色高效生产工艺技术及深加工关键技术研发上取得积极进展。

促进铝产业延伸升级。重点支持高、精、尖、深加工产品和新材料的研发生产，优先发展铝板、带、管、棒、型材及高纯精铝、高纯高压电子铝箔、汽车铝合金轮毂等产品，大力开发轨道交通用大型铝合金型材、具有较好成形性能的汽车车身用铝合金，加强航空航天及国防科技工业领域用高抗损伤、高强度铝合金及高档铝合金板、型材和锻件的研究开发，深度研究高铝粉煤灰碱法低成本提取氧化铝技术。重力打造国内领先的电解铝及铝深加工技术创新基地。

促进铜冶炼及延伸加工业技术升级和产品结构优化。重点发展高性能铜板、铜带、铜箔和铜管材，积极开发电解铜箔、电子引线框架、变压器用铜带和特种漆包线等高附加值铜材精深加工产品。大力发展高强高导新型铜合金接触导线及绿色无铅环保型铜合金系列产品制备技术。开展稀土在铜棒、线材中的应用研究。支持开展铜冶炼及延伸加工国际国内先进技术的引进消化吸收再创新，加快淘汰落后冶炼产能。确立铜加工技术及铜基新材料应用技术在国内的领先地位。

促进提高锌产业资源综合利用率。加强原矿—锌精矿—电解锌—锌合金—锌产品产业链技术体系构建，重点开展高性能镀锌及压铸用锌合金开发。支持锌企业延伸上下游产业链，提高产品附加值。

促进铅采选冶炼技术升级。延伸铅产品加工链条，加快对落后熔炼还原工艺的技术改造，提高冶炼技术水平。发展高品质精铅，重点开展铅合金材料的应用研究，加强再生铅资源利用技术，重视开展尾矿及冶炼废渣中有价金属元素的提取。

促进镁产业延伸加工技术升级，提升镁产品结构。改进原镁生产技术，发展新型高性能稀土镁合金材料及产业化应用，形成原镁—新型合金材料—高品质镁合金压延加工技术和产品链条。开展镁合金件微弧氧化及其致密化处理工艺研究，镁合金板材轧制工艺研究。重点突破高性能镁合金铸件挤压铸造成形技术，加强低成本 AZ、AM 系列镁合金压铸产品开发。建立镁合金技术数据和标准评价体系。

专栏 10　有色金属开采加工关键技术

铝产业技术。低温低电压铝电解技术，铝用碳素技术，铝电解节能技术，电解铝生产流程模拟仿真与优化技术；铝合金气体—过滤复合净化处理技术；高性能铝合金部件挤压铸造技术，复杂截面、高精度铝合金型材制造技术；高精度、高品质铝及铝合金板带箔轧制技术；铝及铝合金塑性变形过程模拟仿真技术；高性能铝合金焊丝材料及产业化技术；航空及国防领域用铝合金厚板，汽车车身用复合铸造铝合金板材，电解电容器用高纯高压电子铝箔，高速列车用大型铝型材，航空航天用高强铝合金；高纯氧化铝制备技术。

铜产业技术。粗铜吹炼技术，铜合金熔铸技术；高性能无铍弹性铜合金技术，高纯铜合金溅射靶材，高强高导铜合金线材制备技术；铜冶炼资源综合利用，提高用于制酸的 SO_2 回收效率，铜冶炼中低成本、环保和天然气利用技术及设备；高效高精密内螺纹铜管加工技术，18 微米以下压延铜箔制备技术，铜合金板、带、线生产全自动化，集成电路铜合金引线框架板材制备技术，铜包铝复合导电排技术；稀土铜合金、功能铜合金前沿技术。

锌产业技术。低污染沉矾除铁湿法炼锌铁矾渣综合回收利用技术，低污染沉矾除铁湿法炼锌高浸渣浮选前预处理技术及回收银金新工艺，含碳银精矿银冶炼工艺研究，锌基新材料应用技术开发。

铅产业技术。尾矿资源综合利用新技术，新型采矿及浮选技术开发，氧气侧吹熔池熔炼直接炼铅工艺；长使用寿命、大能量密度蓄电池开发，蓄电池充放电过程优化技术，大极板、大电解槽粗铅电解精炼技术；废蓄电池预处理自动化技术，铅膏先进预脱硫技术开发，铅膏冶炼全湿法工艺技术。

镁产业技术。皮江法炼镁降耗工艺集成技术，低成本、低能耗新型原镁冶炼技术，镁渣高值循环利用，高效节能原镁生产工艺改进和装备研发；镁合金晶粒细化技术，镁熔体精炼、净化技术，大型厚壁构件压精技术与装备，高性能镁合金铸件挤压铸造成形技术，镁合金低压铸造技术，半固态流变压铸成形技术，高危、劣质废镁回收技术，高品质镁合金铸锭制备工程技术，镁合金板材轧制工艺研究；镁合金件微弧氧化及致密化处理工艺，镁合金表面无铬化化学转化处理工艺，镁合金表面稀土转化膜工艺研究，镁合金表面处理溶液在线检测及成分控制技术；稀土镁合金中多元稀土协同作用研究。

四、钢铁产业技术

以包钢集团、北重集团、包头市金属深加工产业园区为主体，以产品结构优化调整和产业链延伸为核心，大力发展“稀土钢”品牌。重点支持汽车用稀土钢，俄罗斯高寒地区用钢轨，管线钢，超深冲板，防腐耐热抗挤毁石油套管，低碳氮铁素体不锈钢，700℃超超临界电站用镍基高温合金锅炉管及核电站用合金管，双金属大口径无缝钢管，20 吨以上特钢大型锻件产品（包括风机主轴、核电锻件、船用曲轴、大型轧辊、高压汽轮机转子、大型环类锻件等产品），航空航天结构件用钛合金产品的开发及产业化。

五、装备制造业关键技术

分步落实《中国制造 2025》，深度融入智能制造、工业强基、绿色制造、高端装备创新等国家重大战略工程，促进解决行业大而不强、信息化程度低、缺乏核心技术和技术储备等问题，引导加快关键核心技术研发和拥有自主知识产权的产品开发，填补带动性强的核心基础零部件、先进基础工艺、整机产品和关键技术空白，促进建设一批高技术水平的装备制造产业园区。

加快推进智能制造。积极开展以数字化、柔性化及系统集成技术为核心的专用智能制造装备研发，重点开发智能产品和自主可控的智能装置。依托装备制造龙头企业，建设重点领域智能工厂／数字化车间，实施关键工序智能化、关键岗位机器人替代、生产过程智能优化控制，分类开展流程制造、离散制造、智能装备和产品、智能仓库应用、智能化管理和服务等试点示范。建立智能制造标准体系和信息安全保障系统，搭建智能制造网络系统平台。研究开发基于互联网的现代制造新模式。

强化装备制造基础能力。着力解决影响核心基础零部件（元器件）产品性能和稳定性关键共性技术。建立关键共性基础工艺研究体系，开展先进成型、加工等关键制造工艺攻关。推动整机企业和基础零部件企业协同创新，在重型及专用车辆、轨道交通装备、通用航空、工程机械、煤炭石油综采装备、高端畜牧装备等重点领域，支持首台（套）、首批次重大装备自主研发，针对关键技术和产品创新需求组织重点突破。

全面推行绿色制造。开展装备制造业绿色改造升级，加快应用清洁高效铸造、锻压、焊接、表面处理、切削等加工工艺，实现绿色生产。推广轻量化、低功耗、易回收等技术工艺，提升电机、锅炉、内燃机及电器等终端用能产品能效。强化产品全生命周期绿色管理，构建高效、清洁、低碳、循环的绿色制造体系。

加强高端装备创新设计能力。支持开发一批标志性、带动性强的重点产品和高端装备，提升自主设计水平和系统集成能力，建设完善创新设计生态系统，在重型及专用车辆、煤化工成套装备、铁路车辆、矿山机械、工程机械、畜牧机械、智能输变电设备、新能源设备、轨道交通装备、航空航天装备、核电装备、高性能医疗器械等领域，形成若干具有国内先进影响力的高端装备创新设计集群。

专栏 11　装备制造关键技术

智能设计制造技术。人机智能交互技术，具有深度感知、智慧决策、自动执行功能的高档数控机床、工业机器人、增材制造装备技术及生产线，金属与非金属 3D 打印设备与耗材制造，生产过程智能优化、供应链优化技术，智能物流管理技术，物流仓储和分拣设备制造技术，仓储设备智能化应用，制造工艺仿真优化、数字化控制、状态信息实时监测和自适应控制技术，信息化设计、过程集成设计、复杂过程和系统设计技术。

“互联网 + 制造”技术。制定互联网与装备制造业融合发展路线图，发展基于互联网的个性化定制、众包设计、云制造等新型制造模式，培育智能监测、远程诊断管理、全产业链追溯等工业互联网新应用。支持建设装备制造云服务和大数据应用平台。

专栏 12　装备制造业系列产品开发

汽车系列产品。新型重型汽车系列车型、专用车系列产品，重卡动力总成系统，重型汽车用智能仪器仪表与控制系统。汽车零部件设计技术、自动化监测与控制技术，汽车动力装置设计制造技术，汽车控制传统系统与电子模块设计制造技术，新型发动机、制动系统、高端自动变速器等装备制造技术。

工程机械系列产品。全新系列矿用自卸车、高性能智能化液压挖掘机，大功率装载机、旋挖钻机、岩巷掘进机、推土机，大型矿井支护、采掘装备及自动化控制，矿用高性能抢险救灾装备，高效分选配煤装备，煤机装备数字化控制系统，煤化工成套设备。

综采设备系列产品。石油综采设备及关键零部件。

电力设备。智能电网设备，换流变压器、换流阀等电站辅机设备，高压及特高压电线电缆、电力调度、变配电及电网运营系列产品，大功率发电机组节能、低噪、免维护变压器。

铁路车辆及轨道交通系列产品。列车牵引控制系统及制动装置，高速铁路客车，重载铁路货车，专用型铁路敞车、罐车，外贸敞、罐、平、棚、漏斗车，新型城轨车辆等装备关键零部件设计、制造、维护技术。

农牧业机械系列产品。智能化、多功能农牧联合型机械，节水灌溉机械，大型马铃薯种植收获机械，优质牧草收获加工技术及装备，生态工程集雨深耕特种开沟机械。

六、农畜产品加工技术

发挥绿色、天然、有机优势，突破一批农畜产品精深加工核心技术，以科技计划项目带动、培育一批农畜产品加工骨干企业，打造绿色品牌，延伸产业深度，在乳、肉、粮、油及地方特色资源加工领域形成核心技术体系。

开展主要粮油作物、果蔬制品食品生产关键技术研究，开展无浪费式牛羊肉加工工艺研究与特色肉产品开发，加快乳制品加工工艺和产品创新步伐，加大羊绒新产品开发力度。

推动主食产品研发，重点推进马铃薯主粮化主食化进程。推动温饱型为主体的食品消费格局向风味型、营养型、便捷型、功能型方向转变。加强主食加工研发体系、标准化技术体系建设，组建主食加工技术集成联合体。

建立农畜产品食品链全程卫生安全控制示范体系，重视加强食品添加剂和配料高效安全制造技术、食品原料和食品包装材料纳米化加工技术、食品高效分离提取技术、食品非热加工技术、可食性全降解食品包装材料工业化制造技术的研究开发。

加快推进农畜产品加工企业的设备更新和技术升级，稳定保持乳、肉、绒深加工生产装备与工艺技术的国内领先水平，加快形成粮油、薯果蔬、饲草料、健康保健产品产业加工技术体系。

专栏 13　农畜产品加工关键技术集成

小麦面粉制品食品安全生产关键技术研究。

大豆蛋白提取工艺改进技术，不饱和脂肪酸及非转基因油脂系列产品加工技术，大豆功能性成分提取技术。

燕麦、荞麦制品创新及食品安全生产关键技术，燕麦草颗粒、草块等饲草产品加工技术，荞麦除草剂生产关键技术，新型燕麦、荞麦药品、保健品、化妆品等精深产品研制开发。

马铃薯功能性新产品研发，马铃薯功能性成分提取与应用研究，马铃薯优质变性淀粉生产技术引进与消化吸收再创新；马铃薯第三代主食产品研发，马铃薯馒头、面条、米粉等主食系列产品开发。

胡麻籽中木酚素高效提取技术，胡麻油精炼技术，胡麻新产品开发，胡麻饼粕综合利用研究，胡麻秸秆焚烧带来的大气污染问题研究，胡麻纤维提取及高效利用。

向日葵种皮、秸秆功能成分应用及产品开发；秸秆肥料化、饲料化、能源化、基料化、原料化利用技术。

果蔬产品精深加工技术，脱水蔬菜干燥技术，专用型果蔬功能成分提取及加工技术。

绿色、多品种和特色风味系列肉类食品精深加工技术，发酵牛羊肉高端制品加工与安全生产关键技术，肉类产品安全快速检测技术。

专栏 14　玉米精深加工关键技术与产品创新

开展玉米、玉米芯、玉米秸秆高效深加工产品及工艺技术研究，推动玉米加工产品由抗生素原药、氨基酸、酒精等向抗生素成药、药用玉米糖浆、变性淀粉、苏氨酸、柠檬酸、山梨酸、可降解聚合物等高端产品发展；研究开发玉米食品、糖果、糕点、饮料系列产品；重视以玉米为原料制取玉米化工醇技术的研究应用。努力形成建设世界最大的抗生素原料生产基地，国内最大的氨基酚、苏氨酸生产基地的技术支撑。

专栏 15　乳品工业关键技术开发

开展原料营养与加工特性研究，重点开发强化婴幼儿奶粉、免疫活性肽、益生菌发酵产品等新型乳品加工技术；开展不同风味发酵乳制品生产关键技术研究，重点突破发酵剂浓缩技术、冷冻干燥技术、菌种筛选保藏技术、菌体细胞分离技术等；搜集并建设菌种资源库，强化菌种的引进再创新，筛选风味独特、性能优良、适宜商品化的优良菌种；研究开发现代乳品质量及安全检验技术。

专栏 16　羊绒产品关键技术开发

羊绒高支纱纺纱工艺研究、新材料应用及纱线品质提升，羊绒针织品编织工艺研究及装备自动化升级，羊绒针织品组织花型开发应用及细节品质提升，羊绒制品新功能技术研发及后整理产品风格一致性关键技术；羊绒絮片服装开发。

七、稀土新材料技术

巩固和保持稀土地采、选、冶技术的世界先进水平。大幅提高稀土采矿开采回采率、稀土资源综合利用率，到 2020 年分别达到 99% 和 60% 以上。突破白云鄂博稀土矿产绿色、低耗开采和冶炼分离工艺技术难点，重点解决稀土冶炼分离污染，改善稀土行业尾气综合治理工艺。开展稀土精矿高效冶炼提取技术开发，开展稀土分离提纯过程强化及装备研究，开展钍资源回收利用技术研究。

突破稀土金属领域关键技术瓶颈。重点开展耐氟盐腐蚀绝缘材料研究，电解法制备中重稀土中间合金工艺研究，高纯稀土金属制备方法研究。

发展稀土合金与结构材料，促进稀土元素的平衡利用。重点突破高品质低成本稀土中间合金制备工艺技术。发展稀土合金规模化生产技术，开发高性价比的稀土镁（铝）合金及高品质稀土钢结构材料。发展短流程制造技术与装备，建立稀土合金和中间合金质量评价体系。

大力发展稀土功能材料。突破稀土磁性材料、稀土储氢材料及镍氢电池、稀土抛光材料、稀土发光材料、稀土催化材料、稀土发热材料、稀土精细化工材料、稀土掺杂特种功能材料的制备、应用和产业化关键共性技术，提高稀土高端产品性能。建立稀土功能材料公共测试平台及评价系统。

——稀土磁性材料。打造高性价比稀土永磁材料，优先开展高性能高稳定性钕铁硼永磁材料研究、铁基大磁致伸缩材料研究、低成本高性能超磁致伸缩材料研究，建立稀土磁性材料质量评价体系，满足节能及新能源产业、高端电子信息产品的应用需求。

——稀土发光材料。重视稀土发光材料关键制备技术研究，优先开发新型白光 LED 用荧光粉及其合成设备，开发 PDP（3D）显示、生物探测用发光材料关键制备技术，掌握无汞灯用荧光粉规模化制备技术，实现 PDP 显示、半导体照明用稀土发光材料产业化。

——稀土储氢材料及镍氢电池。提高镍氢动力电池的性价比及规模化生产的一致性，开发电动汽车用高功率镍氢电池储氢合金负极材料产业化技术，开发 La-Mg-Ni 系储氢材料成分、结构控制技术；发展具有自主知识产权的 La-Fe-B 系储氢材料，发展金属氢化物—空气电池，建立稀土储氢材料品质检测标准及应用技术研发平台。主要稀土储氢材料产品及动力镍氢电池产品性能指标达到国际先进水平。

——稀土抛光材料。突破稀土抛光材料规模化稳定生产关键技术，提高产品纯度和品质，发展用于液晶显示器、玻璃硬盘基片、蓝宝石等高端稀土抛光材料关键制备技术，开发化学机械抛光用铈基抛光液，拓宽稀土抛光材料在半导体、玻璃硬盘、高性能光学仪器、LED 等领域的应用。高纯铈基化合物、高性能氧化铈抛光粉等产品性能达到国际先进水平。

——稀土催化材料。发展新型稀土催化材料，强化稀土催化材料在催化燃烧、烟气脱硝脱硫、固体燃料电池、机动车尾气净化等方面的应用水平；研究开发稀土催化材料工业化制备技术，促进高丰度稀土元素 La、Ce 等的平衡利用，开发整体式集成稀土催化材料。在稀土催化剂材料结构设计、生产制备关键技术等方面达到国际先进水平。

——稀土发热材料。优化现有铬酸镧生产工艺，突破新型、节能、环保型生产铬酸镧元件成型、烧结关键技术，促进铬酸镧产业化技术达到国际先进水平。

——稀土精细化工材料。突破新型稀土功能助剂产业化制备技术，优先开发高效环保稀土复合稳定剂、PVC 合成用稀土耐热终止剂生产关键技术，重视发展多品种无毒高效新型稀土复合助剂，促进稀土复合助剂产品性能达到国际先进水平。

——稀土掺杂特种功能材料。优先发展稀土改性热涂层材料、高性能氧化铝陶瓷材料、稀土掺杂上下光转换材料，完善热障涂层制备技术，开发等离子喷涂技术应用；研究稀土氟化物对氧化铝陶瓷的改性机理，研发拥有自主知识产权的具有特殊物性稀土掺杂助剂制备技术，实现稀土掺杂助剂形貌特征、晶粒尺寸的可控调节。

——新一代稀土功能材料。重视稀土高频、磁传感、激光晶体、闪烁晶体等新一代稀土功能材料及低成本稳定批量制备技术研发，满足智能控制与探测等高端应用需求。

专栏 17　白云鄂博稀土资源绿色开采、高效选别和综合利用

稀土矿物高效选别工艺技术研究。白云鄂博矿选矿新技术、新工艺、新装备研究应用，白云鄂博矿尾矿提取稀土、萤石和铁及综合利用技术，高效串级浮选工艺技术，白云鄂博资源地质整装勘探新技术。

稀土元素平衡应用技术研究。高丰度稀土合金及结构材料研究开发，氟化物—氧化物体系熔盐电解节能槽型及工艺，中间合金电解法生产中重稀土工艺及装备。

专栏 18　稀土冶炼环境保护与循环利用技术

稀土冶炼废水综合治理技术。稀土转型废水治理研究，稀土皂化废水治理工艺研究，稀土碳沉废水治理工艺研究。

水浸渣中钍、铌、钪、硅等资源综合提取与利用技术研究。

焙烧尾气综合治理研究。含硫量尾气脱硫技术研究，硫氟混酸分离技术研究，以氟硅混酸为原料的高品质氟产品开发研究，氟化物体系熔盐电解废气治理和废渣中稀土的回收，稀土合金冶炼过程废气、粉尘、废渣处理。

专栏 19　稀土合金及结构材料制备关键技术

高品质低成本稀土中间合金制备工艺技术，稀土轻合金制备工艺技术，稀土钢结构材料制备技术，稀土镁铝合金铸棒技术，新型稀土合金材料制备技术与工艺。

专栏 20　稀土功能材料及终端器件关键技术

高性能烧结钕铁硼永磁材料均匀性一致性研究：高性能高矫顽力烧结钕铁硼辐射磁环研究，医疗、汽车、风电装备用高性能钕铁硼磁体及航空航天用钐钴磁体，移动式稀土永磁核磁共振仪、特种稀土永磁电机，精细粒钕铁硼永磁材料研究，烧结钕铁硼高质量防腐镀层技术，黏结和热压钕铁硼辐射磁体研究。

新型、廉价稀土永磁材料及关键装备开发。低重稀土含量高矫顽力烧结钕铁硼永磁材料，无重稀土永磁材料。

磁制冷材料及器件。制冷效率高、功率大、温差大极较低磁场磁制冷机研制，低成本、多体系稀土 LaCe、Gd 基室温磁制冷材料、磁工质及低磁场磁制冷机。

荧光粉规模化制备技术。新型白光 LED 用荧光粉及规模化制备技术，粉体—芯片封装—器件产业链配套技术，太阳能电池用高效光谱转换材料及应用技术。

高效率、长寿命稀土储氢合金电动汽车用镍氢动力电池。

纳米二氧化铈抛光液产业化制备技术。规模化稳定生产高性能氧化铈抛光粉关键技术与设备。

脱硫脱硝稀土催化剂制备技术研究。烟气脱硝低温高效稀土催化剂，工业源排放挥发性有机物废气催化燃烧的低贵金属富稀土整体式催化剂，同时具有低温活性和高温稳定性的多功能结构稀土燃烧催化材料。

镧铈稀土元素在稀土新材料中应用研究。

专栏 21　新材料技术及深加工产品开发

高性能合金材料及产品开发。硅系、锰系、氮化、铬系、铝硅钛、镁合金材料等高性能合金深加工产品；高纯电子铝箔、超高压化成箔、铝钛硼等新型铝合金材料；高端硅系列产品。

非金属功能复合材料及产品开发。高性能碳纤维及其复合材料，高性能芳纶复合材料，玄武岩纤维复合材料，功能陶瓷材料，先进树脂基复合材料，功能涂层材料，光纤预制棒、光纤传感材料制备技术，塑料光导纤维制品。

无机材料深加工。方沸石、超细高岭土、紫砂陶土、石英砂、膨润土等无机材料深加工利用技术，石墨烯材料制备及应用研究。

特色新材料及产品开发。发展污水处理剂、生物添加剂、分子陶瓷导线、医药载体等产品，开发新型节能保温材料。利用非金属矿物质，研发低温碳化、纳米孔道疏通、界面活化改性等复合技术，发展具有吸附重金属离子、有机物、硫化物、碳化物、氮化物以及脱色、除臭等功能的非金属矿物质新型环保材料。

八、生物技术

提升影响农牧业综合生产力的生物技术应用研究。发展生物种业，突破主要农作物、主要林果花草、畜禽水产生物育种、良种繁育、种子加工等核心技术，重点发展性控技术、胚胎工程技术、优良牛羊良种分子育种技术。支持开展转基因技术研发、生物农药、生物兽药、可降解地膜、新食品与饲料添加剂等方面生物技术应用研究，积极发展生物饲料、生物肥料发酵技术。

开展优势生物资源挖掘及生物制品产业化技术研发。重点发展农畜产品有效成分提取分离技术研究，利用生物技术开展玉米、马铃薯、亚麻、荞麦、蓖麻、番茄、沙棘、黄芪、甘草、麻黄、苁蓉、锁阳、螺旋藻及动物脏器资源深加工生物制品研发，在玉米淀粉、氨基酸、微生物蛋白胨、果葡糖浆、葡萄糖酸钠、甜菜红色素、羊胎素、酶制剂、黄酮等产品方面形成产业化技术体系。

加强医药生物技术研发。以自治区多发的肿瘤、自身免疫性疾病、心血管疾病等治疗需求为牵引，面向国内及国际干细胞研究发展前沿，提升干细胞研究及转化医学领域技术水平。提高传统动物疫情防控疫苗品质，开展猪用、牛用、禽用新苗开发和工艺改造，发展兽用疫苗悬浮培养和纯化浓缩技术，重点实施牛羊布式菌新疫苗研究与开发。开发兽用免疫抗体制剂新系列。

大力开展创新药物研发。重点开展蒙中药创新药物、优势原料药、生化药研发和蒙中药现代化。支持药用蛋白、高活性生物功能多肽、阿维菌素、黄原胶、微生态活菌制剂、蛋白酶抑制剂新产品开发。重点支持抗肿瘤药物、靶向抗瘤新药、糖尿病治疗新药、呼吸系统治疗新药、调节血脂类药物研发。开展肝纤维化诊断治疗及肝纤维化治疗药物创新，推进发酵虫草菌粉替代冬虫夏草工艺升级。支持生物制药企业普遍开展生产菌种保藏条件与发酵工艺关系研究，提升菌种制造与保藏技术水平。

重视开展生物技术与新一代信息技术、新材料技术的交叉研究。加快布局合成生物技术、生物大数据、蛋白质研究、基因编辑技术、生物 3D 打印等一批关键共性技术，促进生物技术在精准医疗、体外诊断技术与产品研发、组织器官修复与替代、细胞工程与酶工程、膜分离等方面取得突破。

专栏 22　生物关键技术与药物创新

农作物病害生物基因工程技术研究与产业化。

微生物发酵工程技术生产抗生素新工艺研究，生物新型药物制剂，饲用活性微生物添加剂，快速、高效、安全、廉价的新型畜禽市场苗基因工程技术研究及产业化，各种生物活性酶、活性因子提取及应用技术，酶制剂在造纸、纺织、制革中的产业化应用，新型生物制品产业化技术。

乳酸菌资源利用及相关产品开发及产业化。

九、新能源开发利用技术

发展太阳能利用技术。研究石墨烯、砷化镓、铜铟镓硒等薄膜电池产业化技术，大幅提高电池效率。突破太阳能发电、集热关键技术，重点开展太阳能光伏材料及电池制备清洁生产技术研发、太阳能热发电技术研发及应用示范，支持自动向日跟踪系统、微网储能系统研发，积极推进太阳能多晶硅材料物理法制备核心技术，开展大型光伏电站高效可靠运营控制与发电增效技术研究。研发光伏电池组件及控制设备等关键产品。培育太阳能光伏发电解决方案服务机构，提升建筑物光伏发电、兆瓦级荒漠光伏发电、光伏系统与智能并网等关键技术服务能力。

推进风能利用技术。开展大规模风电并网接入及分布式风电接入技术研究，重点推进新型风电储能材料、储能装置及系统集成技术研发。开展风光多能互补风电系统关键技术研发及示范，优化升级离网型户用小型风机系列产品，推进兆瓦级以上大型风电系统国产化进程。支持掌握风能—燃煤（天然气）混合发电核心技术，推动风电逆变系统数字化实时控制、风电场运维管理技术产业化。开展风电检测保护技术、风力机润滑监测与维护技术、风能检测技术、电网稳定技术的研发与应用。

发展生物质能技术。重视农林生物质燃料发电、生物质直燃和气化供热发电、微藻及秸秆类燃料加工转化。支持生物质替代能源技术研究，推动生物天然气转化与纯化、秸秆类原料制生物柴油、纤维类植物制乙醇、工程微藻生物质燃料油技术升级。开展生物质—太阳能耦合供能及联产化学品、生物质热解试验示范。推进生物质发电装备升级，研究开发生物质反应器等核心部件产品。

大力发展核能技术。加快建设我国第一座重水堆核电站燃料元件生产线，实施高温气冷堆核电燃料生产线项目，突破第四代核电燃料元件制造技术。提升铀矿开采提取和钍提取分离及天然铀化工转化生产线，扩大压水堆核电燃料元件生产规模，建立国内先进的核电燃料结构件制造基地。打造百亿元级核燃料产业园区，形成我国最大的核燃料元件研发、生产基地。

专栏 23　新能源开发利用及产业化技术

太阳能热利用技术及光伏技术开发，槽式太阳能集热技术，平板太阳能集热技术，大容量太阳能储热技术；精细化太阳能资源评估及区划技术；高效太阳能电池生产线整线集成，高效太阳能光伏组件开发，大型光伏并网电站和微网光伏系统设计，城镇居民集中供热等分布式光电热技术应用。

兆瓦级风电机组关键技术及关键配件产品，风电场监控系统、变频控制系统、风电控制系统辅助设备。边远牧区风光互补一体化技术应用。精细化风能资源评估与风电功率预报技术。基于风能、太阳能、抽水储能的小型局域智能电网技术，大规模超临界空气储能系统研发及产业化示范。

非粮油脂植物制生物柴油、纤维类植物制液体燃料、甜高粱秆制燃料乙醇、工程微藻生物质燃料油等产业化技术，生物炼制集成技术体系和多联产工业生产系统。

建设核电燃料元件制造用包壳、端塞、格架和管座等结构件加工生产基地，建成年产 30 万个高温气冷堆球形燃料元件生产线。

十、新一代信息网络和大数据技术

围绕国家大数据战略和“互联网＋”行动计划，顺应新一代信息技术网络化、泛在化、智能化趋势，加快云计算、移动互联网、物联网、大数据、宽带通信、量子计算和量子通信、高性能计算软件、智慧城市等技术集成创新与应用。突破电子信息产业核心技术和关键产品，积极发展高端电子信息制造技术，不断扩大信息产业规模。

云计算研发与应用。依托国内顶级云计算数据中心和大数据资源，推进云计算重大设备、核心软件研发与应用，重点突破云计算平台大规模资源管理与调度、运行监控与安全保障等关键技术，提高相关软硬件产品研发及产业化水平。引导专有云有序发展，积极开发满足不同需求的云服务模式和云计算应用平台，优先开展政务、商务、物流、工农业服务、医疗卫生、教育、食品安全等领域云计算应用示范。应用云计算技术整合改造电子政务系统及软硬件资源，推动办公模式云端化、移动化，实现政务信息系统整体部署和共建共用。推进虚拟数据中心服务、云存储服务、分布式数据处理服务，建设国内一流的云服务基地。

大数据平台构建与应用。依托内蒙古大数据公用平台和地区大数据中心，围绕数据感知、传输、处理、存贮、统计、分析、挖掘、展现、应用等数据全流程，开展大数据基础应用研究，重点突破海量数据存储、数据预处理与新型数据挖掘分析、大数据信息安全等技术，形成一批具有自主知识产权大数据标准和规范。发展大数据应用创新，推进各类政务系统、产业领域、公共服务领域的大数据应用，优先开展大数据在工业产品全生命周期、产业链全流程及涉农涉牧各环节的应用，重点支持大数据在环境监测、交通运输、健康医疗、智能电网、智慧城市、智慧校园等领域的创新应用。开展农牧业大数据应用，运用地面观测、传感器、遥感和地理信息技术，开展农牧业生产环境、生产设施和动植物本体感知数据的采集、汇聚和关联分析，完善农牧业生产智能监测体系。

专栏 24　云计算研发应用与大数据基础平台

开展云计算应用平台建设。重点突破云计算应用软件、支撑平台等关键技术，开展智能终端软件平台、终端设备远程映射技术研发，解决基于视频内容为核心的采集、分发、监测、交易技术关键，形成技术成熟、运行安全的云计算及各类应用云解决方案，优先构建覆盖全区的国土云、环保云、航天云、农牧业云、医疗卫生云。

构建大数据基础平台。重点解决大数据应用的计算存贮、数据处理与挖掘分析、大数据信息安全等关键技术。开展数据交易与增值服务、数据应用的孵化与联合运营，数据保密等级评定与认证。挖掘公众数据需求，推动大数据在教育、医疗、农牧业、文化、交通、社保、就业领域的应用创新。发展大数据中心建设软硬件产品。

推进大数据与新一代信息技术的集成应用创新。促进大数据与云计算、物联网、移动互联网、3D 打印、个性化定制等新一代信息技术的集成应用，探索上下游协同应用的新技术模式。支持云服务企业、物联网企业积极开发面向市民出行、公交线路优化、视频监控网络、能源消耗监测、环境监测、健康医疗、旅游等领域的系统解决方案，推广基于北斗系统平台开发的应用系统、全新体验的移动办公整体解决方案，支持基于海量用户行为的数据集成互动服务。加强农情、植保、耕肥、农药、饲料、疫苗、农牧机械作业等相关数据实时监测与分析，提高农牧业生产管理、指挥调度等数据支撑能力。

“互联网＋”技术集成应用。围绕工业“四大基地”建设和转型升级，引导工业企业发展“互联网＋”和智能制造融合技术，积极开展基于互联网的个性化定制、众包设计、云制造等新型制造模式，催生在线研发设计、工业运行在线监测、协同供应链管理、协同制造等新业态，提供智能车间、智能工厂、智慧园区、工业品商城建设的技术保障。建设适应“互联网＋”农牧业的技术支撑体系，重点开展物联网技术在农牧业中的应用研究，满足绿色有机农畜产品可追溯公共服务平台的技术需求；建立基于互联网的全产业链智慧农牧业系统，建立全区农牧业数据分析系统，支撑农牧业生产智能化、精准化、提升农牧业产业链资源配置效率。发展“互联网+”商贸技术，提供大宗商品电商交易平台技术解决方案，引导线上线下互动融合，提供支付、信用、物流、税收等电子商务服务体系技术保障。积极参与物联网开放体系架构，实现对物联网的通用软件硬件支持，解决物联网应用系统互联互通操作问题。

专栏25 “互联网+”技术集成示范

“互联网+”工业。面向能源、有色金属、新型化工、农畜产品加工、装备制造等重点行业，发展基于互联网的新型制造模式，推动形成基于消费需求感知的研发、制造和产业组织方式，加强信用、物流、安全、大数据分析等工业互联网配套技术研究应用，引导工业企业实现生产全流程互联网转型。

“互联网+”农牧业。培育农村牧区电商、农畜产品定制、仓储+物流、仓储+物流变为仓储+运输等“互联网+”新业态，促进缩短物流链、减少流通损耗，实现农畜产品供需无缝对接。发展农牧业物联网大数据，推进物联网技术在农牧业生产中的应用，建立牛羊饲养屠宰与肉制品生产全程可追溯系统，发展牛羊肉标准化产品加工物联网示范技术，满足绿色有机产品可追溯公共服务平台的技术需求。

“互联网+”政务。建设基于互联网和云计算的电子政务公共平台，加快自治区电子政务外网延伸，建设集行政审批、便民服务、政务公开为一体的网上政务大厅，推进政务信息共享和数据开放。建立政务信息共享交换平台和公共数据服务平台，促进政务在线协同和数据创新应用。

“互联网+”商贸。推进电子商务细分领域发展，支持发展垂直类电商平台，积极培育煤炭、有色金属、化工、特色家畜产品、稀土等大宗商品电商交易平台，引导线上线下互动融合发展。改善农村、牧区电子商务发展环境，拓宽农畜产品、民俗产品、乡村旅游等电商市场。

“互联网+”生态。建立地理空间基础框架和共享平台，建立完善重点行业、重点企业环境质量与主要污染物排放远程在线监测信息云平台；探索能源互联网，推进电力能源智慧化，建立电力需求侧管理和工业能源管理云平台；建立水资源管理和水利数据信息服务平台。

高性能计算软件开发。加快研发面向云计算、大数据、物联网、移动互联网的信息安全软件及系统，突破信息安全核心技术，重点开发信息安全产品、在线软件运营服务，推动信息安全技术从终端安全、网络安全向云安全升级。积极推动面向社会保障、医疗卫生、智能交通、教育文化、公共安全等领域的应用软件开发，打造一批应用软件品牌。推动软件集成，提供满足客户“自主可控”需求的智慧网点方案和产品，打造应用软件安全可控产业链。

电子信息制造技术。发展新型显示器件及光电子产业，加强新一代半导体材料和器件工艺技术研发，重点支持大尺寸薄膜晶体管液晶显示、LED关键材料、LED封装研发及产业化。掌握新一代移动通信、数字电视、北斗导航、卫星遥感、下一代互联网等关键技术，形成国内先进水平的卫星移动通信服务系统。发展智能终端器件技术，重点支持面向物联网的关键传感元器件和终端设备设计制造、数字家庭智能终端研发及产业化。发展电子元器件产业技术，面向电力装备、整机制造、汽车制造、飞机制造等产业研发相关配套电子元器件。发展集成电路设计，开发面向数字电视、物联网传感器、新一代移动通信等重点整机的集成电路产品。

专栏26 电子信息设备制造关键技术与产品

信息安全技术与产品。智能化安全芯片，大型智能金融IC卡，安全网关技术，信息安全处理器，数字信息版权保护技术，入侵智能监测预警技术，信息安全检测设备。

宽带多媒体、宽带移动技术和智能光网络技术；通信级塑料光纤产业化技术。

新型显示器件及光电子产品。薄膜晶体液晶显示器及上游关键材料和配套件，LED关键材料，高亮度GaN基蓝，绿光外延片，大尺寸玻璃面背光模组，LED封装、汽车整套照明等光电显示和照明技术及产品。

电子终端零部件。高端片式元件，移动互联网终端，消费电子产品，可编程逻辑控制器芯片，三极管封装，传感器及相关器件，射频器件。

电子元器件。新型电力电子器件，汽车电子器件，半导体功率器件，混合集成电路，新型锂离子电池，新型印刷电路板等。

十一、通用航空高端制造技术

发展航空航天装备制造技术。优先发展直升机、TSC-1 系列水陆两用飞机、小型喷气飞机、中小型商务机总装集成，积极推进中低空飞行器、远程无人机、轻型运动飞机及特技机、动力三角翼等飞行器整机制造，重视开发适用于雾霾消除、卫生防疫、抢险救灾等特殊作业的轻型飞机。围绕飞机总装集成，优先引进与飞机总装相关性强的配套项目，逐步实现低空通用航空器系列化。

开展通用航空关键部件及控制系统研发。在动力系统、传动系统、刹车系统、铝合金高强结构件、航空材料等配套产品技术集成发展方面取得积极进展。

积极发展导航监视系统、通信系统、航空电子仪表系统、飞机飞行控制系统等机械设备制造技术，重点引进消化吸收再创新空对地机载移动通信服务、飞机导航等技术及装备。延伸发展飞机技术支援系统和服务系统、航空物流、航空商务、飞行培训、执勤救护、巡视监视、飞行表演等相关产业。支持建设航空产业园区和通用航空高端制造基地，促进我国通用航空技术水平的提高和通用航空商业模式创新。

专栏 27　通用飞机总装集成与通用航空高端制造技术

通用飞机总装集成与高端制造。通用飞机、无人机及特殊用途公务机总装，航空发动机、动力三角翼等整机制造，客舱内装饰件制造，航空标准件制造，专业化航空智能制造技术，重要航空零部件加工制造技术及飞机维护，成套空中管制设备设计制造。

航空机载电子设备研发制造。自动终端信息服务（D-ATIS）系统，空中交通进离港排序辅助决策系统，空管监视数据融合处理系统，场面监视系统，自动相关监视系统和多点相关定位系统。

十二、新能源汽车技术

开展纯电动客车、纯电动矿用车、纯电动专用汽车、新能源轿车整车集成技术研发，开展液化天然气、二甲醚、甲醇燃料等重型载货汽车整车制造与改造；积极发展液化天然气汽车从气源地到加气站、汽车制造、物流运转的低碳环保产业链；解决纯电动汽车标准化充（换）电站、充电桩等配套设施建设的技术问题。

开展新能源汽车关键核心部件开发，优化提升大容量锂离子动力电池产业化技术、大容量镍氢动力电池生产工艺与技术，提高电动汽车用永磁电机技术性能，积极研究开发具有自主知识产权的电动汽车发动机、发电机、传动装置等关键部件。

专栏 28　新能源汽车制造及关键核心部件研发

新能源汽车整车技术集成。电动汽车整车技术，混合动力汽车整车技术，新能源汽车能量管理系统设计与制造技术，车身总线设计制造技术。

新能源汽车核心部件关键技术。动力电池制造技术，CAN 总线通信系统设计，电子控制系统设计制造技术，电机驱动及控制系统设计制造技术，多材料轻量化设计技术，轻量化电池组设计技术，模块化电池管理系统设计技术，小型电动汽车耐撞性与电气系统安全性一体化设计技术。

第五章　生态安全屏障建设技术支撑

总体要求。解决自治区生态环境改善面临的技术瓶颈，发展重大生态修复技术体系，遏制区域性生态恶化趋势，生态恢复与重建基础研究及应用技术开发方面取得重大突破；为生态环境质量的明显改善和构建祖国北疆生态安全屏障提供科技支撑。

一、区域生态综合治理技术

建立不同类型受损生态系统修复试验示范体系，解决长期制约生态环境建设的关键技术问题，促进区域性生态恶化趋势明显减缓。全面推进区域生态类型区综合治理与技术集成示范，提出不同生态类型区保障生态系统稳定的综合配套技术和优化模式，在生态修复与治理新途径、新技术、新模式集成研究方面取得明显进展。

以提供典型退化生态系统恢复与保育的系统性技术解决方案、带动生态产业发展、保障我国北方生态屏障为目标，研发生态环境修复与生态建设成套技术，重点开展我区主要自然资源与天然生态系统保护与利用规范研究，划定生态红线，在退化草原区、风蚀沙化带、黄土水土流失区、丘陵山区等生态脆弱地区，开展综合治理等技术集成创新，提出重点区域生态治理系统性技术解决方案，建立一批环境综合治理、生态系统恢复与可持续利用示范区；开展农牧交错带退化草地治理技术研发与集成，提出农牧交错带水—草—粮—畜多元调控生态畜牧业发展模式；开展农田生态保育关键技术与集成，保护和恢复农田生态系统；开展退化防护林更新改造及结构优化技术研究，提出内蒙古地区退化植被更新改造技术及防护林配置模式格局优化技术；开展珍稀濒危植物保育技术研究，建立濒危物种保护科技示范区；开展生态治理、资源利用与产业发展良性互动模式与示范；开展生态治理成效动态监测评价系统研究。重视生态自然恢复。

专栏 29　不同类型受损生态系统恢复重建技术集成

退化草原生态系统恢复重建。草甸、草甸草原、典型草原、荒漠草原不同水分条件下半人工草地、人工草地建植技术，草原生态系统生物多样性恢复，草地休牧轮牧与人工促进改良技术，重度退化草地退化植被人工重建恢复技术与定向经济型植物种植示范，沙化草原区综合治理与植被恢复技术，草原蝗灾、鼠害治理与生态预警技术，鼠害预警与控制技术体系，草地牧草与放牧家畜耦合、互作。草地退化过程及其形成的自然与人为耦合机制，定量评估与权衡天然草地生态系统服务价值，不同类型与成因的退化草地稳定恢复与合理利用技术，天然草地生态系统服务评估技术，草地资源与畜群结构时空优化配置及精准管理技术，旱作人工草地建植与高效草业种植—加工—销售一体化产业技术。

沙地生态系统恢复重建。科尔沁沙地、浑善达克沙地、毛乌素沙地、乌兰布和沙漠等综合治理技术集成与示范，沙漠锁边防护林体系建设技术与模式，耐干旱、耐风沙优质牧草及灌木大面积培育关键技术，灌草结合多层次林分结构建设，沙地人工植被配置技术和系统优化模式研究，中大尺度沙地生态系统稳定植被组合空间格局研究，土壤有机固化剂固沙及喷播恢复植被一体化技术，沙障—植生袋植被恢复一体化技术，沙区植被恢复与重建配套技术，大面积流动沙丘绿色隔离带构建技术。防沙治沙区域性成效与评估技术研究。沙地退化植被人工促进恢复、沙漠经济植物引种与栽培、藻草灌复合植被恢复与保育、流动沙丘综合固沙及造林、风沙入黄防治等研究。针对内蒙古干旱、半干旱沙地生态系统的珍稀濒危植物物种，采用非损伤诊断技术快速确立珍稀濒危植物衰退等级，开展平茬复壮、扦插繁育、组培扩繁技术对珍稀濒危植物进行保育，监测与评价群落稳定性，提高珍稀濒危植物的保护和拯救水平。

天然林区退化生态系统恢复重建。樟子松林、榆树疏林、胡杨林、梭梭林、沙地柏灌丛、山杏灌丛、沙棘等天然林资源保护、更新和利用技术，林草植被构建的物种选择及其栽培与繁育技术，林草植被结构优化、配置与构建技术，林草植被生态功能持续稳定维持技术；大兴安岭林区及森林草原过渡区稀有林草品种保护和有害生物防治核心技术，林下资源开发利用关键技术，困难立地造林与生态经营管理综合配套技术，低效人工植被更新改造技术，新型集雨与保水造林技术，抗旱造林系列技术与工艺。

农田生态系统恢复与保育。开展农田生态系统功能与演变规律、分析农田退化成因、现状格局和发展趋势，土壤污染机制和风险评估等研究，创新农田防风固土、免（少）耕播种抗旱抑尘关键技术、蓄水减蒸、合理耕层构建、地力恢复与提升、合理耕层构建蓄墒减蒸关键技术、土壤污染治理、水肥药减施、生物篱建植、秸秆还田与利用、农业废弃物的收集与利用等关键技术，建立不同生态类型区农田土壤健康、生产能力强的可持续利用技术体系与模式和农田轮作休耕可持续耕作制度，建立退化农田生态评价指标及体系，构建退化农田综合治理体系、模式和装备系统。

盐碱化地土地整治。开展农田土壤水盐运移规律与改良机制互作等机理研究，阐明盐碱地改良土壤质量的动态变化规律，研发耐盐品种综合配套栽培技术，建立农田土壤盐碱化监测系统、盐碱地综合改良技术体系与模式和改良盐碱地的土壤质量与生态—经济效益综合评价体系。

自然生态系统恢复与保育。生态系统保护与利用规范制定，生态系统红色名录编制，生态自然资源大数据库与管理决策平台构建，生态系统大数据平台构建与物联网预警技术，农田生态保育关键技术与集成，干旱、半干旱区退化防护林更新改造及结构优化技术，珍稀濒危植物保育技术。

典型生态系统监测与评价。针对重点森林生态系统、具有代表性的草原生态系统、典型沙地与荒漠生态系统，以及主要农田生态系统开展长期监测，阐述生态系统在自然与人为干扰下的功能与过程，评价生态系统服务。

二、水土流失和湿地生态综合治理技术

开展水土流失和湿地生态综合治理技术集成示范。重点开展坡耕地水土流失综合治理技术、东北黑土地水土流失综合治理技术、黄土高原淤地坝建设、重点小流域综合治理技术集成应用；开展具有受损自我修复、可持续固土抗蚀能力的水土保持植被建设模式和研究示范，加强针对风水复合侵蚀、风水重力（塌陷）复合侵蚀等的水土保持植被建设技术集成与示范，促进水土保持区生态环境良性循环。推进黄河内蒙古十大孔兑综合治理技术应用，减少入黄泥沙量。开展流域生态经济系统演变过程和水土保持措施配置研究，区域水土流失治理标准与容许土壤流失量研究。重视水土流失监测技术。

开展湖泊湿地保护、退耕还湿技术体系建设。编制湿地保护科技发展规划，建立完善湿地生态监测体系和技术支撑体系。重点开展呼伦湖、达里诺尔湖、乌梁素海、岱海生态与环境综合治理技术示范。加强对额尔古纳河流域、嫩江流域、西辽河流域，以河流、湖泊和沼泽为主的东北湿地，

黄河上中游河流及沿岸湿地，西部盐沼湿地保护技术的集成应用。促进遏制湖泊湿地面积萎缩、水质恶化趋势。

专栏 30　水土流失区和湿地综合治理技术集成

水土流失区综合治理技术。水土流失区生物措施和工程措施相结合恢复植被技术，适宜固沙植物规模化种植核心技术，水源涵养功能性植被维持建植技术，干旱阳坡水土流失控制与植被恢复技术，区域降水地表径流资源化及高效利用技术，沟壑集流区水土保持工程集蓄径流及高效利用技术，防治水土流失新材料新技术新工艺。

退化湿地综合治理技术。湿地生态系统及关键湿地物种栖息地保护技术，受损失地生态修复技术，湿地功能作用机理、湿地碳汇稳定技术，湿地生态评价及合理利用技术与模式。

三、节能环保技术

以一批节能环保重大科技项目为牵引，着力打造新型清洁能源循环利用与污染治理技术体系、资源综合利用技术体系、节能环保服务技术体系。重点开展新型清洁能源循环利用与污染治理技术集成，开发应用工业废水、废气、固体废弃物综合利用技术，城市污水、垃圾等废弃物无害化处理技术，在多种废水优化调配、高效污水处理回用技术、废水制浆技术、气化炉渣处理研究及示范领域取得进展。

大力发展建筑节能技术。支持各地区结合自然气候特点，开展地源热泵、水源热泵、空气源热泵、太阳能发电等新能源技术应用示范，发展被动式房屋等绿色节能建筑。开发能源检测、供热与供冷技术、清洁可再生能源应用技术。

开展城市节能技术试点示范。推进区域热电联产、政府机构节能技术应用，实施高效节电照明系统开发及绿色照明工程。提供供热采暖系统安全、节能、环保、卫生等技术需求。重视对城市集中供热系统的技术改造，提升城镇住宅供热分户计量技术，提高热能利用效率。

开展资源综合利用技术集成应用。加强典型工业废气净化转化与资源化再利用技术开发，开展废水污水治理与资源化技术开发，开展固体废物控制与循环利用技术开发。

重视废物资源化物流检测与信息集成技术研究，支持开展废物资源化技术装备与再生产品标准标识研制。

发展用于污水净化、黄河水沙分离、土壤修复的关键技术工艺及模块化集成设备。

发展节能服务，鼓励开展节能诊断、设计、融资、改造、运行“一条龙”服务；发展环保服务，鼓励开展环保工程设计、设施运营和维护、技术咨询等。

发展高效的环境污染防治技术。突破黄河、松花江、海河、滦河、辽河、内流河流域，乌梁素海、呼伦湖、岱海、达里诺尔等河流湖泊的生态安全健康评估共性技术、农业面源污染综合控制、寒冷地区城镇污水处理技术、畜禽粪污处理及资源化循环周期内无二次污染关键技术、工业园区污水升级处理技术、高盐水高效处理技术、城市黑臭水体治理集成技术、地下水污染修复关键技术。突破包头、满洲里等城市的饮用水水质健康风险控制技术。

围绕自治区钢铁、煤电、焦化、煤化工、电解铝、铅锌铜冶炼、生物发酵、工业锅炉等重点行业发展，突破挥发性有机污染物治理技术、工业锅炉烟气治理技术、多污染物协同控制技术、污染物回收及高值化利用技术、非常规污染物控制技术。探讨大气环境约束条件下优化工业园区和大型企业布局策略，提出重点区域、重点行业、重点企业的大气污染源减排、监测、预报、预警技术体系。

围绕自治区有色金属采选冶炼、精细化工等优势特色产业发展带来的土壤污染问题，重点研发污染场地调查评估适宜技术、土壤修复技术。

专栏 31　节能环保技术开发与资源化利用

典型工业废气净化转化与资源化利用技术。深层天然气和煤炭采空区二氧化碳捕集与封存技术，碳酸二甲酯转化技术、脂肪族聚碳酸酯技术、浓盐水环境种植微藻转化二氧化碳技术，干熄焦工艺治理焦化苯并芘废气技术，双烟管排烟 + 两段逆流反应 + 低压脉冲袋式除尘治理电解铝含氟废气技术，钢铁行业氧化球团链蓖机烟气治理技术，火电烟气超低排放治理技术，工业锅炉烟气脱硫、脱硝关键技术与设备，挥发性有机污染物治理技术，污染物回收及高值化利用技术，非常规污染物控制技术。

水污染防治与资源化利用技术。工业废水资源化再生利用技术，市政污水深度脱氮除磷技术，剩余污泥深度处理与资源化技术，高效低耗新型水处理工艺及设备，高盐废水处理与资源化技术，高浓度难降解有机废水处理与资源化技术，重金属废水膜生物法资源化回用设备，蒸汽冷凝水回收装置，畜禽养殖废水有效处理与资源化技术，北方地区小城镇污水处理技术，水质自动化监测与预警系统研发。

固体废物控制与循环利用技术。粉煤灰、冶炼渣、脱硫石膏、尾矿渣等综合利用深加工，煤基固废制备陶瓷与绿色建材技术，粉煤灰制备环境材料抑制工业源 $PM_{2.5}$ 技术，金属尾矿制备微晶玻璃技术，微硅粉制备硅基新材料技术；城市有机固废联合厌氧发酵技术，垃圾焚烧二噁英污染控制技术，垃圾分选、破碎、生化脱水等预处理和综合利用技术及设备，厨余垃圾处理技术与设备，废胎胶粉改性沥青应用技术；农村牧区固废沼气化与生堆肥技术；固废协同利用制备生物地质废料技术，多元固废协同治理沙漠与生态修复技术。

四、水资源可持续利用与节水技术

水资源可持续开发利用。发展区域水资源循环再生利用技术，重点研究缺水地区气候变化和水资源规模开发利用对水资源形成和再生的影响，摸清水循环转化规律、水资源防灾减灾体系和再生性维持机理，研究水资源综合配套和可持续利用技术解决方案。研究城市水资源循环系统和城镇污水安全高效低成本技术，劣质水开发利用技术，水资源安全性评价；基于区域性水资源承载能力的区域性水资源合理配置、优化调度技术研究，推进新技术、新工艺、新材料应用。引进开发膜技术，发展水处理产业。

水环境保护与流域生态建设。研究解决江河湖泊水利污染防治、西部自然生态脆弱区水资源开发利用、水资源安全建设、重点水利工程生态环境效应等重大科技问题。研究黄河、辽河、嫩江等流域区治理开发关键技术，重点突破流域生态系统建设框架下防洪防凌抗旱减灾技术集成。

开展不同类型区域综合节水技术集成示范。重点开展灌区综合节水、旱作农业综合节水、人工草地综合节水等技术集成示范。研究主要植物需水模型与区域分异规律，土壤水资源承载力与节水型植被建设的生态水文效应。研究节水灌溉新产品、新型节水专用材料与生化制剂、农艺节水技术与新产品。支持土壤保水与结构调理技术与产品产业化。制定适用于内蒙古地区的节水灌溉标准技术体系。

提升人工影响天气技术。重点应用气象云、大数据技术开展人工增雨雪作业判据、催化指标技术体系研究，提高人工增雨精度、频度和有效程度。提升草原畜牧业适应气候变化技术集成应用水平，创新云物理监测技术和作业设施。完善旱情监测预警评估综合应用及决策支持系统。

建立完善水利信息综合采集、水质水情检测和工程安全监控系统，研究旱情监测及预警技术、洪水过程模拟等技术，实现水资源、水环境和洪旱灾害大范围、全天候分布式动态监测。

专栏 32　水资源优化配置与综合节水技术

不同类型灌区综合节水技术集成。多种水源综合节水技术模式，灌溉新设备、新技术条件下主要作物高效节水灌溉制度、土壤墒情自动化监测与预报，植物高效用水调控机理与非充分灌溉调控技术，作物需水信息采集与精量控制灌溉，量水设施与技术，化学调控技术。

不同类型旱作农业综合节水增效技术集成。集雨工程技术，以化控为主调蓄土壤储水技术，以生物碳为主调控土壤保肥技术，高效补灌技术条件下水肥一体化技术。

牧区水资源合理开发优化配置。不同类型牧区水资源优化配置保障体系、水—草—畜平衡体系研究，基于草地生态安全的四水转化和地下水监测技术、水资源多维调控技术，饲草料工程节水和非工程节水协同技术，牧区地下水动态监测体系，牧区水资源高效利用模式创新。

灌溉人工草地综合高效节水增草技术。灌溉人工草地节水潜力与降水转化率综合评价指标，人工牧草抗旱节水新品种开发，水分亏缺下人工牧草适旱性及高效优质抗旱剂、生物调节剂应用开发，典型区域人工草地高效用水技术，非充分灌溉制度优化技术及精准灌溉技术，牧草生理节水与耗水调控途径和方法。

专栏 33　防汛（凌）抗旱减灾技术

防汛、防凌技术。研究内蒙古不同流域洪水演进规律，不同区域城市洪涝灾害风险诊断与防洪排涝能力评估方法，小流域山洪灾害实时监测预报预警技术；研究基于城市防洪的河湖水系联通和水网规划设计技术模式，海绵城市规划设计技术模式；研究黄河防凌减灾综合技术，开发黄河凌汛数据资源库和防凌减灾决策支持系统。

抗旱综合技术。研究内蒙古不同地区干旱演变规律及干旱表征综合指标体系，旱情监测、水情预报、需水预报、墒情预报、风险评估的完整墒情预警预报技术体系；研究旱情快速评估技术，多目标、多部门联合管理和调控机制；研究工程、非工程综合抗旱技术，面向干旱的水资源多水源联合调度和合理配置技术，城市水资源安全保障、综合应对和应急管理集成技术。

五、环境与生态模式优化技术

开展农牧林生态系统固碳减排关键技术研究。重点推进不同类型草原固碳减排技术集成示范，针对不同类型农林生态系统，研究开发一批有市场前景的减排增汇关键技术、措施和标准，建设低能耗、低排放高碳汇的现代农牧业技术体系。建立有代表性的农林生态系统减排和固碳技术示范基地，促进农林生态系统减排和固碳技术示范、应用和市场化。支持退化草地碳汇造林方法学研究，培育固碳减排技术相关产业，促进当地农牧林业持续发展和农牧民增收；发挥固碳减排环境效益，节约资源能源，减少环境污染，改善生态环境。

开展农村牧区面源污染控制技术研究。科学总结农村牧区面源污染成因以及流域面源污染管理技术方法，建立适合自治区不同区域特点的农村牧区面源污染环境安全评估和监控指标体系；积极研究农村牧区废物高效资源化综合利用关键技术与设备，着力构建农村牧区生物质废物循环利用和全过程管理体系。开发适合乡村社区特点、经济实用的生态工程污染控制技术，乡村社区生活垃圾无害化及资源化处置技术。

开展农村牧区饮水安全技术研究。研究内蒙古不同地区农村牧区饮用水源供水工程安全与风险评估，供水水源水质、水量调控与污染防控技术，供水技术集成与示范；研究农村牧区劣质地下水和微污染水处理关键技术，供水安全消毒与水质检测技术及设备；研究新型降氟除砷技术，微咸水淡化技术，铁、锰去除技术；研究农村牧区生活饮用水应急处理技术，开发适用于不同地区人畜饮水安全的水处理技术装备。

加快构建循环经济技术体系。重点推进经济开发区、工业园区、各类科技园区传统产业循环化改造和产业结构升级，支持园区间纵向闭合、横向耦合的循环经济产业体系。积极引进循环产业链互补项目，优化循环产业链条布局；支持大中型企业循环产业链工程纳入综合节能改造工程，扩大循环经济、节能减排、清洁生产覆盖面。重点支持能源、冶金、煤化工等产业大型国企循环经济链条的技术升级。培育一批有较强环境技术研发及集成应用能力的标杆示范型企业。集中研究重点行业多污染清洁生产和末端治理协同控制技术，研发推广重点区域和行业的关键、共性清洁生产技术。研究工业园区尺度物质流监测和物质代谢评估方法，开展区域和城市物质流分析研究，开展循环经济发展模式研究。研究煤炭、非金属矿产资源中有价元素等物质的分布规律和利用过程中的迁移转化规律。

推进环保产业集聚发展。优先在自治区中部筹建环保产业示范园区，通过技术、人才、资金等创新要素向园区集聚，提高园区自主创新和成果转化效率，进一步利用生物技术、信息技术、新材料技术等新兴技术，积极培育发展污染源在线监测、高盐水污染治理、锅炉烟气治理、固废综合利用等环保装备制造产业。做大做强三废治理、节能环保等工程的咨询、设计、建设与运营综合性服务企业，努力发展合同能源管理、“环保医院”“环保管家”“环保物业”等高端环境服务业。大力推进生态治理与生态旅游、生态城市等的协同发展。

建立精细、真实的环境大数据监测系统。开展移动互联网在环境监测及运营、支付方面的跨界整合应用，打造新型智慧环保产业。以乌海及周边地区生态环境大数据分析应用和重点污染源大数据分析应用为突破，按照“一个机制、两套体系、三个平台”的总体架构，依托自治区联通云技术中心，集约化建设大数据基础设施，形成数据资源采集、分析和处理标准，建立大数据自助分析平台。逐步建设全区统一的环保科研数据共享平台，建立数据汇交、共享、质控管理机制，推动部门、地方之间环境科研项目数据资源的互联互通。加强数据资源深度利用技术研发，开展全区生态环境大数据平台设计。

六、沙生植物资源种植加工技术

发挥生态保护先锋资源优势，开展沙生植物资源种植栽培及深度开发利用，大力发展优质高效、生态安全型沙产业及其加工业，实现深度加工高新技术与优势资源、产业适度开发与生态系统恢复的有机结合，创设优质品牌，拓展产业深度，形成技术密集型沙生植物资源产业体系，着力体现沙生植物资源的新经济优势，引领绿色发展、循环发展的生态文明建设。

开展资源综合区划研究，集成现有林草植被资源高效开发和综合利用技术，建立特色沙生植物种质资源鉴定评价指标体系，筛选优质种质资源，集成形成种质资源筛选、保护、繁育和保存关键技术体系；对以初级原料为主的沙生植物产品进行深加工、提取营养成分，开发沙生植物健康相关产品，提高沙生植物资源经济价值。

完成内蒙古主要优良牧草、特色林果、生态树种的优良种源选择和优良种源区划，科学规范全区优良种苗应用的技术标准和种苗调拨技术规程，在不同生态区域建设优良种源繁殖基地，直接面向生产，提高生态建设工程的良种利用率。

专栏 34　沙生植物资源种植栽培及深加工技术

肉苁蓉人工高产稳产种植示范及优质种源繁育基地建设，肉苁蓉新用途研究，肉苁蓉食品、化妆品等高档产品应用研究及系列新产品开发，肉苁蓉饮片生产工艺及理化性能研究，肉苁蓉提取物及各类成分药化动力学研究、有效成分提取及利用研究。

白刺—锁阳人工抚育和规范化种植基地建设，锁阳人工高产种植技术，白刺功能色素、白刺多糖、白刺黄酮制备技术研究与产品标准制订，白刺果酒酿造工艺开发及果汁最大化利用技术熟化，锁阳药食同源产品开发。

沙地葡萄适宜特优品种筛选及综合性状研究，不同品种葡萄抗逆性与适应性栽培技术。

黄柳、沙柳、沙棘等野生固沙植物种子无性繁殖材料规模繁育技术研究，文冠果人工高产稳产种植管理技术，油用牡丹、文冠果立体套种模式及高端文冠果食用油产品开发，蓖麻种植栽培技术、蓖麻油加工技术、蓖麻饼粕利用技术，甘草、麻黄、苦豆子、白沙蒿资源抚育保护和综合开发利用技术，甘草、麻黄保健食品开发，苦豆子无公害农药高效生产技术、特色药品研制技术、高蛋白饲料生产技术、白沙蒿提取分离蒿枝叶挥发油、制备食用香精技术，枸杞绿色种植及系列食品保健品精深加工技术，野生黄芪、灵芝人工驯化、栽培技术及系列产品开发。

七、矿区土地复垦与生态修复技术

开展矿区复垦关键技术开发及应用技术示范、采矿塌陷区生态修复关键技术研究与应用示范。充分研究和构建开采扰动情况下煤炭开采全过程生态保护与重建综合治理技术体系，鼓励大型矿山企业实施全时序动态修复，伴随生产时序开展相应的复垦工程、恢复措施和抚育跟踪。优先支持开发利用程度高、生态受损严重、恢复治理后经济社会效益显著的矿山实施生态环境恢复治理技术开发项目，重视闭坑矿山的恢复治理。鼓励矿山企业推行清洁生产技术，实施绿色管理，强化生产与环境兼容。

重点研究采煤沉陷区景观再造与生物多样性保护技术，开展湿地环境和景观配置创新。广泛借鉴神东煤炭集团大柳塔沉陷区应用保湿栽植技术构建沉陷区沙棘生态治理技术体系；包头石拐矿区引入和信园蒙草抗旱“驯化本土植物进行矿山生态修复”，将多种生态修复集成技术系统应用，建立适合半干旱矿区环境的植物快繁技术和配套栽培技术体系，同时将早期矿山建筑、居民旧址、沉陷区地貌等人文资源充分利用，融入大青山影视基地建设；神华宝日希勒矿区利用“冒顶坑”和疏干水发展鱼类养殖、钓鱼休闲并改善环境的修复模式进行矿区生态修复和后延期生态抚育跟踪，实现矿区生态系统恢复与观光景观再造的高度融合。

专栏 35　矿区复垦与生态修复关键技术集成与应用

矿山环境治理。地面建筑物保护填充与条带开采技术，采空区及离层区充填技术，保护地下水资源开采技术，减少因开采造成地表沉陷对地面建筑物和农田破坏的减沉技术，地表沉陷“三步法”开采控制技术，矿山土地复垦数字化关键技术应用。

矿区生态修复。排土场酸性控制与工程化治理技术，沉陷区疏排水系统建设与适宜植被保活栽植技术，尾矿库覆土种植技术，废石边坡有机质层培育防护与植被恢复技术，矸石山酸性改造、覆地、立地条件评价及绿化技术，矿山污染土壤化学修复，不积水沉陷区土地平整与梯田改造技术，矿区受损湿地景观再造技术，基于应对与适应气候变化的矿区土地复垦技术。

草原矿区生态修复重建。围绕草原煤电基地生态恢复、水资源保障等关键技术问题，重点研究生态修复水资源承载力及生态用水指标与生态修复水资源调控技术，水制约下的生态阈值与区域生态格局优化配置技术；研发采煤沉陷区景观重建与贫瘠土壤污泥、化肥平衡配施技术，提出以微生物—植物联合进行矿区生态修复技术体系；研究矿区生态修复过程中的耐旱、耐贫瘠植物种选择与优化配置技术，提出矿区植被修复灌溉方法、灌溉制度等；评价半干旱草原大型煤矿区煤田区域地表水资源、地下水资源及其可利用性。

第六章　科技惠民与公共安全技术支撑

总体要求。满足民众追求幸福生活的科技需求，充分分享创新发展成果，大力发展民生科技，集成适合城乡不同层次需求的增进民众福祉、改善民生问题的技术解决方案。建立公共安全科技体系，加强社会治理科技创新，着力解决食品药品安全、重大自然灾害监测预警、社会安全风险防控等领域的关键技术问题，确保社会和谐发展，人民安居乐业。

一、提高人民群众生活质量

坚持民生科技以满足地方百姓提升生活质量为导向，坚持民生科技研发推动形成民生科技产业，促进日常生活高端、适宜用品消费、绿色健康食品开发供给、健身娱乐空间设计与设施新品开发；推进与城乡家庭生活质量相关的城市光纤网络到楼入户、农村牧区宽带进乡入村，电信网、宽带网、广播电视网“三网”融合等技术应用；发展方便日常起居的电子产品、家庭智能化控制系统；开展城乡人居环境优化研究，集成创新打造绿色宜居环境、提升小区庭院环境品味的园艺技术，支持开展美丽宜居村镇技术创新与示范；推进智慧城市应用与服务技术创新体系建设，开展基于“互联网+”的智慧社区、智慧环保、智慧健康、智慧养老、智慧家居、智慧交通等现代新生活模式应用示范；提升绿色功能食品、绿色健康食品的制作工艺和品牌攻关，推行绿色消费模式；培育一批掌握民生科技领域先进技术、具有资质的龙头企业，促进发展民生科技产业。

二、提高人民群众健康保障能力

发展普惠的疾病防治技术。围绕常见多发疾病的防、诊、治开展研究，示范推广一批适宜技术，有效提升基层服务水平；聚焦重大疾病，重点突破一批防治关键技术，有效降低发病率和死亡率；重视生殖健康及出生缺陷防控研究，促进优生优育，提高出生人口素质；发展精准医学，开展多层次精准医学知识库体系建设，开发一批精准医学的检测试剂、个性化药物等医药产品，建立重大疾病的早期筛查、分子分型、个体化治疗、疗效预测及监控等精准化的应用解决方案和决策支持系统；系统加强生物数据、临床信息、样本资源的整合，统筹推进自治区临床医学研究中心和疾病协同研究网络建设，加快推动医学科技发展由被“被动医疗”向“主动健康”的转变。重点部署疾病防控、生殖健康、康复养老、创新药物开发、医疗器械国产化、蒙中医药特色传承与创新等任务，加强儿童、老年等重点人群健康促进的科技布局，引领构建医养康护一体化、连续性的健康保障体系。

发展新型健康医疗服务模式。以移动互联网、云计算、大数据等新一代信息和网络技术为支撑，推动信息技术与医疗健康服务融合创新，以数字化、网络化和协同化为方向，重点突破网络协同、分布式支持系统等关键技术，建立多学科协同的集成式疾病诊疗服务模式和健康闭环管理模式。科学应对人口老龄化，推动养老服务模式创新，以智能服务、个性化服务为方向，研究养老服务科技解决方案。开发数字化健康及医疗管理、远程医疗技术，推进预防、医疗、康复、保健等服务网络化、定制化，构建医养康复一体化的普惠型健康保障体系，有力支撑健康中国建设。

专栏 36　人口健康

重大疾病防控。聚焦心脑血管疾病、恶性肿瘤、代谢性疾病、呼吸系统疾病等重大慢性病，消化、口腔等常见多发病，重点突破一批防治关键技术，加快疾病防控技术突破，有效解决临床实际问题。

传染病防控。开展重大传染病、地方病的防控关键技术研究，有效降低发病率和死亡率；支持职业病防治科研工作，在重点人群和重点行业开展流行病学调查，开展早期职业健康损害、新发职业病危害因素和疾病负担等研究，为制定防治政策提供依据。

生殖健康及出生缺陷防控。针对出生缺陷防控以及不孕不育和避孕节育等问题，建立覆盖全区的育龄人口和出生人口的服务网络，研发一批基层适宜技术和创新产品，全面提升出生缺陷防控科技水平，保障育龄人口生殖健康，提高出生人口素质。

主动健康。以定量监测、精准干预为方向，围绕健康状态辨识、健康风险预警、健康自主干预等环节，重点攻克无创检测、穿戴式监测、生物传感、健康物联网等关键技术和产品，加强国民体质监测网络建设，构建健康大数据云平台，研发数字化、个性化的行为 / 心理干预、能量 / 营养平衡、功能代偿 / 增进等健康管理解决方案，形成针对不同人群的科学健身方案，加快主动健康关键技术突破和健康闭环管理服务研究。

新型医疗服务模式。以移动通信、物联网、云计算、大数据等新一代信息技术为支撑，以网络化、协同化和一体化为方向，推动信息技术与医疗健康服务融合创新，重点突破网络协同、分布式支持系统等关键技术，制定并完善隐私保护和信息安全标准和技术规范，建立基于信息共享、知识集成、多学科协同的集成式、连续性疾病诊疗和健康管理服务模式，积极推进互联网 + 健康医疗科技示范行动，实现优化资源配置、改善就医模式和强化健康促进的目标。

临床用药保障与药品安全。瞄准临床用药需求，针对重大疾病及罕见病，突破一批药物创制关键技术和生产工艺，重点研发创新药物早期发现、国产药物品质提升关键技术，研究建立化学仿制药一致性评价技术、开展药品安全监测和评估、药品质量控制等研究，强化药品检验检测、标准提高、技术评价体系建设，提高居民的用药保障水平，提升药品安全风险防控能力。

养老助残。以智能服务、功能康复、个性化适配为方向，突破人机交互、神经—机器接口、多信息融合与智能控制等关键技术，开发推广功能代偿、生活辅助、康复训练等康复辅具产品，建立养老服务科技标准体系和技术解决方案，科学应对人口老龄化。

中医药现代化。加强中医原创理论创新及中医药现代传承研究，加快中医四诊客观化、中医“治未病”、中药复方精准用药等关键技术突破，制定一批中医药防治重大疾病和疑难疾病的临床方案，开展中药质量安全控制研究，开发一批中医药健康产品，加快中医药服务的现代提升和中医药大健康产业的发展。

发展蒙医药开发与传播技术。遵循蒙医药发展规律，在继承发扬蒙医药优势特色的基础上，充分激发和释放蒙医药的原创新能力，将现代科学技术和原创思维方式相结合，切实解决蒙医药发展中的关键问题，实现重大创新和突破，促进蒙医药科技发展水平和健康服务能力提升，加快蒙医药产业化发展，推动蒙医药走向全国、走向世界。

专栏 37　蒙医药现代化

蒙医药理论创新研究。对蒙医药发展史进行追溯、挖掘、整理、提高，将蒙医学史向前推进研究，进一步完善蒙医药发展史学记载；针对蒙医药防治重大疾病的因机证治理论创新，开展三根七素理论、寒热理论、脏腑理论、六基症理论等蒙医药核心理论研究；加强蒙药道地性、方剂合理性研究，为药物研究提供完整、科学的依据；开展蒙医治未病理论与蒙医保健诊疗、康复设备研发方法的研究。

名医经验传承示范研究。总结名医临床诊疗经验与技术方法，全面深入整理、继承、推广国医大师学术思想和临床经验，集成名老蒙医经验知识图谱、诊疗信息采集、基层蒙医健康医疗信息云等，研制基于名医经验的传承平台，构建名医传承知识库，形成名医优势病种的临床规范，提升重大疾病蒙医药临证诊疗服务水平；支持蒙药传统炮制和制剂方法的挖掘、整理、研究，集成蒙药独特炮制方法并推广运用，开展蒙药制剂方法传承。通过师带徒等形式，提升传承能力和效率，培养一批中青年名蒙医。

蒙医药古籍文献整理挖掘与数字化。构建中华蒙医药古籍数据库，建立蒙医药古籍资源数字化标准；对蒙医古籍文献中具有蒙医药特色的传统疗法及其民间广泛流传的具有鲜明地域特色和民族特色的蒙医学传统疗法进行挖掘、整理，进行数字化研究。

蒙医药传统知识保护。开展传承应用中的具有活态性、独特性的蒙医药传统知识调查，建成并发布内容完备的蒙医药传统知识保护名录数据库，开展蒙医药传统知识保护制度有关理论研究，促进蒙医药非物质文化遗产保护工作，完善蒙医药传统知识保护研究体系，建立蒙医药传统知识保护的研究平台、信息平台、成果转化推广平台、人才培养平台、国际合作平台。

蒙医药防治重大疾病研究。重点部署蒙医药治疗肝癌、肺癌、消化道恶性肿瘤、血液病、脑病、心病、中风病进行整体证据与循证研究、方案优化与临床评价、疗效机制与科学内涵阐释、诊疗指南制定与推广应用的系统研究；优化蒙医药治疗肝胆疾病临床路径、诊疗指南，诊疗脂肪肝、肝硬化、胆囊炎、胆结石等多发病、常见病临床疗效评价；开展类风湿性关节炎、强直性脊柱炎、银屑病等疾病治疗，代谢综合征、糖尿病、肥胖等代谢性疾病防治的方案优化与临床评论、疗效机制与科学内涵阐释、诊疗指南制定和推广应用的系统研究；降低代谢综合征微血管并发症、糖尿病及其并发症的发生率，肥胖人群并发症发生明显减少；建立流行性感冒早期干预治疗方案，研究手足口病发展规律，建立蒙医早期干预方案；提高老年性疾病的临床疗效，降低疾病的死亡率和再次住院率，提高生存质量；阐明抑郁症蒙医病因病机，降低复发率、西药使用率；探寻儿童精神障碍早期预防与诊断方法，评价蒙医干预方案疗效；优化蒙医药地方病预防治疗临床路径、诊疗指南，提高蒙西医结合治疗布氏杆菌病临床疗效，积极参与开发防治布氏杆菌病的有效制剂。

蒙医治未病研究。重点突破健康表征信息动态采集和智能分析、健康状态的辨识和分类评估、健康状态连续监测和疾病风险预警的方法与技术，选择有优势的治未病中心、治未病科和基层社区进行蒙医健康信息化示范；围绕疲劳、衰老、超重、睡眠不良、偏颇体质状态等特定健康状态，优化和创新蒙医药干预调节技术和方案，进行健康促进效果和卫生经济学评价、示范试用和普及推广；开展治未病网络管理系统，筛选 3 ~ 5 个老年多发病、常见病，给予蒙医药干预，通过健康教育 + 随访等综合干预，评价其临床效果，验证蒙医药在老年常见病、多发病治疗及预防中的临床引用价值。

蒙医康复研究。围绕心脑血管疾病、代谢性疾病、免疫性疾病、病毒性疾病等所致的认知功能障碍、运动功能障碍、言语功能障碍、二便障碍、慢性疼痛、心理健康等，开展蒙医康复技术、方法规范化、标准化研究。

蒙医药仪器与装备研发。发展蒙医特色的高精度、自动化、智能化的脉诊、尿诊、舌诊系统，研发基于客观化、数据化的智能蒙医诊断设备；应用蒙医三诊与脉络检测技术，开展基于移动医疗的蒙医健康辨识设备研发；应用移动互联网、信息通信等技术，研发蒙医远程医疗设备；研发基于数字医疗的蒙医智能震脑系统、智能温针仪、一次性蒙医放血器、一次性蒙医温针、蒙医热敷仪、白脉导平治疗仪、穴位药物离子治疗仪等蒙医治疗及康复设备，推进符合蒙医医理、具有临床价值的智能化、个性化设备的集成创新，发挥蒙医药对重大疾病的早期筛查与综合调理作用，完善蒙医药治疗及康复体系，研发蒙医服务机器人；以蒙药制药“绿色、提质、增效、升级”为目标，围绕蒙药提取、分离、浓缩、干燥、成型、灭菌等制剂技术及装备进行系统研究；研制开发集约化、规模化大生产的智能炮制设备，形成蒙药饮片生产过程信息化系统管理及标准化生产线，用可追溯的互联网、物联网流通体系，进行集成创新研究，建立蒙药饮片从源头生产到临床配方全程质量监控体系。

蒙药资源普查及种质资源保护。完善全国蒙药资源普查数据库及蒙药资源支柱监测数据，全面掌握蒙药资源信息及变化规律，建立常用蒙药材传统鉴别数字化模型；开发区域性野生蒙药资源低空遥感监测模型，形成蒙药资源动态监测技术标准；综合开发符合蒙药资源特色的濒危野生药用动植物保护区、保护园、野生抚育、野生变种养殖及种质资源库等种质资源保护的关键技术；开展蒙药资源种质经济性、抗逆性和适应性的精准评价，蒙药种质的分子标记数据库构建等关键技术研究。开展资源紧缺、濒危野生蒙药材的人工快繁研究；制定资源紧缺、濒危野生蒙药材采种规范。

发展蒙药材生态种植及养殖技术。系统研究制约大宗道地药材规范化、规模化、机械化种植的关键环节和问题，开展蒙药定向培育、测土配方施肥、病虫草害绿色防治技术、蒙药材生态种植模式研究；开发蒙药材生切、碾碎、干燥技术；建立药材药食两用蒙药材的安全性质量控制标准；开展蒙药材濒危品种的替代品质量标准研等研究；开展常用药用动物基础生物学研究，建立国家药用动物资源和种质数据库；建立药用人工养殖技术研究平台，着力开展珍稀濒危或野生变家养药用动物人工养殖关键技术研究和珍稀濒危药用动物替代品研究；开展动物药材系统鉴别及其质量标准研究；加强蒙药材生产先进适用技术转化和推广应用，蒙药材生产信息服务技术推广。

发展蒙药炮制及配方颗粒质量保证技术。采用液质联用、指纹图谱、一测多评等多种技术和方法，研究常用蒙药饮片炮制过程主要成分变化，揭示蒙药炮制主要机理和共性规律；研制开发规模化及集约化、大生产的智能炮制设备，实现蒙药炮制生产全流程的规范化和智能化管理；建立蒙药炮制规范及相应的质量标准；加强配方颗粒的基础研究，开展经方、配方颗粒组方、整方颗粒剂的等效性评估；系统研究蒙药材配方提取工艺和质量标准研究，形成全国统一的蒙药材配方颗粒生产工艺及检验标准；探索配方颗粒的原料资源评估机制，实现大宗蒙药材配方颗粒原料规范化种植，加工炮制和流通监管的一体化管理。

蒙药新药发现及评价技术研究。构建基于病症结合动物模型的蒙药药效学评价技术、基于系统生物学的蒙药药效学评价技术、基于生物屏障的蒙药药效学评价技术、基于整合药理学策略的蒙药新药发现关键技术，为复方蒙药活性评价和蒙药复方新药发现提供技术平台。开展基于病症结合模型的蒙药复方体内“药动—药效”与靶向代谢组学关联评价研究，构建基于病症结合模型的蒙药复方多节点、多维可视化特征网络，为蒙药复方功效进行多层次、多维度的评价奠定基础；研究蒙药有效成分族群间的功效关联性，表达蒙药有效成分族群作用多环节、多途径和多靶点的作用特点；建立蒙药活性成分发现及其辨识的关键技术，形成具有特色的蒙药有效成分辨识体系及其研究模式；针对有关疗效和安全性问题，以“毒—效”相关性为核心，根据毒与效及其基本要素，明晰毒性与药效的物质基础，揭示毒性与药效的作用机制，在此基础上，针对重大疾病，研发出药效明显的蒙药创新药，完成蒙药新药药效学研究；建立符合蒙药特点的以安全性为主的质量控制标准；构建蒙药高纯度常量成分大型高效制备柱分离技术、蒙药微量成分的富集合分离转化技术、蒙药微量成分结构与功能研究的关键技术、蒙药微量成分的生物合成研究、蒙药多成分多柱多维整合分离系统，为突破蒙药常量及微量成分的制备产业瓶颈技术奠定基础。

发展蒙药新药安全性评价技术。针对蒙药安全性研究的特殊需求，如儿童用药、妊娠期用药、蒙西药物联合用药、复方药/毒代动力学、致敏物质筛选和鉴定等，研发独具特色的蒙药安全性评价技术，建立指导原则、国家标准等；研究常用蒙药或蒙药专用药材的潜在毒性组分/或成分、毒—效相关性、毒性特征、致毒规律和机制、减毒方法、安全性标准等，建立潜在毒性物质及其理化、生物学基础数据库，开展常用蒙药注射剂的致敏物质筛选和鉴定、致敏物质控制技术和控制标准、致敏风险评估技术等研究，建立蒙药致敏原数据库和相关的安全性标准。开展蒙药创新药的系统安全性评价，研发新药品种；对已上市的重大疾病常用蒙药大品种、同时存在安全性基础研究不足或临床有一定安全性潜在问题的品种开展研究。

多学科交叉融合的蒙医药创新方法研究。建立符合蒙医学特点和国际规范的基础与临床研究设计、实施过程质量控制、过程管理、评价技术、数据分析方法，以及循证医学文献研究、蒙医证据推荐与利用方法等科研方法，制定适用于蒙医药科研的系列技术规范支撑体系；建立蒙医证候生物学基础、蒙医证候生物标志物筛选、蒙医证候生物效应评价等系统生物学研究关键方法和技术；建立基于网络靶标的蒙药方剂与机体复杂相互作用解析方法，辨识蒙医药复杂调控机制，发展系统分析蒙药方剂传统功效、配伍规律、整体调节机制、组方设计、疗效标志物的系列关键技术；建立快速、高效、高通量的蒙药成分靶标发现、蒙药成分活性发现、蒙药安全性评价、蒙药成分组合的网络调节机理分析等新方法，促进蒙药新药发现和组合药物发展。

三、提高草原文化和特色休闲旅游的科技应用水平

推动我区民族文化与科技的深度融合，促进文化科技交叉技术的不断突破，为民族文化的传承和发展提供科技支撑。

积极开展文化休闲、文化艺术、文化传媒、创意设计等领域的技术创新与应用，重点突破数字文化、数字出版、数字动漫、数字旅游、游戏设计制作、文化创意服务、民族艺术品生产数字化等关键技术，支持开发3D打印民族建筑技术。

支持公共文化服务研究。通过文化设施空间与服务、体育等科技应用示范、公共文化资源服务传播互联互通体系构建、公共文化大数据采集与分析技术应用、“互联网+”应用和新媒体等技术应用，提高公共文化服务科技装备水平；促进文化、体育等产业发展。

开展文化遗产保护。通过文化遗产认知、保护、规划、监测、利用、传承等科技创新技术应用示范，支撑文化遗产价值挖掘，支撑馆藏文物、重要遗产地以及墓葬和壁画等保护以及智慧博物馆建设，加强重点文物保护单位、风景名胜区、历史文化名城名镇名村、非物质文化遗产、国家地质公园和森林公国等珍贵文化和资产遗产的管理、保护和利用，支持传统工艺领域技术理论与实践研究，解决关键瓶颈问题。

支持建设蒙古文数字资源库，积极开发适用于民族语言和文学的计算机及网络应用软件，重点突破沙漠、草原文化资源集成系统及网络化应用、国际标准蒙古文数字出版系统关键技术。建设草原音乐资源网络化高新技术服务平台。

支持景区旅游资源数字化、票务代理和银行支付网络化协同服务等关键技术集成、标准规范的研究开发；支持建设草原旅游景区营销服务信息平台，促进草原文化景区营销服务信息化产业发展。

四、食品药品安全评估及检测

开展食品安全领域基础理论研究和关键共性技术研究，突破基于全产业链的食品质量检测识别技术、评估预警技术及溯源控制技术，构建食品质量一体化解决方案。

开展科技提升食品、食用农产品质量的相关研究，支持食品安全科技典型应用示范，促进食品安全科技成果转化。重点研发可靠、便捷、快速、精准的食品安全检测技术，支持食品安全风险监测、食品添加剂和包装材料安全性评价、食品安全事故调查处理、食源性疾病监测等关键技术研究，支持开展食品安全标准研究。

开展药品安全危害识别、监测评估、安全控制、溯源预警和应急处置等技术研究，加强药品安全标准和数据库建设，高度整合药品检验技术平台、新药临床试验和安全评价技术平台、蒙中药疗效评价技术平台，开展药品不良反应监测，提升药品安全保障水平。

五、有效防灾减灾关键技术与预警系统

研究重大自然灾害监测预警技术，开发大自然灾害紧急救灾装备，提升灾害危险性分析、风险评估和情景预测分析的精准度。依托国家高分辨率对地观测系统内蒙古数据与应用中心建设，提升内蒙古遥感应用能力，全面实现卫星遥感资料共享。

针对极端气象灾害、森林火灾、病虫害综合监测预警与防范中的核心科学问题，在成灾理论、关键技术、应用示范、信息服务产业化等方面开展系统研发。突破重大自然灾害发生演化及成灾机理、

监测预测预警及应急处置核心技术，提升区域重大自然灾害综合防范应对能力。

建立内蒙古精细化数值预报业务体系，开展干旱、暴雨洪涝、暴雪、沙尘暴、雾霾等重大灾害性天气监测预警系统研究；完善极端气候事件的监测预测评估技术及业务；健全生态气象综合观测体系，发展生态与农业气象灾害监测预警技术，优化生态环境气象监测评估业务；完善人工影响天气指挥及作业技术体系；强化“智慧气象”气象服务业务技术体系建设，提升气象灾害监测预报预警服务和风险评估能力。

开展重点行业生产事故与职业危害防控技术研究，开发事故灾难应急处置技术装备。建立重点城市地震灾害防御系统，开展农村牧区抗震设防研究和安全民居工程示范。开展城市消防救援力量配置与布局优化技术研究，城市重大火灾现场供水、用水方法与技术研究，完善城市灾害应急和救援技术体系。

六、公共安全风险防控与监控体系

建立健全全社会数字化治安防控系统，有序开展食品监控报警联网系统及监控中心装备更新与技术升级，实现全社会全时空、全实时、全网络联网数字化报警、管理、查询功能。

加强社会治理科技创新。研究社会安全支撑保障关键技术，支持重大刑事犯罪、毒品犯罪、网络犯罪等预防、侦察和打击技术研究。开展新一代信息和网络技术在社会治理、城市管理领域的综合应用。发展网络安全信息运行技术，实现互联网数据资源的安全存储与灾难备份，促进网络安全保障基础设施智能化和安全覆盖。支持公安情报技术体系建设，促进公共安全保障领域技术进步。

发展城市智能交通系统信息平台技术、运载工具定位技术与智能导航技术，减缓城市交通拥堵，降低事故发生率。加快完善公安综合指挥防控联运技术体系建设及应急指挥辅助决策系统建设。

七、特种设备安全与防控体系

开展基于风险的设备分类技术研究，完善特种设备隐患排查治理和安全防控体系。研究应用基于全寿命过程失效模式的设备风险评价管理技术，开展应用物联网技术对特种设备的在线故障监测关键技术研究。

推进特种设备安全技术信息化管理，推进建立特种设备安全管理追溯体系。

开展特种设备应急管理与技术支撑体系研究，研究有效整合事故数据库、预案库、事故调查专家库和应急处置资源库大数据分析利用技术，构建统一的特种设备事故应急处置技术平台。

第七章　现代科技服务业体系建设

总体要求。依托自治区服务业发展行动计划，设立自治区科技服务业发展专项资金，推动科技服务业与新型工业化、农牧业现代化深度融合，与云计算、大数据、物联网等信息技术有机结合，与保障和改善民生相适应，以显著提升科技运行质态为重点，积极培育科技服务品牌机构和龙头企业，引导产生科技服务新业态，促进形成特色、高端科技服务产业集群。

一、拓展科技信息服务

强化信息基础设施建设。加快“内蒙古自治区科技创新综合信息服务平台”建设和区域布局，开展科技文献、先进适用技术、大型科学仪器、创新平台载体、创新人才、地方特色资源等基础信息资源库建设和数据资源整合，向社会公众提供一站式在线咨询服务。

发展支撑商业模式创新的现代服务技术。适应“互联网 +”时代的平台经济、众包经济、创客经济、跨界经济、分享经济的发展需求，以新一代信息和网络技术为支撑，加强现代服务技术集成和服务模式创新，重点推进网络化、个性化、虚拟化环境下现代服务技术开发与集成应用。

开展电子商务服务科技示范。加快云计算、物联网、无线网络、供应链管理等技术在电子商务领域中的应用，推进电子商务技术创新。优先发展以“电商平台 + 供应链 + 超市 + 仓配中心”为经营模式的农村牧区商品流通在线电商平台，实现农村牧区物流快递化。

开展现代物流服务科技示范。加强现代物流信息整合及过程优化技术综合应用，探索新型物流运作与管理模式，广泛应用射频识别、位置服务、移动终端等先进物流技术，建设一批区域性物流公共信息服务与应用平台，面向物流企业提供物流供需信息、服务交易、过程优化与跟踪、信息系统外包等服务。

二、重视开展软科学研究与决策咨询服务

发展壮大软科学研究事业。重视软科学研究在宏观管理决策中的作用，支持开展为各类决策服务的发展战略研究，优先开展创新驱动发展法律保障研究、自主创新示范区政策优化研究、内蒙古科技服务业发展对策与新业态培育研究，协调开展自主创新条例立法前期研究。支持开展科技评估、科技招投标、科技项目论证、管理咨询等科技咨询服务。深度开发科技统计数据资源，开展科技进步统计监测评价、科技形势分析研究。加强科技志、科技年鉴的文献整合与编撰工作。

专栏 38　为科学决策服务的重大软科学研究

科技政策与法规建设的宏观部署和顶层设计。面向中长期的内蒙古科技政策与法规体系建设思路，科技立法主要方向和重要性排序，科技法规修订机制研究，创新驱动发展的法律保障研究，《内蒙古自治区技术市场管理条例》修订，《内蒙古自治区科技成果转化条例》修订，《内蒙古自治区专利促进与保护条例》的制订，《内蒙古自治区自主创新条例（草案）》的制订，内蒙古自治区自主创新示范区政策优化与制度设计。

科技体制改革态势研究。新型研发机构运行状况评估和发展方向，科技计划管理改革与计划项目绩效评价研究，创新平台建设与运行评价。

产业技术进步对策研究。

科技进步统计监测研究。自治区科技进步统计监测指标体系优化与监测数据年度跟踪研究，高新技术产业、战略性新兴产业产值、增加值规模、增长速度测算，基于国家区域创新能力评价指标体系的内蒙古企业创新能力评价与对策，基于国家可持续发展能力评价指标体系的内蒙古可持续发展能力评价与对策，纳入国民经济统计序列的科技服务业界定研究、评价指标体系设计、数据获取与测算。

R&D 资源核心数据分析与 R&D/GDP 趋势研究。

内蒙古科技进步贡献率测度研究。
软科学研究体系与科技智库建设。

三、构建现代技术市场服务体系

加快发展技术市场服务体系。建设制度健全、结构合理、功能完善、运行有序、统一开放的现代化技术市场，健全技术市场法律保障体系和监督管理体系，建成一批延伸技术市场功能的创新驿站和技术转移联盟。到 2020 年，国家技术转移示范机构达到 10 个，促进技术转移和科技成果转化的规模效益明显提升，连接科技与经济的桥梁纽带作用充分发挥，技术市场发展规模进入全国中上等水平。

增加技术市场的有效供给。鼓励高等院校和科研机构开展技术转移工作，引导各类科技成果在技术市场公开交易。推进技术转移政策、平台、信息、服务与企业对接，支持企业设立技术转移机构和专员。落实技术合同认定登记制度，支持各级科技管理部门按照属地化原则设置技术合同认定登记机构。

创新技术交易形态。以自治区本级、通辽、巴彦淖尔 3 个“互联网 +”常设技术市场为基础，发展壮大区域性技术交易市场，配套建设网上交易平台，引导技术交易主体通过招标、竞价、协议转让、技术转移挂牌交易等方式入场交易。创新技术产权交易模式，探索建立科技创新型企业股权交易平台，打造技术交易高端形态。

发展技术转移中介机构。对社会力量设立的科技中介服务机构，采取政府购买服务等方式予以支持。鼓励科技中介机构为技术交易提供场所和平台、分析评估、技术经纪人等服务。探索应用研发、技术转移、产业孵化、创业投资相融合的新型服务模式。发挥各类科技会展的技术转移功能。

促进技术市场与资本、金融、人才等要素市场的融合发展，形成以统筹配置区域科技资源为核心、融合配置其他相关要素资源的“一站式”新型市场。

四、创新发展生产力促进体系

支持生产力促进中心体制、机制和服务模式创新，明确生产力促进中心科技服务枢纽的发展定位，鼓励生产力促进中心多功能、市场化发展方向。支持引导各类园区、基地建立生产力促进中心，优先培育自治区级科技园区建设生产力促进中心，带动科技要素入园。鼓励生产力促进中心对接县域科技需求，重点开展区域技术交易、成果转化、众创空间建设、人才引进培育、创新方法推广应用等服务，形成网络化服务功能。到 2020 年，全区备案生产力促进中心到达 150 个，实现旗县区全覆盖，示范生产力促进中心达到 30 个。

五、创新科技特派员服务模式

开展科技特派员创业基地建设，打造“星创天地”。扎实推进科技特派员农村牧区科技创业行动，鼓励科技特派员参与产业链关键点和瓶颈环节开展创业，领办、创办、协办经济实体和专业合作组织。支持开展一批法人和团队科技特派员模式示范、技物结合利益共同体模式示范，支持科技特派员或科特派法人团体承担相适宜的科技计划项目，提高创业行动的技术层次和创新水平。整合、储备一批系列化、标准化农业技术成果包，为科技特派员提供技术支撑。

健全科技特派员支持机制。积极探索科技特派员担保贷款、小额授信贷款、风险投资、建立农资银行等融资手段，逐步形成多元化高效率科技特派员创业金融支持体系。鼓励科技特派员扩充服务功能，推动新型农村牧区科技服务体系建设。

开展工业科技特派员示范，重点面向中小微企业解决技术难题，服务企业发展。

六、培育科技服务新业态

工业设计。发展基于新一代信息和网络技术的工业设计，重点提升产品结构设计、功能设计、外观设计与设计咨询水平。支持组建运行独立、面向社会的研发设计服务机构，支持具有较大规模、较强研发实力的行业龙头企业分离发展研发设计服务；支持基于新工艺、新技术、新装备、新材料、新需求的设计应用研究，增强工业设计创新能力，丰富设计产品品种，推动工业设计服务领域延伸和服务模式升级。

检验检测。支持建立检验检测信息公共服务平台，鼓励优势企业参与建立技术优势产业自主技术与产品的检验检测标准，掌握产品行业标准制定话语权；重点围绕煤炭开采、新型化工产品、乳制品、羊绒制品、牛羊肉制品、玉米及马铃薯精深加工制品、稀土功能材料终端产品、新能源、节能环保，药食同源新资源制品、食品安全、现代装备制造等产业，培育发展第三方检验检测认证机构。加强计量、标准、检测、认证技术能力建设，提高检验检测机构覆盖率，强化基层检验检测机构技术基础建设。支持开展计量、标准、检验检测、认证技术攻关，提高检验检测技术水平。

服务外包。鼓励各类科技服务机构的跨领域融合，形成集团化总包、专业化分包的综合科技服务模式。挖掘高等院校、科研机构、相关外包企业的人才和技术潜力，提高服务外包技术支持和承接能力。鼓励服务外包企业进行技术改造、品牌提升，支持服务外包企业申请国际资质认证。

第四篇　重点措施

加强基础研究，部署实施实用高新技术成果转化、重点领域关键技术攻关、创新平台（人才）体系建设三大科技工程，培育壮大新型研发机构，深化科技对外开放，加快推进科技体制改革，健全科技创新法治环境，为《规划》的顺利实施提供制度、政策和环境保障。

第八章 加强基础研究

总体要求。把加强基础研究作为发展科学技术的战略基点和厚植发展基础的核心环节，逐步摆脱主要依靠外来技术的局面，优化基础科学布局，大力提高原始创新能力，加快培育一批优势学科和高起点自主创新基地，增加自主知识产权和核心技术储备。

一、加强特色基础科学研究

着力改变基础研究领域滞后状况。依据基础科学发展趋势和我区基础科学学科特色及发展水平，确定学科发展布局和重点研究方向，不断加大支持力度。到2020年，新增自治区基础研究平台20家，稳定一支10000人左右的基础研究队伍，自治区自然科学基金和重大科技项目中用于基础研究的支持额度达到1.0亿元以上，基础科学研究解决重大问题的能力明显提高。

注重战略需求。瞄准未来10年可能产生变革性技术的前瞻性研究，加强前沿部署，抢占若干前沿领域制高点。以提高原始创新能力为核心，根据自治区战略需求，优先支持能解决重大技术问题产生自主知识产权和为高新技术提供知识储备的课题，或为重大决策提供理论依据的基础理论和应用基础研究课题。强化以原创研究和系统布局为特点的大科学研究组织模式，部署基础研究重点专项，力争实现重大科学突破。建立有望引领自治区重点产业技术变革的基础研究培育机制，重点在能源化工、生命科学、区域环境质量与可持续发展、生态水利与环境水利、民族药学与医学、计算机软件与信息系统、新材料与复合材料等领域增加科学储备。

二、加强自由探索和学科体系建设

面向基础前沿，遵循科学规律，安排足够比例的资金资助以好奇心为驱动的自由探索研究，鼓励提出更多原创理论，加大对非共识、变革性创新研究的支持力度。鼓励质疑传统、挑战权威，重视可能催生新学科新领域的研究。

加强学科体系建设。重视发展数学、物理学、化学、地理科学、生命科学等基础学科，加强信息、生物、纳米等新兴学科建设，鼓励开展跨学科研究，促进学科交叉与融合。重视自治区产业升级与结构调整需要解决的核心科学问题，推进工程科学、材料科学、环境科学和临床医学等应用学科的发展。各学科论文总量和论文被引用数进一步增长，部分学科学术影响力达到国内领先。

三、重视开展综合科学考察和专项调查

对蒙古高原等基础资料更新、空白或缺乏的典型区域开展综合科学考察和周期性调查。开展重点区域植物群落调查及种质资源多样性调查、生物DNA条形码数据采集、外来入侵有害生物及其危害性调查。开展土壤资料的更新调查与数字化整理，水资源及利用状况调查，气候资源及灾情调查，动植物种质资源调查，农业生物病（虫）原流行演替调查、农业障碍因子调查。开展地理环境、大

气环境与人群健康影响关系调查，不同地区危害健康的主要环境因素调查，病原危生物种类调查，现场流行病学调查。加强草原科学考察，收集重点区域草原地理分布、自然条件及自然资源基础数据，开展形成与演变过程、发展趋势等调查研究。

专栏 39 基础研究计划重点支持学科研究方向

数理学科。新材料中的数学力学问题研究，偏微分方程的理论与应用研究，科学计算与算法设计最优化理论研究，新兴材料的力学性能研究，表面、界面和低维系统的电子结构和电学性质研究，凝聚态物性的研究；理论物理方面的研究。

化学学科。资源能源化学与工程研究，环境化学与工程研究，绿色与可持续化学研究，功能材料化学研究，天然产物与蒙药化学研究，催化化学与工程研究，化学反应过程的强化研究。

生命学科。优势农作物多抗高产优质种质资源创新与遗传性状改良研究，抗寒抗逆栽培耕作理论及水肥调控机制研究，农产品质量安全的植保及绿色防控技术研究，牛羊育种的新材料、新技术和新方法研究，地区特色反刍动物基因组研究及品种保护，动物营养调控与机制研究，土地利用与生态系统服务相互作用机制研究，蒙古高原草原与荒漠区域环境演变与机制研究，草地生态系统生态过程与维持机制研究，水土保持与荒漠化防治研究，蒙古高原的植物分子生物学研究，蒙古高原重要资源的功能基因组学研究，兽用生物药物及制剂的研究。

地球学科。自然灾害风险评估与公共安全研究，环境变化与生态修复研究，土壤质量与养分循环研究，资源利用与环境安全研究，流域水资源利用与综合管理研究，中蒙俄跨境灾害监测及其气候变化响应研究。

环境学科。有害元素赋存规律与迁移转化机制，燃煤排放 $PM_{2.5}$ 二次颗粒物形成机理与污染控制；粉煤灰中非晶相转化提取多孔环境材料，煤基多孔材料制备技术。

工程与材料学科。稀土功能材料及其应用研究，钢铁及有色金属冶金研究，可再生能源的工程与材料应用问题研究，电力电子系统研究，矿山开采环境生态效应研究，农业水资源高效利用研究，生态水利与环境水利研究，寒旱区水文过程与生态效应研究，复合材料及应用。

信息学科。蒙古语言文字信息处理研究，模式识别理论及应用研究，软件工程研究，信息获取与处理研究。

管理学科。先进制造业发展趋势与产业政策研究，生态环境、食品安全与农畜产品全产业链创新管理研究，煤基全产业链绩效协同创新评价与产业政策研究。

医学学科。预防医学相关基础研究，免疫疾病相关基础研究，心脑血管疾病相关基础研究，代谢疾病相关基础研究，人畜共患等地方性疾病诊断及预防控制研究，肿瘤生物治疗关键技术基础研究，神经系统损伤及退行性诊断基础研究，现代影像技术在常见多发病中的作用及机制研究，蒙医优势特色病种诊治科学基础研究，蒙药资源种植相关基础研究，不孕不育与辅助生殖研究。

第九章 强化创新平台建设

总体要求。实施科技创新平台升级工程，加速扩大创新主体规模，构建与自治区经济运行息息相关的创新平台载体新框架，实现创新资源的整合集聚和高效配置，体现相对产业规模优势和技术集成特征，促进科技创新由粗放型向规模化、集约化、配套化转变。

一、提升重点实验室建设水平

紧跟国家部署，确认重点实验室新定位。重视重点实验室建设的综合性、交叉性和多学科集成性，强化围绕自治区战略解决区域重大科学问题的功能，加快培育以应用基础研究和前沿技术创新为主要方向的省部共建重点实验室，创造条件力争使 2 ~ 3 家重点实验室进入国家级序列。新增自治区重点实验室 20 家，实行动态管理、定期评估、后补助支持模式，体现“扶强、补缺”目标。建设一批部门实验室，与自治区重点实验室形成不同侧重的研究实验方向。选择一批具有学科领先优势、研究基础和发展潜力的专业方向进行重点提升。强化重点实验室资源整合功能和社会化程度。

专栏 40　创新平台建设工程——重点实验室提升行动

重点支持白云鄂博稀土资源研究与综合利用国家重点实验室建设，使其在钢铁冶金过程与设备优化、稀土冶金及应用、稀土储氢材料、稀土磁性材料、矿冶固废微晶玻璃等方向的基础研究和应用开发方面达到国内领先水平。

支持国家能源高铝煤炭资源开发利用重点实验室发展我国特色的高铝煤炭资源循环利用全产业链，引领和支撑国家发改委高铝粉煤灰开发利用专项规划的实施，打造国际领先水平的循环经济研发平台。

重点支持特种车辆及其传动系统智能制造国家重点实验室建设，创建中重型车辆传动系统研究的新理论、新方法、新工艺、新装备，形成国内领先的中重车辆传动系统研究基地。

重点培育内蒙古自治区哺乳动物生殖生物学及生物技术重点实验室——省部共建国家重点实验室培育基地。重点攻关以哺乳动物配子发生、受精、早期胚胎发育和干细胞为核心的基础研究，做好动物分子育种和健康养殖技术体系建设的战略储备，充分发挥受精技术、干细胞技术、克隆技术和基因修饰技术在基础研究和应用研究领域的引领作用。

重点培育内蒙古自治区白云鄂博矿多金属资源综合利用重点实验室——省部共建国家重点实验室培育基地，实验室围绕白云鄂博矿资源评价与保护利用、非常规分离与高熵金属陶瓷、稀土功能材料和废弃物资源高值化利用等方向开展研究，争取在“十三五”末成为面向地区特色的世界一流科研创新平台。

重点培育内蒙古草地生态学重点实验室——省部共建国家重点实验室培育基地，使其继续保持草地生态系统基础研究、草地资源与环境动态监测、草地持续管理理论与应用研究的国内领先水平，在不同生物组织水平与时空尺度上重点开展蒙古高原生态系统格局动态与全球变化、草地生态系统功能过程及气候和人为影响机制研究，形成国内外有影响的草地生态学研究与人才培养基地。

重点提升乳品生物技术与工程教育部重点实验室建设水平，继续扩建我国最大的原创性乳酸菌资源库，采用基因重测序和三代测序技术解析不同乳酸菌进化分化历程，在乳酸菌遗传多样性研究方面达到国际领先水平，在乳酸菌菌种筛选及产业化研究、乳制品微生物污染溯源分析、益生菌与机体共生互作研究等方面积极取得进展。

重点提升风能太阳能利用技术省部共建教育部重点实验室建设水平，在风能太阳能高效利用、空气动力学特性测试分析、结构动力学特性及噪声分析与控制、光热利用及光伏发电等方向的基础和应用研究方面取得新进展。

重点提升内蒙古自治区蒙医药重点实验室建设水平，继续围绕蒙药及天然药物有效物质及药理作用机制研究、蒙药及复方制剂质量标准和新药开发研究等方向开展研究，强化蒙医药人才培养，大力推动蒙医药成果转化，为扩大蒙药在国际的知名度做出积极贡献。

重点提升内蒙古自治区生物制造重点实验室建设水平，实验室继续立足蒙古高原动物资源优势，在理论上开展基因组、转录组、蛋白质组、表观组学及分子生物学等研究，争取在动物的进化遗传、性状发生、发育调控、基因编辑技术、新型家畜创造等方面取得突破。

重点提升内蒙古自治区稀土湿法冶金与轻稀土应用重点实验室建设水平，围绕稀土矿物加工、稀土清洁冶炼、特殊物化性状稀土化合物的制备，以及稀土在抛光材料、橡胶、塑料、玻璃、催化剂等材料中功能性助剂的开发与应用开展研究，取得重要进展。

二、强化工程技术研究中心建设

强化自治区工程技术研究中心建设，加强实验室成果向生产力转化的中间环节，形成对自治区重大产业创新成果进行系统化、配套化和工程化研究开发的能力。重点巩固、发展和提升一批行业影响力大、创新优势明显的工程技术中心，集中配备先进的试验装备条件，提高现有成果的成熟性和配套性，促进产品更新换代。到 2020 年，新认定 50 家左右自治区工程技术研究中心，授牌数量稳定在 160 家左右，遴选 10 家左右自治区工程技术研究中心申报国家级。

专栏 41　创新平台建设工程——工程技术研究中心建设

保持国家羊绒制品工程技术研究中心在新产品研发、检测试验设备仪器方面的国际先进水平，在行业基础研究、应用研究以及羊绒制品高端化、功能化开发方面取得新突破。

支持内蒙古自治区核燃料元件工程技术研究中心，开展高温气冷堆燃料元件生产线自动化、智能化开发，开展关键设备国产化和自主化研究，开展海洋核动力平台燃料组件工程化开发；紧密跟踪世界先进核燃料发展趋势，实施核燃料核材料关键技术研究，提升核燃料元件的基础性、战略性、工程化研究能力。

依托内蒙古北方重型汽车股份有限公司，提升内蒙古自治区重型非公路矿用车工程技术研究中心运行水平，强化非公路矿用车产品研发能力和集成创新能力，提升北方股份在中国矿用车行业的技术引领地位，优化中国矿用车创新环境，促进产品快递向高端迈进。

支持内蒙古自治区高性能纤维工程技术研究中心提升创新能力，开展以 F-12 芳纶纤维制品为增强体的各种复合材料成型及性能研究，开展玄武岩纤维柔性结构复合材料制备及性能研究，加快纤维应用技术成果转化，打造国家高性能纤维制备与应用技术旗舰。

支持内蒙古自治区煤基固废高值化利用工程技术研究中心产业示范孵化器建设，孵化培育自治区特色环境与节能环保新材料新技术，构建煤炭高效转化与循环经济产业链条，探索建立具有内蒙古特色的煤基固废高值化利用产业模式，向该领域国际先进水平发展。

支持内蒙古天然碱工程技术研究中心实施精品战略，推进产品升级，走差异化、精细化、品牌化发展路径，强化拥有自主知识产权的核心技术，保持天然碱开发的国际先进水平。

三、发展产业技术创新战略联盟

围绕自治区优势产业、重点培育的新兴产业、有发展潜力的地方特色产业，联合和引进国内高端要素，巩固和新组建一批产业技术创新战略联盟，发展一批联盟区域分中心。构建产业技术创新链，汇聚行业高端人才、顶尖技术、先进创新能力，抢占产业技术创新领先优势。积极探索联盟核心圈的组织模式和运行机制，推动联盟组织化、制度化和规范化运行。

专栏 42　创新平台建设工程——产业技术创新战略联盟

依托重点企业，联合包头稀土研究院、中国科学院北京分院、清华大学、北京大学、稀土材料国家二程中心等，优化整合“稀土产业技术创新战略联盟”，解决稀土产业发展面临的重大关键技术问题，提升稀土行业核心竞争力，促进我国稀土产业健康有序发展。

提升内蒙古马铃薯产业技术创新战略联盟组织运行。加快建立不同种植条件下马铃薯高产栽培技术集成示范体系，研究马铃薯病虫害综合防治与检测预警体系，大幅提高脱毒种薯覆盖率。

依托呼和浩特云计算产业基地，联合内蒙古工业大学、内蒙古出版集团等，组建云计算和大数据产业技术创新战略联盟，促进云计算产业突破和实施一批主导行业的核心技术，构建一批引领发展的云计算服务平台，发展数据开发和 CPU 应用产业链，形成立足内蒙古、服务京津冀、辐射全国的“草原云谷”。

依托重点企业，联合内蒙古工业大学、内蒙古科技大学等，组建高端装备制造产业技术创新战略联盟，充分发挥龙头企业带动作用和产学研整体优势，推动高端装备制造协同创新和技术、装备、人才资源共享，抢占国内前沿。

依托重点企业，联合中国科学院山西煤炭化学研究所、内蒙古大学、内蒙古工业大学等单位，组建现代煤化工产业技术创新战略联盟，进一步集聚区内外煤化工产业创新资源，抢占国内煤化工产业技术的领先优势。

依托重点企业，联合内蒙古大学、内蒙古科技大学、内蒙古工业大学、内蒙古农业大学，组建清洁能源产业技术创新战略联盟，以清洁能源产业技术需求为纽带，有效整合产学研各方资源，发挥联盟协同创新优势，推动形成具有自主知识产权的产业标准、专利技术和自主核心技术，提高清洁能源整体技术水平。

依托重点企业和相关科研机构，联合清华大学、内蒙古工业大学等组建内蒙古自治区石墨烯产业技术创新战略联盟，秉承“平等互利、优势互补、资源共享、合作共赢”原则，以提升石墨烯产业核心竞争力为目标，实现产学研战略层面的高度整合。

由龙头企业、重点企业牵头，依托内蒙古农业大学、内蒙古农牧业科学院等，组建自治区玉米产业技术创新战略联盟，推动玉米产业技术资源的整合，协调种植业结构调整新态势下玉米产业发展新战略。

以龙头企业为依托，联合内蒙古大学、内蒙古农牧业科学院、内蒙古农业大学等，推动内蒙古肉牛产业技术创新战略联盟的组建运行。

以重点企业为依托，联合中国兽医药品监察所、军事医学科学院等，组建反刍动物疫病防控产业技术创新战略联盟，集聚国家兽用生物制品及动物疾病防控顶级创新资源，促进向兽用生物制品常规免疫学、分子生物学、新型疫苗研发的国内领先水平发展。

支持内蒙古蒙中药产业技术创新战略联盟的建设和发展，联合中国中医科学院中药研究所开展蒙药中药特色资源调查及信息化整理、种质资源保存及评价研究，对常用且又基原混乱的蒙药中药品种进行整理、规范和质量评价，开展蒙药材 DNA 条形码标准序列研究，建立蒙药材基因身份证；联合江西民族传统药发展协同创新中心建立蒙药濒危、常用药材种质资源库，开展蒙药制药过程关键共性技术研究。

以生物科技重点企业、龙头企业为依托，联合中国医药生物技术协会、自治区生物制品原辅料生产企业等，组建新型生物制品原辅料产业技术创新战略联盟，充分利用自治区养殖业优势，开展动物血清、培养基及兽用疫苗佐剂材料的开发利用和产业化。

四、加快院士专家工作站发展

统筹协调和宏观指导院士工作站建设与发展。推行“引来一个人才，带动一个项目，吸引一个团队，催生一个产业”工作站运行模式，为企业、基层提供贴身服务。重点跟踪和扶持一批科技含量较高、项目实施预期较好、产业升级带动作用明显的院士专家工作站，建立与院士专家的沟通机制。合理设置建站标准，明确拟建站企业的技术需求和可供合作的技术项目。协助企业做好院士专家工作站建站规划与院士专家选聘，抓好项目对接。为院士专家及其团队提供必要的工作条件，保障合作项目的资金投入。保护院士专家和建站企业的知识产权，对已建工作站实行动态管理，加大追踪问效力度。到 2020 年，全区院士专家工作站数量达到 100 家。

专栏 43　创新平台建设工程——院士专家工作站建站方向

生态与环境。生态城市建设，河道生态治理，边坡生态防护，草原生态环境监测，森林生态监测评估，退化生态修复技术与示范，生物多样性保护，生态旅游资源可持续利用技术。

农业科技。小麦新品种选育及配套栽培技术，小麦品质性状评价及生产技术，葡萄标准化生产示范基地建设，阴山南北麓草地农业系统建设。

养殖业科技。优质肉羊新品种培育及优秀地方品种新品系选育技术及应用建设，优质肉羊遗传资源的保存与利用研究平台建设，肉羊现代高效繁育技术研究与应用平台，肉羊优质经济性状基因筛选、遗传机理、分子标记育种、转基因克隆等优良基因挖掘技术及研究中心，肉羊福利养殖关键技术及应用平台建设。

装备制造。特种汽车开发，高机动性、高可靠性、高适应性重型机动车辆，全系列高机动越野车产品平台。

光电技术。全光谱 LED 技术研究及产品，LED 立体显示技术及产品，新能源新光源技术及产品，聚能光热发电产品技术。

煤化工。煤制油、煤制气项目环保技术及环境测评，新型化工材料和精细化学关键技术及产品。

第十章 培育壮大新型研发机构

支持培育以多样化创新服务为主要运作模式的新型研发机构。重点围绕低碳技术与清洁能源、新材料、现代农牧业、绿色农畜产品加工、生态与环境、蒙中药、民生科技等领域，鼓励和支持各级政府、社会力量组建一批以企业为依托、有明确研发方向和技术储备的新型研发机构，自治区科技计划逐年加大定向支持力度。新型研发机构要求定位明确，机制灵活，运行有序，具有自我发展能力，为地方特色产业发展构建支撑平台，形成整合行业创新链条的核心力量，在区域创新体系构建中发挥骨干和引领作用。探索非营利性运行模式。到 2020 年，全区新型研发机构发展到 50 家以上。

专栏 44 创新平台建设工程——新型研发机构建设培育

提升中国科学院包头稀土研发中心的建设水平。重点突破稀土功能材料、稀土铝（镁）合金、混合稀土金属、稀土绿色环保燃料、稀土农用光源的应用研究。开展成熟技术在包头落地转化，加速稀土高新技术企业孵化进程。

依托上海交通大学金属基复合材料国家重点实验室、轻合金精密成型国家工程研究中心，抓好上海交通大学包头材料研究院运行。引入相关企业和团队，规划布局“先进高强金属研发、中试、生产与加工产业集群”“蓝宝石制备及加工产业链”“电驱动及控制系统产业链”，丰富包头稀土高新区产业链条，助力高新区制造业转型升级。

联合伊利海外研发中心，支持内蒙古乳业技术研究院创新发展，重点围绕营养功能、工艺技术、乳原料成分开发以及与食品相关的风险评估、包装研发和感官评价的基础和应用研究，不断推出战略新品。

提升阿拉善庆华煤化工新材料技术研究院建设水平。开发新一代煤化工技术，引领国内煤化工前沿技术。建设多功能浆态床反应中试实验平台，研究多种浆态床反应工艺技术的工业化条件，形成国内领先的浆态床工程化技术开发中心。

支持赤峰有色金属工业技术研究院建设，发挥赤峰市有色金属资源优势，重点开展有色金属“采选冶加”关键技术攻关，组建研究院专家团队，完善研究院职能和运行机制，以研究院理事会单位为核心，强化有色金属产业技术创新战略联盟的运行。

支持内蒙古双欣高分子材料技术研究院有限公司整合高分子循环产业创新资源，打造国内首家以可降解 PVA 高分子新材料为核心的研发基地及团队，远景形成国内领先的现代高分子新材料循环产业“硅谷”。

支持内蒙古中科煤化工研究院向建设国家级工程技术研究中心方向发展，继续开展新型催化剂的工程放大制备和高效移热工艺软件包开发，形成以高性能催化剂和高效移热反应工艺为核心的新型甲醇制汽油核心技术，打造国内一流的煤化工产业工程化配套基地。

建设内蒙古瑞盛天然石墨应用技术研究院。整合优化天然石墨企业设备及人才资源，实现自治区石墨资源的集约开采和高效利用。搭建天然石墨研发和检测平台，实现实验、检测设备开放利用和资源共享。

建设内蒙古恒业成有机硅研究院，发展硅矿石资源利用研究和有机硅下游产品开发，形成国内有竞争力的有机硅产业化基地的技术支撑。

支持内蒙古煤焦化工新材料研究院开展煤焦化工新材料关键技术研发与成果转化，建设煤焦化工新材料产品检验检测平台，促进煤焦化工材料产业集群化发展。

支持内蒙古蒙东铝及新材料工业技术研究院加快基础建设，开展电解铝及铝加工行业关键技术攻关，完善以低成本原铝产能促进高端铝材发展的“霍林河模式”技术链条，丰富铝后产品系列，为不断延展煤电铝产业链提供技术支撑。

联合内蒙古大学、内蒙古农业大学等，提升内蒙古金宇保灵生物技术研究院有限公司的基础设施建设水平，在兽用生物制药的基础上布局人用生物医药，形成病原分离鉴定、诊断试剂与抗体检测、试剂盒开发、新型疫苗研制及产业化的全方位生物医药创新体系。

依托内蒙古汉森酒业集团有限公司建设内蒙古汉森葡萄产业研究院，以国际先进水平的酿酒技术与设备为基础，以国家级农业标准化示范区有机葡萄种植基地为载体，开展葡萄种植栽培与葡萄酒精深加工关键技术研发，实现相关产业链的整合与创新，发展“3+1 模式”国际化酒庄，展示沙漠活力，倡导绿色文化，促进发展具有国际标识、中国葡萄酒行业最高标准的葡萄酒系列产品。

依托内蒙古农业大学、中国科学院上海生物研究所、阿拉善骆驼研究所、沙漠之神生物科技有限公司，组建内蒙古骆驼研究院。主要开展骆驼基因组学研究、骆驼产品开发、骆驼育种研究、骆驼饲料与营养研究、骆驼疾病防治研究、骆驼文化研究及骆驼科技成果推广培训，在双峰驼选育、标准化养殖、驼乳系列产品研发等领域跻身国内领先行列。

依托内蒙古和信园蒙草护旱绿化股份有限公司，联合中国科学院寒区旱区环境与工程研究所、内蒙古农业大学等，建设通辽市蒙草沙地治理与林草牧业发展研究院。启动实施科技重大专项“科尔沁沙地综合治理与林草牧业发展研究”，重点开展科尔沁乡土植物引种示范、科尔沁沙地综合治理技术集成与示范、优质牧草生产技术体系研究与产业化示范、肉牛新种质产业化示范、家庭牧场草畜可持续发展模式研发与应用等联合攻关。建立创新生态产业运营平台。促进科尔沁生态屏障建设。

支持建设内蒙古蒙草种业科技研究院。通过“祖国北疆生态安全屏障智慧平台”的引导，开展野生植物种质资源收集与利用、生态环境建设技术集成及牧草新品种培育及快速转化，推动种业科技与生态修复的深度契合。

支持内蒙古库布齐沙漠技术研究院尝试开展以沙漠治理、沙漠经济技术为重点的研究开发、技术转化应用，重点解决寒旱荒漠区生态修复技术体系与优化、沙漠经济关键技术研发，向国内相关领域领先水平发展。

以龙头企业为依托，联合兴安盟农业科学研究所、兴安盟牧业科学研究所和兴安职业技术学院，提升内蒙古大民农业生物技术研究院建设水平，形成种质资源鉴定、育种技术创新、育种材料创制、新品种培育、种子产业化全链条创新支撑，为保障农业企业安全和粮食安全做出新贡献。

依托龙头企业，联合内蒙古农牧业科学院，支持内蒙古河套农牧业技术研究院创新发展，重点围绕肉羊、向日葵、番茄等地方特色产业和盐碱地治理改造开展关键技术攻关。加快整合地区科技资源，引进培养高层次创新人才，根据河套地区农牧业发展需求积极转移技术成果，增强创新能力和自我发展能力。

支持内蒙古赛科星家畜种业与繁育生物技术研究院建设。通过现代生物技术与传统育种技术相结合，培育以奶牛为主的种用家畜新品系，研究开发以性控技术为主导的家畜扩繁新技术和奶牛性控冻精新产品。加强研究家畜种业与繁育国际前沿新动态，发展以体细胞、干细胞、精子为材料的家畜航天育种新技术开发，推动家畜新品系培育。

提升内蒙古草原畜牧业工程技术研究院组织和品牌化建设，重点对乌珠穆沁羊、苏尼特羊、优质肉牛、马开展种质资源保护、品系选育、育肥模式、营养调控等关键技术研究，配套建设院士专家工作站、博士后流动站，尽快形成较完善的技术基础设施和创业孵化平台。

提升呼伦贝尔市生态产业技术研究院建设水平。积极探索研究院发展模式，坚持自主性和灵活性，重点开展草原生态环境保护优化技术、生态型农牧业科技示范区建设技术、野生植物与药食用菌开发利用技术等集成示范，围绕生态产业培育孵化创新型企业。

支持建设内蒙古金瑞精准医学研究院。以开展“精准医学”为核心，建立基因诊断和细胞生物技术高端创新研究及服务平台，并向建设自治区精准医学重点实验室方向发展，为重大疾病患者延长生存期、提高个性化医疗治疗和疾病预防检测水平，加快我区精准医学发展奠定基础。

第十一章　巩固企业创新主体地位

加大对企业研发机构建设的支持指导力度。鼓励企业吸引和积聚社会力量，组建新型科研机构，与高等院校共建研发机构，吸纳开发类科研机构整体或部分进入企业共建研发机构。鼓励以企业为主导，产学研联合申报自治区科技重大专项以及相应的国家科技计划项目。大企业技术进步开发的重大项目纳入自治区科技计划指导范围。自治区科技创新引导奖励资金、中小企业创新基金、技术进步专项资金等，注重引导形成一批具有自主知识产权、自主品牌和持续创新能力的创新型企业。

实施新一轮企业技术创新工程。引导各类创新要素向企业集聚，培育一批有影响力的创新领军企业，支持有条件企业开展基础研究和前沿技术攻关。培育壮大企业内部众创，发展企业创客文化，鼓励大中企业投资员工创业开拓新业态。支持高成长性创新型中小企业发展，培育一批掌握产业“专精特”技术的隐形冠军。探索通过购买公共服务等方式，构建为科技型中小企业创新不同环节、不同阶段提供全程服务的专业化、网络化平台。

到 2020 年，自治区认定企业技术中心达到 80 个，国家高新技术企业达到 1000 个。企业整体创新能力实现跨越式发展。

第十二章　强化高等院校创新服务功能

全面提升高等学校创新能力。统筹推进一流大学和一流学科建设，系统提升人才培养、学科建设、科技研发水平，增强原始创新和服务经济社会发展能力。优化学科布局结构，建设 100 个左右重点学科和优势特色学科，其中化学、生物学、生态学、材料科学与工程、化学工程与技术、农业工程、食品科学与工程、畜牧学、林学、草学、蒙医学、蒙药学等学科达到国内领先水平。健全产学研协同创新机制，支持高校与行业企业、科研院所共建创新中心，面向社会和企业开放科研基础设施和创新资源，开展行业关键共性技术联合攻关，增强产业核心竞争力。保持自治区科技计划对高等学校的稳定支持，加强基础性、战略性、前瞻性研究。打造一批学术领军人才和中青年科研骨干，择优支持高等学校创新团队进入国家“创新团队发展计划”。创新研究生培养模式，深化产教融合、科教协同，培养富有创新精神和实践能力的各类创新型、应用型、复合型优秀人才。健全高校科研设施和仪器设备开放运行机制。进一步完善高校科技工作评价体系。

第十三章　推动高新技术产业开发区与基地创新发展

全面推进高新技术产业开发区、科技园区的升级和布局优化，重点支持一批骨干高新区、科技园区二次创业，支持一批新建园区夯实自主研发平台，培育战略性新兴产业集群，整体扩大高新区规模和质量。普遍强化高新区、科技园区的创新创业环境，实现区内产业集聚、产业链衔接、产业功能配套，显著提升高新区、科技园区自主创新能力，优化社会环境和法治环境。提倡高新区、科技园区企业化运作，鼓励建立专业投资公司开展高新技术投融资业务。开放高新区、科技园区供水、排污、供电、供气、路桥、生活服务、文化、卫生等投资领域，吸引企业、外商、民间资本以多种方式参与园区基础设施的投资、建设和运营。努力营造以现代科技为主线、与法治园区相适应的高新区、科技园区文化氛围。

支持县域建设不同类型的科技示范园区、特色科技产业基地、可持续发展实验区，重视标准化示范和原料基地配套，形成地方经济的新增长点。科技示范园区、特色科技产业基地建设要充分考虑与地方经济新优势的关联度，有明确的主攻方向和奋斗目标，以地方农牧业产业化龙头企业为依托，自治区引导性、后补助性科技计划予以支持。

鼓励高新区、科技园区、特色科技产业基地吸引高等院校、科研机构参与园区基地科技攻关和科技成果转化，寻求稳定的技术支撑。吸引区外、境外大企业、跨国公司进入园区基地建设研发中心。

到2020年，国家级高新区发展到5个，自治区高新区发展到15个，国家高新技术产业化基地发展到5个，高新区和高新技术产业化基地实现产值突破1万亿元；国家级农业科技园区发展到9个，自治区级农业科技园区达到80个。

专栏45　创新平台建设工程—高新区、科技园区优化升级

重点支持包头稀土高新技术产业开发区加快转型升级，提速产业发展，在稀土新材料、高端装备制造、新能源、生物医药、新一代信息技术及新产品、新标准研制领域加大政策扶持力度，引导和支持社会力量入区建设各类新型孵化器、加速器、众创空间等创新平台，加快创建全国一流创新型特色高新区步伐。

支持呼和浩特金山国家高新技术产业开发区突出自身特色发展产业，在乳业、化工新材料、生物医药、“互联网＋”、智能装备、新能源汽车等领域完善产业链，向产业集群化发展。加大对快速制造、新一代信息技术及产品、大数据应用、行业标准制定的扶持力度。进一步完善园区体制机制，加快发展以众创空间为枢纽的创新创业生态，提升园区创新创业氛围，形成国家高端乳业发展集聚区、自治区产业转型升级先导区、自治区创新发展先行区。

支持鄂尔多斯高新技术产业开发区积极优化园区布局，向国家级水平发展。依托科技孵化园、低碳园、云计算、新材料、现代科技服务业等，持续强化园区自主创新能力和培育孵化功能。

整合环乌海湖周边工业园区、经济开发区、生态产业示范区创新资源，立足地区资源优势和特色产业技术体系，建设乌海高新技术产业开发区，促进环乌海湖地区形成更加完整的科技创新链条和产业发展链条，提升环乌海湖地区科技创新能力和产业综合竞争力，形成辐射周边、带动内蒙古西部地区发展的新经济增长极。

依托乌兰布和生态示范区、阿拉善盟沙产业研究院，联合中国科学院地理科学与资源研究所，建设乌兰布和高新技术生态示范园区，集成沙生植物生态种植栽培技术，重点开展梭梭—肉苁蓉、白刺—锁阳、沙地葡萄等沙生产业示范基地建设，先期建成园区核心区与沙生资源植物产业孵化中心、沙生植物种质资源保护中心、沙生资源植物技术研发中心，吸引集聚沙产业企业，培育沙产业知名品牌。

依托盈创建筑科技（上海）有限公司，建设包头市3D打印建筑技术产业园，分期开展研发中心、设备制造中心、建筑打印中心和10条3D打印建筑生产线建设，先期完成3D打印文化创意体验中心建设，打造我国北方最大的3D打印建筑示范科普旅游体验中心。

支持鄂尔多斯市国家级文化和科技融合示范基地建设，推动文化与科技深度融合，扎实推进民族工艺美术关键支撑技术研究与应用示范，重点发展文化旅游、沙漠生态、动漫制作、演艺娱乐、民族工艺品等主导产业，积极培育影视传媒、创意设计、广告会展等新业态。

提升和林格尔国家农业科技园区产业创新园、现代养殖园、饲料科技园的建设水平，开展“国家科技特派员农村科技创业基地”建设模式探索，打造“国内领先、世界一流”的园林式畜牧业高科技示范园区。

支持包头装备制造产业园区积极采用高新技术改造提升汽车整车及零部件、铁路设备、工程机械、煤炭石油综采设备、特种钢延伸加工等产业，培育一批国家重点装备制造龙头企业，进一步完善装备制造业技术创新体系，基础装备研发和系统集成水平、重大技术装备研发制造水平、重点企业关键技术装备和技术标准取得新突破。

重点支持蒙西高新技术工业园区提升自主创新能力，引进增量，释放存量，加粗、拉长、补齐产业链条，加快服务转型和产业转型，向创建国家级高新技术产业开发区努力。

支持通辽国家农业科技园区按照“一核四园一带”的总体布局，加快建设科技创新创业服务中心、玉米节水高产高效技术集成创新园、科尔沁肉牛科技产业园、沙地林草生态科技园、新型城镇化与商贸物流园、科尔沁休闲农业文创产业带，远景打造成为自治区农牧业现代化标杆园区。

创建巴彦淖尔国家农业高新技术产业开发区。加强巴彦淖尔国家农业科技园区的高新技术企业集聚，提升高新技术企业的数量和质量，强化科技要素聚集，推进一、二、三产融合，全面提升巴彦淖尔国家农业科技园区的发展水平，争取推动巴彦淖尔国家农业科技园区升级为自治区和国家高新技术产业开发区。

提升牙克石高新技术产业开发区建设步伐，全面打造汽车测试、食品制药、能源化工三大园区，进一步完善冬季汽车性能测试发展环境，强化规模型汽车企业引进，向亚太地区规模最大、技术领先的冬季汽车测试产业基地发展。

创造条件推动通辽经济技术开发区和霍林郭勒——扎哈淖尔工业园区升级为自治区级高新技术产业开发区。

支持赤峰国家农业科技园区抓紧建设内蒙古设施农业研究院，内蒙古寒冷地区蔬菜产业技术创新战略联盟，发展以设施蔬菜为主导产业的园区示范格局。

第十四章　开展自主创新示范区建设

开展国家自主创新示范区建设的前期规划论证，在推进自主创新和高新技术产业发展方面先行先试、探索经验、做出示范。

依托呼包鄂协同发展机制，建设呼包鄂区域国家自主创新示范区。引领呼包鄂链接全球创新资源，促进区域内外创新主体合作与交流，打造区域创新源泉和高地，形成自治区开放创新先行区；探索人才、资金、技术等创新要素有效利用模式，培育一批国际国内有影响力的创新型企业，实现一批重大科技成果产业化，推进产业结构迈向中高端，形成自治区转型升级引领区；突破行政管理领域制度性障碍，建立有效的跨境、跨市创新协调机制，构建产业链分工合作体系和创新资源开放共享模式，形成自治区协同创新示范区；弘扬创新文化，进一步丰富鼓励创新创业的政策架构、营造大众创业、万众创新的生态环境，激发各类创新主体活力，吸引海内外优秀人才和团队来呼包鄂区域创业，形成自治区先行先试创业生态区。

第十五章　大力拓展创业孵化服务链条

构建创新创业孵化生态系统。鼓励各类园区建设孵化机构，提高孵化能力和管理水平，延伸服务空间，拓展孵化对象，创新商业模式。推广"孵化 + 创投"、创业导师等孵化模式，支持建设"创业苗圃 + 孵化器 + 加速器"的多层次创业孵化服务链条，探索基于互联网的新型孵化模式。支持社会力量参与创办专业孵化器。构建区域间、孵化网络，促进孵化器跨区域协同发展。依托包头稀土高新区创业园区、呼和浩特留创园、京蒙高科企业孵化器、内蒙古国家大学科技园、鄂尔多斯高新技术产业园科技孵化园等，建设一批众创空间集聚区，开展众创空间服务模式创新和成功经验推广。到 2020 年，国家级科技企业孵化器达到 12 个，自治区级孵化器达到 50 个，形成 150 万平方米孵化面积、1000 家以上当年在孵企业的孵化规模。

专栏 46　创新平台建设工程——创业园区与孵化器建设

重力打造包头稀土高新区创业园区科技孵化基地地位，形成以内蒙古软件园、留学人员创业园、大学科技园、稀土专业孵化器为主体的创业孵化体系。

充分发挥京蒙高科企业孵化器的异地孵化核心优势，建立"树状结构"异地孵化模式和"创投 + 孵化 + 产业化"运作机制，植根中关村拓展异地孵化事业，转移先进技术，输送高端人才，形成向自治区腹地辐射北京地区高科技要素的桥头堡。

加快建设内蒙古自治区国家大学科技园。按照"一园多区、多区联动"建设思路，先期完善科技孵化园、综合孵化器、大学生创业园建设，形成大学生创新创业专用基地。依次开展科技商务城孵化器区、企业加速器区、科技研发区、大学研究院聚集区、蒙元文化创意产业区等功能区配套工程和产业布局。通过高标准、高起点的规划设计和建设管理，向国内一流大学科技园区水平发展。

依托内蒙古庆华集团、阿拉善庆华煤化工技术研究院，建设阿拉善盟精细化工高新技术孵化园。孵化园纳入自治区高新技术创业孵化总体布局和专业分工体系，重点引导自治区及国内煤化工、精细化工、新材料等相关企业入孵，快速完成孵化并向产业化转移。

第十六章 促进区域创新协调发展

总体要求。按照自治区区域发展总体布局，推动科技要素的跨区域流动和科技产业形态的空间优化，促进形成跨区域协同创新机制，体现发展重点的差异化和创新体系建设模式的特色化。

一、推动跨区域协同创新

打破区域体制机制障碍，促进创新资源流动，发挥不同区域比较优势，确立差别化发展功能定位。

西部地区。以建设呼包鄂国家自主创新示范区为引领，高度依托区域内国家级新区、国家和自治区级高新区、特色科技产业化基地等区域创新增长极，周边广大地区形成协同机制，在区域发展分工过程中形成以高新技术提升传统产业和规模化发展战略性新兴产业为主导的区域协同综合体，重力打造包头稀土高新区、乌海高新区、鄂尔多斯高新区、呼和浩特金山高新区、包头装备制造产业园区等创新高地，具有自主核心竞争力的新兴产业，形成集群优势。这一区域创新体系的建设模式，应以开展全面创新改革试验为先导，着力提高创新资源的优化度和使用效率为主线，积极引进高端要素，参与京津冀区域、陕宁区域产业分工及创新资源互动，率先实现创新型内蒙古建设的区域目标。

东部地区。结合自治区“促进东部地区快速发展”的战略部署和“完善东部地区现代产业体系”的发展目标，抓住对东部地区经济社会发展具有战略性、关键性作用的重大课题开展攻关，在解决粮食及食品健康安全、退化生态修复、节能环保、生物制造等一系列创新成果的转化应用上取得积极进展。这一区域创新体系的建设模式，应以大力引进创新资源、联合共建创新平台载体为主体思路，加强与东北经济区、环渤海经济区创新资源的互动，积极参与“东北振兴重大创新工程”，加快发展一批创业孵化平台和双创示范基地，在清洁能源、中蒙药、云计算、农牧业高新技术等领域，培育优势产业集群和区域龙头企业。南部科尔沁沙地、浑善达克沙地加快集聚国内顶尖的生态综合治理试验示范技术力量，调整和重构已有示范基地布局，发挥一流基地的原始创新作用。

二、加强和改进县域科技工作

加强县域科技工作，提升基层科技服务能力，是开展科技扶贫、夯实创新型内蒙古建设基础的现实任务。加强县域科技工作的系统设计与指导，坚持面向基层、重心下移，统筹自治区、盟市各类科技资源支持县域科技创新，加大科技成果在县域转化应用力度，集成相关科技计划、基金对县域科技工作扩大覆盖范围，推广应用一批市场前景看好、对农牧民增收致富带动性强的适用技术成果，发展一批辐射力强、能够充分发挥劳动力优势的地方特色产业和新增长点。开展县域创新驱动发展示范，建设培育一批创新驱动发展示范县、农业现代化科技示范县、农村一、二、三产业融合发展示范县。切实加强县域科技管理部门职能，为县域科技工作的开展创造必要条件。

三、促进区域可持续发展

提升可持续发展实验区示范能力。优化自治区境内可持续发展实验区布局，针对不同类型地区经济、社会和资源环境协调发展的问题，开展可持续发展实验和示范。组织培育一批基础条件好、可持续发展能力强、积极性高、有区域代表性、示范内容丰富的实验区，重点开展生态、中蒙药、防灾减灾、智慧管理等领域的社会发展成果转化与应用示范。完善实验区指标考核体系，加大科技成果转移转化力度，促进实验区创新创业，积极探索区域可持续发展新模式。在自治区可持续发展实验区基础上，围绕落实国家重大战略和联合国 2030 年可持续发展议程，以推动绿色发展为核心，创建自治区可持续发展创新示范区，力争在区域层面形成一批现代绿色农业、资源节约循环利用、新能源开发利用、污染治理与生态修复、绿色城镇化、人口健康、公共安全、防灾减灾和社会治理的创新模式和典型。

建设跨区域荒漠化防治协同创新共同体。以内蒙古自治区为依托，联合周边省、自治区建设荒漠化防治产业科技创新中心，形成面向市场的荒漠化防治协同创新共同体，打造我国北方荒漠化防治科技示范带，促进荒漠化防治技术在“一带一路”建设中转移转化。采取多元化投资、市场化运作的模式，开展荒漠化防治产业化技术研发示范、成果转化、产业化孵化。探索科技创新与生态文明建设紧密结合新机制，打造生态治理产业园区，建立“荒漠化防治创新创业产业基金”，促进土地、资金、技术、人才等创新要素的融合，培育绿色发展新动能，突破一批面向国家战略需求的前沿技术，推动荒漠化防治产业技术群体性突破，实现新技术、新产品、新业态和新模式融合发展，探索走一条生态效益好、技术含量高、产业竞争力强的新产业之路，引领荒漠化地区的产业升级与社会发展，辐射带动我国北方其他地区荒漠化防治科技产业的全面发展。

第十七章　深化科技对外开放，广泛开展科技合作

总体要求。深度融入“一带一路”发展战略，主动参与向北开放桥头堡建设，吸纳全球创新资源，系统设计科技对外开放目标框架和国际科技合作新布局，集成并充分利用国内科技资源，全面深化对内科技开放与区域科技合作，切实抓好合作实效，构建科技资源跨区域配置长效机制。

一、完善科技创新开放合作机制

积极融入全球创新网络，构建科技创新开放机制，服务自治区核心科技需求。

完善科技对外开放布局。支持高等院校、科研机构、企业围绕沿边开发开放经济带建设，广泛开展与俄罗斯、蒙古国、英国、美国、德国、法国、日本、南非、澳大利亚、加拿大、以色列以及拉美、独联体国家的科技交流合作，启动并实施一批科技专项，引进一批自治区急需的关键技术和科技产品。

积极引导和支持国际科技合作项目实施、国际科技合作基地建设，鼓励引进国外先进成果和创新资源，培育和发展有竞争力的国际科技合作项目、国际科技合作基地进入国家科技部立项，发挥中国（满洲里）北方国际科技博览会、中蒙技术转移中心、满洲里国际技术转移中心对蒙对俄科技合作平台作用，不断提升内蒙古科技对外开放的国际影响力，打造向北开放的重要桥头堡和沿边开发开放经济带科技平台。

二、扎实推进科技合作项目与平台建设

积极开展国家国际科技合作项目。发挥我区与俄罗斯、白俄罗斯、蒙古国资源与技术互补优势，高质量实施一批对合作双方具有良好产业化前景、突破关键技术瓶颈的项目，在现代农牧业、绿色农畜产品、煤清洁高效利用、新能源、节能环保、智能电网、现代煤化工、生态安全、生物制药、稀土功能材料等领域取得积极进展。

加强国家国际科技合作基地建设。在绿色农畜产品精深加工、遗传育种、乳制品等领域，新建一批国家国际科技合作基地。重点提升稀土功能材料国际科技合作基地、鄂温克旗科兴马业国际科技合作基地以及内蒙古农牧业科学院、内蒙古农业大学、呼伦贝尔市农业科学研究所、亿利资源集团、伊利集团等国际科技合作基地的建设水平，拓展合作广度与深度。支持鄂尔多斯国家清洁能源国际创新园积聚清洁能源研发人才，整合国内外清洁能源领域顶级人才、技术、企业参与清洁能源领域国际合作，打造国际先进清洁能源技术转化平台。

积极搭建国际科技交流展会平台。提升中国（满洲里）北方国际科技博览会参展项目与协议金额规模水平，进一步开拓俄罗斯、蒙古、独联体国家、日本、韩国等国家市场，发展高新技术产品交易。支持举办“中国新丝绸之路·锡林郭勒草原畜牧业创新品牌展示交易会”，搭建国内企业、科研机构与俄蒙开展科技务实合作平台。继续办好“中蒙博览会——中蒙技术转移暨创新合作大会和中蒙科学技术交流合作展”，弘扬丝路精神，传承友谊，深化合作，协同创新，互利共赢，打造中蒙科技交流平台新模式。

重力打造国际交流论坛品牌。支持库布齐沙漠七星湖国际科技合作基地建设，开展防沙、治沙基础科学和应用技术研究的国际交流，重力打造“国际沙漠论坛”品牌，提高其影响力，展示以“生态修复、生态牧业、生态光能、生态工业、生态旅游、生态健康”为特征的库布齐治沙新理念、新技术和新模式。支持“国际山羊绒检测技术交流平台”继续定期举办羊绒行业检测技术国际研讨会，实现世界范围内行业检测技术成果共享。

扎实推进国际合作创新平台载体建设。加快中蒙技术转移中心建设，全面推进中蒙官方与民间科技交流、技术转移与成果转化、科技产品交易等，优先开展蒙古国稀土资源和矿产资源勘探合作。开展“中蒙丝路蒙古国孵化器运营方案及软环境建设”研究，鼓励企业合作建设中蒙科技企业孵化器。

专栏 47　国际科技合作项目与国际援助创新平台建设

深入实施国际科技合作项目。中俄自然发酵乳中乳酸菌资源收集与开发利用，引黄灌区化学复合节水与减盐综合技术合作研究，蒙古高原绒山羊高效生态养殖技术模式联合研究，稀土系 Y2FeSb2 储氢合金材料制备及性能的合作研究，中俄双峰驼基因资源的收集及开发利用研究，马匹繁育生物技术引进示范，菊芋资源引进与联合开发研究，基于物联网的草原型多水源一体化监管技术合作研究。

国际援助创新平台载体建设。蒙古国科技园区建设，蒙古国草原畜牧业科研试验示范基地建设，马奶产业化基地建设，蒙古国材料研究理化检测中心建设，中蒙科技企业孵化器建设，中蒙高分子生物应用联合实验室建设。

三、推动院地部区科技合作

持续推进与中国科学院、中国工程院、国内著名大学与科研机构的科技合作，积极搭建合作平台，凝练合作重点，创新合作形式，构建集合作项目、合作基地、合作研发组织与机构、虚拟合作于一体的协同创新开放体系。重点支持中国科学院北京分院与盟市建立院地合作关系。加大清华大学、北京大学、吉林大学、武汉大学、武汉理工大学、天津大学、上海交通大学、北京化工大学、中国矿业大学、北京林业大学等高等院校常设联络组的工作力度，引导科技合作务实迈向纵深。争取两院及国内名校名院在我区建立分支机构和创新基地。加快发展院士专家工作站体系，到 2020 年，建成院士专家工作站 150 个，柔性引进院士 160 位，组建院士领衔创新团队 100 个以上。

积极开展部区会商合作。创造部区会商框架更新机制和滚动发展态势，深化会商合作议定项目的实施。在会商框架下整体考虑国家重大科技项目在内蒙古的支持方向和项目布局。加强开展自治区厅际科技合作和与各盟市的厅地会商，进一步完善合作协调机制，优化合作资源配置，形成跨地区、跨部门重大科技项目的统筹协作机制。

四、提升区域科技合作

继续深化京蒙科技合作。跟踪落实“京蒙科技合作框架协议”，推进共建创新平台载体，突出技术转移和项目支持，鼓励开展对口区县合作。

继续推进粤蒙科技合作。巩固合作成果，拓展合作空间，在友好城市关系、技术成果承接、高端人才引进方面取得新进展。

跟踪推进鲁蒙科技合作。突出合作对接，重点开展创新成果转移、创新人才交流与互动、自主创新产品推介。

发展与华北、东北地区的区域科技合作，围绕区域产业升级解决科技需求，建立区域科技项目合作机制和成果转化平台，探索区域合作新模式。

第十八章　推动大众创业、万众创新

总体要求。顺应大众创业、万众创新的新趋势新要求，破除制约创新的观念和体制障碍，支持各种有利于激活创新要素的探索与实践，加强创新创业综合载体建设，完善创新创业高效服务平台，培育大众创业、万众创新的文化生态。

一、发展各具特色的众创空间

开展众创空间建设，顺应创新创业生动局面。自治区和各盟市财政安排众创空间发展资金，采取引导建设、联合建设、运行补贴、绩效奖励等形式，建设 100 家示范性众创空间。鼓励社会力量高效利用闲置房屋等适宜场地资源，经适应性改造后建设一批创业者空间、创客咖啡、创新工场等特色众创空间。

鼓励高等院校、科研机构围绕优势专业学科建设众创空间，发挥科研设施、专业团队、技术积累、成果储备等优势，利用大学科技园、创业服务中心、工程技术研究中心等创新载体，建设以成果转移转化为核心业态的众创空间，增加源头技术创新有效供给。

鼓励龙头骨干企业围绕主营业务方向建设众创空间，优化配置技术、装备、资本、市场等创新资源，实现与中小微企业、科研机构和各类创客群体有机结合，有效发挥引领作用，形成带动中小微企业成长发展的产业创新生态群落。

鼓励发展网络平台众创和企业内部众创。支持对众创空间开展基本公共服务和专业科技服务。创新创业者在众创空间实施的创新创业项目，可依托众创空间申报科技计划项目，同等条件下给予优先立项支持。鼓励众创空间联合投融资机构和创新创业服务机构组建众创空间联盟。支持与国外先进创业机构开展对接合作，共建众创空间，引进先进的创业孵化理念，提升众创空间发展的国际化水平。

支持运用互联网和开源技术，发展“互联网 + 众创空间”“互联网 + 中小微企业服务平台”等创业孵化模式，推行“大云平移”思维（大数据、云计算、移动互联网、平台化），构建集众智汇众力网络社交共享空间，开展线上线下，全链条、全要素双创服务，分享创新创业领域前沿思想动态。

二、发展面向农村创业的“星创天地”

加大“星创天地”建设力度，以农业科技园区、高等学校新农村发展研究院、科技型企业、科技特派员创业基地、农民专业合作社等为载体，通过市场化机制、专业化服务和资本化运作方式，利用线下孵化载体和线上网络平台，面向科技特派员、大学生、返乡农民工、职业农民等打造融合科技示范、技术集成、融资孵化、创新创业、平台服务于一体的“星创天地”，营造专业化、社会化、便捷化的农村科技创业服务环境，推进一二三产业融合。

三、构建大众创新创业支撑平台

支持发展众创、众包、众扶、众筹（四众）支撑平台，广泛应用研发创意众包、制造运维众包。鼓励企业开放平台、开放标准、共享资源，带动上下游小微企业和创业者发展；支持有条件企业依法合规发起或参与设立公益性创业基金，开展创业培训和专业实操指导；鼓励技术领先企业向标准化组织、产业创新联盟等贡献专利、成果等技术资源，推动产业链协同创新。

大力发展公众互助众扶，支持开源社区、线下社区、开发者社群、捐赠平台、创业沙龙等扶助大众创新创业，集众智汇众力打造双创生态圈。支持开展实物众筹、股权众筹，拓展创新创业融资；构建大众创新支持网络、互联网众包平台，提供创新资源对接。

第十九章　实施知识产权、标准、质量和品牌战略

总体要求。加强知识产权创造、运用、管理和服务，加强知识产权综合行政执法，完善知识产权政策法规体系。加快推进技术标准，构建有自治区特色和优势的技术标准体系。大力开展品牌培育，促进自治区自主产品质量和科技含量的提升。

一、实施知识产权战略

健全知识产权体系。深化知识产权试点示范，创建国家级知识产权示范城市、旗县和示范园区。完善自治区和盟市知识产权战略实施工作联席会议制度，在呼、包、鄂地区开展知识产权综合管理改革试点。开展知识产权优势企业和知识产权管理标准贯标试点示范，积极培育专利信息利用试点企业。推进知识产权托管工程实施，强化专利代理机构、专利信息中心等服务平台建设，实现企业知识产权托管、专利信息检索、专利分析、专利代办等服务全覆盖。提升知识产权创造、运用、保护和管理能力，加大专利资助和专利成果转化奖励力度，不断提高自主知识产权数量、质量及转化能力。

完善知识产权政策法规体系建设。积极贯彻落实知识产权强国意见，完善有利于知识产权创造、运用、保护和管理的相关政策，抓紧制定内蒙古自治区专利促进和保护条例。加强知识产权综合行政执法，加大专利保护力度，严厉打击专利侵权和假冒行为。开展知识产权保护规范化市场培育，建立知识产权举报投诉奖励制度，健全知识产权维权援助体系，完善知识产权行政执法与刑事司法对接工作机制。

激励知识产权创造。加大知识产权资助、奖励力度，完善创新成果权益分配机制，促进创新成果知识产权化，推动知识产权转化运用；加强知识产权服务机构和人才队伍建设，提高知识产权信息开放利用水平。

二、实施技术标准战略

强化基础通用标准和产业共性标准研制，健全技术创新、专利保护与标准化互动支撑机制。鼓励和引导企业、高校、科研机构、联盟和社团积极参与国际、国家和行业、团体标准的研制和修订活动，在若干优势产业技术领先领域率先制定技术标准，带动形成符合我区实际、增加我区产业技术创新话语权的技术标准体系框架。培育一批优势产业技术标准示范企业，支持企业建立技术标准联盟，推动专利与技术标准融合，形成支撑产业升级的标准群。培育发展标准化服务业。

三、实施质量和品牌战略

贯彻国家质量发展纲要精神，全面落实质量强区决定，增强质量提升动力，优化质量提升环境，完善质量诚信体系。夯实质量技术基础，强化质量技术研制创新，将标准、计量、检验检测、认证

认可等质量技术基础纳入科研支持范围。

全方位推进驰名商标、著名商标、名牌产品及地理标志等品牌建设，提升传统品牌的科技含量，丰富品牌内涵，发扬“工匠”精神，形成一批品牌形象突出、服务平台完备、质量水平一流的优势企业和产业集群，整体优化自治区产品结构。

第二十章　提高科技投入水平

总体要求。保持政府科技投入的稳定增长，发挥好财政科技投入的引导激励作用和市场配置各类创新要素的导向作用。健全多元化科技投融资机制，形成财政资金、金融资本、社会资本多方投入格局。

一、突出资源配置与规划任务衔接

改进财政资金配置机制。保障规划任务的资金需求。财政资金投向侧重支持基于自主创新的重大科技研发、成果转化和产业化环节，具有自主知识产权，以及培育战略性新兴产业、发展壮大高新技术产业、挖掘地方经济新增长点的项目。适度加强高等院校、重点科研机构的基础理论与应用基础研究，应用研究与试验发展比例保持在目前的结构水平。坚持扶弱壮强，弥补投入短板，加大对科研机构基本运行、重点创新平台开放运行的支持力度，体现对产学研深度合作的优先支持。

二、引导企业加大科技投入

引导激励企业加大科技投入，迅速扩大企业科技投入总量。建立自治区国有规模以上工业企业、高新技术企业、科技重大专项承担企业科技投入监测机制。各类企业技术开发费用按已有政策规定足额提取，高新技术企业中的大中型企业研发费用占比不低于相关规定。积极引导社会资金建立中小企业信用担保机构，探索创立多种担保方式，弥补中小企业担保抵押物不足的问题。

三、多元化科技投融资体系

强化政府科技投入的优先地位和杠杆作用，提高财政资金在科技投入多元化过程中的调控能力。推动建立以政府资金为引导、民间资本为主体的创业资本融资渠道。在自治区科技协同创新基金中设立天使基金，整合财政科技专项资金，加大对自治区重点产业发展和小微科技型企业的支持力度。引进高水平专业化基金管理团队，健全基金监督管理机制，推进自治区协同创新基金规范化运作，不断壮大基金规模。

建立政府资金引资机制。通过财政资金注入、吸收国有资本和民营资本入股等途径，在自治区和各盟市设立融资担保资金，鼓励融资担保机构创新业务品种和反担保措施，为科技类企业和项目融资提供增信服务。推广政府和社会资本合作模式，促进科技创新项目与民间资本积极对接。鼓励建立天使投资、风险投资等各类投资基金。

自治区财政设立科技贷款风险补偿专项资金。鼓励引导金融机构创新服务模式，积极运用银团贷款、并购贷款等方式支持科技创新。推动科技保险试点渐次铺开，积极完善科技保险、专利保险及知识产权质押风险补偿机制。

四、提升科技金融服务创新能力

加快科技金融产品创新。促进科技金融结合，鼓励符合条件的金融机构在依法依规、风险可控的前提下，与创业投资机构、股权投资机构实现投贷联动，支持创新企业发展。支持商业银行开展非固定资产抵押质押模式创新。逐渐建立科技企业和中小微企业信贷风险补偿办法。支持商业银行设立互联网金融平台，利用互联网、大数据提升金融服务能力。推进信用信息及大数据在互联网金融领域的应用，依法合规开展互联网非公开股权融资活动。

完善服务科技创新的金融体系与监管政策。支持银行业金融机构开设重点服务科技领域的分支机构，研究单列商业银行科技支行和科技金融事业部信贷鼓励政策。支持依法设立小额贷款公司、企业集团财务公司、金融租赁公司和融资性担保公司，将服务科技创新作为主要战略目标，提高科技企业金融服务的专业化水平。支持科技金融专营机构实施差别化信贷考核机制，推进信用体系建设，创新银政保企合作模式，完善“政府＋保险＋银行＋第三方信用评级”的风险共担模式和风险补偿机制。

第五篇　环境保障

第二十一章　加快推进科技体制改革

总体要求。围绕促进科技与经济社会发展深度融合，统筹落实国家、自治区关于科技体制改革的系列决策部署，营造和谐的政策环境，完善必要的配套措施，切实解决好科技体制改革尚存的矛盾和问题，重视通过改革提高系统运行效率，激发创新潜能。

一、健全政府科技创新治理机制

推动政府职能转变，强化创新服务意识。建立科技创新厅际联席会议制度，完善厅际沟通协调机制，凝聚部门共识。明确自治区与地方科技事权和支出责任划分。推动政府简政放权，放管结合，优化服务，政府主要负责科技发展战略、规划、政策的研究制定，科技资源的宏观布局和计划监管。建立科技管理平台和评估监管体系，加强事中、事后监督检查和责任倒查，发挥专家和专业机构在具体项目管理中的作用。建立科技决策咨询制度，建设高水平科技智库体系，发挥高水平专家在战略规划、宏观决策中的作用。着力营造创新生态，保证机会公平、规则公平、权利公平。

二、深化科技计划管理改革

构建新型科技计划体系。整合科技计划资源，按照“遵循规律，适应区情，加强导向，分类管理”方针，构建新型科技计划骨干体系，重点沿 6 个方向安排部署：科技重大专项计划（财政专项资金）、关键技术攻关计划、高新技术成果转化计划、县域特色产业培育计划、创新平台（人才）体系建设计划、科技创新环境建设计划。

强化计划项目管理。规范科技计划项目管理程序，定期发布年度科技计划项目指南，引导各类项目承担主体公平竞争。加强项目全程监管、中期评估、结题验收、绩效评价等环节。开发科技计划项目管理系统平台，实现科技计划项目储备、指南发布、申报、立项、验收一体化、规范化管理。

改革资金管理。简化财政科研项目预算编制，将直接费用中多数科目预算调剂权下放给项目承担单位；项目年度剩余资金可结转下年使用，最终结余资金留归项目承担单位使用。增加间接费用比重，对劳务费不设比例限制，参与项目的研究人员、科研辅助人员均可按贡献开支劳务费。差旅会议管理不简单比照机关和公务员，高等院校、科研机构可根据科研业务需要，确定专业性会议规模和开支标准。建立科研财务助理制度，精简各类检查评审。项目承担单位要强化自我约束意识，完善内控机制，营造更好的科研环境。

三、深化科研机构改革

建立现代院所制度。完善科研机构法人治理结构，推进科研事业单位逐步取消行政级别，探索实行理事会制度。进一步深化公益类科研机构分类改革，落实科研事业单位在编制管理、人员聘用、职称评定、绩效工资分配等方面自主权。消除科研机构管理中存在的行政化和官本位弊端，实行有利于开放、协同、高效创新的扁平化管理结构。

强化公益科研的创新条件。加大对公益科研自主创新能力建设的支持力度，优先保障对现有研究领域、优势学科、前沿技术储备的项目支撑。鼓励科研机构与企业、院校联合组建不同形式的产学研合作实体，鼓励以优化配置科技资源、拓展产业开发领域和面向社会的多功能公益服务为目标，组建多种类型的研发中心、科技型企业、新产品试验示范基地、技术推广和成果转化中介服务组织。

四、推进科技成果转化制度改革

加快落实科技成果转移转化政策新规。事业单位自主决定转移其持有的科研成果，成果转移收入全部留归单位，主要用于奖励科技人员和开展科研、成果转化等工作。转让成果取得的净收入应提取不低于 50% 用于奖励，对研发和成果转化做出主要贡献人员的奖励份额不低于奖励总额的 50%，科技人员在成果转化中开展技术开发与服务活动，可依法依规获得奖励。

鼓励科技人员兼职从事成果转化。支持科技人员在完成本职工作情况下兼职从事科技成果转化活动，或者 3 年内保留人事关系离岗创业，开展成果转化。离岗创业期间，科技人员承担的国家、自治区和市级科技计划和基金项目原则上不得终止。鼓励企业采取股权奖励、项目收益分红等方式，激励科技人员实施成果转化。将科技成果转化情况纳入科研机构和高校绩效考评，作为立项和验收的重要依据。

开展科技成果信息汇交与发布。以需求为导向发布转化先进适用、符合产业转型升级方向、投资规模与产业带动作用大的科技成果包。加强科技成果信息汇交，建立健全各地方、各部门科技成果信息汇交工作机制，推广科技成果在线登记汇交系统，开展应用类科技项目成果以及基础研究中具有应用前景的科研项目成果信息汇交。加强科技成果管理与科技计划项目管理的有机衔接，明确由财政资金设立的应用类科技项目承担单位的科技成果转化义务，鼓励非财政资金资助的科技成果进行信息交汇。

提高科技成果转化水平。健全自治区、盟市、旗县三级科技成果转化工作网络，强化科技管理部门开展科技成果转移转化工作职能。探索建立符合科技成果特点和成果转化规律的科技成果管理新模式。实现科技成果转化年度报告制度，规范和优化科技成果转移转化流程。推动国家、自治区和盟市各类科技计划、科技奖励成果存量与增量数据互联互通。建立应用类科技成果转化项目库，面向社会提供科技成果信息查询、筛选推介等公益服务。发挥好科技成果转化资金的杠杆作用，采取政府购买服务、以奖代补、贷款贴息、创业投资引导等多种形式，畅通科技成果通向市场的渠道。

第二十二章　改革科技人才发展机制

总体要求。树立科学人才观，破除束缚科技人才发展的思想观念和体制机制障碍，构建科学规范、开放包容、运行高效的科技人才发展治理体系，完善灵活开放的科技人才培养、引进和使用机制。不唯地域引进人才，不求所有开发人才，不拘一格用好人才，确保急需高端人才引得进、留得住、用得好。

一、推进创新型人才结构调整

促进科学研究、工程技术、科技管理、科技创业和技能型人才协调发展，形成各类科技人才衔接有序、梯次配备、合理分布的格局。突出“高精尖缺”导向，重视高层次创新人才队伍建设，突出顶尖科学家、科技领军人才的引进、培养。加强创新团队建设，形成科研人才和科研辅助人才的合理配备。加大对优秀青年科技人才的发现、培养和资助力度，增强科技创新人才后备力量。加大面向生产一线的实用工程人才、卓越工程师、专业技能人才和乡土科技人才的培养，造就一批具有全球战略眼光、管理创新能力和社会责任感的企业家人才队伍。加强知识产权和技术转移人才队伍建设，提升科技管理人才的职业化水平。

二、改进科技人才培养支持机制

统筹推进自治区一流大学重点学科建设。突出需求导向，建立高校学科、专业、层次和区域布局动态调整机制。探索启发式、探究式、研究式教学方法的应用。推行职业教育和基础教育双线制，拓展职业教育高端发展空间，满足市场对大量高技能人才和农村实用人才需求。鼓励部分普通本科院校向应用技术型转型。建立以科学与工程技术研究为主导的导师责任制和导师项目资助制，探索产学研用结合的协同育人模式。

创新技术技能人才教育培训模式，开展校企联合培养“双主体”试点。健全以职业农民为主体的农村实用人才培养机制。弘扬劳动光荣、技能宝贵、创造伟大的时代风尚，不断提高技术技能人才经济待遇和社会地位。

改进战略科学家和创新型科技人才培养支持方式。继续实施“草原英才”工程科技子工程，面向海内外引进、培养、集聚高层次创新创业人才和高水平创新团队，完善支持政策，创新支持方式。按照“项目、平台、人才”一体化原则，依托重大科技项目和创新平台，大力培养、引进和使用高层次人才，推动科技人才工程项目与各类科研、平台、基地计划精准对接。建立基础研究人才培养长期稳定支持方式，探索实行充分体现科技人才创新价值和特点的科研经费使用管理办法，推行有利于科技人才创新的科研经费审计方式，推行横向科研课题“明确公权、放开私权”的经费使用模式。鼓励科技人才自主选择科研方向，组建科研团队，开展原创性基础研究和面向需求的应用研究。

三、创新科技人才评价机制

突出品德、能力和业绩评价。克服唯学历、唯职称、唯论文、唯奖项等倾向，积极探索尊重个性、以人为本的评价方法，努力开发、应用科学测评手段，提高科技人才评价的科学水平。探索基础研究类科研人员代表作评议制度，强化应用研究和技术开发类科研人员的成果贡献评估，引导科研辅助和实验技术类人员提高服务水平和技术支持能力。

改革完善科技人才职称评价标准和方式。突出用人主体在职称评审中的主导作用，促进职称评价结果和科技人才岗位聘用有效衔接。探索高层次人才、急需紧缺人才职称直聘办法，技能型人才聘用办法，放宽急需紧缺人才职业资格准入。

四、健全科技人才激励机制

完善科研事业单位收入分配制度改革。健全与岗位职责、工作业绩、实际贡献紧密联系和鼓励创新创造的分配激励机制，重点向关键岗位、业务骨干和做出突出贡献的人员倾斜。各类科技奖励要强化奖励的荣誉性和激励性，突出对重大科技贡献、优秀创新团队的激励。扎实做好自治区杰出人才奖、科学技术奖、突出贡献专家和“草原英才”等评选工作。实施分层分类“人才项目引领支持计划”。

第二十三章　优化创新环境

总体要求。围绕创新驱动发展、推动大众创业万众创新需求，破除制约创新的观念和体制障碍，支持各种有利于激活创新要素的探索与实践。完善支持创新的普惠性政策体系，强化创新法治保障，激励科技人才增强创新自信，营造敢为人先、宽容失败的学术氛围，培育竞争共生的创新生态。

一、营造良好的政策环境

积极协调、推动有关科技政策、科技法律法规宣传、贯彻和落实。坚持结构性减税方向，逐步将国家对企业技术创新的投入方式转变为以普惠性财税政策为主。加大研发费用加计扣除、高新技术企业税收优惠、固定资产加速折旧政策落实力度，推动设备更新和新技术利用。对包括天使投资在内的投向种子期、初创期等创新活动投资，统筹研究相关税收支持政策。研究促进创业投资企业发展的优惠政策，适度放宽创业投资企业投资高新技术企业的条件限制。健全优先使用自主创新产品的采购政策，对应用于环保、健康等领域的创新产品和服务，或科技型中小企业提供的创新产品和服务，加大采购力度或实行首购、订购。对具有较大社会效益和生态效益的创新产品和技术，通过落实税收优惠、保险、价格补贴和消费者补贴等，降低新技术进入市场的成本。落实引进技术消化吸收再创新政策。加强政策落实的部门协调，强化政策培训，完善政策实施程序，切实扩大政策覆盖面。

二、营造良好的科研学术环境

优化科研管理环境。落实扩大科研机构自主权，尊重科技人员科研创新主体地位，不以行政决策代替学术决策。避免让科研人员陷入各类不必要的检查论证评估等事务中，允许科研机构在科研立项、人财物管理、科研方向、技术路线选择、国际科技交流等方面自主决策；推广以项目负责人制为核心的科研组织管理模式，赋予创新领军人才更大的人财物支配权、技术线路决策权；推动科研人员及团队开展多种形式的学术交流活动，为科研人员参加更多的国内外学术交流提供政策保障和往返便利。

优化学术民主环境。减少对科研创新和学术活动的直接干预，改变科技资源配置竞争性项目过多的局面。营造浓厚学术氛围，鼓励科研人员打破定式思维和守成束缚，勇于提出新观点、创立新学说、建立新学派。不得动辄用行政化“参公管理”约束科研人员，不得以过多的社会事务干扰学术活动，允许科研人员采用弹性工作方式从事科研活动，确保用于科研时间不少于工作时间的六分之五。完善科研机构学术道德和学风监督机制，建立学术诚信档案，引导科研人员严谨治学、诚实做人，秉持奉献、创新、求实、协作的科学精神，在践行社会主义核心价值观、引领社会良好风尚中率先垂范。

三、改革科技创新评价制度

改进对高等院校和科研机构研究活动的分类考核。对基础和前沿技术实行同行评价，突出中长期目标导向，注重研究质量、原创价值和实际贡献；对公益性研究强化国家目标和社会责任评价，应用研究和产业化开发主要由市场评价。完善高等院校教师和科研人员分类考核评价制度，建立教学、科研以及成果转化等业绩的等效评价机制，将专利创造、标准制定及成果转化等业绩作为高等院校教师和科研人员职称评审、绩效评价、考核激励的重要依据。扶持和培育学会、协会、研究会等社会组织第三方评估能力，定期对相关领域改革落实情况进行评估。

探索建立以科技创新为核心，以知识产权为重要内容，以产业发展为目标的创新驱动发展评价指标，纳入政府工作目标和绩效考核。建立和完善创新能力第三方评估制度，实行区域创新能力评价制度，完善创新型内蒙古评价体系。建立创新政策调查和评价制度，广泛听取企业和社会公众意见，定期对政策落实情况进行跟踪分析，并及时调整完善。推进创新政策评估督查与绩效评价，形成职责明晰、积极作为、协调有力、长效管用的创新治理体系。

四、促进军民创新融合

健全宏观统筹机制。遵循经济建设和国防建设的规律，构建统一领导、需求对接、资源共享的军民融合管理体制，统筹协调军民科技战略规划、方针政策、资源条件、成果应用，推动军民科技协调发展、平衡发展、兼容发展。

开展军民协同创新。建立军民融合重大科研任务形成机制，从基础研究到关键技术研发、集成应用等创新链一体化设计，构建军民公用技术项目联合论证和实施模式，建立产学研相结合的军民科技创新体系。

促进军民技术双向转移转化。推进军民基础共性技术一体化、基础原材料和零部件通用化。推动先进民用技术在军事领域的应用，健全国防知识产权制度、完善国防知识产权归属于利益分配机制，积极引导国防科技成果加速向民用领域转化应用。放宽国防科技领域市场准入，扩大军品研发和服务市场的开放竞争，引导优势民营企业进入军品科研生产和维修领域。

五、推进大型科研仪器及科研基础设施开放共享

建立大型科研仪器及科研基础设施统计分析制度及基础数据库。凡财政资金购置的大型科研仪器和科研基础设施，除涉密及特殊设备外，持有单位应创造条件面向社会开放共享。推行大型科研仪器及科研基础设施开放共享绩效评价制度，对绩效突出的仪器设施持有单位给予奖励补贴。依托内蒙古科技创新资源信息系统建设，按照国家开放共享的数据标准、接口规范及共享模式，构建开放性、便利化的大型科研仪器及科研基础设施开放共享网络平台。

六、开展创新平台资源共享

推进自治区各类重点实验室、工程技术研究中心、大型研究实验基地的开放运行和资源共享。组建跨学科、跨部门的自治区基础性研究实验中心，营造开放共享的研究实验环境。开展种质资源库、实物标本场馆、实验材料的共享服务，开展科学数据、科技计划项目数据共享服务，组建地区的自治区基础性监测数据共享中心。支持建立众创空间共享平台，汇集扶持政策与创新创业信息资源，提供线上线下共享服务。

第二十四章　加强科普和创新文化建设

总体要求。营造崇尚创新的文化环境，加快科学知识和创新价值的传播塑造，动员全社会更好理解和投身创新，培育尊重知识、崇尚创造、追求卓越的创新文化。努力提升公民科学素质，加强科普能力建设，大幅提高科普产品和科普服务的精准、有效供给能力。

一、提升公民科学素质

深入实施全民科学素质行动，提升重点人群科学素质，按中国公民科学素质基准，到 2020 年公民具备科学素质比例超过 10%。

大力开展基础教育阶段的科学教育。拓展校外青少年科技教育渠道，鼓励青少年广泛参加科技活动，推动高等学校、科研院所、科技型企业等面向青少年开放实验室等教学、科研设施。巩固农村义务教育普及成果，提高农村中小学科技教育质量，为农村青少年提供更多接受科技教育和参加科普活动的机会。以培养劳动技能为主，加强中等职业学校科技教育，推动科技教育与创新创业实践进课堂进教材。完善高等教育阶段的科技教育，支持在校大学生开展创新性实验、创业训练和创业实践项目。广泛开展各类科技创新类竞赛等活动。

提升劳动者科学文化素质。大力开展农业科技教育培训，全方位、多层次培养各类新型职业农民和农村实用技术人才。广泛开展形式多样的农村科普活动，大力普及绿色发展、安全健康、耕地保护、防灾减灾等科技知识和观念，传播科学理念，反对封建迷信，帮助农民养成科学健康文明的生产生活方式。加强农村科普公共服务建设，提升乡镇嘎查科普服务能力。完善专业技术人员继续教育制度，加强专业技术人员继续教育工作。构建以企业为主体、职业院校为基础、各类培训机构积极参与、公办与民办并举的职业培训和技能人才培养体系。广泛开展进城务工人员培训教育，推动职业技能、安全生产、信息技术等知识和观念的广泛普及。强化社区科普公共服务，广泛开展社区科技教育、传播与普及活动。开展老年人科技传播与科普服务，促进健康养老、科学养老。

提高领导干部科学决策和管理水平。把科技教育作为领导干部和公务员培训的重要内容，突出科技知识和科学方法的学习培训以及科学思想、科学精神的培养，引导领导干部和公务员不断提升科学管理能力和科学决策水平。积极利用网络化、智能化、数字化等教育培训方式，扩大优质科普信息覆盖面，满足领导干部和公务员多样化学习需求。不断完善领导干部考核评价机制，在领导干部考核和公务员录用中体现科学素质的要求。制定完善领导干部和公务员科学素质监测、评估标准。提高领导干部和公务员的科技意识、科学决策能力、科学治理水平和科学生活素质。广泛开展针对领导干部和公务员的院士专家科技讲座、科普报告等各类科普活动。

二、加强自治区科普能力建设

强化科普基础设施和科普信息化建设。加强科普基础设施的系统布局，推进自治区科普示范基地和特色科普基地建设，提升科普基础设施服务能力，实现科普公共服务均衡发展。建立完善以实体科技馆为基础，科普大篷车、流动科技馆、学校科技馆、数字科技馆为延伸，辐射基层科普设施的现代科技馆体系。加强基层科普设施建设，因地制宜建设一批具备科技教育、培训、展示等多功能的开放性、群众性科普活动场所和科普设施。

大力推进科普信息化。推进信息技术与科技教育、科普活动融合发展，推动实现科普理念和科普内容、传播方式、运行和运营机制等服务模式的不断创新。以科普的内容信息、服务云、传播网络、应用端为核心，构建科普信息化服务体系。加大传统媒体的科技传播力度，创新科普传播形式，推动报刊、电视等传统媒体与新兴媒体在科普内容、渠道、平台、经营和管理上的深度融合，实现包括纸质出版、网络传播、移动终端传播在内的多渠道全媒体传播。推动科普信息应用，提升大众传媒的科学传播质量，满足公众科普信息需求。适应现代科普发展需求，壮大专兼职科普人才队伍，加强科普志愿者队伍建设，推动科普人才知识更新和能力培养。

提升科普创作能力与产业化发展水平。加强优秀科普作品的创作，推动产生一批水平高、社会影响力大的原创科普精品。积极参与全国优秀科普作品、微视频评选推介等活动，加强对优秀科普作品的表彰、奖励。创新科普讲解方式，提升科普讲解水平，增强科学体验效果。鼓励和引导科研机构、科普机构、企业等提高科普产品研发能力，推动科技创新成果向科普产品转化。以多元化投资和市场化运作的方式，推动科普展览、科普展教品、科普图书、科普影视、科普玩具、科普旅游、科普网络与信息等科普产业的发展。鼓励建立科普园区和产业基地，培育一批具有较强实力和较大规模的科普设计制作、展览、服务企业，形成一批具有较高知名度的科普品牌。

促进科技资源与科普结合。推进科研与科普的结合。在自治区科技计划项目实施中进一步明确科普义务和要求，项目承担单位和科研人员要主动面向社会开展科普服务。建设“互联网＋科普”资源平台，整合自治区各类科技条件资源，促进各类科普基地、科普产品等科普资源面向社会开放，建立畅通的服务渠道和开放共享机制。推动高等学校、科研机构、企业向公众开放实验室、陈列室和其他科技类设施，充分发挥天文台、野外台站、重点实验室和重大科技基础设施等高端科研设施的科普功能，鼓励高新技术企业对公众开放研发设施、生产设施或展览馆等。提高各级各类科普基地的服务能力和水平，提高中小场馆的科普业务水平。鼓励自治区高等院校、科研机构、自治区重点实验室及大型科学仪器设施面向社会开展科普活动。

促进创新创业与科普的结合。鼓励和引导众创空间等创新创业服务平台面向创业者和社会公众开展科普活动。推动科普场馆、科普机构等面向创新创业者开展科普服务。鼓励科研人员积极参与创新创业服务平台和孵化器的科普活动，支持创客参与科普产品的设计、研发和推广。结合重点科普活动，加强创新创业代表性人物和事迹的宣传。

加强创新方法推广应用。加强以萃智为主的创新方法推广应用工作，面向企业、高校、科研机构的科技人员大力开展创新方法培训和深度辅导，建设一批创新方法服务平台，不断提升科技人员和大学生的创新方法应用水平。

三、开展科技智库建设整体规划和科学布局

重视科技智库体系建设。开展科技智库建设总体规划研究，科学设计科技智库参与决策咨询的

制度性安排。整合现有科技智库资源，挖掘发展潜力，统筹推进高等院校、科研机构、党政研究部门、社会团体的智库建设协调发展，尽快形成定位明晰、分工侧重、规模适度、布局合理的自治区新型科技智库体系，推进不同性质智库协同创新。

集成专业学会、协会、社会团体专家智力资源，开展科技智库建设资源的战略整合。激发现有智库活力，挖掘现有智库潜能，根据需要重组一批新智库，以统筹协调和顶层设计扬长避短，以大数据技术提升智库的科技含量和运行效率，逐步实现科技智库由“应急导向”向“前瞻导向”的转变。

确认科技智库发展的战略地位。把建设高水平智库作为新常态下软科学研究拓展升级的战略支点。转变研究导向，优化智库成果，增强研究的前沿性、专业性和综合性，推出满足科学决策需要的科技智库服务品牌。

四、营造激励创新的社会文化氛围

营造崇尚创新的文化环境，加快科学精神和创新价值的传播塑造，动员全社会更好理解和投身科技创新。营造鼓励探索、宽容失败和尊重人才、尊重创造的氛围，加强科研诚信、科研道德、科研伦理建设和社会监督，培育尊重知识、崇尚创造、追求卓越的创新文化。

把弘扬科学精神作为社会主义先进文化建设的重要内容。大力弘扬求真务实、勇于创新、追求卓越、团结协作、无私奉献的科学精神。鼓励学术争鸣，激发批判思维，提倡富有生气、不受约束、敢于发明和创造的学术自由。引导科技界和科技工作者强化社会责任，报效祖国，造福人民。

加强科技界与公众的沟通交流，塑造科技界在社会公众中的良好形象。在科技规划、技术预测、科技评估以及科技计划任务部署等科技管理活动中扩大公众参与力度，拓展有序参与渠道。围绕重点热点领域积极开展科学家与公众对话，通过开放论坛、科学沙龙和展览展示等形式，创造更多科技界与公众交流的机会。加强科技舆情引导和动态监测，建立重大科技事件应急响应机制，抵制伪科学和歪曲、不实、不严谨的科技报道。

大力培育中国特色创新文化，增强创新自信，积极倡导敢为人先、勇于冒尖、宽容失败的创新文化，形成鼓励创新的科学文化氛围，树立崇尚创新、创业致富的价值导向，大力培育企业家精神和创客文化，形成吸引更多人才从事创新活动和创业行为的社会导向，使谋划创新、推动创新、落实创新成为自觉行动。引导创新创业组织建设开放、平等、合作、民主的组织文化，尊重不同见解，承认差异，促进不同知识、文化背景人才的融合。鼓励创新创业组织建立有效激励机制，为不同知识层次、不同文化背景的创新创业者提供平等机会，实现创新价值的最大化。鼓励建立组织内部众创空间等非正式交流平台，为创新创业提供适宜的软环境。加强科技创新宣传力度，报道创新创业先进事迹，树立创新创业典型人物，进一步形成尊重知识、尊重人才、尊亘创造的良好风尚。加快完善包容创新的文化环境，形成人人崇尚创新、人人渴望创新、人人皆可创新的社会氛围。

第六篇　组织实施

第二十五章　抓好《规划》的组织实施与管理

一、加强《规划》实施的组织领导

各级党委、政府要站在创新驱动发展的战略高度增强发展科学技术事业的责任感和紧迫感，树立以创新驱动引领未来的发展理念，把《规划》的实施作为贯彻落实党政一把手抓第一生产力的重大举措，用改革创新的精神和求真务实的作风抓好《规划》的组织实施。

“十三五”期间，将《规划》的组织实施纳入各级党政领导班子和主要领导干部科技进步责任考核制度，组织部门会同科技主管部门负责具体操作。自治区政府常务会议定期听取《规划》执行情况汇报。

二、强化《规划》实施的协调管理

推进《规划》顺利实施，必须加强组织领导，落实责任，强化实施中的协调管理，建立由科技主管部门牵头，各部门、旗县市区通过职能对接、任务会商等方式协同推进的《规划》实施机制。各部门、各旗县市区要做好与本《规划》提出的总体战略与目标的衔接，做好重大任务的分解和落实，建立《规划》符合性审查机制，各部门、各旗县市区在部署科技项目和重点措施时，要对任务与《规划》的相关性进行审查。加强《规划》的贯彻宣传，调动和增强社会各方面的主动性、积极性。

三、开展《规划》实时监测评估

建立《规划》实施的年度监测制度和监测体系，对《规划》提出的各项目标的实施进度、重大任务完成情况、政策措施落实情况进行年度监测，及时掌握《规划》实施进程。开展《规划》实施中期评估和期末总结评估，对《规划》实施效果进行测评，并根据实施的具体情况对《规划》的目标、任务做出必要调整。

辽宁省“十三五”科学和技术发展规划纲要

“十三五”时期（2016—2020年）是我国全面建成小康社会，实现第一个百年梦想的决胜期。对于辽宁而言，“十三五”还是落实《辽宁省中长期科学和技术发展规划纲要》的最后五年，是基本实现创新型辽宁建设目标的最后五年。为了深入贯彻落实党的十八大及十八届三中、四中和五中全会精神，加快实施好创新驱动发展战略，充分发挥科技创新对经济社会发展的支撑引领作用，根据《辽宁省国民经济和社会发展第十三个五年规划纲要》的整体部署，特制定《辽宁省“十三五”科学和技术发展规划纲要》。

一、发展基础与面临形势

（一）“十二五”时期的发展成就

“十二五”期间，全省上下紧紧围绕创新型省份建设和老工业基地振兴中心工作，深入贯彻落实国家和省委、省政府加快实施创新驱动发展战略的部署，全省科技创新能力得到有效增强，科技支撑和引领经济社会发展成效显著。

1. 支撑产业转型升级能力不断提升

针对制约产业发展的控制系统、核心部件和基础材料等瓶颈，实施了省科技创新重大专项，重大关键技术攻关和新产品研发取得新突破，攻克了压缩机轴流与离心共轴结构设计、高档智能化数控机床关键核心技术等关键技术200多项。大直径全断面硬岩掘进机、500公斤六轴工业机器人等60余个新产品实现产业化，填补了国内空白。高新技术产业保持平稳发展，全省高新技术企业达1539家，是“十一五”末的2.8倍；高新技术产品增加值年均增长13.4%。技术合同成交额达292亿元，较“十一五”末翻了一番。面向支柱产业和新兴产业发展重大需求，突出全要素整合、全产业链布局，组建了13个产业共性技术创新平台、76个专业技术平台和1个创新综合服务平台，着力打造与辽宁产业发展相适应的、创新资源高效集成的产业技术创新体系，贯通全产业链条，引领

辽宁省人民政府办公厅，辽政办发〔2016〕76号，2016年6月26日。

传统产业技术提升，支撑战略性新兴产业做大做强，有力地支撑了产业结构调整与升级。

2. 区域创新载体不断壮大

坚持把高新区和特色产业集群作为推动区域创新的重要载体，加速推进科技与经济的融合，有力地支撑了区域经济的发展。实现了全省各市均有 1 个高新技术产业开发区的整体布局，阜新、锦州高新区晋升为国家级高新区，国家级高新区总数达到 8 个，数量居全国第 4 位。高新区已成为全省高新技术产业的集聚区，高新技术企业数量占全省的三分之一以上。在经济下行压力较大的形势下，13 个科技特色产业集群仍然实现了快速增长，对地区经济增长和产业结构优化升级的带动作用更加突出。2014 年实现销售收入 1894 亿元，同比增长 13.6%。本溪生物医药、鞍山激光、阜新液压等一批战略性新兴产业集群实现了超常规发展，在多个方面取得了历史性突破，已经成为辽宁以科技创新促进经济发展方式转变的重要引领。目前辽宁已拥有国家级科技产业化基地 18 个、国家火炬计划特色产业基地 16 个、国家新型工业化产业示范基地 11 个。

3. 科技强农惠民成效显著

农业种子创新工程成效显著，辽单系列玉米种质与育种技术创新、北方粳稻穗型改良技术理论等关键育种技术取得突破，选育并审定玉米、水稻等主要农作物新品种 403 个，备案花生、果蔬等新品种 425 个；培育畜禽新品种（系）3 个、水产新品种 5 个；选育林木良种 11 个，主要农作物良种覆盖率达 96.8%。设施农业结构设计等重大关键技术及成果得到有效转化与广泛应用，全省农村科技特派工作稳步发展，已基本建立农村科技示范基地和农民技术员培训网格化区域培训体系，实现了一村一名懂技术、会经营的农民技术员全覆盖，有效解决了技术服务“最后一公里”问题。

科技惠民工程深入实施，批建了 36 个省级临床医学研究中心，加大了对优生优育、中医中药、器械研发、卫生管理和食品安全等领域项目的支持，重点开展了重大慢性非传染性疾病防控关键技术研发与推广、基础研究和传染病防治，全省医学科技创新能力进一步提高。针对沈阳地区糖尿病眼病、建平县肝脏疾病等区域性高发疾病，开展综合干预与治疗，使 60 余万人受益。建立了省级食品污染物监测和食源性疾病监测网络技术平台，样品采集覆盖到县区，共监测食品 21 大类，约 120 项指标；建立了 7 个区域性非煤矿山应急救援基地，基本形成了规范的安全生产技术支撑体系；完成了 3 类“金盾工程”基础设施，开发建设了七大公安信息化应用技术平台。食品安全、生产安全、社会安全领域科技创新能力不断提升。

4. 科技创新环境不断优化

科技资源配置更加合理，构建了“三个层次”新的科技计划框架体系和“五位一体”新的科技资源配置模式，使资金、人才等资源更有效地向经济和社会发展的关键环节集聚。全省 R&D 经费达 435.2 亿元，较 2010 年增长了 51.4%；R&D 活动人员达到 162625 人，较“十一五”末期增长 28.7%。科技基础条件更加完善，拥有各类批建的研发机构 1694 家，包括省级以上重点实验室 400 个、工程实验室 161 个、工程技术研究中心 596 个、工程研究中心 140 个，数量居于全国前列；建有公共研发平台、协同创新中心等各类创新服务平台 349 家，100 个重点产业集群已建成研发检测等公共服务平台 118 个；各类众创空间达到 156 家，累计毕业企业 2066 家；科技企业孵化器 61 家，孵化面积 269 万平方米，其中国家级孵化器 28 家，在国内排名第 5 位，孵化面积 98 万平方米。省级以上大学科技园14家，建筑面积66万平方米，入园企业770家。科技政策体系更加健全，以落实省委、省政府《关于加快推进科技创新的若干意见》（辽委发〔2012〕16号）为核心任务，全省先后出台具体政策措施50余项，颁布实施了《辽宁省自主创新促进条例》（2014年）、《辽宁省专利条例》（2013年）等，形成了较为完善的科技创新政策法规体系，对激发广大科技人员和全社会的创新创造活力发挥了重要作用。深入实施产学研结合促进工程，出台了《关于进一步促进产学研合作工作的意见》（辽政发〔2012〕34号），与中科院、清华大学等"两院十校"签订了全面合作协议，营造良好的产学研合作氛围。

（二）"十二五"时期存在的主要问题

"十二五"期间科技创新工作取得了长足的进步，但仍然存在一些亟待破解的问题。

一是科技投入严重不足。科技经费投入虽然增速较快，但R&D经费占GDP比重长期低于全国平均水平，以政府投入为引导、企业投入为主体、金融机构资金为支撑，吸引外资和社会资金为补充的多元化投融资体系未能有效建立，科技投入支撑重大科技创新的能力明显不足。二是企业技术创新主体地位有待加强。辽宁是国有企业分布较广、比重较大的典型省份，大型装备为主的产业特点更多依赖国家政策牵引与投资拉动，企业的市场意识和创新意识不强、等靠要依附政府现象比较普遍，规模以上工业企业中有研发机构和有研发活动的企业比例、研发投入占主营业务收入比重等指标均低于全国平均水平。三是科技体制改革亟待推进。计划经济体制下形成的科研体系条块分割的问题依然严重，全链条、贯通式的科研布局尚未有效建成，各种创新要素（如科技成果、人才等）进一步向市场活跃的发达地区集聚，致使科技成果转化"墙内开花墙外香"和科技人才"孔雀东南飞"现象时有发生。四是高新区创新驱动引擎作用发挥不够明显。管理体制和运行机制还不够灵活，高新区发展缺乏后劲和动力；高新区主导产业不鲜明，什么"菜"都装进高新区的筐子里，产业集聚效益不能有效突出；高新区产业发展质量不高，高和新两个特征不够突出，辐射带动作用不强，尤其是电子信息、生命科学、"互联网+"等战略性新兴产业起步较晚，现代服务业发展滞后。五是社会创新文化氛围有待全面提升。墨守成规、安于现状的传统意识依然根深蒂固，科技创新的土壤还相对贫瘠，全社会创新意识、创新理念有待进一步提升；鼓励、支持创新的政策宣传还停留在初浅阶段，崇尚创新、宽容失败的社会舆论还未深入人心，大众创业、万众创新的环境尚未形成。

（三）"十三五"时期面临的机遇与挑战

"十三五"期间，国际、国内经济科技形势发生重大变化，辽宁科技事业发展迎来了新的机遇与挑战。

1.迎来的新机遇

一是世界新一轮工业革命为辽宁科技创新带来新的机遇。当今世界正处于新一轮技术创新浪潮引发新一轮工业革命的开端，新一轮科技革命和产业变革正在孕育兴起，全球科技创新呈现出新的发展态势和特征。学科交叉融合加速，新兴学科不断涌现，前沿领域不断延伸，物质结构、宇宙演化、生命起源、意识本质等基础科学领域正在或有望取得重大突破性进展。创新战略竞争在综合国力竞争中的地位日益重要，各国纷纷制定和实施各类创新战略。科技创新活动不断突破地域、组织、技术的界限，演化为创新体系的竞争。科技创新链条更加灵巧，技术更新和成果转化更加快捷，产业更新换代不断加快，原始科学创新、关键技术创新和系统集成的作用日益突出。更多全球技术中心将向中国转移，成为未来科学发展新契机。“十三五”辽宁有机会融入全球创新网络，利用全球创新资源，加快提升科技创新竞争力。

二是国家创新驱动战略的实施为创新型辽宁建设带来新的机遇。积极适应引领经济发展新常态的要求，是“十三五”时期科技发展面临的国内环境的最突出特点。经济增长将更多依靠技术进步，突破发展瓶颈制约比任何时候都更需要强大的科技支撑。党的十八大明确提出“科技创新是提高社会生产力和综合国力的战略支撑，必须摆在国家发展全局的核心位置”。《中共中央　国务院关于深化体制机制改革加快实施创新驱动发展战略的若干意见》要求深化改革，加快实施创新驱动发展战略，将推动我国在转变科技管理方式、统筹发挥市场与政府作用、深化科技体制改革、推进科技创新治理现代化等方面取得实质性突破。最近党中央、国务院提出在适度扩大总需求的同时，着力加强供给侧结构性改革，进一步凸显了科技在国民经济中长期发展中的重要作用。贯彻落实国家实施创新驱动战略部署，推动科技创新支撑引领经济社会全面转型将成为辽宁“十三五”时期科技发展的重要战略主题。

三是东北老工业基地新一轮振兴为辽宁创新发展提供新的机遇。中共中央政治局审议通过《关于全面振兴东北地区等老工业基地的若干意见》，习近平总书记对促进东北振兴发展做出的重要批示、《关于近期支持东北振兴若干重大政策举措的意见》《关于在部分区域系统推进全面创新改革试验的总体方案》（沈阳成为国家创新改革试验区七省市之一）的出台，使辽宁创新发展不但能享受普惠性的政策供给，还将享受支持东北振兴若干重大政策举措中独有的政策红利，获得先试先行的良机。同时，近期“一带一路”“京津冀协同发展”“中国制造 2025”等一系列国家战略相继出台，为辽宁装备制造、石化、冶金、电力等具有显著比较优势的产业提供新的发展空间，为老工业基地再振兴提供了新的机遇。

2. 面临的新挑战

辽宁的科技创新在迎来新机遇的同时，也面临着严峻的挑战。

一是产业科技创新面临加剧的国际竞争带来的挑战。2008 年金融危机之后，国际经济形势发生深刻变化，美国制造业的强势回归，德国政府“工业 4.0”战略的实施，使本来面临人口红利消失、技术附加值低等问题的“辽宁制造”产品进一步遭受致命的挤压，国际市场份额减小。以创新能力为核心的产业核心竞争力成为未来“辽宁制造”产品能否赢得市场竞争的关键，辽宁从制造业大省向制造业强省转变亟须依靠产业技术的革命性创新来推动，产业科技创新能力正面临强大国际竞争对手的严峻挑战。

二是创新要素集聚面临市场经济发达地区带来的挑战。南方发达省份进入市场经济较早，在资本、成果、人才等创新要素配置中充分利用市场优势，已在科技资源配置上占得先机。近年来，辽宁科技创新能力虽有所提升，但市场在科技资源配置中的主体作用发挥并不充分，导致成果外流、人才外迁。在经济发展进入新常态的背景下，有效集聚各类科技资源，加快形成以科技创新为主要引领和支撑的经济体系将成为辽宁能否实现老工业基地全面振兴的关键。

三是实施创新驱动面临体制机制性矛盾带来的挑战。虽然辽宁的学科和科研机构的设置与产业布局契合度较高，但现有机制体制束缚了高校和科研院所的创新积极性。只有加快推进科技体制改革，破除制度的藩篱，最大限度地激发科研人员的创新积极性，充分释放广大科研工作者的创新活力，才能使辽宁创新驱动战略实施取得实实在在的成果，激发辽宁经济增长的内生动力，转入创新驱动发展的轨道。

四是经济下行压力不断加大带来新的困难和挑战。尽管全省经济呈现出逐步企稳的态势，但辽宁仍然面对经济持续下行的压力，企业成本上升、效益下降，地方政府财政收入增幅锐减，不仅影响企业研发投入，而且直接影响到了科技资源的配置方式。面对科技经费使用方式发生根本性变化，如何充分发挥市场机制作用、合理配置科技资源，成为新形势下政府和企业需要破解的新问题、新挑战。

面对上述新形势和新需求，辽宁必须切实增强紧迫感、责任感和自信心，抢抓机遇、直面挑战，深入实施创新驱动发展战略，大胆革除阻碍科技生产力发展的体制机制障碍，推动科技事业迈上新台阶。

二、发展思路

（一）指导思想

“十三五”期间，深入贯彻落实党的十八大和十八届三中、四中、五中全会以及习近平总书记系列重要讲话精神，准确把握“十三五”阶段性特征，牢固树立“创新、协调、绿色、开放、共享”五大发展理念，全面贯彻“四个着力”要求，深入实施“四个驱动”战略，突出深化改革治本之策，把握创新驱动决胜之要，以构建辽宁自主创新体系为核心，以全面深化科技体制改革为动力，以提升科技对经济社会发展的支撑引领作用为目标，进一步强化市场在资源配置中的决定性作用，坚持围绕产业链、部署创新链、完善资金链、强化人才链，加强产业关键技术攻关，提升产业核心竞争力，优化科技创新发展环境，不断夯实科技基础，构筑产业技术创新体系，增强区域创新能力，充分释放各类科技资源的创新活力，不断提高科技创新供给的质量、效率和效益，努力使科技创新成为全省创新发展的驱动源泉，为全面建成小康社会和加快实现辽宁全面振兴提供强有力的科技支撑。

（二）基本原则

1. 需求导向，市场机制

要处理好市场和政府作用的关系，发挥市场在科技资源配置中的决定性作用，充分利用省产业（创业）投资引导基金，推动企业成为创新主体。以市场需求为导向，引导创新要素向主导产业聚集，以促进科技与经济紧密结合为目标，全面深化科技体制改革，激发社会创造活力，实现创新驱动发展。

2. 精准发力，重点突破

要高度重视科技创新工作，精心组织，精心筹备，精准发力，确保创新驱动战略精细化实施。

坚持“有所为，有所不为”，以影响创新驱动发展全局的重点领域和关键环节为重点和突破口，集中力量，攻坚克难，力求取得突破性进展。

3. 上下联动，协同推进

要全面系统谋划辽宁科技发展大局，充分利用国家创新资源，大力加强与国家科技发展战略的有机衔接，将辽宁科技发展融入全国大局；加强省市联动，统筹科技资源，形成创新合力，协同推进创新驱动。

4. 立足当前，着眼长远

处理好近期与长远的关系，瞄准近期经济社会发展的关键环节主要制约矛盾，提高科技支撑经济社会发展的能力。把握科技发展趋势，超前部署前沿技术和基础研究，培育战略性新兴产业，积极抢占科技创新制高点。

（三）发展目标

1. 总体目标

力争到 2020 年，创新驱动发展战略取得突破性进展，高新技术产业和战略性新兴产业快速发展，若干重点产业领域技术进入国际领先行列，为把辽宁建成中国制造 2025 战略的重要支点，成为具有世界影响力的新材料产业基地和东北地区战略性新兴产业集聚区提供科技支撑；科技体制改革在重要领域和关键环节取得决定性成果，基本形成创新活力竞相迸发、创新成果得到充分保护、创新价值得到更大体现、创新资源配置效率大幅提高、创新人才合理分享创新收益的新体制、新机制，创新潜力得到极大释放；创新型辽宁建设目标基本实现，创新能力与经济社会发展水平相适应，建成体制健全、机制灵活、政策完备、功能完善的自主创新体系，自主创新能力得到大幅提升，使辽宁跻身全国创新型省份行列，成为国家重要的区域创新中心。

2. 具体目标

力争到 2020 年：

——创新投入大幅增加。R&D 经费占 GDP 比重达到 2.5%；R&D 活动全时人员当量达到 12.5 万人年。

——产业技术创新体系不断完善。构建围绕产业链、部署创新链、完善资金链、整合人才链、提升经济与社会价值的“4+1”链式产业技术创新体系。共性、专业、综合服务三类创新平台共计达到 150 个，开展 130 项关键共性技术攻关和重大产学研合作项目。

——产业创新能力显著提高。培育一批抢占产业发展制高点和具有国际影响力的新增长点，开发一批“中国第一”的技术和产品，把辽宁建成装备制造业强省和国家重要的新材料科技产业基地。高新技术产品增加值较“十二五”末翻一番，战略性新兴产业主营业务收入占规模以上工业企业主营业务收入比重达到 20% 以上。

——现代农业科技创新水平不断提升。建设适应辽宁现代农业发展要求的体制健全、机制灵活、功能完善、独具特色的区域创新体系及技术服务体系，农业科技创新驱动发展能力显著提升。选育 150 个具有重大应用前景的优良动植物新品种（系），作物良种覆盖率达到 98% 以上。

——社会发展领域取得较大进展。建成 20 个东北地区领先的省级临床医学研究中心和 2 ~ 3 个标志性资源平台，取得一批原创性、突破性创新成果，医学科技创新能力和科技惠民效益显著提高。食品安全科技支撑能力显著提高，生产安全科技研发能力显著增强，社会安全科技创新水平再上新台阶。

——科技创新人才队伍不断壮大。选拔培养 10 名杰出人才，150 名科技创新领军人才，100 名科技创业领军人才，100 个科技创新团队，2000 名青年科技创新创业人才。通过国家自然科学基金、省自然科学基金、博士基金联合培养 1 万名高层次研究型人才。

——自主创新基础不断夯实。省级以上重点实验室、工程中心数量超过 1000 个。基本形成覆盖科技创新各个环节的科技服务体系，到 2020 年技术市场合同成交额力争达到 600 亿元。

（四）战略重点

1. 着力完善产业技术和区域创新体系

围绕产业发展的需求部署创新链，疏通科技与经济结合的“大通道”和“微循环”，加快产业技术创新体系和区域创新体系建设，完善科技有效支撑引领产业和区域创新发展的机制体制，推动科技创新发展。

2. 着力增强重点产业自主创新能力

继续推进产业技术攻关，力争在若干共性关键技术上取得突破，开发一批国际一流、国内领先的重大产品，提升产业竞争力；加快培育和壮大战略性新兴产业，借助“互联网 +”为传统产业注入新活力，支撑和推进产业结构优化升级。

3. 着力营造大众创业、万众创新环境

加快构建“众创空间”等高效载体和平台，加快提升中小微企业创新活力，全面营造有利于创新创业的良好环境，努力形成“大众创业、万众创新”的浓厚氛围，为经济社会持续健康发展提供有力支撑。

4. 着力解决惠及民生的突出科技问题

围绕现代农业与农村发展、人口与健康、公共安全等领域，针对老百姓关注的难点和热点民生问题，加大投入力度，强化科技创新，研发并推广应用一大批重大科技成果，促进社会和谐发展。

三、重点任务

（一）深化科技体制改革，为科技创新提供强大动力

围绕党中央、国务院《深化科技体制改革实施方案》的总体部署，针对制约科技创新能力提升的体制性、机制性难题，坚持问题导向、对症施策、精准发力 , 为科技创新提供强大动力。

1. 完善科技成果转化机制

一是健全科技成果转化的组织机制。成立省科技成果转化工作协调机构，构建全省上下贯通的工作推进网络系统，在全省建立“横向到边、纵向到底”的促进科技成果转化和技术转移工作格局。

建立省科技成果转化引导基金，探索支持科技成果转化项目的新模式。二是强化企业对科技成果吸纳机制。全面落实企业研发费加计扣除政策，开展“创新券”试点，通过支持企业首台（套）产品的研制及示范推广使用，探索试行创新产品与服务远期约定政府购买制度。三是完善对科研人员的激励机制。授予高校、院所的研发团队职务科技成果的使用权、经营权和处置权。探索市场化科技成果定价机制。对从事科技成果转化、应用技术研究开发和基础研究的人员采取差异化的岗位评聘和考核评价标准。建立和完善有利于科技成果转化的科技人员绩效评价体系。四是提升科技成果转化的服务能力。培育知名科技服务机构和骨干企业，鼓励支持开展研究开发、技术转移、检验检测认证、创业孵化、知识产权、科技咨询、科技金融、大学科技园等专业科技服务。力争到2020年省级联盟试点达到70家，省级以上大学科技园达到20个，省级及以上技术转移中心50个。五是推进科技成果转移转化。全面落实《辽宁省人民政府关于进一步促进科技成果转化和技术转移的意见》，发挥企业科技创新主体作用，省市联动组织实施一批科技成果转化项目；搭建科技成果转化服务平台，汇聚政府、科研部门、中介机构、企业四方资源；发挥科技成果转化投资基金与创业投资引导基金作用，吸引社会资本投入科技成果转化；实施科技成果转移转化“提质增效”行动，把科教优势转化为产业优势，让科技成果落地在辽宁、转化在辽宁、见效在辽宁。

2. 深化科技计划体系改革

进一步强化顶层设计，打破条块分割，改革管理体制，统筹科技资源，建立目标明确和绩效导向的管理制度。构建包括重大科技专项（重点研发），科技创新引导，人才、平台、基地等多类计划在内的科技计划体系，进一步完善科技计划引领、支撑、引导的计划层次，健全科技计划管理相关配套细则，充分发挥科技计划对提升经济社会发展的战略支撑作用。加强与国家相关部委、省直相关管理部门和地方科技部门的对口衔接，构建纵向上下联动，横向统筹协同共同形成科技创新支持合力的科技计划管理协调机制。

3. 强化科技计划管理机制改革

建立公开统一的科技管理平台，完善科技管理信息系统，对科技计划的方向征集、指南发布、项目申报、立项和预算安排、监督检查、结题验收等全过程进行管理。组建由科技界、产业界和经济界的高层次专家组成的战略咨询与综合评审委员会，对科技发展战略规划、科技重点任务方向等提出咨询意见，为项目决策提供参考。结合实际提出科技管理专业机构遴选原则与标准，为推进全省科技计划管理改革提供重要支撑。大力推动各类智库建设和发展，并充分发挥智库在科技创新中的决策咨询作用。完善地方科技报告系统建设，强化科技报告呈缴管理与综合服务能力，推动科技资源持续积累、完整保存和开放共享。探索建设科技计划征信体系，征集科技计划全过程信用信息，建立科技信用评价机制，为完善计划管理提供决策依据。

4. 创新高新区管理体制和运行机制

坚持勇于先行先试，敢于率先突破，效率优先的原则，全省各高新区要逐步建立和完善“小机构、大服务”，大力推行“一站式”服务。要大胆聘用国内外高端人才，确定职务不受职数限制，聘用专业技术职务不受岗位限制。要大力实行“档案封存、全员聘用”的用人机制，建立按劳分配和按绩分配的薪酬机制，重点向高端人才、有突出贡献人员和关键岗位人员倾斜，在管委会相关人员中实行年薪制、协议工资和项目工资等多种收入分配方式。要切实开展全员绩效评价，真正形成干部可上可下、人员能进能出、薪酬可高可低的干事创业氛围。

（二）构建自主创新体系，提升科技创新整体效能

1. 加快建设产业技术创新体系

围绕支柱产业和新兴产业发展需求，按照“企业主体、市场机制、任务导向、政府服务”的原则，通过推进科技管理体制改革，加速全要素整合，促进全产业链创新，建设以高校、科研机构为主体的产业共性技术创新平台，以企业为主体的产业专业技术创新平台和以社会化服务为内涵的产业技术创新综合服务平台，构建围绕产业链、部署创新链、完善资金链、整合人才链、提升经济与社会价值的“4+1”链式产业技术创新体系。在先进装备制造、新材料、信息技术、生物医药、节能环保、现代种业等领域组建产业共性技术创新平台，为产业发展提供关键共性技术支撑；依托传统优势产业和战略性新兴产业的龙头骨干企业，在装备制造、信息技术、新材料、新能源、生物医药、节能环保、海洋科技、现代农业等领域组建产业专业技术创新平台，提升企业研发实力；围绕科技创新综合服务的需求，推动组建产业技术创新综合服务平台，为产业技术创新提供全方位的技术创新专业服务。力争到 2020 年，共性、专业、综合服务三类创新平台数量共计达到 150 个，研发 130 项关键共性技术和重大产学研合作项目，建立起与辽宁产业发展相适应的、创新资源高效集成的产业技术创新体系。

专栏 1　产业技术创新平台

先进装备制造产业。重点在先进设计制造、装备智能化、增材制造等领域，组建 3 个产业共性技术创新平台和 35 个产业专业技术创新平台。开展先进装备优化设计、协同设计、高性能复杂制造、重大装备测量控制、下一代机器人关键技术、泛在信息智能制造系统、智能制造系统整体解决方案、大型整体结构件增材制造等一批关键共性技术研究，实现高端数控机床、高性能压缩机组、百万千瓦级核电站核主泵、大型硬岩掘进机、新型机器人等重大装备核心共性技术研发突破，促进装备制造产业向数字化、精密化、自动化、网络化、智能化、绿色化发展。通过平台的组建，攻克 8 项产业关键共性技术，实施 10 个重大产学研合作项目，开发 10 项创新产品，打造 5 个产业技术创新团队，科技成果转化和技术辐射企业 70 家。

电子信息产业。重点在超算、云计算等领域，组建 1 个产业共性技术创新平台和 12 个产业专业技术创新平台。开展流处理与分布式计算、云服务运行协作优化、多渠道收集和统一存储、多源遥感数据处理与分析等一批关键共性技术研究，实现高分卫星数据遥感系统、电动汽车充电站智能调控管理系统、生产制造信息大数据分析系统等创新产品研发与应用。通过平台的建设进一步提升信息技术研发的基础能力，推进物联网应用、智慧城市、移动互联网、空间信息应用、大数据、智能调控等相关行业快速发展，为人才聚集、创新团队培养、相关产业链条完善发挥重要作用。通过平台的组建，攻克 6 项产业关键共性技术，实施 6 个重大产学研合作项目，开发 5 项创新产品，打造 5 个产业技术创新团队、科技成果转化和技术辐射企业 25 家。

新材料产业。重点在金属材料、先进材料等领域，组建 2 个产业共性技术创新平台和 15 个产业专业技术创新平台。开展特种钢材、大尺寸合金材料、先进功能材料和新型功能材料及制品、高性能结构材料、重大工程用腐蚀防护材料、金属纳米化材料、核电材料等一批创新材料开发，加强材料标准研究，实现汽车用差厚板、大飞机高强度铝合金、特种合金钢、重载轴用纳米化钢材料、热端透平叶片等高新产品核心共性技术突破。进一步凝聚高端技术人才，提升新材料产业自主研发能力，缩短材料研发周期，建立符合经济发展需要的材料体系。通过平台的组建，攻克 8 项产业关键共性技术，实施 8 个重大产学研合作项目，开发 5 项创新产品，打造 5 个产业技术创新团队，科技成果转化和技术辐射企业 30 家。

化工产业。重点在精细化工、催化技术等领域，组建 2 个产业共性技术创新平台和 10 个产业专业技术创新平台。

开展功能染料制备、低成本环氧丙烷产业化、硼镁资源利用、农药创制、功能分子材料制备、燃料乙醇分子筛膜开发、全钒液流储能电池制造等一批关键共性技术研究，研制高性能打印材料、新型催化剂、高性能合成橡胶、新型农药、水性环保新材料等创新产品，进一步完善石化产业结构，解决低端产品过剩、高端精细化工产品不足的现状，延伸精细化工产业链，积极培育新兴产业发展。通过平台的组建，攻克 8 项产业关键共性技术，实施 5 个重大产学研合作项目，开发 5 项创新产品，打造 5 个产业技术创新团队，科技成果转化和技术辐射企业 30 家。

现代农业产业。重点在现代种业、主要农作物、果树、设施农业、畜禽和水产养殖、食用菌以及农产品深加工等领域组建 5 个产业共性技术创新平台和 9 个产业专业技术创新平台。选育一批优良的玉米、水稻、蔬菜、果树等新品种，开展玉米高通量分子辅助育种、超级粳稻高效育种及高产、高效设施农业、蔬菜工厂化育苗、果树良种培育与高效栽培、动物健康养殖及精深加工、新型高效肥料和饲料研制开发、食用菌优良菌种筛选及配套生产等一批关键共性技术研究，研发一批新型农业及农产品加工装备等。通过平台的组建，攻克 15 项产业共性关键技术，实施 10 个重大产学研合作项目，开发 10 项创新产品，打造 2 个产业技术创新团队，科技成果转化和技术辐射企业 80 家。

生物医药产业。重点在生物制药、高端制剂、现代中药、高端医学影像诊疗装备、血管植入介入医疗器械等领域，组建 1 个产业共性技术创新平台和 20 个产业专业技术创新平台。开展哺乳动物细胞培养、新释药系统产品开发、新药药效与质量评价、新药临床评价、药物大品种改造与应用技术等一批关键共性技术研究，实现工程抗体药物、新靶点创新药物、眼科系列药物、天然药物单体创新药、低（高）场 MRI 设备、CT 设备、可降解支架等重大创新产品研发与应用。通过平台建设能够识别生物医药领域共性技术并跟踪其发展趋势，建设完善的新药研发信息咨询、技术推广、检验检测等公共服务平台，有效整合辽宁生物医药产业科技资源，引进和培养一批药物产业化及生产研发人才，加速一批创新药物省内转化，促进一批药物大品种优化升级，从而形成支撑辽宁、辐射全国的生物医药产业自主发展的新药创新能力与技术保障体系。通过平台的组建，攻克 10 项产业关键共性技术，实施 20 个重大产学研合作项目，开发 20 项创新产品，打造 10 个产业技术创新团队，科技成果转化和技术辐射企业 100 家。

节能环保产业。重点在高耗能工业节能、工业废水处理、固废资源化、大气污染治理、矿产资源综合利用等领域，组建 1 个产业共性技术创新平台和 20 个产业专业技术创新平台。开展有毒有害难降解工业废水治理、污泥资源化处置、富营养化水体生态修复、高浓难降解有机废水处理等一批关键共性技术研究，实现大型变频变压器、节能型鼓风机、工业烟气除尘设备、高效节能新型发动机、节能减排型工业窑炉、高浓有机难降解工业废水处理成套设备、大气污染治理成套设备、城镇污泥处置与资源化成套设备、菱镁矿高效清洁生产成套装备等重大创新产品和成套设备研发与应用。通过平台建设探索环保技术转化的高效途径，着力突破特征毒害污染物防治的关键共性技术，研发特征毒害污染物从源头到末端的组合集成处理技术，提高环境保护技术装备水平，加强技术示范和推广，促进高科技产品和技术手段在环境保护领域应用的产业化和市场化，提升环保企业技术创新能力，加快推进环保产业发展。通过平台的组建，攻克 5 项产业关键共性技术，实施 10 个重大产学研合作项目，开发 10 项创新产品，打造 5 个产业技术创新团队，科技成果转化和技术辐射企业 20 家。

海洋产业。重点在海洋资源综合利用、海洋工程装备制造、海洋能源开发利用、海洋环境保护及生态修复等领域，组建 5 个产业专业技术创新平台。开展新型海洋生物医药及保健品、海水淡化技术与装备、先进海上钻井平台、深海资源勘探设备、浅海水下机器人、海上风力发电场等一批重点产品研发与应用。通过平台的组建，实施 5 个重大产学研合作项目，开发 5 项创新产品，打造 5 个产业技术创新团队，科技成果转化和技术辐射企业 10 家。

综合科技服务业。依托国家级和省级高新技术产业园区，建成集科技创新、技术转移和技术服务为一体的科技服务业产业集聚区，鼓励机制创新和模式创新，整合省内科技服务资源，在集聚区内组建一批产权明晰、具有龙头示范性的现代科技服务企业。重点在科技成果转化和技术转移、科技中介服务、科技金融等方面，鼓励高校、科研院所和科技服务企业组建 10 个产业技术创新综合服务平台，为创新主体提供专业服务。引导服务机构开展多方位合作，创新服务内容，提高服务水平，不断做优做强，培育品牌科技服务骨干机构。

2. 加快完善区域创新体系

通过创建国家自主创新示范区，大力发展高新技术产业，辐射带动关联产业发展。重点在发展新一代信息技术产业、智能装备产业、生物医药产业、新材料、新能源等产业上，着力打造“沈大高新技术产业带”。一是积极创建沈大国家自主创新示范区。依托沈阳、大连两市的工业、科教和区位优势，以沈阳高新区、大连高新区及金普新区创新集聚区为核心区，发挥科技创新和科技成果产业化示范作用，全面提高自主创新和辐射带动能力，将示范区建成东北亚地区重要的科技创新创业中心，成为东北老工业基地高端装备研发制造先行区、转型升级引领区、新兴产业集聚区、创新创业生态示范区、开放创新先导区。二是分类推进高新区建设。以落实《关于加快高新技术产业开发区发展的意见》（辽政发〔2013〕24 号）为抓手，切实加强支持高新区发展的政策制定和落实工作，建立和完善高新区运行绩效考核与科学评价制度，促进高新区高起点、高水平、高标准快速发展。力争到 2020 年，沈阳、大连国家高新区率先实现创新驱动、内生增长的发展方式，战略性新兴产业、现代服务业和创新型产业集群等新型经济结构成分实现优化壮大，形成具有影响力的创新型产业集群；鞍山、本溪、锦州、营口、阜新、辽阳国家高新区成为省创新体系的重要支撑和区域创新体系的中枢；抚顺、丹东、铁岭、盘锦、朝阳、葫芦岛、绥中等省级高新区成为科技促进产业升级和提升创新能力的重点区域。三是系统推进沈阳全面创新改革试验区建设。支持沈阳推进新型工业化进程，探索有利于创新驱动发展的新体制、新路径。着力打造高层次的开放创新格局，在更宽领域、更高层次上整合创新资源，形成推动创新发展的强大动力。加快构建支撑具有国际竞争力先进制造的科技创新体系和现代产业体系，着力打造具有中国特色、在国际上有重要影响的机器人与智能制造科技创新基地。开展“中国制造 2025”试点试验，创建创新驱动战略先导区、大众创新引领区、国际级制造业集聚区。力争到 2018 年，形成可复制、可推广的改革经验和模式。

（三）培育高新技术创新链，引领产业结构调整升级

充分发挥省产业（创业）引导基金的引领带动作用，实施《中国制造 2025 辽宁行动纲要》，借助“互联网 +”融合传统产业、衍生新兴产业，推动传统产业改造升级，把辽宁建设成为国家重要的装备制造业和原材料产业技术研发与创新基地。以高新技术企业为主体，加快发展高端装备制造、新一代信息技术、新材料、生物医药、节能环保、海洋等战略性新兴产业，加快形成具有辽宁特色和较强竞争力的产业发展格局。

1. 培育高端装备制造产业创新链

立足现有创新资源和产业基础，建立和完善以企业为主体、产学研紧密结合的装备制造产业技术创新体系，加强企业制造基础和品质保障能力的建设，力求在关键技术、核心零部件和重大装备三个层次实现全面突破。逐步建立和完善有效的技术创新驱动装备制造业转型升级机制，形成一批在国内具有广泛影响力、国际具有较高知名度的企业集团和一大批具有独特技术优势的“专、精、特、新”专业化生产企业，装备制造业所需的关键配套系统与设备、关键零部件与基础件本土化制造能力显著提高，形成一批具有自主知识产权的高附加值装备产品和知名品牌。将信息技术与装备制造业深度融合，通过“物理信息融合系统”实现装备制造业的智能化、高效化和服务化，努力通过技术创新和技术改造把装备制造业培育成为辽宁具有国际竞争力的支柱产业，有效应对“工业 4.0”的挑战，同时为把辽宁打造成为“中国制造 2025”先行区提供科技支撑。力争到 2020 年，开发一批重点产品，装备制造业新产品产值率达到 20%，装备制造重点产业智能化率达到 40%，智能制造领域达到国际先进水平。

专栏 2　高端装备制造产业创新链

智能制造装备。工业机器人与专用机器人，突破工业机器人与专用机器人重大共性关键技术、基础前沿、产业瓶颈技术等核心技术研究，开展具有自主知识产权机器人产品的研发。重点发展系列化智能工业机器人、服务机器人与特种机器人、面向重点行业的工业机器人集成应用和基础零部件。

高档数控机床。围绕辽宁高档数控机床行业发展高端、高技术附加值数控机床技术，攻关高速、高精、复合和绿色加工等技术，增强辽宁高档数控机床关键功能部件、机床整机及生产线技术水平。重点任务包括数控系统及其相关技术研发、面向高档数控机床的关键功能部件研发、面向高档数控机床整机的研发与应用、高档数控机床生产线的研发。

激光装备。着力解决激光装备中长期存在的核心器件瓶颈和关键技术难题，加快开发研制可替代进口的新型大功率激光器半导体泵源芯片、激光器大芯径掺镱光纤等核心器件和关键设备等。重点发展高性能激光装备关键部件、使用激光技术的仪器、激光器件材料、高端激光制造装备。重点研究激光制造工艺与装备技术基础、加快发展高质、高效激光加工整机设备及关键单元部件制造企业技术进步，搭建激光加工服务和应用平台，推进先进激光加工技术在增材制造、飞机和发动机制造、石油化工、冶金、矿山等领域的应用与服务。

增材制造技术及装备。开展增材制造技术专用材料、结构创新设计、原理验证、工艺研究、综合测试、规范与标准、成套装备及关键零部件等方向的研究，重点开展金属增材制造专用材料、非金属增材制造专用材料的制备研究。研究基于增材制造技术的结构创新设计、创新型工艺方法、功能梯度结构设计与制备、工艺缺陷在线检测及修复技术等增材制造创新型工艺原理与方法。开展增减材复合制造基础理论、工艺软件、关键技术与装备以及超大幅面激光 3D 打印装备、打印材料及应用等增材制造装备及零部件研制。

重大智能装备。重点针对掘进成套装备、散料装卸与输送成套装备、煤炭综采成套装备、大型矿浆匀密搅拌成套装备、石油与天然气钻采成套装备等大型工程机械，冶炼与轧制成套装备等大型冶金装备、超大型能源转换装备高端压缩机组等重大智能集成装备和高速精密齿轮传动装置、永磁柔性传动装置、伺服控制机构和液气密元件及系统等配套产品，综合运用传感与遥感、信息、物联网、控制等技术，开展感知、决策与主动执行功能研究，实现上述装备的智能化及制造过程的自动化。

关键智能基础共性技术与制造业信息化。加快数字化、智能化制造技术攻关，实现“两化融合”，推进制造信息物理融合系统（MCPS）的设计与创新应用；以“互联网 +”服务创新理念为指导，着力打造一批智慧企业和智能工厂；开发创造智能设计制造、运行管理、应用服务的软件平台；重点研发面向大型装备制造的智能感知系统、支持网络互连的车间级控制与管理系统、基于“互联网 +”制造执行与服务系统等工业大数据驱动的智能制造系统；开展工业无线网络系统、无人车间控制系统、工业网络信息安全等面向智能制造的工业网络与控制系统的研发与示范应用。

智能仪器仪表。开展面向智能制造的基于网络互联的高精度传感器、仪器仪表等重大共性关键、基础前沿、产业瓶颈等核心技术研究，重点研发网络化高敏度、高精度、高可靠系列智能仪器仪表及监测与分析仪器仪表。

高速精密重载轴承。面向国家重大战略需求，发展高端轴承产品，汇聚多方实力，攻关高速、高精、重载、高可靠、长寿命轴承技术。重点瞄准国家战略需求的国防军工产品轴承，能源动力如大型风电轴承、燃气轮机高速重载轴承等高端轴承，国家急需重大装备产品配套如盾构主轴承，以及国家经济新增长点如高端医疗器械轴承等。针对轴承长寿命和高可靠性等共性关键技术。优先发展高速、高精度、高可靠航空航天轴承等，重点攻克轴承零件节能型热处理等关键工艺和技术。

交通与海洋工程装备：

海洋工程装备。针对国际市场对于清洁能源的需求，结合大型海洋工程装备制造企业的能力，重点突破恶劣作业环境下所需的高能量密度、高可靠性、长寿命能源与储能，深远海数据采集装备、数据传输装备、信息融合处理，海洋平台装备的腐蚀控制，海洋浮式结构物及水下设备风险分析计算模型研究等关键技术研究，开展 35 万立方米超大型天然气浮式储存和再气化装置 (LNG-FSRU)、深水半潜式钻井平台等高端海洋工程装备研发。

轨道交通装备。发展世界级的电力机车、内燃机车和低速客车设计、制造产业；发展特种的铁路工程车和货车。开展 27t 轴重六轴交流传动大轴重货运电力机车等整车方面的研制。开展无速度传感器牵引控制系统等关键系统和部件的研制。突破轨道交通装备新型车体、高性能转向架、电传动系统、网络控制、通信信号等共性技术，实现安全、可靠、节能和智能化。

新能源汽车。以整车为龙头，以动力电池、驱动电机系统为两翼，培育并带动汽车电子、高性能变速器、新型整车、电动空调、电动转向、电动真空等产业发展。加快汽车整车集成技术、动力技术、传动技术、轻量化技术、电驱动系统技术、多源信息融合技术、车辆协同控制技术等关键共性技术研发。

通用航空装备。开展关键技术与核心制造装备的研发，建立具有自主知识产权的高档数字化和智能化航空关键零件制造装备。航空装备关键材料制造技术重点研究复合材料构件制造技术及加工技术、航空用钛合金丝材及其加工技术等。航空装备关键零部件制造加工方面，研发航空发动机整体叶盘高效精密加工技术及其成套智能化工艺装备等。新能源通用飞机关键技术及航空服务方面，研究电动新能源小型通用飞机关键技术等。

能源装备：

核电装备。针对我国新一代大型核电站建设的装备研制需求，开展核电关键承压装备系统设计与制造技术、核主泵及关联系统过流部件制造工艺、核电装备系统完整性及“华龙一号”核三泵及核二、三级泵的关键技术和使役安全评估技术的研发，达到CAP1400屏蔽式核主泵以及更大功率屏蔽式核主泵及关联系统自主化目标，形成具有自主知识产权的第三代核电关键装备技术。核岛外，针对核电关键承压装备系统设计与制造，重点研究蒸汽发生器模型构建及其精密高效加工技术等；核岛内，针对核主泵及关联系统过流部件设计、制造工艺等，重点研究高性能与高可靠性设计技术，针对核电装备系统完整性及使役安全评估技术，重点研究核岛内系统承压边界完整性一体化安全分析技术、核电装备制造及服役无损检测技术与装备。

特高压输变电成套设备。重点突破特高压大容量变压器的优化设计和制造技术，以及集中储能、高压变电、柔性输送的智能电网技术。通过对特高压交直流输电设备及配套设备的绝缘结构、磁场分布、抗短路能力、高电压大电流开断能力，气体绝缘管道输电、在线监测与诊断、优化分析及调配等核心问题的深入研究，解决制约特高压交流、直流输电设备发展、智能坚强电网建设的关键技术问题。特高压交流输电设备及关键部件，重点开发1100kV及以上特高压交流变压器及关键部件等产品。特高压直流输电设备及关键部件，重点研制±1100kV特高压直流换流变压器及其控制保护和直流场设备等技术和产品。智能电网重点针对规模化分布式可再生能源并网技术及装备等展开研究。

风电装备。在风电机组、主轴轴承、变流器（电控）、齿轮箱、发电机等零部件研发方面，重点开展大型风电机组整机、控制系统与储能设备、风电机组配套关键零部件的研发。突破5MW以上等级风力发电机组整机设计、超大型叶片的气动及结构设计、模块化永磁发电机、中压全功率变流器、载荷及振动控制、环境适应性和风力发电机智能控制等技术。

IC装备与位置服务：

IC制造装备。依托沈阳IC装备产业园，做强做大一批IC装备整机设备及关键单元部件的制造企业，加快开发一批可替代进口的集成电路制造设备和电子元器件生产设备。重点开发等离子体化学气相沉积（PECVD）设备等集成电路关键整机装备及系统。重点研发螺杆干式及耐腐蚀超洁净系列涡旋真空泵等集成电路装备制造关键技术与核心零部件。

北斗导航与位置服务。紧密围绕北斗导航与位置服务产业的薄弱环节，重点突破核心芯片、智能终端、中间件等技术瓶颈，建立基于北斗导航与位置服务的无线传感网、行业云及大数据等平台与系统，完善相应的基础设施，提供新型的应用服务。重点研发新一代北斗导航核心芯片与器件、北斗导航智能终端设备，开展北斗导航与位置服务示范应用。

2. 培育新一代信息技术产业创新链

以国家发展新一代信息技术产业战略为指导，以做大做强信息产业及实现两化深度融合为目标，以提高新一代信息技术自主创新能力为中心，进一步加强工业园区、共性平台、宽带通信和新型网络基础设施等建设，全面优化产业布局，加强关键信息技术自主创新和整体技术集成创新，突破一批信息技术自身发展、支撑两化融合和实现“互联网+”的共性关键技术，积极培育发展新的经济增长点，拓展和完善产业链条。未来5年，以沈阳和大连产业集群及“五点一线”沿海经济带相关产业园为依托，以东北区域超算中心、大连华信云计算中心等数据中心为支撑，在不断完善产业布局和区域布局的基础上，重点发展云计算、大数据、物联网、网络安全、工业软件、电子信息核心技术等领域，并推动相关技术等与现代制造业结合，促进电子商务、工业互联网和互联网金融健康发展。力争到2020年，新产品产值率达到35%，工业物联网、健康云计算等典型应用领域达到国内先进水平，全面提升全省新一代信息技术产业的创新能力。

专栏3　新一代信息技术产业创新链

下一代信息网络：

云计算。研发云计算共性核心技术和云计算产品应用技术，围绕智慧城市、医疗健康、智慧农业、软件外包、金融服务、媒体互动等典型领域开展云计算应用示范，推动建设一批行业专有云，带动装备制造、交通、旅游、教育、政务等领域特色互联网＋产业发展。

大数据。研发大数据存储、管理、分析以及通用技术等，在医疗健康、装备制造、公共交通等行业开展大数据应用示范。

物联网。研发物联网感知、传输和处理等关键和共性技术，进行重大项目实施和示范应用，为大数据、云计算提供底层实时可靠数据，为智慧工厂建设提供信息物理互联支撑。

移动互联网。研究移动互联网创新应用、人机交互、移动应用程序开发等技术，支撑移动互联网产业发展，力争实现微创企业的创新规模化应用，形成新的产业增长点。

宽带通信与网络。以沈阳市国家级互联网骨干网直联点建设、国家级两化融合实验区建设为契机，借助5G通信发展新机遇，加快5G网络、下一代互联网、多网融合等相关技术和产品研发。

信息安全。研究云计算、大数据、物联网、移动互联网等新型应用环境下的安全管理机制、责任认定机制、数据保护和使用安全机制，开发高端防火墙、安全运维管理平台、集成安全网关等产品，实现基于安全可靠技术（国产CPU/OS）的信息安全产品。开展动态主动防御技术及产品研发。

高端软件和新兴信息服务：

智能制造与工业软件。研发面向智慧工厂的各种软件技术和产品，强化智能制造与工业软件优势地位，推动软件产业与传统产业的融合发展。

软件与信息技术服务。开展大型软件和支撑软件的关键技术攻关和产品开发，尤其是支持云计算、大数据、物联网、移动互联网等新环境下的基础软件和应用软件研发，支持面向电力、交通、环保、物流等行业信息化软件研发，支撑沈阳、大连为核心的软件产业集群发展。研发文化创意相关技术产品。

电子核心基础：

电子信息核心技术。围绕高端芯片、集成电路装备和工艺技术、关键应用系统等，推进集成电路行业实现“芯片—软件—整机—系统—信息服务”产业链一体化发展，突破专用芯片研发、设计制造能力，支持高密度印刷电路板和柔性电路板设计、制造技术。加快发展物联网传感器、智能终端、网络设备等的研发制造和系统集成服务，推进汽车电子、工控电子、金融电子、医疗电子、电力电子、船舶电子等各类应用电子产业发展。提升面向物联网、网络通信、工业控制、医疗电子、环境监测等领域专用集成电路的设计开发和应用水平。研发移动智能终端、可穿戴设备（便携式医疗电子）、车载智能终端、高端金融电子装备、北斗导航终端、数字视听、大容量存储系统等产品。

3.培育新材料产业创新链

面向装备制造、汽车、飞机、船舶等对新材料的需求，大力发展国家重大工程急需配套新材料、辽宁钢铁和石化产业升级换代新材料和未来新兴产业关键新材料，将金属新材料和化工新材料作为优先发展的重点领域，把高端钢铁材料、高性能有色金属材料、新型化工材料和先进功能材料作为主要战略方向。加快建设沈阳材料国家实验室，发挥科学技术在传统产业转型、升级过程中的推动作用。通过突破新材料研发、生产和应用的重大关键技术，破解金属材料工业和化工行业产业结构转型升级过程中所遇到的能源、环境、技术等难题，做强一批产业关联度高的钢铁、有色金属和石化等重大传统优势产业，促进一批新材料高新技术产业跨越发展，培育一批新材料战略新兴产业集群和区域特色产业，把辽宁建设成为国家重要的新材料科技产业基地和新增长极。力争到2020年，新材料新产品产值率达到25%，化工新材料精细化工率达到60%，在若干先进材料领域达到国际先进水平，并形成具有国际竞争力的新材料产业。

专栏 4　新材料科技产业创新链

高端钢铁材料。研发精炼、薄带连铸、铸轧、控轧控冷等一批关键和共性技术，开发高品质特殊钢；高品质大型铸坯锻铸件；军用高性能材料及部件等钢铁材料；海洋平台用钢；沿海设施及桥梁用钢；特种船舶用钢；汽车轻量化钢铁材料；高速客运列车轮对材料；核电重大装备用钢；超超临界火电用钢；油气开采与储运用钢。汽车用差厚板；工模具材料；冷轧不锈钢带钢。海洋工程装备用超高强度特厚钢板；汽车用高强度螺栓钢；高韧性抗低温预应力钢棒；高性能重型高合金管材；金属复合材料；高铬铁素体不锈钢等新材料。

高性能有色金属材料。研发精密铸造、特殊成形、增材制造等一批关键和共性技术，开发新型低成本高性能压铸镁合金；新型低成本高性能变形镁合金，高强度、高硬度的铬锆铜合金；高导电率铝合金导线；高性能铝合金汽车差厚板；汽车轻量化用铝合金材料；第四代单晶镍基高温合金叶片；宽幅钛、镍板带加工材；新型高性能球形钛合金粉末材料；新型高性能球形高温合金粉末材料；石油钻井用铝合金钻杆；海洋工程装备用高品质钛及钛合金中厚板和 3D 打印高性能金属粉末等新材料

新型化工材料。研发化工静态混合、选择性催化还原、电化学还原接枝、纳米复合改性、熔体静电纺丝等一批关键和共性化工新技术，开发农药、煤焦油深加工、基础化工原料深加工、专用化学品、催化剂、化工新材料等新产品。

先进功能材料。研发能源转化、储存材料及其大规模制备等一批关键和共性技术，开发高硅钢、磁性材料、纳米材料、功能碳素材料、水处理材料、吸附分离膜材料、催化剂新材料与技术、石墨烯、碳化硼等新材料。

4. 培育生物医药产业创新链

在化药、中药、生物药和医疗器械领域，重新优化、整合全省各类生物医药科技创新资源，构建以共性技术平台、专业技术平台、重点实验室、工程技术中心等为主体的科技创新体系。突破一批产业共性关键技术，研发一批重大药物品种，力争获得药物临床批件 60 个、药品注册证书 30 个、培育重大创新药物 1 ～ 2 个；建立 5 个中药道地药材 GAP 种植基地、培育 5 个销售额过亿元的中药大品种、争取 1 ～ 2 个中药品种进入国际市场；研制 5 个填补国内空白的整机装备，30 项新材料及诊断试剂类创新医疗器械产品。大力发展本溪、沈阳、大连生物医药产业基地，使各类资源向医药基地聚集，形成生物医学工程、高端仿制药、中药及功能食品、生物药物等特色鲜明、配套完备的产业基地。到 2020 年，建立功能完备、配套齐全、适应产业发展的生物医药科技创新体系，R&D 经费支出占 GDP 比重提高到 3% 以上，发明专利申请和授权分别年均增长 10% 以上，全省生物医药产业年均增长速度不低于 15%，年生产总值达到 1500 亿元，生物医药新产品产值率达到 30%，在若干前沿技术领域取得重大突破，并形成科技发展优势。

专栏 5　生物医药产业创新链

化学药：鼓励研发新靶点药物、通用名药物，突破手性拆分、新释药系统、绿色制药等关键技术。优化大宗原料药生产工艺，加快提升质量标准，提高在同类产品中的市场占有率。开发结构新颖、靶向明确的重大创新品种，研制一批市场销量大、国内短缺的高端仿制药，培育一批技术水平高、生产规模大、具有国际竞争力的大型骨干企业。

中药：以辽宁道地药材繁育、中药现代化、中药保健为重点发展方向，开展道地药材生态适宜性分析、中药质量评价、中药精准筛选、中药制剂多组分定量分析等关键技术研究，建设一批市场容量大的辽宁道地药材 GAP 种植基地。提升中药大品种的科学价值，发掘一批经方验方，推动中成药、中药保健品研发并实现产业化，加快推进中药大健康产业发展的步伐。

生物药：鼓励发展具有自主知识产权、具有较好产业化前景、良好经济效益和社会效益的生物工程技术药物，开展高水平及高表达工程细胞株构建、无血清疫苗、组合生物合成与合成生物学、干细胞制备等核心关键技术研究，大幅提高生物技术药物的生产效率，加快研发抗体、人源化基因重组药物、新型疫苗、干细胞制剂等创新产品，将生物技术药物发展成为医药产业新的经济增长点。

医疗器械：以医学影像装备、血管植入介入器械、便携式诊疗设备等为重点发展方向，突破动态成像和智能造影、

介入球囊导管加工与系统集成、体外快速诊断试剂等核心关键技术，实现高端主流装备、核心部件及医用高值材料等产品的自主研制，打破进口垄断。在国产医疗器械产品应用示范区、医院联盟和专业技术网络内开展创新产品的应用示范，培育一批具有核心竞争力的专业化高端医疗器械企业。

5. 培育节能环保产业创新链

围绕节能、环保、资源循环利用三大领域，重点在高耗能工业节能、重化工业废水处理、大气污染控制、固废资源化处理、特色矿产资源综合利用等方面，着力构建产业科技创新体系，促进产业核心关键共性技术攻关，引导布局产业技术创新平台，引导组建重点实验室和工程技术研究中心，提高节能环保产业自主创新能力。在节能领域，引导能源清洁利用、工业余能余热高效回收利用等节能关键技术攻关，促进一批高效节能装备及产品研发；在环保领域，引导高浓度难降解工业废水、烟气脱硫脱硝除尘、土壤污染治理、固废与垃圾资源化利用等环保关键技术攻关及装备研制；在资源综合利用领域，引导菱镁资源、钒钛磁铁资源等特色资源高效综合利用关键技术攻关及装备研制；引导实施一批产业科技示范工程，促进一批先进适用技术、装备与产品的推广示范。到 2020 年，力争建立功能完备、配套齐全、适应产业发展的节能环保产业科技创新体系，引导组建 1 个产业共性技术创新平台和 20 个产业专业技术创新平台；R&D 经费支出占 GDP 比重达到 3% 以上，发明专利申请和授权年均增长 12% 以上，全省节能环保产业年均增长速度不低于 15%。

专栏 6　节能环保产业创新链

节能领域。围绕装备制造、冶金、石化、能源等行业，积极引导：高耗能过程余能余热高效回收利用新技术和装备的研发与产业化，煤炭等化石能源高效清洁利用新技术和新产品研发与产业化。大力促进能源管理系统、城市集中供热节能调控等关键技术攻关与设备研制。

环保产业领域。围绕污水处理、大气污染综合防治、环境生态修复等，积极引导：含有毒有害污染物废水治理，污染水体修复，烟气脱硫脱硝除尘协同控制，挥发性有机物排放控制，土壤污染修复与安全利用等关键技术攻关与装备研制。大力促进新型高效废水、废气和土壤污染处理设备及脱硝脱硫催化剂等环保新材料及药剂研发。

资源循环综合利用领域。围绕特色矿产资源高效综合利用、固废资源化利用等，引导和促进：菱镁矿、钒钛磁铁矿等特色矿产资源高效综合利用，煤矸石资源化利用、生物质废物转化及燃气化利用等大宗工业固废资源化利用，城镇垃圾与污泥资源化、无害处置及环境风险防控等关键技术攻关与装备研制。

6. 培育海洋科技产业创新链

围绕海洋生物资源高效利用、海水综合利用、海洋可再生能源开发等重点领域，以支撑和引领产业发展为主攻方向，优化科技资源配置，健全技术创新市场导向机制，加强产业技术创新基地和平台建设，重点构建以企业为主体的产业技术创新体系，打造高水平创新人才队伍，着力攻克产业核心关键技术，大力提升辽宁海洋科技自主创新能力，积极培育海洋战略性新兴产业。重点发展海洋生物医药、海洋生物酶制剂、海洋生物功能材料等产业；开发海水直接利用和海水淡化、海水化学资源综合利用新技术；积极培育海洋风能、波浪能、潮汐能等可再生新能源产业。到 2020 年，全省海洋基础研究水平和关键核心技术自主创新能力明显增强，海洋科技进步贡献率提高到 60%；海洋科技产业总产值占海洋产业生产总值比重达到 10%，新兴海洋科技产业增加值占海洋产业的比重提高到 5% 以上；将辽宁打造成我国重要的海洋科技创新示范区、海洋科技产业示范区、海洋科技人才集聚区。

专栏 7　海洋产业创新链

海洋生物资源高效利用。开展海洋生物高值化利用技术和以海洋生物活性物质为基础的创新药物新技术研究，重点开发抗肿瘤、抗感染、抗病毒、治疗心脑血管疾病的具有自主知识产权的海洋新药物；建立海洋生物和药物资源样品库，积极探索海洋生物资源新物质和新功能，积极推进海洋生物酶制剂、海洋生物功能材料、海洋保健品和功能食品的研发与产业化。 海水综合利用。海水直接利用方面，研究海水循环冷却水处理工艺技术、海水腐蚀控制技术等，研发海水高效预处理和后处理技术和装备、大型海水直接利用技术和装备、海水软化技术及装备等，促进海水直接利用的规模化和环保化。海水淡化方面，重点开展高回收率、低碳化海水淡化新技术研究，研制海水淡化专用材料和关键设备，开发面向钢铁、化工等行业余热利用的海水淡化技术与装备；研发具有自主知识产权的核能淡化技术和装备。海水综合利用方面，重点开展海水化学资源综合利用新技术、新材料和大型装备研发。 海洋可再生能源开发。鼓励开展具有原始创新的潮汐能、潮流能、波浪能、温差能等开发利用技术研究，积极培育发展海洋风能、潮汐能等海洋可再生能源产业。

（四）推进农业科技创新，加快农业现代化建设

1. 实施农业种子创新工程

以挖掘和创新应用优异农业种质资源为基础，以常规育种技术与生物技术相结合、构建现代育种研发中心和种业技术创新平台为手段，以农业科技创新团队为技术依托，以研究和选育玉米、水稻、花生等为主的作物及主要果树、蔬菜、畜禽、水产、林木等优异新品种和良种为目标，强化和提升育种理论和方法的研究和应用，加快建设规模化、标准化、机械化、集约化育（制）种基地，鼓励高等院校、科研院所为主体的公益性育种基础研究，推动以企业为主体的新型“育繁推一体”商业化育种技术体系和模式建设。“十三五”期间，选育 150 个适宜辽宁生产需求具有重大应用前景的抗逆、优质、高产优良动植物新品种（系），主要作物良种覆盖率达到 98% 以上，为粮食安全和农业持续稳步发展提供品种保障。

2. 引导重大关键技术研发

鼓励研发良种良法综合配套重大关键技术，建立高效优质健康种养殖业生产技术模式；引导开展“蓝色粮仓”关键技术研究，为渔业资源开发和利用提供技术支撑；研制开发农机作业装备与信息化融合等重大关键技术及装备，提升农业机械化与农机农艺结合水平；开展应对农业灾害与灾害预警等重大关键技术研究，提升防灾减灾技术水平和农业可持续发展水平。到 2020 年，突破一批农业重大关键技术。

3. 强化农业技术服务体系建设

深化农村科技特派行动，创新农村科特派管理模式。鼓励和引导省级科技特派团，建设农业技术研究和应用试验示范基地，鼓励和引导科技特派员开展创新创业和技术咨询、技术服务，推动区域农业主导和特色发展；实施农民技术员培养工程，提高一线农业生产者承接新品种、新技术和新成果的转化、应用能力。通过逐步完善科技特派员社会化管理制度和科技服务体系，引入科技金融服务体系，打通农业科技成果转化通道，实现农业科技与产业的有效对接和深度融合。

专栏 8 农业领域创新链

主要动植物种质资源创新与新品种选育技术。重点开展动植物种质资源收集保存、鉴定评价，对产量、品质、抗性等性状关键基因进行标记定位、克隆与功能鉴定，构建种质资源库或资源圃，建设完善的种质资源管理信息系统。围绕玉米、水稻、花生及果蔬、林木、畜禽、水产等优势特色品种，综合应用传统常规育种技术、杂种优势利用技术、现代生物育种技术、信息技术等高新技术，加强优质育种新材料创制、优质高产多抗专用新品种（新组合）选育及中试研究，创建新品种中试与区域示范基地，加快新品种、新组合推广应用，推动现代种业发展。

农业生物技术。重点开展主要农作物和畜禽重要性状基因挖掘和分子标记鉴定技术研究；主要作物和畜禽种质资源功能基因 /QTL 分型和在生物育种中的应用技术研究；转基因生物安全性评价技术、转基因作物快速检测技术研究；主要农作物和畜禽全基因组分子标记辅助选择技术研究，建立主要农作物和畜禽分子标记辅助育种核心技术体系。形成并转化一批具有较好商业化应用前景的生物技术成果。

环境友好型耕作与栽培技术。重点开展主要作物高产高效土壤耕层标准参数阈值与配套轮耕体系技术研究；高光效、高水效、高肥效作物群体构建理论与作物田间优化配置技术研究；利用生物多样性提高农田生产力机理与配套技术研究；规模化生产条件下农机农艺融合节本增效耕作栽培技术研究；建立适合不同地区与不同作物的现代耕作制度和高效栽培技术体系，推进种植业耕作栽培技术的标准化进程，确保控水、减肥和减药目标的实现。

标准化、规模化健康养殖技术。重点开展以猪、牛、羊、家禽等畜禽品种以及刺参、贝类、虾蟹和淡水鱼等水产品种标准化、规模化健康养殖的新设施、新模式研发及人工生产环境调控技术、产品质量过程控制技术、开发有机废弃物综合利用养分再循环技术、养殖污染监测及生态工程化调控技术等，加速养殖业标准化、规模化进程。

设施农业结构设计与安全高效生产技术。重点开展现代装配式节能型日光温室节能结构优化设计与建造，日光温室环境控制及轻简化高效栽培设备装置设计制造，日光温室园艺作物节能高效优质无害化生产模式与管理技术，工厂化育苗专用温室、装备及管理技术，温室土壤健康保持及障碍土壤修复技术研究，保持在设施农业领域的国内领先地位。

农产品精深加工技术。重点开展主要粮油作物及特色水果、蔬菜、畜禽、水产以及其他名优特农产品的加工产品研制、贮藏保鲜与流通技术、加工设备研发等关键技术集成与示范，研发新设备，开发新产品，提高农产品附加值，打造农产品品牌和市场竞争力。

植物重大病虫害和动物疫病防控技术。重点开展有害生物综合防治关键技术和技术体系，主要农作物重大病虫害灾变机理与防控关键技术研究；重大动物疫病流行病学、快速诊断与早期预警技术研究，建设主要动物病原库和信息库；新型生物农药、兽（鱼）药、疫苗研制与产业化。建立信息传送、疫情监测、疫情分析、预警、信息发布与应急管理等防控技术系统。

农业资源高效利用与环境保护技术。重点开展节水农业装备与高效用水、作物丰产高效栽培、作物养分高效耕层调控、农作物秸秆微生物促腐降解还田、生物炭、农田复合生物循环和农牧链循环技术与模式研发；林木非木材资源化高效利用研究；畜禽水产养殖废弃物肥料化和沼气化循环利用技术研究；生态修复、土壤培肥和地力恢复、缓控释肥研制与减量精准施肥等技术研究；中低产田关键性障碍因子（瘠薄、旱涝、风沙、盐碱等）诊断评价及改良修复技术研究与集成示范等。

农业机械装备与信息技术。重点开展智能化农机作业机械装备、基于物联网技术的农业机械精准装备、先进农业传感与无线传感网络、智能信息处理、自动控制与优化、系统集成等前沿和关键技术与产品在大田种植、设施园艺、畜禽养殖、水产养殖、农林生态环境检测与预警、农产品质量检测与追溯等领域应用与示范，提高农业生产经营信息化水平。

气候变化与农业减灾防灾技术。重点研究低温、干旱等极端天气气候事件对农业生产的影响，空中云水资源开发利用、水土保持、农村污水的微生物治理技术等。提出应对气候变化和重大灾害性天气、森林火灾的防控技术和措施，保障农业生产的稳定。

（五）实施科技惠民工程，让科技创新惠及广大群众

1. 推进人口与健康领域科技发展

瞄准辽宁疾病防治面临的重大、疑难、复杂、关键技术难题，大力提升 20 个省级临床医学研究中心的建设与研发水平，使之成为东北地区领先、牵动全省各学科技术创新和协同发展的龙头与基地。

优选10个省级临床医学研究中心进行重点培育，争取使2～3个中心之成为国内一流的标志性重大疑难病症的诊疗中心和创新高地；大力扶持医学创新联盟建设，优化配置资源，在重大慢性非传染性疾病防控、精准医疗、干细胞、健康大数据等前沿技术领域，选准若干个具有比较优势和重大应用前景的前沿技术开展创新性研究，形成“辽宁前沿技术高峰”；采用国际技术规范，重点建设2～3个具有国内领先水平、特色鲜明的人口与健康大数据库和重大疾病生物样本库，为争取国家重大专项提供强有力的资源保障；在科学评估基础上，开展3～5个具有辽宁特色和比较优势的科技惠民项目，大幅提升全省城乡居民常见病和多发病的规范化诊疗水平；重点支持10～20项具有国内比较优势、特色鲜明、疗效显著的传统特色技术。加强中医和中西医结合领域的技术研发与推广，显著提升中医治未病和慢病康复等领域协同创新性水平；加强出生缺陷风险预测、筛查、诊断和治疗关键技术研究，显著提升不孕不育和出生缺陷规范化诊疗技术水平；加强防控能力，支持开展重大传染病及新发突发传染病防控及大数据共享等创新研究，显著提升综合防控水平；加强实验动物研究，建设1～2个达到国内先进水平的大型实验动物公共服务平台和模型资源平台。

专栏9　人口与健康领域创新链

省级临床医学研究中心建设工程。进一步提升20个省级临床医学研究中心的建设水平，形成学科均衡、特色鲜明、国内先进、东北地区领先的转化医学体系和协同创新网络。根据技术创新实力和建设绩效阶段评估，择优遴选、重点支持10个省级临床医学研究中心，争取使2～3个中心成为国内一流的标志性重大疑难病症的诊疗口心和创新基地。实现2～3项具有重大行业影响的理论创新或原创性技术突破，参与制定或修订国家级技术指南4～5个，协同创新水平和技术转化效益显著提升。

医学创新联盟建设工程。根据行业发展重大需求和技术预测，在重大慢性非传染性疾病防控、精准医疗、干细胞、健康大数据开发与应用等领域，积极培育和重点支持建设5～10个医学创新联盟，整合优质资源，开展国内外联合攻关，形成5～10个具有比较优势和重大应用前景的前沿技术研发，突出技术创新的原创性、突破性和影响力，形成“辽宁前沿技术高峰”。

资源平台建设工程。采用国际标准和规范建设三个东北地区领先、共建共享度国内先进、比较优势突出的肿瘤资源库、心脑血管病资源库和健康大数据库。肿瘤和心脑血管病资源库的患者队列规模和生物样本库数量、规范化管理水平、共享利用水平和产出绩效达到国内先进水平。建立基于医院HIS系统和相关数据库的区域健康大数据开发与共享利用工程。完成区域内各类健康信息的实时采集和开发平台，建立国内先进的数据挖掘体系，大数据挖掘体系、共享利用和产出效益达到国内先进水平。

科技惠民工程。针对重大疾病防治存在的关键技术障碍，遴选3～5项成熟、适宜、先进技术，在高发区开展规模化科技惠民工程，大幅提升全省城乡居民常见病和多发病的规范化诊疗水平，使科技惠民的规模、效益和管理水平达到国内领先水平。

2. 推进公共安全领域科技发展

推进食品安全科技体系建设。依靠科技促进食品安全风险监测、评估体系建立；完善检验检测技术与设备科技体系，促进食品安全和质量可追溯体系建立；发展食品安全应急检测技术，为健全食品安全应急体系提供科技支撑。开展安全生产科技攻关与成果转化，推进安全生产共性和关键性技术研究、装备研发和典型示范，重点解决安全生产领域具有倾向性、易发性、普适性的重大共性技术难题。推进智能分析、现代交通系统大数据、高效快速排查、刑侦、火灾防控等社会安全技术研究、装备研发和创新平台建设，提高交通拥堵、信息网络安全、恐怖事件的预警、检测、防范、应对、处置等社会管控和保障技术能力。

（六）发展壮大科技服务业，提供经济发展新增长点

以体制机制创新为动力，以科技服务重点建设项目为载体，坚持数量扩张和质量提升并重，着力推动科技服务向专业化、社会化和市场化方向发展。

1. 推进科技服务业集聚区建设

依托国家级高新技术产业园区，努力建成集科技创新、技术转移和技术服务为一体的科技服务业集聚区。重点推进沈阳、大连国家高新技术产业开发区科技服务业集聚区建设。

2. 推进科技服务平台建设

着力搭建和完善公共科技基础条件服务平台和产业技术创新平台。加强全省大型科学仪器共享服务平台、科技文献资源共享服务平台、技术转移信息服务平台建设，加强省级工程技术研究中心和重点实验室建设，实现资源整合和共享。鼓励高校、科研院所、企业建设产业技术创新综合服务平台。到 2020 年，全省技术合同成交额力争达到 600 亿元。

3. 推进科技服务机构建设

支持有条件的大学、科研院所建立独立技术转移机构，依托自身资源开展技术转移转化工作。引导服务机构开展多方位合作，创新服务内容，提高服务水平，不断做优做强，培育品牌科技服务骨干机构。鼓励机制创新和模式创新，整合省内科技服务资源，以产权为纽带，吸引社会资本，组建 50 家产权明晰，具有龙头示范性的现代科技服务企业。

4. 推进科技金融体系建设

继续深化科技金融综合服务体系建设，鼓励各市探索科技贷款担保、科技保险、产权交易与股权交易等新模式，引导创投、风投以及天使投资等机构为科技型企业提供多元化金融服务。重点支持高新区等单位搭建科技金融服务平台，通过设立“风险资金池”等方式，为轻资产的科技型企业提供金融支持。推进辽宁股权交易中心“科技板”工作，围绕科技企业发展过程中的各项融资需求，为挂牌科技企业提供对接、培训、融资等各类专业化服务。建立创新创业投融资机制，扩大省创业投资引导基金规模，争取国家股权众筹融资试点。支持天使投资、创业投资对科技企业进行投资，探索投贷结合的融资模式。

（七）营造良好创新氛围，力促大众创业，万众创新

加快推进企业技术创新主体建设；构建一批产业创新最活跃、高端创业资源最丰富、孵化服务功能最完善的众创空间；培育新技术、新产品、新业态和新商业模式，形成新的经济增长点；充分重视科技型中小微企业的培育和发展，激发其创新创业活力不断提升。

1. 切实强化企业技术创新主体地位

要积极引导企业增强创新内生动力，促进研发机构在企业建立，优惠政策向企业倾斜，人才向企业流动，引导资金、技术、项目、人才等创新要素向企业集聚，切实强化企业技术创新主体地位。要加强不同行业研发投入和产出的分类考核，通过科技型中小企业创新资金、省自然科学基金等政策性引导资金，加强科技奖励对企业技术创新的引导和激励。要采取多种有力措施，推动规模上工业企业提高研发投入所占比重、提高研发机构和研发活动所占比重、提高新产品产值所占比重。

2. 大力推进众创空间建设

支持行业领军企业、创业投资机构等社会力量，充分利用全省重点园区、科技企业孵化器、大学科技园、创业（孵化）基地、大学生创业基地等各类创新创业要素，采取创新与创业、线上与线下、孵化与投资相结合，突出低成本、便利化、全要素、开放式的特点，构建一批投资促进、培育辅导、媒体延伸、专业服务、创客孵化等不同类型的市场化众创空间。支持孵化器、大学科技园等创新创业孵化机构按照众创空间要求，利用互联网和开源技术，突破物理空间，为创业企业或团队提供包括工作空间、网络空间、社交空间、资源共享空间在内的创业场所，开展市场化、专业化、集成化、网络化的创新创业服务。到 2020 年，力争众创空间达到 200 家以上。

3. 激活中小微企业创新活力

推进省级中小企业公共技术服务平台建设，为中小微企业提供全方位、多功能的科技服务，围绕产业集聚区创建一批为中小企业提供产品研发、设计、试验和检测服务的共性技术服务平台，依托大学、科研院所的科研、人才优势创建一批政产学研金介用合作式公共技术服务平台，依托大型企业、龙头企业的设备、人才技术优势打造一批中小企业“专精特新”品牌。推进“创新券”工作，通过后补助方式，支持科技型中小微企业加强产学研合作，积极主动购买科技服务，同时探索财政科技资金投入新模式。

4. 全力营造创新创业氛围

实施“辽宁省大学生创业百千万工程”，支持高校学生成立创新创业协会、创业俱乐部等社团，搭建创业企业孵化平台，举办百场创业大讲堂、遴选千名创业导师、培养万名大学生创业。做好中国创新创业大赛（辽宁赛区）相关工作，为创新创业团队和企业搭好融资服务平台，认真组织辽宁企业和创新创业团队参加全国比赛，营造辽宁更加浓厚的创新创业氛围。

（八）加强应用基础研究，提高科技原始创新能力

引导对应用基础研究的投入，改革完善资助管理体制和评价机制，进一步强化应用基础研究平台和人才队伍建设，增强原始创新能力，提升解决重大科技问题的能力和原始创新能力，为产业发展提供技术储备。

1. 完善对基础共性技术研究的支持机制

结合国家基础性、战略性、前瞻性科学研究和共性技术研究方向，充分发挥政府引导作用，建立应用基础研究经费投入的长期、持续、稳定支持的机制，为持续推进科技进步与创新创造条件。积极组织好国家自然基金委员会——辽宁省人民政府联合基金的实施，按照“分类引导、分层支持”的原则，整合全省在学科、人才和基础条件方面的优势，对能够推动科技、经济和社会发展的高端装备制造、新材料、精细化工、医药卫生等领域具有重大科学意义及良好应用前景的重大科学课题进行前瞻性布局。拉动社会资金投入应用基础研究，逐步形成以政府投入为主导，社会投入为补充的多元化投入格局。

2. 加强重点领域重大前沿性基础研究

紧密围绕制约传统产业转型升级和战略性新兴产业发展的瓶颈问题，依托省共性技术创新平台开展研究工作，优先支持市场前景好、对全省产业发展产生重大影响的应用基础研究，重点在高端

装备制造、新材料、生物医药、电子信息、新能源、现代农业等领域开展前瞻性与产业共性技术研究，力争在“十三五”末期能够产生一批具有重要影响力的原始创新成果，培养一批符合辽宁经济发展需要的科研人才和团队，为转变辽宁经济发展方式，优化产业结构提供重要支撑。通过国家自然科学基金、省自然科学基金、博士基金联合培养 1 万名高层次研究型人才。

专栏 10　重大前沿性基础研究创新链

高端装备制造领域。研发 IC 装备中的涂胶工艺技术、刻蚀工艺技术和机械手及硅片传输控制技术、精密加工技术、精密键合技术等；研发轨道交通装备中的列车制动、牵引控制、高铁安全监测、运营安全检测及维修、通信信号等关键技术，轮轴轴承、传动齿轮箱、转向架、牵引变流器、制动装置、传感器等关键零部件技术等；研发海洋工程装备中的自升式平台升降系统、深海锚泊系统、动力定位系统、燃气动力模块、储能电池组系统模块、自动化控制系统、测井 / 录井 / 固井系统及设备、钻修井设备及系统、安全防护及监测检测系统等关键共性技术；研发智能制造中的基础制造、增材制造和重大智能制造技术及制造业信息化技术；能源装备中的核电、风电、太阳能光伏和页岩气等新能源技术；开展航空装备中的民用飞机的高可靠性、低成本、数字化设计与制造技术，新型涡扇、涡喷等民用航空发动机整机及零部件开发技术，民用航空机载设备及系统、机载任务设备及系统、空中交通管制设备及系统，地面支持设备及系统技术等基础研究。

新材料领域。高端钢铁材料：研发精炼、薄带连铸、铸轧、控轧控冷等新技术，发展高端工程用钢、薄带连铸高性能硅钢、变厚度板材等新材料；高性能有色金属材料：研发精密铸造、特殊成形、增材制造等新技术，发展镁、铝、钛合金、3D 打印高性能金属粉末等；新型化工材料：研发新型催化剂、新型工程塑料、高性能高分子材料的制备技术等新技术；先进功能材料：研发能源转化、储存材料及其大规模制备新技术，发展高硅钢、磁材料、纳米材料、功能碳素材料、水处理材料、吸附分离膜材料、催化剂新材料与技术、煤基高附加值功能材料、石墨烯、碳化硼等新材料基础研究。

电子信息领域。云计算：研发具有云计算资源交付、弹性计算、弹性存储、服务管理、云应用开发支撑能力的专有云通用云计算服务交付及应用开发平台以及云计算环境运维管理平台；网络安全技术：研发网络监管软件、嵌入式软件、动态网络主动防御产品开发软件等；大数据：基于云计算技术，以云计算领域著名的开源软件为基础，研发面向行业的大数据管理平台，提供集成化的管理与服务，方便上层应用的开发；物联网：重点突破高速高可靠工业无线网络接入技术，面向管控一体化的工业物联网传输技术，语义化工业物联网信息集成技术，工业物联网协同安全技术；卫星导航技术：研发围绕大自然资源开发利用、空间技术、环境监测、灾害控制、远程教育、卫星导航、遥感监测技术，推进空天地一体化系统、地理信息系统、网络、通信、联网收费等技术的综合集成应用；核心电子元器件：研发专用芯片设计，提升高端芯片以及面向物联网、网络通信、工业控制、医疗电子、环境监测等领域专用集成电路的设计开发等基础研究。

生物医药领域。开展药用微生物代谢流向研究、药品质量评价方法研究、细胞代谢工程改造基础研究、组合生物合成研制新药、药物的吸收性能研究、神经疾病及恶性肿瘤的遗传机理研究、创新性治疗药物研究、小分子药物的设计、药品监管研、分子影像探针及其设备的研究、药物设计与医药产业信息处理、中药资源可持续发展、药效物质作用机制及质量评价研究等基础研究。

新能源领域。侧重对清洁能源和可再生能源关键技术进行研究，特别是对核电、太阳能、风电、生物质能、潮汐能、燃料电池等方向进行基础性研究。

现代农业领域。开展辽宁杂草稻的遗传多样性、演化及抗逆资源发掘与利用、东北粳稻优质超高产的遗传和生理生态基础研究、辽宁地区玉米杂交育种生物学基础、番茄根系分泌物对南方根结线虫的影响及机理研究、柞蚕对不同病原微生物免疫应答的转录组比较分析研究、土壤盐渍化防控技术研发及修复机理、设施蔬菜品质形成及生育障碍发生机理研究、东北黑土地区土壤有机质维持与高效施肥的基础研究、辽宁省主要农作物重大病虫种群演替规律及流行灾变机制研究、辽宁省区域生物固碳能力评估及潜力提升技术研究、辽宁农业面源污染成因及调控机理研究、落叶松木材形成的分子调控机理、辽宁绒山羊绒毛生长的调控研究、辽宁地方肉牛品种相关功能基因研究、东北地区畜禽重要疫病流行规律及致病机理研究、海参加工中营养变化与品质形成的关键科学问题、贝类加工品质形成与功能因子调控机制、水产健康养殖模式构建与病害防控基础研究、我国北方重要海水养殖动物病害防治的基础理论与关键技术、海胆重要经济性状遗传解析及种质改良基础研究等。

3. 稳步推进创新平台建设

针对智能机器人、燃气轮机、高端海洋工程装备、集成电路装备、高性能纤维及复合材料、石墨新材料、光电子、卫星及应用、生物医药等新兴产业培育和支持新兴交叉学科，每年新增10个重点实验室，20个工程技术中心，为新兴产业的产学研一体化提供理论支持和技术保障。加强对现有建设优秀的重点实验室（工程中心）支持，重点推进企业共建实验室（工程中心）和地方联合实验室（工程中心）的培育和建设，争取进入国家级行列，并努力强化其创新辐射作用，使其拓展成为众创空间。切实加大对大科学装置建设的支持力度，前瞻谋划和系统部署大科学装置建设，提升支撑交叉、新兴学科发展以及突破高新技术瓶颈的能力。到2020年建成省级以上重点实验室、工程技术研究中心1000家以上，鼓励以企业为主体组建研发机构，不断提升创新平台基础能力。

四、保障措施

（一）加强组织领导和统筹协调，保障规划有效实施

加强顶层设计，围绕辽宁经济社会发展的重大战略需求，从更广阔的视野统筹谋划和系统布局辽宁科技的发展。充分发挥省科技创新工作领导小组职能作用，建立纵横结合的科技工作格局，横向协同省直部门共同研究明确各行业、领域科技创新重点，进一步建立和完善产业、项目、平台、人才、基地“五位一体”的配置模式，助优扶强，集中资源保障重点任务实施。纵向上加强部省工作会商、厅市工作会商的“部、省、市”三级联动机制建设，会同各市研究确定区域科技创新的支持重点。

（二）推进科技投入体系建设，为创新提供资金保障

充分发挥财政资金“杠杆”作用，综合运用产业（创业）投资引导基金、PPP模式、风险补偿、贷款贴息、事后补助及无偿资助等多种方式，带动和促进社会民间投资，形成政府投入引导，企业与社会民间投入为主的多元投入模式。加强科技与金融结合，继续深化科技金融综合服务体系建设，支持和鼓励各市、高新区及有关单位搭建科技金融服务平台，加快设立科技支行、科技保险、科技租赁、科技小贷和科技担保等科技金融专营机构。积极争取国家财政科技资金支持，通过辽宁省产业（创业）投资引导基金和自然科学联合基金等，积极对接国家战略性新兴产业、高技术产业发展及基础研究和前沿技术研究方向。

（三）加快科技人才队伍建设，为创新提供人才支撑

统筹国际国内人才资源，坚持人才投入优先保障，人才资源优先开发，人才制度优先创新，充分发挥人才对创新驱动的核心作用。力争到2020年R&D活动全时人员当量达到12.5万人年，选拔培养10名杰出人才，150名科技创新领军人才，100名科技创业领军人才，100个科技创新团队，2000名青年科技创新创业人才。

1. 深入实施各类人才专项计划

实施辽宁高层次人才特殊支持“双千计划”，加强对杰出人才、科技创新领军人才、科技创业

领军人才培养，形成科技人才培养的梯次结构。实施辽宁省自然科学基金、省博士科研启动基金等计划，全面储备各领域高层次科技创新创业人才后备力量。

2. 完善创新创业人才政策体系

围绕《辽宁省自主创新促进条例》的落实，统筹考虑人才配套政策制定工作，认真研究条例内容，明确任务分工，全面开展人才配套政策的制定工作，确保条例内容能够落到实处，真正为辽宁科技创新工作和深入实施创新驱动发展战略发挥应有的作用。全面落实国家及辽宁现有政策措施，进一步出台科技创新创业人才激励政策。拓展人才双向流动机制，允许科技创新人才在高等学校、科研机构和企业间双向兼职，鼓励科技人才利用科技成果创办科技型企业。完善收益分配制度，探索充分体现科技创新创业人才智力劳动价值的分配机制。探索建立科学的科技创新创业人才评价机制，为人才培养、选拔、使用提供依据。

（四）融入“一带一路”等战略，加强科技合作与交流

加快与“一带一路”“京津冀”战略的衔接，实行更加积极主动的开放创新战略，加强合作与交流，建立充分利用全球创新资源的体制和机制，积极融入科技全球化进程。

1. 推进“一带一路”“京津冀”科技合作交流

以全球视野有效利用和配置国内外创新资源，鼓励和支持辽宁企业与国外大学、研究机构和高技术企业开展合作与交流，通过合作研发、人才引进等方式提高科技创新能力。紧密结合“一带一路”战略，积极推动国际产能合作，支持辽宁具有自主知识产权的技术和产品开辟“一带一路”沿线国家市场，实现技术标准、成套设备和工程总承包出口。加强技术引进消化吸收再创新工作，支持企业实施一批国际科技合作重点项目，突破制约辽宁经济发展的关键技术。主动融入京津冀协同发展战略，依托自身科技资源，承接京津冀经济圈建设中的产业转移和高新技术辐射，实现互补共赢发展。

2. 深化院地合作与加快军民融合发展

加强与以“两院十校”为重点的高校、科研院所的合作，推动一批科技成果在辽落地并实现产业化。推进沈阳材料国家实验室、机器人与智能制造创新研究院建设，推进大连洁净能源国家实验室完善管理体制和运行机制，打造一批从基础研究、技术开发、工程化研究到产业化的全链条、贯通式创新平台。积极推进中科院丹东产业技术创新与育成中心建设，引进一批高技术项目入驻。到 2020 年入驻中科院丹东育成中心的高技术项目达到 20 个。推进军民良性互动，大力发展军民两用技术和军民结合产业，争取在航空航天等领域取得较大科技进步。建设军民结合公共服务平台，推动军民融合深度发展。

3. 提升研发机构国际化水平

充分利用好沈阳、大连核心城市优势，吸引跨国公司研发中心、全球性知名企业重点实验室、国内外重大项目、国际性组织等高端创新资源落户辽宁。鼓励领军企业以联盟形式参与国际科技合作计划、与跨国公司研发中心或国际前沿技术机构开展研发合作、参与国际标准制定和推广，提升领军企业在关键技术和标准领域的话语权。

（五）完善科技政策体系，优化创新发展环境

根据实施创新驱动发展战略的要求，落实好国家和省促进科技创新的各项政策，使创新发展环境不断优化。

1. 推动出台相关政策法规

对辽宁现有的各类科技创新政策法规进行系统梳理，围绕辽宁科技发展重点，推动出台一批适应创新驱动战略要求的、具有较强针对性和可操作性的科技政策法规，充分发挥科技政策的引导作用，形成促进创新驱动发展的体制机制和政策环境。以推动科技与经济相融合为重点，优化完善现行的科技创新政策体系，使其与经济政策和产业政策有效协同，覆盖完整的创新链，消除科技创新中的“孤岛现象”，实现科技资源的优化配置。

2. 实施知识产权、技术标准及质量强省战略

加快推进知识产权“三合一”管理体制改革，完善知识产权管理体系；加大知识产权保护执法力度，切实保护知识产权所有者权益；加强对知识产权重要作用的宣传，构建知识产权创造、应用、保护体系，引导和支持重点领域形成重大专利和标准。到 2020 年每万人发明专利拥有量达到 7.36 件。推进技术标准战略实施，健全标准化运行机制，支持企业、社团积极自主制定和参与制定国际技术标准。深入实施质量强省战略，积极发挥质量促进提质增效升级作用，促进质量与科技创新工作有机结合。

3. 推进创新文化建设

大力培育创新意识和价值观念，提倡勇于创新、敢为人先的精神，鼓励全域创新、全民创业，营造激励成功、宽容失败的良好创新环境，营造书香辽宁、科技辽宁的良好氛围。大力普及科技知识，提高全民的科学素养，特别是要提升领导干部善于运用科学精神、科学方法、科学态度思考问题的能力。持续开展“科技活动周”“科普日”“科普之冬”“基层科普行动计划”等大型专题科普活动，推动不同权属的科普教育设施向公众开放，继续办好《科普与生活》和《科技致富》栏目，“十三五”期间新认定省级科普基地 100 家，力争到 2020 年辽宁公民具备基本科学素质的比例达到 10.8%。

吉林省科学技术发展“十三五”规划

按照《国家创新驱动发展战略纲要》《“十三五”国家科技创新规划》《吉林省国民经济和社会发展第十三个五年规划纲要》等重大战略部署，结合《中共吉林省委　吉林省人民政府关于深化科技体制改革加快推进科技创新的实施意见》（吉发〔2012〕24号）、《中共吉林省委　吉林省人民政府关于深入实施创新驱动发展战略推动老工业基地全面振兴的若干意见》（吉发〔2016〕26号）等文件精神，制定本规划。

一、“十二五”科技发展回顾

“十二五”期间，吉林省科技发展取得了突破性进展，对经济社会发展支撑作用愈加强劲，农业科技创新保障粮食总产量连续3年突破700亿斤，装备制造业技术创新保障“吉林一号”卫星成功发射和中国标准动车组顺利下线，综合创新能力提升保障经济年均增速居东北地区首位，吉林省全要素生产率（科技进步贡献率）达到51.9%。

（一）重大科技专项成效卓越

“十二五”期间，“双十工程”项目累计立项160项，投入总经费11.72亿元；实施重大招标专项30项，累计投入经费1.31亿元，累计带动了地方、企业、科技开发机构和金融机构等社会力量投入资金110亿元，取得授权专利329件，各类标准、生产规范198个，植物新品种权11个，论文452篇，重大科技成果转化项目实现销售产值近千亿元。“核磁共振地下水及灾害水源探测仪器”获得国家技术发明二等奖。

国家重大科技专项取得突破。“十二五”以来，我省作为牵头单位承担了民口国家科技重大专项中的36项课题，获得国拨经费近7.7亿元。“东北平原中部（吉林）春玉米水稻持续丰产高效技术集成研究与示范”等三期课题，在全省三大生态类型区全面刷新玉米、水稻超高产纪录。“创制药物孵化（吉林）基地”项目3年累计销售产值99亿元、利税22.3亿元。“下一代地铁车辆技术研究及示范应用”项目开发出的城铁列车样车主要性能指标进入国际先进行列。

吉林省人民政府办公厅，吉政办〔2017〕1号，2017年1月5日。

（二）科技创新平台作用凸现

“十二五”期间，吉林省大力加强科技创新平台建设，已经形成由20个院士工作站、20个省级科技成果转化中试中心、62个科技企业孵化器（其中国家级19个）、30个省级技术创新战略联盟、18个高新技术产业化基地（园区）（其中国家级6个）、33个技术转移示范机构（其中国家级10个）、5个产学研合作示范基地、74个重点实验室（其中国家级12个）、5个国家级工程技术研究中心、175个省级工程研究中心和工程实验室、330个省级以上企业技术中心、114个科技创新中心等组成的科技创新平台体系。高新区平台迅速壮大。吉林省国家级高新技术产业开发区增加到5个，开发区主营业务收入近万亿元。新型创新平台加快发展，吉林省科技大市场建设取得突破，已吸纳专家3855名，入库各类科技成果4200余项，签约科技服务机构51家，与36家金融机构签订战略合作协议，国家技术转移东北中心落户吉林省科技大市场。吉林省集成创新综合体已进驻140家企业和创新平台。

（三）科技创新成果量质并升

科技研发成果数量质量同步提升。专利申请数量和质量明显提升，“十二五”期间专利申请量累计达54851件，专利授权量累计达32637件。有17项发明专利获中国专利优秀奖，1项发明专利获中国专利金奖，1项外观设计获中国外观设计金奖。登记吉林省科技成果累计达3319项。办理技术合同登记累计达14363份，成交总额累计达140.77亿元。科技人才建设成果显著，“十二五”期间有8人被评选为两院院士。科技奖励工作成果丰硕，全省共授奖1425项，4人获吉林省特殊贡献奖，4人获国际合作奖，还授予自然科学奖121项、技术发明奖74项、科技进步奖1222项。获国家科学技术奖43项，其中中华人民共和国国际科学技术合作奖1项、国家自然科学奖二等奖10项、国家技术发明奖二等奖8项、国家科学技术进步奖24项。

科技产业化成果丰硕。截至“十二五”末期，全省高新技术企业达到342户。高技术制造业增加值从“十一五”末期的263.99亿元跃升到577.30亿元；信息产业、医药产业、装备制造业等新兴产业增加值也分别从75.90亿元、218.83亿元和320.69亿元增长到133.38亿元、533.78亿元和630.43亿元。

科技交流合作成果取得新突破。部省共建的长春国家光电国际创新园获批，取得了四类国际合作基地中规格最高类型的突破。图们江区域国际技术转移中心、珲春国际技术转移中心先后获批为国家级国际科技合作基地。长春中俄科技园被国家科技部认定为“国家技术转移示范机构”。国家级国际科技合作基地数量增至16个，省级国际科技合作基地增至37个，引进国外技术专家14名。成功举办东北亚产业技术论坛、中国·白城农业科技创新国际合作会议、长吉图区域中韩技术转移大会等系列国际交流活动，组织参加了中国重庆高新技术交易会和中国北京国际科技产业博览会。

（四）创新生态环境不断优化

科技研发投入不断增强。全省财政科技支出年均增长16.7%，累计支出161.3亿元，支出总规模是“十一五”期间的2.29倍。在财政科技支出的引导作用下，全省R&D经费支出增速达到

15%，比GDP增速高5.6个百分点，R&D经费规模也从“十一五”末的75.8亿元水平跃升到“十二五”末的140亿元左右。《中国区域创新能力评价报告2015》显示，吉林省企业研究开发费用加计扣除减免税额32.1亿元，占全国比重达到8.45%。科技计划管理体制更为完善。由六大类科技计划构成的科技计划体系，实现了按产业链、创新链部署和配置科技资源的目标，形成了以项目带产业，系统支持产业技术创新的模式。“两所五校”科技成果转化试点取得突破，省财政投入4.25亿元，高校、科研单位投入8500万元，联合推动科技成果转化机制创新。深入落实《在长春市建立产学研协同创新机制试点工作实施方案》（吉政发〔2014〕49号），重点进行了一批产学研协同创新机制试验点建设。出台了《中共吉林省委 吉林省人民政府关于深化科技体制改革加快推进科技创新的实施意见》（吉发〔2012〕21号）、《吉林省人民政府关于建立健全技术创新市场导向机制加快科技成果产业化的实施意见》（吉政发〔2014〕48号）、《吉林省省属事业单位科技成果转化资产处置和收益分配管理试行办法》（吉科发政〔2015〕180号）等文件，深层次激发了科研创新活力。知识产权工作进一步加强，重点开展“专利护航”专项行动，建设省级专利维权援助中心和延边、四平、通化3个分中心，加大知识产权培训工作力度，年均开展知识产权管理、执法、专利代理和专利电子申请等各类知识产权培训10次以上，国家知识产权培训（吉林）基地建设成效显著。科普活动受众群体不断扩大，组织各类实用技术培训与涉农知识讲座1500余场（次），发放实用技术宣传资料近200万份（册），参与活动民众达1000余万人（次），有近百所科研院所、高校和科技场馆（基地）向社会和公众开放。科技特派员农村科技创业行动效果良好，实施科技开发项目1930项，引进新品种、推广新技术2840项，项目总投资33.6亿元，创造经济和社会效益26.6亿元。创新创业新空间不断拓展，《吉林省人民政府办公厅关于发展众创空间推进大众创新创业的实施意见》（吉政办发〔2015〕31号）等配套政策相继出台，摆渡创新工场等一批特色新型孵化器及创新创业典型发展势头强劲，全省省级以上科技企业孵化器达62个，孵化场地总面积170万平方米，累计孵化企业4090户，先后吸引596名留学归国人员和2906名科技人才创新创业。成功组织了四届中国创新创业（吉林赛区）大赛。

专栏1 “十二五”期间科技发展基本情况

序号	指标名称	2010年	2015年
1	研发（R&D）经费投入强度（%）	0.87	1.01
2	研发（R&D）人员投入总量（万人）	4.53	4.93
3	R&D经费支出中企业支出比重（%）	55.6	61.9
4	R&D经费来源中政府资金比重（%）	38.4	36.2
5	高技术制造业增加值占规模以上工业增加值比重（%）	8.5	9.7
6	技术市场合同成交额（亿元）	18.1	26.5
7	每万人口发明专利授权量（件）	0.29	0.81
8	全社会劳动生产率（元/人）	65393	94983

总体而言，“十二五”期间，在全省科技工作者的共同努力下，吉林省科技事业活力倍增，创

新驱动发展水平显著增强，科技发展方式发生积极变化。但是，必须看到“十三五”时期是吉林全面振兴发展的攻坚时期，是全面建成小康社会的决胜时期，是应对挑战、化解难题、爬坡过坎、滚石上山、大有可为的重要战略机遇期。吉林省科技事业的发展和创新驱动战略的实施，必须着力解决自主创新能力不强、企业主体作用不足、成果转化能力较弱、高新技术产业不大、科技支撑作用有限等五大问题；必须大力关注新兴业态、新兴技术、新兴组织对区域创新活力的影响。为此，吉林省科技工作必须超前谋划、深化改革、激发活力、强化动力，才能在突破“三个重要关口”、实现“三个五”战略目标中发挥更大的支撑作用。

二、指导思想、基本原则和主要目标

（一）指导思想

全面贯彻党的十八大和十八届三中、四中、五中、六中全会精神，以邓小平理论、“三个代表”重要思想、科学发展观为指导，深入贯彻习近平总书记系列重要讲话精神，按照习近平总书记在全国科技创新大会上的重要指示和吉林省委十届七次全体会议的具体部署，坚持“四个全面”战略布局，牢固树立创新是引领发展第一动力的理念，不断推进创新驱动战略向纵深发展，围绕“发挥五个优势、推进五项举措、加快五大发展”，突出创新发展的首要地位，以深化科技体制改革为先导，以打造科技创新平台为支撑，以企业主体地位为重点，以区域创新能力提升为目标，优化创新生态系统，营造创新良好环境，提升协同创新水平，促进分享经济发展，加快打造区域创新引领高地，推动各领域科技创新实现跨越式发展，形成以创新为主要引领与支撑的经济体系和发展模式，促进产业转型升级，走出一条质量更高、效益更好、结构更优、优势充分释放的发展新路。

（二）基本原则

———坚持以服务振兴发展为目的。紧扣发展主题，坚持问题导向，把培育具有核心竞争力的主导产业作为主攻方向，围绕产业链部署创新链，发展科技含量高、市场竞争力强、带动作用大、经济效益好的战略性新兴产业，把科技创新真正落到产业发展上，为推动新一轮振兴发展提供新的动力支撑。

———坚持以企业科技创新为主体。切实发挥企业在技术创新决策、研发投入、科研组织和成果转化中的主体作用，鼓励行业领军企业构建高水平研发机构，形成完善的研发组织体系，集聚高端创新人才。引导领军企业联合中小企业和科研单位系统布局创新链，提供产业技术创新整体解决方案。培育一批核心技术能力突出、集成创新能力强、能够引领重要产业发展的战略性创新型企业。

———坚持以提高创新能力为基础。围绕我省产业特点和区域特色，统筹省内科技资源，着力提高自主创新能力，全力实施重大科技项目和工程，深入推进知识创新、技术创新和制度创新，增强原始创新、集成创新和引进消化吸收再创新能力，不断取得基础性、战略性和原创性的重大成果。

———坚持以开放协同创新为引领。以全球视野谋划和推动创新，树立科技的灵魂是开放的新理念，促进人才、资金、技术、信息等创新要素跨地区流动，充分利用国际国内两种资源，深入推进协同创新和开放创新，破除制约我省发展的瓶颈，努力实现关键技术重大突破，实现竞争合作、互利共赢。

———坚持以体制机制改革为动力。充分发挥科技创新和制度创新 “两个轮子 ”的作用，让科技体制改革和经济社会领域改革同步发力，强化科技与经济对接，遵循社会主义市场经济规律和科技创新规律，遵照国际惯例和规则，破除一切制约创新的思想障碍和制度藩篱，营造创新创业的良好生态。

———坚持以人才队伍建设为保障。加大人才使用、培养、引进力度，推进人才管理体制改革，完善人才发展机制，落实以人为本，尊重创新创造的价值，激发各类人才的积极性和创造性，加快汇聚一支规模宏大、结构合理、素质优良的创新型人才队伍。

（三）主要目标

到 2020 年，自主创新体系基本形成，原始创新能力不断增强，集成创新、引进消化吸收再创新能力显著提高，战略性新兴产业高技术研发和前沿科技研发实现重大突破、传统产业技术创新实现重大进展，科技成果转化渠道更加畅通，高新技术产业规模明显壮大，形成一批特色鲜明的创新型城市、创新型企业、创新型大学、创新型园区和区域创新中心，创新体系协同高效，创新环境更加优化，创新治理更加有效，有力支撑老工业基地全面振兴、全面建成小康社会目标的实现。

专栏 2　“十三五 ”期间科技发展主要目标

序号	指标名称	2015 年	2020 年
1	研发（R & D）经费投入强度（%）	1.01	1.50
2	研发（R & D）人员投入总量（万人）	4.93	5.20
3	企业R & D经费支出比重（%）	61.9	65.0
4	高技术制造业增加值占规模以上工业增加值比重（%）	9.7	15.0
5	技术市场合同成交额（亿元）	26.5	40.0
6	每万人口发明专利拥有量（件）	2.6	4.2
7	吉林省登记科技成果数量（项）	816	1000
8	科技进步贡献率（%）	51.9	60

三、统筹提升区域创新能力

兼顾国家战略和地方特色，兼顾发展需求和战略引领，统筹基础研究、应用研究和成果转化，发挥高校和科研院所基础作用，推进科技创新与产业发展深度融合，聚焦若干关键技术领域和若干重点发展方向，加强与国家科技发展计划的衔接，支持重点科研方向把突破国内外科技前沿技术作为创新目标，加速吉林省科技创新能力向“并行”“领跑”为主转变。

（一）强化基础研究支撑引领作用

坚持战略性、前瞻性、基础性、主题化发展方向，统筹推进基础研究、应用基础研究和基础性科技工作。面向国内外科技前沿问题，依托吉林大学、东北师范大学、中科院长春光机所、中科院长春应化所等基础研究实力雄厚的中省直科研单位，积极衔接国家自然科学基金项目，重点打造数理科学、化学、材料与纳米科学、生命科学、医学、地球、资源与环境科学、工程与能源科学、信息与计算科学等学科，提高基础研究对国家创新体系和区域创新体系的支撑能力。面向省内亟待解决的应用基础研究和科技基础条件问题，依托中省直科研机构，强化顶层设计，凝练若干主题，串联科研活动和平台保障，统领基础研究发展。“十三五”期间，重点推动现代农业、智能科技、中药健康和特色平台 4 个领域开展主题化研究并实现突破。现代农业技术基础研究领域着力推进农作物新基因技术、农作物种质资源与育种技术、农业资源环境基础研究取得突破；中药健康技术基础研究领域着力推进人参治疗及保健机理、鹿茸治疗及保健机理、特色中药资源及其生态环境保护、特色中药新型加工技术基础研究取得突破；智能科技基础研究领域着力推进大数据应用（含卫星数据应用）、智能制造关键技术、区域信息安全技术基础研究取得突破；基础研究特色平台建设着力推动特色科技基础数据主题实验室、长白山资源保护与开发主题实验室、主要农作物种质资源主题实验室、“精准医学”主题实验室等特色平台建设。“十三五”期间，基础研究工作还将根据经济社会发展和科技创新发展的实际需要拓展主题化研究的领域。

（二）发展汽车制造、石油化工和农产品精深加工产业高端技术

坚持高端化发展方向，加快低碳化、信息化、智能化技术在整车上的应用，研发转化汽车零部件轻量化材料及制造技术、汽车电子器件和智能控制器件制造技术，开发节能、纯电动、插电式混合动力汽车核心部件研发及产业化先进技术，支撑传统汽车向节能汽车、新能源汽车、智能汽车的转型升级。坚持大化工方向，开发一批化工产业安全生产、绿色生产关键技术，突破化工催化、精密合成、生物质高效转化等重点技术，为系统发展精细化工、生物化工、新型煤化工等行业提供技术支撑。依托丰富的农林产品资源优势，推动农产品安全生产技术、产品溯源技术、智能检测技术的开发和应用，支撑粮油作物、畜禽乳蛋、食用菌、人参、林蛙、梅花鹿和矿泉水等吉林特色生态产品精深加工产业的发展。

（三）发展医药健康、装备制造、建筑和旅游产业新兴技术

重点推进医药健康产品制造业升级壮大与医药健康服务业提速发展，在中药、生物制药、化学药、生物健康材料与保健食品、医疗器械、制药设备与检测仪器、医药商业与流通、医疗与健康服务八大技术领域实现系统突破。发展以数字化、柔性化及系统集成技术为核心的智能装备制造技术，重点开发新一代轨道交通装备技术、高可靠性星载一体化技术、高续航能力无人机制造技术、高效率高适应低能耗农机装备技术、机器人与智能装备制造技术等核心技术，支撑先进装备制造业发展。加快开发和应用一批绿色、安全、抗寒、抗震、高寿命的新型建筑材料，重点开发新型建筑节能技术、

智能水电气暖供应技术、智慧小区基础设施建设技术等，发展新型建造方式，大力推广装配式建筑技术和产品，推动传统建筑产业向现代绿色建筑产业转变。实施旅游科技创新战略，推动“旅游+科技”产业深度融合和“智慧旅游”发展，广泛利用虚拟现实、第五代移动通信、北斗卫星、云服务平台等高科技手段，开发虚拟现实技术旅游产品，建立贯穿旅游产业全要素、全链条的智慧技术应用和管理体系，推动旅游产业转型升级。

（四）发展战略性新兴产业、特色资源产业的先进制造技术

围绕新材料及其应用产业的发展，加快推进高性能纤维与复合材料、硅藻土新材料、玄武岩纤维新材料、聚乳酸复合材料、高端金属结构材料、新型无机非金属材料等领域制备技术的研发和转化。围绕新一代信息技术发展，推进大数据、云计算、物联网、高性能计算、“互联网+制造业”、地理信息、现代物流、高可信软件、网络与信息安全技术开发及应用。围绕光电技术产业发展，加快激光加工、显示与照明、传感技术、光电检测与控制、精密仪器仪表等领域的技术创新和转化。加强军民融合，推进卫星遥感、卫星通信、导航和位置服务系统等技术开发应用，研发转化航天航空装备专用材料、专用设备，对接好国家民用卫星产业布局，发展通用航空装备制造业。突破纤维素液体燃料生产等关键技术，加快转化秸秆综合利用技术和可再生物质资源能源化利用技术。围绕油页岩、优势金属矿产与非金属矿等特色资源产业，开发综合利用技术，促进资源优势转化为经济优势。

（五）发展生态绿色高效安全的现代农业技术

开展良种良法、农机农艺、资源高效循环利用、绿色增产等技术集成创新，推动农业产学研用协同创新改革实验，建设完善农业研发科技平台和农业科技成果转化平台。加快开发一批多抗性、高营养的农作物新品种，建立吉林省区域性农作物种质资源库，加强大品种农作物和杂粮杂豆种质资源的保护、功能基因的挖掘和新品种的再开发，推广一批在东北乃至全国有影响的突破性良种品牌，支撑吉林省现代种业的发展。强化畜禽、特色动植物种质资源的保存与高效利用，强化粮食作物高效安全生产综合配套技术、优质安全畜禽产品生产技术、特色动植物资源生产技术、区域性农业装备开发技术的研发与转化。发展“互联网+现代农业”“光伏+种植养殖”“卫星+现代农业”等关键技术，以科学技术支撑国家现代农业示范区建设。

（六）发展能源高效利用和生态环保技术

重点发展工业节能、民用节能、新能源与绿色能源技术、新型节能产品开发等能源高效利用技术，重点突破大规模能源供需互动和储能、并网关键技术，加快开发利用风能、太阳能、生物质能等清洁能源，提高能源转化效率。支持开发和转化黑土地、盐碱地综合治理技术，发展湿地恢复保护和开发利用技术、生态安全监测与预警技术、长白山矿泉水保护及区域污染防治技术、重点行业废水及生活污水低成本高标准处理技术、水环境综合治理及损害评估技术、城市及重点产业废弃物资源化处理和循环利用技术，推进资源节约型、环境友好型社会建设，建设宜居城镇、美丽乡村。

（七）推动其他相关技术领域发展

推动智慧城市、智慧社区、安全生产等相关技术的开发和转化。重点提升交通管理、公共安全应急响应、社区管理等一批门类齐全的综合信息平台开发技术，着力发展交通、电力、通信、地下管网等市政基础设施的数字化和智能化技术，建设区域特色大数据中心，加快推进信息及智能技术与现代服务业的融合发展，升级网络和信息安全维护、监管和应急保障技术，强化安全生产、重大自然灾害防范、公共安全等领域技术和产品攻关，全面提高科学技术对城市管理、城镇化质量和城乡区域协调发展的支撑能力。重视前沿技术的研发和潜在影响。推进纳米、石墨烯、增材制造和储能、下一代基因组、干细胞、合成生物、再生医学、移动互联、大数据、物联网、云计算、智能机器人、无人驾驶汽车、微纳电子、光子技术、空天技术等前沿技术的开发和运用，为吉林省经济社会科学发展谋划新的增长点。统筹自然科学和社会科学发展，促进区域生产力与生产关系的协调发展。

四、优化科技创新网络体系

以服务经济社会发展需求为出发点，以解决经济社会发展瓶颈问题为立足点，以强化市场导向机制、提升创新体系为重点，构建新型、高效具有地域特色的创新生态，着力突出企业创新主体地位，打造现代科技研发体系，建设高效科技服务体系，壮大科技成果生产能力，提升科技成果转化水平，切实提升创新驱动发展能力。

（一）强化企业创新主体地位

强化企业技术创新决策的主体作用。竞争类产业技术创新的研发方向、技术路线和要素配置模式由企业依据市场需求自主决策，自主开展相关创新活动。鼓励企业在国家宏观政策指导下，根据市场需求变化和市场竞争格局对技术创新的要求，主导提出企业创新目标，把握创新的方向，自主选择适合本企业发展目标的创新项目，并进行筹资、投资，承担相应风险；强化企业主要负责人的技术研发意识和责任，加强研发能力和品牌建设，建立健全技术储备制度，提高持续创新能力和核心竞争力。强化企业技术创新投入的主体作用。鼓励和引导企业增加研发投入，大力培育创新型企业，充分发挥其对技术创新的示范引领作用；引导和鼓励企业建立研发准备金制度，建立首台（套）重大技术装备认定奖励机制和保险补偿机制，推进科研项目经费后补助工作，鼓励和引导企业按照全省规划和市场需求先行投入开展研发项目；建立健全国有企业技术创新的经营业绩考核制度，加强对不同行业研发投入和产出的分类考核。

强化企业科技成果应用的主体作用。进一步鼓励企业开发或引进具有自主知识产权的科技成果，开发新产品，通过商业模式创新占领市场。积极支持企业购买科技成果，对承接省内高校、科研院所重大科技成果并在省内成功转化或购买省外高校、科研院所科技成果并在省内成功转化的企业，按其技术交易额给予一定支持。

打造一批科技创新小巨人企业。完善科技型企业和高新技术企业培育全流程服务体系，在全省重点培育一大批成长性强、代表未来产业发展方向的科技创新小巨人企业，将其培育成代表新技术、新产业、新业态和新模式的创新型企业。引导资金、技术、项目、人才等创新要素向企业集聚，促进其创新成果加速转化，以企业的壮大发展打造产业新优势。积极落实国家新修订的高新技术企业认定管理办法，加速培育“专精特新”中小企业成长为“小巨人企业”，加快推进创业孵化、知识产权服务、第三方检验检测认证等机构的专业化、市场化改革，构建面向中小微企业的社会化、专业化、网络化技术创新服务平台。建设一批科技创新小巨人企业院士工作站。

探索实施更高效的推进措施。建立向企业征集科技创新研究项目的制度，作为政府科技创新研究课题重要组成部分列入研究计划。鼓励有创新实践经验的企业家、企业科技人员和高技能人才到高校院所兼职，享有与高校教师同等的招收研究生、申报课题等权利。推动国有企业加快技术创新、产品创新、管理创新和商业模式创新，完善国有企业经营业绩考核和任期激励办法，加大创新转型考核权重，对企业科技研发投入视同利润，引导企业加大收购创新资源、商业模式创新和业态创新等方面的投入。利用普惠性财税政策，积极引导龙头骨干企业采取自建、合建、并购等形式建设研发平台，支持龙头企业投入基础研究。引导企业将技术创新与管理创新紧密结合，开展产品创新、商业模式创新和组织创新。大力倡导企业家创新精神，依法保护企业家的创新收益和财产权，培养造就一大批勇于创新、敢于冒险的创新型企业家，建设专业化、市场化、国际化的职业经理人队伍。开展一批特定领域、特定行业的科技创新联合行动，积极推进企业创新主体地位提升。

专栏 3　“十三五”期间重点建设的企业研发主体

企业类型	企业名称
重点企业（集团）	一汽、亚泰、东光、东宝、吉化、敖东、吉粮、通钢、长客、红嘴、吉林化纤、皓月等
高新技术企业	一东汽车零部件、博迅生物、慧海科技、孔辉汽车科技、师大理想软件、万通药业、卓尔信息等 300 多家高新技术企业以及“十三五”期间通过国家认定的高新技术企业
创新型企业	一汽集团、希达电子、新产业光电、万易科技、华微电子等 200 余家省级以上创新型企业

（二）打造现代科技研发体系

高校研发体系。支持创新型大学建设，持续推进“高等学校创新能力提升计划”，支持吉林大学、东北师范大学等争创世界一流大学、世界一流学科。支持重点省属高校向创新型大学发展，积极推进部分普通本科高校向应用技术型高校转变，加快建设一批高水平的高职高专，探索校企联合招生、联合培养模式，鼓励设置与科技成果转化、产业化相关的专业。鼓励高校增设交叉性学科，推动不同学科、不同专业、不同研究领域交叉融合，组建跨学科、综合交叉的科研团队，形成一批优势学科集群和高水平科技创新基地，扩展公共科技创新供给。鼓励高校培养吉林振兴紧缺专业人才，引导大学毕业生在本地就业创业。深化创新创业教育改革，鼓励发展中高职多层次衔接、产学研多主体联合的职业教育集团，加强校企共建师资队伍，坚持市场导向，形成多元办学格局。

科研机构研发体系。发挥中科院分院及相关研究所科研优势，支持相关机构建设科技创新重大基地，推进中科院科技成果在吉林省范围内的优先转化，促进中科院相关机构对省属科研机构的带动作用。强化省农科院等省属科研机构的优势学科，支持省属科研机构与中直科研机构开展战略合作，联合解决吉林省内重大科学技术问题，鼓励省属科研机构加大与国外科研机构、省属高校之间的科研合作，着力提升科技创新能力，支持省属科研机构探索科技成果转化的新模式。推动建设一批由社会资本出资建设的新型科研机构。探索制定对各类科研机构广覆盖的基本业务费制度，推动一批省市共建的省属科研机构、市属科研机构建设。

专栏 4　“十三五”期间重点建设的科技研发体系

主要体系	重点机构
企业研发体系	500 户省级及以上企业技术中心
高校研发体系	吉林大学、东北师范大学、长春理工大学、长春工业大学、东北电力大学、吉林农业大学、吉林师范大学、延边大学、吉林化工学院等
科研机构研发体系	中科院长春分院、中科院长春光机所、中科院长春应化所、中科院东北地理与农业生态研究所、军事医学科学院军事兽医研究所、中国农科院特产所、省农科院、省林科院、省环科院、省水产院、省农机院、省中医中药研究院等
协同研发体系	汽车自主创新、汽车内饰、化工新材料、玉米加工、生物质能源、光电子、碳纤维、现代中药、人参、玉米良种与丰产技术等 30 余个产业技术创新战略联盟，长春工大、东北电力等 5 个产学研合作示范基地等

研发支撑体系。加强科研基础设施建设。支持吉林大学、中科院长春光机所、中科院长春应化所等建设国家重大创新基地。强化项目承担单位主体地位，推进吉林大学综合极端条件实验装置、中科院东北地理与农业生态研究所湿地与农业创新国家重大科技基础设施、中科院国家天文台长春人造卫星观测站、长春空间目标观测基地（吉林）建设。发挥化学、物理、地学、材料、车辆工程和光电信息等学科优势，争取国家布局大科学工程。提升科技创新平台网络。重点在高端装备制造、生物生命工程、新一代信息技术、新材料、新能源、节能环保、新能源汽车、医药健康和现代农业等领域，组建产业共性技术创新平台和技术创新综合服务平台。以打造有影响力的、有竞争力的创新平台为核心，加强建设现有的重点实验室、行业中试中心等科技创新平台（专栏 5），促进科技创新平台集聚人才、资本、信息等创新资源和产业资源；以形成新增长点、打造特色优势为引领，鼓励企业、高校、科研机构新建一批科技创新平台，支持原有省市级科技创新平台晋级为国家级平台，力争在国家重点实验、国家级企业技术中心等领域取得新的突破，构筑起包括 50 个省级协同创新中心、90 个省级重点实验室、100 个省级科技创新中心、300 个省级工程研究中心（工程实验室）、500 个省级企业技术中心在内的科技创新平台体系。建设新型创新发展示范平台，重点推进长吉产业创新发展示范区、长春长东北科技创新中心、长春北湖科技园等一批科技创新产业园建设，建设一批高质量的农业科技园区和可持续发展实验区；促进全省科技资源与国家级长春新区建设的良性互动，加速创建国家自主创新示范区。

专栏 5 “十三五”期间重点建设的科技创新平台

平台类别	平台名称
重大创新基地	省光电子、省化工新材料等重大科技创新基地
重点实验室	12 个国家级重点实验室、3 个部省共建重点实验室以及其他省部级重点实验室建设
行业中试中心	重点建设精细化学品、玉米秸秆糖、蛋白质生物药等 30 个省级科技成果转化中试中心
高新技术特色产业基地（园区）	重点建设汽车电子、碳纤维、光电子、镁合金等国家级高新技术产业化基地，推动若干省级产业基地升级为国家级产业基地
高新技术产业开发区	长春、长春净月、吉林、延吉、通化医药等国家级高新区，继续培育省级高新技术产业开发区
科技企业孵化器（大学科技园）	加强 14 个国家级科技企业孵化器建设
国际科技合作基地	重点建设中俄科技园等 16 个国家级国际科技合作基地，推动若干省级基地升级为国家级基地

（三）建设高效科技服务体系

发展骨干科技中介机构。建设吉林省科技大市场，打造东北技术转移中心；组织有条件的科研单位、高校立足科研设备和人才优势，成立科技中介服务机构；鼓励国有企业、民营企业与科研单位联合兴办科技企业孵化器或生产力促进中心，继续支持科技人员从事科技中介服务；进一步加强面向特定行业、特定创业人员的服务业务，提高服务的专业化水平；支持科技资源丰富的地区建设具有区域特色的科技大市场、科技金融服务中心等科技中介机构。

提升技术经纪人队伍。开展从业人员培训，培训内容既要包括法律法规、政策制度、职业道德、行业规范、公共关系以及现代科技、经济发展趋势等方面的综合知识，也要包括企业管理、市场营销、技术创新等方面的专门知识，以及科技服务的方法、规则、手段等专业技能。

构建科技服务信息网络。整合政府部门、科研机构、信息研究分析机构的信息资源，建立区域性公共信息网络。各级科技管理部门要进一步向科技服务机构开放科技成果、行业专家信息。加快建设以创新产品市场信息服务为主要内容的吉林省综合科技服务机构，健全市县科技服务网络，开展科技情报、知识产权、招商引资引智、研发外包、投融资等全方位科技服务。

专栏 6 “十三五”期间重点建设的科技服务机构

体系名称	重点机构
科技中介体系	吉林省生产力促进中心、长春高新区生产力促进中心等 29 户省级及以上生产力促进中心
知识产权服务体系	吉林专利技术展示交易中心、吉林省发明协会、中外专利数据库服务平台、长春技术产权交易中心、专利转化基地等，以及 14 家吉林省专利代理机构
科技政策咨询体系	吉林省科技信息研究所、吉林省科学与科技管理研究会、吉林省知识产权研究会以及吉林省内的软科学研究机构等政策咨询机构
技术转移体系	吉林省科技大市场、长春科技大市场、吉林大学工业技术研究总院、中科院长春技术转移中心等近 20 户省级及以上技术转移示范机构

建设高效科技服务平台。突出科技创新集成综合体功能。加大政策创新和资金扶持力度，加强公共基础设施和科技基础设施建设，强化与“互联网＋”等新兴业态融合发展，突出中试等科技成果转化重点环节，针对性增强科技情报分析、研发路线设计、科技供需衔接、技术转移服务、专利综合服务、中试转化服务、高新技术产品市场调研等工作，建设具有吉林特色的综合性的科技创新服务平台。打造科技企业孵化平台体系。积极引导省内外高等院校、科研院所、大中型企业联合共建孵化器，鼓励孵化器加强自身服务设施建设，对孵化器合作共建或自建专业特色公共服务平台，从科技专项资金中给予一定补贴；鼓励各类资本通过股权投资等形式参与孵化器建设，支持孵化器引入金融、担保、风险投资机构设立创业种子资金；加强对孵化器在孵企业的扶持，各类科技计划项目向在孵企业倾斜。加快推进大学科技园建设，实行“政府推动、高校主导、社会参与、市场运作”的管理模式和运行机制。建设开放型科技服务平台。充分利用国际、国内两种资源，实现“项目—人才—基地”融合发展，增强“引进—消化—吸收—再创新”能力，加快建设中俄科技园等16个国家级国际合作基地和37个省级国际科技合作基地。

五、加速科技成果转移转化

以科技成果转化为抓手，大力推动大众创业、万众创新，发挥科技创新资源优势，建设高端创新创业孵化平台，促进科技人员、科技成果服务创新创业工作，加快落实和创新科技人员创新创业、科技成果转化应用的政策措施，提升创新创业与科技服务、成果转化的融合度，提升创新创业活动的科技含量。

（一）创新产学研协同机制

支持高校和科研院所开展科技成果转移转化，进一步深化省院合作、省校合作，围绕产业和地方需求开展技术攻关、技术转移与示范、知识产权运营等，有效推动科技成果本地转化。支持吉大科技园、中俄科技园、省青年创业园、摆渡创新工场等“双创”园区和孵化器结合自身职能，探索产学研协同推进科技成果转移转化的新模式。推动企业加强科技成果转化应用，以高新技术企业、创新型企业、科技型中小企业为重点，支持企业与高校、科研院所联合设立研发机构或技术转移机构，引导科技人员、高校、科研院所承接企业的项目委托和难题招标，共同开展研究开发、成果应用与推广、标准研究与制定等。构建多种形式的产业技术创新联盟，发挥行业骨干企业、转制科研院所主导作用，联合上下游企业和高校、科研院所等构建一批产业技术创新联盟，探索联合攻关、利益共享、知识产权运营的有效机制与模式，推动跨领域、跨行业协同创新。发挥省科协、工会、共青团、妇联以及各类学会商会等社团组织促进科技成果转移转化的纽带作用，提升服务科技成果转移转化能力和水平。

（二）建设科技成果转化载体

依托国家高新区、国家农业科技园区、国家可持续发展实验区、国家大学科技园、省青年创业园、战略性新兴产业集聚区等创新资源集聚区域，以及高校、科研院所、行业骨干企业等创新平台，建设一批科技成果产业化基地，引导科技成果对接特色产业需求转移转化，培育新的经济增长点。围绕区域特色产业发展、中小企业技术创新需求，建设通用性或行业性技术创新服务平台，提供从实验研究、中试熟化到生产过程所需的仪器设备、中试生产线等资源，开展研发设计、检验检测认证、科技咨询、技术标准、知识产权、投融资等服务。

（三）强化转移转化市场化服务

加强吉林科技大市场建设，以“互联网+”科技成果转移转化为核心，统筹整合全省科技创新资源，发布转化先进适用的科技成果包，建立全省科技成果信息系统，加强科技成果数据资源开发利用，实现科技成果与转移转化、资本化、产业化等环节的高效对接，推进本省科技成果就地转化，力争域外科技成果在我省转化。支持有条件的技术转移机构与天使投资、创业投资等合作建立投资基金，加大对科技成果转化项目的投资力度。鼓励技术转移机构探索适应不同用户需求的科技成果评估方法，提升科技成果转移转化成功率。

（四）激发基层科技人员活力

完善科技成果转化“舟桥”机制，建立健全科技成果转化重大事项领导班子集体决策制度，单位领导按规定流程规范运作，没有牟取非法利益，不能因科技成果转化后续价值发生变化而追究其在科技成果定价中的责任。引导有条件的高校和科研院所探索事业单位职务科技成果产权混合所有制，可通过奖励等办法，将部分股权、知识产权等让渡给科技人员。对高校和科研单位科研人员因公出国进行分类管理，对技术和管理人员参与国际创新合作交流活动，实行有别于领导干部、机关工作人员的出国审批制度。

鼓励高校和科研院所等事业单位科研人员在履行所聘岗位职责前提下，在岗和离岗创业，或到科技创新型企业兼职兼薪；离岗创办科技创新型企业的，经原单位同意，在3年内保留人事关系，同等享有参加职称评聘、岗位等级晋升和社会保险等方面的权利。积极落实国家关于科研人员通过科技成果转化取得股权奖励收入时，可在5年内分期缴纳个人所得税的税收优惠政策。允许高校和科研院所将职务发明成果在本省转化所获净收益（或成果形成股权、股权收益），以不低于70%的比例奖励给成果完成人（团队）和为科技成果转化做出重要贡献人员，奖励比例上不封顶。奖励在省内实现重大科技成果转化、贡献突出且创造显著经济效益或社会效益的杰出科研人才、企业家和科技中介人才，同时奖励吉林工匠、吉林技师、高层次专业技能人才等。

六、发挥创新团队引擎作用

充分发挥人才在科技创新中的引擎作用，确立人才优先发展战略，推进落实与中国科学院、中国工程院等部门的科技合作协议，积极发挥院士等高端科技人才作用，加速落实吉林省关于科技人才发展的相关政策措施，支持创新型科技人才、现代农业科技人才、工业技术研发人才和其他领域科技人才发展，继续有计划地推动科技人才服务地方发展、服务企业发展、服务基层发展的专项行动，为吉林省科技创新发挥作用提供恒久支撑。

（一）着力打造科技创新团队

全力推进企业创新团队建设。依托企业院士工作站、企业技术中心等研发平台，大力推动企业科技队伍建设，将其纳入人才工作考核评价体系；鼓励优秀企业科技工作者申报各级人才称号和荣誉，支持研发业绩、产业贡献特别突出的企业科研人员参与院士评选，力争“十三五”期间再获突破；支持企业探索建设市场化人才引进平台，集聚海内外高端人才和创新团队；鼓励省内外高校院所高层次人才经本单位同意后到企业任职或兼职，选聘优秀科技企业家到高校担任“产业教授”，积极推行产学研联合培养研究生的“双导师制”；鼓励企业创新团队在企业科技创新中发挥引领作用，突破并掌握一大批具有自主知识产权的关键核心技术，通过自主创新提高科技进步对企业经济增长的贡献率；支持企业创新团队在企业转型升级中发挥骨干作用，在高端技术研制方面实现重大突破；支持企业创新团队打造省级、国家级优秀创新团队。

全力促进高校院所创新团队升级。高校院所创新团队要积极承担社会经济创新发展的重任，在适用性人才培养、技术发明、地区发展服务，以及研发新产品、新技术、专利等方面提供支撑。研发实力雄厚的高校院所创新团队要勇攀高峰，直面全国乃至世界科技前沿，争取承担和参与更多的国家大科学工程、国家科技重大专项。引导应用研究和成果转化型的高校院所创新团队，紧密跟踪地方龙头产业发展，兼顾区域经济未来方向，瞄准地方经济热点和企业技术难点，支撑企业主体发展和产业核心竞争力的提升。支持高校院所创新团队科研带头人向院士、长江学者奖励计划、百千万人才工程等目标发起冲击，争取到“十三五”末期，新增两院院士 5 人以上，新增一批入选长江学者奖励计划、百千万人才工程等顶级人才工程的专家学者。发挥省青科协等科技团体作用，激发高校院所创新团队中青年科技人才活力，提高其科研创新和科技成果转化水平。

全力推进产学研协同创新团队能力提升。加强企业、高校、科研院所之间创新团队的多方合作，吸纳科技服务骨干精英人才，引导高校院所与企业建立协同创新团队；对合作各方的权责、知识产权的归属、专利许可等在相关法规中做清晰明确的界定，解决好合作中的利益分配和风险分担问题，形成产学研主体协同创新的内在动力机制；打破单位界限，积极创建产学研合作战略联盟、中介机构和各种公共服务平台，促进长期稳定战略合作关系的建立、科技信息的流通和科技成果的转移，为产学研协同创新提供组织保障。

（二）兼顾引进培养两个途径

加快引进科技创新领军人才和创新团队。实行更加积极、开放、更有效的人才引进政策，对我省急需紧缺的特殊人才，开辟专门渠道，实行特殊政策，做到精准引进。创新柔性引才方式，支持有条件的高校、科研院所、企业在海外建立办学机构、研发机构，吸引使用当地优秀人才，与国际技术转移组织联合培养国际化技术转移人才。围绕重点行业、重要学科领域和创新方向引进一批世界水平的科学家、工程师、科技领军人才和高水平创新团队，解决引进人才任职、社会保障、户籍、子女教育问题，对纳入海外高层次人才引进计划的外籍人才来吉林签证、居留放宽条件，简化程序，落实相关待遇。支持高校、科研院所面向全球招聘人才，研究建立适应现代企业制度要求和市场竞争需要的选人用人机制，坚持党管干部原则与董事会依法选择经营管理者相结合，扩大选人用人视野，增强企业活力。着力打造 “宜居宜业的生活环境、集群发展的高科技先锋企业、开放的大学和科研院所、集聚的创业资本和风险投资家、专业服务的孵化器、多元融合的创新创业文化”六大生态元素，吸引和培育能够带动新兴学科、突破关键技术、发展高端产业的领军人才。高校及科研院所可根据实际需要探索员额管理，可根据市场变化、产业发展需要和自身科研条件等实际情况新设、调整下属科研机构。

加快培育培养本地创新人才。统筹产业发展和人才培养开发规划，加强产业人才需求预测，加快培育重点行业、重点领域、战略性新兴产业人才。完善对基础研究的稳定支持机制，扶持青年科技人才攀登科技高峰，增强科技创新的源头供给。鼓励高校、科研院所和企事业单位着重培养一线创新人才和青年科技人才，鼓励支持青年科技人才更广泛地参加国际学术交流合作，参与科研成果转化。倡导崇尚技能、精益求精的职业精神，充分发挥我省劳动模范的 “传帮带 ”作用，在各行各业大规模培养技术创新型领军人才、技术工人和技师，完善职业技术人才培养模式，加强普通教育与职业教育衔接，造就一批汽车、高铁等领域的 “大国工匠 ”，健全以职业农民为主体的农村实用人才培养机制。鼓励人才集聚的大型企事业单位和产业园区，利用符合用途要求的自用存量用地建设人才公寓。探索推行政府购买人才公共服务制度，建设全省统一的人才资源库。

（三）优化人才发展制度环境

完善创新评价制度体系。根据不同创新活动的规律和特点，建立健全科学分类的创新评价制度体系，基础研究以同行学术评价为主，应用研究和技术开发突出市场评价，哲学社会科学强调社会评价。推进高校、科研院所和事业单位分类评价，实施绩效评价，把技术转移和科研成果对经济社会的影响纳入评价指标，将评价结果作为财政科技经费支持的重要依据。完善人才评价制度，推行第三方评价，探索建立政府、社会组织、公众等多方参与的评价机制，拓展社会化、专业化、国际化评价渠道。对在科技创新工作中业绩突出、成果显著的科研人员，可打破学历、任职资历要求，破格晋升职称，实施以科技创新成果为导向的评价机制，提高科技成果转化在职称评定和绩效分配中的权重系数。

提高创新人才服务水平。与人力资源部门共同建立政府人才管理服务权力清单和责任清单，清理不合时宜的地方性人才管理政策法规。鼓励和支持开展人才管理改革试验探索，建立统一的人才工程项目信息管理平台，推动人才工程项目与各类科研、基地计划的衔接。支持各市、县在留住创新人才方面大胆创新。

七、深化科技管理体制改革

科技创新、制度创新要协同发挥作用。突出发挥市场配置创新资源要素的决定性作用，更好地发挥政府在科技创新中的导向作用，必须深化科技管理体制改革，最大限度释放创新活力。

（一）深化科技审批制度改革

进一步深化行政审批制度改革，加大涉及投资、创新创业、高技术服务等领域的行政审批清理力度，全面清理、调整与创新创业相关的审批、认证、收费、评奖事项，将保留事项向社会公布。合理定位政府和市场功能，推进简政放权、放管结合、优化服务，强化政府在创新驱动发展政策制定、平台建设、人才培养、公共服务等方面职能。积极培育引导科技社会团体发挥其专业性和第三方的优势，在科技评估、成果评定、人才评价等方面承接政府转移职能。发挥财政资金引导作用，强化需求侧创新政策的引导作用，完善政府采购、普惠性财税和保险等政策手段，降低企业创新成本，扩大创新产品和服务的市场空间。推进要素价格形成机制的市场化改革，强化能源资源、生态环境、土地利用等方面的刚性约束，提高科技和人才等创新要素在产品价格中的权重，让善于创新者获得更大的竞争优势。深化成果管理制度改革，赋予省属高校、科研院所科技成果使用、处置和收益管理自主权，除事关国防、国家安全、国家利益、重大社会公共利益外，行政主管部门和财政部门不再审批或备案，鼓励有条件的高校和科研院所将科技成果使用、处置、收益管理自主权进一步下放给研发团队。合理划分研发团队、个人、单位间的科技成果转化收益分成，建立市场化的创新成果利益分配机制。

（二）加速经费管理制度改革

要建立科学合理的科技资源投入机制，创新财政科技投入方式，对市场需求明确的技术创新活动，以风险补偿、创投引导、贴息等间接支持方式和后补助为主，逐步将对企业技术创新的投入方式转变为普惠性财税政策支持为主。赋予科研单位、高校更大的科研经费支配权、更大的资源调动权，下放科研项目部分经费预算调整审批权，提高科研间接经费比重，不设劳务费用比例限制。项目年度剩余资金可结转下年使用，最终结余资金可按规定留归项目承担单位使用。推动建立符合科研规律、有利于调动和保护科研人员积极性、鼓励创新和多出成果的科研经费使用及监管机制，探索科研单位、高校领导干部正职任前在科技成果转化中获得股权的代持制度。

（三）推动省属科研机构改革

按照事业单位分类改革要求，健全现代科研院所制度，扩大院所自主权，形成符合创新规律、体现领域特色、实施分类治理的法人治理结构。推进有条件的科研院所转为企业或社会组织，支持人才技术要素贡献占比较高的转制科研院所、高新技术企业和科技服务型企业开展员工持股试点。对于承担较多行业共性科研任务的转制科研院所，可组建成产业技术研发集团。引导和鼓励行业龙头企业设立工业技术研究院，促进先进、适用技术熟化、转移和扩散。积极发展面向市场的新型研发机构，实行“民办官助”“企业创办”“国有新制”等运作方式，组建一批先进技术研发、成果转化和产业孵化创新平台，提升产学研合作的层次和水平。

八、保障措施

（一）加强法治建设

推进《吉林省促进科技成果转化条例》《吉林省技术市场管理条例》《吉林省专利条例》等法

规的制定和修订工作。把知识产权制度作为创新驱动发展的基本制度，引导企业建立健全知识产权管理制度，着力培育专利密集型、商标密集型、版权密集型产业。实施更为严格的知识产权保护政策，推进行政执法与司法保护的衔接，建立健全知识产权审判机构。支持仲裁机构强化知识产权争议仲裁功能，引导行业协会、中介组织等第三方机构参与解决知识产权纠纷。

（二）提供优质服务

树立政府创新服务理念，提供优质高效服务。放开市场准入，促进公平竞争，清除制约创新创业的各种障碍。对于竞争性的新技术、新产品、新业态开发，交由市场和企业来决定。建立创新治理的社会参与机制，发挥各类行业协会、基金会、科技社团等在推动创新驱动发展中的作用，顺应创新主体多元、活动多样、路径多变的新趋势，推动政府管理创新，形成多元参与、协同高效的创新治理格局。

（三）强化资金投入

发挥财政资金对科技成果转移转化的引导作用，发挥吉林省产业投资引导基金等的杠杆作用，探索建立在创新能力评估基础上的绩效拨款制度，采取设立子基金、贷款风险补偿等方式，吸引社会资本投入，支持关系国计民生和产业发展的科技成果转化。支持符合条件的创新创业企业通过发行债券、资产证券化等方式进行融资。支持银行探索股权投资与信贷投放相结合的模式，为科技创新提供组合金融服务。探索成立专门服务科技企业的小额贷款公司、融资租赁公司、融资担保公司、再担保机构，鼓励发展天使投资、创业投资、风险投资，支持和引导民间资金创立各类风险投资基金，建立从实验研究、中试到生产的全过程科技创新融资模式。推进省内区域性股权等交易市场建设，向符合条件的非上市科技型中小企业提供股权登记托管、产权交易、知识产权登记评估质押等服务，引导科技型中小企业通过发行公司债和中小企业私募债等方式拓宽融资渠道。支持符合条件的高新技术企业、科技型中小企业在境内主板、中小板、创业板、新三板及海外市场、区域性股权交易市场上市或挂牌。

（四）突出知识产权

财政科技经费优先支持具有或者可能形成自主知识产权的研究开发项目，应用型研究开发项目以获得知识产权作为项目验收的主要指标。积极发挥科技创新专项资金引导示范功能，鼓励开展知识产权融资，为中小微企业知识产权质押融资提供担保、贴息或科技计划支持，引导和支持金融、保险等机构为企业知识产权质押融资提供服务。探索推动知识产权证券化。鼓励企业采用国际（国内）先进标准，强化标准的制定、推广与实施，提高我省企业和产业先进技术标准应用能力。加强质量强省和商标品牌建设，形成一批品牌形象突出、服务平台完备、质量水平一流的优势企业和产业集群。

（五）营造创新生态

突出孵化培育创新型小微企业，鼓励微创新、微创业，开展小微创业创新示范城、示范基地建设。推动民营经济积极参与创新发展，加大省级财政科技项目向民营研发机构、创业基地的倾斜力度。深入实施全民科学素质行动计划纲要，加强科学普及和表彰力度，营造鼓励探索、宽容失败、尊重人才、尊重创造的氛围，形成人人崇尚创新、人人希望创新、人人皆可创新的社会氛围。支持企业面向全球布局创新网络，鼓励建立海外研发中心，并购、合资、参股国外创新型企业和研发机构。依托东博会等平台，积极吸引和鼓励外商投资战略性新兴产业、高新技术产业、现代服务业，支持跨国公司在吉林设立研发中心，实现引资、引智、引技相结合。鼓励省内机构与国际知名技术转移机构开展深层次合作，围绕重点产业技术需求引进国外先进适用的科技成果，合作建设科技创新基地，支持共建中外联合研究中心和科技园区。

（六）抓好规划落实

加强对《规划》落实工作的具体指导，研究解决重点工作任务实施过程中遇到的困难和问题，组织协调地方、部门及社会力量，共同推进规划的实施。加强规划实施过程中的跟踪、协调和评估管理，健全科技进步和科技创新能力统计监测、评价和通报制度，及时、准确地反映全省各地科技进步动态、创新能力建设和规划实施情况，通过中期评估，分析规划实施效果，适时调整规划内容，完善政策保障措施。加强部门合作，逐步探索建立部门磋商机制，共同解决有关科技创新的重点问题，积极争取国家相关部委的科技创新支持和政策试点建设。

黑龙江省“十三五”科技创新规划

黑龙江省“十三五”科技创新规划，依据《中共中央、国务院关于印发〈国家创新驱动发展战略纲要〉的通知》（中发〔2016〕4号）、《国务院、中央军委关于印发〈经济建设和国防建设融合发展“十三五”规划〉的通知》（国发〔2016〕85号）、《国务院关于印发“十三五”国家科技创新规划的通知》（国发〔2016〕43号）、《国务院关于印发“十三五”国家战略性新兴产业发展规划的通知》（国发〔2016〕67号）、《国务院关于印发〈中国制造2025〉的通知》（国发〔2015〕28号）、《工业和信息化部、国家发展改革委、科技部、财政部关于印发新材料产业发展指南的通知》（工信部联规〔2016〕454号）、《国家发展改革委关于印发东北振兴“十三五”规划的通知》（发改振兴〔2016〕2397号）、《黑龙江省人民政府关于印发黑龙江省国民经济和社会发展第十三个五年规划纲要的通知》（黑政发〔2016〕13号）编制，主要明确“十三五”时期科技创新的总体思路、发展目标、主要任务和重大举措，是我省在科技创新领域的重点专项规划。

第一章　准确把握科技创新形势

一、“十二五”时期科技发展回顾

“十二五”期间，在省委、省政府的正确领导下，全省科技工作坚持“自主创新、重点跨越、支撑发展、引领未来”的方针，紧紧围绕实施“五大规划”和发展十大重点产业，通过实施科技“5381”工程，大幅提升自主创新能力，加速科技成果落地转化，努力营造良好的创新创业环境，为我省稳增长、促改革、调结构、惠民生提供了强有力的科技支撑。

一是实施产业技术创新行动计划，持续提升自主创新实力。争取国家科技项目5000多项，获经费支持超过57亿元，是“十一五”期间的1.5倍。以企业技术需求为指南，产学研合作实施了773个省级科技项目，突破了第三代“1000MW级核电主设备设计制造关键技术”等一批产业核心技术。全省专利申请量年均增长27.5%，2015年达到3.46万件；每万人口发明专利拥有量为3.38件；累

黑龙江省人民政府，黑政规〔2017〕15号，2017年6月12日。

计登记科技成果7418项，其中有79项重大成果获国家科技奖励，有1390项成果获得省级科技奖励。哈尔滨工业大学“星地激光链路系统技术”成果2014年摘得国家技术发明一等奖。

二是实施科技成果转化行动计划，持续推动高新技术成果产业化。全省累计开展成果专题对接活动1000多场次，推动科技成果省内落地转化2485项，签约额132.11亿元。全省技术合同成交金额连续4年突破百亿元大关，比“十一五”期间增长167%。中船重工集团第七〇三研究所研制的“30MW级天然气长输管线燃驱压缩机组”实现产业化，打破了长期依赖进口的局面。2015年启动实施“千户科技型企业三年行动计划”，当年即取得显著成效，全省新注册成立哈工大机器人集团等科技型企业2116家，新形成主营业务收入500万元以上的科技型企业439家，新吸纳本科以上人才7736人。全省科技企业孵化器总数达到111家，孵化总面积达到261.9万平方米。

三是实施创新型企业培育行动计划，持续支持企业技术创新。防爆电机、杂粮、重载快捷铁路货车等3个国家级工程技术研究中心获批；哈尔滨锅炉厂有限责任公司“高效清洁燃煤电站锅炉国家重点实验室”获批。全省工程技术研究中心达到269家、重点实验室98家、企业院士工作站45家。全省高新技术企业总数由2010年的476家增加到2015年的693家，共有1171户（次）企业享受减免所得税34.5亿元。累计认定和推广重点领域首台（套）产品126个，兑现奖励资金1.5亿元，35个产品实现规模化生产；全省工业企业开发重点新产品1140个，其中434项填补了国内空白。燃气轮机等63项产品已达到或接近世界先进水平。

四是实施科技园区建设行动计划，持续发展高新技术产业。全省高新技术产业增加值占GDP比重由2010年的9.5%提高至2015年的12.2%。哈尔滨科技创新城经过5年的持续建设，“动车组”效应凸显，累计集聚中科院产业育成中心等国内外创新机构超过200个。哈尔滨市成功入围全国首批“小微企业创业创新基地城市示范”，哈尔滨高新区成为海外高层次创新创业人才基地，大庆高新区在全国106个国家级高新区中排名第21位，齐齐哈尔高新区“重型数控机床产业集群”晋升为国家创新型产业集群。牡丹江和佳木斯两个省级高新区发展步伐加快，建设了16个国家级科技产业基地。牡丹江石油钻采工具产业基地和佳木斯农业科技园区进入国家级行列。哈尔滨市获批成为国家生物医药战略新兴产业试点城市。

五是实施科技创新服务平台建设行动计划，持续发展科技服务业。省科技创新创业服务平台自2013年投入使用以来，新兴产业研发、科技成果转化等八大科技平台相继建成，美国通用电气哈尔滨创新中心等近百家研发机构和服务机构入驻，首家国家科技基础条件平台地方工作站落户我省。成立了省科技服务业联盟，服务科技型企业超过1万户（次）。省中医药科学研究院等7家行业研究院成功组建。与中国科学院、中国工程院连续5年围绕石墨产业、绿色食品产业等领域组织“院士龙江行”活动。推动以对俄为主的科技合作交流，全省国家级国际科技合作基地达到16家。

六是实施产业技术创新战略联盟建设行动计划，持续促进产学研紧密合作。全省新组建了卫星导航服务、冷水鱼等35家产业技术创新战略联盟，联盟总数达到49家，其中国家级联盟5家。联盟促进了218所高等学校、258家科研院所和906家企业产学研协同创新，承担各类科技计划项目410项。通过组建石墨产业技术创新战略联盟，我省牵头承担了国家科技支撑计划“高纯石墨材料开发及其典型应用”项目，支持鸡西、鹤岗等地培育了奥宇石墨集团等一批石墨精深加工企业。

七是实施科技创新创业人才队伍建设行动计划，持续释放科技创新创业活力。省科学基金累计立项 2667 项，投入经费 1.86 亿元，其中 45 岁以下优秀青年科技人才占资助总数的 72.8%；获得国家自然科学基金立项 4500 余项，经费总额 23 亿元，其中有 7 人获得国家杰出青年科学基金。1 人获得世界杰出女科学家成就奖。1 人获得国际复合材料委员会世界学者奖。全省两院院士总数达到 41 人。连续 3 年支持了哈尔滨焊接研究所“核级焊接材料国产化研究与应用”等 24 个中省直科研院所高水平的创新团队建设；共有 34 名科技人才、4 个创新团队和 2 个基地入选科技部创新人才推进计划。

八是实施科技惠民行动计划，持续推动科技成果服务民生。落实“两大平原”现代农业综合配套改革试验区规划，支持 59 个县（市）实施科技富民强县行动计划项目，建设了 33 家省级农业科技园区和 5 家国家级农业科技园区，在寒地粳稻育种等领域组织实施了 28 个重大科技攻关项目，为我省实现粮食“十二连增”、连续 5 年保持全国第一提供了强有力的科技支撑。在人口健康、资源环境、公共安全等领域，组织实施了“3G-WiFi 城市安全监控系统推广”等 26 个省级重大研发项目。选派了 440 名科技人员深入 28 个贫困县提供技术服务，深入桦南县开展定点扶贫。开展了科技活动周等丰富多彩的科普宣传活动。

二、“十三五”时期科技创新面临的形势

党的十八大以来，以习近平同志为核心的党中央高度重视创新，着力推进创新，把创新摆在了国家发展全局的核心位置，提出了一系列治国理政新理念新思想新战略。党中央、国务院相继发布了《国家创新驱动发展战略纲要》《中共中央、国务院关于深化体制机制改革加快实施创新驱动发展战略的若干意见》等一系列重大政策措施，系统部署科技创新工作。当前，世界经济深度调整，全球利益格局深刻变化，新一轮科技革命和产业革命蓄势待发、孕育突破。我国经济下行压力依然较大，但经济长期向好的基本面没有变，仍处于可以大有作为的重要战略机遇期。黑龙江承担着保障国家国防安全、粮食安全、生态安全、能源安全的重大责任，正处在爬坡过坎的攻坚期、有利发展的机遇期、大有作为的窗口期。面对新形势、新任务，黑龙江科技创新必须坚持“向高新技术成果产业化要发展”，依靠科技创新改进供给质量和效益，依靠大众创业、万众创新加快培育新动能，更好地发挥科技创新的核心和引领作用，推动科技和经济社会发展的深度融合。

目前，与进入创新型省份行列的要求相比，我省科技创新还存在一些薄弱环节和深层次问题，主要表现为：科技成果产出良好，但高新技术成果产业化水平相对较低，促进科技成果转化的思想观念比较落后，机制路径尚待完善，政府、科技界、金融界、产业界之间系统性支持和互动关系尚未完全建立；在实施创新驱动发展战略中，配套创新政策、改革举措落地生根还有差距；市场各主体的创新活力不足，创新供给结构有待优化；技术创新市场导向机制需要进一步完善，创新资源配置的市场化程度和配置效率有待进一步提高；科技人才创新创业活力有待进一步释放等。站在新的历史起点上，全省科技创新工作要直面挑战，深入学习领会和把握习近平总书记的科技创新思想，牢牢把握新时期科技发展改革的方向和省委、省政府对科技创新工作的新要求，全力实施创新驱动

发展战略，为黑龙江省全面振兴提供强大科技支撑。

第二章　描绘科技创新蓝图

一、指导思想

紧密团结在以习近平同志为核心的党中央周围，以邓小平理论、“三个代表”重要思想、科学发展观为指导，全面贯彻落实党的十八大和十八届三中、四中、五中、六中全会精神，全面贯彻落实习近平总书记系列重要讲话精神和治国理政新理念新思想新战略，特别是对我省两次重要讲话精神，紧紧围绕“五位一体”总体布局和“四个全面”战略布局，贯彻“五大发展理念”，坚持“自主创新、重点跨越、支撑发展、引领未来”的方针，以支撑经济建设为中心，以深入实施“千户科技型企业三年行动计划”为主线，深化创新驱动，着力提升产业技术创新实力，着力发展高新技术产业，着力激发大众创业、万众创新活力，着力增强科技创新基础能力，着力深化科技体制改革，提高科技创新供给的质量和效率，营造科技创新创业良好生态，扬长避短、扬长克短、扬长补短，为奋力走出黑龙江全面振兴发展新路子提供有力的科技支撑。

二、基本原则

——坚持把支撑我省重大需求作为战略任务。聚焦我省老工业基地振兴和全面建成小康社会对科技的重大需求，明确主攻方向和突破口，加强关键核心共性技术研发和转化应用，充分发挥科技创新在培育发展战略性新兴产业、改造提升传统产业、促进经济提质增效升级中的重要作用。

——坚持把科技为民作为根本宗旨。紧紧围绕人民切身利益和紧迫需求，把科技创新与改善民生福祉相结合，发挥科技创新在提高人民生活水平、增强全民科学文化素质和健康素质、促进高质量就业创业、扶贫脱贫、建设资源节约型和环境友好型社会中的重要作用，让更多创新成果由人民共享，提升民众获得感。

——坚持把深化改革作为强大动力。坚持科技体制改革和经济社会领域改革同步发力，充分发挥市场配置创新资源的决定性作用，更好发挥政府在战略规划、政策制定和监督评估中的重要作用，强化创新服务职能。营造公开透明、公平竞争、开放有序的创新生态，充分释放创新活力和改革红利，开创大众创业、万众创新新局面。

——坚持把推动企业成为技术创新主体作为主攻方向。强化企业创新主体地位和主导作用，鼓励企业成为创新投入的主体、技术研发的主体和成果转化的主体，加快推进以企业为主体、市场为导向、产学研用结合的技术创新体系建设，为提高我省整体创新能力、加速科技成果的创造和应用奠定基础。

——坚持把人才驱动作为有力支撑。进一步统筹人才、项目和基地建设，通过各类科技人才培养计划、重点科研项目和研发基地建设培养高水平学科带头人、科技尖子人才和科技领军人物，培养造就创新创业人才团队，引进海内外高层次创新创业人才，满足我省实施创新驱动发展战略需求。

三、发展目标

到 2020 年，我省科技创新的总体目标是：科技实力和创新能力大幅提升，创新驱动发展取得实质进展，创新体系更加完善，大众创业、万众创新环境更加优化，努力建成创新型省份。

——自主创新能力全面提升。加强自主创新，突破一批制约产业发展的关键技术，培育一批重大创新成果。研究与试验发展经费投入强度达到 2.0%，每万人口发明专利拥有量达到 6.7 件，登记科技成果达到 1800 项。

——科技创新支撑引领作用显著增强。加快推进科技成果应用转化，改造提升传统产业，加速培育新兴产业，有力支撑做好"三篇大文章"。技术合同成交额达到 160 亿元，高新技术产业增加值占 GDP 比重达到 13%，国家级高新技术企业达到 1100 家，科技企业孵化器数量达到 150 家，建设 7 个"互联网 +"技术服务平台；"十三五"期间新增具有一定规模和较强竞争力的科技型企业 2000 家，科技企业孵化器孵化企业达到 6000 家。

——创新型人才规模质量同步提升。规模宏大、结构合理、素质优良的创新型科技人才队伍初步形成，涌现一批战略科技人才、科技领军人才、创新型企业家和高技能人才，青年科技人才队伍进一步壮大。人才评价、流动、激励机制更加完善，各类人才创新活力得到充分激发。"十三五"期间培育重点领域创新团队 50 个，培养科技创新杰出青年人才 100 人、青年科技创新人才 1000 人。

——有利于创新的体制机制更加成熟定型。贯彻落实国家统一部署和要求，科技创新基础制度和政策体系基本形成，科技创新管理的法治化水平明显提高，创新治理能力建设取得重大进展。以企业为主体、市场为导向的技术创新体系更加健全，高等学校、科研院所治理结构和发展机制更加科学，军民融合创新机制更加完善，全省创新体系整体效能显著提升。

——创新创业生态更加优化。科技创新制度不断完善，知识产权得到有效保护。科技与金融结合更加紧密，创新创业服务更加高效便捷。人才、技术、资本等创新要素流动更加顺畅，科技创新全方位开放格局初步形成。科学精神进一步弘扬，创新创业文化氛围更加浓厚。

专栏 1 "十三五"科技创新的主要目标

指标	2015 年或"十二五"期间指标	2020 年或"十三五"期间目标
研究与试验发展经费投入强度	1.05%	2.0%
每万人口发明专利拥有量	3.38 件	6.7 件
登记科技成果	1612 项	1800 项
技术合同成交额	127.23 亿元	160 亿元
高新技术产业增加值占 GDP 比重	12.2%	13%
科技企业孵化器数量	111 家	150 家
科技企业孵化器孵化企业（5 年累计）	3063 家	6000 家
新增具有一定规模和较强竞争力的科技型企业（5 年累计）	439 家	2000 家

指标	2015 年或“十二五”期间指标	2020 年或“十三五”期间目标
国家级高新技术企业	693 家	1100 家
建设“互联网 +”技术服务平台	—	7 个
重点领域创新团队（5 年累计）	31 个（2012—2015 年）	50 个
科技创新杰出青年人才（5 年累计）	100 人	100 人
青年科技创新人才（5 年累计）	631 人	1000 人

四、总体部署

未来 5 年，我省科技创新紧紧围绕经济社会发展需求，全面对接国家和我省重大决策，深入实施创新驱动发展战略，加强系统谋划和部署，充分发挥科技创新在推动产业迈向中高端、增添发展新动能、拓展发展新空间、提高发展质量和效益中的核心引领作用。

一是加快高新技术成果产业化。围绕我省科技创新基础和优势，深入对接国家重大科技专项、“科技创新 2030—重大项目”，围绕老工业基地振兴、《中国制造 2025》、“互联网 +”行动计划、军民融合发展等国家重大决策部署，加强自主创新，在重点领域加快突破一批关键核心技术，培育一批可产业化的高新技术成果。加速科技成果转化，深入实施“千户科技型企业三年行动计划”，有力支撑做好“三篇大文章”。加快建设科技成果转化载体，推进各类科技园区特别是高新技术产业开发区建设，打造创新型产业集群。积极争取国家自主创新示范区建设。

二是推进大众创业、万众创新。大力发展科技服务业，积极培育研究开发、技术转移、检验检测、创业孵化、知识产权、科技金融、科技咨询等新兴业态。实施《黑龙江省人民政府印发关于加快推进“互联网 +”行动指导意见（2016 年版）的通知》（黑政发〔2016〕31 号），建立并完善各类科技创新创业服务平台。支持众创空间和星创天地建设，加快众创、众包、众扶、众筹支撑平台建设，为大众创业、万众创新提供有效载体，促进科技与资本市场对接，推动高新技术成果生成企业、形成产业。支持专业技术人员、大学生、农民、城镇转移就业职工创新创业。强化知识产权运用和保护，加强科学普及，着力培植创新文化，努力营造创新创业的良好氛围。

三是加强产学研协同创新。积极引导以企业为主体的协同创新，依托高等学校、科研院所、企业的研发力量，加快构建产学研结合的技术创新体系。推动企业牵头组建研发机构和产业技术创新战略联盟。支持科研基地和平台建设，优化战略综合类、技术创新类、科学研究类、基础支撑类科研基地和平台布局，完善运行机制，加强评估考核，强化稳定支持，加快形成适合区域发展和行业特色的科技创新基地布局。支持我省高等学校、科研院所和企业依托优势资源，争取建设国家实验室等国家级科研基地。完善产学研用协同育人模式，创新人才培养引进支持方式，加快培育和聚集创新创业人才队伍。深化对外科技合作交流，促进创新资源的双向开放和流动。

四是深化科技体制改革和机制创新。深入贯彻落实《中华人民共和国促进科技成果转化法》和国家《深化科技体制改革实施方案》。加快建立技术创新市场导向机制。推进科技治理体系和治理能力现代化。完善科技成果转移转化机制，大力推进军民融合科技创新。深化科研院所分类改革，培育面向市场的新型研发机构，构建更加高效的科研组织体系。建立并完善激励人才创新创业和促进创新成果转化的普惠性政策。引导和推动高等学校和科研院所依靠市场化组织方式推动科技成果产业化，为更多科研人员致富开辟渠道。简政放权，优化服务，营造有利于创新驱动发展的市场和社会环境。发挥科技创新在提高人民生活水平、促进高质量就业、扶贫脱困等方面作用，加快创新型省份建设步伐。

第三章　科技创新优先领域

根据我省经济社会发展需求、科技创新基础优势和持续发展的长远目标，深入对接国家重大科技专项和“科技创新2030—重大项目”，围绕国家重大创新战略布局和重点任务，集成科技创新资源，在新材料、新能源、生物、高端装备、新一代信息技术、节能环保、现代农业、民生科技八大科技创新优先领域，加强自主创新，强化重点领域关键环节的重大技术研究开发，加速培育一批重大创新成果，突破产业转型升级和新兴产业发展的技术瓶颈，实现重点领域跨越发展。

一、发展新材料技术

围绕我省重点产业和战略性新兴产业发展对新材料的重大需求，对接《新材料产业发展指南》关键技术部署，加快发展先进基础材料、关键战略材料、前沿新材料，重点开展新型功能材料、先进结构材料和复合材料关键技术研究开发和应用，开发航空航天材料、道路交通装备材料、新能源材料、信息材料、环保与节能材料等新材料高端产品和成套装备。推进石墨深加工等国家级产业技术创新战略联盟建设，培育国家级高性能纤维及先进复合材料产业化基地，推动我省新材料产业集群发展。

专栏2　新材料技术研发方向

1.先进基础材料。发展钢铁、有色、石化、建材、轻工、纺织等基础材料中具有优异性能、量大面广、一材多用的高端新材料。重点开展高性能铝合金材料制备技术、轻质耐高温钛铝合金精密热成型技术、金属基复合材料高效低成本成型技术、高端特种钢熔炼、钼冶金应用、高寒地区新型节能保温建材制备等关键技术研究开发。加快推进高性能金属及合金新材料、高精板、挤压环锻材等高附加值铝镁合金产品，钛及钛合金深加工产品、传统材料制备技术升级以及无机非金属材料、高性能复合材料基体树脂制备技术、先进复合材料、精细化工材料、高性能工程塑料、环保型胶粘剂、锂离子电池正极材料，低成本低污染方法制备高纯度多晶硅、化学级工业硅、有机硅制品、无机硅系列产品等关键技术研究开发与产业化。推进新型节能建筑材料、新型轻质高强的墙体屋面材料、隔热保温材料、木塑复合材料、有机硅防水建材、炉渣超细粉技术等先进适用技术研究开发及产业化。

2.关键战略材料。发展高端装备用特种合金、高性能分离膜材料、高性能纤维及其复合材料、新型能源材料、电子陶瓷和人工晶体、生物医用材料、稀土功能材料、先进半导体材料、新型显示材料等实施智能制造、新能源、环境治理、医疗卫生、新一代信息技术和国防尖端技术等重大战略需要的关键保障材料。重点开展高性能钛合金材料制备技术、高性能镁合金材料制备技术、半导体照明新材料、新型半导体探测材料、大尺寸蓝宝石及新型半导体器件、硅基薄膜制备与应用技术、新一代液晶显示屏技术、OLED相关发光材料制备及应用技术、新型电子材料等关键技术研究开发。支持航空镁铝铸件生产研制，耐高温、高压、抗腐蚀的高精密合金管研究开发。以第四代半导体材料为主要方向，开展碳化硅（SiC）、氮化镓（GaN）、氧化锌（ZnO）及金刚石等宽禁带半导体材料研究开发以及人工大尺寸单晶制备技术研究。围绕战略性结构材料需求，重点开展低成本碳纤维全产业链制造技术研究开发。加快推进高纯硅材料、特种焊接材料、石墨电极材料以及大功率储能材料等核心技术研究开发和产业化。

3. 前沿新材料。把握前沿新材料技术并进行成果转化，抢占未来新材料产业竞争制高点。以 3D 打印材料、新型碳材料、超硬材料、高性能膜材料、光学透过材料、功能陶瓷等战略新材料为重点，推进高档石墨与新型碳材料制品深加工及高性能石墨烯和器件等关键核心技术的研究开发与产业化。加快开发利用化学气相沉积法（MPCVD）将石墨合成金刚石的技术工艺探索。推进硼化硅超细微粉、高纯超细石英粉、硼化物陶瓷粉体制备、特种陶瓷材料结构设计与制备技术等核心技术研究开发及成果转化，提升工艺技术水平，延长产品链条，扩大高端产品规模。

二、发展新能源技术

大力发展清洁低碳、安全高效的新能源技术，积极推进生物质能、风能、太阳能、地热能、核能等可再生能源技术及高寒地区电力技术、新能源通用及创新技术、新一代能源技术等关键技术的研究开发与成果产业化，为能源结构优化转型提供科技支撑，保障能源安全。依托中科良大生物燃料科技有限公司加强木质纤维素类生物质（秸秆类）转化生物航空燃油技术研究，推进生物航油及乙酰丙酸、生物汽油等产品产业化，支持在我省建设千吨级生物航油工程示范。

专栏 3　新能源技术研发方向

1. 生物质能技术。重点开展农业废弃物制备生物质燃料、生物制氢、生物质能热利用、生物质发电、高寒地区沼气制取利用、生物航油、乙酰丙酸、生物汽油、生物柴油提取纯化等技术研究开发。加快生物质原料专用机械及加工转化成套技术装备、生物质成型燃料装备、生物质锅炉、生物质发电机组、秸秆发电新技术及新设备等研究开发及应用。

2. 风能技术。重点开展 5 兆瓦及以上风力发电机组、6 兆瓦及以上中压全功率风电变流器、风电并网技术、分散式风电接入技术、微风发电技术、风力发电机组关键零部件设计和制造技术、大型风电场资源评估及监控技术等研究开发及应用。

3. 太阳能技术。重点开展新一代光伏逆变器及系统集成设备、光热发电汽轮机系统、分布式太阳能光热发电技术、太阳能高效综合利用技术、高性能太阳能电池设计和制造技术、太阳能生活热水系统等研究开发及应用。

4. 地热能技术。重点开展地热能监测技术、地热能回采利用技术、地热发电技术、浅层地热供暖技术等研究开发及应用。

5. 核能技术。重点开展先进压水堆核岛主设备设计制造技术、高温气冷堆蒸汽发生器、常规岛汽轮发电机组及转子锻件、核电新材料大型复杂一体化锻件全流程制造技术等研究开发及应用。

6. 高寒地区电力技术。重点开展低温条件下大功率电池、大容量动力电池技术等高寒地区电池关键技术的研究开发及应用，加快高纬度地区电动汽车充电系统等关键技术的研究开发。

7. 新能源通用及创新技术。重点开展多能互补集成优化应用技术、新能源利用中的低温余热供热、中高温余热回收、新能源与互联网智能能量管理及优化控制等技术研究开发及应用。

8. 新一代能源技术。加强氢能及燃料电池技术创新，开展高效氢气制备、纯化、储运等关键技术和燃料电池材料、部件、系统的制备与生产技术的研究开发，推动燃料电池和氢能的推广应用。

三、发展生物技术

围绕我省生物产业特色，抢抓生物技术及各领域融合发展的战略机遇，加快推进生物医药、生物农业、生物制造技术创新，以生物技术创新带动相关领域技术创新发展，争取在生物前沿科学领域占据一席之地。重点开展现代中药、化学药物、疫苗、生物工程等方面研究开发，加快生物合成、抗体工程、生物反应器等共性关键技术与工艺装备研究开发，加快开发3D生物打印等生物医学工程技术和产品，大力发展生物育种，推进道地、特色药材优质种苗繁育基地和道地、濒危、稀缺药材生物繁育工程中心建设，加速构建我省具有国内先进水平的现代生物产业体系。

专栏4　生物技术研发方向

1. 生物医药技术。重点开展现代中药的研究开发，优先支持中成药的剂型改造和二次创新，现代中药制剂，复方、现代有效组分中药新药及有效单体化合物新药，口腔速溶制剂，中药新剂型，中药提取纯化、工程智能化等技术与装备的研究开发及产业化。加快中药第三方检测技术，中成药质量控制、生产工艺优化、药效物质基础及作用机理，中药开发过程中新辅料、药物高通量筛选技术等研究。支持具有自主知识产权的抗生素新药、重大疾病创新药物、专利到期大品种药物的研制，开发和引进头孢第三代、第四代和新一代产品。开展防治艾滋病等耐药性病原菌感染性疾病的新型人用疫苗，梅毒、衣原体、人乳头瘤病毒（HPV）、肺癌、胃肠癌、卵巢癌快速检测试剂盒，防治免疫性疾病、遗传疾病和感染性疾病的基因重组蛋白类药物，抗体药物耐药致病菌噬菌体药物等新型生物技术创新药物，治疗类风湿病的基因工程药物，免疫调节功能基因工程药物，微生物源生化药物，干细胞组织工程技术，生物芯片等的研究开发。开展氨基酸及其衍生物类药物，特殊人群和多发疾病创新药，重大疾病基因治疗技术，疫苗药物及诊断试剂，特色原料药，新型化学药物及制剂创制，动物源性人畜共患病的流行病学预警监测免疫防治技术，非化学害虫控制技术的研究开发与应用。开展动物疫苗、禽流感等特种疫苗的研究开发。

2. 生物农业技术。围绕我省现代农业和林业发展，加强生物育种技术研究开发和产业化，加快高产、优质、多抗、高效动植物新品种培育技术开发；开展生物农药活性成分的提取和分离技术，林草、水产优良种质资源发掘与构建技术，杨树工业资源材高效培育技术，优良景观树种选育技术研究开发和推广应用；积极推进生物兽药、生物农药、生物肥料、生物饲料等绿色农用产品研究开发及产业化。

3. 生物制造技术。加快发展生物基材料，加强生物降解技术、生物质基材料新型变性和改性淀粉等技术研究开发。以做强生物化工产业和现代发酵产业为重点，推进我省酶工程、发酵工程技术和装备创新，进一步加快生物制造生产基地建设。

四、发展高端装备技术

围绕加快高端装备产业发展，推进传统产业向中高端迈进，优化制造业布局，加快信息化与工业化深度融合，重点开展燃气轮机、智能制造和机器人、高档数控机床、智能轨道交通装备、节能与新能源汽车、航空航天装备、现代农机装备、海洋工程装备及高技术船舶、智能电网成套装备等高端装备技术研究开发与成果产业化，促进工业提质增效、升级扩量。支持装备制造企业技术创新、产品创新，建设具有国际竞争力的先进装备制造业基地和重大技术装备战略基地。对接国家“航空发动机及燃气轮机”项目关键技术部署，依托哈尔滨东安发动机（集团）有限公司加强轻型航空动力及衍生品的研制生产、航空机械传动系统关键零部件制造、微小型燃气轮机和民用传动等产品设计制造等技术研究开发；依托中船重工集团第七〇三研究所加强船用与中小型工业燃气轮机系列产品开发，实现对5～50MW功率挡的全面覆盖；依托哈电集团加强重型燃气轮机关键技术研究与整机研制。对接国家“深海空间站”项目关键技术部署，发挥哈尔滨工程大学在海洋工程装备和高端船舶装备基础及关键技术领域的优势，开展深海空间站信息系统、穿梭运载器、自治潜器（AUV）

检测系统、水下作业工作系统和特种作业装置系统及高端船舶动力装备、通信系统等技术的研究开发。对接国家“深空探测及空间飞行器在轨服务与维护系统”项目关键技术部署，依托哈尔滨工业大学机器人技术与系统国家重点实验室，开展暴露载荷照料、光学载荷照料、支持航天员舱外活动等空间站实验舱机械臂技术研究。

专栏 5　高端装备技术研发方向

1. 燃气轮机。积极争取国家燃气轮机科技重大专项支持，推进燃气轮机系列产品技术攻关，建设国家重要的燃气轮机产业基地。重点加强 E 级燃气轮机辅助系统国产化、F 级燃气轮机关键部件和整机的研制、E 级燃气轮机国产化制造、H 级配套超大型余热锅炉、高低压涡轮叶片加工、40MW 级间冷循环船用燃气轮机、10MW 级和 20MW 级船用及工业轻型燃气轮机、大功率简单循环船用与工业燃气轮机、微小型燃气轮机等关键技术研究，加快形成自主研发、加工、验证的自主工业体系。

2. 智能制造和机器人。推进新一代信息技术与制造业深度融合，支持企业开展关键核心技术研究开发，瞄准国际同行业标杆推进技术改造，支持实施 100 个数字化车间、1000 条自动化生产线智能制造试点示范工程。加快面向智能工厂的高端超精密仪器、工业控制系统等研究开发。支持轻量化制造技术引进消化吸收再创新并落地转化。加快培育机器人龙头企业和关键配套企业，打造产业集群，形成较为完备的机器人产业体系。重点开展工业机器人、医疗机器人、智能服务机器人、特种机器人和机器人三大功能部件制造及测控仪器等技术研究，加快网络化机器人控制器、人机交互、机器人传动、机器人故障诊断与安全维护等关键技术研究开发。

3. 高档数控机床。加快引进先进源头技术，积极开发高精度关键功能部件，推进我省重型数控机床产品系列化、谱系化。加强数字化、自动化、智能化制造和生产技术研究，重点开展多功能高质量高效率数控机床、高端装备功能零部件制造技术、高效数控加工技术、大型构件无损伤检测技术、大型铸锻件制造技术、数控机床系统综合设计、数控机床直驱式力矩电机、金属材料试样加工数控机床、智能化管理技术等关键技术研究。

4. 智能轨道交通装备。推进重载快捷铁路货车研究开发和制造产业基地建设。加强客运列车、重载货运列车、城市轨道交通、信号及综合监控系统、运营管理系统及轨道交通核心零部件生产技术攻关，重点开展交通基础设施安全监测技术、智能交通运输管理技术、寒区交通基础设施全寿命安全保障技术、长续航里程电池电源系统、公铁联运铁路驮背运输技术、重载转向架技术、摆式车辆技术、数字化测量技术、轨道移动技术、车地无线通信技术等关键技术研究。

5. 节能与新能源汽车。围绕推动汽车整车量产规模化和汽车零部件就近配套集群化发展，加快开展节能与新能源汽车制造技术、城市电动汽车移动式动态无线供电技术、高比能量锂离子电池技术、高性能低成本燃料电池技术、驱动电机技术、混合动力先进变速器技术、车体轻量化材料技术等关键技术研究开发和落地转化。

6. 航空航天装备。面向空间飞行器在轨服务及维护中多种复杂作业任务，加快空间机器人总体设计、多感知灵巧操作机械臂、柔性机械臂、末端操作工具、视觉测量与伺服等关键技术研究开发。大力发展航空航天装备制造，加快中小型航空发动机、航空辅助动力装置、航空机械传动系统、直升机传动系统关键技术研究开发。支持数字化柔性制造及装备技术、大型金属结构件高效数控加工技术、先进推进技术、大部件自动化对接技术、面向航空航天领域的 3D 打印技术等关键技术研究开发。

7. 海洋工程装备及高端船舶。重点加强深海空间站信息系统、穿梭运载器、自治潜器（AUV）检测系统、水下作业工作系统和特种作业装置系统等技术的研究开发。加强动力、传动、控制系统和基础零部件关键技术研究。支持深远海通信、定位、探测技术，海洋工程管线优化设计，船舶智能推进系统优化设计，船舶测试、环境试验技术，钻井船、工程作业船及辅助船制造关键技术研究。

8. 现代农机装备制造。加快推进农业机械化和农机工业发展，不断增强装备技术适应性能、拓展精准作业功能，研制具有信息获取、智能决策和精准作业能力的新一代农机装备。加强水稻侧深施肥插秧机、高效植保机械、精细秸秆粉碎还田机、秸秆覆盖免耕播种机、水稻钵育机械插秧机、有机肥抛撒机、多功能联合整地机、蔬菜移栽机、玉米籽粒联合收获机、大型动力负荷换挡及无级变速传动拖拉机等生产技术和装备的研究开发。加快发展大型高效联合收割机、大马力拖拉机配套农机具等高端农业装备及关键核心零部件制造，构建农机装备制造产业体系。

9. 智能电网成套装备。加快建立电力装备制造协作配套体系，提高电力装备和智能电网先进制造水平。开展输变电装备制造、制造业信息化科技工程示范技术和装备的研究开发及转化，加快寒冷地区低温电器启动技术等关键技术研究。

五、发展新一代信息技术

提高新一代信息关键技术和核心产业的自主发展能力，促进新一代信息技术与相关产业融合。重点开展物联网、大数据、新型网络、人工智能与虚拟现实、微电子、光电子、卫星应用等新一代信息技术及系统的研究开发和成果产业化。对接国家“国家网络空间安全”项目关键技术部署，发挥哈尔滨工业大学信息技术领域研究基础优势，开展信息内容安全、网络安全、系统安全、新型密码学与应用、物联网安全与工控安全、网络空间安全治理与策略等领域关键技术研究；依托安天科技股份有限公司加强网络威胁监控、安全检测引擎、APT 监测分析、安全分析支撑体系等研究开发，支持建立全国性网络空间安全威胁分析中心，推动我省优势企业打造新兴产业高地。对接国家“天地一体化信息网络”项目关键技术部署，依托哈尔滨工业大学基础优势，开展空间激光通信等关键技术研究开发。对接国家“人工智能 2.0”项目关键技术部署，重点开展医疗影像大数据的智能分析、辅助诊断、治疗技术研究开发，加强步态、声纹、人脸融合识别的新一代智能安防系统等研究开发。

专栏 6　新一代信息技术研发方向

1. 物联网。加快研究开发物联网在农业、能源、运输业、信息产业、医疗卫生等领域的应用技术，传感器及物联网应用技术，物联网传感器、射频识别技术。推动物联网在医疗、煤矿安全生产、松花江水质水灾检测的应用。

2. 大数据。在大数据存储、处理的重大核心设备、平台方面取得进展，掌握大数据分析技术，基本形成从数据获取、存储、传输、处理、分析全产业生态链，并在若干重点领域、行业开展典型应用示范，推动大数据技术研究应用和产业发展。推动大数据与云计算及移动互联网深度耦合互动发展。

3. 新型网络。重点支持卫星高速激光骨干网络系统研制与在轨试验、卫星激光通信测距搭载试验、天地一体化高速信息网络、低轨卫星应用系统等天地一体化信息网络技术研究开发。加快可靠性通用测试平台、高端智能传感器、微系统、专用集成电路、新一代卫星导航通信系统、智能终端等关键技术和设备的研究开发。

4. 人工智能与虚拟现实。重点开展医疗影像大数据的智能分析、辅助诊断、治疗技术研究，加强步态、声纹、人脸融合识别的新一代智能安防系统研究开发。探索大数据驱动的类人智能技术方法，促进以人为中心的人机物融合，研制相关设备、工具和平台，推动人机交互技术研究开发。加快虚实融合渲染、真三维呈现、实时定位注册、适人性虚拟现实等技术在工业、医疗、文化、娱乐等行业中示范应用，培育虚拟现实与增强现实产业发展。

5. 微电子。重点开展极低功耗器件和电路、新器件及系统集成工艺、下一代非易失性存储器、下一代射频芯片等关键技术研究开发，提升相关器件工艺和物联网系统芯片产品的技术水平。

6. 光电子。围绕高速率、低能耗和智能化发展方向，研制满足高速光通信设备所需的光电子集成器件。重点开展硅基光电子、混合光电子、微波光电子等技术与器件的研究开发。

7. 卫星应用。围绕“卫星遥感、卫星导航、卫星通信”三大领域，重点开展系统集成、芯片设计、终端制造等技术研究开发及应用示范，促进卫星应用产业发展。

六、发展节能环保技术

以解决重大环境问题为目标，重点加强水污染防治、大气污染防治、土壤修复、废弃物治理、生态环境保护、高效利用和节能减排、煤炭清洁高效利用等关键技术研究开发及应用。以保障资源安全供给和促进资源型行业绿色转型为目标，集中突破一批发展资源高效利用、节能减排等领域的核心关键技术，为建立资源节约型和环境友好型社会提供强有力的科技支撑。对接国家“煤炭清洁高效利用”项目关键技术部署，依托哈电集团开展高效清洁煤电产品研究开发；依托哈尔滨工业大学燃煤污染物减排国家工程实验室研究基础优势，开展煤炭高效发电、煤炭清洁转化、煤炭污染控制、碳捕集利用与封存、现代煤化工和多联产等领域关键技术研究。

专栏 7　节能环保技术研发方向

1. 水污染防治。构建流域污染综合防控技术体系、重点开展饮用水安全保障技术与饮用水源地保护、城镇生活污水厂升级改造、工业废水处理及回用、农村生活污水治理与综合利用、污泥处理与资源化利用等技术研究开发及应用。

2. 大气污染防治。持续开展大气污染源头控制管理模式，雾霾成因解析与控制模式，城市森林吸滞 $PM_{2.5}$ 及大气重金属、提供负氧离子、固碳释氧等净化大气环境功能等理论和技术研究。重点开展工业源大气污染防治、农业源大气污染防治、大气环境质量提升等核心关键技术的研究开发及应用。

3. 土壤修复。重点开展持久性有机污染物污染土壤修复、农膜污染土壤防治、农业面源污染控制、农产品产地土壤重金属污染修复治理、农药残留土壤污染修复、土壤盐渍化改良利用、土壤养分保持与平衡等技术研究开发及应用。

4. 废弃物治理。重点开展工业固体废弃物处理与资源化、城市生活垃圾处理与高值利用、畜禽粪便处理及资源化、农村生活垃圾处理与高值利用、危险废弃物安全处理与处置等技术研究开发及应用。

5. 生态环境保护。重点开展大小兴安岭生态功能区建设、两大平原生态保护与建设、退化防护林修复与重建、黑龙江省受保护动植物繁育、退化天然林恢复与近自然化改造、流域生态环境保护、退化湿地生态恢复与保护、外来物种防治等技术研究开发及应用。

6. 高效利用和节能减排。加快特色环境资源利用、极低品位资源和尾矿资源综合利用等技术研究及应用，积极推广应用新农村绿色村镇建设技术。

7. 煤炭清洁高效利用。重点开展二次再热超超临界机组优化、100 万千瓦等级机组、66 万千瓦等级机组、35 万千瓦空冷汽轮发电机样机等关键技术的研究开发，加强煤基燃料 - 氧 - 水蒸气燃烧混合工质发电、低阶煤低能耗提质、分段耦合煤燃烧、燃煤烟气硫回收及资源化利用、超低挥发分无烟煤超低 NO_x 排放、燃用多煤种的工业煤粉锅炉燃烧、燃煤污染物一体化（联合）脱除、大容量干煤粉气流床气化等关键技术的研究开发。

七、发展现代农业技术

围绕深入推进农业供给侧结构性改革，创新实施《黑龙江省“两大平原”现代农业综合配套改革试验总体实施方案》，以提高农业供给质量为主攻方向，加快推进农作物优良品种选育、粮食丰产增效、农产品增值加工、畜禽安全高效养殖、优质奶源与乳品加工、林业资源培育与开发等关键技术研发与成果推广应用。重点开展黑土资源合理利用、农作物种质资源创新与新品种培育、无公害高产高效养殖技术、农副产品精深加工技术及设备、林产经济综合配套技术、特色食品开发等现代农业技术及设备研究开发与成果产业化，不断优化农业结构，支持现代农业生产体系建设，服务我省实现农业大省向农业强省转变。

专栏 8　现代农业技术研发方向

1. 农作物优良品种选育。围绕水稻、玉米、大豆、小麦、马铃薯等主要粮食作物开展机械化、轻简化专用品种选育，突破种质资源挖掘与创制、良种繁育、种子加工等关键技术，推动优良食味水稻、优质专用玉米、高蛋白高油大豆、强筋小麦、高淀粉马铃薯及优质杂粮杂豆等农产品开发。

2. 粮食丰产增效。围绕粮食安全、高效和标准化生产，大力推广测土配方施肥、深松整地、保护性耕作、轮作等科学耕作模式，重点开展黑土地保护利用技术体系集成技术，农作物（水稻、马铃薯、大豆、玉米等）测土配方肥，本地化生产精制有机肥新方法，中低产田提升改造新技术，农业节水技术与设备，农作物机械化保护性耕作生产技术等关键技术的研究开发，加快精准农业技术应用与示范，支持耕地质量监测体系建设。

3. 农产品增值加工。以打造农业生产环节全产业链体系为思路，以农产品增值和商品化为目标，推动粮食精深加工、畜禽深加工和绿色、有机特色产品加工等产业集群发展。重点开展玉米食用化技术，玉米精深加工综合利用技术，马铃薯食品多样化加工技术，米糠综合加工利用新技术，大豆副产物综合利用技术，大豆油脂、蛋白及活性成分加工，功能性油脂和专用食用油产品生产技术，奶、肉、蛋制品精品加工及主要农产品安全与产品溯源支撑技术等关键技术研究。

4. 畜禽安全高效养殖。围绕“安全、环保、高效”的现代畜牧业发展目标，加强畜禽高产品种核心群建立与良种繁育技术，精品禽类、肉猪、肉牛与特色动物饲养技术，特色水产品养殖技术研究，力争在安全、高效、环保、优质专用饲料加工、储藏技术与加工设备，非粮型饲料资源挖掘与高效利用关键技术，畜禽废弃物减排、无害化处理及资源化利用新技术，畜禽传染性疾病诊断、监测与免疫防控技术，畜禽非传染性疾病防控技术等关键技术领域实现突破。

5. 优质奶源与乳品加工。深入挖掘黑龙江省优质牧场资源和乳品加工技术优势潜力，做大黑龙江乳业品牌。加强优质高产饲料作物及牧草种植资源技术、水土保持类牧草种植技术、畜牧业低污染养殖集成技术的研究开发与应用，重点开展奶源质量安全控制现代管理体系建设、乳产品功能成分的综合利用技术、乳用微生物制备技术、优质营养婴儿配方奶粉技术、奶业安全低排放技术等关键技术的研究开发。

6. 林业资源培育与开发。依托大小兴安岭森林资源，加强生态保护，大力发展林产经济，促进林区经济转型。重点开展林业野生食药用植物种质资源现状普查及深度开发利用技术，坚果类（红松子、核桃、榛子等）品种选育及果实综合加工利用技术，小浆果（沙棘果、黑加仑、蓝靛果、蓝莓等）品种选育及提取物综合加工利用，食用菌培育和加工技术，鲜果的果脯、饮料制品加工，特色鲜果加工设备制造等关键技术研究开发。

八、发展民生科技

围绕改善民生的迫切需求，推进人口健康、公共安全等领域关键技术研究开发和转化应用，为提升人民生活品质提供科技支撑。以提升全民健康水平为目标，突出解决重大疾病防控、康复养老、医疗器械以及“互联网 + 健康医疗”等人口健康重大科技问题。以提高社会治理能力和水平为目标，重点开展公共安全保障关键技术攻关和应用示范。对接国家“脑科学与类脑研究”项目关键技术部署，以脑重大疾病防治为重点方向，依托哈尔滨医科大学、黑龙江中医药大学、哈尔滨工业大学等高等院校的研发优势，开展医、工、生物信息结合研究，研制开发临床适用的具有自主知识产权的先进仪器设备、生物材料及创新药物。

专栏 9　民生科技研发方向

1. 人口健康。围绕健康中国建设需求，加强肿瘤精准医学技术，重点开展肿瘤早期诊断及靶向治疗技术，新型靶向药物及纳米、载体材料的研究开发。加快脑重大疾病防治技术研究。聚焦心脑血管系统疾病、糖尿病、高血压、高脂血症等慢性非传染性疾病及常见多发病，重点突破一批疾病防治关键技术。围绕“南病北治、北药南用”，大力开发北方特色药材和药食同源产品，加快北药加工关键技术创新，推进无害化道地药材规范化种植，建设中药材GAP种植基地，建立刺五加、越橘、青龙衣等野生种质资源库及管理系统。支持声、光、电、磁等可穿戴医疗设备的研制，加快技术成果落地转化，推进惠民示范服务。支持康复医疗机器人多功能多元化技术、康复机械手关键技术、医疗康复器具家庭化及穿戴医疗设备技术、替代进口医疗手术机器人设备技术、虚拟手术规划系统关键技术、骨骼肌多尺度建模与仿真技术等关键技术研究开发。支持健康大数据云平台建设，推进医疗器械高端化、品牌化发展。支持养老生活和康复辅助产品的研究开发。

2. 公共安全。重点开展生物反恐、身份鉴定、爆炸物探测、北斗网络建设、智慧城市建设等核心关键技术攻关。加快反恐、消防等装备研究开发。加强煤矿、石油生产监测预警等安全生产关键技术研究开发及应用。支持森林火灾监测预警技术研究开发及应用。

第四章 科技创新支撑产业发展

继续深入实施“千户科技型企业三年行动计划”，加快培育科技型企业，发展高新技术产业。加快推进高新技术研究开发与成果转化应用，改造提升传统产业，加速培育新兴产业，为做好改造升级“老字号”、深度开发“原字号”、培育壮大“新字号”的“三篇大文章”提供科技支撑。加快科技园区建设，积极培育高新技术成果产业化载体，提升产业竞争优势，培育新的经济增长点。

一、深入实施“千户科技型企业三年行动计划”

围绕“千户科技型企业三年行动计划”确定的“梳理成果”“成立公司”“进入孵化”“借力资本市场发展”和“推动企业上市”5个环节，着力解决科技与经济结合不紧密的问题，引导各类创新要素向企业集聚，使创新转化为实实在在的产业活动，培育发展新动能，促进经济转型升级提质增效。一是深度梳理成果。进一步筛选一批能够尽快实现产业化的省内高新技术成果，加快引进一批中国科学院、中国工程院、清华大学、北京理工大学、北京航空航天大学等重点高等学校、科研院所的重大科技成果在我省落地转化。深入开展科技成果转移转化行动，利用省科技大厦常态化举办成果展示交易活动，发布符合产业转型升级方向、投资规模与产业带动作用大的科技成果，推动其落地生根形成战略性新兴产业。二是鼓励科技人员创办企业。定期组织科技成果发布推介、招商和转化对接活动，支持科技成果持有人成立公司，鼓励科研机构创办企业，鼓励大学生创业。科学确定技术股权和职务发明所在单位的股权，引入管理、市场推广、投资等各类合作者，孵化和催生一批高新技术产业项目。建立科技型企业统计数据库，对入库科技型企业开展精准服务。三是推动科技企业孵化培育。围绕创新创业团队在融资、辅导、宣传、技术等方面的迫切需求，依托科技企业孵化器提供专业化服务。推动传统孵化器与新型创业服务机构开展深层次合作，联合建立“创业苗圃—孵化器—加速器”孵化链条，为初创企业提供全流程服务，提高孵化器综合服务能力水平。引进国内专业机构建设一批众创空间，推动建设一批创新型孵化器。培育一批服务科技人员、大学生、农民和城镇转移就业职工四支创业队伍的孵化器典型。取消孵化器、众创空间认定，实行备案制度。四是推动科技企业借力资本市场发展。扩大省科技创业投资政府引导基金规模，用好政策补充增量，围绕哈尔滨科技创新城聚集创投机构，提升引导国内外资本进入我省市场的能力。做大全省天使基金和创业投资总体规模，建立天使投资和创业投资风险补偿机制，完善科技企业知识产权质押担保补偿机制。支持具备条件的市地设立创投基金。五是推动一批企业上市。发展科技投融资社会组织及服务机构，对拟上市科技型企业进行跟踪辅导，助推其在主板、创业板或“新三板”上市（挂牌）。向科技型企业及时宣传、传递国家政策和资本市场信息，开展企业上市系列培训活动。

二、大力推进高新技术成果应用转化

围绕改造提升传统产业和培育新兴产业，加快推进高新技术成果应用转化，加强科技成果转化载体建设，有力支撑做好“三篇大文章”。深入落实《中共黑龙江省委、黑龙江省人民政府关于大力促进高新技术成果产业化的意见》（黑发〔2016〕23号），为转化科技成果提供良好的政策支持。

支撑改造升级“老字号”，加快应用先进适用技术改造提升传统产业。重点支持网络协同制造技术研究开发与应用，加快发展绿色制造技术与产品，大力推进制造业向智能化、绿色化、服务化方向发展。围绕标准化加工、智能化控制、健康型消费等重大产业需求，重点支持食品加工装备关键技术、食品安全防护关键技术、营养健康食品产品等研究开发与成果产业化。重点支持新型节能技术、煤炭安全清洁高效开发利用技术、石油高效开采和加工技术、能源装备制造技术等关键技术研究开发与成果转化应用。重点支持化工新材料、精细化学品、现代煤化工等领域关键技术研究开发与成果转化应用。深入实施《黑龙江省人民政府印发关于加快推进“互联网+”行动指导意见（2016年版）的通知》（黑政发〔2016〕31号），支持互联网、物联网、云计算、大数据等技术在传统优势产业领域的深度应用，推动应用信息化、绿色化、服务化改造传统产业。

支撑深度开发“原字号”，推动传统优势产业链条向下游延伸。以“油头化尾”为抓手，重点支持苯乙烯、新戊二醇、石油树脂、环氧丙烷、聚烯烃等关键技术研究开发与成果转化应用，推动石油精深加工，促进油城发展转型。以“煤头电尾”“煤头化尾”为抓手，重点支持劣质煤燃烧、燃煤电厂超低排放技术、节能改造技术、分散燃煤锅炉、热电联产技术、合成芳烃、煤制化肥、煤气净化、甲醇合成、化工新材料等关键技术研究开发与应用，推动煤炭精深加工，促进煤城发展转型。以“粮头食尾”“农头工尾”为抓手，深入实施“藏粮于地、藏粮于技”战略，重点支持高效种植与养殖先进适用技术、生物农药、水稻旱直播栽培技术、水稻产后减损与精深加工、米糠及稻壳等副产物综合利用、玉米深加工、大豆食用和功能油脂、大豆蛋白及功能性成分提取、马铃薯淀粉加工、马铃薯饲料加工、秸秆综合利用、鲜果保鲜、蓝莓营养物提取及果渣综合利用、牛肉生食和熟食制品加工、奶牛良种繁育、液态奶保鲜、乳制品加工等关键技术及设备的研究开发与成果转化应用，着力解决农业“量大链短”的突出问题。

支撑培育壮大“新字号”，发展新产业新产品新模式，培育增长新动力。重点支持节能环保、新一代信息技术、生物、高端装备制造、新能源、新材料、新能源汽车等产业技术创新和成果落地转化，创建科技型企业，培育高新技术企业。加快石墨、钼、蓝宝石、碳纤维等特色资源高质化加工利用技术研究开发与应用，加快培育成长性好的战略性新兴产业，抢占经济和科技制高点。加快生物航油、新一代液晶显示屏、3D打印材料及设备等新技术新产品研究开发和产业化。以新一代信息和网络技术为支撑，加强技术集成和商业模式创新，提高现代服务业创新发展水平。围绕生产性服务业共性需求，重点推进电子商务、现代物流、系统外包等领域创新发展，增强服务能力，提升服务效率，提高服务附加值。支持液体关节、智能假肢、高档轮椅等康复辅助器具关键技术和产品的研究开发，加强网络化、个性化、虚拟化条件下服务技术研究开发与集成应用，加快推进人工智能、虚拟现实和增强现实等新技术新设备在工业、医疗、文化、健康、生活、娱乐等行业转化应用，培育新兴产业。

加快推进科技园区建设。积极推动我省科技园区发展，加快培育高新技术企业，推动以新材料、新能源、生物医药、高端装备制造、电子信息、节能环保、新能源汽车等战略性新兴产业为引擎，以现代农业为优势补充，以科技服务业为重要支撑的技术先进、附加值高、清洁安全的现代产业体系，形成新的经济增长点。抓住国家批准建立哈尔滨新区的有利机遇，利用好国家支持新区建设的政策措施，进一步完善哈尔滨科技创新城配套功能。依托哈尔滨、大庆、齐齐哈尔等国家级高新区争取建设国家自主创新示范区，支持哈尔滨国家创新型城市建设。积极培育省级高新技术产业开发区，推动有条件的省级高新技术产业开发区升级发展，争取国家创新型产业集群试点示范建设，推动高新技术产业开发区成为带动区域经济发展方式转变的重要载体。支持大学科技园建设。推进农业科技园区提档升级，支持国家农业科技创新与集成示范基地创建，新辟建一批省级农业科技园区，打造全省两大平原现代农业综合配套改革的科技核心区。加强特色科技产业基地建设，提升高新技术等科技产业基地创新创业承载功能，构建创新型省份的战略支点。

第五章　推动大众创业、万众创新

以科技创新创业为核心，以营造良好创新创业环境为目标，以激发全社会创新创业活力为主线，以构建众创、众包、众扶、众筹创新创业支撑平台为抓手，有效整合资源，集成政策措施，健全服务体系，依靠市场机制和产业化创新，大力培育新技术和新产品、新服务和新模式、创新型企业和创新文化，进一步夯实创新驱动发展的社会基础，加快形成大众创业、万众创新的生动局面。

一、大力发展科技服务业

深入贯彻落实国务院关于“加快发展科技服务业、为创新驱动提供支撑”的部署，以市场需求为导向，重点建设科技服务业核心示范区，加快建设科技服务业主要承载区，培育壮大一批科技服务企业和机构，优化科技服务生态环境，实现科技服务业与科技型企业互动发展。一是加强研究开发服务。发挥我省高等学校、科研院所技术创新与研发服务优势，鼓励产学研合作组建协同创新研发机构。建立健全科研设施和仪器设备等科技资源面向社会开放共享的各类管理及运行机制。二是加强技术转移服务。深化基于互联网的在线技术交易和服务模式，加强技术转移转化专业服务平台及交易市场建设。鼓励企业设立专员，负责技术难题的提炼及与研发机构进行技术对接。三是加强检验检测服务。积极推动社会力量开展第三方质量和安全检验、检测、计量校准、认证技术服务。培育并整合企业、高等学校、科研院所检验检测资源，建立基于互联网与电子商务的检验检测在线交易服务平台。四是加强创业孵化服务。完善孵化器服务功能，稳步扩大规模，构建以专业孵化器和创新型孵化器为重点、综合孵化器为支撑的创业孵化生态体系。五是加强知识产权服务。培育、支持各类科技咨询服务机构开展市场化的专利分析和预警、知识产权战略研究、专利运营、知识产权投融资等服务。六是加强科技金融服务。扩大科技金融机构的规模和数量，支持天使投资、创业投资、私募股权投资等社会资本投资机构对科技企业进行投资和提供增值服务。七是加强科技咨询服务。以科技战略研究、科技评估、科技招投标、管理咨询为主要内容，以生产力促进机构等科技服务机构为主体，发展咨询服务及项目管理外包业务，为企业提供集成化的解决方案。

以满足科技创新需求和促进创新创业为导向，重点建设以新一代信息和网络技术为支撑的科技服务业基础平台，开展网络化、个性化、虚拟化条件下服务技术研究开发与集成应用。一是加快科技服务平台建设。加快推进高新技术成果转化、科技型企业公共服务、制造技术创新服务、科技资源共享服务、科技计划综合管理服务、科学大数据综合服务、知识产权公共服务、检验检测等科技服务平台建设，加快科学大数据标准体系建设。二是完善科技服务平台功能。围绕服务业资源整合、产业集群发展、区域生产力促进等方面拓展科技服务平台功能，灵活运用电子商务及线上线下相结合的运营模式开展特色服务。

二、加快发展创新创业载体

着力构建众创空间。按照市场化原则，支持鼓励企业、投资机构、行业组织等社会力量建设创客空间、创业咖啡、创新工场等新型孵化载体，为创新创业者提供良好的工作空间、网络空间、社交空间和资源共享空间，实现创新与创业相结合、线上与线下相结合、孵化与投资相结合，促进众创、众包、众扶、众筹支撑平台快速发展。鼓励多方参与、多种形态的创业空间建设，支持创业园、创业街、创业社区等多种形式创业载体建设，支持创建集创业培训、实训、孵化、辅导和融资、推介服务等功能为一体的创业示范基地。支持发展网络化众创空间，鼓励大型互联网企业等向各类创新创业主体开放技术、管理等资源，降低创业门槛和成本。

加快发展星创天地。加大星创天地建设力度，以农业科技园区、高等学校新农村发展研究院、科技型企业、科技特派员创业基地、农民专业合作社等为载体，通过市场化机制、专业化服务和资本化运作方式，利用线下孵化载体和线上网络平台，面向科技特派员、大学生、返乡农民工、职业农民等打造融合科技示范、技术集成、融资孵化、创新创业、平台服务为一体的“星创天地”，营造专业化、社会化、便捷化的农村科技创业服务环境，推进一二三产业融合。

三、打造良好的创新创业生态

强化知识产权运用和保护。引导和支持科技企业提升知识产权战略运用能力，加快建立自有品牌。加强技术和知识产权交易平台建设，积极推进知识产权公共信息、专题数据库、保护、商用化等服务平台建设。加强知识产权信息传播利用，强化知识产权投融资服务。培育知识产权新兴服务业态，加快推进知识产权运营服务试点建设，加速知识产权服务品牌机构培育，支持服务机构提高知识产权分析评议、运营实施、评估交易、保护维权、投融资等服务水平。增强知识产权综合行政执法能力，促进知识产权行政执法保护与司法保护紧密衔接。

加强科学普及。深入实施全民科学素质行动，落实《全民科学素质行动计划纲要实施方案（2016—2020年）》《全国科普基础设施发展规划（2016—2020年）》，普及科学知识。利用多种形式加大节能减排、安全生产、消防、反恐等方面的基础知识宣传和技术对接推广，加强互联网基础知识及技能人员培训。支持科技场馆、科普教育基地等科普基础设施建设，支持高等学校、科研机构科普资源开发开放。积极办好“科技活动周”“农民科技节”“科普大集周”等各类科普活动，有效利用全国科普日、世界知识产权日、世界地球日、世界环境日等活动开展形式多样的科普宣传，提高全民科技素养，营造全社会崇尚科学、重视创新的良好氛围。

培植创新文化。大力弘扬双创精神，丰富创新创业活动，打造创新创业黑龙江品牌，在全社会形成浓厚的敢为人先、宽容失败的创新创业文化氛围，让创新创业文化贯穿于经济社会发展的全过程。常态化举办创业大赛为科技创业企业和团队搭建项目路演、创投对接、宣传推介的平台，为大众创新创业者提供低成本、公益性、开放共享的服务平台。加强新闻宣传和舆论引导，报道创新创业先进事迹，树立创新创业典型人物，培育创客文化，真正形成政府鼓励创新创业、社会支持创新创业、大众积极创新创业的良好发展环境。

第六章　夯实科技创新基础能力

面向我省科技创新重大需求，结合我省自身优势领域，加强应用基础研究，完善科技创新平台，培育创新创业人才，瞄准世界科学前沿，鼓励自由探索，加强重大科学问题研究，支持科研人员攀登科学高峰，潜心突破原始创新“最后一公里”，增强创新驱动源头供给，为科技进步做出更多贡献。

一、加强应用基础研究

开展新型轻质高性能金属材料、高性能碳纤维及碳基复合材料、新型功能材料等制备新技术、新方法的应用基础研究。开展农作物重要性状形成机制、作物病害成灾与防治机理、黑龙江省特色植物抗性机理等研究。开展重大产品和重大设施寿命预测技术的基础设计理论、数字化制造，极端（超大、超重）装备制造等基础研究。开展卫星导航与位置服务产业应用基础研究，加快“空间环境地面模拟装置”国家重大科技基础设施建设，开展宽带无线通信网络的信息理论基础、面向数字化设计制造的理论及算法、光电子器件和集成微系统的基础研究，信息系统、信息安全、信息网络的应用基础研究，大型数据库管理系统理论研究，制造业信息化标准研究，多媒体服务及处理、传感器网络基础研究，基于网格计算的基础研究，特色生态环境资源利用、应对全球气候变化研究。

二、部署科技创新平台

积极争取国家实验室建设。支持哈尔滨工业大学建设宇航科学与技术国家实验室。支持省内其他具有基础优势的高等学校、科研院所、企业谋划争取国家实验室建设。

加强重点实验室建设，提升原始创新能力。支持机器人、现代焊接等国家重点实验室加快发展。实施《黑龙江省重点实验室管理办法》（黑科发〔2016〕43号），强化省级重点实验室管理。围绕智能制造、航空装备制造、核电设备制造、高效节能、高性能复合材料、新型功能材料、生物医药、农产品精深加工、生态保护等方向加强重点实验室建设，支撑产业发展，提升自主创新能力。支持有条件的高等学校、科研院所、大中型企业自建或联合共建省级重点实验室，支持有条件的省级重点实验室申报国家重点实验室。鼓励省级重点实验室承担国家级各类科技计划项目，以项目为载体开展跨部门和地区的多学科合作研究。支持重点实验室开展关系区域经济社会发展的重大基础研究，培育创新团队。

加强工程技术研究中心建设，推进科研成果工程化、产业化。围绕我省重点产业的产业链缺失环节、薄弱环节、延伸环节，依托科技实力雄厚的骨干企业，联合重点高等学校和科研院所，建设一批产学研相结合的省级工程技术研究中心。对省级工程技术研究中心进行科学分类，在定位、目标、运行等方面实行差异化评价。强化省级工程技术研究中心对外开放共享服务功能，以接受服务方的评价作为考核的重要依据。鼓励依托单位加强对工程技术研究中心的支持和投入，推进科技成果转化。

支持企业院士工作站、企业技术中心等研发机构建设，培育企业核心竞争力。以我省支柱产业和战略性新兴产业中技术创新能力较强、创新业绩显著、示范带动作用明显的企业为依托，支持企业自建或与高等学校、科研院所合作建设企业院士工作站、中国科学院科学家工作室等研发机构。鼓励和支持企业创建国家、省企业技术中心，发挥企业在技术创新中的主体作用，建立健全企业主导产业技术研发创新的体制机制。鼓励产学研合作，形成行业关键和共性技术的研究基地，引领行业发展，在项目组织、人才培养、团队建设等方面予以支持，使企业研发机构成为技术创新和产品开发的重要源头。

三、培育集聚创新创业人才队伍

发挥政府投入引导作用，鼓励企业、高等学校、科研院所、社会组织、个人等有序参与人才资源开发和人才引进，加大力度引进急需紧缺人才。

加大对高层次人才的支持力度。加快科学家工作室建设，鼓励开展探索性、原创性研究，培养一批具有前瞻性和国际眼光的战略科学家群体；形成一支具有原始创新能力的杰出科学家队伍；在若干重点领域建设一批有基础、有潜力、研究方向明确的高水平创新团队，提升重点领域科技创新能力；瞄准世界科技前沿和战略性新兴产业，支持和培养具有发展潜力的中青年科技创新领军人才。

创新高层次人才引进方式，支持哈尔滨新区建设人才管理改革试验区，创建“太阳岛高层次创新创业人才引进平台”，重点引进携带高新技术项目转化和产业化的国家“千人计划”专家、企业家等高层次人才。围绕重点产业和大项目建设，探索建立海外引才工作站。加大对急需紧缺高层次人才的柔性引进力度，在科研立项、成果转化、参评重大奖项、创新创业等方面给予其与全职引进人才同等待遇。积极鼓励高等学校、科研院所、企业全职引进中国工程院院士、中国科学院院士、“长江学者”、国家“千人计划”入选者、国家“万人计划”入选者、“国家杰出青年科学基金”获得者。

强化人才创新创业激励措施。继续深化科技成果转化收益分配改革，实行职务科技成果权属混合所有制，职务成果知识产权由所在单位和发明人共有。健全完善技术入股、股权期权激励、分红奖励等激励政策，允许高等学校、科研院所和国有企业的科研人员、高技能人才参与技术入股。根据《国家科学技术奖励条例》修订情况，适时开展《黑龙江省科学技术奖励办法》修订工作，注重科技奖励项目向现实生产力转化，突出对重大科技贡献、优秀创新团队和青年人才的激励。鼓励科研人员创业，支持高等学校、科研院所和国有企事业单位的专业技术人员领办创办企业。实施高新技术企业家培育计划，培育一批懂技术、会管理、善经营的科技企业家。支持大学生开办公司创业、合作创业、去有发展潜力和新商业模式的小公司工作创业。充分利用孵化器和创业园资源，加快建设大学生创业见习、创业示范、科技创业实习等基地。支持农业科技教育培训，加强农民创新创业公共服务，全方位、多层次培养各类新型职业农民和农村实用技术人才。支持进城务工人员培训教育，推动职业技能、安全生产、信息技术等知识和观念的推广。支持农民创业，引导农民从事能够增加收入的种植、养殖、销售、加工等多种产业化创业活动。加强城镇转移就业职工技能培训，推动城镇转移就业职工创新创业。

推进人才分类评价。完善人才评价标准和方式，分类建立以能力、实绩、贡献为导向的人才评价体系，克服唯学历、唯职称、唯论文等倾向。

四、深化对外科技合作交流

坚持以全球视野谋划和推动创新，积极探索科技开放新模式、新路径、新体制，将引进来与走出去更好结合，促进创新资源的双向开放和流动。落实《推进“一带一路”建设科技创新合作专项规划》实施方案，组织科研机构和企业参与中俄创新对话、中俄博览会等相关活动，引进国外成果来我省落地转化。鼓励科研机构和企业申报政府间科技合作专项和战略性国际科技创新合作项目，支持符合条件的机构申报国家国际科技合作基地。围绕“中蒙俄经济走廊”布局，以对俄科技合作交流为重点，加强俄罗斯及独联体国家先进适用技术的引进消化吸收再创新，继续拓展与欧美发达国家间科技合作与交流的渠道和领域，切实推动与日、韩等周边国家以及港澳台地区间的科技交流。建立并完善对俄技术转移平台，增强平台的对俄科技合作信息、中介咨询评估、技术标准、技术研发、成果产业化、合作创新对接等服务功能，提升二次技术孵化能力及统筹协调全省技术孵化资源能力。构建并完善境内外对俄技术转移渠道，加强技术转移专业队伍培训，扩大对俄合作成果的宣传。加强省部联动，继续落实省部会商工作会议议题。落实省政府与中国科学院新一轮合作协议内容。围绕我省重大科技需求，推动中国科学院生物航油技术、清洁燃煤技术、大豆新品种等在我省转化落地。深化与首都等发达地区的科技交流合作，加强与北京中关村、北京市科委的合作交流。深入落实《国务院办公厅关于印发东北地区与东部地区部分省市对口合作工作方案的通知》（国办发〔2017〕22 号），积极与广东省开展科技合作对接，引进更多先进理念和创新资源，共促科技成果转化，提升创业创新水平，支持我省振兴发展。

第七章　深化科技体制改革

全面深化科技体制改革，突出科技创新引领作用，建立政府作用与市场机制有机结合的体制机制和科技创新的协同机制，最大限度地激发科技第一生产力、创新第一动力的巨大潜能。推动以企业为主体的协同创新，强化创新链和产业链、创新链和服务链、创新链和资金链的有效衔接，推进科技治理体系和治理能力现代化，切实发挥市场的决定性作用，以破解制约创新驱动发展的体制机制障碍为出发点，营造有利于创新驱动发展的市场和社会环境，激发大众创业、万众创新的热情与潜力，力争在重点领域和关键环节取得突破性进展，主动适应经济发展新常态。

一、建立技术创新市场导向机制

转变政府科技管理职能，促进企业同政府间的良性互动，建立高层次、常态化的企业技术创新对话、咨询制度，使更多企业参与我省技术创新规划、计划、政策、标准等的制定，发挥其在我省创新决策中的重要作用。突出企业在创新活动中的主体地位，开展国家、省级技术创新示范企业培育工作，探索政府支持企业技术创新、管理创新、商业模式创新的新机制。引导企业增强创新意识，支持企业围绕市场需求开展技术研发和产品创新。

二、健全产学研用协同创新机制

加快培育壮大创新主体，依托我省高等学校、科研院所、骨干企业等研发力量，构建产学研用结合的技术创新体系，推动企业真正成为技术创新决策、研发投入、科研组织和成果转化的主体。创新产业技术创新战略联盟形成和运行机制，按照自愿原则和市场机制，深化产学研、上中下游、大中小企业的紧密合作。积极发挥现有联盟作用，服务产业技术创新，支持国家级联盟做大做强，扶持省级联盟晋升国家级联盟。围绕全省十大重点产业发展，积极培育轨道交通、3D 打印技术等具有产业和技术优势领域的新联盟。制定促进联盟发展的措施，推动联盟在先进制造、新材料、生物医药、现代农业、民生科技等领域开展关键、共性技术攻关并给予政策支持。支持联盟内中试基地和共性技术研发平台建设。鼓励企业牵头建立产业技术创新战略联盟，对新认定的国家级产业技术创新战略联盟的牵头单位给予奖励。在战略性领域探索企业主导、院校协作、多元投资、军民融合、成果分享的合作模式。推动我省的国家企业技术中心、国家工程研究中心、国家工程（重点）实验室、国家地方联合工程研究中心（实验室）构建开放、共享、互动的创新网络，积极争取我省企业技术中心、工程研究中心（实验室）、工程技术研究中心列入国家级创新平台建设。实施科研院所创新能力提升计划，建设一批高水平协同创新平台。发挥科技计划在资源配置中的作用，促进企业与高等学校、科研院所深度合作。

三、构建更加高效的科研体系

加快科研院所分类改革，建立健全现代科研院所制度。加强改革顶层设计，建立黑龙江省科研机构体制改革联席会议制度。积极推进公益类科研院所分类改革。坚持技术开发类科研院所企业化转制方向，支持一批条件成熟的科研院所转制成企业。改革完善科研院所管理制度。制定科研院所绩效评价指标体系和评价办法，加强绩效评价。推进科研院所人事制度、分配制度、职称制度等方面改革。推动新型研发机构发展，制定鼓励社会化新型研发机构发展的意见和措施，通过落实税收优惠政策等手段，支持社会化新型研发机构发展。探索非营利性研发机构的市场化运行模式，按照“政府推动、高校参与、依托园区、国际合作、市场化运作”的原则，制定非营利性研发机构在经费来源、财务和人事制度、服务模式及基本保障等方面的措施，推动其发展壮大。

四、促进军民科技融合发展

引导和鼓励高等学校、科研院所和企业开展航空航天技术、舰船科技、动力技术、电子科技、核心制造工艺与装备技术、关键材料技术、核心元器件技术、关键软件技术、工业数字化设计制造与测试技术、核技术等军民共用高技术研发，增强民用技术对国防建设的支持，推动重大军工技术达到终极技术目标前的技术溢出和军民两用技术相互转化应用。发挥哈尔滨工业大学、哈尔滨工程大学、中船重工集团第七〇三所、哈电集团、东安公司等涉及军工的高校、科研院所和大中型骨干企业的示范带动作用，加强与军工集团合作，积极支持军工航空航天、特种车、传感器等先进技术转民用，开发高技术特色产品，发展战略性新兴产业。加强与北京理工大学、北京航空航天大学的成果对接，积极吸引军转民成果在我省落地转化。努力推动技术标准规范、计量测试、科技情报等科技创新基础资源的军民互通，促进军民科技资源互动和开放共享。支持军民融合科技成果转化应用，研究设立我省国防科技工业军民融合产业投资基金，推动国防科技成果在我省落地转化，促进经济发展。建立和完善军民共用科技成果交易、军民共用技术双向转移机制，促进我省与军队院校、科研院所之间的知识流动和技术转移，增强先进技术、产业产品等军民共用协调性。组建我省军民融合产业技术创新战略联盟，充分利用省内外创新资源，带动我省军民融合技术整体提升。按照深化中央财政科技计划（专项、基金等）管理改革的要求，推动建立一批军民结合、产学研一体的科技协同创新平台。落实国家军民共用技术重大项目一体化论证和联合实施工作方案，鼓励和支持民用企业加大军民共用技术的研发投入，与军工企业加强协作，组织开展军民共用重大项目联合攻关。积极争取和充分利用国家支持军民融合产业发展的政策、资金。

五、构建统筹协调的创新治理机制

完善并加强基层科技管理机构与队伍建设，建立并完善省、市、县三级科技成果转化工作网络。建立全省科技成果信息系统，开展科技成果信息汇交与发布。完善科技计划管理办法和资金管理办法，建立目标明确和绩效导向的科技计划管理和资金管理制度。建立并完善省科技报告管理制度，实现科技资源持续积累、完整保存和开放共享。开展全省科学技术基础条件资源调查和创新活动统计调查，建立科学技术资源的信息交流发布平台，及时向社会公布科学技术资源信息。建设龙江科技高端智库，发挥其对科技创新决策的支撑作用，对科技发展战略、科技发展规划、科技计划布局以及科技政策制定等重大事项提出咨询意见。建立健全科技创新政策监测评估制度和科技规划动态调整机制。

第八章　强化规划实施保障

一、推进科技创新创业政策落实

破解成果转化体制机制性障碍。按照《中华人民共和国促进科技成果转化法》和重新制定的《黑龙江省科学技术进步条例》《黑龙江省促进科技成果转化条例》，推动科研组织实施与市场需求的有效结合，为科技成果转化市场化提供法制保障。落实已制定出台的政策措施，加强《黑龙江省人民政府关于印发黑龙江省千户科技型企业三年行动计划（2015—2017年）的通知》（黑政发〔2015〕7号），《中共黑龙江省委、黑龙江省人民政府关于建立集聚人才体制机制激励人才创新创业若干政策的意见》（黑发〔2015〕6号），《中共黑龙江省委、黑龙江省人民政府关于大力促进高新技术成果产业化的意见》（黑发〔2016〕23号），《黑龙江省人民政府关于促进科技企业孵化器和众创空间发展的指导意见》（黑政发〔2016〕33号），《省科技厅、省委组织部、省财政厅、省国资委、省教育厅、省人社厅、省知识产权局关于印发〈黑龙江省科技成果使用、处置、收益管理改革的实施细则〉的通知》（黑科联发〔2015〕40号），《黑龙江省人民政府办公厅转发省科技厅等部门关于加快我省科技服务业发展实施意见的通知》（黑政办发〔2015〕53号）等政策措施的宣传，推动促进科技人员创新创业和科技成果转化落地等相关政策的落实。

二、完善科技投入保障机制

优化科技计划（专项、基金）布局，加快建立使用科技创新规律、统筹协调、职责清晰、科学规范、公开透明、监管有力的科研项目和资金管理机制，提高财政资金使用效益。加大对行业共性技术研究、社会公益性研究、战略性新兴产业关键技术研究开发、科技成果转化和产业化、科技基础条件建设等支持力度，完善竞争性支持和稳定支持相协调的投入机制。落实激励企业研发的普惠性政策，引导企业成为技术创新投入主体。发挥财政科技资金的杠杆作用，带动和引导社会资金投向科技创新。发挥金融创新对技术创新的助推作用，培育壮大创业投资和资本市场，提高信贷支持创新的灵活性和便利性，形成各类金融工具协同支持创新发展的良好局面，加快建立以政府投入为引导，以企业投入为主体，金融资本、民间资本共同投入的市场化、多元化投融资体系。

三、加强规划实施与管理

加强对规划实施工作的领导，建立由省科技部门牵头、中省直有关部门参与的科技规划实施体系，进一步完善会商和沟通机制，定期研究和部署规划实施工作，明确责任，落实任务，加强管理。加强对规划实施的监督检查，建立科技规划监测评估制度，建立健全重大科技规划项目执行情况的制度化、规范化监督评估机制。健全科技规划动态调整机制，根据经济与科技的发展变化，对确定的发展目标、科技发展优先领域、主要任务进行适时的调整，提高科技规划实施效果。加强科技规划与我省国民经济和社会发展规划的衔接，加强对市（地）科技规划实施的指导，加大统筹协调力度，建立市（地）稳定的沟通渠道和互动机制，实现两个层面上规划实施工作的有机结合与上下联动，协同配合，合力推进规划的实施。

附件：1. 重点研发方向
2. 重点建设的“互联网 +”科技创新平台
3. 重点建设的产业技术创新战略联盟

附件 1

重点研发方向

序号	领域	研发方向
1	新材料	高性能铝合金材料制备技术
2		轻质耐高温钛铝合金精密热成型技术
3		航空镁铝铸件生产研制
4		耐高温、高压、抗腐蚀的高精密合金管
5		金属基复合材料高效低成本成型技术
6		高端特种钢熔炼关键技术
7		钼冶金应用技术
8		高寒地区新型节能保温防水建材制备技术
9		传统材料制备技术升级
10		高性能复合材料基体树脂制备技术
11		高性能工程塑料
12		环保胶黏剂
13		锂离子电池正极材料
14		新型轻质高强的墙体屋面材料
15		隔热保温材料
16		木塑复合材料
17		有机硅防水建材
18		炉渣超细粉技术
19		高性能钛合金材料制备技术
20		高性能镁合金材料制备技术
21		高性能分离膜材料
22		高性能纤维及其复合材料
23		大尺寸蓝宝石及新型半导体器件
24		硅基薄膜制备与应用技术
25		OLED 相关发光材料制备及应用技术
26		新型电子材料
27		新一代液晶显示屏技术
28		碳化硅、氮化镓、氧化锌及金刚石等宽禁带半导体材料

续表

序号	领域	研发方向
29	新材料	人工大尺寸单晶制备技术
30		低成本碳纤维全产业链制造技术
31		高纯硅材料
32		特种焊接材料
33		石墨电极材料
34		大功率储能材料
35		高性能石墨烯及其器件
36		石墨合成金刚石技术
37		硼化硅超细微粉
38		硼化物陶瓷粉体制备
39		高纯超细石英粉
40		特种陶瓷材料结构设计与制备
41	新能源	农业废弃物制备生物燃气技术
42		高效生物制氢技术
43		生物质能热利用技术
44		生物质发电技术
45		高寒地区沼气制取利用技术
46		生物航油技术
47		生物柴油提取、纯化技术
48		生物质原料专用机械及加工转化成套技术装备
49		生物质成型燃料装备
50		生物质锅炉设计和制造技术
51		秸秆发电新技术及新设备
52		5 兆瓦及以上风力发电机组
53		6 兆瓦及以上中压全功率风电交流器
54		风电并网技术
55		分散式风电接入技术
56		微风发电技术
57		大型风电场资源评估及监控技术
58		新一代光伏逆变器及系统集成设备
59		光热发电汽轮机系统
60		分布式太阳能光热发电技术
61		太阳能高效综合利用技术
62		太阳能生活热水系统
63		太阳能光伏发电并网逆变器设计和制造技术
64		高性能太阳能电池设计和制造技术
65		地热能监测技术
66		地热能回采利用技术
67		地热发电技术
68		浅层地热供暖技术

序号	领域	研发方向
69	新能源	先进压水堆核岛主设备设计制造技术
70		高温气冷堆蒸汽发生器
71		常规岛汽轮发电机组
72		基于508-Ⅳ钢核电新材料大型复杂一体化锻件全流程制造技术
73		高寒地区大功率、大容量电池技术
74		高纬度地区电动汽车充电系统
75		多能互补集成优化应用技术
76		新能源利用中的低温余热供热技术
77		新能源利用中的中高温余热回收技术
78		新能源与互联网智能能量管理及优化控制技术
79		高效氢气制备、纯化、储运和加氢站关键技术
80		燃料电池材料、部件、系统的制备与生产技术
81	生物	中药制剂多成分、多指标制备工艺及质量控制技术
82		中药提取纯化、工程智能化技术与装备
83		复方、现代有效组分中药新药及有效单体化含物新药
84		口腔速溶制剂技术
85		中药检测技术
86		中药开发过程中新辅料、药物高通量筛选技术
87		特色原料药
88		专利到期大品种药物仿制
89		头孢第三代、第四代和新一代产品引进与开发
90		防治艾滋病等耐药性病原菌感染性疾病的新型人用疫苗
91		梅毒、衣原体、人乳头瘤病毒、肺癌、胃肠癌、卵巢癌等快速检测试剂盒
92		小分子抗肿瘤药物技术引进与开发
93		防治免疫性疾病、遗传疾病和感染性疾病的基因重组蛋白类药物
94		抗体药物耐药致病菌噬菌体药物
95		免疫调节功能基因工程药物
96		微生物源生化药物
97		干细胞组织工程技术
98		禽流感等特种疫苗
99		氨基酸及其衍生物类药物
100		特殊人群和多发疾病创新药
101		重大疾病基因治疗技术
102		动物源性人畜共患病的流行病学预警监测免疫防治技术
103		非化学害虫控制技术
104		生物芯片
105		生物育种技术
106		生物兽药
107		生物肥料
108		生物饲料

续表

序号	领域	研发方向
109	生物	生物农药活性成分的提取和分离技术
110		林草、水产优良种质资源发掘与构建技术
111		杨树工业资源材高效培育技术
112		优良景观树种选育技术
113		生物降解技术
114		生物质基材料新型变性和改性淀粉
115	高端装备	E 级燃气轮机辅助系统国产化研究
116		F 级燃气轮机关键部件、整机研制
117		H 级燃气轮机国产化制造
118		H 级配套超大型余热锅炉
119		燃气轮机高温合金铸件制造
120		高低压涡轮叶片加工
121		40MW 级间冷循环船用燃气轮机
122		10MW 级和 20MW 级船用及工业轻型燃气轮机
123		大功率简单循环船用与工业燃气轮机
124		微小型燃气轮机产品设计制造
125		汽轮机安全监视及振动分析系统（TSI/TDM）国产化
126		工程复杂零部件 3D 打印关键技术
127		轻量化制造技术
128		高端超精密仪器研发
129		工业控制系统
130		轮胎制造物流分拣机器人及自动化成套装备研制
131		集装箱制造智能焊接机器人及其关键设备
132		外骨骼助力机器人
133		DELTA 四轴并联机器人
134		通用工业机器人快速试教设备
135		机器人三大功能部件制造及测控仪器技术
136		人机交互技术
137		机器人传动技术
138		机器人的故障诊断与安全维护技术
139		网络化机器人控制器技术
140		多功能高质量高效率数控机床
141		高效数控加工技术
142		数控机床系统综合设计技术
143		数控机床直驱式力矩电机
144		金属材料试样加工数控机床
145		大型构件无损伤检测技术
146		大型铸锻件制造技术
147		交通基础设施安全监测技术
148		智能交通运输管理技术

序号	领域	研发方向
149	高端装备	寒区交通基础设施全寿命安全保障技术
150		长续航里程电池电源系统
151		公铁联运铁路驮背运输技术
152		驮背运输铁路专用车辆关键技术
153		重载转向架技术
154		摆式车辆技术
155		数字化测量技术
156		轨道移动技术
157		车地无线通信技术
158		城市电动汽车移动式动态无线供电技术
159		高比能量锂离子电池技术
160		高性能低成本燃料电池技术
161		汽车驱动电机技术
162		混合动力先进变速器技术
163		高性能双面齿型无级变速带
164		车体轻量化材料技术
165		汽车发动机余热收集装置
166		中小型航空发动机关键技术
167		航空辅助动力装置
168		直升机传动系统
169		空间机器人总体设计、多感知灵巧操作机械臂、柔性机械臂、末端操作工具、视觉测量与伺服关键技术
170		面向航天航空领域的 3D 打印技术
171		先进推进技术
172		深海空间站信息系统、穿梭运载器、自治潜器（AUV）检测系统、水下作业工作系统和特种作业装置系统关键技术
173		船舶动力关键技术
174		深远海通信、定位、探测技术
175		船舶智能推进系统优化设计
176		海洋工程管线优化设计
177		船舶测试、环境试验技术
178		钻井船、工程作业船及辅助船制造关键技术
179		水稻侧深施肥插秧机新技术
180		玉米籽粒联合收获机
181		高寒垄作地区秸秆收获设备研制与开发
182		新型环保秸秆板设备及产品开发技术
183		多功能联合整地机
184		大型高效智能联合收割机制造
185		有机肥抛撒机
186		蔬菜移栽机

续表

序号	领域	研发方向
187	高端装备	大型动力负荷换挡及无级变速传动拖拉机
188		输变电装备
189		制造业信息化科技工程示范技术和装备
190		寒冷地区低温电器启动技术
191	新一代信息技术	基于互联网的环境监测技术
192		基于互联网的大健康数据管理与服务技术
193		基于云计算技术的广播融合系统的研发与应用
194		虚拟现实／增强现实文化旅游展览展示交互系统
195		智能可穿戴终端的关键技术及产业化示范
196		卫星高速激光骨干网络系统研制与在轨试验
197		卫星激光通信测距搭载试验
198		天地一体化高速信息网络
199		低轨卫星应用系统
200		可靠性通用测试平台
201		新型传感器技术
202		微系统技术
203		专用集成电路
204		新一代卫星导航系统
205		卫星技术在林业资源监测和灾害预警的应用研究
206		智能终端关键技术
207		医疗影像大数据的智能分析、辅助诊断、治疗技术
208		步态、声纹、人脸融合识别的新一代智能安防系统
209		极低功耗器件和电路
210		下一代非易失存储器
211		下一代射频芯片
212		面向卫星应用的系统集成、芯片设计、终端制造技术
213		信息内容安全研究
214		系统安全研究
215		新型密码学与应用
216		物联网安全与工控安全
217		网络空间安全治理与策略研究
218		网络威胁监控关键技术
219		安全检测引擎关键技术
220		APT 监测分析关键技术
221		安全分析支撑体系关键技术
222	节能环保	高温煤焦油加氢废水处理工艺
223		清洁采暖技术
224		油田含油污水污泥高效处理与资源回收成套技术与设备
225		饮用水安全保障技术与饮用水源地保护
226		工业废水处理及回用技术

序号	领域	研发方向
227	节能环保	城镇生活污水厂升级改造技术
228		农村生活污水治理与综合利用技术
229		污泥处理与资源化利用技术
230		工业源大气污染防治关键技术
231		大气污染源头控制管理模式研究
232		农业源大气污染防治关键技术
233		雾霾成因解析与控制模式研究
234		城市森林净化大气环境功能研究
235		持久性有机污染物污染土壤的修复技术
236		农膜污染土壤防治技术
237		农产品产地土壤重金属污染修复治理技术
238		土壤盐渍化改良利用技术
239		农药残留土壤污染修复技术
240		工业固体废弃物处理与资源化
241		危险废弃物安全处理与处置
242		城市生活垃圾处理与高值利用
243		农村生活垃圾处理与高值利用
244		畜禽粪便处理及资源化
245		大小兴安岭生态功能区建设关键技术
246		主要作物化肥农药减施技术研究与示范
247		土壤侵蚀与农业面源污染关系及控制技术
248		典型黑土区侵蚀沟治理关键技术研究与示范
249		土壤养分保持与平衡技术
250		两大平原生态保护与建设
251		流域生态环境保护技术
252		退化防护林修复与重建技术
253		退化天然林恢复与近自然化改造技术
254		新农村绿色村镇建设技术试验示范
255		退化湿地生态恢复与保护技术
256		外来物种和防治对策与技术
257		黑龙江省保护动植物繁育技术
258		黑龙江省旱情预警与抗旱技术
259		装配式绿色建筑关键技术与一体化工厂制备成套技术
260		特色环境资源利用技术
261		极低品位资源和尾矿资源综合利用技术
262		二次再热超超临界机组优化技术
263		100 万千瓦等级机组关键技术
264		66 万千瓦等级机组关键技术
265		35 万千瓦空冷汽轮发电机样机研制
266		煤基燃料－氧－水蒸气燃烧混合工质发电技术
267		低阶煤低能耗提质技术

续表

序号	领域	研发方向
268	节能环保	分段耦合煤燃烧技术
269		燃煤烟气硫回收及资源化利用技术
270		超低挥发分无烟煤超低 NOx 排放技术
271		燃用多煤种的工业煤粉锅炉燃烧技术
272		燃煤污染物一体化（联合）脱除技术
273		大容量干煤粉气流床气化技术
274		农村供水工程标准化研究与示范
275	现代农业	适合全程机械化专用农作物（水稻、马铃薯、大豆、玉米）品种选育技术
276		优质、高产、多抗大豆种质资源创新
277		杂粮种质资源创新与新品种选育及配套栽培技术研究与示范
278		南瓜西瓜甜瓜种质资源创新、新品种选育及设施栽培技术
279		优良食味米品种选育
280		本地化生产精制有机肥新方法
281		农作物（水稻、马铃薯、大豆、玉米等）测土配方肥
282		农作物机械化保护性耕作生产技术
283		主要农作物高效增产，灌溉技术研究与示范
284		水稻种植田间管理技术及设备
285		中低产田提升改造新技术
286		农业节水技术与设备
287		马铃薯淀粉加工及保藏技术
288		高值化马铃薯食品加工关键技术与新产品开发
289		米糠综合加工利用新技术
290		玉米精深加工综合利用技术
291		玉米主食工业化关键技术
292		大豆加工副产品综合利用技术
293		大豆食品化加工技术集成与新产品开发
294		功能性油脂和专用食用油产品开发
295		食用菌培育和加工技术
296		黑龙江省果树新品种选育与栽培技术
297		小浆果（沙棘果、黑加仑、蓝靛果等）品种选育及提取物综合加工利用技术
298		坚果类（红松子、核桃、榛子等）品种选育及果实综合加工利用技术
299		野生蓝莓等特色鲜果加工设备
300		林业野生食药用植物种质资源现状普查及深度开发利用技术
301		鲜果的果脯、饮料制品加工技术
302		平原区农田排水与涝渍防治技术
303		灌区自动化控制技术研究
304		农业航空智能植保技术及装备研究与示范
305		精准农业技术应用与示范
306		乳产品功能成分的综合利用技术
307		乳用微生物制备技术

序号	领域	研发方向
308	现代农业	奶源质量安全控制现代管理体系
309		优质营养婴儿配方奶粉技术
310		奶业安全低排放技术
311		畜禽高产品种核心群建立与良种繁育技术
312		精品禽类、肉猪、肉牛饲养技术
313		主养鱼类品种培育及高效生态养殖技术集成
314		牛肉熟食制品加工技术
315		奶、肉、蛋制品精品加工技术
316		优质高产饲料作物及牧草种植资源技术
317		畜牧业低污染养殖集成技术
318		饲料生产与储藏技术
319		猪流感二价灭活疫苗的研制
320		奶牛重要群发生产性疾病群防群控技术及产品研发与示范
321		特色水产品养殖技术
322		安全、高效、环保、优质专用饲料加工
323		非粮型饲料资源挖掘与高效利用关键技术
324		畜禽废弃物减排、无害化处理及资源化利用新技术
325		畜禽传染性疾病诊断、监测与免疫防控技术
326		畜禽非传染性疾病防控技术
327		特色动物饲养技术
328		水土保持类牧草种植技术
329		黑土地保护利用技术体系集成技术及耕地质量监测体系建设
330		主要农产品安全与产品溯源支撑技术
331		灌区标准化关键技术研究与示范
332		寒地生态灌区建设关键技术研究与示范
333	民生科技	脑重大疾病防治技术
334		心脑血管疾病防治技术
335		糖尿病防治关键技术
336		高血压防治关键技术
337		高脂血症防治关键技术
338		北药新技术新产品开发研究
339		中药材 GAP 种植基地建设
340		刺五加、越橘、青龙衣等野生种质资源库及管理系统
341		声、光、电、磁等可穿戴医疗设备研制
342		肿瘤靶向治疗技术
343		新型医疗器械研发
344		功能性保健食品的研制和开发
345		中药大健康产品开发

续表

序号	领域	研发方向
346	民生科技	健康大数据云平台建设关键技术
347		康复医疗机器人多功能多元化技术
348		康复机械手关键技术
349		医疗康复器具家庭化及穿戴医疗设备技术
350		替代进口医疗手术机器人设备技术
351		虚拟手术规划系统关键技术
352		骨骼肌多尺度建模与仿真技术
353		青少年防控近视智能技术与设备
354		煤矿、石油等安全生产技术
355		森林火灾监测预警技术
356		北斗网络建设关键技术
357		智慧城市建设关键技术
358		爆炸物探测
359		生物反恐技术
360		新型消防设备开发
361		身份签定技术
362		森林火灾监测预警技术

附件 2

重点建设的“互联网 +”科技创新平台

1	高新技术成果转化平台
2	黑龙江省科技型企业公共服务平台
3	黑龙江省制造技术创新服务平台
4	黑龙江省科技资源共享服务平台
5	科技计划综合管理服务平台
6	科学大数据综合服务平台
7	知识产权公共服务平台

附件 3

重点建设的产业技术创新战略联盟

1	黑龙江省医药产业技术创新战略联盟
2	黑龙江省农产品加工产业技术创新战略联盟
3	乳业产业技术创新战略联盟（国家）
4	黑龙江煤炭产业技术创新战略联盟
5	大豆加工产业技术创新战略联盟（国家）
6	黑龙江省风电产业技术创新战略联盟
7	黑龙江省半导体照明产业技术创新战略联盟
8	黑龙江铝镁合金新材料产业技术创新战略联盟
9	黑龙江动力装备产业技术创新战略联盟
10	马铃薯产业技术创新战略联盟（国家）
11	黑龙江省先进复合材料产业技术创新战略联盟
12	黑龙江省高纬度地区电动汽车产业技术创新战略联盟
13	黑龙江省环保产业技术创新战略联盟
14	黑龙江省农业装备产业技术创新战略联盟
15	石墨产业技术创新联盟（国家）
16	冷水性鱼类产业技术创新战略联盟（国家）
17	黑龙江省水稻产业技术创新战略联盟
18	黑龙江省食用菌产业技术创新战略联盟
19	黑龙江省杂粮产业技术创新战略联盟
20	黑龙江省硬质材料产业技术创新战略联盟
21	黑龙江省科技金融发展战略联盟
22	黑龙江省信息无障碍产业技术创新战略联盟
23	黑龙江省科技企业孵化器服务创新联盟
24	黑龙江省玉米深加工产业技术创新战略联盟
25	黑龙江省石油装备产业技术创新战略联盟
26	黑尤江省甜菜制糖产业技术创新战略联盟
27	黑龙江省医疗器械产业技术创新战略联盟
28	黑龙江省卫星导航与位置服务产业技术创新战略联盟
29	黑龙江石油钻采装备产业技术创新战略联盟
30	黑龙江省农作物秸秆饲料产业技术创新联盟
31	黑龙江省生物质综合利用产业技术创新战略联盟
32	黑龙江省有机农业产业技术创新战略联盟
33	黑龙江省兽药产业技术创新战略联盟
34	黑龙江省科技服务业联盟
35	黑龙江省创新方法推广应用联盟
36	黑龙江省机器人产业技术创新战略联盟
37	黑龙江省紫外光辐照交联及绿色阻燃材料产业联盟
38	黑龙江金属基复合材料产业技术创新战略联盟

续表

39	黑龙江 3D 打印产业技术创新战略联盟
40	黑龙江省工业设计产业技术创新战略联盟
41	东北黑土资源保护产业技术创新战略联盟
42	黑龙江省农药与肥料产业技术创新战略联盟
43	哈尔滨利民生物医药产业技术创新战略联盟
44	黑龙江省检验检测服务创新联盟
45	黑龙江有机（绿色）产业技术联盟
46	地温能产业技术创新战略联盟
47	黑龙江省金属新材料产业技术创新战略联盟
48	紫外光辐照交联产业技术创新战略联盟
49	大米深加工产业技术创新战略联盟
50	蓝莓产业技术创新战略联盟
51	森林食品产业技术创新战略联盟

上海市科技创新“十三五”规划

为推进上海科技创新、实施创新驱动发展战略走在全国前头、走到世界前列，加快向具有全球影响力的科技创新中心进军，根据《中共上海市委、上海市人民政府关于加快建设具有全球影响力的科技创新中心的意见》《上海市国民经济和社会发展第十三个五年规划纲要》，制定本规划。

一、把握新形势新使命

（一）科技革命和产业变革交汇融合，加快构建世界竞争新格局

当前，世界范围的科技革命和产业变革正在孕育兴起，一些重要科学问题和关键核心技术呈现革命性突破先兆。脑科学、量子计算、材料基因组等前沿科技领域展现重大应用前景。信息网络、生物科技、清洁能源、新材料、智能制造等技术领域交叉融合，加快群体性突破和颠覆式创新，科技与产业向“智能、泛在、互联、绿色、健康”方向融合发展。其中，以大数据、云计算、移动互联网等为代表的新一代信息技术向经济社会生活各领域广泛渗透，成为未来变革的重要引擎。制造与服务更趋智能化和定制化，新模式、新业态不断涌现。创新范式更加多样化，技术创新周期大大缩短。创新要素在全球范围加速流动重组，价值链面临重构，多节点、多中心、多层级的全球创新网络正在形成，主要国家纷纷推出创新战略，谋求和巩固在全球价值链中的有利地位。面对国际竞争新赛场、新规则，上海必须以更加积极开放的姿态，增强全球资源配置能力，成为全球创新网络中不可或缺的重要成员。

（二）适应和引领我国经济发展新常态，关键是要依靠科技创新转换发展动力

我国经济发展已进入新常态，基本特点是速度变化、结构优化和动力转换，其中动力转换是关键，决定着速度变化和结构优化的进程和质量，其实质内涵是从要素驱动、投资驱动转向创新驱动。未来五年是我国全面建成小康社会的决胜阶段，既面临追赶超越的历史机遇，也面临跨越“中等收入陷阱”的挑战。我国能否转变发展方式、推进产业升级，适应、把握和引领新常态，关键是看能否把握全球科技革命和产业变革的大趋势，依靠创新创造新供给和新需求，构建竞争新优势，拓展

上海市人民政府，沪府发〔2016〕59号，2016年8月5日。

经济发展新空间。国际经验表明，把握科技革命和产业变革机遇而兴起的国家，都会在本国一个或多个区域产生世界级的科技创新中心，并占据了全球价值链高端。我国要建设世界科技强国，同样应该在世界创新版图中打造属于自己的科技创新中心，创造先发优势，提升我国在全球价值链中的位势和竞争力，牢牢掌握发展的话语权和主动权。

（三）上海迈入建设具有全球影响力的科技创新中心的新征程

建设具有全球影响力的科技创新中心，是中央综合分析国内外大势、立足我国发展全局做出的战略部署，也是上海实施创新驱动发展战略、突破自身发展瓶颈、重构发展动力的必然选择。这就要求从国家战略需求出发，不断提升在世界科技革命和产业变革中的地位和影响力，从城市发展全局出发，让创新成为经济增长原动力和民生福祉之本。上海具有国际化程度高、经济发展水平和产业结构层级较高、科技基础设施完备、人才资源丰富，以及城市区位优势明显等特点，在国内较早实施了创新驱动发展战略，具备建设具有全球影响力科技创新中心的基础和潜力。未来，上海建设具有全球影响力的科技创新中心的核心是突破体制机制瓶颈，关键是汇聚创新人才和发挥创新潜能，基础是形成良好的创新生态，重点是发挥重大工程和项目的支撑作用。要力争在“十三五”期末建成具有全球影响力科技创新中心的基本框架体系，辐射带动更广大区域的创新发展，切实担负起国家赋予上海的历史使命。

二、明确指导思想、发展目标与总体部署

（一）指导思想

贯彻党的十八大和十八届三中、四中、五中全会精神，全国科技创新大会精神，按照“四个全面”战略布局要求，以“创新、协调、绿色、开放、共享”的发展理念为指导，牢牢把握世界科技进步大方向、全球产业变革大趋势和集聚人才大举措，以实现创新价值、全面支撑创新驱动发展为主线，坚持前瞻引领，瞄准科技前沿，着力原创突破，培育发展新动能；坚持深化改革，破解瓶颈制约，完善创新治理，激发创新活力；坚持开放协同，融入全球创新网络，服务国家战略全局，当好改革开放排头兵和创新发展先行者，推进以科技创新为引领的全面创新，着力提高创新供给质量和效率，加快形成以创新为主要引领和支撑的经济体系和发展模式，服务“四个中心”和社会主义现代化国际大都市建设，为加快向具有全球影响力的科技创新中心进军提供支撑。

（二）发展目标

到 2020 年，创新治理体系与治理能力日趋完善，创新生态持续优化，高质量创新成果不断涌现，高附加值的新兴产业成为城市经济转型的重要支撑，城市更加宜居宜业，中心城市的辐射带动功能更加凸显，形成具有全球影响力的科技创新中心的基本框架体系。

——全球创新资源集聚力大幅增强。全球高端人才、知识、技术、资本等各类创新要素集聚，创新资源配置高效，成为亚太地区获取全球性创新资源、赢得全球性发展机遇最便捷的城市之一和

全球创新网络的关键节点之一。

——科技成果国际影响力进一步提升。在前沿优势领域，涌现出一批具有国际声望的领军人才和研发机构，一批科技成果处于国际领先水平，部分成果成为世界科技进展的重要标志。

——新兴产业发展引领力稳步提升。产业技术创新体系持续优化，掌握一批具有国际领先水平和自主知识产权的产业核心技术，拥有一批具有国际竞争力的创新型企业，引领新兴产业发展，支撑传统产业转型升级。

——创新创业环境吸引力明显增强。科技在城市安全、健康、高效、绿色运行中的支撑作用明显增强，科技创新设施和服务体系完善，创新创业成为全社会的价值取向，基本形成具有国际吸引力的创新创业氛围和营商环境。

——科技创新辐射带动力持续增强。科技创新的开放能级显著提升，技术市场活跃，服务功能完善，成为国内外科技成果发布和交易的重要平台、技术汇聚集成与输出的重要基地。

到 2020 年，全社会研发（R&D）经费支出占全市生产总值（GDP）的比例达到 4.0% 左右，基础研究经费支出占全社会 R&D 经费支出比例达到 10% 左右，每万人研发人员全时当量达到 75 人年，每万人口发明专利拥有量达到 40 件左右，全市通过《专利合作条约》（PCT）途径提交的国际专利年度申请量达到 1300 件，知识密集型服务业增加值占 GDP 比重达到 37%，新设立企业数占比达到 20% 左右，向国内外输出技术合同成交金额占比达 56%。

（三）总体部署

——以培育良好创新生态为核心，激发创新创业活力。加快完善政府、市场和社会多元主体积极参与、相互配合、协调一致的创新治理体系。以良好的创新治理、公平的市场环境、完善的创新功能型平台等，吸引和集聚创新资源，提升创新效率，推进上海建设创新创业之都。

——以原始创新为重点，提升创新策源能力。聚焦世界科学发展前沿，通过原创性研究和重点突破，提升科学研究影响力，开辟新领域、新方向，增强发展的主动权和话语权，提升上海在全球知识创造中的贡献度。

——以产业需求为导向，培育高附加值产业。面向传统产业升级改造、战略性新兴产业培育发展等重大战略需求，掌握具有自主知识产权的核心关键技术，向全球产业价值链高端跃升，加快提升上海产业技术创新能级。

——以惠民利民为根本，支撑城市和谐发展。注重城市高品质生活，着眼民生需求和重大社会挑战，加快科技成果集成应用，为超大城市可持续发展提供创新型解决方案，推动上海成为宜居宜业与人文荟萃之城。

三、培育良好创新生态，激发全社会创新创业活力

（一）引导多元主体共生发展

创新创业活跃，企业、高等院校、科研院所等主体协同创新、合作共赢，形成大众创业、万众

创新的繁荣局面，汇聚成为经济社会发展的重要力量。

1. 助推科技创业大量涌现

着力完善创业政策和孵化服务，便利各类人才创业，为科技创业企业竞相生长提供良好条件。

大幅降低创业成本，支持各类人才自主创业。支持高等院校、科研院所的科研人员在职或离岗创业。倡导有条件的企业内部创业。鼓励大企业高管、连续创业者和留学归国人员等人才创新创业。做好留学人员“创业首站”服务，为海外创业人才和创业项目提供“一站式”落地对接服务。实施“青年大学生创业引领计划”，积极落实创业贷款担保贴息、房租补贴、初创期社会保险费补贴、创业培训见习补贴等政策措施。实施“创业浦江”行动计划，办好“上海国际创客大赛”“上海创新创业大赛”等活动，为有志创业者提供发展机会。

发展众创空间，提升创业孵化服务能级。鼓励战略性新兴产业骨干企业及其他有条件企业设立产业驱动型孵化器。发挥众创空间联盟作用，培育一批集聚国际资源的创业品牌服务，支持创业服务机构在海外自建、收购、合作设立跨国创业孵化平台，形成一批具有国际影响力的众创空间。引导孵化器服务溢出，推进特色化、专业化的创业服务向全市覆盖。在孵化载体、科技服务机构、高等院校、科研院所的周边及其生活配套齐全区域，创建一批“创业社区”。引导社会资源参与建设开源硬件平台、开放实验室、加工车间、产品设计和创意平台，打造全球顶级创客产品路演与展销平台，为广大创新创业者提供良好的工作空间、网络空间、社交空间和资源共享空间。

2. 协助企业提升创新能力

着力培育量大面广的小微企业，涌现一批具有行业竞争力的“隐形冠军”和若干具有全球性或区域性市场优势地位的企业。

实施“小微企业成长计划”。发挥财政资金的杠杆作用，吸引和带动社会资本参与小微企业创新发展，建立健全面向小微企业的市场化投融资渠道以及“利益让渡”等激励机制，支持小微企业开展股本融资、股份转让、资产重组等活动。加强面向小微企业的公共服务平台和科技服务机构建设，通过“科技创新券”等财政补贴方式，鼓励和引导科技服务机构、大中型企业更好带动和服务小微企业的技术创新。

实施“企业创新能力提升计划”。深化“科技小巨人工程”的实施，引导企业围绕自身长远发展需求，加强创新管理能力建设，提升资源整合、研发组织、战略管理等能力，实现从“封闭式研发”向“开放式创新”转变。鼓励企业建设高水平企业实验室、企业技术中心、工程技术研究中心等研发机构，建立自主技术创新体系。鼓励推动有条件的企业实施“走出去”战略，设立海外研发机构，利用海外资源，建立全球研发与创新合作伙伴关系。支持高成长型企业上市、重组和并购，助推企业做大做强。

3. 完善各类主体协同创新的平台条件

促进企业、高等院校、科研院所等创新主体间协作更畅通、高效、可持续，大中小微企业共生发展，社会组织协同作用充分发挥。

推动产学研各类创新主体协同发展。以学研平台、产研平台和产学研联盟等为载体，探索建立各类创新主体参与协同创新的信用机制、责任机制、统筹协调机制。发挥产学研联盟在承担实施产业技术研发创新重大项目、制定技术标准、编制产业技术路线图、专利共享和成果转化推广等方面的作用，为联盟持续健康发展提供支撑。引导企业通过共建研发机构、组织合作研发等方式，不断完善以企业为主体、产学研用协同的技术创新体系。积极推动产学研各方围绕产业链、价值链开展合作，加快创新集群发展。

发挥社会组织的协同服务作用。大力发展科技类民办非企业、社团、基金会等科技类社会组织。鼓励科技类社会组织围绕创新服务进行多方协作、资源整合和网络延伸，不断提升服务能力。探索后补助、政府购买服务等机制，更好地发挥社会组织在政府与市场间的桥梁纽带作用，为各类群体和组织的创新创业活动提供服务。

（二）构建创新要素集聚和活力迸发的良好环境

发挥市场配置资源的决定性作用，优化创新要素的供给，高效配置技术、人才、资本等创新要素，有效支撑创新创业活动蓬勃发展。

4. 优化人才集聚与培养成长支撑体系

充分激发科技人才的创新活力和主动性，使上海成为亚太地区对科技创新人才最具吸引力、人才发展环境最优越、人才创新贡献最突出的区域之一。

创新并落实好人才引进政策。吸引世界一流领军人才领衔承担上海重大科学研究任务，完善与国际一流团队交流合作机制，试点实施外籍留学生毕业后直接留沪就业等制度。进一步完善户籍、居转户和居住证积分制度，优化人才业绩、实际贡献、薪酬水平等市场评价标准。通过中央和上海“千人计划”“浦江人才计划”等人才引进计划，积极引入一批海外高层次创新创业人才。

完善各类创新人才发现与成长机制。尊重人才发展规律，为人才发展提供各类舞台，促进杰出科技人才脱颖而出。加大对青年科技人才的支持，完善后备人才培养机制，为青年人才参与重大战略任务、加快成长创造更多机会。鼓励企业培育创新创业领军人才，培育扶持一批具有全球视野的高水平科技创新和创新服务人才。集中开展紧缺急需和骨干专业技术人员专项培训，逐步构建科学合理的人才队伍结构。

优化人才激励、评价和流动机制。依托社会保障制度改革，破除身份壁垒，推动企事业单位科技人才双向流动。鼓励高等院校和科研院所改革岗位聘用机制，突破编制和职称约束，灵活引进高层次人才和团队。支持高等院校、科研院所和企业建立符合人才特点和市场规律的科技创新人才评价、激励机制和薪酬体系。探索年薪制和协议工资制、股权、期权、分红等激励措施。加强人才激励相关法规、制度建设，保障创新人才分享创新收益等合法权益。

5. 完善科技金融支撑体系

形成创业投资集聚活跃、商业银行信贷支撑有力、社会资本投入多元化的投融资体系，充分发挥金融对科技创新创业的助推作用。

鼓励发展天使投资、风险投资。扩大政府天使投资引导基金规模，降低支持门槛，全面落实国家有关天使投资的普惠式税收优惠政策，引导社会资本加大投入力度。吸引、集聚国内外有实力的风险投资机构，通过投资奖励、早期风险补偿等措施鼓励面向科技创新企业的风险投资。支持保险资金与风险投资基金合作，为科技创新企业提供中长期股权、债权投资。

发展科技信贷及保险业务。运用科技金融服务平台的功能，完善科技创新信用体系建设，畅通科技金融服务链，促进金融机构与科技创新企业有效对接。完善科技信贷服务机制，扩展知识产权质押融资试点，进一步推广各类信贷产品，探索集合债券、股权质押、知识产权质押等企业信贷新方式，开展投贷联动模式创新。鼓励银行业金融机构设立专营事业部或科技支行，支持设立民营科技银行，为企业提供便捷有力的信贷支持。增强保险服务科技创新的功能，运用上海中小微企业政策性融资担保基金，优化有利于中小微企业创新创业的融资担保服务体系，鼓励担保产品、模式创新，为中小微企业提供增信服务。

完善多层次资本市场，服务企业快速发展。发挥上海股权托管交易中心的“科技创新专板”作用，为中小型科技创新创业企业提供股权流转服务。完善股权投资基金份额报价转让市场机制，以及新三板、创业板和主板等多层次资本市场的对接机制，疏通股权投资退出渠道，有效降低企业融资成本。

6. 促进科技成果转移转化

强化科技成果转移转化机制和服务能力建设，吸引高水平科技成果在上海落地转化，促进本地优秀科技成果向外溢出，实现创新价值。

完善科技成果转化的激励机制。下放高等院校、科研院所科技成果的管理、使用和处置权。高等院校、科研院所采取对外投资方式转化科技成果所产生的损失，对确认已经履行了勤勉尽责义务的，不纳入高等院校、科研院所对外投资保值增值考核范围。探索建立符合科技成果转化规律的市场评价定价机制，允许通过协议定价、技术市场挂牌交易、拍卖等市场化定价方式确定科技成果价格，收益分配向发明人和转移转化人员倾斜。

畅通科技成果转移转化链。构建科技成果深度信息发布、交流平台，强化科技成果信息的有效供给和共享，发挥各类科技成果转化服务机构的作用，为科技成果在沪转化和本地成果走出去提供服务。积极引导、支持高等院校、科研院所和企业面向市场开展科技成果转移转化活动，鼓励应用开发类科研院所建立科技成果转化的小试、中试基地，加强政府采用首购、订购等方式的支持力度，加快科技成果转移转化和资本化、产业化。

（三）建设创新功能型平台体系

发挥创新功能型平台在资源汇聚共享、主体协同联动、创新组织推进等方面的核心枢纽与载体作用，使平台成为创新链与产业链的重要结合点，成为创新生态网络的关键节点，促进创新效率提升和创新价值实现。

7. 推进研发与转化功能型平台建设

面向重大科技战略项目和工程实施需求，建设和完善研发与转化功能型平台，为相关领域的科学研究和新技术、新工艺、新产品的研发与转化提供基础性支撑。

建设重点领域的研发与转化功能型平台。在信息技术、生物医药、高端制造等领域，针对建设具有全球影响力的科技创新中心而实施的重大战略任务，重点建设微技术、量子通信、光电子、干细胞、合成生物、智能制造、材料基因组、石墨烯等研发与转化功能型平台，探索长效运行机制，构建多学科交叉、多功能集成的公益性、开放型、枢纽型平台组织模式，力争在前沿科学领域，形成国际领先优势，在应用技术领域，加快核心技术突破与成果转化，促进相关产业发展。

引导各类研发基地向功能型平台拓展。引导和推进各级各类重点实验室、工程技术研究中心等研发基地平台的开放与融合发展，提升研发与转化服务能级。加快推进部市共建国家重点实验室建设，服务支撑区域创新。持续推进上海产业技术研究院建设，在产业技术研究院已有平台基础上，建立跨平台协作机制，集聚创新资源，进一步强化平台的共性技术研发、中试、应用示范等功能，建立健全与产业链相配套的共性技术研发平台体系，增强产业的整体技术竞争力。

8. 提升创新服务功能型平台能级

围绕信息共享、科技成果转移、科技金融、检测认证、科技咨询等服务环节的需求，构建一批创新服务功能型平台，为创新创业提供多方位的软硬环境支撑。

提升研发公共服务平台服务能力。加快推进“国家重大科研基础设施和大型科研仪器向社会开放试点城市（上海）”建设，探索制度创新和市场化运营机制，建成上海科技创新资源数据中心，提供面向公众、专业机构、政府等不同需求的个性化服务，实现科技资源数据开放共享、集成统筹与开发利用。以市场需求为导向，鼓励社会资金参与，构建基于“互联网 +”的仪器检测、研发服务培训等科技资源第三方服务平台，推动线上和线下相结合，提高科技服务效能。

加快技术转移服务平台建设。重点推进国家技术转移东部中心建设，强化技术交易、技术评估、知识产权服务、科技金融等服务功能，加强与国际知名科技中介机构及科研组织的深度合作，积极吸引海外技术转移服务机构落户上海，构建主体多元、服务专业、全链条覆盖，具有国际技术转移节点作用的服务平台体系。发展多层次的技术（产权）交易市场体系，推进技术资本化运营，探索基于互联网的在线技术交易模式，推动建设长三角技术创新协同合作网络、辐射长江经济带和全球的技术转移交易网络。

（四）提升科技创新开放协同水平

推进各区间创新资源协调联动，提升城市整体创新效能。加强开放创新，在国家“一带一路”、长江经济带等战略中，发挥上海应有的功能作用。

9. 促进各区错位发展

利用中心城区和郊区不同区位条件和资源禀赋优势，加强各区创新主体间的协同创新，促进创新资源流动更畅通、创新协作更高效、创新溢出更丰富。

加强市、区联动。完善市、区联动机制，发挥各区的区位和资源禀赋优势，围绕区域重点产业发展和重大创新任务，培育创新集群。以张江科技城为核心，着力打造浦东中部创新走廊。结合汽车、大飞机、北斗导航、传感器与物联网等高端制造产业基地建设，推动形成若干特色产业创新中心。聚焦紫竹、杨浦、漕河泾、嘉定、临港等一批特色鲜明的创新功能集聚区，集中布局一批重大科技项目，培育一批引领发展的创新型企业，使创新功能集聚区成为上海创新发展的新增长极。

促进各区之间协同发展。借助联席会议、联动平台等，促进各区之间优势互补、资源共享与功能辐射，为形成中心城区发展知识密集型服务业，城区外围发展轻资产、高附加值的创新创业基地，郊区发展先进制造业的功能布局，提供各类创新要素支撑。

10. 凸显上海科技创新辐射带动能力

以落实长三角区域一体化、长江经济带战略为契机，发挥上海科技创新的辐射、引领、示范、服务功能，拓展区域科技创新合作新局面。

推进长三角协同创新。发挥长三角区域协调发展的体制和机制优势，强化区域间顶层设计和统筹协调，促进功能互补和协同联动。围绕长三角区域共同关注的公共管理、环境保护、医疗卫生服务等议题，聚焦一批重大科技创新工程和产业创新项目，加强区域科技协同创新、技术转移链接、产业配套合作，力争在基础研究领域取得原创性突破，在关键核心技术领域具备自主掌控能力，形成基于产业链和创新链的长三角城市群分工与协作体系。

积极服务长江经济带战略。依托长江经济带协同创新工作机制，支持上海高等院校、科研院所和企业与长江经济带区域内的相关机构建立产学研合作联盟。发挥长三角协同创新联席会议等协同机制的辐射作用，支持资金、信息、技术、人才等创新要素跨区域流动，联合长三角创新资源主动服务中西部、东北部、东部沿海等地区的科技产业发展，进一步提升上海创新辐射效应。

11. 融入全球化创新

积极参与高端领域国际合作，成为我国融入全球化创新的深度参与者和主导者，进一步提升上海科技创新的国际影响力。

进一步深化国际科技创新合作。服务“一带一路”等国家战略，代表国家参与全球重大科技问题的国际合作。结合自身需求，建立和完善跨国科技创新对话机制，加强与国外高水平研究机构的交流合作，积极发起和参与国际间的科技创新合作。大力吸引知名科技组织和企业来沪设立分支机构、区域总部，鼓励在沪外资研发中心升级成为参与其母公司核心技术研发的大区域研发中心和开放式创新平台，支持外资企业承接本市政府科研项目。支持有条件的上海企业参与跨国创新投资、并购，赴境外设立研发中心，主动融入全球创新网络。

充分展示上海科技创新影响力。依托浦江创新论坛、中国（上海）国际技术进出口交易会、上海国际工业博览会等重大国际性科技交流活动，打造具有国际影响力的创新思想交流互动平台和科技创新成果展示、发布、交易平台。鼓励相关机构承办各类高水平的国际学术会议、展览会等，丰富与拓展各类国际交流活动，进一步彰显上海科技创新影响力。

（五）加强科学普及，弘扬创新文化

以服务科技创新、服务人的全面发展为导向，以提升公民科学素质为宗旨，促进科普国际化、社会化、市场化和精品化发展，推进科技融入生活，使市民切身感受“科技在我身边，我和科技同进步”。营造崇尚创新、勇于创业、宽容失败的创新文化氛围，推进创新无所不在，鼓励创业成就梦想。

12. 加强科普能力建设

着眼于科普可持续发展，聚焦科普设施、科普活动、科普内容开发、科技传播载体建设等重点工作，提升科普公共服务的能力。

完善科普基础设施。加快上海天文馆等建设，推进科普场馆“一馆一品”特色建设。推动“互

联网 +”、虚拟现实等技术在科技场馆展览教育等方面的应用，丰富和深化科普场馆的内涵与功能。创新科普服务模式，优化“社区创新屋”运行机制，推进大学生科学商店、青少年科技创新实践站建设，建成配置均衡、结构合理、门类齐全的科普设施体系。

培育品牌科普活动。创新科普活动的内容、形式和组织动员机制，搭建多层次活动平台，吸引市民参与体验。推进重点科普活动的国际化，提升上海科技节的国际水准。进一步办好“全国科技活动周”“全国科普日”“上海国际青少年科技博览会”“上海国际自然保护周”“上海国际科普产品博览会”“上海市青少年科技创新市长奖”评选等活动，增强上海科普活动的品牌效应。

丰富科普原创内容。加强科普创作人才队伍和科普内容创制基地建设。面向职前、职中、职后不同人群的实际需求和特点，鼓励和引导各类机构和科技工作者围绕公众关心的日常生产生活知识、国家创新战略、新兴科技成果等，开发原创性科普展教具、课件、图书、影视、动漫、游戏等精品。

拓展科技传播渠道。持续推进“科普云”公共服务平台建设，健全线上线下有机联动的科普服务配送网络。运用新媒体、新技术促进科普与艺术、旅游、体育等融合，丰富科普推送内容。依托大众传媒打造“少年爱迪生”“科普大讲坛”等一批精品科技（普）节（栏）目。加强公共场所科普宣传，推动科普机器人进社区、场馆等，扩大科普受众面。推动社会科普组织的发展，繁荣科普市场。

13. 弘扬创新创业文化

加强科研诚信建设，大力培育和弘扬创新创业精神，营造敢为人先、包容多元、宽容失败的创新创业文化氛围，倡导创新创业基因植入城市文化。

加强科学道德和诚信建设。坚持制度规范和道德自律并举，建设教育、自律、监督、惩治于一体的科研诚信体系。探索建立多层次的科技创新信用管理平台，形成跨部门的科研信用共建联动机制，鼓励社会参与科研诚信体系建设，监督、惩戒科研失信行为，提高失信成本，强化科研诚信的约束力。加强科研诚信教育，以科学道德、科学伦理、科研价值观教育培训为重点，引导广大科研工作者在科学探索的过程中自我约束，形成良好的科研文化氛围。

大力宣传创新创业精神。围绕大众创业、万众创新，发现和挖掘优秀科学家、企业家和创新型企业等典型案例，宣讲创新创业故事，鼓励敢于冒险、开放合作、相互包容，倡导科学家精神、企业家精神，引导全社会更多地关注创新、理解创新、参与创新，使创新创业在全社会蔚然成风。

四、夯实科技基础，建设张江综合性国家科学中心

（一）迈向世界级创新重镇

聚焦张江，以张江国家自主创新示范区、中国（上海）自由贸易试验区、国家（上海）全面创新改革试验区联动（以下简称“三区联动”）为契机，探索体制机制创新，打造世界级大科学设施集群和具有国际影响力的高水平研发机构与大学，使上海成为全球认同的创新重镇。

1. 建设世界级大科学设施集群

在能源、材料、物理、生物医学等若干前沿领域，建设支持多学科、多领域、多主体交叉融合

的国际前沿科学综合性研究试验基地。推进上海光源二期、转化医学、软X射线自由电子激光、超强超短激光、活细胞成像平台、海底长期观测网等大科学设施建设，积极争取承担燃气轮机、超级计算等领域的新一批国家大科学设施建设任务，探索多种类大科学设施群的集聚和运行机制，打造高度集聚、综合性、世界先进的大科学设施集群。

2. 建设具有国际影响力的高水平研发机构和大学

加快上海高水平实验室、研发机构与大学建设，为在若干领域形成全球领先优势奠定基础。建设微技术工业研究院、量子信息技术中心与产业基地、集成电路研发中心、药物创新研究院、大数据技术研究院、类脑智能技术产业研究院、平方公里阵列射电望远镜（SKA）科学中心等一批具有世界级水平的新型研发机构，建设教育、科研、创业深度融合的高水平、国际化创新型大学。支持本土跨国企业在沪设立全球研发中心、重点实验室、企业技术研究院等新型研发机构，鼓励有实力的研发机构在基础研究和全球性重大科技领域，积极参与和发起国际科技合作与国际大科学计划，增强科技创新国际话语权。

3. 发挥“三区联动”效应，加快先行先试

发挥“三区联动”优势，以破除体制机制障碍为主攻方向，加强多部门协同，加快推进张江国家自主创新示范区在本市科研院所改革、科研经费管理、科技成果转移转化等方面的政策先行先试。探索实施科研组织新体制，研究设立全国性科学基金会，推进张江综合性国家科学中心建设。探索开展药品审评审批制度改革，试点实施药品上市许可持有人制度。推进集成电路全产业链保税监管模式试点。开展投贷联动、张江科技银行等金融改革试点。优化人才集聚制度、人才管理机制和人才生活环境，建设国家级人才改革试验区。探索科技创新领域的负面清单管理制度，建立符合国际惯例的科技创新型企业培育机制，鼓励发展国际科技服务业，加快推进跨境研发活动便利化。

（二）推进战略方向重大突破

坚持战略和前沿导向，围绕未来通信、未来诊疗、未来人工智能和极端制造等必争的国际前沿领域，集聚优势，加快原始创新突破，培育若干科学研究领域的国际“领跑者”和未来产业变革核心技术的“贡献者”。

4. 脑科学与类脑人工智能

围绕认识脑、保护脑、模拟脑的主线，聚焦脑认知神经基础的核心科学问题，开展大脑工作机理、重大脑疾病智能诊断、类脑智能算法及硬件等研究，在基础理论与研究方法方面取得重大进展，引领相关学科发展，实现重大技术突破和产品创新，推动脑疾病诊疗方式和类脑人工智能产业发展，促进上海成为国际脑科学与类脑人工智能研究中心。

5. 国际人类表型组

围绕基因、环境、表型的互作机制等核心科学问题，全面获取基因与环境互作产生的人体表征，开发具有自主知识产权的表型组测量分析技术系统及标准体系，系统解析基因组与表型组的关联，建立标准统一的人类表型组大数据库，形成人类表型全面测量与系统遗传分析技术平台，实现遗传与发育基础研究和健康管理及医疗应用的接轨，发展个性化健康调控策略和个体化预防诊断治疗方

案，主导人类表型组国际标准研究。

6. 干细胞与组织功能修复

围绕组织功能修复，聚焦干细胞属性、干细胞获取、细胞命运决定、干细胞与疾病、干细胞与再生医学等重大科学问题开展研究和攻关，在干细胞基础理论与应用方面取得具有国际影响的研究成果，实现干细胞在一些重大疾病治疗中的率先突破，发展具有自主知识产权的干细胞技术与产品，在上海形成国内领先的再生医学产业链，推动以干细胞治疗为核心的再生医学成为继药物、手术治疗后的第三种治疗途径。

7. 纳米科学与微纳制造

培育产学研用一体化的纳米生态群落，构建多模式融合的纳米检测表征平台，开展纳米尺度及纳米制造的重大基础科学问题研究，发展新型纳米材料与结构的制备及其器件化与工程化技术，在纳米材料与结构、超微器件与系统集成和检测表征等方面取得若干国际一流的原创性成果，推动纳米技术在信息、生物医药、新能源和环保等产业领域的融合应用，推进微纳制造产业发展。

8. 材料基因组

瞄准具有重大应用需求的关键材料，聚焦微观、介观、宏观多尺度材料设计关键科学问题，系统开展“数据库—材料计算—高通量制备与表征—服役与失效”全链条材料基因工程研究，构建统一规划、立体分布、共享共建的材料数据库，打造国际一流的材料设计、材料数据与智能制造研究基础平台，在材料计算模拟与设计、材料数据库和表征体系方面形成核心优势，实现新材料设计理论和方法、关键材料研究和应用开发的重大突破，带动新材料产业技术进步。

9. 合成科学与生物创制

遴选若干极具应用前景的重要产品，促进合成化学与合成生物学的深度交叉融合，建立合成酶库和生物合成元件库，解析生物合成机制，设计生物转化途径，创制具有重要功能和价值的分子，构建可操控的人造细胞工厂，发展基于细胞工厂理念的高效化学合成方法和策略，在复杂药用天然产物、高效化学催化剂、生物酶、新型催化工艺等方面取得突破，推动上海成为世界重要的合成科学与工程研究中心，引领新兴合成产业发展。

10. 量子材料与量子通信

研究揭示新型量子材料、新界面的构效关系，通过可控材料生长制备新型量子材料，突破高性能探测与量子信息等应用量子效应的基础核心技术，掌握具有自主知识产权的高性能灵敏探测、超导量子器件与电路、量子存储、量子模拟、量子计算等关键技术，在以量子通信为代表的信息技术中实现应用，建设具有国际影响力的量子材料与器件研制与应用技术高地。

（三）鼓励科学研究自由探索

遵循科研活动内在规律，鼓励好奇心驱动的科学探索，推动上海成为科学家潜心研究的乐园、原创成果持续涌现的热土，为培育新领域、新方向，构建新优势提供原动力。

11. 稳定增加投入，支持广泛探索

持续增加基础研究的政府投入，逐步提高基础研究经费支出占全社会 R&D 经费支出的比例。探索基础研究的多元投入机制，提高资助率和资助强度。鼓励多学科交叉的科学研究，支持自由探索，培育新兴研究方向。

12. 优化评价机制，强化持续跟踪

引入更多国内外专家，完善同行评议机制。注重原创性，优化评价指标体系。探索应用大数据分析等方法，建立多维度、多层次、多渠道的趋势判断和团队发现机制，针对具有重大前景的领域方向、更具创新能力的优秀团队，建立长期跟踪和持续支持机制。

13. 着力打造交叉融合的创新群体

设立战略方向推进平台，集聚多学科力量，共同凝练研究方向，协同攻关，加快突破。构筑前沿方向探索平台，鼓励研究人员从不同角度、不同思路开展研究，拓展新领域。搭建学科交叉促进平台，组织跨单位、跨领域科研人员深入交流，开展合作，促进形成学科交叉、有机融合的创新局面。

五、打造发展新动能，形成高端产业策源

（一）构筑智能制造与高端装备高地

推动制造业与互联网技术融合发展，突破一批高端智能装备和产品关键技术，支撑智能生产线、智能车间、智能工厂建设，加快形成智能制造系统解决方案能力，为实现开放、协同、个性化、柔性化智能制造奠定基础。着眼国家战略需求，为航空航天、集成电路、深海和极地探测等领域的国家重大装备“飞得高、行得远、探得深”提供核心技术支撑。

1. 智能制造集成

研究信息传输、新型传感器、工业控制系统、伺服驱动等智能制造核心共性关键技术。推进信息物理融合系统（CPS）、工业互联网集成应用、大数据智能解析等关键技术突破，建立智能制造标准体系。推进智能制造关键技术综合示范应用，培育行业性专业化系统集成商和解决方案服务商。打造区域性智能制造产业集群，全方位支撑和引领上海市以及长三角地区的智能制造产业发展。

2. 高端智能装备与测试设备

研制具有国际竞争力的光刻机、刻蚀机等重大集成电路装备及关键零部件产品，开发中高端集成电路测试设备及测试关键技术，满足国际主流制造工艺要求。突破高端装备的感知、分析、推理、决策、控制等智能化关键核心技术，研制高端数控、增材/减材制造一体化装备、复合材料加工装备等智能制造装备产品，提升自主供应能力，推动战略性新兴产业和传统优势产业向柔性化、智能化生产转型。研制支撑产业发展、满足民生保障和科学研究需求的检测设备。

3. 机器人

围绕未来机器人“人机共融”的发展方向，推进结构设计、非结构化环境表示与学习、感知与机器视觉、开放式智能操作系统、人机接口等领域应用基础技术攻关，提升本市机器人整体研发能力。重点推进面向传统产业升级改造的新一代工业机器人集成应用示范，提升企业生产效率，降低成本。重点推进面向医疗、康复、老人陪护等服务机器人研制，为提升民生领域服务品质提供技术支撑。

4. 深远海洋工程装备

聚焦新型深海资源探测与开发装备，重点开展深海浮式天然气生产储卸装置（FLNG）、集钻、采、储、运等功能于一体的新型平台、深海采矿重载作业装备的总体设计与关键系统研发。开展海水淡化工程装备、深海工程材料、海洋新能源等关键技术研究，构建深远海工程装备总体性能分析与测试公共研发平台，增强海洋工程装备自主研发与设计能力。开展新概念、新原理潜水器的前瞻性研究，研制极深水无人遥控潜水器、载人深潜器、极区低温深冰探测装备，为实现全海深与极地海洋资源的探测科考提供支撑。大力发展高附加值、绿色环保的高端船舶产品，提升船舶制造数字化、网络化、智能化技术的应用水平，推进船舶配套设备及其关键零部件自主研发，加快带动船舶产业发展。

5. 民用航空发动机与燃气轮机

开展单通道干线客机发动机原型机研制、适时启动双通道干线客机发动机验证机核心机研制，突破复合材料风扇部件制备、高温陶瓷基复合材料等关键技术并实现工程化应用，建立航空发动机基础研究平台和发动机验证平台。开展 H 级燃气轮机关键前沿技术预研，加快新一代高效 F 级燃气轮机样机研制及试验电厂建设，完成整机试验验证，建立健全供应链，研究和优化远程运维、监测服务系统，实现新一代 F 级燃气轮机产品的产业化。形成单通道干线客机民用航空发动机和燃气轮机的自主设计、制造、验证能力。

6. 大飞机及核心子系统

构建民机制造工艺、设计、验证及标准体系，建设民用航空材料与部件检测和认证支撑环境。推进大型客机数字化总装集成测试线建设。加快数控定位器、自动化钻铆机等高端制造装备的国产化。突破液体成型工艺技术，形成宽体客机复合材料机身、翼面类主承力构件制造能力。实现大型客机制造、装配、测试的自动化和智能化，初步形成大型客机制造产业集群。推进大型客机航空电子系统（IMA）、通信导航和综合监视装备的研制。加快机载设备及系统的研制，推进国产化进程。

7. 重点新材料

推进高性价比高温超导带材在大型科学装置、高端医疗装备、电力设施等领域的应用示范。突破氮化镓（GaN）和碳化硅（SiC）制备及器件设计关键技术，推进第三代半导体材料在半导体照明、激光显示、电力电子等领域的产业化应用。以应用为牵引，加快大直径高端硅片材料、光刻胶、石墨烯、储氢材料、三维（3D）打印材料、新型等离子体、高比能锂离子电池在能源、环境、信息、医疗等领域的应用。在超导电子、自旋电子、硅光子等领域开展前沿技术探索。显著提升新材料核心技术研发水平和产业创新能级。

（二）支撑智慧服务发展

顺应现代化国际大都市的工作和生活需求，以大数据为战略资源，以信息安全为保障，建立以自主核心技术及产品为支撑的“云、网、端”智慧服务，助推智慧城市建设跨入“万物互联”新阶段，为市民便捷享受到高质量的定制服务提供支撑。

8. 导航与遥感

开展新一代导航卫星、厘米级广域增强、亚米级室内定位、高精度三维地图、高分辨率三维影像定位、高分数据应用中心快速生成与更新等前沿技术攻关，掌握未来高精度导航产业技术制高点。突破低功耗高精度北斗系统级芯片、智能位置服务软件与解决方案、位置大数据分析等关键共性技术，加强米级／厘米级高精度定位网络与位置服务系统、多源实时导航控制等应用基础技术研发，掌控国际主流技术，加快影像定位导航系统和高分专项成果应用转化，为导航产业规模化发展提供重要支撑。创建未来都市和大众北斗智慧应用综合试验区，形成具有国际水平的高精度位置服务的创新优势和新型商业模式的策源能力，推进上海成为北斗导航产业走向国际化的重要引领者。

9. 网络安全

结合信息产业发展和安全技术演进趋势，在网络安全基础性、前瞻性的理论和技术方面开展深入研究，重点研究基于动态异构冗余机制的拟态安全防御架构等前沿技术，推动建立拟态安全从总体框架、基础标准到应用标准的标准体系。研究拟态数据库、操作系统、应用支撑平台等关键共性技术，研制拟态路由交换等关键基础设备，研究拟态安全测试方法和工具。搭建拟态安全网络国家试验床，对关键技术与设备开展试验验证，推进面向专门部门和专门领域的应用示范，构建拟态安全第三方检测评估平台。推动新型光纤保密通信等自主网络安全技术的工程化与产业化，引领我国网络空间安全自主创新技术与产业的发展。

10. 大数据及云计算

研究大数据统一表示、建模和组织技术以及测度和可计算性理论，建立大数据技术和理论体系，研究数据资源存储、清洗、分析、可视化、安全与隐私保护等关键共性技术。研究软件定义云计算平台的结构、管理与服务以及虚拟化的软硬件协同、大规模分布式存储等技术，搭建创新应用开发和验证环境，形成若干具有国际先进水平的大数据和云计算产品，推动大数据和云计算服务与应用在政府治理、交通、金融、健康和教育等领域的创新应用。研究大数据交易的标准、规则、机制、市场体系、运营模式和风险管控，推进上海大数据交易市场的形成，保障数据资源有序流通，推动构建大数据产业生态体系，为我国成为全球数据大国和数据强国提供有力支撑。

11. 先进传感器及物联网

开展 8 英寸微机电系统（MEMS）及传感器先导技术研发和中试，提升整体研发、设计和加工技术水平和产业技术创新能力。突破运动传感器、图像传感器、环境传感器、生物传感器等关键器件量产设计与制造技术，先进传感器综合性研发能力保持全国领先水平，支撑可穿戴设备、生物医学检测、精准农业、环境监测、食品安全、智能汽车等新兴领域的产业发展。面向物联网整体方案解决能力和水平提升，突破关键核心器件、硬件集成封装及测试、软件及算法融合、无线通信、低功耗和微能源等共性支撑技术，大力推进物联网技术与产品在上海智慧城市建设中的应用示范，使上海成为我国物联网创新应用的主要策源地。

12. 下一代移动智能终端

研究高分辨及柔性主动式有机发光显示（AMOLED）、超低功耗应用处理器与微控制单元芯片、超长续航电源与新型充电方式等关键共性技术，提升面向下一代移动智能终端的关键核心器件研发及硬件解决方案能力。研究“人、物、环境、服务”智能互联的数据传输与控制框架体系，在人工智能、虚拟现实与增强现实等领域开展技术攻关，培育智能互联产品与服务的区域知名品牌。基于第五代移动通信技术，形成下一代移动智能终端“创意设计—研发设计—硬件生产—内容服务”的完整创新链，推动其在教育、医疗、文化等领域的应用创新与示范，使上海成为国内最活跃的智能移动终端产品与应用服务创新的发源地之一。

13. 高端核心芯片

面向战略新兴产业对自主核心芯片的需求，重点研究高端处理器、片上系统、千万门级现场可编程门阵列（FPGA）、高性能功率半导体器件、汽车电子芯片的设计及制造工艺，形成自主芯片开发、升级及应用的核心能力和生态环境，研究相关的操作系统、存储、信号传输与处理、超低功耗设计、硬件架构、算法开发等共性技术、软硬件协同设计技术和量产测试技术，推动芯片设计达到国际领先水平，开展10纳米先导工艺技术研发。

（三）培育发展绿色产业

围绕环境友好和资源节约的城市生产生活需求，以效率、和谐、持续为目标，研究未来能源体系、未来交通工具、未来都市农业等领域的关键技术与产品，推进城市能源的多元互补和高效清洁利用，实现城市交通的低排放，加快农业向生态、智慧、服务等多功能、多模式方向发展。

14. 智能电网

开展光伏和风电高效友好并网控制和智能运维新技术的研究，有效提高可再生能源发电并网效率，降低运维成本。开展钠离子电池等高效储能技术的研究，促进可再生能源的消纳，保障电网安全经济运行。重点开展智能电网用户端综合能源服务云平台技术的研发，基于大数据分析技术开展精细化用电、高效节能和需求侧响应等增值服务研究，为大用户直购电、新能源和节能改造及售电服务等提供技术支撑，推动商业模式创新。研发能源互联网中能源微网节点相关技术和产品，开发燃气内燃机、微小型燃气轮机等分布式能源生产设备，推动多种能源的互补高效利用。

15. 新能源汽车和智能汽车

以燃料电池汽车、纯电动汽车和强混合动力汽车等新能源汽车的核心技术为主攻方向，重点开展高比能量电池正负极材料、高功率密度燃料电池电堆等技术研究，进一步提高动力电池/燃料电池等关键零部件安全性、可靠性和耐久性，加大燃料电池汽车技术突破和示范应用力度，保持动力电池/燃料电池、电驱动和动力系统等技术在国内的领先优势。围绕主动安全及车联网技术，重点推动车用环境感知与信息融合、智能驾驶决策、汽车与设施（V2X）信息交互、动力能源监测、动力系统控制与整车集成等关键技术取得突破，率先开展特种车辆无人驾驶试验示范。重点支持国家智能网联汽车试点示范区建设，搭建服务汽车、通信和交通的公共检测认证和标准研究测试平台。支持相关传感器、芯片关键技术突破和国产化。

16. 新一代核能

围绕钍基熔盐堆核能系统（TMSR）关键材料、主要装备及核心部件制造的关键技术开展研究，实现关键材料和设备产业化，建立TMSR研发与实验条件（研究基地和实验室），形成研发、设计、取证、建造能力。建成世界首座TMSR综合仿真实验平台、10兆瓦固态燃料熔盐实验堆、具有在线（示踪级）后处理功能的2兆瓦液态燃料熔盐实验堆，完成示范堆工程设计方案，钍基熔盐堆核能系统技术和总体进展达到国际领先水平。深入开展堆安全特性和燃料闭式循环运输过程等关键科学问题研究，加强小型模块化多用途反应堆关键技术及应用研究，开展高温气冷堆、快堆等先进的四代堆型技术研发和设备制造，为示范堆建设和钍资源高效利用打下坚实基础。

17. 都市农业

围绕现代种业、智慧农业、生态农业等重点领域，推进上海都市农业转型发展、农业科技创新中心建设，全面提升上海国家现代农业示范区建设水平。发展现代种业，重点突破分子表型育种、分子设计育种等核心技术，培育一批具有自主知识产权和市场竞争力的新品种。发展智慧农业，开展农业生产智能机械装备、农业专家系统、农业大数据和农业物联网等领域关键技术研发，大力推进“互联网＋现代农业”，实现对农作物生长环境、农作物耕种收和农产品流通全过程的智能控制和机械化。发展生态农业，开展绿色生产技术，农业生物技术，生态高效种养，农业农村废弃物综合利用，农业面源污染防控，农田环境污染修复，农业生物制品（生物农药、肥料、饲料、疫苗等）等共性关键技术的研究与集成应用，推动农药化肥减量化和农业可持续发展。

（四）提升健康产业能级

围绕高端医疗装备、重大新药创制，塑造本土企业和品牌产品。着眼医疗服务模式创新，发展移动医疗技术，为市民足不出“沪（户）”，享受到具有“早预防、早发现、早治疗、快检测、快诊断、快康复”特色的健康监测与疾病诊治服务提供保障，把上海建成亚太地区主要的国际生物医药研发制造中心和国际临床医疗服务中心。

18. 高性能医疗设备

围绕智能医疗设备及系统软件、个性化定制器械、体外诊断设备及其配套试剂等重点领域，开展多模态分子成像、高场强磁共振成像系统、复合内镜成像系统、大型放射治疗设备、手术机器人、可降解微创植入器械、分子生物学诊断产品、医用有源植入装置、功能障碍康复训练系统以及免疫诊断试剂等研发，实现数字医疗影像诊疗设备、微创植入器械，以及高端康复器材等产品的国产化，为早期诊断、精确诊断、微创和精准治疗提供支撑，提升高性能医疗设备行业的国际竞争力。

19. 重大新药创制

针对肿瘤、心脑血管、糖尿病、神经精神、自身免疫性等重大疾病，推进新技术、新材料、新剂型在新药研发与生产中的应用。突破细胞大规模高表达培养和纯化、功能细胞获得、基因编辑的关键技术，推动新型长效和偶联抗体药物、疫苗、基因药物、细胞及基因治疗等开发和应用。开展新靶点、新作用机制的创新药物和药物评价新技术的研究，研发一批具有自主知识产权的创新化学药和高品质仿制药，推进其产业化和国际化。针对多成分、多靶点的创新中药和重要品种的二次开发，开展中药材和中药质量标准可控性、中药毒性物质微量检测、中药药效物质基础和安全性评价等关键技术研究，推进中药的国际认可与注册。鼓励医药产业与大型医院合作建立创新药物临床应用示范基地，实现以自主创新为主的战略转型。

20. 移动医疗

在健康管理、疾病预警监测、疾病诊疗和护理、功能康复等应用领域，开发基于移动网络、具备智能感知和远程传输、控制功能的远程指导平台、应用终端及其相关软件，构建适合医院、个人、家庭、社区应用场景的移动诊疗系统，突破大规模应用的精度、安全性等产业化关键技术，推进相关产品和应用平台的技术标准体系建设。贯通院前、院中、院后信息化系统，实现数据共享，形成“实时感知、互联互动、及时响应”的高效医疗服务功能。在智慧医疗、健康管理、养老照护、妇婴保健等领域发展新业态、新模式，培育一批面向全国市场的移动医疗服务品牌。

六、应对民生新需求，推进城市和谐发展

（一）保障城市安全运行

针对超大城市多元空间尺度的灾害风险问题，开展城市日常运行管理突发事件监测、预警预防、处置救援等关键技术与产品研发及应用示范，提升超大城市应急处置能力和智慧管理水平，保障城市有机体的正常高效运行，使市民工作生活更有序、更安宁。

1. 城市综合安全运行与智慧管理

围绕城市建设管理运行需求，以及气候变化等多因素导致的多元风险，开展城市综合安全运行风险监控、预警、事故防范与快速应对技术研发和应用示范，完善网格化管理技术和应用模式，推进基于大数据与云计算的城市危险源动态辨识系统与智慧管理平台的一体化建设。针对大型城市综合体和人群密集重点区域，实现常态化安全风险防范关键技术突破，构建城市突发事件自动预警与全过程管控体系，提升多重安全风险的精细化预警和应急响应功能，基本实现城市安全风险治理的高效与可控，保障城市安全运行。

2. 城市地下空间的综合利用与安全

基于防灾物联网，突破地下空间主要灾害实时监测与智能预警技术，构建重大市政基础设施全生命期抗灾技术体系，提升多发性灾害的风险防控和处置能力。围绕地下轨道交通、长大隧道等地下生命线的安全运行，以及地下资源综合开发利用的多元风险，重点开展多传感器信息融合、运行状态在线监测、复杂环境开发利用致灾因素识别等技术研究，构建地下空间综合开发与防灾安全试验平台，深化地下空间基础设施的信息化管理，提升灾害影响评估和安全风险控制水平。开展地下综合交通枢纽和商业中心疏散与应急安全系统技术研究，推进地下空间重大灾害的整体应对网络与保障体系的建设。

3. 城市高层和超高层建筑群安全

推进城市高层建筑和超高层建筑健康监测和评估技术研发．构建基于数字网格和建筑信息化模型（BIM）技术的安全管理保障体系，为增强超高层建筑（群）安全运营提供科技支撑。融合大数据、物联网和网络地理信息系统以及虚拟现实等技术，重点开展城市高层和超高层建筑（群）火灾等突发事件多元信息监控、感知与报警技术研究，推进智能安全疏散引导等技术突破，建立基于灾害现场重构及动态信息反馈的新型火灾预警技术体系。开展玻璃幕墙爆裂与外墙脱落等灾害智能化预防技术研究，为防止次生灾害危及公众安全提供技术保障。

（二）营造绿色宜居环境

以满足市民绿色、环保、舒适的环境需求为目标，着力为大气环境质量改善、水资源保护与高效利用、固体废物处置利用、绿色宜居生态社区建设提供系统性技术解决方案，营造生态、低碳的城市功能空间，推进生产、生活和生态和谐发展，使城市“天更蓝、水更清、地更绿、居更佳”。

4. 城市新型清洁能源系统构建与大气环境改善

围绕低碳、高效、清洁并安全的城市新型能源系统建设，推动能源结构优化与高效清洁利用的技术体系构建，开展多能互补的智能能源网在城市功能区的应用研究，促进能效大幅提升和可再生能源的规模化应用。建立能效、环境信息监测管理平台，研发能效提升、污染控制的共性技术，完善标准规范体系。依托长三角区域大气污染联防联控机制，优化大气污染预测预警技术体系。推进城市新型能源系统的综合示范和大气环境质量的改善。

5. 水资源保护与高效利用

针对地处长江下游、平原河网和潮汐河口地带的超大城市清洁水源保护与饮用水安全保障形势严峻的问题，加强饮用水新型污染物监测、污染预防和控制技术研究，优化长江口水源地咸潮入侵等风险的预警预报系统，建立供水智能调度和突发事件风险预警及处理处置平台，增强饮用水安全保障能力。开展生活污水再生利用及工业用水循环回用的关键技术研究，支撑污水能源循环、资源回收利用。开展城市河道水环境整治、内涝防治与雨水资源化等关键技术攻关及示范应用，支撑“海绵城市”建设。

6. 固体废物处置利用与污染场地修复

针对超大城市固体废物数量庞大、种类繁杂、环境风险问题突出等特点，研发城市固体废物收运分质分流及综合利用的信息化技术，为构建城市固体废物智慧管理体系提供技术支撑。研发城市固体废物能源化、新兴工业消费品废物资源化高值利用及危险废物安全处置等关键技术，实现城市固体废物的综合利用。针对土壤环境受损严重问题，开展土壤有毒有害化学污染物监测、处置和生态环境修复等关键技术的研究与集成应用，实现受损场地的安全再利用。

7. 绿色建筑与生态社区建设

围绕绿色建筑技术体系建设，开展绿色建材、室内空气质量、能效提升、智能化等关键技术研究。建立面向工程全生命期的建筑信息模型和装配式建筑技术体系和标准体系。推进历史保护建筑、老旧小区等既有房屋的绿色化改造和有机更新技术研究，实现建筑的绿色宜居和文化传承。面向低碳生态社区建设和管理需求，开展社区低影响开发、生态性能提升、低碳运营和智慧管理等关键技术研究与集成应用，推进崇明生态岛生态文明示范区和绿色经济最佳实验区建设。

（三）共享健康安心生活

以食品安全为基础、生命健康为根本，开发食品生产与供应全链条安全保障技术，推动老年重大疾病防治及救护体系更加规范、精准医疗更加普惠大众，让市民生活更加健康安心。

8. 食品营养与安全保障

围绕市民食品营养健康，开展食品营养摄入设计和食品营养健康的功能成分评价及代谢机制研究，加强"药食同源"功能营养植物的开发利用，研发个性化的功能性食品。围绕"市民舌尖上的安全"，针对食品安全全程追溯体系建设，开展食品生产源头安全、食品制造有害物风险控制、现代物流与冷链过程的品质控制、精装快速便捷检测等技术研究，制定与完善食品营养与安全技术标准和生产规范，建立基于"互联网 +"的食品营养安全技术平台，完善食品安全责任保险制度，实现主要食品在全产业链过程中的营养优化控制、质量安全智能追溯、风险评估与质量控制，保障超大型城市食品营养与安全供给。

9. 健康老龄化

突破老年性疾病重症急救的关键及适宜技术，探索老年慢性病管理、康复和区域化医养结合新模式。建立适用于超大城市的老龄人口健康监测及疾病预防、诊治体系，形成老龄化疾病的诊疗及救治规范。逐步建立以社区卫生服务中心为核心、以居家医老养老为基础、以专业性医疗卫生机构为支持依托的老年健康医养技术体系，提高老龄化疾病控制率，提升老龄人口的身心健康水平。

10. 精准医学与个性化医疗

围绕慢性非传染性疾病、发育源性疾病及出生缺陷疾病等，开展基于人类基因组学、肠道基因组学、表型组学、蛋白质组学、代谢组学等多种组学整合的疾病精准干预和治疗的关键技术与适宜技术研究。集成医学影像技术、基因技术和大数据挖掘技术，建设"基因 + 医疗影像"精准医疗大数据中心，实现疾病预警、治疗、评估、康复等各环节的个性化精准服务。

（四）实现高效便捷出行

围绕长三角城市群及上海超大城市绿色交通、智慧交通的发展需求，构建立体化、多模式、高效率交通体系和信息服务支撑技术，保障交通服务的预见性、主动性、及时性、协同性，推进接驳换乘无缝化、资讯分享实时化。发展智能化交通设施，为人车路系统的协同、交通资源共享提供技术支持，使居民出行更安全、更环保、更便捷、更精准、更舒适。

11. 基于"互联网 +"的交通信息智慧服务

围绕交通系统的便捷、高效和智能化，推进基于"互联网 +"的交通信息智慧服务顶层设计和云平台建设，实现多式交通态势、出行链交通预测预报，为市域综合交通诱导和定制式出行服务提供支撑。重点开展多模式交通系统优化、协同组织、运行控制以及停车智能化管理等关键技术研究，通过集成应用实现交通系统的高效运行和公交优先。研发交通仿真决策系统，为实现动态通道与静态堆场的一体化协同和集疏运系统的绿色节能提供技术支撑。研发交通风险预报预警、多架构间的信息协同和应急处置系统等关键技术，实现高效应急服务。

12. 交通设施智能化

围绕高效交通和智能公路建设的需求，研发高速、有向的电子标签技术和交通工具的可靠识别技术，推进交通信息的全面、高精度采集，为智能交通和自动驾驶提供智能化的交通设施。研发客流的固定式、移动式全息化感知技术和产品，开展客流大数据的处理和传输技术研究，实现大客流信息的陆基、空基、车基的快速感知和即时响应。发展多式交通系统智能控制技术，建立信息感知、处理、控制一体化系统与协议，支撑交通系统的智能化集成。

七、深化体制机制改革，提升创新治理能力

（一）建立适应科技创新规律的行政管理机制

强化创新治理理念。尊重市场规律和创新规律，加快政府职能转变，加强依法行政，发挥市场配置资源的决定性作用，建立政府、市场、社会各司其职、多元共治的创新治理模式，充分发挥各类主体积极性，提升创新供给质量和效率。

完善统筹协调和咨询机制。加强创新治理的顶层设计，建立健全全市各层面科技创新宏观决策的部门协同联动机制。完善科技咨询支撑行政决策的科技决策机制，加强科技决策咨询，充分发挥社会各界和智库机构对创新决策的支撑作用，不断提升科学决策水平。

推进透明政府建设。依法推进政府信息公开，保留的行政审批事项依法向社会公开，公布目录清单，目录之外不得实施行政审批。推进数据的共享利用，深入推进政务公共数据资源开放应用，鼓励社会主体对政务数据资源进行增值业务开发。建立健全科技报告制度和科技成果信息系统，促进创新效益提升，加快科技成果转化应用。

（二）建立健全科技创新政策法规体系

强化法治保障。加强科技创新法规体系顶层设计，开展涉及科技创新的法规、规章的立改废释研究工作，促进科技创新地方立法。按照法定程序研究制定促进科技成果转移转化条例、张江国家自主创新示范区条例，修订科技进步条例。围绕促进中小企业发展、知识产权保护、科学技术普及等，开展立法研究。在创新实践迫切需要的领域，争取得到授权进行相关法规制度的先行先试。

健全政策体系。强化研究开发、科技成果转移转化、产业化等环节创新政策的衔接配套，推进科技、产业、财政、税收、金融、人才等各类政策的综合运用。加强创新产品、创新服务公共采购、商业化前采购和消费激励等需求侧政策的探索与应用。建立创新政策的跨部门协调机制和政策综合评价机制。

加强知识产权保护与运用。完善知识产权保护与运用的相关法规、制度，加快建立知识产权侵权查处快速反应机制，加快推进专利、商标、版权的知识产权“三合一”统一监管及执法体系改革。探索建立新业态、新模式中的知识产权保护办法，推进建立知识产权交易市场，形成完善的知识产权运营机制，建设亚太地区知识产权中心城市。

（三）完善科技创新财政投入机制

优化整合科技创新财政投入体系。根据具有全球影响力的科技创新中心建设目标、政府科技管理职能定位和科技创新客观规律，加强财政科技专项分类管理，建立基础前沿类、科技创新支撑类、技术创新引导类、科技人才与环境类、市级科技重大专项等科技专项，依托财政科技投入联动与统筹管理机制，加强各部门的创新投入与协同，提升财政科技投入的科学性和效益。

优化财政科技资金投入方式。重点支持市场不能有效配置资源的基础前沿、社会公益和重大共性关键技术研究等公共科技活动。探索机构式资助，优先保障张江综合性国家科学中心和若干重大

创新功能型平台建设，以及本市重大战略项目实施和重大基础工程布局。吸引社会资本参与投资，形成风险收益共担机制。探索风险补偿、后补助、创业投资引导基金、天使投资引导基金、税收激励等多样化的创新支持方式，充分发挥财政资金的杠杆效应。

完善财政科技计划项目组织实施机制。充分发挥企业在技术创新决策、研发投入、科研组织、成果转化等方面的创新主体作用，形成由市场选择产业技术路线、研发资金配置方向和研发主体的产业技术创新项目组织实施机制。尊重高等院校、科研院所的科研自主权，发挥其在基础研究与应用研究中的主体作用，加快形成围绕产业链部署创新链，围绕创新链完善资金链的良好局面。

完善财政科技投入管理机制。建立公开统一的科技管理平台，统筹衔接基础研究、应用开发、成果转化、产业发展等各环节科技创新工作。转变政府管理职能，逐步实现依托专业机构管理科研项目，发挥第三方专业机构在科研项目遴选、项目过程管理、绩效评价与监督中的作用。探索符合科技创新规律的预算和财务管理办法，进一步完善科技经费使用法人负责制，加大项目绩效评估和资金监管力度，完善机构信用评价和管理体系，逐步实现财政科技投入绩效评价结果与后续投入挂钩。

（四）深化推进科研院所分类改革

优化科研院所分类管理和服务。坚持“遵循规律、强化激励、合理分工、分类改革”的基本原则，逐步建立现代院所治理体系。进一步强化基础性、前沿性、公益性科研院所的公共属性，增加公共科技供给。在保持市场化改革的前提下，积极引导转制科研院所承担公共服务职能。加强联动沟通，充分发挥中央在沪科研院所在科技创新中心建设中的作用。支持建设一批符合市场规律、贯通创新链、衔接产业链的新型研发机构。

支持科研院所构建“价值观引领、章程式管理、机构式资助、第三方评估”机制。引导各类科研院所增强使命意识，推行章程式管理模式，鼓励事业类科研院所探索理事会制度，推进编制管理、人员聘用、职称评定、薪酬分配等管理创新。推行机构式资助改革，提高机构的管理自主权，并强化第三方评估机制。

探索建立科研院所联盟。面向国家战略和本市重大发展需求，探索建立上海科研院所联盟，统筹配置相关创新资源，组织科研院所重点开展跨学科、跨行业的应用技术研发和产业共性技术集成创新，跟踪国内外前沿技术，开展战略性研究，打造科研院所跨界合作与协同创新的重要枢纽平台。

江苏省“十三五”科技创新规划

为全面贯彻创新、协调、绿色、开放、共享发展理念，深入实施创新驱动发展战略，落实《国家创新驱动发展战略纲要》和全国科技创新大会精神，根据《江苏省国民经济和社会发展第十三个五年规划纲要》和我省“一中心、一基地”建设有关部署，制定本规划。

一、基础与形势

（一）发展基础

“十二五”期间，江苏在全国率先将创新驱动确立为经济社会发展核心战略，深入推进科技创新工程，加快建设创新型省份，坚持“一个制度、两个支撑、三个体系、四个落脚点”的总体思路，即以制度创新为突破口，优化发展环境；以科技投入和科技人才为支撑，夯实发展基础；以产学研结合体系、科技金融体系、科技服务体系为重点，构建区域技术创新体系；遵循主体是企业、方向在产业、重心下基层、服务于民生，把科技服务经济社会发展作为根本落脚点，激发全社会创新创业活力，全面完成了“十二五”科技发展规划确定的主要目标和任务。区域创新布局进一步优化，苏南国家自主创新示范区上升为国家战略，我省成为全国首个创新型省份建设试点省，江阴、武进、南通、镇江、连云港、盐城、扬州、常熟高新区升格为国家高新区，我省国家级高新区总数达16家，居全国首位。科技体制改革取得新突破，省产业技术研究院成为科技体制改革的“试验田”，探索了产业技术研发机构的新体制、新模式，全省校企联盟超过1万家。产业创新发展取得新成效，高新技术产业产值突破6万亿元，占规模以上工业比重达40%，高新技术企业总数超1万家，基本实现大中型工业企业和规模以上高新技术企业研发机构全覆盖。科技惠及民生取得新进展，建成20多家省临床医学研究中心，国家可持续发展实验区达17个，居全国首位。科技创新综合实力跃上新台阶，区域创新能力连续7年居全国首位，全社会研发投入占地区生产总值比重达2.55%，科技进步贡献率达60%，知识产权综合发展指数增幅列全国第一，人才综合竞争力全国领先。总体上，全省科技创新进入活跃期，成为我国创新活力最强、创新成果最多、创新氛围最浓的省份之一，为“十三五”

江苏省人民政府办公厅，苏政办发〔2016〕79号，2016年7月12日。

推进创新驱动发展奠定了坚实基础。

（二）面临形势

党中央、国务院颁布的《国家创新驱动发展战略纲要》明确，我国科技事业发展的目标是，到2020年时使我国进入创新型国家行列，到2030年时使我国进入创新型国家前列，到新中国成立100年时使我国成为世界科技强国。在全国科技创新大会、两院院士大会、中国科协第九次全国代表大会上，习近平总书记发表重要讲话强调，在我国发展新的历史起点上，把科技创新摆在更加重要位置，吹响建设世界科技强国的号角。“十三五”时期，全省科技创新工作既面临着大有作为的战略机遇，也面临着前所未有的重大挑战。全球新一轮科技革命和产业变革加速推进，学科多点突破、交叉融合趋势日益明显，颠覆性技术不断涌现，正在催生新产业、新业态、新模式，创新战略成为各国实现经济再平衡、打造发展新优势的核心战略。我国经济发展进入新常态，面临跨越中等收入陷阱的重大挑战，突破资源瓶颈制约，推进新型工业化、信息化、城镇化、农业现代化、绿色化同步发展，加快经济结构转型升级，都迫切需要进一步释放科技创新潜能。我省正处于率先全面建成小康社会的决胜阶段和积极探索开启基本实现现代化新征程的重要时期，要保持经济中高速增长，产业迈向中高端水平，亟须依靠创新驱动打造发展新引擎，培育新动能。同时，我省完备的产业体系、多样化的消费需求与互联网时代创新效率的提升相结合，特别是新时期推进供给侧结构性改革，为创新拓展了广阔空间。

但必须清醒认识到，与发达国家和地区相比，我省科技创新还存在一些薄弱环节和深层次问题，驱动创新的体制机制改革还不到位，创新主体的内生动力没有完全被激发出来，科教优势尚未真正转化为创新优势和发展优势，激励创新的社会环境和文化氛围需要进一步培育和强化。必须坚持把创新驱动发展战略摆在发展全局的核心位置，坚持走中国特色、江苏特点的自主创新道路，面向世界科技前沿、面向经济主战场、面向国家重大需求，加快各领域科技创新，破解创新发展科技难题，让创新成为发展基点，拓展发展新空间，创造发展新机遇，打造发展新引擎，加快实现经济社会发展由要素驱动、投资驱动向创新驱动的根本转变，努力占据全球产业链、价值链的中高端，为到2020年我国进入创新型国家行列提供有力支撑。

二、指导思想、基本原则与发展目标

（一）指导思想

深入贯彻中央决策部署，牢固树立五大发展理念，深入实施创新驱动发展战略，深化拓展科技创新工程，以促进产业转型升级和经济发展方式转变为主线，以高水平建设创新型省份为目标，大力提升自主创新能力，深化科技体制改革，积极培育发展新动能；优化区域创新布局，探索一体化发展新模式，构筑区域协调发展新格局；发挥市场激励创新的根本性作用，释放各类创新主体活力，构建创新发展新体制；提高创新国际化水平，积极融入全球创新网络，加快建设具有全球影响力的产业科技创新中心和具有国际竞争力的先进制造业基地，为率先全面建成小康社会和建设经济强、百姓富、环境美、社会文明程度高的新江苏提供强劲支撑。

专栏　建设具有全球影响力的产业科技创新中心

省委十二届十一次全会提出“建设具有全球影响力的产业科技创新中心”的战略任务，旨在通过构建创新水平与国际同步、研发活动与国际融合、体制机制与国际接轨的现代产业科技创新体系，使江苏成为创新活力充分释放、科技基础设施完善、城市创新功能健全、区域创新开放有序、创业环境持续优化的产业科技创新中心，成为全球重大原创性技术成果和战略性新兴产业的重要策源地，全球产业科技创新高端人才、高成长性企业和高附加值产业的重要聚合区，全省产业科技创新要素高度集聚、创新创业活动高度活跃，涌现出一批在国际上具有话语权、引领力的创新型领军企业和产业科技研发基地，在全球产业科技创新格局中跻身先进行列。

实施步骤上分“三步走”：第一步，经过 5 年左右努力，到 2020 年基本形成产业科技创新中心框架体系，主要创新指标达到创新型国家中等水平；第二步，经过 10 年左右奋斗，到 2025 年形成产业科技创新中心区域的核心功能，成为全球产业技术创新网络的重要节点，全面达到或超过全国 2025 制造业目标，部分创新指标跨入创新型国家先进行列；第三步，到 2035 年左右，全面建成具有全球影响力的产业科技创新中心。

（二）基本原则

坚持把实现创新驱动发展作为根本任务。深入实施创新驱动发展战略，加快推动以科技创新为核心的全面创新，释放创新驱动的原动力，以创新促转型，以转型促发展，实现创新发展与协调发展、绿色发展、开放发展、共享发展紧密结合，推动经济社会发展尽快走上创新驱动、内生增长的轨道。

坚持把突破产业核心技术作为主攻方向。把握科技革命和产业变革新趋势，围绕经济社会发展重大需求，强化重点领域和关键环节的重大技术研发，突破产业转型升级和新兴产业培育的技术瓶颈，加强科技供给，构建具有国际竞争力的现代产业技术体系，有效支撑经济实现中高速增长、迈向中高端水平。

坚持把深化科技体制改革作为关键支撑。把破解制约创新驱动发展的突出矛盾作为突破口，着力构建市场化体制机制，让市场成为优化配置创新资源的主要手段，让企业成为技术创新的主导力量，让知识产权制度成为激励创新的基本保障，打通科技向现实生产力转化的通道。

坚持把人才驱动作为核心要求。落实以人为本，把人才资源开发放在科技创新最优先的位置，在创新实践中发现人才、培养人才和集聚人才，尊重创新创造价值，激发各类人才的积极性和创造性，加快汇聚一支规模宏大、结构合理、素质优良的人才队伍。

坚持把融入全球创新网络作为重要路径。以开放创新引领开放型经济转型升级，以全球视野谋划和推动科技创新，积极探索创新国际化与企业国际化、人才国际化、城市国际化互动并进的有效路径，主动参与全球研发分工，打造有利于融入全球创新网络的开放环境，提高在全球范围配置创新资源能力。

（三）发展目标

到 2020 年，创新驱动发展取得实质性进展，自主创新能力大幅提升，创新型省份建设继续位居全国前列，基本形成具有全球影响力的产业科技创新中心框架体系，市场配置创新资源的决定性作用明显增强，企业主导产业技术研发创新的体制机制基本建立，构建完善现代产业技术体系，部分优势领域创新水平由跟跑向并跑、领跑跨越，主要创新指标达到创新型国家和地区中等以上水平，科技创新逐步成为经济社会发展的主引擎。

科技综合实力稳步提升。建成一批处于世界前沿水平的研发基地，基础研究和前瞻性技术领域研究投入持续增加，全社会研发投入占地区生产总值比例达 2.8%，万人发明专利拥有量达 20 件，科技进步贡献率达 65%。

企业创新主体地位全面增强。企业研发投入强度明显提高，形成一批具有自主知识产权和重要应用前景的原始创新成果，培育形成有较强国际竞争力的创新型企业集群，高新技术企业总数达 1.5 万家，培育科技型中小企业 15 万家，每万从业人员中研发人员数达 140 人年。

产业创新能力大幅提升。以科技创新引领新产业、新技术、新业态、新模式持续涌现，产业发展迈向中高端水平，形成一批具有较强国际竞争力的创新型产业集群，高新技术产业产值占规模以上工业总产值比重达 45%。

创新体系日益完善。区域创新布局不断优化，基本形成适应创新驱动发展要求的体制机制，集聚一批具有全球影响力的创新领军人才，开放型区域创新体系基本建成，创投管理资金规模达 2500 亿元，科技服务业规模达 10000 亿元。

创新环境持续优化。知识产权创造、运用和保护机制更加健全，大众创业、万众创新蔚然成风，全社会基本形成尊重知识、崇尚创新、激励创业、宽容失败的价值导向和社会氛围，技术市场合同成交额达 1000 亿元。

“十三五”科技创新主要目标

主要指标	2020 年	2015 年
全社会研发投入占地区生产总值比例（%）	2.8	2.55
科技进步贡献率（%）	65	60
每万从业人员中研发人员数（人年）	140	110（预测）
万人发明专利拥有量（件）	20	14.2
高新技术产业产值占规模以上工业总产值比重（%）	45	40.1
科技服务业规模（亿元）	10000	5013.8
技术市场合同成交额（亿元）	1000	723.5
高新技术企业数（家）	15000	10814
培育科技型中小企业数（家）	150000	90000

三、主要任务

（一）推动前瞻性产业技术突破，抢占产业发展制高点

围绕世界科技发展趋势和全省经济社会发展重大战略需求，加强前瞻性产业技术突破，超前部署前沿技术和基础研究，加快科技创新平台建设，重视颠覆性技术创新，在若干重要领域掌握一批

核心技术，拥有一批自主知识产权，培育一批前瞻性新兴产业，引领经济社会发展。

1. 超前部署产业前瞻性技术攻关。实施前瞻性产业技术创新专项，在统筹安排、整体推进的基础上，遴选新一代信息技术、新材料、新能源、生物医药、智能制造、节能环保等产业前沿技术领域进行规划和布局，填补相关领域空白，努力实现跨越式发展。

专栏　前瞻性产业技术创新专项

围绕全省国民经济和社会发展的重大科技需求，进一步突出重点，在前瞻性产业技术领域筛选出若干重大战略产品和关键共性技术，作为重点专项，充分发挥集中力量办大事的制度优势和市场机制的作用，重点突破前瞻性产业关键核心技术，努力引领经济社会发展。

到 2020 年，在未来网络、现代通信、战略新材料、新医药、智能制造等前瞻性产业技术领域，组织实施 600 项以上省重点研发计划项目，突破 200 项产业前沿技术，培育形成 20 个左右具有较强竞争力的产业创新链条。

新一代信息技术。围绕信息技术网络化、泛在化、智能化的发展方向，重点研究以 5G 移动通信、SDN/NFV 等为标志的宽带通信与新型网络技术，加强信息系统的类人智能、自然交互与虚拟现实、微电子与光电子等前沿技术研究，加快实施未来网络、云计算与大数据、智慧城市、工业互联网与物联网等一批产业技术创新专题，抢占核心技术制高点。重点研发未来网络、宽带移动通信、高速光通信网络、异构网络融合、协同感知与人机交互等前沿技术，研究开发海量数据收集储存处理技术、核心设备以及智能终端技术，大功率器件、系统级封装测试技术，面向特种需求的特色工艺平台，高端芯片设计技术、工业异构异质网络融合和终端协同技术，移动互联网以及工业互联网体系架构技术，低耗高能新型传感技术及其传感器网络技术。加强曲面显示、量子点显示、柔性显示及触控技术、LTPS 技术研发，推进 Oxide 技术在中小尺寸的应用，提升 Oxide-TFT 技术产业化水平。进一步巩固我省集成电路封测、物联网等产业技术创新在全国的领先地位。

新材料。充分发挥新材料在高新技术领域中的基础和先导作用，以前沿领域和高端产品为主攻方向，重点实施纳米材料、石墨烯、高性能碳纤维、高性能膜材料、高性能合金材料、先进能源材料、第三代半导体、高端芯片材料等一批产业技术创新专项。重点发展石墨烯、碳纤维、特种纤维、膜材料、高强合金、3D 打印材料、第三代半导体、高性能高分子、生物可降解等战略性基础材料，研究开发微结构控制、高效催化、功能改性、表面增强、超塑成型、超纯分离等先进制备技术。重点突破 T800 碳纤维、大飞机用钛合金、汽车用铝镁轻合金、海洋工程和关键装备用特种钢、石油化工用特种分离膜、大尺寸玻璃基板、大功率激光材料与器件、电力电子用碳化硅材料与器件、稀土永磁、高温超导材料、高效发光材料、生物基高分子等重大产品产业化技术。开发钢铁行业的连铸连轧、控轧控冷，化工行业的加氢催化、半导体行业的低温还原等新一代绿色制造工艺，使我省在纳米材料、石墨烯、膜材料等领域成为国际有影响的重要研发基地，促进江苏从新材料产业大省向新材料产业强省的跨越。

新能源。以增强能源科技自主创新能力和提高能源装备自主化水平为目标，在新型光伏、风电、下一代核电等领域，重点实施智能电网技术与装备、能源互联网、可再生能源与先进核能、新能源汽车等一批产业技术创新专项，加快构建重大技术研究、重大技术装备、重大示范工程的创新平台和创新体系。重点发展新型光伏电池核心技术及关键设备，研究全光谱光伏、钙钛矿、多结Ⅲ－Ⅴ

族聚光、高效柔性薄膜太阳能电池技术，加快硅烷流化床法多晶硅生产技术、金刚线切割应用技术和双面发电光伏组件技术研发。研究开发低电压穿越、直驱风电机组、高温超导发电机、10MW级整机设计、智能控制等关键技术，提高发电机、齿轮箱、叶片及轴承、变流器等关键零部件开发能力。研究开发可再生能源分布式供能等技术，发展第四代核电关键零部件及控制系统、大容量储能、智能电网及能源互联网、生物质能技术，研究开发新能源汽车及其动力电池、高效率宽调速电机驱动等关键部件，以及汽车智能化、车联网等技术。我省光伏产业技术领域的国际竞争力进一步提升，在风电机组关键零部件、核电配套关键设备等领域继续保持国内领先。

生物技术与医药。紧跟国际生物医药发展前沿，聚焦生物技术药、高端医疗器械、生物制造和生物育种等领域，突破核心技术，培育产业发展新增长点。重点支持提高仿制药质量及口服生物利用度的关键核心技术研究，加强核酸药物、干细胞等前沿技术创新，突破新型疫苗设计、基因工程药物制备、单克隆抗体技术等核心技术，促进一批基于转化医学和精准医疗的靶向抗肿瘤创新药物和新制剂、生物技术药等研发与产业化；加强对现有重点药物的作用机理研究，促进已有大品种药物的临床应用和二次开发；推动一批创新中药的临床研究和产业化开发；加快医疗影像和诊断、医用材料、人体生物组织工程技术及材料、医疗机械人等医疗器械高端产品研发及应用示范。加强新技术、新模式、新业态创新，培育发展以健康管理和数字健康、养生保健、体育健身等为重点的健康产业。加强生物能源重大化工产品的绿色生物制造等技术研发和产业化。

智能制造。围绕绿色制造和智能制造需求，重点发展智能机器人、网络协同制造、高端数控装备、智能车间与智能工厂等，大幅提升我省智能制造的核心竞争力。重点攻克智能控制与驱动、优化建模、精确感知、多机协同等核心技术，自主研发机器人多轴运动控制器、高精密减速器、高性能交流伺服电机和驱动器、智能感知单元等核心部件高端产品，形成智能工业机器人、服务机器人和特种机器人成套系统及典型应用。重点突破研发设计协同化、生产过程网络化、质量检测在线化、经营管理数据化、采购营销平台化、制造服务云端化等关键共性技术，运用物联制造技术促进生产制造、质量控制和运营管理系统全面互联，推进智能装备、智能车间、智慧工厂发展与应用，实现工业大数据、工业云平台、协同管控系统的典型示范与推广应用。加快研发智能数控系统、增材制造（3D打印）、在线远程诊断、高档伺服系统等关键核心技术，开发具有完全自主知识产权的高速高精密数控机床、多轴联动加工中心、金属3D打印装备、航空制造高端装备、柔性化制造单元及核心基础件，加快推进高端装备的数字化、自动化、智能化，力争实现“数控一代”全覆盖。

节能环保。面向日益紧迫的环境污染深度治理需求，聚焦高效节能、大气污染防治、水污染防治、固体废弃物处理等领域，开展新型环境保护技术研发与科技攻关，巩固发展我省整体技术优势和产业领先地位。高效节能领域，重点突破大尺寸有机发光（OLED）制备、高效率光源芯片、陶瓷基板高效热管散热等关键核心技术，开发大功率高显色性智能化LED照明、金属有机化学气相沉积（MOCVD）等，进一步加强我省在半导体照明行业的领先地位。大气污染防治领域，重点突破工业锅炉和催化裂化烟气一体化超低排放、燃油燃气低氮燃烧、超低排放燃煤热电联供、CO_2的捕集封存及利用、挥发性有机物（VOCs）控制、膜法脱硫除尘、光化学高级氧化净化等关键技术，开发工业有机废气、燃煤烟气、机动车尾气、室内空气等大气中NOx、SOx、重金属、灰霾等污染物的防治和检测先进仪器及装备，技术创新水平达到国际先进。水污染防治领域，重点突破一体化多循环生物倍增污水处理、电化学还原－电催化氧化、高效抗污染膜分离、水热氧化等关键核心技术，开发针对饮用水净化、重点行业污水处理、海水淡化等的成套水处理装备，以及高危污染物监测与检测技术装备。固体废弃物处理领域，重点突破高附加值资源再生、电子废弃物贵金属高效分选、污泥新型高效厌氧处理、大型生物质和垃圾高效清洁焚烧发电等关键核心技术，开发固体废弃物标准化、系列化、智能化的分选回用成套装备，推进全省节能环保产业向中高端迈进。

2. 前瞻部署基础研究。充分发挥高校和科研院所的创新源头作用，瞄准国际科学前沿和产业创新发展的重大需求，以重点学科和优势学科建设为牵引，支持我省高校院所和企业牵头承担国家自然科学基金等基础性研究计划项目，大力推动高校院所和企业的协同创新，重点在制造与工程科学、材料科学、生命科学、信息科学、能源科学、资源环境等领域加强应用基础研究，加快建设具有世界先进水平的一流大学和一流学科，努力取得一批重大原创性研究成果。坚持自由探索和应用需求相结合，稳定性支持和竞争性支持相结合，大力支持优秀青年科技人才开展创新研究，培养造就一大批学术水平高、在国内外有一定影响力的杰出青年人才和青年科研骨干。

3. 加强科技基础设施建设。按照“聚焦高端、优化布局、创新管理、提升能力”的思路，实施科技基础设施建设行动计划，加快国家超级计算（无锡）中心等重大科研设施建设，积极支持国家重大科技基础设施和国家实验室的预研，培育国家重点实验室和省部共建国家重点实验室，提升省级重点实验室建设能力和水平。突出新兴产业和优势产业领域，加强科技公共服务平台和新型研发机构建设，在重大创新领域积极争创一批国家技术创新中心。加强部省属科研院所建设，提升公益性技术研发能力和水平。到 2020 年，建设 2 家左右具有国际影响力的重大科技基础设施，国家和省重点实验室达到 100 家。

专栏　科技基础设施建设行动计划

聚焦建设具有全球影响力的产业科技创新中心，强化顶层设计，创新体制机制，加快科技基础设施建设，提升持续创新能力。

重大科技基础设施：加快国家超级计算（无锡）中心、国家未来网络试验装置建设，支持纳米真空互联实验站、高效低碳燃气轮机试验装置等预研，推进重大科技基础设施参与国际大科学计划和国际交流合作。

重点实验室：支持微结构、通信技术等国家实验室的预研；在纳米技术、生物技术、战略新材料等优势领域，培育建设一批国家（含省部共建）重点实验室；在人工智能等前沿科学和学科交叉领域，超前布局 5 ~ 10 家省级重点实验室。鼓励建设国际联合实验室，提升创新国际化水平。

科技公共服务平台：在智能制造、电子信息、大数据等新兴产业领域，布局建设 40 家左右科技公共服务平台，积极争创一批国家技术创新中心，加强大型仪器设备、工程文献、农业种质资源、实验动物等基础条件平台建设和资源共享。

（二）加强共性关键技术攻关，促进经济社会转型升级

围绕“中国制造 2025 江苏行动纲要”“互联网 +”等战略部署和经济社会发展重大需求，结合江苏产业基础和创新优势，实施重大科技成果转化专项，选准发展方向，聚焦有限目标，加大对重点领域共性关键技术的研究部署，以科技创新为核心带动产品创新、管理创新和商业模式创新，加

快构建产业技术创新体系，全面增强科技创新支撑引领作用。

专栏　重大科技成果转化项

围绕产业转型升级和经济社会发展重大需求，集成推进创新水平高、产业带动性强、具有自主知识权的重大科技成果转化与产业化，集中突破一批关键共性技术和重大公益性技术，大力推进创新成果的集成应用和商业模式创新，引领新兴产业跨越发展，支撑优势产业提升发展，促进现代服务业加速发展，推动传统产业转型发展。

到 2020 年，组织实施 500 项以上重大科技成果转化项目，形成 200 个重大自主创新产品，培育形成高端医疗器械等 10 个左右具有全球影响、附加值高的产业创新集群。

1. 促进产业高端发展。全面推进装备制造、电子信息等高技术优势产业向高端化、品牌化发展，加大消化吸收再创新力度，着力培育集成电路、新型显示、工程机械、高性能特殊合金、数控机床、高技术船舶、轨道交通、航空航天等优势产业集群，重点攻克半导体行业的光电设备、精密机械行业的工业母机、海洋船舶与海工配套行业的巨系统设备、电力电子行业的低能耗控制设备等支撑产业技术水平的产业制造关键装备，着力突破高速精密重载轴承、高端液压与密封、高参数齿轮及传动装置、高端传感器、智能仪器仪表等高附加值核心单元，加快发展轻质高强合金、超高纯材料、高效催化剂、光电功能材料、智能感知材料等对产业发展具有引领作用的战略基础材料，促进产业向高技术、高增值环节延伸，向研发与服务两端延伸，提升产业层次和国际竞争力，加快培育形成一批千亿级高技术特色产业基地。充分发挥产业技术创新在引领产业升级、节能减排和绿色发展中的重要作用，集中突破纺织、冶金、轻工、建材等传统优势产业的核心关键技术，提高传统产业装备水平、技术含量和产品附加值，促进产业转型升级，增强产业核心竞争力。开展节能减排科技支撑行动，面向重点行业节能减排需求，开发高效清洁燃烧、工业余热利用、高效机电节能、建筑节能、工业清洁生产、工业废水处理、烟气控制治理、固废物资源化、各类受污染土壤治理等关键技术及装备，并实现转化应用，同时推广应用能量梯级利用、绿色制造等节能减排共性技术，显著提高科技进步对节能减排的支撑作用。实施制造业信息化科技支撑行动，以推动产业链协同创新和培育数字化企业为重点，实施设计数字化、制造智能化和经营管理信息化技术集成，推进互联网领域与制造领域的融合，提升纺织、造船、冶金等产业数字化、网络化、智能化水平，大幅提升传统产业创新能力和市场竞争力。

2. 加快现代服务业科技创新。面向大数据、电子商务、现代物流、信息安全、新兴医疗健康、科技文化融合、数字生活、云制造、互联网教育等产业方向，突破虚拟化、并行计算、海量存储、数据挖掘等一批共性关键技术，加快形成新兴服务业集群。大力推动现代服务业与我省传统制造业有效融合，积极发展制造服务业，创新服务业态和服务模式。加快发展科技服务业，突出产业链、创新链、服务链三链融合，突破一批关键共性技术，推动研发设计、检验检测认证、知识产权、技术转移、创业孵化、科技金融、科技咨询等专业科技服务专业化、规模化、网络化发展。组建科技服务业骨干机构培育库，引导骨干服务机构集聚优质资源，向规模集团化、服务专业化、功能体系化发展，打造一批连锁型、平台型科技服务集团。加快建设苏州自主创新广场、常州科教城等 30 家国内有影响力的科技服务示范区和特色基地，全省科技服务业产业规模突破 1 万亿元。

3.提升现代农业发展水平。实施现代农业科技支撑行动计划，围绕沿江农业现代化科技示范区、沿海农业产业技术创新带和黄淮农业产业技术创新带（“一区两带”）建设，加强农业共性关键技术突破和成果转化应用。加强生物技术、信息技术和品种创新，为农业高新产业发展提供技术支撑和储备；加强绿色种养、精深加工、综合利用等产业关键技术创新，提高农产品附加值；加强新型农资产品和农机装备创新，提升现代农业物质装备水平，获得一批具有自主知识产权的品种、技术、装备和产品，引领和支撑现代农业发展。加强农业科技园区建设，开展高效绿色生态产业技术成果集成创新与示范。深入推进国家粮食丰产增收科技工程，建立机械化信息化稻麦周年优质高产高效栽培技术体系；探索农村科技社会化服务新机制、新模式，争创国家农村科技服务试点省。到2020年，现代农业领域自主创新能力显著提升，全省农业科技进步贡献率达到70%，培育50亿元以上的县域优势特色产业10个。

专栏　现代农业科技支撑行动计划

按照推进农业现代化的总体要求，建立健全现代农业科技创新体系，提高农业现代化水平，有效推动农业产业发展、农民增收和社会主义新农村建设。到2020年，育成农业新品种（组合）100个，建设国家、省重点农业科技园区20家，科技超市总店、分店、便利店总数达到500家。

农业科技创新。加强农业信息技术、农业生物技术研发，培育农业生物、信息产业和现代种业；突破农产品精深加工和综合利用技术，加强动植物清洁化生产、设施环境智能化调控等绿色种养技术创新，提高农业物质装备支撑能力和农产品附加值。

农业科技示范。加强农业科技园区新品种、新技术、新装备集成创新与示范，建立粮食丰产增收技术体系，集成示范适用于中低产田地区的稻麦品种、节水灌溉技术、新型农机装备，集成示范适用于高产田地区的智慧农业技术、节水节肥减药、病虫草害防控等技术，保障粮食安全。

农村社会化科技服务。推动新农村发展研究院联盟建设，组建农村科技服务超市联盟，推进科技超市示范店、示范县及特派员工作站建设，开展科技成果、品牌产品、物质装备的线上线下交易等信息化服务。

4.大力加强民生科技。围绕人口健康、绿色生态、食品安全和公共安全等领域科技需求，组织实施科技惠民行动计划，加强先进适用科技成果的转化应用和推广普及。加强临床医学研究和公共卫生技术创新，在若干领域取得重大突破和自主创新优势，大幅提升我省医疗科技创新水平和医疗服务能力；以改善环境质量为核心，加强大气、水、土壤、海洋等污染治理和固体废弃物资源化利用关键技术研发，形成解决环境问题的系统化技术方案；以信息化、智能化技术应用为先导，发展公共安全、生产安全、食品安全和自然灾害的监测、预警、预防技术和应急保障技术，形成科学预测、有效防控与高效应急的公共安全技术体系，培育一批具有自主知识产权的技术、成果和产品，着力提升科技惠民的能力和水平，让科技落地生根，惠及更多的百姓生活。

专栏　科技惠民行动计划

围绕人口健康、生态环境、公共安全等与百姓生活制切相关的创新需求，着力突破社会公益性技术和重大关键核心核术，加强重大科技成果的示范应用，有效支撑经济社会发展及生态文明建设。到2020年，重点组织实施150个社会发展重大科技示范项目，着力打造国内一流、国际有影响的省临床医学研究中心25～30个，建设30个左右高水平的国家和省级可转续发展实验区。

人口健康领域。重点加强临床脑科学、干细胞、精准医疗和3D生物打印等前沿技术突破和转化应用，加强恶心性肿瘤、心脑血管疾病等严重危害人民群众健康的重点病种的规范化诊疗研究，开展新型临床诊疗技术和公共卫生关键技术研发，着力打造国内一流、国际有影响的临床医学研究和新药临床评价平台。

绿色生态领域。重点加强大气污染特征及成因、监测预警、专项减持等关键技术研究和应用示范，研究开发水河染治理技术、污水资源化能源化技术、饮用水安全保障技术和水环境监控预警技术，组织开展有机污染物、重金属污染防治和修复技术、固体废弃物资源化利用技术研发，推动土壤环境质量的逐步改善。加强绿色、低碳、智慧城市建设，为新型城镇化和城市持续发展提供科技支撑。重点建设一批国家和省可持续发展实验区。

公共安全领域。重点加强社会安全、生产安全、食品安全和防灾减灾等信息收集与研判、风险评估与预警和突发事件处置等关键技术研发和示范。

5. 促进文化和科技融合发展。围绕《国家文化科技创新工程纲要》的总体要求，立足我省文化改革和创新发展的重大需求，大力促进文化与科技融合，推动新兴文化产业加快发展。组织实施文化科技创新专题，聚焦文化创意设计、文化内容服务、影视媒体融合等文化产业重点领域，开展共性关键技术研发和创新服务集成应用示范，突破核心关键技术，推动文化产业高端发展；建设一批文化科技创新公共服务平台，完善文化科技服务体系，发挥科技对文化创新的技术支撑作用；加快国家文化和科技融合示范基地建设，布局建设省级文化科技产业园和文化科技专业孵化器，构建一批低成本、便利化、全要素、开放式的媒体延伸型众创空间，加快培育新型业态文化创意企业和产业集群；培育一批重点文化科技企业，支持文化科技企业建立研发机构，提升自主创新能力，打造以高新技术企业为主体的文化科技创新型企业集群，推动文化科技企业向具有自主知识产权和自有品牌的价值链高端发展。

（三）强化企业创新主体地位，培育创新型企业集群

充分发挥市场对技术研发方向、路线选择和各类创新资源分配的导向作用，引导创新要素向企业集聚，纵深推动企业主导的产学研合作，高水平建设研发机构，促进企业真正成为技术创新决策、研发投入、科研组织和成果转化的主体，培育形成有较强国际竞争力的创新型企业集群。

1. 深入推进国家技术创新工程试点省建设。实施创新型企业培育行动计划，进一步创新企业培育机制，建立覆盖企业初创、成长、发展等不同阶段的政策支持体系，形成上下联动的工作机制，着力从源头培育创新型企业，提升知识产权创造能力，形成以高新技术企业为主体的创新型企业集群。加快培育创新型领军企业，充分发挥大型企业创新骨干作用，支持其开放配置全球创新资源，融入全球研发创新网络，牵头组建一批产业技术创新战略联盟，实施一批产业前瞻核心技术研发项目，转化一批重大科技成果，打造一批创新能力国际一流、规模与品牌位居世界前列、引领产业跨越发展的创新型领军企业。加快培育科技“小巨人”企业，深入实施科技企业上市培育计划，为高成长性科技企业上市开辟绿色通道，集成科技资源、加大对科技型中小企业在股份制改造和创业板、中小板、“新三板”等上市关键成长期的支持力度，着力推动一批具有自主知识产权、市场前景好、诚信规范的高成长性科技企业加快上市融资进程，引导其与多层次资本市场有效对接、做大做强。加强高新技术企业源头培育，实施科技企业“小升高”计划，激发中小企业活力，形成遴选、培育、认定的推进机制，为培育企业提供全流程、专业化服务，促进面广量大的科技型小微企业向新技术、新模式、新业态转型，加速成长为高新技术企业。以知识创造为核心，加快培育科技型中小企业，

建立健全“创业孵化、创新支撑、融资服务”的科技型中小企业培育体系，进一步加强众创空间、大学科技园、留学回国人员创新创业园等各类科技企业孵化器及科技公共服务平台建设，完善创新创业服务体系，大力培育创业主体，孵育创业企业，促进科技型中小企业持续涌现。

专栏　创新型企业培育行动计划

围绕强化企业创新主体地位和主导作用，建立创新型企业培育工作体系，形成上下联动、分类施策的培育机制，培育有国际竞争力的创新型领军企业，加快发展高成长性科技“小巨人”企业，壮大以高新技术企业为骨干的创新型企业集群，示范带动企业向创新创造转变，全面提升江苏企业质态。

到 2020 年，形成由 150 家创新型领军企业、1500 家科技型拟上市企业、15000 家高新技术企业组成的企业创新集群，培育科技型中小企业 15 万家。

2. 提升企业研发机构建设水平。实施企业研发机构建设“百千万”行动计划，加快提升百家国家级企业研发机构、千家省级重点企业研发机构、万家以上大中型企业和规模以上高新技术企业研发机构建设水平。以高端化和国际化为导向，积极创建国家级企业研发机构，引进国际高端资源，开展产业前沿技术研究，打造企业创新驱动发展的标杆，建设一批具有全球影响力的企业研发机构。支持省级重点企业研发机构建设，引导构建高效的企业研发体系，创新组织模式、研发模式和管理方式，打造一批国内一流的企业研发机构。继续推进大中型企业和规模以上高新技术企业研发机构建设，加大研发投入、集聚研发人才、完善研发条件，激发企业技术创新活力，全面提升企业研发机构建设水平。

专栏　企业研发机构建设“百千万”行动计划

充分发挥省政府联席会议协调联动作用，完善企业研发机构动态管理机制，大力提升企业自主创新能力。引导国家级企业研发机构开展应用基础研究，建设企业重点实验室和海外研发机构，主持或参与制定国际和国家技术标准，组建产业协同创新网络。支持省级重点企业研发机构制定技术路线图，加强产学研合作，打造高水平集成创新平台，集聚高层次研发人员，完善研发管理体系。持续推进大中型工业企业和规上高新技术企业研发机构建设，支持建设创新平台和人才站点，加大创新优惠政策落实力度，激发企业创新动力与活力。

到 2020 年，建成 30 家具有全球影响力的企业研发机构、200 家国内一流的企业研发机构、1000 家省级重点企业研发机构；大中型工业企业和规模以上高新技术企业研发机构建设基本全覆盖。

3. 纵深推动企业主导的产学研合作。实施产学研协同创新行动计划，探索适应不同需求的合作创新模式，推动企业、大学和科研机构等在战略层面实现有效结合，建设产业创新重大载体和制造业创新中心，打造合作共赢的产学研协同创新生态系统。进一步完善我省与国内重点高校和知名科研院所的战略合作，争取布局建设若干国家重大科技设施或产业技术创新平台。重点推进中科院上海硅酸盐所苏州研究院、中科院遗传资源研发中心（南方）等产学研合作新型研发机构建设发展。提升省产学研产业协同创新基地建设水平，形成一批产业特色鲜明、规模集聚明显、协同创新机制完善、产业生态系统健全、产业竞争优势显著的产业集群和创新高地。推进省技术转移联盟建设，深化“企业创新岗（科技副总）”和“科技创新券”试点，探索“互联网 + 产学研”的新途径、新模式，引导更多创新资源服务企业技术创新，形成组织健全、结构互补、功能协调的产学研合作体系。

专栏　产学研协同创新行动计划

以促进科技与经济紧密结合为核心，支持企业、高校和科研院所开展灵活多样的协同创新，推进产学研产业协同创新基地、产学研合作新型研发机构和高校技术转移中心建设，打通科技和经济社会发展之间的通道，形成跨区域、跨行业的协同创新网络。

到2020年，院省合作项目销售额突破1500亿元，产学研产业协同创新基地达60个左右，产学研共建新型研发机构总数达350家左右，累计选聘“科技副总”2000名以上。

（四）优化区域创新布局，构筑创新发展新优势

按照苏南创新提升、苏中创新跨越、苏北创新突破的要求，统筹协调区域创新工作，提升区域创新体系整体效能。

1. 加快苏南国家自主创新示范区建设。牢牢把握创新驱动发展的总体方向，充分发挥苏南地区科教人才优势和开发开放优势，以推进高新技术产业开发区创新发展为着力点，充分发挥核心载体功能，加快构建适应创新驱动发展的体制机制，辐射带动区域发展从要素、投资驱动加快向创新驱动发展转变。全面提升自主创新能力，加快推进高新区创新发展，着力强化企业创新主体地位，集聚全球创新资源，优化创新创业生态，推动产业结构转型升级，强化创新引领功能，大力营造有利于创新的良好条件，使高新区成为带动创新驱动发展的强大引擎；全面推进区域协同创新，加快推进“五城九区多园”的创新一体化布局和产业特色发展，加强科技资源整合集聚和开放共享，促进城市间科技创新和产业发展分工协作，集成联动、错位发展，提升区域协同发展能力和综合竞争力，加快构建协同有序、优势互补、科学高效的区域创新体系，构筑整体发展优势。到2020年，苏南国家自主创新示范区创新体系整体效能显著提升，科技体制改革取得重要突破，创新一体化发展的体制机制基本形成，全社会研发投入占地区生产总值的比重提高到3%，高新技术企业超过10000家。

专栏　苏南国家自主创新示范区

2014年10月，国务院批复同意支持南京、苏州、无锡、常州、昆山、江阴、武进、镇江8个高新技术产业开发区和苏州工业园区建设苏南国家自主创新示范区，这是我国首个以城市群为基本单元的国家自主创新示范区。“十三五”期间，重点实施持续创新能力提升、高水平创新型园区建设、高成长性创新型企业培育、高附加值创新型产业集群发展、开放创新推进、创新创业生态体系建设六大行动，全面推进创新政策先行先试、新型产业技术研发组织建立、人才管理改革、科技金融结合体制机制创新、知识产权管理5项试点，加快建成创新驱动发展引领区、深化科技体制改革试验区、区域创新一体化先行区和具有国际竞争力的创新型经济发展高地。

2. 统筹推进苏中、苏北创新发展。聚焦我省区域发展战略，以创新要素的集聚和流动促进产业合理分工，推动苏中、苏北地区创新能力和竞争力整体提升。积极引导苏中地区健全科技投入、科技创新社会化服务、创新成果分配等机制，更大力度集聚创新要素、培育特色产业，推进苏中融合发展、特色发展，形成创新发展新优势。深入实施苏北科技与人才支撑工程，支持苏北地区大力引进技术、人才和智力，加强科技成果转化和产业化，切实以科技创新支撑引领苏北经济社会发展和全面小康建设。构建跨区域创新网络，建立科技资源统筹配置机制，支持跨区域园区挂钩合作，推动区域间互联互通创新要素，联合组织技术攻关，打造区域协同创新共同体。

3.加快创新型园区建设。实施创新型园区建设行动计划，以建设一流创新型园区为目标，充分发挥高新区核心载体作用，最大限度推动高新区加速创新发展，努力打造创新驱动发展的先行区、引领区、示范区。深化高新区发展体制机制改革创新，推进苏州工业园区开放创新综合改革试验区建设，在发展导向、体制机制、创新环境等方面深化改革，打造世界一流高科技产业园区。推动高新区构建“小机构、大服务”的管理体系，强化综合服务功能、改革先行先试功能、科技创新促进功能，提高管理服务效率。按照创新型园区建设要求，建立健全以创新绩效为主的高新区综合评价体系，推动高新区争先进位、转型发展。优化全省高新区建设布局，推进符合条件的省级高新区创建国家级高新区，支持有条件的县（市、区）建设省级高新区。推动高新区高效集聚、配置国内外创新资源，加快建设一批集知识创造、技术创新和新兴产业培育为一体的创新核心区。着眼“一区一战略产业”，推动高新区进一步明确发展定位，实现特色发展，依托省产业技术创新中心，发挥省产业技术创新战略联盟的作用，构建省、地、园区联动的创新型产业集群培育推进机制，打造具有国际竞争力的创新型产业集群。

专栏　创新型园区建设行动计划

以苏南国家自主创新示范区建设为契机，以体制机制改革为动力，充分释放高新区发展活力，立足“高”、突出“新”，进一步解放和发展高新区，推动高新区进一步明确发展定位，加速集聚各类创新资源，培育发展创新型企业和创新型产业集群，加快形成大众创业、万众创新的生动局面，促进高新区转型发展、创新发展，大幅提升高新区自主创新能力和引领发展能力，打造新兴产业策源地，为建设具有全球影响力的产业科技创新中心提供支撑。

到 2020 年，全省创新型园区建设取得重大进展，国家级高新区实现省辖市全覆盖，数量保持全国第一：打造 1 ~ 2 家世界一流园区，建设国家级创新型科技园区、创新型特色园区 10 家。

4.加强基层科技创新。准确把握基层发展的阶段性特征，实施基层科技创新能力提升行动计划，集成省、市、县、镇四级资源，分区域、分类型、分层次推进国家创新型试点城市、省级创新型试点县（市、区）和创新型试点乡镇建设，针对不同地区的发展特点和现实基础，实行差别化指导，以增强创新能力为核心，以深化体制机制改革为动力，着眼引领示范、健全创新体系、集聚创新资源、提升效益效率，着力完善体制机制，着力优化创新创业环境，着力改进科技管理服务，推动科技创新资源向基层集聚，支持各地探索符合自身特点的创新驱动发展道路，不断提升基层科技实力和服务水平，构建各具特色、优势互补的多层次区域创新体系，基本形成创新资源加快集聚、创新创业活力有效激发、科技服务能力大幅提升、科技创新成果持续涌现并加快转化的基层科技工作新局面。

专栏　基层科技创新能力提升行动计划

国家创新型试点城市建设。完善城市创新体系，强化城市发展活力，全面提升城市辐射带动能力，支持徐州、淮安、宿迁积极创建国家级创新型试点城市，力争到 2020 年实现省辖市国家级创新型城市全覆盖。

创新型试点县（市、区）建设。引导县（市、区）加强自主创新，强化科技成果转化，推动产业转型升级，促进经济提质增效和发展方式转变。到 2020 年，苏南、苏中、苏北创新型县市区全社会开发投入占地区生产总值比重分别达 3.0%、2.5% 和 2.0%。

创新型试点乡镇建设。引导乡镇依托各自优势和禀赋基础发展特色产业，进一步加强和改进科技镇长团工作，加快建设创新创业载体和公共服务平台，引导科技人员深入乡镇开展产学研协同创新，提升产业创新能力和乡镇综合竞争力。

（五）健全科技创业服务体系，促进大众创业、万众创新

以激发全社会创新创业活力为主线，实施创业江苏行动计划，通过上下联动，集成政策支持，释放全民创业潜力和创业活力，加快形成大众创业、万众创新的生动局面。加快众创空间建设，深入实施《江苏省推进众创空间建设工作方案》，发挥行业领军企业、创业投资机构、社会组织等的主力军作用，建设一批低成本、便利化、全要素、开放式的众创空间。开展“苗圃—孵化器—加速器”科技创业孵化链条试点，在有条件的地区打造一批在全国有影响力的众创集聚区。提升大学科技园、科技创业园、留学回国人员创新创业园等建设水平，大力吸引高层次人才创新创业、创办高科技企业，催生一批高科技新业态。着力培育创业主体，重点做好青年和大学生创新创业者、大企业高管及连续创业者、科技人员创业者和留学归国创新创业人员等培育工作，推动农民等群体投身创新创业。培育创业企业，在战略性新兴产业等重点领域，大力推进专业孵化器建设，加快培育中小微企业，催生一批先进制造业与现代服务业融合新业态，打造创业企业群。完善创业融资体系，健全“创业导师＋种子资金＋专业服务”孵化模式，鼓励和引导孵化器自主或合作设立天使投资（种子）资金（基金），支持互联网金融为科技创业提供多样、灵活的金融服务，开展互联网股权众筹融资。提升创业服务能力，培育专业化骨干创业服务机构，推进创业孵化、知识产权服务、第三方检验检测认证等机构的专业化市场化改革，布局 40 家左右科技公共服务平台，支持各类创业服务平台聘请成功创业者、天使投资人、知名专家等担任创业导师，进一步提升国家知识产权服务业集聚发展试验区等创新创业集聚区建设水平，建设江苏省创新创业政策集中发布平台，实现创新创业政策的实时推送，搭建“虚拟实验室网络化交互平台”，面向创业企业提供实时互动服务，有效链接企业需求与平台服务。营造创新创业文化，统筹全省创新创业赛事平台，搭建中国创新创业大赛暨江苏科技创业大赛等创新创业交流载体，加快推进“创业中国”苏南创新创业示范工程建设，强化体制机制创新，在众创空间建设、创新型产业孵育、创业主体培育、创新创业服务提升等关键环节取得突破，打造在全国有影响的创新创业工程，形成一批可复制、可推广的经验做法。

专栏　创业江苏行动计划

国绕降低创业门槛、降低创业成本、级解融资瓶颈、完善激励机侧、营造创业文化的迫切需要，大力发展新产业、新技术、新业态、新模式，最大限度地激发全民创业潜力、释放创业活力，以大众创业、万众创新打造江苏经济增长新引擎。到 2020 年，全省新登记注册企业户数年均增长 10% 以上；全省集聚大学生等各类青年创业者、企业高管及连续创业者、科技人员、海归创业者为代表的创业人才超过 30 万人；省级以上众创空间超 500 家，实现市、县（市、区）全覆盖；建立一支超过 3000 人的创业导师队伍；初步形成开放、高效、富有活力的创新创业生态系统，呈现创新资源丰富、创新要素集聚、孵化主体多元、创业服务专业、创业活动活跃、各类创业主体协同发展的大众创新创业新格局。

（六）培养集聚科技人才队伍，建设创新创业人才高地

深化拓展科教与人才强省战略，深入推进国际人才本土化、本土人才国际化，形成具有国际竞争力的科技人才发展体系和公共服务体系，以人才发展新质态引领经济发展新常态，以人才可持续发展支撑江苏可持续发展，以人才队伍转型升级推动经济社会发展转型升级，努力把江苏建成全球

有影响力和竞争力的国际化、高端化、特色化人才集聚中心。到 2020 年，省级以上孵化器面积超过 3000 万平方米，每万名劳动者高技能人才数达 700 人，人才发展主要指标达到国际先进水平。

1. 大力培养创新型人才。构建创新型人才培养模式，鼓励高校以经济社会发展需求为导向，适时调整学科、专业，大力开展创业教育，着力培养富有创新精神、敢于承担风险的创新型人才。加快部分省属普通本科高校向应用技术型高校转型，注重新兴产业和重点领域急需紧缺人才培养，提高应用性人才培养质量。大力推进产教融合、工学结合、校企合作培养模式，推行企业新型学徒制、“双导师制”，培养适应市场需求的技能人才。推行项目经理制，赋予其更大人财物支配权、技术路线决策权，充分发挥科技引领、项目攻关和人才培养的先导作用。

专栏　江苏省产业技术研究院

2013 年 12 月，省委、省政府成立江苏省产业技术研究院，并将其作为全省制技体制改革的“试验田”，目前已拥有涵盖新材料、电子信息、能源环保等领域的 24 家专业性研究所，聚集各类创新人才 5200 多人，初步构建起专业化、社团化、国际化的产业研发创新网络。“十三五”期间，国绕产业转型升级和创新发展的战略需求，进步深化“一所两制、合同科研、项目经理、股权激励”等改革举措，设立省产业技术研发投资基金，依托地方政府和高校院所建设一批人才与国际贯通、机制与国际接轨的专业研究所；在全球创新资源和产业聚集度高、先进技术集中、技术交流活跃的发达国家和地区，探索建立海外产业技术研发载体，积极融入全球创新网络。

到 2020 年，建立 10 家左右海外产业技术研发载体，省产业技术研究院引领作用增强，成为产业技术升级的“推进器”、吸引各类创新资源的“强磁场”和重大创新成果的“策源地”。

2. 完善人才引进使用和评价。鼓励发展专业性、行业性人才市场，发挥社会机构招才引才作用。大力推进大众创业、万众创新，以大学生等各类青年创业者、企业高管及连续创业者、科技人员、海归创业者为主体，加大政策扶持力度，加快载体建设，发展创业服务，集聚众创人才。发挥各类园区及众创空间招才引智优势，支持有条件的企业在境外设立研发中心，聚焦产业，差异化引进高层次人才。强化人才分类评价，基础研究和前沿技术研究人才，以同行评价为主，适当延长评价考核周期，着重评价研究质量、原创价值和实际贡献。应用研究和技术开发人才突出市场发现、市场评价、市场认可和第三方评价，着重评价目标成果转化情况和技术成果突破性。实用型人才根据职业特点，灵活采用技能鉴定、考核考评和业绩评审等方式进行评价。

3. 促进人才流动释放活力。充分发挥市场的决定性作用，优化人力资本配置，清除人才流动障碍，打破户籍、地域、身份、人事关系等制约，促进人才跨地区、跨行业、跨体制自由流动。允许科研人员在职或离岗创业。鼓励高校、科研院所等事业单位科研人员在履行岗位职责前提下，到企业兼职从事科技成果转化、技术攻关。支持符合条件的科技企业家和企业科技人才到高校、研究院所兼职。制定实施高校大学生休学创业办法，扶持大学生以创业实现就业。

（七）深化科技体制改革，激发创新创业的动力和活力

深化科技管理体制改革，健全技术创新市场导向机制，强化科技同经济、创新成果同产业、创新项目同现实生产力、研发人员创新劳动同利益收入“四个对接”，大力推进“一院、一区、一城、两县（市）”科技改革试点，构建促进创新驱动发展的体制机制。

1. 构建新型产业技术研发机制。瞄准“世界有影响、全国最前列”的目标，推进省产业技术研究院改革发展，更大力度集聚全球创新资源，更高水平建设专业研究所，积极探索构建市场化导向、公益性职能、企业化运作的运行机制，加速产业重大原创性成果产出。针对“一区一战略产业”布局，依托创新资源集聚度较高的高新园区，建设一批省产业技术创新中心，完善创新资源整合、产业技术研发、成果转移转化、企业衍生孵化等功能，健全产业技术研发体系。按照自愿原则和市场机制，鼓励构建以企业为主导、产学研合作的产业技术创新战略联盟，进一步优化联盟在重点产业和重点区域的布局。支持机制灵活的各类新型研发机构发展，鼓励探索非营利性运行模式，加快建设一批体制新、机制活、特色鲜明、科技创新能力强、品牌知名度高的新型产业技术创新平台，与现有各类平台形成分工合理的产业技术创新体系。

2. 推进科技创新政策先行先试。发挥苏南国家自主创新示范区作用，率先落实好国家向全国推广的中关村 6+4 政策。开展创新政策试点，推进示范区在深化科技体制改革、建设新型科研机构、科技资源开放共享、区域协同创新等方面先行先试、寻求突破，示范区先行先试取得成功的改革举措和做法积极向各类科技园区推广。研究制定支持海外高层次人才承担政府科技计划的扶持措施，建立健全企业、高校和科研机构参与国际大科学计划和大科学工程的支持机制。探索企业研发机构、科技企业孵化器优先供地政策。认真落实国家级科技企业孵化器、大学科技园有关税收政策，加大对省级科技企业孵化器、大学科技园建设的奖励和支持力度。

3. 深入推进区域创新改革试点。推进南京国家科技体制综合改革试点城市建设，进一步发挥科技教育人才优势，在科技创新评价机制、资金支持方式、科技成果转化机制、创业孵化机制、国际合作创新机制等方面加大突破力度，打通有利于创新要素集聚和资源活力释放的快速通道，为全省提供有益经验并适时推广。推进苏州工业园区开放创新综合试验，积极探索开放与创新融合、创新与产业融合、产业与城市融合的发展道路，建立开放型经济新体制。推进常熟市、海安县科技创新体制综合改革试点，着力在管理体制、工作机制和发展模式等方面先行先试，积极探索依靠科技创新促进县域经济转型升级和产业结构调整的有效路径。

4. 完善科技成果转移转化机制。积极落实国家促进科技成果转化的有关政策措施，高等院校、科研院所对其持有的财政性资金形成的科技成果，经单位重大事项决策程序通过后，可依法采取转让、许可、作价入股等方式开展转移转化活动，行政主管部门和财政部门对科技成果在境内的使用、处置和收益分配不再审批或备案。探索高层次人才科技成果、股权转让奖励办法。推进省属科研院所改革发展，释放体制机制活力。鼓励各类企业通过股权、期权、分红等激励方式，调动研发人员创新积极性，充分体现智力劳动价值的分配导向。

5. 推动科技和金融紧密结合。深入推进国家科技与金融结合试点省建设，围绕创新链完善资金链，建立科技资源与金融资源高效对接机制，形成覆盖产业科技创新全过程的科技投融资体系。健全科技金融风险分担机制，创新财政资金使用方式，以科技型小微企业“首投”“首贷”“首保”为重点，建立覆盖全省的科技金融风险补偿资金池和备选企业库，引导金融资本、社会资本加大对科技型中小企业的支持。创新省天使投资引导资金运作方式，引导天使投资与大众创业紧密结合，到 2020 年，全省创业投资管理资金规模达 2500 亿元。优化“苏科贷”工作流程，建立绩效考核机制，促进“苏科贷”贷款规模持续增长。实施省科技保险风险补偿专项资金，鼓励保险机构完善科技保险产品和服务，推动科技型中小微企业利用科技保险融资增信和分担创新风险。积极发展科技支行、科技保险支公司、科技小额贷款公司、科技融资租赁公司等新型科技金融组织，加快发展科技金融中介服务机构，建设区域性科技金融服务中心。以苏南国家自主创新示范区为重点，推动省级科技金融合作创新示范区先行先试，积极支持苏南科技型企业发起设立民营银行，稳妥推进股权众筹等支持创新的互联网金融发展。

6. 构建开放创新机制。实施产业创新国际化行动计划，以企业创新国际化为重点，广泛集聚全球创新资源，深度融入全球研发创新网络，推动我省产业创新水平与国际同步、研发活动与国际融合、创新机制与国际接轨。深化拓展与世界主要创新强国及国际一流创新机构合作关系，构建产业创新全球合作伙伴关系网络。引导国际创新要素向企业集聚，推动企业提升整合国内外创新资源的能力，成为更有作为的产业创新开放合作的主导者。鼓励高校、科研机构加强对外人才交流与科研合作，共建国际联合研究中心、实验室，加大全球人才招聘力度，加快提升国际化水平。面向企业需求完善创新国际化服务体系，培养开放创新的良好生态与氛围，鼓励地方根据产业创新发展需求，开展各具特色的开放创新合作。进一步发挥创新型外资企业和外资研发机构在我省区域创新体系中的作用，鼓励开展高附加值的技术开发活动。加快国际科技合作创新园区建设，提升中以常州创新园、太仓中德产业合作园、中韩盐城产业园等发展水平。

专栏　产业创新国际化行动计划

对接国家“一带一路”战略部署，积极参与中国与东盟、南亚、非洲等国家的科技伙伴计划，全面拓展与美、俄、德、法等世界主要创新强国的科技合作伙伴关系，深化与以色列、芬兰、英国、捷克、加拿大安大略省、澳大利亚维多利亚州等国家与地区的产业研发合作，进一步加强与美国麻省理工学院、德国弗朗霍夫应用研究促进协会等著名高校院所的跨国产学研合作，累计与 10 个国家或地区政府部门建立双边产业合作机制，与国际顶尖创新机构新增共建 10 家产业技术国际合作平台或合作载体。鼓励有实力的企业面向全球布局创新网络，按照国际规则并购、合资、参股国外创新型企业研发机构，累计建设海外研发基地 100 家以上。加强省跨国技术转移中心等国际技术转移服务机构建设，发挥“中国·江苏国际产学研合作论坛暨跨国技术转移大会”及南京软博会、无锡设计博览会、苏州纳米成果展等国际展会的品牌效应，组织实施国际技术对接交流活动 100 场以上。

（八）完善政府创新服务，营造优良发展环境

1. 实施知识产权强省战略。大力推进知识产权领域改革，建立健全职责清晰、管理统一、运行高效的知识产权行政管理体系，不断完善知识产权制度，着力提升知识产权创造、运用、保护、管理和服务能力，加快推进引领型知识产权强省建设。实施高价值知识产权培育计划，加强知识产权战略布局，形成一批创新水平高、权利状态稳定、市场竞争力强的高价值知识产权。增强企业知识产权战略运用能力，强化企业知识产权管理标准化建设，推动企业深入实施知识产权战略，打造一批知识产权密集型企业。部署推动知识产权密集型产业发展，着力培育专利密集型、商标密集型、版权密集型产业。大力发展知识产权市场，建设江苏（国际）知识产权交易中心，打造功能完备、交易活跃、在国内外有影响力的知识产权展示交易平台。切实加大知识产权保护力度，研究制定《江

苏省知识产权促进条例》等地方性法规，加强知识产权行政执法与司法保护的衔接，推进知识产权民事、刑事和行政案件的“三审合一”，探索设立知识产权法院。建立知识产权侵权违法档案，将知识产权违法信息纳入企业或个人征信系统。完善知识产权涉外维权机制，研究制定海外知识产权维权指引，建设涉外企业知识产权数据库，构建海外知识产权保护和服务网络，加强对国际知识产权制度和规则研究，建立科学决策、快速反应、协同运作的涉外知识产权争端应对机制。

2. 完善科技政策落实机制。建立科技政策落实工作机制，加强与国税、地税等部门的工作协调和联动，深入推行科技政策落实与申报科技计划项目、厅市会商和科技进步考核“三挂钩”。强化“千人万企”工作组织，探索在重点高新技术企业设立企业“科技政策助理”，构建一支熟悉科技政策、精通财税业务的咨询专家队伍。充分利用“互联网+”等新型宣传手段，注重发挥行业协会、中介机构等在科技政策宣传与培训方面的作用，加强科技政策落实监测，大力提高政策受惠面，全方位推动政策落地，到2020年，科技税收减免额力争达300亿元。

3. 完善科技计划体系。按照“稳基础、强前瞻、重转化”的思路，充分发挥市场对技术研发方向、路线选择、要素价格、各类创新要素配置的导向作用，深入推进科技计划的统筹协调与分类管理改革，不断完善省级科技计划体系。建设省级科技项目管理平台，建立科技管理信息系统，将优化整合后的省级科技计划（专项、基金等）纳入平台集中管理。完善科技资金管理，建立统一的评估和监管机制、动态调整和终止机制、信息发布和公开机制，切实提高科技资源配置效率。探索管办分离管理机制，培育专业的项目管理机构，委托其承担纳入省级科技管理平台项目的申请、评审、立项和过程管理等具体事项。

4. 加强科学技术普及工作。深入实施全民科学素质行动，动员多方力量参与科普工作，推动形成社会化科普工作格局。充分发挥科技工作者的主力军作用，开展院士科普行、博士科普行等活动。加强科普能力建设，实施《科普基础设施发展规划》，推进科技博物馆建设，启动科普示范基地建设。加大科普宣传力度，继续组织好科技活动周等重大科普活动。加强农村基层科普队伍和科普能力建设。加强科普人才队伍建设，建立健全科学传播体系的评价机制与奖励制度。建立科普统计制度，开展科普监测工作。广泛开展面向基层的科普活动，在全社会推动形成讲科学、爱科学、学科学、用科学的良好氛围。

四、规划实施

为有力推进规划实施，各地、各部门必须周密部署，落实责任，强化监督，形成规划实施的强大合力和制度保障。

（一）加强规划实施的组织领导

省科技主管部门牵头组织实施本规划。规划实施中，加强科技宏观管理，加大全省科技创新推进力度。各地、各部门要依据本规划，结合自身实际，突出各自特色，强化本地、本部门科技发展部署，做好与本规划提出的发展思路和主要目标的衔接，加强重大事项会商和协调，做好重大任务分解和落实。各级科技主管部门要加强对科技规划的贯彻宣传，做好协调服务和实施指导，调动和增强社会各方面参与的主动性、积极性。

（二）强化创新统筹部署与协调

把科技创新摆在全省发展全局的核心位置，统筹推进科技体制改革和经济社会领域改革，注重科技、经济、社会等方面政策、规划及改革举措的协调和衔接，统筹推进科技、管理、品牌、组织、商业模式创新，统筹推进军民融合创新，发挥好科技界和智库对创新决策的支撑作用。统筹推进引进来与走出去合作创新，实现科技创新、制度创新、开放创新的有机统一和协同发展。统筹推进苏南、苏中、苏北三大区域的创新协调发展。

（三）做好年度科技计划与规划衔接

规划实施中，注重国家和省中长期科技、人才、教育规划纲要的统筹落实，加强与《江苏省国民经济和社会发展第十三个五年规划纲要》的衔接部署，重视与各项国家、省级及地方重点专项规划的协调。强化规划对年度计划执行和重大项目安排的统筹指导，确保规划提出的各项任务落到实处。细化发展规划年度目标分解工作，为年度科技计划的制定提供合理依据。

（四）注重规划评估与动态调整

建立健全科技规划监测评估制度和动态调整机制。省科技厅在规划实施过程中适时组织开展对规划实施情况的评估，及时发现问题，认真分析产生问题的原因，提出有针对性的对策建议。通过监测评估，分析本规划的实施进展情况，特别是对本规划提出的重大任务的执行情况要进行制度化、规范化的检查评估，为科技规划的动态调整提供依据。各地和相关部门也要密切跟踪分析规划实施情况，及时向规划编制部门反馈意见。

（五）重视科技管理的基础性工作

重视开展科技发展战略研究，加强科技发展规划、政策、布局、评估和监管，组织开展技术预测和技术路线图工作，强化科技统计评估、科技成果登记和科技保密工作，加大科技宣传力度，提高科技信息服务能力，为科技战略决策和管理提供有力支撑。健全统筹协调的科技宏观决策机制，加强部门功能性分工，统筹衔接基础研究、应用开发、成果转化、产业发展等各环节工作。

浙江省科技创新“十三五”规划

为深入贯彻党的十八大和十八届三中、四中、五中全会精神，全面落实党中央、国务院关于实施创新驱动发展战略的决策部署，形成“抓创新就是抓发展，谋创新就是谋未来”的共识，让创新成为全社会的共同行动，走出一条从人才强、科技强到产业强、经济强的发展新路径，根据《浙江省国民经济和社会发展第十三个五年规划纲要》，特制定本规划。

一、迈向率先建成创新型省份决胜阶段

（一）形势与需求

“十二五”以来，全省认真贯彻落实党中央、国务院的决策部署和《中共浙江省委关于实施创新驱动发展战略加快建设创新型省份的决定》，紧紧围绕破解科技创新“四不”问题，深入开展“八倍增、两提高”科技服务专项行动，自主创新能力、科技综合实力和竞争力持续增强，创新型省份建设步伐加快，创新驱动发展格局加快形成。区域创新能力居全国第 5 位，综合科技进步水平指数居全国第 6 位，企业技术创新能力居全国第 2 位。2015 年，全社会研究与试验发展（R&D）经费支出首次突破千亿元，比 2010 年增长了 1 倍；R&D 经费支出占地区生产总值的比重由 2010 年的 1.78% 提高到 2.36%；专利申请量、授权量均保持全国前列。在高端装备制造、信息网络、新能源、生物医药、节能环保、农业农村等方面突破了一批核心关键技术，取得了一批标志性成果，获得国家科技奖励的成果大幅增长。科技创新基地建设不断加快，青山湖科技城逐步成为我省重要研发平台，未来科技城成为集聚创新资源的新高地，杭州国家自主创新示范区、中国（杭州）跨境电子商务综合试验区建设积极推进。高新区提升发展有新进展，核心载体作用明显增强，国家高新区达到 8 个，省级高新园区达到 24 个。产业技术创新体制机制不断完善，围绕做强产业链，在纯电动汽车、装备制造、新材料等领域，建设了 184 家省级重点企业研究院。新型研发机构加快建设，中国科学院宁波材料所、浙江清华长三角研究院等创新载体集聚优质资源，转化创新成果，有效支撑了区域创新体系建设。科技体制改革不断深化，科技大市场建设稳步推进，科技成果竞价拍卖取得成功，涌现了滨江、

浙江省人民政府办公厅，浙政办〔2016〕83 号，2016 年 7 月 25 日。

新昌等一批可复制、可推广的改革样板。创业创新生态环境不断优化，众创空间建设加速推进，科技金融结合不断深化，人才创业创新活力不断激发。

未来五年，国内外宏观环境将继续发生深刻变化。从国际看，全球创业创新进入高度密集的活跃期，新一轮科技革命和产业变革迅猛发展，信息技术、生物技术、新材料技术、新能源技术广泛渗透，带动以智能、绿色、泛在为特征的群体性技术突破，重大颠覆性创新不断出现，成为重塑世界经济结构和竞争格局的关键。从国内看，我国正处在全面建成小康社会决胜阶段，经济发展方式加快转变，新的增长动力正在孕育形成，消费结构逐步升级，新技术新业态新模式大量涌现，迫切需要进一步释放科技创新潜能，推进供给侧结构性改革。从全省看，"十三五"时期是强化创新驱动、完成新旧发展动力转换的关键期，是加强制度供给、实现治理体系和治理能力现代化的关键期，是协同推进"两富""两美"浙江建设、增强人民群众获得感的关键期，既面临重大战略机遇，也面临诸多严峻挑战。但是，我省科技创新还存在不少短板，科技创新投入不足、企业创新能力不强、科技创新平台不够、人才资源结构不适应、精准聚焦亟待加强、成果转化通道不畅、高新产业发展滞后，科技引领经济新常态的能力亟须提升。

站在新的历史起点上，浙江比以往任何时候都更需要确立创新发展理念、实施创新驱动发展战略，主动对接"一带一路"、长江经济带与"互联网＋""中国制造 2025"等国家战略，推动科技创新迈上新台阶，加快形成以创新发展为引领，协调、绿色、开放、共享发展互促的新格局。

（二）指导思想

深入贯彻落实习近平总书记系列重要讲话精神，以"四个全面"战略布局为统领，以"八八战略"为总纲，以"干在实处永无止境，走在前列要谋新篇"为新使命，以"更进一步、更快一步，继续发挥先行和示范作用"为总要求，坚持发展第一要务，坚持创新是引领发展的第一动力、科学技术是第一生产力、人才是第一资源的方针不动摇，全面实施创新驱动发展战略，推动以科技创新为核心的全面创新，破除一切制约创新的思想障碍和制度藩篱，着力增强自主创新能力，提高创新供给质量，加快发展动力的根本转换，形成经济内生增长的强大动力，建设具有核心竞争力的创新型经济，让创新成果惠及民生，为高水平全面建成小康社会提供强大科技支撑。

（三）基本原则

坚持把创新驱动发展作为首位战略。坚定不移地把创新摆在我省发展全局的核心位置，把科技创新作为最重要的战略资源，把支撑引领转型升级作为根本任务，不断推进制度创新、管理创新、文化创新等各方面创新，在拥有优势的关键领域科学研究实现原创性重大突破，战略性高技术领域技术研发实现跨越式发展，若干领域创新成果进入国内领先、国际一流，推动形成经济结构不断优化、发展方式加快转变的良好态势。

坚持把科技体制改革作为根本动力。发挥市场在资源配置中的决定性作用和更好发挥政府作用，激发全社会创新活力和创造潜能，提升劳动、信息、知识、技术、管理、资本的效率和效益，强化科技同经济对接、创新成果同产业对接、创新项目同现实生产力对接、研发人员创新劳动同其利益收入对接，充分释放创新活力和改革红利，营造大众创业、万众创新的政策环境和制度环境。

坚持把科技成果转化作为主攻方向。紧扣经济社会发展重大需求，着力打通科技成果向现实生产力转化的通道，着力破除科学家、科技人员、企业家、创业者创新的障碍，着力破解要素驱动、投资驱动向创新驱动转变的制约，让创新真正落实到创造新的增长点上，把创新成果变成实实在在的产业活动，让创新成果惠及大众、增进人民福祉。

坚持把开放合作作为重要路径。坚持全球视野，发挥“互联网 +”的协同优势，推进创新要素跨界流动，坚持引进来和走出去并重、引资和引技引智并举，汇聚融合国际优质科技资源，构建更加高效的创新网络，打造全方位开放创新新格局。

坚持把人才作为创新的第一资源。更加注重培养、用好、吸引各类人才，促进人才合理流动、优化配置，创新人才培养模式；更加注重强化激励机制，给予科技人员更多的利益回报和精神鼓励；更加注重发挥企业家和技能人才队伍创新作用，充分激发全社会的创新活力。

（四）战略目标

到 2020 年，创新驱动发展战略实施取得实质性成效，科技体制改革取得突破性进展，创新资源自由流动，创新条件明显改善，创新合作更加开放，创新活力竞相迸发，创新价值充分体现，创新驱动发展成为重要引擎，在信息经济等若干战略必争领域形成独特优势，以“互联网 +”为特色的信息经济率先进入全球价值链中高端，基本建成以信息经济为先导、以杭州城西科创大走廊为主平台的“互联网 +”世界科技创新高地，率先建成创新型省份。

——体制机制改革成效凸显，发展新动力更加强劲。基本构建推进全面创新改革的长效机制，在资源配置、成果转化、人才评价、创新收益、科技金融等关键环节取得重大突破，人才、技术、成果、知识自由流动，高等学校、科研院所、企业、社会组织协同创新，基本形成开放、高效、富有活力的创业创新生态系统，实现科技创新、制度创新、开放创新有机统一和协同发展。

——自主创新能力大幅提升，发展新空间更加广阔。R&D 经费支出占地区生产总值的比重达到 2.8% 左右。每万名从业人员中研发人员数达到 120 人年。公民具备科学素质的比例超过 13%。每万人发明专利拥有量达到 17 件，国际专利（PCT）申请量达到 2000 件。全社会劳动生产率达到 17 万元 / 人。

——科技成果转化成效显著，发展新活力更加迸发。科技成果转移转化市场机制不断健全，技术服务体系不断完善，更多的国内外资金、技术、项目等优质创新资源在我省落户转化。众创空间等新型创业服务平台达到 1000 家以上，新增孵化面积达到 250 万平方米，新入驻企业 10000 家，毕业企业 3000 家。科技创业创新投资机构达到 300 家以上，创业风险投资管理资金达到 3000 亿元以上。全省技术交易成交额达到 500 亿元，浙江科技大市场成为全国一流的科技成果交易中心。

——企业主体地位更加凸显，发展新动能更加强劲。做强一批高新技术企业，培育一批自主创新能力强、拥有知名品牌的“专精特”创新型企业，打造一批研发实力与创新成果国际一流、产业规模与竞争能力位居前列的创新型领军企业，以企业技术创新体系建设带动区域创新体系整体效能的提升。全省高新技术企业达到 15000 家，科技型中小微企业达到 50000 家，具有国际影响力的创新型领军企业达到 500 家。规模以上工业企业 R&D 经费支出占主营业务收入比重达 1.6%，新产品产值年均增长 10%。

——现代产业体系更加健全，发展新优势更加明显。培育一批支撑未来创新发展的千亿级产业，力争成为具有世界影响力的创新链的重要一环。科技进步对经济增长的贡献率达到 65%。高新技术产业投资年均增长 15%，高新技术产业增加值每年增速高于规模以上工业 2 个百分点以上，高新技术产业增加值占规模以上工业增加值比重达到 42%。知识密集型服务业增加值占地区生产总值的比重高于 15%。

表　"十三五"科技创新规划主要指标

指标名称	2015 年	2020 年	年均增长
R&D 经费占地区生产总值的比重（%）	2.36	2.8 左右	0.088 个百分点
科技进步贡献率（%）	57	65	1.6 个百分点
企业 R&D 经费支出占主营业务收入比重（%）	1.32	1.6	0.06 个百分点
每万名从业人员中 R&D 人员数（人年）	98.5	120	4.3 人年
公民具备科学素质的比例（%）	8.21	>13	> 0.96 个百分点
每万人发明专利拥有量（件）	12.89	17	0.82
国际专利（PCT）申请量（件）	931	2000	16.5%
全社会劳动生产率（万元／人）	11.5	17	1.1 万元／人
技术市场成交额（亿元）	242.35	500	15.6%
高新技术产业增加值占规模以上工业增加值比重（%）	37.2	42	1 个百分点
知识密集型服务业增加值占地区生产总值的比重（%）	13.8	> 15	> 0.24 个百分点
高新技术企业数（家）	7905	15000	13.7%
科技型中小微企业数（家）	23930	50000	15.9%
高新技术产业投资（亿元）	2162	4350	15%

到 2025 年，科技和人才成为区域竞争最重要的战略资源，创新成为政策制定和制度安排的核心要素，率先建成科技强省，主要创新指标跨入创新型国家先进行列，环杭州湾高新技术产业带初具规模，若干产业进入全球价值链高端，基本形成以杭州湾创新型城市群为主体的"互联网 +"世界科技创新高地。

到 2035 年，涌现一批世界水平的战略科学家、创新型企业家，产出一批引领经济社会发展的重大原始、颠覆性创新成果，在若干产业领域领跑全球创新，若干企业进入全球创新百强，全面建成创新强省和科技强省。

二、开展重大科技攻关，发展创新引领型经济

紧紧围绕经济竞争力提升的核心关键、社会发展的紧迫需求、国家安全的重大挑战，采取差异化策略和非对称性措施，强化重点领域和关键环节的任务部署，前瞻布局新兴产业前沿技术研发，实施一批科研基础好、能填补国内空白、近期有望获得突破、发展前景良好的重大科技专项及项目，

以技术的群体性突破支撑引领新兴产业集群发展，再创区域竞争新优势，实现创新跨越。

（一）发展新一代信息网络技术

认真实施网络强国战略、大数据战略和“互联网 +”行动计划，大力发展量子通信、新一代集成电路关键技术及高端芯片，建设现代通信、信息机电产业集群和全国重要的新型电子元器件产业基地；大力发展云计算、大数据、物联网和工业软件，突破一批影响产业发展的核心关键技术，建设全国领先的信息技术中心和物联网产业基地，打造全国信息经济发展先行区和全球数字安防中心。

专栏 1　新一代信息网络技术

量子通信技术。重点突破量子加密与经典加密融合、综合接入量子安全网关等技术，推动量子通信技术在政务、金融、电力、商务等领域的应用。

新一代集成电路及高端芯片。重点突破高性能嵌入式处理器自主指令集技术、微波毫米波集成电路建模设计与流片封装技术等重大科学问题；重点攻关新一代安防监控等核心系统级芯片（ SoC ）、固态硬盘（SSD）等设计关键技术；重点推动智慧电子产品 SoC 芯片、微机电系统（MEMS）芯片等的大规模推广应用。

云计算、大数据和物联网。突破大数据存储、挖掘分析等技术。研制大数据处理与分析和云服务开发、管理、协同及市场化的基础支撑平台；开发行业大数据及云服务平台应用软件，构建大数据标准体系；研制面向物联网的智能终端操作系统。

（二）发展新材料技术

大力发展石墨烯应用及高性能产品，建设国内领先的高性能新材料产业基地，重点突破生物基高分子材料、材料基因组技术，着力提升技术水平。加快构筑特色新材料在全球的竞争优势。

专栏 2　新材料技术

石墨烯应用及高性能产品。开发石墨烯高能量密度动力锂电池、石墨烯超级电容器、石墨烯铅炭超级电池等相关产品，实现石墨烯规模化制备及在电子信息、海工装备、军工装备、环保等领域的工业化应用。

高性能功能材料。研发高性能稀土永磁材料、软磁复合材料，开发磁性材料用耐高温黏结剂。研究海洋工程高性能混凝土及其核心配套材料等表面多功能防护涂层材料、特种氟硅类高性能防腐涂料等关键材料的制备及产业化技术。研究碳纤维、硼纤维等高性能纤维增强树脂基、金属基、陶瓷基、碳基复合材料以及功能和智能复合材料，实现产业化生产及应用。

生物基高分子材料。开展化学或生物发酵法制备刚性高分子单体研究，解决催化剂或生物酶选择性、催化活性等关键问题。研究含有生物基刚性单体的聚合与改性技术。研发掺碘钛基骨科抗菌植入体生物材料、二氧化钛薄膜生物材料等生物医用材料，发展生物基热固性树脂和生物基助剂，实现规模化应用。研发可降解和吸收的医用高分子材料并实现产业化。研发纤维素基复合材料替代金篇材料和石油系合成材料的新材料应用技术、农业秸秆转化工业原材料的绿色技术。

材料基因组技术。开展高通量材料计算设计、高通量与智能化材料制备和表征等材料基因组方法关键技术研发，开发 2 ～ 3 种高通量材料制备和表征技术及相关数据库，以及具有国际水平和自主知识产权的专用仪器设备，在能源材料、化学新药创制、高性能催化材料与表面强化薄膜材料等领域实现应用。

传感、探测和显示材料。重点研发柔性压电与介电复合材料、半导体传感材料等先进传感材料，实现射频识别电子标签、半导体传感器等材料及其器件产业化和应用示范。

（三）发展智能绿色高端装备制造技术

大力发展智能机器人及核心功能部件、智能制造装备与智能测控部件、3D 打印控制部件、新型激光发生器与应用、智能农业装备，提高装备研发和系统集成水平，加快网络化制造技术、云计算、大数据等在制造业中的深度应用，重塑制造业的技术体系、生产模式、产业形态和价值链，推动高端装备制造业发展水平处于全国前列，打造国内领先的机器人及智能制造装备应用示范基地。

专栏 3　智能绿色高端装备制造技术

智能机器人及核心功能部件。攻克机器人结构、驱动、感知、控制一体化协同设计、高性能运动控制等产业瓶颈技术，提升性能，加快应用。开发多轴关节式、并联工业机器人及精密减速器等核心功能部件，开展焊接、抛光等特种机器人设计与应用关键技术攻关，实现工业化应用。开展服务机器人的机械系统、驱动及执行系统等设计与制造关键技术攻关，开发具备人机语言交互功能的多用途服务机器人和无人飞行器等，实现示范应用。

智能制造装备与智能测控部件。突破智能制造装备和关键智能测控部件的自主可控核心关键技术，推进新型传感器、工业软件、工业互联网、信息物理系统的研发以及在智能制造装备中的集成，提高智能制造领域的自主研发、设计、先进制造、标准制定、功能服务和系统集成能力，加快推进智能型技术替代劳动密集型技术。围绕“互联网 +”等关键技术开展攻关，开发数字化、网络化、智能化的高端制造装备，实现产业化应用。

3D 打印及控制部件。开展金属基粉末材料、陶瓷粉末材料等高性能材料的设计制备核心技术，3D 打印工艺与过程控制核心技术，生物 3D 打印机和 3D 打印及精密、高通量等核心关键技术攻关，以及 3D 打印云制造平台开发。攻克 3D 打印材料制备、打印工艺与过程控制等重大关键技术。

新型激光发生器与应用。攻克激光加工艺核心关键技术，重点开发高性能的半导体激光器、超快激光器等新型激光器，开发基于新型激光器的新型激光加工成套设备、医疗激光设备、激光测量设备，实现产业化应用。

智能农业装备。突破种子、生产环境、农作物和农产品信息的快速获取与解析，基于北斗系统的精确定位与导航，设施农业环境智能调控，农业大数据综合分析与超级计算和精准对靶施药／施肥与协同控制等一批关键技术，创制一批关键装备，并实现示范应用。

（四）发展清洁高效能源技术及节能环保技术

大力发展大功率潮流能发电关键技术及环保装备、资源循环利用、半导体照明等技术，加快风能、太阳能、地热能、海洋能、生物质能和建筑、交通运输领域节能的技术开发、装备研制及大规模应用，攻克大规模供需互动、储能和并网关键技术，推动能源应用向清洁低碳转型，建设国内领先的新能源产业化与综合应用基地、国内先进的节能环保装备产业基地。

专栏 4　清洁高效能源技术及节能环保技术

可再生能源转化利用关键技术。攻克风电机组智能检测诊断和控制、运行维护全过程评估等技术。发展高性能光伏发电材料产业和太阳能光热技术，研发低能耗环保多晶硅生产工艺、薄膜等技术与装备。提升生物质燃烧发电、热电联产技术能效和清洁水平，攻克核心技术。注重浅层地热能利用和小水电关键技术开发升级。

大功率潮流能发电关键技术。开展海洋潮流能发电及并网关键技术研究，研制出兆瓦级大功率大型海洋潮流能发电机组并实现示范应用。

环保装备技术。开展大气细颗粒物污染防控、燃煤发电厂超低排放等大气污染防治技术装备，高浓度有机废水处理、重金属污染处理等水污染防治技术装备，工业固废无害化资源化处理、生活垃圾无害化处理等固体废物处理处置技术装备及土壤污染防治技术装备研发。重视发展低成本碳捕获关键技术，开发碳、硫等污染物协同脱除技术以及一体化碳捕获转化利用技术。

资源循环利用技术。开展清洁生产与资源循环利用研究，推进重点行业技术升级与结构优化。开展余热、余能、余压利用技术和废气、废水、固体废弃物的循环利用技术的研究，研制纺织印染、电力（热电）等高能耗产业的节能技术与装备。

半导体照明技术。研制开发发光二极管（LED）芯片及封装技术。开发软开关谐振电路动态过程的能量钳制技术等中大功率 LED 驱动技术。研发在高温、严寒、水、海洋等环境下能长期使用的 LED 灯具和驱动电源，实现示范应用。研制智能照明灯具的控制系统优化及数据融合技术。研究面向“互联网 +”和云计算的 LED 智能照明产业云制造服务分类及模式。实现 LED 在汽车照明、光通讯、可穿戴电子、农业等领域的应用。

“互联网 +”节能技术。重点开发和推广应用具有行业特色的节能技术信息服务系统、工业设备能效与运行状态远程实时监控系统，分布式新电源用能的能效管理与节能技术。发展基于互联网的智慧节能管理系统。

能源互联网及蓄能技术。重点研发基于能源互联网的网络、通信、新材料、电力电子器件等关键技术。开展多种能源互补分布式发电技术与设备研制。研发新一代储能技术开发，并大力促进其在电动汽车和可再生能源规模化利用调蓄方面的应用。

（五）发展绿色智能交通技术

大力发展新能源汽车、汽车动力电池、航空与智能绿色轨道交通装备、超大型船舶设计与制造技术，建设全国一流的新能源汽车产业科技中心，突破交通信息精准感知与可靠交互、交通系统协同式互操作、泛在智能化交通服务等共性关键技术，打造国内一流的新能源汽车制造与应用基地、全国重要的轨道交通装备关键零部件制造基地、具有国际影响力的航空产业基地和船舶修造基地。

专栏 5　绿色智能交通技术

新能源汽车与汽车动力电池开发。推进关键零部件技术、整车集成技术和公共平台技术的研究与攻关。开发高容量且电化学稳定的正极材料和高容量硅碳复合负极材料，研究更加安全的大容量锂离子电池新型电解液技术，开发高熔点并涂覆陶瓷的隔膜，改进电池组结构及电池组热管理，标准化设计电池组模块，开发高能量密度和高性能快速充电的多元复合锂离子电池系统。开发无线充电技术并示范应用。

航空与智能绿色轨道交通装备。发展大型航空飞机部件制造技术，突破航空基础零部件、核心元器件设计与制造等关键技术。开展蜂窝复合材料加工装备、数字化柔性飞机装配系统等制造装备攻关。重点攻克轨道交通列车无人驾驶关键技术，突破新型绿色材料在轨道交通车辆成型部件制造中应用的核心关键技术，推进新型材料在车辆顶篷等部件中的应用，攻关轨道交通列车车载爆炸品、毒品安防检测和地铁站点等公共区域安检的装备，实现产业化应用。

超大型船舶设计与制造。突破超大型船舶关键结构柔性设计技术、结构疲劳节点设计优化与制造加工技术、大厚度高强度铜板中温水冷与水工、分段建造高精度控制等关键技术，设计与建造万箱级集装箱船、7800 车汽车滚装船、25 万吨级矿砂船等超大型船舶。

（六）发展生态绿色高效安全的现代农业技术

大力发展新品种选育、安全生态“三药”创制、健康营养食品制造与安全、渔场修复与海洋蓝色粮仓建设技术、高效安全生态种养殖新技术、林特资源培育及产业化，推动农业发展达到国内领先水平。

专栏 6　现代农业技术

农业新品种选育。继续挖掘、利用粮食、畜禽、林木等种质资源与优异育种材料，创制一批育种新种质、新材料；突破强化育种、分子辅助和转基因等现代育种技术瓶颈；育成一批高产、优质、适合机械化作业的新品种；攻克种子种苗工厂化自动化繁育技术。

安全生态“三药”创制。研究药用生物资源及活性产物的发展与利用技术，基于生物组学的靶标发现技术、农业药物制备技术和农业药物靶向传输与精准控释技术，研制新型的低毒高效生态化“三药”和生物菌种、制剂等。

健康营养食品制造与安全。开展低碳化、智能化、信息化的现代物流保鲜和加工、食品感官指标的提升工艺技术等新型生物技术在食品工业中的应用技术研究，开发安全、高质健康食品。开展智能化食品制造、基于生物技术的农产品及食品品质安全快速检测等技术与装备的研究和应用。

渔场修复与海洋蓝色粮仓。开展渔场海洋环境修复治理，在设施装备、良种良法、岛礁渔业、健康养殖、循环水养殖、生态环境修复以及绿色加工等方面加强共性关键技术攻关，着力打造一批新技术、新装备、新模式和重大产品。

高效安全生态种养殖新技术。开展化肥减量与替代增效、农药减施及绿色防控等新技术研究。建立基于物联网技术海洋水产质量安全溯源系统，重点开展海洋水产品有毒有害物质监测、水生动物疫病监测技术研究。开展工厂化养蚕和茧丝一体化技术研究，培育适合全龄人工饲料工厂化饲育的专用蚕品种。开发适合工厂化养蚕的低成本人工饲料。开展机械化饲养器具以及省工作业配套技术的研发，建立适于工厂化养蚕的省工、高密度蚕茧生产方式。

林特资源培育及产业化。重点开展工业原料树种、珍贵树种等领域的选择与配置、立地控制等关键技术研究和应用；开展全质化高效利用和自动化、信息化竹木材果高效加工技术。开展特色景观花卉植物培育和创意园林技术研发，加强森林涵养、碳汇功能提升和生态修复综合集成新技术研究。推动木本粮油和特色干果等特色农产品的速生高产优质培育技术和安全加工利用技术研究，开发多种高价值新品种。

（七）发展先进高效生物技术与精准医疗技术

以生物技术创新带动生命健康、生物能源、生物制造等产业发展，开展生物技术与新一代信息技术、新材料技术等热点领域的交叉研究；加快布局合成生物技术、生物大数据、蛋白质研究、基本编辑技术、生物 3D 打印技术等一批关键共性技术，大力发展重大及高发疾病精准医疗技术、新药创制技术、高端医疗装备与器械、智慧医疗技术和先进有效、安全便捷的健康技术等，显著提升生物医药与精准医疗自主创新能力，建设全国领先的生物医药、医疗器械、医疗服务产业基地。

专栏 7　生物技术与精准医疗技术

新药创制技术。研究开发结构新颖、机制明确、疗效确切、安全性高、具有自主知识产权的靶向小分子创新药物；通过肿瘤免疫治疗新靶标的发现，构建和研发全新结构的治疗性单克隆抗体或抗体偶联药物；开展临床疗效确切的创新中药研发和传统中药产品的二次开发，开展绿色合成技术、药物制剂技术的研发。

高端医疗装备与器械。研发高端电子计算机断层扫描（CT）、磁共振成像（MRI）和正电子发射计算机断层显像—电子计算机断层扫描（PET - CT）等核心关键部件及系统；开发高清、三维、柔性、复合内镜系统；研制高灵敏高特异性分子诊断试剂及检测分析仪器；开发重大疾病智能化诊疗系统和手术导航系统；以医用级可穿戴产品与移动医疗为重点，发展互联网医疗；研发失能高危老人智能化管理系统与康复器械；进一步提升人工电子耳蜗等具有浙江特色优势的高端康复医疗器械产品；研发高值可降解医用耗材。开展高端彩色三维超声系统、新一代基因测序仪和质谱仪、微创手术机器人的研发。

重大、高发疾病精准医疗。以肿瘤、心血管疾病等常见高发、危害重大的疾病及典型的罕见病为切入点，实施精准医学研究的全创新链式协同攻关，建立创新性的适于疾病预警、诊断、治疗与疗效评价的生物标志物、靶标、制剂的实验与分析技术体系。研发用于精准医疗的产品，建立精准医疗标准体系。

（八）发展支撑商业模式创新的现代服务技术

面向“互联网+”时代的平台经济、众包经济、创客经济、跨界经济、分享经济的发展需求，以新一代信息和网络技术为支撑，加强现代服务业技术基础设施建设，加强技术集成和商业模式创新，提高现代服务业创新发展水平。围绕生产性服务业共性需求，重点推进电子商务、现代物流、互联网金融、系统外包等发展，增强服务能力，提升服务效率，提高服务附加值。加强网络化、个性化、虚拟化条件下服务技术研发与集成应用，大力开展服务模式创新，重点发展数字文化、数字医疗与健康、数字生活、培训与就业、社会保障等新兴服务业，促进技术创新与商业模式创新融合，驱动经济形态高级化。围绕企业技术创新需求，加快推进工业设计、文化创意和相关产业融合发展，提升我省重点产业的创新设计能力。

专栏8　跨界融合现代服务关键技术

农业农村信患化关键技术。加快“互联网+”农业农村技术的融合和示范应用；开展文化创意、工业设计、信息化等领域先进适用技术在农业领域的融合创新和集成示范应用。

文化产业关键技术。聚焦文化艺术展演、文化旅游、文化创意设计等重点方向，突破网络数据高流量和内容数据海量一体化处理关键技术。

（九）发展引领产业变革的颠覆性技术

高度关注可能引起现有投资、人才、技术、产业、规则“归零”的颠覆性技术，加强产业变革趋势和重大技术预警，及时布局新兴产业前沿技术研发。在信息、制造、生物、新材料、能源等领域加快部署一批能够改变科技、经济、社会、生态格局，并具有重大影响的颠覆性技术研究，形成一批战略性技术和产品，在国家战略优先发展的领域率先实现跨越，在新一轮产业变革中赢得竞争优势。

三、打造科技创新大平台，汇聚融合高端要素

坚持产城互动、产研融合，着力优化创新资源布局，建设科技创新战略大平台，培育创新主体，集聚创新要素，聚焦创新服务，聚变新兴产业，提升存量资源协同效应，优化增量资源协同配置，着力提升创新整体效能，打造区域创新示范引领高地。

（一）聚力建设杭州城西科创大走廊

充分发挥杭州科教人才优势和开发开放优势，聚合资源，引进一批国内外高水平科研院所，集聚一批创新型企业，吸引一批高端人才，突出制度供给，促进创新功能、产业功能和城市功能融合发展，将杭州城西科创大走廊建设成为具有全球影响力的信息经济中心、国家级创新策源地、绿色“双创”空间、最优创业创新生态圈，努力打造成为全省乃至全国的“创新之源、绿色之廊”。

（二）加快建设国家自主创新示范区

以杭州高新区和萧山临江高新区为主体，系统整合各类创新平台，高水平建设杭州国家自主创新示范区，在跨境电子商务、科技金融结合、知识产权运用和保护、人才集聚、信息化和工业化融合、互联网创业创新等方面积极先行先试，努力建成综合创新能力全国领先、信息经济全球领先、具有全球影响力的“互联网+”创新创业中心，努力建设创新驱动转型升级示范区、互联网大众创业集聚区、科技体制改革先行区、全球电子商务引领区、信息经济国际竞争先导区。支持宁波以建设新材料国际创新中心、港口经济圈建设试验区、民营经济转型先行区、开放协同创新引领区为目标，发挥在新业态科技创业、天使投资引导、科技创新保险、开放型创新经济等方面的示范作用，争创国家自主创新示范区，努力建设具有国际影响力的先进制造业创新中心。

（三）着力提升高新区发展水平

推动杭州、宁波国家高新区创建具有全球竞争力的一流高科技园区，提升温川、绍兴、衢州、萧山临江、湖州莫干山和嘉兴秀洲等国家高新区发展层次，创建全国有影响力的高新区。支持有条件的省级高新园区创建国家高新区。引导产业集聚区、经济开发区、工业强县等创建省级高新园区。深化高新区管理体制改革，落实高新园区争先创优激励机制和摘牌淘汰机制。到 2020 年，力争实现工业强县、产业集聚区创建省级高新园区全覆盖，培育千亿级的高新园区，园区对全省规模以上工业增加值增长贡献率达到 50% 以上。

（四）谋划建设一批各具特色的高能级科技城

支持未来科技城建设人才改革发展试验区、国内一流的海外高层次人才创业基地和科技创新中心。支持青山湖科技城建设国际先进、国内一流的科技资源集聚区、技术创新源头区、高新企业孵化区、低碳经济示范区。鼓励宁波新材料科技城以打造新材料创新中心、创新驱动先行区、新兴产业引领区、高端人才集聚区和生态智慧新城区为目标，力争成为一流的新材料创新中心。支持嘉兴科技城以院地合作先行区、科技改革试验区、高新创业引领区为目标，力争成为长三角地区重要的电子信息产业基地。支持舟山海洋科学城以打造海洋科技创新资源集聚区、海洋新兴产业孵化区、海洋科教研发示范区、海洋科技综合改革试验区为目标，力争成为长三角地区具有战略意义的海洋经济高新区和“海上浙江”核心区。支持温州浙南科技城、金华国际科技城建设和发展。鼓励各科技城大力深化科技体制改革，加强制度供给，高水平集聚创新要素，大力度推进产业转型，为全省创新驱动发展做出示范。

（五）培育环杭州湾高新技术产业带

对接上海全球科技创新中心建设，坚持战略性新兴产业发展核心区、创业创新平台集聚区、科技金融结合示范区、协同创新发展引领区、生态文明建设先行区的战略定位，打造环杭州湾高新技术产业带。以杭州国家自主创新示范区建设、宁波争创国家自主创新示范区为契机，统筹规划环杭州湾地区发展空间、功能和产业定位，着力提高国家和省级高新区、宁波新材料科技城、嘉兴科技城和舟山海洋科学城等的创新资源集聚能力，全面提升环杭州湾地区国家和省级高新园区高新技术产业集聚发展水平。

四、强化企业技术创新主体地位，健全协同创新体系

明确各类创新主体在创新链不同环节的功能定位，加快建设以企业为主体的技术创新体系，系统提升各类主体的创新能力、创新活力、创新实力，带动创新体系整体效能提升，使创新成果转化为实实在在的产业活动，形成创新型领军企业“顶天立地”、科技型中小企业“铺天盖地”的发展格局。

（一）大力培育企业创新主体

制订实施科技企业“双倍增”行动计划，扶优做强一批高新技术龙头企业，通过并购重组、委托研发和购买知识产权，集聚创新资源，增强整合利用全球创新资源的能力；打造一批研发实力与创新成果国际一流、产业规模与竞争能力位居前列的创新型领军企业，带动关联中小企业整体提升；完善科技型中小企业创业服务机制，通过鼓励科技人员领办创办、投资并购引进、骨干企业孵化派生、运用高新技术改造提升、择优扶持做强等方式，支持企业增强创新能力，壮大一批科技型企业；激发传统产业和新兴产业中小企业创新活力，推动面广量大的中小企业向高成长、新模式与新业态转型，加速成长为行业有影响力的高新技术企业。落实企业研发费用加计扣除、高新技术企业税收优惠、固定资产加速折旧等政策，推动设备更新和新技术应用。建立健全使用创新产品的政府采购制度，鼓励优先采购科技型中小企业的产品和服务。

（二）提升企业技术创新能力

支持企业研发机构集聚创新资源，推进产品创新、商业模式创新、组织方式创新。围绕补齐“短板”、做强产业链，推动省级重点企业研究院扩面提升，系统布局创新链，提供产业技术创新整体解决方案。支持信息、新材料、智能制造、生物技术、云计算等领域符合条件的科技型企业建设省级（重点）企业研究院，开展前沿技术研发和重大战略产品开发。到 2020 年，省级企业研究院达到 1000 家，以高新技术企业为主体的企业研发机构达到 5000 家以上，在此基础上建设一批高质量的省级重点企业研究院。加快企业重点实验室、工程技术研究中心、企业技术中心、制造业创新中心、高新技术研发中心等创新载体建设，推进规模以上工业企业研发机构、科技活动全覆盖。

（三）深化产学研用协同创新

加强产业技术创新资源统筹，按照企业主导、院校协作、多元投资、军民融合、成果分享的原则，以龙头骨干企业为牵引，支持杭州、宁波、湖州、嘉兴、舟山等地建设各具地方特色的科技创新中心。加大对引进大院名校的支持力度，鼓励其在我省设立分支机构，开展技术合作。继续深化与中国科学院、中国工程院和清华大学、北京大学等的合作。支持浙江大学、浙江清华长三角研究院和中国科学院宁波材料所等创建国家级重大科技基础平台、重点实验室和国际科技研究中心，争取国家重

大科技项目落户我省。支持行业骨干企业与高等学校、科研院所联合组建技术研发平台和产业技术创新联盟，承担产业共性技术研发重大项目，完善产业创新链，构建创新利益共同体。围绕区域性、行业性重大技术需求，发展多元化投资、多样化模式、市场化运作的新型研发机构。启动临床医学研究中心建设，集聚医学创新资源，推进临床诊疗、医疗器械、医药创新成果转移转化，推进全方位、多层次临床医学协同创新，提升临床医疗水平。推动各类创新主体开展深度合作，构筑由产业技术研究、企业技术研发、重大基础研发和区域科技创新组成的新型产业技术创新体系。

（四）完善区域协同创新体系

打破现有行政区划的限制，统筹整合创新资源，推动创新要素在杭州、宁波、温州、浙中城市群之间的合理流动和高效配置，构建协同有序、优势互补、科学高效的区域创新体系。着力增强杭州、宁波两个中心城市的创新极核功能，支持湖州、嘉兴国家创新型试点城市率先进入国家创新型城市行列，鼓励温州、绍兴、金华积极争创国家创新型试点城市。支持舟山、台州围绕海洋经济区建设，聚焦医药化工、清洁能源、港口物流、绿色石化、船舶制造等临港产业，发展创新型经济，创建创新型城市。引导衢州、丽水围绕生态功能区建设，聚焦高效生态农业、绿色低碳制造、特色高新产业发展，以推进国家农村信息化示范省建设为抓手，培育电商支撑、农旅结合的新兴产业。完善创新资源要素支持机制，促进人才、项目、成果等创新要素向基层流动集聚，不断激发基层创新驱动发展活力。按照创新引领、特色推进、协调发展、推广示范的要求，深入推进可持续发展实验区建设，探索区域生产发展、生活富裕、环境美丽、百姓健康、社会和谐的发展模式和途径，提高区域可持续发展能力。支持有条件的市县创建农业高科技园区，支持 26 个加快发展县加强与中心城市、高等学校、科研院所的科技合作，创建科技强县，探索绿色发展、生态富民、科学跨越的新路径。

五、加快科技成果产业化，培育创业创新新动能

紧紧围绕科技成果产业化、市场化、资本化，着力破除体制机制障碍，打通科技成果向现实生产力转化的通道，全面实施科技成果转化行动，通过成果应用体现创新价值，通过成果转化创造财富，推动大众创业、万众创新。

（一）推进科技大市场建设

聚焦经济科技紧密结合，把科技成果转化作为第一工程，进一步完善政策措施。加快推进科技大市场一头向高等学校、科研院所延伸，一头向地方、企业覆盖，完善双向互动的技术供需体系、技术交易服务体系和技术交易保障体系，形成科技成果竞价拍卖等多种技术交易模式。加快浙江知识产权交易中心建设，推进科技中介机构企业化运作，培育集聚一批技术交易、咨询评估、科技金融、研发设计、知识产权等重点科技中介服务机构，发挥技术经纪人队伍作用，构建专业化技术转移服务体系，形成一站式科技成果转移转化产业化的创新服务链。

（二）加快科技成果转化应用

在农业领域，推进粮食保障和食物有效供给、林业和农业特产、农业生态环境和资源高效循环利用、安全生态种养殖、农业新品种新技术成果转化和农业农村信息化等产业科技创新，实施基层农村科技创新创业示范基地建设。在工业领域，围绕绿色化、智能化、网络化、精细化，深入实施“四换三名”工程，加快新一代信息网络、智能制造等先进适用技术的推广应用。在社会发展领域，围绕环境治理、公共安全等方面的重大科技问题，加快海洋资源开发、海洋可再生能源利用、海洋环境监测与灾害预警预报技术，废水、废气、固体废弃物的安全预警、无害化处理、提标改造和再利用等技术的推广应用。

专栏 9　科技成果示范应用

基于 4G+/5G 的移动互联技术示范应用。突破 4G+（长期演进技术 LTE-X，含 LTE-M、LTE-V、LTE-WiFi 等）和 5G 等新一代移动互联技术瓶颈。开展高带宽高灵敏度射频及天线阵列、大规模非正交接入体制和协议等关键技术攻关，重点开发 LTE-X/5G 宏站和小站系统、终端接入设备以及高性能传输覆盖设备等。在智能汽车和车联网、智慧城市、工业制造等领域开展试点应用，在杭州云栖小镇、桐乡乌镇等区域建设示范应用。

大数据行业应用示范。聚焦电子商务、电子政务、工业制造、公共服务等重要领域，围绕大数据行业应用分析模型、数据集成处理平台等核心关键技术开展攻关，推广应用基于阿里云 OS 等的相关大数据通用技术平台与成果。

“中国制造 2025”智能制造示范。围绕“中国制造 2025”智能制造，针对其生命周期所必需的个性化设计、高端工业软件等共性关键网络信息技术开展攻关。研制平台软件产品，形成支撑“中国制造 2025”智能制造的核心技术，开展示范应用，推进传统制造业“机器换人”生产线数控改造与示范应用。

环境治理技术示范应用。开展化工制药、造纸、印染等工业废水稳定达标与有用物质回收利用、城镇综合污水强化脱氮除磷与水资源再生利用等技术研究，开展联合攻关和协同创新，开发成套化系列化标准化装备，组织综合示范并实现产业化。推进农田土壤污染治理，加快农田土壤污染修复，实现危险废物和污泥全过程监管。

农业新品种新技术成果转化及应用。开展农业新品种、农业新技术和新成果的中试研究以及集成推广转化示范。加快推进育成农业新品种的示范推广和大面积应用，提高良种良法的覆盖率。加快集约化种养殖、农产品精深加工等领域新技术新成果的转化应用，支撑绿色生态农业和农业农村现代化发展。围绕跨界农业融合技术集成创新示范应用，加快现代工业技术、文化创意等领域成熟技术在农业领域的应用和转化，以现代工业领域科技成果推进农业领域的现代化。

（三）加快众创空间等新型创新创业平台建设

依托移动互联网、大数据、云计算等现代信息技术，充分利用国家和省级高新区、科技企业孵化器、小微企业创业基地、大学科技园和高等学校、科研院所的有利条件，发挥行业领军企业、创业投资机构、社会组织等社会力量的主力军作用，积极发展众创、众包、众扶、众筹等新模式，构建一批低成本、便利化、专业化、全要素、开放式众创空间和虚拟创新社区，建立“创业苗圃—孵化器—加速器”的创业孵化链，创建科技企业孵化（众创空间）国家示范基地。聚焦七大万亿产业，适应小型化、智能化、专业化的产业组织新特征，推动分布式、网络化创新，规划建设一批创新型特色小镇，打造全省创业创新的重要平台。积极推进创客孵化型、专业服务型、投资促进型、培训辅导型、媒体延伸型众创空间建设，打造一批新型孵化器。鼓励各类投资主体充分利用闲置的厂房空间、“两退两进”盘活的资产等，建设新型创业孵化平台，推进互联网对传统孵化器的改造，促进科技孵化器联网运营。支持“草根”创业，鼓励微创新、微创业和小发明、小改进。推动创客文化进学校，支持有条件的高等学校设立创业学院，鼓励成功创业者、知名企业家、天使投资人和专家学者等担任创业导师，加快创业基地、创业项目、创业师资“三库”建设，形成创客、企业家、天使投资人、创业导师的互助机制，推动形成“人才＋资本”“科技＋金融”“教授＋团队”等创业创新新模式。到2020年，集聚10万人才创业，新增创业企业1万家。深化科技特派员制度，结合农业科技园区建设，充分发挥科技特派员和农业科技型企业、农业科技研发中心等农业科技载体的引领带动作用，建设各具特色的“星创天地”。

六、凝聚领军型创新人才，强化创新源头供给

坚持人才是第一资源的理念，深入实施人才优先发展战略，深化人才发展体制机制改革，努力培养造就一支数量充足、素质优良、结构合理、支撑发展的创业创新人才队伍，着力打造人才生态最优省份。

（一）培育科技创新人才和重大团队

以重大人才工程、重大人才平台建设为抓手，围绕重点产业、重点领域、重点项目，在信息经济、健康、节能环保、高端装备制造、新材料、农业等领域大力引进培育一批高水平科学家、科技领军人才、工程师和创新团队，尤其是加快培育符合产业发展导向、创新路径清晰、创业成果显著、预期效益明确的领军型创新创业团队。不断拓宽创新人才与团队的引进渠道，依托各类创业创新平台和人才，充分发挥浙大系、阿里系、海归系、浙商系“创业新四军”的作用，团队式引进国内外高层次人才，鼓励其携成果来我省创业。完善高端创新人才与产业技能人才“二元支撑”的人才培养体系，大力培养造就高层次科技人才和管理人才，注重培养既懂科技又懂市场的创新型企业家和一线创新人才、青年科技人才。“十三五”时期，引进培育对我省产业发展具有重大影响、经济和社会效益显著的领军型创新创业团队100个；重视柔性引进院士高端智力工作，新建省级院士专家工作站100个。

（二）构建创新收益激励评价机制

实行以增加知识价值为导向的分配政策，提高知识产权运用效益，完善科研人员成果转化收益分享机制，探索知识产权股权、分红等激励模式，释放科研人员创业创新活力。加快探索以调动和激发科技人员积极性创造性为核心的科技经费使用和管理方式。构建多元的人才考评体系，设立以科研能力和创新成果等为导向的科技人才评价标准，完善高等学校、科研院所科技人员与创新业绩挂钩的内部激励机制、职称评聘制度，鼓励高等学校、科研院所与企业人才双向流动。深化科技奖励制度改革，强化奖励的荣誉性和对人的激励。

（三）提升原始创新能力

瞄准世界科学前沿方向，围绕涉及长远发展和国家安全“卡脖子”的科学问题，加强基础研究前瞻布局，加大战略高技术攻关，明确阶段性目标，集成跨学科、跨领域的优势力量，加快重点突破，

为产业技术进步积累原创资源。在信息技术领域的网络空间安全、重大基础设施安全、工业控制系统安全的主动防御、大数据计算，材料科学领域的传感材料与器件、材料显微结构与性能表征研究，生命科学领域的脑认知与脑机交互研究、干细胞与再生医学研究、作物品质形成和抗病毒研究等科学前沿领域安排科技基础研究专项，突破一批重大科学问题，取得一批重大原始创新成果，抢占基础研究和前沿技术发展的制高点。围绕支撑关键技术突破，推进变革性研究，在新思想、新发现、新知识、新原理、新方法上积极进取，强化源头储备。积极探索“非共识”和交叉融合项目的资助机制，引导科研人员进行变革性和颠覆性创新。完善学科布局，稳定支持重点学科方向的自由探索，培育新兴学科，加强重大交叉前沿领域的前瞻部署，强化自主创新的源头供给。优化实验室布局，建立梯度培育机制，新建省级重点实验室（工程技术研究中心）50家，在此基础上，择优培育并重点支持若干高水平实验室。积极谋划创建以网络大数据协同创新为主题的国家实验室，推进省部共建国家重点实验室、重大科技基础设施，参与国际国内重大科学计划和大科学工程。加大省自然科学基金投入力度，充分发挥国家自然科学基金委员会—浙江省政府“两化”融合联合基金作用，吸引国内基础研究领域的一流科学家。探索对杰出青年人才竞争性支持与稳定支持相结合的培养模式，培养一支高水平基础研究队伍，造就一批具有全国影响力的杰出青年科学家和知识创新团队，显著提升我省基础研究总体水平与竞争力。打通基础研究与应用基础研究的通道，完善全创新链衔接设计和一体化组织实施，鼓励支持高等学校、科研院所、行业龙头企业在重要领域加强应用基础研究，加快基础研究成果向应用技术、向产品研发转化的速度。

专栏 10　基础研究

网络空间安全、重大基础设施安全、工业控制系统安全的主动防御。重点研究网络攻击链模型及主动安全防御架构；基于多维数据融合的安全态势感知与预警、服务质量与功能等价的动态变迁机理、主被动协同安全防御等关键技术；主动安全防御评价理论与方法，搭建网络靶场，开展攻防测试与评估，形成主动安全防御的基本理论与技术体系，实现核心关键技术安全自主可控。

大数据计算。重点研究知识工程自动化、互联网群体智能行为分析、网络环境下复杂对象的逼真呈现和增强体验、大数据可视分析、跨媒体推理与深度搜索、医疗大数据的智能分析和语义融合等大数据关键技术。

传感材料与器件。重点研究新型传感材料的设计理论与可控制备方法，实现性能、结构及工艺的优化，加快新原理、新结构、新材料在传感器件中的应用；传感器件的基础制造工艺及封装技术；完善传感器件与物联网接口连接的统一性与兼容性，推动我省在传感材料与器件研发方面处于国内领先水平。

材料显微结构与性能表征。重点研究苛刻使役条件下显微结构与材料性能间关系原位分析测试仪器；对凝聚态物质中缺陷的形核与运动、原子扩散等动力学行为及其在纳米尺度衍生的尺寸效应、界面效应、限域效应及新相变理论等基本物质结构及其演化规律进行原位研究。

脑认知与脑机交互。重点研究系统神经与认知科学，开展主要神经精神疾病发病机制、诊断分子标记物研究，发现新的药物靶点；建立双向闭环脑机接口实验平台；研究视听觉—运动转换的神经信息表征、信息处理和多脑区协同工作机制；研究脑认知机理的多源感知信息编解码和交互学习理论；创建脑信息大数据获取、实时处理，以及脑与外部机器信息交互和共享控制的新技术。

干细胞与再生医学。重点研究干细胞子性维持机制；建立高效的人多能干细胞向成熟体细胞分化体系，进一步开展安全性与功能性鉴定；构建干细胞临床转化研究平台，开展移植技术归巢及组织重建修复等研究。在多能干细胞和成体干细胞体外扩增上取得突破性进展，并牵头使诱导分化而来的功能性体细胞进入临床研究与应用；发现干细胞在疾病治疗中的作用机制，挖掘新的药物靶点；牵头建成干细胞转化平台，为基础及临床研究提供功能性成熟体细胞。

作物品质形成和抗病毒研究。重点开展基因、转录、蛋白质和代谢组学等集成研究，明确农作物生长调控和优良性状形成的分子调控网络，探明非编码核糖核酸（RNA）的农业生物学功能，挖掘和操纵作物品质控制关键基因，开展作物资源重要特性评价利用与创新；研究作物逆境胁迫响应机制；挖掘珍稀林木主要功能基因，明确遗传机理；揭示植物病毒对作物的致病机理和作物对病毒的抗性机理，创制植物抗病毒新材料、新种质。

七、融入全球创新网络，推进国际化开放创新

抓住全球创新资源加速流动和我国经济地位上升的历史机遇，以全球视野谋划和推动科技创新，坚持引进来和走出去相结合，在更大范围、更高层次参与全球竞争和区域合作，推动形成深度融合的开放创新局面。

（一）加强区域间科技合作

牢牢把握国家实施“一带一路”战略的发展契机，积极融入长江经济带，主动对接上海全球科技创新中心建设，促进长三角地区科技创新联动发展。支持高等学校、科研院所、企业参与国家战略，服务区域经济转型升级，加强科技资源输出，在全国范围内搭建交流平台，促进我省科技型企业开展国内科技合作。创新军民科技合作方式，鼓励我省优势企业、高等学校、科研院所参与重大国防科技专项实施和国防技术装备研制与生产。充分发挥我省民用产业优势，引进军工产业优质资源项目，加强军民两用技术研发，推进重点产业“民参军”“军转民”。

（二）面向全球布局创新网络

抢抓新一轮对外开放发展先机，充分发挥我省“21 世纪海上丝绸之路”东部沿海节点的区位优势，加快推进我省面向沿线国家的科技交流、合作研究、创新载体与基地建设，建立国际创新要素双向互动机制。推进与加拿大、芬兰、捷克、葡萄牙、以色列等国的联合研究计划，加强在海洋科技、清洁技术、再生能源、智慧物流等领域的科技合作与交流。有序推进科技计划对外开放，鼓励和引导外资研发机构参与承担我省科技计划项目，开展高附加值原创性研发活动。鼓励企业通过设立共同基金等方式，吸引国际知名科研机构来我省联合组建国际科技中心。鼓励企业聘请海外退休科学家、工程师来我省开展技术咨询与服务。支持我省企业面向全球布局创新网络，积极参与新兴产业国际规划和技术标准制定，争取话语权。鼓励民营科技企业按照国际规则并购、合资、参股国外创新型企业，设立海外研发中心、双向互动的国际科技园或孵化器，提高海外知识产权运营能力。利用海外科研基础条件加强国际科技合作，建立中外联合实验室和工程技术园区。支持我省技术、产品、品牌走出去，开拓国际市场。借助世界互联网大会永久落户乌镇的契机，积极与国际知名互联网企业、运营商开展国际合作，进一步提升我省以“互联网 +”为核心的信息经济在全球的知名度和影响力。

八、深化科技体制改革，营造创业创新生态

更好发挥政府推进创新的作用，建立健全以创新驱动为导向、符合科研规律、激发创新活力、高效开放共享的体制机制，加快实现从研发管理向创新服务转变。

（一）加大激励创新制度供给

加快推进创新环节和领域的立法进程，修订不符合创新导向的法规规章，废除制约创新的制度规定，构建综合配套、精细化的法治保障体系。加快突破行业垄断和市场分割。强化需求侧创新政策的引导作用，落实首台（套）订购、用户补贴、普惠性财税和保险等激励政策，降低企业创新成本，扩大创新产品和服务的市场空间。推进要素价格形成机制的市场化改革，强化能源资源、生态环境等方面的刚性约束，提高科技和人才等创新要素在产品价格中的权重，让善于创新者获得更大竞争优势。

（二）优化科技创新资源配置

加强科技、经济、社会等领域的政策、规划和改革举措的统筹协调和有效衔接。合理确定各部门功能性分工，发挥行业主管部门在创新需求凝练、任务组织实施、成果推广应用等方面的作用。加强和改进财政科研项目和资金管理。进一步统筹、优化科技资源配置，建立需求导向、绩效导向的科技专项管理体制。根据围绕产业链部署创新链、围绕创新链完善资金链的要求，紧扣知识创新、技术创新、转化应用、环境建设等创新链环节，整合形成基础公益研究（含省自然科学基金）、重点研发、技术创新引导、创新基地和人才四大类省级科技计划。强化资金预算执行和监管，加强省市县三级分工合作以及各职能部门的沟通协调，进一步突出重点、聚焦目标，解决资源配置分散化、碎片化、重复化问题。

（三）深化科研体制机制改革

进一步理顺省属科研院所的管理体制，推进科研事业单位去行政化。推进科研院所分类改革，加快建立现代科研院所制度，形成符合创新规律、体现领域特色、实施分类管理的法人治理结构。在省属科研院所中探索实行理事会制度，完善院（所）长负责制，实行绩效评价考核制度，推动科研院所做大做强。坚持技术开发类科研机构企业化转制方向，推动转制科研院所深化市场化改革。对于部分转制科研院所中基础研究能力较强的团队，通过体制机制创新，充分发挥其作用。充分发挥高等学校在我省创新发展中的重要作用，支持省重点建设高校发展。汇聚整合资源，系统提升人才培养、学科建设、科技研发“三位一体”的创新水平，打造一批优势学科集群和高水平科研基地，凝聚一批走在世界科技前沿的高水平团队，推动一批学科进入世界一流行列。支持高等学校、科研院所提高承担国家和省重大科研项目以及解决重大实际问题的能力，提升创新国际化水平。扩大高等学校和科研院所自主权，赋予创新领军人才更大的科研人财物支配权、技术路线决策权。

（四）推进科技资源开放共享

加强实验动物、文献、大型科学仪器等基础条件建设，在高新园区、科技城、特色小镇、孵化器、众创空间等平台，择优建设一批行业和区域科技创新服务平台、国家和省级质检中心等公共平台，以政府购买公共服务方式，加大创新券的推广应用，为广大企业提供科学仪器设备共享、检测分析、质量监督检验、标准专利检索等服务，促进创新资源开放共享。依托科技创新云平台，完善统一的管理数据库和科技报告制度。深入开展创新方法推广应用，培养一批拥有创新思维、掌握创新方法和工具、服务企业转型升级的创新工程师、培训师和咨询师，形成一批创新方法应用的示范试点企业。

（五）促进科技金融深度融合

推进融资体系与创业体系的有机衔接融合，构建多层次、全覆盖、高效率的融资体系，为科技创业提供更加便利的融资支持。落实国家对包括天使投资在内的投向种子期、初创期等创新活动的相关税收支持政策，对天使投资等机构实行差别化税率政策。大力引进海外创投机构联合设立天使投资（种子）资金。设立省科技成果转化引导基金，引导市县设立创业引导基金、政府产业基金，吸引社会资本、金融资本、风投资金等进入科技创新领域，支持创业创新。创新科技金融产品和服务，建立信贷风险补偿机制，支持科技信贷专营机构发展。持续推进民营资本发起设立自担风险的民营科技银行，鼓励商业银行设立服务科技型企业的专营机构。支持互联网金融规范发展，加强风险控制和管理，鼓励和引导众筹融资平台规范运营，试点开展股权众筹等新型融资服务。鼓励金融机构探索为企业创新活动提供股权和债券相结合的融资服务，与创业投资、股权投资机构开展投贷联动试点。支持科技企业拓宽直接融资渠道。开展知识产权金融试点，创建国家知识产权投融资综合试验区。争取国家专利质押登记权下放试点，大力发展知识产权质押，逐步开展知识产权证券化交易试点。加快发展科技保险，推进专利保险试点。

九、实施知识产权战略，提高区域核心竞争力

深入实施知识产权战略行动计划，加快知识产权强省建设，加强知识产权运用，严格知识产权保护，着力提升知识产权战略在服务创新发展、推动经济发展方式转变中的支撑作用，让知识产权制度成为激励创新的基本保障。

（一）加快知识产权强省建设

实施知识产权强省推进工程，系统推进知识产权强市、强县、强企建设，强化知识产权制度在区域经济社会发展中的导向作用。按照点线面结合、省市县联动、分阶段梯次推进的建设路径，全面提升我省知识产权创造、运用综合能力，推动知识产权与经济、科技的紧密结合，建立严格保护知识产权的长效治理体系，营造尊重知识、崇尚创新、诚信守法的知识产权文化环境。到 2020 年，专利、商标、版权等知识产权创造能力显著提升，知识产权拥有量平稳增长、结构明显优化，涌现出一批具有国际影响力的知识产权优势企业，进入国际专利申请量和全球知名品牌前列的企业明显增加，知识产权强省目标基本实现。

（二）促进知识产权全面运用

着力强化知识产权制度建设，形成有效促进产业、企业、区域等知识产权运用的政策体系。建立重大经济活动知识产权评议长效机制，构建省、市、行业等不同层面的知识产权分析评议体系。强化知识产权促进企业发展的政策导向，提升市场主体运用知识产权参与市场竞争的能力。在知识

产权密集型产业、区域实施专利导航试点，鼓励大型企业开展专利布局、保护产业安全、引领产业发展，引导中小微企业充分发挥原始创新、商业模式创新和创新成果转化等优势提升竞争力。加强技术和产业标准的研制，鼓励企业积极参与国际标准、国家标准、行业标准制（修）订。健全技术创新、专利保护与标准化互动支撑机制，及时将先进技术转化为标准，构建以自主知识产权为基础的技术标准体系，推进质量和品牌战略深入实施。到 2020 年，知识产权的市场价值显著提高，产业化水平明显提升，交易运营更加活跃，技术、资金、人才等创新要素以知识产权为纽带实现合理流动，知识产权对经济社会发展的促进作用充分显现。

（三）强化知识产权严格保护

建立并实行严格知识产权保护制度，营造公平竞争的市场环境。积极推进知识产权综合行政执法试点工作，强化行政执法与司法衔接，推进诉调对接工作。健全知识产权侵权假冒调处机制、专利侵权案件协作办案与侵权判定机制、电子商务领域和展会专利执法维权机制。完善知识产权维权援助体系。推进知识产权信用体系建设，推动将恶意侵权等行为纳入社会信用评价体系。到 2020 年，知识产权保护体系更加完善，长效协作机制进一步健全，行政执法能力大幅增强，市场监管水平明显提升，侵权成本大幅提高，滥用知识产权现象得到有效遏制，社会满意度进一步提升。

十、切实加强组织领导，保障规划落到实处

实施创新驱动发展战略是新时期的重大历史使命。科技创新是实施创新驱动发展战略的核心内容。各地、各部门要切实增强责任感和紧迫感，统筹谋划、系统部署、精心组织、扎实推进，在全社会形成崇尚创业创新的价值导向和文化氛围，培育创新的友好社会环境。

（一）加强科技创新组织领导

坚持“一把手”抓第一生产力不动摇，转变政府科技管理职能，全面推进“四张清单一张网”建设，建立省市县、部门间责权统一的协同联动机制，大力推进以科技创新为核心的全面创新。加强对创新发展与改革的宏观管理和相关重大问题的战略研究，建立创新政策协调审查机制和调查评价制度，不断深化对科技创新规律的认识，提高领导现代科技能力。坚持和完善市县党政领导科技进步目标责任制考核，完善科技统计监测、评价和通报制度，全面、及时、准确反映科技进步动态，强化分类指导，健全创新驱动导向评价机制。

（二）持续加大财政科技投入

完善政府科技投入机制，提高软性投资比例。进一步发挥财政资金的杠杆作用和导向作用，激励企业以自有资金投入研发。继续加大对科技创新支持力度，优化投入结构和支持方式，对基础研究、前沿技术研究和社会公益性技术研究给予稳定支持。采取计划项目资助、购买服务等方式，支持重大平台建设、创新载体引进及创新能力提升、重大项目研发、科技成果转化与应用、初创期科技型企业孵化、创新人才培养等。对带动性强的标杆性重大科技项目，实行“一企一策、一事一议”。

建立公开统一、覆盖省市县三级的科技项目和经费管理系统。加快建立健全决策、执行、评价相对分开、互相监督的运行机制，提高科研经费管理的科学化、规范化、精细化水平。改进科研资金管理，规范项目预算编制、预算评审和决算审计工作。落实法人责任制，规范科研项目资金使用行为，完善科研信用管理。

（三）培育创业创新文化

大力宣传广大科技工作者执着奉献、勇攀高峰的事迹和精神，在全社会形成鼓励创造、追求卓越的创新文化。倡导百家争鸣、尊重科学家个性的学术文化，增强敢为人先、勇于冒尖、大胆质疑的创新自信。重视科研试错探索价值，建立鼓励创新、宽容失败的容错纠错机制。营造宽松的科研氛围，保障科技人员的学术自由。加强科研诚信建设，引导广大科技工作者恪守学术道德，坚守社会责任，自觉践行社会主义核心价值观，争做“最美科技人”。加强科学教育，丰富科学教育教学内容和形式，激发青少年的科技兴趣。加强科学技术普及，提高全民科学素养，在全社会塑造科学理性精神。

安徽省“十三五”科技创新发展规划

“十三五”（2016—2020 年）时期，是我省实施创新驱动发展战略的关键时期，是全面建成小康社会的决胜阶段。根据《“十三五”国家科技创新发展规划》《安徽省国民经济和社会发展第十三个五年规划纲要》和省委省政府实施创新驱动发展战略以及系统推进全面创新改革试验的总体部署，特制定本规划。

一、主要成就与形势需求

“十二五”以来，省委省政府把“建设创新安徽、推动转型发展”摆在全省发展全局的核心位置，深入实施创新驱动发展战略，主要创新指标保持全国先进、中部领先水平，合芜蚌自主创新综合试验区和创新型省份建设取得重要进展，我省科技事业进入快速发展的新时期。

——科技创新综合实力大幅提升。我省区域创新能力由 2010 年全国第 13 位上升到全国第 9 位；R&D 经费占 GDP 比重达 2%，提升 0.68 个百分点；地方财政科技拨款占地方财政支出比重达 2.8%，提升 0.5 个百分点；发明专利授权量 11180 件，增长 10.1 倍；万人有效发明专利拥有量 4.28 件，增长 6.5 倍；高新技术企业数 3157 家，增长 182.9%；技术合同交易额 190.5 亿元，增长 312.8%；建成国家级研发平台 143 家，建成院士工作站 114 家；每万人口中从事 R&D 活动人员达 26.9 人。

——全省区域创新布局协调推进。我省被列为全国 8 个全面创新改革试验区域之一。合芜蚌自主创新综合试验区对全省自主创新的辐射带动作用显著增强，高新技术企业、高新技术产业产值、发明专利授权量、高层次人才引进均占全省 60% 以上。合肥国家创新型城市建设深入开展，芜湖、蚌埠、马鞍山、淮南、滁州等一批省级创新型城市建设稳步推进。省级以上高新技术产业开发区 16 家，农业科技示范园区 15 家，105 个县（市、区）全部通过国家科技进步考核，各类高新技术特色产业基地 45 家。

——支撑经济社会发展能力明显增强。在热核聚变、量子通信、铁基超导、智能语音、高端装备等领域，取得了一批国际领先的重大成果，其中 40K 以上铁基高温超导体、多光子纠缠及干涉度量项目获国家自然科学一等奖，淮南矿业、杰事杰新材料、济人药业等获中国专利金奖。高新技术

安徽省科学技术厅，科计〔2016〕37 号，2016 年 8 月 16 日。

产业产值实现15313.8亿元，高新技术产业增加值占GDP比例达16.7%。国家粮食丰产科技工程、国家农村信息化示范省建设取得新进展。科技服务业得到快速发展。

——科技体制机制改革不断深化。合芜蚌自主创新综合试验区积极开展股权和分红激励、人才特区、科技金融等重大政策先行先试取得显著成效。出台创新型省份建设“1+6+2”配套政策，积极推进科技管理改革，进一步厘清政府和市场的关系，形成联动有效的科技创新推进机制和责任机制。建立科技报告制度，健全创新能力评价和创新指标统计、监测机制。推进科技奖励制度改革，完善科技成果、企业、园区和人才等评价奖励体系。

——创新创业环境进一步完善。面向全球公开引进一批高层次创新创业人才团队，携带高端成果在皖创新创业，40家团队获得省参股扶持。支持众创空间等新型创业孵化服务机构发展，营造良好的创新创业环境，激发大众创业、万众创新热情。推进科技金融融合，创新科技金融产品和服务，开展企业科技保险和扩大专利权质押试点，设立省高新技术产业投资基金；支持科技型企业上市融资，有力促进中小企业创新发展。

“十三五”时期是全面深化改革和建设创新型省份的决战阶段，科技创新发展面临重大机遇和挑战。

从全球看，科技创新呈现出学科交叉、群体突破的发展态势，正在孕育和引发新一轮重大科技变革；互联网技术广泛渗透到经济社会各领域，正在重塑产业分工格局和产业价值链体系。通过全球范围的资源配置，发达国家和新兴经济体不断强化创新战略部署，抢占产业链、价值链、创新链高端环节，以科技创新为核心的国际竞争日益剧烈。从国内看，经济发展进入速度变化、结构优化、动能转换的新常态，全国范围内产业转移、资本流动加速，人才竞争进一步加剧，创新已成为我国跨越中等收入陷阱、实现经济社会发展向中高端水平迈进的动力引擎。依靠科技支撑，引领产业转型、结构优化、提质增效，已成为各地区赢得发展先机、抢占战略竞争制高点的根本途径。从省内看，我省正处于工业化加速阶段，人口、资源、环境对经济增长的刚性约束日益突出，新兴增长动力的孕育与传统投资增长的动力减弱并存；系统推进全面创新改革试验，用好安徽既有优势，下好创新先手棋，加快调结构、转方式、促升级，成为我省实现全面转型发展的必然选择。

与此同时，我省科技创新发展还面临一系列新问题、新挑战，如新兴产业规模偏小、竞争力较弱，企业自主创新能力不强，区域创新发展不平衡，创新创业环境有待进一步优化，科技成果转化深层次体制机制障碍还依然存在等。对此，我们必须保持清醒的认识，切实增强紧迫感和责任感，抢抓机遇，勇于挑战，大力革除阻碍科技创新的体制机制障碍，充分发挥创新引领发展的第一动力作用，推动我省增长动力实现新转换、产业发展保持中高速、产业结构迈向中高端，促进全省科技发展再上新台阶。

二、指导思想、基本原则和主要目标

（一）指导思想

全面贯彻党的十八大和十八届三中、四中、五中全会精神，以马克思列宁主义、毛泽东思想、邓小平理论、“三个代表”重要思想、科学发展观为指导，深入贯彻习近平总书记关于科技创新的一系列重要论述，坚持“四个全面”“五位一体”战略布局和创新、协调、绿色、开放、共享的新发展理念，坚持创新是引领发展的第一动力，围绕供给侧结构性改革，把创新作为最大政策，按照全省抓创新、优先抓转化、重点抓产业、突出抓项目、关键抓结合的思路，着力提供有效创新供给。以实施创新驱动发展战略为主线，以建设创新型省份为总抓手，以推动合芜蚌自主创新示范区建设为示范引领，以改革创新为动力，深入实施调转促“4105”行动计划创新驱动发展工程，推动以科技创新为核心的全面创新，主动引领经济发展新常态，形成大众创业、万众创新的新局面，为全面建成小康社会和创新型“三个强省”提供强大科技支撑。

（二）基本原则

——坚持创新改革、统筹协调。加强创新驱动发展战略顶层设计和前瞻布局，发挥市场对创新资源配置的决定性作用和更好发挥政府引导作用，以改革推动创新，以创新驱动发展。充分激发企业、科研院所、高等学校等创新主体活力，统筹科技发展战略、规划、政策制定实施，着力破除体制机制障碍，优化创新创业环境，提高科技创新供给的质量和效率。

——坚持聚焦产业、优化升级。围绕经济发展调结构、转方式、促增长和产业提质增效需求，把高新技术企业作为主力军，把高新技术产业园区作为主阵地，明确产业技术创新着力点和突破口，集成创新资源，大力培育发展高新技术产业和战略性新兴产业，推进传统产业优化升级；以科技创新支撑引领绿色发展，提升产业竞争力，提高科技进步对经济增长的贡献率。

——坚持开放共享、合作共赢。以更加开放的视野谋划和推动创新，按照“一带一路”、长江经济带以及其他惠及我省的国家战略部署，加强科技对外开放合作，主动对接京津冀和融入长三角、中部地区等区域创新网络。发挥自身优势和条件，利用两个市场、两种资源，培育和形成新的增长点，提升科技发展对外开放水平。

——坚持依法治理、包容创新。坚持用法治理念推进全省科技创新，加快推进科技依法行政工作，进一步提升科技治理能力和水平。把科技创新与改善民生福祉相结合，坚持人才为本，坚持科技为民。把推动大众创业、万众创新作为新使命，大力弘扬创新文化，加强知识产权保护，着力营造良好环境，最大限度地激发全社会创新创业热情。

（三）主要目标

到 2020 年，创新引领发展能力明显增强，主要科技创新指标不断前移，科技创新成为转型发展根本驱动力量，具有安徽特色的区域创新体系更加健全，全社会崇尚创新创业良好氛围逐步形成，以合芜蚌为依托的全面创新改革试验取得显著成效，率先在全国建成充满活力、富有效率、更加开放的创新型省份，有力支撑创新型“三个强省”建设目标的实现，努力推进安徽从科技大省向科技强省迈进。

主要目标：R&D 投入占 GDP 比例力争达 2.5%，规模以上工业企业建研发机构比例达 40%；高新技术企业数力争达 5000 家，高新技术产业增加值占规模以上工业的比重力争达 50%；每万人口发明专利拥有量达 10 件，发明专利授权量达 1.5 万件，PCT 专利申请量达 300 件；技术合同交易额达 260 亿元；公民具备基本科学素质比例达 10%；科技进步贡献率达 60%。

表 "十三五"期间全省科技创新发展主要目标

序号	指 标	2015 年	2020 年
1	R&D 投入占 GDP 比例（%）	2	2.5
2	发明专利授权量（件）	11180	15000
3	PCT 专利申请量（件）	125	300
4	万人发明专利拥有量（件 / 万人）	4.28	10*
5	高新技术产业增加值占规模以上工业的比重（%）	37.5	50
6	高新技术企业数（家）	3157	5000*
7	规模以上工业企业建研发机构比例（%）	16.5	40
8	技术合同交易额（亿元）	191	260
9	公民具备基本科学素质比例（%）	5.94	10
10	科技进步贡献率	55%	60%

备注：* 表示累计数，其他为当年数。

三、主要任务

（一）系统推进全面创新改革试验

遵循科技集聚和培育规律，坚持创新改革示范引领，以推动科技创新为核心，以破除体制机制障碍为主攻方向，以合芜蚌地区为依托，大力推进系统性、整体性、协同性创新改革试验，力争到 2020 年，全省基本建成有重要影响力的综合性国家科学中心和产业创新中心，建成合芜蚌国家自主创新示范区，形成一批可复制可推广的改革试验成果，科技体制机制不断完善，科技成果转化体系进一步健全。

1. 打造合肥综合性国家科学中心和产业创新中心

依托合肥地区大科学装置集群，整合相关创新资源，集聚世界一流人才，建设国际一流水平、面向国内外开放的综合性国家科学中心。进一步提升现有大科学装置集群性能，争取新建一批大科学装置，争取在磁约束核聚变、量子计算与通信、功能材料、超导、强磁场、天基信息网络、离子医学、脑与神经等领域产生一批具有世界影响的原创性成果，保持和巩固我省在基础研究领域的先进地位和比较优势。

支持中国科技大学、合肥物质科学研究院、合肥工业大学等加强研发创新平台建设，突破一批产业关键共性技术，加快科技成果转化和产业化，培育出一批有核心竞争力的企业。在政产学研用协同创新、科技成果转化、金融服务自主创新、培育集聚人才、开放合作等方面取得突破。

强化高校院所科技创新基础作用，支持高校院所面向我省经济社会发展战略需求和重点领域，培育壮大特色优势学科，挖掘凝练科学问题，开展战略高技术研究开发，解决一批关键共性技术难题，突破一批产业技术瓶颈。支持基因工程、精准医疗、电磁波空间应用、太赫兹器件、高端集成电路、低温制冷、燃气轮机、智能机器人、汽车智能驾驶、通用航空飞机等一批战略关键前沿技术研究，抢占未来战略性新兴产业制高点，积极培育发展新兴产业和建设产业创新中心。

2. 建设合芜蚌国家自主创新示范区

围绕合芜蚌国家自主创新示范区战略定位，发挥合肥、芜湖、蚌埠三个国家高新区产业特色优势，实现示范区功能科学布局和产业错位协同发展，促进城市间科技创新和生产力布局优化。重点发展新型显示、智能装备、航空航天装备、节能和新能源汽车、新材料、新能源、节能环保、生物医药和高端医疗器械产业及现代服务业，大力发展大数据、云计算、物联网、人工智能等新兴业态，推进新型显示、集成电路、智能语音、硅基新材料、机器人、现代农机、新能源汽车等一批新兴产业基地建设，成为引领带动全省产业转型升级的发源地和动力源；依托优势产业集聚基地，整合创新资源，探索建立产业创新中心和创新平台。充分发挥合芜蚌三市基础条件和先行先试优势，推动新技术、新产业、新业态蓬勃发展，将合芜蚌国家自主创新示范区建设成为科技体制改革和创新政策先行区、科技成果转化示范区、产业创新升级引领区和大众创新创业生态区。

落实国家赋予合芜蚌国家自主创新示范区先行先试政策并在全省范围内推广，加快推进企业股权和分红激励政策实施，落实股权奖励税收优惠政策。推进科技立法与改革相结合，保障科技成果使用权、处置权、收益权改革全面落地，激发科研人员积极性。支持人才资本和技术要素贡献占比较高的国有转制科研院所、高新技术企业、科技服务型企业开展员工持股试点。

到 2020 年，合芜蚌地区产业结构进一步优化，自主创新能力显著提升，创新创业环境日益完善；研发经费支出占地区生产总值的比重达 3% 以上，万人发明专利拥有量达 15 件，高新技术产业增加值占规模以上工业的比重达 60% 以上，基本形成现代产业体系。

3. 完善科技创新政策体系

根据改革创新发展需要，不断完善创新配套政策体系。发挥创新型省份建设“1+6+2”政策引导作用，巩固“企业愿意干、政府再支持，市县愿意干、省里再支持”的推进机制，完善依据市场和创新绩效评价进行后补助的支持机制，进一步落实支持自主创新能力建设、扶持高层次科技人才团队在皖创新创业、加强实验室建设、推进科技保险试点等实施细则。

进一步落实支持企业创新的普惠性政策。加大企业研发费用加计扣除、高新技术企业税收减免、固定资产加速折旧等政策落实力度，降低企业创新成本，不断扩大政策覆盖面和实施效应。推进股权奖励个人所得税等试点政策示范推广。

鼓励采用首购、订购等非招标采购以及政府购买服务等形式，加大创新产品研发和规模化应用；实施支持重大装备首台突破及示范应用政策。加强科技、产业等方面政策统筹协调和有效衔接，建立健全覆盖产业链创新政策体系。

4. 深化科技管理体制改革

深化科技计划管理体制改革，建立公开统一的省级科技管理平台，构建布局合理、定位清晰的省级科技计划体系。明确创新型省份建设专项、省自然科学基金、省科技重大专项、省重点研究与开发计划、省平台基地和人才专项、省创新环境建设专项六类科技计划的定位和支持重点。加强省市联动，实施创新型省份建设专项；加强技术创新重点领域和方向凝练，组织重大专项和重点研发项目攻关；发挥自然科学基金引导作用，突出人才培养；加快成果转化，推进平台基地和创新环境建设。建立目标明确和绩效导向的管理制度，推进科技计划管理信息系统和科技报告制度建设，完善以第三方评估为重点的科技监督评估体系建设，探索建立专业机构项目管理机制。

深化科技项目资金管理改革，优化财政科技资金投入结构与方式，规范直接费用和间接费用支出管理。建立健全科研信用管理体系，完善决策、监管、实施主体的责任倒查和问责机制。

深化科技奖励制度改革，完善省科技奖励办法及其实施细则，逐步健全推荐提名制，加大对经济社会发展做出重大贡献的人才（团队）以及创新型企业家的奖励力度。

深化大型科研仪器设备使用改革，建立健全科研设施与仪器开放共享管理制度、标准规范和工作机制，打破资源壁垒，优化资源布局，规范运行管理，提升科研设施与仪器开放服务水平。

（二）积极构建创新协调发展格局

围绕我省区域创新资源特点，坚持创新协调发展，推进企业主导的产学研协同创新，发挥金融创新对科技创新的助推作用，提升科技、产业和金融融合发展水平。推进共性技术创新平台建设，提高创新资源配置市场化程度，增强区域创新活力和动力，构建全省创新协调发展新格局。

5. 拓展区域创新发展空间

积极抓住皖江城市带承接产业转移示范区建设机遇，加快承接东部沿海发达地区产业和技术转移，重点发展电子信息、汽车、装备制造、新材料、节能环保等先进制造业，推动皖东和皖江地区战略性新兴产业集聚发展，促进东部沿海发达地区金融、文化创意、科技服务、现代物流等现代服务业加速向我省延伸辐射。

强化科技支撑皖北发展，支持皖北地区加快农业现代化，积极发展生物医药、现代中药、食品、轻纺鞋服、煤基材料等优势产业，大力培育电子信息、汽车、装备制造、新材料、云计算、现代物流等新兴产业，努力构建现代产业体系。推进合肥、芜湖等制造业向皖北地区梯度转移，加强产业技术协作，共建产业园区。

发挥科技创新对文化旅游示范引领作用，推进科技与文化旅游的深度融合，运用数字化技术和现代生产方式，提升文化旅游科技含量，打造新型文化旅游生产、传播和营销模式，延伸产业链，提高附加值。依靠科技创新助推皖南国际文化旅游示范区建设，支持皖南国际文化旅游示范区提升智慧旅游水平和层次，推动文化创意、生态旅游等新业态发展。

促进皖西大别山片区生态种植养殖业、多功能农业、绿色农产品加工等特色支柱产业发展。依靠科技进步推进皖西大别山片区建设成为全国生态文明示范区、贫困地区“四化”协调发展先行区、区域统筹发展和跨区协作创新区。

提升科技创新支撑县域经济发展能力，推动特色农业现代化、特色工业生态化、特色三产规模化发展，加强县域科技资源培育，促进县域科技融入全省创新网络。

积极推进创新型城市建设。以合肥国家创新型试点城市建设为示范带动，支持有条件的省辖市创建国家创新型城市；深入开展省级创新型城市建设试点。支持试点市围绕首位产业，依托骨干企业，提升产业发展层次，培育经济增长点，探索创新驱动发展新模式、新途径。

6. 促进产学研协同创新

支持高校院所提升“人才培养、学科建设、科研开发”三位一体创新水平，推动在人事制度、人才培养模式、资源募集机制等改革发展的关键环节实现突破，增强高校院所服务地方经济社会发展能力。推进科研院所分类改革，建立健全现代科研院所制度。

完善产学研协同创新机制，加速创新资源要素流动。支持龙头企业与高校院所建设多形式、紧密型的产业创新联盟和新型研发机构，形成利益共享、风险共担的市场化机制，整合资源，联合开展关键共性技术攻关。推动跨行业、跨领域协同创新，在智能语音、集成电路、装备制造等领域，推动企业与高校院所组建省级和国家级产业技术创新战略联盟。围绕我省战略性新兴产业集聚发展和传统产业改造提升的重点领域，建设一批具备独立法人资格、运行机制灵活、功能定位清晰、实行企业化管理的新型研发机构。加强政策引导和绩效评价，支持中科大先进技术研究院、合工大智能制造技术研究院、中科院合肥技术创新工程院、中科院皖江新兴产业发展技术中心、中科院淮南新能源研究中心、芜湖哈特机器人产业技术研究院等新型研发平台建设，集聚优质创新资源，形成有效运行机制，面向新兴产业，开展研发、技术转移及成果孵化服务和工程化示范推广。

支持我省企业、高校院所与驻皖军事院校、军工科研院所、军工企业开展联合攻关。实施省级军民科技融合重大项目，围绕航空航天、电子信息、特种显示、船舶、轨道交通、机械装备、新材料等领域，支持一批军民融合产业示范基地建设。以民用雷达、集成电路、超低温制冷、特种光纤电缆等产业为重点，促进民营企业进入军品科研生产和维修服务领域。

7. 加强科技金融深度融合

依托合芜蚌国家自主创新示范区，深入推进科技金融试点，放大示范带动效应。支持引导各市设立天使投资基金，整合资源，建设科技创新投融资交易服务平台。

改革财政科技投入方式，综合运用无偿资助、创业投资引导、风险补偿、贷款贴息以及后补助等多种方式，引导和带动社会资本投入创新活动。

扩大创新创业投资规模，支持安徽产业发展基金通过股权投资、兼并重组、跨国并购、天使投资、创业投资等形式，加大对我省高新技术企业的投资力度。推动省投资集团、信用担保集团与各市开展科技金融合作。

培育和发展服务科技创新的金融服务机构，鼓励商业银行在国家级高新区设立“科技支行”，探索实行科技型中小企业贷款风险分担和补偿机制。深入推进知识产权质押融资，扩大质押贷款规模。深化科技保险试点，建立健全科技保险奖补机制和再保险制度，创新科技保险产品。支持符合条件的保险公司设立科技保险专营机构，为科技型中小企业提供特色金融服务。

推动具备条件的高新技术企业上市融资，支持科技型中小企业登陆新三板和省区域性股权交易市场。完善省股权托管交易中心“科技创新板”服务功能，创新交易产品和方式，为挂牌的科技创新型企业提供综合金融服务。到 2020 年，科技型企业在沪深交易所公开上市 150 家以上，在新三板挂牌 500 家以上。

8. 协调推进技术创新平台建设

围绕新一代信息技术、装备制造、新能源汽车、生物医药、节能环保等新兴产业，组建一批行业技术创新服务平台。依托重点产业和企业、高校院所，建立省级、国家级重点（工程）实验室、工程（技术）研究中心等研发机构。提升省重点实验室运行管理水平，优化绩效评价指标体系，建立动态管理的激励机制。鼓励面向科技型中小企业建设一批生产力促进中心、检验检测服务机构、质检中心等创新服务平台。鼓励高校院所与企业共建行业技术创新平台，推进“2011”协同创新中心建设。

加强大型仪器设备协作网等通用性基础条件平台建设，支持中小企业利用大型科学仪器设备等协作平台开发新产品、新技术，实现各类科技资源在线协同创新和统一服务，为行业技术进步和企业创新提供科研条件支撑。

到 2020 年，国家级创新平台达 160 家。新建新型显示、集成电路、机器人、智能家电、智能装备等一批重点行业技术创新服务平台。

（三）推动产业转型升级绿色发展

围绕产业提质增效需求，依靠科技创新促进产业转型升级，迈向中高端，促进产业低碳化集约化绿色发展。强化企业创新主体地位，依靠新技术、新模式、新业态，促进新兴产业规模化和传统产业高新化，全面构建以战略性新兴产业为先导、先进制造业为主导、现代服务业为支撑、现代农业为基础的现代产业体系，加快战略性新兴产业和传统产业融合发展，推进我省高新技术产业做大做强。

9. 发挥企业在产业技术创新中的主体作用

按照成熟期、成长期、初创期类型，选择一批科技型企业，对照高新技术企业认定标准，精准帮扶施策，落实支持政策，大力培育高新技术企业，壮大高新技术企业规模。

围绕省战略性新兴产业发展和主导产业，鼓励和引导一批企业加大研发投入，建设企业技术中心、企业重点（工程）实验室、工程（技术）研究中心等研发机构。实施创新企业百强工程，打造一批引领产业高端发展的创新型龙头企业。

支持企业牵头实施省科技重大专项等科技计划项目，开展高新技术产品研发创新，向产业链高端攀升，打造核心竞争力。深入开展创新型企业试点和培育科技创新“小巨人”，推进企业技术创新、管理创新，建立现代企业管理制度。鼓励企业运用物联网、云计算、大数据等新一代信息技术，开展研发设计与商业模式创新；整合产品全生命周期数据，形成面向生产组织全过程的决策服务信息，为产品优化升级提供支撑。加快企业应用物联网、云计算、工业机器人、增材制造等技术改造生产流程，拓展产品附加值；鼓励企业基于互联网开展故障预警、远程维护、质量诊断、远程过程优化等在线增值服务，拓展产品生命周期，实现从制造向“制造 + 服务”的转型升级。

发挥国有及国有控股企业的技术创新主导作用。健全国有企业科技创新经营业绩考核制度，增加科技创新在国有企业经营业绩考核中的比重，激励国有企业加大研发投入，加大国有资本经营预算对国有企业自主创新支持力度。

加大中小企业创新人才高端平台建设和政策激励力度。支持企业院士工作站、博士后工作站等创新载体建设，完善评价制度，建立长效机制。充分发挥企业和企业家在政府产业规划、技术创新决策中的重要作用，促进企业真正成为技术创新决策、研发投入、科研组织和成果转化的主体。

到 2020 年，规模以上工业企业研发机构覆盖率达 40%，高新技术企业数力争达 5000 家，创新型企业试点规模进一步扩大。

10. 大力发展高新技术产业

大力发展以战略性新兴产业为先导的高新技术产业，推进战略性新兴产业集聚基地创新能力建设；围绕重大新兴产业基地、重大新兴产业工程、重大新兴产业专项和建设创新型现代产业体系“三重一创”，重点发展市场前景好、产业关联度高、带动能力强的新一代信息技术、智能装备、轨道交通装备、通用航空装备、节能和新能源汽车、新材料、新能源、节能环保、生物医药和高端医疗器械等新兴产业。组织实施新型显示、智能语音、集成电路、数控装备、轨道交通装备等一批科技重大专项，突破一批产业核心技术瓶颈。推动大数据处理应用中心和基地建设，加快大数据、云计算在产业链全流程的应用，打造智能化工厂。推动高新技术成果转化应用，实施重大科技成果应用示范工程，深入推进合肥、芜湖国家级新能源汽车应用示范城市建设，加快半导体照明、光伏等节能与新能源推广应用示范。

到 2020 年，建成新材料、新能源汽车、智能家电、高端装备、智能语音等一批产值千亿元以上的高新技术产业基地。全省高新技术产业增加值占规模以上工业比重力争达 50%。

11. 优化升级传统产业

围绕“中国制造 2025”战略部署，以推进高新技术改造提升我省传统产业为契机，开展高新技术强基行动，围绕基础零部件、基础材料、基础工艺、产业技术基础，加强科技攻关，研发高新技术产品，推动产品升级换代。加强冶金、建材、石化、煤炭、纺织、食品加工等传统产业利用技术、能耗、安全、环保等标准的规制作用，提升传统产业技术水平和比较优势，推动落后产能淘汰。加大传统产业信息化技术应用推广，以数字化、网络化、智能化为重点，支持企业从技术装备、研发生产、质量控制、节能减排等方面改造提升；围绕重大工程建设和重大装备需求，集中力量攻克一批关键共性技术，形成一批科技含量高、附加值大、低碳环保型的重大产品。推进节能新技术新产品和新型能源管理模式的应用，促进清洁生产和工业污染防控，提升工业设备能效水平，建设一批绿色示范工厂和绿色示范园区。

抓住互联网跨界融合机遇，实施“互联网 +”行动计划，加快云计算、大数据、物联网、移动互联网等新技术与我省传统产业深度融合，促进大数据、物联网、云计算和 3D 打印、个性化定制、人工智能等新技术在产业链集成应用，推动传统制造模式变革和传统产业转型升级。

推进农业绿色转型发展，构建现代农业产业体系。实施生物育种、农产品精深加工等科技重大专项，建设农业科技示范园区，大力发展现代生态农业，改善农业生态环境，推进国家农村信息化示范省建设。依靠科技创新引领传统资源型城市加快发展接续产业，积极推进传统产业低碳化、循环化和集约化发展。

12. 加快发展科技服务业

大力发展科技服务业，推进制造业与科技服务业深度融合，推动生产型制造向服务型制造转变。大力发展研发设计、技术转移、创业孵化、检验检测、知识产权、科技咨询、金融服务、科学技术普及等科技服务业。培育和壮大科技服务业市场主体，创新科技服务模式，围绕科技服务业新领域、新业态，延伸产业链，促进科技服务业专业化、网络化、规模化、国际化发展。培育科技服务业示范企业，支持合肥、芜湖、马鞍山慈湖等高新区和合肥通用机械研究院等开展国家科技服务业试点，培育建设一批科技服务业集群。

支持建设一批服务专业化、功能社会化、组织网络化、运行规范化的技术转移服务机构。进一步提升技术转移示范机构服务能力，搭建技术交易信息平台，提供信息检索、加工与分析、评估等服务，构建省市县技术成果交易网络体系。引导高校院所和企业在省战略性新兴产业集聚发展基地建立技术转移服务机构。支持组建省技术转移战略联盟，加强各机构之间的分工协作，集聚优势，提高技术转移、成果转化效能。加快科技创新智库发展，强化科技咨询、科技评估等第三方专业机构建设。

到 2020 年，基本形成覆盖全省科技创新全链条的科技服务体系，科技服务能力大幅增强，科技服务市场化水平明显提升。

13. 推进高新技术产业开发区和基地建设

明确产业技术创新发展方向，增强高新技术产业开发区集聚要素能力，鼓励引导高新技术产业开发区完善硬件基础条件，营造良好政策环境，促进各类创新要素在高新技术产业开发区汇聚，推动科技成果转化，吸引科技人才在高新技术产业开发区创业、科技企业在高新技术产业开发区发展，完善高新技术产业从技术研发、成果转化、企业孵化到产业集聚的培育发展体系。支持具备条件的高新技术产业开发区聚集发展战略性新兴产业，支持具备条件的经济开发区、工业园区转型升级为高新技术产业开发区，扩大省级高新技术产业开发区规模，推动符合条件的省级高新技术产业开发区创建国家高新技术产业开发区。提升合肥、芜湖、蚌埠、马鞍山慈湖等国家高新技术产业开发区建设水平，推动高新技术产业开发区协同发展，成为创新驱动和科学发展先行区、国家创新型特色园区。

加快高新技术特色产业基地建设，分类指导、差异化发展，培育一批产业特色鲜明、技术水平先进、产业链完整、布局相对集中的战略性新兴产业集群基地；推进芜湖国家创新型产业集群建设试点。加强国家农业科技园区建设，支持农业科技园区提档升级，推进农业科技园区成为农业高新技术成果研发转化、农业科技人才培养、现代农业新兴产业集聚的重要基地。

14. 实施知识产权战略

全面开展以专利为重点的知识产权培育工作，形成以开展共性关键技术研发为手段、以知识产权利益分享为纽带、以创新成果有效转化应用为目的的合作机制。提高专利申请质量，提升专利产业化水平。引导企业开展关键核心技术专利布局，推进实施核心专利产业化和知识产权优势企业培育计划。推进知识产权基础信息资源向社会开放，开展知识产权执法专项行动，加快建设合芜蚌知识产权快速维权中心。完善专利行政执法机制，建立健全知识产权多元化纠纷解决机制，推动知识产权信用监管体系建设。

采取政府采购、市场培育、创新奖励、风险补偿等方式，推进品牌、商标、技术标准等知识产权战略实施。深入推进质量强企活动，创建一批具有自主知识产权和国际竞争力的知名品牌，推动“安徽品牌”向“中国品牌”“世界品牌”升级。重点培育战略性新兴产业商标集群，努力形成一批具有安徽产业和区域特色、体现安徽企业竞争力和形象的驰名商标企业。鼓励企业参与或主导行业、国家和国际标准制定，推动技术法规和技术标准体系建设，促进技术标准与研发、制造、市场相结合。

到 2020 年，全省知识产权创造、运用、保护和管理水平显著提高，培育一批竞争力强、具有较强影响力的知识产权优势企业。

（四）提升科技创新开放发展水平

加大创新开放合作，坚持引进来和走出去并重，抢抓创新资源在全球范围内流动组合的机遇，主动参与全球研发分工，以全球视野谋划和推动科技创新，加快构建开放式创新体系，提升我省优势产业国际竞争力。主动对接“一带一路”、长江经济带、京津冀等国家战略，深化区域创新合作交流，发挥我省在长江经济带的重要战略带动作用。

15. 主动参与全球研发分工

进一步加强国际科技合作，加快融入全球创新网络，在更高起点上推进自主创新。支持企业、高校院所参与国际大科学工程（装置）建设；实施一批国际科技合作重点研发计划，利用全球创新资源，提升我省自主创新能力。加强与欧美发达国家、“一带一路”沿线、俄罗斯伏尔加河联邦区等国家和地区开展科技交流与合作；推进与拉美、非洲、东盟地区科技交流与合作，建立安徽—拉美科技合作联盟，建设中国—拉美技术转移中心，加强安徽—非洲技术转移中心、中国东盟技术转移中心安徽分中心建设。加强安徽与德国科技合作，依托骨干企业、国家高新技术产业开发区共建中德国际创新园；拓展与以色列科技交流与合作，推进皖以技术合作平台建设。

围绕战略性新兴产业发展需求，在新能源汽车、智能语音、装备制造、机器人、量子通信、新材料、生物育种等领域建设若干国际联合研究中心、国际技术转移中心、示范型国际科技合作基地和国际创新园。吸引海外知名高校、研发机构、跨国公司到我省设立全球性或区域性研发中心，引导我省企业与研发中心开展深度合作。深化科技人才国际合作交流，面向全球扶持一批高层次科技人才团队携带成果在安徽创新创业，依托高层次人才信息、技术优势，推动国际先进技术引进和研发资源在我省布局。支持我省有条件的企业引进或并购境外企业和研发机构，鼓励企业到境外建立研发机构，主动参与全球产业协作和研发分工。

16. 加强省际区域创新合作

深化我省与东部沿海发达地区、中部地区、中关村示范区的科技合作交流，扩展新领域和新方式，推动资本、技术、人才等要素双向流动。积极参与长江经济带、长三角区域创新合作，推进科技成果转化及资源共享，在创新战略研究、重大项目联合攻关、科技信息共享服务平台建设、产学研活动等方面加强对接合作。深化与中关村示范区战略合作，进一步推动体制机制改革、科技创新和产业发展等领域互动合作。支持省外高校院所在我省设立分校和研发机构，共建实验室和人才培养基地，开展产业技术联合攻关。

加强我省与中国科学院、中国工程院系统全面科技合作。支持我省企业和高校院所在农产品加工、资源矿产、生态环保、现代服务业和人才培训等方面，开展科技援藏援疆援青合作。

17. 推动科技资源开放互通

整合优化科技文献信息资源，提供对外开放共享服务。支持高校院所、企业、检验检测机构等单位的大型科学仪器设备对社会开放。推进科研仪器设备、科技文献、中国创新驿站安徽区域网络技术交易资源等科技资源互联互通。

利用互联网、大数据、云计算、物联网等新一代信息技术，推动省与省之间新业态和新商业模式的开放互通。以企业创新需求为导向，集成科技服务优势资源，构建跨区域、跨行业、跨领域的技术转移服务开放合作网络。

到 2020 年，全省大型科研设施、仪器设备和文献信息等开放共享率大幅提高，形成科技资源对外开放互通的新格局。

（五）促进科技创新成果惠及民生

大力推动科技成果转化应用，发挥科技创新在创业服务、农业发展、精准扶贫和社会发展等方面的支撑作用，着力提升科技创新在增进民生福祉中的作用。到 2020 年，基本形成载体多元化、服务专业化、资源开放化的创新创业生态体系；公益性研究投入显著增长，农业发展科技进步明显提高，社会可持续发展水平大幅提升。

18. 推动大众创业万众创新

以营造良好创新创业生态环境为目标，以激发全社会创新创业活力为主线，以构建众创空间等新型创业服务平台为载体，加强政策集成，有效整合资源，形成大众创业、万众创新的生动局面。

实施"江淮双创汇"行动，通过政府引导、市场主导、社会参与、机制创新，拓展科技创新创业的边界和空间；为创新创业者搭建汇聚信息、人才、导师、项目和资金的平台，构建适用于创新创业的政府、市场、社会联合治理的创新共治新格局，建设覆盖全省的创新创业工作空间、网络空间、社交空间和资源共享空间，将"江淮双创汇"打造成有重要影响力的创新创业品牌。

支持依托高校院所、科技园区、产业基地、企业等建设众创空间。支持有条件的地区结合本区域产业定位和规划布局，推进众创空间建设。引导科技企业孵化器、大学科技园等创新创业服务机构向专业化、特色化、市场化和规模化方向发展，优化和完善创新创业生态体系，逐步形成"众创空间 + 创业苗圃 + 孵化器 + 加速器 + 产业基地"的梯度孵化体系。

到 2020 年，全省创建众创空间 300 家，孵化器 160 家，在孵企业 5000 家，吸纳就业人数 10 万人以上。

19. 强化科技服务三农发展

加快科技成果在农业领域的推广应用，带动农业增产农民增收，提高新农村建设科技发展水平。支持皖江农业科技创新综合示范，组织实施农业生态环保、智能农业等科技重大专项，推动现代农业发展。加快农业大数据关键技术研发和示范，提升农业生产智能化、经营网络化、管理高效化、服务便捷化能力和水平，促进农业科技创新惠民。

围绕大别山和皖北等贫困地区的科技需求，实施科技扶贫、三区人才、振兴皖北等专项计划。支持高校院所、企业通过建立示范基地、技术推广、人才培训等方式与帮扶地区开展科技合作和服务。支持科技特派员开展“包村联户”扶贫服务，支持“互联网+”农业现代服务试点和应用，支持贫困地区农村产业融合发展试点示范。

20. 推进社会发展科技惠民

围绕资源环境、医药卫生、人口健康等社会发展重点领域，实施环境监测、生物医药、医疗装备等科技重大专项。构建科技惠民技术服务体系，在防灾减灾、城镇化与城市发展、质量安全、保密科技等领域开展云计算、大数据等新一代信息技术应用示范，推动应急、机要、消防等领域的科技工作，开发公共服务数据，形成各类民生应用，提升公共服务水平。

推进可持续发展实验区建设。支持合肥、芜湖国家“智慧城市”试点建设。支持巢湖、淮河等重点河湖及生态环境脆弱地区水生态修复与保护，提升环境污染监测治理的科技水平。加强重大疾病和传染病防治等科技攻关，提高传染病、慢性病、地方病、职业病等疾病的监控和医疗能力。

21. 提升全民科学素质

深入实施全民科学素质行动，完善科普政策法规体系，创新科普工作的管理体制和运行机制。加强科技宣传和信息工作，办好科技门户网站。强化科学技术知识和理念的普及，积极开展科技活动周等重大科普活动。加强科普基础设施建设，支持有条件的科技场馆对外开放。加强科普人才队伍建设，完善科普教育培训体系。

到 2020 年，全社会科普基础设施不断完善，各类科普组织和活动不断健全活跃，公民具备基本科学素质比例不断提高。

四、保障措施

（一）加强组织领导

加强科技创新工作组织领导，坚持一把手抓第一生产力；建立地方党政领导科技进步目标责任制，把创新驱动发展成效纳入对地方党政主要领导干部考核范围。加强科技部门对科技创新工作统筹协调；进一步完善部省、厅市、部门科技创新工作会商沟通机制。

进一步健全创新工作推进机制，强化“省抓推动、市县为主、部门服务”的责任机制。加强对基层科技工作的支持和指导，强化县级科技管理部门和基层科技管理队伍建设。发挥财政科技投入的引导作用，进一步完善多元化、多渠道、多层次的科技投入体系。

（二）夯实人才支撑

筑牢人才是科技创新的根基。大力实施各类人才计划，完善人才引进、培养、使用的政策体系，优化人才发展环境，造就一批技能人才、企业经营管理人才、创新型领军人才和产业创新人才队伍。

建立健全人才激励机制，激发人才潜力和活力，提高高校院所科研人员在科技成果转化中的收益比例，引导企业实施股权、期权、分红等人才激励方式，调动广大科技人员积极性。创新人才评价机制，推进职称制度和职业资格制度改革，实行科研人员分类评价制度，建立科学的人才评价体系。促进人才、资本、技术、知识广泛汇集和自由流动，为实施创新驱动发展战略提供智力保障。

（三）提升治理水平

进一步明确政府和市场关系，发挥政府在战略规划、政策制定、公共服务和监督评估等方面的引导作用。推动政府科研管理向创新服务转变，激发各类创新主体活力，形成多方共同参与、运行高效的科技创新治理体系。

贯彻落实国家科技进步法和促进科技成果转化条例，修订完善促进科技成果转化等地方法规。建立和完善政府权责清单、公共服务清单和负面清单制度。做好政务信息公开、科技信访、政风评议工作，及时办理人大代表和政协委员建议提案。开展资源调查制度、创新能力评价和科技统计监测工作。

（四）营造创新氛围

大力弘扬求真务实、勇于创新、追求卓越、团结协作、无私奉献的科学精神，积极倡导敢为人先、勇于冒尖、宽容失败的创新文化，营造崇尚创新的文化环境，加快科学精神和创新价值的传播塑造，动员全社会更好理解和投身创新。营造全社会鼓励探索、宽容失败和尊重知识、尊重人才、尊重创造的良好氛围。

积极开展内容丰富的群众性创新活动，大力培育企业家精神和创新创业文化，树立创新价值导向，吸引更多人才谋创新、干事业、办企业、聚产业。

（五）加强协调落实

加强本规划与国家科技创新发展规划、省国民经济与社会发展规划纲要及其他专项规划的衔接。强化科技政策、科技计划与规划的对接配套，明确目标任务，压实工作责任，推进规划各项任务和目标落实。

加强规划实施效果的跟踪分析和评价，开展规划中期评估。加强科技重大专项、重大项目实施绩效的跟踪调度，建立健全规划动态调整机制。

附件：1. 安徽省“十三五”科技重大专项
　　　2. 安徽省“十三五”科技优先发展主题

附件 1

安徽省“十三五”科技重大专项

一、新型显示

（1）大尺寸 TFT-LCD 产品研发。突破大尺寸液晶面板工艺技术瓶颈，研究 ADSDS 广视角技术、铜配线工艺技术、GOA 技术等在大尺寸面板上的应用，并解决大尺寸液晶面板抗变形等问题，开发出 65 英寸及以上大尺寸液晶面板。

（2）大尺寸 AMOLED 显示产品研发。研究高阻水性薄膜封装、面板封装、OLED MEM 封装、多层结构器件开发等技术，开发出高寿命、高信赖性的大尺寸 AMOLED 显示产品。

（3）新型液晶显示背光源产品研发。研究开发超高亮度白光 LED 芯片、双芯高色域 LED、搭载新型荧光粉的 LED 及应用技术，推进量子膜、管等相关技术的发展与应用，开发出超薄、低功耗、高色域的背光源产品。

（4）平板显示技术相关产品开发及产业化。开发以 0.3mm 以下超薄电子玻璃、高强玻璃盖板、ITO 导电膜玻璃等为代表的平板显示材料。开发以电容式触摸屏、OGS 触摸屏、双面消影触摸屏等为代表的平板显示组件。开发以汽车用平面显示器、数字相框和中尺寸显示器为代表的终端产品。

二、智能语音

（1）语音及语言人工智能关键技术与云平台研发。研发高表现力拟人化语音合成、多方言多场景个性化语音识别及远场声学前端处理等新一代感知智能语音交互核心技术，研发中英文和少数民族语言的口语翻译、人人交谈语音的内容提取与分析等语音语言认知智能核心技术，研发和建设集大数据、服务和分析于一体的智能语音交互服务云服务平台、自学习迭代优化的数据资源平台。

（2）智慧课堂及在线教学云平台研发及产业化。研发全学科智能阅卷、学业能力评价、个性化推荐等核心技术，研制教育资源云服务平台、教学质量测评与分析系统、作业学习系统和课堂教学软硬件等智慧课堂系列产品，建设移动互联网环境下的在线教学云服务平台。

（3）智能音乐云服务平台研发及产业化。研发语音、哼唱、原声多模态智能搜索等关键核心技术，研制集音频三合一检索入口引擎、音乐搜索与个性化推荐、可跨平台大数据曲库为一体的智能音乐云交互服务平台，面向运营商、第三方合作伙伴、最终用户，采取不同商务模式实现项目产业化。

（4）基于多模云屏互动的智慧旅游云服务平台及应用产品研发。基于通信网络的多模互动技术，“云”端与多种跨平台互动技术、通用的智能语音交互技术，优化面向旅游领域的拟人化语音合成、个性化语音识别等关键技术及云计算工程技术。研发多渠道电子商务、融合支付、语音导航、商户诚信认证、智能旅游客服、运营支撑等一体化的智慧旅游多模云屏服务平台和旅游应用产品。

三、高性能专用集成电路

（1）专用集成电路芯片的设计。以设计为核心，逐步突破面板驱动芯片、图像显示芯片、家电控制芯片、功率半导体芯片、汽车电子芯片、硅光通讯芯片、网络通信芯片、超高清电视主控芯片及操作系统等核心技术，实现国产化。

（2）高性能自主平台处理芯片设计。基于大数据、云计算、智能传感等新业态所涉及的信息处理、新型存储、新型网络交换等需要，开展高性能自主平台式处理芯片、存储器芯片、网络数据交换芯片等设计，形成 16nm/10nm 高水平工艺和特色工艺下芯片研制能力。

（3）专用集成电路芯片的封装测试。适应集成电路设计与制造工艺节点的演进升级需求，开展芯片级封装（CSP）、圆片级封装（WLP）、硅通孔（TSV）、系统级封装等先进封装和测试技术的攻关。基于国产芯片自主创新技术，研制大数据存储处理设备并实现产业化。研发集成电路引线框架、直选式光刻机、晶圆检测设备、刻蚀机、离子注入机、低温真空泵等集成电路关键设备。

四、机器人

（1）工业机器人系列产品开发、应用及产业化。开展工业机器人系列产品模块化设计、动态性能优化、高速高精度控制、故障诊断与可靠性、开放式网络化系统集成控制等关键技术研发，开发出具有自主知识产权的系列工业机器人及智能化生产线。

（2）工业机器人核心功能部件研发。开展工业机器人控制器、伺服驱动器和电机、精密减速器等关键核心部件研发，并实现产业化配套。系统开放性、精度及保持性、速度及动态特性、可靠性等性能指标达到国内先进水平。

（3）服务机器人的研发应用。围绕医疗健康、家庭服务、教育娱乐等服务机器人应用需求，研发新产品，提高数字化、网络化和智能化水平，扩大市场应用。

五、高档数控装备

（1）高档数控设备关键技术研究开发。开展高档数控设备现代设计、先进制造、高速高精度运动控制、动态性能优化、综合误差补偿、故障智能诊断和状态实时监控、可靠性等关键技术研究开发及应用。

（2）高档数控设备开发及产业化。研究开发新型多轴联动、复合功能、网络化和智能化控制的高性能高档数控设备，并实现产业化。开展数控设备的联网控制及生产线应用。

（3）高档数控系统及关键核心零（部）件的开发和应用。研发多通道多轴联动、网络化智能控制、多功能高性能数控系统。研发总线控制、高速高精度伺服驱动系统及伺服电，攻克高精度滚珠丝杠、轴承、直线电机、力矩电机、电主轴、线性导轨、自动刀库（刀架）、摇摆回转工作台、模具等关键核心零（部）件。

六、轨道交通装备

（1）轨道交通装备用先进材料及制造工艺研究开发。开发高性能轨道交通车轮用钢、车轴用钢、轴承钢、弹簧钢、齿轮钢、结构件和车厢板用钢等，以及耐蚀钢、高强耐蚀 H 型钢等车辆用大梁钢。研发先进的精密锻造、铸造、冲压、焊接、热处理等工艺及成套设备。

（2）先进轨道交通装备及关键零部件开发。重点开发新一代绿色智能、高速重载轨道交通装备，研发高性能高品质联轴器、车轮、轴承、传动齿轮箱、转向架、弹簧架、减振装置、刹车盘、大功率制动装置等关键零部件和行走总成装备，并形成批量生产。

（3）轨道交通轨道线路、供电、站台、通信信号控制等设备装置研发。开发移动巡检、车辆监测与控制、车辆整备与维检控制、通信信号与集成控制等系统，实现轨道交通装备的自动化控制和故障检测及预测诊断。

七、航空装备

（1）航空器整机研发设计制造。面向国内市场需求，开展高性能通用飞机、直升机、旋翼机、飞艇等航空整机装备的研发制造。开展混合动力、纯电动、太阳能、燃料电池等新能源飞机的研发，显著提高飞机的环保指标。开展通用航空器相关设计规范、典型工艺、关键生产设备、试验标准等自主知识产权体系的建设，形成航空装备研发制造领域的自主核心竞争力。

（2）航空器系统设备及关键零部件自主研发。瞄准国外同类先进产品，开展航空动力系统、航空电子设备、空管设备、起落架着陆系统、传感器系统等航空器系统设备的自主研发，以及大尺寸复合材料结构件、航空线缆、座舱盖、内饰及配件等关键零部件的国产化研发，培育航空装备产业链，降低整体成本。

（3）无人机及多用途特种飞机的系统集成与应用推广。开展长航时无人机、植保无人机、无人直升机等高性能无人飞行器及地面控制设备的研制。开展遥测型多用途飞机、监控型特种飞机、传感器飞机等多用途特种飞机的系统集成，在环保、国土、安保、应急响应等领域中推广应用，成为各级监管与公共服务体系的重要组成部分。

八、新能源汽车

（1）新能源整车开发。针对现有市场需求，研发全新平台高性能纯电动客车、轿车和专用车，使整车环境适应性、可靠性、动力性、经济性和舒适性等综合性能提升，实现整车批量化生产。针对未来市场发展，研发氢燃料电池汽车，最终实现氢燃料电池汽车产品的小规模产业化。

（2）电池、电机、智能化汽车电子和环控设备等关键部件研制。研发适用于新能源汽车高性能低成本的动力电池系统、高比功率的驱动电机系统、先进的机电耦合总成产品等核心关键零部件，产品性能、成本、质量等满足整车使用需求。研发电动汽车的智能化、网络化等智能控制技术，研发车载传感器、红外、可视、控制器、执行器等先进无人驾驶技术衍生产品，使汽车具有智能环境支持，通过智能终端形成人车的互动，实现汽车无人驾驶技术与高智能化汽车产品之间的关联应用。

（3）新能源汽车产业化技术服务体系建设。开展纯电动汽车关键零部件供应链的开发、纯电动汽车质量保证体系的研究、纯电动汽车整车生产工艺和生产设备的技术研究与开发等。开展重型车天然气国Ⅵ发动机技术研发。通过新能源服务站、运营中心的建设，以及远程诊断装置、应急预案、备件储备的完善，建立新能源汽车完善的远程诊断、远程管理的网络化系统，建立健全产业化示范推广技术服务体系。

九、新材料

（一）高性能铜基材料

①铜基导线产业化技术。面向特种电缆、电机及轨道交通等行业发展的需求，开展高强、高导铜合金绞合导线、超长超细镀膜高强高导铜合金丝、特种电磁线、高速铁路高强高导滑触线与承力索等铜基线材产业化技术的研发。

②铜基电子材料及产业化技术。面向电子及新能源等行业发展的需求，开展超薄高精度电子铜带与压延铜箔、新型铜合金引线框架、印制电路板、覆铜板及特种铜基合金支架、铜合金阻尼和记忆功能材料产业化技术的研发。

③新型铜基材料及加工技术。面向信息、轨道交通及新能源等行业需求，研发高速信息交换用铜基材料、电动汽车快速充电用铜合金材料及电气化铁路、轨道交通用高强、高导、高耐磨异型铜合金轨道接触线、异型铜合金材料，开展新型铜基材料加工技术研究，形成生产能力。

（二）高性能硅基材料

①光伏玻璃及产业化技术。面向太阳能利用等新兴产业需求，开展超白光伏玻璃、光伏薄膜导电玻璃、光伏背板玻璃等特种光伏玻璃及其产业化技术的研发。

②硅基建筑节能材料及产业化技术。面向新型建筑材料及环保节能等产业需求，开展硅基真空绝热材料、低辐射镀膜玻璃、涂膜玻璃、真空节能玻璃、超细空心玻璃微珠及其产业化技术的研发。

③电子级多晶硅、玻璃纤维及产业化技术。面向光伏、电子、信息等产业新需求，开展电子级大尺寸多晶硅片、高纯石英粉、光纤预制棒、超薄玻璃基板及玻璃纤维产业化技术研发。

（三）化工新材料

①高性能合成橡胶及产业化技术。面向电力电缆、汽车、轨道交通及高端装备等行业的发展需求，开展环保阻燃型热塑性弹性体、橡胶密封件、特种橡胶制品及其产业化技术研发。

②高性能树脂与复合材料及产业化技术。面向航空、汽车、电子电器及新能源等行业发展需求，

开展丙烯酸酯板材、己二腈、丁辛醇及其下游产品、功能性膜材料、增强型工程塑料及其产业化技术开发，开展树脂基纤维及复合材料制备成套技术的研发。

③精细化学品及产业化技术。面向化工新材料相关产业链的构建需求，开展 LPG（液化石油气）深加工、无机快速胶凝材料、绿色功能性涂料、石墨烯材料、3D 打印材料等高附加值精细化学品及其产业化技术的研发。

（四）煤化工新材料

①新型煤化工原料及产业化技术。根据煤化工产业从基础化工原料向高附加值的高端化工产品转型的需求，开展煤制乙二醇、乙醇、甲醇、烯烃、聚乙醇酸、混合酚连续烷基化及其分离纯化、粗苯精制等新型煤化工原料以及煤基合成油催化剂、煤制天然气等精细化学品的产业化技术研发。

②煤化工新材料及产业化技术。根据促进煤化工产业从基础化工原料向高附加值的高端煤化工新材料转型的需求，开展基于煤化工原料的高性能合成橡胶及弹性体、工程塑料、功能性高分子材料等系列化工材料及其成套技术的研发，逐渐扩大产业规模。

十、量子通信

（1）量子通信关键设备研制。开发具备快速补偿信道变化功能特性的量子通信设备，完善与常规量子通信设备并行组成完整产品谱系。结合关联产业开发量子通信信道状态检测、监测、分析、计算和动态补偿等核心光学、光电部件以及处理单元，研制集成化、低成本的量子通信设备。采用国产 CPU 芯片实现设备国产化。突破高速低损耗量子光电器件与模块的设计封装、经典光与量子光的单纤复用等关键技术。

（2）平台化装备研制和设计。开展以平台化为内核的量子通信产品开发。结合常规通信设备、信息安全设备以及国家和行业相关标准，抽取典型需求和共性功能，设计架构性产品平台。

（3）量子通信产品测量标定规范。建立量子通信信道模拟、仿真、评估及其对通信过程产生的影响等技术体系，设计面向复杂应用环境的量子通信典型测试方案、测试条件、处理方法以及评估标准，制定量子密码标准。

（4）量子通信应用示范。围绕“京沪干线”建设和党政机关、金融、电力等领域对信息安全的基本要求，开展量子通信基础软件与应用终端的研制，开展量子安全通讯应用示范平台建设，实现规模化应用。

十一、基于大数据的科技服务业

（1）智能家居服务关键技术研发与应用模式创新。开展智能家电终端标准化、模块化及人机工效学设计，构建家用智能终端基础网络平台。开展智能家居相关智能终端用传感器接口标准、数据交互标准和服务推送与应用技术规范研究。基于大数据云服务的智能家居、智能终端与智能健康微环境构建综合集成应用示范。

（2）互联网金融信息服务安全关键技术及相关产品开发。面向政务金融等重点行业，开展大数据应用，搭建基于大数据技术的金融风险控制云服务、应收账款债权管理服务等系统，构建面向中小企业开展产业化应用服务和生产性服务模式的科技金融综合服务平台。

（3）数字文化旅游共性关键技术研发与应用模式创新。研制集成电子地图和文化资源展示等服务功能的开放式文化旅游综合服务集成云平台。突破非物质文化遗产内容创作、生产、管理、传播与消费等方面共性关键技术。研究旅游智能服务共性技术及商业模式。研究“互联网＋智能旅游服务”新型技术驱动业态运营模式。

（4）面向现代物流、交通运输、公共事业等重点领域云计算需求，利用云计算虚拟技术、云安全技术、数据交换、资源互联共享技术，研发适应云计算环境下的高性能、高可靠安全技术产品与应用，引导云计算数据中心和大数据服务业发展布局，提升云计算和大数据服务业能力建设。

十二、生物医药

（1）创新药物研发。针对恶性肿瘤、心脑血管疾病、感染性疾病、免疫性疾病等严重危害人体健康的重大疾病，研制具有自主知识产权、重大创新、重大产业化前景和市场效应的化学药物和生物技术药物。

（2）仿制药物研发。依据技术进步和政策法规要求，开展临床急需或短缺的仿制药物的研发。进行已上市仿制药质量和疗效一致性评价的相关技术研究，提高药品的质量与标准；开展具有市场竞争力、出口潜力大及有利于提升药品质量和疗效的关键医药中间体和新型药用辅料的研发。

（3）中药材品质提升。围绕安徽道地、特色、大宗中药材，开展良种选育繁育研究和基地建设，开展中药材野生抚育、野生变种种植研究，建立符合规范化标准种植要求的中药材种植基地。开展中药材产地加工、炮制、提取、仓储、运输等关键技术和商品规格研究，制定相关规范和标准。

（4）中药新品种和新剂型研发。围绕新安名医名方、名老中医验方，研发中药新品种和新剂型；对确有疗效的中药传统制剂和中药大品种进行再次研发；利用我省道地、特色中药资源，开展符合保健食品管理要求的技术研究和相关产品开发。

十三、环境监测与治理

（1）大气环境监测装备与治理技术。面向大气环境质量监测需求，研发时空、立体监测（细颗粒物、污染气体等）仪器装备；面向污染源超低排放新标准要求，开发高精度污染源排放烟气（SO_2、NO_x、NH_3、颗粒物、重金属等）在线监测仪器装备，以及超低减排技术方案；面向环境敏感区应急预警需求，研制有毒有害气体遥测设备；面向重点行业监控需求，研发挥发性有机物在线监测仪器设备和治理技术。

（2）水环境监测装备与治理技术。针对我省主要江河湖库以及塌陷区等重点水域水质安全和水质生态状况，开发影响水质、生态安全的有机有毒污染物、水体细菌微生物、水体重金属等快速在线监测仪器设备，以及相应的治理技术应用。

（3）土壤环境监测装备与治理技术。研发土壤养分、有机污染物和重金属等快速现场监测技术设备，以及相关治理技术；研发面向区域特征需求，应用互联网技术开发有关土壤环境监测传感器。

十四、高端医疗器械

（1）数字诊疗装备研发。开展新型断层成像系统、围绕治疗肿瘤的精确医疗设备和专用系统、医疗智能微创服务系统、智能手术导航定位系统等装备的研发。

（2）生命科学仪器及体外诊断技术的研发。开展新一代基因测序、新型质谱等装备及相关体外诊断试剂研制。

（3）新型医用光学设备研制。支持新型慢病早期检测设备、肿瘤检测系统以及其他创新型医用光学诊疗设备的研发。

（4）系统康复设备研制。综合利用大数据平台和智能化设备，开展运动康复应用研究，推进高端康复设备研制。

（5）高值医用耗材的研发。开展植入性材料、维持生命的高值耗材的开发应用以及用于烧伤、烫伤及慢性创面等高值耗材的开发应用。

十五、生物育种

（1）主要作物和专用品种选育。开展水稻、玉米、小麦、大豆等粮食作物优质高产抗逆新品种选育，油菜、棉花、茶树高产优质适于机械化生产新品种选育，薯类、蔬菜、水果优质多抗新品种选育。

（2）主要畜禽水产选育。开展优质猪、牛、羊、鸡、鸭、鹅新品种选育，高效繁殖等关键技术研究与应用以及具有地方特色的水产品种选育与繁育。

十六、农产品精深加工

（1）粮油、畜禽及水产品精深加工。开展粮油精深加工共性关键技术研究及产业化，高品质畜禽、经济动物、水产品精深加工及产业化开发，乳品加工新技术、新工艺研究及产业化。

（2）茶、林产品及果蔬精深加工。开展制茶新技术、茶食品研究及产业化开发，林特产品保鲜与精深加工系列新产品开发及产业化生产，果蔬、果汁产品精深加工关键技术研究及产业化，食用菌精深加工技术研究与系列产品开发。

（3）功能食品开发。开展特殊膳食、特殊医学用途、特殊环境人群等功能食品开发与产业化。

（4）农林生物质转化与副产品利用。开展农林生物质绿色转化与综合利用等技术研究及产业化开发，粮油、畜禽屠宰等副产品或废弃物的综合利用及产业化。

十七、智能农业

（1）农业传感器与机器人研发与应用。开展农业环境要素、本体信息、病虫草害等感知的低成本、高可靠农业传感器核心器件研发与应用，主要精确播种或采摘、施肥施药、整地除草等农用机器人或无人机的研制与集成应用。

（2）农业大数据开发与应用。开展农业遥感、气象、资源、环境、病虫草害等大数据集成与融合系统开发及应用示范，农业加工、经营、管理、市场、服务等大数据挖掘分析与智能预测服务系统研发及应用，农产品生产、加工、物流、消费全程追溯创新示范。

（3）智慧村镇关键技术研发。基于特色类型智慧村镇、社区，开展综合信息服务集成示范。

十八、现代农机装备

（1）农机动力装备。开展高效环保农、林、水大马力动力机械研发，新能源山地拖拉机装备研究与产业化。

（2）大田作业装备。开展适应于复杂农田环境的变量施肥、施药智能机械研发，秸秆粉碎还田与播种施肥一体化免耕作业装备的研发，新型作物植保装备研发，田间复式多功能作业装备研发，油菜、花生、大豆与薯类等种收环节机械化装备研究与产业化。

（3）设施农业装备。开展适用于温室设施园艺作物生产、健康养殖精细生产等高效环保型设施装备研究与产业化。

（4）农产品采摘加工与检测装备。开展主要和特色农产品的采摘、干燥、清选、分选、包装等机械装备研究与产业化，农产品质量、品质的检测设备研究与产业化。

十九、农业生态环保

（1）化肥减施增效。开展主要粮食和经济作物肥料养分高效利用、协同增效与损失阻控等技术研究与应用，秸秆还田和有机肥微生物转化替代化学养分技术与产品研发与应用，新型功能性或作物专用配方肥料研发及产业化。

（2）农药减施增效。开展农药品种之间的具有相互增效作用新组合、绿色环保新剂型、新功能助剂的农药新产品研发及产业化，主要粮食和经济作物的农药减量使用和减施增效技术应用与示范。

（3）生态修复开展。农业面源污染与重金属污染综合防治与修复技术集成示范，主要农作物生产区化肥、农药、重金属等污染物的监测与防控技术研究应用示范，农作物和微生物对重金属、化学农药污染的阻控、吸收、消减技术研究与应用示范，土壤调理剂、功能性生物有机肥、重金属钝化剂、无害化生物降解等高效产品研发与应用。

（4）中低产田土壤改良。开展中低产田土壤耕层耕性提升技术研究，水肥耦合与协同高效利用技术研究，作物根－土系统构建与高效生产技术研究，以及提升地力与作物周年提质增效技术集成示范。

附件 2

安徽省“十三五”科技优先发展主题

一、智能制造与装备

优先主题 1：基础材料与基础零部件

围绕提升核心基础零部件、先进基础工艺、关键基础材料和产业技术基础等能力，开展高性能轴承、自动变速箱、高精度智能传感器、高端液压元件等核心基础零部件攻关及工程化、产业化应用，研发轻量化材料先进成形制造、超精密加工、高效及复合加工等先进工艺，开发控制软件、工艺数据库、绿色制造、再制造等基础技术及应用。

优先主题 2：网络协同制造

建立合作伙伴与用户广泛参与、支撑众包众智众创的研发设计系统；建成具有泛在感知、高度自治、人机协同、实时诊断、远程监控、应急恢复等智能车间和智能工厂；研发基于大数据、云模式的供应链智能管控与预测系统；基于云平台构建服务价值链协同体系，支撑产品全生命周期制造服务。

优先主题 3：增材制造（3D 打印）

开展机械设计制造、数控、激光、新材料等多学科的增材制造共性技术研究，研发基于激光技术的金属 3D 打印机，并在复杂高精度模具、航空航天、汽车、军工等领域特殊功能部（零）件增材制造应用。开展医疗植入物 3D 打印、基于生物活性材料的人体器官 3D 打印技术研发和应用。

优先主题 4：节能和智能网联汽车

支持传统燃油汽车节能技术的研发与应用，开展高效内燃机、先进变速器、轻量化材料、智能控制等核心技术攻关及工程化应用研究。面向智能网联汽车，以智能化、绿色化、安全化、便利化为发展方向，开展智能辅助驾驶总体技术及关键技术研究。

优先主题 5：专用动力装备

开展微小型燃气轮机研制，应用于特种车辆、舰船、能源供应装备（节能、清洁）等领域；开展高效燃油发动机技术研究，突破节能减排、轻量化等关键技术。

优先主题 6：海洋工程装备与高技术船舶

开展海洋工程作业装备配套、关键零部件配套等技术攻关。开展远洋散货船、快速集装箱船、成品油船及化学品船、游船（艇）、滚装船等高技术船舶研发，以及船用主、辅机与大型船用关键零部件研制。

优先主题 7：新型工程机械

围绕新型工程机械的高效、智能、安全、节能及人性化等关键环节，研究系统控制、综合测试和先进工艺，重点突破数字化设计与制造、节能环保、智能控制、安全可靠等关键共性技术，提升工程机械核心零部件水平，开发集机、电、液于一体的智能控制系统。

优先主题 8：智能成套装备

针对家电、汽车、轻工、新能源等行业，开发先进的自动化成套装备与生产线，开展高性能模具、传感器系统、总线控制系统等关键技术研究，集成工业机器人技术、现场总线控制技术、移动互联网技术、云计算和大数据，实现成套装备及生产线的自动化、数字化、网络化和智能化控制。开展智能物流仓储装备关键技术研发。开展电力装备、矿山、化工、建材等大型成套设备关键技术研发。

优先主题 9：传统装备的智能化改造

围绕推动传统产业向中高端转型、提升产品质量，组织开展传统产业装备智能化升级技术研发，加快新技术、新工艺应用，实现钢铁、有色、化工、煤炭、轻工、纺织、食品等行业装备的智能化改造，提高精准制造和敏捷制造能力。开发改造压力容器与管道安全服务系统，实现安全智能监控和预警。

二、电子信息

优先主题 10：信息系统软件

开展嵌入式软件技术、面向行业的产品数据分析、管理、辅助设计和制造软件、电子商务、电子政务支撑与协同应用软件研发；开展基于内容的图形图像智能识别、检索、处理技术，人机交互技术，3D 图像处理技术，基于移动互联网的信息采集处理技术研发；开展基于信息系统的相关保密技术产品研发与应用。

优先主题 11：信息系统硬件处理

开展计算机终端设备设计与制造技术、宽带无线接入设备的设计与制造技术、基于标识管理和强认证技术、基于视频、射频的识别技术等研发；开展智能家居、可穿戴式电子设备等融合型设备设计与制造技术研发；开展面向行业的传感器软硬件及应用系统研发；开展汽车电子融合设计技术研发。

优先主题 12：通信系统

开展三网融合通信技术、新型光传输接入设备和系统技术、基于移动通信网络的行业应用技术、宽带无线接入系统技术研发；开展微波通信系统技术、广播电视业务集成与支撑系统技术、广播电视监测监管、安全运行与维护系统技术、数字电视终端技术研发。

开展高灵敏度北斗 /GPS/GALILEO 多模定位和授时关键技术、核心部件及系统研发，突破北斗核心通用芯片的应用适配能力，研发北斗终端关键产品。

优先主题 13：新型电子器件

开展高可靠片式元器件、片式高温、高频、大容量多层陶瓷电容器（MLCC）制造技术研发；开展片式 NTC、PTC 热敏电阻和片式多层压敏电阻技术研发；开展片式高频、高稳定、高精度频率器件制造技术研发；开展大功率半导体器件和基于新原理、新材料、新结构、新工艺的敏感元器件的传感器与工艺技术研发；开展新一代通信继电器、安全管控 SOC 器件设计和智能电源管控等技术研发。

三、“互联网 +”

优先主题 14：“互联网 + 智能交通”

开展交通信息物联感知关键技术与装备、互联网 + 城市交通智能优化控制关键技术、智能分析云平台关键技术、个性化交通信息主动服务关键技术研发。

优先主题 15：“互联网 + 智慧出版”

研发出版内容的知识化加工、内容动态重组、用户偏好挖掘等技术，构建专业信息和知识的智慧出版服务系统。

优先主题 16：“互联网 + 电子商务”

面向客户移动电子商务关键技术和应用开发，构建用户兴趣模型向量与广告特征相匹配的精准广告投放系统，为用户进行个性化推荐，对增值服务进行实时动态定价。

优先主题 17：“互联网 + 教育多媒体产品”

研制跨平台的、多种技术兼容的、科技教育内容为主的移动互联网信息可视化服务（包括数据可视化和科学可视化）一体化应用系统。

四、新材料

优先主题 18：高性能金属材料

开展高品质特种钢、新型高强韧钢、高端装备用钢、铁剂复合材料制备技术开发，高精度电子铜带／铜箔、低松比铜粉、新型引线框架精密带材等关键铜合金材料研发，高精铝板带、复合铝基材料、特种合金材料制备技术开发。开展特种金属功能材料共性关键技术与应用。

优先主题 19：新型无机非金属材料

开展光伏、平面显示硅基新材料、超大尺寸硅材料、功能化特种玻璃、特种光纤高性能陶瓷粉体、大功率 LED 及 IGBT 用高导热陶瓷与器件、磁传感材料与器件等关键技术研发。

优先主题 20：纳米材料及其他新材料

开展石墨烯、高端功能纳米材料、高效纳米催化材料、高密度存储材料、稀土功能材料、新能源材料、新型复合材料、高性能结构材料、环保新材料、功能膜、高性能化纤、核电工程材料等关键核心技术研发。

五、节能环保与新能源技术

优先主题 21：节能技术与装备

开展余热余压利用设备、高效节能锅炉、洁净煤高效转化装备、垃圾焚烧发电设备、高效节能变压器、节能电机、智能电网、节能建材、半导体照明等节能技术产品开发和应用，推进节能技术与装备产业化。

优先主题 22：环保技术与装备

开展水污染处理技术装备、生活垃圾生化处理设备、垃圾渗滤液处理设备、污泥高效深度脱水及资源化应用成套设备、重金属污染治理与污染土壤修复成套装备，烟气除尘、脱硫和脱硝高效处理及协同处置装备，有毒有害废气及有机废气高效净化技术装备，“三废”在线监测、检测技术装备等环保装备和产品的开发。

优先主题 23：太阳能光伏技术与装备

开展光伏并网发电关键技术与装备研究，开发高效能太阳能光伏逆变器、储能变流器、太阳能电池板、光伏组件用功率优化器等光伏设备，突破光伏电站群控、风光柴蓄多能源互补、智能微网、大规模储能等关键技术。

六、资源环境

优先主题 24：矿产资源绿色高效开发利用

以铁、铜、金多金属共生资源为重点，开发品位低、埋藏深的绿色高效采选冶关键技术与装备，开展金属及重要非金属的典型矿床、资源勘查技术研究；重点突破煤炭绿色开采工艺和煤炭清洁高效利用技术，探索开展煤层气、页岩气、地热等新型能源资源的勘查及开采关键技术研究。

优先主题 25：水污染防治

研发巢湖、淮河流域重点行业工业废水减排与深度处理成套技术，工业园区废水分质回收、处理、利用集成技术，分散式生活污水高标准低成本处理技术，城市污水处理厂“提标改造”和“提效改造”技术；开展饮用水安全保障与突发性污染应急处理、地下水污染修复、农业面源污染综合控制技术研究。

优先主题 26：大气污染防治

开展重点地区和城市大气污染特征及成因、大气污染监测及预报预警技术、区域大气复合型污染“联防联控”方案研究；开展挥发性有机物、有毒有害废气和恶臭污染物排放控制技术研究；开展重点工业烟气除尘、脱硫、脱硝协同处理控制、机动车尾气排放监管及净化、室内空气污染物控制与削减技术研究。

优先主题 27：生态环境治理

开展重点河流湖泊环境修复技术，湿地生态资源监测保护及修复技术，江淮分水岭及沿江、沿淮、沿湖地区生态环境综合治理关键技术的集成与示范研究；开展“两淮”采煤沉陷区生态环境修复与生态安全保障、矿山排土场和尾矿库重金属污染控制、工业场地有机物及重金属污染修复技术研究与示范；开展重大工程生态评价与生态重建技术研究。

优先主题 28：再生资源综合利用

开展废旧汽车、家电、废钢、废铅酸电池、废旧塑料、轮胎和生物质废物等回收再利用技术研究及装备开发。非粮燃料乙醇相关的其他大宗化学品、生物柴油和副产品甘油的资源综合利用、农林废弃物直燃和气化发电关键技术研究。

七、人口健康

优先主题 29：重大疾病防控

针对心脑血管疾病、恶性肿瘤、代谢性疾病、呼吸系统疾病等重大慢病，艾滋病、病毒性肝炎、多药耐药结核病、血吸虫病等重大传染病，消化、口腔等常见多发病，重点突破一批防治关键技术，完善重大疾病防治与诊疗规范及临床路径，有效解决临床实际问题。推进精准医学发展，开发一批精准医学的检测试剂、个性治疗药物等医药产品，建立重大疾病的早期筛查、个体化治疗、疗效和安全性预测及监控等精准医学诊疗方案，提高疾病防治效益。

优先主题 30：生殖健康及出生缺陷防控

针对我省出生缺陷防控、不孕不育和避孕节育等突出问题，研发一批适宜技术和创新产品，全面提升我省出生缺陷防控科技水平，保障育龄人口生殖健康，提高出生人口素质。

优先主题 31：老年医学

针对人口老龄化、高龄化愈来愈严重的情况，开展适应省情的医养结合的医疗服务模式研究。主要开展适合安徽省老年人群的健康参数、营养指南、康复干预指南、老年患者医疗服务体系等关键技术研究。完善规范老年人群健康和生活质量评估，发展老年重要器官功能维护技术，发挥中医药优势，开展中医老年医学研究。

八、现代生物医药

优先主题 32：中药现代化

开展安徽道地中药材资源保护、安徽主产中药材良种选育与规范化标准种植、中药材生态种植技术研究；选择新安名医名方、名老中医验方开发新品种、新剂型；针对重大疾病开展具有中医药优势的中药复方、中药组分或单体新药的研发；加快中药传统制剂、特色方剂的二次开发利用，创新中药材炮制技术；加强中药材综合利用研究。

优先主题 33：新药研究

开展药物分子设计与优化技术、分子标志物发现与靶向药物技术研究；开展新型抗体、新型疫苗、肿瘤精准治疗、抗病毒药物及手性药物等关键技术研究；开展抗癌抗肿瘤类、抗感染、心血管类、老年病用药、儿童用药、干细胞等拥有自主知识产权的创新药物研制。

优先主题 34：高端医疗器械

开展新型成像前沿技术、质控和检验标准化技术、多模态分子成像系统、新型断层成像系统、新一代超声成像系统、大型放射治疗装备、医用有源植入式装置的研发；开展细胞成像、流式细胞仪等生命科学仪器及体外诊断试剂的研发；开展新型医用光学设备的研发；开展系统康复设备研发；开展生物医用材料、新型高值医用耗材研发。

九、城市发展

优先主题 35：绿色建筑推广及建筑产业现代化

开展建筑能效提升技术研究与示范，浅层地热能、太阳能等可再生能源建筑关键技术研究与示范，围护结构保温隔热材料、高性能混凝土等绿色建材技术应用及评价研究，预制装配式混凝土结构关键技术研究与示范，钢结构关键技术研究与示范，建筑信息模型技术应用研究与示范、绿色建筑技术集成应用研究与示范、建筑能耗监管体系研究与示范；推动物联网、云计算、大数据等新一代信息技术与城市规划建设管理深度融合。

优先主题 36：体育、旅游产业及公共服务信息化

开展数字旅游、智慧旅游等现代服务业技术创新研究与应用；开展旅游资源可持续利用的综合

技术应用示范；开展我省优势和潜优势竞技体育项目的综合测试与科学训练系统研发；开展体育产品的文化创意与研发、智能化健身服务系统的开发与应用；开展云计算环境下智慧社区的资源共享关键技术研究与示范。

十、公共安全

优先主题 37：社会安全与应急技术及装备

开展社会安全基础信息综合应用技术、立体化社会治安防控关键技术、社会安全事件决策与指挥调度技术等社会安全预测预警和查控处置技术研究；开展多模态城市安全监测预警关键技术、智能视觉监控技术、语音识别技术等城市安全技术研究，开展智能交通系统管控集成与优化、无人机应用、交通拥堵、事故、灾害的防控、检测和处置等交通安全技术研究，开展重特大灾害事故的现场处置、抢险救援、综合指挥、战勤补给等应急指挥技术研究，建立卫星通信产品、移动应急指挥系统、应急指挥车、应急信息决策指挥机和新一代航空管雷达系统等应急指挥和保障体系。

优先主题 38：消防技术应用与设备

开展高层建筑、古建筑、地下空间、交通枢纽、人员密集场所等特殊场所的火灾防控技术、灭火救援技术研究，重点开展大型复杂建筑中人员疏散优化方法及疏散指示系统应用技术研究，开展相关消防新产品、新装备的研究与开发。

优先主题 39：防范刑事犯罪和恐怖袭击技术及装备

开展数字化治安防控技术、视音频处理技术研究，加强刑事侦查新技术在反恐维稳、安全防范、监所管理等领域的应用研究；开展物联网的广泛应用所带来的新型犯罪及社会管理等方面的应对技术研究，建立重大刑事案件和恐怖袭击活动预警系统和处置机制，建立基于云计算和物联网技术构建的公安网上应用服务支撑体系。

优先主题 40：查缉毒品技术与先进设备

开展现代卫星监控技术、应用风险管理技术、禁毒信息综合研判技术研究；开展毒品单项检验装置、综合型检验装置、多种便捷式毒品快速检验装备以及 X 光机人体藏毒检查仪、毒品及易制毒化学品现场检测箱、金属探测仪器等安检设备的研究与开发。

优先主题 41：煤矿安全生产

开展煤矿安全开采技术与装备、深部煤炭开采防灾减灾关键技术及仪器装备、灾害事故智能预警防控和仿真模拟技术、重大事故调查分析技术与应急救援装备的研究与开发；开展煤层群煤与瓦斯共采关键技术、煤层增透新技术、瓦斯灾害防治新技术及瓦斯利用新技术等研究，开发煤矿瓦斯主动智能抑爆系统和智能高效瓦斯抽采系统。

十一、防灾减灾

优先主题 42：防灾减灾

开展自然灾害预防和应急处置技术创新，重点开展气象灾害、洪涝灾害、地质灾害、地震灾害等重大自然灾害的监测、预警、预防和应急处置技术研发，提升自然灾害预防和应急处置能力。开展灾害性天气及其次生灾害监测、预警、预报技术研究；开展郯庐断裂带中南段、大别山区地震立体监测、预警及强地震预测关键技术研究，以及对强震危险区划、重大工程地震参数确定、地震灾害评估与应急救援、现场灾情监控与救援装备的研发；开展滑坡、泥石流等地质灾害的监测预警、预报技术以及救灾救急装备的研发。

十二、农林畜禽水产

优先主题 43：新品种选育

开展主要农作物优异种质资源精准鉴定与利用、功能基因组学、基因组编辑、育种材料创制等育种新技术研究和新品种选育；开展良种繁育、种子加工与质量检验等技术研究与应用。开展农林特色经济作物的优质特异种质资源发掘利用、特异性状相关基因挖掘和品种选育。开展主要畜禽优异种质资源鉴定、功能基因挖掘解析、种质特性和育种及高效繁育技术研究，新品种（配套系）培育等种质创新。开展优异水产种质资源发掘及品种选育、水产新品种引进与繁育。开展农林作物和畜禽水产育种信息技术与平台、育种公共服务平台建设。

优先主题 44：粮食作物丰产优质增效

研究粮食作物高产优质协同机理、形态生理关键指标及精确调控途径，粮食作物丰产增效协同的资源优化配置机理与高效种植模式。开展粮食作物优质高产宜机收品种筛选及其配套栽培技术、粮食作物生长监测诊断与精确栽培技术研究。研究主要气象灾变过程及其减灾保产调控、主要病虫草害发生及其绿色防控、土壤培肥与丰产增效耕作技术。开展农机农艺农信融合的粮食作物生产技术系统研发与示范，全程机械化轻简栽培技术模式创新与示范，粮食作物生产物联网精准决策服务新技术研究。

优先主题 45：特色农林作物提质增效

开展果树（水果、坚果）、蔬菜、西甜瓜、茶叶、油茶、蚕桑、花卉、中药材、珍稀树种、能源林及其他经济作物等种质资源鉴定评价，种苗集约化生产技术，化肥农药减施增效关键技术研究。开展机械化、轻简化、信息化生态安全种植技术模式研究与示范。开展具有区域特色的优质专用作物丰产保优增效技术集成与示范。研发特色农林作物的采收与初加工工艺及装备。

优先主题 46：主要畜禽水产健康养殖

开展重大动物疾病、免疫抑制病和新发疫病等重要疫病诊断与检测新技术及防控关键技术研究；

研究畜禽营养代谢与中毒性疾病防控、重要病原耐药性检测与控制技术。开展畜禽废弃物无害化处理与资源化利用新技术及产品研发。开展无抗生素、无臭、零排放等生态养殖技术集成与示范。研究重要水生动物疫病诊断与综合防控技术，开展高效、生态、减排、标准化健康养殖技术研究和大水面生态友好型渔业利用等技术研究与示范。

优先主题 47：农林废弃物资源化与高效利用

开展粮食深加工废弃物高效饲料化利用研究，秸秆、果蔬加工等农林废弃物高效利用技术研究。开展畜禽粪肥中抗生素、重金属等污染物高效去除与钝化技术研究，清洁环保型畜禽粪肥开发与高效利用。开展作物秸秆与畜禽粪肥养分资源高效与清洁化利用技术模式集成示范。

十三、农产品加工和安全

优先主题 48：农产品食品加工技术

开展大宗农产品加工重大共性关键技术和大宗油料高效、绿色精制技术研究，研究畜禽水产品精深加工与物流配送关键技术。开展蔬菜、干鲜水果精深加工和茶叶清洁化、标准化加工及林特产品加工提质增效技术研究。开展大宗农产品烘干贮藏保鲜共性关键技术及农产品产后减损技术创新。

优先主题 49：农产品质量安全

开展农产品质量安全快速检测技术和装备开发，农药残留、重金属和 POPs 富集降解、快速检测和污染控制技术与标准，农产品贮藏保鲜过程中有害物质快速筛查、风险评估及污染控制技术与标准研究。研究农产品加工过程中有毒有害物质形成机制、防控技术及风险评估技术。

十四、农业信息化和新农村建设

优先主题 50：农业信息化

开展农业先进传感器、大数据建模、精播精施与精准控制等关键技术研究。研究农业生产、流通、消费全产业链可追溯技术研究。研究农村“互联网 +”及农产品电子商务关键技术和智能信息处理、生产经营预警与优化决策巨系统。

优先主题 51：农村宜居社区

开展安徽特色城镇化关键技术研究。研究城镇化进程中产业布局与土地资源开发利用技术，村镇居住环境低碳化及绿色节能、健康宜居住宅设计与建设标准。开展不同类型农村社区生活污水与生活垃圾生态处理、村镇饮水安全保障等技术研究与应用。

福建省“十三五”科技发展和创新驱动专项规划

前 言

“十三五”时期，是中央支持福建进一步加快发展的重大战略机遇期，是全面建成小康社会的决战期，是全面深化改革的攻坚期，是全面依法治国和全面从严治党的关键期。为深入实施创新驱动发展战略，适应新常态，把握新机遇，全面完成《福建省中长期（2006—2020年）科学技术发展规划纲要》任务目标，增强自主创新能力，提高创新治理能力，建设创新型省份，根据《福建省国民经济和社会发展第十三个五年规划纲要》的整体部署，制定并实施省“十三五”科技发展和创新驱动专项规划。规划基期为2015年，规划期为2016—2020年。

第一章　发展现状与面临形势

一、发展现状

“十二五”期间，福建省科技工作认真贯彻落实党中央、国务院和省委省政府部署，实施创新驱动发展战略，强化科技创新驱动经济、服务民生意识，自主创新和科技支撑转型发展能力显著增强，区域科技创新体系不断完善，创新型省份建设扎实推进。

（一）企业创新能力稳步提升

2015年，全省拥有创新型（试点）企业904家、高新技术企业2035家，较2010年分别增加567家和828家；全省企业发明专利申请9447件、授权3336件，比2010年分别增长262%和562%；企业牵头或参与科技计划项目经费占新上项目（不含基础和公益研究项目）经费的比重达79.8%。2014年，全省研究与试验发展经费投入355亿元，其中89.1%的投入由企业完成，83.1%的研发活动人员集中在企业。

福建省人民政府办公厅，闽政办〔2016〕53号，2016年4月19日。

（二）科技引领产业加快转型

“十二五”期间，“数控一代”推广应用行动取得显著成效，新能源汽车、微波通信、大功率永磁伺服驱动电机等产业技术研究取得新进展；竹纤维制备及功能化应用、电袋复合除尘、车联网嵌入式系统、超细硬质合金制造、四轴数控精密磨床等领域取得了一批关键技术和革新产品。种植业、水产养殖业等 30 个农业新品种通过国家审（鉴）定，建成 6 个国家级生猪核心育种场；低甲烷高淀粉水稻育种，菠萝基因组学、调控水稻产量的密码破解研究等取得重大开创性成果，分别在世界权威杂志《自然》主刊和《自然・遗传学》发表；研发的世界上首个番鸭呼肠孤病毒病活疫苗，获得国家一类新兽药证书。“重组戊型肝炎疫苗”获得国家一类新药证书和生产文号，成为世界上第一个用于预防戊型肝炎的疫苗；食品中致癌物监测技术研究取得突破，2 个抗乙肝药物获得生产注册；福建省药物非临床安全性评价中心获得国家 GLP 认证批件。预计 2015 年全省高新技术产业增加值 3950 亿元，占地区生产总值比重达 15.2%；战略性新兴产业增加值 2619 亿元，占地区生产总值比重达 10.1%。

（三）创新服务平台显著增强

研发平台建设水平稳步提升，中科院海西研究院、机械科学研究总院海西分院、国家海岛研究中心等高端研发平台落户。截至 2015 年，全省共拥有省级以上重点实验室 200 个（其中国家级 9 个），省级以上企业技术中心 458 家（其中国家级 35 家），工程技术研究中心 447 个（其中国家级 7 个），工程研究中心、工程实验室 37 个（其中国家级 4 个，国家地方联合 20 个），2011 协同创新中心 36 个（其中国家级 2 个），省行业技术开发基地 45 个。组建 28 个省级产业技术创新战略联盟，新建 18 个省级产业技术重大研发平台、22 个产业技术公共服务平台和 4 个产业技术研究院。科技服务平台加快发展，海峡技术转移中心成为国家技术转移海峡中心，中国・海峡项目成果交易会形成常态化机制，科技成果转移转化对接实效不断加强，福建省知识产权科技创新服务平台建成并投入使用。全省共拥有省级以上科技企业孵化器 31 家（其中国家级 11 家），众创空间 49 家，国家技术转移示范机构 11 家、技术经纪机构 54 家。2015 年全省技术市场交易总额达 53.86 亿元。

（四）创新型省份建设扎实推进

根据全国科技进步统计监测，2014 年我省综合科技进步水平居全国第 13 位，知识产权综合实力位居全国第 7 位。2015 年，每万人口发明专利拥有量达 4.7 件、每万名劳动力中研发人员投入预计达 54 人年，提前完成“十二五”规划目标。全省区域科技创新格局不断优化，福州、厦门被列为国家创新型试点城市，福州、厦门、泉州、龙岩、莆田被列为国家知识产权工作示范（试点）城市，厦门、三明入围全国首批“小微企业创业创新基地城市示范”，泉州开展“数控一代”工程试点，成为“中国制造 2025”唯一地方样板。在新一轮的全国科技进步考核中，全省 7 个设区市、66 个县（市、区）通过全国科技进步考核，泉州、龙岩等 31 个市、县（区）被评为科技进步考核先进市、县（区）。

二、面临形势

当前，创新发展是国际竞争的大势所趋，居于国家发展全局的核心位置。创新作为引领发展第一动力，为我省科技创新发展带来新机遇，也提出新挑战。

（一）世界新一轮科技革命和产业变革加速推进，科技创新竞争日趋激烈

科学发现和技术创新呈现多中心、多领域齐头并进态势，跨界融合加快，重大颠覆性技术不断涌现，正在催生新产业、新业态、新模式。科技实力成为重塑世界经济结构和竞争格局的关键。各国普遍加大科技创新和产业变革力度，加强科技资源统筹协调，美国部署“先进制造业伙伴计划”、德国实施“工业4.0计划”、日本推进“科学技术创新综合战略”、俄罗斯实行“2020创新发展战略”，抢占战略制高点，抢抓发展主动权。

（二）我国确立创新驱动发展战略，科技创新核心地位凸显

我国正处于加快转变经济发展方式和全面建成小康社会的关键时期，经济处于深层次矛盾交织和“三期叠加”阶段，迫切需要进一步发挥科技创新潜能，打造发展新动力。党的十八大做出了实施创新驱动发展战略，提出面向世界科技前沿、面向国家重大需求、面向国民经济主战场“三个面向”的战略思想，指明了科技创新发展的方向；提出依靠科技创新和体制机制创新的“双轮驱动”战略，明确了创新驱动的实施路径；提出了必须把发展基点放在创新上，形成促进创新的体制架构，塑造更多依靠创新驱动、更多发挥先发优势的引领型发展，进一步强化了科技创新的核心地位。

（三）福建科技创新进入新的历史时期，发展需求更加迫切

党中央、国务院大力支持福建加快发展，继“三规划两方案”颁布后，又出台支持生态文明先行示范区建设、赣闽粤原中央苏区振兴发展、21世纪海上丝绸之路核心区建设、设立中国（福建）自由贸易试验区等重大举措，福建的经济社会和科技发展进入重要机遇期，迫切需要把创新驱动作为新时期推进科学发展跨越发展的战略来组织实施。

“十三五”我省科技发展面临难得的机遇，同时也面临基础相对薄弱，科技投入仍然偏低，科技成果转化不畅，创新发展的体制机制障碍依然存在，全社会创新创业活力有待激发等制约因素。未来五年，面对新形势、新机遇、新挑战，我省要大力优化科技创新环境，统筹利用境内外资源，增强创新驱动力，推动产业转型升级，培育经济发展新动力，打造福建产业升级版。

第二章　总体要求

一、指导思想

深入贯彻党的十八大、十八届三中、四中、五中全会和习近平总书记系列讲话及对福建工作的重要指示精神，坚持“创新、协调、绿色、开放、共享”的发展理念，全面落实中央支持福建加快

发展的重大决策部署，充分发挥创新是引领发展的第一动力，坚持“自主创新、重点跨越、支撑发展、引领未来”的指导方针，围绕发展新经济、培育新动能，紧扣“五新”（新产业、新技术、新平台、新业态、新模式）任务，大力实施创新驱动发展战略，以建设创新型省份为目标，强化科技创新驱动经济、服务民生意识，深化科技体制机制改革，激发全社会创新创业活力，提升科技创新能力，推动全省经济社会发展再上一个新台阶，为建设机制活、产业优、百姓富、生态美的新福建提供科技支撑。

二、基本原则

（一）加强规划引领与资源统筹相结合

把握科技、经济全球化趋势，坚持“大科技、大开放”的发展思路，结合国家与我省科技工作部署，加强规划顶层设计，突出重大需求和问题导向。充分发挥市场在科技资源配置中的决定性作用，更好利用境内外科技资源，加强统筹协调，促进科技资源的有效配置和集成，以科技经济深度融合为导向，形成推进科技创新发展的强大合力。

（二）坚持创新驱动与转型升级相结合

坚定不移地把增强自主创新能力作为科技发展的战略基点，以科技创新为核心，推动全面创新。围绕产业链部署创新链，强化企业技术创新主体地位和主导作用，充分发挥高校、科研院所源头创新主力军作用，推动各类创新资源向企业集聚，做大做强主导产业、改造提升传统产业、培育发展新兴产业，抓龙头、铸链条、建集群，构建产业技术创新体系，加快形成以科技创新为引领和支撑的经济发展模式。

（三）坚持制度创新与科技创新相结合

加强创新生态建设，进一步优化创新服务体系，激发各类人才和创新主体创造活力；加强科技创新与机制创新协调互动，深化重点领域和关键环节的改革，更加注重优化政策供给，推动政府职能从研发管理向创新服务转变。

三、发展目标

深入实施创新驱动发展战略，推动科技创新为核心的全面创新。全省综合科技进步水平、高新技术产业化指数位居全国前列，两化融合发展指数保持全国前列，重点行业单位工业增加值能耗、物耗和污染物排放保持国内先进水平，区域科技创新体系更趋完善，创新创业活力显著增强，进入创新型省份行列。到 2020 年，实现以下主要指标：

——全社会研究与试验发展经费投入占全省地区生产总值的比重达 2.0% 以上；

——每万名劳动力中研发人员投入达 63 人年；

——科技进步贡献率达 58%；

——高新技术产业增加值占全省地区生产总值的比重达 16%；

——战略性新兴产业增加值占全省地区生产总值的比重达 15%；

——每万人口发明专利拥有量达 7.5 件；

——技术市场交易总额累计达 300 亿元；

——高新技术企业达到 3000 家、创新型企业达到 600 家、科技小巨人领军企业 1000 家；

——省级以上重点（工程）实验室、工程（技术）研究中心、企业技术中心和产业技术研究院达到 1540 个、众创空间达到 200 家。

第三章　支撑新产业发展

从新一代信息技术、新材料、高端装备制造等新兴产业领域提出重点发展方向，加快新兴产业倍增发展。

一、新一代信息技术产业

大力发展集成电路产业，推动 12 英寸集成电路生产线、6 英寸Ⅲ－Ⅴ族化合物集成电路、存储芯片（DRAM）等项目建设，加快设计业、制造业、封装测试业协同发展。壮大新型显示产业，加快推进 8.5 代 TFT － LCD 面板、莆田华佳彩 6 代 Oxide 液晶面板、厦门天马微（二期）等重大项目建设，扩大液晶模组和智能终端生产规模。推动信息通信产业升级发展，加快新一代通信网络系统设备、数字家庭网络设备、高性能服务器等研发生产，促进微波功能模块、微波介质材料、5G 通信等技术研发和产品转型。做强软件业，加快发展移动互联网、工业控制系统、信息安全、集成电路设计以及特色应用软件等，促进软件服务外包发展。

二、新材料产业

重点发展稀土永磁、储氢、发光、催化等高性能稀土功能材料和稀土资源高效综合利用技术，加快建设中国（厦门）钨材料生产、应用和研发基地，推动硬质合金材料、涂层技术等关键技术研发与产业化。发展含氟聚合物新材料、含氟精细化学品及中间体，打造氟化工新材料生产基地。发展碳纤维、锦纶、无机非金属等高性能纤维及其复合材料，研发高品质不锈钢、铝合金与特种金属材料。建设国家级特种陶瓷材料生产研发基地，推动碳化硅纤维、氮化硅纤维和透波／吸波材料、陶瓷先驱体材料产业化。

三、高端装备制造业

重点培育发展先进轨道交通装备、航空装备、传感器和智能化仪器仪表、伺服装置和控制系统、工业机器人等高端装备。加快智能测控装置与部件的研发和产业化，提升重大智能制造装备集成创新能力。着力提高高速精密重载传动装置、高压液压元件、高可靠性密封件、大型精密模具、核心芯片等基础制造水平。

四、节能环保产业

发展高效节能锅炉窑炉自动化控制、低温烟气余热深度回收、非晶变压器、高效电动机等工业节能设备，以及高效照明产品、节能汽车等节能产品。壮大先进环保产业，重点发展危险废物处置技术、挥发性有机污染物治理技术，水污染、大气污染防治技术设备及其配套产品、垃圾处理技术设备和环保药剂；扩大平板式脱硝催化剂、高效电袋复合除尘器、空气净化器等生产规模，加快膜材料和组件、高浓度难降解工业废水成套处理设备等水处理设备产业化。

五、新能源产业

完善从硅料（薄膜）、太阳能电池及组件到系统集成、电站工程总承包全产业链，支持太阳能光伏分布式发电系统建设，打造国家级光伏产业基地。加快建设国家级海上风电研发中心和东南沿海风电装备制造基地，以风电成套机组设计和组装为核心，带动风电关键零部件发展。推动大功率、高能量动力锂电池核心技术研发和产业化，发展阀控密封蓄电池、镍氢电池等新型动力电池，打造国内新型环保型动力电池制造和研发中心。建设海西核能工程技术中心，开展第二代在运核电机组延寿技术开发，加快第三代核电技术的消化吸收和再创新。

六、生物与新医药产业

大力发展生物制药业，重点开发蛋白质及多肽药物、干细胞等细胞治疗产品、核酸药物及基因治疗药物；鼓励医疗器械高端化发展，重点发展数字医学影像设备、人工关节、齿科材料、体外诊断医疗器械及试剂等；培育现代中药业，加快名优中成药的剂型改造和二次创新、名医名方和优质中医保健产品开发；推动化学药向“改良型新药”“创新药”升级。发展生物制品业，建立以细菌、酵母、藻类等为基盘的细胞工厂，重点推广细胞转化和酶催化等绿色制造方式。

七、海洋高新产业

继续做强高技术船舶和海洋工程装备产业，重点发展海洋勘探、海底工程、海洋环保、海水综合利用、海上油气生产平台、海洋可再生能源机械、核电机械、港口机械等海洋工程装备，以及汽车滚装船、液化气运输船、客滚船、远洋渔船、游艇等高技术船舶，积极研制大型邮轮。加大海洋资源开发，重点开发海洋高效创新药物和海洋现代中药、海洋功能食品、新型海洋生物材料、海洋生物农用制品、海洋生物酵制剂及海洋生物源化妆品等；集成海藻能源、海水淡化关键技术，促进海水的综合开发利用；积极开发潮汐能、波浪能、潮流能、天然气水合物等可再生能源。

八、现代服务业

发展壮大电子商务、第三方物流、检验检测认证、服务外包、融资租赁、人力资源服务等生产性服务业，提高对制造业转型升级的支撑能力。推动生活性服务业向精细化和高品质转变，培育一批大型旅游、健康、养老产业集团和产业联盟。加快文化创意产业发展，推进文化创意服务专业化、集约化、品牌化，促进工业设计、文化软件服务、建筑设计服务、专业设计服务、广告服务等与制造业、建筑业、农业、体育产业等重点领域融合发展。

九、现代特色农业

鼓励农业龙头企业与设施装备业、农产品加工业、冷链物流业、电子商务业等产业组团发展，拓展农业产业链，推动农业精致化、集约化、高附加值化。支持引导有实力的"育繁推一体化"种子企业选育一批具有自主知识产权、高产优质的品种。推动分子标记技术、细胞遗传学技术与常规技术结合，发展组培技术，提高育种水平。着力提升设施及农业智能化装备水平，创建农业物联网基础信息传输平台、存储平台和分析平台，推动农业生产过程的数字化采集、科学化管理、智能化控制和精准化服务。重视生态农业集约化种养技术和农产品综合加工、食品安全控制技术的研发与应用，建立现代农业可持续发展技术体系。

第四章　加强新技术研发

加快研发突破产业关键核心技术和前沿新兴技术，有效推动技术成果转化，加强知识产权运用和标准制定，提升产业综合竞争力。

一、加快掌握关键核心技术

研究制定电子信息、机械装备、石化、新材料、新能源、节能环保等重点产业技术创新路线，明确技术创新的战略目标、关键共性技术和攻关路径。支持企业采用先进适用的新技术、新设备、新工艺和新标准实施技改，加快新技术产业化。组织实施工业强基工程，支持企业加快研发一批关键基础材料和核心基础零部件（元器件），重点突破关系我省整机产业健康发展的核心芯片、轴承、液压元件、紧固件、陶瓷纤维、光学器件、仪器仪表等基础产品。鼓励企业加强技术研发，提升铸锻、焊接、热处理、表面处理及特殊加工等先进制造工艺水平。组织实施工业强基重大技术攻关，提升核心基础产品性能和可靠性，推动关键材料、核心部件、整机、系统的协调发展。

实施福建省特色现代农业科技创新行动计划，重点开展良种选育、设施农业、海洋渔业、农产品加工、生态农业科技攻关，构建产出高效、产品安全、资源节约、环境友好的特色现代农业技术体系。

加快生态保护与资源环境技术攻关。开展精准医疗、重大疾病诊疗、中医治未病和康复等关键共性技术，以及基于数字化医疗、移动医疗技术的协同医疗和整合服务模式研究，加强创新药物研发。

开发食品安全、防灾减灾和社会安全关键技术和产品。

二、积极研发前沿新兴技术

跟踪国际科技前沿，支持开展石墨烯、增材制造、机器人、智能可穿戴设备、人工智能、无人机、生命信息、基因检测、北斗导航及应用等新技术的研发，加快新技术、新产品、新成果产业化应用，抢占未来产业发展制高点。着力突破3D打印材料研发、过程控制、数字化建模、后处理等环节的共性关键技术。突破机器人本体、伺服电机、控制器、传感器、驱动器、生物芯片等关键零部件技术。积极开发石墨烯在复合材料、电池／超级电容、储氢材料、场发射材料以及超灵敏传感器等领域的应用。促进计算机视觉、智能语音处理、生物特征识别、智能决策控制及新型人机交互等人工智能关键技术的研发和产业化。发展航拍、电力巡线、林业监测、环保监控等系列无人机。拓展北斗导航技术在海洋监管、水文监测、交通运输、生态红线区域监管等民用领域的应用。加快可视化、环境构造、仿真、识别与追踪等虚拟现实（VR）和增强现实（AR）技术研发，发展头盔式虚拟现实显示、可视化眼镜、数据手套等虚拟显示和交互产品，推进VR和AR技术在教育、娱乐、医疗等领域应用。

三、强化基础研究需求导向

瞄准新一代电子信息、新能源、新材料、先进制造、生物与新医药等前沿领域，组织开展固体表面物理化学、结构化学、光催化材料、激光晶体材料、纳米功能材料、新能源材料，应激细胞生物学、恶性肿瘤分子机制、激光生物医学检测，分子育种、特色水产养殖品种选育与病害防治、农作物生态栽培、亚热带生态系统等我省优势特色学科领域基础研究，重点突破关键核心技术和共性技术，力争形成一批具有自主知识产权和重大应用前景的原始创新成果。争取国家在我省布局建设卫星应用、海底科学观测等重大科技工程，积极参与国际大科学计划和大科学工程。

四、有效推动技术成果转化

实施科技成果转移转化行动，完善科技成果转化的运行机制、激励机制和协同推进机制。提升科技成果链接转化能力，拓展提升“中国・海峡项目成果交易会”“6・18虚拟研究院”、海峡技术转移中心的平台功能，吸引境内外创新资源来闽聚集。加快国家技术转移海峡中心及其公共服务平台建设，加入中国—东盟、中国—南亚、中国—阿拉伯国家技术转移协作网络，发挥创新合作和技术转移枢纽功能，促进境内外科技成果在我省转化。建设中科院STS（科技服务网络计划）福建中心，加快中科院科研成果在福建落地转化。提高从新技术到新产品的转化效率，加强首台（套）重大装备认定工作。优化整合科技中介服务机构，健全技术经纪服务体系，支持民营资本建设网上技术交易市场，定期发布企业技术需求目录、高校和科研机构科技成果转化目录。

五、加强知识产权运用保护和标准制定

开展知识产权强省建设试点，抓好知识产权强市、强县、强企试点示范。实施专利增量提质工程，围绕新产业提高发明专利创造能力，增强企业核心竞争力。实施省专利运用行动计划，推进专利金融合作，完善社会化专利服务体系，提升企业和高校、科研院所专利转化能力，建设国家专利审查协作福建中心。实施专利导航工程，为企业技术研发、专利风险规避提供服务，支持企业在"一带一路"沿线国家布局专利。强化知识产权保护，完善省、市、县三级知识产权行政执法体系，加强福建自由贸易试验区知识产权统一管理和执法。对科技计划项目实行全过程知识产权管理，支持具有或可能形成自主知识产权的研发项目，将获得知识产权作为应用性研发项目的重要验收指标。支持企业积极参与国际、国家、行业和地方标准的制定。鼓励企业制定满足市场和创新需要的团体标准，推动企业产品和服务标准自我声明公开和监督。支持相关行业部门根据我省产业发展需求成立标准化技术委员会，积极培育和发展标准服务业。

第五章　推进新平台构建

加强自主研发、产业协同、创新创业支撑、技术交流合作等科技创新平台建设，提升创新创业服务功能。

一、强化科技自主研发平台

实施"五个一批"平台建设工程，重点引进合作一批重大研发机构、支持一批高校高水平科研机构、建设一批龙头企业研发中心、培育一批新型创新创业孵化平台、扶持一批技术转移转化中心。加快中科院海西研究院、机械科学研究总院海西分院、国家海洋局海岛研究中心（二期）、厦门南方海洋研究中心、厦门大学石墨烯工业技术研究院、龙岩紫荆创新研究院、中船重工厦门材料研究院等平台建设，争取国家部委在闽布局"加速器驱动乏燃料再生利用"实验设施项目，提升基础技术自主研发能力。对接国内外一流大学、科研院所、世界500强企业和央属企业，引进设立重大研发机构。支持省内高校围绕重点领域建设一批产业研究院和科技研发创新平台。依托电子信息、机械、纺织、冶金、电机电器、汽车等行业的领军企业，建设一批省级产业技术研究院。

二、搭建产业协同创新平台

发展由产业需求拉动、以技术应用为导向的网络化协同创新模式，形成产学研用创新利益共同体，打造新型研发机构和创新组织。支持行业领军企业联合科研院所、高校等组建区域性制造业创新中心，主动融入国家制造业创新中心网络，以前沿技术和关键共性技术的研究开发、转移扩散、首次商业化为重点，形成可复制、可推广的整体解决方案。引进培育以技术扩散和集成应用为主的应用技术研究机构或团队，强化高校院所实验室技术向产品技术转化和集成应用，为企业提供问题诊断、

技术咨询、系统解决方案设计、工艺优化等服务。鼓励企业建立院士专家工作站，发挥高端智力资源的引领带动作用。建设省级科技思想库，鼓励有关学会组织专家为产业创新发展提供咨询服务。围绕产业链部署创新链，鼓励面向企业开展技术创新活动，组建产学研创新联盟。

三、完善创新创业支撑平台

把虚拟研究院产业技术分院改造提升为重点突出的“双创”大本营，成为“四众”支撑平台的重要载体；利用存量厂房、仓库、商务楼宇以及传统文化街区等，改造建设一批资源集聚、服务专业、特色鲜明的众创空间；整合高校教学资源、产学研合作基地和创业孵化载体，建设一批大学生创业基地；鼓励科研院所开展改革试点，推动孵化科技企业；争取国家小微企业创业创新基地城市示范，培育一批模式先进、配套完善、服务优质的示范创业创新中心；改造提升现有各类产业园区中的孵化器，鼓励与上市公司、创投机构和专业团队开展合作孵化，拓展孵化功能。制定重大科研基础设施和科学仪器向社会开放的政策措施，推动高校院所资源向小微企业和创业者开放共享。延长园区创新链，鼓励园区与高校院所的创新创业平台开展合作，共享创新资源与优惠政策，提升创新创业服务功能。以农业科技园区、新农村发展研究院、科技特派员服务站等为载体，打造一批支撑乡村创业的“星创天地”。加强对科技创新平台专业化服务、共性技术研发、资源整合、成果转化等评估，加大共享服务的经费支持。

四、拓展技术交流合作平台

支持优势企业融入全球创新网络，在欧美等国家设立研究中心、技术转移平台、创业孵化平台，兼并重组境外优势科技型企业，链接优势创新资源。积极参与“科技伙伴计划”，推进中以、中新、中俄等“一带一路”建设的双边或多边政府间科技合作，促进高新技术在福建落地转化。组织实施一批科技援外项目，针对“一带一路”沿线国家发展需求组织科技援外培训班。加强与国外知名高校、科研机构和跨国公司的合作，组织企业参与国（境）内外科技成果项目对接活动。推动科技部与省政府共建海丝科技合作中心，联合海丝沿线国家智库机构成立“海丝智库合作联盟”，举办“海丝科技论坛”。推动中国科协与省政府共建“创新驱动助力工程”示范省，积极争取中国科协和全国学会的支持，促进一批国家级会企协作创新联盟、学会协同服务企业创新基地和国家级学会服务站在闽落地。深化闽台合作，逐步拓展海峡联合基金合作领域，扩大基金规模，促进两岸共同研究区域协同发展中的重大科学问题，联合开展关键技术攻关，推进国家级海峡两岸产业合作基地和闽台科技合作基地建设，举办海峡技术转移专场，发挥海峡科技专家论坛等平台作用，促进两岸科技项目合作落地。推动泛珠三角区域科技合作，利用闽港、闽澳合作平台，拓展与葡语国家的科技合作交流。加强与国内创新发达地区合作。建立闽疆科技战略合作联盟，密切与新疆“丝绸之路”核心区的协作关系。

第六章　加快新业态培育

加速推进“互联网+”、制造业服务化、云服务业、跨界融合等方面发展，提升新型终端产品服务水平。

一、培育“互联网+”新业态

大力发展互联网经济，在制造、能源、服务、媒体等领域引入互联网要素，培育工业互联网、智能电网、数字营销、互联网教育、个性化诊疗、社区O2O、互联网金融等新业态。组织实施“互联网+”重大工程，重点培育为智慧互联工厂提供整体解决方案和系统性服务的工业互联网产业；发展以智能仓储和智能配送为主要特点的现代物流业；鼓励医疗机构与互联网企业合作开展电子处方、疾病预防、个性化健康管理等网络医疗服务；支持互联网企业开发数字教育资源，提供网络化教育服务；推广家政、安防、餐饮、生鲜配送、洗衣等社区O2O服务。深化物联网应用，着力发展车联网、船联网、智能家居等新业态。探索发展分享经济，推动企业利用互联网思维，整合重构闲置资源，在设备租赁、交通出行、旅游、房屋出租、体验评价等领域提供新服务。

二、推进制造业服务化

鼓励制造企业通过管理创新和业务流程再造实现主辅分离，设立面向细分行业的技术研发、信息化支撑、市场拓展、品牌运作的新型服务企业。鼓励制造企业向提供咨询设计、工程施工、仓储物流、系统维护和管理运营等系统集成总承包服务商转型。支持发展提供大型制造设备、生产线等融资租赁服务的专业化类金融服务企业。发展面向智能制造的信息技术服务业，为企业提供制造过程信息物理系统（CPS）方案的设计、开发和系统集成服务。壮大面向研发设计、技术转移、知识产权、科技资讯等的科技服务业。培育市场化运营、融入全球服务外包网络的平台型工业设计企业。

三、发展云服务业

支持传统信息技术企业向云计算产品和服务提供商转型，实现信息技术能力的按需供给和信息资源的充分利用。发展面向企业的计算、存储资源租用和应用软件开发部署平台服务，以及经营管理、研发设计等在线应用服务；发展面向政府和重点领域的安全可信云计算外包服务；发展面向个人的基于云计算的信息存储、在线工具、学习娱乐等服务。支持云计算与物联网、移动互联网、互联网金融、电子商务等技术和服务的融合发展与创新应用。发展面向云计算的信息系统规划咨询、方案设计、系统集成和测试评估等服务。

四、鼓励跨界融合催生新业态

引导企业树立跨界发展理念，在传统产品中融入新一代信息技术、节能环保、健康、体验等新元素，发展智慧化、绿色化、健康化、社交化的新业态，积极推动更多的新业态转化为新产业。引导工业企业应用物联网、大数据、自动控制等技术开发智能终端产品，实现由传统的提供产品向提供智慧化、人性化增值服务转型。鼓励信息技术服务企业掌握数据挖掘分析、知识图谱、机器学习等核心技术，强化大数据的获取、分析、行业应用等高附加值环节，为企业提供智能数据服务。强化生态设计理念，加强全生命周期绿色管理，发展绿色建筑、绿色家居、绿色交通、绿色能源等新产品新服务。拓展传统产品的健康监测与管理、医疗保健、照料护理、生物医药等功能，满足健康消费升级需求。提升可穿戴设备、体育用品等个人终端消费产品的数据实时分享、互动等社交化功能。

第七章　引领新模式应用

推进开放式研发设计、网络化制造、个性化定制生产、互联网商业和共享协作等方面创新，促进科技资源开放共享。

一、推广开放式研发设计模式

借助互联网等手段，汇聚各类创新资源，提升研发设计效率和水平。引导消费电子、家电、制鞋、服装、食品等消费类企业建立开放式创新交互平台、在线设计中心，对接用户需求，发展客户深度参与的研发设计模式。支持机械、船舶、汽车、建材等企业加快构建产业链协同研发体系，集聚各类优势研发设计能力，发展基于互联网的协同设计。支持骨干企业建立面向全社会的研发测试、创业培训、投融资、创业孵化等创新设计平台，打造市场化与专业化结合、线上与线下互动、孵化与投资衔接的创新设计载体。

二、推行网络化制造模式

鼓励龙头企业通过互联网与产业链上下游紧密协同，促进生产、质量控制、运营管理等系统全面互联，向关联企业“溢出”技术优势、管理优势和资源优势。鼓励优势制造企业发展云制造模式，通过互联网、云计算、大数据等技术，推进生产制造、检验检测、数据管理、技术标准、工程服务的开放共享，打造制造资源“池”，实现制造能力的优化配置。鼓励互联网企业构建网络化协同制造服务平台，促进创新资源、生产能力、市场需求的集聚与对接，加快多元化制造资源的有效协同，提高产业链资源整合能力。

三、发展个性化定制生产模式

鼓励企业提供满足客户个性化需求的产品，提升产品附加值和客户满意度。在设计、制造、物流、服务等环节植入客户参与界面，实现客户深度参与的定制化生产。通过先进制造技术与新一代信息技术的集成创新，推行模块化产品设计、柔性制造系统、智能化生产控制与调度技术，实现以大批量生产的成本和效率提供定制化产品。率先在纺织、服装、制鞋、家具、建材等行业开展个性化定制试点示范。鼓励互联网企业聚合市场信息，挖掘细分市场需求，为企业开展个性化定制提供服务支撑。

四、促进互联网商业模式创新

推动传统优势企业与电子商务融合转型，加快商贸服务业线上线下深度融合。整合培育一批面向全国、覆盖全产业链的行业垂直电商平台和闽货网上专业市场。支持传统对外贸易企业向跨境电商转型，推动我省成为全国跨境电商聚集区和对台电商枢纽。鼓励企业利用移动社交、新媒体等渠道，发展社交电商、粉丝经济等网络营销新模式。鼓励企业发展基于互联网的产品全生命周期服务，搭建产品远程监测与诊断平台，向客户提供在线诊断、远程运维、咨询服务，增强与客户的“黏性”和长期互动。

五、鼓励共享协作发展模式

鼓励技术领先企业向标准化组织、产业联盟等开放基础性专利或技术资源，支持发展开源社区、开发者社群、资源共享平台、捐赠平台、创业沙龙等互助平台，营造良好的众扶发展环境。鼓励消费电子、智能家居、健康设备、特色农产品等创新产品开展实物众筹，发挥实物众筹的资金筹集、创意展示、价值发现、市场接受度检验等功能，帮助创新创意付诸实践；稳步推进股权众筹，鼓励小微企业和创业者通过股权众筹融资方式募集早期资本。鼓励优势企业实现内部资源平台化，培育员工创客意识，建立内部众创机制，通过投资员工创业，开拓新的业务领域。

第八章　促进大众创业万众创新

加快推进创新创业载体建设，努力推动科技人才创新创业，积极完善创新创业服务体系，营造创新创业良好环境，充分激发全社会创新潜能，努力培育和催生经济社会发展的新动力。

一、加快创新创业载体建设

培育一批创新创业示范基地。推进厦门、三明国家小微企业创业创新基地城市示范建设，创建国家级小型微型企业创业创新基地，推动各地建设一批“创业大本营”“星创天地”和设立劳模、国家级技能大师工作室、农村创新驿站等。鼓励高校建设公益性大学生创新创业基地。到 2020 年，建设 40 家以上省级小微企业创业基地。推动"6·18"与"双创"平台、创业者、创业导师、创新资源对接。

大力发展众创空间。立足各地的产业、区位资源优势，引导建设一批各具特色的众创空间。支持高校、科研院所、龙头骨干企业围绕优势专业和主营业务，建设针对产业细分领域的专业化众创空间。鼓励各地引进境内外知名创新创业服务机构来闽独立或合作运营众创空间。2020 年前建成 200 家以上省级众创空间。

提升一批科技企业孵化器。加大扶持力度，提高孵化器建设与运营水平，提升从业人员素质，推动各类科技服务平台和科研机构为入孵企业提供科技支撑和中介服务。鼓励孵化器配套建设加速器，完善创业孵化链条。力争到 2020 年，国家级高新区各打造 1 家以上国家级孵化器，省级高新技术园区各打造 1 家以上省级孵化器。

二、推进科技人才创新创业

完善科技成果使用处置和收益管理改革，推动各设区市研究制定相应政策措施，督促高校、科研院所调整和完善科技成果转化实施办法和管理制度，强化收益分配的激励导向，提高科技人员转化职务科技成果获得的收益奖励，加强企业科技创新股权改革，以科技成果转移转化为重点，扩大"双创"的源头供给。

推动科技型创新创业，使科技人员成为创新创业的主力军。建立健全科研人员双向流动机制，鼓励和支持高校、科研院所科技人员离岗创业或到企业兼职。支持高级科研人员带领团队参与企业协同创新，积极吸引省外高端人才和工程技术人才来闽创新创业。引导和鼓励高等院校统筹资源，支持大学生创新创业。 鼓励科技人员入驻产学研用紧密结合的众创空间，促进人才、技术、资本等各类创新要素的高效配置和有效集成，推进产业链创新链深度融合，提升创新创业的能力和水平。鼓励企业通过集众智、汇众力等开放式创新，吸纳科技人员创业，创造就业岗位，实现转型发展。

三、完善创新创业服务体系

支持企业、高校、科研机构向创业创新企业和众创空间开放科研设施，推进科研基础设施、大型科研仪器和专利信息等资源开放共享，为创业创新者更好地提供科研仪器设备使用、检验检测、数据分析等服务。鼓励发展研发设计、技术转移、知识产权、法律咨询、创业培训等科技服务。省财政设立创新券专项资金，补助创业者和创新企业购买科技创新服务。

定期举办中国创新创业大赛（福建赛区）暨福建创新创业大赛活动，加大对获胜企业、团队的奖励，激发全社会创新创业热情。完善导师队伍建设，组建一批创业师资队伍，吸收有连续创业经验的企业家、职业经理人、投资机构负责人等加入，筛选优秀项目、进行资本对接等。

完善科技金融服务体系，培育一批科技金融专营服务机构，加大对创新创业的信贷支持，推进专利权质押融资、科技创投等融资方式创新。完善贷款风险补偿机制，发展科技保险。"万家小微成长贷”“小微企业保证保险贷款”等优先向创新创业企业倾斜。支持创新创业企业到境内外资本市场上市，或到新三板、海峡股权交易中心挂牌。完善股权、产权、知识产权交易体系，培育上市资源。支持省新兴产业创业投资引导基金加大对创新企业股权投资，积极争取国家与我省共同设立“福建省科技成果转化创业投资基金”。引导天使投资基金、风险投资基金等社会资本投资创新创业企业。

四、营造大众创业万众创新氛围

进一步简政放权，完善创新管理体制，清理调整与创业创新相关的审批、认证、收费等事项，降低创业创新门槛。加快推进知识产权交易、市场准入、金融创新等改革，构建技术创新市场导向机制。实行严格的知识产权保护制度，切实维护创新创业者权益。将业态创新、模式创新纳入相关创新专项的扶持范围，调动科研人员和创业者的积极性。对符合条件的众创空间房租、宽带使用、数据中心租用等费用予以减免或补贴，培育的企业被认定为高新技术企业的，对孵化载体予以奖励。建立健全高校弹性学制管理办法，将我省高校毕业生自主创业扶持政策范围延伸至普通高校在校大学生，调动广大青年的创业积极性。

加强创新创业宣传，积极营造大众创业、万众创新的浓厚氛围。倡导敢为人先、敢冒风险的新风尚，在科技计划项目实施和管理中，建立宽容失败的制度保障，使一切有利于科技进步的创新行动得到支持和鼓励。鼓励高等院校单独或引进相关创新创业机构合作开设创新创业教育课程，促进专业教育与创新创业教育有机融合。推进城市科技馆、科学中心，县区科技馆、科技活动中心以及特色科普基地建设，面向公众开展重大科技成果的科普宣传，促进科普资源的开放。引导媒体加大对“四众”的宣传，普及“四众”知识，发挥典型案例的示范带动作用。

第九章　拓展区域创新发展空间

大力提升高新区建设水平，以福州、厦门、泉州 3 个国家高新区为核心，以福州、厦门 2 个国家级创新型试点城市和平潭综合实验区为重点，围绕海峡两岸协同创新先行区、海上丝绸之路技术转移核心区、产业转型升级示范区、科技体制机制改革先导区、创新创业生态引领区等方面开展示范，推进福厦泉国家自主创新示范区建设，打造具有海上丝绸之路开放创新和深化两岸合作交流特色的国家自主创新示范区。

一、建设福厦泉国家自主创新示范区

（一）构建自主创新研发示范体系

针对产业关键共性技术，整合建设一批产业科技重大研发平台。针对企业创新创业，建设一批技术转移、产品检测测试、知识产权服务等公共技术服务平台。鼓励和支持企业与高等院校、科研院所、上下游企业、行业协会等共建产学研用研发组织，建立产业技术创新联盟。完善企业内部创新激励

政策，推动以深化技术要素参与收益和股权分配为核心的成果转化相关改革创新试点，突破现有行政区划的限制，推动各类创新要素在城市、园区之间流动和聚集，建立健全区域科技创新协同推进机制。

（二）构建自主创新产业优化体系

加快机械、船舶、汽车、轻工、纺织、食品等行业成套设备及生产系统的智能化改造，推动重点产业、传统优势产业和劳动密集型产业逐步实现“机器换工”。着力培育工程机械、新能源汽车、重大成套装备等先进制造产业，推动向高端化、轻型化、智能化方向发展。重点推动泉州全面实施“数控一代”示范工程和“泉州制造 2025”行动计划，推动福州、厦门新能源汽车开发和推广应用，加速汽车产业发展。

加快培育具有集聚带动和辐射引领作用的战略性新兴产业龙头项目，进一步扩大福州物联网、云计算、大数据，厦门电子信息、生物医药，泉州新一代信息技术、太阳能光伏等战略性新兴产业规模，促进形成创新型产业集群和战略性新兴产业集聚区。

大力发展生产性服务业，构建以创意设计、影视传媒、创意出版、动漫游戏、旅游娱乐的多层次文化创意产业体系，辐射带动东南沿海地区的创业服务、技术转移服务、技术交易服务和知识产权服务发展。

（三）构建自主创新闽台协同体系

推动闽台产业深度融合，优化战略性新兴产业区域布局，吸引台湾百大企业来闽投资设厂，助推形成平板显示、LED、微波通信等多个与台湾并驾齐驱、全国规模最大的产业集群，培育建成若干个产业优势明显的两岸战略性新兴产业集聚区。

吸引、整合和聚集海峡两岸科技资源，发挥海峡两岸科技合作联合基金和两岸清华福州产业基金导向作用，解决闽台两岸共同关注的重大科学和关键技术问题。建立海峡清华研究院发展基金，推动两岸清华的科技成果落地发展。加快推进两岸技术研发基地、台湾工业设计及创意产业研发机构和闽台农业生物防治示范基地等建设。充分利用两岸知名的品牌供应商共同打造 B2B、B2C 电子商务示范平台和海峡电子商务物流运筹中心。

（四）构建自主创新开放融合体系

加强与欧美、日韩、以色列等发达国家合作，吸引国际高端创新资源入驻园区。以更加开放的创新政策、更加灵活的合作模式，扩大国际科技交流合作渠道和范围。大力引进世界级创新成果，加快产业化进程，并推动创新型企业迈出国门参与全球竞争。

推进我省优势技术输出，带动产能输出与对外投资。充分挖掘利用我省海外华侨华人资源，推进民间科技交流，重点针对东盟地区等发展中国家，推进农业先进技术、纺织先进技术及海水养殖、海洋生物、生物质新能源、信息等技术输出。

推动跨区域产业链上下游企业在关键材料、核心配套部件或设备、系统集成和工程化等方面的协同创新。支持和推动高校院所与企业共建技术研发机构和联合实验室，构建中试研发、技术转移的载体，充分对接高校的技术资源、企业的资本资源和市场服务资源。

二、加快高新区转型升级

（一）大力提升高新区创新能力

确立区内企业在技术创新决策、研发投入、科研组织和成果产业化中的主体作用，鼓励企业承担国家科技项目，支持企业联合高校、科研机构规划建设一批产业技术研究院。建立更为顺畅的产学研用合作关系，推广以企业为主导的委托研发、组建联合实验室、成立合资公司、合作开展中试以及技术许可、技术转让、技术入股等多种合作模式。培养和支持一批中青年科技创新创业人才，引进一批海外高层次人才回国（来华）创新创业，建成一批国家级研发基地。鼓励园区建设科技企业孵化器、留学人员创业园等孵化服务机构，打造一批具有当地特色的众创空间。实现区内企业研究与试验发展经费内部支出占销售收入比重超过全省平均水平，园区内高新技术企业数量明显增加。

（二）增强高新区产业核心竞争力

发挥国家高新区的核心载体作用，以整合技术资源为基础，采取“政府启动、多元投资、需求导向、市场运作”的运行模式，大力推动企业开发新产品，实现产品升级换代，发展高端制造业。鼓励企业并购与重组，支持跨区域整合与产业链整合，做大企业规模。积极推进创新型产业集群建设，加快科技成果在产业集群内的转化，产业集中度明显提高，区内高新技术产业总产值增长率高于全省平均水平。

（三）促进高新区转型升级

坚持精简高效和服务型政府的管理理念，赋予国家高新区必要的经济、社会、行政等管理权限和职能，强化高新区管委会的综合服务功能和科技创新促进功能，允许高新区依法进行用人、薪酬等方面的改革。大力推进能源、资源的节约、集约和循环利用，单位工业增加值能耗、水耗进一步下降，主要污染物排放总量显著减少，提高土地集约利用效率，促进经济社会实现生态发展、绿色发展和可持续发展。按照“布局合理、特色鲜明、集约高效、生态环保”的原则，创建高新技术产业基地、生态工业示范园区、循环化改造示范试点园区、低碳工业园区等绿色园区，鼓励创建知识产权试点示范园区，探索建立国际合作创新园。提升高新区城市综合功能，优化人居环境，完善公共服务设施，促进具备条件的高新区向宜居宜业城市转型，把高新区建设成创新要素、高层次人才、高端产业集聚的科技新城区。

第十章　科技重大专项和重大工程

按照符合我省战略导向、具有长远和全局意义、对产业发展带动性强的要求，聚焦目标、整合资源，持续实施一批科技重大专项，建设一批科技重大工程，造就一批科技创新创业领军人才和具备竞争优势的团队，培育和发展一批具有国际竞争力的科技型企业。

一、重大专项

（一）云计算、大数据和物联网技术

重点突破面向行业应用的大数据云服务架构、多源异构数据的分析与计算、云计算和大数据环境下的资源管理与调度、安全保障及多维数据融合智能应用等技术难题，研制数据中心操作系统、云端融合操作系统、高端 IT 器件与设备、EB 级数据存储系统，实现大数据产品与服务的产业化。推进物联网的前端感知、数据传递和智能处理等关键技术研发；研制以物联网云平台和物联网终端中间件为核心的自主软硬件产品。

（二）通信技术和集成电路芯片

开展新型高速移动通讯射频器件的产品研发；卫星通信、卫星导航高精度技术及应用；新一代移动通信、网络设备与终端的研发，重点解决超高交换容量、高稳定性、高速路由关键技术；突破核心芯片的设计，集成电路的制造、封装、测试以及整机应用等技术；开展高端工业传感器芯片及系统研究。

（三）基础制造工艺技术与基础零部件

围绕大型工程机械、高档数控机床等装备，重点研发高精度、高速度、长寿命的轴承、齿轮等传动装置，液气密元件、新型传感器、仪器仪表等高端智能元器件；研发铸、锻、焊、热处理及表面处理等节能环保新工艺新技术，开展以自动化、绿色加工、精密加工技术和新材料应用为依托的基础零部件研制。

（四）高档数控机床与机器人

开发网络化多轴高档数控系统、伺服进给单元等功能部件，研发一批精密、高速、智能、复合数控机床和特种加工机床、高效柔性制造系统、增材制造装备；研发高可靠性、高性价比工业机器人以及安防、危险作业、救援、医疗等专用机器人。

（五）智能制造产品及系统

开展智能制造产品与传感器、制造物联、移动互联网、自动控制、工业软件等技术的融合创新，加快研制智能成套工程机械、橡胶塑料机械等新一代智能化机械产品；继续加大对先进适用成套装备及生产线的推广力度，推动数字化车间的应用示范；开展智能汽车的智能传感、辅助驾驶、智能计算等关键系统技术开发与应用。

（六）新材料

研发新型照明、显示和半导体材料与制备技术，研制新型固体激光与闪烁晶体材料与器件，提

升光电材料应用水平；研究石墨烯等材料制备技术及应用产品，开发稀土清洁生产和高质利用技术；研究合成树脂多功能化、减量化改性技术，研发增强增韧复合材料、高强度高模量增材制造材料；研发高性能钢铁、高品质铝合金和硬质合金与特种金属材料。

（七）新能源与节能技术

开展高效低成本太阳能电池产业化技术研究；研发海洋可再生能源、生物质能源以及核能设备与核心配套零部件；突破高能量、大功率储能与动力电池产业化技术；研究多能源互补的智能化分布式供能和微电网应用技术；推进工业流程优化节能技术，工业节能装备、减摩高效节能技术等研究，实现能源尖端技术产业化应用示范。

（八）特色良种选育及高效安全种养技术

利用常规和新技术育种手段，开展地方品种资源优异基因挖掘利用的研究，创制优异育种新材料；加强新品种（系）培育，育成一批高产、优质、广适、多抗的农林水畜禽优良品种（系）；建立特色良种培育体系，提高良种覆盖率；研发新型肥料和生物制品，开展农业高产、优质、高效、生态、安全种养技术及农业设施设备研究推广。

（九）农业重大疫病防控技术

开展动物疫病净化技术、生物安全隔离区、无疫区配套技术研究，开发新发疫病及危害严重疫病的新型疫苗、快速诊断、综合防控等技术；开展植物疫病预警监测、快速诊断、生态防控技术研究，研发生物农药及新型化学农药等；开展外来有害生物监测、预警和防控技术研究；研发新型饲料、饲料添加剂和兽（渔）药等。

（十）农产品综合加工技术及装备

开展农林水畜禽等产品加工共性技术研究和高新技术应用，开发新产品；突破高值化利用、原料综合利用和食品有害物检测、追溯预警关键技术；研制新型节能、天然活性成分或功能性物质高效提取、分离集成和超高压冷加工等装备。

（十一）高效优质商品林生态林经营技术

开展商品林优良繁殖材料选育与工厂化繁育、集约经营及林分结构优化等技术研究；集成与创新生态林非木质利用、低效林改造与恢复技术；研究高碳汇与高附加值特色经济林培育、高保护价值森林健康经营和林下资源高效利用技术；开展森林修复技术、森林生态防护功能和效益研究。

（十二）海洋生物与海水资源开发利用技术

开展大宗海产品综合利用技术和现代加工装备研究，开展海洋生物营养成分和活性物质提取关键技术研究，开发高值化的海洋功能食品和生物制品。集成海藻能源、海水淡化关键技术，示范高效低耗和低运行成本工程，促进海洋生物质能源和海水的综合开发利用。

（十三）环境保护治理与生态修复技术

开展饮用水源地污染控制与生态调控、重点流域与近岸海域水环境检测监控、生物多样性保护、湿地与海岛海岸保护和恢复、森林碳汇与应对全球气候变化、生态补偿机制，以及环境生态风险评价与预警体系构建等技术研究；开发流域水环境污染、高浓度废水、工业废气和土壤复合污染等治理与修复工艺及技术，实现应用示范；开展农业面源污染防控、农业环境污染修复治理、农业废弃物无害化处理与多级循环利用等技术集成示范研究。

（十四）药物新产品

开展有明确活性和新作用机制（靶位）的先导化合物筛选、成药性研究、临床前评价、临床研究和产业化关键技术研究；加强疫苗、蛋白质／多肽类药物、基因工程药物和抗体药物等生物药关键技术和新产品研究；加快具有临床价值的新药和临床急需的仿制药研发与产业化；开展中药资源利用和保护技术研究，加快名优中成药的剂型改造和二次创新；开展海洋药物和海洋生物酶制剂研发。

（十五）医疗器械

研制新型热疗、治疗微系统等高端设备，开发微创介入、人工器官、组织工程等医月材料；研发中医康复器械、数字医学影像设备、动态生理参数检测与监护、分子生物分析仪器；研究新型快速诊断试剂和智能化诊断系统技术，研制快速便携式诊断产品，研发数字化、精准化、家庭化、网络化等移动医疗设备。

（十六）重大疾病防治技术

开展恶性肿瘤、心脑血管疾病等重大慢性疾病诊疗关键技术研究；研究相关疾病早期亚临床检测指标和干预措施；加强大样本、大数据背景下疾病防治新医疗模式研究。

（十七）资源综合与循环利用技术

开展生活垃圾生态填埋、大件垃圾回收、有机质资源化、矿化垃圾开采利用、大宗二业固废与典型尾矿、低品矿综合利用、农业废物能源化与饲料肥料化、危险废物与垃圾焚烧飞灰处置，以及废弃物回归土壤的环境安全风险评估等技术研究与装备研制，完善固体废物资源化工艺、提升其高效回收利用技术水平。

（十八）食品安全监测检测技术

研发食品中重金属残留、真菌毒素的快速检测技术与设备；研究海洋食品外源性污染物、化学物质残留和内源性生物毒素检验监测技术；研究畜禽生产中主要药物的代谢及迁移转化行为的动态监测与预警系统，开展全产业链安全控制的示范应用；研究包装材料中危害因子安全性评价及迁移规律，提升食品包装材料安全监控水平。

（十九）公共安全关键技术与装备

开展气象、海洋、地质、地震等自然灾害的精细化监测预报预警及风险评估技术的应用研究；开展城市火灾、爆炸及恐怖袭击等突发事件防范与处置技术研究；研发道路应急抢通设备、紧急医疗救援器械和大型排涝装备等应急产品。

二、重大工程

（一）加速器驱动先进核能系统宁德研发基地

聚焦乏燃料处理和再生燃料元件制备、检验等，开展“加速器驱动乏燃料再生利用”实验设施研究；建设加速器驱动先进核能系统示范装置及系统工业应用；建设清洁核能国家实验室。

（二）卫星应用科技工程

建设遥感数据平台、位置信息服务平台、天地一体化卫星通信平台及政务空间云服务平台；建设北斗地基增强系统及卫星应用工程研究中心、高分辨对地观测系统分中心、国家北斗数据分中心；推进北斗导航、地理信息、通信集成一体化应用。

（三）福建基因检测技术应用示范中心

建设生物芯片、基因测序、毛细管电泳测序和荧光定量 PCR 等技术平台，构建基因检测技术体系，将基因检测技术应用于遗传性疾病、肿瘤、心脑血管疾病、感染性疾病等重大疾病的个体化诊断和靶向治疗，以及个人基因组检测和基因身份证等新领域；建设区域质量控制中心、区域信息中心及区域遗传资源库。

（四）国家专利审查协作福建中心

国家知识产权局专利局专利审查协作福建中心业务用房建筑面积 5 万平方米，包括综合办公区、会议区、信息化机房、保障运行的配套设施等。2017 年前工程建设项目全部竣工、具备入驻使用条件，2022 年年底前形成 700 名左右的人员队伍规模，年审查发明专利申请约 3.5 万件。远期人员为 1000 人。发挥福建中心作用，带动人才集聚和知识产权服务业发展。

（五）国家海洋局海岛研究中心（二期）

建立海岛科学博物馆、海洋水族馆和海岛科普文创园区；建设海岛生态修复实验馆，包括海岛物种种质资源库、海岛物种标本储藏库、生态实验室及温室培育区等；建设海岛海岸保护实验馆，重点解决海岛海岸保护、开发、建设等方面的重大技术问题；建立海岛立体（海基、陆基、空基）监视监测综合平台。

（六）中科院海西研究院（三期）

建设面积约 46000 平方米新材料创新研制与支撑平台，开展功能材料前沿科学研究和新物质创制；建设面积约 25000 平方米人才公寓和研究生公寓，引进高层次优秀人才和加强研究生培养。完成科技创新公共配套设施建设，包括从青洲变电站引入第二回路电源，新建绿化等景观与配备道路及广场，配置相应的设备及相关配套基础设施等。

（七）厦门南方海洋研究中心

构建南方海洋创业创新基地，建成集科研创新基地、科技公共服务平台、众创空间、产业孵化器、成果交易中心与人才培育基地等于一体的具备综合功能的业务中心。组织重大海洋攻关项目，协调海洋科研机构，汇集国内外海洋高端人才，建设高水平的海洋科技研发平台、海洋产业发展孵化器和海洋科技国际交流中心，使之成为具有国际影响力、引领我国南方海洋经济发展的核心机构。

第十一章　保障措施

强化创新政策法规保障，加大科技创新投入，增强人才培养引进力度，健全创新治理和激励机制，形成规划实施的强大合力，保障规划顺利实施。

一、切实加强组织领导

各级政府要始终坚持创新是引领发展第一动力，加大组织领导和统筹协调的力度，创新体制机制，动员更大的政府、企业和其他社会力量，组织更多的人力、财力、物力投入科技发展和创新驱动，形成创新驱动发展的强大合力和浓厚氛围，切实把创新落到产业、企业和项目上。建立省创新发展厅际联席会议制度，统筹协调全省创新发展相关工作，持续优化创新政策体系和发展环境，及时解决创新发展中的困难和问题。研究建立科技创新、知识产权与产业发展相结合的创新驱动发展评价指标，完善市、县党政领导干部政绩考核办法，把创新驱动发展成效纳入考核范围。强化科技宏观管理，加强相关部门和各地市的协调配合。各地各部门要围绕本规划提出的目标、任务和政策措施，制定年度工作目标和工作计划，明确责任人和进度要求，定期检查，抓好落实。

二、完善科技政策法规

统筹推进地方科技立法，修订促进科技成果转化条例、科学技术奖励办法等地方性法规，开展涉及科技创新的法规、规章的立改废释工作。加强科技、经济、社会等方面的政策、规划和改革举措的统筹协调与有效衔接，加大金融支持和税收优惠力度，构建普惠性创新支持政策体系。加强科技执法检查，加大科技创新和成果转化司法保障力度，依法维护科研人员创新创业合法权益。

三、改善科技创新治理机制

加快政府职能转变，整合省级科技计划、专项或基金等，实行分类管理、分类支持，探索实行充分体现人才创新价值和特点的经费使用管理办法，完善人才培养、吸引和使用机制。建立和完善科技报告、科技评估、科研信用等基础制度，深入推进科技管理行政权力运行网上公开。落实国家创新调查制度，开展区域创新调查，建立创新驱动发展导向的政绩考核机制。完善科技决策咨询制度，推进科技智库建设，提升“鼓岭科学会议”品牌与影响力。明晰省、市、县三级有关科技管理事权和职能定位，加强市县基层科技管理部门机构与队伍建设，加快构建统筹协调、科学有效的科技创新治理体系。

四、强化企业创新主体地位

强化企业创新主体地位，实施大中型工业企业研发机构广覆盖行动，鼓励企业研发机构参与政府支持的技术研发项目，并对其运行绩效评估和补助奖励。鼓励企业普遍设立研发准备金，建立研发管理标准体系，吸收更多企业参与研究制定技术创新规划、计划、政策和标准。实施科技小巨人领军企业行动计划，促进科技小巨人领军企业加快技术创新，培育一批专、精、特高新技术企业，壮大由科技型企业、高新技术企业和创新型企业构成的创新企业群体，培育若干有国际竞争力的科技创新型领军企业。

五、建立高效研发组织体系

深化高校科研体制机制和科研院所分类改革，发挥高校院所在科技创新中的基础支撑作用，优化对基础性和公益性研究的支持方式，完善稳定支持和竞争性支持相协调的机制。建立以创新成果应用为导向的评价标准，形成“企业出题、政府立题、协同解题”协同创新机制，支持企业与高校院所以资本为纽带，以项目为依托，联合组建优势互补、风险共担的协同创新利益共同体。扩大高校院所自主权，赋予创新领军人才更大人财物支配权、技术路线决策权，实行以增加知识价值为导向的分配政策，取消知识产权、科技成果等非经营性资产划转为经营性资产的规模限制，深化科技奖励制度改革，注重科技创新质量和实际贡献，突出对重大科技贡献人员、优秀创新团队和青年人才的激励，激发科技人员科研积极性。发展面向市场的新型研发机构，制定鼓励社会化新型研发机构发展意见，探索非营利性运行模式。新型研发组织在承担科技项目和人才引进等方面与公办科研机构实行一视同仁的支持政策。

六、健全科技投入机制

合理划分各级政府财政科技经费支出责任，建立健全财政性科技投入保障机制，统筹安排、优先保障重点科技支出需求。推进财政科技投入“碎片化”改革，实现财政科技投入资金预算和安排的统一协调和合理配置，优化财政科技投入结构，加大研发经费投入。加大力度落实高新技术企业所得税减免、研发费用加计扣除、固定资产加速折旧、创业投资企业投资抵扣和技术转让税收减免等促进企业技术创新方面的政策，激励企业增加研发投入，提高全社会研发经费投入水平。

七、壮大科技人才队伍

深化人才发展体制机制改革，全面落实国有企业、高校、科研院所等企事业单位和社会组织的用人自主权，探索建立以创新创业为导向的人才培养机制。加强产业人才需求预测，加快培育重点行业、重要领域、战略性新兴产业人才。深入实施"海纳百川"高端人才聚集计划，引进、支持、培养一批高层次人才，设立高层次人才创投基金，引导各类资本投向高层次人才创办的科技型、创业型、成长型企业。进一步扩大省杰出青年科学基金规模，加快培育中青年科技创新领军人才。鼓励高校和职业院校建设高端产业学科体系，培养一批紧缺的跨学科、高学历、复合型人才，壮大具有实际技术操作能力的人才队伍。支持社会中介机构开展创业辅导、紧缺人才培训和创新创业服务。加快人才评价制度改革，职称政策向科技人才、企业人才倾斜，把知识产权、实物成果和服务成效作为人才评价的重要指标。

江西省“十三五”科技创新升级规划

“十三五”时期，是全面建成小康社会和建设创新型江西的关键时期，必须深入实施创新驱动发展战略，加快科技创新升级步伐，为稳增长、调结构、促改革、优生态、惠民生提供有力的科技支撑。根据《国家中长期科学和技术发展规划纲要（2006—2020年）》《“十三五”国家科技创新规划》《中共江西省委关于编制“江西省国民经济和社会发展第十三个五年规划”的建议》，制定《江西省“十三五”科技创新升级规划》。

第一章　发展基础与展望

第一节　“十二五”时期科技发展主要成就

“十二五”时期，是我国科技进步和创新飞速发展的重要时期。省委、省政府高度重视科技创新，全面贯彻落实创新驱动发展战略，结合我省实际，创造性提出并深入实施科技创新“六个一”工程，大力推进创新体系建设和协同创新机制建设，科技创新环境不断改善，创新体系不断优化，创新基础不断夯实，创新能力不断提升。科技创新取得重要进展，部分重点领域取得历史性突破，全面完成了“十二五”科技发展规划目标。

——科技综合实力迈上新台阶。“十二五”期间，全省科技进步综合水平在全国位次前移4位，上升至第22位，完成规划前移2 ~ 3位的目标，区域创新能力上升3位至第19位，科技进步贡献率达到55%。2015年全社会R&D支出达到173.2亿元，比2010年增长98.7%。专利授权年均增长41%，增长5.6倍；专利综合实力全国排名从第22位上升到第19位。完成重点新产品研发、科技成果登记3490项、3684项，分别增长32. 6%、122%；获国家科技奖37项，增长37%，其中硅衬底高光效GaN基蓝色发光二极管项目荣获2015年度国家技术发明奖一等奖，实现我省有史以来零的突破。

——科技体制改革迈出新步伐。出台《关于改进和加强省级财政科研项目和资金管理的实施意

江西省人民政府办公厅，赣府厅发〔2016〕58号，2016年9月22日。

见》《关于深化省级财政科技（专项、基金等）管理改革的意见》等文件，将科技计划整合为五大类。制定《关于鼓励省属独立科研院所科技人员创新创业试点办法》，改革科技成果使用、处置和收益权。创新政产学研用协同创新模式，通过以溢价返还或贷款贴息引导社会资金投入的方式，组建公司化的科技协同创新体 33 个。落实简政放权部署，建立科技管理权力责任清单。完善科技资源开放共享机制，推行科技报告制度和项目单位信用评价制度。

——支撑发展能力实现新跨越。高新技术产业增加值增长 1.5 倍，年均增长 15.3%，占 GDP 比重提高到 10. 8%。全省高新技术企业总数达 1095 家，增长 5 倍。实施重大高新技术成果产业化项目 162 个，带动社会投资近 400 亿元；实施战略性新兴产业投资引导项目 138 个，重大科技专项 18 个。

——农村和民生科技取得新成效。农业科技进步贡献率由“一一五”末的 51% 提升到 56%，培育出超级稻等农作物新品种 100 多个，超级稻种植面积每年达 1100 多万亩。国家粮食丰产科技工程成效显著，支撑全省粮食生产实现“十二连丰”。社会发展领域共组织实施科技项目 1750 项，增长 1 倍。建立节能减排科技创新示范企业达 174 家，生态环境保护与恢复示范工程 50 多个，生态指数上升到全国第 4 位。

——基础研究能力实现新提升。获得国家自然科学基金资助的项目数和经费数连续五年在设有地区基金的 11 个省份、8 个市（州）中列第一。共获批国家自然科学基金项目 3203 项，增长 2.4 倍；其中，重点项目增长 3 倍。产出科技论文成果整体实力显著增强，2014 年被国外主要检索工具收录的我省科技论文 4303 篇，增长 28%。

——创新平台和载体建设取得新突破。现有国家级研发平台 43 个。其中，国家重点（工程）实验室 5 个，国家工程（技术）研究中心 9 个，国家认定企业技术中心 13 个，国家级国际联合研究中心，省部共建国家重点实验室培育基地、国家地方联合工程研究中心实验室等 16 家。省级重点（工程）实验室、工程（技术）研究中心等研发平台 671 个。国家级创新载体 80 个，较“十二五”初增加近 1 倍。其中，国家级高新区 7 家；国家级科技企业孵化器 8 个；国家级高新技术产业化基地 27 个，列全国第 1 位；国家级农业科技园区、可持续发展实验区各 8 个；国家级国际科技合作基地 13 个；国家级技术转移示范机构和创新驿站 9 家。省级大学科技园、农业科技园区、对外科技合作基地等各类创新载体 392 个。

——人才队伍建设取得新进展。科技活动人员超过 15 万人，研发人员达到 7.8 万人，其中企业研发人员达到 5 万人。拥有半导体照明技术国家级创新团队 1 个，中国科学院、中国工程院院士 4 人，国家杰出青年科学基金获得者 10 名，“千人计划”12 人，长江学者、国家中青年科技创新领军人才各 6 人，国家科技创新创业人才 15 人，国家百千万工程人选 50 人。拥有省主要学科学术和技术带头人培养对象 218 人，青年科学家培养对象 274 人，赣鄱英才“555”工程人才 688 人。

——科技成果转化取得新成效。技术合同交易额达 64.8 亿元，创历史新高，全国排位由 20 位升至 17 位；“十二五”期间累计达 232.6 亿元，较“十一五”期间增长 2.9 倍。举办“互联网 + 科技成果转化”对接活动 12 场，实施科技特派员富民强县工程，选派 1111 名科技人员组成 171 个特派团，对接 89 个县（市、区）41 个农业产业。“科技入园”工程覆盖全省 11 个设区市 85% 以上的县（市、区）。

——科技开放和合作交流取得新成就。与美国、俄罗斯、日本等50多个国家或地区建立了科技合作关系；与中国科学院、中国工程院、中国纺织科学院签订了省院合作协议；与武汉大学、上海交通大学签订了省校合作协议；与清华大学、北京大学、中国科学院所属院所等200余所省外大学、科研院所开展了合作研发，实施科技合作项目1000余项。全面融入"一带一路"，参与了中国—南亚技术转移与创新合作大会、中国东盟博览会、深圳高交会等，搭建了世界低碳与生态经济大会、世界生命湖泊大会等科技合作平台。

——科技创新环境展现新面貌。出台了推进科技协同创新、促进战略性新兴产业发展和加快高新技术企业发展的系列政策文件。2015年全省财政科技支出比2010年增长3.1倍。颁布实施了《江西省科技创新促进条例》等地方性法规。科技金融加快创新发展，推出了"科贷通"、科技成果转化基金、专利权质押资助金等科技金融新产品。加快构建了一批低成本众创空间，"大众创业、万众创新"氛围日益活跃。

当前，我省科技创新仍然存在以下一些问题：

一是科技引领能力有待进一步增强。科技成果产出规模不大，对产业发展的引领不足。高新技术产业总体规模偏小，经国家认定的高新技术企业数量排中部地区第5位；知识密集型服务业增加值占生产总值比重为7.6%，低于全国13.2%的平均水平；新产品销售收入占主营业务收入比重为6.5%，低于全国12.4%的平均水平；企业R&D经费支出占主营业务收入比重为0.45%，低于全国0.9%的平均水平。

二是研发创新基础能力薄弱。没有国家直属科研机构、院校和大型企业研发机构，国家级研发平台数量偏少，国家级重点（工程）实验室、工程（技术）研究中心仅为全国总量的1%；国家企业技术中心在中部地区靠后。"两院"院士、长江学者、国家"杰青"获得者仅占全国总数0.2%左右；青年人才、企业技术和管理人才欠缺。

三是科技成果转化渠道不畅。科技与经济的结合不够紧密，专业化的技术转移和成果转化机构少而弱，未建立面向全国科技资源的成果转化平台，科技成果转化的市场机制不够健全完善，科技成果转化率偏低。

四是科技投入强度较低。全社会R&D经费投入强度1.04%，低于全国2.07%的平均水平，在中部地区居最后；全社会R&D经费投入总量约为湖北的30%，湖南、安徽、河南的40%左右；地方财政科技支出占地方财政支出的比重为1.66%，低于全国2.2%的平均水平。企业技术创新和成果转化融资规模小。

第二节　"十三五"时期科技发展形势

"十三五"及其今后一个时期，世界范围内，新一轮科技革命和产业变革正在加速进行。一些重大科学理论正在酝酿原创性突破，以新一代电子信息技术、生物技术、新材料技术、新能源技术、航天和深海技术为代表的科技进步正在飞速发展，前沿科学不断多点突破，交叉融合趋势明显，颠覆性创新不断涌现，带动绿色、智能、泛在为特征的群体性重大技术变革。科技革命带动产业变革正在重塑产业结构和经济结构，信息与智能、生物和新医药、新能源、新材料、先进装备制造等战略性新兴产业蓬勃发展，依托现代互联网技术以及现代物流方式，大量新产业、新业态不断出现，传统生产方式和组织形式不断被颠覆创新。“互联网 +”、云计算、大数据的应用以及创意产业、柔性制造、DIY 设计、DIY 工厂的出现，促使产业组织网络化、产业边界模糊化、产业集群虚拟化。新产业、新业态、新模式对人类生产方式、生活方式和思维方式将产生前所未有的、颠覆性的影响，社会生产力和劳动效率将再次发生大飞跃、大提升。为争夺未来发展制高点和主动权，世界各主要国家都在抢抓创新发展机遇，竞相推出高科技战略计划。如美国“再工业化战略”，德国“工业 4.0”计划，我国也推出“中国制造 2025”。这些充分表明，创新驱动已经成为时代主流和大势所趋。

党的十八届五中全会明确指出创新是引领发展的第一动力，必须摆在国家发展全局的核心位置。习近平总书记在全国科技创新大会上发表重要讲话，号召为建设世界科技强国而奋斗，强调夯实科技基础，在重要科技领域跻身世界领先行列；强化战略导向，破解发展难题；加强科技供给，深化改革创新，建设充满活力的科技创新体制机制。发挥科技创新的引领作用，大力加强自主创新，突出原始创新，强化集成创新和引进消化吸收再创新，充分依靠科技创新，加快我国经济社会发展的转型升级步伐，推动大众创业、万众创新，营造良好创新环境，激发亿万群众创造活力，着力打造新常态经济与发展升级的新引擎。我国科技创新将面临巨大的发展机遇。

“十三五”时期是江西实现发展升级，与全国同步实现小康的决胜时期。省委、省政府以创新、协调、绿色、开放、共享发展理念为指导，坚定实施以转型升级、创新驱动、全面开放为主导的七大发展战略，审时把握科技创新的战略目标、战略方向、战略任务、战略支撑，全力实施创新驱动“5511”工程，为科技创新提供了巨大的发展机遇，同时对科技创新提出了更艰巨的任务和更高的发展要求。全省将加快战略性新兴产业的培育壮大，强化传统产业改造升级，加快新兴服务业发展；将大力推进生态文明先行示范区建设、赣南等原中央苏区振兴、赣江新区建设等重大战略部署，推进全省科学发展、绿色崛起。必须全面深化科技体制改革，健全完善科技创新体系，强化科技基础建设，以服务经济社会发展主战场为方向，极大提升科技创新能力。通过实施创新驱动战略，使全省在发展方式转变、产业转型升级、经济结构优化、可持续发展速度保障、质量效率提升等方面实现全面的发展升级。

第二章　指导思想和发展目标

第一节　指导思想

以中国特色社会主义理论为指导，认真贯彻落实党的十八届三中、四中、五中全会和省委十三届十二次全会精神，遵循习近平总书记对江西“新的希望、三个着力、四个坚持”的总体要求，坚持创新、协调、绿色、开放、共享发展理念，以深入实施创新驱动发展战略为主线，以供给侧结构性改革和深化科技体制改革为动力，以提升企业技术创新能力为重点，以人才和团队建设为核心，以创新平台载体建设和重大科技专项为抓手，坚持“战略导向、统筹协调、改革创新、服务产业、夯实基础、开放合作”原则，大力实施创新驱动“5511”工程，着力推进科技协同创新，着力增加创新成果有效供给，着力推进科技成果转移转化，着力优化创新创业环境氛围，加快以科技创新为核心的全面创新，推进创新型省份建设，为实现发展升级、绿色崛起、全面小康提供强劲动力。

第二节　基本原则

——强化战略导向。把科技创新摆在发展全局的核心位置，在经济社会发展领域全面实施创新驱动发展战略。坚持重点领域创新与“大众创业、万众创新”相结合，坚持企业主体与协同创新相融合，坚持创新链与产业链、资金链整合，以科技创新引领全面创新，面向世界科技前沿，面向经济主战场，面向发展主需求，按照前端聚焦、中间协同、后端应用的思路，集中创新资源，明确主攻方向，实施重点突破，增强科技供给。

——坚持统筹协调。按照“高位推动、统一协调、分工合作、协同创新”的要求，建立健全科技创新统筹协调机制。统筹协调基础研究和应用研究，统筹协调经济领域和社会领域科技创新，统筹协调原始创新、集成创新和引进消化吸收再创新。大力推进科技协同创新，建立和完善产学研协同、部门协同、上下协同、区域协同、军民协同等协同创新机制，构建“多元开放、集成高效”的协同创新体系，促进各类创新主体深度结合、创新要素有机融合、优质资源充分共享。

——深化改革创新。充分发挥市场在配置科技资源中的决定性作用，释放科技创新的潜能，打造创新驱动发展新引擎。把破解制约创新驱动发展的体制机制障碍作为着力点，深化科技创新重点领域和关键环节的改革，在科技计划管理、企业创新主体、科技经济融合、科技金融结合以及科技创新考核评价和创新人才激励等方面力争取得突破。

——服务产业升级。以产业升级的技术需求为导向，重点聚集战略性新兴产业，组织实施一批重大科技专项，组建一批科技协同创新体。运用现代信息技术和“互联网 +”等高新技术改造传统优势产业，增强产业的核心竞争力，提升产业发展的层次和质量。在新兴服务业和社会民生领域，大力推进科技创新，提升服务业的科技含量和现代化水平，形成新兴产业集群。

——夯实科技基础。加强科技研发平台、科技创新载体、科技成果转移转化平台和科技资源共享服务平台建设，新建一批国家级平台、载体和基地。强化科技投入，改善研发基础条件，提升自主创新能力。强化科技创新团队和创新人才队伍建设，实施优势创新团队建设和人才培养工程，培养和引进一批高层次科技创新人才、科技经营人才来赣创新创业。

——扩大开放合作。实施科技大开放战略，扩大面向国内外的科技合作交流，深入推动“引技、引智”工作，强化省部、省院、省校、省企科技合作，引进一批优势科研机构、人才、技术、成果、项目，广泛集聚国内外创新要素资源。

第三节　发展目标

总体目标：到 2020 年，科技支撑和引领经济社会发展的能力全面提升，重点领域和优势学科的科技创新能力显著提升，科技成果转化和技术转移能力进一步增强，具有江西特色的区域创新体系基本形成，符合科技创新要求的体制机制更加健全，使创新成为驱动经济增长的主动力，初步实现创新型江西的建设目标。

具体目标：

1. 科技进步综合水平提升。在全国位次前移 2 ~ 3 位，力争进入前 20 位。科技进步贡献率达到 60%。

2. 科技投入持续稳定增长。全社会 R&D 经费支出占国内生产总值（GDP）的比重达到 2.0%。规模以上工业企业 R&D 经费支出与主营业务收入比达到 1.0%。

3. 科技创新人才和团队加快培养。从事 R&D 活动的人员超过 10 万人，折合全时当量达到 5.5 万人年，专业技术人才达到 100 万人；培养各类国家级创新人才和团队 50 个；新增院士 1 ~ 2 名。

4. 创新平台和载体建设迈上新台阶。新增国家级重点实验室、工程技术研究中心、高新园区、大学科技园、科技企业孵化器、众创空间等创新平台和载体 50 个。

5. 自主创新能力显著提高。生物医药、新材料、节能环保等重点领域的技术创新能力进入全国先进行列。获得国家级科技奖励增长 20% 以上。力争全省专利申请总量达到 10 万件，授权总量达到 6 万件，年均增速 25% 以上，全省每万人有效发明专利拥有量达到 2 件。

6. 企业创新能力不断增强。新增高新技术企业 1000 家，打造国内领先的领军大企业 10 家，拥有科技型上市企业 100 家、科技型中小微企业 10000 家。

7. 科技协同创新机制不断健全。实施重大科技专项 100 项（个），其中重点研发专项 50 项，科技协同创新体 50 个；省级产业技术创新战略联盟达到 100 个。

8. 技术成果转移转化率大幅提升。网上、网下相结合的常设技术市场基本建成，技术合同成交金额年均增长 10% 以上，全省技术合同成交金额达到 100 亿元以上。

9. 支撑和引领产业发展升级能力大幅提升。高新技术产业产值、规模以上工业新产品产值均实现翻番，高新技术产业增加值占规模以上工业增加值的比重达 30%。

10. 科技创新公共服务体系和功能更加完善。建设科技公共服务机构 100 家，其中国家级 20 家，互联网 + 科技管理与服务全面实现，科技服务市场化水平明显提升，涌现一批新型科技服务业态。

专栏 1　全省创新升级“十三五”主要发展目标

创新升级指标	2015 年	2020 年目标
科技进步综合水平位次（位）	22	前移 2 ~ 3 位
科技进步贡献率（%）	55	60
规上工业 R&D 经费支出与主营业务收入比（%）	0.45	1.0
R&D 投入占 GDP 比例（%）	1.04	2.0
全社会 R&D 人员（万人年）	4.6	5.5
专利申请量（万件）	3.69	10
专利授权量（万件）	2.42	6
每万人有效发明专利拥有量	1.18	2

技术合同成交金额（亿元）	64.83	100
高新技术产业增加值（亿元）	1870	增长 100%
高新技术产业增加值占工业增加值比重（%）	25.7	30
高新技术企业数量（家）	1095	新增 1000
国家级创新平台和载体（个）	72	新增 50
国家级创新人才和团队（个）	78	新增 50

第四节　重点任务

一是着力提升优势和特色产业技术创新能力。增强科技创新供给，面向经济主战场，面向发展重大需求，重点聚焦战略性新兴产业、优势特色产业、优势传统产业，大力培育科技协同创新体，组织实施重大科技创新专项，切实解决科技创新短板，推动重点领域和关键环节技术创新实现新突破，推进产业创新、产品创新、品种创新，着力提升新技术产业竞争力，加快运用先进适用技术改造传统产业，加强现代农业技术创新，加强社会民生领域的科技创新和公益性关键技术研发和推广应用，推动产业转型升级。适度超前部署基础和应用基础部分重点领域研究和关键技术攻关，力争我省部分重点领域在全国有一席之地。

二是强化科技创新平台和载体建设。依托高等院校、科研机构、龙头骨干企业的科技力量和创新资源，在优势学科、优势特色产业领域，建设一批具有行业带动效应和示范影响作用的科技研发平台，建设一批科技创新公共服务平台；加快科技创新载体建设，发挥中心城市的辐射带动作用，培育建设一批高新技术产业化基地，推进产业技术创新联盟建设，提升科技创新基础能力。

三是加快创新型科技人才队伍培育集聚。把科技人才放在科技创新最优先的位置，以人才和创新团队建设为核心，以重点科技创新领域和紧缺人才为重点，以提升创新创业能力为导向，培育壮大创新人才与团队，加快高层次人才培育引进，重点培养集聚科技领军人才，创新创业人才，科技经营复合型人才。完善科技人才使用和激励制度，推进科技人才的分类评价，强化知识产权分配与激励政策，集聚各类创新人才队伍。

四是大力培育创新创业主体。加快建设以企业为主体的技术创新体系，大力培育创新型领军企业，加快培育高新技术企业，积极发展科技型中小企业，充分发挥企业作为创新投入主体、成果转化主体、经济效益主体以及产学研协同创新主体的作用。充分发挥科研院所和高校的科研骨干作用。加快发展科技服务业，加快建设科技创新转移转化体系，完善科技创新成果转移转化机制，推进科技创新成果的转化。大力培育科技创业人才、青年创业人才、留学人员创新创业群体；强化创新创业基地建设，支持大学科技园、科技企业孵化器和各种形式的众创空间加快发展；促进科技金融和科技服务创新，推动大众创业、万众创新蓬勃发展。

五是深化和扩大科技开放合作。把科技创新纳入世界科技发展轨道，瞄准世界科学技术前沿，大力引进国内外科技创新人才、创新资源。建立健全科技大开放协作机制，加强对外科技合作基地建设，扩大对外科技合作交流。优化区域创新布局，加强与“一带一路”国家科技创新合作交流，积极参与港澳台地区科技合作，强化与沿海、与国内科技中心城市、与“大院大所”的科技协作交流，形成一批国际化的科技创新基地、科技开放合作园区。

六是全面深化科技创新体制改革。着力破解创新驱动的体制机制障碍，推进财政科技投入体制改革，优化科技计划布局，深化科研院所管理体制分类改革。创新科技资源配置机制、科技合作机制，推进科技经济、科技金融结合。创新科技考核评价、科技成果转化、人才激励机制。落实知识产权制度，探索建立以知识价值为导向的分配体制。落实和完善支持科技创新各项优惠政策，形成充满活力的科技创新管理和运行机制。

第三章　提升优势和特色产业技术创新能力

第一节　大力培育科技协同创新体

由龙头企业牵头，围绕战略性新兴产业领域关键技术环节组建一批“政产学研用”紧密合作的科技协同创新体，按产业链布局组建，由点到线构建协同创新链，并由线到面最终形成协同创新网络，逐步建立起可以为经济发展升级提供持续动力的技术协同创新体系。

按照市场经济规律要求推动科技创新，探索建立市场经济环境下运行有效的协同创新管理和运行机制，全面提升企业自主创新能力，通过协同创新产生一批具有核心竞争力的高端战略产品，形成新的经济增长点，推动战略性新兴产业创新升级、快速发展。

专栏 2　组建 50 个科技协同创新体

重点领域：新一代信息技术、生物和新医药、先进装备制造、节能环保、新能源、新材料等战略性新兴产业的关键环节。

建设内容：围绕十大战略性新兴产业，以龙头企业为载体，充分发挥市场在资源配置中的决定作用，集聚国内外企业、高校和科研院所等各类优势科技资源，引导组建 50 个左右股份制按市场机制运行的“政—产—学—研—用”协同创新体。突破一批关键、核心和共性技术，形成一批市场竞争力较强的重大战略产品。

建设目标：组建 50 个左右科技协同创新体，促进市场化的技术协同创新体系建设。力争在 2 ～ 3 个战略性新兴产业中完成对关键环节的布局，构建较为完善的技术协同创新体系。

第二节　在新兴优势产业领域实施重大科技专项

重点聚焦航空制造、半导体照明、生物和新医药、新一代信息技术、新材料、新能源、节能环保等战略性新兴产业和优势产业，面向产业转型升级，以市场为导向，突出自主创新、自有技术、自主品牌，强化开放合作、协同创新，部署 20 个左右创新链，实施 50 个左右重大科技研发专项，力争取得一批具有突破性、带动性、标志性的重大产业技术成果。到 2020 年，部分领域技术水平达到国际领先，重点产品达到国内领先或国际先进水平。

1. 新一代信息技术产业

重点部署新型电子材料、软件产品与软件技术服务、电子商务创新链，实施集成电路装备配套材料和配套件开发、新型电子材料和电子元器件、智能终端以及物联网、云计算、大数据、移动互联、3D 显示等新一代信息技术关键技术重大研发专项。

专栏 3　新一代信息技术产业重点研发专项

重点领域 1：集成电路装备配套材料和配套件开发关键技术。

主要研究内容：集成电路公共服务平台建设，集成电路设计中心和设计基地建设，重点产品的开发和产业化，集成电路生产线建设，发展封装测试业，集成电路高性能线路板研发与集成电路装备制造业及配套材料、配套件等支撑产业发展。

重点领域 2：新型电子材料、电子元器件、智能终端关键技术。

主要研究内容：基于 Linux 的操作系统核心软件，软件与服务外包公共技术支撑平台建设，多媒体系统核心软件，网络通信系统核心软件，新型电子材料与电子元器件研发、空间数据共享服务平台建设，电力一体化调度运行管理系统 (OMS)，“感知航道”工程，行业应用嵌入式终端及应用软件等。

重点领域 3：新一代显示产品关键技术。

主要研究内容：多点触摸显示屏技术的研发及产业化，超薄设计和 90 度旋转为风景模式显示器研发及产业化；对高寿命、大尺寸和色彩纯度鲜艳的 OLED 显示器的研发及产业化；LED 背光技术的研发及产业化；量子点 QLED 关键技术研发及产业化；VR 可穿戴虚拟现实系统。

重点领域 4：大数据与下一代通信系统关键技术。

主要研究内容：面向大数据的内存计算关键技术与系统研发、基于大数据的类人智能关键技术与系统研发、第五代移动通信系统（5G）研究开发先期研究和三网融合等。

重点领域 5：云计算与信息安全关键技术。

主要研究内容：混合云管理、云端和终端资源的自适应协同与融合，云服务开发与部署等云计算软件及系统或平台；云计算平台的可信与可控安全支撑技术及其可信服务和安全监测；面向云环境的恶意行为监测技术，云平台问责和追溯技术，虚拟机自省技术 VMI 数据主权边界检测技术，面向云环境的取证技术等。

重点领域 6：智慧城市与物联网关键技术。

主要研究内容：突破智慧城市与物联网的关键核心技术，实现科技创新。要结合智慧城市与物联网的特点，加强公共服务平台建设，以及行业和领域的物联网技术解决方案的研发；在突破关键共性技术时，研发和推广应用技术，并以应用技术为支撑突破应用创新，着力构建普遍覆盖、便捷高效的信息通信网络体系。

2. 生物和新医药产业

重点部署生物技术、中药现代制造、新药创制、医疗器械研制创新链，实施生物医药、绿色生物制造、新型医疗器械、新药创制及生产、中药材规范种植、农业生物种业等关键技术重大研发专项。

专栏 4　生物和新医药产业重点研发专项

重点领域 1：生物医药关键技术。

主要研究内容：重大疫苗、抗体研制，免疫、基因、细胞治疗，干细胞与再生医学，人体微生物组解析及调控等关键技术。

重点领域 2：创新药物及生产关键技术。

主要研究内容：治疗恶性肿瘤、心脑血管病、慢性代谢性疾病等重大疾病新药创制等关键技术。中药复方药理学、药效学和药代动力学，中药缓控释制剂，中药化学对照品制备，中药高效制药装备，中药质量控制，中药渣再利用，中药炮制规范化，传统特色炮制工艺的抢救与发掘等关键技术。

重点领域 3：绿色生物制造及生物制品关键技术。

主要研究内容：重大化工产品生物制造、生物能源、生物基材料、有机废弃物及气态碳氧化物资源生物转化、重污染行业生物过程替代与产业升级等关键技术。新型生物农药、生物兽药等关键技术研发；新型安全高效除草剂生产关键技术。

重点领域 4：新型医疗器械关键技术。

主要研究内容：医学影像设备、新型植入装置、新型生物医用材料、体外诊断技术与产品、家庭医疗监测和健康装备、可穿戴设备、基层适宜的诊疗设备、移动医疗等产品研发。

重点领域 5：中药材规范化种植关键技术。

主要研究内容：珍贵中药材高效培育及利用，中药生产流通溯源、中药材 GAP 基地建设，中药材产地加工，野生药用植物种质资源收集、保存、驯化及种质创新等关键技术。

重点领域 6：农业生物种业关键技术。

主要研究内容：主要农作物和畜禽水产、特色林果蔬花草药及食用菌优良新品种培育；动植物高效育种，农作物制繁种关键技术。

3. 先进装备（航空）制造产业

重点部署直升机总装集成及配套、民机大部件制造、智能制造装备、轨道交通和高效矿山装备、智能电网、汽车制造创新链，实施直升机、民机大部件和无人机制造、智能航空设备和智能制造体系技术研究、先进机载设备及系统研发、工业和专用机器人、精密装备及核心功能零部件开发、高档数控机床和大吨位金属成形模具与装备、矿山设备和轨道交通关键配套部件设计制造、高等级输电设备和智能电网、汽车及部件总成等关键技术重大研发专项。

专栏 5　先进装备制造产业重点研发专项

重点领域 1：大飞机、直升机和无人机制造关键技术。

主要研究内容：大飞机及其他固定翼飞机，低成本、高效率并可进行大过载、全特技飞行的运动／教练机，新型喷气公务／教练机，中型农林专用飞机，重型直升机，无人飞机机体、飞控系统、数据链新系统、发射回收系统和电源系统等相关技术，高端无人机以及智能航空设备、智能制造体系技术和先进机载设备及系统。

重点领域 2：汽车及部件总成关键技术。

主要研究内容：轻型汽车、客车整车开发技术，汽车轻量化技术，纯电动汽车、插电式混合动力汽车及整车控制系统，驱动电机及其管理系统，车用大功率高安全性锂动力电池及其管理系统，动力电池设计与制造技术，长寿命低成本动力电池开发，锂电上游配套原材料的开发与生产技术，电动汽车充电设备，节能高效发动机，涡轮增压器，自动变速箱，汽车节能减排技术，车用稀土永磁驱动电机，车用驱动电机具有高的比功率和功率密度，纯电动汽车轮毂电机与驱动控制系统，轮毂电机驱动结构，电动汽车用自动变速箱 (AMT)，纯电动城市环卫保洁车设计与制造技术电动汽车车载网络及智能控制系统等。

重点领域 3：机器人、精密装备及核心功能零部件开发关键技术。

主要研究内容：机器人及其智能控制技术，精密减速器、控制器、伺服电机和驱动、编码器、传感器等核心部件及系统集成设计制造等技术，新型传感器，卫星导航地面设备，智能仪器仪表、精密仪器以及重要基础件和配套部件设计制造技术。

重点领域 4：高档数控机床、大吨位金属成形模具与装备、矿山设备、轨道交通关键配套部件设计制造关键技术。

主要研究内容：机械装备数控化和智能化，通用和专用数控系统，高速、精密、复合切削工具，智能控制中的新型传感器关键技术，卫星导航地面设备关键技术，智能仪器仪表、精密仪器以及重要基础件和配套部件设计制造技术，机器人核心智能功能零部件制造技术，高速铁路轨道数字化测量技术，井下挖掘装载机、智能起重机、破碎设备及移动式破碎机、工业制动器，高铁机车制动系统技术，轨道交通电传动系统、网络控制系统、运营监控等关键技术，关键零部件设计与生产技术，高速铁路轨道数字化测量技术，高速铁路车辆制造及维护设备，轨道用高性能电力电缆等。

重点领域 5：太阳能光伏、半导体照明及光热发电等新能源装备设计制造技术。

主要研究内容：数字化、智能化的精密装备及高效、节能关键配套技术，晶体硅太阳能电池整线成套装备集成技术，金属有机物化学气相沉积 (MOCVD) 系统制造技术及设备，硅晶片多线切割机，硅熔炼设备，泄水、油气传热机理，光热发电系统参数合理选择与分析，光热发电特殊加工工艺的专业工装设备等。

重点领域 6：高效节能电机、风电装备及部件关键技术。

主要研究内容：稀土永磁高效节能电机，交流变频电机，风电整机关键技术，风力发电机组关键零部件设计与制造技术，3.6MW 海陆型半直驱永磁风力发电机，6MW 海上型双气隙模块化直驱永磁风力发电机，高风能利用率风机设计制造技术，高效高可靠性发电机、齿轮箱、变流器和整机控制系统、高效超导加热设备等关键配套零部件等。

重点领域 7：高等级输变电设备、智能电网关键技术。

主要研究内容：智能配电和控制系统可靠性与节能技术、配电系统过电压保护技术等关键技术，智能电网所需要的关键技术和装备，超高压、特高压工程节能及可靠运行的输电线、电瓷、高温超导低温绝缘电力电缆及其系统应用技术。

4. 新材料产业

重点部署铜基新材料、钨及稀有金属新材料、稀土新材料、有机硅新材料、玻璃和玻纤化工新材料、高性能陶瓷新材料创新链。实施高性能钨、铜、稀土合金材料，石墨烯材料、有机高分子材料、高性能陶瓷材料等关键技术重大研发专项。

专栏 6　新材料产业重点研发专项

重点领域 1：高性能钨合金、铜合金材料。

主要研究内容：低品位复杂钨矿开采与冶炼技术开发研究、纳米级钨粉、碳化钨粉产业化关键技术与设备开发与应用、钨及钨合金军工新材料开发。

高性能超薄铜箔、大规模集成电路用高强高导引线框架铜带、高密度多层 CCL 板、PCB 阳极磷铜材料、绝缘屏蔽数字通信传输材料、高频电阻焊铜合金钎料，高导高速铁路铜合金接触线等高端功能性、结构性铜基新材料。

重点领域 2：高性能稀土及稀有合金材料。

主要研究内容：稀土磁性材料、稀土发光材料、稀土催化材料及其应用领域开发，高放电比容储氢合金粉体及其应用领域开发，动力型镍氢电池材料品种开发，多稀土添加锆钇复合结构陶瓷制备关键工艺技术及其结构件的开发与应用，稀土磁致冷、磁致伸缩等新型功能材料研制及其应用领域开发。

超高比容钽粉开发与应用、高性能、超高纯钽、铌氧化物制备新技术、新设备开发与应用；无机盐废水物质回收与水循环利用技术和锂、铷、铯分离提纯新工艺及产品开发与应用研究以及粉末冶金注射成型技术。对高纯、超高纯铟、镓、锗、硒、碲、铋制备新工艺及装备的研发与应用。

对铀成矿理论与成矿预测、核资源勘查方法与技术，3S 集成技术在核资源与环境中的应用和核辐射环境与放射性废物地质处置。

重点领域 3：石墨烯材料。

主要研究内容：加强对石墨烯材料生产制备，以及石墨烯材料在电池电极、电容、薄膜晶体管、触控屏、传感器、半导体器件、涂料、导热材料等复合材料方面的制备。

重点领域 4：有机高分子新材料。

主要研究内容：高分子减水剂和乳化剂、高透明聚酰亚胺薄膜、全印刷制备碳基透明电极、有机聚合物太阳能电池材料、高阻隔性高分子纳米复合材料和高强度聚酰亚胺纤维隔膜。

重点领域 5：高性能陶瓷材料。

主要研究内容：高性能陶瓷开发与应用关键技术、陶瓷材料的水基注凝成型新技术、等静压成型新技术、高性能功能陶瓷、高性能多孔及纳米陶瓷开发等。

5. 节能环保产业

重点部署实施水、大气、土壤污染防治，固体废弃物安全处置与循环利用，高效节能产品、农业面源污染防控治理等关键技术重大研发专项。

专栏 7　节能环保产业重点研发专项

重点领域 1：水污染防治关键技术。

主要研究内容：生活污水、重金属废水、高浓度难降解有机废水、焦化废水、工业园区废水、养殖废水达标排放处理等关键技术。

重点领域 2：大气污染防治关键技术。

主要研究内容：大气污染监测预报预警、雾霾和光化学烟雾形成机制、大气污染高效治理、大气污染对人群健康影响、空气质量改善管理等关键技术。

重点领域 3：土壤污染防治关键技术。

主要研究内容：农用地土壤污染防控与修复、工业污染场地土壤污染修复与安全开发利用、工业场地地下水污染成因与阻断修复、固体废物处置场地土壤污染控制与修复、金属矿区土壤污染控制与修复、土壤污染监测预警与风险管理等关键技术。

重点领域 4：固体废弃物安全处置与循环利用关键技术。

主要研究内容：大宗工业固废规模化利用与污染控制，生活垃圾、餐厨垃圾、污泥生物质燃气化利用，建筑垃圾和道路废弃物资源化与安全处置，废旧手机、电池、电视等消费品定向回收与资源化，工程装备、交通装备等关键部件再制造及整体装备再利用，固体废物管理决策支持系统等关键技术。

重点领域 5：高效节能产品关键技术。

主要研究内容：LED 照明产品及智慧照明系统、节能环保空调、环保节能窗帘、智能定时节能插座、空气净化器、隔热保温墙体材料、太阳能利用、地热利用等关键技术。

重点领域 6：农业面源污染防控关键技术。

主要研究内容：不同土地利用方式农业面源污染产生机理和防控，农业面源污染产生、迁移转化和有效防治，农田氮磷减量化施用与养分流失控制，畜禽粪污减排、无害化处理及资源化综合高效利用等关键技术。

第三节　大力推进传统产业改造升级

加快运用高新技术和先进适用技术改造传统产业，围绕产业结构调整和优化升级，在冶金建材、石油化工、家用电器、纺织服装、日用陶瓷以及现代服务业等传统和优势产业实施信息化示范应用工程，推广应用一批节能减排和清洁生产共性技术，支持一批关键技术引进消化吸收再创新，开发一批重大成套工艺装备和新产品。应用现代电子信息技术和“互联网 +”等技术手段，推动传统优势产业信息化，开发新产品，延伸产业链，提高附加值，推动传统优势产业高端化。到 2020 年，重点企业和主导产品的技术装备水平处于国内同行业先进水平。

专栏 8　传统优势产业重点研发领域

重点领域 1：有色产业。

主要研究内容：闪速熔炼工艺技术的优化、升级研究，环保铜合金的开发与应用，铜冶炼过程新型、环境友好型还原剂和还原工艺的开发与应用，高纯、超高纯铜、锌制备新工艺及装备的研发与应用，低品位复杂钨矿开采与冶炼技术开发，高纯、超高纯铟、镓、锗、硒、碲、铋制备新工艺及装备的研发与应用，铀成矿理论与成矿预测、核资源勘查方法与技术、3S 集成技术在核资源与环境中的应用和核辐射环境与放射性废物地质处置的研究，稀土铜、铝、镁合金新品种开发与应用，江西稀有金属特色资源（钨、稀土、钽、铌、锂、铷、铯、铀、钼、钪）高效化开发利用技术等。

重点领域 2：钢铁产业。

主要研究内容：推广生产过程全自动化控制和生产工艺智能化；节能降耗、资源综合利用、二次能源利用与污染治理技术，专用钢及特种钢产品。

重点领域 3：化工产业。

主要研究内容：节能减排新技术在石油化工与氟盐化工产业的应用；直接法合成甲基有机硅单体技术、高温密封硅橡胶、高折射率半导体照明封装硅树脂、有机聚合物太阳能电池材料、锂电池用固态电解质、纳米级二氧化硅生产技术和有机硅单体副产高沸物可再生利用技术等。

重点领域 4：建材产业。

主要研究内容：陶瓷烧结的节能新技术、高性能结构陶瓷与高性能功能陶瓷研发等；光伏 TCO 超白玻璃制备技术、Low-E 玻璃生产技术、超薄玻璃生产技术、无碱池窑拉丝先进技术、提高浸润剂和涂覆处理技术和开发性能更好的玻璃纤维品。

重点领域 5：纺织产业。

主要研究内容：绿色制浆技术，废水高效回收利用技术，废气高效率处理技术，高强力再生纤维素纤维织造技术，原液染色再生纤维素纤维制造技术，阻燃型再生纤维素纤维制造技术，功能性再生纤维素纤维制造技术等再生纤维素纤维清洁生产及高品质差别化产品制造技术；苎麻及其混纺织物的纺织染整技术、再生纤维素纤维及其混纺织物的纺织染整技术、棉及其混纺织物的纺织染整技术、天然及再生纤维素纺织品面料设计与评价技术等天然及可再生纤维纺织品开发应用；数码印花技术、低浴比染色技术、非水或少水染色技术等清洁印染技术开发应用。

第四节　提升现代农业科技创新水平

大力发展现代农业先进技术，以保障国家粮食安全、食品安全和生态安全为目标，重点部署作物优质高产高效安全生产、畜禽水产健康高效养殖、林业资源培育及高效利用、农用物资与农业生物制造、农业装备与智慧农业、农产品绿色食品加工、农业绿色发展、农村生态环境与美丽乡村建设创新链，实施一批共性关键技术研究与开发，提升农业科技贡献率和农业现代化水平。

专栏 9　绿色生态农业产业重点研发领域

重点领域 1：作物优质高产高效安全生产。

主要研究内容：江西主要粮食、特色果蔬和特色经济作物丰产提质增效、耕地质量提升与农田障碍因子诊断、中低产田高效生产、节水灌溉与化肥农药高效利用、有害生物综合防治、抗逆防灾丰产栽培、定向调控与精准管理、集约规模化高效生产、机械化节能降耗生产、设施农业、生态农业、绿色安全收储等关键技术与物化产品研发，配套设施与机械化生产装备开发。

重点领域 2：畜禽水产健康高效养殖。

主要研究内容：畜禽重大疫病防控、畜禽福利化与健康化养殖、优质特色畜禽产品生产、非粮型饲料资源挖掘与高效利用、营养需求与精准饲养、畜禽养殖环境控制与废弃物资源化利用等关键技术与物化产品研发；畜禽养殖设施与畜禽舍环境智能控制设备开发；江西优异特色水产种质资源保护及养殖品种的规模化繁育、养殖防疫区构建、大水面保水渔业（净水渔业）高产高效安全生产、安全高效饲料、新型专用饲料、水质调控制剂、绿色鱼药（新型免疫制剂）等关键技术与物化产品研发；淡水养殖设施与智能控制设备开发。

重大领域 3：林业资源培育及高效利用。

主要研究内容：新兴木本植物优质高产定向培育与经营、安全加工、优质种苗高效繁育等关键技术，水土保持林、水源涵养林、农田防护林体系构建与生态修复关键技术，景观生态林、特优园林花卉品种引种、驯化、栽培及优化配置关键技术，樟科、竹类、松科等林木生物质资源产品研发及高效循环利用、精深加工、转化增值、综合利用等全产业链增值增效关键技术。

重点领域 4：农用物资与农业生物制造。

主要研究内容：创制新型生物农药、生物兽药、新型安全高效除草剂、生物肥料、安全高效生物调节剂、绿色饲料添加剂、生物反应器与抗菌素替代品、农用工程菌与酶制剂，研究关键生产工艺、设备，实现产业化；研究开发重大疫病疫苗、免疫佐剂，实现工业化生产；开展秸秆碳化、资源化利用技术与装备开发，实现产业化；研发新型高效生物转化的新菌种，开展生物质能源重大产品的高效生产技术与装备开发。

重点领域 5：农业装备与智慧农业。

主要研究内容：多功能农机装备、智能化农业装备与高效节能设施关键技术与产品研发；现代设施种植关键技术及其装备、畜禽设施养殖关键技术及其装备、水产设施养殖关键技术及其装备研发；创制丘陵山区田间作业、农产品收获及产地处理等专用装备；主要投入品（种、肥、水、药、饲）智能化精准实施的配套装备，信息化技术为先导、先进农艺与智能装备为支撑的智慧农业生产体系；围绕新型农业生产经营主体的需求，开发农产品产销对接、农机及植保服务、农副产品质量追溯及农产品资源开发等“互联网 +”服务平台。

重点领域 6：农产品绿色食品加工制造。

主要研究内容：粮油、畜禽、油茶、特色果蔬、特色水产、有机茶叶、天然香料、特优森林植物等江西优势特色农林产品绿色加工、综合加工、精深加工和高值利用，以及方便化传统主食创新开发等核心关键技术与装备研发；江西传统与特色食品的工业化加工、传统酿造发酵和方便调理食品低碳制造等核心关键技术与装备研发及新产品创制；节能干燥、新型杀菌、高效分离、生物发酵、成型改性、无损检测分选等共性关键技术与装备研发；食品质量安全共性关键技术，生产源头控制、加工过程控制、产品流通控制和市场监管保障等关键环节的核心技术与装备；绿色防腐与生物保鲜、物流过程品质劣变智能检测与控制、物流过程营养品质维持等核心关键技术与装备。

重点领域 7：农业绿色发展。

主要研究内容：化学肥料和农药减施增效、灌溉节水、农田残膜污染治理、农业面源和重金属污染农田综合防治与修复、秸秆综合利用、农业防灾减灾与应对气候变化、土地资源保护与耕地质量提升、红壤坡地水土流失防治、规模化林果开发中的水土流失防控等核心关键技术、产品、品种与配套装备研发；农田复合生物循环、农牧循环、农菌循环、农牧沼循环以及农业企业（园区）循环等循环农业模式。

重点领域 8：农村生态环境与美丽乡村建设。

主要研究内容：农村生活区点源和面源污染防控、村镇饮水安全、村镇生活生产污水生态化处理与利用、农村河道及沟塘水质改善、村镇固体废物无害处理与资源化利用、村镇生态环境修复、村镇湿地恢复与保护、村镇生态系统功能优化与强化提升等核心关键技术、产品与适用型设备；农业旅游资源循环利用与清洁化链式管控、城郊环保型高效农业等核心关键技术、产品与装备。

第五节　推进民生与社会发展科技创新

重点部署资源环境、人口健康、公共安全、城镇化与城市建设创新链。实施精准医学、重大疾病防控、生殖健康及出生缺陷防控、健康管理、养老助残、中医药现代化、食品安全防护、生态保护与修复、绿色金属矿业循环开发、应对气候变化、重大自然灾害监测与防范、绿色建筑与建筑工业化、公共安全防控等关键技术研究，建设一批生态文明科技示范基地、可持续发展实验区和临床医学研究中心，培育一批节能减排科技创新示范企业。

专栏 10　民生和社会发展领域重点研发领域

重点领域 1：精准医学关键技术。

主要研究内容：恶性肿瘤、心脑血管疾病、代谢性疾病、罕见病的多层次精准医学知识库体系和省级生物医学大数据共享平台，新一代基因测序技术、组学研究和大数据融合分析技术，精准医学的检测试剂、个体化药物等医药产品，重大疾病的早期筛查、分子分型、个体化治疗、疗效预测及监控等精准化的应用解决方案和决策支持系统。

重点领域 2：重大疾病防控关键技术。

主要研究内容：心脑血管疾病、恶性肿瘤、代谢性疾病、呼吸系统疾病等重大慢病，消化、口腔等常见多发病，血吸虫病等传染病的防治关键技术。

重点领域 3：生殖健康及出生缺陷防控关键技术。

主要研究内容：生育力减退相关因素与辅助生殖，安全、高效、易用的避孕节育，出生缺陷，孕前、孕产期和婴幼儿期的危险因素识别、风险评估、监测预警以及早期干预等关键技术。

重点领域 4：健康管理创新产品关键技术。

主要研究内容：基因筛查、分子诊断、无创检测等健康检测产品，穿戴式健康监测、环境暴露监测、生物传感、健康物联网等健康监测产品，数字健身、个体化的行为／心理干预、能量／营养平衡、功能代偿／增进等运动健身产品，抗衰老、老年膳食等为重点的功能食品和保健品，整体调节、辨体施治为特点的养生保健产品，养老助残关键技术和产品。

重点领域 5：养老助残关键技术。

主要研究内容：以智能服务、功能康复、个性化适配为方向的人机交互、神经—机器接口、多信息融合与智能控制等关键技术，研发功能代偿、生活辅助、康复训练等康复辅具产品，以及养老服务科技标准体系和技术解决方案。

最点领域 6：中医药现代化关键技术。

主要研究内容：中医原创理论创新及中医药、民族医药的现代传承，中医“四诊”客观化、中医“治未病”、中药复方精准用药，中医药防治重大疾病和疑难疾病的临床方案，民族医药防治重大疾病经典方药，中医药健康产品等方面的关键技术。

重点领域 7：食品安全防护关键技术。

主要研究内容：食品风险因子非定向筛查、快速检测核心试剂高效筛选、风险因子体外替代毒性测试、真实性溯源、致病生物全基因溯源、全生命周期安全控制原理和工艺、监管和应急处置、食源性疾病归因与疾病负担评价等方面的关键技术。

重点领域 8：生态保护与修复关键技术。

主要研究内容：生态系统演变规律和趋势、生态系统退化和修复机理、生态系统稳定性维持、生物多样性保护与维持、气候变化生态适应与调控、生态系统监测预报预警、生态红线和生态补偿、生态安全调控和管理等方面的关键技术。

重点领域 9：绿色金属矿业循环开发关键技术。

主要研究内容：智能采矿，清洁选冶，矿山修复，伴生金属资源与冶炼废渣综合利用，废旧金属再生循环利用，稀土、钨、锂等战略稀缺资源高效清洁利用等方面的关键技术。

重点领域 10：应对气候变化关键技术。

主要研究内容：碳捕集利用封存、气候变化影响评估、气候变化风险预估、减缓与适应气候变化等关键技术。

重点领域 11：重大自然灾害监测与防范关键技术。

主要研究内容：地震灾害、地质灾害、极端气象灾害等重大自然灾害发生演化及成灾机理、监测预测预警及应急处理核心技术，以及监测预警装备。

重点领域 12：绿色建筑与建筑工业化关键技术。

主要研究内容：绿色建筑规划设计方法与模式、近零能耗建筑、建筑新型高效供暖解决方案，建筑信息化模型、大数据技术及其在建筑设计、施工和运维管理全过程应用等。

重点领域 13：公共安全防控关键技术。

主要研究内容：社会安全监测预警与控制，生产安全保障与重大事故防控，国家重大基础设施安全保障，城镇公共安全风险防控与治理，综合应急装备，社会治理公共服务平台多系统和多平台信息集成共享、政策仿真建模和分析，社会基础信息、信用信息等数据共享交换和综合应用等关键技术。

第四章　适度超前部署基础和应用基础研究

第一节　强化基础和应用基础研究支撑体系建设

加强协同创新，推动全省学科均衡协调可持续发展，促进若干主流学科进入全国前列；培养高水平基础研究队伍，造就一批具有国内外影响力的优秀科学家和创新团队；打造并建设一批优势学科研发平台；显著增强基础研究的影响力和若干重要科学领域的自主创新能力；加大对基础研究的投入，推动基础研究投入在全省科技投入的占比接近全国平均水平，整合优化科技资源配置。建设

"科研氛围浓厚、优秀人才辈出、成果特色鲜明、支撑发展有力"的江西特色的科技基础创新体系，基础研究整体水平得到明显提升，力争进入全国中等偏上行列，为引领经济社会可持续发展、加快建设创新型江西奠定坚实的科学基础。

第二节　夯实学科基础和重点发展优势学科

重视基础学科、传统学科、优势学科的发展，开展交叉学科、新兴学科、薄弱学科研究，推动优势学科可持续发展，促进学科与学科之间的交叉融合。力争农业科学、材料科学、化学、临床医学、植物与动物学等 10 个传统优势学科进入全国前列或进入 ESI（基本科学指标数据库）全球前 1%，个别学科进入 ESI 全球前 1‰行列。凝练具有多学科交叉的、有新的增长的学科方向，力争培育 5 ~ 10 个新的学科增长点。优势学科吸引和培养一批在国际上有一定影响力的科学家及研究团队，形成具有学科优势和专业特色的研究基地与平台。

第三节　围绕产业目标导向部署基础和应用基础研究

依托优势学科和特色资源，优先支持新一代信息技术、生物及新医药，重点支持新材料、节能环保、锂电与电动汽车、先进装备制造，培育新能源、航空制造、绿色食品和鄱阳湖流域生态等优势学科领域，适度超前开展引领产业发展的应用基础研究和前瞻性、共性技术研究，夯实技术与人才储备，着力增强竞争优势，促进产业的转型升级。聚焦战略性新兴产业核心技术及重大产业关键共性技术，整合社会科技资源，实施一批重大基础和应用基础研究项目，显著增强基础研究的影响力和若干重要科学领域的自主创新能力，为创新驱动发展提供持久动力。

专栏 11　基础和应用基础研究重点领域

重点领域 1：新一代信息技术。

重点支持：面向多核体系结构、面向高度并行分布式计算环境和面向服务计算的软件设计方法与技术基础研究；基于数据的非线性系统建模、分析、控制与优化和多任务融合的、多异构系统的集成、优化与控制等先进控制理论与技术研究；高分辨对地观测遥感影像的精确处理和微波稀疏成像的理论、体制和方法等空天地一体化观测网络研究。

重点领域 2：生物及新医药。

重点支持：泌尿生殖系统、消化道、肝胆道及呼吸系统等恶性肿瘤机理研究；神经精神疾病的预防与早期诊治和自身免疫性神经疾病的生物标记及精准诊断与治疗机制研究；受精过程精子功能调控机制和特发性男性不育的分子机制等生殖与健康机理研究；中药资源保护开发技术及新资源产品、中药材规范化炮制加工机理和中药新剂型等中药现代化研究；我省特色资源新型医用材料研究；针对人类重大疾病的模式动物创制研究。

重点领域 3：新材料。

重点支持：探索高纯度铜材料关键制备技术研究、新型环保铜合金研究，钨资源绿色再生利用新技术，稀土资源高效绿色提取技术研究；陶瓷等非金属材料研究，超高温陶瓷及其复合材料制备技术、石墨烯功能材料、有机硅下游高端制品、玻璃和玻纤复合材料、耐腐耐磨生物质纤维等机制研究；新型半导体发光材料和器件以及纳米材料与纳米器件机理研究。

重点领域 4：节能环保。

重点支持：高效节能与传统能源的综合利用研究，尤其是我省特有资源的高效高值利用、化石能源高效清洁转化、生物质高效转化以及固废资源化利用等机制研究；大气污染形成机理与防治技术研究，探索大气污染中固定污染源、关键污染物的排放检测技术，降解调控机理及方法研究；土壤重金属污染防治与修复研究，土壤重金属污染的成因、迁移转化机制和环境生态效应、探索富集植物对土壤重金属的吸附、转移机理和调控等机制研究；鄱阳湖流域水环境与水资源保障研究，鄱阳湖流域水循环、生态与环境耦合机理及模拟方法等机制研究。

重点领域 5：锂电与电动汽车。

重点支持：电动汽车集成式底盘设计及控制、轮毂电机驱动电动车底盘结构设计及电机控制研究等集成式底盘及线控技术研究；碳纤维复合材料汽车结构件应用关键技术、大面积金属复合板料制备及其应用关键技术和大型焊接结构件残余应力调控相关理论与应用基础研究等电动汽车轻量化技术研究。

重点领域 6：先进装备（航空）制造。

重点支持：航空装备的设计与制造、民用直升机和不同吨级民用直升机产品系列开发等航空制造技术研究；基丁物联网、地理信息 GIS、图像处理、大数据、云计算等技术的自动智能数字化制造技术研究；超高速及超精密加工、焊接机器人创新机构设计和焊接过程焊缝传感识别技术等复合及超精密加工技术研究。

重点领域 7：新能源。

重点支持：新能源和可再生能源研究；太阳能的高效利用关键技术、太阳能电池用宽光谱吸收透明电极材料、仪器装置、器件材料等技术研究；能源作物、植物新品种培育及生物质能转换技术的应用与推广技术研究；燃料乙醇和生物柴油关键技术研究；新型沼气池和发酵工艺研究；页岩气等可再生能源油气的开采技术及综合利用研究；我省风能资源开发及大型风电场建设和核电关键技术研究。

重点领域 8：生物技术及绿色食品。

重点支持：动植物良种选育及高效种养的基础理论研究，探索创建高效精准的动植物良种选育新技术；重大病虫害和森林生物灾害监测预警技术和动植物病虫害防治技术等农业生态安全技术研究；食物中或加工过程中的潜在有害物质的危害识别与确定检测、食源性致病菌及毒素的快速检测技术等食品安全技术研究；食品加工过程中组分结构变化及其机理研究，探索食品加工过程中物理、化学及生物等不同加工方法对食品组分结构的影响机制；益生菌发酵果蔬基础研究。

重点领域 9：鄱阳湖流域生态。

重点支持：鄱阳湖流域重要森林、湿地生物多样性的评价理论、形成与维持机制研究；鄱阳湖流域主要森林类型的生态服务效能及在环境治理中的作用机理；鄱阳湖流域矿山、湿地、石灰岩山地、沙化区等脆弱生态系统的修复机制；鄱阳湖流域城乡森林结构、过程与功能的耦合机制；生态林业与生态文明建设理论创新研究。

第五章　加强创新平台和载体建设

第一节　建设高效开放创新平台

1. 加大研发平台组建力度。以提升产业研发和成果转化能力为目标，以推进产学研结合为重点，在优势学科、优势领域和优势产业组建一批重点实验室和工程技术（研究）中心、企业技术中心，优化与战略性新兴产业和公益性事业发展相适应的平台布局，建设成一批具有行业带动效应和示范影响作用的研发平台，推动科技创新研发平台建设发展。

专栏 12　组建科技创新研发平台

建设目标：新增国家级重点（工程）实验室和工程（技术）研究中心 5 ~ 6 个，国家企业技术中心 7 ~ 8 个。新增公益类研发平台 50 个，企业类研发平台 150 个。

重点领域：主要围绕生物医药、新材料、先进装备制造、新能源、节能环保、农林等重点领域，力争在猪饲料、废水处理与资源化、轨道交通基础设施安全保障、钨资源开发利用、核资源与环境、智能起重机等特色优势产业或领域组建国家级研发平台。

2. 提升现有研发平台质量。进一步提升现有研发平台建设水平，提升现有研发平台的基础研究、应用基础研究和成果转化应用能力。加强领军人才、核心技术研发人才引进和培养，形成科研人才和科研辅助人才衔接有序、梯次配备的合理结构，提高自主创新能力。加强研发平台建设与运行的动态管理，加大考核评估，实行优胜劣汰，加大力度支持一批科技创新能力较强的研发平台，淘汰或改造一批建设停滞不前、缺乏创新动力的研发平台，力争将在学术技术领域具有国内外领先地位的省级研发平台建设成为国家级研发平台，“十三五”期间，全省研发平台争取获得国家级奖励 25 项以上，省部级奖励 500 项以上。

3. 加快建设科技资源共享平台。按照“整合、共享、服务、创新、提高”的思路，加快建设全省科技文献资源共享服务、大型科学仪器协作共用、科技报告服务系统、创新方法应用推广等资源共享服务平台，支持和鼓励高校、科研院所和企业积极参与，整合社会科技资源，探索新的管理体制和服务运行机制。不断拓宽服务领域，完善共享服务功能、提升服务水平。

专栏 13 建设科技创新公共服务平台

建设内容：整合和集成全省科技创新公共服务资源，建设集科技管理、研究开发、科技金融、技术转移与成果转化、战略研究与咨询服务等五大平台和大型科学仪器、科技文献、科技数据、自然资源、公共检测、超级计算等科技资源共享服务于一体的全省科技创新公共服务中心。

第二节 强化科技创新载体建设

1. 提升科技创新载体发展水平。按照规模化、多元化、专业化、集成化、市场化要求，加快省级以上科技企业孵化器、知识产权（专利）孵化中心、科技园区、产业技术创新战略联盟和生产力促进中心建设。以园区、高新技术产业化基地、高校、科研院所和知名电商为载体，培育一批大学科技园、众创空间，力争到 2020 年实现众创空间在全省各类园区全覆盖，大学科技园在省属本科院校全覆盖。

专栏 14 建设科技创新载体

建设目标：力争到“十三五”末期，建设省级科技企业孵化器（大学科技园、众创空间）100 个，其中国家级 30 个；新建省级高新技术产业基地（产业集群）30 个，其中国家级 10 个；组建省级产业技术创新战略联盟 30 个。

2. 加快高新技术产业化特色基地建设。加强对南昌科技城、景德镇国家陶瓷科技城、新余新能源科技城以及国家高新技术产业化基地建设的指导，强化基地产业集群在专业化分工、发挥协作配套效应、优化生产要素配置和降低创新成本等方面的显著作用。“十三五”期间，力争新建省级高新技术产业基地（集群）30 个、新增国家级高新技术产业基地（集群）10 个。

3. 推进产业技术创新战略联盟建设。深化产业技术创新战略联盟机制和体制的改革，强化创新链和产业链有机衔接，构建以企业为主导、产学研合作的行业或产业技术创新战略联盟，优化联盟在重点产业和重点区域的布局，强化产学研结合的中试基地和共性技术研发平台建设。积极支持联盟承担行业共性关键技术研究、重大产品开发和成果转化类重大科技项目。“十三五”期间，全省组建省级产业技术创新战略联盟 30 个左右。

第六章　培育集聚创新型科技人才队伍

第一节　培养和壮大科技人才队伍

以培养高层次创新人才和急需紧缺人才为重点，以增强创新创业能力为导向，改革创新型人才培养模式，加快培养创新型人才队伍，壮大科技人才队伍总量；加快青年人才培养，加大培养和选拔领军人才的力度，加快企业创新人才的培养；提高科技人才的整体水平。到 2020 年，全省研发人员超过 10 万人，每万人口中 R&D 人员和 R&D 研究人员折合全时当量分别达到 15 人年和 10 人年，企业 R&D 人员占全社会 R&D 人员比重达到 75%。

第二节　加快高层次人才的培养和引进

创新人才培养和引进方式，结合国家人才培养和引进计划，继续实施我省赣鄱英才“555”“两院”院士后备人选、学术学科带头人、百千万人才工程、杰出青年人才和优势创新团队等高层次人才团队培养和引进计划，重点加强科技领军人才、创新创业人才、企业科技经营复合型人才的培育和引进。统筹用好国际国内人才资源，大力引进优秀高层次人才、团队和企业家来赣创新创业。探索海外高层次人才引进“绿色通道”机制，吸引海外人才归国创业。

专栏 15　培养创新人才和团队

任务和目标：“十三五”期间，培养“两院”院士后备人选 8 ~ 10 人，新增院士 1 ~ 2 人，培养省级学术和技术带头人 200 人，省级杰出青年人才 500 人，围绕创新链建设以领军人才领衔的优势科技创新团队 100 个；在巩固提升现有人才团队创新能力的基础上，新增国家级创新人才和团队 50 个；通过引进和培育两条途径，力争实现十大战略性新兴产业每个产业建有 2 ~ 3 个核心优势创新团队。

第三节　完善科技人才使用和激励制度

1. 实行科技人员分类评价。建立以能力和贡献为导向的评价和激励机制，改进人才评价方式，制定关于分类推进人才评价机制改革的指导意见，提升人才评价的科学性。对从事基础和前沿技术研究、应用研究、成果转化等不同岗位人员建立分类评价制度。落实国家关于深化职称制度改革的要求，完善科技人才职称评价标准和方式。

2. 健全创新创业的分配激励机制。优化工资结构，保障科研人员合理工资待遇水平。推进和完善科研事业单位建立绩效工资制度，完善内部分配机制，强化知识导向的分配政策，重点向关键岗位、业务骨干和作出突出贡献的人员倾斜。

3. 深化科技奖励制度改革。制定深化科技奖励改革方案，强化奖励的荣誉性和对人的激励，逐步完善推荐提名制，突出对重大科技贡献、优秀创新团队和青年人才的激励。引导和规范社会力量设奖，制定关于鼓励社会力量设立科学技术奖的指导意见。

第七章　深化和扩大科技大开放合作

第一节　建立健全科技大开放协作机制

树立“大科技”理念，建立跨部门协作机制，将对外科技合作从原来单纯的技术合作提升为技术、人才、产业、资本、管理等全方位的合作，提高合作层次，拓宽合作领域；深化与发达国家或地区之间的国际科技合作交流，建立长期科技合作关系；积极推进与国际跨国公司、优势研发机构开展各种形式的科技交流与合作；积极参与“一带一路”建设，加强与“一带一路”国家相关机构的科技合作，推动优势产能和先进技术“走出去”，拓展新的市场和发展空间；积极参与“泛珠”“海西”“长三角”、环渤海经济圈、中部地区、东盟等区域科技合作，形成稳定、长期的区域科技合作机制；完善省院、省校、省所之间的科技合作机制，深化与中国科学院、中国工程院等国内一批大院、大所、著名高校和大型企业的合作与交流；完善开放、流动、竞争、协作的运行机制。

第二节　加强对外科技合作基地建设

加强国家国际科技合作基地和省级对外科技合作基地的建设，形成一批技术领先、人才聚集、具有示范辐射作用的科技创新基地。建立海外国际合作基地，依托企业、高校和科研院所，在海外单独或者与国（境）外相关机构合作共建研发机构、国际孵化器、科技园、科技中介机构等，促进企业充分利用全球创新资源，拓展开发国际市场。支持有较强竞争力的机构与国内外高水平的企业、研发机构共建联合研究中心、联合实验室等合作创新平台，开展应用技术合作研发，提高科技创新能力。充分利用园区良好的投资和创业环境，吸引国内外优秀人才、海外华人等智力资源、高水平科技成果和研发机构参与产业发展升级，积极探索园区与国内外科技工业园区的合作。

第三节　扩大对外科技合作与交流

积极组织科技人员赴海外培训、考察、交流，参加国内外科技展览会、学术论坛等活动，开拓科研人员视野，提升科技创新能力。实施归国人员扶助计划，重点支持有在国外大学、科研院所和科技型企业工作或学习经历的高层次科研人员开展对外科技合作研究。继续支持高校、科研院所从省外引进“两院”院士及学科带头人来赣任职、兼职，充实高层次科技人才队伍。

坚持引技、引智、引资相结合。注重关键技术的引进、消化、吸收、再创新以及领军人才的引进和培养，同时加强引进先进的创新发展理念和管理模式。结合产业特色和科技优势，组织国内外先进技术及成果与企业对接，解决产业发展中共性关键技术难题。组织先进技术及成果在发展中国家推广应用，大力推动农业、生物医药、能源、矿产资源勘探和开发等优势资源和优势技术走出去。推动技术、设备、劳务出口，深化国际产能合作。加大地方及高校、科研院所科技合作管理队伍的培养力度，建立优秀的对外科技合作管理人才队伍。

第八章　强化企业创新主体地位和主导作用

第一节　大力培育创新型领军企业

开展创新型企业建设试点，推动创新型（试点）企业加大研发投入，健全研发机构，培养创新人才，建设创新文化。对不同类型的企业实行分类指导，扶持200家左右创新型（试点）企业建立国家和省企业技术中心、工程（技术）研究中心和重点（工程）实验室，承担国家和省科技重大专项和科技计划项目，建立产业技术创新战略联盟，带动形成产业集群。

第二节　加快培育高新技术企业

进一步落实国家高新技术企业认定管理办法，实行“宽进严管”。加强对已认定的高新技术企业扶持服务，对引进外地已认定的高科技企业按规定认定，能简化认定手续尽量简化，对重点高新技术企业做好“一对一”的培育服务；指导企业转变管理经营模式，向创新型企业发展。搭建高新技术企业与政府、金融机构、科研机构、高等院校之间交流合作服务平台，指导支持高新技术企业上市。落实高新技术企业税收优惠政策。

在优势特色战略性新兴产业领域，以高新技术产品开发企业为重点培育对象，加强政府引导，整合社会资源，激发企业自主创新活力，提高企业的持续创新能力。通过政策、项目和资金等扶持措施，培育和壮大一批竞争力强的高新技术企业，推动我省高技术含量的科技型企业数量快速增长，更加健全创新型企业体系。

第三节　积极发展科技型中小企业

鼓励科研院所、高等院校科研人员和企业科技人员创办科技型中小企业，建立健全股权、期权、分红权等有利于激励技术创业的收益分配机制。支持科技型中小企业建立企业实验室、企业技术中心、工程技术研究中心等研发机构，开展研发创新活动。引导中小企业加强技术改造与升级，支持其采用新技术、新工艺、新设备调整优化产业和产品结构，将技术改造项目纳入贷款贴息等优惠政策的支持范围。重点支持100家科技型中小企业向“专、精、特、新”方向发展。重点支持科研院所转制成科技型企业，建立创新公共服务平台，成为面向行业的共性技术研发基地。

第九章　推进科技创新成果转移转化

第一节　加快建设技术转移转化体系

落实《中华人民共和国促进科技成果转化法》及《国务院关于印发实施（中华人民共和国促进科技成果转化法）若干规定的通知》部署，加快科技成果转移转化，促进科技与经济融合，推进创新链与产业链、资金链对接，全面提升科技创新对经济增长和产业升级的贡献度。

按照“统一规划、整合资源、重点突破、有效实施”的原则，整合政、产、学、研、金、用等创新资源，构建一个纵向联结省、市、县（区）等管理部门，横向连结高校、院所、企业等创新主体及科技中介机构，集“应用研发＋技术转移＋创业孵化＋创业投资”于一体的立体式、多元化科技成果转移转化体系。运用互联网＋科技成果转移转化模式，建设网上常设技术交易市场，建成集科技成果展示、对接、交易、中介服务、创业辅导等功能的综合平台。

第二节　完善科技成果转移转化机制

重点聚焦战略性新兴产业和传统优势产业领域，融合园区、科技企业孵化器、众创空间、产业技术创新战略联盟、生产力促进中心、技术转移机构、创新人才团队等创新要素，通过培育科技服务机构、发展技术交易市场、促进科技与金融结合、深化军民技术融合、推进“科技入园”和“科技特派团富民强县”工程、实施知识产权战略行动计划等措施，形成适应创新发展规律的科技成果转移转化服务机制，促进大众创业、万众创新，推进经济提质增效升级。

重点落实鼓励科技人员创新创业的若干规定，科研院所、高等院校可自主转移转化科技成果，建立完善符合科技成果转移转化规律的市场定价机制，提高科技成果转移转化工作制度化水平；健全科技成果转移转化收入分配和激励制度，加大对主要贡献人员获得奖励的比例，创新科技成果转移转化评价机制，技术应用、成果转移转化、有效专利等均可作为评审的重要条件，对业绩突出的可按规定破格评审职称；支持科研院所、高等院校科技人员创新创业。

加强对重大科技成果、典型创新创业人物和企业的宣传，加大奖励力度，激发全社会创新创业热情。探索建立科技成果转移转化后补助机制，支持有条件的高校、科研院所和科技型企业设立技术转移机构，开展技术转移转化技能培训，发展职业化的技术转移转化人才队伍，加快科技成果转化为现实生产力。

第三节　加快发展科技服务业

充分应用现代信息和网络技术，依托各类科技创新载体，构建专业化、市场化、网络化的科技服务网络体系，推动技术集成创新和商业模式创新。强化科技创新公共服务能力建设，着力建设全省科技创新公共服务平台，开放大型科学仪器、科技文献、科学数据、自然科技资源、超级计算、科技报告、创新方法应用推广、科技培训等科技创新资源共享服务。重点发展研究开发、技术转移、检验检测认证、创业孵化、知识产权、科技咨询、科技金融、科学技术普及等专业科技服务和综合科技服务，提升科技服务业对科技创新和产业发展的支撑能力。

第十章　推动大众创新创业

第一节　大力培育创新创业主体

支持科技人员创新创业。破除高等学校和科研院所在人才流动、成果处置、收益分配等方面的束缚，激励科技人员在职创新创业、离岗创新创业。支持科技人员的创新创业计划，调动科技人员深入农村、深入基层、进园区、到基地创新创业的积极性。

推动青年创新创业。实施大学生创新创业引领计划，建立大学生创新创业导师制，支持大学生组建创业社团，加强大学生创业培训，引导大学生等各类青年创业者进入大学科技园、大学生创业园和大学生创业示范基地等载体创业孵化，遴选优秀大学生创新项目予以支持。

吸引海外高层次人才创新创业。切实发挥留学人员创业园等创业载体的作用，开展海外招才引智，落实海外高层次人才相关优惠政策，加大海外高层次人才引进的力度，大力支持留学回国人员创新创业。

第二节　强化创新创业基地建设

推进创新创业型城市示范基地建设。强化对南昌市国家“双创示范”城市建设的扶持。以南昌、抚州、新余、景德镇、鹰潭等国家高新区申报建设江西鄱阳湖国家自主创新示范区，开展创新试点政策先行先试。

推进国家级大学生创新创业示范基地建设。加快培育一批众创空间，包括“创业咖啡”“创新工场”“创新创业实验室”在内的各种形式众创空间。推进创业孵化机构建设，建设一批专业科技企业孵化器和一批科技企业加速器。推广孵化器模式创新，支持外资和民营资本参股创办孵化器，建设一批混合所有制孵化器。鼓励“走出去”，在海外设立创业孵化平台，引进国外知名孵化机构来赣设立分支机构。

第三节　促进科技金融和服务创新

引导省外高水平科技创投公司落户江西，发展一批市场化运作的科技创投公司，支持各类投资基金投资省内创新项目，鼓励各类银行发展科技型分支机构，鼓励开展专利、版权和商标等知识产权质押融资业务。

运用市场机制，引导社会和金融资本投入产业技术创新，做大省科技成果转化基金，逐年保持增长。加大科技型中小企业贷款补偿金财政投入力度，省科贷补偿金规模不断加大，继续扩大科技银行、科技担保、科技保险、知识产权质押、创业投资、天使基金等科技融资规模。

第十一章　优化区域创新布局

第一节　推动区域创新协调发展

按照“龙头昂起、两翼齐飞、苏区振兴、绿色崛起”区域发展战略，以及“一核两带一板块”区域布局要求，推动形成各具优势特色、融合互动、多点支撑、协同创新的科技发展新格局。

强化昌九核心引领作用，打造南昌核心增长极，辐射带动九江、抚州等区域的科技发展，以硅衬底 LED 技术为核心，着力打造“南昌光谷”。强化赣州在“苏区振兴”战略中的核心引领作用，加大稀土新材料、钨新材料创新基地布局，发展特色优势学科和产业。充分发挥上饶、景德镇、鹰潭区位优势，对接长三角、海西经济区，吸引相关产业创新资源集聚。充分发挥新余、宜春、萍乡特色产业基础优势，加快储能电池、新材料、生物医药等新兴产业基地的发展，提升相关传统产业创新能力。

第二节　促进高新区创新发展

在做大做强现有国家级、省级高新区的同时，加快建设一批新的省级高新区，实现高新区全省设区市全覆盖。对拥有较强经济和科技实力的县（市），鼓励建设高新区。理顺和规范管理体制，创新运行机制，健全卓有成效的工作机制，形成整体合力，推进高新技术产业的快速发展。“十三五”期间，新增国家级高新区 2 个以上，省级高新区 10 个以上，现有国家级高新区各项指标在全国排名明显进位。

第三节　提升基层科技创新服务能力

强化对基层科技工作的指导。重视和发挥基层科技部门的作用，加强基层科技管理人员培训；帮助市、县（区）科技部门结合本地实际，找准工作的切入点，通过科技入园、科技特派员、富民强县等科技工程，推动基层科技工作。

加大对市、县科技创新的考核。进一步落实市、县（区）党政领导科技进步目标责任制，完善考核制度，加大对市、县科技创新的考核，引导和激励市、县（区）增强科技创新意识，积极开展科技创新活动。

第十二章　强化规划实施保障

第一节　建立健全科技创新统筹协调与决策机制

健全科技创新统筹协调与决策机制，加强对科技创新工作的组织领导，做好顶层设计，统筹协调各方力量，整合各方资源参与科技创新。建立和完善省直各部门间协同、省市间协同、产学研协同、军民协同等协同创新机制，构建“多元开放、集成高效”的协同创新体系。根据各部门的工作职能，明确任务分工和工作要求，共同推进全省科技创新工作。

第二节　全面推进科技体制机制改革

改革财政科技计划管理体制，优化科技计划（专项、基金）布局。整合分散在政府各部门管理的科技计划，形成自然科学基金、科技重大专项、重点研发计划、技术创新引导专项（基金）、基地和人才专项等五大类计划。加快建立全省统一的科技管理信息系统，实行统一申报、统一评审、统一立项、统一管理。加快建立统一的科技计划项目评估监管机制，实行科技报告制度和创新调查制度。

深化科研院所管理体制改革。加快分类改革，建立健全现代科研院所制度，完善科研院所法人治理结构，推动科研机构制定章程，探索理事会制度。改革科研机构创新绩效评价办法，定期对公益性研究机构组织第三方评价。引导建立公益性研究机构依托国家资源服务行业创新机制，建立科研机构绩效考核机制。

第三节　落实和完善创新政策措施

着力落实《关于深入实施创新驱动发展战略推进创新型省份建设的意见》《关于创新驱动“5511”工程的实施意见》《鼓励科技人员创新创业的若干规定》《江西省科技创新促进条例》等科技创新政策。完善科技人员创新创业激励和人员流动机制，进一步推进事业单位科技成果使用、处置和收益管理改革试点，建立支持科研院所科技人员离岗创新创业制度。加强宣传培训，加大政策执行和监督力度。

第四节　加大财政科技投入力度

加大财政资金对科技创新的支持力度，保持财政科技支出持续稳定增长，提高使用效率。加强省、市、县衔接，根据基层科技发展需求设计科技投入政策，引导地方政府加大科技投入力度。

进一步落实企业研发费用税前加计扣除、高新技术企业税收优惠等激励政策，加大对国有企业科技创新的考核，引导国有企业加大研发投入，全省规模以上大型工业企业，特别是国有企业和高新技术企业研发投入达到主营业务收入的3%以上。

第五节　深入实施知识产权战略

实施知识产权战略行动计划，指导大中型企业制定和实施专利战略，建立完善专利管理制度。探索在十大战略性新兴产业领域构建企业主导、院所协作、多元投资、成果分享的新机制，建立产业专利技术联盟。建立中小微企业专利申请与维持费用补偿机制。强化知识产权激励和知识产权分配政策的落实。加强知识产权维权援助中心和工作站建设。加强与相关仲裁机构的合作，推动用仲裁方式解决部分专利纠纷。探索建立专利保护民间救济与行业自律调处机制、专利侵权证据的公证保全方式，形成执法、仲裁、司法、调解“四位一体”的专利纠纷调处机制。

加快培育和发展知识产权服务业。大力开展知识产权金融创新服务，探索设立专利质押贷款风险补偿基金、知识产权保险和风险补助等补偿机制，并加快试点工作。加强知识产权（专利）代理机构建设，加快发展知识产权代理、咨询、评估、交易、维权、诉讼等服务机构，鼓励社会力量创办专利代理等知识产权中介机构，积极引进高水平知识产权服务机构。加快知识产权公共信息服务平台建设，推动知识产权基础信息资源免费或低成本向社会开放。

第六节　强化规划实施与管理

实施科技创新规划监测评估制度。采用政府监督指导，第三方评估机构开展评估的方式，定期评估规划的执行情况，监督检查规划主要任务和重大科技专项等实施进展情况。健全完善科技创新考核机制，将“十三五”科技创新规划的主要指标分解并纳入相关年度考核指标体系。细化考核评估指标，针对不同类型和不同学术技术领域，分类制定考核评估办法。

实行规划的动态调整机制。省级科技行政主管部门、各相关部门和单位、各设区市要结合各自实际，编制相应的科技创新升级规划，制定年度工作目标和工作计划，并根据形势发展的需要，适时对规划进行调整、修改和完善。

山东省“十三五”科技创新规划

为深入实施《“十三五”国家科技创新规划》《山东省国民经济和社会发展第十三个五年规划纲要》，发挥科技创新在全面创新中的引领作用，加快创新型省份建设，为经济文化强省建设和在全面建成小康社会进程中走在前列提供科技支撑，制定本规划。

一、加快推进创新型省份建设

（一）基础与优势。“十二五”时期，全省认真贯彻省委、省政府决策部署，全面深化科技体制改革，大力实施创新驱动发展战略，顺利实现全省“十二五”科技发展规划纲要确定的目标任务。

科技创新综合实力进一步加强。2015 年，全社会研究与试验发展（R&D）经费支出占生产总值的比重达到 2.27%，比“十一五”末提高 0.55 个百分点。发明专利授权量和每万人发明专利拥有量分别达到 16881 件和 4.9 件，是“十一五”末的 5.1 倍和 4.95 倍。登记技术合同 2.06 万项，成交额 339.74 亿元，是“十一五”末的 3.1 倍。科技创新平台建设取得可喜成绩，青岛海洋科学与技术国家实验室获批建设并正式启用，企业国家重点实验室和国家工程技术研究中心分别达到 17 家和 36 家，数量居全国前列。全省源头创新能力大幅提升，农业科技、海洋科技继续保持领先优势，区域创新综合能力连续五年保持在全国第六位。

科技支撑产业转型升级能力显著增强。在省科技重大专项和重大科技创新工程的支持下，高端容错计算机、半绝缘碳化硅衬底材料、8 档自动变速器、机器人核心部件 RV 减速器、高速动车组等一批重点领域关键技术实现重大突破，带动全省高新技术产业迅速发展。2015 年规模以上高新技术产业实现产值 4.77 万亿元，占规模以上工业总产值的比重达到 32.51%，比“十一五”末提高 6.4 个百分点。全省高新技术企业达到 3903 家，创新型产业集群不断发展，青岛数字家电、淄博新材料等 5 个集群产值已达千亿规模。

区域科技创新高地效应明显。山东半岛国家自主创新示范区和黄河三角洲农业高新技术产业示范区获得国务院批复设立，成为引领全省经济发展的重要增长极。全省形成云平台服务下省级农业

山东省人民政府，鲁政字〔2016〕281 号，2016 年 12 月 2 日。

科技园、省级农高区、国家农业科技园、国家农高区四级联动、梯次发展的农业科技园区体系。泰安、莱芜、临沂、枣庄、德州 5 家高新区升级为国家级高新区。全省建有国家高新区 13 家、国家火炬特色产业基地 61 家、国家高新技术产业化基地 11 家、国家可持续发展实验区 14 家，成为支撑“两区一圈一带”协同发展的重要力量。

创新创业环境更加优化。出台了推动大众创新创业、科技服务业、技术市场、科技型小微企业等发展的一系列政策措施，建设省级以上科技企业孵化器 145 家、众创空间 131 家，创新创业孵化体系更加完善；科技成果转化体系发展加快，建成省科技成果转化服务平台，技术经纪人队伍不断壮大；科技金融结合取得重要进展，在全国率先实施小微企业知识产权质押贷款扶持政策，累计开展知识产权质押合同登记 350 多项，实现质押融资 150 多亿元。

（二）面临形势。党的十八大以来，党中央提出实施创新驱动发展战略，党的十八届五中全会把“创新发展”作为新发展理念之首，全国科技创新大会将科技创新摆在了更加重要的位置，吹响了建设世界科技强国的号角，明确了我国到 2050 年建成世界科技强国“三步走”的战略目标。当前，推进供给侧结构性改革，培育发展新动能，促进经济提质增效、产业转型升级任务艰巨，科技创新地位更加重要、作用更加明显。

全省正处于由大到强战略性转变的关键时期，经济增长方式正在发生变化，呈现出速度换档、结构调整、动力转换的新特征。随着科技体制改革的不断深入，自主创新能力不断增强，为经济社会发展提供了重要支撑。但也面临着新的挑战，主要表现为：全省综合创新能力与先进省市相比还有差距，区域创新能力不够均衡，企业技术创新主体地位仍需进一步加强，创新人才特别是高层次领军人才创新活力尚未完全释放，鼓励创新的体制机制仍需进一步完善等。

面对新常态下科技创新方面的机遇和挑战，要主动适应国际国内创新发展大趋势，深刻把握科技创新发展规律和时代变革需求，高起点谋划全省科技创新工作，全面提升科技创新能力，强化科技创新引领，实现创新驱动发展的根本性转变。

（三）指导思想。全面贯彻党的十八大和十八届三中、四中、五中、六中全会精神，深入贯彻习近平总书记系列重要讲话和视察山东重要讲话、重要批示精神，认真落实全国科技创新大会精神，全面落实省委十届十四次全体会议决策部署，坚持“创新、协调、绿色、开放、共享”发展理念，按照“一个定位、三个提升”总体要求，以加快实施创新驱动发展战略、支撑供给侧结构性改革为主线，以加快实现创新型省份建设目标为统领，坚持把创新作为引领发展的第一动力，实现科技创新和体制机制创新双轮驱动，充分发挥科技创新在发展中的核心引领作用，加快培育经济转型升级的新动力、新引擎，塑造更多依靠创新驱动、更多发挥先发优势的引领性发展，推进我省率先进入创新型省份行列，为加快经济文化强省建设、在全面建成小康社会进程中走在前列提供支撑。

——全面深化科技体制改革。加快破除制约科技创新的体制机制障碍，实现政府职能由研发管理向创新服务的根本转变，强化企业创新主体地位，营造各类创新主体活力充分迸发的政策环境和制度环境。

——加快创新驱动发展。牢牢把握创新是引领发展的第一动力的核心要义，把创新摆在发展全局的核心位置，推动以科技创新为核心的全面创新，实现科技同经济对接、创新成果同产业对接、创新项目同现实生产力对接，引导经济发展走创新驱动内生式增长新路径。

——巩固提升自主创新能力。围绕全省经济社会发展重大技术需求，加强基础研究，增强技术创新源头供给能力。超前部署重大关键技术攻关，着力突破一批重大共性关键技术难题，构建战略性新兴产业为引领、先进制造业为支柱、服务业为保障的支撑产业发展的技术创新体系，形成区域发展新优势。

——激发科技人才的创新活力。把人才资源作为第一资源，大力营造激励创新的科研环境，建立以创新质量、创新贡献、创新效率为导向的分类评价机制，最大限度激发科技人才创新活力。

——构建开放协同的创新环境。以宽阔视野谋划和推动科技创新，积极构建开放协同的创新平台和网络，推动产学研用之间、区域之间和军民之间的协同创新，统筹用好国内国际两种创新资源，全方位提升我省科技创新能力。

（四）发展目标。到“十三五”末，科研实力和创新能力进一步提升，企业技术创新主体地位进一步巩固，科技与经济结合更加紧密，创新驱动发展成效更加显著，实现创新型省份建设目标，为加快推进经济文化强省建设和在全面建成小康社会进程中走在前列提供有力支撑。

——自主创新能力显著提升。全社会研究与试验发展（R&D）经费占 GDP 比重达到 2.6% 左右，规模以上工业企业研究与试验发展经费占主营业务收入的比重达到 1.1% 左右。各类创新主体作用得到充分发挥，源头创新能力进一步增强，万人发明专利拥有量达到 14 件，科技进步对经济增长贡献率达到 60% 左右，区域创新综合能力保持在全国前六位。

——科技支撑产业转型发展能力显著增强。科技创新催生新技术、新产业、新业态、新模式作用明显，高新技术产业持续健康发展，高新技术企业数量达到 8000 家左右，一批企业成长为具有国际影响力的创新型领军企业。创新型产业集群快速发展，成为支撑区域产业发展的重要力量，产值超千亿集群达到 20 个左右，主要优势传统产业转型升级步伐加快。

——科技创新发展格局更加完善。形成山东半岛国家自主创新示范区和黄河三角洲农业高新技术产业示范区两大创新发展引擎示范引领，济南、青岛两大区域科技创新中心辐射带动，各市高新技术产业开发区率先发展，大批创新型企业、科研机构、研究型高校协同创新和重点研发平台相支撑的创新发展格局，助力“两区一圈一带”战略的深入落实。

——创新创业环境更加优化。科技创新政策体系不断完善，市场配置创新资源的决定性作用明显增强，人才、技术、资本等创新要素流动更加顺畅，科技成果转化机制更加健全。创新创业公共服务体系更加健全，科技金融结合更加紧密，知识产权创造和保护机制更加完善，全社会崇尚创新创业的价值导向和文化氛围更加浓厚。

表 1　山东省“十三五”科技创新发展主要指标

具体指标	2015 年完成数	十三五目标	年均增长
科技进步贡献率（%）	55.1	60.5	1.08
全社会 R&D 经费支出占 GDP 比重（%）	2.27	2.6	0.066
规模以上工业企业 R&D 经费支出占主营业务收入的比重（%）	0.89	1.1	0.042
每万名就业人员中研发人员数（人年）	44.9	60	3.02

具体指标	2015 年完成数	十三五目标	年均增长
每万人发明专利拥有量（件）	4.9	14	1.82
PCT 国际专利申请量（件）	837	1000	32.6
年登记技术合同成交额（亿元）	339.74	800	92.052
高新技术产业产值占规模以上工业总产值比重（%）	32.5	38	1.1
高新技术企业数（家）	3903	8000	820

（五）总体部署。未来五年，全省科技创新工作将紧紧围绕深入实施《山东省国民经济和社会发展第十三个五年规划纲要》和贯彻落实《“十三五”国家科技创新规划》，加快创新型省份建设，充分发挥科技创新在供给侧结构性改革中的基础、关键和引领作用，为我省在全面建成小康社会进程中走在前列提供有力支撑。一是全面提升科技创新能力。围绕增强源头创新能力，鼓励面向科学前沿的自由探索，在海洋科学、农业科学、材料科学、生物医学等领域，前瞻部署目标寻向的前沿基础研究，夯实学科发展基础。发挥青岛海洋科学与技术国家实验室的龙头带动作用，加强重点实验室、工程技术研究中心、新型研发机构等科学研究、技术创新和公共研发服务平台布局建设，争取更多重点领域的国家级科研基地落地山东。围绕增强各类创新主体的动力和能力，构建普惠性的企业技术创新引导政策体系，加快培育创新型企业，巩固企业技术创新主体地位；赋予高校、科研院所更大科研自主权，推动科教协同创新，发挥源头创新主力军作用；建立领军人才发挥作用的政策保障体系，激发科技人才创新活力。

二是强化科技创新对经济社会发展的支撑引领。面向长远发展，在智能制造、机器人、纳米技术、深海技术、基因编辑技术、生物 4D 打印技术等领域超前部署，实施战略前瞻性研究项目，力争掌握若干能够开辟新的产业发展方向、培育新的经济增长点的未来变革性技术。在现代农业技术、新一代信息技术、新材料技术、清洁能源与新能源技术、生物技术、海洋技术、先进制造技术、现代服务技术等领域科学梳理重大研发任务，加强关键核心技术研发部署，支撑引领现代农业发展和产业迈向高中端水平。加快生命健康技术、绿色发展关键技术、智慧绿色低碳城镇化技术、公共安全技术突破，提升人民生活品质，促进经济社会可持续发展。坚持战略和前沿导向，围绕国家和我省重大战略需求，在海洋科技、智能制造、现代农业、信息安全、节能环保、健康保障等领域，科学论证一批面向“十三五”乃至更长时期产业发展急需的关键核心技术和重大战略产品，组织实施“创新山东 2030”重大科技创新工程，力争在重点优势领域取得重大创新成果和群体性技术突破，塑造更多依靠创新驱动的引领性发展。

三是打造一批支撑“两区一圈一带”战略实施的创新发展新高地。依托山东半岛海洋科技创新的综合优势，高水平建设山东半岛国家自主创新示范区，在海洋生命健康、海洋工程装备、绿色海洋化工等领域打造一批特色海洋科技产业聚集区，推动山东半岛加快建成具有国际影响力的海洋科技创新中心。加快黄河三角洲农业高新技术产业示范区建设，完善省级农业科技园—省级农高区—国家农业科技园—国家农高区四级联动、梯次发展的农业科技创新平台体系，带动提升全省现代农业科技创新能力和产业发展水平。支持济南、青岛建设具有重要影响的区域科技创新中心，推动一批有条件的城市尽快进入创新型城市行列。推动各高新区、可持续发展实验区优化科技、人才、政策等创新要素的优化配置，打造“名片”主导产业，培育形成一批高新技术产业聚集区和创新驱动发展先行区。创建一批有特色、有影响的创新驱动发展示范县、农业现代化科技示范县、农村一二三产融合发展示范县，规划建设一批科技“特色小镇”，推进农村创新创业和科技精准扶贫。

四是营造充满活力的创新创业生态环境。加大“创新券”政策实施力度，提升科学仪器设备开放共享水平，构建全省统一的技术市场体系，加快培育发展市场化的科技服务机构。加快专业化科技企业孵化器和众创空间建设，完善创新创业孵化链条。推进科技和金融的紧密结合，壮大科技创业投资规模，创新股权引导基金支持创新创业模式，强化与多层次资本市场的对接。深入实施知识产权强省战略，促进知识产权的创造与运用，加强知识产权保护。实施“十个一百”科技创新品牌培育工程，培育一批体制机制科学合理、模式和路径新颖、创新发展和创新服务成效显著的创新主体和服务载体。实施全民科学素质行动计划，培育山东特色创新创业文化。

五是构建开放融合的科技合作新格局。主动对接国家“一带一路”战略，深化与沿线国家高层次、多形式、宽领域的科技合作。加强国际科技合作基地建设，鼓励有条件的科技园区、经济园区和企业，在海外建立研发中心、科技产业园区、科技企业孵化器，加快融入全球创新网络。全面落实与中国科学院、中国工程院以及有关著名高校的战略合作协议，加快建设中科院山东产业技术协同创新中心，深化与国内大院大所和大型企业在合作研发、人才交流、平台建设等方面的全方位合作。加快构建军民科技协同创新体系，推进军民协同创新与成果双向转移转化。

六是全面深化科技体制改革。进一步强化政府科技管理部门抓战略、抓规划、抓政策、抓服务的职能，提高政府创新服务能力，建立科技咨询支撑行政决策的科技决策机制。完善以自然科学基金、重点研发计划、基地和人才建设、产业引导基金为主体的相互衔接的省级科技计划体系，加快建立健全决策、执行、评价相对分开、互相监督的项目管理机制，完善符合科研规律的科技计划和科研经费管理办法，加强科研诚信建设。探索建立政府、社会组织、公众等多方参与的科技评价机制，根据不同类型创新活动的规律和特点，建立健全科学分类的创新评价制度体系。建立健全科技成果转移转化体系和机制，深入推进科技成果权益管理改革，强化对科研人员的创新激励，促进科技成果加快转化为现实生产力。

二、全面提升科技创新能力

明确各类创新主体在创新链不同环节的功能定位，强化企业技术创新主体地位，不断提升高校院所源头创新能力，壮大创新型人才队伍规模，增强各类创新主体的创新动能，全面提升我省自主创新能力。到 2020 年，形成企业创新活跃、高校院所创新能力强、创新人才集聚、创新基地和平台布局合理、产学研用协同高效、服务支撑有力的创新组织体系，自主创新能力进入全国先进行列。

（一）增强源头创新能力。围绕可能产生革命性突破的焦点方向和科学前沿热点问题，尊重基础研究规律，统筹规划，重点部署，坚持自由探索和目标导向相结合，实行稳定扶持和竞争择优策略，培育创新思想，推动学科建设，巩固发展比较优势，补强基础研究短板，力争在更多战略性领域实现率先突破，提升全省学术水平和影响力，为创新型省份和实施创新驱动发展战略提供源头支撑。

鼓励科学前沿的自由探索。尊重科学研究灵感瞬间性、方式随意性、路径不确定性等特点，鼓励科研人员自由畅想、大胆假设、认真求证，在思想、知识、原理、方法的原始创新上积极进取。持续加强对“非共识”研究和颠覆性创新的稳定支持力度，努力取得一批原创性研究成果。尊重高等学校和科研院所的学术自主权，营造独立决策、自由探索、勇于创新的良好科研环境。发挥学术交流作为激发创新火花的源头活水作用，支持科技社团发展，打造学术交流品牌，营造宽松的学术环境和敢为人先、宽容失败的学术氛围，培育竞争共生的学术生态。

支持目标导向的基础前沿研究。坚持目标导向和需求牵引，前瞻部署和支持能够引领我省科技、经济和社会发展的基础性前沿性研究，瞄准我省重点领域、重点产业发展中的关键科学问题和未来产业发展变革性技术，积极对接国家战略需求，强化基础研究和应用研究衔接融合，重点在海洋科学、农业科学、材料科学、信息科学、生物医学、能源科学、资源与环境科学等领域布局重大基础科学和前沿技术研究，抢占创新制高点，促进我省原始创新能力显著提高。

专栏 1　目标导向的基础前沿研究

1. 海洋科学。重点研究海洋资源的成藏（矿）机理及分布规律，深海探测理论与方法，深海生物生命过程及多样性演替机制，深海生物及其基因资源的应用潜力评价；海水养殖种质资源与重要性状遗传改良，重要海水养殖动物疫病发生的分子基础与免疫应答机制；近海环境污染、效应及其防控原理，海洋生态系统关键生物生产过程及其资源效应，近海增养殖生态环境效应和承载力评估；海洋药物作用机制与新靶标发现。

2. 农业科学。重点研究主要农业生物性状遗传机理和品质性状调控机制，农林生物基因组学与分子辅助育种，农业生物抗病虫机理，农业动物健康养殖的基础，肥水高效利用机理，食品营养组学理论，农产品精深加工基础研究，农产食品营养健康与安全调控的基础研究，盐碱地水盐运移机理与调控、土壤洗盐排盐、微咸水利用、抗盐碱农作物新品种选育及替代种植、水分调控等基础理论等。

3. 材料科学。重点研究轻质金属材料、先进碳材料、功能玻璃、特种功能橡胶材料、先进陶瓷材料、功能膜材料，先进光学材料、高性能工程塑料、新型液晶显示材料，高性能生物材料、仿生材料及新能源材料等的组成、结构、性能等基础理论及设计制备新方法，研究基于多尺度模拟和数据挖掘的新材料集成设计理论和方法，研究基于新原理和新效应的材料性能测试及表征方法研究。开展多性能叠加的复合材料研究，探索面向未来的智能材料与超材料研究。鼓励与物理、化学、生物、信息、能源和环境等相关学科的交叉研究。

4. 信息科学。重点研究新型高性能计算系统和应用的前沿理论和技术，大数据管理和分析、复杂网络及其动力学理论研究、可视计算、计算理论和系统，云计算与雾计算的基础前沿，重大网络信息安全、物理空间声光电磁信息安全的检测与防护、智慧城市计算智能、城市系统模型等基础理论，无线通信网络重点基础理论，增强光谱痕量传感机理，虚拟现实与增强现实相关理论，面向重大装备的智能化控制系统理论，智能机器人学习与认知、人机自然交互与协作共融、太赫兹波谱分析、成像技术、3S（GIS、RS、GPS）技术研究等前沿技术。

5. 生物医学。重点研究生物代谢途径及调控机制，合成生物学基础原理，发育的遗传与环境调控，蛋白质和核酸等生物大分子的修饰和调控。重点加强疾病的共性病理新机制，心脑血管、肿瘤和代谢性疾病等重大慢性病和常见多发病的发病机理，出生缺陷发生机理及预防机制，脑科学基础研究，干细胞和再生医学前沿研究，中医理论的现代科学内涵研究等。

6. 能源科学。研究能源清洁高效利用与转化的物理化学基础，包括化石燃料分质、分级高效利用及其污染物源头消减与过程控制的理论与应用基础研究，高性能热功转换及高效节能、储能关键科学问题及新理论、新方法研究，风能、太阳能、生物质能、氢能等新能源和可再生能源规模化利用的基础研究，低质含能资源高质高值转化中的科学问题研究，新一代能源电力系统基础理论、特高压交直流混联理论、智能电网、能源互联网的基础研究，建筑节能新理论新方法研究等。

7. 资源与环境科学。重点研究黄河三角洲湿地对全球气候变化影响机制及环境演变机制，油气与非常规油气资源开发、金属和非金属资源清洁开发利用相关理论，油田低渗透与致密油藏采收率提高基础理论，糖科学前沿和核心科学问题研究，绿色化工应用基础研究，农业面源污染机理基础及防治修复理论，畜牧、水产养殖环境综合治理理论、水体污染控制与治理基础理论，重点缺水区域污水再生的资源化理论等。

支持重点学科建设。坚持“学科引领、重点部署”，围绕“双一流”建设和全省学科发展布局超前部署基础研究，推动科教融合，引导和支持高校优化学科结构，凝练学科发展方向，突出学科建设重点，夯实学科发展基础。全面协调发展数学、物理学、化学、地球科学、生物学等基础学科，支持和鼓励基础学科之间、基础学科与应用学科交叉融合的科学研究，培植形成新兴学科和新的科学前沿方向，推动高校加强地域特色的基础研究和特色学科建设。重点推动一批基础学科、新兴学科和重点应用学科发展成为国内具有领先地位并具有一定国际竞争力的一流学科，加快形成支撑我省创新能力持续提升的学科体系。

（二）完善科研基地和创新平台布局。以提升科技创新能力为目标，围绕“两区一圈一带”区域发展战略部署和全省创新链布局需求，研究制定加快全省科技创新平台建设的意见，优化科技创新平台建设布局，充分体现不同区域的差异性、特色性和互补性，在重点领域和关键环节部署一批科学研究、技术开发、科技成果转化和产业化等开放式科技创新平台，加快各类基地、平台管理体制和运行机制创新，构建布局合理、管理科学、运行高效、支撑有力的科技创新平台体系，提高科技研发和产业支撑能力。

建设国家级重大科技创新平台。完善部、省、市共建机制，支持青岛海洋科学与技术国家实验室在人才评聘、科研项目组织、科研经费管理、科研成果转化等方面大胆创新，先行先试，建立符合科技规律、最大限度释放科研活力的非行政化科研治理结构和运行机制。加大省、市稳定支持力度，推动实验室集聚创新资源和创新团队，加快功能实验室、大型科研平台和海上试验场等重大科研设施建设，建立完善功能实验室、联合实验室和开放工作室的研发体系。扩大实验室科研自主权，通过自主选题、自主组建研发团队，组织实施省级科技计划，开展基础研究和前沿技术研究。支持实验室牵头或参与承担国家重大科技项目、海洋领域国际大科学计划和大科学工程，提升我国海洋科学与技术自主创新能力，增强国际影响力，尽快成为抢占全球海洋科技制高点的战略创新力量，引领我国海洋科学与技术的发展。以国家目标和战略需求为导向，瞄准国际科技创新前沿，布局建设一批体量更大、学科交叉融合、综合集成的重大科技创新平台，争取更多重点领域国家实验室落地我省。

加强科学研究平台建设。围绕重点领域和重点产业发展，完善重点实验室建设布局。支持重点实验室强化原始创新、培育人才队伍、增强国际开放性，围绕全省经济社会发展的重大科技需求设计研究课题，承担省级以上重大科研项目，为提升原创能力、孕育战略前沿技术和推动学科发展提供源头供给。重点围绕数学、生命科学、医学、信息科学及生物合成学、纳米等新兴、综合交叉学科，支持高校和院所布局建设一批省级重点实验室，争取在若干科学领域跟跑前沿并实现并跑和领跑。围绕现代农业、智能制造与机器人、新能源、资源环境等领域，依托龙头骨干企业和科技型企业布局建设一批省级企业重点实验室，支持企业参与应用基础研究和战略前瞻性研究，提高企业原始创新能力。在先进材料、资源利用、制造装备、生物育种、新药创制、中药材等优势特色领域，培育创建一批省部共建重点实验室。加大对国家重点实验室和企业国家重点实验室的持续稳定支持，发挥其在提升重点领域原始创新能力中的骨干作用。积极支持和推动若干基础好的省级重点实验室和省级企业重点实验室创建成为国家实验室或企业国家重点实验室。鼓励企业、高校、科研院所共建重点实验室或组建实验室联盟，形成创新合力。

推进技术创新平台建设。围绕现代农业、盐碱地综合治理、新材料、生物医药、高端装备、高速列车、信息安全、海洋智能装备等优势领域，开展综合性、集成性、开放协同的技术创新中心布局建设，支持有条件的中心创建国家级技术创新中心。在海工装备、量子通信、集成电路、高档数控机床、医疗器械等重点产业领域布局建设一批新的省级示范工程技术研究中心，与现有的国家级、省级示范工程技术研究中心形成优势互补、梯次连续升级的系统布局，推动工程技术研究中心高端发展。在先进制造、现代农业、新型材料、污染防控、健康安全等重要领域建设一批高水平的共性关键技术中试平台、基地和科技成果转化基地，完善科技创新与成果转化的中试环节。围绕肿瘤、心血管、内分泌、生殖发育、皮肤、眼科等领域，建成若干临床医学研究中心，促进医学科技成果转化应用。

加快发展新型研发机构。开展省级新型研发机构认定工作，围绕区域性、行业性重大技术需求，积极发展投资主体多元化、运行机制市场化、管理制度现代化、产学研紧密结合，以研发、技术服务、科技型企业孵化为主要业务的独立法人新型研发机构，形成跨区域跨行业的研发和创新服务网络。研究制定支持社会化新型研发机构发展的政策措施，促进新型研发机构加快发展。

构建开放协同的公共研发服务平台网络。深入实施山东省创新公共服务平台计划，聚焦全省经济社会发展重大需求，在重点领域布局建设一批研发设计、知识产权公共服务、科技成果转化、科技金融服务等公共研发服务平台，通过政府支持、市场化运作，为科技创新提供全链条、精准高效的公共研发服务。推动建立公共研发服务平台联盟，发展“互联网 + 科技创新服务”新模式，促进科技资源的高效配置和共享利用，提升公共服务平台支撑创新创业的能力。

（三）提高企业技术创新能力。深入推进国家技术创新工程试点省建设，引导创新资源向企业集聚，加快建设企业为主体的技术创新体系，推动企业成为创新决策、研发投入、科研组织、成果转化的主体，不断增强企业创新动力、激发创新活力、提升创新实力。

大力培育创新型企业。以省级以上创新型（试点）企业为重点，支持优势企业建立和完善有利于创新的体制机制，全球配置优质创新资源，牵头组织实施产业前瞻和共性关键技术攻关，开发具有核心竞争力的产品，加快发展成为具有全球影响力的创新型领军企业，发挥在产业技术创新中的引领作用。支持中小企业技术创新和改造升级，向“专特精新”发展，在产业细分领域培育一批科技含量高、盈利能力强的专业型企业。实施“小升高”培育计划，建立科技型小微企业后备库，完善遴选、培育、认定的推进机制，促进量大面广的科技型小微企业加速成长为高新技术企业。

引导企业开展研发活动。鼓励企业建立研发准备金制度，有计划、持续稳定地增加研发投入，对已设立研发准备金、研发投入持续增长的企业给予研发经费后补助。支持有条件的企业牵头组织实施省级以上科技计划项目，围绕产业共性关键技术开展攻关。完善支持企业技术创新的普惠性政策，加大企业研发费用税前加计扣除、高新技术企业税收优惠、技术交易税收优惠等政策的落实力度，加大创新产品和服务政府采购力度，推动更多企业走创新发展道路。

鼓励企业设立研发机构。完善企业创新平台扶持政策，鼓励规模以上工业企业普遍设立研发机构。围绕新材料、信息技术、现代农业、先进制造、机器人、交通装备、绿色化工等重点领域，依托重点龙头企业布局建设一批在产业技术创新中发挥核心引领作用的技术创新中心，支撑引领产业创新发展。支持有条件的企业独立或联合高校、科研院所建设满足前沿技术研究、技术开发、试验和验证等需要的企业重点实验室、工程实验室、工程（技术）研究中心、企业技术中心等研发平台，提高研发和科技成果转化能力。支持符合条件的企业研发机构升级为国家级创新平台。

深化产学研协同创新机制。围绕重点领域和重点产业发展，完善产业技术创新战略联盟建设布局。支持行业龙头企业与科研院所、高校和中介服务机构联合组建产业技术创新战略联盟，联合培养人才、共享科研设施，按照企业主导、院校协作、多元投资、成果分享的原则，合作开展核心关键和产业共性技术开发。鼓励成立跨行业、跨领域协同创新联盟或协同创新组织。改革完善产业技术创新战略联盟形成和运行机制，深化产学研、上下中游、大中小企业的紧密合作，推动基于产业链的链合创新，促进产业链和创新链的深度融合。支持企业建设院士专家工作站，逐步建立起院士专家与设站企业协作的长效服务机制。推广西王集团和中国科学院合作模式，推动企业与高校、科研院所、科研人员以股权为纽带，建立长期稳定的合作关系。

（四）提升高校、科研院所科技创新水平。充分发挥高校、科研院所创新资源和创新人才聚集的优势，赋予高校和科研院所更大科研自主权，支持其建立和完善有效调动科研人员创新积极性的创新管理体制机制，不断增强高校院所原始创新、科技成果转化和服务经济社会发展的能力，为创新型省份建设提供源头创新支撑。

建设一流的现代科研院所。在科研机构开展理事会、学术委员会、管理层各负其责的法人治理结构改革试点，推进科研事业单位取消行政级别。制定科研机构创新绩效分类评价办法，定期对科研机构组织第三方评价，评价结果作为财政支持的重要依据。推行科研机构绩效拨款试点，逐步建立以绩效为导向的财政支持制度。支持科研院所根据世界科技发展态势和我省创新发展重大需求，优化自身科技布局，凝聚高层次创新人才，加强共性、公益、可持续发展相关研究，打造若干在国内外有较大影响力的一流研究方向领域，增强在基础前沿和行业共性关键技术研发中的骨干引领作用。

增强高校创新服务能力。支持高校建立以需求为导向、创新为核心、协同为纽带、服务为目的的科技创新体系，增强知识创新能力、人才培养质量提升能力和服务经济社会发展能力，建立应用型人才考核与评价体系。完善高校人才团队、科研项目、基地平台、成果转化一体化协同推动的科技创新机制，搭建校企产学研合作平台，强化学科与行业产业对接，积极推进与科研院所、企业开展多层面、广角度的协同创新。

推动科教融合创新。按照优势互补、协同创新的原则，推动科研院所与高等院校建立紧密合作关系，集聚资源优势，强化目标导向研究和自由探索相互衔接，形成发展合力。鼓励科研院所和高校共同组建科研团队，共同承担重大科技项目，共同组织跨学科、跨领域的协同攻关。支持具备条件的机构实施整合发展。

（五）激发科技人才创新活力。坚持把人才资源作为第一资源，加大创新型人才培养引进力度，充分激发人才创新动力和活力，大力打造创新创业人才高地，为我省科技创新能力提升和经济社会发展提供强大人才支撑。

加大创新型人才培养引进力度。深入实施科技人才推进计划，完善包括创新创业扶持、青年人才培养、杰出青年接力、拔尖人才支持和领军人才助推等在内的人才计划体系，构建从新苗人才到领军人才的多层次科技人才培养开发体系，促进青年优秀人才脱颖而出。围绕重大人才需求，发挥泰山学者、泰山产业领军人才工程等作用，加大海内外高层次人才引进力度。扩展政府间国际科技合作框架下的科技创新人才国际化培养渠道，培养引进一批具有国际视野、了解国际前沿和国际规则的海外高层次科技人才。

建立领军人才发挥作用政策保障机制。建立领军人才创新对话机制，增强领军人才在主导创新中的话语权。赋予领军人才更大的技术路线决策权、经费支配权和资源调动权。落实提高科研人员成果转化收益分享比例等激励措施，突出贡献导向，科研成果转化收益分配向领军人才倾斜。保障领军人才的科研成果收益权和知识产权归属权。支持领军人才瞄准高端和前沿技术方向，自主确定研究方向和技术路线，攻克重大科技难题。允许领军人才根据科研需要，打破所有制限制和地域限制，自主聘用“柔性流动”人员和兼职科研人员，自主组建科研团队。

完善创新型人才流动机制。建立科研人员双向流动机制，引导科研人员在事业单位和企业之间流动兼职。支持高校、科研院所等事业单位设立一定比例的流动岗位，吸引具有创新实践经验的企业家、科技人才兼职；通过双向挂职、短期工作、项目合作等柔性流动方式，每年引导一批高校、科研院所的博士、教授向企业一线有序流动。建立健全创新型人才激励机制。鼓励科研事业单位健全与岗位职责、工作业绩、实际贡献紧密联系和鼓励创新创造的分配激励机制，重点向关键岗位、业务骨干和做出突出贡献的人员倾斜。积极实行以增加知识价值为导向的分配政策，加快科技成果转化改革措施落实，提高科研人员成果转化收益分享比例。建立科技成果转化政策落实督查督导机制，确保创新人才成果转化收益的税收优惠政策的有效落实。深化省科技奖励制度改革，合理确定省自然科学奖、技术发明奖、科技进步奖数量，优化奖励结构，强化奖励的荣誉性和对人才的激励作用。建立科技领军人才荣誉制度，支持以在国内外具有较强影响力的科技领军人才命名重点实验室、工程技术研究中心等创新平台，支持设立以科技领军人才命名的创新工作室，并将其纳入省级创新平台支持范围。深化省科技奖励制度改革，加大对在提升我省相关领域创新能力、引领相关行业和领域科技创新发展方向等方面做出突出贡献的科技领军人才的奖励力度。

三、构建支撑引领经济社会发展的技术体系

坚持面向世界科技前沿、面向经济主战场、面向国家和省重大需求，加快基础性、引领性、标志性、颠覆性科学技术研发和重点领域关键技术突破，着力破解制约全省产业转型发展的技术瓶颈，加快构建起支撑引领全省经济社会发展的现代技术体系，提高科技供给质量，提升科技创新在推动产业迈向中高端的核心引领作用。到 2020 年，在重点领域掌握一批核心技术知识产权，在一些领域实现由并行跟跑向替代赶超转变，支撑转方式调结构取得突破性进展，高新技术产业产值占规模以上工业总产值的比重达到 38% 左右。

（一）超前部署前瞻性技术研究。聚焦国家、省经济社会发展重大战略需求，紧跟国际科技前

沿热点方向，面向长远发展，找准科技创新突破口，发挥科技领军人才的主导作用，支持开展原创的新技术研发和基于现有技术的跨学科、跨领域创新应用，在我省具有基础和优势的重点领域超前部署，实施战略前瞻性研究项目，力争掌握若干能够开辟新的产业发展方向和重点领域、培育新的经济增长点、彰显“创新山东”实力的未来变革性技术，在更多战略性领域率先赢得科技创新推动经济发展的先机。

专栏 2　前瞻性技术

1. 智能制造技术。	2. 机器人技术。	3. 纳米技术。
4. 量子调控与量子信息技术。	5. 太赫兹技术。	6. 超材料技术。
7. 深海技术。	8. 基因组编辑技术。	9. 新一代系统设计育种技术。
10. 合成生物技术。	11. 生物 4D 打印技术。	12. 储能技术。

（二）发展高效安全生态的现代农业技术。发挥我省农业科技和产业优势，以发展农业高新技术产业、支撑农业转型升级为目标，围绕现代农业发展方向和市场需求，加强重点农业技术研发，着力突破良种培育关键技术，开发丰产栽培、作物生长辅助产品技术、智能化农业设施与装备，研发推广现代农业管理和生产技术、农业生物技术，建立信息化主导、智能化生产、生物技术引领、可持续发展的农业现代化技术体系，加强现代农业产业技术体系创新团队建设，支撑全省高效安全生态现代农业发展，加快推进农业供给侧结构性改革，为保障国家粮食安全和主要农产品有效供给做出积极贡献。到 2020 年，现代农业领域自主创新能力显著提升，获得一批具有自主知识产权的品种、技术、装备和产品，支撑引领现代农业发展，农业科技进步贡献率达到 65% 左右。

专栏 3　现代农业技术

1. 现代种业。围绕抢占种源制高点、促进农业增产增效、支撑粮食安全战略，瞄准杂种优势利用、分子设计育种等现代种业前沿方向，重点突破种质资源挖掘与利用、新品种创制、高效繁制（育）、种子加工与检测等核心关键技术，培育具有自主知识产权的高产、优质、多抗以及适宜轻简化、机械化、规模化作业的农业新品种（系）；开展油用牡丹、冬枣等名特优稀品种提纯复壮及新品种选育技术研究；培育具有较强核心竞争力的现代种业企业。

2. 精准农业技术。围绕发展智能化、精准化现代农业，构建信息技术支撑、农机农艺相结合的精准农业标准化技术支撑体系，重点开展全球定位系统、农田信息采集系统、遥感监测系统、地理信息系统、环境监测系统、网络化管理系统等关键核心技术的开发和集成应用，加强精准耕种控制、节水与水肥一体化管理、生物营养强化技术、设施农业精准管理、畜禽水产精准养殖等核心技术研究，加大绿色增产技术体系的研发推广力度，大幅提高肥、水、药、饲料等农业投入品的利用效率，积极发展功能农业，为农业增效和生态环境改善提供技术支撑，推进现代农业可持续发展。

3. “互联网 + 农业”技术。围绕加快国家农业农村信息化示范省建设、发展智慧农业，重点加强农业物联网、农业云服务、移动互联等领域关键共性技术研发，着力突破农业数据资源优化整合技术，农业大数据采集、存储、处理、分析挖掘等技术，设施农业自动化、智能化关键技术，生鲜农产品现代物流保鲜技术，农产品物流过程品质动态监测与跟踪技术，推进信息技术在农业生产、农民生活、农村管理以及农业新兴产业发展中的集成应用。

4. 智能化农机装备。围绕提高农业生产效率和引领农业现代化发展，重点突破决策监控、先进作业装置及其控制器、传感器、基础件等关键核心技术，开展种子繁育、精量播种、高速栽植技术与装备，智能采摘技术与装备，农产品物流技术与装备，多功能田间管理作业技术与装备，农用航空作业技术与装备，林木有害生物防控技术与装备，设施蔬菜、畜禽水产和现代果园智能化精细生产管理技术装备等研发，提高农业机械化与智能化水平。

5. 农产品加工与质量安全。围绕提升农产品附加值、保障农产品质量安全，重点开展主要农产品产地初加工、精深加工及综合利用关键技术与装备，功能粮油及特殊膳食食品加工技术，农产品贮藏保鲜和物流工程化技术，有害残留快速检测及农产品全产业链质量安全管控技术，组分、品质与营养功能成分识别鉴定技术等研发，拉长农业产业链条，促进农业提质增效。

6. 农业环境修复与资源高效利用。围绕农业生态系统可持续发展与高效利用，重点开展农田水土环境污染和土壤重金属污染的监测预警与综合防控技术，区域农业生态系统生物调控与修复技术，盐碱地绿色改造关键技术，面源污染控制技术，耕地质量提升与障碍因子修复技术，障碍性土壤的治理技术，以及作物秸秆饲料化、能源化、资源化、快速释解技术，病死畜禽无害化处理、畜禽养殖排泄物、畜禽和水产加工下脚料、餐厨残余物等农业废弃物资源化清洁利用技术等研发，使新增污染源得到有效控制，污染耕地面积占比持续下降，农业生态逐步修复，推动形成资源利用高效、生态系统稳定、产地环境良好、产品质量安全的农业发展格局。

7. 农业灾害与动物疫病防控。围绕趋利避害，推进农业安全、环保、高效，开展重大灾害发生规律、成灾机理和监控、预警理论及技术，农作物病虫草害绿色防控技术，农药减施及替代技术，畜禽、水产重大疫病致病与免疫机理，病原检测与疫情预警技术，快速诊断、综合防控和净化技术，新型疫苗与兽药创制技术研究，力争重大病虫害长、中、短期预报准确率大幅提高，动物发病率、死亡率显著降低，推进农业绿色发展。

（三）发展引领产业中高端发展的高新技术。瞄准产业转型升级和迈向中高端发展，建立市场导向的技术创新机制，发挥企业技术创新主体作用和高校、科研院所源头创新主力军作用，促进产学研用贯通，以跨界融合推动产业模式创新，加强重点领域关键环节的重大技术开发，构建先进自主的高新技术体系，有效解决产业发展中关键核心技术“卡脖子”问题，为战略性新兴产业发展和传统行业转型升级提供技术支撑，加快推动由“山东制造”向“山东智造”和“山东创造”的转变。

新一代信息技术。围绕加快经济社会信息化、网络化进程，加快现代信息技术与产业深度融合，以形成信息化为引领的经济社会发展新形态为目标，加快部署以网络化、泛在化、智能化等为发展趋势的新一代信息技术研究，着力开展高端服务器与高性能计算技术、网络存储技术、大数据、核心电子元器件、新型显示等技术与产品研发，增强信息技术对经济社会的基础性支撑作用。

专栏 4　新一代信息技术

1. 高端服务器与高性能计算技术。开展 FPGA 异构加速系统、异构混合内存、16 路以上新型处理器协同芯片等关键技术研究，研制千核级高端服务器和高安全容错操作系统，满足关键行业国产高端服务器需求。研究 E 级计算机核心技术、关键领域 / 行业的高性能计算应用软件技术。

2. 网络存储技术。研究扁平化存储层次架构技术，研制基于新型存储器件的高带宽、大容量异构混合存储。研究支持 10EB 级数据的分布式存储和管理技术，研究软件定义网络和存储技术，突破云数据中心网络和存储虚拟化、基于高速交换带宽的存储与数据网络融合、多租户资源共享和隔离、按需构建网络拓扑和 QoS，按需提供存储资源等关键技术。

3. 大数据技术。研究面向海量数据的查询优化技术，开发分布式实时查询引擎。面向电子政务、智能交通、智能制造、海洋监测、精准医学等应用领域，研制支持典型应用场景面向多源数据融合的开放架构大数据管理和数据挖掘分析系统。研究海洋大数据和农业大数据关键技术。研究基于大数据的行业智能决策与控制技术。

4. 安全可控云系统。研究基于云架构的信息化系统核心技术，包括虚拟化技术、核心协议、云操作系统、智能集群管理系统、平台自适应伸缩技术；围绕支撑国家“互联网 +”战略，研究 SaaS 框架、可伸缩应用技术，实现云平台与行业应用的无缝结合；围绕云系统的大规模应用，研究分布式云平台技术和雾计算技术，提高系统承载能力。

5. 人工智能技术。研究人工智能模型和算法、处理芯片和认知系统软件等核心关键技术，开发核心芯片、智能光机电微型感知器件及光纤分布式传感器与执行机构，开发类人视觉、听觉和语言思维系统，促进人工智能技术在智能制造、公共安全、医疗健康、智能家居、无人驾驶等领域的应用。

6. 核心电子元器件。研究开发蓝紫光激光芯片、中红外半导体激光器芯片、大容量光通信用激光芯片、红外感光芯片、光电集成芯片、大面阵红外焦平面探测器芯片器件、太赫兹与超宽带芯片器件和系统、高性能传感器及关键芯片、高速集成电路技术及芯片、高速光收发组件与模块、RFID、IGBT 等关键技术及专用芯片与器件。

7. 新型显示技术。开展有机发光显示、激光显示、微 LED 显示、量子成像、三维显示、数字电视一体机等新型显示技术研究。

8. 新一代通信网络与终端。面向第 5 代移动通信（5G）、新一代卫星通信、量子通信，研究高速率低时延的高速率低时延的组网与传输关键技术，以及与之相匹配的定位、导航、人机交互、虚拟现实与增强现实等网络终端产品关键技术。

新材料技术。立足国家和我省重大需求和产业优势，加快部署战略性基础材料、高性能材料、特种新材料和前沿新材料的制备和产业化关键技术研发，加快金属材料、无机非金属材料、有机高分子材料及其复合材料领域的共性关键技术突破，确立我省在碳纤维、铝合金、电子材料、先进陶瓷材料等领域的领先地位，发挥新材料在产业高端发展中的基础和先导作用。

专栏 5　新材料技术

1. 新型金属材料。研究洁净钢、特种合金钢生产工艺，新型非晶金属材料关键技术，开发海工装备用钢、高速铁路用钢、核电用钢、油气采输用钢、模具钢、高强钢等特种钢产品及成形加工技术。研究有色金属材料的高纯制备、合金成分精准设计、合金成分均一化控制技术，掌握高性能铝合金、镁合金、钛合金、镍基合金、钨钼合金、高档铜材及复合材料制备与制品加工技术。研究合金钢粉、钛合金粉、铜等有色金属粉体，开发 3D 打印用合金粉体及不同粉末冶金件用粉体。

2. 新型无机非金属材料。研究氧化物、氮化物、碳化物新型陶瓷关键原材料高效合成与批量制备技术，高性能复杂形状精密陶瓷部件近净尺寸低成本绿色快速成型技术。开发耐磨、高强、高韧、透明等特种结构陶瓷制品，具有优异电学、磁学及生物相容性能的功能陶瓷制品。研究碳化硅单晶、氮化镓单晶、金刚石、蓝宝石等宽禁带半导体材料，开发大功率电力电子、射频、紫外激光、高功率半导体照明等芯片。研究特种水泥材料、特种功能玻璃材料的高效制备及其应用技术。

3. 新型高分子材料。研究含氟聚合物乳液、氟塑料等高端氟材料制备技术，开发燃料电池膜、锂电池隔膜、反渗透膜、高透明膜、电缆护套料、高强度氟纤维等材料及制品；研究高性能硅橡胶、硅树脂、超强吸水丙烯酸树脂、特种有机硅涂层材料、功能有机硅黏结剂、生物基可降解材料等关键制备技术。开发聚醚酰亚胺、聚酰亚胺、聚醚醚酮、聚苯硫醚、尼龙 12、LCP、高透 PMMA 等高性能工程塑料及制品。研究大规模先进 TDI 生产技术及生物基多元醇制造技术，开发环保水性涂料专用树脂、高性能聚氨酯弹性体等材料。研究聚合物基多功能合金、医用塑料制备技术。

4. 高技术纤维材料。研究高强中模碳纤维低成本制造技术，高强高模碳纤维制备技术，高强高模高伸长对位芳纶的大规模低成本制备技术，对位芳纶纤维复合材料制备关键技术，PBO 纤维连续化规模制备技术，氧化物、氮化物陶瓷纤维规模生产技术，碳纤维增强复合材料制备技术，海藻纤维、蛋白纤维等新型服饰纤维制备技术，高强高模、耐碱、低介电常数等特性玻璃纤维生产技术，开发适合不同环境应用的高档玻璃纤维。

5. 新型复合材料。研究树脂基、陶瓷基、金属基及碳碳复合等复合材料的体系优选、结构仿真设计、产业化及配套装备等关键共性技术，突破新型超大规格、特殊结构、智能感知等材料一体化、批量化制备工艺，开发航空航天、新能源、高速列车、海洋工程、节能与新能源汽车和防灾减灾等领域应用的复合材料制品。

6. 纳米材料。研究石墨烯、富勒烯、介孔材料、树枝状高分子材料等纳米材料低成本制备及其在重点领域的应用技术。研发电 / 光致变色材料、磁流体、压电材料、磁致伸缩材料、功能薄膜材料、智能自愈合仿生 / 结构复合材料等智能材料。

清洁能源与新能源技术。针对我省对能源结构优化调整、能源安全、温室气体减排等重大战略需求，以发展清洁低碳能源为主攻方向，加快突破煤炭清洁高效利用和新型节能、智能电网、储能系统、新能源和可再生能源等关键核心技术，提高能源使用效率，为建设清洁低碳、安全高效的现代能源体系提供技术支撑。

专栏 6　清洁能源与新能源技术

1. 可再生能源与氢能技术。研究太阳能光伏转换关键技术、分布式光伏发电集成技术、太阳能空调技术。研究生物质可调控热转化、生物转化关键技术，基于生物质资源的碳基能源化工、高品质清洁气体燃料、液体燃料及炭产品制备核心技术。研究高效风电机组及核心部件技术，风电关键控制技术，大型山地风电场、弱风型风电场及海上风场关键技术，燃料动力电池关键技术，核电装备及核心部件与安全控制系统技术，磁流体海洋波浪能发电技术。研究低成本燃料电池用磺酸树脂膜材料、低贵金属膜电极等关键材料及电池堆集成技术，氢气电解制备、高密度储存与输运技术等。研究气体水合物技术、天然气水合物安全高效开发技术、海洋油气生产中的水合物防治技术、水合物储氢 / 分离技术、水合物污水处理技术等。

2. 储能技术。研究储能电池阳极、阴极、隔膜、电解液等关键材料技术，开发锰酸锂、钛酸锂、铁酸锂、锂硫电池、钠硫电池、锌空气电池、固态电池、超级电容等新型储能电池。

3. 智能电网技术。基于互联网的智能用电关键技术，新一代智能电网调度控制系统平台支撑技术，智能电网高性能仿真计算和可视化技术，适应特高压大电网和新能源大规模接入的电网分析控制技术，输变电设备智能化提升关键技术，大容量高参数火电机组安全优化运行技术。研究超高压输送及用电侧的电力精确计量技术，超高压电力变压器技术、超高压线缆及绝缘材料制造技术。研究电动汽车与智能电网互动技术。

4. 煤清洁利用技术。高效超临界燃煤发电技术，工业锅炉高效煤粉燃烧技术，煤制液体燃料及大宗化学品关键技术，煤气化和煤分级转化技术，燃煤污染物协同控制关键技术。

生物技术。紧跟国际生物技术发展前沿，加强先进生物技术的集成创新和应用发展，加快建立高水平的生物技术研究开发体系，提升我省生物领域的自主创新能力，推动我省由生物大省向生物强省的跨越。

专栏 7　生物技术

1. 农业生物技术。研究主要农业动植物重要性状基因精细定位及克隆技术，精确基因组编辑技术，优良种质资源分子身份证技术，生物高效表达反应器创制技术，转基因生物安全评价与监测预警技术，生物农药、兽药及疫苗的创制技术，农产品防腐保鲜剂、生长调节剂及土壤调理剂研制与利用技术，传统酿造技术的基础研究。

2. 医药生物技术。开展抗体筛选技术、人源化抗体技术、抗体药物偶联技术、抗体药物产业化相关技术、微生物药物的育种发酵与放大技术、蛋白质与多肽药物合成与修饰技术等核心技术研究，推动单克隆抗体药物和抗体偶联药物为代表的新一代生物药物的研发。开展基因治疗、免疫治疗、基因编辑、细胞治疗、干细胞与再生医学等关键技术研究，突破新型组织工程产品、可组织诱导生物医用材料、可降解生物医用材料、3D 生物打印、新一代植介入医疗器械等关键核心技术。

3. 绿色生物制造技术。重点突破微生物筛选与改造、生物传感器、生物制造过程控制、生物质基资源的生物炼制及利用、生物转化（催化）等关键技术，突破重大化工产品以及氨基酸、有机酸、淀粉糖高值衍生品生物制造新工艺，开发新型生物能源以及高附加值专用酶制剂，实现生物质可降解产品规模化生产。开展重污染行业的清洁高效生物过程替代技术及智能控制装备研究，形成工业绿色发展新途径。

4. 体外诊断技术。以早期、精准、微创诊疗为方向，研究新一代基因测序技术、单分子检测技术、循环核酸检测技术、太赫兹肿瘤检测技术、用于多模态医学影像的新型材料及诊断技术等关键技术，开发新一代质谱诊断、循环肿瘤（CTC）芯片、生物芯片等技术装备（设备）及配套试剂产品。

海洋技术。充分发挥我省海洋领域创新资源集聚的优势，围绕海洋重点产业或重大产品，瞄准技术瓶颈精准发力，集中力量攻克海洋领域共性关键技术，提高海洋资源开发利用水平，培育新兴海洋产业，提升重点海洋产业核心竞争力，推动我省海洋优势产业集群跨越式发展。

专栏 8　海洋技术

1. 海洋装备。开展大型海洋浮式结构物模块化、智能化及网络化协同制造技术研究，突破超深水海洋平台、高技术船舶等的自主研发设计、健康监测、振动及噪声控制等关键技术。研究海洋深水静态及动态柔性油气管道关键技术，发展深水海洋钻探系统、水下采油系统、深海油气勘探装备。开展水下高能量电池组模块、海底自动化取样等关键技术研究，突破无人潜水器、水下工程作业、渔获机器人等智能装备制造技术，开发海洋观测、监测等高精度海洋仪器仪表及海洋牧场平台关键技术及装备。研制海洋装备配套高性能材料。开展海洋防腐防污材料开发研究，发展海洋腐蚀监测、检测技术。

2. 海水健康养殖。研究高产、抗逆（病）优质海水增养殖新品种创制与新种质开发、规模化繁育及养殖技术，重要养殖动物营养需求与高效饲料，病害免疫与生态防控技术，工厂化、网箱养殖智能装备与关键技术，滩涂与浅海生态养殖新技术，重要海水养殖物种种质资源保护技术，海洋生态牧场构建装备与关键技术，深远海智能化养殖技术与装备，构建近海资源养护型渔业。

3. 海洋生物资源利用。围绕海洋水产品精制与食品安全，开发海产加工品脱腥、风味调节、加工副产物综合利用技术；研发功能肽、活性多糖、活性脂质等营养功效成分的高效快速工业化炼制技术，开发新型海洋健康食品、功能食品、医用食品等高端产品，开发海洋食品精制工程技术与装备；发展海洋食品质量控制与安全保障技术。研究海洋生物制品的开发与产业化关键技术。开展海洋生物材料结构改性、工业化生产等关键技术研究，开发海洋生物医用材料等生物基新材料。开展海洋药用生物新资源和海洋天然产物高通量活性筛选技术研究，开发海洋药物先导化合物高效靶向发现新技术，开展海洋创新药物研究。开发深海与极地生物资源采集技术，深海微生物分离培养技术，深海生物资源开发应用技术，开发以海洋微藻为主的海洋食品新资源。

4. 绿色循环海水资源综合利用。围绕环境友好型海洋精细化工新产品开发以及海洋化工废弃物的绿色化与资源化利用，突破低浓度卤水溴素及稀有元素高效提取分离技术，重点开发环保型高附加值溴系、镁系精细化工产品，研究海洋精细化工节能环保技术、苦卤及两碱废弃物综合利用技术；研发海水提溴以及溴系、镁系产品的高值化深加工成套技术与装备。突破海水淡化能量回收装置、耐腐蚀高压泵、增压泵等关键设备制造技术，研究低压高通量、高脱盐率和耐污染制膜材料单体的合成与改性技术，研制反渗透复合膜及膜组器；攻克低成本海水淡化成套装配工艺和工程应用技术。研究海水淡化后浓海水处理问题，形成浓海水（卤水）资源综合利用成套技术。

5. 海洋生态和环境。研究海洋生物资源生境退化评估和修复技术，近海赤潮、浒苔和水母等爆发机制、生态效益与防控途径，近岸海域重金属、石油烃与新型持久性有机污染物的检测与水体修复技术，海岸带/海洋灾害与风险防控技术，开发近海环境质量监测技术及仪器。

先进制造技术。把握装备制造世界前沿技术和产业发展方向，立足我省良好的装备制造产业基础，以大型企业为龙头，加快发展自动化生产线集成技术和智慧工厂支撑技术、典型行业高端装备制造、智能制造装备及智能化生产关键技术，推动装备制造向柔性、绿色、智能、精细转变，提升我省装备制造和智能化生产技术的核心竞争力，巩固在高端智能制造和智能化生产技术方面的优势，实现高端装备制造业由大变强的转变。

专栏 9　先进制造技术

1. 智能机器人技术。研究开发高精密 RV 减速器、谐波减速器、高精度伺服电机、感知系统及轻质支撑材料等机器人关键部件，控制软件和控制系统，离线编程及仿真软件，多指灵巧手及具有快换功能机器人末端夹持器。开发具有深度感知、智慧决策、模块化关节、人机协同的新一代工业机器人以及救援用、医疗康复用、物流及泊车用、社会服务用等服务机器人。研究开发机器人高精度检测技术与装备。

2. 网络协同制造技术。研究“互联网 +”环境下设计资源共享与协同、全互联制造物联网络、基于制造装备互联的制造过程信息采集与管理、基于制造过程信息的制造过程智能化、信息物理融合系统等关键技术，制造服务价值链重构、产品服务生命周期管理、在线运维及预测运营服务等技术，发展“互联网 +”制造业的新型研发设计、云服务、数字化车间、个性化定制等制造模式与服务模式。

3. 激光制造技术。研究大功率光纤激光器、半导体激光器及其核心功能部件关键技术，面向激光制造的智能化控制技术、在线监测与反馈控制技术，光机电一体化的激光制造装备设计与制造技术，适应于航空航天、能源、交通、电子、模具等高端制造的激光加工工艺及装备。

4. 增材制造技术。研究高功率光纤激光器、扫描振镜、动态聚焦镜、高精度喷头、协同控制器等核心部件。开发激光／电子束高效选区熔化、激光／电子束／电弧高效送粉／送丝熔化沉积等金属增材制造装备，光固化成形、熔融沉积成形等非金属增材制造装备，生物及医疗个性化增材制造装备。研究增材制造光机电协同控制、制造工艺、关键材料及装备技术，金属材料增材制造技术与金属切削加工技术相结合的复合制造系统等，突破复杂金属零件的快速制造及精密加工技术。

5. 高档数控机床及基础制造装备关键技术。研究高档机床产品的数控系统及软件、加工精度在线补偿技术、关键配件制造工艺装备等关键技术，突破高档切削、锻压等高端机床制造技术。研究激光、等离子切割、焊接多轴数控系统及装备技术。开发面向汽车、船舶、航空航天等领域应用的全自动的开卷、冲压、切割、焊接一体化生产线。

6. 轨道交通关键技术。研究开发高速列车、城轨列车、地铁列车等配套材料、控制系统、调速系统和系统集成关键技术、减振降噪技术，开发系列轨道交通装备。

7. 节能与新能源汽车技术。研究新型发动机、电池管理系统、高效轻量大功率电机及控制系统、大功率快速充电系统、动力电池二次回收利用技术、先进变速器技术、插电／增程式混合动力系统技术、动力总成系统技术，开发系统总成管理平台，突破制约新能源汽车大规模应用的续航里程、充电时间、整车安全及成本等关键技术。研究电动自动驾驶汽车系统集成与测试评价技术，开发智能化网络化纯电动、混合动力新能源汽车、充电设备及配套设施。

8. 高端分析仪器及检测装备。研究离子刻蚀光栅、等离子光源、低温超导与磁力应用等关键技术，开发高精度光谱仪、重金属分析仪、元素分析仪等分析测试仪器，高性能传感器技术，智能化仪表、精密监测和计量仪器，数字化非接触精密测量、无损检测系统装备，生化分析测试仪器，激光、超声、射线、核磁共振等高端诊疗仪器设备。

9. 绿色制造关键技术。研究绿色产品评估及绿色设计技术，开发绿色产品设计决策支持系统，突破能效评估、碳效益综合评价等关键技术。研发绿色再制造关键工艺和技术，研制发动机、汽车零部件、工程机械、矿山机械等产品高效、清洁再制造工艺装备。

10. 智慧工厂支撑技术。研究智能信息感知与信息可视化技术、数据挖掘技术、人工智能和知识发现技术、智能决策支持系统技术、智能协同控制策略，开发智慧工厂支撑平台。研究开发嵌入式软件、工业控制操作系统、大型复杂系统仿真软件、安全控制系统和安全防护技术，具有与现场总线设备实现动态数据交换功能的现场总线控制系统和逻辑控制、运动控制、模拟控制等功能有机集成的可编程控制系统，分散式控制系统、数据采集系统，业务管理软件及系统解决方案等。

现代服务技术。适应产业融合发展趋势和服务专业化要求，以新一代信息和网络技术为支撑，加强技术集成和商业模式创新，重点在信息服务、现代物流等生产性服务业领域，以及社会公共服务领域突破一批共性关键技术，提升全省现代服务业创新发展水平。

专栏 10　现代服务技术

1. 电子商务与现代物流。研究第三方电子商务与交易服务平台支撑技术，集成物联网、自动化等的物流与供应链管理技术。

2. 城市管理与社会服务。研究基于物联网、云计算、智能终端等的智慧城市服务技术，远程健康管理服务技术，互联网教育技术。

3. 科技文化融合。研究文化创意设计与制作技术，文化内容传播与展示、运营与管理技术，文化遗产发现与再利用技术。

4. 现代制造服务。研究互联网协同、研发设计、产品服务、智能化生产和能量优化、在线诊断与维护等现代制造服务技术。

优势传统产业转型升级共性关键技术。围绕化工、机械、钢铁、建材、家电、造纸、纺织等我省优势传统产业转型升级需求，以提升企业自主创新能力为核心，加大对企业技术创新的支持和引导，加大对重点领域核心技术的研究部署，集中力量攻克一批带动性强并对产业发展产生重大影响的共性关键技术，提高传统产业装备水平、技术含量和产品附加值，实现高效智能化生产，增强产业核心竞争力，加快向技术链、产品链、产业链、价值链的高端发展。

（四）发展促进社会可持续发展的公益性技术。围绕生命健康、生态环境、公共安全、社会事业等与百姓生活密切相关的创新需求，以改善民生和促进可持续发展为目标，组织实施事关社会和谐发展的重大关键技术攻关，着力突破一批重大社会公益性关键核心技术，加快培育形成能够有效支撑医疗水平提升、环境质量改善和公共安全保障的重大公益性技术体系，研发一批具有自主知识产权的成果和产品，全面提升人民生活品质，促进经济社会可持续发展。

生命健康技术。围绕重大疾病防控、应对老龄化和提升人口质量等重大健康需求，以我省“发病率高、病死率高、致残率高、医疗费用高、科技支撑作用高”的疾病为重点，精准发力，加强生物技术和信息技术的融合，推进重大疾病生物样本库和生物医学研究大数据平台建设，加强临床科研资源的整合利用，促进临床协同研究网络建设，重点在重大疾病防控、公共医疗服务、康复养老、中医药现代化、主动健康、医用食品等方面加强创新和技术集成，研制一批疾病防治和健康促进的创新产品和技术解决方案，引领构建医养康护一体的卫生科技创新体系，力争“十三五”期间在预防措施和临床诊断治疗技术上取得重大突破。

专栏 11　生命健康技术

1. 重大疾病诊疗技术。重点开展恶性肿瘤、心脑血管疾病、代谢性疾病、呼吸系统疾病等重大高发疾病早期筛查、精准诊疗关键技术研究，形成一批可推广应用的临床诊疗指南（方案）。研究常见多发病、地方病、职业病、罕见病等防治关键技术，研究高龄产妇不孕不育诊疗以及出生缺陷防控等关键技术。

2. 中医药现代化技术。开展中医药现代传承、中药复方精准用药、中医特色诊断、中医“治未病”等关键技术研究，开发中医传统经方、基于天然来源的创新药物和中医药健康产品。研究道地中药材品种选育、种植（养殖）、炮制和质量控制技术，中医药防治高血压、病毒性疾病等优势病种的临床诊疗技术和方案。

3. 互联网医疗与主动健康技术。重点发展智能感知、远程监控、移动医疗、健康物联网等技术，着力突破医疗大数据的采集、存储、处理、分析、挖掘等技术，构建智能化的医疗大数据平台，研发无创检测、可穿戴医疗、便携式体检、高性能普适监护等技术与设备，发展适用于基层医疗和个人的低成本便携普惠的健康监测、干预和康复技术与设备。

4. 新药创新技术。开展新药发现、早期评价关键技术、手性合成拆分技术、仿制药一致性评价技术，新型给药系统和现代制剂技术等研究，重点研发新结构、新靶点、新机制的创新药物和高品质的仿制药。

5. 高性能医疗器械。重点研究多模态分子成像、大型放射治疗设备、手术机器人、内镜机器人、计算机辅助诊疗、功能医学超声、个性化介入治疗、医学影像、康复医学等关键技术与设备。

6. 医用食品技术。开展医用食品活性成分的分离纯化、功效评价、营养组学等关键技术研究，开发适合特定人群食用的精准且可进行个性化定制的医用食品配方及产品。

绿色发展关键技术。聚焦环境污染源头控制、清洁生产和生态环境修复等系统技术体系，加快突破绿色发展难题，重点在节能减排与清洁、大气污染防控、资源高效循环利用、生态环保等领域，加强共性关键技术攻关，培育一批具有自主知识产权的技术装备，为加快建设资源节约型、环境友好型社会提供科技支撑。

专栏 12 绿色发展关键技术

1. 节能减排与清洁生产技术。研究生态安全的绿色产品设计、有毒有害原料替代技术，开发清洁生产工艺技术和高效生产设备、安全可靠的过程控制技术、污染物排放动态监测网络技术。研究制造业冷、热加工新工艺技术和装备，表面工程关键技术。加强钢铁和有色金属冶炼、化工等重点行业节能减排关键和共性技术、装备研发。

2. 大气污染防控技术。研究大气污染监测预报预警技术、燃煤矿物质脱除、清洁燃烧、高效除尘以及机动车尾气减排等污染物源头减排关键技术，颗粒物、重金属、NO*x*、SO*x* 等多污染物协同超低排放及资源化利用技术。

3. 资源高效循环利用技术。研究水资源、油气资源、煤炭资源的高效开发和节约利用技术，复杂水资源系统配置与调度技术，金属资源清洁开发利用技术，非金属资源高效利用技术，分布式低温余热利用技术，紧凑型高效换热器设计制造技术、建筑智能控制技术。开展大宗固废源头减量与循环利用、生物质废弃物高效利用、新兴城市矿产精细化高值利用等关键技术与装备研发。开展产品全生命周期研究，加强重点产品领域再制造关键技术及装备的研究应用。

4. 生态环保技术。研究饮用水质健康风险控制技术，流域水体污染治理修复技术，污废水资源化能源化与安全利用技术，固体废弃物处理技术，危险废弃物鉴别与处理技术，垃圾处理及焚烧发电技术，土壤污染诊断、风险管控、治理与修复等共性关键技术。

智慧绿色低碳城镇化技术。加强城镇规划布局设计、土地高效开发利用、城市建设智慧化等关键技术的研究开发，着力提升城镇整体功能；加强绿色生态基础设施和海绵城市建设技术研发，着力恢复城镇自然生态；加强建筑节能、室内外环境质量改善、绿色建筑及装配式建筑等的规划设计、建造、运维一体化技术和标准体系研发，着力构建高效、节能、绿色、低碳建筑；加强文化遗产保护传承和公共文化、教育、体育健身等公共服务关键技术研发，着力培育教育、文化、体育、旅游等城市创新发展新业态。

专栏 13 智慧绿色低碳城镇化技术

1. 城镇环境治理和生态修复技术。开展城镇生活垃圾分类收集、运输以及资源化、减量化、无害化处理，城镇污水、污泥收集、处理和资源化利用，具有城镇地缘特点的各类大气污染物的控制、治理技术的研究。

2. 高效绿色建筑技术。开展近零能耗建筑设计建造、既有建筑节能改造、绿色建材制造等关键技术研究。

3. 文化遗产保护与公共文化服务技术。研究文化资源的保护、利用、传播等技术，竞技和全民体育装备关键技术，教育、文化、体育、养老等公共服务关键技术。

公共安全技术。围绕社会安全监测预警与控制、生产安全保障与重大事故防控、综合应急能力提升、食品安全、自然灾害防范等方面，开展关键技术攻关和应用示范，加快构建主动保障型公共安全技术体系，实现对重大公共安全事件的提前感知、及时预警、快速处置，为经济社会持续稳定安全发展提供科技保障。

专栏 14 公共安全技术

1. 社会安全监测预警与控制技术。研究社会安全支撑保障关键技术，各类犯罪的预防、侦查、打击技术，重特大火灾防治与扑救技术，道路交通安全管理与事故防范处置技术，开发适合易燃易爆工业区域、人员密集场所、森林、地下设施、交通运输设施等特殊场所的新型火灾预警和抑制系统。

2. 生产安全保障与重大事故防控技术。研究矿山重大灾害及耦合灾害预测预警与综合防治技术，化工园区多灾种耦合事故防控技术，典型石化过程和危险化学品安全保障技术，劳动密集型作业场所职业病危害防护技术、特种设备风险防控与治理技术、重大基础设施的长期服役和智能检测监测技术，城市地下管线智能监测技术，石油石化管线输运和储存安全监测技术，电网安全保障技术等。

3.重大自然灾害监测预警与防控技术。开展天气中长期精细化数值预报、雾霾数值预报、地震监测预警等关键技术研究，提高重大自然灾害防控能力。

4.食品安全技术。研发高通量、高精准、非定向检测技术，开发智能化、数字化新型便携快速检测试剂和设备。

5.应急技术。研究灾害信息获取、指挥通信、能源动力等现场保护技术，救援人员防护、搜索营救和卫生应急等生命救护技术，航空应急、道路抢通、智能救援、特种车辆等应急处置技术及装备，失控放射源处置机器人技术与装备，社会化应急救援服务技术。

（五）组织实施重大科技创新工程。创新科研组织方式，发挥专家智库咨询作用，加强对我省重点领域和重点产业发展的技术预测，坚持有所为有所不为的原则，梳理对我省经济社会发展具有重要影响的重大科技创新任务，整合人才、平台、项目等创新资源，强化基础研究、应用研究一体化部署和产学研协同攻关，着力提升解决重大科技问题的能力。

实施重大科技创新工程。在“十二五”期间已经实施的省科技重大专项的基础上，坚持战略和前沿导向，围绕国家和我省重大战略需求，在海洋科技、智能制造、现代农业、信息安全、节能环保、健康保障等领域，科学论证一批面向“十三五”乃至更长时期产业发展急需的关键核心技术和重大战略产品，组织实施“创新山东2030”重大科技创新工程，与已实施的科技重大专项形成接续的系统布局，集成优质创新资源集中攻关，按照“成熟一项、启动一项”的原则，分批次组织实施，力争在重点优势领域取得重大创新成果和群体性技术突破，塑造更多依靠创新驱动的引领性发展，带动全省产业向中高端发展，培育一批在推进供给侧结构性改革和融入国家创新战略中发挥重要作用的创新力量。加强与国家科技重大专项、重大科技项目和重点研发计划的衔接配合，积极承接国家重大科技创新任务，促进国家和省创新战略的协同推进。

专栏15　重大科技创新工程

1.透明海洋。开展海洋观测、机理认知和预测预估研究，构建近海生态系统状态与风险评估标准体系；开发深远海观测平台、微纳卫星海洋遥感、水下机器人、智能浮标、水下滑翔机等海洋数据采集技术和装备；构建集海洋遥感、油气平台、水下遥测、基因测序、数值模拟等多种数据的海洋大数据智能平台。建立多模块集成、多功能兼容的稳定数据采集与供给技术体系，为海洋经济发展、海洋环境保护与防灾减灾以及海洋战略空间拓展提供理论和技术支撑。

2.深远海与极地渔业。研究黄海冷水团年际变动规律和水质特征，实现对黄海冷水团养殖环境的精准监测和预报；突破适养鱼类暂养驯化、良种创制、生殖调控等关键技术，实现苗种规模化繁育；研究养殖鱼类营养调控机理，开发高效配合饲料、病害免疫与生态防控技术；构建养殖工船（平台）、智能抗风浪深海网箱等离岸养殖系统，研制自动投饲、机械化捕捞、水下实时监控等设备。开展远洋渔业信息数字化技术应用，开发深远海与极地渔业资源的探查、捕捞、高效保质储运和绿色加工等关键技术及装备，提升海洋生物新资源的综合利用水平。

3.精准农业。围绕加快农业信息化、机械化、现代化，通过对传感、大数据、物联网、地理信息系统等技术手段的升级研发和集成应用，着力突破农业信息精准获取、快速处理、准确控制、科学决策等方面的关键技术，建立与精准农业相匹配的技术体系和示范应用标准，通过种、水、肥、药等投入品的精准施用，实现生产、收获、贮运、加工全产业链条精准化控制管理，降低并修复不良生态影响，提高农业综合效益。

4.盐碱地绿色开发。围绕黄河三角洲区域自然禀赋的有效保护、科学开发，开展以盐碱地绿色改造关键技术为核心的深度研发，探索盐碱地综合治理技术新路径，开展中低产田提质增效技术和新型种植模式示范，建立粮经饲统筹、种养加一体，粮草兼顾、农牧结合、循环发展的农业产业体系。

5.高性能特种新材料。围绕新兴产业需求，突破特种金属材料、高性能纤维材料、功能性膜材料等先进材料设计、评价、表征与制备加工关键技术，填补国内高性能基础材料空白，实现替代进口，为航空航天、轨道交通、电子信息、海工装备等行业发展提供核心材料支撑，进一步巩固我省新材料产业在国内的优势地位。

6. 超导磁体及装备。围绕医疗器械、波浪发电、矿山装备等领域，主要研究超低温保持技术、磁场稳定技术、磁场均一性技术、防护技术等关键技术，开发不同磁场强度的系列超导磁体，开发核磁共振成像仪、波浪发电站、有色金属高效除铁生产线、海洋油膜收集船等设备。

7. 新能源汽车。围绕满足交通行业节能减排，减少环境压力，研制开发新能源汽车。重点开发铝镁合金轻质车体材料、树脂基复合材料、变速系统、动力电池及管理系统、汽车电子系统。带动轻质合金材料、复合材料、特种合金加工、电池材料及电子元器件及管理软件产业的发展。

8. 智慧工场。围绕《〈中国制造 2025〉山东省行动纲要》实施，针对轨道交通装备、高端数控机床、数字医疗装备、智能农机与工程机械等高端装备智能生产线和智能产品，研究面向 MES、PLM 与物流系统、自动化生产线的融合应用系统关键技术，实现高端装备的智能化制造、远程运维、运维设备精准配送等功能；以提升制造过程智能化水平为重点，攻克工业现场感知与互联集成技术、应急大数据支持、安全运行监控预警等智能制造方面关键技术，研发智能化高端装备，实现生产管理全过程的状态可控，打造智慧工场。

9. 信息安全。面向高端服务器、大数据、云计算及自动控制装备等，重点研究数据资源安全防护关键技术、工业控制系统网络安全关键技术、移动网络设备的安全增强与风险评估技术等关键技术，研制基于可信计算体系的可信服务器和可信云数据中心，研制支持软件定义数据中心平台和大数据支撑平台的安全加固软件，构建从服务器、虚拟化软件、云计算和大数据平台到应用程序的软硬件一体化信任链和安全解决方案。

10. 高端制造装备。突破工业机器人核心部件、传感器及高可靠性集成制造等关键技术，开展系列化工业机器人示范应用；突破高档数控机床主要功能部件及关键应用软件等关键技术，开发一批精密、高速、高效、柔性高档数控机床；突破增材制造及激光制造中核心部件、加工工艺、高稳定性集成制造技术，研制一批高端增材制造及激光制造装备。通过工业机器人、高档数控机床、增材制造及激光制造三类智能制造装备的研发及应用，全面提升我省制造装备的数字化、智能化水平。

11. 环保溯源治理。开展污染物成因分析研究，厘清污染形成机理，实现污染溯源治理。加快溯源治理技术成果推广应用，为实现“经济质量提升、污染总量下降”目标提供技术支持。

12. 绿色化工。突破原子经济性化学合成反应、低毒或无毒溶剂与助剂、高效催化、新型高效分离回收及废弃物处理等关键技术，集成全过程自动化控制、预警及处置技术成果，显著提升全省化工行业绿色安全生产技术水平，推动化工行业转型升级，实现化工产业资源节约、环境友好目标。

13. 精准医疗。构建我省大型健康队列和生物医学大数据共享平台，突破生命组学临床应用与大数据分析技术，集成现代分子遗传技术、分子影像技术和生物信息技术等现代技术手段，发现重大、多发疾病易感基因，研发新的可用于临床精确诊断的生物标记及靶向治疗分子靶标，建立分子层面的分类精准诊断新技术、新方法，开发基于已验证的靶点和生物标志物的检测试剂、抗体药物、免疫治疗等产品及器械，形成靶向治疗等个性化的精准预防和治疗综合方案，提高疾病诊治与预防的精准化水平。

14. 中医精方。精准分析组方有效成分及成药机理，开展大宗道地中药材优良品种选育、种植（养殖）、炮制和质量控制研究，提高组方有效成分的标准化水平，大幅提升中医传统经方药材有效成分含量和二次开发潜力。开展经方临床评价、制剂优化等关键技术研究，提高组方用药剂量及靶向作用精准化水平，打造中医经方“精准化”研究品牌，增强中医药产业核心竞争力。

15. 重大新药创制。围绕临床重大需求，开展新药发现、筛选、评价等重大共性关键技术研究，提升新药创制基础研究能力，开发一批结构新颖、机制明确、疗效确切和具有重大产业化前景的重大新药产品，保障临床用药需求，支撑我省新药创制整体水平处于国内领先。

16. 脑科学与类脑人工智能。以脑认知原理为基础，开展大脑工作机理、重大脑疾病智能诊断、类脑智能算法及硬件等研究，在基础理论与研究方法方面取得重大进展，引领相关学科发展，实现重大技术突破和产品创新，推动脑疾病诊疗方式和类脑人工智能产业发展。

建立重大科技项目联合攻关机制。聚集省内外优势科研资源，重点对产业发展中的“卡脖子”共性关键技术问题，采取公开招标、定向委托等方式，鼓励企业和高校、科研院所协同攻关，加快实现重大突破。“十三五”期间，每年实施 50 项左右重大科技创新项目，突破一批制约产业发展的共性关键技术，掌握一批重点领域的核心技术知识产权，努力形成国家技术标准或国际标准，带动创新型产业集群发展。

四、打造具有山东特色的区域创新发展新高地

围绕“两区一圈一带”区域发展战略，遵循科技创新的区域集聚规律，因地制宜探索差异化的创新发展路径。按照东部提升、中部崛起、西部跨越的部署要求，优化区域创新布局，统筹山东半岛国家自主创新示范区、区域科技创新中心、创新型城市（城区）、科技园区建设，推动人才、资本、技术与信息等创新要素合理流动，系统打造一批区域创新示范引领高地，发挥辐射带动作用，引领和带动全省区域创新水平整体提升。力争到“十三五”末，形成具有山东特色的区域协调互动、优势互补、科学高效的区域创新发展新格局。

（一）高水平建设山东半岛国家自主创新示范区。立足“以蓝色经济引领转型升级的自主创新示范区”的总体定位和“四区一中心”（全球海洋科技创新中心、体制机制先行区、经济转型升级样板区、创新创业生态示范区、开放协同创新引领区）具体定位，充分发挥山东半岛地区创新资源优势和海洋产业特色，以增强自主创新能力为核心，以区域协同发展为路径，着力构建符合创新规律的新机制和创新创业生态环境，辐射带动区域在发展动能和方式路径上实现根本性转变。深化体制机制改革，开展激励创新政策的先行先试，着力破除体制机制障碍，构建有利于创新发展的管理体制和机制。健全山东半岛高新区创新发展一体化协同推进机制，统筹布局重大科研基础设施，加强科技资源整合集聚和开放共享，提升自主创新能力，实施产业聚焦，打造区域“名片产业”，构建具有国际竞争力的现代产业体系。大力发展新兴科技服务业态，完善技术创新服务体系，积极构建创新创业要素集聚化、载体多元化、服务专业化、活动持续化、资源开放化的创新创业生态体系，充分激发示范区创新创业活力。到 2020 年，将山东半岛国家自主创新示范区建设成为全国一流自主创新示范区和海洋科技产业基地，研发经费支出占地区生产总值的比重达到 3% 左右，高新技术产业产值占规模以上工业总产值的比重达到 75% 左右，培育形成 10 个左右规模达到 1000 亿元以上的创新型产业集群，科技进步对经济增长的贡献率达到 65% 左右。

专栏 16　山东半岛国家自主创新示范区各高新区发展定位

济南高新区。重点开展科技创新服务体系建设和开放式创新平台构建方面的试点示范。重点建设高效能服务器和存储技术国家重点实验室、量子通信卓越创新中心、国家超级计算济南中心、信息通信技术研究院等信息技术领域的重大创新平台，打造具有全国重要影响力的信息通信创新中心。集中打造面向深海数据传输、海洋卫星通信、环境协同观测等领域的新兴信息产业。

青岛高新区。重点开展科技创新服务业区域试点、海洋新兴产业组织和知识产权管理体制机制的创新示范。发挥青岛海洋科学与技术国家实验室的作用，重点建设国家海洋领域工程技术研究中心、国家海洋技术转移中心、国家科技成果转化服务（青岛）示范基地、国家海洋设备质量监督检验中心等涉海研发与转化重大创新平台，加快推进国家科技服务业区域试点，打造具有全球影响力的海洋科学中心。重点培育面向海洋科技创新的科技服务产业，打造海洋特色的区域创新创业中心。

淄博高新区。重点开展科技企业孵化体系和新型研发机构建设的试点示范。立足“新材料名都”基础条件，依托国家工业陶瓷材料工程技术研究中心等现有技术创新平台，集中打造全链条布局的新材料创新大平台，构建国内

尖端水平、具有全球影响力的新材料创新中心。培育壮大新材料特别是海洋新材料产业。

潍坊高新区。重点开展创新创业公共服务体系和科技金融结合方面的试点示范。以实施国家高新区创新驱动发展示范工程为契机，集中建设面向光电和动力机械产业提供专业服务的各类创新创业平台，打造中国（潍坊）创新创业孵化示范基地和国家创新人才培养示范基地。培育壮大面向蓝色经济的光电和动力机械产业。

烟台高新区。重点开展科技成果转移转化和产业组织方式创新方面的试点示范。发挥沿海开放和合作交流优势，汇集国内外蓝色尖端资源，依托 APEC 科技工业园区、中俄高新技术产业化合作示范基地、山东国际生物科技园、中集巴顿焊接技术研究院，打造国际化的生物医药创新平台和海工装备领域重大创新平台，建设国内海洋领域重要的科技成果转移转化策源地和智慧海洋创新中心。集中打造海洋生物医药产业和海工装备产业。

威海高新区。重点开展军民融合科技创新及校企地协同创新发展方面的试点示范。抓住中韩自贸区地方经济合作示范区建设的有利契机，发挥军民融合发展优势基础，重点建设中欧膜技术研究院、国家先进复合材料高新技术产业化基地、山东船舶技术研究院等重大创新平台，打造具有全国影响力和竞争力的军民科技融合创新中心。培育壮大涉海新材料产业。

（二）加快打造海洋科技产业聚集区。依托山东半岛海洋科技创新的综合优势，发挥青岛海洋科学与技术国家实验室创新龙头作用和山东半岛国家自主创新示范区创新资源集聚作用，以海洋科技创新引领海洋产业发展为主线，按照“海洋科学研究—海洋技术创新—海洋科技成果转化—海洋科技产业”的发展路径，建设青岛国际海洋科学中心，打造特色海洋产业聚集高地，形成“一核多极”的海洋科技产业聚集区发展格局，支撑山东半岛加快建成具有国际影响力的海洋科技创新中心，推动海洋强省建设。

建设青岛国际海洋科学中心。以青岛海洋科学与技术国家实验室为龙头，建设一流的国家海洋重大科技基础设施集群，聚集高水平海洋科研院所、高等院校、科技领军人才和团队，组织实施海洋领域重大科学研究项目，积极发起或参与海洋领域国际大科学工程，构建海洋领域跨学科、跨领域的协同创新网络，打造具有国际竞争力的海洋科学研究体系，加快建设海洋科技资源有效聚集、科学技术水平国际领先、科研环境自由开放、体制机制运行灵活的世界一流的国际海洋科学中心，成为海洋重大原始创新的策源地，辐射带动全省海洋科技产业实现跨越式发展。

打造特色海洋科技产业聚集高地。加强海洋科技领域重大科技创新平台的建设和布局，发挥骨干领军企业的产业创新龙头作用，在特色海洋产业领域建设一批技术创新中心。构建海洋产业技术创新战略联盟，实施一批海洋重大科技创新工程，建立一批科技产业化示范基地，培育多层级的海洋产业聚集的功能载体。推动即墨高新区创建以海洋科技创新为特色的国家高新区。促进海洋科技成果的转移转化、高新技术产业聚集发展，在海洋生命健康、海洋工程装备、绿色海洋化工等领域打造一批特色海洋科技产业聚集高地，辐射带动相关产业发展，推动海洋经济提质增效。

专栏 17　特色海洋科技产业聚集高地

1. 海洋生命健康产业。建设烟台生命健康技术创新中心和威海海洋生物资源高值化全价利用技术创新中心。打造烟台、威海两大海洋生命健康产业示范区和威海、烟台、日照三大水产品精深加工示范区，带动医药、食品、化工、海水养殖、海洋捕捞、水产品精深加工、海洋交通运输、海洋设备制造、海洋渔业批发与零售及水产品进出口贸易等产业发展。

2. 海洋高端装备产业。建设烟台海工装备技术创新中心、黄河三角洲（海洋）油气装备技术创新中心和威海高技术船舶技术创新中心。围绕海洋高端装备产业协同发展，打造烟台海工装备、黄河三角洲海洋油气装备、潍坊特色海工装备和威海高技术船舶产业示范区，拉动培育日照海工精品钢产业基地。

3.深远海养殖与极地渔业。建设日照深远海养殖技术创新中心和威海远洋与极地渔业技术创新中心。打造日照深远海高端冷水鱼养殖示范区，催生战略性深蓝渔业，拉动海洋船舶制造、海洋水产品加工、海洋生物医药、海洋渔业批发与销售等行业发展。

4.绿色海洋化工产业。建设潍坊海洋精细化工技术创新中心。在莱州湾沿岸重点打造复合化、多元化、宽领域的绿色海洋化工产业，形成潍坊、滨州和东营三个示范区，潍坊重点发展卤水精细化工产业，东营重点发展“石化盐化一体化”产业，滨州重点发展“一水多用”“一地多用”产业模式。

5.海洋信息产业。建设烟台海洋信息技术创新中心。打造烟台海洋信息产业示范区，建设“陆基—海基—空基”一体化的海洋空间综合立体观测系统和海洋大数据中心，抢占未来高精度海洋信息产业制高点，为海洋测绘、海洋环境保护、防灾减灾、交通运输、海洋渔业、资源开发、综合执法、国防建设等提供信息服务支撑。

6.黄河三角洲生态文化旅游产业。建设黄河三角洲生态技术创新中心。重点围绕生态环境保护与治理、生态经济产业，开展滨海湿地、海岸带、海湾生态修复和治理，保护黄河三角洲珍稀濒危天然野生品种，维持、增强海洋生物种类多样性、遗传多样性，改善黄河三角洲地区生态环境，建设中国海瓷艺术创意产业园，打造黄河三角洲、贝壳堤岛与湿地两大生态文化旅游产业示范区，带动服务业、交通运输、阳光养老和健康等相关产业发展。

（三）建设黄河三角洲现代农业创新高地。围绕深入实施黄河三角洲高效生态经济区建设国家战略，立足我省现代农业科技的创新优势，发挥黄河三角洲农业高新技术产业示范区创新资源集聚作用和农业科技园区体系支撑作用，将黄河三角洲地区打造成为具有重要影响力的高效生态现代农业创新高地，带动提升全省现代农业科技创新能力和产业发展水平，为推进农业现代化提供重要支撑。

加快黄河三角洲农业高新技术产业示范区建设。支持黄河三角洲农业高新技术产业示范区集聚创新资源，积极开展盐碱地综合治理、一二三产融合、四化同步发展、绿色发展等的创新与示范，在知识产权制度改革、科技金融结合等体制机制和政策创新方面先行先试，建立可复制、可推广的创新驱动城乡一体化发展新模式，为东部沿海地区农业转方式、调结构提供强大引擎。加强与国内外重点农业科研单位、高校合作，共建一批重大科研平台，打造现代农业科技创新平台体系，积极布局创建盐碱地控制及利用国家实验室（国家技术创新中心），增强研发实力和创新资源凝聚力，在高效生态农业、循环经济、盐碱地改良、生态保护、低碳工业等重点领域，培养和集聚一批高效生态产业人才；加快黄河三角洲现代农业研究院、黄河三角洲现代农业工程技术研究院（中心）、中科院生物技术中试基地、中国农科院综合试验基地等科研平台建设。完善生态科技城、生物产业与健康食品加工物流园、国际农业创新园和特色产业基地建设，发挥现代农业创新示范作用，形成具有全国影响力的农业发展示范园区。

完善现代农业科技园区体系。发挥山东农业产业化、集约化、外向度高的优势，新建、创建一批省级农高区和国家农业科技园区，按照“一县一园一特色”模式，“十三五”期间实现全省农业县（市、区）农业科技园区的全覆盖。积极推广“互联网+”为标志的云农业科技园发展模式，提高园区创新创业示范辐射能力，不断完善“云”服务下“省级农业科技园—省级农高区—国家农业科技园—国家农高区”四级联动、梯次发展的农业科技创新平台体系，为全省高效生态农业发展和县域特色经济发展提供支撑。推进园区联盟、质量联盟建设和同领域园区的优势集成，着力打造在全国最具规模和特色优势的区域主导产业。支持寿光等省级农高区积极创建国家级农高区，为农业科技创新综合改革实验和现代农业发展奠定坚实基础。

（四）加快区域科技创新中心和创新型城市建设。支持济南、青岛建设具有重要影响的区域科技创新中心。按照创新型省份建设的总体部署，加强省市协同共建，有效聚集科技创新资源，打造具有国内外重要影响的区域科技创新中心，为其他城市发展提供示范和借鉴，辐射带动全省创新发展。支持济南市发挥高校院所、科技人才集聚优势，加快科技研发和成果转化，建设成为国内重要的科技成果策源地和高新技术产业高地，打造国内一流、国际知名的区域性科技创新中心。支持济南建设数据科学中心和医学科学中心。支持青岛市开展科技综合实验改革，发挥海洋科技、高速列车、石墨烯等创新资源集聚和产业发展优势，优化科技创新发展空间布局，加快蓝色硅谷和西海岸新区建设，打造国家东部沿海重要的创新中心。

推动各市加快建成创新型城市。支持各市积极探索各具特色的区域创新驱动发展、引领带动示范模式，形成创新型省份建设的新动力引擎。推动济南、青岛、烟台、济宁等国家创新型试点城市加快建设，率先进入创新型城市行列，支持淄博、东营、潍坊、泰安、威海、莱芜、聊城、滨州等市积极争取开展国家创新型城市试点，尽快进入创新型城市行列，鼓励其他市积极创造条件，积极创建国家创新型试点城市。到 2020 年，我省国家创新型城市力争达到 12 个以上。支持各市选择科技创新基础较好的区域，建设形式各异的创新城区，加快构建区域创新体系，不断完善创新政策环境，进一步加大科技、教育和人才投入，提高全社会研发投入占 GDP 的比重，集成各类资源支持创新发展，提高区域综合实力和核心竞争力。

（五）有序推进高新区和可持续发展实验区建设。推动各高新区、可持续发展实验区优化科技、人才、政策等创新要素的优化配置，完善从技术研发、技术转移、企业孵化到产业集聚的创新服务和产业培育体系，立足各地资源禀赋、产业特征，明确产业定位，打造“名片”主导产业，培育创新型产业集群，在全省形成一批高新技术产业聚集区和创新驱动发展先行区。

加快高新区创新发展。充分发挥高新区的先发优势和创新引擎作用，以提升高新区自主创新能力和产业竞争力为核心，全面实施以高新区带头创新发展、带头转型升级为目标的“双带”工程。明确发展定位，突出发展特色，实施高新区产业聚焦 1+X 计划，构建高新区活力产业体系。深化高新区管理体制改革，建立符合市场规律、鼓励创新发展、满足产业发展需要的高新区管理体制和运行机制，建立健全以创新绩效为主要内容的高新区考核评价体系，推动高新区率先实现产业结构调整。优化全省高新区建设布局，推动省级高新区“以升促建”，创建国家高新区。支持国家级高新区立足优势特色发展，建设一流科技园区。力争到 2020 年，实现 17 市国家高新区全覆盖，1 家高新区达到国际一流高科技园区水平，2 家高新区进入全国综合实力前十名，将高新区打造为全省高新技术产业的重要策源地，高新技术产业产值占区内规模以上工业总产值的比重达到 60% 以上。

加快可持续发展实验区建设。支持可持续发展实验区在减贫、可持续农业、健康促进、传统产业转型升级、新型城镇化、绿色低碳循环发展、环境治理与生态保护、社会治理等方面探索新经验，为推动绿色发展、生态文明建设发挥创新示范和领航作用。按照国家的总体部署，以推动绿色发展为核心，引导我省国家可持续发展实验区积极创建国家可持续发展创新示范区，在现代绿色农业、资源节约循环利用、新能源开发利用、污染治理与生态修复、绿色城镇化、人口健康、公共安全、防灾减灾和社会治理等方面形成一批可复制可推广的创新模式和典型。积极开展省级可持续发展实验区建设工作，推动其加快提质升级步伐。

大力培育创新型产业集群。深入推进省级创新型产业集群试点工作，围绕战略性新兴产业发展和传统产业转型升级，以产业技术创新战略联盟为纽带，以关键核心技术研发和重大技术集成与应用示范为突破，以省级以上高新区和高新技术特色产业基地为载体，发挥集群骨干企业创新示范作用，促进大中小企业的分工协作，引导跨区域跨领域集群协同发展。在山东半岛蓝色经济区重点发展半导体发光、高端聚氨酯、海洋生物技术与医药等集群；在黄河三角洲高效生态经济区重点发展高端石油装备、铜冶炼与铜材深加工、高效生态农业等集群；在省会城市群经济圈重点发展云计算、智能输配电、高分子材料、先进陶瓷、矿山机械、钢铁新材料等集群；在西部隆起带重点发展生物技术与医药、新能源电动汽车、复合材料等集群；在资源枯竭型城市，重点发展工程机械、数控加工装备制造、锂电等集群。到“十三五”末，培育产值过千亿的创新型产业集群 20 个左右。

（六）加快县域创新驱动发展。进一步加强基层科技工作的系统设计、统筹集成与支持指导，实现工作重心下移，推动县域科技创新，夯实科技创新的基石。

开展县域创新驱动发展示范。加强基层科技管理队伍建设，创建一批有特色、有影响的创新驱动发展示范县、农业现代化科技示范县、农村一二三产融合发展示范县，培育壮大农业高新技术产业，打造农业现代化发展样板，促进农村一二三产融合，拓展农业产业增值空间。

开展“特色小镇”建设。聚焦支撑我省未来发展的重点产业，以省级以上高新区和高新技术特色产业基地为依托，规划建设一批“特色小镇”，集聚创新人才，转化科技成果，搭建创新创业平台，营造创新创业生态，把特色小镇打造成为创新创业、培育发展新兴产业的重要载体，加快推进产业集聚、产业创新和产业升级，构筑创新发展新亮点。

推进农村创新创业。加强科教融合、产学研结合，以农业科技园区、高等学校新农村发展研究院、科技型企业、科技特派员创业基地、农民专业合作社等为载体，加大“星创天地”建设力度，探索建设一批具有山东特色的“农科驿站”，通过市场化机制、专业化服务和资本化运作方式，利用线下孵化载体和线上网络平台，面向科技特派员、大学生、返乡农民工、职业农民等打造融合科技示范、技术集成、融资孵化、创新创业、平台服务于一体的农业创新创业品牌，营造专业化、社会化、便捷化的农村科技创业服务环境，探索农业科技工作者能够沉下来、留得住、传承开的综合服务模式。深入推行科技特派员制度，发展壮大科技特派员队伍，培育发展新型农业经营和服务主体，健全农业社会化科技服务体系，加快农业科学技术推广、促进科技成果转化，推动现代农业全产业链增值和品牌化发展，促进城乡一体化发展。

加大科技精准扶贫力度。全面落实中央和省委省政府关于扶贫开发战略部署，坚持人才、技术、基地一体化，实施科技下乡助推脱贫行动，积极动员涉农部门、科研单位、大专院校等开展定点帮扶，实现扶贫工作重点村科技指导人员全覆盖任务，推动农业技术普及，推进农村科技创新创业，加快农业科技成果转移转化，大力提高农村科技进步贡献率，加快特色产业发展，助力重点村脱贫致富。

五、营造充满活力的创新创业生态环境

围绕加快发展新经济、培育发展新动能、打造发展新引擎，以激发全社会创新潜能和创业活力

为主线，以建立和完善创新创业体系、提升创新创业服务能力为重点任务，加强资源整合，全力打造有利于创新创业的生态系统，到2020年，基本形成要素集聚化、载体多元化、服务专业化、资源开放化的创新创业生态体系。

（一）加快推进科技服务业发展。围绕科技创新和产业发展需求，以激发科技服务业内生动力为导向，加快培育发展市场化的科技服务机构，促进各类公共研发平台的开放共享，进一步培育和发展技术市场，形成服务机构健全、产业链条完善、新兴业态活跃、区域特色突出、布局科学合理的科技服务体系。力争到“十三五”末，全省科技服务机构超过2000家，全省科技服务业产业规模达到8000亿元。

完善科技服务业链条。围绕技术创新链条各个环节，着力引进和培育研究开发、技术转移、检验检测认证、标准制定、创业孵化、科技咨询、科学技术普及等专业科技服务机构，培育和发展电子商务、技术交易、科技服务外包等新型科技服务业态。搭建科技服务协作网络，以行业服务机构为依托，建立科技知识服务平台，形成知识汇聚、协同研究的知识共享环境。鼓励以科技服务骨干企业为核心组建山东省科技服务产业联盟，实现资源的优势互补，为各类创新主体提供集成服务。打造一批科技服务业集聚区，壮大技术经纪人和专利代理人队伍，促进科技服务业社会化、专业化、集群化、国际化发展。加大“创新券”政策实施力度，将省科技“创新券”补助范围，扩大到科技型中小微企业接受科技服务所产生的费用，试点“创新券”使用负面清单制度。

提升科学仪器设备开放共享水平。鼓励省级以上重点实验室、工程技术研究中心等各类科技创新平台向社会开放，进一步完善山东省大型科学仪器设备协作共用网络平台，提高省大型科学仪器设备协作共用网入网仪器的数量和质量。整合全省科学仪器设备资源，依托大院、大所和大型创新平台，构建区域性、专业性大型仪器设备和科研设施共享服务中心。建立健全仪器设备开放共享服务激励、运行管理、绩效考核体系，形成大型科研仪器开放共享的长效机制。

构建全省统一的技术市场体系。以省科技成果转化服务平台为核心，建立数据标准、品牌标识、管理制度和服务规则相统一，省、市、县三级全覆盖的全省统一的网上技术交易平台体系。巩固扩大现有实体技术市场规模，形成区域性与行业性纵横交错的技术转移组织体系。在技术需求旺盛、技术供给能力强、科技中介服务较为完善的区域建立综合性技术交易机构。围绕新兴产业和传统优势产业发展，布局建设专业性强的行业技术转移中心。依托高校院所、新型研发机构等创新载体，建立以技术出让为主的技术转移机构、技术转移联盟等技术交易载体。加强创新驿站区域站点等技术转移新型服务机构建设，积极融入全国技术交易体系，进一步提升省内技术市场、机构与省外技术交易机构、平台的互联合作水平。到“十三五”末，全省国家技术转移示范机构达到80家，全省年技术交易额达到800亿元左右。

（二）打造专业化的创新创业孵化体系。以激发创新创业活力、满足创新创业需求为导向，加强专业化高水平的创新创业孵化载体建设，培育多元创新创业主体，完善创业服务功能，形成专业化的创新创业孵化体系。

建设各具特色的创新创业孵化载体。坚持孵化器专业化发展方向，支持各市、各高新区围绕产业特点和孵化链条需求，按照一器多区、分类集群模式布局培育一批专业化科技企业孵化器。鼓励大企业反哺小微企业，吸引龙头骨干企业、创业投资机构、社会组织等社会力量积极参与，构建一批低成本、便利化、全要素、开放式的众创空间，吸引创新创业人才，培育产业后备力量，营造大企业与小微企业共同发展的生态环境。按照“互联网＋创新创业”模式，通过政府购买服务、提供创业支持的方式，重点培育以创客空间、创业咖啡、网上创新工厂等为代表的创业孵化新业态，满足不同群体创业需要。

培育多元化创新创业主体。支持科技人员创新创业，落实高校院所科技人员兼职创业、离岗创业相关政策。依托留学人员创业园，通过海外异地孵化器、企业海外研发机构、重大科研项目、以人引人等多种渠道，吸引海外高层次创业人才携项目来鲁转移转化。鼓励企业家、知名企业高层管理人员连续创业。支持省属高等院校开办创业教育和培训，探索实行创业学分制。支持在校大学生积极参与创新创业大赛，组建大学生创业者联盟，加强创业政策与创业服务的信息互通。

完善创新创业孵化链条。加强济南、青岛等小微企业创业创新基地城市示范工作，积极发展“专业科技企业孵化器＋科技园区”模式，打造“苗圃—孵化—加速—产业化”的完善的科技成果转化链条，将科技创业、成果转化链条不断向前端和后端扩展，强化引领性、示范性，形成辐射全省的科技创业和成果转化新格局。鼓励孵化器联合投资、技术转移、知识产权等各类科技服务机构组建孵化器联盟，以孵化器为核心，为创新创业提供全方位、多层次和多元化的一站式服务。支持成功创业者、知名企业家、天使和创业投资人、管理咨询专家、高校和科研院所专家学者担当创业导师，不断壮大和完善我省创业导师队伍，为创新创业者提供持续性、导向性、专业性、实践性的辅导服务。积极探索建立创业失败保障机制，鼓励专业投资机构承担创业风险，提供资金退出、二次创业等支持。

（三）推进科技和金融的紧密结合。以金融创新为推动力带动创新创业，大力发展创业投资和多层次资本市场，开发和创新科技信贷产品，完善科技金融综合服务体系，形成各类金融工具协同融合的科技金融生态。

壮大科技创业投资规模。进一步发挥省级科技成果转化引导基金、省级天使投资引导基金、省创业投资引导基金和省新兴产业创业投资引导基金等政府股权引导基金引导作用，带动社会资本积极参与，逐步壮大全省科技创业投资规模，构建起覆盖种子期、初创期和发展期科技型企业融资需求的科技创业投资体系。积极引进优秀创业投资管理团队，设立一批面向产业技术研究院、公共研发机构等新型研发机构和成果转移转化中心、科技成果中试基地的子基金，推动成果研发、中试、转化和产业化的无缝对接。支持省级以上科技企业孵化器与创业投资机构共同设立天使基金、种子基金，鼓励利用“孵化＋创投”模式，为在孵企业和项目提供便捷融资渠道。

创新股权引导基金支持创新创业模式。对在“新三板”、省内区域性股权交易市场新挂牌的科技型企业，省级引导基金可采取直投方式给予参股支持。建立投贷联动机制，鼓励银行机构对省级引导基金及参股子基金投资的挂牌企业项目，放大倍数跟进贷款，发生损失的，引导基金按一定比例给予代偿，并可相应转为对项目企业的股权投资。建立省级科技投资风险补偿机制，对省级引导基金参股子基金投资种子期、初创期科技型企业发生投资损失的，省财政可按一定比例给予社会出资人投资损失补偿，投资的种子期、初创期科技型企业首贷出现的坏账项目，省财政可按一定比例给予银行贷款本金损失补偿。

大力发展科技信贷。建立科技信贷风险补偿体系，对科技成果转化贷款、知识产权质押贷款等科技信贷损失给予适当补偿，引导金融机构加大对科技型中小微企业的信贷投放力度。加快科技信贷机构建设，鼓励银行业金融机构在省级以上高新区等科技园区设立专门服务于科技型企业的科技支行，组建高素质科技信贷专业团队，开辟科技信贷专门审批通道，建立符合科技信贷特点的监管和考核体系，探索设立以科技金融为运营特色的民营科技银行，开展面向科技型中小微企业的金融创新服务，支持高层次人才创新创业。积极发展科技担保和科技保险，完善科技信贷风险共担机制。

强化与多层次资本市场的对接。推动符合条件的科技型企业在“新三板”、区域性股权交易市场挂牌，或到境内外证券交易市场公开上市。实施省级以上高新区科技型企业上市培育计划，建立高新区科技型企业上市后备资源库，加强对拟上市企业的分类指导和培育，鼓励其开展规范化公司制改制。提升区域性股权交易中心服务能力，在齐鲁股权交易中心、青岛蓝海股权交易中心设立科技企业板块，为挂牌企业提供股权融资、股份转让、债券融资等服务。深化与深圳证券交易所合作，依托中国高新区科技金融信息服务平台，在省级以上高新区布局建设具有不同专业特色的科技金融路演中心，搭建科技型企业与投资机构线上线下对接平台。

完善科技金融综合服务体系。加快济南、青岛等国家促进科技和金融结合试点市建设，积极开展投贷联动等科技和金融结合政策的先行先试，完善科技创新融资模式。建设省级科技金融综合服务平台，鼓励有条件的市和高新区建设区域性科技金融服务平台或一站式服务中心，组建专业化科技金融服务团队，运用互联网、大数据等手段，统筹科技企业、科技金融产品、科技政策和项目、科技信用、科技金融中介等资源，促进科技资源与金融资源的信息共享和互联互通。制定科技型中小微企业标准和条件，建设省科技型中小微企业信息库，对发展潜力大且具有融资需求的入库企业、承担过各类科技计划的企业优先向金融机构推荐，推动形成科技资源和金融资源联动支持科技型企业的局面。支持小额贷款公司、融资担保公司、民间融资机构等地方金融组织为科技型企业提供灵活的个性化金融服务。在全省国家高新区审慎推开互联网私募股权融资试点。鼓励发展高新技术企业产品研发责任保险、关键研发设备保险、高管人员和关键研发人员健康保险与意外保险、首台（套）技术装备及关键核心零部件保险等科技保险产品。规范发展科技成果评估、定价及流转等方面的中介服务，积极发展知识产权评估、资产评估、融资咨询等中介机构，建立全省统一的知识产权交易服务平台，完善知识产权评估、质押、托管、流转、变现机制。组建全省科技金融联盟，依托我省金融机构，以企业征信为基础、科技中介服务机构为支撑，构建多层次、全方位科技金融综合服务体系。

（四）深入实施知识产权强省战略。以建设知识产权强省为战略目标，有效促进知识产权创造与运用，大力发展知识产权服务业，实行更加严格的知识产权保护，强化知识产权管理，不断增强知识产权对经济社会发展的支撑和保障作用。

实施知识产权创造工程。厚植创业创新沃土，鼓励和支持社会各界开展发明创造活动，引导支持市场主体创造高价值知识产权。实施知识产权优势企业培育工程，进一步提高企业知识产权管理运用水平，引导企业走上以掌握自主知识产权为目标的创新发展路径，形成一批具有核心知识产权并具备国际竞争力的知识产权密集型企业。试点建设知识产权密集型产业集聚区，推行知识产权集群管理，推动产业迈向中高端水平。试行并逐步推广科技型小微企业知识产权托管，在知识产权质押融资、知识产权获取等方面向小微企业给予适度政策倾斜，进一步激发小微企业创新活力，为小微企业快速发展加油助力。到 2020 年，全省万人发明专利拥有量力争达到 14 件，年 PCT 专利申请量达到 1000 件。

实施专利运用促进工程。深入开展专利运营试点，构建国家、省、市三级知识产权运营试点框架结构，培育专业化专利运营机构，组建知识产权运营联盟。实施专利导航产业发展计划，在特色产业园区建设专利导航产业发展实验区，围绕省重点产业发展开展专题性专利导航研究，提供产业发展方向性对策与建议。开展知识产权分析预警，探索建立重大经济科技活动实施知识产权评议制度，有效规避知识产权风险。实施关键核心技术知识产权培育工程，围绕我省传统优势产业转型升级和战略性新兴产业迈向高端水平，构建以关键技术知识产权为核心的产业化导向的知识产权组合，抢占产业发展高点。

大力发展知识产权服务业。加快青岛国家知识产权服务业集聚发展试验区建设，构筑知识产权服务业区域发展优势。充分发挥知识产权质押融资风险补偿基金引导作用，进一步扩大知识产权质押融资规模，有效带动专利保险、知识产权证券化等新兴知识产权金融服务业态发展。加快山东省知识产权“一站式”综合服务平台和山东省知识产权交易中心建设，探索建立符合市场价值规律、体现知识产权核心价值的知识产权价值评估指标体系，有效促进知识产权转化实施和市场化流转。扶持培育优秀知识产权服务机构，打造行业标杆单位，带动知识产权服务业整体服务能力提升。

加大知识产权保护力度。建立并实行严格的知识产权保护制度，建立知识产权保护社会信用标准和监督机制，营造公平竞争的市场环境。加强知识产权行政执法能力建设，完善知识产权行政执法体系，构建省、市、县三级联动的联合执法机制。探索建立知识产权综合管理和综合执法模式，强化行政执法与司法衔接，推进司法诉讼与行政调处对接，推进知识产权民事、行政、刑事审判“三合一”改革，争取设立知识产权法院。完善知识产权维权援助工作体系，实现维权援助网络 17 市全覆盖，支持建立知识产权海外保护联盟，探索完善海外知识产权维权援助机制。健全知识产权侵权调处、假冒查处和举报奖励机制。

完善知识产权管理体制机制。加快建设职责清晰、管理统一、运行高效的知识产权行政管理体制，鼓励国家级知识产权示范城市、中韩自贸区地方经济合作示范区等先行先试。推进各类园区、规模以上工业企业、高等院校、科研院所贯彻知识产权管理规范，健全知识产权管理体系，夯实各类创新主体知识产权工作基础。建立国家科技重大专项和科技计划知识产权目标评估制度，完善知识产权利益分享机制，探索建立以知识产权为导向的创新驱动评价体系，推动知识产权指标纳入政府创新驱动发展评价体系。营造尊重知识、崇尚创新、诚信守法的知识产权文化环境。

（五）培育科技创新品牌。以推动各类创新主体和创新载体的体制机制创新为重点，围绕创新能力提升、发展新动能培育、先发优势打造和经济发展支撑引领，实施“十个一百”科技创新品牌培育工程，培育一批体制机制科学合理、模式和路径新颖、创新发展和创新服务成效显著的创新主体和服务载体，将在创新驱动中走在前列的创新主体和服务载体培育打造成“双创”品牌，形成多层次、高水平的科技创新品牌体系，在创新驱动发展和“双创”活动中发挥示范作用，形成推动我省经济持续增长的重要动力。

专栏 18 “十个一百”科技创新品牌培育工程

1. 百个技术创新研发平台。重点培育百个定位明确、特色鲜明、开放服务和重大创新产出成效显著的技术创新研发平台，带动全省形成产业链、创新链覆盖完整，基础研究、前沿技术开发、工程化和产业化一体贯通，较为完善的创新研发支撑体系，大幅提高我省基础性、引领性、标志性、颠覆性技术研究开发能力，为“双创”活动深入开展提供创新源泉。

2. 百个科技创新公共服务平台。重点培育百个市场化水平高、自我发展能力强、创新公共服务成效显著的科技创新公共服务平台，带动全省形成布局合理、开放协同、创新创业全链条覆盖的科技创新公共服务体系，提升全省科技创新公共服务供给能力。

3. 百个（国际）科技合作示范基地。重点培育百个合作渠道畅通、合作机制完善、合作内涵深化、合作成效显著的（国际）科技合作示范基地，带动全省构建形成与“一带一路”沿线国家等重点国家和地区以及国内重点地区和高水平科研院所、大型企业之间完善的科技合作平台网络，为我省整合和利用国内外科技创新资源和参与“一带一路”战略实施提供重要保障。

4. 百个专业化科技企业孵化器和众创空间。重点打造百个配套支撑全程化、创新服务个性化、创业辅导专业化的科技企业孵化器和众创空间，形成我省创新创业的重要策源地，带动全省形成投资主体多元化、运行机制多样化、组织体系网络化、创新创业服务专业化、资源共享国际化的创新创业服务体系，为全省经济发展新动能培育提供重要载体支撑。

5. 百名优秀创业导师。重点选拔百名具备创新创业精神、创业经验丰富、辅导质量高的优秀创业导师，带动全省形成联动的创业导师网络，推动全省大众创业、万众创新蓬勃发展。

6. 百名科技创新创业领军人才（团队）。重点培育百名在省内外具有重要影响、创新创业意识和能力强、创新支撑作用显著的科技创新创业领军人才（团队），带动全省形成一批具备重大关键技术突破能力、引领我省学科建设和产业发展的一流科技创新领军人才（团队）和具有创新创业精神、能够运用核心技术或自主知识产权创办具有国际竞争力创新型企业的一流科技创业领军人才（团队）。

7. 百个产业技术创新战略联盟。重点构建百个由行业龙头企业、科技型中小微企业、高校、科研院所、科技服务机构等广泛参与的产业技术创新战略联盟，推动相关重点产业领域形成创新链与产业链双向融合、大企业带动中小微企业集群发展的产业创新发展格局。

8. 百项重点领域关键核心技术知识产权。重点实现百项事关我省产业核心竞争力和自主创新能力的重点领域关键核心技术突破，掌握一批技术水平先进、权利状态稳定、市场预期收益高的关键核心技术知识产权，为打造我省重点产业领域优势地位提供有效支撑。

9. 百家明星科技型小微企业。重点培育百家成长性好、掌握有自主知识产权核心技术、具有较强国内外行业竞争力、形成一定经济规模、成为行业细分领域“单项冠军”的明星科技型小微企业，带动全省科技型小微企业群体发展壮大。

10. 百个创新型产业集群（基地）。重点培育百个符合区域规划布局和资源特点、骨干企业带动性强、科技型小微企业与骨干企业分工协作、技术和产品上中下游紧密衔接、产业竞争力和可持续发展能力强的创新型产业集群（基地），部分集群（基地）实现在创新成果研发及转化、专利授权量和规模效应等方面达到国内领军水平，成为全省产业转型升级的重要支撑力量。

（六）加强科技创新生态环境建设。大力提高全民科学素质，完善科普基础设施体系，培育创新创业文化，普及科学知识，弘扬科学精神，传播科学思想，推动形成讲科学、爱科学、学科学、用科学的良好氛围。

实施全民科学素质行动计划。全面推动青少年、农民、城镇劳动者、领导干部和公务员等重点人群科学素质行动和科技教育与培训、社区科普益民、科普信息化、科普基础设施、科普产业助力和科普人才建设等重点工程的实施。推动科研院所、高校、企业的各类科研基地和设施向社会公众开放。到 2020 年，全省社会化大科普工作机制更加完善，在科技教育、传播与普及，公众获取科学技术知识渠道，公众对科学技术的态度，公众运用科学技术处理实际问题、参与公共事务的能力等方面取得大幅提升，我省公民具备基本科学素质的比例达到 10.5% 左右。

培育山东特色创新创业文化。大力增强创新自信，倡导敢为人先、宽容失败的创新文化，塑造“创新创业山东”新形象。深入开展创新创业政策宣传和培训，积极组织开展各类创新创业活动，打造一批区域创新创业活动品牌。支持有条件的市组织承办各类创新创业大赛，强化对创新创业先进事迹和典型人物的宣传，进一步形成尊重劳动、尊重知识、尊重人才、尊重创造的良好风尚。大力弘扬科学精神，加强科研诚信、科研道德、科研伦理建设，坚持制度规范与道德自律并举原则，建设教育、自律、监督、惩治于一体的科研诚信体系。大力培育企业家精神和创客文化，形成人人崇尚创新、人人渴望创新、人人皆可创新的社会氛围。

六、构建开放融合的科技合作新格局

主动对接国家“一带一路”战略，积极融入全球创新网络，以全球视野谋划和推动创新，探索开放创新的新模式、新路径和新机制，统筹利用国际国内两种创新资源，全面提升开放创新水平。到 2020 年，构建形成渠道通畅、机制完善、开放务实、成效显著的科技合作网络和完备的军民融合科技创新体系，区域国际化和开放程度显著提高，我省国内外创新资源的配置能力全面提升。

（一）主动对接“一带一路”战略。深入贯彻实施国家“一带一路”战略，围绕我省参与“一带一路”建设的总体部署，突出科技合作在“一带一路”战略中的重要地位，聚焦我省经济社会发展的重大科技需求，在国家互联互通交流机制和双边、多边科技合作协定框架下，着力与沿线国家的政府部门、科研机构、著名大学和企业开展高层次、多形式、宽领域的科技合作。深化优势互补的合作关系。坚持需求导向，执行好与以色列、白俄罗斯等国家的科技合作协议，重点加强与德国、俄罗斯、乌克兰、印度在先进制造、新材料、海洋工程装备、软件技术等领域的技术合作与人才交流，突出技术引进消化吸收再创新。发挥我省技术优势，加强与中西亚、南亚、东南亚等发展中国家在农业、能源、海洋资源开发、信息通信、高端装备制造等领域的合作，推广应用我省科技成果，推动成熟技术向海外转移转化。充分利用国家扶持边疆民族地区的特殊政策，支持我省骨干企业借助科技会展平台参与合作，在上述地区布局建设科技园区或产业基地，面向中亚、阿拉伯、东盟和欧盟国家开展以农业、制造业为主的技术与投资贸易合作，实现我省优势产业“走出去”。

发挥科技创新平台纽带作用。充分利用在“一带一路”沿线国家建立或共建的研发机构、科技产业园区、科技企业孵化器和先进适用技术示范与推广基地，发展以科技合作为先导，进而推动产能与投资贸易合作的新模式。成立“丝绸之路高科技园区联盟”，搭建与丝绸之路沿线国家高科技园区的技术转移协作网络和合作对接平台。密切与“一带一路”沿线国家海洋科技研发机构的联系，建立区域内海洋科技机构定期交流机制。探索设立世界海洋科技创新联盟，推动建设海上丝绸之路海洋科技联合研究中心、国际海洋技术交易市场。推动东亚海洋合作平台建设，加强东盟与日韩等国在海洋科技方面的交流与合作。加强中以农业科技生态城、中印软件产业园、中乌先进焊接技术研究院等重点合作园区和平台的建设，打造与“一带一路”国家科技合作的典范，发挥示范带动作用。

（二）加快融入全球创新网络。实施科技创新国际化战略，积极融入和主动布局全球创新网络，深化政府间科技合作，完善科技创新开放合作机制，促进创新资源双向开放和流动，全方位提升科技创新国际化水平。

提升国际科技合作层次。积极借助国家政府间科技合作机制，支持我省高校、科研机构、各类科技园区和企业深化与重点国家和地区在重点领域的科技合作与交流，积极参与实施国家政府间科技合作和科技援助、科技培训等项目，拓宽合作渠道。围绕战略性新兴产业发展与传统产业转型升级的重大技术需求，支持省内高等院校、科研院所、企业与国外相关机构建立长期战略合作伙伴关系，加强创新信息、技术、资源的共享，推进重大关键技术突破。鼓励我省科研机构和科学家依托国家实验室等重大创新平台，积极参与海洋观测、气候变化、重大传染病等全球重大科技问题研究，积极组织参与大型国际科技合作计划和大科学工程，推动国际科技合作水平的不断提升。加强创新创业国际合作，深化科技人员国际交流，吸引杰出青年科学家来鲁工作、交流，允许引进的外籍科学家领衔实施省级科技计划项目，鼓励外籍高层次人才在我省创办科技型企业，开展创新活动。

加强国际科技合作基地建设。围绕“两区一圈一带”区域发展战略和我省重点发展的产业和技术领域，突出区域发展特色，面向创新型产业集群，规划建设一批新的国际创新园和国际科技合作基地，使之成为面向海外吸引优势创新资源、开展国际科技交流合作的集聚区。鼓励有条件的科技园区、经济园区和企业，通过自建、并购、合作共建等多种方式在海外建立研发中心、科技产业园区、科技企业孵化器，按照国际规则并购、合资、参股国外创新型企业和研发机构，提高海外知识产权运营能力。推动与国外高校、科研单位、技术转移机构及企业开展科技深度合作，吸引跨国公司、外国专家及团队来鲁设立技术研发中心，支持外资研发机构与我省企业、科研机构开展多种形式的合作研发活动，参与重大科技项目联合攻关。

（三）深入推进国内科技合作。全面落实与中国科学院、中国工程院以及有关著名高校的战略合作协议，深化与国内大院大所和大型企业在合作研发、人才交流、平台建设等方面的全方位合作，完善以股权为纽带的产学研合作机制，加快我省重点领域技术突破。积极推动著名高校、科研单位来我省设立分校、分所。支持我省企业与国内著名高校、科研院所共建一批产业技术研究院、工业技术研究院等新型研发机构和成果转移转化基地。加快建设中科院山东产业技术协同创新中心，构建辐射全省的中科院技术转移服务网络。深入实施中科院科技服务网络计划（STS 计划）农业科技领域山东试点工程，支撑我省农业转型升级与绿色发展，建立一批“可示范、可学习、可复制”的样板，培植一批能够辐射周边、带动全国的创新典型。实行院士工作站备案制，加快院士工作站布局建设，大力引进高层次创新人才和团队。支持德州建设面向全省的科技成果转移转化基地，承接京津地区科技成果转移。

七、全面深化科技体制改革

紧紧围绕促进科技与经济社会发展的深度融合，全面深化科技体制改革，着力破除制约创新的体制机制障碍，发挥市场在资源配置中的决定性作用，更好发挥政府作用，充分调动各类创新主体的积极性，激发全社会创新活力和创造潜能，加快形成充满活力的科技管理和运行机制，打造有效集聚创新要素的区域优势。

（一）加快政府职能向创新服务转变。主动适应科技创新发展新规律，健全科技创新治理机制，加快政府职能由研发管理向创新服务转变，全面提升创新服务能力和水平。

明确科技创新领域政府和市场的定位。政府科技管理部门进一步强化抓战略、抓规划、抓政策、抓服务的职能，推进科研领域"放管服"改革，进一步简政放权，推行科技管理权力清单、责任清单、负面清单制度，简化科研项目申报、验收中的程序，改革现有科研管理和服务中不适应"互联网＋"等新兴行业特点的市场准入要求，对应由市场决策的内容交由市场做主，减少政府部门的行政干预，充分释放各类主体的创新活力。

提高政府创新服务能力。创新政府服务模式，加快培育第三方专业机构，建立"互联网＋科技服务"的新模式，提高创新服务专业化水平。完善普惠性的创新政策体系，强化政策宣传、贯彻和落实，推进科技和经济政策更好结合，用足用好政府采购、税收优惠、金融支持等政策工具，促进科技资源统筹配置，强化创新链、产业链和市场需求的衔接。建立科技创新政策调查和评价制度，定期对我省科技创新政策法规实施效果进行评估，并结合国家有关法律法规政策的制修订和颁布，及时进行调整完善。

建立科技咨询支撑行政决策的科技决策机制。加强科技决策咨询系统建设，组建由高层次科学研究、工程技术、宏观战略和产业发展专家组成的创新决策咨询专家智库，建立智库专家参与科技创新决策机制，推进重大科技决策制度化，提升科技创新决策的科学性。建立常态化的企业技术创新对话机制，发挥企业和企业家在创新决策中的重要作用。完善重大科技创新决策公众参与机制，在科技政策的制定、实施过程中，充分听取公众的意见和建议。

（二）深化科技计划管理改革。聚焦创新发展，进一步优化整合科技计划体系，创新财政科技资金使用方式，建立健全符合科技创新规律的资源配置和管理机制，充分发挥财政科技资金支撑创新的作用。

优化整合省财政科技资金。进一步完善以自然科学基金、重点研发计划、基地和人才建设、产业引导基金为主体的相互衔接的省财政科技资金体系，明确科技计划定位，加大对基础研究、公益类研究、科技创新平台建设和企业创新奖补的支持力度。完善稳定和竞争性相协调的基础研究支持机制，持续加大政府科技资金对基础研究的投入，稳步扩大自然科学基金规模。探索通过各级财政资金与社会资本共同设立联合基金的方式支持基础研究，引导企业和社会力量增加基础研究投入，形成全社会支持基础研究的合力。深化与国家自然科学基金委合作，逐步扩大联合基金规模，进一步加大对海洋、现代农业等我省重点优势领域基础研究的支持强度。对市场需求明确的技术创新活动，充分运用风险补偿、后补助、创投引导等支持方式发挥财政资金的杠杆作用，引导和带动社会力量支持科技创新。

改革科技计划项目管理机制。加快建立健全决策、执行、评价相对分开、互相监督的管理运行机制。建立委托专业机构管理科技项目机制，政府部门不再直接管理具体项目，由专业机构承担科技项目申请、评审、立项和过程管理等具体事项。加快培育和发展运行公开透明、制度健全规范、管理公平公正的项目管理专业机构，逐步建立专业机构竞争性遴选机制，完善专业机构运行监管、绩效评估等办法。构建统一的省级科技管理信息系统，建立面向社会的信息开放机制，对科技计划项目立项和执行全过程信息进行“痕迹化”管理，实现科技计划项目管理的全过程可查询、可追溯。完善科技报告制度，建立科技报告共享服务机制，将科技报告呈交和共享情况作为对项目承担单位后续支持的依据。

创新科研经费使用和管理方式。完善符合科研规律的科技计划和科研经费管理办法，简化省级财政科研项目预算编制，实施项目法人责任制，下放科研经费预算调整权，提高间接费用比重。探索建立科研财务助理制度，将科研人员从非研发类的事务性工作中解放出来。建立项目结余资金管理使用与项目法人信用评级挂钩的机制，信用良好项目法人的结余资金可按规定留归项目承担单位继续用于科研活动。加强科技资金使用监管，推行符合创新规律的科研经费审计方式，加强科研经费执行全过程监督，建立违规使用资金问责机制。

加强科研诚信建设。强化对科技计划项目法人的信用记录和管理，构建全省统一的科研诚信档案。加强与国家科研诚信系统的互联互通，推进科研信用信息的共享共用。制定对科研失信行为的惩戒办法，对出现科研失信行为的单位、组织和个人，列入失信名单，阶段性或永久取消其申请省级科技计划、科技项目和奖励以及参与科技计划和项目实施与管理的资格。

（三）完善科技评价体系和机制。健全完善科技评价制度，探索建立政府、社会组织、公众等多方参与的评价机制，根据不同类型创新活动的规律和特点，建立健全科学分类的创新评价制度体系，充分发挥科技评价对创新的激励和导向作用。

完善对各类创新主体的评价。以创新质量、创新贡献和创新效率为导向，推进高校、科研院所和科技人才的分类评价。将技术转移和成果转化对经济社会发展的支撑作用纳入对高校、科研单位的评价指标体系，将评价结果作为财政科技经费支持的重要依据。完善人才评价制度，改革科技人才评价中存在的唯学历、唯职称、唯论文倾向，对不同类型的科技人才分类制定评价标准。对科研团队实行以解决重大科技问题能力与合作机制为重点的整体性评价。合理界定和下放职称评审权限，突出用人主体在职称评定中的主导作用。改革完善国有企业评价机制，把研发投入和创新绩效作为重要考核指标。

强化科技计划和项目评价。强化对科技计划和科技项目实施绩效的评价，科学设置评价标准、方法和时限，正确评价科技创新成果的科学价值、技术价值、经济价值、社会价值和人文价值。基础研究项目评价以同行评价为主，弱化中短期考核，注重学术创新性、科学和社会价值方面；应用研究和产业化项目以市场评价为主，注重技术理论、关键核心技术的创新集成及潜在经济社会效益方面；科技条件建设项目评价以对经济、社会和科学技术可持续发展的贡献为评价重点。

建立科学规范的区域创新评价机制。制定符合我省特点的区域创新评价指标体系，着重从科技创新资源聚集配置、科技创新投入产出、科技创新环境及科技创新对经济社会发展贡献等方面对省内各区域创新能力进行监测、评价和发布，促进全省区域创新综合实力持续稳定提升。

（四）完善科技成果转移转化体系。建立健全科技成果转移转化体系和机制，深入推进科技成果权益管理改革，强化对科研人员的创新激励，促进科技成果加快转化为现实生产力。

建立健全科技成果转化组织体系。强化高校、科研院所科技成果以许可、作价入股等方式对外转移扩散，充分实现创新成果的市场价值。鼓励高校、科研院所建立健全科技成果转移转化机构，加强专业化队伍建设，强化与企业合作，拓展与市场对接渠道，形成一批机制灵活、服务专业的科技成果转化机构。完善高校、科研院所科技成果转移转化统计和报告制度。建立和完善科技计划形成科技成果的转化机制，遴选并发布符合我省产业发展需求的科技成果，增强技术源头供给能力。发挥省科技成果转化服务平台和全省统一的技术市场交易体系在促进科技成果转移转化中的重要作用。

深化科技成果权益管理改革。全面落实国家和省促进科技成果转化的政策措施，将财政资金支持形成的，不涉及国防、国家安全、国家利益、重大社会公共利益的科技成果的使用、处置和收益权，全部下放给项目承担单位。单位主管部门和财政部门对科技成果在境内的使用、处置不再审批或备案，主要加强事后监管。科技成果转移转化所得收入全部留归承担单位，纳入单位预算，实行统一管理，处置收入不上缴国库。在政府设立并投资建设的高校、科研院所中，职务发明成果转化收益按有关规定自主决定分配政策。转化收益用于人员激励的部分，计入当年工资总额，不计入绩效工资总额基数。落实国有企事业单位成果转化奖励相关政策，提高科研人员奖励比例，对担任领导职务的科技人员获得科技成果转化奖励，按照分类管理的原则执行。高校、科研单位、国有企业等要根据国家和我省有关规定，建立科技成果使用、处置的程序与规则，打通科技成果转化“最后一公里”，提高科技成果转化效率。

八、加强规划组织实施

本规划是我省“十三五”时期科技创新的行动指南，要切实加强组织领导，明确责任分工，调动各方面力量，统筹各类创新资源，加强监督和评估，形成规划实施的强大合力，保障规划顺利实施。

（一）强化组织领导。在全省深化科技体制改革领导小组的领导下，建立由省科技主管部门牵头，各地、各部门协同推进的规划实施机制。各地、各部门要依据本规划，结合自身实际，强化本地、本部门的科技创新部署，做好与本规划提出的发展思路和主要目标的衔接，加强重大事项的会商和协调，做好重大任务的分解和落实。各级科技管理部门要加强规划的宣传贯彻，做好协调服务和指导，调动和增强社会各方面参与的主动性和积极性。

（二）强化统筹协调。加强与省市国民经济和社会发展规划的衔接部署，建立省市之间、部门之间的工作会商和沟通协调机制，统筹推进科技体制改革和经济社会领域改革，注重科技、经济、社会等各方面政策、规划及改革举措的协调和衔接。加强规划对年度计划执行和重大项目安排的统筹指导，确保规划提出的各项任务落到实处。

（三）强化投入保障。加强科技投入与规划实施的衔接，把财政科技投入作为预算保障的重点，建立与科技创新需求相适应的财政科技投入稳定增长机制。优化财政科技资金配置，加大对基础性、战略性和公益性研究的支持力度，完善稳定支持和竞争性支持相协调的机制，带动地方和企业加大研发投入。创新财政科技投入方式，加强财政资金和金融手段的协同配合，引导金融资本和社会资本进入创新领域，完善多元化、多渠道、多层次的科技投入体系。

（四）强化监测评估。建立健全规划实施的监测评估制度和动态调整机制，开展规划中期评估和专项监测，对本规划实施情况进行动态监测与跟踪分析，为规划的动态调整和顺利实施提供依据。完善规划实施督查和考核机制，将本规划主要发展指标实施情况纳入地方各级政府及其有关部门绩效评价与考核的重要内容。

河南省科技创新“十三五”规划

全面落实《国家创新驱动发展战略纲要》和《“十三五”国家科技创新规划》的部署要求，衔接《河南省全面建成小康社会加快现代化建设战略纲要》和《河南省国民经济和社会发展第十三个五年规划纲要》，依据《中共河南省委河南省人民政府关于贯彻落实〈国家创新驱动发展战略纲要〉的实施意见》，制定本规划。

第一篇　迈向创新型省份

第一章　把握发展新态势

第一节　“十二五”科技创新发展状况

“十二五”时期，省委省政府紧紧围绕三大国家战略规划实施，以增强自主创新能力为核心，以构建现代创新体系为主导，以深化科技体制改革为动力，以强化企业创新主体地位为着力点，紧紧抓住主体、平台、载体、专项、人才、机制等创新六元素，大力推进创新驱动发展，科技创新事业迈上了一个新的战略起点。

科技创新综合实力显著提升。全社会研发投入达到440亿元，相比2010年增长了108.2%；专利申请量和授权量分别达到6.2万件和3.3万件，是2010年的2.5倍和1.9倍；共获得国家科技奖励106项，填补了自然科学奖、企业技术创新工程奖和创新团队奖等奖项的空白，综合科技进步水平指数在全国的排名由26位升至21位，指数位次上升幅度为全国第三。

科技引领发展能力持续增强。取得了超大断面矩形盾构机、高压大容量柔性直流输电装备、小麦新品种“矮抗58”、甲型H1N1流感病毒裂解疫苗等一批在全国具有重大影响的科技成果；实现了粮食作物主导品种新一轮更新换代；全省高新技术企业总数达到1353家，是2010年的1.6倍，规模以上高新技术产业增加值达到5376亿元，占规模以上工业增加值比重由19.2%提高到33.3%。

高端创新资源加速聚集。成功争取了中原国家现代农业科技示范区、国家技术转移郑州中心、

河南省科学技术厅，豫科〔2016〕175号，2016年10月31日。

国家知识产权局专利审查协作河南中心、国家农村信息化示范省等一批“国字号”创新载体；建有国家级研发平台 141 家，其中国家重点实验室 14 家、国家工程技术研究中心 10 家、国家工程实验室 33 家、国家级企业技术中心 80 家，均居全国前列；建设国家级各类创新园区 34 家，其中国家高新区总数达到 7 家，居全国第六、中西部第一；新增 7 名两院院士，培育“中原学者”41 名。

创新创业环境不断优化。研究制定了《关于加快自主创新体系建设促进创新驱动发展的意见》《关于深化科技体制改革推进创新驱动发展若干实施意见》等政策文件，积极推进财政科技计划和资金管理、科技与金融结合、产学研结合等改革，加强企业研发费用加计扣除等政策落实，全省省级以上各类创新创业载体已达 125 家，实现了省辖市和高新区的全覆盖，新业态新模式不断涌现，创新创业氛围日益浓厚。

第二节 “十三五”期间面临的形势

“十三五”期间是全面建成小康社会的决战阶段，也是创新驱动发展的关键时期。从国际看，当前世界范围内新一轮科技革命和产业变革蓄势待发，信息技术、生物技术、新材料技术、新能源技术广泛渗透，带动以绿色、智能、泛在为特征的群体性技术突破，人才、知识、技术、资本等创新要素全球加速流动，创新创业进入高度密集活跃期，新产业、新业态、新模式等应运而生。为抢占未来新一轮经济增长的战略制高点，世界主要国家都在强化创新战略部署，美国积极实施以清洁能源、生物、新一代互联网等为重点的再工业化战略，德国率先提出推进以“智能工厂”为核心的工业 4.0 战略，日本加快实施以环保型汽车、太阳能发电等为导向的新成长战略，创新战略成为各国实现经济再平衡、打造国家发展新优势的核心战略，创新发展的竞争日趋激烈。从国内看，随着经济发展进入新常态，以往主要依靠资源等要素投入推动经济增长和规模扩张的粗放型发展方式难以为继，要跨越中等收入陷阱，突破资源瓶颈制约，实现发展方式转变、动力结构调整，急需依靠创新驱动发展。为抢抓当前科技创新这一难得的历史机遇期，各地纷纷掀起加快科技创新的新一轮热潮，北京、上海提出要建设全球有影响力的科技创新中心，江苏、广东等省份要创建区域重要的科技创新中心，争相进一步释放科技创新潜能，打造区域创新发展的新引擎。

近年来，我省大力实施三大国家战略，加快“一个载体、四个体系、六大基础”建设，发展的科学性明显增强、发展优势日益凸显、发展后劲蓄积壮大，经济总量稳居全国第五位，综合实力显著增强，在全国发展大局中的地位不断提升。随着经济发展进入新常态，支撑我省发展的主要因素发生了深刻变化，长期积累的结构性矛盾日益显现，经济发展传统优势减弱而新的动力尚在形成之中，加快动力转换、培育竞争新优势，推进供给侧改革、促进转型升级，破解资源环境约束、实现可持续发展，都迫切需要强化科技创新。目前，科技有效供给还不能适应新常态下经济社会发展的要求，突出表现在：产业技术创新体系尚待健全，一些关键核心技术长期需要靠外部引进，自主创新能力亟待增强；技术创新的市场体系发育迟缓，科技对外开放度低，主动融入和应用全球科技创新能力偏弱，开放创新能力亟待提升；高层次宏观创新载体统领不够，多元化科技投融资体系尚未形成，高端创新领军人才匮乏，创新基础支撑亟待强化；制约创新发展的思想观念和深层次体制机制障碍依然存在，全社会创新创业热情特别是科技人员和企业家的积极性还没充分调动和激发，创新环境亟待优化。

总体来看，“十三五”时期我省科技创新正处于大有可为的重要战略机遇期，也面临着差距进一步拉大的风险，在创新驱动已具备加速发力的基础上，必须紧紧抓住机遇，坚定不移把创新驱动发展战略作为经济社会发展的主战略，突出科技创新在全面创新中的核心地位，不断加快科技创新步伐，以科技创新引领带动全面创新，使创新真正成为河南经济社会发展的强大动力源。

第二章　确立发展新蓝图

第一节　指导思想

全面贯彻党的十八大、十八届三中、四中、五中全会和习近平总书记系列重要讲话精神，深入落实省委省政府决策部署，牢固树立创新、协调、绿色、开放、共享的发展理念，发挥科技创新在全面创新中的引领作用，坚持“自主创新、重点跨越、支撑发展、引领未来”的方针，主动引领经济发展新常态，围绕粮食生产核心区、中原经济区、郑州航空港经济综合实验区、郑洛新国家自主创新示范区、中国（河南）自由贸易试验区五大国家战略规划实施，以深入实施创新驱动发展战略为主线，以支撑供给侧结构改革为基点，着力构筑区域创新发展新格局，着力提升产业技术创新能力，着力增强创新发展基础支撑，着力推进开放式创新，着力推动大众创业万众创新，着力深化科技体制改革，推动经济社会快速健康发展，为全面建成小康社会、实现中原崛起河南振兴富民强省提供强有力科技支撑，让中原更加出彩。

第二节　基本原则

——坚持需求导向。聚焦经济社会发展重大科技需求，明确主攻方向和突破口，以重点领域和关键环节的突破，加速赶超引领的步伐，提升科技创新质量和水平，加快培育新的发展动能，引领带动经济社会的创新发展。

——坚持深化改革。推动科技体制改革和经济社会领域改革同步发力，充分发挥市场配置创新资源的决定性作用和更好发挥政府作用，突出问题引导，破除科技与经济深度融合的体制机制障碍，全面释放创新活力。

——坚持开放合作。以全球视野谋划和推动创新，积极融入和主动布局全球全国的创新网络，充分利用国内外各类创新资源，努力补强创新发展的短板，借力提高创新起点，缩小创新差距。

——坚持统筹协同。注重当前和长远、重点和全局、自主和开放、应用和基础等的紧密结合，遵循科学规律，集聚创新资源，整合创新力量，围绕产业链进行一体化的部署和配置，形成共同推动创新发展的合力。

第三节 发展目标

到 2020 年，基本建立结构合理、要素完备、开放兼容、高效管用的区域创新体系，创新驱动发展的能力有突破性进展，综合科技进步水平进入全国前 15 名，建成创新型省份，打造中西部地区科技创新高地。

——自主创新能力大幅提升。研究与试验发展经费投入强度达到 2.5%，每万名就业人员中研发人员达到 50 人年以上，每万人口发明专利拥有量超过 6 件，PCT 专利申请量年增长率超过 30%。企业成为技术创新的主体，规模以上工业企业研发投入占主营业务收入的比例达到 1.0% 以上，大中型企业省级以上研发机构基本实现全覆盖。

——创新型经济格局初步形成。形成一批在国内国际具有较强竞争力的创新型企业和产业集群，培育创新龙头企业 50 家左右，高新技术企业和创新型企业达到 2500 家，科技型中小企业达到 20000 家，高新技术产业、战略性新兴产业的增加值占工业增加值的比重达到 50% 左右。主要农作物基本实现良种全覆盖。科技进步对经济增长的贡献率达到 60% 左右。

——区域创新协同完善。郑洛新国家自主创新示范区成为创新型河南建设的重大载体和核心增长极，建成国家技术转移郑州中心和国家中原现代农业科技示范区，国家级研发平台达到 300 个，国家级高新区、农业科技园区、可持续发展实验区力争达到 50 家以上，基本搭建起区域创新协同网络体系。

——创新环境更加优化。激励创新的政策法规不断完善，科技与金融结合紧密，人才、技术、资本等创新要素顺畅流通，全省技术合同成交额翻一番，知识产权保护更加严格，公民科学文化素质明显提高，形成崇尚创新创业、勇于创新创业、激励创新创业的价值导向和文化氛围。

表 “十三五”科技创新规划指标与目标值

序号	指标	2015 年指标值	2020 年目标值
1	科技进步贡献率（%）	53.84	60
2	研究与试验发展经费投入强度（%）	1.18	2.50
3	每万名就业人员中研发人员（人年）	24.76*	50
4	每万人口发明专利拥有量（件）	1.86	6
5	规模以上工业企业研发投入占主营业务收入的比例（%）	0.50*	1
6	高新技术产业、战略性新兴产业增加值占工业增加值的比重（%）	33.29	50
7	高新技术企业和创新型企业（个）	1886	2500
8	科技型中小企业	12000	20000
9	国家级研发平台（个）	141	300
10	国家级园区（个）	33	50
11	公民具备基本科学素质比例（%）	5.59	9.38

注：* 为 2014 年数据。

第四节　总体部署

“十三五”期间，全省科技创新工作围绕一个主线，建设一个载体，强化两个支撑，突出三个重点。

（一）围绕一个主线。围绕“创新驱动，转型升级”这条主线，瞄准新一轮科技革命和产业革命前沿，紧扣经济社会发展需求，加强产业链、创新链、资金链、政策链“四链”融合，推进科技与经济紧密结合，加快培育新的发展动能，改造提升传统比较优势，全面增强对经济社会发展支撑引领作用。

（二）建设一个载体。把郑洛新国家自主创新示范区作为创新发展的重大核心载体，完善示范区空间布局和功能布局，开展创新政策先行先试，提升产业发展效能，建设具有国际竞争力的中原创新创业中心，打造开放创新先导区、技术转移集聚区、转型升级引领区和创新创业生态区，示范带动全省创新发展。

（三）强化两个支撑。一是强化科技投入要素。把科技投入作为战略性投资，加快构建多元化投入机制，推动政府引导性投入稳步增长，企业主体性投入持续增长，社会多渠道投入加速增长；二是强化科技人才要素。以培养、引进和用好高层次创新创业人才和团队为核心，创新人才发展的思想观念和体制机制，建立更具竞争力的人才培养引进制度，营造人才发展良好环境。

（四）突出三个重点。一是推进区域创新体系建设。坚持市场的需求导向和供给导向“双引导”，围绕产业链部署创新链，一体化配置各类科技创新资源，突出企业创新主体地位和主导作用，加强产业技术创新，加快推进开放创新，构建具有河南特色的区域创新体系，推动自主创新和开放创新“双提升”。二是构筑创新创业生态环境。坚持“营造环境、集聚资源、注重实效”原则，强化创新创业孵化体系和投融资体系建设，构建开放融合、良性互动的双创生态系统，激活各类双创主体，形成资金链引导创业创新链、创业创新链支持产业链的新局面，打造经济发展和社会进步的新引擎。三是持续深化科技体制机制改革。聚焦河南经济社会发展，坚持以增强自主创新能力、促进科技与经济紧密结合为根本目的，找准突破口，增强针对性，着力破除束缚科技创新的体制机制障碍，在重要领域和关键环节的改革上取得决定性进展，进一步释放科技创新的活力和动力。

第二篇　构筑区域创新发展新格局

坚持“核心引领、节点支撑、辐射周边、全面提升”原则，进一步优化创新布局，以郑洛新国家自主创新示范区为创新发展的核心增长极，以高新技术产业开发区为重要创新节点，营建富有活力的城市创新生态，构筑区域创新格局，拓展发展新空间，提升协同发展水平，推动全省创新发展。

第一章　建设郑洛新国家自主创新示范区

强化核心引领，围绕“一中心四区”的建设目标，全力推进郑洛新国家自主创新示范区建设，着力打造具有较强辐射能力和核心竞争力的创新增长极，引领带动全省创新水平的整体跃升。

第一节　创新体制机制

加快推进体制机制改革，先行先试一批重大政策，建立统筹协调发展、技术创新市场导向、科技成果分配激励、创新人才培育引进、创新投入保障、知识产权创造保护等方面的体制机制。切实赋予三市国家高新区省辖市级经济管理权限和相关的行政管理权限。加快“放管服”改革力度，编制示范区部门权责清单，依法公开示范区管理权限和流程，取消和下放行政审批事项，加强事中事后监管，加快建设服务型政府。构建协同发展新机制，以“三市三区多园”为主体架构，突出郑洛新三市国家高新区作为核心区的引领作用，适时扩编核心区的建设规划，参照国家高新区的标准，面向特色产业园区遴选建设辐射区，采取“一区多园”的方式，探索将符合条件的辐射区提升为示范区的异地共建区，加快形成创新一体化发展格局。

第二节　强化产业支撑

围绕一体化布局和产业特色发展，推动郑州、洛阳、新乡三市分工协作，核心区突出“高”和“新”，辐射区突出“专”和“精”，共建区突出“特”和“优”，加快培育一批“百千万”亿级创新型产业集群，形成优势互补、错位发展、特色明显的产业格局。郑州以郑州国家高新区为核心区，以郑州航空港经济综合实验区、郑东新区、金水区、郑州经开区内的重点园区为辐射区，重点发展智能终端、盾构装备、超硬材料、新能源汽车、非开挖技术、智能仪表与控制系统、可见光通信、信息安全、物联网、北斗导航与遥感等，打造国内具有重要影响力的高端装备制造产业集群和新一代信息技术产业集群；洛阳以洛阳国家高新区为核心区，以先进制造产业园区、洛龙科技园区和伊滨科技园区为辐射区，重点发展工业机器人、智能成套装备、高端金属材料、新型绿色耐火材料等，打造国内具有重要影响力的智能装备研发生产基地和新材料创新基地；新乡以新乡国家高新区为核心区，以平原示范区、新乡国家化学与物理电源产业园区、大学科教园、新东产业集聚区为辐射区，重点发展新能源动力电池及材料、生物制药、生化制品等，打造新能源动力电池及材料创新中心和生物医药产业集群。

第三节　链接全球资源

积极构建开放合作体系，柔性汇聚各类创新资源，推动示范区与省外知名高等学校、科研院所以及著名企业开展紧密的科技合作，支持其在示范区内设立或共建新型研发机构、技术转移机构，开展协同创新或引进技术成果在示范区转化。加强国际科技合作，鼓励有条件的单位积极参与大型国际科技合作计划，吸引国际知名科研机构和企业来示范区联合组建国际联合研究中心、国际联合实验室。支持癌症化学预防、先进钎焊材料与技术、道路建设与养护等国际科技合作基地建设。支持示范区内优势企业通过技术并购，建立海外研发中心。

第四节　建设双创生态

支持多元主体投资建设孵化器，鼓励各类孵化载体实行市场化运营，在土地、资金、基础设施建设等方面给予积极支持。设立示范区科技成果转化引导基金，鼓励银行业金融机构实施产品和服务创新，发展私募股权基金和风险投资基金，完善科技银行、科技保险等创新发展政策措施，健全科技贷款风险补偿和利息补贴、科技保险保费补贴、小微企业融资风险缓释等机制。构建创新创业全链条的科技服务体系，完善科技服务业创新发展政策体系，推动科研设施和仪器的开放共享，加快推动科技服务业试点建设。郑州市积极推进科技和金融结合试点城市建设，构建多层次、多渠道、覆盖科技企业成长全过程的科技投融资服务体系，形成县（市、区）联动、全市一体的科技金融体系。洛阳市加快小微企业创业创新基地示范城市建设，探索产业转型升级的新路子。支持新乡市争创国家创新型试点城市。

专栏 1　郑洛新国家自主创新示范区建设

以积极建设郑洛新国家自主创新示范区为统领，通过开放带动、深化改革、政策引导和协同创新，广泛汇聚国内外创新资源，不断激发创新的活力和动力，把示范区建设成为在全国有影响力的创新高地，加快形成中心带动、周边协同的引领、支撑全省创新发展的新局面。到 2020 年，自主创新能力显著提升，技术转移和开放创新取得新突破，产业结构进一步优化，创新创业生态环境日益完善。郑洛新三个国家高新区研发投入占生产总值的比重达到 5%，带动郑洛新三市研发投入占生产总值的比重达到 2.5%；示范区科技进步贡献率达到 65%，带动全省科技进步贡献率达到 60%；每万人口发明专利拥有量达到 15 件，高新技术产业产值占规模以上工业总产值的比重达到 65% 以上。

第二章　筑牢区域创新支撑

坚持节点支撑，积极推动高新区创新发展，有序建设一批区域产业创新中心，营建富有活力的城市创新生态系统，促进创新资源集聚和高效利用，辐射带动区域创新整体发展。

第一节　推动高新区创新发展

推行差异化发展的路子，加快高新区建设，打造区域创新重要节点，提升创新驱动发展的支撑带动能力。平顶山、安阳、焦作、南阳四个国家高新区，强调错位发展，重点围绕高端装备制造、新材料、汽车零部件、生物医药、电子信息等优势主导产业，整合创新资源建设区域产业创新中心，壮大创新创业人才队伍，完善创新创业服务体系，推进技术转移转化，建设优势产业基地和创新型产业集群，发挥集群骨干企业创新示范作用，促进大中小企业的分工协作，探索区域创新发展新模式，打造区域创新发展的高地；各省级高新区以加快创新政策措施的细化落实为保障，以开放合作共享为途径，以促进科技成果转化为着力点，梯次有重点的布局建设区域产业创新中心，推动特色产业发展壮大和传统产业转型升级，着力形成各有侧重、各具特色、协同发展的新局面。支持条件成熟的省级高新区升级为国家级高新区。推荐支持优秀的国家农业科技园区创建国家农业高新技术产业示范区，培育壮大农业高新技术企业，促进农业高新技术产业发展。

专栏2　高新技术产业开发区建设

高新区围绕主导特色产业，创新体制机制，整合创新资源，建设区域产业创新中心，推动战略性新兴产业和高新技术产业在高新区集中布局，加快创新型产业集群发展壮大，提升产业核心竞争力，打造创业环境优越、创新资源集聚、创新体系完备、基础设施完善、环境质量优良、产业特色突出、覆盖全省的战略性新兴产业和高新技术产业核心载体。到2020年，重点依托省认定的产业集聚区建设一批省级高新区，省级以上高新区达到30家左右，建设区域产业创新中心20家左右。

第二节　构建城市创新生态系统

依托中心城市，以促进高校、研究机构、政府、新兴企业和人才紧密结合为重点，引导各地市加快整合高校、科研院所、研发平台、创客空间等创新资源，大力吸引境内外人才、创业投资机构，完善政产学研用合作机制，推动人才、信息、资金集聚，促进创新要素共生共助、聚合裂变，打造城市创新圈和区域创新集聚地，构建富有活力的城市创新生态体系，带动区域创新发展。加快推进洛阳、郑州、南阳国家创新型试点城市建设，支持许昌、平顶山、开封、焦作等城市，有效集聚各类科技资源和创新力量，争创国家创新型试点城市、小微企业创业创新基地城市等。

第三节　建设国家中原现代农业科技示范区

以建设国家中原现代农业科技示范区为统领，加快推进农业科技创新能力持续提升，为我省现代农业发展提供有力的科技支撑。示范区建设以农业科技资源聚集、产业优势明显的市为主要区域，按照高科技、高效益、全链条、全循环的要求，打破一二三产业的传统界限，以培育现代食品产业为引领，建设现代农业产业科技创新中心，集成熟化绿色、生态、环保、节水、节能等生产技术，覆盖种、养、加、物流等全环节，打造生产规模化、集约化、集群化，产业专业化、品牌化的现代农业产业体系，推动粮经饲统筹、农林牧渔结合、种养加一体，促进一二三产业融合发展。

专栏3　中原现代农业科技示范区建设

以郑州、开封、安阳、鹤壁、新乡、焦作、濮阳、许昌、漯河、驻马店等10个市为核心区，整合科技资源，通过提升发挥农业科技协同创新的作用，构建以粮食为主导的现代农业技术体系，引领支撑农业产业体系建设和现代农业发展。推进中原现代农业信息港建设，应用大数据、物联网等现代信息技术，创新农业新型业态和商业模式，建设农业全产业链的农业大数据库和物流配送体系，构建科技、金融、产业紧密结合的新型农村科技服务体系；培育创新型农业产业化集群，充分发挥省现代农业发展基金作用，以社会融资为主导、市场化管理为运作模式，重点围绕农业资源循环利用、农产品加工增值，积极培育漯河食品、许昌苗木花卉、开封花生、新乡种业、鹤壁畜牧、濮阳高效农业等创新型农业产业化集群，提升农业生产比较效益，以产业集群带动农村人口向城镇有序转移。到2020年，培育10个创新型农业产业化集群，建设10个国家农业科技园区，30个省级农业科技园区。

第三章　推进区域创新协调发展

完善区域协同创新机制，引导创新要素聚集流动，加快城市群协同创新发展，支持贫困地区加快发展，提升基层创新服务能力和水平，推动区域创新协调发展。

第一节　推动城市群协同创新发展

探索城市群协同创新发展新机制，构建跨区域的创新网络，推动各地市间共同设计创新议题、互联互通创新要素、联合组织技术攻关，推进科研基础设施和大型科研仪器联网共享，激励各类创新创业人才的双向流动，加快创新成果区域间转化应用，努力形成深度融合的互利合作格局，打造区域协同创新共同体。工业基础较好、创新能力较强的市要注重提高集成创新能力，加快向创新驱动发展转型，突出产业特色，优化产业结构，推进产业高端化，培育在全国具有较强竞争力的产业集群，实现创新发展；传统农区、创新能力较弱的市要结合自身优势，加快先进适用技术推广应用，在重点领域实现创新牵引，培育壮大特色经济和新兴产业，实现跨越发展。支持符合条件的省级可持续发展实验区升级为国家可持续发展实验区，争创国家可持续发展创新示范区，积极探索区域绿色、协调发展新模式。

第二节　支持贫困地区加快发展

充分发挥科技创新对精准扶贫、精准脱贫的支撑作用，大力实施科技扶贫专项行动，推进智力扶贫、创业扶贫、协同扶贫。针对全省贫困地区产业发展的技术瓶颈和脱贫攻坚技术需求，以53个贫困县为精准扶贫主战场，组织全省科技系统开展科技扶贫专项行动，通过实施科技项目、搭建创新平台、开展技术培训、构建服务体系等多种形式，提升贫困地区产业发展的科技支撑能力和广大群众脱贫致富的能力。到2020年，初步构建科技服务平台体系、产业发展技术支撑体系、科技人才服务体系、科技信息服务体系、科技培训和示范体系等五大体系，建立覆盖全省53个贫困县相对完善的科技扶贫网络体系，建立以科技创新驱动产业发展、带动脱贫致富的有效机制，使广大贫困地区真正实现精准扶贫、精准脱贫。

专栏4　科技扶贫专项行动

实施500个科技项目。重点围绕茶叶、油茶、中草药等特色资源，每年组织实施100个科技扶贫项目，加大对大别山等革命老区脱贫的支持力度，提升贫困地区产业发展的竞争力及经济发展的内生动力。选派5000名科技人才。结合“三区”科技人才专项和科技特派员行动计划等，每年选派1000名左右的科技人员赴基层一线提供专业技术服务，指导贫困地区发展特色产业，帮助群众走上产业脱贫、精准脱贫致富之路。培养50000名乡土人才。结合科普及适用技术传播工程、“三区”科技人才专项培训任务及科技下乡等活动，每年为贫困地区培训10000名左右有文化懂技术的新型职业农民、本土技术带头人、农村致富能手等。建立500个服务站点。加强贫困地区“互联网＋农业”、农业大数据、农业物联网、农业云平台的应用与示范，每年面向贫困村选择建设100个科技信息服务站点，开展先进适用技术的传播、培训。培育100个示范基地。每年引导培育建设20个产业科技示范基地，转化、集成、示范一批农业新品种、新成果、新技术，打造依靠科技创新实现脱贫致富的示范样板，辐射带动其他贫困村产业结构进一步优化。建设100个星创天地。每年着力打造20个融合科技示范、技术集成、融资孵化、创新创业、平台服务为一体的星创天地，利用线下孵化载体和线上网络平台，为农民工、大学生、乡土人才等提供创新创业机会，引进和孵化一批科技型企业。开展一批科普活动。加强贫困地区科学普及，持续开展科技下乡、科技活动周等科普活动，创新科技活动的形式和内容，宣传、普及、传播、推广科技知识。

第三节　加强基层科技创新服务

以实现基层群众增收致富和壮大县（市）经济为目标，以科技项目为载体，实施一批县（市）创新引导计划，培育壮大一批具有较强带动能力的区域特色支柱产业，进一步提升县（市）科技公共服务能力，建立健全科技服务体系，更好地发挥科技对县（市）经济社会发展的支撑能力。开展县域创新驱动发展示范，选择科技资源丰富、科技创新能力强、农业现代化水平高的县（市），创建国家创新驱动发展示范县、农业现代化科技示范县和农村一二三产业融合发展示范县。深入实施科技特派员计划，发展壮大科技特派员队伍，健全基层社会化科技服务体系，构建"地方政府 + 科技机构 + 示范基地 + 企业"的成果转化链条，鼓励特派员创办领办科技型企业和专业合作社、专业技术协会，加大先进实用技术的推广应用力度。

第三篇　提升产业技术创新能力

紧紧抓住经济竞争力提升的核心关键、社会发展的紧迫需求，以重大共性关键技术的突破为引领，以重点领域技术的群体性创新为支撑，加快创新型企业的梯次培育壮大，推进产业集群的创新发展。

第一章　实施重大科技专项

按照"聚焦目标、集成资源、重点突破、加快赶超"的要求，突出战略部署，结合地方重大科技需求，坚持有所为有所不为，实施重大科技专项。

第一节　培育未来重大突破点

围绕竞争力最强、成长性最好、关联度最高的原则，针对我省产业发展优势和方向，突出市场导向和产业化目标，集成资源，加大支持力度，力争取得原创性重大突破，研制具有较强国际市场竞争力的重大产品，以优势领域核心技术的重点突破带动产业转型升级，推动创新型产业集群培育、发展和壮大，加快向价值链中高端攀升。新兴产业方面，在高端重大装备、物联网大数据与云计算、通信与信息安全、重点功能性新材料、新能源汽车等领域，突破一批制约发展的核心技术，培养行业领军人才和团队，培育形成一批产业化基地，推动新兴产业发展壮大；传统支柱产业方面，攻克现代食品制造、煤化工清洁生产、高性能钢铁及铝合金等关键技术，研发一批差异化中高端产品，推动传统支柱产业改造升级；现代农业方面，持续推进主要农作物新品种的选育及粮食丰产配套技术体系研发，加快农业机械化、信息化关键技术研发，开展畜禽精准养殖与重大疫病防控等关键技术攻关，提升农业附加值，推动农业向现代化、智能化方向发展；社会发展方面，围绕重大新药创制、重大疾病防治、节能与绿色发展、资源综合利用等重点领域，加快技术研发和成果推广，依靠科技创新持续改善和保障民生。

专栏5　重大科技专项

高端重大装备：重点围绕盾构装备、轨道交通装备、起重机械、矿山机械等优势大型成套装备和工业及特种机器人、精密数控机床、精密机电液一体驱传动装备、智能电气装备、精密仪器仪表等智能装备，以及关键基础件、零部件等开展关键技术研发，突破系统集成、自动监控、智能耦合电液控制等关键技术并实现产业化；开展装备制造智能化研究，研发智能柔性制造技术与系统，推进生产全程智能化。

物联网、大数据与云计算：开展物联网架构、标识、通信、安全等关键技术研发，支持智能化传感器产品开发与产业化；围绕智能交通、环保监测、电力信息、现代农业、人口健康、政务信息等领域，开展大数据挖掘、云计算、云存储、云安全、数据可视化等关键技术研究，集成应用北斗导航系统，构建大数据开放型公共服务云平台并实现产业化应用。

通信与信息安全：开展室内可见光高速通信网络、高速量子保密通信系统等关键技术研发，完成高速激光器芯片、可见光通信模拟前端和数字基带单元模块、量子通信高速密钥后处理与密钥网络服务交换模块等关键核心器件的研发与产品化，突破光路结构设计及光学封装关键技术，初步实现可见光通信和高速量子通信规模化应用，保持通信安全领域的国内优势领先地位。

功能性新材料：重点支持新型高分子材料、复合材料等关键技术研发与产业化，向高性能材料制品、高端装备零部件延伸发展；支持高品质超硬材料及制品开发，提升精深加工水平；开展生物基材料关键技术研发，研发纳米生物材料，促进其规模化生产与示范。

新能源汽车：重点开展电动汽车用关键零部件开发和电池、电机、电控等集成优化，支持燃料电池客车和新能源乘用车关键技术研究及整车开发，推动新能源汽车智能化、轻量化发展，加快新能源汽车产业化。开展汽车智能辅助驾驶关键技术研发，突破信息感知与融合、人车智能交互等关键核心技术并实现产业化应用，提升汽车的智能化控制，以及安全、节能、环保等性能。

煤化工清洁生产：以多品种、精细化、高端化为方向，重点开展精细煤化工产品、高效洁净煤化气等关键技术研发与产业化，突破芳纶、碳纤维等化工新材料制备关键核心技术并实现产业化，延伸煤化工深加工产业链，推动绿色循环发展。

高性能钢铁及铝合金：开展高速铁路、核电、汽车、船舶与海洋工程等领域重大装备所需高端钢材及制品研发，突破高强高韧、耐磨耐蚀钢生产关键技术；针对航空航天、船舶、轨道交通、汽车、电子等领域需求，开展氧化铝成分控制技术研究，加快高性能铝及铝合金板、带、箔等精深加工关键技术研发与产业化，向产业链中高端攀升。

粮食生产：开展小麦、玉米、水稻、花生等主要农作物生物育种关键技术研究，突破重要性状基因挖掘、良种繁育、种子加工等核心技术，进一步提高种业创新水平，巩固农作物育种优势；开展粮食丰产安全高效栽培技术研发，突破化肥农药减施增效、节水农业、生物农药、生物肥料、水土检测及污染修复等关键技术，促进农业生产的绿色发展。

畜禽精准养殖：开展畜禽安全精准养殖关键技术研究与产业化应用，突破养殖设备自动化、物联网在线监控及远程控制、畜禽饲料精准营养等关键技术，提升畜禽养殖质量和养殖效益；开展兽用药物及疫苗关键技术研发，突破畜禽常见重大疫病病原溯源、快速检测、综合防治等核心技术并实现产业化，促进养殖产业健康发展。

现代食品制造：坚持绿色安全，重点开展冷链食品节能降耗及安全储运、肉制品安全高效加工、预制菜肴营养高值化生产、主食工业化生产等关键技术研发，支持食品安全快速检测技术及设备研发，构建安全风险防控及追溯体系，加快向价值链高端跃升。

智慧农业：重点开展大中型智能拖拉机、作物高效智能收获装备、多功能变量智能播种施肥机械等智能农机装备研发与产业化，提升农田作业自动化程度；充分利用现代信息与物联网技术，开展农田感知与智慧管理、种植业数据挖掘与利用、主要病虫害智能监测预警、种植业智能信息采集等关键技术研究，推进农业向信息化、智能化方向发展。

重大新药创制：在生物药及制品方面，重点针对常见重大疾病如恶性肿瘤、乙肝、艾滋病等开展靶向候选药物发现及结构优化，加强新药临床研究及产业化开发，支持开展高端原料药与制剂研制；在中药开发方面，重点支持豫产道地药材品质保障及深加工、中成药二次开发及中药健康产品开发等关键技术研发，推进中药现代化。

重大疾病防治：聚焦恶性肿瘤、心脑血管疾病、慢性非传染性疾病等河南常见重大疾病，开展防治、诊断、精准治疗等方面关键技术研发和示范，构建重大疾病防治大数据平台，有效解决临床实际问题和提升基层服务水平，为推进健康中原建设提供支撑。

节能与绿色发展：重点开展能源高效利用、水污染治理与水资源再生利用及水生态修复、污染土壤修复及矿山修复等关键核心技术研究与示范，支持余热余压利用、脱硫脱硝除尘、垃圾污泥处理等成套设备和高压变频电机、高效热交换器、半导体照明、高效环保材料的开发。

资源综合利用：重点开展主要矿产资源高效及梯级利用、生物质资源综合利用等关键技术研究与产业化，提高资源的利用效率。支持建筑垃圾、废旧轮胎、废旧电池、医疗垃圾等固体废弃物以及农林废弃物再利用技术研究与设备开发，推动废弃资源的循环利用。

第二节　强化专项实施效能

按照更加聚焦重点目标、更加突出市场需求、更加强调集中资源办大事、更加坚持产业链与创新链的深度融合、更加注重开放合作的原则，强化重大科技专项全过程管理，注重产出实效，提升专项实施效能。加强重大科技专项顶层设计，突出我省经济社会发展的重大战略需求和优势主导产业，突出科技成果的示范应用和产业化生产，围绕产业链布局重大科技专项，按照产业链关键环节，凝练产业重大共性技术创新的重点方向，科学制定重大科技专项项目指南，进一步提升重大科技专项产业布局的合理性和创新发展的支撑能力。健全完善重大科技专项管理程序，推行第三方评价制度，实行评价与决策主体相分离，明确界定各责任主体任务、权责。加强项目立项、实施、结项等全过程管理和监督，关键环节全程留痕、公开公示，做到可申诉、可查询、可追溯，进一步增强项目公平性和公正性。

第二章　推动重点领域技术创新

以提升产业发展核心竞争力为着力点，突出重点、分类推进，组织实施一批重点研发专项，力争突破一批关键核心技术，加快重点产业的创新发展。

第一节　发展高新技术产业

（一）推动新兴产业向智能化、高附加值方向攀升。围绕电子信息、高端装备、新材料、新能源、汽车工业、现代服务业等新兴产业领域，重点在大数据存储分析和应用、网络安全、先进轨道交通装备、电力装备、功能性非金属材料、新型燃料汽车等方向，组织实施一批重点研发专项，突破一批关键核心技术，培育壮大一批特色优势新兴产业集群。

1. 电子信息。面向新一代信息产业泛在化、智能化的发展趋势，重点开展云计算与大数据、物联网、移动互联网等技术的研发，加强智能终端、新型传感器、通用芯片、信息通信设备等产品研制，加快工业云创新服务应用示范，促进信息技术向各行业广泛渗透与深度融合，支撑郑州、洛阳千亿级电子信息产业集群和信阳、南阳等百亿级电子信息特色产业集群的建设。

专栏6 电子信息

云计算与大数据。开展云计算和大数据平台性能测试评估、信息安全共享等方面的技术研究，研发基于北斗位置大数据的新型服务应用，形成系统解决方案和技术体系，推动云计算与大数据平台性能测试和信息安全共享技术达到国内先进水平。建设大数据安全服务平台，基于北斗位置大数据进行位置数据存储、热点分析、态势预测等技术的研究，开展计算机视觉、智能语音处理、生物特征识别、自然语言理解、智能决策控制以及新型人机交互等人工智能关键技术研发和产业化。

网络安全。研究网络系统和产品安全性检测技术、网络动态防御技术及适用于云计算、大数据、物联网的信息加解密技术，有效解决第三方开发的网络系统和产品安全检测问题，解决新型应用中的机密性保护和访问控制问题，推动网络防御技术的实际应用；研究设计高效实用的新型加密方案，同时降低现有加密技术的存储复杂性和计算复杂度，开发更加先进的加密系统，推动河南网络安全技术达到国内领先水平。

软件。重点加强图形和图像处理软件、互联网＋应用软件的开发和应用。开展智能三维建模技术研究，推动智能建模技术进入相关工业、医疗等领域，实现对一些特殊应用的支持，进行辅助设计或辅助决策。围绕工业产品研发设计、生产控制、生产管理、市场流通、销售服务、回收再制造等关键环节，加强工业软件研发力度。提高应用系统与基础平台的整合能力、信息系统间的综合集成能力，形成结构完整、扩充性强、安全可靠的整体应用解决方案。

物联网。开展物联网标识与编码、通信、数据处理与融合、安全与隐私保护等技术的研究，建立相对统一的物联网标识标准体系，推动大数据挖掘、新型海量数据存储介质和存储技术的进步。开展物联网信息安全技术研究，构建“可管、可控、可信”的物联网安全体系架构，提升物联网信息安全保障水平，开发低功耗、高性能、适用范围广的无线传感网系统和产品，促进物联网产业的快速发展。

智能终端。面向终端和高端市场，重点开展智能手机、可穿戴设备、OLED新型显示、数字视听产品等关键技术研究与产业化，研发智能车载、智能教育、移动医疗、智能家居等行业应用的智能终端设备。

新型传感器。以低功耗、小型化、高性能为目标，推动传感器节点集成化，重点开发各类面向不同行业的低成本传感器。加快研发传感器节点微操作系统及应用中间件、微组装技术和传感器节点机组成单元的工艺和设备，力争在新型传感器制造技术方面有重大突破。

2. 高端装备。突出特色优势，强化高端突破，以大型成套装备、电力及新能源装备、农机装备、节能环保装备等为重点，加快关键共性技术和制造工艺创新，开展优势基础件制造技术研发，发展智能制造、绿色制造、网络协同制造等先进制造技术，推动高端装备制造业向智能化、成套化、集群化方向转变，支撑郑州、洛阳、许（昌）平（顶山）、新（乡）长（垣）、焦作等千亿级高端装备制造产业集群和开封、濮阳、南阳、安阳、济源等百亿级高端装备产业集群的建设。

专栏7 高端装备

大型成套装备。重点围绕矿山机械、轨道交通、工程机械等大型成套装备，突出智能化、成套化、服务化，开展绿色化与宜人化设计技术研发及应用，突破系统集成、自动监控、变频器、智能耦合电液控制等关键技术，建设试验检测平台，推动大型和超大型智能成套装备研发及产业化，力争使大型成套装备产业骨干企业的设计制造技术上一个新的台阶，产品的绿色化，智能化水平明显提升，继续保持在冶金矿山及石油、盾构、大吨位起重等大型成套装备研发领域的优势。

电力及新能源装备。重点开展特高压输变电、智能变电站和智能配电网、智能电网用户端、先进储能装置、电网舞动预警及防治等成套装备关键核心技术研发，加强导线等配套核心材料开发，提高输变电装备制造智能化水平。开展光伏发电、风电、核电等新能源专用设备研发，力争在超高压输变电装备、新能源和可再生能源装备、智能电网用输变电及用户端设备等领域继续保持国内领先地位。

农机装备。围绕粮食和大宗经济作物育、耕、种、管、收、加等主要生产过程使用的先进农机装备，重点研制掌握无级变速拖拉机、精量复式作业机具、低污染大型自走式施药及收获机械、节水灌溉设备、种子繁育与精细选别加工设备等高端农机产品，推动智能控制、混合能源动力、自动导航等技术在农业生产中的应用，研发高效农用无人机、生物质能利用等新型农业装备，推动高端农业装备及关键核心零部件的设计制造能力提升，提高农机装备信息收集、智能决策和精准作业能力。

节能环保装备。深入研究开发城镇生活垃圾、建筑垃圾、废金属塑料、废旧电器电子等绿色回收与资源化利用成套装备，推进粉煤灰、煤矸石、脱硫石膏、冶炼废渣、尾矿等大宗固体废物资源化利用装备的研发及产业化；突破非晶合金变压器、高效一体化电机、高效节能热处理设备等关键技术，加快高效节能变压器、电机等的研制和推广；开展电器电子、秸秆、建筑垃圾、废旧轮胎、工业尾矿（渣）等固体废弃物再生利用装备研制，加快研发气体有害物收集回用、水处理等环保装备。

基础部件。以提升高端装备配套能力为重点，开展仪器仪表、轴承、齿轮、锻压件、泵阀、模具、制动器、气缸、曲轴等优势基础件制造关键技术研发，突破高精度表面加工、特殊材料及热处理等核心技术，形成完善的产品体系，全面提升产业配套的能力，推动骨干零部件企业与整机制造商在设计制造上协同创新。

先进制造技术。重点开展精益生产、敏捷制造、虚拟制造等智能制造技术的研发，突破智慧数据空间、智能工厂异构集成等网络协同制造技术，加强从设计、加工、包装等各环节绿色制造关键技术研究及示范，推进数控技术和智能装备的广泛应用。

3. 新材料。围绕传统支柱产业和战略性新兴产业对新材料的重大需求，突破碳纤维、特种工程塑料等新型功能材料及制品的关键技术瓶颈，加快新材料技术向结构功能复合化、器件制品集成化、制备过程绿色化方向发展，支撑洛阳百亿级高端钨钼合金材料产业集群，郑州、许昌、商丘、南阳等百亿级超硬材料集群，信阳百亿级新型节能环保建筑材料产业集群的建设。

专栏 8　新材料

无机非金属材料。重点开展大容量高品质 PAN 系碳纤维（T700-T1000）、高强度高模量沥青系碳纤维、高性能碳纤维复合材料、碳导电薄膜（石墨烯）等关键技术研究及工业化应用，研发碳纤维及复合材料的评价、检测技术及装备；以绿色、环保、节能为方向，重点开展高速金属磨具、流体磨料及高品质金刚石、立方氮化硼产品等关键制备技术研究，研制超硬材料功能性元器件和超硬材料专用设备仪器；围绕原料轻量化、品质优良化，加快绿色高效新型耐火材料研发和制品产业化。

合金材料。重点开展高端钨钼钛合金材料、超高压电器用高性能铜合金型材、高速铁路用高强高导铜合金等材料先进制备技术研发，加快平面显示、触摸屏、光伏用钼合金，其他难熔合金及氧化物溅射靶材的研究与产业化。

高分子功能材料。重点开展高性能特种工程塑料合成、材料产品绿色化、高分子功能材料性能、高分子功能材料加工成型等技术的研究，改进现有高分子功能材料的生产工艺，提高材料性能、拓展材料的应用范围，使其品种功能化、系列化、多样化；研发生物可降解高分子新材料。

新型绿色建材。以新型墙体材料、节能门窗、高性能无机保温材料、新型防水材料、循环利用建材及制品等为重点，加强轻质高强板材、特种玻璃、承重复合板、建筑涂料等新型材料关键技术研发与产业化，开发赤泥、城市污泥、秸秆及复合材料等新型资源制备的绿色建材。

前沿新材料。以纳米材料为重点，开展半导体量子点发光显示材料与器件（QLED）、高性能多功能纳米杂化材料等制备新技术研究，研制面向物联网自驱动和多功能的纳米传感器、发电机等高效光电纳米结构材料及器件；开展智能仿生材料、生物基材料等新材料关键技术研究与示范。

4. 新能源。优化能源结构，积极开展风电、光电、生物质能等可再生能源技术研究与应用，突破新能源并网消纳关键技术，发展煤炭清洁高效利用和新型节能技术，推动能源应用向清洁、高效、低碳转型，支撑洛阳千亿级光伏产业集群和许昌风电装备产业集群，南阳、濮阳生物质能产业集群的建设。

专栏 9　新能源

大型智能风电机组及智能风电场。针对 2.0MW ~ 3.0MW 等级系列风电机组，重点开展适合低风速区域的叶片，主轴、齿轮箱和发电机一体化，风电机组自动化装配系统集成，大型风电机组整机设计等关键技术研发，攻克关键零部件制备核心技术和风电场智能控制技术，搭建大型风电机组自动化装配流水线，实现大型风电机组产业化生产。

光伏发电。重点开展薄膜太阳能电池、光伏并网逆变器、离网型户外风光互补发电、智能光伏发电系统专用输变电设备等研究和制备，形成核心自主知识产权及产品，推动相关产品标准化批量生产，性能达到国内先进水平。

生物质能综合开发利用。重点开展航空生物燃料、微藻生物柴油、纤维乙醇、快速热解制生物燃料等先进生物燃料制备技术及装备研制，加快推进产业化示范，着力提升农林剩余物的资源化利用水平，实现对石油、天然气、煤炭等化石资源的替代。

新能源并网消纳。攻克新能源并网即插即用、多能互补优化协调控制等技术，加强智能微电网综合控制关键技术的研究，开展退役车储能系统联合运行作为大规模电网储能装置的研发，利用不同新能源的自然特性进行互补，提高整体新能源发电的经济性，提升新能源利用效率和电网消纳能力。

化石能源清洁高效开发。重点开展煤炭高效发电、煤炭清洁转化、燃煤污染物控制及资源化利用、二氧化碳捕集利用与封存、工业余能回收利用等关键技术研究，着力推进新技术、新装备等研发，加快科技成果推广应用，进一步提升煤炭开发利用水平；加快重点区块页岩气勘探，加强页岩气商业化开采核心技术研发，推进页岩气产业化开发。

5. 汽车工业。围绕加快推进汽车工业做大做强的重大技术需求，重点开展纯电动和插电式混合动力汽车、燃料电池汽车等关键技术研发与产业化，研制满足特殊需求的新型专用汽车，加快突破智能网联汽车的核心技术，打造集关键零部件、整车制造、示范应用于一体的完整产业链，推动汽车工业向节能、绿色、智能方向发展，支撑郑汴千亿级整车及零部件产业集群、郑（州）新（乡）千亿级电动汽车产业集群建设。

专栏 10　汽车工业

节能与新能源汽车。突破高集成度的电机一体化底盘、电池管理系统、电驱动总成、集成控制系统等关键技术，研发高效能插电式混合动力总成和增程式发动机，提升动力电池、储能电池、驱动电机、先进变速器等核心技术的工程化和产业化能力，研发燃料电池汽车整车耐久性技术，推进新能源汽车智能化制造技术研究与应用。

新型专用车。开展新型铝合金、不锈钢、轻型复合材料等新材料、新工艺在专用汽车上的应用研究，研制专用汽车核心特殊功能部件及专用装置，加快服务城市运转、基础工程建设、社会应急事件处置以及适用特定场合、满足特殊需求等新型专用汽车的研发，实现专用车产品的升级换代。

智能网联汽车。开展智能汽车关键环节的环境信息获取和智能决策控制依赖的传感器技术、图像识别技术、电子与计算机技术与控制技术等的融合研究；推进基于车联网技术的车路 / 车车协同式辅助驾驶技术、车载智能信息服务系统、公交及营运车辆网联化信息管理系统、网联式汽车节能控制系统的研究，掌握智能辅助驾驶总体技术及部分关键技术，初步建立智能网联汽车自主研发体系。

关键零部件及其智能制造。围绕变速器、转向器、减振器、传动轴、汽车水泵、气缸套、进排气歧管、电线束、插接件、滤清器、制动器、车轮等产品，开展综合创新研究，加快推进智能制造水平，全面提升科技成果转化能力，为满足现代采购供应体系全球一体化格局的要求提供技术支撑。

6. 现代服务业。以新一代信息网络技术和“互联网 +”技术为支撑，重点推动电子商务、现代物流、文化产业、数字生活等领域发展，加强技术集成应用和商业模式创新，提高现代服务业创新发展水平。

专栏 11　现代服务业

电子商务。开展电子商务中 Web 显示、信息安全、数据挖掘、电子支付等技术的研究，鼓励电子商务新技术、新模式、新业态的发展与应用。研究公开密钥加密技术、数字签名技术、数字证书技术以及口令字技术，推动新技术示范应用。

现代物流。围绕自动化、信息化、绿色化目标，开展用于物流的射频识别、网络通信、数据库、自动控制和调度技术的开发，通过技术创新打破生产和运输环节之间的界限，采用信息技术对传统物流业务进行优化整合，降低成本、提高效率。

文化产业。开展文化资源数字化技术研发及应用示范，加强数字内容版权保护、内容集成、存储、分发及传输等技术攻关，推进数字文化服务新业态的形成和发展；加强虚拟现实技术的集成应用，促进虚拟会展、在线体验等新业态发展；突出"老家河南"主题，加强信息、光电等新技术示范应用，推动文化产业与旅游业等业态的深度融合。

数字生活。重点围绕数字社区（家庭）服务、移动生活服务、数字学习、数字娱乐、数字休闲旅游服务、虚拟社会互动服务、空间位置综合信息服务等数字生活服务领域，开展共性技术与产品研发，加快其示范推广，引领新兴数字生活消费服务产业快速发展、做大做强。

（二）推动传统产业向集约化、精深化方向转型。围绕食品、冶金、化工等领域，重点在冷链食品、食品物流、高品质钢、甲醇制烯烃等方向，组织实施一批重点研发专项，对产业链中的关键领域、薄弱环节进行整体技术改造提升，加快共性适用技术推广应用，推动产业向中高端攀升。

1.现代食品。围绕现代食品制造智能化、多梯度、低能耗、高效益的发展趋势，重点开展冷链食品、休闲食品技术攻关，加强食品物流关键技术集成应用，加快推进主食产业化，支撑漯河、郑州、周口、驻马店、信阳等千亿级食品产业集群和虞城、汤阴、浚县、延津等百亿级食品特色产业集群的建设，实现由"食品工业大省"向"食品工业强省"的转变。

专栏 12　现代食品

冷链食品。推动冷链食品向安全、营养、健康方向发展，重点开展速冻面米及调制食品、冷鲜团膳食品、低温畜禽肉制品和乳制品食品、冷链果蔬食品、微波套餐食品、有机食品等冷链中高端食品制备关键技术研发，开发高效节能冷冻技术，加强冷链食品装备数字化设计与先进制造、智能控制等关键装备与配套技术等研制与应用，加快相关装备自主化进程，进一步提升和巩固冷链食品优势地位。

休闲食品。以方便快捷、营养健康为引领，重点推进烘焙、膨化、糖果等主流休闲食品共性关键技术研发，开展替代传统蒸发脱水、热杀菌、机械微粒化等高耗能加工技术的绿色生产技术研究，加快高新技术的示范应用，开发绿色、环保、安全的物流食品包装材料，推进休闲食品发展。

食品物流。重点开展产品品质维持与控制、有害物动态预测及其控制、绿色防腐保鲜、物流产品包装设计及其配套设备等研发与应用，在预冷、商品化处理、运输、仓储、配送和货架等物流环节，加快食品物流操作规程与标准制定，强化大数据、物联网、移动互联等技术集成应用，构建一体化可追溯食品物流体系。

主食产业化。围绕多样、营养、安全、方便的主食消费升级需求，开展原料选择、工艺确定、装备开发的集成研究，重点进行主食专用粮食作物加工适应性、主食加工储存过程组分结构变化与品质调控、传统特色主食风味挖掘等关键技术研发，实现产品口感家庭化的突破性技术进步，开发智能化、连续化主食加工装备，推进主食产业智能制造生产模式集成应用，提升主食产业科技化、标准化、机械化、产业化水平。

2.冶金工业。重点围绕高强度耐磨耐蚀钢、高性能铝、镁合金板和黄金，突破先进熔炼、凝固成型、高效轧制等关键技术，优化工艺开展精深加工，加快产品创新，推动产业向产业链中高端攀升，支撑洛（阳）焦（作）三（门峡）、巩义千亿级铝精深加工产业基地，安阳千亿级精品钢产业基地，三门峡千亿级黄金深加工产业基地、鹤壁百亿级镁合金材料产业集群等建设。

专栏 13　冶金工业

高品质钢及其制品。重点开展自升式海洋平台用高强钢、高品质优质模具钢、50 万吨高层建筑用高强高性能钢板、石油钻铤用钢、中厚板调质线等关键技术研究及制品研发，开发一系列高品质钢及其制品，主要性能指标达到同类产品世界先进水平或国内领先水平。

高性能交通及电工用铝。针对轨道交通、汽车、电子等领域高性能用铝的需求，重点开展新型系铝合金成分设计与优化、大规格方型铸锭熔铸、薄板热连轧—高精度冷轧、薄板工业化热处理、强化相和耐热相的时效析出控制等关键技术研发与应用，开发铝板、带、箔等深加工新技术，提高精深加工水平，制备综合性能优异的高端铝制品，提升市场占有率。

高性能镁及器件。重点开展镁合金纯净化熔炼、镁合金板带高效低成本轧制、大规格高品质镁合金半连续铸造、复合涂层改性等技术研究和产业化应用，开发航空用高强度镁合金、新型生物医用镁合金、高耐蚀性镁合金、超轻镁合金等高性能先进产品及器件。

黄金精深加工制品。以黄金设计、精深加工和资源回收利用为重点，开展多金属综合利用、废渣磁化焙烧以及高纯金下游新产品开发，推进黄金产业链向中高端延伸。

3. 化工工业。以多品种、精细化、高端化为方向，以提高产品竞争力为核心，突破高性能聚烯烃、氯碱离子膜等关键技术，推动绿色循环发展，延伸煤化工、石油化工、盐化工产业链条，支撑洛阳千亿级石油化工产业基地，濮阳千亿级油煤盐联合化工产业基地，鹤壁、义马百亿级现代煤化工产业基地，平顶山、漯河、焦作、济源等百亿级氯碱化工产业基地建设。

专栏 14　化工工业

现代煤化工。重点开展煤制烯烃、煤制油、煤制天然气、煤制乙二醇、精细煤化工产品等关键技术研发与产业化，研发推广清洁生产工艺，积极发展碳酸二甲酯、聚四氢呋喃、酚醛树脂等深加工产品，对煤炭进行精深加工、延伸拓展煤化工产业链，基本形成技术优势突出、上下游一体化发展的煤化工精深加工产业链。

石油化工。重点围绕芳烃、烯烃深加工，开展分离、裂解、聚合等关键环节技术及装备研发，加强节能减排技术研究与推广，发展对二甲苯、PTA、环氧丙烷、丙酮、苯酚等高附加值石化产品，延伸乙烯、丙烯、碳四产业链。

盐化工。重点开展特种专用型 PVC、氯化聚合物、含氯精细化学品、加氢产品和耗碱产品等关键技术研究，加快新工艺、新技术、新设备的产业化，推动技术改造升级，形成氯碱深加工产业链条。

第二节　加快农业科技进步

深入实施藏粮于地、藏粮于技战略，利用现代高新技术改造传统农业生产，推动产业向机械化、集群化方向发展。围绕粮食生产、畜禽养殖、生态农业等领域，重点在生物育种、精准栽培、新型疫苗、“互联网 +”农业、农业面源污染防治等方向，组织实施一批重点研发专题，壮大形成一批农业产业化龙头骨干企业，培育 30 个创新型农业产业化集群，支撑农业走出产出高效、产品安全、资源节约、环境友好的现代化道路。

1. 种植业。围绕作物育种、粮食丰产、设施农业等，强化农机与农艺结合、“互联网 +”与种植业结合，积极发展设计育种关键技术，开展粮食作物大面积均衡增产提质、耕地地力修复与提升、园艺作物机械化轻简化栽培等技术研究，加快新一代信息技术在种植业的集成应用，推动种植业高效、可持续的发展。

专栏 15　种植业

现代种业。突出优质、高产，加强生物技术与传统育种方法结合，支持优异育种材料和种质资源创制、高效复合育种技术体系构建，培育优良农林作物新品种，开展新品种配套生产技术研发与产业化，建立并完善规模化、轻便实用的加代育种基地和多点联合试验网，育成一批高产、稳产、优质、高效农林作物新品种，推动现代种业发展。

"百千万"粮田丰产。以黄淮地区两季作物协调增产、周年资源协同高效为目标，强化农机和农艺结合，重点开展作物周年增产提质节本高效关键技术、农田地力修复与提升、主要农作物重大突发性自然灾害预警和综合防控等研究与应用，建立用养结合、生态高效型两熟种植模式，形成河南主要农作物突发性重大自然灾害监测预警与防控技术体系；以实现粮食库存减损为目标，采用物理、化学、生物的方法探索粮食减损的新技术，建立粮食减损和绿色储藏的关键技术体系。

设施农业。开展重要瓜菜、花卉、苗木等优异种质资源创制的研究，选育优质、抗病、耐逆瓜菜作物和多年生盆栽花卉新品种，加强花卉种苗脱毒快繁、苗木瓜菜工厂化育苗、主要病虫害绿色综合防治、肥水一体化及药肥"双减"、园艺作物机械化轻简化栽培及其加工利用等方面的研究，开展瓜菜安全生产与克服连茬障碍、设施瓜菜无土栽培、生态防控等技术的集成创新；支持特色果品、食用菌等品种改良和优质栽培技术体系研发，推进大宗果品采后商品化处理、包装和精准贮藏、全程冷链等技术研究与应用，开展食用菌产品保鲜和工厂化菌渣再利用关键技术研究。

智慧种植。推进"互联网＋"与种植业结合，重点开展农作物生长模型与育种信息化、测土配方施肥、大田农业环境监测、重大害虫检测、智能节水灌溉、农机定位耕种等集成应用，研发适合农业大数据的分析模型、处理流程、数据挖掘、决策支持服务应用等专用工具与方法，加快航空遥感技术在农业生产中的应用，建立作物生长实时监测系统和预测模型，搭建农业科技服务云平台，推进农业生产网络化、智能化。

2. 畜禽养殖。以安全、环保、高效为目的，针对重要动物疫病检测与防治、畜禽绿色精准养殖等方面开展关键技术协同攻关，建立疫病快速检测方法，开发特效药物及有效疫苗，构建高效、安全、清洁的养殖标准化技术体系，全面提升畜禽养殖的技术支撑。

专栏 16　畜禽养殖

疫病防治。重点开展畜禽主要疫病快速检测、抗原与抗体的大规模制备与纯化、动物疫病治疗制剂等方面研究，建立畜禽疾病诊断新技术、新方法的研发平台，开发更加安全的疫苗载体，研发微生态制剂、卵黄抗体、广谱中和抗体、天然活性产物等新型免疫治疗制剂，研制基于纳米材料、蛋白质芯片、单分子生物学的简便、快速、高通量检测设备，开展畜禽疾病远程网络诊断，全面提升畜禽疾病诊断效率和治疗水平。

绿色精准养殖。依托养殖龙头企业，联合科研单位，重点开展主要畜禽良种培育、畜禽标准化养殖、养殖场节能减排、废弃物无害化处理与资源化利用技术等的集成与示范，开发高效安全饲料，加快养殖设备研发，推进畜禽不同饲养阶段、不同饲养环境和模式下养殖标准化技术体系建设，支撑带动畜禽养殖业的提质增效。

3. 生态农业。围绕农产品安全生产、农林生态环境改善和农业可持续发展的技术需求，加强农林废弃物、新型生物质资源等清洁收储和高效转化，突破农田面源污染、农林环境可持续发展的关键技术瓶颈，推动农业生产健康发展。

专栏 17　生态农业

农业资源循环利用。重点研究自然资源和废弃物高效循环利用、外源物质投入减量和替代、农经（牧、菌）循环链改善等技术，构建适合河南不同类型区的农田循环、农—牧循环、农—菌循环模式，建立区域循环农业样板，提高物质能量循环效率。

农田面源污染修复。针对农田污染，重点开展污染物源头阻控与风险污染物的微生物、化学和生态消减技术研发，集成农田污染修复和健康保育技术体系并大面积示范应用，提高土壤有机质和生态健康指数。

农林环境可持续发展。重点开展肥药减施、水土资源高效利用、生态修复、病虫害防控、农林防灾减灾等关键技术研究，加快养殖粪污、病死畜禽低成本无害化资源化治理技术集成应用，推动形成生态系统稳定、产地环境良好、产品质量安全的农业发展新格局。

第三节　推动民生科技发展

加强社会发展公益性研究，向绿色化、可持续方向发展。围绕人口健康、资源环境、公共安全等领域，重点在生物医药、精准医疗、高性能医疗器械、资源循环利用、节能环保装备、食品安全、移动互联网安全等方向，组织实施一批重点研发专题，加强关键核心共性技术突破和应用示范，探索系统性技术解决方案，培育一批绿色发展的示范领军企业。

1. 人口与健康。以提高全民健康水平为目标，促进生命科学、中西医药、生物工程等多领域技术融合，重点推进生物技术药物、化学药物、现代中药等的开发，研究制定重大疫病的精准防治方案和临床决策系统，开展医疗设备及器材的研发与产业化，提升重大疾病防控、公共卫生、生殖健康等技术保障能力，支撑郑州、新乡百亿级生物医药产业集群，郑州、平顶山百亿级医疗器械产业集群以及郑州航空港区、驻马店、汤阴、西峡、新县等百亿级生物医药特色产业集群的建设。

专栏 18　人口与健康

生物技术药物。重点开展微生物发酵药物、重组凝血因子、重组人微小纤溶酶、抗肿瘤多肽等药物、重大疫情新型生物疫苗等研发和产业化，加强血浆蛋白新品种、特异性免疫球蛋白系列产品、快速免疫诊断试剂等开发，推进重组蛋白、抗体药物和疫苗新品种产业化，实现诊断试剂和仪器的产品升级。

化学药物。开展靶向药物、新型手性药物、新型甾体类药物等新药的高效合成及产业化，加快 β－内酰胺类抗生素、他汀类药物等合成中间体，长春西汀、泼尼松龙等原料药的绿色制备关键技术研究与应用，突破缓控释制剂的关键制备技术，力争创制新药 4 ～ 6 个，缓控释制剂产品 2 ～ 4 种，全面提高制药工艺技术研发水平，推动制药绿色环保共性关键技术的应用及产业化。

现代中药。充分发挥中药优势，开展名优中成药、中药大品种的关键技术研发，重点在提取纯化、新型剂型、质量评价等方面实现突破，进一步完善豫产道地中药材种质评价体系和集约化种植技术体系，加快中药非药用部位和中成药生产废弃物综合利用技术攻关，推动中药产业规模化、规范化发展。

精准医疗。以河南常见食管癌、肺癌等高发肿瘤为切入点，突破新一代生命组学技术和大数据分析技术，加强疾病预警、诊断、治疗与评价的生物标志物，靶标和制剂研发，构建生物医学大数据共享平台和数字化医疗平台，形成防治风险评估、预测预警、早期筛查、分型分类、个体化治疗、疗效预测及监控等精准防治方案和临床决策系统。

医疗设备及器材。重点围绕医疗器械的数字化、智能化、自动化、精准化，开展光电一体化和精密制造技术的研究，研发关键技术与核心部件，提高医疗器械行业加工制造水平；开发新型包衣材料、助溶剂等优质制剂辅料，研制新型医用材料、一次性输液器、注射器，医用塑料瓶、胶塞等材料与制品；推进数字心电系列产品、遥测监护仪器等高端医疗设备以及小型诊疗和移动式医疗服务装备的研发与产业化。

2. 资源环境。以保障资源高效稳定供给和环境绿色可持续发展为目标，大力发展节能低碳、水和大气污染防治、资源综合利用等技术，开展新型城镇化关键技术研发，形成系统化的技术解决方案，推动资源高效利用和环境污染治理的技术集成示范与产业化应用，支撑郑州百亿级综合性节能环保产业集群、洛（阳）平（顶山）百亿级节能环保装备制造产业集群的建设。

专栏 19　资源环境

节能低碳发展。重点开展燃煤锅炉节能、工业余压余热开发利用、浅层地热能综合利用等关键技术及相关装备研发，加快开发和推广高效节能变压器、电机以及节能控制设备，推进建筑节能绿色新技术研发和应用。

水污染防治。重点开展工业废水深度处理、地表水生态低成本修复与可持续安全保障、城镇污水处理与水环境治理、缺水河道生态重建及水质保持、雨洪水拦蓄处理等关键技术和高效处理成套设备的研发，构建人工水体的生态保护系统，确保南水北调中线丹江口库区、汇水区及其他大中型供饮用水库水质安全。

大气污染治理。研究污染机理及主控因子，突破大气污染环境监测与预警、主要污染源全过程控制等技术，建设大气污染排放控制空气质量技术体系，开展大气联防联控技术示范与推广。

资源综合利用。以资源精细化高效化利用为方向，开展环境容量和承载力核定技术研究，制定危险废物综合利用技术标准和规范，大力发展水资源、矿产资源、生物资源、油气资源等绿色开发和高效循环利用技术，加强建筑垃圾、生活垃圾、废旧轮胎塑料、农村秸秆等固体废弃物资源化综合利用技术研究，通过集成配套和示范应用，实现绿色、安全、智能化开发利用，推动生物资源与终端消费品、矿产资源与终高端制成品、“城市矿产”与再生制品等双向对接。开展工业污染土地、典型矿山及脆弱生态修复关键技术研究，建设生态修复示范工程。

生态环境保护。研究生态退化区恢复与治理、生物多样性保护和修复等关键技术，开展“天地一体化”生态监测技术研究与示范，推进多系统信息集成共用。

新型城镇化。重点开展交通、电力、通信、地下管网等市政基础设施的标准化、数字化、智能化技术研究，推动绿色建筑、海绵城市、智慧城市、生态城市等领域关键技术大规模集成应用，建设城镇治理公共服务平台多系统和多平台。

3. 社会安全。以建立健全社会安全体系为导向，开展食品药品安全、公共安全保障、重大自然灾害预警与防范等关键技术攻关和应用示范，推动主动保障型社会安全技术体系的形成，为经济社会持续、稳定、安全发展提供科技保障。

专栏 20　社会安全

食品药品安全。针对食品药品污染物产生的途径、规律、机制进行解析，重点开展源头污染防控及消减、加工过程质量安全控制、贮藏流通安全防控等关键技术研发，突破基于全产业链的食品药品质量检测识别、风险评估、预警及溯源等技术，加快主要危害物快速检测技术与设备研发，构建质量安全一体化解决体系，确保食品药品质量安全。

公共安全。针对公共安全技术瓶颈问题，开展集成攻关和应用示范，突破重大事故预警防控与应急处置、超深井超大矿山安全开采、公共安全监控与智能化等方面关键技术，研发大规模定向式应急装备、安全高效个体防护设备等成套装备，推动数字化应急预案的智能化和实时化，全面有效提升社会公众、煤矿、非煤矿山、危险化学品等领域的事故防治水平。

重大自然灾害预警与防范。加强对重大自然灾害孕育发生的科学认知，重点开展重大自然灾害监测预警与防范等技术和产品攻关，加快“互联网 +”等技术应用，搭建灾害公共服务大数据平台，提高社会防范能力，有效减轻重大自然灾害人员和财产损失。

第三章　强化企业技术创新主体

加快企业创新能力提升，引导各类创新要素向企业集聚，促进企业成为创新决策、研发投入、科研组织和成果应用的主体，不断增强企业创新动力、活力和实力，推进创新型企业梯次接续发展，加快形成创新龙头企业引领、高新技术企业助推、中小企业协同发展的全产业链创新型企业集群。

第一节　培育创新龙头企业

实施创新龙头企业培育工程，按照“突出引导、注重集成、上下联动、重点推进”的原则，围绕我省重点发展的主导产业、支柱产业，选择一批对产业发展具有龙头带动作用、创新发展能力强的创新型骨干企业，整合创新资源、协同社会创新力量，引导参与研究制定科技创新规划、计划、政策等，支持其在重大关键技术研发、产业技术创新战略联盟构建、高层次创新平台建设、人才技术集聚等方面率先实现突破，着力培育形成一批主业突出、行业引领能力强、具有国际先进技术水平和国际竞争力的创新龙头企业，引领带动全省企业创新转型发展，为建设创新型河南提供有力支撑。

第二节　加快科技型中小微企业发展

实施“科技小巨人”企业培育工程，围绕我省重点产业和行业创新龙头企业集聚创新发展，强化产业链配套能力提升，加强财政资金对初创期科技型小微企业支持，积极发挥天使投资子基金和风险投资子基金的作用，引导各类社会资本为符合条件的初创期、成长期的科技型中小企业提供融资支持；建设一批技术创新公共服务平台，为科技型中小企业提供研发设计、检验检测、技术转移、知识产权、人才培训等服务，加快推动一批创新能力强、成长速度快、发展潜力大的小微企业成长为“专、精、特、新”的“科技小巨人”企业。开展高新技术企业认定工作，切实落实高新技术企业所得税优惠政策，营造有利于申报和发展的优良环境，促进全省高新技术企业数量持续增加，经济规模不断壮大，自主创新能力显著提升。

专栏 21　企业创新能力培育

创新龙头企业培育工程。充分发挥政策的激励导向作用，支持骨干企业牵头组建产业技术创新战略联盟，承担科技计划项目，采取奖励性补助、后补助等方式加大对企业创新发展的支持力度，鼓励企业加大研发投入，加强创新人才队伍建设，推动设备更新和新技术广泛应用。支持建设高水平研究机构，争取在骨干企业布局建设一批国家技术创新中心、国家重点实验室等。培育壮大企业内部众创，积极培育内部创客文化，鼓励骨干企业通过投资员工创业拓展业务领域、开发创新产品，提升市场适应能力和创新能力。鼓励围绕创新链的企业兼并重组，推动创新型骨干企业做大做强。到 2020 年，力争培育 50 家创新龙头企业。

“科技型小巨人”企业培育工程。建设“互联网 +”科技型中小企业综合服务平台，创新企业服务模式，为科技型中小企业提供技术、人才、融资等全面实时的“一站式”服务，重点在节能环保、生物医药、电子信息、智能制造、新能源、新材料、现代农业等领域，遴选一批年营业收入 1 亿元以下、创新能力强、成长速度快的初创期、成长期企业，作为“科技小巨人（培育）”企业进行重点扶持，帮助其发展为年营业收入超亿元的“科技小巨人”企业；遴选一批年营业收入超亿元、行业竞争优势明显的成长期科技型中小企业，作为“科技小巨人”企业进行重点支持，助力其发展成为行业领军企业，形成“科技小巨人”企业带动、科技型小微企业集聚、公共技术服务平台有效支撑的良好局面，提升科技型中小企业为全省重点产业和产业链配套能力，到 2020 年，培育“科技小巨人”企业 100 家和“科技小巨人（培育）”企业 1000 家。

高新技术企业培育行动。加大高新技术企业培育支持力度，建立健全促进高新技术企业发展的考核体系，营造有利于高新技术企业申报和发展的优良环境，积极开展高新技术企业认定工作，促进全省高新技术企业数量持续增加，经济规模不断壮大，自主创新能力显著提升，到 2020 年高新技术企业达到 2000 家。

第三节　推动创新资源向企业集聚

实施大中型企业省级研发机构全覆盖工程，优化重点实验室、工程实验室、工程（技术）研究中心、企业技术中心、工业公共技术研发设计中心布局，按功能定位分类整合，构建向企业特别是中小企业有效开放的机制。支持企业引进高层次人才，加强专业技术人才和高技能人才队伍建设，坚持院士专家工作站、博士后工作站、科技特派员等科技人员服务企业有效方式，完善评价制度，构建长效机制。健全科技资源开放共享制度，加强重大科技基础设施和大型仪器设备面向企业的开放共享，建设重点领域制造业工程数据中心，提高对企业技术创新的支撑服务能力。实施产业技术创新战略联盟发展工程，支持行业骨干企业牵头，联合高等学校、科研院所组建产业技术创新战略联盟，强化统筹协调，完善运行契约保障、知识产权分配等体制机制，制定产业技术路线图，搭建高水平产业技术研发平台，开展研发课题联合攻关试点，强化产业技术溢出效应，加快科技成果产业化应用。实施制造业创新中心建设工程，围绕制造业创新发展重大共性需求，汇聚整合资源、创新体制模式、突出协同配合，建设一批制造业创新中心，将郑州航空港经济综合实验区、洛阳智能装备基地、中原电气谷等建设成为国内一流的制造业创新策源地。

专栏 22　产业协同创新

产业技术创新战略联盟发展工程。围绕高新技术产业开发区和产业集聚区等创新载体，针对产业关键共性技术，依托优势企业牵头高等院校、科研院所、社会机构等，在我省重点产业和特色优势产业建设一批联盟，提升产业协同创新能力，引领产业走创新驱动、集群发展的道路。进一步健全和完善联盟的体制机制，在联盟资源集成共享、成果转化应用、利益协调分配、责任追究落实等方面进行探索创新。引导和鼓励联盟组织内部成员单位共建具有独立法人资格的“联盟成员技术研究院”，牵头承担各级重大科研项目。加强联盟的年度考核和评估，并根据运行情况对联盟进行动态调整和择优支持，形成竞争机制，进一步激发联盟发展活力。到 2020 年，新组建 50 个左右产业技术创新战略联盟，总数达到 120 家左右。

制造业创新中心建设工程。围绕重大共性需求，重点建设一批制造业创新中心，承担行业基础和共性关键技术研发、成果产业化、人才培训等任务，制定完善制造业创新中心遴选、考核、管理的标准和程序。到 2020 年，建成 10 家左右省级制造业创新中心，争创国家级制造业创新中心。

第四篇　增强创新发展基础支撑

围绕经济社会发展重大科技需求，加强对重点领域和关键环节的科学问题研究部署，加快高水平高校和科研院所建设，优化创新平台布局，培育壮大创新型科技人才队伍，夯实创新发展的支撑根基。

第一章　加强基础前沿研究

坚持目标导向和自由探索相结合，面向基础前沿，遵循科学规律，有重点地加强优势领域基础研究，提升技术创新的支撑能力。

第一节　提高优势领域重点学科创新能力

强化优势领域的原始创新能力，在信息安全、功能材料、农作物遗传育种、肿瘤免疫基因治疗、重大传染性疾病等领域，集中力量进行重点突破，提高原始创新能力，抢占未来产业发展制高点。

专栏 23　基础研究

新一代信息技术。现代通信。重点开展无线传输机理和信道建模的相关基础研究，研发能效和谱效联合优化的大规模 MIMO 系统，探索无线通信多维信息传输理论。信息安全。重点开展云计算与大数据信息安全关键理论研究，可信可控信息安全基础理论研究，网络信息监控和舆情分析，密码安全关键技术研究。移动互联网。重点开展移动互联网体系架构、机制、协议的基础性和系统性研究，持续开展针对新型移动通信、移动互联技术的研究工作，研究基于云计算和大数据的信息处理及数据挖掘理论与方法。

功能材料。基础材料。探索基础材料先进制备、加工新理论与新方法，开展材料组分、结构与性能的设计理论，材料环境效应和服役寿命的评价，分子、纳米及介观尺度下的材料科学问题等研究，加强基础材料改性优化的理化基础、相变和组织控制机制、复合强韧化原理等研究。复合材料。重点开展人工结构化和小尺度化、多功能集成化等物理新机制，复合材料微结构设计和集成制造，复合材料组成、表面结构、制备工艺与应用性能的构效关系，材料服役与环境的相互作用、性能演变、失效机制及寿命预测原理等研究。

现代农业。农作物基因组学与遗传育种。开展黄淮地区重要农业生物基因组学和重要功能基因挖掘及利用，重点在小麦玉米杂种优势形成的分子机理、超级杂交稻持续增产的生物学基础、花生全基因组测序与品质改良、棉花株型形成和发育分子调控机制、油菜抗寒抗旱分子遗传机理、芝麻高温胁迫及氮代谢机理、蔬菜重要性状基因克隆以及作物重要病原菌基因组学及毒性变异分子基础、作物与病原互作靶标基因鉴定、抗病新种质创制、氮磷高效利用性状的分子基础、耐低氮 / 磷胁迫的分子机制、主要果树（葡萄、桃、梨）重要基因组学等方面开展研究，建立高通量的功能基因组研究技术体系、基因资源库和基因组育种技术平台，发现一批农作物重要性状基因，选育高产、优质、多抗、高效的粮油作物、经济作物新品种。农作物高效栽培。开展小麦玉米粮食作物高产稳产遗传机理、水稻持续丰产生理生态学基础、作物抗逆机理与环境调控、作物病害的成灾机理及控制、光温资源高效利用机制以及中低产田作物适应非生物胁迫、粮食作物加工储藏等方面的基础研究。探索河南粮食主产区耕地土壤—作物—微生物相互作用机理，掌握周年作物水肥资源高效利用控施机理与调控途径，提升规模化生产作物产量与品质协同技术水平。加强气候演变、突变及气象灾害发生规律研究，重点研究农业气象灾害成灾机理、预测预报以及防控技术。畜禽养殖及疫病防控。重点开展动物营养需要、营养调控与应激机理，加强畜禽重要病毒病遗传变异与致病、畜禽重大疫病抗感染免疫应答、人兽共患病病原与宿主相互作用等机理研究，阐明病原入侵、复制、致病、信号传导、免疫逃逸和免疫抑制的分子机制。开展畜禽重要病毒、细菌、寄生虫等病原流行病学研究，阐明动物疫病的流行规律和趋势。研究重要病原细菌、病毒、寄生虫的蛋白质—蛋白质互作、核酸—蛋白质互作、核酸—核酸互作网络，解析其生长、细胞分裂和代谢的调控机制。

人口与健康。肿瘤。针对河南食管癌、胃癌等高发肿瘤，利用组学技术结合人源化肿瘤移植动物模型，开展肿瘤药物作用靶点与靶向治疗研究，筛选肿瘤发生发展、复发和转移的分子靶点，阐明靶向治疗的作用机制和药理作用特点。开展抗肿瘤免疫分子应答等方面研究，从细胞和分子水平解析抗肿瘤免疫应答的特征和规律。利用诱导干细胞和基因组修饰技术，开展肿瘤细胞与基因治疗的基础和临床应用研究。重大传染性疾病。利用基因组学解析病毒性疾病发病机理和人体相关免疫应答机制，预测重大传染疾病发展规律，推动重大传染病新型治疗方法、技术和药物的研发。慢性病。从分子水平探讨心血管疾病、糖尿病等慢性病发病机制及其之间的关联，心脏发育与疾病互作的表观遗传机制等，开展相关领域创新药物靶点的发现研究；通过前瞻性队列人群遗传和环境等研究，探索心血管疾病等慢性病病因及预防控制措施。药物与药物资源学。开展生物技术药物和新的化学药物设计，以及天然药物资源新活性成分发掘及机理研究。结合河南资源优势，加强中医药分子生物学、药理药效及药性理论创新研究，加强对重大疑难疾病、传染病、中医方药的理论和应用研究。干细胞。针对干细胞编程和重编程，开展组蛋白与 DNA 修饰模式及其对细胞的调控作用、非编码 RNA 对细胞的作用及调控等研究，揭示这些修饰及修饰间相互关联的动态变化规律。鉴定新型的表观遗传修饰模式及相应的修饰酶体系。生殖健康。围绕提高我省出生人口素质和生殖健康风险防控，开展生殖疾病、妊娠疾病、围产儿疾病及重大出生缺陷高危病因学研究，建立危险因素监测与预警系统，探索适合我省人群的风险监控、防治策略和干预模式。

生态环境。大气灰霾成因解析与地下水污染防治。研究河南及周边工业、交通、城乡建设、农业排污等污染排放源，建立污染源要素识别系统，研究多因素灰霾成因，开展大气灰霾预警预报。加强地下水污染物溶质运移规律、地下水的污染危害性识别与评估技术研究，开展抽出处理、空气注入、生物修复、可渗透性反应墙等地下水修复技术机理研究。固体危险废物污染环境风险评估。开展固体废物在多场景下污染物的释放机理，固体废物资源化、能源化利用过程及其产品中污染物的迁移转化规律等研究，建立固体废物处置利用环境风险管理技术体系，系统评估危险废物生态环境效应。

第二节　大力实施自然科学基金

发挥国家自然科学基金的导向作用，引导社会创新资源投入基础研究，持续推进与国家自然科学基金委联合基金项目的实施，努力解决我省经济、社会、科技战略发展的重大科学问题和关键技术问题，吸引、培养和集聚一批一流的科技人才，逐步提升河南高等院校和科研院所的科技创新能力。参照国家自然科学基金管理模式和成熟做法，设立并实施河南省自然科学基金，面向全省重点支持基础研究和应用基础研究，为国家自然科学基金项目进行前期培育，逐步增强我省自主创新能力。

专栏 24　NSFC- 河南联合基金（第二期）

河南省和国家自然科学基金委双方每年投入 1 亿元的资金，实施 NSFC- 河南联合基金（第二期），重点在生物与农业、人口与健康、新材料与先进装备制造、资源与环境、电子信息等领域组织开展基础研究，解决我省及周边区域经济、社会、科技战略发展的重大科学问题和关键技术问题，吸引和培养一批优秀科技人才。到 2020 年，资助实施 400 项左右的培育项目和 100 项左右重点支持项目。

第三节　加强基础研究协同保障

完善基础研究投入机制，充分发挥各级政府对基础研究投入的主体作用，加大财政资金对基础研究的支持力度，加大对基础学科、基础研究基地和基础科学重大设施的稳定支持强度，鼓励高等学校、科研院所自主选题开展基础研究。强化政策环境、体制机制、科研布局、评价导向等方面的系统设计，多措并举支持基础研究，积极引导企业、社会力量等加大对基础研究的投入，形成全社会重视和支持基础研究的局面。

第二章　建立创新研发组织体系

加快建设有特色高水平高校和院所，培育面向市场的新型研发机构，加强各类科研平台优化整合，创新运行机制，促进科技资源开放共享，建立创新研发组织体系。

第一节　加强有特色高水平高校和院所建设

充分发挥高等学校、科研院所在基础前沿和行业共性关键技术研发中的骨干引领作用，加快科技成果转化应用，大力增强服务经济社会发展的能力。坚持“高起点、高水准、有特色”，统筹推进一流大学和一流学科建设，深化高等学校科研体制改革，推进现代大学制度建设，强化科教紧密协同，加强协同创新中心建设，组建跨学科、综合交叉的科研团队，形成一批优势特色学科集群、高水平科技创新平台和中试转化基地，系统提升人才培养、学科建设、科技研发、成果转化四位一体创新水平；增强科研院所创新创业能力，加快科研院所分类改革、分类管理、分类考核，建立健全现代科研院所制度，落实和扩大科研院所法人自主权，赋予创新领军人才更大财物支配权和技术路线选择权，有效整合优势科研资源，推进集成创新能力提升，在优势领域形成一批具有鲜明特色的技术研究中心和示范基地，支持省农科院现代农业科技试验示范基地、省科学院高新技术创新基地等建设。

第二节　培育发展新型研发机构

按照政府扶持、市场运作的原则，依托国家重点实验室、国家工程（技术）研究中心等高层次创新平台，鼓励支持各企事业单位、产业技术创新战略联盟、行业协会、投资机构以及个人等，联合省内外企业、高等学校、科研院所、检验检测机构，探索建立新型研发机构，围绕行业共性关键技术创新，建立健全新型科研管理体制、市场化人员激励机制、高效的创新组织模式和灵活的成果转化机制等，提升创新成果研发转化能力。鼓励和支持研发类专业化企业发展，积极培育市场化新型研发组织、研发中介和研发服务外包等新业态。

专栏 25　新型研发机构建设

重点在主导产业突出、创新发展良好的高新区和产业聚集区，围绕高端装备、信息网络、新能源、新材料、生物与健康、节能环保、现代种业、农业物联网等特色优势领域，鼓励和支持企业、高等院校、科研院所以及社会各方力量，共建一批投资主体多元化、建设模式多样化、运行机制市场化、管理制度现代化，产学研相结合，具有独立法人资格的新型研发机构，为产业集群创新发展提供公共科技创新服务。

第三节　推进科研平台布局建设

以提升科技创新能力为目标，着眼长远和全局，统筹考虑，优化布局，重点在优势特色领域，积极争取国家技术创新中心、国家重点实验室、国家临床医学研究中心以及各类国家科研基地在河南的布局建设；面向行业和产业发展需求，持续推进省级重点实验室、工程技术研究中心、院士工作站等建设。完善运行管理制度和机制，强化定期评估考核和调整，加大持续稳定支持力度，加快形成布局合理、特色突出、适合区域发展的科技创新平台合理架构。

专栏 26 科研平台建设

重点实验室。重点依托高等院校、科研机构和有条件的企业及事业单位，在生命健康、环境保护、信息技术、装备制造、生物医药、新能源、新材料等重点领域，到 2020 年新建省级重点实验室 60 个。在作物遗传育种、凝聚态物理、材料加工工程、有机化学、化学工艺、病理学与病理生理学等优势学科，择优推荐建设一批国家重点实验室。 工程技术研究中心。围绕战略性新兴产业、传统优势产业、高成长性产业和现代农业，依托省级产业聚集区，重点面向高新技术企业、创新型（试点）企业、节能减排科技创新示范企业、知识产权优势企业等大中型企业，稳步推进布局建设一批省级以上工程技术研究中心。鼓励和支持中心建成独立法人或独立核算的科研实体，建立健全创新激励机制和分配机制。强化中心动态管理，加强运行考核评估，加大不合格中心的撤销力度。到 2020 年，新建 500 家省级工程技术研究中心。 院士工作站。根据企事业单位创新需求，“柔性引进”高端人才，联合院士及其团队与本地研发人员开展协同创新，研究重大理论、方法，研发重大新技术、新产品、新工艺、新装备，培育具有自主知识产权的主导产品品牌。引进院士及其团队具有自主知识产权的科技成果，共同进行转化和产业化。与院士及其团队开展高层次学术或技术交流活动，联合培养科技创新型人才。到 2020 年力争新建 100 个左右省院士工作站。

第四节 促进科技资源开放共享

坚持“强化引导、整合资源、突出服务”原则，积极发挥政府在科技资源开放共享中的引导作用，优化整合科研仪器和设施、自然科技资源、科学数据、科技文献等各类科技资源，加快“一网、一库、一平台”建设，搭建对接全国、覆盖全省、多级联动的科技资源开放共享体系，优化我省科技资源配置，提高科技资源利用率，激发科技创新活力。推进河南省大型科学仪器协作共用网建设，进一步挖掘高等学校、科研院所的潜能，完善服务评优、奖励补助等共享激励机制，推行创新创业券购买服务模式，开展网上预约、网上撮合、网上结算，提升大型科研仪器使用效能；建设自然科技资源库，收集、整理农业、矿产等多种自然科技资源，建立健全运行补助机制，通过资源保藏、数字化整理和网络化服务，实现实物资源库和数字化信息资源库的结合；建设科技信息共享服务平台，整合河南省科技文献信息共享服务、河南海外科技人才信息服务、河南省实验动物公共服务等平台资源，建立统一运营、利益共享的信息增值服务运营模式，扩展科技信息资源共享的数量和范围。

第三章 培育集聚创新型科技人才队伍

深入实施人才优先发展战略，坚持把人才资源开发放在科技创新最优先的位置，营造创新人才发展良好环境，采用“内培外引”的方式，努力培养造就规模宏大、结构合理、素质优良的创新型人才队伍。

第一节 营造人才发展良好环境

坚持“人尽其才、才尽其用、用有所成”原则，积极推进人才考核评价、分配激励、双向流动等改革，强化创新人才服务保障，营造各类人才竞相发展的良好社会环境。改进科技人才职称评价方式，促进职称评价与科技人才聘用有效衔接；完善科技人才职称评价机制，突出用人主体在职称评审中的主导作用，合理界定和下放职称评审权限，推动高校、科研院所和国有企业自主评审，探索高层次人才、急需紧缺人才职称直聘办法；健全人才分配激励机制，完善科研事业单位收入分配制度，推行绩效工资，健全与岗位职责、工作业绩、实际贡献紧密相连的分配激励机制，重点向关键岗位、业务骨干和做出突出贡献的人员倾斜；完善知识、技术、管理等要素由市场决定的报酬机制，提高科研人员成果转化收益比例，鼓励支持通过股权、期权、分红等激励方式，调动科技人员的积极性；健全人才双向流动机制，改进科研人员薪酬和岗位管理制度，破除人才流动的体制机制障碍，研究制定高校、科研院所等事业单位科研人员离岗创业的政策措施，允许高校、科研院所设定一定比例的流动岗位，吸引具有创新实践经验的企业家、科研人员兼职，促进科研人员在事业单位和企业间合理流动；强化创新人才服务保障，搭建创新型科技人才综合服务平台，积极培育专业化人才服务机构，拓展人才服务新模式，建立创新人才维权援助机制，探索人才长效服务机制。

第二节　大力培养创新型人才

推进高层次创新型科技人才队伍建设工程实施，以重点实验室、工程技术研究中心、院士工作站、国际联合实验室等为载体，统筹项目、基地、人才建设，在各类科技计划实施中，加大对高层次、高水平创新人才和团队长期稳定的支持，建设科技创新人才培养基地，组建一批有基础、有潜力、研究方向明确的高水平创新团队。依托国家重点实验室、院士工作站、博士后科研流动站和工作站等，建设科学家工作室，通过国家和省重大科技项目的实施，支持培养一批以两院院士、中原学者为引领的科技领军人才；发挥国家自然科学基金委员会和 NSFC- 河南联合基金、河南省自然科学基金、省科技创新人才计划等的作用，加大财政专项资助力度，培育形成一批活力强、动力足的中青年科技创新骨干人才；依托工程（技术）研究中心、企业技术中心等研发平台，支持有条件的科研机构与高等院校联合企业，培养复合型工程技术人才，造就一批“大国工匠”和“金蓝领”。

第三节　积极引进创新型人才

深入实施高层次科技人才引进工程，围绕我省重点产业和战略性新兴产业发展需求，引进一批海内外创新型人才和团队。加快高端人才、拔尖人才和紧缺人才引进，探索柔性引智机制，建立高层次人才引进绿色通道，对急需紧缺的特殊人才，开辟专门渠道，实行特殊政策，广泛吸引国内外高层次人才和团队来豫从事创新研究和成果转化。加强创新创业人才引进，加快留学人员创业园、海外人才离岸创新创业基地等各类平台建设，更加注重掌握核心技术、具有先进管理经验、能够引领产业发展的科技创新创业人才和团队的引进，带动大批的省内外创新创业人才在河南创办、领办科技型企业。

专栏 27　创新型人才队伍建设

高层次创新型科技人才队伍建设工程。统筹各类创新资源，建立健全工作机制，加大对创新人才支持力度，到 2020 年，建立 50 个科技创新人才培养基地，力争实现在豫院士达到 25 人以上，中原学者 60 人，科技创新杰出人

才 600 名，科技创新杰出青年人才 1000 名，中青年科技创新骨干和工程技术人才 4 万人，科技创新团队 400 个。

高层次科技人才引进工程。面向海内外，积极引进一批急需紧缺的具有国内先进水平或在国内得到广泛认可的高层次科技人才及创新型科技团队，到 2020 年，引进 2000 名以上具有国内一流水平的高层次科技人才，200 个以上的高层次创新团队。

第五篇　推进开放式创新

贯彻落实国家“一带一路”战略，充分发挥科技合作的先导作用，紧紧抓住全球创新资源加速流动的历史机遇，坚持引出并行、以引为主，强调不求所有但求所用，积极推进开放式创新，探索科技资源相对匮乏地区实现创新跨越发展新模式。

第一章　建设国家技术转移郑州中心

以国家技术转移郑州中心建设为依托，加快技术转移的组织创新和模式创新，建设技术转移公共服务平台，集聚和培育一批技术转移机构，布局建设一批技术转移分中心，构建专业化、网络化、开放式的技术转移市场体系。

第一节　搭建技术转移转化综合平台

坚持政府引导与市场机制并重，积极引导技术转移和技术交易机构集聚，建设全链条、全方位的技术转移公共服务综合平台。充分利用“互联网 +”优势，加快线上线下结合，对接高校、科研院所、企业、投融资机构等各类创新体，整合利用国内外技术、成果、人才等各类创新资源，集成国际国内技术转移、创新成果展示和发布、科技资源共享、技术交易、知识产权服务、科技金融服务等各类服务功能。探索技术市场发展和技术转移新体制机制，积极推进公共资源的开放共享，强化技术转移服务的集成化、专业化、市场化，加快形成以国家技术转移郑州中心为枢纽的跨区域、跨领域、跨机构的覆盖全省、服务企业的技术转移网络。

第二节　培育技术转移机构

依托国家技术转移郑州中心建设，加快集聚和培育一批技术集成与经营、技术经纪和技术投融资服务等技术转移机构。加大对外开放与合作，引进一批国内外知名的技术服务机构。培育一批技术转移机构，引导多元化投资主体建设各类区域综合性技术转移机构、行业或专业性技术转移机构等，支持高等学校、科研院所依托现有的平台建设内部技术转移机构。建设一批省技术转移示范机构，支持信誉良好、行为规范、综合服务能力强的省技术转移示范机构创建国家技术转移示范机构。加强技术市场人才队伍建设，建立和完善技术经纪人制度，积极开展技术转移公共政策及实务操作、技术市场法规、技术合同认定登记等培训。

第三节 开展技术转移分中心建设

选择有条件的省辖市、省直管县等作为郑州中心技术转移服务网络的重要节点，建设国家技术转移郑州中心的分中心，营造区域技术市场环境，构筑区域技术转移平台，开展多种形式的服务创新，进行常态化成果展示、成果交易、技术需求对接。通过郑州中心和分中心的对接呼应，加大与地方技术转移平台的信息共享和合作，推动全省各地的技术转移资源共享，促进技术、人才、资金、服务“四类”要素的流动和融合，提升开放式创新的整体服务能力。

专栏 28 国家技术转移郑州中心建设

充分发挥市场作用，加快国家技术转移郑州中心建设，实现“1242”目标。

一网——建成汇集人才、设备、技术、成果、资金等科技资源信息的技术转移网，实现在线洽谈、网上对接、线上交易等功能，搭建科技资源信息交流与服务平台。

两厅——建设技术交易大厅，即时发布技术交易的相关数据，为技术交易双方提供服务，营造良好的技术交易环境；建设科技成果展示和发布大厅，采用现代化声、光、电等多媒体技术展示科技创新成果。

四百——引进 100 家国内外知名高等院校、科研院所、大型企业的研发机构和国内外高端化、专业化、市场化的技术服务机构；培育 100 家省内技术转移机构；转移转化 100 项有较大影响的科技成果项目；实现技术交易额 100 亿元。

两千——培养 1000 名技术经纪人，发展 1000 家会员单位。

第二章 加强科技开放合作

以引进来和走出去为主要途径，积极争取国家科技创新资源在河南布局，统筹利用国际国内各类创新资源，主动融入全球创新网络，全方位提升科技创新合作层次和水平。

第一节 积极争取国家创新资源

完善与科技部、国家知识产权局、中国科学院等的创新合作机制，积极推动部（局、院）省工作会商，实现国家战略目标与地方发展重点的紧密结合，促进国家科技资源在河南布局，加快项目、平台、园区等在我省的实施和建设。

专栏 29 与国家部（委）合作

部省工作会商。加快推进与科技部的工作会商，进一步完善部省合作的长效机制，围绕五大国家战略实施，以构建区域创新体系，实施创新驱动发展战略为总目标，做好顶层设计，加强政策先行先试，突出企业主体地位，集中精力推动科技体制改革、重大创新载体建设、重点产业技术创新、开放式创新等四项工作，统筹部署园区建设、平台布局、项目安排、人才培养、政策配套等，力争在区域创新体系建设上取得新突破，借力支撑中原经济区创新驱动发展。

局省工作会商。加快提升与国家知识产权局的合作会商，建立知识产权高层次合作会商机制，以知识产权强省建设为目标，加强知识产权运用和保护，合作推动深化知识产权体制机制改革、构建知识产权驱动型创新生态体系、建设知识产权区域创新中心、知识产权引领产业高端发展示范区等，以国家知识产权重点园区、平台、项目建设和改革试点布局为带动，着力发展知识产权密集型产业，助力我省构建区域创新体系和产业体系，全面提升创新驱动发展动力和产业核心竞争力。

院省工作会商。积极开展与中国科学院的工作会商，以中国科学院"四个率先"行动计划和河南省实施创新驱动发展战略为契合点，围绕河南经济社会发展的战略需求，充分发挥中国科学院的研发优势、人才优势、技术成果优势和河南省的区位优势、资源优势、市场优势，以体制机制创新为动力，开展多形式、多层次、多领域的科技合作与交流，推动中国科学院郑州工业先进技术研究院、国际化高水平合作大学、中科院过程所郑州分所等重点项目建设。

第二节　加强国内科技创新合作

鼓励我省各类创新主体与省外知名高校、科研机构和大型央企、龙头企业等开展深度合作，重点强化与已签约的高校、科研机构深度合作，鼓励开展原创性研发活动，促进高端制造和研发环节向我省转移，提高重点领域的科技创新能力。提升技术转移转化针对性和实效性，组织开展"科技支撑区域经济发展"专题技术对接洽谈和"科技开放合作支撑产业技术创新"专题对接等系列活动。到 2020 年，力争设立或共建分支机构、研发中心、产业研究院等 20 个以上，对接技术成果 300 项以上，引进一批国内科技领军人才、高水平创新创业团队和创新型龙头企业。

第三节　强化国际科技合作与交流

积极推动与"一带一路"沿线国家建立科技合作关系，共建研发中心、技术转移机构和科技创业园，重点推进与俄罗斯、白俄罗斯在能源化工、农业机械、环境工程等方面的合作，支持河南农牧业先进技术在中亚、南亚等国家示范推广。依托国际科技合作基地，积极发展与美、欧、日、韩、以色列等发达国家（地区）的合作关系，加强中（豫）英科技交流，依托高校和科研院所，引进海外关键技术和研发团队，建设联合实验室、科技成果转移转化基地。强化与世界 500 强合作，支持省内企业建立海外研发中心、开展技术并购与合资合作，通过人才引进、人员交流、合作研发、研发外包等方式，开展产业共性技术联合攻关，获取核心关键技术，增强专利技术储备，提高科技创新能力。充分利用各种科技交流和合作渠道，积极为企业国际化提供信息和咨询等服务。

第三章　推进军民科技融合

深入实施军民融合发展战略，发挥国防科技创新重要作用，加强与军事院校、军工企业、军工科研机构的合作，推动国防科技深度融入地方工业体系，构建全要素、多领域、高效益的军民科技深度融合新格局。

第一节　促进军民科技创新协调联动

建立军民科技融合创新发展统筹协调工作机制，加强军民创新在规划、项目、成果转化等方面的统筹衔接，进一步协调优化军民创新资源配置，组织实施一批军民融合重点项目，制定一批军民兼容、军民通用的技术标准规范，布局建设一批军民合作的重点实验室和工程技术研究中心，促进双方创新要素的流动转移和创新成果的开放共享，在基础性前沿领域，形成军民科研力量有机协调的科研体系，在示范应用领域，形成以企业为主体、军民双向渗透的科研格局。

第二节　推动军民技术转化应用

搭建国防科技工业成果信息与推广转化平台和载体，打通军民科技成果转移转化渠道，重点在信息网络、先进制造、先进材料、新能源等领域，依托高新区和产业集聚区，建设军民融合发展产业基地和产业园，促进军民技术转化应用。推进郑州与中国人民解放军信息工程大学联合建设郑州信大先进技术研究院，重点围绕信息安全、网络通信、数据工程、北斗导航、智慧城市等五大方向建立公共技术研发平台，强化基础性、前瞻性、战略性信息技术研究，深入开展产业共性关键技术研究、应用系统开发和产品研制。支持洛阳建立军民科技融合电子产业园，重点研发新型电子元器件及材料、液晶显示器件、气敏压敏热敏元件及传感器，开发50项具有较强市场竞争力的成套军民融合装备。支持新乡建立军民科技融合电池产业园，重点发展节能电池制造装备、太阳能电池、集成电路芯片、电子封装材料、特种元器件等。支持南阳建立军民科技融合光电产业基地，重点将光学薄膜技术作为核心技术重点培育军民融合发展产业，形成较为完整的光学技术产业链。

第六篇　推动大众创业万众创新

深入实施“创新创业引领中原”工程，加强各类创新创业孵化载体和投融资体系建设，形成创业人才集聚、孵化载体多元、融资渠道畅通、服务功能完善、运行模式高效、示范效果显著的创新创业支撑体系，营造良好的创新创业生态环境，全面激发全社会创新创业活力。

第一章　加快创新创业孵化体系建设

促进科技企业孵化器和新型创业服务机构的深层融合，加强专业化高水平创新创业孵化载体建设，构建“互联网+”创新创业服务网络，形成高效快捷的创新创业孵化体系，服务实体经济转型升级。

第一节　推进创新创业孵化平台载体建设

推进科技企业孵化器向专业化、细分化方向发展，构建一批低成本、便利化、全要素、开放式的众创空间。支持高新区、产业集聚区、高新技术特色产业基地、高等学校、双创基地等，发挥在基础设施、专业服务等方面优势，加强科技企业孵化器、大学科技园、众创空间等孵化载体建设，全面提升创新创业服务能力。鼓励以龙头骨干企业、科研院所、高校为创新源头，建立资源共享基础好、产业整合能力强、孵化服务质量高的专业化众创空间，按照市场机制与其他创业主体协同，优化配置专业领域的技术、信息、装备、资本、供应链、市场等个性化、定制化创新资源，实现创新资源、产业资源及外部创新创业资源的共享和有效利用。支持科研院所、高等学校围绕优势领域建设大学科技园，以科技人员为核心加快成果转移转化，增加源头技术创新有效供给，为科技型创新创业提供专业化服务。支持农业科技园区、科技型企业、科技特派员、农民专业合作社等，开展星创天地建设，打造农业农村领域创新创业的众创空间。到 2020 年，建设各类创新创业孵化平台载体 300 家，实现省级以上创新创业孵化载体所有省辖市、省直管县和高新区全覆盖，形成“众创空间—孵化器—加速器”完整孵化链条，推动创业企业快速成长。

第二节　构建“互联网 +”创新创业孵化服务网络

加快发展“互联网 +”创新创业孵化服务网络，探索开源社区、虚拟社区等新模式，促进线上线下融合，扩大创新创业孵化服务覆盖面，推动创新创业孵化服务进基层、进社区，支持人人创新。立体实施“众扶”，借助于互联网，鼓励大中型企业加强生产协作，开放平台和标准，支持高校和科研院所开放科研设施，加快公共科技资源和信息资源开放共享，为创新创业提供开放共享的创业服务。积极推广“众包”，鼓励企业和研发机构通过网络平台，推广研发创意、制造运维、知识内容等众包，推动大众参与线上生产流通分工，实现大众创新与企业发展相互促动，促进生产方式变革。建设“互联网 +”科技型中小微企业综合服务平台，充分发挥科技企业孵化器、大学科技园、众创空间等创业载体功能，集成融资、技术、人才、产品、场地等各类创业服务，实现省、市、县（区）各级服务平台联动，为中小微企业成长提供开放式综合服务。

第二章　健全创新创业投融资体系

发挥金融创新对创新创业的重要助推作用，壮大创业投资规模，强化资本市场支持，推动科技金融产品和服务创新，以资金链引导创业创新链，形成各类金融工具协同支持创新创业的良好局面。

第一节　壮大创业投资规模

发展天使、创业、产业投资，壮大创业投资和政府创业投资引导基金规模，强化对处在种子期、初创期的创业企业直接融资支持。充分发挥省科技创新风险投资基金等促进创新创业基金的作用，带动社会资本支持战略性新兴产业和高科技产业早中期、初创期企业发展。引导社会资本创办科技创业投资机构，支持境内外风险投资机构参股科技创业投资机构。稳健发展众筹，鼓励社会各界加强对小微企业和创业企业融资的支持，开展实物众筹、股权众筹融资试点，拓展创新创业投融资渠道。

第二节　强化资本市场支持

加快发展多层次资本市场，支持创新创业企业进入资本市场融资，鼓励发展多种形式的并购融资。鼓励符合条件的高新技术企业、科技型中小企业在境内主板、中小板、创业板、新三板及海外市场、区域性股权交易市场上市或挂牌。支持符合条件的创新创业企业发行公司债、项目收益债，募集资金用于加大创新投入，推动上市、挂牌企业开展多种形式的并购重组再融资。引导各省辖市、省直管县（市）及高新区、郑州航空港经济综合实验区、创新型产业聚集区等有条件的各类园区，加大对科技型中小企业改制和上市辅导等环节的支持力度，为拟上市科技型中小企业改制重组开辟“绿色”通道，加快科技型中小企业上市融资发展步伐。加快发展统一的区域性技术产权交易市场，加强省技术产权交易市场建设，支持科技型中小企业在全国中小企业股份转让系统挂牌交易。推进股权、技术产权交易中心（所）建设，向非上市科技型中小企业提供股权登记托管、产权交易、知识产权登记评估质押等服务。

第三节　推动科技金融产品和服务创新

深化科技和金融结合，在依法合规、风险可控的前提下，支持符合创新创业特点的结构性、复合性金融产品开发，加大对创新创业金融支持力度。鼓励银行业金融机构开展科技型中小企业集合贷款业务，逐步扩大专利权、商标权、版权、股权质押以及产业链融资贷款规模。探索科技型中小企业贷款风险补偿机制，引导和支持金融机构加大对科技的信贷投入。充分利用互联网技术建立科技贷款“绿色”通道，为科技企业提供高效、便捷的金融服务。完善科技信贷风险管理机制，探索设计专门针对科技信贷风险管理的模型，建立完善金融支持科技创新的信息交流共享机制和风险共控合作机制。落实授信尽职免责机制，有效发挥差别风险容忍度对银行开展科技信贷业务的支撑作用。推动科技保险发展，积极开发科技型企业融资保险、科技人员保障类保险等产品，支持科技型中小企业参加科技保险，分散科技创新创业的市场风险。加快科技信贷专营机构发展，鼓励银行金融机构设立科技信贷业务部、科技支行、科技小额贷款公司和科技金融租赁公司等新型金融服务组织。支持政府性融资担保机构发展，鼓励其为全省科技型中小企业提供融资担保服务，探索科技型中小企业融资担保损失补偿机制。

第三章　加快科技服务业发展

做好优化科技服务的加法，完善科技服务业发展的市场机制，搭建公共科技服务平台，推进科技服务专业机构发展，建设科技服务业集聚区，引导科技服务业向高效、专业、开放方向发展。

第一节　搭建公共科技服务平台

围绕我省传统优势产业、高成长性产业、战略性新兴产业的技术创新需求，完善创新创业服务平台布局，依托各类创新载体，支持建设一批集聚省内外创新服务资源、服务当地主导产业发展的技术创新公共服务平台，开展技术咨询、委托研发、信息服务、检验检测、知识产权、标准制定等综合科技服务。选择一批具有一定规模、创新性强、处于行业领军地位的科技服务企业牵头组建创新创业服务联盟，提供行业关键共性技术和前瞻性技术研发、技术转移、创业孵化等公共服务，通过生产协作、开放平台、共享资源、开放标准等方式，带动上下游中小微企业快速发展。

第二节　推进科技服务专业机构发展

以科技创新创业需求为导向，以体制机制创新为动力，丰富创新科技服务模式和完善创新创业服务方式，鼓励高等院校、科研院所、企业共建具有独立法人资格的科技服务专业机构，鼓励符合条件的生产性科技服务机构、龙头企业中的研发设计部门注册成为具有独立法人资格的企业，或成为市场化运作的行业研究中心、专业设计公司等。培育和壮大第三方专业化服务机构，开展科技服务示范机构建设，在重点领域培育一批创新能力较强、服务水平较高、市场影响较大的省级科技服务示范机构。

第三节　建设科技服务业集聚区

围绕高成长服务业大省建设，完善科技服务产业链条，推进科技服务业集聚区的试点示范。鼓励和支持郑州、洛阳和新乡及有条件的省辖市，在创新能力突出、产业特色鲜明的高新区、产业集聚区等，依托各类创新型产业集群，重点打造一批科技服务要素集聚，功能设置合理，目标定位清晰，集科技创新、成果转化、创业服务于一体的科技服务业集聚区，形成若干具有较强竞争力的科技服务业集群。

第四章　营造创新创业环境

加大创新创业宣传力度，展示创新成果，普及双创知识，加强科研诚信体系建设，推进企业家精神和创新创业文化传播塑造，加快形成人人崇尚创新、人人希望创新、人人皆可创新的社会氛围。

第一节　加强科学技术普及

深入实施全民科学素质行动，加强科普工作统筹协调，完善科普政策法律法规，创新科普工作的管理体制和运行机制，建设以信息化为核心的现代科普体系，全面提升科学技术宣传普及水平。强化健康与卫生、环境与气候变化、防灾减灾与公共安全、大数据与“互联网 +”等重点领域的科学技术知识的普及。加强科普教育基地建设，大力推进科普基础设施建设。强化科普人才队伍建设，完善科普人才激励机制，推动科普人才知识更新和能力培养，增强适应现代科普发展的能力。

第二节　建设科研诚信体系

推动科研诚信文化环境建设，建立有关部门、科技机构和高等学校、科技社团各司其职、齐抓共管，社会参与，科技人员自觉行动的科研诚信体系。加强科研信用的法制建设，制定和完善科研行为准则和规范。持续完善科研信用管理，健全防范科研不端行为的监督机制，探索科研诚信建设“红黑榜”发布制度，加大对科研不端行为的惩戒力度，从机制上约束和规范科技计划相关主体行为。在各类科技计划管理中，加强计划项目受理、立项、结项等各个环节信息公开，进一步提高相关主体的信用意识和信用水平。

第三节　培育企业家精神和创新创业文化

发挥企业家在创新创业中的重要作用，壮大企业家队伍，大力倡导企业家精神。完善创新型企业家、高技能人才培养模式和评价机制，实行积极的政策激励措施，将其纳入省优秀专家、享受省政府特殊津贴等评选推荐范围。努力培育创新创业文化，在全社会培育创新意识，倡导创新精神，完善创新机制，大力倡导敢于创新、勇于竞争和宽容失败的精神，努力营造鼓励科技人员创新、支持科技人员实现创新的有利条件。组织开展中国创新创业大赛，通过创新创业大赛的开展，鼓励举办投资路演、创业沙龙、创业讲堂、创业训练营等各类创新创业活动，全面激发科技人才创业热情，营造人人支持创业、人人推动创新的创业文化氛围。

第七篇　深化科技体制改革

坚持发挥市场配置创新资源的决定性作用和更好发挥政府引导作用，抓住理顺政府和市场关系这一关键、突出科技与经济结合这一重点、紧扣激发人的积极性、创造性这一根本，推进科技管理体制改革，健全技术创新市场导向机制，深化科技成果转化改革，努力构建适应创新驱动发展的体制机制。

第一章　推进科技管理体制改革

强化科技计划的顶层设计，促进科技管理体制与经济、政策等方面协同发展，不断提高财政科技投入配置效能，继续深化科技评价制度改革，建立健全科技创新基础制度，加快政府职能从研发管理向创新服务转变。

第一节　深化科技计划管理改革

深化省级科技计划体系改革，进一步聚焦我省经济社会发展目标，对现有科技计划进行优化整合，按照重大科技专项、重点研发与推广专项、技术创新引导专项和创新体系建设专项、基础前沿研究专项等五类科技计划，构建布局合理、功能定位清晰、具有河南特色的科技计划体系。强化各类计划管理，建立专业机构管理项目机制，加快建设运行公开透明、制度健全规范、管理公平公正的专业机构，建立健全项目决策、评价、监督等环节分头管理、责权一体、互为制约的工作机制，推行第三方评估。加强计划信息公开，建立健全科技计划公平竞争和信息公开制度，积极推行科学合理的评审方式，进一步强化计划指南制定、评审立项、中期评估、结项验收等全过程信息公开和痕迹管理，并纳入统一的省科技管理信息系统。

第二节　改革科技评价制度

完善分类评价标准，制定突出创新导向的评价办法，基础研究突出同行学术评价，应用研究突出市场评价，哲学社会科学研究突出社会评价。实施绩效评价，把技术开发合作、技术转移转化和科研成果对经济社会的影响纳入评价指标，将评价结果作为财政科技经费支持的重要依据，逐步建立以绩效为导向的财政支持制度。积极开展第三方创新评价，探索建立政府、社会组织、公众等多方参与的评价机制，拓展社会化、专业化评价渠道。改革完善省级科技奖励制度，建立公开提名、科学评议、实践检验、公信度高的科技奖励机制。不断完善省科技进步奖的评审标准和办法，增加评审过程透明度，强化对青年科技人才的奖励导向。

第三节　建立健全科技创新基础制度

开展科技报告制度，统筹推进各地科技报告系统建设，推动科技成果的完整保存、持续积累、开放共享和转化应用，将科技报告呈交和共享情况作为对项目承担单位后续支持的依据。完善科研信用管理制度，建立覆盖项目决策、管理、实施主体的逐步问责机制。加强科研基础设施改善和科技资源共享平台建设，简化科研仪器设备采购管理，对进口仪器设备实行备案制，建立健全运行补助机制。建立和完善创新调查和统计制度，加强创新体系建设监测评估，积极引导各地树立创新发展导向。

第二章　建立技术创新市场导向机制

完善企业主导的产业技术创新机制，健全产学研用协同创新机制，建立健全符合国际规则的支持采购创新产品和服务的政策体系，引导各类创新要素向企业、产业集聚。

第一节　完善企业主导的产业技术创新机制

建立高层次、常态化的企业技术创新对话、咨询制度，扩大企业在政府创新决策中的话语权。吸收更多企业参与研究制定省级技术创新规划、计划、政策和标准，进一步加大产业专家和企业家在专家咨询组的比例。积极引导和支持企业加强技术研发能力建设，产业化目标明确的国家和省级重大科技项目由有条件的企业牵头组织，重点建设的工程技术类研究中心和实验室等国家级、省级创新平台载体，优先在具备条件的行业骨干企业布局。培育壮大企业内部众创，鼓励并支持企业设立首席技师岗位和技能大师工作室，增强引领带动作用，提升市场适应能力和创新能力。发挥支持企业自主创新优惠政策的激励作用，重点落实促进企业技术创新的税收扶持政策，积极开展龙头企业创新转型试点建设。

第二节　健全产学研用协同创新机制

坚持以市场为导向、企业为主体、政策为引导，推进产学研用紧密结合，增强创新集群效应。充分发挥产业技术创新战略联盟的组织协同作用，引导和支持联盟设立产业技术创新联合基金，围绕产业关键共性技术开展协同创新，推动产学研合作模式不断由短期零散式合作向战略长期合作转变。探索建立在战略性领域采取企业主导、院校协作、多元投资、军民融合、成果分享的新模式。建立健全人才流动机制，允许符合条件的高等院校和科研机构科研人员经所在单位同意，带着科研项目和成果到企业开展创新工作和领办企业。

第三节　建立支持采购创新产品和服务的政策体系

积极推进政府采购和推广应用创新产品，构建支持采购创新产品和服务的政策体系，落实和完善政府采购促进中小企业创新发展的相关措施，加大创新产品和服务的采购力度。鼓励采用首购、订购等非招标采购方式，以及政府购买服务等方式，促进创新产品的研发和规模化应用。不断完善使用首台（套）重大技术装备鼓励政策，健全研制、使用单位在产品创新、增值服务和示范应用等环节的激励机制。推进首台（套）重大技术装备保险补偿试点，降低科技成果转化中的风险。

第三章　深化科技成果转化改革

强化尊重知识、尊重创新、充分体现智力劳动价值的分配导向，改革科技成果处置办法，完善科技人员股权和分红激励办法，改进职务发明奖励报酬及工资总额管理制度，建立健全高校和科研机构技术转移机制，让科技人员在创新活动中得到合理回报，在技术转移转化中体现创新价值。

第一节　改革科技成果处置办法

健全知识、技术、管理等由要素市场决定的报酬机制，激发调动广大科技人员和全社会创新活力。在不涉及国防、国家安全、国家利益、重大社会公共利益的情况下，省管高等院校和科研机构等事业单位，可以自主决定对其持有的科技成果采取转让、许可、作价入股等方式开展转移转化活动，鼓励优先向中小微企业转移成果。单位主管部门和财政部门对其科技成果在境内的使用、处置不再审批或备案。科技成果转移和交易价格要按程序进行公示，科技成果转化所获得的收入全部留归单位，纳入单位预算，实行统一管理，处置收入不上缴国库，扣除对完成和转化职务科技成果做出重要贡献人员的奖励和报酬后，主要用于开展科学技术研发与成果转化等工作。

第二节　完善职务发明激励机制

落实相关法律和政策，完善科技成果、知识产权归属和利益分享机制，提高骨干团队、主要发明人受益比例。在利用财政资金设立的高等院校和科研机构中，将职务发明成果转让收益在重要贡献人员、所属单位之间合理分配，用于奖励科研负责人、骨干技术人员等重要贡献人员和团队的收益比例，不低于50%。对研发机构、高校等事业单位（不含内设机构）担任领导职务的科技人员获得科技成果转化奖励，按照分类管理的原则执行，其中担任正职的可获得现金奖励，其他领导可获得现金、股份或出资比例等奖励和报酬。在履行尽职义务前提下，免除事业单位领导在科技成果定价中因成果转化后续价值变化产生的决策责任。进一步完善职务发明工资总额管理制度，国有企业事业单位对职务发明完成人、科技成果转化重要贡献人员和团队的奖励不纳入工资总额基数。加大科研人员股权激励制度，鼓励企业通过股权、期权、分红等激励方式，调动科研人员创新积极性。建立促进国有科技型企业创新的激励制度，对创新中做出重要贡献的技术人员实施股权和分红权激励。

第三节　健全高校和科研机构技术转化机制

完善高等院校和科研机构的技术转移工作体系，推动建立专业化的转移机构和职业化的人才队伍。逐步实现高等院校和科研机构与下属公司剥离，强化科技成果以许可方式对外扩散，鼓励以转让、作价入股等方式加强技术转移。鼓励高校和科研机构在不增加编制的前提下建设专业化技术转移转化机构，培育一批运营机制灵活、专业人集聚、服务能力突出、具有影响力和知名度的技术转移机构。支持并鼓励企业与高校、科研院所联合设立研发机构或技术转移机构，共同开展研究开发、成果应用与推广、标准研究与制定等。建立高校和科研机构科技成果与市场对接转化渠道，推动科技成果与产业、企业技术创新需求有效对接。探索建立事业单位无形资产管理制度，完善高等院校和科研机构科技成果转化年度统计和报告制度。

第八篇　强化规划实施与保障

第一章　构建多元化科技创新投入体系

发挥好财政科技投入的引导激励作用和市场配置各类创新要素的决定性作用，优化创新资源配置，激励企业加大科技投入，引导社会资源投入创新，形成多方投入的新格局。

第一节　优化财政科技投入

加强财政科技资金的统一规划和综合平衡，坚持有所为有所不为，按照新五类科技计划布局，突出各研发阶段的统筹衔接，完善稳定支持和竞争性支持相协调的机制，针对各类科技计划的定位和内涵，优化财政科技资源配置，推进涉企省财政资金基金化改革，充分发挥财政资金乘数效应和“四两拨千斤”杠杆作用。加强省财政投入与地方创新发展需求衔接，引导地方政府加大科技投入力度，支持科技创新公共服务平台建设。加强财政科技资金监管与绩效评价，建立科研资金信用管理制度，完善财政科技资金预算绩效评价体系，建立健全相应的评估和监督管理机制，提高经费使用效能。

第二节　激励企业科技投入

进一步完善落实税收减免、产品购买等激励企业研发的普惠性政策，综合运用奖补、后补助、政府采购、风险补偿、股权投资等多种投入方式，带动企业向创新链的各个环节加大投入，形成与创新链紧密关联的资金链。积极争取国家新型产业创业投资引导基金、国家科技成果转化引导基金、科技型中小企业创业投资引导基金的支持，设立省科技成果转化引导基金和重点产业知识产权运营基金，引导和激励企业加大研究开发投入。

第三节　鼓励社会科技投入

充分发挥政府创新创业专项基金的引导作用，采用跟进投资、风险补偿、直接投资等方式，引导创投机构加大对创新的支持力度。创新科技金融产品和服务，综合运用业务补贴、绩效奖励、资本注入、政府购买服务等方式，鼓励银行业、金融机构开展知识产权质押贷款、股权质押贷款等业务。支持社会资金捐赠资助科技创新活动，积极鼓励个人、联合体以及各种组织以承包、租赁、合作等形式进入科技研发领域，鼓励社会团体或个人在高校院所设立创新活动基金。推进省科技金融服务平台建设，提供全方位、专业化、定制化融资解决方案和“一站式”投融资服务，拓宽高新技术企业、科技型中小企业的融资渠道，提升社会资本投向科技创新的效率。

第二章　深入实施知识产权强省战略

以构建知识产权驱动型创新生态体系为着力点，以知识产权运用和保护能力建设为主线，加快发展知识产权服务业，建设知识产权强省试点省，推进创新驱动发展能力提升。

第一节　构建知识产权创新生态

深化知识产权体制机制改革，探索开展专利、商标、版权综合管理改革试点，加强省、市、县三级知识产权管理机构建设，推进知识产权民事、行政和刑事案件审判“三合一”改革，推动设立知识产权法院。完善知识产权基础条件建设，建设以国家级知识产权试点示范园区等载体为核心的各级、各类产业知识产权平台，加快国家专利审查协作河南中心、专利导航产业发展实验区、国家知识产权创意产业试点园区、中部知识产权运营中心和技术交易市场等建设，构建知识产权驱动型创新发展支撑体系。完善知识产权市场定价和交易机制，强化知识产权创造运用的财税政策支持，构建知识产权驱动型创新发展激励体系。建设高等院校知识产权学院和与知识产权相关的专业硕、博士学位点，加大对各类知识产权人才培养支持力度，深入推进知识产权普及教育，构建知识产权驱动型创新发展人才体系。

第二节　加强知识产权创造运用和保护

增强高价值高质量核心知识产权创造能力，深入实施专利导航工程、产业集聚区知识产权能力提升、“知识产权 +”助力创新创业等专项行动，开展重大经济科技活动知识产权分析评估，创造一批创新水平高、权利状态稳定、市场竞争力强的高价值高质量专利，构建一批能支撑产业发展和增强企业竞争力的专利池或专利组合，提升产业知识产权创造能力，助力小微企业知识产权创新。搭建知识产权运营体系，高标准建设中部知识产权运营中心，探索发展新型知识产权运营模式，开展知识产权与科技、产业、金融等融合试点，支持商业银行、证券、保险、信托、担保等机构广泛参与知识产权金融服务，拓展知识产权投融资体系，完善知识产权质押融资政策，着力提升知识产权转化运用能力。培育发展知识产权密集型产业，布局建设一批知识产权强市、强县、强企。实行严格的知识产权保护，健全省市县知识产权行政执法体系，构建知识产权社会信用体系，完善知识产权快速维权机制，推进产业集聚区维权援助工作站建设，深入开展“护航”“闪电”等专项行动，加大对恶意侵权、重复侵权等违法行为的查处力度。

第三节　发展知识产权服务业

推动郑州国家知识产权服务业集聚发展试验区建设，吸引国内外高端知识产权服务机构进驻，优化区域知识产权服务业态结构，建设知识产权服务业联盟，开展知识产权高端服务。发展知识产权虚拟市场，依托河南省技术产权交易所，构建以知识产权评估、转让许可、投融资、股权交易、质押物处置等为支撑的网上网下相结合的交易服务体系，建立健全多元化、多层次、多渠道的知识产权投融资体系和市场化风险补偿机制，提供知识产权资产股权化、证券化等新型金融服务。培育知识产权品牌服务机构，以国家专利信息服务（河南）中心为依托，推动专利信息与其他各类知识产权基础信息公共服务平台互联互通，在代理服务、法律服务、信息服务等重点服务领域分级分类选取一批机构进行重点培育，引导知识产权服务机构开展特色化、高端化、国际化服务。

第三章　落实创新政策法规

围绕营造良好创新生态，强化创新的法治保障，加大普惠性政策落实力度，加强创新链各环节政策的协调和衔接，形成有利于创新发展的政策导向。

第一节　落实普惠性创新政策

加大宣传普及力度，深入推进《科技进步法》《促进科技成果转化法》《科学技术普及法》等的落实。发挥市场竞争激励创新的根本作用，强化竞争政策和产业政策对创新的引导，加大研发费用加计扣除、高新技术企业税收优惠、固定资产加速折旧等政策落实力度，推动新技术应用和设备更新。强化政策培训，完善政策实施程序，加强政策实施情况的检测评估，切实扩大政策覆盖面。

第二节　加强政策统筹协调

强化顶层设计，建立创新政策统筹协调机制，推进我省科技体制改革与经济体制改革协调同步，加强科技政策措施与财税、金融、产业、教育、知识产权等政策措施的统筹协调和有效衔接，提高政策措施的系统性、可操作性，形成全社会关注创新的局面，提高创新决策的综合执行能力。依据河南实际，建立创新政策措施调查和评价制度，广泛听取企业和社会公众意见，定期跟踪分析政策落实情况，及时调整完善。

第四章　加强规划实施与管理

推进规划顺利实施，必须树立创新意识，加强组织领导，强化实施中的协调管理，形成规划实施的强大合力与制度保障。

第一节　树立创新意识

大力培育创新文化，积极倡导创新价值观，着力增强领导干部的创新意识和创新思维，提升全民科学素养和创新能力。通过互联网、手机报、新闻 APP 终端、报刊、电视广播等各类传播媒介，强化宣传和舆论引导，加强对科技创新政策措施、重大科技创新成果、典型创新创业人才和创新型企业的宣传，形成尊重知识、尊重人才、鼓励创新、宽容失败的创新氛围，吸引更多国内外高层次人才参与河南科技创新活动，进一步激发全社会的创新创造活力。

第二节　加强组织领导

加强对创新发展的协调和管理，发挥政府宏观调控和政策引导作用，细化政策措施，明确部门责任，抓好督促落实。各级科技主管部门要充分发挥统筹协调作用；各有关部门要从各自职能出发，加强协调配合；各市（县）政府要健全工作机制，细化政策措施，科学组织推进，确保各项任务措施落到实处。把创新驱动发展成效纳入对地方领导干部考核的范围，作为考核评价地方经济发展及领导班子和领导干部政绩的重要内容。

第三节　强化监测调整

加强科技创新的部门统计工作，建立全省科技统计组织体系，建全科技创新发展的统计监测评价制度，及时、客观反映科技创新发展的质量、速度和效益，把握科技创新发展动态和趋势。健全规划监测评估制度，围绕规划提出的主要目标、重点任务和政策措施，进行制度化、规范化的检查评估，全面分析检查规划的实施效果及各项政策措施落实情况，推动规划有效实施。建立动态调整机制，依据监测评估状况，针对创新发展中的新情况、新问题，及时调整规划，提高规划的科学性和可操作性。

湖北省科技创新“十三五”规划

“十三五”时期是湖北全面建成小康社会的决胜期、全面深化改革的攻坚期、加快发展的黄金机遇期，也是湖北“建成支点、走在前列”的突破性阶段。面对新的形势，科技创新必须发挥引领作用，为湖北“建成支点、走在前列”提供重要支撑。根据省委省政府专项规划编制要求，衔接《湖北国民经济和社会发展第十三个五年规划纲要》，结合湖北科技发展实际制定本规划。

一、形势与机遇

（一）“十二五”成就。“十二五”时期，全省上下围绕创新湖北建设，取得了一系列重大成就，圆满完成了“十二五”科技发展规划确定的主要目标和任务，为全省经济社会发展提供了重要科技支撑，为“十三五”发展奠定了良好基础。

科技创新综合实力稳步提升。在鄂国家级科技创新平台数量78家、在鄂两院院士70人、国家“千人计划”273人、国家“973”首席科学家70人、获国家科技奖数量163项，继续保持全国前列、中西部地区之首，万人发明专利拥有量由“十一五”末的0.7件增长到4.28件。

科技对经济社会的支撑力持续增强。一批重大科技成果落地转化，“快舟小型运载火箭”首创星箭一体化技术、“单模光纤超大容量光传输”一再刷新全国纪录、“广域实时精密定位关键技术”实现全国范围分米级及重点区域厘米级的定位服务、“高速铁路500m长焊接钢轨生产系统集成创新与应用”助力中国高铁跨越发展、全球首张“水稻全基因组育种芯片”大大提高育种效率、“可定位可控制高清胶囊内窥镜机器人系统”率先在全球实现商业化应用，北斗技术、现代种业、光电子等一批高科技产品走入“一带一路”国家。全省高新技术企业突破3300家，高新技术产业增加值突破5000亿元，占GDP比重由“十一五”末的10.77%提升到17.02%，为经济社会发展提供了重要支撑。

科技创新创业环境显著改善。率先在全国推出“科技十条”“新九条”等创新政策，科技体制改革全面深入推进。科技成果大转化工程、科技企业创业与培育工程陆续启动、成效明显，全省技术合同成交额年均保持50%以上的增幅，以较大优势保持中西部第一并跃居全国第二，突破830亿元。

湖北省人民政府，鄂政发〔2016〕23号，2016年6月23日。

科技投入水平稳步提升，全社会研发投入占地区生产总值的比例由“十一五”末的1.65%上升到1.93%（预估值）。

区域科技创新体系基本完善。国家创新型试点省份、武汉全面创新改革试验及武汉、襄阳、宜昌国家创新型试点城市陆续获批并有序推进。县域科技创新不断取得新突破，52个市县区被科技部表彰为全国科技进步考核先进市县区。产业载体建设迈上新台阶，全省建有国家高新区7个、国家农业科技园区8个、国家可持续发展实验区12个。对外科技合作交流有序开展，省级以上国际科技合作基地达到80家。

（二）面临形势。全球新一轮科技革命和产业变革正在加速孕育兴起。世界科技发展迅猛，基础科学的交叉融合不断加速，创新要素在全球范围的配置和流动加速，新兴学科不断涌现，重大科学突破呼之欲出，新科技革命正以前所未有之势深刻影响并改变着全社会的生产方式和生活方式。同时，由科技革命带来的产业变革在全球范围兴起，科学发现、技术发明和产业发展日趋一体化，颠覆性技术创新、融合创新成为新一轮产业变革的突出特征，以大数据、云计算、移动互联网为核心的新一代信息技术成为产业变革的重要引擎，与金融、商业模式的紧密融合成为产业生态演变的重要推力。面对新变化新挑战，主要发达和新兴国家均在强化创新部署，德国工业4.0、美国的再工业化战略、欧盟地平线2020计划、韩国的创造经济行动计划等，全球创新竞争愈发激烈。

创新驱动已成为新时期我国经济社会发展的核心战略。我国经济发展进入新常态，过去主要依靠资源等要素驱动、投资规模驱动经济增长和规模扩张的粗放型发展方式已不可持续，实施创新驱动已经成为发展形势所迫，必须依靠创新提升我国经济发展的质量和效益。国家明确将创新发展位列国家“五大发展理念”之首，其战略地位的高度前所未有。“十三五”作为我国全面实施创新驱动战略的第一个五年期，国家将全力推进以科技创新为核心的全面创新，把科技创新作为供给侧结构性改革的重要环节，进一步发挥科技是第一生产力、人才是第一资源、创新是第一动力的关键作用，依靠创新打造我国经济发展新引擎、构建竞争新优势、开辟经济发展新空间，实现经济发展动力转换。

湖北经济加速竞进提质对科技创新的需求更加迫切。近年来，我省全面实施一元多层次战略，大力实施创新驱动发展战略，加快“竞进提质、升级增效”，经过不懈努力，经济发展实现总量第八、增速第七，持续保持“高于全国、中部靠前”的良好势头，我省已经具备了位次进一步前移的良好基础。同时，国家创新驱动战略的实施，“一带一路”、长江经济带、长江中游城市群的全面推进，都为湖北提供了难得的历史机遇。“十三五”将是湖北实现跨越式发展的黄金机遇期，产业转型升级的关键加速期，而创新则是“十三五”湖北能否迈上发展新台阶、进入发展新阶段的关键。面对机遇，当前我省科技创新仍存在一些薄弱环节，主要表现在科技创新持续投入不足；战略性、前瞻性创新成果缺乏；科技成果省内转化不够；企业创新活力不足、能力不强；科技创新体系亟待加强等方面。

面对“十三五”的新形势、新机遇和新挑战，湖北必须依靠科技创新抓住并用好新常态蕴含的新机遇，在科技创新上实现新的突破，在科技发展上有新的作为，建设创新强省，推动创新驱动发展走在全国前列，为我省实现“率先、进位、升级、奠基”的总体目标提供重要支撑。

二、总体思路

（一）指导思想。以党的十八大和十八届三中、四中、五中全会精神为指导，全面贯彻“四个全面”战略布局和五大发展理念，以深入实施创新驱动发展战略为主线，以建成国家创新型省为目标，进一步加强科技创新能力建设，进一步提升企业创新主体地位，进一步加快科技成果转移转化，进一步促进全社会创新创业，深化推进科技体制改革，完善区域创新体系，以科技创新引领全面创新，努力建成长江中游和中部地区科技创新先行区和示范区，为推进湖北加快“建成支点、走在前列”、率先在中部地区全面建成小康社会、综合竞争力迈入“第一梯队”提供坚强支撑。

（二）基本原则。坚持以提升能力为重点。加强重大创新平台布局，加快培养汇聚高端创新人才，加速推动源头性、引领型、竞争性的重大创新成果产出，构建特色科技创新体系，整体提升湖北的科技实力和科技竞争力，切实推动科技大省向创新强省转变。

坚持以支撑发展为根本。紧扣全省经济社会发展重大需求，发挥市场对技术研发方向、路线选择和各类创新资源配置的导向作用，促进产业链与创新链的融合，加快科技成果向现实生产力转化，让创新落实到支撑湖北转型升级和经济发展的质量上。

坚持以全面创新为导向。消除科技创新中的“孤岛现象”，促进科技创新与理论创新、制度创新、文化创新、产业创新、企业创新、产品创新、商业模式创新等全面融合，通过科技创新引领一切劳动、知识、技术、管理、资本的活力竞相迸发，实现以科技创新为核心的全面创新。

坚持以改革开放为动力。优化全省创新供给结构，积极稳妥推进科技体制改革，盘活创新资源、激活创新潜力，破解科技向现实生产力转化的制度瓶颈。完善对外开放合作创新机制，建立开放型创新模式，积极跨区域配置、跨国界整合创新资源。

（三）规划目标。总体目标：到 2020 年，全省科技创新能力明显提升、企业创新主体地位明显强化、科技成果转化步伐明显加快、科技创新人才明显聚集、创新创业环境明显优化，建成布局合理、支撑有力，与湖北产业体系相融合，适应并引领湖北经济社会发展需要的区域科技创新体系，区域创新能力综合排名进入全国前八，建成创新型湖北，实现创新驱动发展走在全国前列。

——科技创新能力进一步提升。知识创新、技术创新平台量质齐升，省级以上重点实验室达到 160 家、工程技术研究中心达到 400 家、产业技术研究院达到 15 家以上。具有自主知识产权和广泛应用前景的重大原始创新成果加速形成，每万人发明专利拥有量达到 10 件以上，每万名就业人员的研发人力投入达到 55 人年 / 万人，高层次创新人才总量大幅提升。

——支撑经济社会发展能力进一步凸显。企业技术创新主体地位进一步确立，规模以上工业企业研发投入占主营业务收入比例达到 1.0% 以上，全省高新技术企业数量突破 8000 家，高新技术及战略新兴产业发展规模不断壮大，高新技术产业增加值占全省 GDP 的比重达到 23% 以上。

——区域创新格局进一步完善。全省形成“一元多层次”创新增长极，基本建成区域创新协同网络体系。武汉国家全面创新改革试验深入推进，建成国家产业创新中心。国家创新型城市达到 5 家，国家级高新区、农业科技园区、可持续发展实验区达到 35 个以上。

——创新创业环境进一步优化。科技投入规模稳步增长，全社会研发投入占地区生产总值的比例达到 2.5%。科技创新创业服务体系逐步完善，省级以上各类科技创新创业服务平台实现跨越发展。全省技术转移体系更加完善，技术合同成交额突破 1100 亿元。各级各类科技企业孵化器总面积达到 2000 万平方米。公民具备基本科学素质比例高于全国平均水平，全社会崇尚创新创业的价值导向和文化氛围初步形成。

表　“十三五”时期全省科技创新主要指标

类型	序号	指标名称	指标单位	2015 年基数	2020 年目标值
科技创新能力	1	省级以上重点实验室	个	149	160
	2	省级以上工程技术研究中心	个	284	300
	3	产业技术研究院	个	11	15
	4	每万名就业人员的研发人力投入	人年 / 万人	38.2*	55
	5	每万人发明专利拥有量	件	4.28	10
支撑发展成效	6	规模以上工业企业研发投入占主营业务收入比例	%	0.88*	1.0
	7	高新技术企业数量	家	3300	8000
	8	高新技术产业增加值占全省 GDP 的比重	%	17.02	23
区域创新体系	9	国家级高新区	个	7	10
	10	国家农业科技园区	个	8	10
	11	国家可持续发展实验区	个	12	15
创新创业环境	12	全社会研发投入占地区生产总值的比例	%	1.93	2.5
	13	技术合同成交额	亿元	830	1100
	14	各级各类科技企业孵化器面积	万平方米	900	2000
	15	公民具有基本科学素质比例	%	5.7	10

（四）战略重点。“十三五”期间，全省科技创新工作按照“一个核心、两个重点、三类平台、四大工程”的思路进行部署。

坚持一个核心：以科技创新体系建设为核心，围绕创新能力的整体提升、全社会创新资源的高效配置，以企业、高校院所、科技服务机构为主体，深化科技体制改革，促进技术创新、知识创新、管理创新、区域创新、开放创新、科技服务创新，构建形成系统完备、重点突出、运行高效的省域科技创新体系。

突出两个重点：以“出成果、促转化”为科技创新工作的重点，以市场为导向，发挥科技政策引导作用，加大科技创新投入，深入推进激励创新、加速成果转化等关键环节的科技体制机制改革，激发高校院所的科技创新动力，推动科技创新成果在本地转化为现实生产力，全面提升科技在支撑经济社会发展中的引领作用。

强化三类平台：加快推进以重点实验室为核心的知识创新平台建设，以产业技术研究院、工程技术研究中心等为核心的技术创新平台建设，以科技企业孵化器、技术转移机构等为核心的支撑服务平台建设，建设规模适度、结构合理、功能完备、开放共享、运行高效的科技创新平台体系。

实施四大工程：实施“创新能力提升工程”，完善区域科技创新体系建设，提升全省科技创新水平；实施“科技成果转化工程”，完善科技成果转化服务体系，促进科技成果转化为现实生产力；实施“创新创业服务工程”，健全创新创业公共服务体系，促进大众创业万众创新；加速推进“区域创新聚集工程”，引导各市州形成各具特色的创新体系，打造多点支撑的区域创新极。

三、主要任务

（一）加强科技创新能力建设

1. 加强创新平台建设，强化创新条件支撑。调整优化重点实验室、产业技术研究院、工程技术研究中心、校企共建研发中心的科技创新平台布局，夯实服务全省的科技基础设施建设。

重点实验室。进一步加强重点实验室的科研能力和服务能力建设，支持重点实验室承担国家重大科研项目，以及围绕全省经济社会发展的重大科技需求设计研究课题，在加强基础研究的同时，引导其开展产业基础技术、前沿技术的应用基础研究。鼓励重点实验室提档升级。推动重点实验室对外开放科学仪器设备、与企业建立有效的产学研合作关系，更多地提供社会化服务。

进一步优化重点实验室的学科布局、产业布局和区域布局。面向优势特色产业，在材料科学与工程、冶金工程、信息与通信工程、生物医学工程、食品科学与工程等学科领域，新增一批重点实验室，着力解决优势产业领域的共性技术难题。面向优势学科领域，在水资源研究、新型能源燃料、生态学等领域布局建设一批重点实验室。面向未来导向技术，在云计算与大数据、网络经济、绿色节能建筑、人工智能与机器人、空间科技、第五代移动通信等新兴技术领域组建一批重点实验室，引领和培育新兴产业。支持我省重点行业的龙头骨干企业自主建设或与高校和科研院所联合建设重点实验室，引领行业科技发展。

产业技术研究院。提升现有产业技术研究院的创新能力，通过政府采购技术服务、科技计划项目等多种形式，增强产业技术研究院自我发展能力。进一步增强产业技术研究院的产业服务能力，推动产业技术研究院面向所在行业开展多元化的公共服务。进一步壮大产业技术研究院规模，支持我省支柱产业、产业集群的龙头骨干企业与高校和科研院所联合建设产业技术研究院；支持区域经济特色鲜明、有一定集群与规模优势的产业建设一批产业技术研究院。探索产业技术研究院发展的市场化运行机制，完善产业技术研究院组织管理模式。

工程技术研究中心。提高现有工程化技术研究中心的创新能力，开展省级示范性工程技术研究中心创建。优化全省工程技术研究中心布局，在新能源、新材料、光电子信息、循环经济、高端装备制造、生态环保等领域重点建设一批工程技术研究中心。支持我省重点行业领域经济基础较好、技术发展方向明确、有一定技术优势的行业骨干企业独立或者与高校、科研院所联合建设省级、国家级工程技术研究中心。支持地方政府围绕其区域特色经济，健全企业研究开发机构，以多种方式包括企业自建、与高校和科研院所合建等创建国家级、省级工程技术研究中心。

校企共建研发中心。择优选择一批产学研合作稳定，研究开发能力提升较快的校企共建研发中心，引导所在企业增加技术创新平台建设投入，建立健全研究开发设施手段、引进和培育技术人才，逐步建立企业自己的研究开发机构。跨部门联动支持校企共建研发中心升级为省级企业技术中心和省级工程技术研究中心。

重大科技基础设施。加快推进武汉光电国家实验室、脉冲强磁场实验装置国家重大科技基础设施、精密重力测量国家重大科技基础设施，大力支持武汉争创国家科技中心、国家超级计算武汉中心。持续推进武汉国家生物安全实验室、水环境工程与技术研发平台等科技基础设施建设。推动科技条件领域的自主创新，依托企业与高等院校的合作，重点发展能够替代进口、填补国内空白的通用科学仪器设备，鼓励在太赫兹技术、微纳米技术、量子调控技术、粒子探测技术、磁性影像技术、信息技术等方面开展重大科学仪器设备的研发创新。推进植物种质、动物种质、微生物菌种、人类遗传、生物标本、岩矿化石标本、实验材料与标准物质、科学仪器、科技文献等领域科技基础条件共享平台建设，促进科技资源开放共享。推进实验动物建设。

2.加强基础研究，强化创新源头供给。围绕我省科技发展的战略性需求，重点加强应用基础研究，取得一批具有重大意义的原始科技创新成果，巩固我省在国家基础研究领域的地位和影响力。

生命科学、脑科学与生物医学。围绕精神分裂症、老年痴呆症、帕金森病、抑郁症等脑部疾病的诊断和治疗，开展基础以及与医学结合的应用基础研究。

空间科学与北斗卫星。围绕重力生物学、复杂流体和分散体系、微重力金属合金、空间超冷原子物理、宇宙灯塔、卫星导航芯片、时空信息、遥感影像信息处理、智能导航、星间链路等相关领域的重点科学问题开展研究。

纳米研究与新型材料。围绕先进功能纳米材料、纳米检测与加工方法及装备与标准、纳米信息材料与器件、纳米生物与纳米医学、环境纳米材料与技术、能源纳米材料与技术等领域取得突破。

光学、光子学与光电子。围绕芯片水平上光子与电子学的无缝集成技术、微钠光子学、通信、信息处理和数据存储技术、先进光子学测量与应用、战略光学材料、显示技术、生物医学光子学技术等领域开展研究。

人工智能与先进制造。围绕生物声学感应、3D 生物打印、语音翻译、神经网络商业、可穿戴用户界面、全息显示、自动驾驶汽车、移动式机器人、智能微尘等前沿技术开展研究，面向大数据开展量子计算、复杂事件处理、内存数据库管理系统、内存分析与预测分析等技术研究。

3.加快创新人才队伍建设，释放创新人才活力。围绕我省科技创新发展需求，加大科技创新人才培养力度，制定和落实鼓励创新创造的激励政策，鼓励科研人员持续研究和长期积累，引导科技人才到生产和基层一线创新创业，充分调动和激发科技人员的积极性和创造性。

大力集聚高层次创新创业人才。根据全省重点产业和战略性新兴产业发展需要，引进一批与我省产业、企业发展需求紧密对接的海内外高端人才、拔尖人才和紧缺人才。大力推进国家“千人计划”、省“百人计划”等海外高层次人才引进项目的实施。加强留学人员创业园等各类平台建设，广泛吸引海外人才来鄂创新创业。优化人才引进结构，更加注重引进掌握核心技术、具有先进管理经验、能够引领产业发展的科技创新创业人才及团队。不断优化引进人才创新创业环境。

加大创新型人才开发力度。健全完善创新型人才培养开发机制，将人才培养纳入科技计划项目和科研条件平台建设考评验收内容，建立“人才 + 项目 + 平台”的人才培养开发体系。深入实施“千名创新人才计划”“万名创业人才计划”“创新创业战略团队”等重大人才工程，争取更多人才入选国家“万人计划”。加大青年拔尖人才培养力度，构建合理的创新人才培养梯次。

引导科技人才到生产和基层一线创新创业。坚持人才以用为本，鼓励高校组织科技人才服务科技创业与产业发展。积极推进事业单位改革，深化干部人事制度、户籍和档案管理、社会保险等制度改革，打破人才单位所有制，促使科技人才在企业、高校、科研院所之间自由流动。优化实施院士专家工作站、博士后创新实践基地、重点产业创新团队等项目，引导和支持专家、博士后及高校、院所科技人才向基层和经济一线集聚。

（二）加强关键技术研发

1. 加快发展高新技术，提升经济发展竞争力。围绕全省高新技术产业及战略性新兴产业发展的总体部署，充分依托我省高新技术产业及工业发展基础与优势，重点发展光电子信息、生物、新材料、先进制造、新能源、新能源汽车及高技术服务业，以重点产业链上的关键技术和重点产品为创新方向，以关键环节和重点领域的创新突破带动全产业发展。

（1）光电子信息。立足湖北优势资源，紧抓国家存储器基地落户武汉光谷等重大发展机遇，准确把握未来技术发展方向，加快光通信、激光、集成电路、新型显示、光电器件等重点领域的核心材料及关键设备开发，提高基础工艺水平，突破产业关键技术瓶颈，推动光通信、激光领域科技创新达到国际领先水平，集成电路、新型显示等领域进入国内第一方阵，建设全球光电子信息产业科技创新高地，加速科技创新与产业升级的融合，打造全国最大的激光产业基地、储存芯片生产基地，形成千亿元北斗产业集群。

专栏　光电子信息

1. 光通信。加快推进光纤预制棒制备及关键设备国产化。开发超低损耗通信光纤，以及多种应用领域的特种光纤。提升高端光器件和光模块研发能力，重点突破高速光电芯片技术、光子集成和光电集成技术、片上光互联技术等。推动全光网络、5G、量子通信等新型通信技术及系统设备的研发生产。

2. 集成电路。推进 3D-NAND 和 DRAM 存储芯片制造技术，以及各种先进存储器研发及先进工艺创新。加强对安全可靠的芯片设计方法研究和 EDA 工具开发，支持移动智能终端芯片、网络通信芯片、北斗 /GPS 芯片、可穿戴设备芯片的设计生产，鼓励开发面向新业态、新应用的信息处理、传感器、新型存储等关键芯片。重点支持先进封装和测试技术的开发及产业化。

3. 激光。加快激光器关键材料和核心器件突破，研发高功率、高光束质量的光纤激光器、半导体激光器、co2 激光器等，突破全固态超快激光器、碟片激光器等新型激光器关键技术。发展中高端激光设备及系统，开发基于航空航天、船舶、汽车及零部件应用的大幅面、大厚板、高速度激光焊接、切割成套设备以及电子工业激光精密微细加工系统、激光柔性制造系统等。加强激光应用工艺开发，鼓励企业开展激光加工、激光诊疗、检测等激光应用服务。

4. 新型显示。发展 TFT-LCD 面板制造及配套产业，构建完整 TFT-LCD 产业链。推进 OLED 核心和产业化技术突破，加快 OLED 在中小尺寸新兴领域的应用。培育 LCOS 激光显示、3D 显示、互动投影显示、电子纸显示等新型显示产品。推进高效能 LED 的材料、设备、芯片、封装等环节的核心技术开发，支持 UV　LED 产品研发和产业化。

（2）生物。高效推进生物医药、生物制造和医疗器械领域的关键技术、核心部件和重大产品创新和产业化，大幅提高生物医药、生物制造和医疗器械领域的核心竞争力，改变高端产品以进口为主、产品开发以仿制为主的不利格局，培育骨干企业，打造拳头产品，完善产业链建设，将武汉建设成为中部最大的国家生物产业基地，使湖北成为国家重要的新药创制中心。

专栏　生物

1. 生物医药。聚焦药物靶点发现、植物转基因表达体系优化、多价疫苗选择、大规模蛋白药物分离纯化、新型生物药制剂与载药系统、多价疫苗选择技术等关键瓶颈技术研究。围绕恶性肿瘤、心脑血管疾病、糖尿病、重大神经精神疾病等慢性非传染性疾病的治疗开展新结构、新物质、新配方、新制剂等化学药物、诊断试剂的研发。开展种子种苗标准化研究、中药材质量安全研究、产地药材无硫加工技术、中药饮片传统炮制经验继承及炮制工艺与设备现代化研究、中药提取、分离、浓缩、干燥、制剂、辅料生产技术集成创新研究。

2. 生物制造。突破发展生物加工技术、生物过程工程技术、生物催化技术、生物炼制与生物质转化技术、微生物基因组育种技术等共性关键技术，加强生物制造关键技术的集成，加强工业发酵糟渣、高浓有机废水等工业生物废物的资源化高值转化利用技术。

3. 医疗器械。突破质子刀、康复机器人、超声 /PET 成像、光电医学成像、医学虚拟现实技术、微弱光电信号检测技术、电化学 / 生化传感技术、生物医用材料改性、加工、制备和修饰技术、可再生修复材料技术、生理信号无损 / 连续动态监测 / 检测和参数辨识技术，加快数字诊疗装备研发。

（3）新材料。重点围绕新型金属材料、新型无机非金属材料、新型高分子材料、新型复合材料、新型功能材料等领域突破一批建设急需、引领未来发展的新材料关键技术，显著提升新材料对产业结构调整和转型升级的带动作用，将湖北建设成为中部领先、国内外有一定影响力的新材料产业科技创新和发展大省。

专栏　新材料

1. 新型金属材料。发展国家重大工程急需的高速铁路车轴钢、航空航天用超高强度钢、海洋工程用钢、核电高温合金等高端特殊钢。加快非晶态合金关键技术突破和产业化。加快发展优质电解铜箔、软态压延铜箔等有色金属新材料。

2. 新型无机非金属材料。发展中高档液晶显示玻璃基片与电子玻璃盖板等高品质特种光电功能玻璃。发展功能型超硬材料和大尺寸高功率光电晶体材料。突破大规格石英玻璃材料真空熔制、超纯高均匀合成石英玻璃制造技术及产业化。发展超大尺寸氮化硅陶瓷、功能型特种陶瓷产品等陶瓷产品。发展结构—功能一体化建筑材料。发展高纯石墨、核级石墨材料。

3. 新型高分子材料。强化为汽车、高速铁路和高端装备制造配套的高性能密封、黏结、阻尼等专用塑料材料开发。发展特种工程塑料、特种合成橡胶、聚酯及涤纶纤维等。拓展乙烯系、丙烯系等高分子材料产业链。发展环保型高性能涂料、高端有机氟、有机硅、功能性膜材料等高端化工新材料。

4. 新型复合材料。突破高性能陶瓷基耐磨材料技术。加快发展仿真、高功能、差别化的新型和特种高性能纤维复合材料、棉丝麻等天然纤维等纺织新材料。加快新型木塑材料的研发，开发高性能改性环氧树脂、聚双马来酰亚胺等热固性和热塑性基体树脂。

5. 新型功能材料。重点发展光电转换材料、热电材料等新型能源材料。加快光纤套管 PBT 基材、电子级环氧树脂等新型元器件材料的研发和产业化。发展印刷光电子技术。

6. 前沿新材料。推进生物基高分子新材料和生物基绿色化学品开发。发展高性能低成本生物医用高端材料和产品。突破发展纳米金属软磁材料、纳米光学材料等先进纳米新材料，积极开展石墨烯材料研究。

（4）先进制造。抢抓国家实施《中国制造 2025》的战略机遇，依托湖北制造大省基础，围绕智能制造装备、汽车、船舶与海工装备等重点领域，以重大成套技术装备、高端智能装备为重点，开展高端数控装备、工业机器人、3D 打印设备、智能化仪器仪表等智能制造领域的核心和基础技术、关键技术零部件、关键基础材料和先进基础工艺，加快汽车、船舶海工、石油钻采等装备的产业化，加强数字化、智能化、平台化制造系统和装备的应用，全面提升湖北制造业的自主创新能力，力争成为全国制造业创新体系中的重要节点，带动制造业价值链的整体提升，推动制造业数字化、网络化、智能化转型，推动湖北从制造业大省向制造业强省跨越。

专栏　先进制造

1. 高端数控装备。突破高精度运动控制、高可靠智能控制、多设备协同控制等共性和关键智能技术。巩固中高档数控系统与成套加工设备优势，发展精密、高速、高效、柔性的数控专用机床、复合加工中心、特种重型加工设备等，配套发展新型工业传感器等核心关键零部件，加快发展智能化生产线、数字车间、智能工厂等。

2. 工业机器人。研发具有深度感知、智慧决策、自动执行功能的工业机器人。加强面向行业应用的机器人系统集成。突破伺服电机及驱动器、机器人控制系统、减速机、机器人传感等关键部件。推进以传感器融合、虚拟现实与人机交互为代表的智能化技术在工业机器人上的应用。

3. 3D 打印。加强分层实体制造、选择性激光烧结等先进 3D 打印技术和工艺研发。研发钛铝、耐高温合金、光敏树脂、细胞等新型 3D 打印材料。开发微纳增材制造、多色材料增材制造等打印设备。加快发展扫描振镜、3D 打印激光器及控制系统等核心部件。

4. 智能化仪器仪表。发展微型化、智能化、低功耗、集成化的新型传感器。加快发展新材料传感器和无线传感网络。发展智能化、在线化、高可靠的分析仪表、智能阀门和执行器。研发分析仪器和系统、智能板形仪等精密仪器产品。

5. 汽车关键零部件。加快提升高效内燃机、先进变速器等核心技术的工程化和产业化能力。发展汽车钢板、有色金属和模具钢材等汽车制造原材料。加快发展传统汽车零部件。突破发展数字控制器、逆变器、传感器等新型汽车零部件。掌握汽车低碳化、信息化、智能化、轻量化核心技术。加快发展专用汽车和商用车的关键零部件。

6. 高技术船舶与海洋工程装备。发展深海渔业及保障平台装备、水下生产作业及辅助装备等装备。推进数字化造船，推进多用途海洋平台工作船、深远海海洋工程支持船等重大海洋工程装备的研发和产业化。发展燃气轮机关键部件、大功率推进系统等配套设备。

7. 轻工业设备。发展智能化、高速响应、高可靠性、多功能的行业专用加工成套设备。重点发展高端瓦楞纸包装机械、智能型宽幅无梭纺织机械等，配套发展凸轮、压丝摆杆等纺织器材配件，加强机电一体化、自动化设备应用示范。

8. 石油钻采设备。集成开发具备在线检测、优化控制、功能安全等功能的石油钻采成套装备。发展智能化复合式连续管作业机、高效井下钻井工具等。协同发展固井成套设备等关键设备和零部件。

（5）新能源。围绕国家能源发展战略，结合湖北能源资源及产业现状，以转变能源发展方式、调整优化能源结构为目标，着力推动能源技术创新，加快发展清洁能源，推进能源绿色发展，积极发展太阳能、生物质能、风能等关键技术、装备研发及产业化，围绕新能源接入、特高压输变电、智能配电和分布式电源等核心技术，加强智能电网技术创新，建立健全我省新能源技术创新体系，力争使湖北成为全国重要的新能源技术研发与产业化基地。

专栏　新能源

1. 太阳能。发展薄膜电池、聚光电池等新产品。研发纯固态染料敏化纳米晶太阳能电池和全太阳能光谱吸收特性的光伏电池材料。发展太阳能光热产蒸汽、发电和储热、聚光高效光伏和光热等新型技术和设备。

2. 生物质能。推动生物质发电、生物质制油的研发及产业化，发展高温超高压生物质燃烧锅炉技术、生物制合成油技术等关键技术。发展工业化沼气生产与高值化综合利用技术及装备、生物质制氢装备等生物燃气装备。发展燃料乙醇新设备。

3. 风能。发展变桨和变速风力发电机、直驱式磁悬浮风力发电机等发电机组。加快发展兆瓦级风力发电机组风轮叶片、风电轴承等关键零部件。

4. 智能电网。发展超高压变压器、智能变压器、电子式互感器、特高压电网电力光纤光缆等智能输变电设备。发展智能电表及其核心芯片、智能高压开关、智能用电管理终端等配用电设备。发展逆变器、并网控制器、轻型直流设备、运行监控装置等新能源并网及控制设备。发展飞轮设备、空气压缩蓄能装置、超级电容器等储能设备。

（6）新能源汽车。依托湖北强大的汽车产业基础，以推动传统汽车产业转型升级为目标，加快研发纯电动轿车、插电式混合动力轿车和纯电动客车的设计、研发和制造技术，支持新能源汽车电池、电机、电控等关键零部件研发，推动新能源汽车成为湖北经济发展的战略先导产业，实现传统汽车产业向战略新兴产业的转型。

专栏　新能源汽车

1. 新能源汽车整车。推进纯电动汽车、插电式混合动力汽车的研发及产业化。发展新能源专用车。延伸发展新能源汽车整车检测、诊断、试验等服务。加强车载多媒体系统、智能交通系统等车载智能信息系统的研发。

2. 新能源汽车电池系统。研发性能动力电池正极、负极、隔膜、电解质材料制备技术与车用动力电池单体、模块、系统设计技术。推进车用动力电池研制、工艺、制造技术研究及产业化。开发车用燃料电池膜电堆及膜电极相关关键材料。

3. 新能源汽车电机系统。研究电动轮 / 轮毂驱动技术，研制先进轮毂电机驱动纯电动轿车整车控制系统。研究机电耦合装置集成技术、双（单）电机控制器集成技术等。开发新型微型涡轮发电机系统。研制基于 EMT 的电驱动系统相关执行机构、传感器等关键零部件。

4. 新能源汽车电控系统。推进电动汽车动力系统能量流与信息流协同控制技术研究。开发能量回馈式电动汽车制动防抱死系统、纯电动汽车远程监控和故障诊断系统和新能源车用动力电池组管理系统等。

（7）高技术服务。以国家大力发展现代服务业为契机，抢抓“互联网 +”、大众创业万众创新的历史机遇，重点推进工程设计、信息技术、数字内容、科技服务等领域的研发创新与应用示范，推动桥梁、铁路、建筑等工程设计领域达到国际领先水平，卫星定位导航、地理信息系统等关键核心技术取得重大突破，数字内容相关技术加速升级，科技服务领域加速拓展，全面增强我省高技术服务业的科技创新水平，通过高技术服务业带动全省产业结构转型升级。

专栏　高技术服务

1. 工程设计服务。推动虚拟现实、北斗高精度定位、大数据分析等先进技术与工程设计融合创新。加快全生命周期三维 BIM 协同设计技术等行业信息化关键技术应用。发展铁路、桥梁等行业的工程咨询、工程勘察、工程方案设计等服务，延伸发展项目管理和项目运营维护等后端服务。围绕冶金、电力等重化工领域发展循环经济工程设计。

2. 信息技术服务。加强多源地理空间信息数据获取、地理空间信息集成与可视化等关键技术研发。发展地质勘探、海洋开发、资源评估等领域专业软件与成套地理信息系统，加快发展北斗高精度应用服务。加大传感器网络集成与智能控制、智能海量存储、云安全等关键技术研发，开发面向不同应用的物联网系统，定制化开发环境监控、云数据库等应用服务。发展具有自主知识产权的专用操作系统、数据库和中间件软件。开发工程设计、智能制造等领域专用软件和嵌入式系统。发展移动终端应用软件及配套服务。提升发展 IT 软件外包服务、信息技术解决方案集成服务等。培育跨境电子商务服务。

3. 数字内容服务。加强自主知识产权数字出版内容产品的开发与集成，大力发展数字加工、运营、发行等环节。重点发展教育内容数字加工等电子课本与电子书包产品，加快发展数字教育平台和服务。加快发展动漫影视创作。

4. 科技服务。发展研究开发服务、技术转移服务、检验检测认证服务、创业孵化服务、知识产权服务、科技咨询服务、科技金融服务等。加快云计算、物联网、移动互联网、大数据等新技术在科技服务业的应用。加快推进科技服务业商业模式创新，积极培育众创、众包、众扶、众筹等新型创新创业服务模式，加快发展"集成商＋专业机构"的新型科技服务模式。

2.加快农业产业链创新，推进农业现代化。农业现代化是全面建成小康社会的重要基础，围绕我省现代农业发展的瓶颈问题，从农业良种培育及标准化生产、农产品加工与贮运、特色农业发展、农产品质量安全保障、农业信息化等关键环节出发，开展重大科技创新与联合攻关，为农业的标准化、品牌化、高值化、规模化、生态化及精准扶贫提供科技支撑。

（1）农产品质量安全。按照农业产业链前端质量安全控制为主，后端质量安全检测为辅的思路，利用农业高新技术手段，加强农产品生产、加工、储运的全程质量控制技术和风险监测预警技术创新，提升农产品质量安全科技创新能力，建立粮食、水产品、畜禽、蔬菜等农产品的全程质量安全控制技术创新体系，完善水稻、水产、生猪等优势农产品全程质量安全控制技术规范，为农产品质量安全控制提供科技支撑。

专栏　农产品质量安全

1.农产品安全生产环境控制。研发湖北典型农区水稻等农产品的重金属关键阻控技术和产品。开展水产养殖用水重金属和有机污染物等防控、消减技术研究。

2.农产品高效安全生产。研究基于微生物技术的蔬菜病虫害的综合防控技术。开展绿色生物兽（鱼）药和中兽（鱼）药的研制与开发。支持重要畜禽／水产疫病新型疫苗与诊断试剂的研制与开发。推进蛋白质高效利用与环境友好的畜禽水产饲料产品开发。

3.农产品安全加工。研发蔬菜违禁化学添加物筛查技术、生猪／水产中激素非法使用与内源性鉴别技术。

4.农产品安全储运。开展储藏和物流环节生物危害物监测体系和农产品安全品质保障体系研究。

5.农产品质量安全监测。建立面向水稻、水产等优势农产品的农兽药残留及生物毒素免疫识别系列技术。开发农产品中农药、兽药、生物毒素残留高通量检测技术和仪器。开发高脂肪性农产品样品前处理材料和设备。开展农产品质量动态监测管理和农产品从生产到餐桌的完整产业链质量信息全程追溯技术研发。

（2）农业良种培育及农产品生产加工。面向湖北农业产业发展需求，在粮食、油料、畜禽、水产等重点优势领域加快选育专用品种、功能性品种、名特优品种、综合适应好的大品种，提升高效复合种养技术和装备水平，提高我省农业新品种选育研发能力；围绕农产品精深加工，重点开发一批关键、共性的核心技术和设备，提高粮食、油料、畜禽、水产等农产品的精深加工及副产物综合利用水平，推动湖北省农产品加工技术处于国内领先地位。

专栏　农业良种培育及农产品生产加工

1.粮食。推进现代育种新技术、新方法，创新高产优质多抗新品种（组合）选育。加快稻田综合种养、立体养殖等模式的应用推广。开展稻米、小麦加工节粮节能智能化装备研究开发。研发稻米、小麦适度加工新技术，全麦粉加工技术及全麦食品开发，全谷物糙米（粉）方便食品等加工关键技术。加快开展马铃薯生产加工关键技术研发。

2.油料。推进油料作物现代育种新技术、新方法创新，油料作物"三高"机械化新品种选育等关键技术研究。开展油料作物全程机械化生产关键技术与装备的研发。开展油料高效低耗加工、饼粕高效利用、油料资源综合利用等技术研究。

3.畜禽。推进优良畜禽种质资源创新利用技术、畜禽育种新技术、畜禽高效扩繁技术与养殖模式、畜禽废弃物资源化利用技术等创新。开展低温（冻藏）畜禽肉（制品）综合保鲜及品质控制技术研究、猪肉产品精深加工关键技术与新产品研制等关键技术研究。

4. 水产。开展小龙虾等特色名优品种的苗种规模化繁育技术、池塘健康养殖和大水面生态养殖技术等研究。开展鲜活水产品保活运输、传统发酵鱼制品专用菌种制备与快速成熟、鱼肉蛋白和胶原蛋白的再造与功能化材料生产等关键技术和设备研发。

5. 林业。开展优良种质资源收集、保存及评价利用、高产优质专用林木新品种选育、林木繁育关键技术研究、林木标准化栽培技术集成与示范。开展竹、木材重组和木基复合材料加工、特色林业资源加工利用等技术创新。

6. 果蔬。开展蔬菜工厂化育苗技术研究，蔬菜节本增效技术研究，蔬菜肥水一体化及轻简化、机械化技术及装备研发等。开展品种选育和果树高产高效栽培技术集成与示范。开展水果关键加工品质特性全过程调控技术和装备、果蔬加工副产品综合利用技术及配套装备、传统果蔬加工品质提升及安全控制技术。

7. 棉花。突破轻简化、机械化作业的品种选育、机械化高效生产农机农艺配套技术、棉花集中成铃技术、重大病虫害预警监测等。推进育种新技术，机采棉配套栽培技术，种子生产技术、机采棉田间管理和收获配套机械等。

（3）农村信息化。面向全省现代农业发展对农业信息化科技创新的需求，深入推进信息技术与现代农业发展的融合，加快信息技术在农业生产、经营、管理中的应用创新，加强我省农业信息技术、便携终端和智能装备的集成研发与应用，全面提升我省农业信息化科技创新能力，进一步增强信息技术对我省现代农业的引领和支撑能力，推动我省农业信息化科技创新综合实力位居中部领先、全国前列。

专栏　农村信息化

1. 农业生产过程信息化。开展生长信息的智能感知与快速获取及处理技术研发。研发农田精准作业导航与变量作业控制等管理系统。建设农业生产过程中病虫害及疫情的快速反应与预警体系。推进农田遥感监测系统、农业专家系统等建设与应用。推进低空飞行无人机在农业植保、灾害预警等方面的应用。

2. 农产品加工储运信息化。研发以自动控制为主要内容的数字农业技术，开展农产品加工智能化装备、生产自动化控制、农产品储藏环境远程监控、农产品物流管控、鲜活农产品冷链运输控制等信息技术研发。

3. 农产品交易信息化。开展包括新型农产品交易平台、大型农产品数据库研发构建，以及支付、认证、配送等环节创新信息技术研发与应用，创新生产、流通、交易、竞价、网上超市等体验式服务。

4. 农产品质量安全控制信息化。研究农产品电子标识以及物流网络构建及应用技术。研发质量监控、追溯技术及设备，推广便携式快速检验终端。

5. 现代农业信息服务能力共性关键技术创新。建设大型智能农业综合信息服务平台，加强农业市场信息研究与服务，推进农业物联网与云计算等核心技术融合，探索农业信息资源挖掘与传送技术，开发便捷易用的信息服务终端和设备。

（4）特色农业。围绕湖北农业特色产业需求，以水生蔬菜、食用菌、魔芋、茶叶、蜂产品等特色资源为重点，突破特色资源良种选育、高效生产与推广技术的前端限制，创新一批轻简化、机械化、专业化栽培技术，研发一批生态有机生产技术成果，推动各具特色的特色资源采后保鲜技术、产地加工及精深加工技术产业化，开发一批需求量大、符合社会需求的新产品，实现农业特色资源安全、高效、优质标准化生产，建立特色农业资源产业技术创新体系，提升我省农业特色产业核心竞争力，巩固特色农业产业现有的国内优势，提升我省特色农业产业在国内外市场的话语权。

专栏　特色农业

1. 水生蔬菜。开展水生蔬菜种质资源鉴定、评价及应用，水生蔬菜育种技术，水生蔬菜轻简化栽培技术、保护地栽培技术及高山栽培技术，水生蔬菜保鲜加工技术，水生蔬菜采收、加工专用设备研发集成与示范技术，水生蔬菜重大病虫草害多元化防治技术。

2. 食用菌。开展新型栽培基质开发与高效利用技术及其装备开发，优良品种分子标记辅助育种技术及新品种高效选育，菌种菌包轻简化繁育技术，食用菌设施化精准化高效栽培技术，食用菌高效保鲜及精深加工技术及其配套设备研发。

3. 茶叶。开发湖北宜红茶、青砖茶、富硒茶及精深加工茶产品。开展茶树资源挖掘利用、特异新品种选育及苗木快繁技术研究与应用。推进茶叶“生态、安全、优质、高效”生产关键技术研究与集成示范。

4. 魔芋。开展魔芋高效育种技术的集成创新及优良新品种培育、魔芋良种繁育与种芋及商品芋贮藏技术的集成创新、魔芋病虫等灾害综合防治技术研究与示范、魔芋产地加工中质量安全控制关键技术与装备集成、魔芋精深加工技术与装备及产业化开发等。

5. 蜂产品。开展“华中中蜂”种蜂繁殖与保护技术研究、蜜蜂传花授粉技术和规范研究、高效无残留蜂药研制和疫病防控技术研究、检测和评价技术研究、高附加值蜂产品精深加工关键技术研究、养蜂器具及加工装备研发等。

（5）精准扶贫。以秦巴山、大别山、武陵山、幕阜山四大片区连片开发为重点，以产业扶贫、智力扶贫、信息化精准扶贫为抓手，加强对贫困地区的科技服务。构建科技扶贫示范体系，打造一批各具特色的科技扶贫示范点。构建产业扶贫技术支撑体系，加强贫困地区种植业、养殖业、农产品精深加工业等领域的产业技术集成创新和转化应用。加强智力扶贫的人才支撑，选派科技人员到“四大片区”提供精准扶贫科技服务。依托农村信息化示范省建设，实施“互联网＋科技精准扶贫”建设，面向贫困地区主导（特色）产业开展综合型农村科技信息服务技术示范。

3. 加快惠及民生的科技创新，支撑社会可持续发展。聚焦全省社会经济发展和民生保障的重大科技需求，以改善生态环境、保障人民健康、促进公共安全、推动可持续发展为重点，加快民生科技创新，研发推进社会发展的关键技术和产品，加速民生科技集成应用示范。

（1）节能环保。针对威胁我省生态安全且直接影响人民群众切身利益的重大生态环境问题，以水污染控制与水资源保护、汉江流域水资源高效利用和水生态安全、大气污染防治、污染土壤修复、固体废弃物处理处置、环境监测、环境与健康、特色资源清洁生产及环境保护、节能技术等方面为优先发展领域，突破一批重大节能环保关键技术，为扭转生态环境恶化趋势，建设生态湖北提供强有力的科技支撑。

专栏　节能环保

1. 污染治理与综合利用。开展重点行业废水资源化和深度处理等关键技术研究。突破燃煤电站锅炉、工业锅炉和垃圾焚烧炉先进高效的烟气多污染物协同控制技术。开展行业挥发性有机物污染控制技术研究。加快颗粒物、重金属、NO_x 等多污染物协同控制及资源化利用技术研发。开展机动车高效三元催化净化器及相关技术研究。开展多参数烟气污染源连续自动监测技术、饮食业油烟监测净化技术及装备研究。开展污泥改性、污泥高值化利用技术研发。开展工业与电子固体废弃物安全处置与高值化利用的关键技术与装备研发。开展不同类型重金属和有机物污染场地土壤原位和异位修复关键技术与设备研发。开展利用水泥生产系统协同处理生活垃圾技术示范。

2. 生态环境保护。支持湖库、河流和小型流域水体污染治理修复技术的应用性研究。开展三峡库区、南水北调核心水源区水环境综合整治等关键技术研发示范。开展汉江流域水资源高效利用和水生态安全研究。开展江汉平原、两湖平原腹地的水资源湿地资源保护技术研究。加快发展 PM2.5 与 PM1.0 监测技术。围绕湖北省大气灰霾、重金属、光化学烟雾防治需求，突破重点污染源协同控制及减排关键技术。

3. 节能。开展高耗能行业产业升级所需的大型高效低耗工业炉及其关键技术研究。推进分布式低温余热利用技术，固体物料显热回收技术等开发应用。支持高炉富氧喷吹焦炉煤气、高炉炉顶煤气循环氧气鼓风炼铁等技术开发。开展新型高效节能建筑围护结构材料、建筑智能控制技术和热泵技术、现有建筑节能改造成套技术研究。

（2）人口健康与疾病防治。重点围绕常见病、多发病的诊疗，加快推进重大传染病、高发病、老年病、环境与职业卫生疾病防治领域的技术创新，加快医疗新技术和新方法的研发和临床应用，加强健康信息化与智慧医疗技术的推广应用，建立涵盖预防、医疗、康复、护理的健康服务产业创新体系，推动我省成为中部地区医疗中心、医学研究中心和医疗技术中心，加快迈入全国人口与健康产业科技发展的先进省份。

专栏　人口健康与疾病防治

1. 重大传染病应急处置及防控。鼓励和支持应急检测、早期诊断、临床救治、疫苗生产等环节新技术和新产品的研发。积极推广再发传染病关键环节成熟应急处置及防控技术。

2. 重大与高发疾病的综合防治。加快恶性肿瘤危险因素评估及干预技术、肿瘤快速检测技术研究。加快老年人衰老机理、老年病发病机制及易感因素等方面的研究，积极推进相关防治技术、方法与药品研制的研究。探索中医药或中西医结合对疾病的早期干预、愈后疾病的复发预防。

3. 危害因素风险识别及处置。研发食品安全、环境污染及职业因素损伤机体的早期诊断方法和健康监护技术，食品安全危害因素的识别与防控技术，重点行业职业危害预防控制技术和应急处置技术。围绕持久性有机物污染、重金属污染、化工现存遗留地等重点区域开展污染源导致的健康问题研究。

4. 智慧医疗与健康管理。加速智能穿戴设备与生命健康、移动互联网技术的融合。研发面向运动健身、医疗健康等应用领域的具有规模商业应用的可穿戴产品。发展植入式可穿戴技术、电子织物等。开展基于互联网、物联网、云计算等技术的新型医疗技术。开展智慧养老、医养结合等服务模式创新。推进数字化健康管理研究。

（3）特色资源高效开发与利用。根据湖北当前特色资源开发利用发展的需要，结合产业链上游、中游和下游的技术瓶颈和共性问题，围绕钒、磷、硒、黄姜、苎麻等特色资源开发利用主导技术的研发和水平提升，以提高特色资源的有效利用为核心，重点研发一批技术水平高、技术集成度高、与生产紧密结合的特色资源高效开发与利用技术，推进产业链延伸、产品配套、技术集成、产品附加值提升，努力将我省建设成为特色优势明显、技术成果领先、产业集群发展的资源开发利用强省。

专栏　特色资源高效开发与利用

1. 钒资源开发与利用。发展数字化钒矿开采技术、低品位钒矿绿色选矿技术、高效清洁提钒技术。推进高纯、高附加值、高端精细钒加工系列产品产业化开发。开展提钒尾渣及钼、铜、镁、硅等共伴生资源的综合利用研究。

2. 磷资源开发与利用。发展高附加值精细磷化工系列产品关键技术开发与产业化。推进大型节能降耗磷资源开发技术。开展磷尾矿、磷石膏资源综合利用技术。支持磷矿共伴生资源（氟、镁、碘、钾等）回收和综合利用技术。开展高磷赤铁矿提铁降磷、铝高效分选技术研发。

3. 特色资源清洁生产及环境保护。开展黄姜皂素清洁生产及黄姜综合利用技术开发。开展优质苎麻新品种选育、高效苎麻种植技术、高效收割及剥制技术等关键技术。研发苎麻精干麻纺织及印染新技术及工艺。

4. 硒资源开发利用。加强种植富硒标准化、养殖富硒标准化、聚硒植物、聚硒微生物、硒检测方法研究。支持硒资源开发应用，研究开发富硒功能食品、富硒生物营养强化剂、富硒农（食、药）用微生物标准化生产技术及精深加工产品，支持富硒新食品原料的研发。

（4）新型城镇化与公共安全。围绕智慧湖北建设，开展针对智能制造、智慧型服务业、智慧农业、智能交通、智能教育、智能社区、智能建筑、智能旅游等多个重点领域的技术协同应用研究与共性技术研发，加快高速宽带网络、移动互联网等高新技术的综合应用，为智慧设施、智慧应用、智慧产业发展提供技术支撑，为推动新产品、新技术、新业态、新模式的创新应用，推动湖北进入智慧发展新时代提供科技支撑保障。

针对保障百姓安全和社会稳定的重大科技需求，在公共安全、生产安全、突发事件处置、食品安全、防灾减灾等重点领域开展应用研究和共性技术研发，加强集成创新，积极开展先进、适用、成熟的安全生产技术应用与示范，提高我省的公共安全防控与治理水平。

4. 实施一批科技重大专项，培育若干战略性产业。结合湖北经济社会发展全局，围绕地球空间信息、信息光电子、新能源汽车、智能制造装备、船舶及海洋工程装备、高性能钢铁材料、粮食、畜禽、淡水水产、生物制药、互联网＋大健康、环境保护、资源综合利用等重点产业链实施一批科技重大专项，集中资源、持续投入，推动科技成果产业化，力争培育若干具有核心自主知识产权和较强市场竞争力，对孵化一批创新型企业具有重大推动作用的战略性产业，打造一批新兴产业基地、产业集群，为湖北经济发展注入新动力。

专栏　湖北省科技重大专项

1. 地球空间信息科技重大专项。重点开展现代化测绘基准、地球空间信息实时化获取、地球空间信息自动化处理、地理信息网络化管理与服务、导航与位置服务等产业关键共性技术攻关，实施一批具有行业引领作用的重大创新和产业化项目。

2. 信息光电子科技重大专项。重点聚焦适用于上游光纤器件、风电传感、光纤激光的特种光纤研发，面向电力、高速公路、广电、军用、城市管网等不同领域的特殊光缆研发，重点研发应用于高速光通信、高速光互联、智能光网络等领域的芯片、器件及模块技术，积极拓展激光通信，支持以光集成、高速光器件封装技术等为主的光器件平台技术研发，力争在光通信设备的“空心化”方面有所突破，保持我省信息光电子在全国的领先地位。

3. 新能源汽车科技重大专项。重点攻克动力电池关键原材料、燃料电池关键原材料、永磁电机关键原材料研究，支持开展动力电池、动力总成、电控的关键技术研发，开展新能源汽车快速充电技术研究，重点推进纯电动汽车和插电式混合动力汽车产业化。

4. 智能制造装备科技重大专项。重点支持面向汽车、船舶、航空、航天等产业的中高档数控机床研发，开展多轴化的数控机床、高速五轴加工中心等功能复合型数控装备，提高数控机械装备的智能化水平，引导其向节能、精密、稳定、高效、智能等技术方向发展。

5. 船舶及海洋工程装备科技重大专项。重点攻克深水海洋工程装备、高效节能环保型高端船舶及关键配套设备研发瓶颈，在高端船舶船型开发与优化、海洋工程主力装备、配套设备、先进制造技术等领域逐步形成自主核心技术，推动湖北船舶产业从传统向高端跨越。

6. 高性能钢铁材料科技重大专项。重点突破面向能源、交通、城市建筑、机械制造等行业的高品质桥梁结构用钢、能源结构用钢、船舶及海洋平台用钢及其关键技术，重点研发高性能汽车用钢、高品质特殊钢、高品质硅钢，推动湖北省钢铁材料由中端制造向高端集成方向发展。

7. 粮食科技重大专项。聚焦水稻、小麦、玉米、马铃薯四大粮食作物，重点开展优质、高产、专用粮食作物品种选育及良种繁育，高产、轻型节本、抗灾应变、优质无害化等种植技术研发与集成示范，开展粮食精深加工，在全省粮食优势产区示范推广，确保全省粮食的稳步增长和品质安全。

8. 畜禽科技重大专项。以具有湖北特色的畜禽为重点，突破优质畜禽新品种（系）培育，集成组装养殖技术，疫病综合防控技术，畜禽制品生产现代深加工技术等核心关键技术，加速我省畜禽新品种、新技术、新产品的产业化示范推广，为我省畜禽产业的高产、优质、高效、生态、安全可持续发展提供技术支撑。

9. 淡水水产科技重大专项。重点围绕淡水水产中的苗种优质率提升、规模化苗种繁育、重大疫病防治、水产品品质提升、渔业与水体生态环境保护的协调发展、水产产品精深加工等关键瓶颈问题，推动湖北淡水渔业向高度集约化、安全化、生态化方向发展。

10. 生物制药科技重大专项。以生物创新药物（疫苗）为重点，重点研制面向恶性肿瘤、心脑血管疾病等重大疾病的生物药物、新型疫苗和诊断试剂，形成自主知识产权并加快产业化进程，力争在全国占据一席之地。

11. 互联网 + 大健康科技重大专项。基于移动互联网、物联网、云计算、可穿戴设备等新技术重点研发基于健康信息的大数据应用技术，重点研发数字化影像设备、高端内窥镜、体外诊断设备和人工器官医用材料的中高端医疗器械，以及面向惠民的普适型、智能化、便携式、标准化、可穿戴式移动医疗设备，推动新兴网络经济与传统健康产业的深度融合。

12. 环境保护科技重大专项。重点聚焦城市内湖、区域性大气复合污染、重点行业污染治理、农村面源污染、环境质量监测，研发污染防治成套设备，重点污染行业的低成本、高效率污染处理技术与设备，环境高精度、高稳定性、高速监测设备，为解决我省水、大气环境形势日益严峻的现状提供技术保障。

13. 资源综合利用科技重大专项。以湖北的特色优势资源为重点，围绕特色资源综合利用产业链的关键创新需求及主要技术瓶颈，着力突破新型绿色环保开采技术、绿色高效选矿技术、高附加值的资源产品加工技术、生产过程中的节能减排技术等关键技术、产品和设备，为我省资源综合利用产业的提档升级、可持续发展提供创新技术和装备支撑。

14. 汉江流域水资源高效利用和水生态安全科技重大专项。重点针对汉江关键水资源和水生态安全问题，研究汉江中下游水文水生态过程演变机理与模拟、汉江梯级水库群多目标联合调度技术、面向生态环境的汉江流域水资源优化配置等关键技术问题，确保南水北调水源地安全和汉江中下游地区经济社会可持续发展。

（三）加速科技成果转化。着力构建市场导向、企业主体、产学研资中介相结合的科技成果转化体系，实现企业、高校院所、中介服务机构、投资机构等各方的协作联动，加速提升全省科技成果转化体系的运行效率，将湖北建设成为中部地区乃至全国重要的科技成果转化核心区。

1. 强化企业创新主体地位。推动大型创新领军企业进一步做大做强。支持大型创新领军企业构建高水平研发机构，打造具有国际影响力的企业重点实验室或技术创新中心，承担国家级重大科技创新任务。鼓励行业领军企业加强基础性前沿性创新研究，突破关键核心技术，开发重大原创成果，牵头制定国际标准、国家标准、行业标准。会同大型领军企业共同发起设立产业投资基金。引导大企业带领产业链中小企业共同发展。鼓励大企业向中小企业开放共享专业平台，鼓励大企业在中小企业进行成果转移和转化，鼓励大型企业提高产品本地配套率。

支持中型企业加快提升创新能力。鼓励中型企业建立研发机构，引导中型企业完善自身创新体系建设。以后补助方式鼓励企业加强产学研合作。以产业技术创新战略联盟为依托，指导帮助中型企业编制产业技术路线图。

扶持科技型小微企业快速成长。集成各类创新要素为科技型小微企业快速成长提供解决方案，帮助、引导小微企业融入优势产业配套链。建立仪器设备共享机制，利用外部科研平台为小微企业提供技术研发服务。支持有条件的小微企业与高校共建研发机构。持续推进“科技型中小企业成长路线图”计划、“科技企业创业与培育工程”。

2. 加快高校院所创新能力建设。发挥高校、院所的创新主力军作用。引导大学建设一批高水平科技创新基地，增强原始创新能力和服务经济社会发展能力。健全现代科研院所制度，增强在基础前沿和行业共性关键技术研发中的骨干作用。加强对高校院所科研活动的分类考核评价，将科技成果转化率和技术合同成交额作为高校、院所的重要考核评价指标，考核评价结果作为省财政支持的重要依据，引导其服务湖北地方创新。

3. 加快科技成果转化服务体系建设。推进国家中部技术转移中心建设，加快构建集技术交易、技术经纪、创新创业、科技金融等公共服务高度融合的线上线下有效联动的技术转移平台。大力发展市场化的科技成果转化中介服务机构，壮大技术转移中介服务机构规模。继续深入实施“湖北省科技成果大转化工程”，引导科技成果在鄂转化。围绕我省支柱产业、高新技术产业，依托工程技术研究中心、产业技术研究院等机构，加快建设一批科技成果中试转化平台。加快培育技术经纪市场。加快推动高校院所建立科技成果转化专门机构。支持企业、科技园区、产业联盟、服务机构建设专利运营机构。

4. 完善科技创业服务体系。加快科技企业孵化器建设。依托重点市州建设一批引领示范的标杆型科技企业孵化器，打造引领全省创新能力提升的“创业孵化生态圈”。以“襄十随”“宜荆荆”城市群和武汉城市圈以及各级高新区为引领，建设一批产业集聚度较高的加速器。支持建设“校园科技创业孵化器”，为高校科技成果转化、技术转移、创新创业人才培养和师生科技创业提供平台。加强对科技企业孵化器的分类指导，推进“湖北省 3A 科技企业孵化器”建设。

加快众创空间建设。推广“众智、众包、众筹、众创、众享、众扶”六众的创新创业发展模式，大力发展市场化、专业化、集成化、网络化的“众创空间”，形成一批国内知名、特色鲜明的众创空间等新型创业孵化平台。大力推广创业咖啡、创客空间、创新工厂等新型孵化模式，推进建立线上与线下相结合、孵化与投资相结合、大企业带动创业企业的创新创业服务体系。

大力培育创业主体。鼓励和支持高端人才及其创新团队在鄂创办科技型企业，支持高校院所科技人员自行创办科技型公司转化科技成果。深入推进湖北省大学生科技创业专项、大学生创业引领计划等。进一步放大“青桐汇”等科技创业计划的影响力和效果，实施“市场主体增量行动”，营造自由、有效的创业交流平台。

5. 加快完善科技金融服务体系。大力发展创业投资。壮大省创业投资引导基金规模，鼓励各市州设立创投引导基金，吸引省内外创投资本参与科技创新和成果转化，促进我省创投资本规模化发展。引导社会资本和各类创新要素向创新链的上游和前端集聚，推动科技创新全链条投资基金的建设，营造良好科技金融生态环境，促进科技型中小企业发展和高新技术产业化。

提升资本市场对创新的支持。建立科技部门、上市主管部门和证券监管部门的信息沟通机制，建立科技型企业上市后备资源库，鼓励科技型企业到“新三板”和区域性股权交易市场（“四板”）、“科技板”挂牌融资。积极开展股权众筹融资试点，推进知识产权资产证券化，建立完善集专利信息、质押融资、评估、担保、出资入股及交易于一体的专利投融资综合服务体系。规范发展区域性股权市场，加快建设各类服务科技型中小企业和科技成果转化的区域性股权市场。

加强科技金融产品和服务创新。引导扩大科技信贷和科技保险，建立健全政府引导、省市联动、多方参与的科技贷款风险补偿机制。支持设立科技支行，争取国家支持在东湖高新区设立民营科技银行，深化科技型小微企业信用体系建设试点，推动投贷联动试点工作，引导各类金融机构开展股权、专利权等权属质押贷款。加快创新科技保险产品，鼓励有条件的机构发起设立科技保险公司。

建设全省科技金融创新创业服务平台。配合国家技术转移中部中心建设，建立和完善全省性科技金融创新创业服务平台，确定科技型中小企业划型标准，完善科技型企业征信体系建设，打造集成多方资源、提供全方位服务、覆盖科技型企业全生命周期的 O2O 科技金融服务平台。加快湖北省专利投融资综合服务平台建设。

6. 加快推进军民融合创新。加快建设军民融合科技创新体系，着力推进军民融合“三个一批”，即共建一批军民融合创新平台、培育一批能够承载国防科技任务的民口企业、促进一批军用技术向民用领域转移转化，实现军民科技资源共享、军民两用技术协同研发和军民两用技术快速转移转化，盘活军地资源，实现军民科技资源的高效互动和开发共享。在光电子、新材料、公共安全等领域围绕军民共用的重大科技问题，支持军民共建研发平台。支持军工科技资源丰富的市州建设军民融合科技创新示范基地，重点推进东湖军民融合科技创新示范基地建设。

（四）深化科技体制改革。围绕科技优势转化为经济、社会发展优势的中心任务，提高自主创新能力，创新科技体制机制，充分发挥市场在科技资源配置中的决定性作用，引导科技资源向经济社会发展一线聚集，大力实施创新驱动发展战略。

1. 深入推进科技成果转化和技术转移的体制机制改革。进一步完善和落实“科技成果转化十条”及实施细则等系列推动科技成果转化的政策文件。改革科技成果类无形资产处置方式，将财政资金支持形成的，不涉及国防、国家安全、国家利益、重大社会公共利益的科技成果的使用权、经营权和处置权，下放给符合条件的项目承担单位。改革科研人员成果转化激励机制，让研发团队在科技成果转化收益分配中获得更多收益。完善技术交易专项补贴制度，促进科技成果转化和创新资源要素流动。

2. 加快财政科技投入机制改革创新。优化整合省各部门管理的科技计划（专项、基金等），设立知识创新、技术创新、成果转化、创新创业服务四类专项。知识创新和技术创新采取持续稳定的前资助方式，成果转化采取定向有偿投资的方式，创新创业服务采取前资助、后补助和政府采购服务相结合的方式。建立和完善财政科技投入稳定增长的制度环境，进一步提高财政科技投入占财政支出的比重。

3. 建立技术创新的市场导向机制。以行业龙头骨干企业为主体，通过多种方式，与高等院校、科研院所强强联合，建设产学研合作创新平台。完善企业为主体的产业技术创新机制，对市场导向明确的科技项目严格采取由企业牵头、政府引导、联合高等学校和科研院所实施。鼓励构建以企业为主导、产学研合作的产业技术创新战略联盟。积极运用财政后补助、间接投入等方式，支持企业自主决策、先行投入，开展重大产业关键共性技术、装备和标准的研发攻关。

4. 稳步推进科技管理体制改革。改革科技管理体制，科技管理部门主要负责科技发展战略、规划、政策、布局、评估和监管。建立专业机构管理具体项目的机制，培育建立规范化的项目管理专业机构。建立公开统一的省级科技项目管理平台，建立统一的工作流程和管理规范、统一的评估监管机制和科技报告制度。建立科技创新调查制度，完善创新驱动导向评价体系。支持高等院校、科研机构、企业以及其他组织建设高水平创新智库，围绕实施创新驱动发展战略，提出咨询建议，开展科学评估。建立政府购买决策咨询服务制度，将智库提供的咨询报告、政策方案、规划设计、调研数据等，纳入政府采购范围和政府购买服务指导性目录。

（五）加强区域科技创新。围绕省委省政府提出的“一元多层次”区域发展战略，系统推进武汉市全面创新改革试验，加快推进市州多层次创新示范，全面推进县域科技创新，大力推进创新园区转型升级，形成覆盖全省，区域协调互动发展格局。

1. 深入推进武汉全面创新改革试验。加快推进武汉建设国家全面改革创新试验区。开展全方位、全体系、全区域、全领域的全面创新改革，破除体制机制障碍，完善创新生态系统，打造国家创新中心，建成国家创新型城市。加快构建以企业为主体、“产业链、创新链、人才链、资金链、政策链”五链统筹的产业创新体系，聚焦信息技术、生命健康、智能装备三大战略性新兴产业及其细分领域，聚焦传统支柱产业转型升级，促进工业化和信息化融合、制造业与服务业融合，把武汉建设成为战略性新兴产业的育成区、传统产业向中高端转型升级的示范区，建设成为具有全球影响力的产业创新中心。

继续推进东湖国家自主创新示范区建设，将东湖高新区打造成为具有全球影响力的创新创业中心、世界一流高科技园区、享誉世界的光谷。进一步加快提升光电产业作为主导产业的优势和影响力，依托光电产业加快推动生物健康、环保节能、智能装备、现代服务业等战略性产业向高端化、集群化、融合化发展，形成若干具有国际竞争力的特色产业品牌。支持东湖高新区探索建设“自由创新区”，继续推进“一区多园”试点。

2. 加快推进市州多层次创新示范。以襄阳、宜昌为创新先行区，形成区域创新发展增长极。加快推进襄阳、宜昌国家级创新型试点城市建设，支持襄阳建设国内领先的新能源汽车及关键零部件产业创新基地和“中国新车城”，打造襄十随（襄阳、十堰、随州）汽车长廊，带动鄂西北地区创新发展。支持宜昌打造中部地区重要的新材料产业基地和创新创业示范城市，推动宜荆荆（宜昌、荆州、荆门）产业区发展，带动鄂西南地区创新发展。

推进孝感、黄石、荆州、随州、荆门等有条件的地市建设国家创新型试点城市；支持孝感建成以航空、物流、高新技术产业为主的临空经济区科技拓展区，支持黄石打造中部地区先进制造基地、国家电子信息产业基地、国家特钢和铜产品精深加工基地、国家节能环保产业基地、国家生命健康及生物医药产业基地；支持荆州水产苗种繁育、水产品精深加工等水产产业发展；支持随州打造成全国专用汽车研发基地和专汽产业创新发展示范基地；支持荆门发展航空产业、循环经济、大健康产业和“中国农谷”未来科技城。

支持十堰、黄冈、咸宁、恩施、鄂州等建设区域创新中心，支持十堰建设秦巴片区科技创新中心，支持黄冈建设大别山革命老区科技发展示范区，支持鄂州加快提升医疗器械领域科技创新，支持恩施发展富硒产业。

推进仙桃、潜江、天门建设区域科技创新和产业转型的先行区，支持仙桃发展水生蔬菜产业，促进生物产业发展与转型；支持潜江发展化工循环产业；支持天门发展生物医药产业、光电技术和先进制造产业。支持神农架建设国家可持续发展先进示范区、国家公园创新型试点城市，重点发展以生态经济为主的绿色产业。

3. 全面推进县域科技创新。依托各地的产业基础和资源条件，因地制宜地推进主导产业特色化、规模化、集群化发展，培育和发展一批特色鲜明、竞争力强的产业集群。加快培育乡镇特色产业群，集中扶持一批重点镇或中心镇，做强做大镇域经济。充分发挥园区集聚集约效应，加强规划布局和政策扶持，推进县域工业园区、农业科技园区、可持续发展实验区等建设。完善科技成果转化推广体系，支持高等学校、科研院所承担农技推广项目，深入开展科技特派员农村科技创业行动。优化投资环境，加大招商引资力度，通过引进先进的技术或成果，消化吸收再创新。促进县市之间以及与中心城市间的联合与协作，鼓励县域企业与高等学校、科研机构开展合作，引导高等学校、科研院所等机构的科技人才到县市创办产学研合作实体。

4. 大力推进创新园区转型升级。支持襄阳、宜昌、孝感、荆门、随州、仙桃等国家级高新区建设区域创新高地。加快省级高新区转型升级，加快产业集群建设，积极支持发展较好的省级高新区申报国家高新区。加快湖北江汉平原现代农业科技示范区、华中农高区、“中国农谷”、国家农业科技园区、国家农业高新技术开发区建设。

（六）加强科技交流与合作。结合新常态下我省在“一带一路”、长江经济带、长江中游城市群等战略实施中的科技对外开放合作新要求，突出重点、强化特色，加强在前沿科学及产业关键技术领域的联合研发、区域间的开放创新合作、国际科技创新合作平台的搭建，推动建立项目、平台、区域等多层次的科技对外开放合作体系，构建开放创新新格局。

1. 加强前沿科学及产业关键技术的联合研发。按照国别优势拓展与美国、德国、法国、英国等发达国家的全方位科技合作。拓展与美国在电子通信技术、新能源技术、智能制造技术、环保技术等领域的深入合作。深化与俄罗斯在激光技术、纳米技术领域的合作研发。加强与英国在航运、机械领域的科技合作，与日本在汽车、材料领域的科技合作，与德国在工业 4.0 领域的研发合作。引导我省各类国际联合研究中心保持与世界一流研究机构长期稳定的战略合作伙伴关系。拓宽湖北高校、科研机构参与国际大科学计划、大科学工程的渠道和范围，鼓励我省在优势科技领域牵头组织实施国际大科学工程研究计划，引导相关单位参与由国家或国外组织机构发起的跨国研发项目。

2. 加快区域开放创新合作。推动长江中游城市群一体化建设、共同打造中国经济增长“第四极”，加强武汉城市圈与环长株潭城市群、环鄱阳湖城市群的交流合作，深化武汉、长沙、南昌中心城市互动合作。推动武汉加快融入全球创新网络，建设全球研发网络重要节点城市。推进跨区域合作示范区建设，深入推进黄梅小池滨江新区开放开发，加快推进小池与九江融合发展，加强与长江上下游合作。推动与“一带一路”战略互动，积极扶植光谷北斗、烽火通讯等企业参与数字丝绸之路建设，强化与欧亚大陆在农业科技方面的合作，开展深度技术转移与合作研发，积极融入“一带一路”建设。

3. 完善国际科技创新合作平台建设。加快推动促进以企业为主体、产学研结合的国际科技合作，鼓励企业以产学研合作方式在海外设立研发中心。吸引跨国公司在鄂建立研发机构。支持建立国际技术转移服务机构和平台，搭建国际合作信息共享服务平台。加强国际科技合作的信息平台和数据库建设。促进科技创业园区的对外科技合作，重点打造激光、生物医药等国际合作优势领域的成果转化（熟化）服务平台。以工业技术研究院为基础，支持组建技术创新国际联盟。加快国家科技合作基地建设，推进国家创新资源向基地聚集。

四、保障措施

（一）强化规划组织落实。在省委、省政府的统一领导下，建立统一完善的规划实施目标责任制，将规划确定的发展目标、主要任务分解到各地、各部门，明确责任主体、实施进度要求。各部门、各级人民政府要高度重视，依据本规划结合各自实际，做好科技创新工作部署，加强与规划目标任务的衔接和落实，确保如期完成。

（二）加强科技投入保障。加强科技投入与规划实施的衔接，建立财政科技投入的统筹协调机制，加强政府相关部门之间科技预算资金的统筹协调，优化财政科技资金配置，确保投向关键领域和薄弱环节，最大限度发挥财政科技资金的使用效益。将科技投入要求纳入地方各级党政领导、相关责任人政绩考核范畴，引导和督促各级政府保证科技投入的规范开展。

（三）完善科技创新考核。建立完善以科技创新为核心的创新驱动发展评价指标。进一步完善科技规划实施的考核制度，根据科技规划的实施进度要求、年度目标、推进措施、工作指标等考核各级责任主体，明确奖惩标准，将科技规划实施的考核结果纳入党政干部选拔任用的重要依据。建立绩效评价工作规范和绩效目标体系。完善市县科技创新综合考评制度。将全省市县科技创新综合考评和全国县（市）科技进步考核结果作为党政干部选拔任用的重要依据。围绕区域、创新平台、企业、科技中介服务机构等构建湖北省科技创新能力评价指标体系，对全省科技创新进行综合考核。

（四）优化创新政策体系。推动落实《湖北省自主创新促进条例》，巩固科技体制改革的政策成果，营造保障科技创新的良好法制环境。推进专项政策制定与落实，研究加快小微科技型企业发展的扶持政策，创新科技金融结合的方式方法，提升孵化器功能、加快众创空间发展的细化措施，加快科技资源开放共享的激励与约束机制，完善科技创新人才资源开发与培养的鼓励政策，分类指导科技创新平台发展的绩效评价机制，研究制定普惠性财税政策，探索推进科技创新券试点工作，完善政府采购促进中小微企业发展，鼓励使用首台（套）重大技术装备的政策措施。

（五）营造良好创新环境。推进思想观念创新，大力倡导敢为人先、乐于创造、勇于进取、宽容失败的创新文化，大力营造创业致富、“产业第一、企业家老大”的创业文化，大力培育重商、亲商、悦商和“信用至上”的商业文化，大力弘扬合作共赢、不求所有、但求所用的开放文化。继续推进创新方法培训与推广，开展多种形式的科技宣传工作，提高公众科技素养，引导公众参与科技创新，在全社会培育创新意识、倡导创新精神。加大科技创新政策信息化建设，普及科技创新政策知识。深入实施知识产权战略，加强知识产权保护，营造激励创新的公平竞争环境。

五、规划的执行与修订

（一）规划执行。规划执行年为2016年至2020年。执行规划时要与国家科技创新的要求相衔接。规划期内，根据国务院和省政府的年度工作要求，依据规划原则，及时调整各年度工作的重点，保持科技创新工作始终围绕规划和国家及省里的要求有序推进，确保规划实施的正确方向，确保规划任务的圆满完成。

（二）规划中期评估和修订。2018 年为规划中期评估年，对规划执行情况进行评估，主要评估规划执行情况、规划任务完成进度和规划缺陷，并将规划评估情况作为规划修订的依据，根据国家和省对科技创新的新要求，重点修订规划任务和目标。

湖南省“十三五”科技创新规划

为深入实施创新驱动发展战略，贯彻落实《国家创新驱动发展战略纲要》和《湖南省国民经济和社会发展第十三个五年（2016—2020年）规划纲要》部署，以科技创新为核心推进全面创新，支撑经济社会持续健康发展，全面建成创新型湖南，开启建设科技强省新征程，制定本规划。

第一篇　发展目标　全面建成创新型湖南

第一章　把握科技发展新态势

一、科技创新奠定新基础

“十二五”时期是我省科技创新发展的快速期。全省上下认真贯彻落实创新驱动发展战略，科技创新呈现量质齐升的良好局面，建设创新型湖南取得重大进展。

科技创新水平大幅跃升。“天河二号”超级计算机、轨道交通装备、杂交水稻等“领跑”全球，碳碳复合材料、工程机械装备、中低速磁浮铁路、新兴显示平板玻璃、激光烧结3D打印、IGBT等创新成果“并跑”世界，光伏设备、风电、高压输变电等技术水平“跟跑”国际前沿，获得国家科技奖励107项，每万人发明专利拥有量达到3.29件，区域创新综合能力排名全国第11位，专利综合实力进入全国十强。

创新驱动经济社会发展成效明显。电动汽车、轨道交通、风电装备、光伏装备、盾构装备、海工装备、生物检测等新兴产业，成为经济增长的新动力；高新技术产业逆势上扬，2015年高新技术产业增加值达到6128.8亿元，占地区生产总值的比重达到21.1%；技术合同“十二五”期间共签订27160项，成交金额358亿元；超级稻育种实现亩产1000公斤攻关目标，农村农业信息化基层服务站建设全面铺开，大批良种良法得到应用推广；科技惠及民生、支撑生态文明建设作用突显，清洁生产、循环经济、重金属污染防治、土壤修复、生态城镇等关键核心技术实现突破，食品安全、安全生产、医药卫生领域科技创新加速，两型产品认定和政府采购促进资源节约、环境友好发展。

湖南省人民政府，湘政发〔2016〕27号，2016年12月2日。

科技创新资源聚集速度加快。全省拥有各类专业技术人员100万人、科技活动人员30万人，拥有国家级高新区、科技园区、可持续发展实验区等创新基地27个，拥有国家级重点实验室、工程实验室、工程（技术）研究中心、企业技术中心、监督检验中心、企业孵化器等创新创业平台130多家、省级540多家，拥有科研机构250多个，亚欧水资源研究与利用中心、国家超级计算长沙中心、中意设计创新中心等重大平台落户湖南，为湖南创新驱动、转型发展提供了有力保障。

科技发展环境日趋改善。长株潭获批国家自主创新示范区，环洞庭湖获批国家现代农业科技示范区，湖南成为国家农村农业信息化示范省；国家知识产权示范城市群、国家科技金融结合试点、国家科技文化融合试点、国家科技惠民计划试点、国家科技服务业区域试点等，为湖南科技强化自身优势、发挥自身特色、全面提升创新能力奠定了坚实基础；《创新型湖南建设纲要》颁布实施，发展科技服务业、发展众创空间，推进大众创业万众创新等政策措施密集出台，军民融合协同创新等改革深入推进，科学普及广泛开展，营造了全社会崇尚科技、勇于创新、实干创业的浓厚氛围。

二、科技发展迎来新机遇

“十三五”时期，世界科技革命催生产业升级新变革，国家经济社会发展进入新常态，建设富饶美丽幸福新湖南，实施创新引领、开放崛起新战略，对科技创新提出了更高要求。

全球创新创业进入高度密集活跃期，人才、知识、技术和资本等要素的流动速度和范围达到空前水平，新一代信息技术、生物技术、新能源技术、智能制造技术和新材料技术等呈现群体跃进态势，颠覆性技术不断涌现，科技与金融、技术与商业模式不断创新融合，社会生产和消费从工业化向自动化、智能化转变，正在催生新产业、新业态和新模式，需要湖南把握世界科技创新方向，把握赶超跨越历史机遇，赢得发展主动权。

国家战略布局提升了创新引领发展新高度，建设世界科技强国伟大目标，实施“一带一路”、长江经济带等区域发展战略，推进“中国制造2025”“大众创业、万众创新”和“互联网+”等行动计划，科技创新从跟踪模仿跃入“三跑”并行新阶段，科技创新战略部署从“小局”向“大局”转变，依托力量从“小众”向“大众”转变，资源要素从“小投入”向“大投入”转变，需要湖南以更加开放的姿态，充分对接国家创新发展新战略，依靠创新汇聚生产要素、培育发展新动力，发展高端产业、增创发展新优势，打造新增长点、拓展发展新空间，推动经济社会发展更具活力、更有效率、更可持续。

湖南全面贯彻五大发展理念，推进经济结构优化，实现经济中高速增长，要求依靠科技创新发展高附加值产业、绿色低碳产业和具有国际竞争力产业，构建经济发展新优势；推进供给侧结构性改革，去产能、去库存、去杠杆、降成本、补短板，要求依靠科技创新汇集高端要素，加快培育形成新的增长动力；推进区域协调发展，按照“一带一部”新定位，打造“一带一路”开放新高地、长江经济带核心增长极，要求建设以长株潭国家自主创新示范区为核心的科技创新基地，加快形成“一核三极四带多点”区域协调发展新格局；推进全面小康社会建设，既有金山银山，也有绿水青山，要求着力加强人口健康、资源环境和公共安全等民生领域的科技创新，让人民群众充分获得科技进步带来的福祉。

三、科技创新面临新挑战

与此同时，必须清醒地认识到我省科技创新所存在的一些薄弱环节，主要表现在：科技投入严重不足，财政科技支出总量偏低、投入机制不健全，全社会科技投入与全国平均水平差距较大，难以推动全社会创新创业向纵深发展。产业创新实力不强，优势产业核心技术受制于人的局面没有得到根本性改变，前沿性和战略性技术研发能力不足，产业创新链尚未形成，产学研结合不紧密，成果转化机制不健全，技术链难以延伸、产业链难以壮大、价值链难以提升。科技创新基础不牢，高层次研发人才不足，国家级创新团队和创新联盟仍然较少，国家级和省级重点实验室、工程（技术）研究中心、企业技术中心等科技创新创业平台建设标准不高，开放共享度不大，高新区、科技园区等实力总体偏弱。科技体制机制不优，创新链、产业链、资金链、政策链相互之间的衔接不顺畅，科技资源部门分割、条块分割问题尚未得到有效解决，集聚度与共享度不高，闲置与紧缺并存，重点不突出与普惠不明显并存，以科技创新质量、贡献、绩效为导向的评价体系不健全，以增加知识价值为导向的分配政策尚未建立，研发费用加计扣除、科研人员成果转化收益分享等政策落地还需破解障碍。

综观国内外形势，湖南科技创新仍处于大有作为的重要战略机遇期，也面临着差距进一步拉大的挑战。全省上下要进一步增强机遇意识、责任意识、危机意识，把机遇转变为发展红利，把科技创新摆在更加重要位置，勇于攻坚克难，扎实推进创新型湖南建设，奋力开启创新引领新局面、科技强省新征程。

第二章　确立科技创新新蓝图

一、指导思想

深入贯彻落实“四个全面”的战略布局，坚持以“创新、协调、绿色、开放、共享”五大发展理念为指导，坚持“自主创新、重点跨越、支撑发展、引领未来”的方针，坚持创新是引领发展的第一动力，把科技创新放在发展全局的核心位置，以深入实施创新驱动发展战略为主题，以支撑供给侧结构性改革为主线，以全面建设创新型湖南为目标，以全面深化科技体制改革和全面开放合作为动力，着力增强自主创新能力，着力提高创新供给质量，着力推进大众创业万众创新，打造实现中高速发展、迈向中高端水平的新引擎，促进“三量齐升”、推进“五化同步”，为全面建成小康社会和富饶美丽幸福新湖南强化科技创新供给，为建设科技强省打下坚实的基础。

二、基本原则

坚持以支撑重大战略需求为根本任务。聚焦国家科技发展战略和我省经济社会发展重大需求，积极发挥科技创新在培育经济新业态、建设生态文明、提高民生幸福指数方面的支撑引领作用，明确主攻方向和突破口，在关键领域尽快实现突破，力争形成更多发展优势。

坚持以系统部署与重点突破有机结合为重要导向。根据经济社会发展需求和科技创新自身规律，系统开展科技创新发展的谋篇布局。针对湖南县域经济、开放型经济、非公经济和金融经济等发展短板，强化科技与经济对接，提高创新供给质量。

坚持以全面深化科技体制改革和全面开放合作为根本动力。充分发挥市场配置创新资源的决定性作用，强化政府规划引导、创新服务和政策支持功能。切实做到科技体制机制改革有实质性突破，最大限度地释放创新活力和改革红利。切实构建科技创新开放合作新态势，深度融入全球和区域科技创新网络。

坚持以科技人才驱动和科技为民为基本理念。坚持创新驱动实质是人才驱动，加快创新型人才队伍建设，激发各类科技人员的积极性和创造性。坚持科技创新与改善民生福祉相结合，让更多的科技创新成果由广大人民共享，为全体人民迈入全面小康社会提供重要科技支撑。

三、发展目标

到 2020 年，科技创新综合实力进入全国前 10 位，建成创新型湖南，科技强省建设取得重要进展。到 2050 年，创新综合能力稳居全国前列，科技强省全面建成。

自主创新能力大幅提升。攻克一批关键核心技术，打造一批产业技术创新链，在重点领域形成技术竞争优势。研究与试验发展经费投入占地区生产总值比重（R&D 经费投入强度）力争达到 2.5%。每万名就业人员的研发人力投入达到 18 人年 / 万人，专利申请及授权量年均增长 18%，每万人发明专利拥有量达到 6 件。

创新型经济格局初步形成。重点产业领域进入全球价值链中高端，培育一批具有核心竞争力的产业集群。高新技术企业达到 4800 家以上，高新技术产业增加值占地区生产总值的比重达 30%，科技服务业机构数达到 3800 个，科技进步贡献率达到 60%。

科技创新体系协同高效。企业创新主体地位凸显，高校院所创新效能显著提升，军民科技融合深度发展，人才、技术、资本等创新要素有序流动、合理配置，科技创新平台优化布局、提质增效，创新平台开放共享度达到 90%，区域创新各具特色、协调发展。

创新创业环境更加优良。创新创业的政策法规更加健全，科技管理体制机制改革纵深推进，创新创业服务体系基本建立，全社会创新创业蔚然成风。技术市场合同交易总额达到 150 亿元，公民具备基本科学素质的比例达到 10%。

表 “十三五”科技创新规划指标与目标值

指标	单位	2015 年	2020 年
区域创新综合实力全国排位	位	11	前 10
科技进步贡献率	%	53.2	60
研究与试验发展（R&D）经费投入强度	%	1.43	2.5

续表

指标	单位	2015 年	2020 年
每万名就业人员的研发人力投入	人年 / 万人	11.49	18
高新技术企业数	家	2166	4800
高新技术产业增加值占地区生产总值比重	%	21.1	30
科技服务业机构数	个	2758	3800
专利申请量和授权量年均增长率	%	19.7/20.5	18
每万人发明专利拥有量	件	3.29	6
技术市场合同交易总额	亿元	105.4	150
创新平台开放共享度	%	—	90
公民具备基本科学素质的比例	%	5.14	10

四、总体部署

未来五年，我省科技创新发展的总体部署是：推进以科技创新为核心的全面创新，紧紧围绕经济竞争力提升、社会发展需求、民生发展要求，强化重点领域和关键环节，精心打造 1 个自主创新核心区、着力构建十大产业技术创新链、深入实施五大科技创新专项行动。

打造 1 个核心区。以长株潭国家自主创新示范区为突破口，坚持改革创新、先行先试，努力把示范区建设成为创新驱动发展引领区、科技体制改革先行区、军民融合创新示范区、中西部地区发展新的增长极，打造引领全省创新发展的强力引擎。

构建十大领域产业技术创新链。贯彻落实《中国制造 2025》和湖南建设制造强省五年行动计划，围绕高端装备制造、新材料、新一代信息技术、新能源、现代农业、人口健康、资源与环保、文化创意、公共安全与应急、现代服务业等十大重点产业，系统制定技术创新方案，促进产业链、创新链、资金链、服务链“四链融合”，推动核心技术与关键瓶颈突破，不断发展壮大高新技术产业，培育发展战略性新兴产业，促进传统产业转型升级，打造一批具有国际国内竞争力的创新型产业集群。

实施五大科技创新专项行动。在整体部署的基础上，围绕“十三五”科技创新最迫切、最重要的环节，以专项行动促进科技创新局部突破带动科技创新整体跃升。一是实施前沿科技引领行动，前瞻部署基础研究和应用基础研究，取得一批前沿颠覆性技术，加快获取科技创新先发优势。二是实施科技重大工程和专项推进行动，在优势产业和重大民生领域，凝练形成若干重大科技工程和专项，突破产业链核心技术和共性技术，抢占产业技术新高点。三是实施人才培育与平台建设行动，打造一批具有战略支撑力的科研基地和创新平台，培育一批高端创新型人才队伍，形成科技创新战略力量。四是实施创新创业促进行动，构建普惠性创新政策体系，发展专业化众创空间，实施知识产权和标准战略，着力构建科技创新创业体系，激活双创发展新动力。五是实施区域创新协同行动，发挥长株潭国家自主创新示范区辐射带动效应，促进市、县域科技创新特色发展，推进区域科技创新协调发展。

第二篇　发展动力　打造科技创新发展新动能

第三章　深化科技体制机制改革

一、健全科技创新治理机制

明确科技创新领域政府和市场的定位，简政放权、放管结合、优化服务，推动政府职能从研发管理向创新服务转变，推进科技治理体系和治理能力现代化。建立创新政策协调审查机制、创新政策调查和评价制度。建设高水平科技创新智库，加强科技创新发展动态和对策研究，提高重大科技决策的科学性。建立创新驱动导向的政绩考核机制，加大科技报告制度实施力度。

推进科研领域“放管服”改革，赋予创新领军人才更大人财支配权、技术路线决策权，支持自由探索、包容非共识创新，更好地调动科技人员的积极性、创造性。完善科研项目和资金使用监管机制，改进预算编制方法，科学界定直接费用支出范围，完善直接费用、间接费用和管理费用管理。推行科研信用评级和“黑名单”制度，强化对侵权和失信行为的惩戒，营造放得好、管得好的宽松包容科研环境。

推进省级科技计划（专项、基金等）管理改革，按照“稳基础、强支撑、重转化、优服务”的思路，整合形成自然科学基金计划、科技重大专项、重点研发计划、技术创新引导专项（基金）和创新平台与人才专项等五大科技计划，加强应用基础、重大攻关、重点研发、技术成果产业化、人才团队平台基地项目和资金配置的统筹协调。

二、深化产学研协同创新机制

坚持以市场为导向、企业为主体、政策为引导，健全产学研用技术创新协同机制，促进创新要素向企业集聚，促进企业成为技术决策、研发投入、科研组织和成果转化的主体，增强企业家在创新决策体系中的话语权。改革完善产业技术创新战略联盟形成和运行机制，按照自愿原则和市场机制，深化产学研、上中下游、大中小企业的紧密合作，促进产业链和创新链融合。

专栏 1　产学研协同创新机制

1. 建立以企业为主体的技术创新机制。吸收更多企业和企业家参与研究制定技术创新规划、计划、政策和标准。完善科技计划组织管理方式，市场导向明确的科技项目由企业牵头实施。完善财政科技投入机制，更多运用财政后补助、间接投入等方式，支持企业自主决策、先行投入。健全国有企业技术创新绩效考核制度。建立健全采购创新产品和购买科技服务政策。完善使用首台（套）重大技术装备鼓励政策，健全研制、使用单位在产品创新、增值服务和示范应用等环节激励和约束机制。

2. 完善中小微企业创新支持方式。制定科技型中小微企业的扶持条件和标准，为落实扶持中小微企业创新政策开辟便捷通道。完善中小微企业创新创业服务体系，加快推进科技服务机构改革，构建社会化、专业化、网络化技术创新服务平台。完善高新技术企业认定办法，鼓励中小微企业加大研发力度。落实和完善政府采购促进中小微企业创新发展的措施，完善政府采购向中小微企业预留采购份额、评审优惠等措施。

3. 健全产学研用协同创新机制。构建以企业为主导、产学研合作的产业技术创新战略联盟，发挥联盟在产学研协同创新中的作用。在优先产业领域采取企业主导、院校协作、多元投资、军民融合、成果分享的新模式，整合形成若干产业创新中心。完善高校融入协同创新的政策。完善科研院所法人治理结构，落实科研院所自主权，推动科研院所参与协同创新。

三、促进科技成果转移转化

全面贯彻落实《促进科技成果转化法》，实施科技成果转化工程，加快制定和落实深化科技成果处置权、收益分配等改革措施，建立健全技术转移组织体系，强化科技成果转化市场化服务，发展壮大专业化技术转移人才队伍，建立多元化科技成果转移转化投入渠道，基本建成功能完善、运行高效、市场化的科技成果转移转化体系，促进科技成果转化、资本化、产业化。

专栏2　科技成果转移转化工程

1. 科技成果“三权”改革示范工程。率先在长株潭国家自主创新示范区开展科技成果使用权、处置权、收益权改革示范，在科技成果处置权改革、技术转移服务体系和机制、科技成果评价和转移转化作价、科技成果转化收益分配等方面先行先试，形成一系列可复制、可推广的先进经验，并在全省范围推广。

2. 新型技术转移服务体系提升工程。支持建设市场化运作的省科技成果转化和技术交易中心，探索建立基于互联网的在线技术交易模式，发展多层次技术（产权）交易市场体系。支持省级以上技术转移示范机构和符合条件的社会团体创新技术转移服务模式，面向市场为企业提供跨领域、跨区域、全过程的技术转移集成服务。

3. 技术转移人才培养提升工程。创新科技成果转化转移人才培养模式，鼓励高等院校、科研院所、社会机构共建技术转移人才培养示范基地。依托行业协会和学会，加大对科技咨询、科技创新创业辅导、科技投融资、专利代理、知识产权托管、技术经纪、技术合同认定登记等专业人才和从业人员的培训力度。

四、推进科技金融紧密结合

大力发展创新创业投资，建立多层次资本市场支持创新机制，支持符合创新特点的金融产品开发，探索发展服务创新的互联网金融。以政府和社会资本合作撬动社会资本投入为重点，实施科技金融结合“111”工程，形成各类金融工具协同支持创新发展的良好局面。

专栏3　科技金融结合“111”工程

1. 搭建1个科技金融综合服务集团公司。服务长株潭国家自主创新示范区建设，省地共建政策性、专业化、市场化结合的科技金融综合服务集团公司，综合采用代持政府股权投资、自有资金投资、合作设立基金等方式，开展产业投资、科技金融、园区发展服务，打造功能完善的科技金融服务链，带动全省科技金融结合和科技成果转化。

2. 做大1支科技金融母基金。扩大省科技成果转化引导基金规模，综合运用股权投资、风险补偿、保费补贴、后补助、绩效奖励等多种投入方式，促进科技金融产品（服务）创新和科技成果转化。鼓励和规范天使基金（种子基金）发展，加大对早中期、初创期科技型中小微企业支持力度。建立健全科技金融风险补偿机制，开展科技成果转化贷款风险补偿、科技担保风险补偿和天使（种子）投资风险补偿。

3. 构建1个科技金融服务链。发展财政出资设立的天使投资基金（种子基金）、创业投资基金，探索股权质押、知识产权质押、股权众筹、互联网金融以及众创、众包、众扶、众筹等科技金融新模式。完善支持科技型中小企业股份制政策，强化创业板、新三板、区域性股权市场等多层次资本市场对科技创新的支持。建立湖南省科技成果转化项目库，实现与国家科技成果转化项目库对接。

五、强化军民深度融合创新

贯彻落实国家关于军民融合与科技创新的重大战略决策，完善国防科技协同创新体制，建立军民两用技术开发中心，加强军民整合产业科技创新和服务平台建设，推动长株潭国家自主创新示范区建成“军民融合创新示范区”。

建设军民融合科技创新产业园。依托国防科技大学等单位，在北斗导航、智能制造、自主可控信息技术等领域，建成以高端技术、高端服务、高端人才、高端产业、高端社区为特征的第四代科技园，打造具有全球影响力的军民融合协同创新示范基地，为湘潭、株洲、岳阳等军民融合创新示范基地乃至我省、全国军民融合深度发展提供可借鉴的模式和可复制的经验。

加强重大科技创新任务的军民协同。在航天、航空、电子、兵器等领域，加强与军工集团合作，并建立工作对接机制，争取在我省布局一批军民融合重大项目。推进军民标准通用化建设，建立有机衔接、军民兼容的标准体系。

推动军民技术双向转化。加快湖南省军民融合协同创新研究院建设，促进军工技术向民用领域辐射和转移转化。加强北斗导航、新一代信息技术、卫星遥感、核工业等军民两用技术联合攻关和军民两用科技成果的转化应用。引导各类符合条件的市场主体进入武器装备科研生产和维修领域。支持具有较强科技创新实力和自主知识产权的民营企业参与军工项目建设。

专栏 4　军民融合科技创新产业园示范建设

建设军民融合科技创新产业园，打造“二区十中心五平台”。

两大区。建设承载研发创新、专业服务、孵化转化三大功能的科技创新区。建设军民两用企业孵化加速区。

十大协同创新中心。组建微纳卫星工程、北斗导航、先进影像系统、光电惯性工程、先进光学制造、自主微处理设计与应用、软件无线电工程、大数据、超算和高分工程等 10 个研发协同创新中心。

五大专业服务平台。建设综合服务平台、网络服务平台、技术服务平台、投融资平台、信息数据平台五大专业平台。建设基于激光陀螺与惯导系统的光工程中心以及包括北斗开放实验室、北斗民用数据中心、北斗应用研发中心和北斗位置服务中心的北斗导航工程中心。

第四章　培育科技创新战略力量

一、强化企业创新主体地位

实施创新型企业培育“百千万”工程，形成创新型领军企业“顶天立地”、科技型中小企业“铺天盖天”的发展格局。响应新一轮国家技术创新工程，推动院士专家工作站、博士后工作站、科技特派员等更好地服务企业。支持企业牵头共建创新战略联盟，探索企业主导、院校协作、多元投资、军民融合、成果分享的技术创新合作模式。健全科技资源开放共享机制，提高服务企业技术创新的能力。

专栏 5　创新型企业培育"百千万"工程

1. 科技领军型企业培育计划。在工程机械、汽车、轨道交通装备、风电装备、新材料、现代农业（现代种业）等领域，通过创建国家级研发平台、引进海外高端人才、开展国际科技合作等措施，支持百家龙头企业成为在全球科技竞争和市场竞争中具有话语权的领军型企业。

2. 瞪羚企业培育计划。在高端装备制造、新材料、电子信息、人口健康、节能环保、新能源、现代农业等领域，建立瞪羚企业筛选体系，通过重点研发、技术创新引导、创新平台与人才建设等措施，培育千家有核心竞争潜力、成长能力强的瞪羚企业。

3. 科技型中小微企业培育计划。以科技人员、留学归国人员、大学生为重点创客对象，完善天使投资、创业投资等科技金融服务体系，加强创业孵化基地建设、出台扶持小微企业发展的政策，构建全链条的创新创业服务体系，孵化培育万家科技型中小微企业。

二、提升高校院所创新能力

提升高校创新发展能力。支持有条件的高等院校创建世界一流大学和一流学科，系统提升人才培养、学科建设、科技研发三位一体创新水平。继续实施 2011 协同创新计划，建设具有国际国内影响力的创新研究基地和产学研用结合创新平台。引导高等学校优化学科结构，创新学科组织模式，打造科技创新和高层次人才高地。推进部分普通本科高校向应用技术型高校转型，探索校企联合培养模式，开设创业课程，设立创业培训基地。鼓励高校深度融入企业创新，促进科技资源向企业开放，建设产学研协同创新中心。

建设创新型科研院所。对科研院所实行"有破有立"式改革，优化科研院所科技创新功能定位，落实科研院所法人自主权。完善公益类研究机构支持机制，稳定支持一批公益类科研院所，加强科技文献、科学数据、种质资源等基础性科技服务平台建设。引导技术开发类科研院所面向行业技术创新提供研发设计、检验检测、创业孵化、技术转移、技术咨询等公共服务，组建一批集技术研发、成果转化、创新服务于一体的新型研发机构。

三、培育发展新型研发机构

制定新型研发机构认定管理办法和扶持政策，鼓励引导各级政府、企业与省内外高等院校、科研院所、社会团体等以产学研合作形式创办新型研发机构，鼓励大型骨干企业组建企业研究院等新型研发机构。推动新型研发机构创新机制，建成投资主体多元化、建设模式国际化、运行机制市场化、管理制度现代化，创新创业与孵化育成相结合、具备独立法人资格的应用技术研究院、工业技术研究院等，更加聚焦产业发展、更加贴近科技前沿、更加突出开放创新，突破产业核心关键技术，研发具有较强竞争力的战略产品和装备。完善新型研发机构支持政策，推动制定资金、用地、期权和税收等配套政策，在能力建设、研发投入、人才引进、科研仪器设备配套等方面加大支持力度。

第五章　构建开放合作创新大格局

一、提升科技创新国际化水平

以全球视野谋划科技创新，瞄准国际技术发展前沿，与发达国家开展深层次、多形式、全方位的科技合作。以科技领军型企业为主体，加大战略性新兴产业技术引进与联合研发、传统优势产业升级科技创新合作，突破关键技术，研制重大装备。依托领军企业、高校院所组建海外联合研发中心、技术转移中心等国际科技合作平台，推进与美国北卡罗来纳州的湖南—北卡创新中心建设，发挥亚欧水资源研究和利用中心、中意工业设计湖南中心、湖南省国际技术转移中心（联盟）在国际科技交流与合作中的枢纽作用，构建以四大平台为核心、多个合作基地为节点的国际科技合作网络。

专栏 6　建立四大国际科技合作平台

1. 湖南北卡创新创业中心。以湖南—北卡创新中心为创建基础，建立由法人单位共同投资、公司主体运营的创新创业中心载体，搭建我省与北美地区合作的平台。

2. 亚欧水资源研究和利用中心。打造水安全产业高端智库，加强与亚欧会议成员以及省外区域水资源科技创新与合作，搭建亚欧水资源研究和利用中心的中、英文网站平台，引进千人计划、青年千人计划等国（境）外高水平学者。

3. 中意工业设计中心。在高端装备制造、数字产品与信息服务业、文化创意产业等领域开展工业设计、人才培养和技术研究等科技合作与交流；举办“芙蓉杯”工业设计大赛；派遣优秀学生出国学习深造，邀请杰出设计师到中心开展合作或来湘创业。

4. 湖南省国际技术转移中心。建立和完善湖南省国际技术转移平台网站，完善技术需求数据库、技术供给数据库、第三方服务机构数据库，为企业提供国外先进技术及市场资讯等信息，组织专题对接会，推动国际科技合作项目落地湖南。

5. 国际科技合作基地建设。以科研院所、高等学校及创新型企业为载体，建立 3 ~ 5 个国家级国际科技合作基地，8 ~ 10 个省级国际科技合作基地。

二、融入“一带一路”科技合作

主动融入“一带一路”战略，依托我省杂交水稻、木本粮油、中医药、新材料、工程机械、轨道交通等领域技术优势，支持高校院所和企业面向发展中国家提供技术输出、装备出口与技术人才培训，促进科技创新“走出去”。推动移动互联网、云计算、大数据、物联网等行业企业与沿线国家传统产业结合，促进新业态和新模式输出。

专栏 7　“一带一路”科技合作

1. 加强重点领域科技合作。在装备制造、现代农业、中医药领域、文化创意等领域加强与亚洲、欧洲、美洲、北非等“一带一路”沿线国家与地区科技合作，共建联合实验室（联合研发中心）、技术转移中心、技术示范推广基地和科技园区等国际科技创新合作平台。

2. 举办发展中国家技术培训班。依托杂交水稻、木本粮油、中小水电、医疗卫生等领域的优势，举办 5 期以上国家级发展中国家技术培训班和 5 期以上省级发展中国家技术培训班。

三、促进与港澳台、区域科技合作

鼓励高校、科研院所、企业与港澳台及省政府战略合作省份开展深层次科技合作与交流，与港澳台高校、研发机构及中科院、国内一流大学共同开展关键技术研发，促成重大科技成果来湘转化。瞄准珠三角、长三角、京津冀等重点地区，加强重大科技平台和重大科技项目的引进，吸引跨国公司区域研发中心落户湖南。深入实施中部崛起战略，深化与中部省份的科技合作。落实省政府部署的战略任务，服务西藏山南、新疆吐鲁番的科技创新，推进科技援藏援疆。

专栏 8　促进与港澳台、区域科技合作

1. 与港澳台的科技合作。促进与港澳台科技合作交流，共同建设网上技术项目库、技术需求库、专家库等。在环境保护、电子通信、软件开发、大数据与云计算等领域，支持企业与港澳高水平大学和研发机构承担高水平科技创新合作项目，共建研发基地，推进科研设施共享。 2. 与中科院的科技合作。依托中科院科技和人才优势，建设 2 ~ 3 个服务于地市州的分中心、1 个服务于全省的科技与资本融合的产业培育平台以及 1 个知识产权运营服务中心；推动中科院相关科研院所与湖南企业（高校、科研院所）建设科技创新平台。 3. 与省政府已签订战略合作框架协议省份的科技合作。推进泛珠三角（湖南）区域科技交流与合作信息平台建设；加大国家重点实验室、国家工程技术研究中心等科研基地引进力度，联合共建产业技术研究院和科技创新公共平台，开展关键技术研发和重大科技成果转化。 4. 落实省政府部署的战略任务。加强对西藏山南、新疆吐鲁番的科技创新服务，每年支持 1 ~ 2 个重点项目、科技人才培训项目或科普基地建设。

第三篇　发展任务　支撑引领经济社会发展

第六章　打造长株潭自主创新核心增长极

一、建成具有全球影响力的创新创业之都

坚持“创新驱动、体制突破、以人为本、区域协同”的建设思路和“核心先行、拓展辐射、全面提升”的“三步走”发展路径，以“建成具有全球影响力的创新创业之都”为总体目标，把长株潭国家自主创新示范区（简称“自创区”）建设成为创新驱动引领区、科技体制改革先行区、军民融合创新示范区、中西部地区发展新的增长极。到“十三五”末，实现自创区技工贸总收入 2.6 万亿元，高新技术产业增加值占地区生产总值比重达到 40%，研究与试验发展（R&D）经费投入强度达到 4%。产业竞争力显著提升，自主创新能力稳步增强，创新资源高度聚集，创新生态明显优化，区域协同联动创新形成新局面，实现“一区三谷多园”空间布局和“5+5+X”产业布局。

二、规划“一区三谷多园”空间布局

坚持“资源共享、事业共创、利益共赢”的发展理念，围绕产业集群发展，结合自创区实际特点，

按照“一区三谷多园”架构，优化完善空间布局和产业布局，形成长株潭三市产业链、创新链、服务链、资金链协同互动的发展格局。

专栏 9　“一区三谷多园”空间布局

“一区”：长株潭国家自主创新示范区。

“三谷”：“长沙·麓谷创新谷”重点建设研发总部、新兴产业创新与设计中心、现代服务业集聚区等三大功能区。“株洲·中国动力谷”着重打造新能源汽车、高端动力装备制造产业密集区。“湘潭智造谷”着力发展智能装备制造与高端生产性服务业，形成机器人及智能装备“研发＋制造＋服务”的产业集群。

“多园”：长沙以麓谷、星沙、浏阳等国家级园区为载体，重点发展工程机械、工业机器人等高端装备制造产业集群。株洲以高新区为载体，重点发展动力装备产业集群。湘潭以高新区、九华等国家级园区等为载体，重点发展能源及矿山装备产业集群。雨花、宁乡、金洲、望城、暮云、天心、韶山、昭山等省级以上园区，重点发展新一代信息技术产业集群、文化创意产业集群和现代服务业集群。隆平、浏阳、荷塘、昭山、天易、湘乡等园区，重点发展生物健康产业集群。宁乡、望城、金洲、天元、醴陵、茶陵、雨湖等园区，重点发展新材料产业集群。雨花、湘乡等园区，重点发展节能环保产业集群。金霞、临空、岳塘等园区，重点发展现代物流产业集群。株洲县、平江、雨湖等新型工业化产业示范基地，重点发展军民融合产业集群。

三、培育发展“5+5+X”创新型产业集群

立足自创区现有产业基础优势及创新资源集聚优势，做强一批主导产业，做大一批先导产业，培育一批新兴业态，加快打造“研发＋制造＋服务”全产业链的核心产业集群。在以智能制造为主导的“工业 4.0”战略和“中国制造 2025”行动以及全球新一轮产业革命中抢占先机，通过培育壮大创新型产业集群，充分激活自创区对全省产业转型升级的示范引领带动作用。

专栏 10　“5+5+X”产业集群

1. 5 个主导产业。高端装备产业：围绕工程机械、轨道交通、通用航空、新能源汽车、新能源、冶金矿山等装备制造，突破核心关键零部件技术，突破大型化、绿色化、智能化、液压化等瓶颈技术。新材料产业：以先进储能材料、先进复合材料、先进硬质材料、金属新材料、化工新材料为主导，培育发展先进陶瓷新材料、纳米新材料。新一代信息技术产业：实现移动智能终端、物联网、高性能集成电路、北斗导航、新一代电力电子器件、激光陀螺等技术突破，深入推进信息技术创新、新兴应用拓展和网络建设的互动结合。生物（健康与种业）产业：以生物医药、高端化学药、现代中药、医疗器械及制药装备等为重点，打造生物医药产业集群；积极发展现代种业，推广杂交育种技术在粮食、果蔬、药材等领域的应用。文化创意产业：支持数字媒体、数字出版、动漫游戏、数字旅游和工业设计向高端化、网络化方向发展，发挥湖湘文化特色、挖掘湖湘文化精髓，强化科技创新支撑。

2. 5 个先导产业。移动互联网产业：围绕社交、音乐、视频、游戏四大应用领域，鼓励传统产业应用移动互联网，促进转型升级。绿色建筑产业：重点开展新型建筑材料开发应用、既有建筑绿色改造与功能提升、可再生能源建筑应用、建筑室内外空气品质检测控制与保障等技术研究，打造国内领先的建筑产业化园区。北斗卫星导航应用产业：推进核心芯片及模块、地面增强系统、遥感应用平台、区域级检测鉴定中心、平台运营服务、终端产业化等项目建设，打造集高端技术、终端装备、应用示范、产品检测为一体的产业集群。节能环保产业：以“集群化、高端化、服务化”为导向，在节能技术与装备、环保技术与装备、节能服务和环境服务等领域取得突破。高技术服务业：重点发展科技服务业和生产性服务业。

3.X 个新兴业态。聚焦互联网信息技术、新材料技术、可再生能源技术等先进技术，利用自创区主导产业优势和先导产业活力，积极培育发展“互联网＋”、3D 打印、工业机器人、海洋工程、大数据、云计算、公共安全、石墨烯等产业新业态，培育新的经济增长点。

四、系统推进先行先试

围绕自创区建设需要，以创新人才为第一资源，以促进科技成果转化为重点，以优化创新创业生态为主线，以加强协同合作为通道，推进“人才＋成果＋服务＋合作”等先行先试重点任务，聚集高层次创新人才，推进科技成果转化，推动军民融合示范，提升长株潭科技公共服务水平，加强长株潭科技创新金融服务，深化对外合作交流。

专栏 11　先行先试重点任务

1.促进长株潭聚集高层次人才。依托省引进海外高层次人才“百人计划”“企业科技创新创业团队支持计划”“湖湘青年英才支持计划”和长株潭三市“万名人才计划”“555 人才计划”“六项人才工程”等重点人才引进培养计划，完善人才引进培养和评价激励机制，在重点产业、领域引进 100 个以上高端创新团队，实现自创区各类人才服务“一站式”办理。

2.推进长株潭科技成果转化。推进科研院所改制改革，研究制定激励、保护科技创新的先行先试政策。完善落实促进科技成果转化法的配套措施，开展科技成果处置权收益权分配权改革示范。建设科技成果转化和技术交易网络平台，支持建设长沙科技城、尖山湖国际创新中心等科技成果产业化基地。建立健全科技成果转移转化的市场指导定价机制，规范开展科技成果交易。

3.推动长株潭军民融合示范。推进军民融合科技创新产业园和“军民融合众创空间”建设，构建“园区管理、投融资、信息共享、扶持服务”等为一体的综合性平台。推进智能无人系统、海洋保障系统、自主可控计算机整机、磁悬浮、激光陀螺、北斗导航、航空航天、特种材料、信息安全、高端装备制造等领域高端成果转化。积极推动国家军民融合创新示范区的申报和创建，支持长沙高新区创建国家军民融合科技创新示范基地。

4.提升长株潭科技公共服务。按照“产权多元化、使用社会化、营运专业化”的原则，打造高水平创新创业服务体系，引导、支持各类科技服务机构进入服务体系，实行“点对点”接单、研发、攻关、转化、服务。在长株潭三市高新区分别设立“一站式”创新创业服务窗口，将省直、市直各部门和园区办事流程简化至服务窗口完成。

5.加强长株潭科技金融服务。采用省地共建模式、企业化体制，运用市场化机制，探索践行科技、金融、产业创新结合和深度融合的科技金融服务运营模式，支持长株潭国家自主创新示范区与长株潭三市共同出资组建长株潭科技创新金融服务有限责任公司，按照“政策先导、服务为本、盈利为辅、逐步拓展”的原则开展政策性和市场化金融服务以及科技金融结合服务。

6.深化长株潭对外合作交流。强化与东西部地区创新合作交流，加强与京津冀、长三角、泛珠三角的产业与科技对接，探索组建国内科技合作联盟，共建产业园区。支持中意技术转移湖南分中心、湖南省国际技术转移中心、长沙高新区国际科技商务平台等平台建设，打造长株潭承接国际高新技术转移与项目引进及产业化的专业基地。

五、强化创新改革试验示范

建立协同推进机制。加强组织领导，充分发挥部际协调小组和省自创区建设工作领导小组的统筹协调作用，加快建立自创区工作会商与联动推进工作机制，定期召开部际协调小组会议和省自创区建设工作领导小组会议，研究解决发展中的重大事项，确保省直相关部门、三市及园区之间的统筹协调联动。制定实施《长株潭国家自主创新示范区建设三年行动计划（2016—2018 年）》，明确自创区建设目标、重点任务以及责任分工、时间表、路线图。

拓宽投入渠道。优化整合部分省级和长株潭三市财政专项资金，积极争取国家各项产业基金和创投基金支持自创区建设。充分发挥财政资金的杠杆作用和激励作用，支持引导长株潭三市政府、社会资本发起设立产业发展基金、科技成果转化基金、创业投资基金，扶持自创区创新型企业发展。制定长株潭科技创新券发放办法，以政府购买服务方式支持创新创业。

完善政策体系。按照“1 + N”的工作思路，加快出台落实《中共湖南省委、湖南省人民政府关于建设长株潭国家自主创新示范区的若干意见》的若干实施细则，在人才引进培养、科研院所转制、科技成果转化、创新创业主体培育、军民融合、科技资源开放共享、科技金融结合等方面制定具体工作方案、实施办法。制定出台《长株潭国家自主创新示范区条例》，依法推进自创区建设发展。进一步理顺自创区管理体制，加大简政放权力度，深入推进行政审批制度改革，提高审批效率，着力营造低成本、高效率的投资环境。健全自创区统计指标体系，加强对自主创新的统计、监测和绩效评价。

优化双创环境。营造“鼓励创新、宽容失败”的大众创业、万众创新氛围，建设一批国际青年社区、新型创业公寓、创业创新园等众创空间，完善创新创业服务体系，释放创新创业活力。加强知识产权行政执法能力建设，完善知识产权协同保护机制，支持自创区建立专利、商标、版权集中统一管理的知识产权管理体制。建立完善知识产权质押融资风险管理机制和知识产权质押融资评估管理体系，开展专利权质押融资、专利保险、知识产权证券化等试点。

强化绩效考核。建立完善自创区建设的绩效考核机制，对长株潭三市党委、政府和省直相关部门推进自创区建设开展绩效考核评估，促进自创区建设工作落实。

第七章　构建十大领域产业技术创新链

一、高端装备制造技术

落实《中国制造 2025》和湖南建设制造强省五年行动计划，围绕高端工程机械、先进轨道交通装备、节能与新能源汽车、智能制造装备、航空航天装备、先进矿山及冶金装备、海洋工程装备及高技术船舶等产业，突破关键技术和共性技术，构建现代产业技术支撑体系，建设 1 ～ 2 个国家级制造业创新中心和 30 个左右区域性及省级制造业创新中心。支持企业推行生态设计、研发绿色产品、推进绿色制造、打造绿色供应链，促进装备制造绿色化。支持制造企业利用物联网、云计算、大数据等技术，提高研发设计和综合集成能力，发展个性化定制服务、网络化虚拟制造、全生命周期管理、网络精准营销和在线支持服务等新业态，促进从制造向“制造 + 服务”转型升级。

专栏 12　高端装备制造技术

1. 高端工程机械装备。开发工程机械高端产品，极端环境下工程机械或工程机器人，新能源及电传动综合技术工程机械产品，大型、超大型工程机械产品，地下作业工程机械产品，水域作业工程机械产品。实施工程机械产品可靠性示范工程，工程机械检测、试验、评价数字化智能化平台建设工程。

2. 先进轨道交通装备。研发新型车辆车体、高性能转向架、电传动系统、储能和节能、列车网络控制等关键共性技术；研制轻量化、模块化、谱系化电力机车，动力集中型、双层干线动车组和混合动力内燃动车组及城际动车组，储能式有轨 / 无轨电车，新一代中速磁悬浮列车，系列化磁浮工程车。研制储能器件及能源管理系统等核心零部件；实现变流技术、控制技术、传动技术等“同心多元”发展。

3. 节能与新能源汽车。突破动力电池与电池管理系统、插电 / 增程式混合动力系统、电机驱动与电力电子总成、电动汽车智能网联技术。开展纯电动汽车、燃料电池汽车整车集成设计与控制技术研究、产业化应用。研发节能型内燃动力乘用车和电动汽车智能网联汽车。开展整车主被动安全性技术、可靠性技术研究以及充电桩关键技术研究，研发具有自主知识产权的新能源汽车和节能汽车。

4. 先进矿山及冶金装备。研发数字化矿山装备控制技术，开发中小型矿山机械化开采成套装备、高效智能散料封闭式输送装备，开展矿山装备远程故障诊断及智能控制关键技术研究，研发中小型煤矿机械化开采技术及装备，加强冶金设备环保、节能、增效等关键技术研究，加强矿山装备节能、环保及可靠性技术研究，研发大中型电磁冶金设备。

5. 智能制造装备。研发高速、高精、高效、复合数控机床可靠性及精度保持技术，发展数控机床柔性制造单元及自动化加工生产线；开展工业机器人、服务机器人整机核心技术、多机协作技术及智能工业机器人技术研究，研发具有自主知识产权的多关节工业机器人、并联机器人、移动机器人和服务机器人产品。研发激光、电子束、离子束等能源驱动的增材制造工艺技术，开发钛合金、高强合金钢、高强铝合金、高温合金、非金属工程材料及复合材料等高性能零部件高效增材制造设备。

6. 航空航天装备。研发通用航空飞机整机设计制造技术。研发中小型航空发动机、各型起落系统、核心芯片设计与制造等关键技术。研发新型 1000kW 级和 2000kW/5000kW 级涡桨发动机、通用飞机发动机、通用飞机及起落架系列产品。

7. 海洋工程装备及高技术船舶。突破海底天然气水合物、金属矿产资源探采工程装备以及基于水面生产作业的高技术船舶研制技术瓶颈。开展 220 米级深孔保压取芯勘探系统、海上多功能试开采作业平台、深海多金属结核开采、高性能高效率河海船舶及基础材料研究与开发。开展大级别海底矿产选冶联合试验技术与装备、深海重载机器人、海底多功能立体探测系统研发。

二、新材料技术

针对国家及湖南省重大工程与国防建设的重大需求，大力发展先进储能材料、先进复合材料、金属新材料、硬质合金材料、化工新材料、超硬材料、特种无机非金属材料、纳米材料、增材材料、绿色建筑材料等，满足航空航天、先进装备、海洋工程、交通运输、电子信息、新能源、建筑工业等领域对新材料的需求。大力推进新材料共性技术的重点突破，提升产业整体竞争力。

专栏 13　新材料技术

1. 先进储能材料。提升锂电池正负极材料、隔膜、电解液质量，研究新型锂离子动力电池设计、性能预测、安全评价及安全性新技术，锂硫电池及全固态电解质电池技术。研究改进镍氢电池正负极材料提高电池能量密度和功率密度。实现高端锂离子电池材料、镍氢电池材料及电池产业化。加强液流储能电池、燃料电池等关键材料性能的提升和核心技术突破。加强电池辅助材料（石墨烯、陶瓷涂层等）的提升与突破。

2. 先进复合材料。发展聚合物基、陶瓷基、金属基三类先进复合材料，加强先进复合材料的基础研究，开展复合材料原辅材料、复合材料及其构件的材料制备技术及其装备的协同研发。突破聚合物基复合材料制备与应用、C/C、C/SiC 复合材料的低成本制备等关键技术，提升复合材料制备技术和复合材料回收与再利用技术水平。

3. 金属新材料。开展高端装备制造铝、铜、镁、钛、银、铋及其合金材料制备技术研究，突破航空航天、交通运输、海洋工程等用高性能铝合金制造及循环利用、高性能钛合金制备、高性能铜合金制造、高性能变形镁合金及大型承载构件制备等关键技术，为湖南省战略性新兴产业的发展提供材料支撑。

4. 硬质合金材料。以数控机（车）床、工程机械、装备制造、航天航空、交通运输、基建建设等领域对高端硬质材料及其制品的需求为目标，围绕关键共性、核心技术开展攻关与产业化，发展切削刀具、钻掘工具、硬质零件等高品质、高附加值产品及硬质合金相关制造及加工装备。

5. 化工新材料。以绿色发展为引领，突破高品质基础材料、先进高分子材料、高档涂料、高档颜料、高端绝缘材料等关键技术瓶颈，提升化工行业技术研发能力。发展先进高分子、生物医药中间体、助剂、催化剂、高档颜料、烟花鞭炮安全用药等化工新材料。

6.超硬材料。研发高强度、高锋利度超细金刚石线，大板切割组合绳锯和钢筋混凝土绳锯，金刚石绳锯自动化生产技术，金属间化合物金刚石砂轮和立方氮化硼砂轮规模化技术，实现蓝宝石片和氧化锆陶瓷片的清洁、高效、高品质加工。

7.特种无机非金属材料。突破陶瓷粉体及先驱体制备、陶瓷基复合材料烧结、非对称陶瓷膜一次共烧、高纯石墨电加热连续式化学提纯等先进陶瓷和石墨技术以及超薄玻璃基板成型、低辐射镀膜系设计与制备等特种玻璃技术，发展低辐射玻璃、光伏玻璃、显示屏玻璃、绝缘陶瓷、电子陶瓷、陶瓷膜以及石墨深加工等产品。

8.纳米材料。完善纳米稀土发光材料绿色合成技术，实现纳米农用转光材料中试及产业化。突破纳米硫化铈的"湿法沉淀—高温转晶"中试设备与表面改性技术。深化汽车纳米高分子合金涂料的研制开发。完善纳米钛聚合物、纳米稀土半导体氧化物的制备技术，实现防腐、节能新材料大规模生产。

9.增材制造材料。开展高温合金、钛合金、镁合金、铝合金、钴铬合金等金属增材制造专用材料的研究。研究非金属增材制造专用材料。提高现有材料耐高温、高强度等性能，降低材料成本。加强增材制造专用材料在国防重大工程及其他细分领域的应用研究。

三、新一代信息技术

围绕网络强国、大数据战略和"互联网+"行动计划，针对新一代信息技术发展趋势，突破集成电路、云计算、物联网、移动互联网、北斗导航等技术，促进"互联网+"技术的应用，培育"互联网+"产业新业态、服务新模式，打造若干具有特色的"互联网+"服务产业集群，建设中部地区网络强省。

专栏 14　新一代信息技术

1.集成电路。开展自主高性能 CPU/DSP/GPU 处理器等高端芯片的研发，以高端芯片带动通信、医疗电子、工业控制、虚拟现实/增强现实等行业专用芯片的研发。推动 IGBT 在轨道交通、船舶、电力、家电等行业的广泛应用。实施自主集成电路示范性应用工程，大力发展自主可控信息安全产品和智能终端产品，积极营造"集成电路+"产业生态。

2.大数据云计算。丰富数据内容，构建人口、法人、空间地理和宏观经济等基础大数据库和社会管理主题数据库。扶植一批典型行业大数据先导应用，在重点民生领域和产业领域建设大数据中心。围绕采集、加工、挖掘、运维以及增值服务，集聚形成较大规模的大数据产业基地。支持企业开发大数据服务平台，提供数据租赁、分析预测、决策支持等服务，推动大数据的应用。

3.物联网。开发新型超高频 RFID 标签技术，开发设计智能集成化传感器，开发无线异构网的组网和协同技术，开发面向工业物联网的共性"软件工具"。建立物联网技术典型应用与验证示范，重点推进物联网技术在智能制造、智慧城市建设领域中应用。

4.北斗导航。搭建北斗卫星应用研发和卫星导航产品检测平台。建设和完善全省卫星导航定位地面增强网。继续推进国家级北斗卫星应用示范工程。扶持北斗卫星应用关键技术和核心产品开发制造。推动北斗卫星导航和大数据在地质灾害预报预警、交通运输、智慧旅游等领域的应用示范。

5.移动互联网。开展企业互联网服务支撑技术、有机发光显示器 OLED 共性技术与产品、MOM 中间件技术等自主研发。推进上下文识别技术、医疗云数据信息建设、社交媒体网络舆情数据转化与决策分析、移动互联网金融大数据智能监测及自动风险预警系统等应用项目的有序开发。

6.智能硬件及配套。大力发展自主可控信息安全技术和产品、装备，积极发展医疗电子、汽车电子、智能家居、可穿戴设备、机器人、无人机、导航终端等智能硬件技术及产品，打造智能终端及配套产业集群。

四、新能源与智能电网技术

针对国家能源结构优化调整重大战略需求，结合我省新能源和智能电网整体产业链发展基础和技术优势，以绿色低碳为方向，以能源高效利用为目标，实现风电、光伏、生物质能、智能电网等领域关键技术的重大突破，建立能源安全保障技术体系，打造新能源产业。

专栏 15　新能源与智能电网技术

1. 风电产业。攻克风电关键共性技术研究与核心零部件设计、制造难题。突破大功率、智能型风电整机设计技术。开展风场建设与风电场运维管理关键技术研究。加强基于“互联网 +”和大数据的风电运维关键技术研究。

2. 光伏产业。研制、开发光伏产品原材料及生产工艺，突破光伏装备核心技术。开发新材料与新结构高性能光伏电池，突破核心技术。开展光伏系统设计技术、逆变、监控、能量管理核心技术的研发。提升高效太阳能电池智能制造数字化车间的系统集成能力。

3. 生物质能。开展原料培育及收集关键技术研究。攻克油脂基能源和材料转化、燃料乙醇及全组分利用、生物质成型及热化学转化多联产等生物质能高效转化及产品应用关键技术。开发生物能源产品应用与节能减排评价技术。

4. 智能电网。研制变压器、高压开关、电缆附件、智能成套设备、智能控制系统等特高压交直流输变电关键技术。攻克以配电网自愈控制系统、柔性输变电与并网装置、智能开关、智能电表、高级计量体系 AMI、电动汽车充电及储能设备、用户能源管理等智能配用电关键技术。研发电网故障监测、保护、定位和控制技术，加强电网智能化运维技术研发，构建基于智能带电检修、智能带电巡视和智能在线监测的运维服务体系。

五、现代农业（现代种业）技术

落实藏粮于技战略，以“高产、优质、高效、生态、安全”为目标，突破生物育种、产地净化、绿色防控、农业装备、生态种养、冷链贮运、精深加工等全产业链技术，推动传统农业向专业化、品牌化和全链条增值转变。推进超级稻等重大科研攻关，加强国家粮食安全和高效经作产业发展科技创新保障能力。推广“互联网 + 农业”发展模式，推动农村一二三产业融合发展，培育休闲农业、旅游农业、创意农业等新业态。

专栏 16　现代农业（现代种业）技术

1. 粮食油料。加强种质资源的评价与保护利用，选育和推广高产、优质、多抗、广适的新品种。加强粮油丰产、中低产田改造、机械化作业等新技术研究。开展粮食高产创建和绿色增产模式科技攻关示范，突破超级稻全产业链生产技术、玉米、薯类和豆类等旱杂粮和油菜、油茶、花生等油料优质高产技术研究，大力推进稻田综合种养技术。

2. 畜禽水产。培育高效、高产和优质畜禽水产新品种（新品系），加强生猪、黄牛、家禽和淡水鱼、特色水产品等健康养殖关键技术研究，开展畜禽养殖废弃物综合利用和无害化处理技术研究。开展草食畜禽、大宗淡水鱼、奶业安全生产技术和高产优质饲草栽培及开发利用综合技术研究。加强畜禽重大疫病监测、防控、快速诊断技术研究。

3. 蔬菜果茶。开展叶菜、茄类、辣椒、瓜类、食用菌等大宗蔬菜及特色高端精品蔬菜品种的选育与优质高效栽培技术的研究及集成示范。开展茶叶、柑橘、猕猴桃等特色水果的品种选育、轻简栽培、病虫害防控、精深加工和质量安全溯源等技术研究。

4. 现代林业。发展木本粮油、乡土珍贵树种、速生丰产林和生态林、花卉等品种选育、低质低效改造、病虫害防控等技术，选育和推广一批林木良种，建立精准培育、可持续经营和高值化利用示范基地，大力培育林下经济，促进木竹制品、森林食品、林化产品及林源特色产品、花卉产品高值化开发。

5. 农产品加工。围绕稻米、柑橘、生猪等大宗农产品高效转化利用与减损增值加工，突破精深加工、冷链储运、质量安全与农产品资源综合利用等关键技术，构建农产品加工质量安全防控技术平台。

6. 农机装备。围绕粮油作物和林果蔬种植、农林剩余物高效利用和农业基础设施建设机械化，研发丘陵山地作业技术装备、水田作业技术装备、多功能联合作业技术装备、农产品产地处理技术装备、农林剩余物原料收集与加工装备、农用低空飞行器等。

7. 绿色农资。加快新型农药和高效绿色肥料，畜牧用植物资源筛选及中兽药产品开发。完善地方特色畜禽水产品种营养需要量与饲料资源数据库，建设动物营养与饲料科技创新与产品研发体系。

8. 农产品质量安全。支持农业技术规程及地方标准研发，建立农产品质量安全监管、检测和质量追溯技术体系，开展农作物秸秆、畜禽粪污资源化利用示范，开展污染耕地修复和污染防治综合技术集成与示范。

9. “互联网 + 农业”。实施农业物联网区域试验工程，突破农业传感器、精准作业、物联网、生产智能决策系统等关键技术。构建基于“互联网 +”的农产品冷链物流、信息流、资金流的网络化运营技术体系。结合湖南省农村农业信息化建设，支持“实体 + 网络、手机 + 云端”的农村电子商务新模式。

六、人口健康技术

开展药物早期发现、重大疾病、罕见病及特殊人群用药的研发及产业化、中药创新药物研发及中药现代化、生物制品重大品种国产化、通用名化学药重大品种仿制与再创新，形成一批具有自主知识产权、具有巨大市场潜能的新药产品。推进数字化、智能化、个体化新型健康产业技术突破，发展自动化、智能化制药装备与医疗器械，打造人口健康产业集群。

专栏 17　人口健康技术

1. 现代中药。突破中药材育种、种植、初深加工等技术瓶颈，构建中成药临床定位及再评价、药效物质整体系统辨析、药理学作用机制、工艺品质调优和数字化质量控制等五大核心技术体系。开展中药材种植技术服务信息化、中药饮片标准体系、中药新药创制、名优中药品种二次开发、“湘九味”重点中药资源开发等核心技术研发。开展重要资源普查，建立中医药综合信息库和珍贵古籍名录，整理研究传统中药制药技术和经验。

2. 精准医疗。针对人类基因组疾病，重大神经（精神）疾病、肿瘤、心血管疾病、内分泌疾病等重大疾病，开展防诊治的精准化研究。构建重大疾病的检测、诊断与治疗的研发体系及新药创制研发平台，突破高通量测序、关键原辅料制备合成、分子诊断、新异种移植技术攻关、PCR、液体活检、单细胞测序、CAR-T、新药研发、疾病诊治等关键技术。

3. 化学药。加快创新药物与仿制药研发和工艺创新，强化临床评价，提高创新药物与仿制药质量，增强核心竞争力。开发抗感染、抗肿瘤、糖尿病、消化道类、心脑血管类等疾病防治的创新药物、专利到期新药品种。推进仿制药一致性评价、创新药物开发、新型制剂、高端化学原料药和特色中间体、复方制剂及儿童制剂等核心关键技术研发。

4. 生物制品。建立基因载体系统、有毒动物多肽毒素资源库和综合性信息库，突破生物制品仿制与创新药物、血液制品、干细胞、基因工程等共性关键技术。针对肿瘤、重大神经性疾病、心血管疾病、自身性免疫、感染等重大疾病，开展创新生物制品的研制和产业化。

5. 制药装备。突破无菌机器人、无菌控制、信息化集成与处理、柔性生产等关键技术，开发针剂制药装备配液系统、后端智能检测、智能包装、智能仓储、认证和药品工艺等全方位解决方案。完善固体剂、片剂、胶囊剂、丸剂、注射剂制药装备与生产工艺，建设验证、设计、服务平台及制药工艺配套等整体解决方案，实现生产智能化管理。

6. 医疗器械。突破分子诊断、免疫诊断、移动分子诊断新技术及配套产品研发，开展医疗机器人、药房自动化系统、全自动化医疗设备、大型高端医疗设备、移动智慧医疗等关键技术研究。探索及建立“互联网 + 医疗”运营模式和服务模式，研发“互联网 + 医疗”产品，建设“互联网 + 医疗”平台。

7. 健康服务产业。突破互联医疗标准体系建设、医疗大数据建设、全闭环、多途径协作与教育等互联医疗与医疗大数据关键技术。开展新生儿遗传代谢病筛查和诊治、叶酸代谢障碍诊断与个体化防治、产前筛查与产前诊断、严重致畸致残出生缺陷生物标志物及病因学等关键技术研究，发展第三方健康体检、第三方检查检验、医养结合等新兴健康产业。建立个性化植入器械 3D 打印原材料、设计软件、专用装备和材料表面处理技术体系。

七、资源利用和环保技术

以建设“资源节约型、环境友好型”社会为目标，突破特色资源开发利用及资源循环综合利用关键技术，水、大气、土壤、固废治理及环境监测关键技术，研发环境污染治理、资源高效回收等资源与环保装备和产品，大力培育资源利用和环保服务业，培育资源利用与环保产业集群。

专栏 18　资源利用和环保技术

1. 矿产资源利用。研发煤系气与页岩气、矿山废渣尾矿循环利用、煤矿资源综合开发及清洁利用等技术和装备，支持大数据、信息化、可视化技术在资源循环利用中的应用。在湘南、湘中、湘东资源枯竭型城市和湘西地区重点矿区开展矿产资源节约与综合利用技术研发与应用，提高矿产资源节约集约利用水平。

2. “城市矿产”开发利用。研发电子废弃物与废旧汽车拆解技术及装备，再生铜、铅等循环利用技术，有色金属、稀贵与稀散金属循环高值利用技术，农林废弃物、建筑废弃物、餐厨废弃物资源利用技术，开展“城市矿产”科技示范，建设循环经济科技创新示范园区和示范城市（县）。

3. 环保装备制造与服务业。研发水污染、大气污染、土壤污染、固废治理及环境监测技术和装备（产品），推动大数据、可视化技术在环保产业的应用，探索合同环境服务等新型环境服务模式。

八、文化创意技术

发挥湖湘文化特色、挖掘湖湘文化精髓，促进文化创意和科技融合，研发智能虚拟环境、智能感知、数字内容生成方向等关键技术，加强非物质文化遗产数字化保护，建设主题型科技与文化融合科技示范工程和民间文化传承与发展协同创新中心，发展新型文化业态，实现文化与旅游产业提质发展。

专栏 19　文化创意技术

1. 数字媒体。研发广播影视、移动多媒体、网络新媒体等下一代广播电视网（NGB）关键支撑技术，研发移动阅读、移动社交和移动电子商务服务等技术。

2. 虚拟现实。研发虚拟现实关键智能部件、设备及中间件、软件工具、软件系统，虚拟现实的数字内容生产与制作等技术。建立传统建筑、传统技艺与手工艺制品、民艺民俗文化等分类体系、文化内涵、技术标准等数据库和数字化虚拟展示中心。

3. 数字出版。数字印刷、绿色环保印刷技术、数字版权保护关键技术研发等，建立开放式国家数字教育出版资源库（知识库）。

4. 文化旅游。以物联网、云计算等信息技术集成和应用为中心，建设智慧旅游公共服务平台，提升文化旅游资源保护、旅游大数据分析、人工智能应用技术水平。开展“智慧旅游城市”“智慧旅游景区”“智慧旅游乡村”等科技示范，实现旅游服务、管理、营销、体验的智能化。

5. 创意设计。建立轨道交通、工程装备、服装服饰、工艺美术、印刷包装、日用陶瓷、烟花等创意设计技术体系。建立产品创新设计、品牌形象设计、智能交互设计、环境艺术设计、展示设计等新型设计服务模式。

九、公共安全与应急技术

围绕突发事件的预防与应急准备、监测与预警、处置与救援等环节，在灾害事故应急救援、消防安全、生产安全、交通应急救援和突发环境事件应急处置等领域，突破关键技术，研发重大应急装备和产品，提升应急与公共安全产业核心竞争力，增强防范和处置突发事件的支撑能力。

专栏 20　公共安全与应急技术

1. 灾害事故应急救援。研发主机制造、动力系统、智能控制系统、数字化制造等环节关键技术，开发应急救援大直径钻、掘进机、避难硐室、长臂挖掘机、破拆装备、多功能工程车、轻型飞机、应急通信与指挥等装备，建设灾害预测预报技术体系，提升自然灾害防灾减灾救灾能力。 2. 消防安全装备。开展重大火灾现场灭火救援、地铁系统火灾风险预警与防控、火灾探测与灭火、装配式住宅建筑消防、超高层建筑及超大超空地下建筑消防等关键技术研发，开发云梯消防车、火灾预警与灭火设备、高层建筑结构抗火材料等产品。 3. 烟花爆竹安全。研发安全环保型烟花爆竹原材料和添加剂。研发烟花爆竹生产、储运、燃放安全环保监控技术，建立烟火药及烟花爆竹爆炸危险评估方法。研发烟花爆竹自动化生产设备和检测专用仪器并进行工程应月。 4. 公共与社会安全保障产品。研发农产品质量安全、食品药品安全、生产生活用水安全等应急检测设备。研发流行病监测、诊断试剂和装备，生命搜索营救、医疗应急救治、卫生应急保障等产品。研发城市安全、网络和信息系统安全等监测预警产品。研发突发事件预警发布系统。研发个体、家庭安全防护类应急产品。

十、现代服务业技术

突破电子商务、现代物流、系统外包等生产性服务业关键技术，推进商业模式创新、服务流程创新与科技创新的结合，提升现代服务业发展水平。培育和壮大科技服务市场主体，促进科技服务业专业化、网络化、规模化发展，构建全链条的科技服务体系。推动科技服务业与高端制造业融合发展，建设科技服务业集聚区，促进制造向创造转变。

专栏 21　现代服务业技术

1. 生产性服务业。电子商务方面，开展电子商务云服务、可信交易、支撑服务技术与平台研发。现代物流方面，加强大数据、云计算等技术集成与应用，打造跨行业、跨区域物流信息服务平台，支持深度感知智能仓储系统和智能物流配送调配体系建设。系统外包方面，开发重点领域系统外包服务平台，面向产业供应链上下游，提供信息系统服务支撑。 2. 科技服务业。发展研发设计、检验检测、知识产权、技术转移、创业孵化和科技咨询等科技服务业。制订科技服务业产业技术路线图，促进创新链和产业链融合。搭建科技服务信息共享平台，促进资源信息向科技服务机构开放共享。完善政府采购、科技服务企业认定为高新技术企业、科技计划支持服务模式创新等措施，促进科技服务机构健康发展。

第八章　促进科技创新惠及民生

一、发展绿色生态科技创新

开展环境污染治理、生态建设、环境监测和保护等技术研究，推动从末端治理向全过程综合防控转变。实施“一湖四水”水环境安全科技创新工程，构建源头减排、资源利用、过程控制、深度治理与修复的技术体系。加快大气污染治理技术研发与应用，建立重污染天气监测预警体系及质控标准。加强清洁低碳与循环利用技术研发与示范推广，建设科技创新示范基地。加强农业面源污染防治技术研发与推广应用，提升农业可持续发展支撑能力。

专栏 22　绿色生态科技创新

1.“一湖四水”水环境安全技术。在洞庭湖和湘江、资江、沅江、澧水，开展重金属治理、有机污染物处理、污染底泥处置与资源化利用、污染场地植物恢复、土壤—地下水联合修复等研究，建立水体、土壤污染监测与风险预警云平台，构建水资源、水生态、水安全保障技术体系。

2. 海绵城市科技创新。建设基于大数据的雨洪风险监测、评估及预警技术平台，研发海绵城市建设的雨水利用、水质处理与自然生态修复等系列技术。

3. 大气污染防治技术。以长株潭为重点地区，研究污染机理和主控因子，突破大气污染环境监测与预警、主要污染源全过程控制等技术，开展大气联防联控技术示范，支撑城市空气质量改善。

4. 低碳与循环利用技术。加强清洁低碳技术研发与推广，有效控制钢铁、建材、化工、有色等行业碳排放，开展低碳城区、园区、社区和景区试点示范。加强循环利用技术研发与推广，建立循环型工业、农业和服务业技术体系。

5. 生态保护与修复技术。围绕废弃矿山生态修复、污染工矿区生态恢复、岩溶地区石漠化治理、湿地和森林生态系统保护，开展生态监测预警、耕地土壤保护、林草植被恢复、珍贵物种遗传保护与培育等技术集成与应用，构建生态系统保护技术体系。

二、发展医疗康养科技创新

应对疾病的防治从治疗逐步向预防转变和老龄化社会来临的重大需求，构建新型全民健康和健康养老服务体系。构建预防、诊断、治疗、康复等临床协同创新体系，发展惠及基层的新型医疗服务模式，提升医疗科技水平。促进医疗信息数据共享联网，开展全民健康生活知识普及，培养健康意识和健康行为，创建全民健康示范县和乡镇。开展康复护理和养老科技服务示范，探索医养结合的康复、护理、养老服务模式。

专栏 23　医疗康养科技创新

1. 重大疾病协同创新。围绕恶性肿瘤、心脑血管病、衰老与退行性疾病、代谢与消化系统疾病、妇儿多发疾病以及精神心理疾病等六大类重大疾病，开展基础医学成果在临床应用中的转化研究、预防新措施与生活方式咨询研究、临床决策评估与评议研究、临床新技术新方法新产品开发、中医防诊治的研究、创新诊疗规范研究、成果推广转化模式研究、互联网与移动医疗研究、数据管理与使用研究。

2. 新型医疗服务模式研究。研发精准医疗、分布式远程医疗系统、健康状态辨识等技术，支撑分级诊疗、连续服务和健康感知，改善就医模式，优化服务流程，促进个性化健康服务，提高医疗卫生服务可及性，推动医疗服务模式变革。

3. 康复护理及养老服务创新。开展穿戴式老年健康监测、功能障碍康复训练及工程干预、失能老人精细化护理、心理健康智能辅助等关键技术研发，研发康复护理辅具，建立预防、治疗、照护一体化的科技养老服务标准体系。

三、发展智慧城镇科技创新

研究新型城镇化技术，优化城乡人居环境，建设幸福美丽家园。开展智慧城市管理、市政设施、社区服务与文体事业科技创新，构建智能化城市运行、管理和生活模式。围绕建筑修缮利用、文化挖掘传承、特色村落建设，开展新农村建设技术集成与示范，打造美丽村镇。

专栏 24 智慧城镇科技创新

1. 绿色建筑与建筑工业化研究。建立绿色建筑基础数据系统与理论方法，开展绿色建筑设计方法与模式研究，研发系列绿色建筑材料，构建建筑工业化的设计、施工、建造和检测评价技术标准。 2. 智慧城市技术研究。研究智慧城市理论内涵、关键技术和标准，研究城市仿真、云服务、智能交通、数字医疗、智能物流等技术及其在智慧城市中集成应用，建设城市管理大数据云计算服务平台、国土监测管理系统和环境承载能力预警系统。 3. 城市基础设施技术研究。研究城市重大基础设施健康与耐久信息化监控技术，构建城市基础设施智能管控系统。研究地下空间建设新技术，市政管线建设、探测、维护系列技术。研究城镇电、气、热能系统布局和优化技术。 4. 美丽村镇技术研究。依托工业强镇、商贸重镇、旅游名镇等特色重点镇，开展新农村规划与风貌设计、绿色低碳节能型村镇建筑、村镇污水生态治理、历史文化村落营建工艺等技术集成与示范。 5. 公共服务与文体事业技术研发。开展公共服务现代化、公共文化智能化与数字化、文化遗产价值挖掘、文物保护与传承利用、竞技体育提升、全民健身等技术研发与集成应用。

四、发展社会治理科技创新

针对社会治理面临的重大问题，在国家安全、社会安全、生产安全等领域开展技术攻关和应用示范。针对自然灾害防控面临的重大问题，建立重大自然灾害预测、预防、预警、应急处置四位一体的技术体系。

专栏 25 社会治理科技创新

1. 社会治理与社会安全研发与应用示范。研究社会安全基础信息综合应用技术，社会治安综合治理信息数据共享交换、立体化社会治安防控关键技术、社会事件决策指挥集成技术、新型犯罪侦查技术、群体性事件防范技术，建立公共安全综合保障技术平台。 2. 重大自然灾害监测预警与防范。针对气象灾害、洪水和旱灾、地质灾害和植物病虫害等多发性自然灾害，研究重大自然灾害发生机理、观测、高效数值模拟等关键技术，提升风险评估、灾害情景预测分析的精细化和精准度。

第九章 实施科技创新五大行动

一、前沿科技引领行动

行动目标：依托我省高校院所和企业科技创新优势，跟踪科技发展前沿，推动交叉学科发展，建设若干国内领先、国际一流的优势学科，打造若干高水平的原始创新研究基地，构筑科技创新源头和人才储备库。

重大举措：

——加强应用基础研究。面向产业和民生重大需求，建立国家—湖南、省—市自然科学基金联合支持机制，在农业科学、能源科学、信息科学、资源与环境科学、健康科学、材料科学、制造科学、工程科学等领域，前瞻部署应用基础研究，着力解决关系未来发展的重大科学问题，培养一批青年科技人才后备力量。

专栏 26 基础研究和应用基础研究重点领域

1. 农业科学。超级稻、双低油茶等农作物高产、抗逆、优质的基础研究，禽畜及水产等农业动物高产、优质、抗病基础研究，农林水生态系统可持续发展等基础研究。
2. 能源科学。能源高效转换和节能、新能源和可再生能源利用、智能电网、分布式能源、储能技术等基础研究。
3. 信息科学。云计算、云存储、大数据、网络安全等基础研究。
4. 资源与环境科学。水、土壤、大气、固废等污染防治及生态修复等基础研究。
5. 健康科学。重大疾病中医药防治、中医药等基础研究。
6. 材料科学。材料设计与性能模拟、材料制备等基础研究。
7. 制造科学。工程装备可靠性研究、优化设计与智能制造方法等基础研究。
8. 工程科学。重大工程灾害灾变机理、监测诊断、重大工程与自然关系等基础研究。

——发展引领产业变革的颠覆性技术。关注可能产生重大影响的脑科学、量子计算、基因科学、合成生物等前沿技术研发。把握新一代信息技术，新一代基因组技术、干细胞等生物技术，石墨烯、碳化硅纤维等新材料技术，人工智能等智能制造技术等颠覆性技术群体突破的战略机遇，采取市场主导与政府扶持相结合、整体布局与重点突破相结合的方式，加强核心技术研发，培育经济发展新的增长点。

二、重大科技工程与专项推进行动

行动目标：探索社会主义市场经济条件下集中力量办大事的科技创新推进机制，完善重大科技项目组织模式，在战略必争领域和实体经济关键领域突破重大核心技术，培育新技术、新模式、新业态和新产业，为攀登战略制高点、促进产业转型升级提供强大技术支撑。

重大举措：

——对接国家科技重大专项和重大科技项目。支持有实力的企业、高校院所承接 16 个国家科技重大专项和面向 2030 年部署启动的新的重大科技项目，突破一批重大关键共性技术，取得一批影响带动全局的重大科技成果，研制一批重大战略产品，培育一批具有核心竞争力的科技创新领军企业。

专栏 27 对接国家科技重大专项和重大科技项目重点领域

1. 国家科技重大专项。核心电子器件高端通用芯片及基础软件产品、极大规模集成电路制造设备及成套工艺、新一代宽带无线移动通信网、高档数控机床与基础制造装备、转基因生物新品种培育、重大新药创制、艾滋病和病毒性肝炎等重大传染病防治、大型飞机、水体污染的控制与治理、高分辨率对地观测系统、载人航天与探月工程等。
2. 重大科技项目。航空发动机及燃气轮机、深空深海探测、量子通信与量子计算机、脑科学与类脑研究、国家网络安全、深空探测及空间飞行器在轨服务与维护系统等。

——实施重大科技工程。遵循“立足重大领域、面向重大需求、突破重大技术”原则，凝练形成 5 ~ 10 个重大科技工程，省级财政给予重点支持，连续实施 3 ~ 5 年，取得一批标志性的科技创新成果，研发一批标志性的重大战略产品，建设一批标志性的示范工程，培育一批标志性的创新领军人才和团队，形成科技支撑引领经济社会发展的标志性工程。

专栏 28　湖南省重大科技工程

1. 现代种业科技工程。以湖南大宗农产品、畜禽水产和林果花草为重点，围绕种质资源挖掘、品种选育、工程化育种、新品种创制、良种种苗繁育等关键技术，培育优良性状的动植物新品种和现代种业创新型企业。 2. 智能制造科技工程。以智能、高效、协同、绿色、安全为总目标，构建网络协同制造平台，研发中高速磁浮装备、智能机器人、高端芯片等重大智能装备和产品，建设一批产业化示范基地，促进装备制造产业向中高端迈进。 3. 先进功能材料科技工程。突破制备、评价和应用核心关键技术，研制石墨烯材料、增材制造、碳材料、高端装备特种合金等材料，提升功能性材料在重大工程中的保障能力，抢占材料前沿制高点。 4. 大健康科技工程。开展恶性肿瘤、心脑血管病、衰老与退行性疾病等重大疾病预防与诊治研究，形成临床新技术、新方法和新产品。开展生殖健康、个性化医疗等新型医疗服务模式研究和养生保健、康复护理及养老服务研究，建立新型医疗和健康养老科技标准体系和示范工程。 5. 湘江流域环境治理科技工程。针对湘江流域水体、土壤、大气、生态存在的主要问题，研发水—土—气协同治理、工—农—城资源协同循环、区域环境协同管控的核心技术与装备，创新环境治理模式，支撑治理示范工程建设。 6. 创新资源"一网通"科技工程。围绕大型科研仪器设备、科技成果、创新人才、科技金融等资源开放共享，运用大数据、移动互联网等信息技术，建立全省统一的科技资源开放共享网络化服务平台，建设科技服务业集聚区，促进大众创业、万众创新。

——实施省级科技重大专项。围绕十大产业技术创新链关键环节和重点民生领域，加强顶层设计和系统谋划，按照成熟一项、启动一项的原则，实施一批省级科技重大专项。突破一批具有全局性影响、带动性强的关键共性技术，培育具有核心自主知识产权的战略性新兴产业，实现技术创新局部跃升带动产业整体跨越。

三、高端人才与重大平台建设行动

行动目标：突出"高精尖"导向，培养造就一批战略科学家和科技领军人才，建立强有力的科技创新后备人才培养渠道。以国家实验室、国家重大科技基础设施、国家级研发中心为重点，建设若干重大科技研发基地与创新平台，促进研发基地与创新平台结构的战略调整。

重大举措：

——实施创新人才"2+3"工程。人才是科技创新的第一资源，把创新人才的培养、引进和使用放在科技创新的重要位置。着眼于战略新兴领域紧缺人才、优势领域领军人才及团队、青年拔尖人才，构建具有湖湘特色的高层次科技创新人才培养体系，建设高水平创新人才队伍。

专栏 29　创新人才"2+3"工程

1. 长株潭高层次人才聚集工程。围绕长株潭国家自主创新示范区急需的创新创业人才需求，每年引进 20 名左右的创新创业领军人才、10 名左右优秀青年人才、5 个左右创新创业团队和特聘院士专家。 2. 军民融合高端人才引进工程。围绕军民融合（军技民用）技术研发及成果转化的需求，每年引进 5 名左右高层次军民融合创新创业人才和 3 个左右军民融合创新创业团队。

3. 科技领军人才支持计划。每年遴选 5 ～ 10 名主持重大科研任务、领衔高层次创新团队、领导国家级创新基地和重点学科建设的科技领军人才，为其提供菜单式个性化服务。

4. 湖湘青年科技创新人才培养计划。每年发掘和培育 20 名左右重点优势领域、国家级创新平台和重点学科的拔尖青年创新人才，帮助他们更好地开展科学研究和成长成才，储备领军人才后备力量。

5. 企业科技创新创业团队支持计划。每年支持 10 个左右创新能力强、发展潜力大的中小企业创新创业团队，促进科技成果转化和产学研协同创新，带动我省创新型中小企业发展。

——建设重大科研基地与创新平台。对接《国家重大科技基础设施建设中长期规划（2012—2030 年）》，力争 1 ～ 2 个国家重大科技基础设施落户湖南。加大国家科研基地培育力度，力争培育 1 家国家实验室，培育 25 ～ 30 家国家（企业）重点实验室、国家工程（技术）研究中心等国家级研发平台。优化省级科研基地和创新平台布局，培育一批骨干型省级重点实验室和工程（技术）研究中心，打造一批重大科技基础条件平台和区域科技创新服务平台，增强科技创新能力和行业技术创新服务能力。

专栏 30　重大科研基地与平台培育重点领域

1. 培育国家级科研基地。在超级计算、超级稻育种等领域争取建立国家实验室，在淡水鱼类发育生物学、作物品质代谢调控与改良、药物基因组学、微生物分子生物学、农业生态工程、中药粉体与创新药物等领域，创建一批国家重点实验室。在新能源汽车、输变电装备、有色金属共伴生矿产资源综合利用、智能电网等领域，创建一批国家企业重点实验室。在稻米深加工、减振降噪材料、盾构隧道掘进机、爆竹安全、激光增材制造等领域，创建一批国家工程（技术）研究中心。

2. 建设省级骨干科研基地。完善省级重点实验室和工程（技术）研究中心管理与支持机制，运用第三方评估机制，建立动态管理机制，切实改变过去“重立项、轻运行，重牌子、轻作为”的现状，建设一批省级骨干科研基地，加强关键共性技术研发、科技成果转化和技术创新服务。

3. 建设重大科技基础条件平台。提升科技文献、科学数据、种质资源、实验动物等基础科技基础条件平台，建设全省统一、开放共享的科技资源公共平台。发展技术转移、科技金融、检验检测等服务平台。支持市州和县市区根据自身资源状况、产业特色和创新需求建设区域科技服务平台。

——推进科技设施和仪器开放共享。在湖南省大型科学仪器协作网基础上逐步建成统一开放的全省网络管理平台，按照统一标准和规范，将所有符合条件的科研设施和仪器纳入平台管理。建立科研设施和仪器开放共享绩效评估考核、开放共享后补助奖励、新建科研设施和新购仪器联合评议制度，调动管理单位开放共享积极性和用户使用积极性，提高科技资源利用率，逐步形成跨部门、跨领域、多层次的网络服务体系。

四、科技创新创业促进行动

行动目标：顺应大众创业、万众创新新趋势和新需求，构建创新创业全链条服务网络，激励广大群众创造活力，增强实体经济发展新动能。

重大举措：

——筑建众创星创舞台。大力发展众创空间、创业咖啡、创新工场等新型孵化模式，构建一批低成本、便利化、全要素、开放式的众创空间。鼓励高新园区建设创客空间和孵化器，支持行业领军企业对闲置厂房进行改造，打造一批特色鲜明的专业众创空间和孵化器。推动创业服务中心、生产力促进中心、大学科技园、中小企业创业基地等转型为投资促进型、培训辅导型、专业服务型、创客孵化型的新型孵化器。搭建区域双创平台，推进湘江新区国家双创示范基地和中小微企业创新创业基地城市示范建设，完善双创政策措施，构建双创生态系统，促进新技术、新产品、新业态、新模式发展。鼓励农业科技园区、科技特派员创业基地、科技型农民专业合作社等建设农村星创天地，打造线上创业服务平台，提供创业培训、培育孵化、示范推广、金融服务和市场营销等服务。

——建设双创服务体系。利用大数据、云计算、移动互联网等现代信息技术，整合检验检测、研发设计、中间试验、技术转移、成果转化等服务资源，建设统一的双创云公共服务平台，为创客构建创业服务与创业投资相结合、线上与线下相协调的服务体系。针对不同创客群体，举办各类沙龙、竞赛、展会等活动，开展"创业学院""创业大讲堂""创业培训班"。深化商事制度改革，实施"三证合一""一照一码""先照后证""一照多址""集群注册"等改革，为创客提供简捷便利服务。推进众创、众包、众扶、众筹，推广研发创意、制造运维、知识内容众包，营造支持企业、个人互助的众扶文化，稳健发展实物众筹和股权众筹，提供快速便捷的线上融资服务。

——弘扬创新创业文化。倡导尊重知识、崇尚创造、追求卓越、宽容失败的创新文化，建立容错纠错机制，为科学研究自由探索和科技创新创业营造一个优良的社会文化氛围。丰富创业平台形式和内容，鼓励开展公益讲坛、创业讲坛、创业培训、创业沙龙、创新创业赛事。发挥媒体宣传引导作用，报道创新创业先进事迹，树立创新创业典型人物，让大众创业、万众创新蔚然成风。

专栏 31　大众创业万众创新行动计划

1. 载体升级发展工程。加强创业创新载体建设，打造 150 个以上省级众创空间，支持 150 个以上中小微企业创业基地公共服务平台建设，新增省级创业孵化基地 100 个。

2. 资源开放共享工程。整合科技、信息、教育等资源，实现政策、项目、比赛等信息集中发布，实现国家、省级科研平台和科技资源全社会开放，面向全社会开展创业创新培训。

3. 服务创新拓展工程。推广众包、用户参与设计、云设计等创业创新新模式。发展企业管理、财务咨询、人力资源、知识产权、检验检测等第三方专业化服务。建立健全各级创业创新服务专家库和服务团。依托"互联网＋"发展众扶、众筹。

4. 素质培育提升工程。开展创业创新精神教育、素质教育，采用传统培训、网络、手机微媒等方式开展针对性培训，建立 1000 人培训师资队伍，年培训 7 万人次以上。

5. 财政金融支撑工程。加大财政和信贷支持，发展国有资本创业投资，鼓励社会资本参与创业创新，鼓励中小企业信用担保机构提供创业创新融资担保服务。

——加强科普能力建设。进一步完善科普政策法规体系，开展大型群众性示范科技活动，提高科普基地建设水平，鼓励和发展科普创作，拓展科普宣传渠道，打造多样化宣传平台，不断提高未成年人、城镇居民、农村居民等重点人群的科学素质。到 2020 年，公民具备基本科学素质比例达到 10%，省级科普基地数量达到 200 家。

专栏 32　提升科普能力建设水平

1. 提高科普政策与理论研究水平。建立 1 支科普政策与理论研究团队。建设一批突出湖南特色、优势产业及科技成就的科普基地和科普场馆，新建 60 家省级科普基地，推动优质科普资源向社会开放。鼓励与发展科普创作，举办全省优秀科普作品评选活动，编写出版《湖南省科普系列丛书》，创作深受青少年喜爱的作品 2 ~ 3 部，其他影响力广泛的作品 5 部。

2. 开展群众性示范科技活动。针对青少年、城镇居民、新型农民等重点人群，制定创新创业科普行动计划，提升公众科学素养和创新创业意识。加强创业培训、创业孵化等系列服务，举办科技活动周、全省科普讲解大赛、科技下乡等群众性科普活动，激发全民创造、创新、创业活力。

3. 打造多样化科普传播平台。拓宽科普传播渠道，推动传统媒体与新兴媒体科普宣传，推动“互联网 +”与科普的深度融合，建立网络科普大超市、搭建网络科普互动空间、开展科普精准推送服务，定向、精准地满足公众新形势下的科普需求。

4. 加强科普人才队伍建设。鼓励院士等高层次人才参与科普活动，充分发挥科协等社会团体作用，促进科学前沿知识的传播。依托大型企业、职业院校和职业培训机构，培育高端科普人才。针对社会主义新农村建设，培养大批面向城乡基层的实用型科普人才，全省科普人才总量达到 20 万人。

五、区域创新发展协同行动

行动目标：发挥长株潭国家自主创新示范区核心增长极的辐射带动效应，构建具有湖南特色的区域协同创新共同体；加强创新型城市建设，强化县域科技创新能力建设，为补齐县域经济发展短板和打赢脱贫攻坚战提供有力的科技支撑。

重大举措：

——构建各具特色的区域科技创新新版图。长株潭地区：充分发挥长株潭国家自主创新示范区、湘江新区、长株潭两型社会建设综合配套改革试验区等国家平台的叠加效应，加快建立长株潭三市协同创新机制，建成我国中西部地区的科技创新中心。洞庭湖生态经济区：以环洞庭湖国家现代农业科技示范区为平台，发展现代农业、高新技术产业和生态产业，加强水安全和水生态技术研发与推广应用，培育岳阳创新发展增长极。湘南地区：突出绿色化、智能化和生态化发展方向，打造有色金属精深加工、装备制造、电子信息、生态农业和资源循环利用等创新型产业集群，强化湘江流域生态保护和重金属治理的科技创新，加强科技创新助推精准脱贫，培育郴州创新发展增长极。大湘西地区：加快完善产学研协同创新机制，着力构建创新创业孵化体系，发展生态农业、智慧旅游、生物医药和文化创意等创新型产业集群，加强科技创新助推精准脱贫，培育怀化创新发展增长极。

——实施科技园区提质升级工程。推进科技创新向市州和县域延伸，增强科技创新支撑市州、县域经济社会发展能力。以高新技术产业开发区、农业科技园区和可持续发展实验区为载体，打造县域科技创新支撑载体。支持特色经济县、特色农业县建成创新驱动发展示范县、农业现代化科技示范县和农业一二三产业融合发展示范县。到 2020 年，力争每个市州至少有 1 家国家级科技型园区，每个县市区有 1 家省级科技型园区。

专栏 33　科技园区提质升级工程

1. 高新区提质升级工程。实施创新型产业集群培育、科技服务体系火炬创新和体制机制改革三大工程，支持长株潭高新区建成国家创新型科技园区，衡阳、益阳、郴州高新区建成创新型特色园区，省级高新区转型为创新型特色园区。新创建 2 ~ 3 个国家级高新区，支持省级工业园区转型升级为省级高新区，力争每个市州至少有 1 家省级高新区。

2. 农业科技园提质升级工程。加强望城、岳阳、常德、衡阳、永州、怀化、湘西、邵阳、郴州等国家农业科技园区创新能力建设，建设农业高新技术产业示范区和现代农业科技创新中心。依托岳阳、常德国家农业科技园区，推进环洞庭湖国家现代农业示范区建设。力争建成省级农业科技园区 20 个，培育国家级农业科技园区 3 ~ 5 个，科技特派员创业链 100 个。

3. 可持续发展实验区提质升级工程。加强资兴国家可持续发展示范区和韶山、华容、石峰、望城等国家可持续发展实验区创新能力建设，创建国家可持续发展创新示范区。支持省级可持续发展实验区创建国家级可持续发展实验区，力争国家可持续发展示范区达到 2 ~ 3 家，国家可持续发展实验区达到 12 ~ 15 家。

——实施“科技精准扶贫‘111’工程”。以武陵山片区和罗霄山片区为重点，在每个贫困县培育1个特色产业，扶持100家新型经营主体，为每个贫困村选派1名科技专家，形成科技产业带动扶贫、科技示范引领扶贫、科技服务支撑扶贫新格局，同步实现全面建成小康社会。

专栏 34　科技精准扶贫“111”工程

1. 扶持和培育特色产业。发挥贫困地区生态环境、特色资源和历史文化优势，帮助每个贫困县培育形成一个特色产业。集成和推广农业技术，发展绿色生态农业。集成和推广中药材技术，实现种质创新，发展中药材产业。集成和推广矿产资源加工利用技术，发展新型材料产业。推进科技与文化、生态农业与旅游融合，发展乡村旅游产业。

2. 科技扶贫服务体系建设。为每个贫困村选派 1 名科技人员，形成一名科技人员帮扶一个村、培养出一个致富带头人、带动一批贫困户的工作机制。扶持 100 家科技扶贫示范企业或农业专业合作社等新型经营主体。推进贫困县信息服务站点建设，搭建特色产业电商平台。以高新区、农业科技园区、可持续发展实验区等为平台，集聚科技型中小企业，帮助群众就地就业。

3. 开展科技扶贫培训。开展贫困县科技管理业务能力培训，提升科技精准脱贫业务能力。加大对贫困地区农民工、大学生、乡土人才培训力度，培养新型职业农民和具有创新能力的管理人才。建设高质量科普示范基地、科普服务点，开展科技下乡、科技活动周等科普活动，加强贫困地区科学普及。

第四篇　发展保障　强化统筹协调

第十章　强化政策法制保障

一、强化创新法治保障

发挥省人大科技立法和执法的作用，加强科技执法的监督，深入推进《科技进步法》《科技成果转化法》《科学技术普及法》《国家创新驱动发展战略纲要》等法律法规的落实。发挥政协参政议政的作用，提升科技创新决策水平。制定《长株潭国家自主创新示范区条例》，修订《湖南省高新技术发展条例》。出台鼓励创新创业的法规性文件，健全产业政策、人才政策、社会发展政策等与科技政策的协同机制。加大科技创新政策的宣传普及力度，加强政策培训。

二、加大普惠性政策落实力度

强化政策引导，有效地落实企业研究开发费用税前加计扣除、高新技术成果转化扶持、高新技术企业税收优惠、科技成果转化股权激励等政策。完善普惠性政策体系，在政府采购自主创新产品和服务、科研仪器设备加速折旧、科技型中小企业市场准入等政策落实上取得突破，提高政策的兑现率、扩大政策的受益面。完善政策操作流程，建设科技政策“一网通”平台，实现普惠性政策网上申报、网上受理、网上认定和网上核定的信息管理系统，提高政策落实便捷性。加强政策实施监测评估，发布科技创新政策年度报告，形成政策纠偏机制。

三、全面实施知识产权和标准战略

实施知识产权战略。深化知识产权领域改革，积极营造良好的知识产权创造、运用和保护环境，健全知识产权行政执法、重大项目知识产权审议等制度，加大对知识产权侵权假冒行为的打击力度，强化知识产权维权援助。实施重点专利（核心专利）培育、知识产权优势企业培育和知识产权园区创建等计划，完善知识产权创造和运用激励机制，培育和转化一批高价值知识产权。加强知识产权公共服务平台建设，培育知识产权市场，建立多元化知识产权投融资机制，加快推进知识产权资本化。

实施技术标准战略。统筹推进科技、标准、产业协同创新，支持企业、联盟和社团参与或者主导标准研制，推动优势技术标准成为行业标准、国家标准和国际标准。发挥标准在技术创新中的引领作用，逐步提高生产环节和市场准入的环境、节能、节电、节水、节材、质量、安全指标和标准，形成支撑产业升级的标准群，倒逼企业加大技术创新力度。

第十一章　强化科技创新投入保障

一、建立财政科技投入保障机制

建立完善财政科技投入稳定增长机制，落实《中华人民共和国科学技术进步法》，各级政府要把科技投入作为重要的公共投入和战略性投入，在年初预算安排时予以重点保障。改进预算管理，加强科技规划、科技计划和年度重点的统筹，形成规划引导资源配置的机制，提高财政科技投入配置效率。建立重大科技创新需求与财政投入保障的衔接机制，优先保障长株潭国家自主创新示范区支出规模和结构的战略需要。

二、健全企业为主体的创新投入制度

建立有利于激发市场投入的制度环境，加大金融财税政策对企业创新投入的支持，形成创业投资、科技金融、企业投入的投融资体系。强化多层次资本市场的支持作用，支持科技创新企业通过发行公司债券融资，支持政府性担保机构为科技型中小企业发债提供担保或者贴息支持。加强企业研发

投入情况统计和考核评价，建立健全国有企业科技创新绩效考核评价制度，把研发投入、创新成果产出、应用与转化纳入国有企业绩效考核评价内容。

三、建立多元化科技创新投入体系

改革以单向支持为主的政府专项资金支持方式，加强对创新产品研制企业和用户方的双向支持。拓展支持范围，加大对创新产品和服务的采购力度。发挥政府对科技创新投入的放大、示范、增效作用，完善无偿资助、偿还性资助、贷款贴息、创业投资、股权投资、融资担保、风险补偿、后补助等多样化财政资金支持方式，使各类创新活动和创新各个环节都能得到政府资金的支持。引导金融资金和民间资本等社会资源向创新链的各个环节集聚，形成与创新链紧密关联的资金链。

第十二章　强化规划执行保障

一、加强统筹推进

充分发挥创新型湖南建设工作领导小组的作用，加强组织领导，建立各级各部门协同推进的规划实施机制，形成科技创新工作合力。加强部省会商工作，对接国家科技计划，加强中央财政投入和地方创新发展需求衔接，优化湖南创新资源配置。加强部门和市州会商工作，确保科技创新规划与区域发展的有效对接，建立健全上下联动、协调推进的工作机制。

二、加强监测评估

对纳入规划的重大工程、行动计划和重要改革任务，明确责任主体，细化目标任务，分解落实到各级各部门，并纳入综合评价和绩效考核体系。开展规划实施情况动态监测和评估工作，完善规划中期评估和末期评估制度。依法向省人大常委会报告规划实施情况，自觉接受人大监督。加强规划贯彻宣传，让创新驱动发展理念成为全省共识，调动全社会参与科技创新的积极性，共同推进规划的实施。

“十三五”广东省科技创新规划

为深入实施创新驱动发展战略，大力推进大众创业、万众创新，加快形成以创新为主要引领和支撑的经济体系和发展模式，推动我省科技创新水平再上新台阶，率先进入创新型省份，建成国家科技产业创新中心，根据《国家创新驱动发展战略纲要》、《“十三五”国家科技创新规划》（国发〔2016〕43号）、《关于在部分区域系统推进全面创新改革试验的总体方案》（中办发〔2015〕48号）和《广东省国民经济和社会发展第十三个五年规划纲要》（粤府〔2016〕35号）、《广东中长期科技发展规划纲要（2006—2020年）》，制定本规划。

第一章　打造国家科技产业创新中心

第一节　把握科技创新发展新态势

一、发展基础

“十二五”以来，在省委、省政府的正确领导下，我省以提高自主创新能力为核心，大力实施创新驱动发展战略，全面深化科技体制改革，推动全省科技创新驶入发展“快车道”。

——综合实力稳居全国前列。2015年，全省区域创新能力综合排名连续8年位居全国第二；研究与开发（R&D）投入占地区生产总值（GDP）比重从2010年的1.76%提高至2.47%；技术自给率从2010年的65.3%提高到71%，接近创新型国家和地区水平；有效发明专利量和PCT国际专利申请量分别达138878项和15190项，其中PCT国际专利申请量占全国比重超过50%；全省研发人力投入达50.2万人年，规模居全国第一。国家自主创新示范区（以下简称国家自创区）、国家高新技术产业开发区（以下简称国家高新区）建设取得重大突破，省重大科技专项和承担的国家重大、重点项目顺利实施。

——原始创新能力建设取得重要突破。珠三角大科学工程创新体系建设步伐加快，中国（东莞）散裂中子源、中微子实验室（江门）等大科学工程进展顺利，国家大数据科学研究中心、加速器驱动嬗变系统研究装置、强流重离子加速装置等国家重大科技基础设施相继落户广东。全省在超级计算、

广东省科学技术厅、广东省发展和改革委员会，粤科规财字〔2017〕38号，2017年3月22日。

超材料、基因科学、新一代移动通信技术、光电显示等领域取得一批重大原创成果。

——科技创新支撑引领作用明显增强。2015 年，全省高新技术产品产值达 5.18 万亿元，是 2010 年的 1.78 倍；省级以上高新区实现营业总收入达 2.66 万亿元，比 2010 年翻了一番。战略性新兴产业培育发展有力推进，LED 产业产值达 4300 亿元，是 2010 年的 5 倍多，占全国半壁江山；北斗卫星导航、3D 打印、工业机器人等产业发展取得新进展。科技企业孵化器建设加快推进，2015 年达 399 家，孵化面积达到 1348 万平方米，在孵企业超 1.5 万家，众创空间 150 多个，累计毕业企业 5000 多家，毕业企业总收入超过 3000 亿元。专业镇特色产业加快转型升级，省级专业镇生产总值从 2010 年的 1.31 万亿元增加到 2015 年的 2 万亿元，占全省的比重从 2010 年的 28.4% 提高到 2015 年的 30%。

——区域创新体系逐步完善。企业的技术创新主体地位加速提升，全省科技型企业超过 5 万家，90% 以上的研发经费来源于企业，70% 以上的省级重大和重点科技计划项目由企业牵头或参与，2015 年经国家认定的高新技术企业达 11105 家，是 2010 年的 1.5 倍。实验室体系基本成型，全省有 26 家国家重点实验室、6 家省部共建国家重点实验室培育基地、201 家省重点实验室、64 家省企业重点实验室和 32 家省重点科研基地。2015 年，全省拥有省级新型研发机构 124 家。“三部两院一省”产学研合作向纵深发展，累计建成各类产学研创新平台 1600 多家、产业技术创新联盟 100 多家。区域和国际科技合作进一步深化。

——创业创新环境不断优化。2011 年颁布实施了全国第一部促进自主创新的地方性法规《广东省自主创新促进条例》，率先出台了企业研发准备金制度、创新产品与政府远期约定采购、经营性技术入股等政策。普惠性科技扶持政策全面实施，2015 年企业研发费用税前加计扣除政策为企业减免税收超过 100 亿元。全面实施各项人才计划，“十二五”期间共引进五批 117 个省级创新科研团队，聚集高端人才 850 多人，吸引各类科技人才 6000 多人。实施省级科技业务管理阳光再造行动，确立“511”新型科技计划体系，健全了科研项目、资金、评价等管理制度。科技金融服务体系进一步完善，创业投资机构加快集聚，深圳前海股权交易中心、广州股权交易中心和广东金融高新区股权交易中心等区域产权交易平台建设成效明显，累计挂牌企业 4000 多家。连续举办中国创新创业大赛和全省科技进步活动月等活动，大力弘扬创新文化和科学精神。

专栏 1　“十二五”时期广东科技创新主要指标值

序号	指标	2010 年指标值	2015 年指标值
1	R&D/GDP（%）	1.76	2.47
2	科技进步贡献率（%）	53.6	57
3	技术自给率（%）	65.3	71
4	每万人研发人员全时当量（人年）	33	46.2
5	知识密集型服务业增加值占 GDP 比例（%）	—	16
6	高新技术产品产值占工业总产值比重（%）	31.2	40.2
7	高新技术产品出口占全省出口比重（%）	38.7	36.3
8	高技术制造业增加值占规模以上工业增加值比重（%）	23.8	27

序号	指标	2010 年指标值	2015 年指标值
9	每万人口发明专利拥有量（件）	4.02	12.95
10	省级新型研发机构数量（家）	—	124
11	国家高新技术企业数量（家）	3966	11105
12	科技孵化器数量（家）	49	399
13	全民具备科学素质的比例（%）	3.29	6.91

同时，我们必须清醒地看到，全省科技创新仍存在一些薄弱环节和深层次问题，主要表现在：制约科技创新的思想观念和深层次体制机制障碍依然存在；原始创新和核心技术攻关能力比较薄弱；企业技术创新主体地位尚需加强；许多产业仍处于全球价值链分工的中低端；高层次人才缺乏；科技创新区域发展不平衡等。

二、发展形势

“十三五”时期，面对世界科技革命、产业变革加速兴起，我省经济发展进入“新常态”时代，科技创新工作机遇与挑战并存。

——新一轮科技革命和产业变革孕育新的发展机遇。当前，前沿科学和颠覆性新技术加速发展，信息、生物、新材料、新能源等技术广泛渗透，科技创新与商业模式创新融合发展，引领新兴产业发展和产业转型升级不断加快。面对科技创新和产业发展新趋势，世界主要创新型国家和地区纷纷推进实施创新驱动发展战略，如美国的国家创新战略 2016、欧盟的“全方位欧盟创新战略”、日本的《日本创新战略 2025》和《科学技术创新综合战略》等，力争抢占未来经济、科技发展的先机。同时，北京、上海市也分别提出推进全国科技创新中心和具有全球影响力的科技创新中心建设。今后，广东必须抢抓机遇，主动迎接新挑战，力争在世界科技创新竞争中赢得主动。

——经济发展新常态对全省科技发展提出新的任务和要求。当前，我国经济发展步入新常态，提质增效成为主线和核心，国家重大科技专项、“互联网 +”行动计划、“中国制造 2025”等重大创新战略和行动的深入实施，对广东“十三五”科技创新提出了新任务、新要求。从省内看，劳动力等生产要素成本上升、土地和资源环境约束趋紧、传统优势逐渐丧失等问题日渐突出，我省的产业转型升级迫切需要持续推进科技创新，不断提高全要素生产率，在新常态下取得新发展、新突破。

——省委、省政府对创新驱动发展作出系列新部署。《广东省国民经济和社会发展第十三个五年规划纲要》（粤府〔2016〕35 号）明确了“十三五”时期全省的经济社会发展战略、思路和目标任务，要求率先全面建成小康社会、基本建立开放型区域创新体系和具有全球竞争力的产业体系。省委、省政府围绕实施创新驱动发展战略，把建设国家科技产业创新中心作为核心定位，提出了建设国家自创区、实施重大科技专项、培育高新技术企业、建设高水平大学和高水平理工科大学、建设重大创新平台等系列重点任务。全省科技创新将肩负新的更大使命，必须进一步改革创新，开拓新局面，争取新突破。

第二节　确立科技创新发展新蓝图

“十三五”时期是我省率先全面建成小康社会、进入创新型省份的关键时期，必须认真贯彻落实中央和省委、省政府关于创新驱动发展战略的总体部署，立足广东，面向全球，深刻认识并掌握经济发展新常态的新要求和国内外科技创新发展的新趋势，树立创新自信，增强忧患意识，系统谋划“十三五”时期广东科技创新发展新路径。

一、指导思想

全面贯彻党的十八大和十八届三中、四中、五中、六中全会精神，以邓小平理论、“三个代表”重要思想、科学发展观为指导，深入贯彻习近平总书记系列重要讲话精神和治国理政新理念新思想新战略，统筹推进“五位一体”总体布局和协调推进“四个全面”战略布局，牢固树立和贯彻落实创新、协调、绿色、开放、共享的发展理念，把建设国家科技产业创新中心作为创新发展的核心定位，作为深入推进供给侧结构性改革、加快新旧动力转换的着力点。全面深化科技体制改革，大力推进以科技创新为核心的全面创新，着力增强自主创新能力，着力加强创新型人才队伍建设，着力扩大科技开放合作，着力推进大众创业、万众创新，加快形成以创新为主要引领和支撑的经济体系和发展模式。

二、基本原则

——市场主导，政府引导。充分发挥市场对技术研发方向、路线选择、要素价格和各类创新要素配置的决定性作用，更好发挥政府在实施创新驱动发展战略中的顶层设计、机制创新、法治保障和资源统筹等方面的引导作用。

——改革先行，示范引领。坚持以改革促发展，勇于先行先试，系统推进全面创新改革试验，加快推进制度创新和管理创新，积极承担国家赋予的试点示范任务，当好全面深化改革和创新驱动发展的排头兵，有效发挥示范引领作用。

——“四链”融合，统筹推进。坚持大科技、大创新、大开放、大协同的发展格局，促进创新链与产业链、资金链、政策链深度融合，充分调动各地、各部门、各创新主体的积极性，推动多主体协同创新，优化创新资源区域布局，积极融入全国和全球创新网络。

——扬长补短，重点突破。充分发挥广东市场化和国际化程度高、科技成果转化能力强等优势，坚持问题导向和需求导向，聚焦科技创新的重大任务和短板，力争在创新驱动发展的重点领域、关键环节形成新优势、取得新突破。

三、发展目标

到 2020 年，国家科技产业创新中心基本建成。全省形成比较完善的技术创新市场导向机制与产学研协同创新机制，培育起一批具有国际竞争力的创新型企业和产业集群，开放型区域创新体系更加完善，自主创新能力大幅提升，全省主要科技创新指标达到或超过世界创新型国家和地区平均水平；珠三角国家自创区建设取得明显成效，整体创新能力跻身世界先进行列，有力支撑“三个定位、两个率先”总目标的实现。

——研发投入大幅提高。到 2020 年，全社会研究与开发（R&D）投入占地区生产总值（GDP）的比重高于 2.8%，全省每万人研发人员全时当量达到 50 人年。

——原始创新能力显著增强。到 2020 年，省级新型研发机构达 200 家以上，全省基础研究和核心技术攻关能力实现较大突破，每万人口发明专利拥有量达 20 件；新增引进创新创业团队 200 个，引进领军人才 200 名；建成一批大科学工程和高水平大学，力争在若干重要科学前沿、关键领域实现突破，取得一批具有国际影响力的重大科学发现和技术发明，国际学术论文产出量在全国排名进入前 3 位。

——企业技术创新主体地位更加凸显。到 2020 年，国家高新技术企业达 2.8 万家以上，建成省级科技企业孵化器 800 家以上，在孵企业达 5 万家以上；全省大中型工业企业建有研发机构比例达到 30% 以上，年主营业务收入 5 亿元以上工业骨干企业实现研发机构全覆盖。

——科技创新支撑引领作用充分发挥。到 2020 年，全省科技进步贡献率超过 60%，技术自给率超过 75%，知识密集型服务业增加值占 GDP 比例达 20%，高新技术产品产值占工业总产值比重超过 43%，规模以上高技术制造业增加值突破 11500 亿元，高技术制造业增加值占规模以上工业增加值比重达到 30%，省级以上高新区实现营业总收入超过 4 万亿元，形成 30 ~ 50 个具有较强国际竞争力的创新型产业集群。

——创新创业生态环境持续优化。到 2020 年，全省激励、扶持创新的政策法规体系进一步健全，科技体制机制更加完善，政府创新治理能力建设取得重大进展，科技教育、传播与普及获得长足发展，全省公民具备科学素质的比例达到 10.5% 以上，全社会形成良好的创新创业氛围。

专栏 2　“十三五”时期广东科技创新规划指标与目标值

序号	指标	2015 年指标值	2020 年目标值
1	R&D/GDP（%）	2.47	2.8
2	科技进步贡献率（%）	57	60
3	技术自给率（%）	71	75
4	每万人研发人员全时当量（人年）	46.2	50
5	知识密集型服务业增加值占 GDP 比例（%）	16	20
6	高新技术产品产值占工业总产值比重（%）	40.2	43
7	高新技术产品出口占全省出口比重（%）	36.3	37
8	高技术制造业增加值占规模以上工业增加值比重（%）	27	30
9	每万人口发明专利拥有量（件）	12.95	20
10	省级新型研发机构数量（家）	124	200
11	国家高新技术企业数量（家）	11105	28000
12	科技孵化器数量（家）	399	800
13	全民具备科学素质的比例（%）	6.91	10.5

四、发展路径

坚持以“促双创、补短板、建平台、强协同、优服务”为发展宗旨，统筹推进知识创新、技术创新、区域创新、协同创新和科技服务体系建设，形成基础研究、应用开发、成果转化和产业化紧密结合，技术、人才、资源、政策等要素高效集聚融合的开放型区域创新体系。

一是以推动创新创业为导向，促进科技经济紧密结合。以全面推动创新创业，培育经济新增长点为导向，统筹推进科技创新和体制创新，着力健全科技企业孵化育成体系，深入推进科技、金融与产业的深度融合，努力破除科技成果转化的体制机制障碍，全面激发创新创业的动力和活力，促进科技成果加快转化为社会生产力。

二是以补齐科技短板为目标，增强创新发展后劲。根据供给侧结构性改革的补短板要求，着力加强基础研究和战略高技术的前瞻部署以及重大科技基础设施建设，推进高水平大学和科研院所建设，鼓励企业开展前沿性技术创新，重视颠覆性技术创新，加快形成高层次创新人才集聚机制，提升重大原创性研究和关键核心技术研发的能力，强化自主创新成果的源头供给。

三是以建设重大平台为依托，打造创新发展的强大引擎。充分发挥重大平台的创新载体和辐射带动作用，增强珠三角国家自创区和高新区在汇聚创新资源、深化体制改革、突破核心技术、推进产业升级等方面的效能，使之成为推动广东创新驱动发展的强大引擎。

四是以完善协同创新机制为抓手，构建多主体协同创新格局。充分发挥“三部两院一省”产学研合作机制，大力发展新型研发机构，强化企业技术创新主体地位，推进产业技术创新联盟发展，促进重大科技专项协同攻关及军民融合创新发展，进一步拓展科技创新领域的对外开放，加快构建以企业为主体、以市场为导向、产学研用协同创新的开放型区域创新体系。

五是以提升服务与优化环境为途径，完善创新创业生态系统。围绕大众创业万众创新的现实需求，以营造良好的创新创业环境为目标，加快推进政府管理职能由科研管理向创新治理转变，健全科技成果转化的公共服务体系和政策扶持体系，加快构建良好的创新创业生态系统。

第二章　建设国家自主创新示范区

第一节　扎实推进国家自创区建设重点工作

贯彻落实《珠三角国家自主创新示范区建设实施方案（2016—2020 年）》，加快推进国家自创区建设取得成效。

一、强化顶层设计

推进《珠三角国家自主创新示范区规划纲要（2016—2025 年）》《珠三角国家自主创新示范区发展空间调整规划（2016—2025 年）》的制订与落实，加强对国家自创区的整体谋划和系统部署，优化调整发展空间与区域布局，积极推进以广州、深圳市为龙头，珠三角地区其他 7 个地市为支撑的“1+1+7”珠三角国家自创区建设格局；深入推进深圳、广州市等国家创新型城市建设，充分发挥其龙头带动作用，强化广州、深圳市作为珠三角创新发展“双引擎”的作用。推进国家自创区政策先行先试，在引进境外高层次创新人才、企业研发设备进口税收优惠、境外风险投资基金直接投资创新型企业、专利保险试点等领域制定若干政策措施，为推进国家自创区建设营造良好的政策环境。

专栏 3　“十三五”时期国家自创区建设主要目标值

区域自主创新能力大幅提升。到 2020 年，国家自创区研究与开发（R&D）投入占国家自创区地区生产总值（GDP）比重达到 3%，每万人拥有发明专利 25 件以上，每万从业人员研发人员超 150 人，技术自给率超过 75%，科技进步贡献率超过 60%。

具有国际竞争力的产业新体系率先建成。到 2020 年，国家自创区先进制造业增加值占规模以上工业增加值比重超过 55%，现代服务业增加值占服务业增加值比重超过 65%，高新技术产品产值占规模以上工业总产值比重超过 50%，形成 20 ~ 30 个具有较强国际竞争力的创新型产业集群，高新技术企业数量达到 14000 家。

协同高效的区域创新体系基本形成。到 2020 年，国家自创区“1+1+7”发展格局已经形成，各类创新要素高度集聚，创新资源开放共享程度明显提高，建成若干国际一流的大学和科研机构，新型研发机构达 180 家以上；建成一批国家重大科技基础设施，国家重点实验室数量大幅增长；建立有效的科技对口帮扶机制，带动粤东西北地区振兴发展。

国际一流的创新创业中心基本建成。到 2020 年，国家自创区每年新登记注册市场主体数量 120 万户，集聚吸引各类专业技术人员超 600 万，建成科技企业孵化器超 600 家，众创空间超 260 家，孵化场地面积达 2000 万平方米，在孵企业超 4 万家，基本建成国际一流的创新创业中心。

二、落实八项重点工作

以八项重点工作为重点，加强评价监测和引导激励，进一步推动创新驱动发展重点工作计划的落实，深入推动国家自创区建设。一是加快对高新技术企业的培育力度。科学设立各地高新技术企业培育目标，建立全省高新技术企业数据库，完善奖补政策，推动各项优惠政策落实到位。二是发展新型研发机构。完善新型研发机构扶持政策，实施动态评估，突出扶优扶强，对研发、孵化和服务业绩突出的新型研发机构给予稳定支持。三是实施新一轮工业企业技术改造。实施好工业企业技术改造事后奖补政策，降低技术改造财政专项资金扶持门槛，开展“机器人应用”工程，普惠性支持工业企业技术改造。四是建设科技企业孵化育成体系。逐年落实科技企业孵化器倍增目标，加快落实孵化器扶持政策，组织举办中国创新创业大赛系列活动，积极推行“互联网 + 创新创业”新模式，发展低成本、便利化、开放式的众创空间。五是深入推进高水平大学和一流学科建设。大力推进部属、省属重点高等学校建设，优化学科专业结构，加大理工类人才培养力度，推动各地市全面支持当地高等学校建设、各院校择优建设若干重点学科。六是组织实施自主核心技术攻关。继续实施好 9 个省重大科技专项，并新增若干个省重大科技专项；继续引导各市组织实施自主核心技术攻关。七是加强创新人才队伍引进。充分利用国家“千人计划”、省“珠江人才计划”等重大人才工程，大力引进创新创业团队、领军人才以及海内外博士毕业生；深入实施“智汇广东”和“海智计划”。八是大力发展科技金融。发展壮大创业投资，加快运作省重大科技成果产业化基金和省重大科技专项创业投资基金，引入银行、证券机构等社会资本，合作设立一批子基金，直接投资扶持科技型企业和科技成果产业化；发展普惠性科技金融。

三、加强协同推进

建立省市联动机制和工作台账制度，推进实施省市联动“一市一重点”工程和项目，加快国家自创区和中国（广东）自由贸易试验区（以下简称自贸区）融合发展，重点在创新驱动发展路径、产业转型升级方式、一体化协同创新、创新创业生态系统等方面进行示范，通过机制创新、网络构建、全球链接、资源整合，推动创新要素高度聚集和创新资源优化配置，提升区域自主创新能力、产业竞争能力、对外开放能力和辐射带动能力，将国家自创区打造成为我国参与全球创新竞争与合作的重要平台、国际一流的创新创业中心，带领全省创新发展的强大引擎，为实施国家自主创新战略探索新模式。

第二节 推动高新区创新发展

以建设国家自创区为契机，实施高新区创新发展能力提升计划，支持高新区创新“一区多园”发展模式，促进高新区成为区域创新的重要节点和产业高端化发展的重要基地。

一、引导高新区提质升级

引导各高新区根据自身实际进行差异化、特色化发展，支持深圳、广州市建设国内领先、国际一流的科技园区；推动中山、惠州、珠海、佛山、东莞、江门、清远等市建设创新型园区；推进汕头、湛江、茂名、韶关、云浮、潮州等省级高新区创建国家高新区，争取到 2020 年全省国家高新区达到 15 家；支持有条件的县（市）建立省级高新区，争取到 2020 年全省省级以上高新区达到 30 家。坚持精简高效和服务型政府的管理理念，优化“小机构、大服务”和“小政府、大社会”的管理和服务体系；强化高新区管委会的综合服务功能和科技创新促进功能，提高园区管理服务效率。坚持集约利用土地，探索高新区实行“一区多园”发展模式，支持高新区依法依规调整区域范围。争取到 2020 年，全省高新区实现营业总收入超 4 万亿元。

专栏 4 高新区建设

——推进广州高新区体制机制创新，加速科技成果转移转化，构建高端创新型产业集群，整合国际高端创新资源，建成国内领先的科技园区。

——加快深圳高新区北区改造，全面推进高新区优化升级工作，进一步强化原始创新、科技金融创新、产业组织创新，提升知识创新和原始创新能力，促进自主创新能力和产业竞争力“双提升”，建设世界一流高科技园区。

——完善珠海高新区“一区五园”管理机制和协同发展模式，进一步完善“创业苗圃—孵化器—加速器”全链条孵化体系，推进航空航天产业、海洋装备制造业、软件和集成电路设计、生物医药、机器人等特色产业集群建设，建成国内先进的创新性科技园区。

——加快建设佛山高端装备制造产业集聚区、广东省智能制造产业基地、粤桂黔高铁经济带合作试验区和金融、科技、产业融合创新综合试验区，推进制造业转型升级，提升自主创新能力，建成具有亚太影响力的科技园区。

——加快实施“恺炬创新行动”，充分发挥仲恺高新区体制改革优势，带动“一区四园五镇”全面发展，积极推进惠州“潼湖生态智慧区”建设工作，努力建成国家生态文明建设示范区、珠三角创新要素集聚区、智慧城市引领区。

——推动东莞松山湖高新区机制体制创新，重点探索新型研发机构科技成果转化激励、土地混合使用等政策措施，全面提升园区产业竞争力和自主创新能力，争取到 2020 年高新区综合排名进入全国 20 强。

——推动中山高新区在管理体制机制和现代治理能力上先行先试，提升健康科技、高端装备等产业集群水平，建成国内先进的创新型科技园区。

——完善江门“高新区＋行政区＋大部制”管理体系，推进市一级事权下放、行政审批制度改革、机构设置优化和干部管理机制体制的改革探索，发挥江门高新区的创新集聚带动作用，建成国内先进的创新型特色园区。

——推动肇庆高新区强化招商引智，加快培育高新技术企业，建设一批新型研发机构和孵化器，推动“一区多园”错位协同发展，引导全市新型工业化，打造现代科技工业城。

——推动河源、清远等高新区提升创新发展水平；加快汕头、韶关、梅州、阳江、湛江、茂名、潮州、揭阳、云浮、汕尾、南海、顺德等省级高新区发展水平；推动条件成熟的县（区）建立省级高新区。

二、大力发展创新型产业集群

支持高新区围绕电子信息、新能源、新材料、生物医药、LED 等产业，加快科技成果转化和产业集聚，加快建设一批国家级和省级创新型产业集群。鼓励广州、佛山、云浮等市顺应“互联网＋”融合发展趋势，打造互联网创新发展集聚区。进一步增强高新区的原始创新能力，广泛集聚创新资源与要素，建成一批处于世界前沿水平的研发基地，培育一批新产业新业态，使高新区成为培育发展战略性新兴产业的核心载体。

专栏 5　创新型产业集群

——广州要加快广州高新区个体化医疗和生物医药共性技术平台建设，提升广州个体化医疗和生物医药产业集群发展水平，积极打造智能装备、新一代信息技术等产业集群。

——深圳要加快提升下一代互联网创新型产业集群发展水平，推进三网融合，促进物联网、云计算的研发应用，加快建设宽带、融合、安全的下一代信息基础设施，推动新一代移动通信、下一代互联网核心设备和智能终端的研发和产业化。

——珠海要进一步做大做强智能环保家居、软件和集成电路设计、生物医药和智能电网、移动互联网等优势产业，积极布局智能机器人、航空航天、海洋工程装备等新兴产业集群。

——佛山要积极提高佛山物联网应用产业基地、广东省智能制造示范基地、国家（南海）高端装备产业园、广东生物医药产业基地、广东新材料产业基地、广东新光源产业基地等载体发展水平，提升产业集群发展水平和层次。

——惠州要全力打造仲恺高新区具有国际影响力的“国家云计算智能终端创新型产业集群”和“世界手机之都”，重点抓好关键技术攻关，以技术创新驱动产业集群发展，建设世界级云计算智能终端产业集群。

——东莞要加快东莞松山湖高新区（生态园）、台湾高科技园、两岸生物技术产业合作基地以及智能手机省市共建基地、中科院云计算中心等重大平台建设，促进产业集聚、集约发展。

——中山要加快推动中山专业镇向创新型产业集群转变，加快构建专业镇龙头企业领军导航、中小企业协同跟进的现代产业集群发展模式，提升美居产业、LED 产业、先进装备制造产业、家用电器产业、电子信息产业、健康医药产业等优势集群水平。

——江门要加快发展轨道交通、重卡和商用车、新材料、新能源及装备、教育装备和大健康等五大产业集群。

——肇庆要依托高新区、肇庆新区等产业集聚地，完善生物医药健康和新材料等产业链建设，打造节能环保产业集聚地，形成珠三角新材料产业集群的成长新区。

——河源要依托龙头企业大力发展手机通信、模具等产业集群。

——清远要依托新材料产业基地，重点发展稀散金属、高分子功能材料、无机功能材料等，建成具有全国影响力的新材料产业集群。

——汕头、韶关、梅州、阳江、湛江、茂名、潮州、揭阳、云浮、汕尾、南海、顺德等省级高新区要结合本身实际，选择 1 ～ 2 个产业细分领域，通过体制机制创新，以科技资源带动各种生产要素集聚，形成以科技型中小企业、高新技术企业和创新人才为主体，以创新组织网络、商业模式和创新文化为依托，各具特色的创新型产业集群。

三、提升高新区国际化水平

加快高新区国际化步伐，建立与创新尖峰的高端链接机制，链接一流的人才、技术、资本和组织要素资源，形成全球创新网络的重要节点。探索国际技术转移新模式，推动高新区加快建立国际科技与商务合作载体和平台，建立一批国际技术转移中心，新建一批联合研发中心。鼓励高新区建立海外科技园、海外孵化器，探索高新技术产业国际化发展的路径和模式。鼓励高新技术企业开展国际合作业务，建立海外研发机构和产业化基地。积极引进世界水平的科技领军人才和高水平创新团队。

第三节　加快专业镇转型发展

以推进专业镇产业转型升级为切入点，加快以高新技术、新型业态改造和提升传统优势产业，构建社会化、市场化和专业化的专业镇公共科技服务体系。

一、实施“重点示范专业镇”行动

深入实施专业镇升级示范建设行动计划，支持产业关联度高的专业镇共建产业专业合作区，推动特色产业集群的创新发展、协调发展和绿色发展；探索实行珠三角地区与粤东西北地区专业镇对口帮扶与联动发展机制，深化专业镇对口帮扶工作。

二、建设专业镇协同创新中心

深入实施一校一镇、一院（所）一镇科技特派团行动计划，支持各地级以上市继续建设一批镇校（院、所）产学研合作平台，推进专业镇协同创新平台建设，力争到 2020 年末，全省专业镇协同创新中心达 100 家以上；鼓励支持专业镇内的企业联合高等学校、科研院所和商会、协会等成立基于产业链的技术创新战略合作联盟。

三、推进传统优势产业升级

推进新一轮工业企业技术改造，落实技改奖补政策和扩大政策受惠面，推动传统优势行业企业开展“机器人应用”；加快推动移动互联网、云计算、大数据、物联网等与传统优势产业结合，提升纺织服装、食品饮料、建筑材料、家具制造、家用电器、金属制品、轻工造纸、中成药制造、陶瓷、石材等的数字化、网络化、智能化水平。积极推动传统优势产业企业开展清洁生产审核，引导企业推广应用节能环保新技术、新设备（产品），引导和推动专业镇、省级以上工业园区开展循环化改造，发展循环经济。

第四节　促进区域创新协同发展

贯彻落实珠三角地区优化发展战略和粤东西北地区振兴发展战略，加快推动珠三角地区科技创新一体化进程，提升粤东西北地区科技创新能力，推动我省科技创新均衡发展。

一、构建珠三角科技创新共同体

深入推进实施《推进珠江三角洲地区科技创新一体化行动计划（2014—2020）》，协调推进珠三角和深圳国家自创区建设，优化区域创新资源配置和布局，打造创新标杆和高地。

强化广州和深圳的创新中心城市作用。支持广州创建全国科技成果转化试点城市，打造华南科技创新中心和科技成果转化集散地，努力将广州市建成体制创新、机制健全的国家区域创新平台，成为具有国际影响力的国家创新中心城市。支持深圳市加快建设国家自创区，率先突破科技体制改革瓶颈，积极打造国际创客中心，加快建设成为科技体制改革先行区、开放创新引领区和具有世界影响力的国际创新中心和国际科技创新枢纽。

支持珠三角各市创建创新型城市。支持珠三角各市积极参与国家自创区建设，推动珠海、佛山、东莞、中山等市创建国家创新型城市。支持以佛山、珠海市为龙头打造万亿级珠江西岸先进装备制造产业带，支持江门市加快建设全国小微企业创业创新基地城市，鼓励佛山、江门市共同打造珠江西岸主要的“创新中心”和全国重要的先进装备制造业产业基地；支持东莞市重点打造国内领先的创新型城市、华南科技成果转化基地和中国制造样板城市；支持珠海市努力打造联通港澳、服务珠江西岸的区域创新中心；支持中山市建设世界级现代装备制造业基地和区域科技创新研发中心；支持惠州市建设潼湖生态智慧区和中韩（惠州）产业园，建成世界级云计算智能终端产业集聚区、国家智慧城市、高新技术成果转化基地；支持肇庆市建设珠三角与大西南科技产业链接中心和重要区域创新节点。

推动珠三角地区协同创新发展。进一步完善部门、省市联动工作机制，引导珠三角地区加强与知名高等学校、科研院所、央企、跨国企业等重大创新主体开展全方位合作，加强重大创新平台共建共享，推进高新区创新型产业集群建设，促进珠三角高端电子信息、智能制造、互联网、生物医药、新能源等产业集聚创新发展，提高珠江东岸电子信息产业带综合竞争力，加快发展珠江西岸先进装备制造产业带，努力将珠三角地区建设成为全球重要的高端产业基地，为推进全省产业转型升级、优化发展提供强大的科技支撑。

二、提升粤东西北地区区域创新能力

引导各市走特色化创新驱动发展道路。启动实施省级创新型城市试点建设工作，支持汕头、湛江、韶关、云浮等市加快创建省级创新型城市，加快推动中以（汕头）科技创新合作区、湛江“南方海谷”、揭阳“中德金属生态城”、云浮“云谷”（云计算产业园）等重点项目平台建设，打造成为粤东西北地区各具特色的区域创新极；组织实施粤东西北地区创新驱动发展试点工作，引导潮州、揭阳、清远、阳江、梅州、河源、茂名、汕尾等市围绕特色产业加强区域创新体系建设，打造特色产业公共科技服务平台体系。

增强科技创新能力。推动粤东西北地区高新区扩能增效，加快培育建设一批各具特色的民营科技园，加强专业镇、星火技术产业带以及健康农业科技示范基地、广东农业科技园等产业平台和科技服务体系的建设，示范推广一批先进适用技术，推进科技扶贫、精准扶贫，推动粤东西北地区绿色发展；支持粤东西北地区企业通过“扬帆计划”和产学研合作吸引高端创新人才，鼓励企业开展产业核心关键技术攻关，加快新技术、新成果的推广应用，培育壮大一批高新技术企业和创新型骨干企业。

三、促进珠三角与粤东西北创新联动

深入实施科技创新促进粤东西北地区振兴发展行动，强化珠三角地区在人才、技术、产业等方面对粤东西北的对接帮扶和辐射带动。

发挥珠三角国家高新区辐射带动作用，积极向粤东西北地区推广园区建设、创新创业、人才集聚、产城融合发展等先进经验。支持珠三角高新区与粤东西北高新区开展产业的区域分工协作，形成功能梯度布局、产业错位配套、资源互补的产业发展格局。推动珠三角高新区与粤东西北高新区建立针对科技、人才、成果的对口帮扶机制，重点开展园区对园区、孵化器对孵化器、创新平台对创新平台的精准帮扶，争取带动湛江、茂名等省级高新区升级为国家高新区，推动粤东西北高新区一批孵化器升级为国家级孵化器。

鼓励专业镇跨区域开展协同创新合作，重点推动珠三角与粤东西北专业镇精准对接合作，发挥各自比较优势，建设产业合作基地等类型的合作园区；支持合作各方共建共享协同创新平台、组建产业技术创新联盟，联合开展产业关键共性技术攻关，共享创新成果；支持区域间合作共建技术转移中心、成果转化基金，加快技术转移和成果转化；积极探索统一规划、统一管理、合作共建、利益共享的合作新机制，实现对口合作专业镇双方的产业互补、产业链延长和产业的融合发展。

第三章　大力发展高水平创新主体

第一节　强化企业创新主体地位

着力促进科技型企业发展，推进企业研发机构建设，强化企业技术创新主体地位。

一、培育创新型企业

深入实施高新技术企业培育计划。建立完善高新技术企业培育后备库和高新技术企业数据库，探索实施高新技术企业分类认定和扶持制度，逐步将高新技术企业认定范围扩展到科技服务、科技文化融合、检验检测、食品安全、污染防治等知识密集型服务业，着力提升高新技术企业的数量和质量，到 2020 年，国家高新技术企业数达 2.8 万家以上。实施科技型中小微企业培育工程。发挥科技型中小企业技术创新专题计划、中小微企业创新基金等科技项目引导作用，培育一批细分行业的领军企业；拓宽科技型中小企业融资渠道，引导科技型中小企业在主板、中小板、创业板和全国中小企业股份转让系统挂牌上市，加快培育一大批创新型中小企业。

二、加强企业研发机构建设

实施企业研发机构建设行动。综合运用财政补助、企业研发准备金制度等政策与工具，支持企业建设一批工程研究中心、企业技术中心、重点实验室、企业研究院以及产业共性技术研发基地和产学研创新联盟等，引导企业整合资源建设一批新兴产业创新中心和制造业创新中心；重点支持年主营业务收入5亿元以上的大型工业企业加快设立研发机构，力争“十三五”期间实现全覆盖，鼓励规模以上工业企业广泛设立研发机构或创新小组，不断提升研发能力。强化国有企业在技术创新中的主体地位，支持国有企业加强对科技创新的考核，联合高校、科研机构共同组建大型企业研究院、科技创新平台和产业创新联盟，主动承担与企业优势产业相关的国家级、省级重点实验室建设任务。鼓励企业在科技资源密集的国家和地区，通过自建、并购、合资、合作等多种形式建设研发中心及引进境外技术实现成果转化。

第二节　增强高校科研院所创新能力

推进高水平大学、科研院所建设，增强科技创新和成果转化能力，进一步发挥高等学校、科研院所在原始创新的骨干和引领作用。

一、全面推进高水平大学建设

深入实施高水平大学建设计划，紧密对接国家一流大学和一流学科建设计划，大力推进7所重点高等学校和18项重点学科的建设；建设一批高水平理工科大学，发展形成一批理工类、应用型重点学科。鼓励各市加大对当地高等学校建设的支持力度，引导各院校择优建设若干重点学科，进一步优化学科专业结构，加大理工类人才培养力度。

专栏6　7所重点高等学校建设目标

中山大学。首先建设成为位于国内“第一方阵”的一流前列高等学校，进而建设成为“文理医工各具特色融合发展，具有广泛国际影响的世界一流大学”。力争到2020年，引进和培育12 ~ 15位院士、引进25 ~ 30位千人计划入选者，建设国家级高端智库和2011国家级平台，谋划和承担“天琴计划”“精准医疗”“大数据科学与超级计算”等重大科技工程任务，推动珠海校区建设19个整建制学院。

华南理工大学。打造国际一流优势学科。围绕能源、环境、生命健康、海洋、大数据、新材料、先进制造、现代服务业等科技前沿领域，坚持引进与培养并重，打造一支高水平师资队伍，提升优势学科水平，在若干领域形成国际一流的优势和水平。进一步突出工科特色和优势，进一步发挥创新、创业、创造“三创型”人才培养特色，进一步强化“融入发展促发展，主动服务上水平”的社会服务特色，坚持“强化特色、质量为先”，更加注重内涵发展、创新发展、开放发展、特色发展，努力提升办学水平和质量。

暨南大学。构建一批国内一流、国际上有影响力的重点学科，重点打造生物医药、光电通信、华侨华人等九大学科群，带动学校办学水平整体提升。重点改革现有人事制度，强化社会服务功能；力争到2020年综合实力接近或达到同类型“985工程”高等学校水平。

华南师范大学。推动大型公共平台建设、国家级高层次人才队伍与科研平台建设以及重大综合性改革，充分下放自主权。加强管理考核与动态调整，建立健全资源配置机制和淘汰退出机制。力争经过若干年的努力，使学校综合实力处于全国师范大学领先水平和全国高等学校先进行列，建设成为国内一流、世界知名的高水平综合性师范大学，形成全国师范大学“北上广”三足鼎立的格局。

华南农业大学。围绕农业现代化建设种业学科群、畜牧业学科群、食品安全学科群、经济管理学科群、农业技术装备学科群等五大学科群。力争经过 3 ～ 5 年努力，在工程、化学、微生物、环境与生态等领域中有 1 ～ 2 个学科进入 ESI 全球排名前 1%，新增高层次人才 15 人，产生高素质创新型人才，新增获国家级科技奖 3 ～ 4 项，管理水平与服务质量显著提高，办学条件显著改善。

南方医科大学。形成跨院系、跨学科领域的慢性器官衰竭防治、疾病精准诊断、严重创伤救治研究、重大疾病创新药物研发与关键技术平台建设、应对核化生危害卫生应急关键技术研究、消化道肿瘤诊治新技术研发、慢性病防治的中西医结合研究等七大重点学科建设项目。力争到 2020 年，办学体系更加完善、办学结构更加优化，整体办学水平有显著提升，顺利实现国内一流、国际有影响的高水平医科大学建设目标。

广东工业大学。力争到 2020 年院士、长江学者、千人计划、杰青等 A 类领军人才达到 60 ～ 80 人，新增省部级以上创新团队 4 ～ 6 个，新增优秀青年教师 500 ～ 600 人，博士后等 300 ～ 400 名。

专栏 7　高水平理工科大学建设计划

实施高水平理工科大学建设计划。重点建设若干所办学基础较好、办学水平较高的理工科大学，加快提升其综合实力。将华南理工大学、广东工业大学、南方科技大学、佛山科学技术学院、东莞理工学院等 5 所高等学校列入首批建设的高水平理工科大学。建立开放机制，对高水平理工科大学建设计划试行动态管理。

二、支持省科学院加快建设发展

支持省科学院与中国科学院、中国工程院以及国内外其他知名高等学校、大院大所加强交流合作，与全省各市开展战略合作，与在粤科研机构、高等学校、企业开展协同创新，努力打造成为全省创新驱动发展枢纽型高端平台。统筹用好省科学院发展基金，积极探索建立与市场经济相适应的法人治理结构；鼓励省科学院建立科技成果转化激励机制，激发科技创新发展生机与活力，建设科技企业孵化器，增强支撑产业发展、服务经济建设的能力。

三、加强科研院所能力建设

实施科研（研发）机构改革提升专题计划。加强省属科研机构、各级工程中心和产业公共服务平台建设，支持省农业科学院、科技服务研究院等建设高水平科研机构，重点扶持一批省级工程中心升级为国家级工程中心。优化调整省市科研院所布局，推进科研院所进行战略重组，分类指导，引导科研院所深化人事、分配和评价制度改革，加快建立现代科研院所制度。鼓励应用型科研院所转企改制，选择有条件的科研院所试点产权制度改革，鼓励转制科研机构进行产权制度改革，完善法人治理结构。支持国家级科研机构在我省建立分支机构或创新基地，积极推进重大技术标准自主创新平台建设。

第三节　大力发展新型研发机构

充分发挥新型研发机构在成果转化、孵化企业、集聚人才和产学研合作等方面的综合载体作用，合理规划布局，加强建设管理，努力实现“量质双提升”，到 2020 年，省级新型研发机构达 200 家以上。

一、完善新型研发机构发展引导方式

制定和实施新型研发机构发展规划。围绕新型研发机构的组建、运行、创新、人才等关键环节和要素，推动各地市出台扶持新型研发机构发展的配套政策，完善扶持新型研发机构发展模式与手段。构建新型研发机构数据库，完善界定标准，开展竞争力评价。提高管理服务水平，加强绩效考核，实行动态调整，不断完善新型研发机构的认定和管理体系。加强新型研发机构的宣传和培育工作，在全社会形成加快发展新型研发机构的共识。

二、加大新型研发机构培育力度

引导各地市加大新型研发机构的培育和支持力度，积极引进国内外高等学校、科研院所以产学研合作形式共建新型研发机构，加快推进清华珠三角研究院、东莞军民融合信息工程研究院、智能机器人系列研究院、“互联网 +”研究院等建设，推动新型研发机构在粤东西北地区建立分支机构，探索组建农业科技园区新型研发机构。

专栏 8　新型研发机构

新型研发机构是指投资主体多元化、建设模式国际化、运行机制市场化、管理制度现代化，具有可持续发展能力，产学研协同创新的独立法人组织。新型研发机构自主经营、独立核算、面向市场，主要任务包括：

开展科技研发。围绕我省重点发展领域的前沿技术、战略性新兴产业关键共性技术、地方支柱产业核心技术等开展研发，解决产业发展中的技术瓶颈，为全省创新驱动发展提供支撑。

科技成果转化。落实国家和省关于科技成果转化政策，完善成果转化体制机制，构建专业化技术转移体系，加快推动科技成果转化，并结合全省产业发展需求，积极开展各类科技服务。

科技企业孵化育成。以技术成果为纽带，联合多方机构和团队，积极开展科技型企业的孵化与育成，为地方经济和科技创新发展提供支撑。

高端人才集聚和培养。吸引重点发展领域高端人才及团队落户广东，培养和造就高水平的科学家、科技领军人才和创业人才。

三、加强新型研发机构能力建设

实施新型研发机构能力提升计划，进一步提升综合服务实力和可持续发展能力。按照“做优存量、优化增量”的原则，在现有基础上重点扶持一批研发能力强、示范效应明显的机构发展壮大。积极引导新型研发机构改革科研管理体制，集聚国内外科技领军人才，不断提升整体科研实力，加速科技成果转化，创办和孵化科技企业。到 2020 年，全省新型研发机构数量稳步增长，科研创新和成果转化能力大幅提升，创新人才队伍快速壮大，运行体制机制初步完善，取得一批源头性技术创新成果，创办和孵化一大批高科技企业，成为实施创新驱动发展战略的中坚力量。

第四节　培育创新型人才队伍

进一步完善各类创新人才发现、使用和保障的制度安排，加大人才引培力度，充分激发科技人才的创新活力和主动性，推动我省成为全国创新人才高地。

一、加速高端创新人才集聚

深入实施人才优先发展战略，积极对接国家“千人计划”“万人计划”，优化提升省“珠江人才计划”“扬帆计划”“广东特支计划”等计划，大力引进一批基础研究领域学术带头人，以及一批科技领军人才和创新创业团队。实施“智汇广东”和“海智计划”，引进更多海外华侨华人来粤创新创业；继续实施全民技能提升计划和南粤高技能人才振兴计划，支持企业培养更多的“工匠”人才。

专栏 9　广东省重点人才计划

珠江人才计划。“珠江人才计划”是省委、省政府加快吸引培养高层次人才、实施创新驱动发展战略的重大举措。“珠江人才计划”旨在坚持“三注重两符合”原则（即注重人才水平、注重技术成果、注重产业化前景，符合加快发展需要、符合优化经济结构需要），围绕高端新型电子信息、半导体照明（LED）、新能源汽车、生物技术与新医疗、高端装备制造、节能环保、新能源、新材料等战略性新兴产业以及传统优势产业，重点引进取得先进创新成果或拥有自主知识产权、可实现核心关键共性技术突破或产业化前景广阔的团队和领军人才。“珠江人才计划”分个体资助和团体资助两个类别，设立“创新创业团队”“领军人才”“博士后资助”“海外专家来粤短期资助”四个项目。其中“创新创业团队”和“领军人才”分“技术研发产业化”和“应用基础研究”两类申报评审，专设“海外青年英才团队项目”。

扬帆计划。“扬帆计划”是省委、省政府为帮助粤东西北地区突破人才短缺的“软瓶颈”，进一步加快粤东西北地区振兴发展的重要战略部署。主要包括竞争性扶持市县重点人才工程项目、引进创新创业团队、引进紧缺拔尖人才、培养高层次人才和高技能人才项目、博士后扶持项目、人才驿站和科技专家服务团项目。“扬帆计划”以推动主导支柱产业发展壮大、传统优势产业提档升级为核心，以骨干企业、重大项目、转移园区、高等院校、科研机构为载体，大力支持粤东西北地区招才引智、培养人才、用好人才，推动粤东西北地区人才工作扬帆启航、经济社会加快发展。

广东特支计划。“广东特支计划”是省委、省政府培养本土人才，建设人才高地而做出的重要举措。每年在全省有计划、有重点地遴选支持一批自然科学、工程技术和哲学社会科学领域的杰出人才、领军人才和青年拔尖人才。遴选对象包括 3 个层次 9 类人才：第一层次为杰出人才；第二层次为领军人才，分为科技创新领军人才、科技创业领军人才、宣传思想文化领军人才、教学名师、百千万工程领军人才；第三层次为青年拔尖人才，分为科技创新青年拔尖人才、青年文化英才、百千万工程青年拔尖人才。

二、加强青年创新人才培育

大力推进青年科技人才培育行动，建立和完善中青年科技人才的评价体系和考核机制，对青年科技人才开辟特殊支持渠道，支持高等学校、科研机构、企业积极吸引培育国家“青年千人计划”“杰出青年”等高层次人才。实施博士后国际交流计划，吸引更多海外优秀博士来粤从事博士后科研工作。发挥国家和省自然科学基金对青年科技人才的联合培养作用，探索建立国家青年科学基金项目与省博士科研启动项目统筹支持、纵向协同管理的新模式。在大中院校推广创新创业教育，将创业教育融入各级教育体系，大力扶持应届毕业生和在校生的科技创业活动。

三、提升服务创新人才能力

改善人才引进服务。充分发挥“留交会”“高交会”“智汇广东”等人才与成果交流平台作用，优化高层次人才“一站式”服务；推动特色留学人员创业园建设，吸引留学人才来粤创新创业。探索建立市场认定人才机制，进一步畅通外国人才申请永久居留的渠道。开展优秀留学生在我国高等学校应届毕业后来粤直接就业试点。对符合条件的外籍高层次创新人才及随行家属来粤提供签证居留和通关便利措施。联合港澳探索推进国际人才职业资格的有效互认或先认，加快建立健全国际通行、开放有效的高层次人才引进政策。

完善人才保障激励机制。贯彻落实改革科技人员职称评价等人才政策，建立和完善创新人才激励与评价机制，完善绩效工资总量调控机制，扩大高层次人才集中、创新成果突出的科研单位在奖励性绩效工资方面的自主权，完善人才落户优惠政策，探索建立各类科技创新人才的社会保障年金制。分类推进职称制度改革，探索建立社会和业内认可的人才分类评价体系，完善科研人员在企业与事业单位之间流动时社保关系转移接续政策，健全科技人才合理有序流动的制度，鼓励符合条件的科研人员到企业开展创新工作或创办科技型企业。

第四章　占领重点领域核心关键技术制高点

第一节　深入实施重大科技专项

充分发挥重大科技专项的引领和带动作用，深入推进计算与通信集成芯片、移动互联关键技术与器件、云计算与大数据管理技术、智能机器人、新能源汽车电池及动力系统、增材制造（3D 打印）技术、新型印刷显示技术与材料、第三代半导体材料与器件、精准医学与干细胞、无人智能技术等重大科技专项的实施；面向 2020 年，重点在超高速无线局域网、北斗导航和卫星通信应用等新兴产业发展领域，争取继续启动一批新的重大科技专项，着力突破一批关键核心技术、研发推广一批重大战略产品、转化应用一大批重大科技成果、培育壮大一批创新型产业集群和龙头骨干企业。积极对接国家重大科技专项和重点研发计划，牵头和参与科技项目攻关及产业化。

专栏 10　广东省重大科技专项

计算与通信集成芯片。以小型化、智能化、网络化为方向，重点研发应用一体化功能核心芯片及相关辅助关键技术，并在智能终端、物联网、移动互联等领域实现产业化应用。

移动互联关键技术与器件。支持自主可控移动互联关键软件、新型硬件及信息安全核心技术与产品研发，建成一批支撑平台和产业集群。重点开展移动智能终端核心软件、关键器件、高速宽带无线接入设备、新型传感技术、移动自组织网络技术、移动云计算、移动大数据等重点领域的关键技术攻关、产品研发及推广应用。

云计算与大数据管理技术。重点开展面向智慧城市、智慧金融、智慧民生等行业特色鲜明的创新云服务系统规模化构建及关键技术部署，开展大数据智能关键共性技术（包括大数据存储管理、大数据推理、大数据深度学习、大数据智能分析和大数据商业智能数据挖掘关键技术等）研究；开展数字媒体图文大数据智能分析及智能化应用关键技术研发、云端结合的智能感知及智能交互技术研发，实现核心关键技术自主可控，促进我省云计算和大数据技术的研究与应用达到国际先进水平。

智能机器人。开展机器人控制与驱动技术、感知交互、深度学习、传感技术、离线编程系统、可靠性技术及集成技术的研发，重点突破3D建模与造型技术、国产机器人减速器设计、机器人多传感器集成与控制技术等核心部件、结构设计与优化、复杂运动规划及控制等核心技术，加快机器人在工业领域的集成应用技术研究，建立若干应用示范生产线。

新能源汽车电池与动力系统。开展新型高能量、高功率比、低成本、高安全性、长寿命的磷酸铁锂系、三元系等新型电池材料、高性能、低成本的永磁电机、高效传动及其控制管理系统以及电池管理系统等核心技术研发。

增材制造（3D打印）技术。重点开展3D打印材料、高性能3D打印设备、激光3D打印复杂精密模具、增/减材复合制造、复杂零件/整体构件精密成形工艺等关键技术研发，研制金属、非金属3D打印装备，生物医疗3D打印可植入材料、配套设备和产品。

新型印刷显示技术与材料。开展可印刷TFT阵列背板以及性能提升的材料体系、可印刷发光显示或反射式显示材料体系、面向量产印刷柔性TFT背板和柔性高分辨彩色显示的工艺集成/制造关键技术的研究，加快相关新产品的研制及产业化。

第三代半导体材料与器件。开展第三代半导体材料技术研究，研发氮化镓（GaN）、碳化硅（SiC）衬底材料，氧化锌（ZnO）透明导电薄膜材料，氧化铟镓锌（IGZO）透明薄膜材料等。开展第三代半导体器件技术研究，研发半导体照明、高频大功率、激光显示、紫外发光与探测等核心器件。开展第三代半导体材料及器件专用高端装备制造技术研究，研发氮化镓（GaN）、碳化硅（SiC）衬底材料和氧化锌（ZnO）透明导电薄膜材料专用制造装备。

精准医学与干细胞。基于精准基因组医学和分子流行病学总体设计，整合建立大型健康人群队列及疾病专病队列，建设综合性的精准医学大数据管理及共享分析平台、临床样本信息库。针对常见重大疾病，发现和验证新的可用于临床精准诊断的生物标记物和药物靶点，开发干细胞治疗药物、相关产品及仪器设备，制定和推广精准防诊治方案、临床指南或临床规范，建立典型疾病精准医学临床示范基地，构建具有地方特色的精准医学临床中心及示范、应用和推广体系。

无人智能技术。开展无人系统基础平台核心技术、自主决策技术、智能环境感知与交互系统、数据链通信系统、导航定位系统、产品质量安全风险评估等关键技术研究。探索无人智能技术的新型应用形态，建设无人智能关键技术研发及应用重大创新平台。

第二节　构建具有国际竞争力的现代产业技术体系

围绕我省发展产业新体系的需求，推进重点产业领域关键环节的技术攻关，强化科技创新推动产业向中高端发展的支撑作用。

一、新一代信息技术

以创建自主品牌和掌握自主可控技术为导向，重点围绕关键电子和光电元器件、新一代无线宽带通信、大数据与云计算、制造物联网、移动互联网、通信设备、新型显示和基础软件等重点领域加强技术攻关和应用推广。

专栏11　新一代信息技术

集成电路及关键元器件。以智能终端、汽车电子、工业控制、通信设备等重点领域应用为引导，加强高性能通用及专业芯片研发设计，突破倒装焊（FC）、BGA、芯片级封装（CPS）、多芯片封装（MCP）等新型集成电路封装技术，开发Fan out、SiP、2.5D/3D、第三代半导体器件等封装技术的关键材料工艺及高端装备，以片式化、微型化、集成化、高性能化、无害化为发展方向，增强电子元器件产品性价比和可靠性，促进自主配套。

大数据云计算。重点突破大数据治理和融合、高效大数据采集、高性能大数据处理、巨量大数据存储和传输、基于大数据的人工智能等相关技术和装备，以及基于云计算的大规模资源管理与调度、内存计算、跨数据中心协同、数据安全和隐私保护等关键技术，加强信息组织、数据智能分析、挖掘和虚拟化技术和安全管理研究，在重大设备、核心软件、支撑平台等方面突破一批关键技术，形成具备一定应用规模的云计算与大数据系统解决方案和关键产品。支持大数据云计算在电子政务、智慧城市、地理信息服务等行业实现规模化应用。

移动互联网与物联网。重点发展第五代移动通信（5G）技术、基于SDN/NFV的新兴网络技术、新型超高频无线传输及低功耗物联网等新型互联技术，推进超高速无线局域网关键核心技术攻关，在芯片、网络操作系统、嵌入式智能装备、高性能信息感知器、高端路由器、新一代基站、物联网标识管理、多模态智慧终端、网络安全等方面取得一批突破性成果，加快掌握新型计算、高速互联、先进存储、信息安全等核心技术，开发新型移动电子政务平台，探索形成基于“移动物联网+”的新兴商业模式与应用。

基础软件与信息安全技术。重点研发各行业急需的核心软件、信息安全核心技术、基础设计平台，开发嵌入式软件、工业控制操作系统、大型复杂系统仿真软件、高性能工业设计软件、企业生产智能调度管理系统、安全控制系统和安全防护产品、动漫设计制作软件、通信设备实时嵌入式操作系统与数据库、新一代通信设备关键软件平台、智能终端操作系统。

新型平板显示技术。突破低温多晶硅、氧化物背板工艺大规模生产技术，提升8.5代以上薄膜晶体管液晶显示屏面板和4.5代以上有源矩阵有机发光二极管面板生产能力与工艺水平，开发基于TFT材料的新型印刷显示技术，发展配套有机发光材料、靶材、偏光片、驱动芯片、光刻设备与检测设备。

通信设备制造。以智能化、集成化为导向，重点研发北斗卫星导航系统、集中式与分布式大规模天线阵列、毫米波通信设备、新一代海上通信设备、水下通信设备、水下定位导航系统、T比特级高速光传输设备以及大容量组网调度光传输设备、高端核心路由器与交换机、新型智能终端等关键产品。

高性能计算。加快广州、深圳超级计算中心发展，重点围绕大规模并行编程模型与算法框架、海量数据管理、并行可视化、高性能计算应用以及云超算等重点领域加强技术攻关和应用推广，构建高性能计算与大数据处理融合的支撑平台。突破基于国产/新型体系结构的高性能软硬协同设计与优化技术，研发数值风洞、大气、海洋、天体、化学、电磁、材料、生物信息、智慧医疗、能源等应用领域的大规模典型应用。

二、智能绿色制造技术

以高端、智能、绿色、服务为发展方向，进一步促进信息技术与制造技术深度融合，推进“互联网+先进制造”的发展，实施绿色制造工程，重点突破核心基础零部件、先进制造工艺等技术瓶颈，发展机器人及智能装备与系统，构建绿色制造体系。

专栏12　智能绿色制造技术

核心基础部件。重点发展伺服电机及驱动器、智能控制器、精密减速器、高速精密传动装置、控制系统、重载精密轴承、高性能液压/气动/密封件、高性能精密工模具、大型铸锻件、高效节能元件等基础件和通用部件，研发一批高性能、高可靠性的关键基础部件和功能部件产品。

智能传感器与仪器仪表。重点发展新型传感器、微机电传感器、自检校自诊断自补偿传感器、智能化视觉传感器，以及工业自动化环境下的温度、压力、流量、光学、电磁声学、电涡流等传感器，研发高灵敏度、高环境适应性、高可靠性的智能仪器仪表以及新型iMEMS制造设备等产品。

高速高精制造工艺与技术。重点研发有利于提高产品可靠性、性能一致性和稳定性的先进制造工艺和有利于节能减排质量安全的绿色制造工艺，发展工程化微米、亚微米加工工艺和封装技术、微纳制造技术、先进激光技术、先进金属成形技术、等离子加工技术等。

智能装备和系统。加快突破数字与智能控制系统、伺服电机及驱动器、精密减速机、精密轴承、高性能液压/气动/密封件、新型执行机构、高精密运动平台、激光器及电源、大型铸锻件、新型智能传感器等机器人关键核心技术，研发数控专机、柔性生产单元，示范无人车间、搅拌摩擦焊、新型智能仪器仪表等一批新型制造装备，积极推进实施车间制造执行系统（MES）；加强智能工厂标准的制修订工作，鼓励有实力的单位牵头制定智能工厂技术标准和规范。

绿色制造。重点开展绿色创新与优化设计、产业制造工艺绿色化、流程工业传统工艺绿色化、绿色回收处理与再制造、装备多物理场耦合计算、装备轻量化设计、高端装备可靠性评估方法等新技术与设备开发，完善绿色制造基础数据研发与积累、技术规范与标准制订以及信息平台建设，推进产品全生命周期绿色管理。

三、新能源技术

以绿色低碳为方向，研发生物质能、海洋能、地热能、太阳能、风能发电装备与技术，加快推动核能与核安全技术、智能电网以及建筑节能技术实现新突破。

专栏 13　新能源技术

太阳能利用技术。重点推进高效率晶硅太阳电池、柔性薄膜太阳电池和聚光光伏的产业化关键技术研发和产业化，突破高效率薄膜太阳电池和包括钙钛矿太阳电池在内的下一代光伏电池技术，开发耐高温高湿高盐晶硅光伏组件封装技术、长寿命柔性薄膜光伏组件封装技术、分布式光伏发电集成技术以及10兆瓦及以上光伏发电技术和装备。

风能利用技术。重点突破发电机、控制系统等关键部件的设计制造与检测技术，研究发展多兆瓦级大型机组的自主设计、制造技术，大型风电场优化运行与智能维护技术、海上风电场电气系统设计与运行，海上风电场低电压穿越技术，风电场群优化调度技术，海上风电场施工建设、系统并网接入技术等。

核电开发技术。开展核电安全运营、核技术应用等领域的关键技术研究，重点突破主流压水堆和新型快堆在严重事故下的核应急与响应技术、核探测技术及设备研制，研发更耐事故的新型燃料／包壳等关键材料及热工水利体系，发展具有自主知识产权的能够模拟严重事故过程及安全评估的多物理集成仿真软件；继续完善“华龙1号”核电站相关技术研发工作，突破模块化小型堆的设计、建造与运行，在第四代核反应堆技术攻关方面进行适当部署。

智能电网技术。重点发展分布式电源柔性接入、微电网、智慧能源、保护控制、决策支持、通信信息、电能质量、新型传感测量、储能设备协调控制、鲁棒控制、需求侧能量管理、先进分布式控制、以电网为骨干网的能源网等智能电网先进技术。

建筑节能技术。重点研发新型节能建筑材料、大型综合体的能源互补与梯级利用技术、新型的温湿度独立控制技术等建筑节能关键技术，发展建筑节能全生命周期评价体系，加强基于储能的建筑冷热电综合利用技术、建筑材料生产过程节能减排技术以及建筑材料回收循环再利用技术研发。

生物质能利用技术。开展生物燃气、生物柴油、燃料乙醇、生物质直燃、合成液体燃料及化学品、废弃物处理与资源化利用等关键技术研究和系统集成，重点研发生物质直燃、快速热解的技术及装备，加强直燃锅炉高效低污染燃烧技术、直燃锅炉受热面防腐蚀技术、热解过程高效加热技术的研发。

海洋能。重点发展高效波浪能转换技术、海岛可再生能源发电及综合利用技术、水波力学基础理论研究，开发相应的波浪能发电技术和产品，研发利用可再生能源向远离大陆的海岛或海上设备的供电和供应淡水的关键技术。

地热能。重点开展地热规模化发电、中低温余热发电技术、新型工质的中高温地热热泵技术、地热综合利用、干燥、养殖及低温地热制冷技术等研究。

四、新材料技术

加快研发新型电子材料、特种功能材料、生物医用材料、海洋工程材料、环境友好材料和高性能结构材料，重点发展半导体照明芯片、封装和散热材料、半导体光伏材料、新型电子材料、生物医用材料、柔性传感材料、高性能复合材料、特种功能材料、稀土与纳米材料、先进电池材料和能量转换与储能材料、功能性有机发光材料等。

专栏 14 新材料技术

先进印刷显示技术与材料。重点研究开发加工性好、性能稳定，满足可穿戴商业化应用要求的 TFT 材料以及关键配套材料体系；研究开发柔性印刷显示材料、核心装备及相关显示驱动芯片技术及与之匹配的柔性储能器件。

特种功能材料。加快发展特种功能焊接、喷涂、特种薄膜材料、密封材料，以及相关热超导（相态导热）材料、超导材料、智能材料与超材料；重点发展传感材料、非晶纳米晶合金材料、碳纤维材料、石墨烯、高性能石墨烯重防腐涂料、结构功能一体化透明材料、能量转换和储能材料、高性能比光电催化材料、特种铝合金等高性能结构材料、智能节能材料、环保型可降解塑料材料、低碳型和环境友好型包装材料、氟化生物骨源性骨替代材料等。

稀土与纳米材料。加快发展稀土磁性材料及其制品、稀土功能助剂等高性能稀土材料；大力发展纳米粉体材料、纳米硬质合金材料、纳米量子点、纳米涂层材料、纳米膜材料等新型纳米材料，重点突破功能纳米材料器件的非常规构筑和制造技术，研发应用于光信息处理及光信息产业的光电纳米材料器件、应用于生物检测和医学诊疗的生物医用纳米材料器件、应用于新能源技术的先进能源纳米材料器件。

新型电子材料。重点发展高性能印刷 OLED 显示材料和关键界面材料、高迁移率有机／高分子材料、高性能 QLED 显示材料、大功率 LED 材料、可穿戴用柔性传感材料、新型特种光纤材料及制备技术、封装与散热材料、高性价比薄膜太阳电池材料及技术、高性能电子敏感陶瓷材料、高性能精细无源电子元件用关键材料以及可控带宽、高载流子迁移率的二维半导体原子晶体材料。

高性能动力和储能电池等材料。重点突破先进锂离子电池材料制备及应用技术、动力锂离子电池凝胶聚合物电解质研究及制备、新型双离子电池关键材料制备及应用技术、功能电解液的研究及其制备技术及动力与储能电池关键器件处理技术等关键技术，研发能量密度高、寿命长、充电时间短的高性能动力电池和储能电池的新型功能材料，积极推进超级电容器等动力及储能电池产品及下一代锂硫电池、金属—空气电池（锂空，锌空等）、燃料电池、液流电池等动力与储能电池体系。

高性能复合材料。大力发展高性能纤维及其复合材料、碳纤维材料、双金属及多金属复合材料、陶瓷基复合材料、高性能生物基复合材料、无机非金属基复合材料、聚合物基复合材料及其产品；加快发展新型工程塑料与塑料合金、高性能合成树脂、新型阻燃改性塑料、聚合物特种分离膜技术与材料等高分子复合材料。

高性能海洋工程材料。重点研究生物降解高分子基环境友好防污材料、低表面能抗黏附防污材料、环境友好防污剂、耐蚀材料以及相关配套材料，以满足船舶、海上工程平台、海洋渔业等海洋工程要求；研发海洋钢筋混凝土材料与技术，重点在海洋抗蚀胶凝材料、海工钢筋混凝土耐久性监测与预警技术和海工钢筋混凝土腐蚀防护新技术等领域开展关键攻关技术。

生物医用材料。重点开展生物医用材料快速成型及 3D 打印技术、组织工程材料与人工器官、可降解及智能生物材料和植入介入器械制备技术等攻关，研制量大面广的生物医药用高纯原材料及其制品，高生物活性功能性组织修复材料及产品（如角膜、人工晶状体等眼科修复材料），可降解血管支架、高端康复材料及高端骨科耗材等高端生物医药耗材等。开发能对细胞、组织和器官进行诊断治疗、替换修复或诱导再生的系列天然或人工合成的生物材料，加快现有生物医用材料的产业化及临床应用。

五、生物医药技术

以生物医药、现代化中药、特色化学原料药、药物制剂、体外诊断试剂、高端生物医用耗材和医疗器械、康复医疗辅助器具和新型智能康复系统与设备及关键制药装备等为重点，加强干细胞、精准医疗、转基因、生物信息、高端医疗设备、创新药物开发等关键技术和重点产品研制。

专栏 15 生物医药技术

干细胞与转基因技术。重点突破干细胞规模化生产与质量控制等关键技术，开发治疗用基因工程多肽等基因药物，发展重组蛋白药物大品种、抗体药物和联合疫苗、治疗性疫苗、重组疫苗等新型疫苗，开发基于基因编辑技术的新型疾病动物模型并开展相关的机理和药物筛选研究，开展干细胞在治疗神经损伤和退行性病变、心脏病等重大疾病中的作用效能和临床转化研究，发展基于干细胞和组织工程及转基因技术的细胞治疗疗法与产品、疾病预防和诊疗、组织器官再造等转化研究。

高性能医学诊疗设备。重点突破可穿戴医学传感、信号提取和处理等诊断技术、生物反馈和物理康复等现代治疗技术，以及空间跟踪定位和医学导航技术，大力发展高场快速磁共振成像、高分辨磁兼容正电子断层成像（PET）、多功能医学超声、肿瘤放射治疗装置等以核技术为基础的高性能医学影像设备；加快发展新一代基因测序仪器、全自动生化检测设备、全自动化学发光免疫分析、新型电外科手术、新型高性能光学和声学无创诊疗设备、复合内窥镜、植入（介）器械、医用机器人等新型医用诊断仪器与设备，推进虚拟健康及增强现实神经修复诊疗系统、智能康复辅助器具和新型智能康复系统的研发，推动医疗机器人、可穿戴健康产品、健康检测仪器在远程医疗、数字化医疗、专家会诊等领域的应用普及。

创新药物。发展创新药物、头孢类等系列产品、重要药品新制剂等，重点研制对重大疾病有明确和良好治疗效果、结构明确的基因工程多肽或蛋白药物、抗体药物、各类预防和治疗性的新型疫苗、细胞治疗产品及生物纳米药物等，以及其他具有重大创新和产业化前景的化学药物、生物技术药物、新型疫苗和关键生物试剂等；突破抗体大规模动物细胞培养及制备技术，推进微生物药物品种创制技术研究，发展药物筛选、高通量全人源单克隆抗体分离与鉴定和细胞治疗技术平台，创新药物总体开发设计、过程管理与风险控制技术，建立符合国际标准的非临床药效评价研究、安全性评价研究及药代动力学研究关键技术平台。

中药现代化。加强对岭南特色及岭南地区多发重大疾病具有良好防治作用的中草药及复方药效物质基础和药理机制研究，提升岭南中草药及其相关产品的质量标准，改善和提升中药研发和生产工艺水平，发展岭南道地药材，研发基于岭南中草药的具有自主知识产权的中药新药品种和健康产品及药食同源中药品种，加快名优中成药的二次开发。

现代生物资源开发。开展基于动植物分子遗传学和基因工程学的动植物良种选育技术，突破重点农作物、禽畜及珍稀野生动物、生物菌种新资源等动植物新品种的选育和扩繁技术，研发生物源药品及保键品动物疫苗、兽用诊断试剂、生物肥料、生物农药、生物饲料及添加剂等生物制品，加快生物基资源化和深加工及现代生物技术研究开发，特别是合成生物技术、现代酶技术、微生物固态发酵技术、深层发酵技术以及海洋生物医药及制品研究与开发。

六、现代交通技术

重点发展新能源汽车、轨道交通装备及其关键系统零部件，建立健全研发设计、生产制造和产品标准、知识产权保护体系，提升装备自主化能力。

专栏 16　现代交通技术与装备

新能源汽车。发展新能源汽车整车制造、动力系统及总成、锂离子动力电池智能制造、关键零部件制造等技术研发，重点突破新型纯电动汽车、插电式混合动力汽车、增程式电动汽车整车制造、基于新型超级电容器与电池组合的新型动力系统及新能源汽车关键零部件、配套设施建设等关键技术，发展全新材料和结构形式的新能源汽车轻量化技术，加强铝合金车架和车身的创新设计方法、连接技术，加强碳纤维车身和零部件的设计方法、低成本工艺和安全保障技术，开发出具有全新结构、轻量化、高性能的电动汽车产品。

轨道交通装备。研究开发磁悬浮、真空管道等超高速轨道交通、地铁列车自动驾驶技术及相关装备，突破轨道交通装备及其关键系统零部件发展关键技术，建立健全研发设计、生产制造和产品标准、知识产权保护体系，提升装备自主化能力和提高运输效率。

通用航空装备。以低空领域开放为契机，重点研发航空关键技术，发展航空用关键部件制备技术，发展航空机载电子设备及其相关计算机辅助设计和应用系统，船载全球定位系统（GPS）产品系统集成、船舶自动识别、北斗卫星导航终端及位置服务产品，以及通用飞机、水上飞机、无人机、特种飞行器和轻型直升机等设备。

城市智能交通管理技术与装备。研究大数据环境下公路健康状况监测与预警信息化技术及装备、城市智慧交通管控指挥调度技术，重点研发公路资产管理信息化技术与装备、交通信息智能发布技术与装备、车辆主动安全技术及无人驾驶车辆、城市轨道交通健康运营与监测技术与装备、城市轨道智能控制与监测技术与装备。

跨江、跨海等特大型桥梁和隧道建养技术及装备。开展特殊地质和环境条件下大跨径桥梁、超长隧道与海底隧道建设与养护成套技术研究，重点研发建设与养护的新技术、新材料、新工艺和新装备。

七、海洋产业技术

重点开展高端海洋装备及高技术船舶等领域关键技术及装备与产品研发，加强海洋资源开发利用等关键领域共性技术研究，提升海洋资源开发利用水平。

专栏 17　海洋产业技术

海洋工程装备。重点发展以海洋油气为代表的海洋矿产资源开发装备和海上作业保障装备，研究开发深海油气、可燃冰等海底能源开采技术装备以及深水钻井平台、自升自航式修井平台、大型临港工程装备，无人潜航器、深水机器人、大型装备部件智能化现场机械制造数控装备等先进装备，突破海洋工程装备制造核心技术，重点突破海洋平台用高强钢高效自动化焊接与切割技术及装备，大尺寸管道激光自动化焊接技术及装备，潜水器钛合金窄间隙焊接技术、新一代水下生产系统、新型纤维复合材料柔性管／缆、海洋工程结构及船舶腐蚀防护与修复以及海洋数据传输等关键技术。

海洋船舶。重点突破一系列绿色、智能船舶制造核心技术，研发极地船舶、化学品船、多用途海洋支持船、海上风电安装船、海上风电运维船、豪华游艇、半潜船、钻井船起重铺管船等高附加值新型特种船舶产品。加快发展高技术船舶建造关键焊接技术，重点突破极地船舶建造用低温钢、化学品船用双相不锈钢、游艇及特种船舶用铝合金等特殊材料的焊接技术。

海洋生物制品。推进以海洋动物、藻类、红树植物及海洋微生物为原料的生物技术和生物制品研制，开展海洋生物功能因子的筛选、表征和规模化制备技术研究、突破海洋生物多糖、蛋白和酯类等海洋生物活性、海洋生物酶和海洋生物农药等新型海洋生物制品规模化生产的关键技术，研发一批具有自主知识产权的海洋功能性食品和农用生物制品等高端海洋生物制品。

八、现代农业技术

围绕现代农业发展的“优质、高产、高效、生态、安全”要求，重点研究开发农业生物资源评价技术、动植物良种选育技术、高效安全优质种养技术、动植物重大有害生物防控技术、农产品质量安全技术、农产品精深加工技术、农业生态安全技术、农机农艺一体化研究、农业信息与农业互联网技术、美丽乡村与都市农业研究等。

专栏 18　现代农业技术

农业生物资源开发技术。推进“广东省农作物种质资源库”的建设和应用，建立种质资源重要性状数据库，深入开展优异资源功能基因组学和蛋白质组学等研究，发掘资源优异功能基因，创制具有利用价值的新材料。以华南特色生物资源为材料，通过活性成分和药理毒理学研究，利用生物转化、高效分离提取、基因工程、酶工程等生物技术手段，研究新一代保健功能食品、特殊医学营养品、药用原材料以及动物疫苗、兽用诊断试剂、生物肥料、生物农药、生物饲料及添加剂等生物制品。

动植物良种选育技术。研究以优异基因资源为基础，开展远缘杂交、功能基因组学、基因组编辑等育种技术研究，创新育种程序和方法，利用动植物数量遗传学、分子遗传学、分子标记、细胞工程、基因组编辑、生物诱变等现代生物技术，通过分子设计育种体系等手段，构建快捷高效的分子育种平台，选育出动植物新品种和新品系，建立优质动植物良种选育和扩繁技术体系。重点突破抗病、抗虫、抑草、耐旱、耐寒等抗逆粮食、糖料、油料作物新品种选育技术，研发一批含野生种质资源特质的抗逆性强的作物种质资源，培育出高优多抗、节水耐旱和水肥资源高效利用型作物新品种，以适应不同生态条件下推广种植要求，促进农业动植物品种的更新换代。

高产增效种养技术。以化肥、农药减施增效为目标，开展农作物产量、品质和抗逆性栽培生理生态及相关调控机制、精准营养技术、不饲或少饲用抗生素和重金属的饲养综合技术等肥药减量增效关键技术研究，加强专用配方肥、缓控释肥、肥药协同及肥药增效功能制剂的研究，形成一批生态安全、肥药高效的关键产品，形成适度规模、健康生态、经济适用、标准化的农作物高效安全栽培技术以及华南型作物工厂化高效安全生产关键技术体系。

动植物重大有害生物防控技术。开展重大畜禽疫病、农业重大有害生物及外来入侵有害生物发生为害及综合防控共性技术研究，重点研发生物防治、物理防治、遗传防治、免疫防治和疫病净化的规模化应用关键技术和产品，建立标准化的重大畜禽疫病及农作物病虫草鼠害预警预报技术和综合防控与净化技术体系。

农产品质量安全技术。开展产地环境与农产品安全监控、鉴伪溯源检测、食源性致病微生物的风险评估、重大疫病防控等共性技术研究，重点突破高效、安全农业投入品、改土培肥和恢复土壤微生物多样性功能性生产资料的创制技术、无害化生产关键技术、标准化生产技术、优质高效安全种养技术、快速高效鉴伪溯源技术、重要疫病诊断标志物筛选技术、多病原混合感染的鉴别诊断技术、食品质量安全精准、快速和高通量检测以及食品安全标准化研究，创制一批具有自主知识产权和应用前景的基因工程疫苗、生物农药、生物治理制剂、新型高效肥料、饲料添加剂新产品和新型诊断试剂及配套设备，新型检测试剂盒和食品质量安全快速检测设备，建立健全农业良好技术规范和农产品市场准入、安全可靠的质量追溯技术体系，建立食品流通快速通关质量监管规范和技术保障体系。

农产品精深加工技术。研究开发柑橘（柚）、荔枝、龙眼等广东特色优势农产品增值加工和产业提升技术与装备，重点研发农产品贮运保鲜工程技术、农产品新型酶、发酵工程技术，加快非热加工技术、酶技术、微生物固态发酵技术、深层发酵技术、食品功能因子制备及功能评价等现代生物技术研究开发，加强农产品加工技术集成及智能装备研制攻关，大力发展农业机械化、自动化、智能化技术，开发农产品加工副产物的高值化综合利用技术，开展农艺与农机一体化解决方案的集成研发和示范推广研究，探索农产品适应现代物流的高效技术，实现农产品分级加工和副产物的高效综合利用。

农业生态安全技术。开展重大畜禽疫病、农业生物灾害和外来物种的监测预警、农田系统生态安全评价与保育技术、种养业循环经济生产模式研究，加强生物农药、新型疫苗、新型化学合成药、中兽药和诊断试剂、人畜共患病、生态调控剂、理化诱控技术和生防技术以及种养废弃物处理和资源化利用的关键技术的研究。重点突破环保缓控释剂型生产关键技术，在载体、工艺、缓控释放等方面突破一批关键技术，发展新型环保药肥产业和高效安全使用技术及农业生态安全综合调控技术。

智慧农业技术。全面推进“互联网＋现代农业”，深入推进农业信息化技术应用，推广成熟可复制的农业物联网应用模式，开展主要农作物高产、优质、高效、安全生产的监测诊断、灾害预警、调控技术以及动植物医院的远程监测、诊断、服务系统技术研究，推动农业物联网研发和应用，研究开展农业产品质量安全重要数据的挖掘方法，以及数据的互联网分享技术，加强农业信息资源数据库、农业科技、农副产品市场信息、价格数据系统、追溯系统、计算机农业专家系统和以网络技术、多媒体技术为核心的电子化农业技术推广系统、面向大数据和云服务的农业科技成果转化平台及农业综合信息系统平台建设，提升农业电子政务建设水平，深化政务云应用，强化网络安全保障，鼓励发展农产品电子商务。

现代农业装备技术。加强农业设施装备建设，强化智慧农业、农机装备等关键技术研发攻关，重点建设设施大棚、节水灌溉、控温、畜禽养殖自动化智能化等生产设施设备，完善农村机电排灌、人工渔礁、现代渔业技术装备、病虫害统防统治和动植物疫病防控、农业气象灾害监测等设施，突破一批支撑引领现代农业发展的现代装备，大力推进设施农业发展，着力构建冷链仓储物流网络体系。

第三节　健全民生改善与社会和谐发展的技术体系

围绕改善民生以及建设和谐社会的迫切需求，加强人口健康、生态环保、公共安全等领域核心关键技术攻关和推广应用，为全面提升人民生活品质和可持续发展提供有力支撑。

一、人口健康技术

顺应人口老龄化以及人们日益重视生命健康的发展趋势，研究开发重大疾病预防与诊治的关键技术，促进精准医学技术应用，降低重大疾病危害，提高人口健康质量。

专栏19　人口健康技术

重大常见疾病防治。重点开展我省常见多发恶性肿瘤综合防治、心脑血管系统疾病防治、内分泌与代谢性疾病防治技术、神经精神疾病早期诊断、重大传染病综合防治，重大疾病溯源、微量精准诊断和疗效评估以及“互联网＋医疗”等相关关键技术的研究。

基础诊疗设备。在量大面广的常规诊疗设备和重大慢性疾病相关的预防、急救、监护、诊疗、康复医疗技术和设备领域重点突破一批关键共性技术和核心部件，重点开发具有自主知识产权、高性能、高品质、低成本和替代进口的基本医疗器械产品。

优生优育技术。重点开展我省儿童常见重大疾病防治、遗传病、先天性疾病和出生缺陷防治、生殖细胞减数分裂同源重组的分子调控机制、辅助生殖技术研究，构建儿童发育数字化干预的生物模型及工程化的产品应用示范规范。

精准医学技术应用。重点发展我省重大疾病精准预防、精准诊断与精准治疗相关的新型生物标志物、先进个体化分子诊断技术及医疗方案，建立多层次精准医学知识库体系和安全稳定可操作的生物医学大数据共享平台，建立创新性的大规模研发疾病预警、诊断、治疗与疗效评价的生物标志物、靶标、制剂的实验和分析技术体系。以恶性肿瘤精准基因诊断技术、靶向性药物研发与个体化细胞治疗技术为中心，结合分子影像学、生物信息学等方法和手段，开展个体化精准预防、精准诊断和精准治疗技术的开发，制定综合性精准诊疗策略，并对广东人群危害重大的疾病以及孤独症等罕见病，实施精准医学科学研究。

老年医学。重点开展老年重大疾病预防、诊疗，健康管理等方面的基础性研究和临床应用研究，探索建立一套集老年疾病防治、健康检查、健康管理、康复护理、临终关怀于一体的新型老年医疗模式，培养组建相应的人才队伍。

仿制药质量和疗效一致性评价。重点是仿制药评价方法研究、参比制剂对比研究、质量关键技术研究以及临床试验研究等。

二、生态保护技术

以改善环境质量、提高资源综合利用为重点，开展相关关键技术和装备研究，为构建安全生态系统、推动广东绿色和谐可持续发展提供科技支撑。

专栏20　生态保护技术

资源开发与综合利用技术。围绕提升水、气、固废资源循环与再生利用能力，重点开展矿产资源、城市生活垃圾、城市污泥、农林废弃物等大宗固体、废弃电子产品、工业搬迁场地固体废物、重点行业工业固体废物及危险废物的无害化、减量化和资源化及循环再利用处理技术的开发，研发水资源高效利用的智慧调配、节水、计量监控技术、河口区避咸蓄淡供水技术、粤西北水源地岩溶碳汇增汇技术以及节能环保、资源循环利用装备、智能化用水计量和监控设备、城市供水管网漏失快速探测设备、城市垃圾智能分选和处理成套装备、二氧化碳综合利用成套装备以及污染检测和远程诊断等装备，推进农业污染区的土壤资源安全利用技术、生物多样性保护与功能网络恢复技术等的研究。

环境保护及生态修复技术。加强对灰霾、臭氧形成机理、来源解析、迁移规律等的基础研究，重点开展大气污染防控、废水循环利用、土壤污染治理、工业“三废”排放治理、饮用水安全保障等领域的关键技术研发，重点突破高性能微细粒子（PM2.5）污染源监测与预防控制技术及关键设备、挥发性有机物和氮氧化物等多种污染物协同控制机制、重点行业废水深度处理、生活污水低成本高标准处理、海水淡化和工业高盐废水脱盐、饮用水微量有毒污染物处理、地下水污染修复、危险化学品事故和水上溢油应急处置、污染土壤治理修复等技术的研究，加快开展农业及城市面源污染监测与防控技术、水污染和饮用水安全监控与治理技术以及海洋污染防治与生态修复技术、污泥与生活垃圾综合处理新技术、海洋污染防治与生态修复技术、河口水质治理与生态保护技术、微生物废水处理技术、毒性监测与生态风险评估、有机物和重金属等新型污染物风险评价、高品质再生水补充饮用水水源以及广东省土壤环境基准、土壤污染源分析、农业地安全利用技术等研究。

海绵城市生态网络建设技术。面向华南地区独特的环境条件和城市水环境、水安全、水景观等面临的现实问题，重点开展海绵城市设计与改造技术、源头管理与控制技术、水景观精细化设计技术、低影响开发雨水系统开发技术、城市雨洪大数据系统设计开发技术、海绵城市生态效益评价技术、海绵城市智慧化等技术攻关。

生态安全监测技术。重点突破“山—城—水—田—海”生态安全网络的构建和监测技术，着重发展卫星航天遥感、无人机低空遥感和地面实时监测相结合的三维立体监测技术，在生态系统风险评估、生态系统早期预警、生态安全调控方面突破一批关键性技术。

可持续发展技术。围绕国家可持续发展议程创新示范区的建设，以破解制约可持续发展瓶颈问题和探索科技创新与社会事业融合发展新机制为目标，探索形成废弃物综合利用、土地整治和土壤污染治理、清洁能源、水源地保护与水污染治理、特色生态资源保护，以及新兴产业培育发展、健康养老、精准扶贫的技术集成体系和整体解决方案，力争形成一批现代绿色农业、资源节约循环利用、新能源开发利用、污染治理与生态修复、绿色城镇化、人口健康、公共安全、防灾减灾和社会治理的创新模式和典型。

三、公共安全技术

重点围绕自然灾害防治、公共卫生和社会安全、事故灾难预防、风险监测预警、应急处置、保密科技等领域的关键问题进行科技攻关，为构建和谐社会提供技术支撑。

专栏 21　公共安全技术

重大自然灾害防控技术。重点发展区域数值天气预报关键技术、城市内涝气象风险预估和灾害评估技术、特大城市群内涝控制的下垫面低影响开发（LID）改造技术、山洪灾害预测与小流域治理技术、突发地质灾害监测预警与应急技术、地震风险评估与预防技术研究与示范、地震智能化灾情预测、采集与救灾辅助、沿海城市和乡镇强台风灾害的风险评估和灾害预防技术、华南地区生物灾害防控技术、公路地质灾害监测预警及快速处治技术、城市物资储备库安全保障技术与装备开发等关键技术，研发灾害（地震、强风、火灾）抗御能力优越的高性能结构构件、控制装置、结构体系及其设计建造技术。

重大疫病防控技术。重点发展防控艾滋病、SARS、埃博拉、H7N9 型禽流感等动物源性重大传染性疾病的病原学特征、流行病学特征的诊断方法和综合防控技术、病原体病毒筛选、病毒溯源及快速检测新型疫苗技术及装备的研发，加快推进登革热 4 价疫苗、检验检疫安全保障技术与设备、食品药品全过程化追踪溯源技术、立体化社会治安防控技术、人流高峰期监测预警和疏导技术等的研究。

突发事故灾害防控技术。重点研发综合应急救援与决策指挥系统，应急产业关键技术装备，城镇公共安全风险监测与治理技术，重大基础设施安全保障机制，重特大生产事故监测控制、防治与应急救援技术，社会安全预测预警和查控处置系统，突发事故的风险评估与防控技术，发展多灾种综合风险评估系统和应急救援装备，突破城市生命线、地铁工程、大型复杂建筑、公路桥梁、隧道、燃气管网和电网等重大工程与公共基础设施的安全规划设计、风险评估方法和技术标准以及重大事故应急处置关键技术与装备，重大火灾、重大危化品泄漏、突发暴恐事件等社会安全事故、重大道路交通事故、高危职业危害防治等社会安全事故的预防与控制技术的研制。

质量检测基础技术。以标准、计量、认证认可和检验检测为核心，开展先进标准体系构建、计量基标准、计量检测装置、标准物质和快速检测试剂研制、高等级计量标准等关键计量检测技术研究，推进实施战略性新兴产业标准路线图、重点产品国内外标准比对与互认、自愿性认证等工作，提升检测技术服务科技和产业发展的能力与水平。

第四节　进一步加强基础研究

加大对基础研究的投入，强化前沿基础技术研究，力争在若干前沿基础技术领域获取一批具有自主知识产权的重大创新成果。

一、争取国家布局建设综合性科学中心

加快推进中国（东莞）散裂中子源、中微子二期实验室（江门）、中国（深圳）基因库、国家

超级计算深圳中心、中国科学院（惠州）加速器驱动嬗变系统研究装置和强流重离子加速器装置等重大科学工程建设，争取国家布局建设“广东国家综合性科学中心”。支持中科院系统研究院所、国内著名高等学校、央企等与我省共同建设区域创新中心，选择信息技术、新材料技术、人口健康、粒子科学、海洋开发、节能与新能源技术、环保与资源综合利用技术等若干领域超前布局，积极对接国家重大科技项目，争取更多国家重大科技项目落户广东。

二、加强科学前沿探索

围绕我省战略需求，在基础学科、交叉学科、新兴学科和优势学科精心开展布局，通过国家自然科学基金委员会（NSFC）—广东省人民政府联合基金和广东省自然科学基金“双力驱动”，发挥科学基金源头孕育作用，进一步加强战略性、交叉性和前瞻性科学研究，培育本地优秀青年科技英才，吸引全国优秀科研人才共同解决广东科技发展中重大基础研究问题。到“十三五”期末，力争在若干重要科学前沿、关键和重大领域实现突破，提出新的科学理论或方法，取得一批具有国际影响力的重大科学发现和技术发明，产出一批从原创到应用、支撑创新驱动发展的重大成果，国际论文总数全国排名进入前3位，拥有一批全国影响力高层次青年领军人才队伍，国家杰出青年科学基金项目数全国排名力争进入前3位。

专栏22　NSFC一广东联合基金

“十三五”期间，继续充分发挥国家自然科学基金的导向作用，引导社会科技资源投入基础研究，重点解决经济社会、科技战略发展的重大科学问题和关键技术问题，带动广东省的科技发展和人才队伍建设，提升在广东地区高等学校和科研院所的自主创新能力和国际竞争力。

NSFC—广东联合基金。面向国家创新驱动发展战略需求，针对广东省及周边区域经济与社会发展需要，重点选择人口与健康、农业、先进材料、智能精密制造、智能信息处理与新一代通信、资源与环境、管理等领域中的重大基础科学和应用科学问题开展研究。

NSFC—广东大数据科学研究中心项目。充分发挥广东省数据及计算资源的优势，引领全国大数据科学领域的基础研究，促进大数据产业的发展；围绕“智慧城市”建设，在大数据科学领域设置若干研究方向，汇聚国内大数据源头创新领域人才和科技资源，共同解决大数据科学领域的重大科学和技术问题。

第五章　健全科技创新重大平台体系

第一节　加强实验室体系建设

围绕我省经济社会发展的战略需求，大力推进以广东省实验室为引领的实验室体系建设，扩大开放共享和协同创新，增强我省基础研究和源头创新能力，到“十三五”期末，基本建成由广东省实验室、国家重点实验室、广东省重点实验室等共同构成的梯次发展的实验室体系。

专栏 23　广东省科技创新平台体系

“十三五”期间，着力打造我省实验室体系、技术创新中心体系、科技服务平台体系功能的有机整合，构建具有广东特色的“金字塔”型科技创新平台体系。

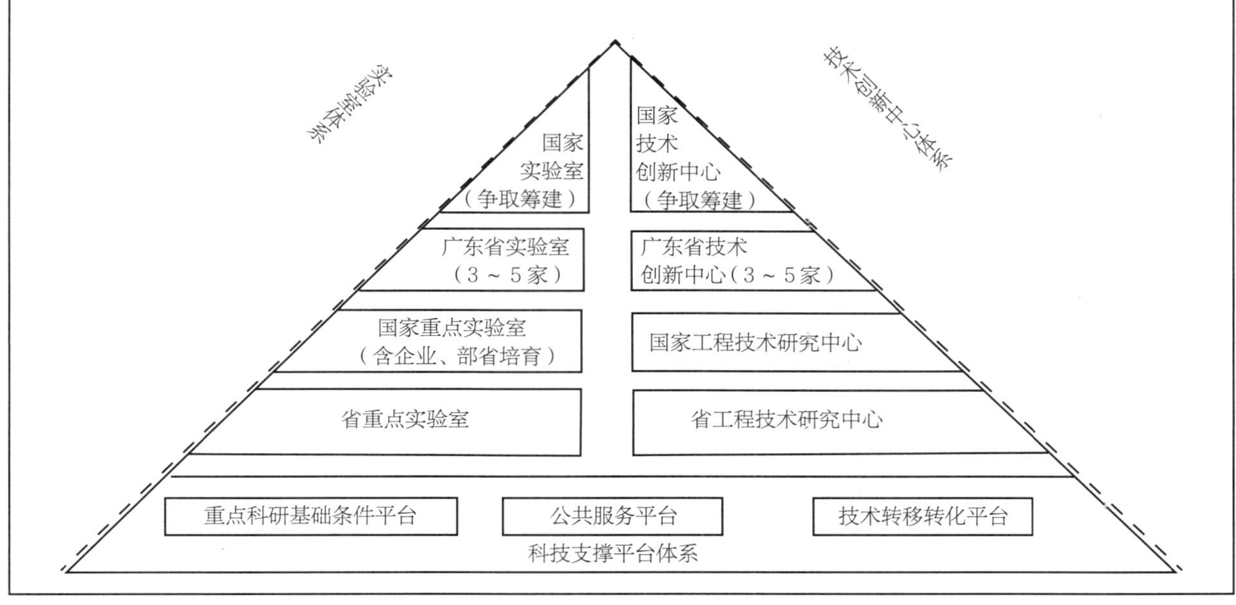

一、大力建设广东省实验室

以培育创建国家实验室和服务广东重大产业发展需求为目标，依托我省高等院校、科研院所和大科学装置等研究力量，通过资源整合和体制机制创新，在海洋（南海）、环境科学、先进高端材料、生命与健康、空天通信、粒子科学和现代农业等领域进行前瞻性布局，力争到 2020 年建成 3 ～ 5 家大体量、综合性、全链条、高水平的广东省实验室，争取实现国家实验室建设零的突破。

二、实施国家重点实验室倍增计划

发挥我省学科优势、产业优势和区域优势，重点在智能制造、绿色制造、新材料、新一代信息、生命健康等新兴领域建设一批国家重点实验室。重点引导和组织我省大型骨干企业开展行业关键核心技术和共性技术研究，建设国家企业重点实验室；推进省部共建国家重点实验室建设，鼓励建设国际合作联合实验室，力争到 2020 年国家重点实验室数量实现翻番。

三、推进省重点实验室提质创优

加强规划，明确重点，坚持建管结合、动态发展，按照“整改一批、淘汰一批、升格一批、新建一批”思路，稳步提升省重点实验室整体质量。到 2018 年完成对研究方向近似、关联度较大和资源相对集中的省重点实验室的优化重组，力争到 2020 年基本淘汰不适应社会经济发展、不能达到建设目标设定要求的省重点实验室；瞄准下一代信息技术、光机电一体化、智能制造、生物医药、基因组、新能源、机器人等新兴产业发展方向，抓好择优发展，以“省市共建、联动发展、重点突破、支撑产业”的方式，每年新建一批高水平的省重点实验室。

第二节　建设技术创新中心体系

聚焦我省优势支柱及战略性新兴产业领域，建设一批具有开放性、集聚性和前瞻性的高水平广东省技术创新中心，培育成为国家技术创新中心，强化工程技术研究中心建设，力争到 2 020 年形成以国家技术创新中心、广东省技术创新中心、国家级工程技术研究中心、省级工程技术研究中心梯次发展的新格局。

一、推进技术创新中心建设

聚焦我省在国家层面具有影响力的广东优势支柱及战略性新兴产业，聚集海内外优势创新资源，以提升产业技术创新能力，推动和引领产业技术发展为目标，按照“政府引导、企业牵头、多方参与、独立运作”的原则，在政府财政资金引导下，由一个或若干骨干企业牵头，联合重点高等学校与科研院所，共同投资、合作经营，建立若干广东省技术创新中心。以省技术创新中心为基础，加强产业核心关键技术、引领性技术、颠覆性技术攻关，推动产业链上下游紧密合作，培育一批具有国际影响力的行业领军企业，不断提高技术创新中心研发能力和国际竞争力，争取申建国家技术创新中心，力争到 2020 年建成 3 ～ 5 家省技术创新中心，筹建 1 ～ 2 家国家技术创新中心。

二、加强工程技术研究中心建设

支持具备较好创新基础的企业申报建设广东省工程技术研究中心，优先支持企业与高等院校、科研机构联合共建工程技术研究中心。强化工程技术研究中心的运行管理，建立健全创新激励机制和分配机制，加强知识产权管理，建立完善知识产权保护制度。加快推动具备条件的省工程技术研究中心升级为国家级工程技术研究中心，力争到 2020 年，全省国家级工程技术研究中心数量和质量有较大提升。

第三节　完善科技成果转移转化服务体系

实施重大科技成果转化与科技公共服务体系建设计划，建设科技成果转移转化载体，鼓励高等院校、科学技术研究开发机构设立科技成果转化机构，完善科技成果转化服务体系，培育科技成果交易市场，促进科技成果转移转化与产业化。

一、大力发展各类科技成果转化服务机构

推进建设华南（广州）技术转移中心，鼓励珠三角地区有条件的地市建设国家技术转移中心，

培育发展国家级和省级技术转移示范机构，并实施监测评估和动态管理。鼓励有条件的高等院校和科研院所建立专业化、市场化的科技成果转移转化机构，加快建设中山大学技术转移中心、华南理工大学工业技术研究总院、暨南大学技术转移中心、华南农业大学技术成果转移转化中心、南方医科大学技术转移中心等省内成果转移转化服务机构，推动科技成果与产业、企业需求有效对接。支持企业与高等院校、科研院所联合建立科技成果转移转化机构，开展科技成果的应用推广、标准制定以及中试熟化与产业化开发等活动。加快现有科技成果转移转化机构的专业化、市场化建设。实施科技成果转移转化服务奖励，鼓励科技成果转移转化服务机构开展技术转移服务活动。

二、推动技术交易平台建设

发展和规范网上技术交易市场，建立重大科技成果转化数据库，制定重大科技成果信息采集与服务规范，集聚科技成果、知识产权、资金、人才、服务等创新要素，连接高等院校、科研院所、企业、投融资机构等创新主体，建设线上与线下相结合的新型技术交易服务平台，开展技术交易、技术定价、信息发布、在线服务、竞价拍卖、技术投融资、转化咨询等专业化服务。建设面向技术供需方的技术产权交易平台，推进广州知识产权交易中心、中国（华南）国际技术产权交易中心和南方联合产权交易中心等产权交易平台建设，提升广州产权交易所、深圳联合产权交易所、广东金融高新区股权交易中心等技术交易平台服务功能，引导民营资本和技术交易网络运营商建设新型技术交易服务平台，推动技术产权交易平台在地级以上市和高科技园区、科技成果转化服务机构设立交易窗口或服务站点，发展壮大技术交易市场。

三、建设科技成果产业化基地

瞄准超高速无线局域网、量子通信、精准医疗、高端医疗器械、石墨烯、热超导材料、无人机技术、海洋装备制造、节能环保新技术等新兴产业领域，依托国家自创区、高新区以及重点科技园区等创新资源集聚区域，建设一批科技成果产业化基地，推动国内外重大科技成果在基地转化和产业化。深入推动专业镇协同创新，引导产业关联度高的专业镇强强联合，建立资源整合和开放协作机制，共建产业专业合作区和专业型科技成果转移转化基地，形成一批具有国际竞争力的特色产业集群。

四、强化科技成果中试熟化

支持各地建设通用性或行业性技术创新服务平台，为科技成果转移转化提供技术集成、共性技术研发、工程化开发、仪器设备、中试生产线等资源，开展研发设计、检验检测认证、知识产权、投融资、技术推广与示范等服务。鼓励企业牵头、政府引导、产学研协同建立中小微企业创新中试平台，面向中小微企业开展中试熟化与产业化开发，为中小微企业提供科技成果检测检验、集成与二次开发、评估与评价、技术示范推广与交易等服务。推动各类技术开发类科研基地合理布局和功能整合，促进科研基地科技成果转移转化，推动更多企业和产业发展亟须的共性技术成果扩散与转化应用。

第六章　完善多主体协同创新体系

第一节　深化省部院产学研合作

深化“三部两院一省”产学研合作，加强产学研协同创新平台建设，完善政产学研用合作机制，提升产学研协同创新的引领和带动作用。

一、完善产学研协同创新机制

深入推进我省与科技部、教育部、工业和信息化部、中国科学院和中国工程院签订的新一轮战略合作协议实施，完善与三部、两院的会商协调机制；深化省市联动机制，加快建立省、部、院、地等多部门、多主体联动的宏观统筹、协同创新机制。继续组织推动省内外高等学校、科研院所、科技中介机构等参与我省产学研协同创新发展，积极引导央属驻粤科研院所、企业参与广东建设，与广东各地市、各高等学校、科研院所深入开展产学研合作，完善政、产、学、研、中、金等创新要素协同机制，促进各类科技资源向广东产业界开放流动，建立有利于促进广东产学研协同创新发展，推动企业、产业、区域可持续协调发展的创新体系。

专栏 24　省部院“十三五”产学研合作重点

根据协议和会商议题，“十三五”期间教育部、科技部、工业和信息化部以及中国科学院、中国工程院与广东省深化产学研合作的主要方向和内容有：

教育部。双方将共同推进珠三角国家自创区、广东高水平大学和高水平理工科大学的建设，共同深化产学研合作，推动和支持部属高等学校与广东省属高等学校开展学科间的对口支持和科研合作，联合广东省属高等学校、广东企业发起组建国家级产业技术创新联盟，在广东创办新型研发机构、建立联合创新研究院和协同创新中心。教育部将加强对广东建设现代职业教育体系的指导，支持广东深入推进企业科技特派员行动计划以及院士工作站建设。

科技部。双方将共同推进珠三角国家自创区建设与发展，系统推进广东全面创新改革试验，共同推动国家重大科研任务实施，全面深化部省产学研合作，引导更多创新要素和资源向广东集聚，加快广东提升产业竞争力，加快建设国家科技产业创新中心。

工业和信息化部。指导广东实施创新驱动发展战略，推动部属高等学校、科研院所与广东加强产学研合作，与广东地市共建新型研发机构，与广东优势企业共建科技创新平台。支持部属高等学校、科研院所在广东开展联合人才教育和培养工作，设立博士后科研流动站。支持高水平科学家和科研团队到广东开展科技成果转化工作，共同参与实施国家和省重大科技计划。广东重点抓好处于并跑、领跑水平的关键核心技术转化应用。

中国科学院。中国科学院支持珠三角、深圳国家自创区建设，广东省积极支持中国科学院实施“率先行动”计划，支持中国科学院在粤科研机构的改革、建设和发展。省院双方积极引导中国科学院优势创新资源加大对广东省的扶持和支持力度，争取国家在广东布局建设国家大科学中心，布局国家实验室等国家级科研平台，着力提升广东省的原始创新能力和应用研发能力。广东省、中国科学院积极支持中国科学院所属单位与广东省科学院及其研究机构在科学研究、技术开发、人才培养和引进、国际科技合作交流、科技信息等方面的合作。

中国工程院。围绕广东省支柱产业、战略性新兴产业的发展需求，双方共同积极引导中国工程院院士及其团队在广东企业共建多形式、开放式的院士工作站，引导院士及其团队积极参与建设广东省高水平大学、高水平理工科大学、新型研发机构、重大创新平台、重大科技项目等，广东省对院士工作站给予财政支持。双方加强重大人才工程对接，中国工程院帮助广东引进和培养一批科技创新领军人才和高水平创新团队。

二、大力发展产学研协同创新平台

实施产学研协同创新平台覆盖计划，深入推进产业技术创新联盟、院士工作站、特派员工作站等产学研合作创新平台建设，推动广东产学研协同创新中心、校地协同创新联盟发展，加快培育一批市场化导向的高等学校协同创新中心、产业研究开发院、行业技术中心等新型研发组织，健全企业、科研院所、高等学校开展协同创新的技术创新体系。

第二节　促进军民科技深度融合

按照军民融合发展的总体要求，健全军民融合工作机制，加快引进国防科工系统创新资源，推进军民科技合作，形成军民深入融合发展的新格局。

一、推进军民技术体系相互融合

在物联网、互联网、4G 通信、北斗导航、高端芯片、国家高分辨率对地观测系统重大专项等军民技术融合发展的重点产业领域，组织编制军民技术合作路线图，推进军民科技合作的试点示范工作，建立省级军民两用技术研发中心、孵化中心以及军民两用技术示范基地，在全省层面组织实施一批重大军民产学研合作项目和产业化项目，加快推进军民技术和重大科技成果在广东的研发和产业化。

二、完善军民科技融合机制

进一步加强广东省与国防科工系统领域央企、科研院所间的产学研合作，推动广东省与解放军信息工程学院、中国电科集团、中国航天科技集团和中国航空工业集团等军工单位建立战略合作关系，支持有“军工三证”资质的高等学校、科研院所开展重大军民融合技术的研发与产业化，搭建军民产学研合作平台以及军民合作信息交流服务平台，建立符合广东产业发展特色的军民科技融合工作机制。鼓励和支持军工单位来粤设立分支机构，支持军工单位与广东各市联合建立研究开发机构和技术创新平台，推动军民科技设备设施开放共享，鼓励共建科技企业和人才培养基地。

第三节　拓宽对外开放合作格局

坚持以全球视野谋划和推动科技创新，充分发挥毗邻港澳地区、国际化程度高的优势，抓住参与“一带一路”建设的机遇，主动融入全球科技创新体系，加快形成全方位、多层次、宽领域的对外开放合作新格局，努力建设具有国际影响力的科技创新枢纽。

一、加强与创新型国家合作与交流

组织实施国际科技合作提升计划，积极支持广东高等学校、科研院所、企业参与重大国际科技合作计划、大科学工程建设，在优势领域积极争取建设“国际大师研究基地”和国家级国际科技合作基地。支持各地深化与欧美发达国家、亚洲创新型国家和地区的科技产业合作，加强与以色列产业研发合作计划等双边科技合作计划，推进中新广州知识城、佛山中德工业园区、东莞中以创新产业园、中山中瑞（欧）工业园、揭阳中德生态金属城、中以（汕头）科技创新合作区等重大平台发展，加快建设高水平国际联合创新基地和园区。继续加强省级国际科技合作基地和平台建设，支持企业到海外建设研发机构和创业孵化基地，鼓励境外投资者来粤设立研发机构，建设研发中心或国际科技创新中心。

二、拓展与“一带一路”沿线国家合作空间

深化与“一带一路”沿线国家及发展中国家的科技创新合作，继续支持“中—乌巴顿焊接研究院”建设，在新材料、先进制造与装备技术、新能源与节能技术等重点领域加强与独联体、东欧国家开展联合研究，引进先进技术，促进科技成果转化。大力拓展与东盟国家的科技合作，支持湛江奋勇东盟产业园等园区建设，支持高等学校和科研院所到东南亚、南亚等地建立科研合作站点，面向沿线国家打造“海上丝绸之路”科技合作交流桥头堡。

三、全面深化与港澳台和泛珠三角地区科技合作

加强粤港澳大湾区创新合作，继续推进粤港创新走廊建设，实施粤港澳科技创新合作发展计划和粤港联合创新资助计划，推动港澳台相关机构与广东共建产学研结合的国际化创新平台、联合实验室或联合研究中心，以及国家级科技成果孵化基地和粤港澳青年创业基地等成果转移平台，加快香港科学园、应用科技研究院、高等院校等机构的先进技术成果向广东转移转化，努力将粤港澳大湾区打造成为具有国际竞争力的创新高地。深化粤台科技创新和产业合作，促进粤台高等学校、科研院所、企业联合开展产业技术研发、共建技术创新平台和推动创新成果产业化，不断拓展粤台在电子信息、生物医药、节能环保、海洋等新兴产业的合作空间。依托泛珠三角区域科技合作联席会议，在创新资源共建共享、科技专家库建设等领域进一步深化合作。

专栏 25　粤港澳科技创新合作计划

紧抓国家“一带一路”建设重大机遇，不断深化粤港澳科技创新合作，完善三地合作协调工作机制，通过组织实施粤港澳科技联合资助项目、国际科技合作领域专题计划，以及推动省内重点地市实施与港澳合作专项计划，推动粤港澳三地共同开展研发活动以及共建高水平科技创新平台，加速港澳高等学院、科研机构的先进技术成果向广东转移转化以及产业化。

粤港科技联合资助项目。广东与香港联合支持移动互联网、大数据技术、高端制造装备、智能机器人、新材料、新能源、节能环保、生物医药、公共安全等新兴技术领域的科研项目，促进两地技术成果产业化。支持省内科技型企业、高等学校、科研机构，以收购兼并、合资合作、独资新建等方式在香港设立研发中心、实验室、科技孵化器等，促进企业国际竞争力升级。

国际科技合作领域专题计划。支持省内高等学校、科研机构、企业等与香港、澳门等地区开展国际技术转移或联合研发活动，建立合作关系。

“深港创新圈”专项资助计划。深圳、香港共同资助信息与通信、无线射频识别技术、光机电一体化、汽车及零部件、生物医药、医疗设备、新材料及环境保护等领域的合作项目。

第七章　推动大众创业万众创新

第一节　加快建设科技企业孵化育成体系

深入推进科技“四众”促进双创工作，积极打造“众创空间—孵化器—加速器”完整孵化链条，实现全省各地市孵化器和众创空间全覆盖。

一、大力推进科技企业孵化器建设

深入推进“科技企业孵化器＋创新创业”行动，鼓励社会资本设立科技孵化基金。实施科技企业孵化器倍增行动计划，引导各类主体开展孵化器建设，重点依托高新区、专业镇、高等学校、科研院所、新型研发机构、大型龙头企业建设孵化器，支持发展海外孵化器，推进实施孵化机构登记管理制度，完善全省孵化器数据库，加强动态监测和跟踪服务，增强创业孵化、知识产权等专业化服务能力，提高科技成果转化率和在孵企业毕业率。

二、积极支持专业化众创空间发展

推动众创、众包、众扶、众筹“四众”平台发展，重点在创新资源集聚区域，依托行业龙头企业、高等学校、科研院所，大力发展创客空间、创业咖啡、创新工场等成本低、便利化、开放式新型创业孵化平台，建设一批以科技成果转移转化为主要内容、专业服务水平高、创新资源配置优、产业辐射带动作用强的专业化众创空间。大力推进广州科学城、深圳南山区等国家双创示范基地建设，扶持一批双创支撑平台，突破一批阻碍双创发展的政策瓶颈、形成一批可复制可推广的双创模式和典型经验；积极依托孵化器、大学科技园、专业科技园、大型企业、创投机构等，建立一批低成本、便利化、全要素、开放式的创业俱乐部、创新工场、创业咖啡屋、创客空间等新型孵化载体，积极稳妥推进科技股权众筹平台建设，加快推动众创空间向专业化发展，提升众创空间服务实体经济能力。构建一批支持农村科技创新创业的“星创天地”。

专栏 26　科技“四众”平台

科技“四众”平台是指众创、众包、众扶、众筹平台。

众创平台。是指通过创业创新服务平台聚集全社会各类创新资源，降低创业创新成本。主要形式有创客空间、创业咖啡、创新工场，大型互联网企业、行业领军企业通过网络平台向各类创业创新主体开放技术、开发、营销、推广等资源，以及企业通过内部资源平台开展的创新活动。

众包平台。是指借助互联网等手段，将传统由特定企业和机构完成的任务向自愿参与的所有企业和个人进行分工。主要形式有大中型制造企业通过互联网众包平台聚集跨区域标准化产能，来满足大规模标准化产品订单的制造需求，以及以社区生活服务业为核心的电子商务服务平台。

众扶平台。是指通过政府和公益机构支持、企业帮扶援助、个人互助互扶等多种方式，共助小微企业和创业者成长。主要形式有开源社区、开发者社群、资源共享平台、捐赠平台、创业沙龙等各类互助平台。

众筹平台。是指通过互联网平台向社会募集资金，更灵活高效满足产品开发、企业成长和个人创业的融资需求。主要形式有消费电子、智能家居、健康设备、特色农产品等创新产品开展的实物众筹，小微企业等创业者的股权众筹，以及互联网企业依法合规设立的网络借贷平台。

三、加强孵化培训和创业辅导体系建设

支持高新区、专业镇、产业园区建设创新创业服务中心，为科技型中小企业、创业团队、创客空间等提供创业导师、技术转移、检验检测认证、金融投资、法律税务等配套服务。鼓励建设大学生创业中心、大学生创业园、大学生创业基地等创新创业服务机构，为大学生创业提供创业场所、创业咨询、创业辅导、市场开发、人才推荐等服务。推进建设全省统一的“科技创新创业网络信息平台”和中小企业金融超市，建立科技企业孵化机构运营评价体系，引导和鼓励各类科技企业孵化机构为初创期科技型中小企业提供孵化场地、创业辅导、研究开发与管理咨询等服务。

第二节　深化科技金融产业结合

按照“围绕产业链部署创新链、围绕创新链完善资金链”的改革要求，以加快科技金融创新发展支持产业转型升级为核心任务，着力构建多层次、多渠道、多元化的投融资体系，加速科技成果转化和新兴产业培育发展，实现科技、金融、产业的深度融合发展。

一、继续推进试点示范工作

加快推进珠三角金融改革创新综合试验区建设，推动国家级高新区为主体的产业园区以及有条件的专业镇开展科技、金融、产业融合创新发展试验；加快推进“广佛莞”和深圳两个国家级促进科技和金融结合试点的建设，推动广东金融高新技术服务区、东莞松山湖高新区等加快建成科技金融创新发展示范区，鼓励支持东莞、揭阳、佛山市南海区和汕头市海湾新区等开展科技金融产业融合试点工作。发展普惠性科技金融，在广州、东莞、佛山、珠海、汕头、湛江、清远等市开展普惠性科技金融试点，建立健全小微科技企业贷款审批授权体系和专属评价体系，提高科技型小微企业和青年创客的金融可得性，形成试点经验并在全省推广。

二、深入推进科技信贷发展

引导金融机构在高新区、国家高技术产业化基地、专业镇和孵化器等科技资源集聚地设立科技支行等科技信贷专营机构，加快科技信贷产品创新和服务手段创新；用好省市联动科技信贷风险准备金、省级科技信贷风险准备金以及孵化器信贷风险补偿金等，鼓励引导银行扩大对科技企业的信贷支持。探索开展知识产权质押融资等金融产品创新，支持金融机构扩大质押物范围，开展股权、专利权、商标权和版权等质押贷款业务。

三、培育和发展创业投资

加快运作广东省科技创新基金，组建省重大科技成果产业化和重大科技专项创业投资的母基金，鼓励发展科技企业并购基金，引导资金投向不同阶段的科技企业。鼓励粤科金融集团等风险投资机

构联合银行及社会资本，试点设立科技股权基金，引导银行金融机构积极开展科技股权质押贷款业务；鼓励银行、投资机构、担保、保险等多方联动，为企业创新活动提供股权、债权、保险相结合的融资服务；鼓励保险资金投资创业投资基金，完善国有创业投资机构激励约束机制和监督管理机制，积极落实和探索创业投资机构税收优惠政策，完善天使投资风险补偿制度以及向社会资本适度让利的基金收益分配机制，大力发展风险投资、创业投资。广州、深圳要加快培育形成一批知名的创业投资和天使投资机构，珠三角地区要依托国家自创区、高新区、自贸区建立创业投资机构集聚区。积极推进广东天使创业投资联盟建设，鼓励各地举办科技与金融结合推进会与对接会，推进创业企业与创业投资等有效对接。

四、大力发展多层次资本市场

加快推进场外交易（OTC）市场和国家级高新区“新三板”市场建设，支持广州、深圳以及广东金融高新技术服务区股权交易中心创新发展，推进中国（华南）国际技术产权交易中心和南方联合产权交易中心等平台建设，推动建立区域性股权交易市场与全国中小企业股权转让系统的转板机制。积极推动科技企业上市和再融资，鼓励已上市的科技企业通过增发股份、并购重组等方式，做大做强。鼓励符合条件的银行业金融机构开展投贷联动试点，支持具备条件的科技型企业在银行间市场发行中小微企业债券等直接债务融资工具。探索开展知识产权证券化试点和股权众筹融资试点，推进珠三角地区全面开展科技保险工作，争取国家支持珠三角地区全面开展“全国专利保险试点”，加快推广科技型企业小额贷款履约保证保险、出口信用保险等保险产品。

五、完善科技金融产业服务体系

积极推进科技支行、村镇银行、小额贷款公司、融资租赁公司、科技担保公司、科技保险公司等新型科技金融机构发展，加强科技金融服务平台建设。做大做强粤科金融集团，着力发展“投、融、担、贷、筹”等业务，为不同发展阶段的科技型中小微企业提供专业化投融资服务。推进全省科技金融产业服务体系建设，完善科技金融服务信息平台和科技金融综合服务中心等线上线下服务平台。建设科技金融服务信息数据库等线上平台，推广应用省级科技金融信息在线服务，建立完善科技金融“一站式”综合服务平台。引进、培养大批科技金融复合型人才，继续开展科技金融专项培训工作，进一步做好科技金融特派员、企业上市专家服务团、科技资本化咨询服务、风险投资专业团队孵化器、科技金融动态数据统计发布等专项工作。

专栏 27　广东省科技金融产业综合服务中心

广东省科技金融产业综合服务中心是推动全省科技金融产业服务网络体系建设的重要支撑，目前已有 1 个省中心和 29 个分中心，基本实现省内全覆盖。省科技金融产业综合服务中心与各地科技金融产业服务平台上下联动，通过组织各类科技金融产业资源，开展政策宣讲、培训、路演等多层次的投融资咨询及对接服务活动，推动全省科技金融业务健康发展，连接科技金融产业服务“最后一公里”，破除金融机构和科技企业之间信息不对称问题。“十三五”期间，省科技金融产业综合服务中心的建设目标是逐步建立多种融资手段统合使用的科技金融产业服务体系，构建政府、金融机构和企业共同参与的风险分担机制，加大对科技成果转化及产业化项目的支持力度，引导金融机构支持具有核心技术及产业化转化、应用市场的科技项目，发挥科技资源对产业转型升级的推动作用。

第三节　健全科技公共服务体系

坚持以市场为导向，着力培育和壮大科技服务市场主体，提升服务科技创新的能力和水平，到2020年基本建成服务专业化和社会化、覆盖科技创新全链条的科技公共服务体系。

一、推动科技服务业跨越发展

培育壮大新兴服务业态。实施科技服务品牌发展战略，创新科技服务模式，促进服务新业态发展，不断提升全省科技服务业的比重和水平。引导和推动科技服务业跨界融合、产业内多业态融合，推进科技服务产业与云计算、大数据、移动互联网等新一代信息技术融合，支持科技服务机构依托新一代信息技术建立跨区域、综合性、网络化的科技服务集成平台，建立融合电子商务等现代商业模式和新一代信息技术的新型科技服务组织。加快培育和发展文化创意、电子商务、技术交易、科技金融、科研众包、科技服务外包等新型科技服务业态，积极探索科学技术普及服务发展新模式。推动研究开发、检验检测认证、创业孵化、科技咨询等传统领域进行技术集成创新和服务模式创新，促进传统领域服务层次向高端延伸，加强科技服务品牌建设。支持有条件的服务机构开展市场化、企业化经营，开展技术、人才等方面的国际交流合作。鼓励国外知名科技服务机构在我省设立分支机构或开展科技服务合作。

推动科技服务业集聚发展。开展科技服务业区域和行业试点示范，鼓励广州、深圳市创建科技服务业示范城市，支持广州、深圳、东莞市积极打造科技创新创业服务中心，推动专业科技服务集成化发展，支持有条件的地市积极打造一批特色鲜明、功能完善、布局合理的科技服务业集聚区。继续支持和促进科技服务业行业协会和科技服务联盟发展。

二、加强公共研究开发平台建设

规划布局一批重点创新公共服务平台和产学研协同创新中心，推进国家、省、市、县四级生产力促进中心体系建设，建设一批具有国际先进水平的研发设计服务平台，培育建设国际一流的检验检测计量标准服务机构，进一步加强公益性的生物种质资源库、大型科学仪器平台、科学数据和信息平台建设，为科技成果转移转化提供技术集成、共性技术研究开发、中间试验和工业性试验、科技成果系统化和工程化开发、技术推广与示范等服务。

三、推进科技中介服务机构建设

推进科技服务机构的社会化、市场化、专业化改革，鼓励各行业结合自身技术特点和发展需要，加快建立健全技术创新、工业设计、文化创意、质量检测、知识产权、信息网络、电子商务、创业孵化、创业融资、人才培育、安全生产技术服务（含职业卫生）等专业性科技服务机构。大力培育发展龙头科技服务机构。继续组织开展广东省科技服务业百强机构认定工作，引导科技服务机构通过并购或外包方式做大做强，进一步加强对在粤国家级及省级科技服务机构的能力建设，大力培育和发展龙头科技服务机构，打造科技服务业高端品牌。加快发展“互联网 +”创新创业公共服务网络，探索开源社区、虚拟社区等新模式，支持有关市、高等学校、科研院所和企业建设特色鲜明的科技成果转化中心或技术转移办公室。

强化中介机构规范化发展。建立健全科技中介服务管理规范，支持建立市场化的科技中介服务机构，为科技成果转移转化提供技术咨询评估、成果推介、交易经纪、融资担保等服务，鼓励企业、高等院校、科学技术研究开发机构设立具有独立法人资格的科技中介服务机构，支持符合条件的科技中介服务机构承接政府委托的专业性、技术性强的项目。

专栏 28　科技公共服务体系

通过政府引导、市场机制运作，大力发展科技公共服务，推动全省科技资源整合优化，构建开放、共享、覆盖创新全链条的科技公共服务体系。到 2020 年，基本实现全省主要科技公共资源开放、共享；重点培育 100 家以上省级科技公共服务机构或平台，每个县建有 1 个以上科技服务机构或平台，全省重点高等学校、科研机构建立科技成果转移转化服务机构；科技公共服务体系基本覆盖各类高新区、产业园区、专业镇和产业集群、众创空间、科技企业孵化器等。

推进科技服务业集聚发展。支持广州国家高新区、深圳国家自创区南山片区、东莞松山湖国家高新区开展国家级科技服务业区域试点，打造一批特色鲜明、功能完善、布局合理的科技服务业集聚区，形成一批具有国际竞争力的科技服务业集群。

推进生产力促进中心体系建设。培育广东省生产力促进中心、广州生产力促进中心、工业与日用电器行业生产力促进中心、中山市小榄镇生产力促进中心等一批国家级生产力促进中心，扶持一批粤东西北地区生产力促进中心发展壮大，为我省中小微企业提供优质高效便捷便利的科技公共服务。

建立广东省重大科技成果转化数据库。依托广东省生产力促进中心，建设广东省重大科技成果转化数据库，完善数据库线上线下服务平台，利用数据库的成果征集、展示发布、供需匹配等功能，搭建“政产学研会介”融合的长效服务平台。

第四节　加强知识产权和技术标准工作

进一步加强知识产权和技术标准事业的发展，发挥知识产权和技术标准对推动我省创新发展的重要促进作用。

一、强化知识产权运营和保护

以加强知识产权保护和运用为重点，加快知识产权领域改革，推进中新广州知识城国家知识产权运用和保护综合改革试验，建立重大经济活动知识产权审查评议制度、以知识产权为重要内容的创新驱动发展评价制度，推动完善知识产权评估定价机制，简化知识产权转化、投资的审批制度。打造全国性（华南）知识产权交易中心。大力加强知识产权保护，建立省、市知识产权保护责任制，加强知识产权行政执法与刑事司法衔接，完善知识产权审判机制，推动知识产权信用监管体系建设，建设知识产权快速维权机制，建立重点企业知识产权保护直通车制度，深化会展和行业协会知识产权保护和海外护航工作。推动国家知识产权试点示范城市、园区和专利导航实验区建设，建立重点产业知识产权联盟，建设知识产权大数据平台，实施"互联网＋知识产权"计划，大力推进重点产业专利导航，建设一批知识产权强企、强校、强所。

专栏 29　知识产权保护与运用重点工程

建设知识产权快速维权体系。全面提升中山灯饰、东莞家具、顺德家电、阳江刀具、花都皮具、汕头玩具等知识产权快速维权中心服务功能，探索在陶瓷、珠宝等行业建立知识产权快速维权中心，支持高新区、专业镇等重点产业集群依托现有资源建立知识产权快速维权机制，培育建设省知识产权保护中心，争取国家批准在我省建设国家级知识产权保护中心，构建跨行业、跨区域的知识产权快速授权、确权和维权服务体系。到 2020 年底，珠三角各地级以上市至少建立 2 家、粤东西北各地级以上市至少建立 1 家知识产权快速维权中心，全省建成覆盖 30 个以上重点产业的知识产权快速维权体系。

打造全国性（华南）知识产权交易中心。加快建设珠海横琴国家知识产权运营公共服务特色平台、广州知识产权交易中心、深圳专利展示交易平台、前海知识产权运营中心、国家版权贸易基地（越秀）等平台。支持市场化、网络化等知识产权运营机构发展。到 2020 年，全省建设知识产权运营交易服务机构 20 家，年度运营交易专利数达 6000 项，年度知识产权质押融资额 100 亿元。

推进重点产业专利导航工程。围绕省战略性新兴产业、省重大科技专项、珠江西岸先进装备制造业等，深入开展专利导航、分析和预警，寻找产业创新重点方向，引导企业研究开发活动，形成一批基础和核心专利。选择若干高新区，在制定产业发展规划、创新政策及创新活动实践中实施一批专利运营类专利导航项目。到 2020 年，完成 20 个以上重点产业和 40 个以上重点领域的专利导航。

二、提高质量标准水平

开展产业质量标准优化行动，建立和提升我省传统优势产业先进标准体系，实施战略性新兴产业标准体系规划与路线图，重点在战略性新兴产业领域开展共性和关键技术标准的研发和推广，在计算与通信芯片、超高速无线局域网等重大科技专项领域，推动企业实施科技创新与标准化"三同步"（科研与标准研究同步，科技成果转化与标准制定同步，科技成果产业化与标准实施同步）。加快先进制造业高等级计量标准建设和国际先进标准对标工作。提升质量技术基础，大力推广国际标准和国外先进标准，积极参与和主导国际标准与国家标准制修订工作，支持组建区域、产业标准联盟，支持企业以产业链为纽带形成标准联盟推进重要技术标准的研究、制定和采用，主导或参与国际技术标准制定，制定一批抢占行业制高点的国际、国家和行业标准，推动自主创新成果融入团体（联盟）标准。

第八章　全面深化创新体制改革

第一节　系统推进全面创新改革试验

贯彻《关于在部分区域系统推进全面创新改革试验的总体方案》（中办发〔2015〕48 号），聚焦实施创新驱动发展面临的突出问题，统筹推进经济社会和科技领域改革，加快建立促进创新的体制架构，不断提高科技进步对经济增长的贡献度，初步构建创新型经济体系框架，将广东建设成为体制创新的探索者、科技创新的生力军和产业创新的策源地。

一、提升政府创新服务能力

规范政府行政权责，建立创新政策审查机制，推进重点领域行政审批制度改革，加强社会信用体系和市场监管体系建设。培育开放公平的市场环境，建立市场准入负面清单制度，大力实施企业研发投入财政补助、科技创新券补助、科技企业孵化器后补助、创新产品与服务远期约定政府购买等政策，落实高新技术企业和创业投资企业税收优惠、研发费用加计扣除等创新激励税收优惠政策。优化整合科技创新资源，建立财政科技投入统筹联动机制，建立健全重大科研基础设施和科技基础条件平台开放共享制度，建立省级科技报告制度。

专栏 30　全面创新改革试验改革举措

率先推进省属权限改革事项。完善高新技术企业认定管理制度、完善科研项目管理制度、完善知识产权行政管理体制、建立健全知识产权保护机制、完善创业投资政府引导机制、推进股权交易市场建设、推进科技保险服务、完善科技金融综合服务体系、推进重点领域行政审批制度改革、有序推进检验检测认证机构整合改革、建立健全创新政策审查和评价考核机制、实施技术标准战略、完善重大科技基础设施建设机制、创新科研院所管理体制、深化科技创新评价制度改革、促进新型研发机构发展、形成科技创新资源开放共享机制、扩大高等教育办学自主权、鼓励和引导社会力量捐资捐助支持重点建设高等学校发展、开展校企联合培养试点、建设技术和知识产权交易平台、推行互联网＋经济政策创新、推进实施大数据开放创新工程、提高科研人员科技成果转化收益、完善高等学校和科研机构领导人员科技成果转化收益管理办法、开展经营性领域技术入股改革试点、完善高等学校、科研院所科技成果转化个人奖励约定政策、建设高等学校和科研院所科技成果转化服务平台、加快高层次人才集聚、完善科技人才交流制度、鼓励科技人员离岗创业、完善职称评价办法、建立企业研发准备金制度、实施政府购买政策创新、实施首台（套）重大技术装备推广示范应用政策、完善粤港澳科技创新合作机制、扩大中外合作办学自主权、组织实施国际科技合作提升计划、实施高层次人才补贴优惠政策、完善跨境跨国人才服务机制、实施科技人员出国（境）分类管理、完善跨境科技金融服务和平台建设。

加快推进国家授权的先行先试改革举措。完善知识产权审判审理机制，完善知识产权保护机制，推进创业板改革创新，推进投贷联动试点，推进专利保险试点，推进工业产品生产许可证审批制度改革，开展创新药物临床试验审批制度改革试点，开展药品上市许可持有人制度试点，扩大高等教育办学自主权，探索开展知识产权证券化业务，扩大中外合作办学自主权，改革创新外国人才来华工作就业管理新模式，推进粤港澳职业资格互认试点，完善外籍高层次人才引进政策，制定实施粤港澳科技合作发展研究计划，严格落实支持创新发展的税收优惠政策。

二、完善科技成果转化和评价激励制度

完善科技成果转移转化机制，下放高等学校和科研院所科技成果管理、使用和处置权，推进经营性领域技术入股改革，推动高等学校和科研院所建设科技成果转化服务平台，完善科技成果使用、处置、收益管理制度，建立科技成果强制转化机制，发挥重大科技成果产业化基金等扶持资金作用。完善成果转化收益分配制度，提高科研人员科技成果转化收益，完善高等学校和科研机构领导人员科技成果转化收益管理办法。改进科技创新评价制度，改进对高等学校和科研院所研究活动的分类

考核，建立教学、科研以及成果转化等业绩的等效评价机制，将专利创造、标准制定及成果转化等业绩作为职称评审、绩效评价、考核激励的重要依据。改革科研人才管理制度，实施科技人员出国（境）分类管理，放宽国有企事业单位技术和管理人员参与国际创新合作交流活动的审批，探索建立用人单位职称自主评价机制，鼓励高等学校科研院所科研人员在岗离岗创业，推动实现科研人员在企业与事业单位之间流动时社保关系转移接续。探索试行高等学校和科研院所科技成果公开交易备案管理制度，建立省级科技成果转化项目库，完善科技成果评估指标体系，建立科技成果强制转化和尽职免责机制。

三、健全创新投融资机制

发展多层次资本市场，推进广东金融高新区股权交易中心、广州股权交易中心和深圳前海股权交易中心创新发展，推动建立区域性股权交易市场与全国中小企业股份转让系统之间的合作对接机制，建设全省统一的综合性交易平台。大力支持科技创新企业融资。推动中国青创板对接大学生创新创业竞赛和高等学校“青创空间”、创业社区等，提供孵化培育、规范辅导、登记托管、挂牌展示、投融资对接等综合金融服务。打造华南风投创投中心，支持地级市政府发起设立或者参与设立创业投资引导基金，支持社会资本参与国家新兴产业创投引导基金、国家中小型发展基金和国家科技成果转化引导基金，鼓励创投机构投向孵化器科技型中小微企业，研究通过国有重点金融机构、国有资本运营公司和国有企业参与设立海外创新投资基金。开展科技金融创新，争取国家支持开展投贷联动试点，开辟科技信贷绿色通道，探索设立知识产权质押融资风险补偿基金，推进科技保险和专利保险。

专栏 31　科技金融创新发展重点工程

推进企业融资“直通车”工程。推进创业板改革创新，研究特殊股权结构类创业企业到创业板上市的制度设计，研究推动符合一定条件但尚未盈利的互联网和科技创新企业到创业板发行上市。加快推动全国中小企业股份转让系统（新三板）华南服务平台落户珠海横琴，为创新型、科技型、成长型中小微企业发展提供综合金融服务。依托广东金融高新区股权交易中心打造科技板，为科技企业提供培育孵化、知识产权质押、股权交易、债权融资等全方位金融服务。

建设风险投资、创业投资中心。依托广东省科技创新基金、广东省创业引导基金和其他政策性产业基金，推动有条件的地级市政府发起设立或者参与设立创业投资引导基金，引导更多社会资本发起设立创业投资、天使投资和股权投资。在广州、深圳、珠海等地规划建设一批具有特色的基金产业园、基金小镇或股权投资基地，加大资本招商力度，充分依托知名机构丰富的资源以及投资能力，示范带动区域创业投资发展。力争到 2020 年，广东私募股权投资机构数不低于 3000 家，管理资本规模不低于 1.5 万亿元。

争取开展投贷联动试点工程。支持符合条件的银行业金融机构在依法合规、风险可控的前提下，通过设立子公司开展股权投资，用投资收益抵补贷款风险损失，支持银行机构加强与创业投资、股权投资等机构合作，推动在广州萝岗开发区、深圳南山科技园、东莞松山湖产业园、佛山南海高新区等条件成熟的园区进行试点。

推进科技金融融合创新试点工程。深入推进“广佛莞”和深圳两个国家级促进科技和金融结合试点建设，支持东莞、揭阳市和佛山市南海区建设科技金融产业融合创新综合试验区，推动广州金融创新服务区、广东金融高新技术服务区、东莞松山湖（生态园）高新区加快建成科技金融创新发展示范区，支持有条件的专业镇、民营科技园、高新技术产业园区等开展促进科技和金融结合试点。

第二节　深入开展科技管理体制改革

大力组织实施省级科技业务管理阳光再造行动（2.0 版），进一步深化科技管理体制改革，以科学高效的创新治理和业务管理体系支撑全省创新驱动发展战略的全面实施。

一、建设现代科技创新治理体系

大力推进科技计划审批制度改革，针对不同的服务对象、资助重点和业务特点，建立完善相应的业务审批方式。完善科技咨询专家库建设，建立高层次、常态化的企业技术创新对话、咨询制度，健全专家遴选与退出制度；改革科技评价体系，完善立项决策会商制度、重大项目论证制度和项目立项评审评估及决策机制。强化科技创新宏观治理职能，着力抓好科技创新战略规划、创新政策的统筹制定和落实，加快构建科技业务纵向协同管理机制，切实推动政府科技管理方式从项目管理为主向以创新治理为主转变。

二、完善科研项目管理制度

加强科研项目全过程管理，创新科研组织模式，健全依托专业机构管理科研项目的体制和机制，探索开展科研众包等新型科研组织方式。建立包容和支持“非共识”创新项目的制度。健全科研项目经费管理制度，扩大科研单位对经费使用的自主权。完善财务审计验收和责任追究制度，建设科技项目监管数据平台，完善科研项目信息公开和问责、质询机制。

三、深化科技创新评价制度改革

加快推进高等学校和科研院所科研评价改革试点工作，探索实施高等学校和科研院所活动分类考核制度，对基础和前沿技术研究突出中长期目标导向，对公益性研究强化国家目标和社会责任，应用研究和产业化开发主要由市场评价。

四、加强创新基础制度建设

加快建立创新调查制度，开展广东区域创新体系建设和创新驱动发展监测评估。按照国家科技信息管理系统建设标准要求，加强广东省科技业务管理信息化系统建设。加快科研信用制度建设，制定实施细则，建立科研诚信档案和“黑名单”制度，启动建设科研信用管理系统，建立科研信用信息共享机制，完善科研信用评价和奖惩机制。

第九章　加强科普与创新文化建设

第一节　全面提升公民素质

深入实施《广东省全民科学素质行动计划纲要实施方案（2016—2020 年）》，以青少年、农民、城镇劳动者、领导干部和公务员等为重点人群，扎实推进全民科学素质工作，力争到 2020 年，我省公民具备科学素质的比例达到 10.5% 以上。

一、推动实施青少年科学素质行动

以培养青少年科学兴趣、创新精神和实践探究能力为主，全面提升中小学校的科技教育水平。全面推进校内青少年科技教育，完善中小学科学课程体系。深入开展青少年科技创新大赛、青少年机器人竞赛、青少年科技创新实践能力挑战赛、青少年高校科学营、青少年科学调查体验活动和中学生英才计划等示范性活动。继续开展省级科学教育特色学校创建活动，加强建设广东省青少年科技教育服务平台和实施广东省青少年科技教师培育工程。开展青少年创客、科技馆活动进校园、科普大篷车进校园和科普资源服务进校园等工作。整合校内校外科学教育资源，动员和组织科技专家、教育工作者和科普志愿者广泛开展各类青少年科普活动，建立科普场馆和学校课程衔接、联动的有效机制，扩大学生参加课外科技活动的渠道和机会。力争到“十三五”期末构建一个适应青少年科学需求、符合现代科技教育发展规律的青少年科技教育工作新体系。

二、推动实施农民科学素质行动

深入开展科技文化卫生三下乡、村会协作、科普文艺巡演和科技培训等活动，推进实施“广东省科普惠农兴村计划”、基层农技推广体系改革与建设示范项目，推广农民科学素质行动的先进经验，示范引领农村农民提升科学素质。结合精准扶贫工作，开展省级科普示范村建设试点。认真做好创建 2016—2020 年全国科普示范县（市、区）和广东省科普示范县（市、区）、镇的工作，加强农村科普“站、栏、员、基地”建设，提高县（市、区）“科普大篷车”电视栏目的宣教覆盖面。力争到“十三五”期末，创建全国科普示范县（市、区）30 个和广东省科普示范县（市、区）、镇 80 个，科普示范乡镇 500 个、科普示范村 600 个，培育科技示范户 10000 户，实现村一级“站、栏、员”（科普宣传站、科普宣传栏、科普宣传员）全覆盖。

三、推动实施城镇劳动者和社区居民科学素质行动

围绕安全、健康、环保等主题，开展科教进社区、全民健康科技行动、社区科普大讲堂、全省科普巡展、职业培训和岗位技能竞赛等活动。实施“社区科普益民计划”，大力发展各级科普示范社区，加强社区科普设施建设，推动将科学素质内容纳入各级各类职业教育和成人教育课程和培训教材，促进城镇劳动者科学素质整体水平跨越提升。力争到“十三五”期末，创建全国科普示范社区 165 个、创建科普志愿者社区服务站 550 个、建设社区科普图书室 600 个。

四、推动实施领导干部和公务员科学素质行动

将普及科学知识、倡导科学方法、传播科学思想、弘扬科学精神作为领导干部和公务员教育培

训的重要内容，加强领导干部科学方法、科学思想和科学精神培育。不断完善领导干部考核评价机制，在领导干部考核和公务员录用中，体现科学素质的要求。继续办好广东院士讲坛、健康大讲坛、岭南大讲坛、科普报告会和专题科普讲座等各类科技知识讲座和报告，组织倡导领导干部和公务员“读科普书、听科普讲座、参加科普活动”。推进科学素质教育内容列入各级党校、行政学院等干部教育培训机构的教学计划。

第二节　加强科普能力建设

完善科普基础设施布局，加强科普信息化建设，提升科普基础设施的服务能力，推动科普产业创新发展，推进优质科普资源开发开放共享，最大限度地提高科普公平普惠程度。

一、提高科普公共服务水平

围绕“节约能源资源、保护生态环境、保障安全健康、促进创新创造”的主题，组织开展全国科技周、全国科普日、全国防灾减灾日宣传周、全国食品安全宣传周、广东省科技进步活动月、广东省文化科技卫生“三下乡”活动和建设健康广东等社会公共科普服务活动，积极探索社会化科普活动模式。积极推动科普示范体系建设，逐步建立应急科普服务体系，组织专家做好相关科学知识的释疑和宣传，引导社会公众科学应对发生在身边的事件。适应现代科普发展要求，壮大兼职科普人才队伍，加快发展科普志愿者队伍，推进科普人才的知识更新和能力培养。力争到“十三五”期末形成以大型品牌科普活动为重点，以专题活动为辅助，以各类经常性活动为基础的科普活动新格局。

二、加强科普基础设施和信息化建设

加强对全省科普基础设施的规划和指导工作，指导支持广州、深圳、河源等市建设科学馆，支持各地建设一批具备科技教育、培训、展示等多功能的群众性特色科普活动场所和设施．积极推进科技馆、高等院校和科研院所及企事业单位研发中心等公共实验室、主题公园、消防平台向社会公众免费开放，鼓励社会力量兴办各类公益性科普设施。实施科普信息化建设工程，建设“广东微科普传播平台”，以“互联网＋科普”为新手段，积极利用“科普中国”的网络资源，通过社交网络平台、即时通讯工具、APP 等，建立移动端科普传播平台，逐步建立功能全面、安全稳定的科普云平台，促进科普信息资源在基层广泛使用，促进科普活动线上线下相结合，实现科普信息资源的集成和共享服务，强化科普信息精准推送服务。充分利用科技馆、科博馆、科普大篷车、科普教育基地、社区科普体验馆等重要平台，在内容、渠道、经营、管理等方面利用现代信息技术实现在线虚拟漫游和互动体验。加强科普资源专业化建设，建设好广东科普资源网、中国科普资源开发与集散中心华南分中心和广东省数字化科普资源网站。

专栏 32　科普基础设施工程

科学馆建设。充分发挥广东科学中心等科技馆的作用，推动有条件的市、县（市、区）建设主题、专题和其他具有地方特色的科技馆，积极探索和建立以大型社会化科普设施为核心的现代科技馆体系。 基层科普设施建设。力争到 2020 年，全省 60% 以上的街道（乡镇）、社区建有科普活动场所，发达地区 70% 以上的社区建有较完善的科普基础设施。 科普教育基地建设。力争到 2020 年，全省新创建国家级科普教育基地 100 个，省级科普教育基地、青少年科技教育基地 1000 个以上。

三、推进优质科普资源开发及科普产业化

加强优秀科普资源的开发、集成与服务工作。开发、集成与共享各类优质科普资源，举办“广东省科普作品创作大赛”和“科普剧表演与剧本创作大赛”，集成和推广优秀科普作品，推动科普与文艺结合，推动科技创新成果向科普产品转化。加强科普创作和产品研发示范团队建设，充分利用科学文化创意产业基地，培养一批高端科普创作与设计人才、团队，促进科普产业源头创新。推进创新创业与科普结合。以大众创业、万众创新为导向，加大科普创客模式的推广，建设科普众创空间，组建省级科普创新发展联盟，壮大科普产业联盟，丰富科普产品和服务内容，提高科普产品品质和服务效能，增加公共科普产品的供给和服务。

第三节　弘扬创新创业文化

大力培育和弘扬创新创业精神，加强科学精神和创新价值的传播塑造，营造敢为人先、包容多元、宽容失败的创新创业文化氛围。

一、大力宣传创新创业精神

积极倡导敢为人先、勇于创新、宽容失败的创新文化，加强对重大科技成果、杰出科技人以及创新型企业典型的宣传，多方式、多渠道加大对创新创业者的奖励力度，逐步树立创新创业榜样以及崇尚创新、创业致富的价值导向，引导各地市举办创新创业大赛，持续举办中国创新创业大赛广东赛区、深圳赛区、港澳台大赛和两岸四地大学生创新创业大赛，积极参与国际创新创业大赛，大力培育企业家精神和创客文化。进一步加强高等学校、科研院所和文化园区创新文化建设，鼓励大中型企业建立服务大众创业的开放创新平台，支持社会力量举办创业沙龙、创业大讲堂、创业训练营等培训活动。继续办好全省科技进步活动月，广泛宣传科技发展成就，让科技成果惠及民众。

二、加强科学道德和诚信建设

坚持制度规范和道德自律并举，建设教育、自律、监督、惩治于一体的科研诚信体系。完善科研诚信的承诺和报告制度等，实施科研严重失信行为记录制度，探索建立多层次的科技创新信用管理平台，形成跨部门的科研信用共建联动机制，鼓励社会参与科研诚信体系建设，监督、惩戒科研

失信行为，提高失信成本，强化科研诚信的约束力。发挥科研机构和学术团体的自律功能，引导科技人员加强自我约束、自我管理。加强科研诚信教育，以科学道德、科学伦理、科研价值观教育培训为重点，引导广大科研工作者在科学探索的过程中自我约束，形成良好的科研文化氛围。

第十章　切实保障规划实施

第一节　完善和落实科技创新政策法规

围绕营造良好创新生态，强化创新法制保障，加大普惠性政策落实力度，加强创新链各环节政策的协调和衔接，形成有利于创新发展的政策导向。

一、强化创新法制保障

加强科技立法理论和实践研究，完善创新法规体系。积极落实国家在支持企业研发、加速科技成果转化、推动创业投资发展的相关优惠政策。贯彻实施《广东省自主创新促进条例》、《广东省促进科技成果转化条例》以及《广东省人民政府关于加快科技创新的若干政策意见》（粤府〔2015〕1号）等法规和文件，进一步在知识产权、人才流动、国际合作、金融创新、激励机制、市场准入等重要领域先行先试。开展科技法规和政策后评估，及时总结经验，狠抓落实，营造良好的创新法制环境。

二、完善支持创新的政策体系

发挥市场竞争激励创新的根本性作用，营造公平、开放、透明的市场环境，强化产业政策对创新的引导，促进优胜劣汰，增强市场主体创新动力。坚持结构性减税方向，逐步贯彻落实国家对企业技术创新的投入方式转变为以普惠性财税政策为主的创新扶持政策，健全有利于产业创新发展的价格政策，推行支持新技术、新产业和新业态发展的土地利用政策。落实以增加知识价值为导向分配政策，提高科研人员的积极性，推进全社会的自主创新活动。

三、强化政策统筹协调

建立创新政策协调审查机制，组织开展创新政策清理，及时废止有违创新规律、阻碍创新驱动发展的政策条款，对新制定政策是否制约创新进行审查。加强对中央政策的贯彻落实。强化顶层设计，加强科技政策与财税、金融、贸易、投资、产业、教育、知识产权、社会保障、社会治理等政策的协同，形成目标一致、部门协作配合的政策合力，提高政策的系统性、可操作性。建立创新政策调查和评价制度，广泛听取企业和社会公众意见，定期对政策落实情况进行跟踪分析，并及时调整完善。

第二节 完善科技创新投入机制

发挥好财政科技投入的引导激励作用和市场配置各类创新要素的导向作用，完善财政科技资金投入方式，引导更多社会资源投入创新，形成财政资金、金融资本、社会资本多方投入的新格局。

一、加强规划任务与资源配置衔接

坚持“围绕产业链部署创新链、围绕创新链完善资金链”，把规划作为科技任务部署的重要依据，加强科技创新战略规划、科技计划布局设置、科技创新优先领域、重点任务、重大项目和年度计划安排的统筹衔接，加强科技资金的综合平衡。继续聚焦重点领域，优先支持重大科技项目和重大科技工程建设。坚持分类支持，重点支持市场不能有效配置资源的基础前沿、社会公益和重大共性关键技术研究等公共科技活动，加强对粤东西北市县（区）镇科技创新能力建设的支持。针对科技型中小企业创新特点和需求，设立实施普惠性投入政策，引导扶持企业技术创新和产学研结合。

二、优化整合财政科技投入体系

争取更多中央引导地方科技发展专项资金。按照《广东省级财政科技计划（专项、基金）管理改革的实施方案》要求，健全竞争性投入管理规范，增加稳定性、普惠性、市场性等多样化的财政投入方式。加强财政资金和金融手段的协调配合，综合运用创投联动、贷款风险补偿、融资补贴等多种方式，充分发挥财政资金的杠杆作用，引导金融资金和民间资本进入创新领域，完善多元化、多渠道、多层次的科技投入体系。

三、完善财政科技投入管理机制

建立健全稳定性和竞争性支持相协调的政府科技经费投入机制，优化科技专项资金结构和方式，逐步建立基础研究基本业务费制度，加强对基础性、公益性、前沿性项目及重大科技成果转化的支持。进一步创新财政科技投入方式，利用市场化机制筛选项目、评价技术、转化成果，健全技术创新市场导向机制，形成对企业的技术创新和产业化项目以科技金融、财政科技经费与创业投资协同支持的投入机制。探索符合科技创新规律的预算和财务管理办法，进一步完善科技经费使用法人负责制，实施分类绩效管理和监管，加大项目绩效评估和资金监管力度，探索引入第三方评估，完善机构信用评价和管理体系，逐步实现财政科技投入绩效评价结果与后续投入挂钩。

第三节 加强规划实施与管理

加强组织领导，明确分工责任，强化规划实施中的组织协调、评估和督查考核，形成规划实施的强大合力和制度保障。

一、加强规划实施的组织协调

省科技行政主管部门牵头推进规划实施和政策落实，做好与产业、人才、教育、知识产权等专项规划的统筹衔接，加强与各市经济社会发展规划的协同落实，强化对年度计划执行和重大项目安排的统筹分解，确保规划提出的各项任务落到实处。各地市、各有关部门要切实履行职责，强化本单位、本部门科技发展部署，结合自身实际抓好各项任务的落实。

二、加强规划评估和动态调整

建立健全科技规划监测评估和动态调整机制。完善创新指标统计方法和制度，加快制定科技创新监测评估体系，重点对高新技术企业数量、科技孵化器在孵企业数量、研发经费占地区生产总值比重、发明专利申请量与授权量等主要指标进行监测；加强对各地区创新驱动发展情况及效果的监测评估，开展规划中期评估和专项监测，实施动态监测与跟踪分析，为规划的动态调整和顺利实施提供依据。

三、加强规划实施的督查考核

省科技行政主管部门负责本规划实施的督促检查工作。进一步完善督查和考核机制，将本规划主要发展指标实施情况纳入市及有关部门绩效评价与考核的重要内容，定期开展督促检查二作。

广西科技创新“十三五”规划

本规划根据《国家中长期科学和技术发展规划纲要（2006—2020 年）》《广西壮族自治区中长期科学和技术发展规划纲要（2006—2020 年）》《广西壮族自治区国民经济和社会发展第十三个五年规划纲要》编制，提出“十三五”时期我区科技创新的指导思想、目标任务和重大举措，是指导我区未来五年创新型广西建设的行动纲领。

第一篇　建设创新型广西

第一章　把握科技创新发展新形势

第一节　“十二五”时期发展成就

“十二五”以来，在自治区党委、自治区人民政府的正确领导下，全区科技战线深入贯彻落实科学发展观，积极实施创新驱动发展战略，按照“强基础、提能力、促发展、惠民生”的总体思路，积极推进八大任务、十一个重大专项等各项工作，取得了重大进展，获得了一批重大产品和技术，多个研发平台上升为国家级平台，科技投入持续增长，专利年申请量突破 4 万件大关，全区科技事业取得了长足进步，为主动适应和引领经济发展新常态，加快实现“两个建成”目标提供了有力支撑。

——产业创新为经济发展提供新动力。围绕战略性新兴产业和特色优势产业，从基础研究、共性关键技术攻关到产业化示范进行全链条创新设计。组织实施新能源汽车、铝资源、非粮生物质能源、制糖等 11 个重大科技专项，攻克了一批产业关键技术难题，研发了一批国内外领先并拥有自主知识产权的新产品。工业科技创新成效明显，在航空铝合金材料与加工技术、轨道交通高端铝合金材料等方面得到突破性的发展。研发出国内首台达到欧洲第六阶段排放标准的柴油发动机。战略性新兴产业蓬勃发展，新一代信息技术、生物医药、有色金属新材料等产业已初具规模。农业科技创新取得丰硕成果，自主培育出通过审定的粮食、林木、水产畜牧等新品种 576 个，全区农业良种覆盖率达到 90%，全区农作物耕种收综合机械化水平达到 50%，国家级农业科技园区总数达到 5 家。

广西壮族自治区人民政府办公厅，桂政办发〔2016〕111 号，2016 年 9 月 19 日。

——高新区发展成为经济发展新高地。全区新增国家级高新区 1 个、自治区级高新区 4 个，国家级高新区达到 4 个，高新区总数达到 8 个，数量位居西部地区前列。2015 年，高新区完成工业总产值 4395 亿元、工业增加值 1179 亿元、出口创汇 35.81 亿美元，分别比“十一五”期末增长 127.24%、137.54%、152.18%，发展增速明显高于全区平均水平。2014 年，南宁、柳州、桂林国家高新区首次全部进入全国 50 强。广西高新技术产业化指数位居全国第 9 位、西部第 3 位，增幅位居全国第 1 位。高新区成为广西经济的重要增长点和自主创新的战略高地。

——科技创新基础进一步夯实。全区在资金、平台建设等方面不断加大投入，取得显著成效。财政科技投入对全社会研发投入的引导作用明显增强，全区财政科技拨款年初预算安排年均增长超过 20%，全社会研究与试验发展（R&D）经费支出由 2010 年的 62.87 亿元增长到 2014 年的 111.87 亿元，增长了 77.92%。创新平台和基地建设持续加强。建成了国家重点实验室 2 家、国家工程技术研究中心 3 家、国家工程实验室 3 家、国家地方联合工程研究中心（实验室）11 家、国家级企业技术中心 8 家，广西工程技术研究中心达到 213 家，建设了 23 家千亿元产业研发中心、25 家工程院、28 个产业技术创新战略联盟。到 2015 年底，全区高新技术企业 641 家，比“十一五”期末增长 55%；创新型企业（含试点）163 家，比“十一五”期末增长 49%。自治区重点实验室及培育基地由“十一五”期末的 38 家增加到 78 家。

——科技体制改革取得新突破。在科技项目和经费管理改革、推动科技成果转化等方面出台了近 20 个涉及科技改革创新的政策文件。出台《关于深化自治区本级财政科技计划和科技项目管理改革的实施方案》，调整优化各部门管理的各类科技计划形成新的科技计划体系，建立健全统筹协调与决策机制、公开统一的自治区科技管理平台、公开统一的评估监管与动态调整机制。制定《关于事业单位科技成果使用处置和收益管理暂行规定》，下放管理权限，明确规定研发团队和完成人可获得科技成果转移转化收益所得 70% ~ 99% 的奖励，激励科研人员创新创业。推进科技行政管理改革，科技行政许可事项减少至 3 项，“科技计划项目审批”等办结时限缩减 50%。

——高层次人才队伍建设形成新格局。加大对科技领军人才、青年人才和优秀团队的支持力度，采用特殊政策引进和培养高层次创新人才，先后建立了自治区主席院士顾问、八桂学者和特聘专家制度，选聘主席院士顾问 117 名、自然科学类八桂学者 59 名、特聘专家 92 名，建设院士工作站 80 家；一批高层次创新人才脱颖而出，先后入选“长江学者奖励计划”、国家“杰出青年”、国家“千人计划”“万人计划”，形成了广西高层次人才队伍建设的新格局。

——知识产权工作实现重大跨越。出台《广西壮族自治区人民政府关于在全区开展全民发明创造活动的决定》（桂政发〔2011〕81 号）和《广西发明专利倍增计划》，修订《广西壮族自治区专利条例》，优化了专利发展的综合创新环境。全区发明专利受理量、授权量及每万人口发明专利拥有量等多项指标增长率连续多年排在全国前列。发明专利申请量合计 76692 件，授权合计 8781 件，分别是“十一五”时期的 13.8 倍和 6.6 倍，每万人口发明专利拥有量达到 2 件，是“十一五”期末的近 7 倍。作品著作权登记 886 件，农林业植物新品种授权 44 个。到 2015 年，有效注册商标达 68258 件，其中中国驰名商标 29 件、广西著名商标 686 件。

——创新创业环境进一步完善。创新创业服务平台不断健全，科技企业孵化器达到 52 家（其中国家级 7 家），一批众创空间在全区范围内开始建设。南宁、柳州、桂林、北海自主创新示范区建设全面启动，全区科技成果转化大行动深入实施。“十二五”期间共签订区外技术引进合同 13368 项，交易金额 352.75 亿元。创新创业政策环境进一步健全，先后修订《广西科学技术进步条例》、《广西壮族自治区专利条例》、《广西壮族自治区高新技术产业开发区条例》以及《广西壮族自治区科学技术奖励办法》，出台《大力推进大众创业万众创新的实施方案》，评选出 760 项广西科学技术奖，坚持每年举办广西科技活动周等大型活动，各类群众性科普主题活动覆盖全区，创新创业环境日益优化。

——科技开放合作进一步深化。中国—东盟技术转移中心和国际科技合作基地等平台建设加快，与泰国、柬埔寨等 5 个国家建立了双边技术转移中心，中国—东盟技术转移协作网络成员已覆盖国内和东盟各国，网络成员达 1763 家（其中东盟国家 481 家），开展技术对接项目 429 项，签约 140 项，合同协议金额达 3.1 亿元。国内科技合作持续加强。重点与中国科学院、北京航空航天大学、北京科技大学等大院大所在信息、新材料等领域开展产学研合作。与沿海发达地区省份在信息互通、人才培养和技术转移与推广方面合作取得实质进展。

第二节　面临的新形势与新挑战

“十三五”是我国经济社会发展进入新常态的重要时期，是全面建成小康社会的决胜阶段，也是进入创新型国家行列的冲刺阶段，正在由投资驱动向创新驱动全面转型的关键时期，科技创新将发挥全面创新的引领作用。信息技术、生物技术、新能源技术、新材料技术等交叉融合正在引发新一轮科技革命和产业变革，随着供给侧结构性改革推进，要求培育发展新动力，以及优化劳动力、资本、土地、技术、管理等要素配置，激发创新创业活力，推动大众创业、万众创新，释放新需求，创造新供给，推动新技术、新产业、新业态蓬勃发展，加快实现发展动力转换。中央对科技创新提出新的更高要求，科技创新在国家发展全局中的战略地位提升到前所未有的新高度，创新已经摆在了五大发展理念之首，创新已经成为引领发展的第一动力，成为全社会广泛共识和重要价值导向。

“十三五”时期，是广西贯彻落实“四个全面”战略布局，与全国同步全面建成小康社会的决胜期，是全面履行中央赋予广西“三大定位”新使命，基本建成面向东盟的国际大通道、打造西南中南地区开放发展新的战略支点、形成 21 世纪海上丝绸之路与丝绸之路经济带有机衔接的重要门户的关键阶段，是新型工业化城镇化加速发展时期和经济转型升级、爬坡过坎的重要阶段。自治区把创新驱动摆在“十三五”时期四大战略之首，把创新摆在经济社会发展全局的核心位置，大力推进制度创新、科技创新、文化创新、人才创新等各方面创新，加快形成以创新为引领的经济体系和发展模式，促进大众创业、万众创新，建设创新型广西。在新的形势下，广西既面临新常态的趋势性变化，又有后发展欠发达地区的差异性特征。经济下行压力持续加大，投资增长乏力，三产增速缓慢，市场需求持续低迷，深层次矛盾与短期困难交织。经济增长旧的动力逐渐减弱，新的动力尚未形成，科技发展面临巨大挑战。广西的科技创新投入严重不足，且资金管理条块分割，使用效益低下。广西传统的资源型产业和制造业面临巨大转型压力，企业的创新意识不强，自主创新能力低，全区规模以上工业企业研发投入强度 0.49%，仅为全国平均水平的 61%。广西的整体科技创新能力难以支撑经济转型升级，高校院所创新综合实力不强，人才特别是领军人才匮乏，创新内生动力不足，缺乏对全局具有整体带动作用的科技先导产业，难以拓展新的战略发展空间。科技体制机制改革滞后，政策环境有待完善，大众创业万众创新的局面尚未形成。

第二章　确立科技创新发展新蓝图

第一节　指导思想

全面落实党的十八大和十八届三中、四中、五中全会精神，深入贯彻习近平总书记系列重要讲话精神，认真落实“自主创新，重点跨越，支撑发展，引领未来”的科技工作指导方针，按照“五位一体”总体布局和“四个全面”战略布局，牢固树立创新、协谓、绿色、开放、共享的发展理念，紧紧围绕自治区四大战略、三大攻坚战的总体部署，深入实施创新驱动发展战略，将创新作为引领发展的第一动力，突出引进消化吸收再创新，加强集成创新，鼓励原始创新，按照“深化改革、强化创新、开放合作、支撑发展”的总体思路，以科技创新为核心，以深化科技体制改革为动力，着力夯实创新基础能力，着力提高创新供给质量，着力推进大众创业、万众创新，着力扩大科技开放合作，建成具有区域特色的广西创新体系，全面提升科技综合实力，为实现“两个建成”目标提供强大科技支撑。

第二节　基本原则

坚持深化改革。充分发挥市场对创新资源配置的决定性作用，加强政府的规划、协调和引导职责，创新治理模式，激发创新活力，增强发展动力，开创大众创业、万众创新新局面。

坚持支撑引领。聚焦广西经济社会发展的重大需求，明确主攻方向和突破口；坚持技术创新的市场导向，促进科技与经济深度融合，积极发挥科技创新对供给侧结构性改革、建设生态广西的重要支撑作用。

坚持突出引进消化吸收再创新。把握世界科技发展态势，充分利用国际国内创新成昊，突出引进消化吸收再创新，整合科技、人才、资金、信息、金融等创新资源，发挥自身特色和优势，形成合力，强力推进，在重点产业、技术等方面取得实质性突破，推动广西经济转型升级。

坚持科技惠民。把科技创新和改善民生福祉相结合，发挥科技创新在提高人民健康兰活水平，促进高质量就业和创业，扶贫脱贫等方面的重要作用，让更多科技创新成果由人民共享，为广西迈入全面小康社会提供重要科技支撑。

坚持人才优先。把人才资源开发放在科技创新最优先的位置，积极引进和培养创新创业人才，改革人才培养使用机制，培养造就规模宏大、结构合理、优质优良的创新创业人才队伍。

坚持开放合作。积极参与国家对外开放新战略，主动融入全国乃至全球创新网络，努力形成深度融合的互利合作格局，在研发活动、基地建设、资源共享、人才交流等方面建立健全区域创新合作机制。扩大对外开放和引资引智规模，提升开放合作层次。

第三节 发展目标

到 2020 年，建成具有区域特色的广西创新体系，全社会创新创业环境明显优化，自主创新能力和产业竞争力大幅提升，科技支撑引领经济社会发展的能力显著增强，力争科技进步综合实力进入全国中等地区行列，建成创新型广西，为 2030 年跻身创新型省区行列、2050 年步入创新型省区前列打下坚实基础。

——自主创新能力显著增强。建成一批高水平的科技创新平台，引进和培养一批高端人才，吸引和聚集一批产业领军人才、创业投资家和创新型企业家。企业技术创新主体地位日益明显，全社会研究与试验发展经费支出占地区生产总值（GDP）比重达到 2%，每万人发明专利拥有量达到 6 件，科技进步贡献率达到 55%。

——支撑经济社会发展能力显著提升。传统产业优化升级进一步加快，高新技术和战略新兴产业快速发展，高技术产业增加值占规模以上工业增加值的比重达到 25%，高新技术产业园区工业总产值达到 10000 亿元，战略性新兴产业增加值占 GDP 的比重超过 15%；现代农业科技取得重大进展，生物种业成效显著，农作物耕种收综合机械化水平达到 65% 以上，在现代特色农业核心示范区中率先基本实现农业现代化；现代服务业快速发展，“数字广西”建设取得重大进展，信息化、智能化、网络化水平明显提升；生态环境保护科技水平明显提高，食品药品安全技术和人民健康科技保障水平不断提升，防灾减灾和新型城镇化科技支撑能力进一步增强，科技扶贫成效显著，创新成果更多为人民共享。

——科技体制机制更加完善。建成新型科技计划和科研项目管理新机制。以企业为主体、市场为导向的技术创新体系更加健全，高等院校、科研机构发展机制更加科学，科技创新的制度体系基本形成，科技创新决策科学化水平明显提升，科技创新合作开放程度明显提高，中国—东盟科技合作更加紧密，科技成果转化更加顺畅，技术合同成交额 100 亿元。

——创新环境显著改善。形成大众创业、万众创新和鼓励创新、宽容失败的文化氛围，全民创新意识和科学素养大幅度提高，科技创新政策法规不断完善，创新资源要素流动更加顺畅，知识产权得到有效保护，全社会创新活力有效激发。

专栏 1 “十三五”期间广西科技创新主要指标

主要指标	2015 年	2020 年
1. 全社会研究与试验发展经费支出占地区生产总值比重（%）	0.63	2.0
2. 高技术产业增加值占规模以上工业增加值比重（%）	8.6	25
3. 战略性新兴产业增加值占地区生产总值比重（%）	—	15
4. 科技进步贡献率（%）	48%	55%
5. 万名就业人员中 R&D 人员（人年）	15	25
6. 每万人口发明专利拥有量（件）	2.0	6
7. 技术合同成交额（亿元）	64.97	100

第四节　总体部署

紧紧围绕自治区实施创新驱动、开放带动、双核驱动、绿色发展四大战略和基础设施建设、产业转型升级、农村全面脱贫三大攻坚战，积极参与“一带一路”建设，加强系统谋划和整体部署，大力推动科技创新。

围绕提升区域竞争力，加快技术创新体系建设，培育领军企业。组织实施10个重大科技专项，启动实施一批新的科技重点项目，在若干重点领域实现突破或取得重要进展。发展海洋技术、新一代信息技术、生物医药，拓展广西产业发展的战略空间。

围绕培育自主创新能力，建设以国家和自治区级重点实验室、工程技术研究中心、工程研究中心、工程实验室等为引领的创新平台，培育造就一批科技领军人才、高技能人才和高水平产业创新团队，支持青年科技人才脱颖而出，壮大创新型企业家队伍。

围绕提升区域创新体系效能，深化科技管理改革，建设若干具有重大带动作用的创新示范区，推动高新区转型和创新发展，全面深化创新改革试验，构建更加高效的科技创新组织体系。

围绕提高配置创新资源的能力，深度参与“一带一路”创新共同体，促进创新资源双向开放和流动，加强与东盟、泛珠三角、沿海发达地区和港澳台的科技创新合作。实施更加积极的人才引培政策，加大科技合作开放和改革力度。

围绕营造激励大众创业、万众创新的良好氛围，推动政府职能从研发管理向创新服务转变，构建普惠性创新支持政策体系，发展专业化企业孵化器和众创空间，构建低成本高效率创新创业服务网络，深入实施知识产权战略，提高全社会公民科学素质，培育创新创业文化。

第二篇　创新驱动经济社会发展

第三章　实施关系全局和长远的重大科技专项

第一节　专项部署

以科技创新的局部跃升带动产业的跨越发展为目标，在若干重点领域、重点产业，通过核心技术突破和资源集成，获得一批重大新产品、关键共性技术及示范性规模生产等标志性成果。重大专项选择紧密结合广西经济社会发展的重大需求，培育能形成具有核心自主知识产权、对企业自主创新能力的提高具有重大推动作用的战略性产业；突出对产业竞争力整体提升具有全局性影响、带动性强的关键共性技术；解决制约经济社会发展的重大瓶颈问题。

第二节　专项内容

重大专项1：智能制造装备和产品。

研发大型智能化工程机械、数控加工中心以及核心智能测控装置等智能制造装备、大功率内燃机、航空航天应用装备及零部件、轨道交通装备、精准智能农机等，开发移动机器人工作系统以及工业、特种和服务机器人。

重大专项 2：新能源汽车。

加快节能与新能源汽车技术攻关和示范推广，重点发展纯电动公交客车、小型纯电动汽车、新能源专用车、混合动力客车、插电式混合动力客车、增程式纯电动汽车、燃料电池汽车、关键总成与零部件等。加强驱动电机及核心材料、动力电池、电控等关键零部件研发和产业化，示范推广纯电动汽车和插电式混合动力汽车等。

重大专项 3：石墨烯新材料的应用。

发掘区内具有先进石墨烯制备技术的优秀团队，引进国内外领先的石墨烯研发领军人才和团队，以锂离子电池、超级电容器、高分子复合功能性材料等领域为重点，组织开展石墨烯粉体批量化制备及大规模下游应用的研究开发。

重大专项 4：金属基新材料。

开发铝基金属新材料，重点开发航空航天、高速动车组、船舶、汽车轻量化用铝合金新材料，攻克大规格、高精度板形、超纯净超均匀超细组织、高表面控制及热处理等关键技术，解决铝合金薄板、超厚板、大型复杂截面型材、大型锻件工程化问题。加快推进新一代锡、锌、锑、锰、铜、镍基新型金属功能材料、稀土永磁材料、稀土功能材料、铝电子材料等关键技术研发。

重大专项 5：糖料蔗高效生产。

围绕 500 万亩“双高”糖料蔗基地建设，重点开展甘蔗种资源创新与优良基因挖掘、优良亲本引进利用、适合机收的糖料蔗新品种选育、农机农艺融合生产技术和健康种苗高效繁育技术示范，研发健康种茎快速检测技术、病虫害绿色防控技术和全程机械化关键装备，深入开展甘蔗及其加工副产物产业化综合利用。

重大专项 6：非粮生物质能源。

以非粮能源植物（甘蔗、木薯和油料植物）、废弃生物质资源（秸秆、陆地养殖排泄物、高浓度有机废水、村镇垃圾等）为原料，培育有潜力的新型能源生物质资源，实现生物质能源多元化原料供给。重点开展乙醇制氢、生物燃气制备与高效利用、生物液体燃料先进制备技术及应用、固体成型燃料标准化成套化生产与应用等技术研发，以制备生物能源（生物燃气、生物液体燃料、固体成型燃料）、生物基大宗化学品和高值生物基材料等产品为重点，突破高效转化与高值利用的核心技术，实现转化过程的高效与终端产品的高值化。建设产品多元联产和终端产品高值利用的示范工程，为发展生物质能源战略性新兴产业提供技术支撑。

重大专项 7：粮食与生物种业创新。

围绕水稻、玉米、马铃薯、花生、大豆、油茶等粮油作物以及特色水果、桑蚕、蔬菜、薯类、花卉、畜禽、水产等产业，打造种质创新、基因挖掘、育种技术、新品种选育、良种繁育等科技创新链条，推进种业科技创新平台建设，培养一批高水平的源头创新人才团队，重点突破基因挖掘、品种设计和良种繁育核心技术，创造有重大应用前景的新种质，培育和应用一批具有市场竞争力的突破性重大新品种。

重大专项 8：生物技术与创新药物。

支持生物发酵新品及新型酶制剂的研发，以及绿色生物工艺、工业微生物基因组及分子改造、工业生物废弃物综合利用等技术研究开发；糖生物工程关键技术及产品研发、生物过程关键技术及装备研发及其他生物技术产品的产业化开发。加强广西特色、道地、大宗和珍稀药材的种子种苗繁育和质量标准规范化等研究；开展中间体、原料药和中药饮片的生产技术标准与技术规范、质量控制新技术、工艺技术规程及质量标准研究，推进中药提取物、中药饮片、原料药等中间体的研发；开展中药民族药、天然药物新药临床前研究、临床试验研究，推进传统优势中成药品种二次开发。针对广西常见重大疑难病症诊治，开发重组蛋白药物、基因工程药物、基因工程疫苗、多肽类药物、分子诊断试剂/试剂盒等生物技术产品。围绕北部湾海洋生物资源开发利用，开展海洋生物医药，海洋生物活性物质及生物制品研究开发。

重大专项 9：重点领域生态环境治理。

重点开展黑臭水体、大气和土壤污染防治技术研究及工程应用示范，强化生态产业发展支撑和装备产品研发，完善环境质量检测网络和预警预报系统的构建实施技术，推进危险废物安全处置、核安全保障和辐射环境管理技术应用；开发资源型产业生态化改造提升技术，创新研发环保新兴产业的产品和服务。

重大专项 10：海洋工程装备。

研发节能、安全、环保型运输船舶技术，开发智能环保型船用中低速柴油机及关键零部件、高速天然气发动机、中速双燃料发动机，推进高性能和特种规格船solutions板、海洋工程装备用特种钢材及合金的研发和产业化。

第四章　构建强有力的现代产业科技支撑体系

第一节　大力发展先进制造业和战略性新兴产业技术

瞄准世界产业发展趋势，落实《中国制造 2025》，紧扣广西经济发展重点，制定战略性新兴产业创新发展实施方案，加大项目支撑力度，促进新兴技术与新兴产业深度融合，加强互联网跨界融合创新，加快推进新一代信息技术、智能装备制造、节能环保、海洋、新材料、新能源汽车、生物医药、大健康等战略性新兴产业实现创新发展。在云计算及大数据、北斗导航、石墨烯、机器人、氢能源、增材制造等相关领域，集聚创新资源，超前布局一批重大科技专项、重大产业项目，实现核心技术突破和资源集成，获得一批重大新产品、关键共性技术及示范性规模生产等标志性成果，形成一批战略性新兴产业集群，推动“广西制造”向“广西智造”和“广西创新”转变。

专栏 2　先进制造业和战略性新兴产业技术

先进制造产业：重点提升关键基础零部件、基础工艺、基础材料、基础制造装备研发和系统集成水平，促进装备制造业向技术自主化、制造集约化、设备成套化、服务网络化发展，形成市场竞争优势显著、专业化程度高、产业链完整、创新能力比较强的高端装备制造业发展格局。

新一代信息产业：重点发展大容量存储设备、电子节能、汽车电子和数字化装备，着力发展集成电路、新型显示和基于互联网技术的基础软件、工业软件、信息安全软件及信息技术（IT）服务等，加快发展信息消费产品，大力实施新一代网络、新一代移动通信、移动互联网、智慧城市、智慧农业、两化深度融合、三网融合、云计算、大数据、物联网、数字家庭等工程，开展云计算及大数据技术在电子政务和产业，特别是在科技精准扶贫中的应用研究，推广应用射频识别网络和传感网络技术。大力开展智能终端研制与推广应用，积极推进发展物美价廉的移动终端、互联网电视、平板电脑等多种形态的上网终端产品。

节能环保产业：重点发展高浓度有机废水和难降解工业废水处理、污泥处理处置、河湖环境综合整治、污染场地修复等技术、黑臭水体治理、节能工程设计、太阳能技术、建筑节能、绿色照明方面的新技术。

新材料产业：重点发展大规格高性能铝合金中厚板、航空航天、船舶及轨道交通用铝合金型材、汽车用铝合金、铟金属半导体材料、锡电子焊接材料、新型特种钢、高性能烧结钕铁硼磁体、稀土发光及抛光材料、超硬非金属合金、纳米材料、钨基合金、钙基非金属材料、铝电子材料等新材料技术。加强建材行业的先进节能减排技术、循环再生材料制备技术、现代化控制技术研发；推进印染在线检测控制技术、制革和毛皮加工主要工序废水循环使用技术；高速造纸机高端自动化控制技术。

新能源产业：积极发展核电、生物质能发电、光伏发电、风电等，重点开发沼气分离纯化技术、非粮生物质液体和固体成型燃料技术、太阳能发电集热系统、逆变控制系统、智能电网技术等。

海洋产业：重点发展海洋生物活性多肽、糖氨聚酸、膳食纤维功能成分技术、海洋生物药品和保健品、海洋生化制品和海洋工程装备等技术。研发海洋生物资源保护与可持续利用、海洋再生能源、海洋运输业中的关键共性技术；开展海洋环境、地震、海啸、气象等监测。开展海洋装备制造业战略性产品研发；海洋工程节能环保技术研发。加强深海鱼类规模化育苗及养殖技术、深远海网箱养殖技术研究。

生物医药产业：重点发展生物农业和生物医药。大力发展中药民族药（含中成药、中药饮片与提取物等）、化学药、生物技术药物及医疗仪器设备技术；积极开发现代中药新品种、化学药新品种、海洋生物药品和医疗器械设备新产品等。

大健康产业：重点发展养生养老保健食品、护理用品、康复辅助器械、功能食品、功能日化用品等技术与产品，加快建立健全养老服务标准化体系建设。

第二节　加强传统工业转型升级技术支撑

在传统制造业、资源型产业和消费品工业等领域建设一批更高水平、更高层次的研发平台和公共技术服务平台，加大产业关键共性技术攻关，突破产业重大关键技术和关键环节，形成一批核心技术标准，加快运用高新技术和先进适用技术改造提升食品、汽车、机械、有色金属、冶金、石化、建材、轻纺、造纸与木材加工等传统优势产业，扎实推进糖业、铝业二次创业，加快推动传统工业向新型工业化跨越发展，促进信息化和工业化的深度融合，深化信息技术集成和机器换人的应用，加快推动制造业向智能化、绿色化、网络化、服务化转变，扩展和延伸产业链，加速形成核心产品优势，促进传统优势产业加快从中低端迈向中高端，支撑传统工业转型升级。

专栏 3　传统工业转型升级技术

汽车工业：加大能环保、轻量化、电动化、智能化和网络化等方面研究和开发能力。研发以石墨烯为材料的新电池，积极发展新能源汽车。

机械工业：开展机器人的研发与应用，加强工程机械、动力机械、工程机械用和船用柴油机、农业机械、石化通用机械、冶金机械、食品及包装机械和环保通用机械等领域的技术开发。

钢铁工业：开展提升高速线材、连轧棒材、冷轧板带、热轧宽带板、中厚板和全连轧型钢质量的新技术研发，开发钢铁合金新材料技术。

石化工业：发展炼油以及乙烯、芳烃等炼油产品链延伸技术研发，发展化工新材料、精细化工等技术。

有色金属：发展延伸铝、镍、铜、铟产品链的相关技术，推进高铁三水铝土矿综合利用示范项目，培育再生资源利用产业。

建材工业：发展新型绿色环保建材新技术。

食品工业：发展制糖、食用植物油、果蔬、饮料、酒精、薯类、水产及肉禽加工、经济作物、主食及方便食品加工和果蔬等休闲健康产品；开展食品工业物联网建设试点示范，培育食品工业互联网新模式。

造纸与木材加工：推动木（竹）材、蔗渣、桑杆、废纸等资源一体化利用及清洁生产技术开发，延长产业链。

纺织服装与皮革：发展茧丝绸、棉纺织、麻纺织、服装、皮革制品、家用和产业用纺织品等领域技术，以产业化、规模化、品牌化为方向，通过技术、品牌、商业模式创新，提高产品附加值。

第三节　加快发展高效安全生态现代农业技术

围绕亚热带特色农业基地建设，以确保粮食安全、食品安全、生态安全为目标，构建适应高产、优质、高效、生态、安全农业发展要求的农业技术创新体系，加强生物种业、高效种养、农业资源高效利用、农产品加工流通、疫病防控、质量安全、生态保护等重点领域的科技创新，拓展农业功能，延伸产业链，推进设施农业、循环农业、绿色农业、节约型农业、休闲农业等现代农业发展，支撑农业走产出高效、产品安全、资源节约、环境友好的现代化道路。

大力实施现代种业创新工程，引导科研机构与种业企业联合研发，培育一批“育、繁、推”一体化种子龙头企业，推进以企业为主体的育种创新体系建设。加快粮食、水果、蔬菜、畜禽水产、中草药、林业、桑蚕、花卉、茶叶等新品种选育和良种繁育。推动新品种培育、工厂化育苗、水肥一体化管理、产品分级处理、全程保鲜冷链运输、定批定量定时精准产品供应、农产品高值化加工等关键技术创新。强化农业常规技术与高新技术的结合，加强粮食、水果、蔬菜、畜禽水产等农业产业新技术的集成创新和应用示范，加快推进农业信息化和“互联网 +”现代农业发展，开展农业生产物联网试验示范，推广农业标准化示范区建设。优化农机装备结构，深入开展主要农作物生产全程机械化推进行动，进一步提高广西特色农业机械化水平；促进农业技术集成化、劳动过程机械化、生产经营信息化，大幅提高农业的综合生产能力和效益。

专栏 4　现代农业技术

主要作物优质高产与提质增效：开展粮食、糖蔗、水果、蔬菜、茶叶、油料、桑蚕、薯类、食用菌、花卉等作物高产、优质、高效、生态、安全栽培技术的研发与示范，加快先进农业机械和设施农业的应用示范，科技支撑特色作物规模化、产业化、标准化、品牌化建设。重点开展农业新品种良种良法配套、农机农艺结合新技术研发与示范，集成示范推广水肥一体化、轻简栽培、节水灌溉、病虫害综合防治、节本增效和标准化栽培等技术。

农林资源环境可持续利用：开展化肥农药减施增效、农业水资源高效利用、循环农业、农林重大灾害防控、新型肥料农药及农业废弃物的处理、开发利用技术的研发与示范。

畜禽水产绿色健康养殖：开展主要动物和水产疫病防控与规模化生态健康养殖，养殖废弃物无害化处理与资源化利用，饲料、草食畜牧业以及北部湾海洋渔业转型升级等方面的科技研究与技术示范。

农产品加工与质量安全：加强农产品保鲜、贮运等流通支撑技术研发与示范；开展粮食、水果、蔬菜、肉制品等食品的质量安全快速检测技术研究与应用推广，开展农产品精深加工、加工副产物高值化利用技术研究与产业化示范。

林业资源培育与高效利用：开展林业全产业链增值增效技术集成与示范，强化速生用材林、珍贵用材林、经济林等的高效培育与绿色增值加工利用等关键技术的研发与应用。

轻简化智能农机与装备：研发适合丘陵和山地的高效多功能轻型农林作业机械，健康养殖精细生产与农产品产地处理技术装备，农机装备制造技术及智能化粉垄机系列产品等。

第四节　提升现代服务业发展科技水平

围绕生产性服务业、消费性服务业、科技服务业、环保服务业等重点领域，加强商业模式创新和技术集成创新，突破一批共性关键技术，建立完善现代服务业技术支撑体系。积极推动科技服务业集聚区建设，优先支持现代物流、电子商务与信息服务业等生产性服务业发展，积极推动现代旅游与文化创意产业等消费性服务业发展，促进战略性新兴服务业发展。加快发展科技服务业。加快环保服务业发展，推进环境监测、环保污染设施运行专业化。

专栏 5　现代服务业发展重点

科技服务业发展：围绕企业技术创新和公共科技服务需求，加快研究开发、技术转移、检验检测认证、创业孵化、知识产权、科技咨询、科技金融、科学技术普及等专业科技服务和综合科技服务，提高科技服务能力，加速科技成果转化和产业化。

科技服务业集聚区建设：围绕产业链布局创新链，围绕创新链布局科技服务集聚区，依托高新技术产业开发区和大学科技园，促进面向区域先进制造业和现代服务业的生产性科技服务业集聚，重点推进南宁、柳州、桂林、梧州、北海等优势区域建设一批科技服务业集聚区，在南宁建设检验检测认证高技术服务集聚区。

现代物流技术：开展现代交通运输体系关键技术攻关，以主要品种和重点地区农产品冷链物流为重点，支持建设电子口岸、综合运输信息平台、物流资源交易平台。加强物流装备的研发，强化物联网、北斗导航、云计算、大数据等新一代信息技术的应用，重点开展供应链第三方协同服务技术、物联网环境下智能物流技术、区域多式联运技术、跨境电子商务与网购物流服务技术的研发与应用示范。在农产品、医药、汽车等行业开展无线射频识别（RFID）应用，推广电子数据交换（EDI）、货物自动分拣、自动引导车辆（AGV）等新技术，建立高效、安全、低成本物流系统。

电子商务：开展电子商务云服务技术与平台、电子商务可信交易技术与平台、电子商务支撑服务技术研发及应用示范，大力发展农村电商以及旅游电子商务服务技术研发与应用示范。支持建设中国—东盟区域性电子商务与物流公共服务和集成平台，支持新兴业态电子商务发展与技术应用。

现代旅游业和文化创意产业技术：开发田园生态保护技术，打造田园休闲生态旅游示范区。推动旅游公共信息、旅游电子商务技术等关键技术攻关，搭建旅游公共服务平台和管理信息平台。开展广西特色动漫旅游、软件外包、数字艺术设计、创意设计等关键技术开发，建设现代旅游服务业标准化体系。

环保服务业发展：加快环境监测、城镇污水、垃圾和脱硫、脱硝处理设施运行专业化，通过加快发展环保服务相关产业，为保护生态环境提供坚实的物质基础和技术保障。

第五章　构建大众创业、万众创新服务体系

实施创业创新行动计划，激发全民创新活力和创业潜能。依托互联网载体，拓宽创业创新与市场资源、社会需求对接通道，打造创业服务与创业投资、线上与线下相结合的开放式服务载体。大力发展科技服务业，加强知识产权保护，推动创新创业与金融融合，强化创新创业人才帮扶，开展

各类创新创业公益活动，倡导创业创新精神，厚植创业创新文化，营造活跃的创新创业氛围。

构建新型创新创业服务平台。实施新型创新创业平台构建工程、环境优化工程、引领工程、公共服务能力提升工程、投融资扶持工程和文化培育工程等六大工程，积极打造众创、众包、众扶、众筹支撑创新平台，构建低成本、便利化、全要素服务的开放式综合服务平台。推进大学密集园区创业创新服务平台建设。在南宁、桂林等大学密集分布的区域建设创业创新服务平台，提供物理空间、基础设施和综合性科技服务，加强创业服务机构统筹建设与布局，加快建设和完善一批生产力促进中心、技术服务中心、专利转化交易服务机构和知识产权分析评议机构，鼓励大型企业设立技术转移和创新平台，向创业者提供技术服务。

构建一批新型“双创”载体。大力发展“互联网+”创业网络体系，加快推广创客空间、创新工场、创业社区等新型孵化模式，以高新区、文化创意聚集区、大学科技园、科技企业孵化器及高校、科研院所为载体，建设各类新型众创空间。提升和新建一批科技企业孵化器，打造国家级的中小企业科技孵化示范区。加快柳州国家小微企业创业创新基地城市示范项目建设，加强留学人员创业园和创新创业基地建设，积极探索建设创新飞地，扶持建设更多创新创业社区，搭建多种类型的“双创”载体。

完善创新创业政策。制定扶持创业创新特别是中小微企业发展的政策措施，提供低成本、便利化、开放式的服务。建立科技企业孵化器补助机制，积极鼓励市县加大对科技企业孵化器的支持力度。发挥政府投资杠杆撬动作用，吸引社会资本参与，引导和鼓励各类天使投资、创业投资、产业投资等与众创空间结合，完善投融资模式。完善创业和再创业扶持政策，众创空间的研发仪器和研发经费按规定享受优惠政策。

第六章　增强社会可持续发展的科技支撑

第一节　研发推广资源高效利用与生态环保技术

围绕生态经济发展要求，开展绿色 GDP 核算技术研究。在资源型产业生态化改造和新兴产业发展等重点领域，开展制糖、铝业、钢铁、有色金属、林浆纸、水泥、碳酸钙等重点产业循环经济技术、大宗固体废弃物以及农业废弃物资源化利用等关键共性技术攻关与应用推广示范，大力发展再生矿产资源循环利用技术，推进梧州、玉林等再生资源加工利用园区向生态科技型产业园区发展，提高资源利用效率，有效缓解资源供需矛盾。

以改善环境质量、保护环境资源为目标，积极推动生态环保技术发展。加强北部湾、西江流域及桂西资源富集区不同特征生态环境保护技术研究，强化水、大气、土壤等污染防治以及“三废”综合处置技术研发应用，完善环境污染监测网络和评估的技术体系。开展北部湾近海海洋环境治理与修复、西江沿岸污染防治与生态修复、粤桂九州江流域水环境治理与生态修复、城市内河黑臭水体治理、大石山区石漠化综合治理及抗旱综合技术等研究，继续深入开展金属尾矿治理和资源化利用研究，深入开展化工、冶金、矿山等污染场地治理及安全修复技术研究，不断降低环境风险，为建设安全生态系统提供技术支撑。

第二节　推动人口健康技术普惠于民

应对我区人口老龄化、慢性病年轻化的严峻挑战，发展普惠精准的人口健康技术，加强地中海贫血等区域性高发疾病、艾滋病、结核病、手足口病等重大传染病、新发病、重点季节病、职业病防治及生育健康等技术研究。探索推进预防控制与临床治疗深度融合，努力实现由“以疾病为中心”向“以健康为中心”的转变。积极推进新型服务模式研究，引领构建医养康复一体化的普惠型健康保障体系。

大力发展应用数字化、智能化、个性化新型健康产业技术。重点围绕“互联网＋医疗”“互联网＋养老”等特色领域，加强宽带局域网等信息基础设施、专项领域大数据等物联网、电子商务等云计算平台等建设，培育广西微软创新中心等特色平台试点示范，支撑广西大健康产业发展。

深入开展中医药及民族特色医药技术研究。充分发挥广西中医药资源优势及防治重大慢病等的比较优势，开展广西中医药及壮医、瑶医等特色民族医药诊疗技术、疗效评价及标准等系统研究，加强中医药及壮瑶药材生产、饮片加工共性关键技术，以及制剂、新药及质量监控技术等攻关。建立自治区级中医药及壮瑶药临床试验基地和医药资源数据库。开发一批可供推广的特色民族医药养生保健方法与技术，开发大健康民族医药产品。

开展食品药品安全检测、监测与预警、防范、应急处置及溯源技术和产品研发，建立食品药品安全综合技术保障体系，开展食品药品安全科技综合应用示范，提升广西人民群众的整体健康水平。

第三节　发展适用智慧绿色低碳的新型城镇化技术

以绿色发展理念为导向，着力推进城镇绿色、循环和低碳技术发展。加强城镇转型发展的科学规划与布局、功能、标准和评估技术体系研究，大力发展生态城镇，打造海绵城市。以城镇群协同发展与人居环境优化为目标，重点开展区域生态环境安全保障、资源环境承载能力评价、信息技术支撑等大数据应用研究。继续推进可持续发展实验区建设。

围绕绿色城镇建设，大力发展绿色高效智能现代化建筑建造技术。重点支持广西绿色建筑行动实施，推广绿色建筑材料，发展建筑节能技术，建设绿色科技示范社区。

围绕智慧城市建设，推进“数字广西”、数字互联网城市等重大信息工程建设，加快建设新一代移动通信网、下一代互联网和数字广播电视网，建成超高速、大容量、高智能信息传输网络，促进物联网、云计算、大数据等新一代信息技术与城镇经济社会发展深度融合。选择南宁、柳州、桂林、梧州等城市建设技术集成与应用示范，建设智慧社区。

围绕新能源示范城市建设，推进风能、太阳能、生物质能、地热能等高新技术集成应用，完善充电桩等配套新能源技术设施，推广应用新能源汽车，提高新能源利用比例。

开展新农村自然—人居—产业复合生态系统构建与示范。聚焦左右江革命老区，以农村面源污染控制、可再生能源综合利用、农村环境整治与生态修复、生态产业的科技精准扶贫为重点，加强先进适用技术的科技攻关和集成应用，推进新农村自然—人居—产业复合生态系统的建设和示范。

第四节　积极推进其他社会科技应用与发展

针对广西气候、地域等特征科技需求，开展预防性生产安全事故和自然灾害等公共安全技术研究。重点加强台风、风暴潮、赤潮、地震、干旱、洪涝、泥石流等气象地质灾害、极端天气以及突发事件预警预报应急技术、救援装备和指挥系统的研发应用，开展国土云、国土资源大数据分析、智慧国土等关键技术应用和研究，城镇应急系统监测预警技术、灾害立急与治理、安全生产重大事故防治技术研究与推广应用。

围绕社会公共治理，重点研究社会安全基础信息综合应用技术、保密技术、大数据应用技术，以及立体化社会治安防控关键技术社会安全事件决策与指挥调度技术等。开展公共安全风险防控与应急技术装备研发，积极推动“互联网 +”智能化、可视化家庭安全监控与应用技术及产品社会化发展。

第七章　强化科技开放合作

第一节　加强国际科技合作

实施中国—东盟科技伙伴计划，积极加强与“一带一路”沿线国家产学研合作，构建国际产学研合作创新网络。依托中国—东盟博览会、中国—东盟技术转移与创新合作大会，建立中国与东盟创新合作的长效机制，积极争取中国—东盟创新中心、中国—东盟海洋合作中心、21 世纪海上丝绸之路海洋科技合作科技园等平台和项目落户广西，打造面向东盟的区域创新中心。重点建设中国—东盟技术转移中心，全面提升中心服务功能。建设中国—东盟知识产权国际交流合作中心、中国—东盟科技创新政策研究中心广西分中心、中国—东盟技术交易（所）平台和国际创新园。推动中国—东盟检验检测认证高技术服务集聚区建设。推进与东盟国家共建双边技术转移中心，联合泛珠三角、西南中南地区等区域科技资源与东盟国家开展系列双边技术对接活动，拓展中国—东盟技术转移协作网络。在现代农业、亚热带作物、水牛、生物靶向诊治等优势领域，环保装备、生态保护等东盟国家亟须的技术领域，打造高水平国际科技合作基地。

大力推动国家级园区与海外目标园区建立战略合作伙伴及产业协作配套关系，重点加强与港澳台地区和欧美、日韩、以色列等发达国家的科技交流合作。支持企业、高校和研究院所搭建国际联合实验室、国际联合研究中心、国际科技合作基地等合作平台。支持科技人员参与国际科技合作研发与交流。探索推进友好城市科技合作。

第二节　深化国内科技合作

大力开展科技精准招商，深化科技合作与资源共享。联合泛珠三角区域省份共建泛珠科技交流与合作信息平台，在粤桂合作特别试验区等地创建科技创新合作试验基地，引进打造一批重大科技项目和创新创业平台，加快推进与先进省（区、市）在信息互通、人才培养、技术转移与推广等合作。推动国家级科研机构、重点高校和科技实力强的大型企业在广西设立分院分所、产业技术研究院、技术转移中心、技术创新中心等研发和成果转移机构，加快推进与先进省（区、市）国内知名高校院所、港澳台地区等在大数据、云计算、机器人、新材料、节能环保、海洋开发保护、现代农业等领域开展产学研和创新资源共享合作。落实自治区与科技部、国家知识产权局等国家部委的合作会商任务，为广西发展争取更多的国家创新资源。

第三篇　增强创新基础能力

第八章　提高科技创新平台建设水平

第一节　建设适应产业发展需求的科技研发创新平台

以提升原始创新能力和支撑重大科技突破为目标，在事关广西长远发展的重点学科领域、战略性新兴产业、传统重点行业，部署建设一批多学科交叉融合与综合集成的国家和自治区级高水平科技创新平台。在能源、农林、新材料、先进制造、生命健康、食品安全、生态环保等领域，培育组建一批自治区级重点实验室、工程技术研究中心、工程研究中心、工程实验室和临床医学研究中心，到 2020 年自治区重点实验室达到 86 家、自治区级工程技术研究中心达到 250 家、广西临床医学研究中心达到 30 家。健全完善协同创新机制，打造一批学科特色鲜明、领域优势突出的协同创新基地。

大力提升创新平台研发水平。积极培育和重点扶持区内高等院校、科研院所、龙头企业组建国家级科技研发创新平台，鼓励和支持国内外一流大学、科研院所和高技术企业到桂设立研发平台以及联合组建国家级创新平台，加快广西创新平台升级发展。

加强创新平台管理和支持。修订与完善自治区重点实验室、工程技术研究中心、农业科技园区、大学科技园等创新平台管理制度及扶植政策，鼓励科技研发创新平台入驻科技企业孵化器，并给予一定经费支持，促进科技成果转化。支持社会力量参与科技研发创新平台建设，鼓励模式创新，探索按照现代企业制度组建专业化研发公司。

强化创新平台能力建设。在亚热带农业生物、有色金属新材料、先进制造等优势技术领域，不断提高创新平台重大科技基础设施和重大科学装备建设水平。依托高校院所、企业及其重点实验室、中试基地、工程技术研究中心等研发机构加强高层次科研人才团队建设，提升科研平台核心竞争力。强化大学科技园、软件园等各类科技创新园区专业化建设水平。

专栏 6　科技研发创新平台

重点实验室：重点建设亚热带农业生物资源保护与利用国家重点实验室、非粮生物质酶解国家重点实验室等国家重点实验室，积极在中药药效研究、地中海贫血防治、空间信息与测绘、水牛遗传繁育、生物质酶解技术、生态环保、重大动物疫病防控新技术、岩溶动力学等领域培育国家重点实验室，新建一批自治区重点实验室。

工程技术研究中心：重点建设国家特种矿物材料、国家土方机械、国家非粮生物质能源等国家工程技术研究中心，在制糖、汽车及零部件、生物化工、生态环保、现代农业、水产品、食品、药品、特种电力设备、有色金属材料等领域培育国家工程技术研究中心，新建一批自治区级工程技术研究中心。

工程研究中心（实验室）：重点建设西南濒危药材资源、玉柴高效节能环保内燃机、特色生物能源、甘蔗育种与栽培技术、免疫诊断试剂、抗肿瘤药物开发等国家地方工程研究中心和国家工程实验室，在新一代技术、智能装备制造、节能环保、新能源汽车、新材料、大健康等领域培育国家工程研究中心（实验室）。

临床医学研究中心：重点在恶性肿瘤、地中海贫血、心血管疾病、消化系统疾病、中医壮瑶医治重大疾病等领域建设一批自治区临床医学研究中心，在地中海贫血疾病等领域培育国家临床医学研究中心。

协同创新基地：重点建设中国—东盟区域发展、广西基因组与个体化医学、蔗糖产业和广西肿瘤靶向等一批高校院所与企业联合产业协同创新基地以及优势学科协同创新中心。

其他科技创新平台：支持中国科学院、中国农科院、中国环境科学院等国家级研究机构到广西建设分院、分中心、研究观测站等。加快广西大学、桂林电子科技大学、桂林理工大学等大学科技园以及南宁等软件园建设等。继续推进农业良种培育中心和广西海南南繁育种基地建设。

第二节　优化科技创新资源共享服务平台

建设统一开放的科研基础设施和大型科研仪器网络管理平台。按照国家统一要求，衔接国家网络管理平台建设，并将广西所有符合条件的科研设施与仪器纳入国家平台管理。完善全区促进科研设施与仪器开放的管理制度和办法，建立促进开放的激励引导机制，实行分类开放、资源共享，打破管理单位的界限，推动形成专业化、网络化的科学仪器服务机构群。建立科研设施与仪器开放评价体系和奖惩办法，按照统一的标准和规范，建立在线服务平台，公开科研设施与仪器使用办法和使用情况，逐步形成跨部门、跨领域、多层次的网络服务体系。加强开放使用中形成的知识产权管理。发挥广西大型仪器网络服务泛珠三角等多区域、面向东盟等提供研发、检测、培训、咨询服务优势，打造科技创新资源共享特色服务平台。

围绕国家和自治区重大部署及战略性新兴产业培育等重大需求，完善已有的大型仪器协作共用网、科技文献信息共享与服务平台、实验动物资源共享与服务平台建设。强化广西大型仪器协作共用网南宁、柳州、桂林和梧州四大区域服务中心建设，支持具备条件的其他地区建设区域服务中心。建设科技文献大数据中心和知识产权信息中心，开展科学数据资源的深度挖掘和二次开发。构建适应大数据环境和知识服务需求的科技文献保障服务体系。提高实验试剂、实验动物资源、生物标本资源和标准物质资源等科学实验材料资源收集保藏与共享利用力度。

第九章　建设高层次科技创新人才队伍

第一节　加大引进培养科技创新创业人才与团队力度

依托产业项目，采取联合攻关、项目顾问、技术咨询等方式引进高层次创新创业科技人才和团队；把招商引资和招才引智紧密结合起来，形成“团队＋技术＋资本”的引智新模式。积极组织实施海外高层次人才引进计划，建立海外高层次人才创新创业基地、引智成果示范推广基地，集聚一批海外高层次创新创业人才和团队。大力实施国家高层次人才特殊支持计划、院士后备人选培养工程、高层次创新创业专家引才计划、科技创新人才梯队计划，形成科技创新人才梯队，在政策制定、组织保障、资金支持、环境营造等方面积极为培养对象提供服务。大力实施“522 人才工程”，以重大科研项目和重点（工程）实验室、工程（技术）研究中心、企业技术中心、院士工作站、博士后科研工作站（流动站）、留学人员创业园等平台为载体，到 2020 年，重点引进 50 名以上创新型尖端人才，200 名以上重点产业和战略性新兴产业领军人才，以及 200 名以上适应产业发展需要、勇于创新的企业家和高级经营管理人才，并对其创新创业项目给予支持。

第二节　推动科技创新创业人才队伍建设

实施高层次创新创业专家引才计划，吸引风险投资和高技术企业来广西创业，带动各类拔尖人才、紧缺人才的集聚。支持各类青年科技人才在产业基地和科技园区创新创业，推广“创业导师＋服务平台＋专业孵化”的培育模式，扶持基层科技人员、留学归国人员、企业科技人员等青年创业者开展创新创业活动。支持在国家高新区和农业科技园区内建立“人才池”，实现高校院所与企业间的人才双向流动。鼓励国有企事业单位科技人员创新创业，支持科研人员到企业挂职锻炼，并从职称评定、知识培训、科研经费等方面对创新创业科技人员给予倾斜支持。通过建设人才公寓、人才俱乐部、开通就医及子女就学“绿色通道”等措施，打造创业人才引进及服务平台。重点扶持 1000 名运用自主知识产权或核心技术创新创业的优秀人才，培养造就一批具有创新精神的企业家。

加强大学生创新创业能力培养和人才孵化。允许在校大学生创办企业，创业活动可视为参加实践教育内容，计入实践学分。重点建设一批高校学生创新创业实习或孵化基地，强化多种形式的资金支持。建立公共信息服务平台，发布相关政策、创业项目和创业实训等信息。为大学生创新创业提供法律、工商、税务、财务、项目融资等创业咨询和服务。

第三节　优化健全人才使用与评价激励机制

改革人才使用与评价机制。创造公平公正的用人环境，在用人上引进人才和本土人才一视同仁，在科技和人才项目申报评审、成果奖励等方面对体制内外人才、中央驻桂机构和区内机构人才同等对待。进一步精简行政审批事项，在高层次人才引进、职称晋升、科研补贴、兼职兼薪等方面给予事业单位充分的自主权。对在重点产业发展中做出重要贡献的专业技术人才和高技能人才，可破格晋升职称和职业资格等级。改进人才评价方式，实行科技人员分类评价。探索基础研究类科研人员的代表作评议制度，强化应用研究和技术开发类科研人员的成果贡献评估，促进职称评价与科技人才聘用有效衔接。

完善人才激励机制。鼓励企业经营者按管理要素、科技人员按技术要素参与分配。支持采取股权激励、期权分配、技术入股等形式，奖励有突出贡献的科技人员和经营管理人员。对高等学校和科研院所等事业单位以科技成果作价入股的企业，放宽股权奖励、股权出售对企业设立年限和盈利水平的限制。建立促进国有企业创新的激励制度，对在创新中做出重要贡献的技术人员实施股权和分红权激励。

完善科研事业单位收入分配制度。探索年薪制、协议工资、项目工资等多种分配方式，加快推进科研人员收入分配改革试点。保证科研人员合理工资待遇水平，健全与岗位职责、工作业绩、实际贡献紧密联系和鼓励创新的分配激励机制。完善人力资本补偿机制，提高科研项目中的人员经费预算比例。健全科研项目间接费用管理机制，建立健全间接费用中人员绩效支出管理办法，明确人员绩效激励支出的具体内容和实现方式。

第十章　加强战略和前沿导向的应用基础研究

第一节　加强学科体系建设与重大科学前沿问题研究

统筹学科布局，力争在材料科学、工程科学、生命科学、土木工程、农学、轻工技术与工程、医学科学等优势学科的学术影响力达世界先进水平。重点夯实机械工程学、电子与信息系统学、计算机科学与技术、控制科学与工程、园艺学、林学、畜牧学、生态学、民族医学、病理学、药学、中药学等学科基础，加强基础学科之间、基础学科与应用学科、科学与技术、自然科学与人文社会科学的交叉融合，鼓励和支持非共识创新和变革性研究，探索新的科学前沿和新的学科生长点。

依托研究基础、人才优势和大科学装置实验条件，结合世界重大科学前沿问题，重点研究宇宙大尺度物理学规律、南海珊瑚礁演变，以及有色金属新材料、生物基材料、动物定向遗传改良平台和主要农作物基因等技术。

第二节　开展面向重大战略需求的基础研究

围绕广西和国家重大战略需求的关键问题、瓶颈问题开展基础和应用基础研究；面向新一代信息技术、海洋技术、新材料、新能源、生命科学、生物医药、信息技术、智能装备制造和节能环保等领域，重点突破一批核心关键技术，前瞻部署一批基础研究和前沿技术研究。重点开展糖生物学与糖化学、功能材料、智能控制、生物质能源、天然产物开发、重要农业生物遗传改良和农业可持续发展、生态环境演变与调控及海洋资源与环境、资源环境承载能力、土地资源可持续利用及国土空间优化等科学问题研究。

第四篇　建立高效区域创新体系

第十一章　全面深化科技体制改革

第一节　健全政府科技创新治理机制

明确科技创新领域政府和市场的定位，建立科研管理权力清单，从政府主导创新向服务创新转变，全面提升政府创新治理能力和水平。深化科技管理体制与决策机制改革，建立健全由自治区科技部门牵头，财政、发展改革等部门参与的科技计划管理厅际联席会议制度，审议科技创新战略规划、计划布局、年度重点任务、项目指南和专业机构遴选等事项，形成统筹协调与决策机制；建立完善广西科技决策咨询制度，不断提高自治区科技发展战略咨询与综合评审委员会的代表性和权威性，打造高水平科技创新智库，发挥好院士顾问和八桂学者等高水平专家在战略规划、咨询评估和宏观决策中的参谋作用。

健全技术创新的市场导向机制和政府引导机制。政府重点支持市场不能有效配置资源的基础前沿、社会公益、重大共性关键技术研究等公共科技活动；加快推进市场准入、产业监管和要素价格形成机制改革，维护市场公平竞争，积极营造有利于创新创业的市场和社会环境，着力营造创新生态，引导各类创新资源向企业集聚。

以市场为导向，以农业科研院所、涉农高校和企业为主体，以农业科技创新平台及人才团队为支撑，建设自治区、市、县三级联动的农业科技创新体系，提高农业科技创新水平。

第二节　深化科技计划管理改革

建立完善公开统一的自治区科技管理平台。依托专业机构具体管理科技计划项目，通过自治区科技管理信息系统统一受理科技项目申请，组织科技项目评估评审、筛选立项、过程管理和验收结题工作，对科技计划的需求征集、指南发布、项目申报、立项和预算安排、监督检查、结题验收等全过程统一进行信息管理。建立健全专业机构遴选标准和管理制度、科技计划评估监督机制和动态调整机制、科技报告制度等，加强科技创新工作事中、事后的监督检查和责任倒查，主动向社会公开非涉密信息，接受社会监督，充分发挥专家和专业机构在具体项目管理中的作用。

推动自治区本级财政科技计划的全覆盖。进一步整合优化各类科技计划，对应该以公开竞争方式安排、仍然分散在各部门的旨在支持科技创新的各类科技计划（专项、资金等），通过撤、并、转等方式，优化整合形成广西自然科学基金、广西科技重大专项、广西重点研发计划、广西技术创新引导专项（基金）、广西科技基地和人才专项；探索稳定支持高等学校和区直科研机构创新的新方式，逐步将相关专项资金纳入自治区财政科技计划体系。

深化科研项目和资金管理改革。遵循创新活动规律和财政预算管理制度，构建科研项目和经费管理新机制。聚焦全区发展重大科技需求，发挥市场对技术研发方向、路线选择、创新要素配置的导向作用，从基础前沿、重大共性关键技术到应用示范进行全链条创新设计，一体化组织实施重大科技专项和项目。坚持管放结合，进一步完善项目经费预算调整审批制度，赋予科研单位和科技人员更灵活的财政科研项目经费使用自主权；强化科研信用管理，建立覆盖全过程的科研信用记录制度，将间接费用核定和结余经费留用与信用评价结果相挂钩。建立面向结果的科研经费使用绩效评价机制，构建科学合理的绩效评价指标体系和评价标准，制定科学的评价方法，对科研活动综合效益和影响进行考核和评价。

第三节　完善产学研协同创新机制

完善自治区科技计划项目组织实施方式。确立企业在产业导向的技术创新活动中决策者、组织者和投资者地位，面向市场的技术创新项目由企业牵头，高等院校、科研院所以及其他具有科研性质的事业单位深度参与，形成产学研深度合作的协同创新新机制。改革自治区产业技术创新战略联盟形成和运行机制，促进产业链和创新链深度融合，推进产业联盟协同开展标准化建设、掌握产业技术标准话语权。加强产学研结合的中试基地和共性技术研发平台建设，在新一代信息技术、海洋、智能装备制造、新材料、新能源、生物医药、信息和节能环保等战略性领域探索企业主导、院校协作、强强联合、多元投资、军民融合、成果分享的合作模式。

拓展高等院校和科研机构与企业协同创新路径。支持高校院所科技人员经所在单位同意带科研项目和成果，在一定期限内保留身份和适当待遇到驻桂企业开展创新工作或创办企业。开展区内重点高等学校和科研院所设立流动岗位吸引企业人才兼职的试点工作，鼓励高等学校和科研院所设立一定比例流动岗位，吸引有创新实践经验的企业家和企业科技人才兼职。鼓励将企业任职或挂职经历作为高等学校新聘工程类教师的重要条件。深化科研人员薪酬和岗位管理制度改革，破除人才流动的体制机制障碍，促进科研人员在事业单位与企业间合理流动。加快社会保障制度改革，完善科研人员在事业单位与企业之间流动社保关系转移接续政策。

推动军民深度融合，重点加强科技基础设施共建共用和推动军民科技协同创新，促进军民技术双向转移转化，打造军民整合创新服务平台。

第四节　创新科技成果转化机制

确立企业科技成果需求主体和转化运用主体地位，实施重点领域科技成果引进转化、支撑产业发展科技成果转化、科技成果转移转化服务平台建设行动。充分发挥财政资金杠杆作用，优先支持创新型企业和高新技术企业承担重大科技成果转化项目，支持企业引进消化吸收再创新，鼓励企业引进转化区内外重大科技成果，推动区内产学研合作成果就地转化。创新技术转移中介服务激励机制与政策，对符合条件的技术转移中介服务机构给予绩效奖励性后补助。鼓励创新型企业牵头，联合高校、科研机构和科技服务机构，采取股份制、委托开发、成果转让、知识产权许可转让等方式，建立产学研资介战略联盟，优先支持联盟承担科技成果转化项目。制定自治区国有科技型企业股权和分红激励办法，对符合条件的高等学校和科研院所投资的科技企业，放宽股权出售对企业设立年限和盈利水平的限制。加强对其他具有科研性质的事业单位科技成果转化指导工作。建立知识产权权属和利益分享机制，完善科技成果合作共享机制，按照合同约定依法享受利益和承担风险。

第十二章　统筹推进创新体系建设

第一节　强化企业技术创新主体地位

以全面提升企业技术创新能力为核心，引导各类创新要素向企业集聚，引导企业加强科技研发投入、建设高水平的科研基地和平台，推动企业真正成为创新决策、研发投入、科研组织和成果应用的主体，使创新转化为实实在在的产业活动，逐步形成“大企富业、中企振业、小企活业”的梯度创新格局。

继续推进自治区创新型领军企业的培育和壮大。鼓励和引导企业找准技术创新的切入点和着力点，加大研发投入和平台建设，积极自主开展研发活动和承担政府研发计划项目，加快成果转化，加快推动企业创新从单一技术创新向技术、金融、管理、商业模式等综合创新转变。大力培育高新技术企业，大幅提高高新技术企业数量规模和质量水平。大力扶持高成长中小企业，通过贷款贴息、种子资金和天使基金等投融资支持方式，加快培育一批成长速度快、创新能力强的企业。推广科技企业创新券制度，支持企业与高等校院、科研院所开展产学研活动，推动企业真正成为创新决策、研发投入、科研组织和成果运用的主体。

开展企业研发机构建设专项行动，加强企业技术创新平台建设，引导和支持大中型骨干和高新企业普遍建立企业研究开发院、工程（技术）研究中心、工程实验室、企业技术中心等研发机构，大力支持以高等院校优势学科为依托的创新团队入驻企业研发机构。新培育建设若干自治区级创新平台，实现自治区重点实验室和自治区工程技术研究中心对各科学领域或行业更大范围覆盖。引导有色金属、机械、先进制造、生物医药等全区支柱、特色产业的骨干企业建立研发机构和公共研发平台，提高企业对科技成果的引进消化吸收能力和研发层次，提高自治区行业骨干企业的自主创新能力和创新内生动力。建设一批科技成果转化服务公共平台和产业共性技术研发平台，加快专业孵化器建设，加速科技成果转化和应用。

支持企业引进区内外高层次创新人才团队，加强专业技术人才和技能型人才队伍建设。发挥国家和自治区科技成果转化引导基金、中小企业发展基金、新兴产业创业投资引导基金等创业投资引导基金的作用，积极培育创投市场，引导各类社会资本为科技型中小企业提供融资支持，实施专项计划，鼓励、支持中小企业创新、创业，支持科技型中小企业的健康发展。

第二节　提升高校院所创新能力

以提高高等学校支撑地方产业发展的创新能力为重点，引导和支持高等学校优化学科结构，凝练学科发展方向，加大重大科学基础设施建设，改善产业重大关键共性技术研究开发条件，推动人才培养、学科建设、研究开发三位一体，打造高水平创新团队和技能型人才培养基地，不断提升协同创新能力，建设一批高水平的产学研协同创新中心。

积极稳妥推进自治区直属科研院所管理体制机制改革，完善法人治理结构，改革用人机制和内部分配制度。坚持技术开发类科研院所企业转制方向，分类重组和优化结构布局，积极发展混合所有制，提升共性关键应用技术研究开发能力和成果转化能力。促进中直驻桂科研院所融入地方经济发展，引导其重大成果落地广西，支持地方经济建设。

第三节　培育区域创新优势

实施高新技术园区和农业科技园区提升发展工程。重点以南宁、柳州、桂林、北海等国家高新区为依托，创建南（宁）柳（州）桂（林）北（海）自主创新示范区，支持示范区在体制机制改革、创新资源整合优化、优势特色产业集聚、人才激励、知识产权、科技金融创新、成果转化等方面先试先行，将示范区建设成为区域创新中心，打造广西创新驱动发展新引擎。发挥好百色、北海、桂林、贺州、钦州等 5 个国家级和一批自治区农业科技园区的示范作用，新建一批自治区农业科技园区，加强区域农业科技创新体系建设。

加快推进北部湾国家级高新技术产业带建设，打造珠江—西江高新技术产业带，推动桂林、南宁、柳州、北海国家高新区加快建成创新型特色园区。加大对梧州、钦州、来宾、柳州河西和贺州等自治区高新区建设的支持，力争进入国家级高新区行列。鼓励和支持创建一批新的自治区级高新区。充分发挥高新区的辐射带动作用，加快发展高新技术产业。加强与广东科技合作，支撑粤桂合作特别试验区建设。

大力推进创新型市县镇建设。实施创新型市县镇建设工程，加快推进南宁、柳州、桂林等创新基础好的城市创建国家创新型城市。支持城镇化基础好、科技资源丰富的县（市、区）率先进入创新型县（市、区）行列。积极培育以高新技术、科技服务、产城融合为特色的“创新小镇”。

第四节　打造市场化程度更高的科技服务体系

优先发展研究开发及其服务、技术转移服务、检验检测认证及创业孵化服务，大力培育知识产权服务、科技咨询服务、科技金融服务、科学技术普及服务及综合科技服务，建设网上技术市场，整合创新资源，形成以沿国家高新区为中轴、辐射带动“两翼”（“贺州—梧州—玉林—贵港—来宾”“防城港—崇左—百色—河池”）的科技服务业“一轴两翼”总体发展新格局。

构建“苗圃—孵化—加速”一体化的科技创业孵化链条，创新服务模式和内容，构建以专业孵化器和创新型孵化器为重点、综合孵化器为支撑的创新创业孵化生态体系，推动孵化器多元化、国际化、专业化、网络化发展。

建设若干产业特色鲜明、比较优势突出的产业基地和科技服务业集聚区，培育一批创新能力较强、服务水平较高、具有一定国际影响力的骨干企业，形成完善的覆盖科技创新全链条的科技服务体系，实现功能综合化、结构网络化、手段现代化、服务专业化和社会化的发展目标，成为提升自主创新能力、带动产业结构优化升级和经济增长方式转变的强大引擎。

第五节　培育发展新型研发组织

大力培育发展新型研发机构，以产业创新需求为导向，统筹政产学研用资源，在石墨烯、机器人、海洋工程装备等领域建设产业技术研究院，集中力量解决技术向产业转化的瓶颈问题。鼓励企业、高等院校、科研院所等创办或联办具有企业法人实体、市场化运作的产业技术研究院。支持具有产业共性关键技术、技术开发实力强的科研院所发展成为新型研发机构。探索非营利性运行模式和市场化用人机制，完善税收扶持政策，探索非营利性运行模式。

积极推广众包、用户参与设计、云设计等新型研发组织模式，引导建立加快发展创业服务业，社会各界交流合作的平台，推动跨领域、跨区域的技术成果转移和协同创新。积极培育市场化的新型研发组织、研发中介和研发服务外包新业态，与高等院校、企业研发机构以及其他具有科研性质的事业单位等形成互动关系。对民办科研机构等新型研发组织，在承担国家和自治区科研任务、人才引进等方面与同类公办科研机构实行一视同仁的支持政策。

第五篇　强化规划实施保障

第十三章　落实和完善创新政策措施

第一节　推进科技创新优惠政策落实

完善科技成果转化激励机制，推动成果转化的体制机制改革。修订《广西壮族自治区促进科技成果转化条例》，完善科技成果奖励制度，开展事业单位科技成果使用、处置和收益管理改革。

建立技术创新市场导向机制，运用政府无偿投入、贷款贴息、后补助和奖励等引导政策，建立由市场决定技术创新项目和经费分配、评价成果的机制，提高普惠性财政政策支持力度，建立优先使用创新产品的采购政策。

加大现有高层次人才政策的贯彻落实力度，在科技成果转化、成果收益分配、科技风险投资等方面制定激励措施，努力营造鼓励人才干事业、支持人才干成事业、帮助人才干好事业的社会环境。

第二节　创新科技投入机制

建立财政科技投入的长效机制，各级财政根据科技创新改革和科技重点工作的实际需求，优先保障和合理安排财政科技支出，强化财政对公共科技活动的投入保障。充分发挥财政资金的杠杆效应，引导社会资本投向科技领域，动员和吸引全社会投入，广西政府投资引导基金积极发起或者参与投资；支持设立广西技术创新驱动发展基金，鼓励社会资本、金融机构、区直国有企业等参与。创新财政投入方式，由一次性拨款向更加注重滚动支持转变，由前期投入向更加注重后期补助转变，由零散投入向更加注重集中扶持转变，集中投向重大科技专项、重点研发项目、重大科技设施装备、重大科技平台建设、重要人才引进培养、重点学科建设等。积极支持特色优势产业和学科前沿基础研究、高新技术和战略性新兴产业、科技创新成果转化等。

第三节　促进科技金融创新

发挥广西技术创新引导专项（基金）资金作用，推动知识产权、股权质押贷款以及风险投资补偿。建立孵化器孵化资金投资风险补偿机制，鼓励孵化器单独或联合各类社会投融资机构设立孵化资金，支持企业创业发展。大力发展科技信贷，破解融资难、融资贵难题。加快建设科技信贷专营机构。大力推动各国有商业银行在广西的骨干银行依托高新区设立科技支行，开展科技小额贷款公司试点工作。实施银政企合作贴息资助，建立多元化科技信贷风险分担模式。推动建立科技贷款保证保险风险共担机制，积极设立科技担保公司，鼓励和吸引大型担保公司到当地设立科技担保事业部。

第四节　实施知识产权强区战略

实施发明专利双倍增计划，“十三五”时期全区发明专利申请量达到 15 万件以上，授权量在“十二五”基础上实现双倍增长；到 2020 年末，每万人口发明专利拥有量达到 6 件以上，在 2015 年末基础上实现双倍增长，发明专利结构明显优化。实施专利提质增效工程，完善专利资助和奖励政策，重点资助专利转化应用和国际专利申请，推动专利由重数量向数量、质量并重转变。实施知识产权密集型产业发展计划，培育发展专利密集型产业，建设专利密集型产业园区和南宁、柳州、桂林知识产权服务业集聚发展试验区。依托中国—东盟信息港建设，建设东盟知识产权信息服务平台。加强知识产权执法保护和维权援助，保护社会创新激情。

第五节　积极推动技术标准战略

健全科技创新、专利保护和标准互动支撑机制，构建以自主知识产权为基础的技术标准体系。发挥标准在技术创新中的引导作用，及时清理落后标准，强化强制性标准的制定与实施，逐步提高生产环节和市场准入的环境、资源节约、质量和安全指标及标准，形成支撑产业升级的标准库。支持龙头企业、联盟和社团参与或主导国家标准研制，推动自治区特色优势产业相关技术与标准成为国家的行业标准，提升广西企业的标准影响力和竞争力。

第十四章　加强规划实施与管理

第一节　加强组织领导

自治区成立创新驱动发展战略领导小组，负责创新驱动发展战略，深化科技计划管理改革，适时研究编制广西创新驱动发展战略实施纲要。领导小组下设办公室。建立定期专题研究创新改革会议制度，完善与其他部门在政策制定、产业发展等方面的协调与联动机制。由专门机构对创新驱动体制机制及重点产业科技创新发展战略进行调查研究，组织重大政策制定，加强与有关部门和地区的沟通联系，协调重大创新工作和重要活动。

第二节　改革重大专项组织方式

建立在自治区层面统筹，由自治区科技厅、发展改革委、财政厅等部门组成的厅际联席会议组织协调，行业部门或市政府负责实施和整体推进的机制。发挥企业的创新主体作用，鼓励企业先行投入研发和成果转化，财政经费通过事后补助方式给予支持。汇聚全区科技领军人才，建立首席科学家制度。健全科技重大专项相关管理规定和制度，建立行业部门或市政府负责组织协调、首席科学家负责技术总体实施、专业机构评估和社会监督的机制，加强项目实施全过程管理，确保重大专项有实效。及时汇总科技重大专项取得的成果，召开成果转化对接会，推动科技成果产业化。

第三节　强化考核问责与监测评价

强化科技改革与规划布局的主体责任。把规划建设目标、重点任务纳入工作计划和目标责任制考核内容，制定规划实施方案，编制科技创新路线图和产业技术路线图，滚动编制年度工作计划，落实规划的任务分解与工作分工，形成条块结合、协同推进的规划实施机制，确保规划各项任务落到实处、取得实效。强化规划实施监测评价，建立责任明确、行之有效的考核评价机制，加强方案执行、目标评估和任务考核，强化对财政科研经费预算和执行的监督和管理评估。建立规划实施的年度监测制度和体系，委托第三方专业机构，对规划落实情况进行年度监测评估、中期评估和期末总结评估，为规划调整和制定新一轮规划提供依据。

第十五章　营造崇尚创新开放奋进宽容失败的文化氛围

第一节　加强科学技术普及

推进全区科普素养提升行动，加强科普工作的统筹协调，强化科普能力和科普人才队伍建设。推进科普信息化建设，加强科普基础设施建设，建设以信息化为核心的现代科普体系，提升科普的公众吸引力，提高青少年、城镇劳动者等全社会公民的科学素养，激发青少年的科学兴趣、学习能力和创新能力。加强科普人才队伍建设，推动科普人才知识更新和能力培养。组织开展科技活动周、科普日等活动，开展公民科学素养调查、科普统计等。制定鼓励科普事业发展的激励政策，鼓励扶持科普展览（展教）、科普图书出版、科普影视（动漫）制作等科普文化产业发展。

第二节　培养创新创业文化

发挥市场竞争激励创新的根本性作用，营造公平、开放、透明的市场环境，强化竞争政策和产业政策对创新的引导，促进优胜劣汰，增强市场主体创新动力。鼓励社会力量组织开展各类公益活动，举办创新创业大赛，引导社会各类群体积极参与创新创业活动。开展“创新创业，放飞梦想”等系列活动，举办发明创造成果展和知识竞赛，组织专利拍卖，激发社会公众对创新创业的热情，营造全社会关注和支持科技创新、尊重知识、尊重人才的良好氛围，形成尊重创造、注重开放、敢冒风险、宽容失败的创新创业文化，使大众创业、万众创新的理念深入人心。

海南省“十三五”科技发展规划

“十三五”是我省深入贯彻落实习近平总书记系列重要讲话精神，主动适应新常态，加快调整产业结构与转变经济发展方式，大力推进海南国际旅游岛建设升级的重要时期。为贯彻十八大、十八届三中、四中、五中全会和全国科技创新大会精神，牢固树立“创新、协调、绿色、开放、共享”五大发展理念，深入实施创新驱动发展战略，为实现海南科学发展、绿色崛起提供有力的科技支撑，结合我省科技发展实际，制定本规划。

一、发展回顾与面临形势

（一）“十二五”科技发展回顾

“十二五”期间，在省委、省政府的正确领导下，我省科技工作坚持“创新驱动、引进集成、示范推广、跨越发展”的指导方针，按照“科学发展、绿色崛起”的要求，大力实施科教兴琼和创新驱动发展战略，充分发挥科技的支撑和引领作用，科技工作取得显著成效，基本完成了“十二五”科技发展的预期目标。

科技创新支撑产业发展成效显著。一是高新技术企业快速发展。“十二五”期间，我省高新技术企业总数达到169家，实现年收入383亿元。2015年高新技术企业科技活动经费支出达17.7亿元，其中25家设有国家和省级技术研发机构，逐步形成以生物与新医药、电子信息、新能源和新材料为重点的高新技术和战略性新兴产业集群，为调结构、转方式发挥积极导向作用。二是农业科技加快推进。“十二五”期间，组织实施国家农业科技成果转化、国家星火计划和科技富民强县专项行动计划项目98项，争取中央财政经费7413万元。三是科技服务旅游业迈出新步伐。全省共认定高新技术集成旅游示范景区10家，促进景区科技创新，提高了景区服务质量和管理水平。[1]

科技示范推广应用效果明显。一是省重大科技专项成效凸显。“十二五”期间，设立了省重大科技专项，23个省重大科技项目累计获得财政支持资金4.5亿元，在新能源、新材料、热带现代农业、生物医药、电子信息等领域的技术创新和成果推广方面取得了初步成效。到2014年底，共开发新技

海南省科学技术厅、海南省发展和改革委员会，琼科〔2016〕220号，2016年9月19日。

术245项、新产品235个，申请专利224项，其中发明专利132项，获得软件著作权65项。推广新技术100项，建设和改造生产线40条。建立示范基地326个，示范面积6万多亩，推广面积18万多亩。二是加强新材料科技成果的集成示范应用。实施海南省"膜法"饮水安康工程，运用超滤膜技术，在全省18个市、县完成示范项目347宗，总投资1.44亿元，其中省财政投入6400万元，市县财政投入8000万元，受益人口110万人。

科技创新能力明显增强。一是科技平台建设取得新成效。"十二五"期间，新批准设立了22家省级重点实验室、19家省级工程技术研究中心。目前，全省共有国家级工程技术研究中心2家、国家级重点实验室1家、省部共建国家重点实验室培育基地2家、省级重点实验室和工程技术研究中心89家，国家级科技园区4家、科技企业孵化器4个，实现了国家重点实验室、国家级孵化器和国家级大学科技园零的突破。大型科学仪器协作共用效率明显提高，加盟单位达37家，平台仪器资源总数达到756台套，总价值达到4.59亿元，已为1457家企业提供服务。二是我省科技人员参与承担国家项目的能力显著增强。"十二五"期间，承担973、863和支撑计划等一批国家重大科技项目，其中，"重要热带作物木薯品种改良的基础研究"获得973计划立项支持经费2800万元，项目绘制了木薯全基因组测序草图，在理论研究和育种上具有十分重要的意义和价值，已通过科技部验收；获国家自然科学基金资助项目708项，经费30232.1万元，创历史新高。三是取得了一批重要的科技成果。"十二五"期间，共有425项科技成果获得省科技进步奖和成果转化奖；知识产权的拥有量快速提升，全省专利申请受理量总计11213件，专利授权量共计6846件，每万人口发明专利拥有量为2.31件，超额完成"十二五"目标；专利质量大大提高，荣获中国专利奖专利金奖2项、优秀奖19项，1人获得"中国当代发明家"荣誉称号。

科技体制机制改革不断深化。一是积极推进科技计划管理改革。我省以科技计划管理改革为突破口，强化科学谋划与顶层设计，对科技计划布局进行优化，对现有科技计划专项进行梳理，整合了21项科技专项，形成了五大科技计划。二是加大农业科技服务体系建设。建立农博商城社区服务平台，成立"农博一号"体验店，线上、线下交易额达1.12亿元。完善农业科技110服务系统，提供信息服务和优质农资服务，为农民发布科技、气象、农资产销和农产品市场信息12万多条，农资销售额2亿多元。三是科普工作不断加强。"十二五"期间，在全省开展形式多样、内容丰富的系列科普活动4000多项，参加人员约60多万人次，发放各类科普资料约900多万册，赠送卫生用品、药品、科技图书等130多万件，提供科技咨询180多万人次。

科技创新发展环境明显改善。一是科技创新政策环境不断优化。先后出台了《海南省知识产权战略纲要》《海南省鼓励和支持战略性新兴产业和高新技术产业发展若干政策》《关于加快建设以企业为主体产学研相结合的技术创新体系的意见》等一系列重要政策，对科技创新和产业发展的杠杆和引导作用进一步增强。二是科技投入不断加大。财政科技拨款持续快速增长，全省财政科技拨款由2010年的7.47亿元提高到2014年的13.53亿元；R&D经费由2010年的7.02亿元提高到2014年的16.92亿元。三是各级政府对科技工作的重视不断加强。省委、省政府每年都将科技工作列入重点工作来抓，市县和乡镇普遍建立了党政领导科技进步目标责任制，各级科技管理部门的职能得到加强，全省涌现出海口、三亚等全国科技进步先进市县（区）。

（二）“十三五”科技发展形势

1. 国际形势。当前，新一轮科技革命和产业变革正在加速推进，学科交叉融合更加紧密，基础研究、应用研究、技术开发和产业化的边界日趋模糊，创新周期缩短，创新链条更加灵巧；技术创新与商业模式、金融资本深度融合，推动科技成果加速转化应用；信息技术、互联网、新材料、新能源、生物技术等迅猛发展，显示出重塑世界竞争格局的巨大力量。同时，全球创新竞争进一步加剧，为抢占未来经济科技发展的战略制高点，世界主要国家都在强化创新战略部署，特别是围绕创新链强化整体设计，加强科技资源统筹协调，成为各国推动创新的重要趋势。

2. 国内形势。当前，我国经济发展进入新常态，在发展方式、经济增速、结构优化、动力转换方面正在发生重大转变。十八大以来，党中央作出了实施创新驱动发展战略的重大决策，对科技工作提出了一系列新思想、新论断、新要求，明确了科技改革发展方向，并启动了新一轮的科技体制改革，在“十三五”期间，我国科技发展战略部署从“小局”向“大局”转变，科技创新的依托力量从“小众”向“大众”转变，科技资源配置从“小投入”向“大投入”转变。主动适应、积极引领新常态既是科技工作在新时期面临的考验，也是科技发展的重大机遇，科技工作必须紧密地面向经济社会发展，实实在在地形成新产业，创造新需求，引导新消费，为结构调整、充分就业和支撑经济社会高质量发展作出应有贡献。

3. 省内形势。省委、省政府提出，“十三五”时期，要按照“一年打基础，三年成形，五年成势”要求，把十二个重点产业做大做强做优。提升旅游业、农业、房地产业等传统产业发展质量和水平，积极培育发展互联网、医疗健康、现代金融业、医药制造、高新技术文化体育等新兴产业，加快发展六类产业园区、发展海洋经济，等等，既要靠有效的资金投入，更要迫切需要依靠科技创新的引领和支撑。充分发挥海南“全国最好的生态环境、全国最大的经济特区、全国唯一的国际旅游岛”三大优势，围绕“与全国同步全面建成小康社会、基本建成国际旅游岛、谱写美丽中国海南篇章”三大目标、实现“将海南建设成为全省人民的幸福家园、中华民族的四季花园、中外游客的度假天堂”三大愿景，根本是要靠发展，而要引领发展第一动力是创新。

“十三五”时期，海南科技发展也面临诸多挑战。海南依然是欠发达地区，财政科技投入存在资源分散、投入结构不够合理；科技创新能力依然薄弱，产业层次总体偏低，核心技术和自主知识产权缺乏，关键技术自给率低，高新技术产业规模较小；科技人才的总量、结构和素质依然不适应产业发展的需求，尤其是高端创新人才缺乏，人才队伍建设亟待加强；科技在保障和改善民生方面的能力依然需要加强，一些制约科技创新的体制机制障碍依然没有破除，科技工作离全省各界的要求还有一定差距。面对科技发展的诸多挑战，必须认真落实中央和省委关于深化科技体制改革的总体部署和任务要求，加快实施创新驱动发展战略，着力加强科技工作统筹协调，深化产学研合作，不断深化科技体制机制改革，促进科技工作与经济融合发展。

二、指导思想、基本原则

（一）指导思想

以邓小平理论、“三个代表”重要思想和科学发展观为指导，深入贯彻落实习近平总书记系列重要讲话精神，落实创新、协调、绿色、开放、共享的发展理念，大力实施创新驱动发展战略，深化科技体制改革，以企业为主体，以引进集成为重点，以示范推广为抓手，大幅提升科技创新能力，加速科技成果向现实生产力转化，培育发展战略性新兴产业和高新技术产业，加快创新海南、绿色海南、智慧海南、健康海南的发展，努力走出一条具有海南特色的创新驱动发展之路，支撑海南科学发展，绿色崛起。

（二）基本原则

解放思想，先行先试。发挥“先行先试、敢为人先”的特区精神，深入推进科技体制机制改革创新。在科技计划生成机制、科技资源投入体制、科技成果转化机制、科技项目管理体制、科技人员激励机制等方面先行先试，通过改革最大限度发挥科技资源的整体效能。

创新引领，重点突破。立足省情，面向产业发展，面向民生需求，找准主攻方向，以引进集成为重点，集中优势科技资源，加大重点项目研发投入，扶持重点企业开展研究开发，推动重大科技创新成果转移转化。

政府引导，市场决定。明确政府与市场的关系，以企业为主体，发挥市场对技术研发方向、路线选择、要素价格、各类创新要素配置的导向作用。政府重点支持基础前沿、社会公益和重大共性关键技术研究等公共科技活动，加强政府在科技资源配置中的事中、事后的监管。

整合资源，开放合作。围绕省委、省政府的战略部署，统筹各类科技资源，整合各类科技计划，加快推动公共科技资源开放共享，加强产学研紧密合作，进一步扩大科技工作的对外交流与合作，统筹各类力量共同实施创新驱动发展战略的良好局面。

立足当前，着眼长远。立足当前我省经济社会发展的现状和现实需求，加强急需解决的共性关键技术研究，力争取得突破，支撑经济社会发展。着眼长远发展，超前部署相关研究，加强培育，抢占新一轮科技竞争的先机和未来产业发展的制高点，尽快取得一批具有影响力的科技创新成果，赢得发展的主动权。

三、发展目标

（一）总体目标

到“十三五”末，与经济社会发展相适应的区域科技创新体系进一步完善，企业技术创新主体地位明显增强，科技创新和成果转化应用能力显著提高，科技基础条件建设得到明显加强，科技创新资源和服务平台共享机制基本形成，科技人才队伍建设得到较快发展，全民科学素质明显提升，科技投入持续增长，多元化的科技投入体系初步建立。一些重点领域和重点产业的关键共性技术取得突破，自主创新能力显著增强，战略性新兴产业和高新技术产业快速发展，科技支撑和引领经济社会发展的作用更加显著，基本形成以企业为主体、市场为导向、产学研相结合的技术创新体系。

（二）具体目标

1. 创新能力明显增强。力争在热带特色高效农业、新能源和新材料、网络信息、海洋和生态环境、医药和健康等领域取得一批具有重要影响的科技创新成果，在深海、南繁等领域达到国内先进水平。到“十三五”末，每万人有效发明专利的拥有量达到4.5件以上，专利授权量、发明专利申请量、向国外申请专利量明显增加。

2. 科技引领支撑产业发展能力不断提升。产业技术创新明显加强，经济增长科技含量明显提高。到“十三五”末，全省高新技术企业达到600家，实现总产值1500亿。

3. 科技创新投入不断加大。加快建立以财政投入为引导，企业投入为主体，风险投资等为补充，多元化、多渠道、高效率的科研投入体系，形成稳定增长的科技创新投入机制。到“十三五”末，全省R&D经费支出占GDP比重达到1.5%以上。

4. 创新基础条件大幅改善。省级以上重点实验室、工程技术研究中心不断增加，创新型企业形成一定规模，主要行业产学研战略联盟基本形成。建成一批重大科技基础条件平台，科技资源开发、应用、共享水平得到较大提升。国家重点实验室达到2家以上，省级重点实验室、工程技术研究中心总数达到130家以上。

5. 科技人才队伍持续壮大。以高层次创新型人才和重点发展领域紧缺人才为重点，建设一支结构合理、创新力强、素质优良的科技人才队伍。“十三五”末，研究与试验发展人员达到1.5万人。

6. 科技体制机制逐步完善。科技管理体制改革取得明显进展。激励科技创新的政策有效落实，在促进全社会科技资源高效配置和加快科技成果向现实生产力转化、激发各类创新主体的活力等方面取得突破性进展。全社会科技进步和创新的环境进一步优化。

四、重点任务

按照创新驱动发展战略的要求，发挥市场在资源配置中的决定性作用，实施“八大科技工程”，以搭建平台为基础，以培育新兴产业为重点，以人才集聚为支撑，以体制机制创新为保障，强化企业在科技创新中的主体地位，加快和提高企业科技创新能力，为加快推进经济社会发展提供强有力的科技支撑。

（一）实施高新技术产业培育工程，发展战略性新兴产业

1. 培育发展高新技术企业。组织实施“千企培育、百企引进”，建立国家高新技术企业培育库并给予入库企业连续三年的研发支持，在科技园区推行高新技术企业引进试点政策；对认定的科技型企业及高新技术项目、产品，给予一次性财政补助；全面落实企业研发费用加计扣除、固定资产加速折旧等政策；开展创新券补助试点；建立科技型企业贷款风险补偿制度；支持高新技术企业牵

头组织实施省重大科技项目，提高高新技术企业科技创新能力；加快培育高新技术企业和科技型中小企业。到“十三五”末，全省高新技术企业达到600家，实现总产值1500亿。

2. 加快高新技术产业园区和基地建设。以海口国家高新区、海南生态软件园、大学科技园等现有科技园区和中科院深海所、三亚遥感所等科研机构为依托，加大与国内外知名企业和科研机构的合作与引进力度，推进高新技术产业园区建设，在此基础上培育发展新的国家级高新技术产业开发区；做大做强海口国家高新区，实现工业总产值达到1000亿元以上，高新技术企业达到400家以上，科技创新服务机构达到100家以上；支持构建以专业孵化器和创新型孵化器为重点、综合孵化器为支撑的创业孵化生态体系建设，重点支持生态软件园国家级科技企业孵化器建设。支持国家大学科技园（海口、三亚）、海口国家高新区创业孵化中心、江东电子商务产业园孵化器、国际创意港孵化器发展，鼓励社会资本参与孵化器建设，壮大孵化器队伍；支持海口国家汽车电子高新技术产业化基地和海南老城国家非织造材料高新技术产业化基地建设发展。

3. 大力发展众创空间。研究制订海南省鼓励发展众创空间推进大众创新创业若干政策措施，引导社会力量投资建设或管理运营创客空间、创业咖啡、创新工场和创业街区等新型孵化载体，打造一批低成本、便利化、全要素、开放式的众创空间。在此基础上，大力发展市场化、专业化、集成化、网络化的“众创空间”，实现创新与创业、线上与线下、孵化与投资相结合，为小微创新企业成长和个人创业提供开放式综合服务平台，推进大众创业、万众创新，打造经济发展新引擎。

（二）实施农业科技创新工程，促进热带现代农业发展

1. 突出农业科技创新重点。以农业科研机构和涉农高等院校为骨干，充分发挥民营科技企业和农业产业化龙头企业的作用，推动农业科技创新，加快农业科技进步，推进农业结构调整，进一步提高农产品质量安全水平和市场竞争力；以设施农业、循环农业、精准农业等为重点，大力推进生物技术、信息技术和装备技术等现代高新技术在农业生产中的应用，发展壮大热带现代农业；组织实施一批国家和省农业科技攻关项目，着力突破农业技术瓶颈，在良种培育、节本降耗、节水灌溉、农机装备、新型肥药、疫病防控、加工贮运、海洋农业、农村民生等方面取得一批重大实用技术成果。

2. 加快农业科技成果转移和转化。加强农业科研院所和高校技术转移机制建设，探索建立政府推动、市场引导、企业化运作的农业科技成果转移新模式、新机制，促进创新成果与农业产业对接；引导、鼓励、支持农业龙头企业、科技人员以多种形式到基层创办农业科技成果转化和技术服务组织，构建农业科技成果转移平台，打通农业科技推广“最后一公里”；支持桂林洋国家热带农业公园生态环保技术的集成应用示范；推动建设海南国家农业高新技术产业开发区；通过规划引导、政策扶持、技术支持，鼓励各市县围绕区域主导产业建设一批各具特色的农业科技示范基地；推进特色林业产业发展，发展特色热带林业产业，坚持林业在海南绿色崛起和生态文明建设中的基础地位，支持建设国家林木种质资源库，依托林业科研机构，将特色热带林业真正打造成绿色海南的“王牌”。

3. 加强农业科技创新创业服务体系建设。充分发挥海南“三区”人才科技专项计划、中西部市县科技副乡镇长派遣计划在科技特派员农村创新创业行动中的示范引领作用，推进农业科技110服务体系职能转型升级，强化政府引领，市场运作，加强科技特派员创新创业基地建设，鼓励和支持

科技特派员在农村一线与农民、合作社、企业“风险共担，利益共享”，大力开展创新创业行动，打造农业农村领域的众创空间——“星创天地”。

（三）实施海洋科技创新工程，促进海洋经济发展

1. 加快推进海洋资源开发和利用。开展热带重要海水养殖生物良种选育与遗传改良技术、深水网箱养殖、海洋创新药物、热带海洋生物等技术研究，突破一批产业化关键技术，培育新兴海洋产业；加快海洋资源深度开发及可持续利用，重点加强深远海探测、海洋遥感、海水淡化、海洋生态保护和利用、海洋旅游、海洋工程、海洋防腐工程材料、南海岛礁开发利用等关键技术的研究；加快海洋信息产业发展，通过“互联网＋海洋”，以信息化技术提升认识海洋、利用海洋、管控海洋的综合能力，推动海洋强省战略实施。

2. 加强海洋科技创新载体建设。围绕我省海洋经济发展需要，建设特色鲜明、机制灵活、开放共享、创新高效的各类创新平台。依托中科院深海所，推动深海关键技术国家级重大创新平台建设。依托海南大学，建设省部共建南海海洋资源利用国家重点实验室。支持海南热带海洋学院加强涉海创新平台的建设。建设一批涉海领域的国家重点实验室、工程技术研究中心和省级重点实验室、工程技术研究中心等海洋科技创新平台。

3. 加快推进海洋科技成果的转化和应用。以中科院深海所、海南热带海洋学院（三亚大学科技园）、省海洋与渔业科学院、中电科海信院、三亚中科遥感所等涉海高校、科研机构、企业为基础，打造海洋领域省级高新技术产业开发区，推进和中船重工、中国海洋大学等大型企业和海洋院校的合作，引进一批科技成果在我省转化实施。建立海洋科技推广服务体系，鼓励社会团体、科研院所、高校、企业和中介组织参与海洋科技创新成果推广应用，支持海洋科技成果推广中介机构、技术推广站的发展。

（四）实施科技成果转化工程，加快科技成果向现实生产力转化

1. 完善科技成果转化的激励机制。下放高等院校、科研院所科技成果的管理、使用和处置权。探索建立符合科技成果转化规律的市场定价机制，允许通过协议定价、技术市场挂牌交易、拍卖等市场化定价方式确定科技成果价格，收益分配向发明人和转移转化人员倾斜。制定实施《海南省促进科技成果转移转化行动方案》，转化一批重要科技成果；探索建立科研人员流动机制，着力破除体制机制障碍，充分调动科研单位和科研人员的积极性。

2. 打通科技成果转化通道。畅通科技成果转移转化链，构建科技成果信息发布、交流平台，强化科技成果信息的有效供给和共享。发挥各类科技成果转化服务机构的作用，积极引导、支持高等院校、科研院所和企业面向市场开展科技成果转移转化活动。支持应用开发类科研院所建立科技成果转化的小试、中试基地，畅通科技成果转移转化链。完善科技成果转化的市场体系和服务体系，培育壮大技术交易市场，建立市场化评价定价机制，让科技成果更好与经济对接。

3. 加快科技成果转化平台建设。支持技术转移转化中心、中试与转化基地、新型研发机构等科技成果转化平台建设。扶持科技成果登记、交易等科技服务机构建设；加大支持国内外著名科研院所、

大学在我省设立研究机构，设立整建制研发机构和设立分支机构的，给予一定的经费支持。到“十三五”末，引进国内外著名科研院所、大学在我省设立研究机构 1 ~ 2 家、建成新型研发机构 10 家以上、培育科技服务机构 30 家以上。

（五）实施科技创新平台建设工程，提高科技创新条件保障能力

1. 加快重点实验室、工程技术研究中心等创新载体建设。优化重点实验室和工程技术研究中心布局。大力提高高等院校、科研院所重点实验室的水平，完善运行机制，进一步推进重点实验室和工程技术研究中心向社会、企业开放共享。引导科技资源向企业集聚，鼓励和支持企业与高校、科研院所联合共建实验室。优先在高新技术企业、行业龙头骨干企业和战略新兴产业领域布局建设一批工程技术研究中心、重点实验室；推进大型科学仪器协作共用平台建设。依据全省科技基础条件资源的特点和发展规律，结合海南省科技创新与产业发展特色和需求特点，遵循“统筹规划，分步实施”的建设原则，大力推进大型科学仪器协作共用平台建设，为我省科技创新活动提供基础支撑。到“十三五”末，省级以上重点实验室、工程技术研究中心达到 130 家以上，大型科学仪器协作共用平台入网单位达到 80 家、仪器原值达到 8 亿元。

2. 引进大院名校和知名企业共建创新载体。加强与大院大所和知名企业的科技合作，大力引进大院名校和大型央企民企来琼设立创新载体。依托三亚深海所等涉海科研院所，推进和中国海洋大学等海洋院校的合作，引进国家其他海洋科研机构，推动海洋信息技术、海水淡化、海洋资源能源利用、海洋特种材料、海洋装备等新兴产业发展；依托三亚中科遥感研究所，引进资源卫星中心、测绘卫星中心等国家科研机构和国内外知名企业，形成集微小卫星制造、航空航天遥感器研发、遥感数据接收处理、遥感关键技术研发及行业应用于一体的遥感信息产业园。

3. 培育一批产业技术创新战略联盟。大力推进产学研结合，鼓励高校、科研院所与企业合作开展技术创新。围绕战略性新兴产业培育和传统优势支柱产业转型升级的需要，以企业为主体，由行业龙头骨干企业或高校和科研院所牵头，联合建立利益共享、风险共担的产业技术创新战略联盟。联盟成员共享信息、协作攻关，联合实施行业重大共性关键技术研究开发，培育产业链，增强产业核心竞争力；在电子信息、新能源、生物医药、节能环保等战略新兴产业和热带特色产业等重点产业建设一批省级产业技术创新战略联盟，支持有条件的争取成为国家产业技术创新战略联盟。

（六）实施科技创新人才培育工程，加快创新型人才队伍建设

1. 加强创新人才的培养。实施海南省高层次创新创业人才和海南省创业英才培养计划，依托各类科技计划项目和创新载体，着力培养创新创业人才；每年定期举办“科创杯”创新创业大赛，营造良好的创新创业氛围，着力培育一批创业英才；将海南“三区”人才、科技副乡镇长、科技特派员、农业科技 110“四位一体”相结合，推动一批科技人员到基层创新创业，培育一批基层科技管理人才；大力培育创新领军人才与创新团队，结合重大科技计划、省自然科学基金和重大创新平台、创新载体的建设，加大扶持力度，强化产学研合作，着力培育一批优秀科研人才和创新团队。

2. 加快引进海内外高层次人才。进一步优化创新创业环境，加大激励力度，加强与中科院等科

研机构的合作，积极组织实施国家和省有关人才计划，鼓励支持高校、科研院所特别是企业引进一批具有真才实学的海内外高端专业技术人才；鼓励企业面向海内外公开招聘重点实验室和工程技术研究中心主任或首席科学家，鼓励支持海内外高层次科技创新人才领衔实施重大项目；进一步推进大学科技园、孵化器、留学生创业园等创新创业基地建设，积极引进和帮助海内外科技人才来我省创新创业。

3. 营造良好的尊重人才环境和氛围。探索和建立适应经济社会发展需要的科技人才认定、评价、考核、激励机制，创造使人才脱颖而出，人尽其才、才尽其用的政策条件和环境。充分发挥新闻媒体、广播电视、互联网等传播媒体的作用，广泛宣传科技政策法规、科技项目、科技成果、创新文化、先进科技人物及自主创新先进经验，形成全方位、多层次的科技宣传与普及体系，努力营造尊重科学、尊重人才、尊重创造、宽容失败的环境和氛围。

（七）实施知识产权提升工程，增强区域核心竞争力

1. 加强知识产权的创造和运用。实施“专利消零计划”和“高新技术产业知识产权联盟计划”，鼓励企业加大知识产权投入，重点培育一批拥有核心专利、熟练运用专利制度、国际竞争力较强的知识产权优势企业；鼓励企业购买国内外发明专利或取得专利许可，提高运用知识产权的能力，增强核心竞争力；积极推进知识产权培育，大力培育产业知识产权联盟、国家知识产权示范企业、知识产权优势企业和贯标企业，提高企业的核心竞争力；建设知识产权密集型产业示范基地；实施知识产权强企、强园、强市县工程。到“十三五”末，知识产权贯标企业达到 50 家、知识产权优势企业达到 30 家；专利授权总量和发明专利拥有量分别达到 28000 件和 6500 件，年均增长率分别达到 25% 和 22%；PCT 国际专利受理量达到 80 件。

2. 强化知识产权的保护和管理。抓好知识产权战略实施工作联席会议制度建设，完善司法、行政、行业、企业相结合的知识产权保护机制。建立健全知识产权维权援助机制，鼓励和引导企业、行业和地区建立知识产权维权联盟，形成多元化的维权援助机制。加强区域间、省际间知识产权执法协作，重点推进泛珠三角区域知识产权合作，组织和协调重大执法活动。组织开展打击侵犯知识产权和制售假冒伪劣商品专项行动，查处侵犯专利权和制售假冒专利产品行为，维护专利权利人的合法权益。加强知识产权培训工作，大力培养企业专利工作各类人才。办好知识产权宣传周和中国专利周，提高企业知识产权转化实施能力和效益。加强知识产权服务机构的管理和指导，深入培育技术市场，认真开展专利技术展示交易活动，协调金融机构共同开展知识产权质押融资业务，努力实现专利技术转化实施。推进专利运营公共服务平台建设，提升专利信息应用和公共服务能力。

3. 加快技术和产业标准的开发和应用。围绕提高产业技术水平与竞争力的需要，加强技术和产业标准的研制，鼓励企业和有关单位积极参与国际标准、国家标准、行业标准制定和修订；积极开展环境保护、资源节约、生态农业、现代服务、交通运输等领域地方标准研究与制定；加强标准与知识产权的结合，大力推进具有自主知识产权的技术和专利及时转化为标准，全面提升标准化总体水平。

（八）实施创新环境建设工程，弘扬创新文化

1. 加强科普能力建设。着眼于科普可持续发展，聚焦科普设施、科普活动、科普内容开发、科技传播载体建设等重点工作，提升科普公共服务的能力。开展科技活动月、科技讲座等形式多样的科普活动。加快专业科技馆、虚拟科技馆等各类科普教育基地建设。积极组织开展科技人员学术交流、青少年发明创造、技术工人与农民技能竞赛等适宜不同群体的创新实践活动，建成配置均衡、结构合理、门类齐全的科普载体。

2. 大力宣传创新创业精神。围绕大众创业、万众创新，发现和挖掘优秀科学家、企业家和创新型企业等典型案例，宣讲创新创业故事。加强对创新创业的支持，让机构、人才、装置、资金和项目都充分活跃起来，形成推动创新创业的强大合力。倡导科学家精神、企业家精神，引导全社会更多地关注创新、理解创新、参与创新，使创新创业在全社会蔚然成风。

3. 加强科学道德和诚信建设。抓好制度规范和道德自律，建设教育、自律、监督、惩治于一体的科研诚信体系。建立科技创新信用管理平台，鼓励社会参与科研诚信体系建设，监督、惩戒科研失信行为，提高失信成本，强化科研诚信的约束力。加强科研诚信教育，引导广大科研工作者在科学探索的过程中加强自我约束，形成良好的科研文化氛围。

五、科技服务产业的优先领域

根据省委、省政府关于加快发展十二个重点产业的决策部署，结合我省科技工作的实际，提出“十三五”以旅游、热带特色高效农业、互联网、医药与健康、低碳制造、海洋、资源与环境、交通运输、公共安全等九大领域为科技服务产业的优先领域。

（一）旅游

以科技支撑旅游产业发展，以科技推进和服务全域旅游发展，包括旅游景区建设、特色旅游产业开发、旅游营销推广宣传、数字旅游和智慧旅游等方面，重点提升旅游景区、旅游服务、旅游商品的科技含量。

休闲度假旅游。开展休闲农业旅游、医疗养生旅游、生态旅游、森林旅游、会展旅游、科普旅游、运动旅游等相关技术研究，丰富旅游产品，改善服务质量，提升旅游品质。

海洋旅游开发。支持海洋国家公园科技馆、博物馆、主题公园、营地、生态保护区等旅游产品开发，开发海水浴场、海岛、旅游船舶、邮轮游艇等场所的安全救生设备与设施。

旅游与文化创意结合。支持以信息技术促进旅游与文化的融合，开展海南特色的动漫游戏、创意设计等关键技术研发，提高文化创意产品附加值，提升旅游产业文化品位。

旅游公共服务管理平台。开展国际旅游岛旅游公共服务管理平台建设关键技术研究，利用互联网、物联网、地理信息和位置服务等技术，整合旅游咨询服务中心、12301 旅游咨询服务热线等资源，为广大游客提供优质服务。

新技术集成应用。开展信息服务、声光电、现代影视、虚拟现实、游乐设施、新材料、新能源

和环保等技术在旅游景区的集成应用与推广，开发高附加值旅游商品。

科普旅游产品开发。支持以专业科技馆、科普教育基地等为基础开发科普旅游，打造融科普教育、文化宣传、科技体验于一体的科技旅游产品。

（二）热带特色高效农业林业

依托地域优势，发展热带农业，开展海南特色农业新品种培育，研究特色作物、大宗作物的高效栽培技术，开发畜禽养殖新模式，大力发展农副产品加工与农业服务。

热带特色农业新品种。开展选择育种、杂交育种、航天育种、分子标记辅助育种、精子冷冻、胚胎移植、良种扩繁等技术的研究；研究种苗规模化繁育、综合处理、质量检测和种质资源检测等关键技术；培育和改良水稻、玉米等粮食作物新品种，橡胶、椰子、槟榔等热带经济作物新品种，油茶、坡垒、海南粗榧、山茶等热带特色林木种质资源，香蕉、杧果、荔枝等热带水果新品种，瓜类、豆类、茄果类等冬季瓜菜新品种，热带兰花、菊花等花卉新品种；提纯复壮文昌鸡、东山羊、海南和牛、特种山猪等海南特有畜禽新品种，以及罗非鱼等热带淡水鱼新品种。

高效安全种植技术。开展热带作物栽培关键技术研究，主要包括设施农业、种子种苗高效快繁、有害生物和非生物灾害预防与控制、农田和森林生态控制、有机农业应用、农业节水、农业新型药物应用、农药污染防控、耕地改良与高效利用等技术；研究特色林木高产栽培技术，经济林、用材林及特用林经营管理，森林生态系统保育利用，非木质林产品综合利用与林下产业经营等。

养殖技术。研究生态养殖、高密度设施养殖、畜禽流行疫病监测检疫与防控、平衡饲料配制及饲料安全、养殖环境控制与清洁养殖等技术，重点开展文昌鸡、东山羊、本地黑猪、罗非鱼等畜禽、淡水养殖动物主要疫病的新型诊断，动物严重传染病和人畜共患传染病快速诊断及动物疫病预警，检验检测方法及综合防控等技术研究。

农副产品加工。研究农副产品的精深加工关键技术和综合利用技术，重点研究热带果蔬冷链物流贮运保鲜技术、海南主要特色农副产品精深加工技术、传统食品的工业化加工技术、健康食品加工技术提升，以及加工标准化生产控制、加工过程自动化、信息化等技术，提高产品附加值。

农业服务。加强农业科技服务体系建设，提升农业信息服务水平；开展灾害性天气预报和农业气象灾害监测、森林火灾防控、林业有害生物防控、畜禽流行病预报、传染病疾控、农业水资源服务管理、土壤退化监测与施肥管理等技术研究，加强农业环境产业问题研究。

（三）互联网产业

推进电子信息产业发展，加快以信息技术改造提升现代服务业和传统产业的步伐，重点围绕基础与应用软件、网络与通信技术、物联网、大数据、现代服务业共性支撑技术、文化创业产业等方向，开展关键技术与产品研究。

软件。开展基于开放源代码的系统软件、支撑软件、嵌入式软件、数据库管理系统，面向网络的公共服务支撑平台，面向高性能计算的公共支撑软件和应用软件，网格计算及云计算，公共软件构件库等研究；积极发展面向旅游、新型工业、现代农业、交通运输、医疗卫生等行业的应用软件，研发网络通信、信息安全、汽车电子、数字医疗、智能交通等嵌入式软件。

网络与通信。积极发展下一代移动通信技术、下一代互联网关键技术、互联网产业核心技术、三网融合技术和信息安全技术。研发宽带、无线、光纤通信、卫星通信、多媒体通信、智能网络技术，卫星遥感、智能化终端和数字家庭设备技术，可信的网络管理体系技术，多媒体、云计算的多种新业务应用技术；研究基于海域环境、通信节点、网络构成与信号载体的海洋通信技术。

物联网。积极开展物联网技术的应用研究。研发基于多种传感信息的智能化信息处理技术；发展低成本的传感器网络和实时信息处理系统，提供使用更方便、功能更强大的信息服务平台和网络应用环境；研究面向公共安全、现代物流、热带农业、智能交通等特定行业的传感器网络节点、软件或应用系统。

现代服务业共性支撑技术。运用信息技术提升改造信息服务、旅游、金融、保险、医疗卫生、交通运输和商贸业，发展电子商务、电子金融、数字媒体、远程教育、远程医疗等现代服务业。引导和支持服务外包企业开展集成设计、综合解决方案及相关技术研发，提升我省服务外包产业整体水平。研发现代旅游、现代物流、电子商务、电子政务、现代金融、现代会展、数字媒体和交通运输等现代服务业需要的高可信网络服务支撑平台、云计算平台和大数据技术。发展软件系统集成关键技术及整体解决方案，研究数据采集标准化、金融信息安全、信用评估标准等金融服务技术；研究关键基础数据共享、实物数字化等数字旅游技术；研究工作流软件、信息交换与共享等电子政务技术。

文化创意。积极开展以海南本土文化、民间传说、旅游景区为主要元素的动画作品和网络游戏的制作；研发具有海南特色的服装服饰产品定制、创意产品快速成型等非媒体创意共性关键技术；研发网络环境下互动数字媒体、音视频产品创意支撑系统、数字化展览展示等数字媒体共性关键技术，支撑影视文化、会展经济产业的发展；构建海南创意产业的公共知识服务平台，促进动漫、网络游戏、产品设计、文化设计、出版等文化创意产业的发展。

（四）医药与健康

加强医药与健康领域科技创新，保障人民生命健康。加强临床诊治及医疗保健技术、本地特色药物研发及产业化、新药研发和引进、医药研发公共服务平台建设研究。

临床诊治及医疗保健技术研究。围绕重大疾病、多发病、热带地方病开展预防、诊断、临床诊治技术研究；开展干细胞保健及治疗等相关技术的研究；开展新型医用材料与医疗器械的研发；开展海南百岁老人流行病学调查和长寿机制研究；开展生殖健康技术的临床应用研究；开展医疗保健、养生康复等技术研究；开展黎族医药理论体系的发掘、整理和特色诊疗技术的研究。

本地特色药物研发及产业化。开展海南药用植物种质资源库建设；研究制定海南黎药药材标准、海南地方药材炮制规范；推广药材生产质量管理（GAP）；开展药用生物替代及工业生物技术研究；开展海南地方药材综合开发利用研究，研发高附加值产品。重点开展裸花紫珠、槟榔、益智、白木香、降香、牛耳枫、辣蓼、莪术、胆木等特色药材的开发利用研究。

新药研发。研究新药物设计与合成、药物筛选、先导化合物发现和优化、药物制剂与释药系统；

药物质量控制与标准品制备、药物吸收代谢评价、安全性评价、药效学评价等关键技术；加强临床急需重大疾病治疗药物研发和产业化推进；鼓励儿童专用剂型和规格药物的研发；加强黎族医药理论体系的发掘和整理、鼓励海南地方民间验方的研究，促进有效经验方的药物转化研究。

医药研发公共服务平台建设。建立海南地方药材标准与炮制规范研究平台、药物中试放大生产研究平台、药物分析与检测、仿制药一致性评价研究平台、蛋白质与多肽类药物的化学修饰、抗体药物的研究与制备等药物的研发支撑平台。

（五）低碳制造

开展新能源、新材料、节能技术等研究与开发应用，推进生态岛建设。

新能源。加强生物质能、太阳能、风能、海洋能等可再生能源的综合利用技术研究，促进新能源产业及节能技术发展；生物质能：研究利用农林废弃物综合利用技术，食品加工废弃物、畜禽养殖废弃物制沼气技术；太阳能：研究单晶硅、多晶硅、砷化镓、非晶硅薄膜、多元化合物薄膜等太阳能电池技术，开发高效太阳能电池和电站，研究高吸收率镀膜技术，研究太阳能热发电、太阳能空调、太阳能建筑一体化技术；风能：研究驱动系统、传动系统、风叶、高能永磁系统等技术，开发逆变系统、并网装备，风力发电场建设等关键技术；海洋能：研究潮汐能、波浪能、海流能利用关键技术与装备，开发海洋能发电与输变电装置。

新材料。提高高性能非金属材料、高分子材料、生物材料、催化剂材料、新型建筑材料等的研究开发能力，巩固壮大我省新材料领域的技术优势。高性能非金属材料：利用石英砂、锆英石等海南优势资源，开展特种玻璃、新型绿色节能建筑材料及高性能陶瓷的研究与开发；研发节能与环保的新型无机非金属材料、抗盐雾腐蚀材料；高分子材料：研究特种合成橡胶材料、橡胶基复合新材料；开展非织造材料、超滤膜、多孔高分子材料等新型高分子材料制备及应用技术研究；生物材料：开展生物纤维膜、生物膜、生物可降解包装膜等膜制备及应用技术研究；催化剂材料：开展油气化工产业链上的新型催化剂研究。

节能环保技术。研究智能电网、交通节能、建筑节能、半导体照明、LED 照明、工业节能等新一代节能技术。

新能源汽车。开展电动汽车整车和关键系统设计技术、集成应用技术和产业化技术的研究和开发，深入研究新能源汽车的开发和应用，实现科研成果的产业化。

（六）海洋

开展海洋资源深度开发及可持续利用研究，突破一批产业化关键技术，培育新兴海洋产业。

现代渔业。研究热带鱼、虾、贝、藻等重要海水养殖生物良种选育技术与遗传改良技术，培育高产、抗病、抗逆、环境适应性高的优良品种；研究海南特色海水养殖品种疾病防控、节约型工厂化养殖、深水网箱养殖、多品种立体化生态养殖等技术，研制养殖环境监控、预警、应急系统及配套设施，研究海洋水产品的保鲜、贮运及深加工技术，研究远海捕捞等新型捕捞、海洋渔业设施、远洋渔业和海上储藏加工技术。

海洋药物。研究海洋创新药物、功能性保健品、新型海洋生物酶制剂、生物材料及生物农药农肥等生物制品和海洋新药、药物中间体等技术，开展热带海洋生物活性化合物、海洋微生物毒素提取技术的研究；开展珍稀型海洋生物资源挖掘、开发、保护和可持续性利用的技术研究，针对热带药用海洋植物、海洋动物、海洋微生物，建立热带海洋药用生物资源库；开展海马、珍珠贝、藻类等海洋药用动植物养殖技术研究。

深海科学研究与工程技术研发。开展深海环境、生物、地质科学考察；开展深海水体、海底、海底下海洋信息获取技术及装备；开展深海环流观测与数值模拟、海洋地球物理信息与资源探测、潜水器应用支撑及保障技术等的研究与开发；开展深海油气、海底天然气水合物及大洋矿产资源勘探与高效开发关键技术的研究，建设海洋资源开发支撑平台。

海洋生态保护。研究海洋生态环境安全监测、健康评价技术；开展海岸带与近海地区的海洋生物、污染严重和资源破坏严重区域的生态与环境修复研究；开展珊瑚礁、红树林、海草床等典型海洋生态环境保护修复研究；开展海岸带人工生态景观、海岛生态工程建设技术的研究；研究外来生物入侵的生态学效应和应急控制措施，保护濒危物种。

海水资源综合利用。开展海水淡化技术与装备及产业化研究，开展海水处理药剂、浓海水制备液体盐和提取利用镁溴等海水资源利用研究。

海洋信息。建设海洋产业信息服务、海洋预报、防灾减灾、救助打捞、渔业安全通信救助体系和海洋环境信息服务体系，研究海洋数值模拟技术，开展风暴潮、生物灾害、海洋气象灾害、海洋地质灾害和突发性海洋污染事件预警预报技术研究，实施“智慧海洋”战略。

（七）资源与环境

加强资源环境科技创新，推进生态省建设。加强生态保护、环境治理、资源合理利用的技术研发和综合示范，重点开展流域环境综合治理、生态环境保育与恢复、森林资源监测及森林碳汇、海洋环境监测与保护、城镇化与城市发展技术集成与示范的研究，推进可持续发展实验区建设。

“三废”治理。开展废水、废气、固体废弃物综合利用与治理技术研究，加强农业废弃物综合利用技术、矿产废渣资源化利用技术、工业固体废物综合利用技术等研究。

生态环境保护及修复。开展湿地、海岸、红树林及热带雨林动态监测、保护与恢复技术的研究；开展岛礁生态修复关键技术的研究；开展海洋环境灾害的应急处置、入海污染物处置、海水养殖废水的无害化处理及回用技术研究；开展海湾网箱养殖的环境评估与环境修复、海岸带池塘养殖健康评估与环境修复等关键技术的研究；开展农业环境农药污染修复及江河污染修复、土壤污染的保护与修复关键技术研究。

森林资源监测及森林碳汇。开展光学与微波遥感、激光雷达技术等资源监测新技术的研究，开展地理信息系统技术与应用、森林资源演替理论及模型模拟技术、森林资源监测、森林恢复、森林资源管理及决策、计算机模拟技术、森林资源数据库技术与应用等研究；开展森林碳汇监测技术、森林固碳机制与增汇技术、森林生态系统碳循环与碳管理的研究；开展森林生态系统组成、结构、养分循环和能量平衡的研究。

区域环境污染控制。研究开发环境污染治理、环境监测及环境风险评价技术，开展大气复合污染、流域水环境与区域大气环境污染、典型生态功能退化区等综合整治技术。

水体污染控制与治理。研究流域水污染控制、近海海水污染防治和水环境生态修复关键技术。重点推进城市污水处理关键设备与重大装备的产业化，构建信息、技术创新和设备检测等运行高效的产业化平台，研究饮用水源保护和饮用水深度处理及输送技术，开发安全饮用水保障集成技术和水质水量优化调配技术，建立水体污染监测、控制与水环境质量改善技术体系。

（八）交通运输

深入实施交通运输领域“创新驱动”战略，优化利用各方科技资源，着力解决海南省交通建设、养护、管理服务和转型发展的共性和核心技术，开展关键技术研发与成果推广应用，加快构建海南特色的现代交通运输业，支撑和保障全省经济和社会发展。

交通基础设施建管养技术。开展桥梁建设成套关键技术攻关，研究特殊路基填筑技术、桥梁健康监测与状态评估、桥梁病害防治与维修技术；开展公路快速养护设计、新材料新技术开发，研究制订适合海南省情的预防性养护技术标准；开展沿海港口建设关键技术、游艇码头工程质量检验标准研究；推广应用火山岩熔空洞地区公路路基修筑技术、滨海旅游公路粉细砂路基修筑技术、沥青路面现场热再生技术、基于传感器网络的桥梁健康监测系统。

交通运输组织管理与智能交通技术。开展道路综合客运枢纽运营与服务技术、公水联运物流货运组织技术、公路运营管理现代化、城市公交运营与评价、城乡物流配送组织与服务技术研究，开展沿海港口运营管理、港口功能结构调整、港口物流园区布局研究；开展智能交通技术研发，加强GIS 技术在公路规划与设计中的应用技术、BIM 技术在交通运输基础设施建设中的应用技术、综合交通动态监测关键技术研发。

资源节约与环境保护技术。加强交通运输能耗监测与评估技术、固体废弃物利用关键技术、公路建设期全过程环境管理技术、绿色低碳高速公路服务区建设技术、公路隧道安全运营节能照明技术、建设及运营期噪声污染防治技术、港口节能减排指标统计测评体系、内河新能源船舶新建及改造技术研发；开展交通运输资源循环利用发展模式和评价指标体系研究。

交通运输安全与应急保障技术。开展大型桥梁结构安全评估技术、山区高速公路交通安全保障技术、涉路工程安全评价技术、农村公路安全设施设置技术研究，开展多种重大危险源自动快速识别系统、事故快报视频网络系统、交通工程质量安全监督管理系统、参建单位安全信息管理系统研发与应用。

（九）公共安全

加强食品安全、社会安全、防灾减灾防控预警关键技术研究，重点开展食品安全防控、检测技术和仪器试剂、技术标准研究与示范，社会安全防范与处置技术研发，消防安全、灾害性天气、地震预测预报关键技术研究和示范，以及重大事故预警与救援关键技术研究。

食品安全关键技术。开展食品危险性评估与溯源和快速预警系统、食品安全控制、食品安全地方标准、实验室和现场快速检测等技术、装备和标准研究。

社会安全关键技术。火灾、爆炸的风险评估和安全性能规划与设计及早期探测与预警；信息安全的预警与防护；重要外来传染病、恐怖因子、外来有害化学物质和危险品的远程快速检测与确证、风险评估与预警、无害化处理、出入境检验检疫等技术研究。

重大自然灾害监测与防御关键技术。开展灾害性天气、地震等观测资料综合分析、灾害发生机理及预报预测技术、影响评估、综合应急救援等技术及装备研究；加强气象监测台网体系和应急平台建设。

重大事故预警与救援关键技术。开展火灾预防控制、应急救灾、抢险救援，重大危险源辨识与评价，事故监测、预警、防治，应急救援、事故调查与分析处理，安全生产科技保障，城市燃气系统，油气田瓦斯、高温、突水、火灾、冲击地压、冒顶和动力性灾害等重大安全预警与快速救援系统等技术研究。

六、保障措施

（一）加强科技创新工作的领导

建立健全党政领导科技进步目标责任制，强化“一把手”抓“第一生产力”的意识和责任，增加科技进步在党政领导目标责任考核中的权重，建立科技进步保障机制和长效发展机制；加强科技执法督查，强化人大科技执法检查，保障科技进步法律法规的执行，监督各项政策措施的落实。

（二）加大科技创新投入

各级政府要把科技发展置于优先发展的地位，把科技投入作为重要的公共投入和战略性投入，依法增加财政科技投入；引导企业加大科研投入，完善落实激励企业技术创新的政策措施，强化高新技术企业、创新型企业认定对研发投入的约束，引导激励企业增加研发经费投入，推动企业成为技术创新投入、开发和成果应用的主体；加强科技与金融的结合。充分发挥金融资本市场的融资优势，通过资金担保、财政补贴等措施引导金融资本加大对科技创新的支持。

（三）深化科技创新体制机制改革

推进科技计划管理改革。落实中央《关于深化中央财政科技计划（专项、基金等）管理改革的方案》，制定工作方案，统筹科技资源，建立与国家有机对接的科技计划管理平台，探索建立科技评估等科研项目管理专业服务机构，成立战略咨询与综合评审委员会，建立决策、咨询、执行、评价、监管各环节职责清晰、协调衔接的省财政科技计划管理体系。加强科技奖励改革。进一步完善评审体系，提高评奖的科学性和公正性。进一步强化对科技奖励候选人的管理，科学评价完成人贡献，遏制“搭车”报奖现象。推进省级事业单位科技成果处置权和益权改革。完善省级事业单位科技成果处置处和收益权改革，扩大科技成果持有的省级事业单位科技成果处置自主权，提高科技成果的转化和技术创新的主动性，激发科技创新活力。加快科技信息资源的开放共享和交流，建立科技报告制度。

（四）扩大科技开放合作

充分利用国际国内科技资源，实施科技“引进来”和“走出去”相结合发展战略，加强引进集成创新，促进创新资源集聚，推动我省经济社会发展。积极争取国家支持，发挥海南在国家“一带一路”战略中的区位优势，加快建设科技合作平台，大力拓展与东盟的科技合作；加强与欧美、非洲、港澳台、泛珠三角等区域的科技合作，扩大与国内外在院大所的科技合作，创新合作模式，大力开拓和构建对外开放合作的渠道和平台，加强先进技术、项目、人才、资金和管理的引进，支持科技人员参与国际国内科技合作研发与交流，充分利用国内外创新资源为我省经济社会发展服务。

（五）强化科技人才支撑

加强人才培养。以重点产业、重点学科、科研基地、重大科研项目为依托，培养一批科技领军人才、科技骨干和创新人才团队。加大人才引进。积极探索创新人才引进的体制机制，采用灵活多样的吸引人才政策，鼓励国内外优秀科技人才跨地区、跨部门流动，吸引国内外一流科技人才来海南创新创业。完善人才使用机制。大力支持创新，努力营造人尽其才、才尽其用的创新环境。

（六）优化创新政策环境

健全科技政策落实机制，加强目标责任考核，加大政策落实力度。面向科技型企业，着力落实好企业研发费用加计扣除、高新技术企业税收优惠等政策。研究制定科技金融、股权激励等政策。加快修订完善《海南省促进科学技术进步条例》，研究制定促进企业增加研发投入、促进产学研结合的政策措施，加强科技政策与产业政策、财税政策的衔接配套，不断完善科技创新政策体系。

重庆市科技创新“十三五”规划

“十二五”期间，特别是党的十八大以来，我市全力构建综合创新生态体系，突出科技创新引领支撑作用，大力推进科技创新质量整体跃升，创新活动日趋活跃，呈现出以企业为主、制造业为主，战略性新兴产业发展领先、金融创新领先的鲜明特点，为全市经济社会持续健康发展提供了有力支撑。

“十三五”时期，是我市深入实施五大功能区域发展战略、全面建成小康社会的决胜阶段，是深化改革扩大开放、加快实施创新驱动发展战略的关键时期，必须面向全球、立足全局，深刻认识并准确把握经济发展新常态的新要求和国内外科技创新的新趋势，系统谋划创新发展新路径，以科技创新为核心开拓创新发展新境界，开启西部创新中心建设新征程，培育经济社会发展新动能。根据《国家创新驱动发展战略纲要》《“十三五”国家科技创新规划》和《中共重庆市委重庆市人民政府关于深化改革扩大开放加快实施创新驱动发展战略的意见》《重庆市国民经济和社会发展第十三个五年规划纲要》，制定本规划。

第一章　发展基础与趋势

一、发展基础

“十二五”期间，我市深入实施创新驱动发展战略，大力推动科技创新，科技创新能力、综合实力和竞争力有了较大进步，奠定了“十三五”科技创新的坚实基础。

创新环境较大改善。把握供给侧结构性改革和“放管服”改革的基本要求，以科研项目管理改革、科技金融管理改革、科技平台建设为突破口，着力解决创新驱动的技术供给、资本来源、创新生态三大支撑问题。出台了《重庆市深化体制机制改革加快实施创新驱动发展战略行动计划（2015—2020年）》《关于发展众创空间推进大众创业万众创新的实施意见》等一系列政策性文件；大力发展科技金融，科技创业风险投资规模由90亿元增加到220亿元；立案查处侵犯知识产权案件8031件。

创新潜力逐渐增强。2015年，722家规模以上工业企业建有研发机构896家。重点实验室、工

重庆市人民政府，渝府发〔2016〕51号，2016年11月3日。

程技术（研究）中心、企业技术中心等各类研发基地超过1100个，引进组建了中科院重庆绿色智能技术研究院、中国信息通信研究院西部分院等高端研发机构。高新技术企业达到1035家。R&D活动人员由2010年的5.88万人增加到2015年的9.78万人。“十二五”末，两院院士、新世纪百千万人才工程国家级人选、国家“千人计划”人选等高层次人才达到484人。

创新效率明显提高。2015年，专利授权量38915件，其中发明专利授权量3964件；技术交易5977项、成交额241.5亿元。万人发明专利拥有量由2010年的1.1件提高到2015年的4.3件。“十二五”期间，开发突破新能源汽车、轻轨装备、工业机器人、海上风力发电装备、石墨烯、人脸识别等一批关键技术和新产品，培育了中国汽车工程研究院股份有限公司、重庆梅安森科技股份有限公司等一批上市高新技术企业。“十二五”末，战略性新兴产业产值占工业总产值的比重为19.6%，规模以上工业企业新产品产值占工业总产值的比重为19.1%，知识密集型服务业增加值占地区生产总值的比重为16.3%，高技术产业化指数全国排名第4位。

专栏1 “十二五”科技创新主要发展指标完成情况表

序号	指标名称	2010年指标值	2015年指标值	“十二五”变化
1	科技进步贡献率（%）	47.8	52.9	增长5.1个百分点
2	研究与试验发展经费投入强度（%）	1.27	1.57	增长0.3个百分点
3	每万名就业人员中研发人员（人年）	24	36	增加12人年
4	高新技术企业（家）	338	1035	增加697家
5	战略性新兴制造业增加值占规模以上工业增加值的比重（%）	—	13.5	—
6	知识密集型服务业增加值占地区生产总值的比重（%）	—	16.3	—
7	规模以上工业企业研发经费支出与主营业务收入之比（%）	0.79	0.97	增长0.18个百分点
8	每万人口发明专利拥有量（件）	1.1	4.3	增加3.2件
9	技术合同成交额（亿元）	168	241.5	增加73.5亿元
10	公民具备科学素养的比例（%）	2.5	4.74	增长2.24个百分点

二、发展趋势

“十三五”时期，世界科技创新呈现新趋势，我国经济社会发展进入新常态，我市正处于转型升级和创新发展的关键阶段。

科技创新呈现加速融合渗透新趋势。科学探索从微观到宏观各个尺度上向纵深拓展，学科多点突破、交叉融合趋势日益明显。信息技术、生物技术、制造技术、新材料技术、新能源技术广泛渗透到几乎所有领域，带动了以绿色、智能、泛在为特征的群体性重大技术变革，大数据、云计算、移动互联网等新一代信息技术同机器人和智能制造技术相互融合步伐加快，跨界融合创新特征日益显现，新型研发组织和创新模式显著改变创新生态，科技创新活动日益社会化、大众化、网络化。这为我市寻求科技创新跨越式发展带来了严峻的挑战和难得的机遇。

我国经济发展进入速度变化、结构优化和动力转换的新常态。推进供给侧结构性改革，促进经济提质增效、转型升级，迫切需要依靠科技创新培育发展新动力。面对经济发展新常态，党中央作出深入实施创新驱动发展战略的决策部署。当前，我市仍处在欠发达阶段，仍属于欠发达地区，集大城市、大农村、大山区、大库区于一体，城乡区域差异很大，加快我市转方式调结构、构建现代产业体系、发展战略新兴产业和现代服务业，必须依靠创新驱动打造新引擎、培育经济增长新动能。为此，市委、市政府作出了进一步深化改革、扩大开放，加快实施创新驱动发展战略的决策部署，旨在通过创新体制机制，有效激发创新要素的活力；通过全面依法治市，为创新驱动提供法制保障；通过深入实施“中国制造 2025”“一带一路”和长江经济带战略，为我市加快培育战略性新兴产业创造良好的机遇；通过完善开放功能，优化开放环境，逐步形成聚集国内外高端创新要素的内陆开放高地。

面对新形势和新使命，我市科技创新中还存在一些薄弱环节和深层次问题，主要表现为：科技基础仍然薄弱，科技创新能力与先进发达地区相比还有很大差距，许多产业仍处于全球价值链中低端，科技对经济增长的贡献率还不够高；制约创新发展的思想观念和深层次体制机制障碍依然存在，创新体系整体效能不高；科技投入总量和研发投入强度偏低，2015 年全社会研发投入强度仅为 1.57%，远低于全国平均水平；高端研发平台和高层次领军人才、高技能人才十分缺乏，科技型企业特别是高新技术企业亟须发展壮大；激励创新的环境亟待优化，政策措施落实力度需要进一步加强，创新资源开放共享水平有待提高，科学精神和创新文化需要进一步弘扬。

面对新形势和新使命，我市必须加快推进以科技创新为核心的全面创新，统筹推进制度创新、管理创新、商业模式创新、业态创新和文化创新，推动发展方式向依靠持续的知识积累、技术进步和劳动力素质提升转变，促进经济向形态更高级、分工更精细、结构更合理的阶段演进。

第二章　发展思路和目标

一、指导思想

以邓小平理论、“三个代表”重要思想和科学发展观为指导，全面贯彻党的十八大、十八届三中四中五中六中全会、全国科技创新大会和市委四届九次全会精神，深入学习贯彻习近平总书记系列重要讲话和视察重庆重要讲话精神，按照“五位一体”总体布局和“四个全面”战略布局，坚持以人民为中心的发展思想，坚持创新、协调、绿色、开放、共享的发展理念，全面落实科教兴国战略和人才强国战略，大力实施五大功能区域发展战略，进一步深化改革、扩大开放，加快推进以科技创新为核心的全面创新，着力推动企业成为创新主体，激发人才创新创造活力，推进全方位开放式创新，加快科技成果转移转化，营造良好创新生态，加快建设西部创新中心，推动发展动力转换，加快发展方式转变，为我市全面建成小康社会提供强大支撑。

二、基本原则

坚持需求导向。紧扣重庆发展战略定位，顺应全球科技发展趋势，聚焦经济社会发展需求，围绕产业链布局创新链，形成以创新为主要引领与支撑的经济体系和发展模式，提升战略性新兴产业技术供给能力，抢占科技创新制高点。

坚持深化改革。遵循科技创新规律，瞄准制约创新驱动发展的突出问题，破除科技与经济深度融合的体制机制障碍，强化市场导向作用，突出企业创新主体地位，转变政府职能，营造良好制度环境，充分激发全社会创新创造活力。

坚持开放引领。适应创新全球化趋势，主动融入全球创新网络，加快构建开放式创新生态，强化各类创新主体和区域之间的创新协同，在更大范围内集聚创新资源，促进各类创新要素有序流动、综合集成和高效利用。

坚持人才为先。把人力资源开发摆在创新驱动发展的优先位置，以充分发挥各类人才的积极性和创造性为核心，改革人才评价、引进、培养和使用机制，加快建设科技创新平台，增强人才吸引力，在创新事业中集聚人才，在创新实践中培养人才，让各类人才人尽其才、才尽其用、用有所成。

坚持全面创新。以科技创新为核心，把科技创新和制度创新结合起来，推动“两个轮子”协调运转，全方位推进产品创新、品牌创新、产业组织创新、商业模式创新等，把创新驱动发展战略落实到经济社会发展全过程和各方面。

三、主要目标

到 2020 年，进入创新型城市行列，国家自主创新示范区建设取得重要进展，初步建成西部创新中心，形成较为完善、适应创新发展的制度环境、政策体系和服务供给，有力支撑全面建成小康社会目标的实现。

创新型经济结构基本形成。构建起知识密集、多点支撑的产业结构，培育一批具有竞争力的优势产业集群，文化创意产业快速发展。高新技术企业达到 3000 家，战略性新兴制造业增加值占规模以上工业增加值的比重达到 30%，知识密集型服务业增加值占地区生产总值的比重达到 20%，技术合同成交额达到 400 亿元以上，科技进步贡献率提高到 60% 以上。

区域创新能力大幅提升。创新要素集聚辐射能力显著增强，产学研协同高效，企业技术创新主体地位大幅提升，培育一批创新型领军企业，建成一批重大科技创新平台，建设一批重点专业学科，聚集一批高层次创新人才，研制一批具有自主知识产权的产品和技术。规模以上工业类国有企业实现研发机构全覆盖。研究与试验发展经费投入强度达到 2.5%，规模以上工业企业研发经费支出与主营业务收入之比达到 1.2%，每万人口发明专利拥有量达到 8.6 件，每万名就业人员中研发人员达到 60 人年。

创新生态更加优化。基本形成开放协同的创新生态系统，创新资源配置更加科学有效，激励创新的法规、规章和政策更加健全，知识产权保护更加严格，创新服务体系更加完善，创新价值得到充分体现，全社会创新意识大幅提高，形成崇尚创新、宽容失败的价值导向和文化氛围，公民具备科学素养的比例达到 8.3%。

专栏 2 "十三五"科技创新发展规划指标与目标值表

序号	指标名称	指标属性	2015 年指标值	2020 年目标值
1	科技进步贡献率（%）	预期性	52.9	60
2	研究与试验发展经费投入强度（%）	预期性	1.57	2.5
3	每万名就业人员中研发人员（人年）	预期性	36	60
4	高新技术企业（家）	预期性	1035	3000
5	战略性新兴制造业增加值占规模以上工业增加值的比重（%）	预期性	13.5	30
6	知识密集型服务业增加值占地区生产总值的比重（%）	预期性	16.3	20
7	规模以上工业企业研发经费支出与主营业务收入之比（%）	预期性	0.97	1.2
8	每万人口发明专利拥有量（件）	预期性	4.3	8.6
9	技术合同成交额（亿元）	预期性	241.5	400
10	公民具备科学素养的比例（%）	预期性	4.74	8.3

第三章 聚焦重点领域技术创新

把握科技革命和产业变革的新趋势，紧扣重点产业提质增效升级需求，坚持把数字化、网络化、智能化、绿色化作为提升产业竞争力的技术基点，聚焦先进制造技术、新一代信息技术、大健康技术三大重点方向，兼顾新材料、新能源、现代农业、生态环保、新型城镇化、公共安全等领域技术创新，既按照远近结合、梯次接续思路组织实施一批重点研发专项和重大科技工程，又采取财政后补助奖励、科技金融支持、普惠性政策激励等方式，支持企业与高校、科研院所协同攻关，面向重点产业攻克一批新技术，瞄准交叉前沿建设一批新平台，聚集融合渗透发展一批新业态，紧扣技术应用推广一批新模式，以创新要素的相互渗透形成持久创新动力，培育创新发展新优势。

一、先进制造技术

贯彻落实"中国制造 2025"战略，立足打造高端制造基地，围绕数字化、网络化、智能化、绿色化和服务化的方向，重点突破智能制造、绿色制造、精密制造、增材制造等集成技术，提高装备研发和系统集成水平，加快网络化制造技术、云计算、大数据等在制造业中深度应用，重塑制造业的技术体系、生产模式、产业形态和价值链。

发展思路：重点发展基础材料、基础零部件、基础工艺、基础软件等共性关键技术，提升关键基础件和通用件的自主设计制造水平，围绕发展机器人及智能装备制造、高端交通技术与装备、新能源汽车及智能汽车、微系统等重点领域，培育建设一批国家级和市级研发基地，开展战略性产品和关键性工艺研发攻关，突破一批关键核心技术，开发一批具备自主知识产权的产品和成套设备，大幅提升制造业的智能化、绿色化、个性化水平，促进国家重要现代制造业基地建设。

专栏 3　先进制造技术

1. 智能机器人及核心功能部件：引进和培育机器人研发生产企业，建立创新平台，重点突破工业机器人国产化核心部件关键技术、智能识别系统、工业软件、机器人视觉触觉感官系统技术，开发具有国际竞争力的工业机器人、服务机器人产品，逐步实现高精密减速机、高性能交流伺服电机、高速高性能控制器等核心零部件国产替代，打造主机、配套、集成、服务全产业链。

2. 数控机床整机及关键功能部件：重点突破误差智能补偿技术、数控刀架、数字化精密量具量仪、高光束质量激光器及光束整形系统、高品质电子枪及高速扫描系统等关键核心技术，组织实施一批研发及示范推广重大项目，形成较完备的高端数控装备产业链和产业集群。

3. 轨道交通装备：围绕发展单轨、地铁、有轨电车、市域快轨车等产品，突破新型轨道车辆车体、高性能转向架、电传动系统、储能与节能、制动系统、网络控制、通信信号等技术，加快提升不同类型整车研发、设计、制造能力，打造轨道交通装备产业世界级品牌。

4. 飞机及航空发动机：突破航空发动机先进总体设计及验证、飞行器复合材料典型主体结构设计制造与验证、大型轻量化整体及高强金属结构制造、高舒适直升机动力学设计与验证等技术。

5. 新能源汽车：突破新能源汽车电池与电池管理、电机驱动与电力电子、电控系统、燃料电池动力系统、纯电动电力系统等核心关键技术。

6. 智能汽车：突破关键环境感知传感器、自动驾驶、信息交互、智能控制、测试评价等智能网联汽车共性关键技术，逐步提高汽车智能化水平。围绕智能网联汽车产业关键重大需求，聚焦于环境感知与识别技术、互联技术、信息融合技术、智能决策及控制技术、测试验证技术四大研究任务。

7. 现代农业机械装备：重点开展农机装备及技术研究，解决共性关键问题，掌握智能化核心技术，突破整体机械化集成技术瓶颈，形成智能耕作装备等产品。

8.3D 打印相关材料和装备：开发 3D 打印相关材料和装备技术，掌握 3D 打印粉末等高性能合金材料的设计、制备、表征、产业化技术、应用技术等核心技术，开发出 3D 打印用高性能合金粉体关键部件。

9. 制造业基础共性技术：开展设计技术、可靠性技术、制造工艺、关键基础件、工业传感器、智能仪器仪表、基础数据库、工业试验平台等制造业基础共性技术研发，提升制造基础能力。

10. 网络协同制造：发展网络协同技术，研究基于“互联网 +”的创新设计，基于物联网的复杂制造系统、智能工厂、智能资源集成管控、全生命周期制造服务等技术。

11. 增材制造：重点开展基础理论与关键共性技术研究，研发出系列典型工艺装备产品，形成创新设计、材料及制备、工艺及装备、核心元器件、软件、标准等，构建起相对完善的技术创新与研发体系，结合重大需求开展应用示范。

12. 绿色制造：发展绿色制造技术与产品，重点研究再设计、再制造与再资源化等关键技术，推动制造业生态模式和产业形态创新。

二、新一代信息技术

紧紧抓住新一代信息技术发展契机，大力发展泛在融合、绿色宽带、安全智能的新一代信息技术，促进大数据、智能化、移动互联网、云计算、物联网等新一代信息技术推广应用，支撑和引领产业迈向中高端，推进研发设计数字化、装备智能化、生产过程自动化和管理网络化，促进信息技术向各行业广泛渗透与深度融合，培育发展一批新业态，推广应用一批新模式。

发展思路：加快第五代移动通信技术（5G）、先进的数据可视化、可穿戴技术、基于位置的服务、短距离无线通信、低功耗广域网等技术的推广应用。研发下一代互联网协议（IPV6）、云服务集成、开源硬件、语义技术、自适应安全等新一代互联网技术；积极发展中、小尺寸高性能液晶显示面板和有机发光面板等产品，重点开展电子终端产品、平板显示等核心零部件战略性产品开发和关键性工艺研究；加快电子商务发展，积极培育工业互联网、互联网金融、智慧城市、智慧教育、智慧交通、智慧农业等一批新业态，积极发展产业链垂直整合、流程外包、开放式研发设计、网络化制造等新模式，鼓励发展信息系统集成、技术转移、知识产权、融资租赁等知识密集型服务业；积极推动形成“云平台＋信息管道＋智能终端＋内容服务”信息通信服务产业集群，推进大数据公司与金融机构、实体经济的合作，培育壮大大数据产业。

专栏 4　新一代信息技术

1. 物联网：开发分布式数字控制系统（DCS/DNC）、可编程控制系统（PLC）等智能制造控制系统，智能型光电传感器、智能型接近传感器等智能制造传感器，射频识别（RFID）芯片和读写设备、工业便携 / 手持智能终端等智能制造物联设备，工业智能化仪表、在线成分分析仪等智能制造仪器仪表，工业控制系统防火墙 / 网闸、容灾备份系统等智能制造信息安全保障设备，以及重点领域工业应用软件和工业大数据平台；加强物联网技术在车联网、智能家居、智能医疗、智能物流的示范应用，打造硬件制造、系统集成、运营服务“三位一体”的产业体系。

2. 云计算：重点突破云计算基础设施层高效节能核心技术、新一代应用引擎关键技术、众核计算与图形处理器（GPU）加速技术、异构计算技术、内存计算技术、云计算安全关键技术，提高云安全保障、降低运营成本、支撑多元应用云服务等。面向城市综合治理、公共安全、大健康、工业智能化、网络舆情分析等领域，建设一批云平台，促进互联网信息资源大规模、个性化、高效率开放和开发。

3. 大数据及挖掘分析：重点开展大数据融合关键技术攻关，促进政府大数据开放共享，鼓励行业应用示范；支持在大数据技术系统架构、预处理、数据整合、数据存储、数据挖掘、可视化全技术链条中技术布局，建立支撑重庆大数据产业链发展完整的技术支撑体系。

4. 集成电路：发展用于物联网、移动终端的嵌入式中央处理器（CPU）、微处理器（MPU）、射频集成电路、模数—数模转换（AD/DA）、现场可编程门阵列（FPGA）等集成电路设计；开发量大面广的移动智能终端芯片、物联网芯片、数字电视芯片、网络通信芯片、智能穿戴设备芯片，信息处理、传感器、新型存储等关键芯片，智能卡、智能电网、智能交通、卫星导航、工业控制、金融电子、汽车电子、医疗电子等行业应用芯片；发展倒装封装、多芯片封装等先进封装测试技术。

5. 液晶面板：重点发展窄边框、宽视角（ADSDS、FFS）、低功耗、超高清（UHD）、零延迟、高动态画面流畅度、高色彩饱和度等制造技术，努力推进非晶硅（a-Si）、氧化物薄膜（Oxide）、低温多晶硅（LTPS）、有源矩阵有机发光二极体面板（AMOLED）等技术衍进。积极探索量子点、碳基等新材料应用和全息、激光、柔性等新型显示技术。

6. 软件开发及应用：攻克电子政务、智慧城市、智能设备等领域涉及的软件兼容和跨平台应用集成等共性关键技术，研发国产操作系统支持 Windows 应用程序的接口软件、面向领域集成应用的中间件和智能设备的嵌入式软件。

7. 农业生产管理智能化技术应用示范：加快自动化、智能化农业机械装备生产制造，实施智能节水灌溉、测土配方施肥、农机定位耕种、病虫害监测等精准化作业，建立农业信息监测体系。

8. 电子商务科技应用示范：提升传统贸易电子商务发展水平，推动汽摩配件、医药及农产品等大宗商品交易市场开展网上现货交易，支持传统百货、连锁超市、中小零售企业与电子商务平台优势互补，鼓励中小微企业通过在第三方电子商务平台开展线上销售，促进线上交易与线下交易融合发展。通过信息化促进智慧物流发展，推进供应链、物流链创新。鼓励和引导大型电商企业发展农产品电子商务，支持涉农企业、农民合作社开展“线上交易”。

9. 智慧交通关键技术研究及应用示范：按照“互联网＋便捷交通”模式，开展道路车辆信息自动采集、路网信息自动发布与诱导、交通信号自动控制等技术研究，全面提升道路高效运行及智慧管控能力；围绕交通运行状态感知、道路通行效率提升、路面快速修复、决策支持四个方面开展关键技术研究与装备开发，形成重庆市道路畅通技术体系，实现道路畅通可控，路面修复工期大幅度缩短，提高道路通行能力，推动畅通城市建设。

三、大健康技术

对接“大健康”国家战略，把握生物科技革命性突破的机遇，围绕建设全国领先的生物医药、医疗器械、医疗服务等产业目标，开展生物技术与新一代信息技术、新材料技术等热点领域的交叉研究，大力开展重大疾病新药创制、精准医疗等一批核心关键技术研究，建设全国重要的生物医药产业基地。

发展思路：应对重大疾病和人口老龄化挑战，重点在普惠精准的人口健康领域实施一批主题专项，突破大品种化学药、新型疫苗和生物制剂、基因检测、高端医疗设备、精准医学大数据、中医中药等新技术，提升科技创新和产业创新能力及应用水平，积极培育大健康新业态，建立大健康的理念体系、教育体系、产业体系和服务体系，全面引领大健康产业发展，大力提升全民健康水平。

专栏 5　大健康技术

1. 化学药和生物技术药物：构建国家级新药创制共性技术研发大平台和药物安全性评价中心；重点突破化药手性合成与手性分离、新型药物辅料、缓控释、药物临床安全性评价等技术，开发恶性肿瘤、心脑血管疾病、神经精神疾病、代谢性疾病、自身免疫性疾病等重大疾病大品种化学药/生物技术药物及抗体药物和基因表型检测试剂盒等。

2. 新型中高端医疗器械：重点开发 CT 机、彩色多普勒超声诊断设备等医学影像设备，高清电子内窥镜、高分辨共聚焦内窥镜、数字化微创及植介入手术系统、手术机器人、麻醉剂工作站、自适应模式呼吸机、电外科器械、术中影像设备、脑起搏器与迷走神经刺激器等神经调控系列产品、数字一体化手术室等先进治疗设备，智能型康复辅具、计算机辅助康复治疗设备、重大疾病与常见病和慢性病筛查设备、健康监测产品、远程医疗及相关标准等健康监测及远程医疗和康复设备，示范应用一批创新医疗器械产品。

3. 重大疾病精准诊疗：重点突破生物标志物用于指导临床精准诊断和精准治疗、精准医学大数据的资源整合与存储利用、生物信息分析等关键技术，以及重大疾病的风险评估、预测预警、早期筛查、分型分类、个体化治疗、疗效、安全性预测和监控等核心技术，构建重大疾病临床生命组学数据库、多层次精准医疗知识库体系和生物医学大数据共享创新平台。

4. 健康管理模式创新：重点开展“互联网 + 健康”管理服务模式及其关键技术研究与应用，解决健康稳态与健康干预、健康大数据集成与决策、基于互联网的健康服务与健康监测、第三方服务等关键技术问题，建立基于互联网的健康服务及诊疗体系和大数据平台，示范应用一批“互联网 + 医疗服务”模式。

5. 常见重大疾病基层适宜技术集成推广：构建一批临床医学研究中心，建立一批适宜技术示范基地，形成常见重大疾病适宜技术示范推广体系，重点在我市基层医院集成推广心脑血管疾病、免疫性疾病、老年性疾病、神经退行性疾病、儿童用药等严重危害人民健康的常见病、多发病等适宜技术。

6. 中药产业关键技术研发及应用示范：建设渝产道地大宗中药材规范化生产基地，开展种子种苗繁育研究和中药材规范化生产技术研究，开发基于经典名方、医疗机构制剂的中药新药及特色中药饮片和精制配方颗粒。开展中药大品种工艺改进及质量标准提升研究，上市后中药临床、药理药效再评价研究，推动中药大品种二次开发及产业化。

四、新材料技术

针对重大工程技术和产业发展重大需求，瞄准高技术产业和先进制造业中的重大、核心、关键技术问题，实施新材料重大工程，从基础前沿、重大共性关键技术到应用示范进行全链条设计，以新材料产业发展助推传统产业的优化升级，催生新的产业领域。

发展思路：以高性能结构材料、新型功能材料、先进复合材料为发展重点，以电子信息、新能源、化工环保、高端装备等领域对新材料的需求为导向，实施一批主题专项，支持企业牵头组织开展研发攻关，突破若干关键核心技术，培育一批具有国际竞争力的新材料企业，形成多个新材料产业集群，提升产业整体竞争力。

专栏 6　新材料技术

1. 石墨烯及纳米材料：优化石墨烯制备工艺技术，降低单位成本，实现大规模工业化生产，引进石墨烯功能化、石墨烯器件组装等关键技术，强化石墨烯原材料、功能化器件和组件的研发能力。重点开展石墨烯薄膜低成本制备以及石墨烯纳米片、石墨烯纳米带、石墨烯量子点等石墨烯衍生品的绿色制备与分散、推广应用等技术研究。

2. 塑料光纤：积极发展塑料光纤材料 PMMA（聚甲基丙烯酸甲酯）、光电收发器件（光收发模块、共振腔发光二极管等）以及塑料光纤通信网络设备关联产品，加快推进塑料光纤在工业控制网络、消费电子、数据中心、物联网等行业和领域的规模应用，形成从上游原理、塑料光纤本体、信号收发通信设备到终端应用的完整产业链。

3. 高端汽车、电子、装备用钢：重点发展汽车面板、轴承钢、弹簧钢等汽车用钢，大力发展家电板、服务器外壳、台式机外壳等电子产品用钢，兼顾发展高端特殊钢等装备用钢，形成系列化、规模化的高端钢铁结构材料产品体系。

4. 高端交通设备用轻合金：立足轨道交通、汽车等运输工具轻量化发展方向，重点发展轨道车辆厢体材料、汽车轻量化部件、飞机和船舶用铝等高端交通设备用轻合金材料。

5. 高性能碳纤维、玻璃纤维及复合材料：开展汽车零部件、管道、环保、船艇等玻璃纤维复合材料新产品开发，重点发展航空航天、汽车、装备、建筑用碳纤维复合材料内饰件、结构件和碳纤维增强符合材料结构件，引进培育碳材料及复合材料产业，推进研发、生产、应用一体化。

6. 二苯基甲烷二异氰酸酯（MDI）及化工新材料：以 MDI 资源为依托，发展聚氨酯硬泡和软泡、聚氨酯涂料和黏合剂等下游产品实施聚碳酸酯（PC）项目以及塑料合金、弹性体共聚物等下游产品；综合运用煤经甲醇制烯烃 / 芳烃、炼化一体化等多种模式，构建多元烯烃 / 芳烃本地供给体系，建设重要的聚氨酯原料生产基地和西部地区最大的 MDI 一体化产业基地。

7. 生物材料：重点发展可降解生物医用材料。加强人工皮肤及体内外软组织修复领域的可降解医用高分子材料的核心技术研发，解决可降解金属材料在心血管骨科等领域面临的降解、腐蚀及工艺问题，促进可降解生物陶瓷材料在骨缺损及口腔修复领域的发展。推动智能技术与三维（3D）打印技术在医用材料领域的应用。

五、新能源技术

抓住清洁和可再生新能源蓬勃发展的机遇，构建清洁、高效、安全、可持续的现代能源体系，全力支持具有比较优势的产业做大做强，推进能源结构多元化。通过对核心技术的攻关，对基础科学问题的突破，快速提升产业层次、壮大产业规模、扩大新能源产业影响力。

发展思路：以优化能源结构、提升能源利用效率为重点，加快发展和应用页岩气开采、海上风力发电、大规模储能、生物质能源等关键技术；提升装备和工艺的融合技术以及生产线自动化技术，形成产业化方案设计能力和生产线集成能力；加强新能源产品设计、制造和应用推广，攻克大规模供需互动、储能和并网关键技术，推动能源应用向清洁低碳转型。

专栏 7　新能源技术

1. 页岩气勘探与利用：建立页岩气勘探开发技术研发平台，突破页岩气资源评价、地球物理勘探、钻完井、储层改造等核心技术，开发页岩气钻井、压裂、井下小工具等装备（产品），形成页岩气勘探新型高性能材料及装备制造、开采服务等产业。

2. 大型海上风力发电装备：重点解决风电装备研制的基础、共性及瓶颈技术问题，突破超大风轮直径、大功率整机传动链设计、风电智能化可靠性等关键技术，掌握风电机组整体设计、智能健康管理、极限长度叶片设计等技术，开发系列拥有高技术含量、高附加值的风电关键产品和成套装备，形成有代表性的风电系统并开展应用示范。

3. 先进电力装备：重点开展面向智能电网和能源互联网的先进电力装备及技术研究，掌握电力设备智能化、电力物联网、绿色环保电工材料等核心技术，促进先进材料、工艺与传统装备制造业的结合，开发应用于智能电网和能源互联网的装备新产品。

4. 生物质能源利用：重点发展大型废弃生物质资源发电设备的研发、制造及其在垃圾焚烧发电项目中的应用，开展生物质热炉、生物质颗粒燃烧机等能源设备研发、制造，重点突破关键部件自主设计与制造技术、自动化控制系统设计技术，拓宽生物质能利用领域。

5. 节能技术：重点开发半导体照明、高效节能家电、新型节能建材等高效节能产品，推动节能环保装备（产品）专业化、成套化、系统化、标准化发展。提升再生资源利用和再制造技术水平，积极发展循环经济产业。

六、现代农业技术

围绕特色效益农业发展，整合农业科技创新资源，有效利用农业科研单位、涉农高校、农技推广机构和农业科技创新企业的科技资源，建立粮油、蔬菜、生猪三大基础产业科技创新联盟，健全柑橘、榨菜、生态渔、草食牲畜、茶叶、中药材、调味品、木本油料等特色产业技术体系创新团队，构建科技研发、集成示范、推广应用和教育培训为一体的科技支撑体系。大力发展农业科技创新企业，积极培育新型职业农民，推动农业发展方式转型升级，促进一二三产业融合发展，走产出高效、产品安全、资源节约和环境友好的现代特色效益农业发展道路。

发展思路：围绕粮油、蔬菜、畜牧和柑橘等优势特色产业发展技术需求，加大现代种业、农业机械装备、农业信息化、农业资源高效利用、农业生态环境、农作物耕作栽培管理、畜禽水产养殖、农作物灾害防治、动物疫病防控、农产品加工储存物流和农产品质量安全等领域新品种、新技术、新工艺和新产品的研发，逐步解决制约优势特色产业发展的技术瓶颈。完善农业科技特派员制度，巩固发展“专家 + 农技指导员 + 科技示范户 + 农户”服务推广新模式，积极构建农业科技推广应用技术支撑链，为加快现代特色效益农业发展和实施产业精准脱贫提供科技支撑。

专栏 8　现代农业技术

1. 动植物新品种培育：加强农作物和畜禽品种种质资源搜集、保护与开发利用等基础性、公益性研究；开展农业转基因抗虫棉、水稻、玉米、蚕、猪新品种（系）的研发，强化核心育种材料、生物育种方法技术研究；大力推进商业化育种，选育一批具有良好应用前景、自主知识产权和核心竞争力的优良品种。

2. 高效安全种养殖：开展轻简农业、精准农业、生态农业、信息农业、智能农业、农业自然灾害及病虫害（疫病）预报预警与综合防控等关键技术攻关；建立现代农业种养殖技术体系标准；加强农用疫苗、生物农（兽）药、生物肥料、饲料添加剂、物联网系统等农业高科技产品研发；加速农产品和环境有害物质的检测与监控技术及配套装备开发。

3. 农产品加工储存物流：开展特色果蔬和畜禽肉制品，包装、保鲜、冷链贮运等技术的创新与推广应用，建立农产品全程质量安全控制与溯源技术体系；构建农产品物联网体系，农产品加工及副产物高值化利用技术集成体系；推动农产品加工技术升级，开发创新名特优农产品，提升农产品市场核心竞争力。

4. 农业生态与环境综合治理：优化农业耕作制度和种植方式，推进精准农业和节水农业技术应用，提高农业资源和投入品使用效率，减少化学品和废弃物以及饲料添加剂带来的重金属、抗生素等面源污染；开展农作物立体种养、生态安全、清洁生产和生物质能源与农业废弃物综合利用等技术攻关，促进特色效益农业可持续发展。

5. 农业科技创新与集成示范：加快长寿、荣昌农业科技创新与集成示范基地建设。在长寿区重点开展示范推广、产业孵化、探索创新、积聚扩散、科普培训与旅游观光六大功能建设；在荣昌区重点开展“荣昌猪”良种繁育体系、动物疫病防控体系、“物联网＋市场”服务体系、标准化生产基地、畜产品加工能力、畜牧综合科技人才团队培育等建设，建成技术创新、集成示范、推广应用、教育培训和辐射带动为一体的现代农业科技园区。

七、生态环保技术

围绕重庆市生态文明建设的重大科技需求，重点攻克城市水环境综合整治、污水高效处理与资源化利用、城镇污水处理厂污泥处理与资源化利用、大气污染监测预警与防控、再生资源综合利用、生态修复等关键技术，开发相关成套装备，形成源头控制、过程减量、末端治理的技术体系。

发展思路：结合全市生态文明建设重点任务和工程，以改善生态环境质量、带动环保高新技术产业发展为目标，通过实施主题专项及国家、地方的专项计划，突破一批关键核心技术，形成地方标准与技术规范，提升环境污染控制能力和环保产业竞争力。

专栏 9　生态环保技术

1. 环境污染治理：重点开展水、土壤、城市大气污染防治及固体废弃物综合利用等关键技术研究，研发城市湖库水体低成本修复、中小城镇和农村污水治理、工业废水处理提标升级等水处理系统集成装备，典型工艺废弃低成本处理、燃煤锅炉低成本超低排放、工业炉窑废气协同处理、机动车尾气净化成套装备等大气污染治理装备，污染场地修复、固废综合利用、生活垃圾焚烧、餐厨垃圾处理、建筑垃圾处理等城市固体废弃物处理及综合利用装备。

2. 环境监测：重点研究典型工业行业烟气在线连续监测、水污染高精度在线监测、土壤环境监测等关键技术，开发相关环境监测设备，并进行应用示范。开展生态环境突发事故应急监测及应急处置技术研究，并进行应用示范。

3. 生态保护与修复：开展生态环境监测预警技术及服务系统、石漠化综合治理、湿地生态修复、生物多样性保护、森林质量精准提升等生态修复与保护关键技术以及生态产业技术研发，并在适宜地区开展规模化示范应用，形成可复制的区域生态保护与修复技术模式；围绕长江三峡生态环境保护，组织开展跨学科、跨区域的综合技术研究与应用。

4. 再生资源综合利用：针对再生钢铁、再生铝、再生铜、再生铅、再生纸、废橡胶等再生资源，研究拆解、分选、破碎、熔化、提炼、再制造等综合利用关键技术，开发相关重大关键成套设备，并进行应用试点示范。

八、新型城镇化技术

按照新型城镇化建设战略部署，贯彻“适用、经济、绿色、美观”的建筑方针，提高建筑工程标准和质量，提升城市综合承载能力，改善农村人居环境，推动以人为核心的城镇化。大力开展绿色城市、智慧城市、海绵城市、人文城市、建筑产业现代化等领域核心关键技术研究与应用，形成相关技术标准，建设一批科技示范基地。

发展思路：充分发挥部门联动作用，通过实施主题专项及国家、地方的专项计划，突破一批关键核心技术，形成技术标准，探索市场化运营管理模式，提升新型城镇化建设科技创新能力及应用水平，促进行业转型升级发展。

专栏 10　新型城镇化技术

1. 绿色城市：重点开展绿色建筑（小区）、城市功能提升与防灾减灾、基于建筑信息模型（BIM）的规划建设管理、建筑室内环境控制、适老建筑、既有建筑节能改造、工业建筑性能提升等关键技术研究，研发一批绿色建材，形成一批关键技术和标准，建设一批科技示范工程，初步构建绿色城市关键技术体系、保障平台、市场化运营模式。

2. 智慧城市：以信息数据库为基础，支持物联网、云计算、大数据、空间地理信息集成等新一代信息技术在城市智能管理与服务方面的集成创新，研究智慧城市相关技术标准，加强智慧城市规划，促进建设管理信息化、基础设施智能化、公共服务便捷化、产业发展现代化、社会治理精细化，并建设一批示范工程。

3. 海绵城市：基于“慢排缓释”和“源头分散”控制理念，结合山地城市特点，开展雨水系统构建规划设计、雨水回用与径流控制、城市面源污染控制等技术研究，研发一批透水材料，并进行区域示范应用。

4. 人文城市：强化文化传承创新，把城市建设成为历史底蕴厚重、时代特色鲜明的人文魅力空间；加强在旧城改造中保护历史文化遗产、民族文化风格和传统风貌，在新城新区建设中融入传统文化元素的研究，传承和弘扬优秀传统文化，推动地方特色文化发展，保存城市文化记忆。

5. 建筑产业现代化：重点开展 BIM 技术研发及推广应用，开展装配式建筑结构体系、配套部品体系、装配式建筑设计、装配式建筑技术标准体系与标准化、高效施工关键技术、装配式建筑检测与评价、建筑产业化关键技术等研究、攻关与工程示范。

6. 城镇建设科技示范：强化城镇建设管理领域科技支撑，以新型城镇化发展重大战略需求为导向，围绕城市、村镇规划、土地和水资源保护利用、特色资源开发、环保和社会公共服务等领域，开展技术攻关与集成示范，构建新型城镇化发展的城市、镇乡村建设技术创新和服务体系。

九、公共安全技术

围绕平安城市建设，针对重大自然灾害和突发公共安全事件，开展公共安全综合保障、社会安全监测预警与控制、生产安全保障与重大事故防控、重大基础设施安全保障、城镇公共安全风险防控与治理、综合应急技术装备等方面关键技术攻关和应用示范，实现对重大公共安全事件的提前感知、及时预警、快速处置，为经济社会持续稳定安全发展提供科技保障。

发展思路：重点开展自然灾害等突发事件的预警预报、应急处置、恢复与重建等关键技术和相关装备研发；支持社会安全和生产安全隐患监测与控制关键技术研发，开展公共安全监控视频数据关键技术研究与应用示范；开发矿产采掘、油气开采、化学危险品生产及运输等方面的事故预防技术及装备；开展食品安全溯源技术和新型快速检测技术及装备研发与应用示范，建立食品安全风险监测综合应用平台。

专栏 11　公共安全技术

1. 公共安全风险防控与应急技术：重点开展自然灾害等突发事件的预警预报、应急处置、恢复与重建等关键技术和相关装备研发，建立重大自然灾害风险管理技术平台；开展公共安全监控视频数据挖掘分析研究，重点围绕视频图像特征提取、挖掘分析应用等关键技术开展科研攻关，充分发挥公共安全监控视频数据在指挥调度、应急处突、治安防控、交通管理中的作用；开发矿产采掘、油气开采、化学危险品生产及运输等方面的事故预防技术。

2. 食品安全保障技术研究与应用示范：开展食品安全风险评估与预警技术研究；加强食品安全溯源技术、新型快速检测技术等关键技术集成应用攻关；制（修）订重庆市地方特色食品地方标准和生产加工卫生规范各 5 项以上，企业标准 50 项以上；建立重庆市食品安全标准数据库和电子追溯系统，建成食品安全风险监测综合应用平台，实现数据采集、信息发布、日常监管、食品溯源、辅助执法等功能，全面提升食品安全的监管与控制水平。

第四章 优化创新资源布局

尊重科技创新的区域集聚规律，坚持产城互动、产园一体、产研融合，着力优化创新资源布局，聚集创新主体，聚合创新要素，聚焦创新服务，聚变新兴产业，提升存量资源协同效应，优化增量资源协同配置，着力提升创新整体效能，以创新要素的集聚与流动促进产业合理分工，形成多点多极支撑的创新发展格局。

一、优化五大功能区域创新资源配置

按照五大功能区域发展战略定位，根据各地资源禀赋、产业特征、区位优势、发展水平等基础条件，突出优势特色，探索各具特色的创新驱动发展模式，促进产业链、创新链、资金链、政策链、服务链的高度协同，在良性互动中推动各功能区域实现创新发展，着力建设一批创新驱动发展示范区、农业现代化科技示范区县、农村一二三产业融合发展示范区县，形成具有强大带动力的创新型城区和区域创新中心。

突出特色，推进错位创新。立足区域产业特色和资源禀赋，引导创新资源按需梯次配置，构建符合各功能区域发展定位的创新体系，推动各功能区域实现错位创新。在都市功能核心区和都市功能拓展区，充分发挥经济发展基础较好、高校院所相对集中、生活配套环境良好的优势，重点依托两江新区和国家级高新区，打造高端科技创新载体，集聚高端创新资源，大力发展电子信息、高端装备、生物医药、节能环保、高技术服务等新兴产业，加速形成创新极化效应，以示范创新引领全面创新。在城市发展新区，围绕汽车、化工等优势产业改造提升和高端装备、页岩气等战略性新兴产业集群培育发展，布局建设以新产品开发为重点的产业化与工程化技术成果转移转化平台。在渝东北生态涵养发展区和渝东南生态保护发展区，引进和应用先进适用技术，深化科技精准扶贫，加快建设沿江绿色发展示范区和武陵山绿色发展示范区。

突出联动，强化协同创新。按照布局合理、功能互补的思路，以加速产业创新发展为纽带，通过市场化手段推动区县（自治县）之间共同设计创新议题、互联互通创新要素、联合组织技术攻关、转移转化科技成果，积极构筑和形成区域协同创新共同体。注重在都市功能核心区、都市功能拓展区等重点区域培养高端人才，依托较为集中的创新平台组织实施产业发展关键技术攻关，通过成果转移转化平台指导城市发展新区的产业集群发展，带动渝东北生态涵养发展区、渝东南生态保护发展区特色资源合理利用和绿色产品的创新。

二、加快促进创新要素资源向重点园区聚集

集成推进国家自主创新示范区建设。按照党中央、国务院决策部署，积极争取国务院有关部委在重大项目安排、政策先行先试、体制机制创新等方面给予积极支持，建立协同推进机制，搭建创新合作的联动平台，认真组织编制实施方案，细化任务分工，集成推进国家自主创新示范区建设各项工作。充分发挥我市产业优势、体制优势和开放优势，着力建设技术创新体系、新型产业体系、

制度创新体系和创新创业生态系统，激发市场主体活力，全面推进对内对外开放，努力建成创新驱动引领区、军民融合示范区、科技体制改革试验区、内陆开放先导区，打造成为西部创新中心的“示范窗口”。聚焦制约创新发展的突出矛盾和问题，不断深化简政放权、放管结合、优化服务改革，积极开展科技体制改革和机制创新，在科技成果转移转化、科研项目和经费管理、军民深度融合、股权激励、科技金融结合、知识产权保护和运用、人才培养与引进、新型创新组织培育等方面探索示范。坚持人才为先，支持建设海外人才离岸创业基地，完善人才引进培育政策，面向全球引进院士、首席科学家、“千人计划”等科技型领军人才（团队）。坚持技术创新与体制创新双轮驱动，引导各类创新资源在国家自主创新示范区集聚，创建新能源及智能汽车、集成电路、通用航空等一批国家级企业研发创新中心，加快发展电子核心基础器件、物联网、智能终端、智能装备、新能源汽车、数字消费、电子商务以及互联网金融等主导产业，打造一批具有国际竞争力的战略性新兴产业集群。

加快两江新区创新发展。推动优质创新资源向两江新区集聚，在创新主体培育、创新生态营造、科技金融支撑、体制机制创新等方面取得重大突破，切实增强区域创新发展的内生动力。实施创新型企业梯队培育计划，着力引进、培育、壮大一批具有核心竞争力的创新型企业；实施科技顶尖专家集聚、创新型企业家培育、高水平双创人才引进、技术技能人才培养等人才专项计划，培养引进一批创新创业人才（团队），加快建设创业创新人才高地。推进创新载体支撑工程，围绕新能源汽车、机器人、石墨烯、3D 打印等战略性新兴产业发展，大力培育产权明晰的新型高端研发机构，集聚一批国家级和市级研发平台，打造一批特色众创空间，进一步加快科技企业孵化器建设。到 2020 年，建成国家双创示范基地和国家级知识产权示范园区，在全市率先进入创新型区域行列，努力建成重庆的创新窗口，成为西部创新中心的核心展示区。

加速建设重点科技园区。按照五大功能区域产业定位，合理布局建设一批科技园区，形成各具特色、错位发展格局，使科技园区成为促进区域发展的重要引擎。围绕做实做好“高”和“新”两篇文章，加大体制机制改革和政策先行先试力度，促进科技、人才、政策等要素的优化配置，引导科技金融入园进企，完善从技术研发、技术转移、企业孵化到产业集聚的创新服务和产业培育体系，加速培育高新技术企业和科技型企业，着力建设一批市级高新技术产业开发区，并积极创建国家级高新技术产业开发区，建成全市技术、管理、品牌、组织和商业模式创新先行区。加强农业科技园、现代农业科技示范区建设，布局一批农业高新技术产业示范区和现代农业产业科技创新中心，培育壮大农业高新技术企业，促进农业高新技术产业发展。鼓励和引导国家级经开区和各类工业园区向创新驱动方向转型发展。推动园区在促进科技成果转化、高新技术企业孵化、创业创新人才培养、产学研协同创新等方面发挥标杆作用，引领技术创新、产品创新、组织管理创新、商业模式创新和政府服务创新，整合平台、人才、政策等资源，形成多层次、多类型的示范发展格局，服务区域产业培育和转型升级。

加大对两江新区、高新区等科技园区创新驱动发展绩效考核权重。到 2020 年，两江新区和高新区高新技术产业增加值占工业增加值比重高于全市平均水平 50% 以上，万人发明专利数实现翻番，研发经费支出强度居全国同类开发区的先进水平。

专栏 12　重点科技园区

1. 高新技术产业开发区：立足于强化重点科技园区的示范引领功能，加快高新技术产业发展载体建设，务实推进产业、行业试点示范工作，推动重庆国家高新区、璧山国家高新区创新发展，在重点产业集聚、科技资金配置、科技平台布局等方面给予市级高新区优先支持，到 2020 年新培育国家级高新区 2 至 3 个。加快市级高新区培育布局，到 2020 年积极培育市级高新区 20 个。

2. 农业科技园区：促进农业科技园区完善高端服务、组装集成、孵化带动、总部经济研发和先导示范等功能，形成园区内部产业链配套、园区之间各具特色的格局，成为现代农业发展的样板区和带动性强的制高点。到 2020 年，创建国家级农业科技园区 10 个左右、市级农业产业科技示范区 20 个左右，在全市基本建成国家和市级布局合理、特色鲜明、层次分明、功能互补的农业科技园区体系。

3. 特色产业科技园区：围绕特色优势产业和产业集群培育发展，强化技术创新、成果转化和产业聚集，高起点、高标准建设一批以区县（自治县）为主导，以市场为导向，以科技创新为动力，以加速技术成果产业化为重点，对增强区域特色产业竞争力起到示范和带动作用的产业园区。到 2020 年，在全市建设特色产业科技园区 20 个。

三、着力布局建设一批新型科技研发平台

立足学科建设和产业发展需求，重点布局建设一批国内领先、国际一流的重大科研基础平台和重点产业技术创新平台，构建全方位、多层次、多类型的科技研发平台体系。

规划布局一批重大科研基础平台。围绕我市重点产业领域和前沿技术研发需求，选准主攻方向，集中优势资源，强化国际合作，在汽车风洞、超级计算、电子显微镜、生物医学大数据、增材制造等领域规划布局一批重大科研基础平台。适应大科学时代创新活动的特点，聚焦影响我市经济社会发展的重大科技需求和重点学科建设需要，建设一批市级以上重点实验室、工程实验室、工程技术（研究）中心，形成特色化、优质化、国际化应用基础研究基地。对已认定的市级重点研发平台进行分类整合、提档升级，着力培育一批进入国家重点实验室、国家技术创新中心、国家临床医学研究中心等国家级科技创新平台。

专栏 13　重大科研基础平台

1. 汽车风洞实验室：建设洞体、驱动系统和测量控制系统，测试轿车、运动型多用途汽车（SUV）、皮卡及中型客车的空气动力学性能，开展计算流体动力学（CFD）仿真分析及汽车空气动力学、声学、热力学性能优化设计；进行 -40 ~ 60℃的高低温环境试验，开展乘用车及商用车空调性能、冷却系统性能以及动力总成冷却研发，以及除霜除雾、雨雪日照、汽车空调性能、整车热管理等环境试验。

2. 超级计算中心：开发 EB 级分布式存储系统、EFlops 级分布式处理系统、PB 级分布式大数据管理系统、超大规模数值计算和复杂数据挖掘系统，提供前沿的云存储与云计算硬件、领先的数据管理和挖掘软件、高价值的数据服务。

3. 电子显微镜中心：基于大型电子显微分析设备的研发，重点开展电子显微镜类设备与技术的原创性开发，以及先进材料的合金设计、形变和强韧化机理等领域的基础前沿研究，解决关键材料的工程问题。

4. 生物医学大数据中心：聚焦基础生物学、临床医学及其转化应用，开展西部地区生物医学大数据，特别是特有隔离群和遗传病大家系资源的收集，实现生物大数据的存储和挖掘，以及基于大数据分析的生物医学前沿研究和转化应用。

5. 增材制造研发创新中心：重点开展材料单元的控制、设备的再涂层、高效制造等关键技术研发，发展材料累加制造与材料去除制造复合制造技术方法，开展 3D 打印喷射材料配方优化及成型工艺、模具制作、成型设备研发等。

6. 无人驾驶研发创新中心：重点开展先进的车载传感器、控制器、执行器等装置研究，并融合现代通信与网络

技术，解决自适应巡航、道路识别以及障碍物的识别判断，开发智能辅助驾驶总体技术及各项关键技术。

7. 电池材料研发创新中心：重点研究锂离子电池正 / 负极材料，高性能绿色电解液、电解质、添加剂以及隔膜材料等关键技术和工艺，发展高能量密度和高功率密度的新能源材料，以纳米碳管、导电高分子及其复合物为基础的超级电容器及电极材料。

8. 人工智能研发创新中心：重点开展面向人工智能应用优化的处理器、智能传感器等核心器件，人工智能处理设备和移动智能终端、可穿戴设备、虚拟现实 / 增强现实硬件等开发，以及包括理论与算法、基础软件、应用软件等人工智能软件技术和人工智能系统的研究和应用。

加快建设一批重点产业技术创新平台。按照“企业主导、院校协作、多元投资、成果分享”的原则，探索股份制、会员制等多种建设模式，以引进国内外高水平研发机构和高层次科技创新人才（团队）为重点，大力发展集实体化、资本化、国际化于一体，基础研究、应用研究、事业发展同步推进，以产业技术研究院为代表的高端新型研发机构。完善高端新型研发机构发展政策，采取“个案研究、量身订做”方式，支持国内外著名大学、顶尖科研机构、世界 500 强和中国 500 强企业研发中心以及海内外高层次人才（团队）在渝设立研发总部、研发机构和科研公司，支持以著名科学家命名并牵头组建或社会力量捐赠、民间资本建设科学实验室。对符合新型高端研发机构建设标准的，给予一定经费补助。设立具有独立法人资格的高端新型研发机构，符合条件的可享受企业所得税优惠和城市建设配套税费减免政策。

专栏 14　重点产业技术创新平台

1. 石墨烯产业技术创新研究院：推进重庆高新区、中科院重庆绿色智能技术研究院、重庆墨希科技公司等单位，共建实体研究机构，重点开展大面积石墨烯材料规模化制备，石墨烯薄膜导电性、低电阻等工艺研究，石墨烯薄膜膜层设计、光学设计、线路设计、屏蔽设计等触摸屏应用及加工工艺研究等关键领域研究。

2. 机器人产业技术创新研究院：推动中科院重庆绿色智能技术研究院、德新机器人检测中心、两江新区、重庆理工大学、重庆邮电大学等单位，共建实体研究机构，重点开展伺服电机、关节减速器以及控制器等关键领域研究。

3. 页岩气产业技术创新研究院：推进中石化重庆涪陵页岩气勘探开发公司、中石化江汉油田勘探开发研究院等单位建设研究机构，在水平井快速钻完井技术、测井技术与装备、压裂技术与装备、压裂工艺、压裂效果监测等关键领域开展研究，以及页岩气资源评价方法与标准建设。

4.3D 打印产业技术创新研究院：推动中科院重庆绿色智能技术研究院、重庆大学等单位，共建实体研究机构，重点开展 3D 打印喷射材料配方优化及成型工艺、模具制作、成型设备研发等关键领域研究。

5. 物联网产业技术创新研究院：依托已建成中国移动物联网全国运营管理平台等一系列物联网运营平台，共建实体研究机构，重点开展硬件制造、嵌入式软件与系统软件开发、物联网节点和接入系统与集成服务、系统营运与应用服务等物联网的关键技术研发，在智能工业、智能交通、智能医疗、智能安防、智能环保、智能物流、智能农业、智能电网等八大领域建设一批科技应用示范工程。

6. 汽车智能制造与检测产业技术研究院：推进清华大学苏州汽车研究院、湖北恒隆汽车系统集团公司、重庆理工大学、重庆理工清研凌创测控科技公司等单位，共建市场运作、独立法人研究机构，开展面向汽车智能制造、智能检测和智能汽车产业的急需关键核心技术研究、产业标准制定、成果转化和科技服务等。

7. 功能材料产业技术研究院：推动北京有色金属研究总院、重庆材料研究院、重庆贵思科技发展公司等单位，共建市场运作、独立法人研究机构，主要金属材料研发、成果产业化、孵化创新企业、项目管理咨询等。

8. 海洋装备技术研究院：推动中船重工集团在渝 15 家成员单位、上海船用柴油机研究所、江苏自动化研究所、南京船舶雷达研究所、哈尔滨工程大学、重庆大学、江苏科技大学等单位，共建市场运作、独立法人研究机构，围绕先进智能制造、能源装备、海洋装备和环境工程装备等重要领域，开展源头技术创新、技术集成创新、工程化研发和成果孵化转移。

9. 精准医疗产业技术研究院：推动上海东富龙医疗公司、重庆伯豪医学检验所、生物芯片上海国家工程研究中心等单位，共建市场运作、独立法人研究机构，重点开展精准医疗领域技术的研发与创新成果转化推广，搭建精准医疗业务平台、研发公共服务平台、精准医疗产业孵化平台、投融资平台和产业协同创新平台。

第五章　强化企业技术创新主体地位

发挥市场竞争对激发创新内生动力的根本性作用，营造公平、开放、透明的市场环境，建立技术创新市场导向机制，促进企业加快成为技术创新的主体，打造富有竞争力的创新企业集群。

一、推动创新资源向企业集聚

完善以企业为主体的产业技术创新机制，将更多研发机构建在企业，更多科技人才引入企业，更多创新资本投向企业，更多科技服务覆盖企业，更多科技成果转化到企业，不断夯实企业技术创新的主体地位。

扩大企业参与技术创新决策的话语权，分层次、分行业、分区域建立常态化的企业技术创新沟通交流机制，设立以企业家、学术技术带头人为主体的技术创新战略咨询委员会，参与技术创新规划、计划、政策的制定和决策。全市科技规划聚焦战略需求，重点布局市场不能有效配置资源的关键领域。竞争类产业技术创新的研发方向、技术线路和要素配置方式，由企业根据市场需求和自身发展需要自主决策。支持由企业牵头实施市场导向明确的科研项目。

实施企业研发投入倍增计划，更多运用普惠性政策，采用财政后补助、间接投入等方式，支持企业自主决策、先行投入，不断拓宽研发经费来源渠道。在认真落实研发费用加计扣除政策的基础上，普遍推行企业研发准备金制度，鼓励规模以上企业每年从销售收入中提取3%～5%作为研发准备金，税前按实际支出额进行加计扣除，并按其新增投入的一定比例给予奖励。对中小微企业实施更为优惠的奖励政策。

实施企业研发机构倍增工程，引导和鼓励创新资源向企业集聚。鼓励企业通过自建、联建或与高校、科研院所共建等方式建立各类研发机构，提高大中型工业企业建有研发机构的比例。加快推进企业研发机构法人化改革，以股份制、会员制等多种模式组建新型研发公司，使之成为技术创新的重要载体和平台。鼓励企业牵头建立产业技术创新联盟，发挥企业主导作用，使科技研发直接服务于企业创新、科研成果直接在企业转化。到2020年，规模以上工业企业研发机构数实现翻番。

实施企业引才计划，建立人才市场化认定标准和奖励机制，重点支持企业引进海外高层次人才，对企业引进的高端人才，按照企业认定年薪的一定比例给予一次性奖励。实施创新驱动助力工程，通过企业院士专家工作站、博士后科研工作站、科技特派员等多种方式，引导科技人员服务企业。

二、发挥大型企业创新骨干作用

实施创新型领军企业培育计划，对接国家“创新企业百强工程”，加速培育具有国际竞争力的创新型领军企业。开展行业龙头企业创新转型试点，探索政府支持企业技术创新与管理创新、商业模式创新互动的新机制。重点支持龙头企业建设国家级企业技术中心、重点实验室、工程实验室和工程技术（研究）中心等国家级研发机构，开展应用基础研究和前沿技术攻关，创建国家和市级产业创新中心。实施制造业与互联网融合双创平台培育计划，支持龙头企业通过投资员工创业开拓新的业务领域、开发创新产品，形成企业内部创新生态圈。支持创新链企业进行兼并重组、发展新的商业模式，提高企业市场竞争力。着力培育一批产值过百亿、研发投入强度超过5%的创新型领军企业。

以促进产业高端化为导向，鼓励更多国有企业创建国家高新技术企业和新型研发机构，在国有资本经营预算中安排一定比例经费建立国有企业技术创新专项，实施重大技术攻关和应用示范。推进国有规模以上制造业企业研发机构建设，力争研发投入强度高于全国同行业和全市平均水平。完善国有企业创新激励机制，明确企业主要负责人对创新的第一责任，加大对国有企业创新成效的考核权重，落实和完善国有企业研发投入视同利润的考核措施。国有企业科技成果转移转化所得收入，作为企业上缴利润抵扣项。到 2020 年，国有工业企业研发投入强度超过 1.5%，新产品产值率超过 30%。

三、激发中小微企业创新活力

制定科技型企业标准，健全财税、法律、评估、咨询等全流程中介服务。深入实施科技型企业培育“百千万”工程，推动平台向企业集中、人才向企业集聚、服务向企业集结、政策向企业集成，不断增强企业自主创新能力，构建从“种子企业”到“领军企业”的良性发展梯队，培育一批具有较强竞争力的科技型企业。通过深化科技计划、科技金融、财税征管、商事制度等改革，推进大众创业、万众创新，大力培育科技型企业，激励科技型企业争创高新技术企业，支持科技型企业利用多层次资本市场挂牌上市，构建以科技型企业为支撑、高新技术企业为骨干的优质市场主体，促进产业升级和经济转型。

专栏 15　科技型企业培育“百千万”工程

1.“万”家科技型企业培育：建立科技型企业标准和信息管理系统，引导存量企业通过培养或引进研发团队、加大研发投入、获取知识产权等手段转型升级为科技型企业；继续举办创新创业大赛和“创投每周行”活动，广泛挖掘培育种子期科技型企业；实施科技成果转化股权和分红激励，鼓励专业技术人员、留学归国人员、高校毕业生等各类创新创业人才创办领办科技型企业。到 2020 年科技型企业达到 20000 家。

2.“千”家高新技术企业培育：利用市级财政科技资金设立企业自主创新引导专项，实施奖励性后补助，引导科技型企业进一步加大研发投入、研发高新技术产品，提档升级为高新技术企业；以项目研发为纽带，开展产学研联合技术攻关和成果转化，通过产学研协同创新培育高新技术企业；鼓励采取独资、合资、合作等多种形式，通过招商引进新兴产业领域高新技术企业。到 2020 年高新技术企业达到 3000 家以上。

3.“百”家挂牌上市企业培育：在重庆股份转让中心（OTC）设立科技创新板，支持科技型企业挂牌、交易和融资。与证券交易所建立企业上市路演中心，支持有上市融资需求的科技型企业直接对接国内更多投融资机构。鼓励科技型企业利用主板、中小企业板、创业板、新三板等资本市场挂牌上市。到 2020 年多层次资本市场挂牌上市企业达到 200 家。

四、培育一批企业研发创新中心

围绕补齐“短板”、做强延长产业链，构建“金字塔”型企业技术创新体系，形成合理的梯级晋升机制，支持企业与高校、科研院所联合共建高端研发机构，引导科技资源向企业聚集。

培育一批在国内同行业中具有领先地位的企业研发创新中心。重点围绕汽车、电子信息、高端装备、智能机器、现代化工、新型材料、节能环保、生物医药等优势产业或细分领域，通过开放引进与巩固提升现有国家级企业技术中心相结合，以项目带动、资源整合、产学研联盟等多种方式，进一步扩大增量、提升质量。到 2020 年，力争培育在国内同行业中具有领先地位的企业研发创新中心 10 家以上。

培育一批国家级企业技术中心。鼓励市级企业技术中心联合行业性工程研究中心、产学研战略联盟、“2011 协同创新中心”等科研机构，强化产业关键技术突破，加快新产品、新工艺研发进程。到 2020 年，力争国家级企业技术中心达到 50 家。

培育一批市级企业技术中心。用好用足国家关于高新技术企业财税优惠政策，鼓励企业加大研发创新投入力度，开展科研技术、组织模式和商业模式创新。到 2020 年，力争市级企业技术中心达到 600 家。

专栏 16　国家级企业研发创新中心培育

1. 自主品牌汽车研发创新中心：依托长安汽车股份公司、中国汽车工程研究院股份公司等企业，重点开展整车集成与系统控制、安全可靠技术、节能与新能源技术、汽车性能实验检测及评价、核心零部件开发等整车研发制造及技术服务研发创新。

2. 集成电路研发创新中心：大力引进和依托中国电子科技集团重庆声光电公司、中航（重庆）微电子公司等企业，重点开展生产、封装及测试等集成电路关键技术研发创新。

3. 通航装备研发创新中心：大力引进和依托重庆通用航空产业集团公司、中国电子科技集团重庆声光电公司等企业，重点开展通航飞行器及零部件、北斗卫星传感终端、地理位置服务等设备研发制造。

4. 轨道交通研发创新中心：依托中国轨道交通车辆集团股份公司、重庆市轨道交通（集团）公司、重庆机电控股（集团）公司等企业，重点开展单轨整车、传动制动等关键零部件、新型轨道车辆及关键零部件、通信及控制系统、标准动车组齿轮传动系统等产品研发制造。

5. 高性能合金材料研发创新中心：依托西南铝业（集团）公司等企业，重点开展高性能铝合金、镁合金、高强钢、材料加工成型技术等轻量化及高性能材料研发制造和推广应用。

6. 智能制造研发创新中心：大力引进和依托重庆机电控股（集团）公司、中国四联仪器仪表集团公司等企业，重点开展智能仪器仪表与控制系统、关键基础零部件及通用部件、高档数控机床与基础制造装备、智能专用装备等领域新产品新工艺研发。

7. 新材料研发创新中心：大力引进和依托中科院重庆绿色智能研究院、重庆墨希科技公司等单位，重点开展石墨烯触摸屏、电池、传感器、柔性电子器件等石墨烯材料应用及加工工艺的研发创新和推广应用；依托重庆化医控股（集团）公司等企业，重点开展精细化工、MDI 延伸产品聚氨酯、聚甲醛、甲醇制烯烃、己二腈合成等化工新材料研发创新和示范应用。

8. 液晶面板研发创新中心：依托重庆京东方光电科技公司等企业，重点开展高像素密度显示屏幕、超低功耗驱动、低温多晶硅（LTPS）、超窄边框、高刷新率、光学触摸校准、金属氧化物薄膜晶体管等液晶面板关键技术研发，并推动液晶面板上下游产业链（含生产装备）研发、生产和应用。

9. 节能环保研发创新中心：依托中电投远达环保（集团）司、中国四联仪器仪表（集团）公司、中船重工集团、重庆机电控股（集团）公司、重庆通用工业（集团）有限责任公司等企业，重点开展风电、烟气脱硫、废弃物处置、垃圾储运及焚烧等相关装备及服务研发创新。

10.生物制药研发创新中心：大力引进和依托重庆太极实业（集团）股份公司等企业，重点开展心脑血管、抗肿瘤、免疫调节、呼吸系统、神经系统、糖尿病和儿科等领域的现代中药新品种研发；依托北大医药股份公司等企业，重点开展新特药、大品种基本药物、中间体等化学仿制药的关键技术研发。

第六章　构建高效的研发组织体系

着眼于提高科技创新供给质量和效率，推动建立现代大学制度和科研院所制度，构建符合创新规律、职能定位清晰的治理结构，完善科研组织方式和运行管理机制，充分发挥高校和科研院所的创新源头作用，提升科研体系整体效能。

一、全面提升高校创新能力

强化需求牵引的科研导向，深化高校科研体制机制改革，在人事制度、考核评价体系、人才培养模式、交叉学科发展等改革发展的关键环节实现突破，激发高校办学动力和创新活力。

调整优化教育经费支出结构，每年从高校财政教育经费中安排8%～10%，重点支持应用技术研究和试验发展。

鼓励高校突破自身局限，与其他院校和国内外机构组建跨学科、综合交叉的科研团队，形成优势学科集群和科技创新基地，系统提升人才培养、学科建设、技术研发“三位一体”创新水平。围绕创建国家“双一流”目标和科技创新的重大需求，支持建设一批市级“2011协同创新中心”等创新平台，积极推动电气工程、机械工程、分子生物学等重点学科发展，加强科学、技术、工程和数学等四大类学科建设，扩大本科生和研究生招生数量，强化创新人才培养。支持重点高校依托各自优势，坚持项目实施与人才引进相结合，加快形成特色化的科技企业孵化器。加快建设大学城国际创新园和前沿科技城，吸引国内外知名大学研究生院、研发机构入驻，打造研究生培养机构的集聚区。

推进产学研合作基地建设，探索产学研协同创新有效模式，完善高校科技成果转化体系，引导部分普通本科高校向应用型转变，提升高校服务经济社会发展能力。深化创新创业教育改革，健全拔尖创新人才、卓越人才和应用技术人才协同育人体系，提高创新人才培养质量。探索产学研紧密结合的人才培养模式，加强工程技术人才、实用技能人才培养，鼓励高校创新人才“入园入企”。加强国际交流合作，提升高校科研国际化水平。

专栏17　高校创新能力提升

1.“2011计划”：继续布点培育建设一批市级“2011协同创新中心”，到2020年全市总量达50个，累计择优支持20个左右市属本科高校牵头建设的市级“2011协同创新中心”。

2.科研基础能力建设计划：到2020年，建成高校部市级重点实验室共120个，高校部市级工程研究中心40个；建成市级高职院校应用技术推广中心40个，支持高职院校应用技术推广中心项目60项；建设市属高校市级创新团队80个。

3.科技创新服务体系建设计划：到2020年，建立产学研合作基地20个，支持产学研合作项目100项；支持高校优秀科技成果转化项目100项；建设高校众创空间100个、示范性众创空间55个、新型高校智库30个左右。

4.创新创业教育计划：到2020年，建成国家级实验教学示范中心25个、国家级虚拟仿真实验教学示范中心10个；建设职业能力培养虚拟仿真实训中心10个；布点市级创新创业教学资源研发中心10个；遴选1000名技术技能专家、创业成功者、企业家、风险投资人担任高校创新创业课授课或指导教师；建设600门创新创业课程，开展60项市级创新创业竞赛。

5.“双一流”建设计划：到2020年，2至3所高校跻身国内一流、行业一流大学行列；建成一批在国内外有一定知名度和影响力的一流学科，15个左右学科进入国内前列，即基本科学指标数据库（ESI）排名进入世界前1%或在教育部学科评估中进入前10%。

二、加快建设有特色高水平科研院所

按照“市场导向、分类改革、分配激励、重点突破”原则，以深化体制机制改革为核心，以激发科研人员活力为突破口，着力推进科研院所企业化运行管理、法人治理结构和人才激励制度改革，搭建一批对行业发展有重要技术支撑作用的新型科技研发平台，打造一批具有特色优势的科技服务机构，培育一批创新活跃的科技型企业，构建定位明晰、布局合理、支撑有力的科研院所发展体系，成为区域创新体系的重要力量。

明晰科研院所功能定位，对从事基础前沿和行业共性关键技术研发的院所，可组建为由理事会领导的研究院或董事会领导的产业技术研发集团，引导其参与国家重点实验室建设，支持其承担国家和市级科研任务，并建立财政经费稳定支持、竞争获取政府项目经费投入、市场横向项目收入等多元化保障模式。鼓励科研院所整体或局部剥离转制为企业，通过引入社会资本或整体上市，积极发展混合所有制，推进产业技术联盟建设。鼓励未转制为企业的科研院所建立法人治理结构，建立知识价值导向的分配激励政策。赋予科研院所在科研业务、人事管理、职称评聘等方面更大自主权，制定应用型科研院所职称评聘分离办法。

支持科研院所根据科技发展态势，优化自身科技布局，夯实学科基础，培育新兴交叉学科生长点，重点加强共性、公益、可持续发展相关研究，增加公共科技供给。鼓励科研院所采取联合组建创新学院、建立技术创新联盟、实行会员制等方式，加强与高校、企业的合作，使目标导向研究和自由探索相互衔接、优势互补，形成教研相长、协同育人新模式，夯实科技创新的科学和人才基础。

支持中央在渝科研院所围绕我市经济社会发展需求特别是重点产业技术需求，搭建科技创新平台，开展应用基础研究和关键共性技术攻关，就地转化科技成果，服务地方经济社会发展。重点支持中科院重庆绿色智能技术研究院发展人工智能、自动控制、生物药物、新材料等优势学科，建设石墨烯、生物医药、大数据、智能汽车等特色科技研发服务平台，打造一批工程化研发、中间试验示范和科技成果产业化中心，引进培育一批高端创新人才，在石墨烯、增材制造、水库水环境等领域成为特色鲜明、国内领先的研究力量，在智能制造、电子信息、生态环境、生物医药等领域形成持续创新发展能力。

三、支持开展基础与前沿技术研究

瞄准世界科学前沿方向，聚焦我市产业发展的基础与前沿关键问题、优势学科发展方向以及未来可能产生变革性技术的科学基础，加强基础研究前瞻布局，加大战略高技术攻关，明确阶段性目标，集成跨学科、跨领域的优势力量，加快重点突破，为产业技术进步积累原创资源。

统筹用好各类创新资源，巩固纳米时栅、生物医药等基础学科优势，积极与国内外大学和科研机构合作，加快推进脑科学、仿生感知、自动驾驶、人工智能、干细胞与再生医学等交叉学科的发展，形成一批具有重大应用前景的原始创新成果，同时鼓励在生物识别、人机对接、认知计算、深度学习、数字化工作平台、数字标牌、网页实时通信、内存内计算、隐私增强技术、软件定义、集群计算等方面进行自由探索，关注跟踪生物计算机、分布式社交网络、商业洞察平台、基于纤维丛的计算、边缘计算等前沿技术，抢占技术发展的制高点。围绕支撑重大技术突破，推进变革性研究，在新思想、新发现、新知识、新原理、新方法上积极进取，强化源头储备。积极探索“非共识”项目的资助机制，引导科研人员开展变革性和颠覆性创新。

探索国家与地方政府、市级部门与资助单位共同设立自然科学联合基金，在商定的科学与技术领域内共同出资支持开展基础或应用基础研究，培养一支高水平的基础与前沿技术研究队伍，造就一批具有全国影响力的杰出青年科学家和知识创新团队，显著提升我市基础研究总体水平与竞争力。鼓励设立科学基金，引导企业和社会力量参与应用基础研究。

打通基础研究与应用基础研究的通道，完善全创新链衔接设计和一体化组织实施，鼓励支持高校院所、行业龙头企业在重要领域加强应用基础研究，加快基础研究成果向应用技术、向产品研发转化的速度。

强化对高校和科研院所研究活动的分类考核。对应用基础和前沿技术研究实行同行评价，突出中长期目标导向，评价重点从研究成果数量转向研究质量、原创价值和实际贡献。

专栏 18　基础与前沿技术研究重点方向

1. 干细胞与再生医学：重点研究干细胞干性维持机制；建立高效的人多能干细胞向成熟体细胞分化体系，进一步开展安全性与功能性鉴定；构建干细胞临床转化研究平台，开展移植技术、归巢及组织重建修复等研究。在多能干细胞和成体干细胞体外扩增上取得突破性进展，并牵头使诱导分化而来的功能性体细胞进入临床研究与应用；发现干细胞在疾病治疗中的作用机制，挖掘新的药物靶点。

2. 蛋白质机器与生命过程调控：围绕蛋白质复杂多样的结构功能、相互作用和动态变化等方面的重大基础问题，重点在肿瘤微环境对蛋白质机器的影响和调控、蛋白质膜转运的分子机制、蛋白质翻译机器的调控、RNA-蛋白质复合机器与生命过程的调控等领域开展研究。

3. 脑认知与脑机交互：围绕脑神经信息学和脑功能信息学，对高精度脑神经和脑功能电信号数据采集、大规模脑电信号特征实时分析、脑电信息数据挖掘与模式识别、脑机一体化控制接口和信息精准输出/输入型功能假体等内容开展科技攻关，掌握高精度脑电数据采集、大规模稀疏脑数据分析、基于深度学习的脑数据—脑功能模式识别、脑机接口软/硬件设计与封装等关键技术，开发高精度脑电数据采集设备、脑电大数据实时处理/分析设备、脑机一体化控制设备和基于脑机接口的精准功能假体等创新产品，助推我市脑科学研究和相关工业应用领域的发展。

4. 材料显微结构与性能表征：重点研究苛刻使役条件下显微结构与材料性能间关系原位分析测试仪器；对凝聚态物质中缺陷的形核与运动、原子扩散等动力学行为及其在纳米尺度衍生的尺寸效应及界面效应、“限域效应”及新相变理论等基本物质结构及其演化规律的进行原位研究。

5. 纳米科技：围绕纳米科学重大基础问题，重点在新型碳纳米材料的制备与光电功能、纳米加工和构筑、纳米尺度物理性能与输运性质测量、恶性肿瘤等重大疾病的纳米检测和治疗、组织修复用纳米杂化材料、纳米能量存储材料、大气环境检测和治理、水中污染物检测与处理等领域开展研究。

6. 网络空间安全：围绕网络空间安全重大基础问题，重点在网络环境下系统安全性评估、移动与无线网络安全、云计算环境下的虚拟化安全分析和访问控制、基于设备指纹和信道特征的硬件身份认证与安全通信、面向网络应用的新密码与数据安全等领域开展研究。

7. 自然交互和可穿戴技术：重点研究人类行为的可计算模型和自然交互理论，发展面向大数据的多模态协同感知认知技术，多源数据驱动的智能化高效场景建模方法，支持云端融合的和谐交互技术、设备与界面工具，支持大数据理解的无障碍呈现技术等。

8. 量子通信：研究使量子网络接入系统可以兼容各种已有的通信终端设备、量子加密与经典加密融合技术，研制兼容经典通信协议和支持多种业务接入的高端量子网关设备，实现量子通信加密技术与经典通信安全技术的融合。研究综合接入量子安全网关技术，实现量子通信网络对于商用终端业务控制信令的透传，具有商业应用终端即时接入的功能，提供通信接入网络服务。

四、加强科技基础条件能力建设

加强科学数据、科技文献以及生物种质、实验材料等科研条件资源的开发、开放和共享。积极开展实验动物新品种（品系）、动物模型、具有重庆特色实验动物资源的培育研究，推进质量检测体系建设及监管技术研究。加强科研用试剂研发、生产与应用，推进科技文献数字化保存、信息挖掘、知识计算等方面关键共性技术研发，支持计量基标准、标准物质、标准建立以及检验检测技术等研发。完善数据汇交和共用共享机制。

第七章　加快科技成果转移转化

紧紧围绕科技成果产业化、市场化、资本化，全方位破除科技成果转移转化制度障碍，积极实行以增加知识价值为导向的分配政策，畅通科研成果转化为现实生产力的通道，大力实施科技成果转移转化行动，通过成果应用体现创新价值，通过成果转化创造财富，推动创新群体从以科技人员的小众为主向小众与大众创新创业互动转变。

一、建设服务创新创业的孵化体系

加快众创空间建设。按照“产业导向、市场运作、政府支持”的原则，以服务实体经济转型升级为目标，充分发挥龙头企业、中小微企业、高校、科研院所、行业协会等主体作用，推进孵化楼宇、创意社区、科技小镇等创新创业集聚区发展，构建一批低成本、便利化、全要素、开放式的众创空间。

着力打造专业化品牌众创空间。促进人才、技术、资本等各类创新要素高效配置和有效集成，引导全市众创空间按照拥有明确的创新创业方向、稳定的投资资本来源、完整的孵化服务链条、开放协同的创新服务机制、清晰的商业模式等标准升级；支持以科技示范、技术集成、科技孵化、平台服务为一体的农业“星创天地”发展；重点推动两江新区、国家和市级高新区等产业聚集区的专业化众创空间建设。

专栏 19　品牌众创空间培育

围绕我市先进制造、互联网、大健康等新兴产业和优势特色领域发展需求，按照以科技成果转化为关键、科技人员创新为核心、科技资源开放共享为基础、创投资本为保障的定位，以及商业模式完整、孵化链条到位的标准，采取由区县（自治县）、科技园区、行业部门等推荐和“一事一议、一空间一政策”的支持方式，引进和培育在全国有影响力的品牌众创空间，引领全市众创空间发展。 以农业科技园区、涉农高校院所、农业科技型企业、农民专业合作社和科技特派员服务站等为载体，着力打造融合科技示范、技术集成、科技孵化、平台服务为一体的农业“星创天地”，集聚技术、人才、信息、资金等要素，为科技特派员、大学生、返乡农民工、职业农民等营造专业化、社会化、便捷化的农村科技创业服务环境。

聚力打造专业化新型孵化器。围绕企业发展生命周期，加快完善“众创空间（苗圃）+ 孵化器 + 加速器”的科技创业孵化链条，推动形成各层级全覆盖的孵化器发展格局。鼓励社会资本投资兴办专业化孵化器，探索发展混合所有制孵化器，以市场化手段促进产业资源、创业资本、高端人才等创新要素向孵化器集聚。强化孵化器投融资服务功能和资本整合功能，建立由孵化器内部资金、链接外部资本构成的多层次创业孵化投融资服务体系，深化“投资 + 孵化”发展模式。强化“辅导师 + 创业导师”制度和职业化管理服务队伍建设，扩大孵化器与第三方专业服务机构合作，建立专业化、网络化、开放化的服务机制，扩大创业服务供给。强化孵化器的市场化资源整合链接能力，吸纳各类创新创业服务要素，支持建设各类创业孵化集聚区，推动形成开放协同的创业孵化生态。支持开展与欧洲、美国、日本和以色列等科技发达地区创新孵化器和加速器合作，引进知名孵化器核心运营团队来渝搭建涵盖科技孵化、检验检测、科技咨询、投融资对接、培训辅导各环节的创新平台，依托平台引进国内外研发创新资源带科研项目来渝孵化和转化，实现与境外知名孵化器同一管理团队运营、同步布局创新平台、同时投资创新项目、同一培训课程辅导，打造国际协同的专业化新型孵化器。到 2020 年，全市科技企业孵化器达到 100 家以上，基本实现区县（自治县）及主要工业园区全覆盖。

二、提升全链条科技服务能力

着力壮大科技服务机构规模。加快发展知识产权交易和技术服务平台，打造分阶段、分层次、分类别的技术交易市场体系和科技服务体系，支持开展技术转让、技术咨询、知识产权、科技培训、科技评估等专业化科技服务。采取政府扶持、市场化运作的方式，支持企业与高校、科研院所联合建设科技成果转移转化、知识产权运营机构和产业专利联盟，组建市级科技成果评估交易中心。围绕智能产业新产品开发需要，规划布局基础原材料、通用元器件、零部件等专业市场，实行线上与线下、销售与孵化相结合的运营模式，为创客的创新实践提供“一条龙”服务。扶持各类样机生产中心和中试基地建设，鼓励企业牵头、产学研协同，面向产业发展需求开展小试中试与产业化开发，为成果转移转化提供全程技术研发解决方案。积极总结推广高新区等科技服务业试点经验，逐步扩大试点范围，推动研发设计、技术转移、创业孵化和科技金融等科技服务业新模式、新业态发展。支持境外机构在渝设立具有独立法人资格的技术转移机构。鼓励在渝建立汽车摩托车、装备制造、天然气石油化工、电子信息、新材料、新能源、工业机器人、基因检测等检验检测服务机构。鼓励区县（自治县）、行业建立区域性、行业性技术市场，建设技术转移网络平台，与国家科技成果信息系统以及国内外技术转移信息平台互联互通，实现数据共享。鼓励开展科技成果数据挖掘与开发利用，定期发布一批符合产业转型升级方向的国内外科技成果包，增强产业创新发展的技术源头供给。继续办好重庆高新技术成果交易会，举办国际智能科技博览会。到 2020 年，技术合同交易额力争实现翻番，保持西部地区前列；建成一批具有较强竞争力的区域性样机生产中心和战略性产品中试基地。

构建创新创业的公共服务网络。利用“互联网 +”，积极发展众创、众包、众扶、众筹等新模式，鼓励社会力量发展大众创业万众创新支撑平台；鼓励支柱产业龙头企业创建基于互联网的双创平台，集聚、共享全球范围内创新资源，探索众包研发、协同设计、协同制造等新模式。鼓励龙头企业利用双创平台，向传统工业企业、中小微企业、创业团队等开放技术、设备、供应链、市场渠道、资金等优势资源，并提供合作对接、技术转化、资源交易、创业孵化、产业培育等专业化服务，充分激发社会创业创新活力，在充分利用社会创新成果、不断提升制造能力的前提下，积极带动中小配套企业协同发展，深化培育产业集群。支持制造企业联合科研院所、高校以及各类创新平台，加快构建支持协同研发和技术扩散的双创体系；支持互联网企业构建面向制造业的双创平台，聚焦区域产业优势，跨行业整合资源，积极打造以“供应链”为核心，集创意、咨询、设计、制造、营销、采购、供应链金融等综合服务为一体的社会化服务体系，加快形成支持创业创新发展生态链。加快建设科技资源共享服务平台、专利导航信息服务平台、科技金融服务平台、科技服务云平台等科技公共服务平台，实现线上线下互动，拓展创新创业与市场资源、社会需求的对接通道，搭建多方参与的高效协同机制，为社会大众广泛平等参与创新创业、共同分享改革红利和发展成果提供更多元的途径和更广阔的空间。

专栏 20　科技公共服务平台

1. 科技资源共享服务平台：整合高校、科研院所、企业的科研设施、大型仪器、科技文献、技术标准、专利等基础科技资源，实现存量与增量的有机融合，搭建重庆科技资源共享服务平台，提供科技资源在线共享、集成创新和数据综合应用服务。

2. 专利导航信息服务平台：整合全球专利数据，完善、提升国家知识产权司区域专利信息服务（重庆）中心功能；围绕产业转型升级发展，绘制专利导航地图，开展技术路线导航、重大产品风险排查、风险评估等服务。

3. 科技金融服务平台：搭建全市科技金融信息服务平台，建设科技型中小微企业数据库、投融资机构及产品数据库、投融资项目数据库；设立市级科技金融服务中心以及区域科技金融服务分中心和科技金融服务工作站，形成科技金融服务工作网络。到 2020 年，区县（自治县）科技金融服务中心（工作站）达到 100 个以上。

三、落实科技成果转移转化激励政策

落实高校、科研院所科技成果使用权、处置权和收益权相关政策。对其持有的科技成果，可以自主决定转让、许可或者作价投资，除涉及国防、国家安全、国家利益、重大社会公共利益外，不需审批或者备案。公办高校、科研院所有权依法以持有的科技成昊作价入股确认股权和出资比例，并通过发起人协议、投资协议或者公司章程等形式对科技成果的权属、作价、折股数量或出资比例等事项明确约定，明晰产权。

提高科研人员成果转化收益比例。高校和科研机构的科技成果转化收益可在重要贡献人员、所属单位与成果转移转化机构之间合理分配。其中，对科技人员的奖励应不低于净收入的50%，作出主要贡献人员所获得的份额应不低于奖励总额的50%。同时，切实保障实施科技成果转移转化机构的收益权。对高校、科研院所给予个人的股份、出资比例等股权奖励，以及通过评审立项程序并采取财政资金“拨改投”方式参股设立的新型研发机构让渡给突出贡献科技人员的国有股权，可以依照合同约定、项目完成情况和科技成果评价情况进行股权确认。探索公办高校、科研院所正职领导任现职前因科技成果转化获得股权的代持制度。

四、大力开展科技应用示范

面向民生领域组织科技示范工程。围绕互联网跨界融合、信息资源综合集成、新能源汽车推广应用、生态高效农业、食品安全与健康、大气污染防治、生态资源保持与修复、绿色建筑、节能节水、滑坡治理等方面，启动实施一批市级重大科技工程，促进科技成果的集成应用和示范推广。

引导区县开展科技应用示范。各区县（自治县）要把科技成果转移转化工作纳入重要议事日程，强化科技成果转移转化工作职能，切实加大资金投入、政策支持和条件保障力度，聚焦产业转型升级和社会民生发展需要，在技术改造、“智慧城市”建设、生态环保、公共安全、医疗卫生、现代农业等领域，大力引进先进适用技术在本地应用示范。

实施企业技术改造专项行动。完善贴息、专项资金等政策扶持体系，引导激励企业持续推进技术改造，抓住“中国制造2025”和“互联网+”行动契机，重点推进两化融合、节能降耗、质量提升、安全生产等一批先进技术应用示范，加快推进设计数字化、装备智能化、生产自动化、管理网络化、商务电子化，着力提升企业设计、制造、工艺、管理水平。

支持高校和科研院所开展科技成果转移转化。健全科技成果转化工作机构，完善内部管理流程和决策机制，建立符合科技成果转化特点的岗位管理、考核评价和公开奖励制度，大胆开展科技成果初始权益确定、技术类无形资产管理、成果转移转化激励等试点示范。建立完善高校和科研院所科技成果转移转化的统计和报告制度，加强高校和科研院所成果转移转化工作考核。

第八章　建设高水平创新人才队伍

把人才作为创新的第一资源，构建与创新发展相适应的人才制度体系，建立以能力贡献为导向的人才激励机制，完善人才创新创业创富环境，以开放视野广纳人才、创新机制集聚人才、新型载体培育人才、优质服务留住人才，加快汇聚一支规模宏大、结构合理、素质优良的创新型人才队伍。

一、完善人才激励机制

放宽国有企事业单位工资总额（量）限制，试行国有企业科研奖励和研发人员薪酬在经营预算中单列，事业单位按规定使用科技成果转化收益、横向课题收入发放的奖励收入不计入单位绩效工资总额管理。探索实施事业单位高层次科技人才年薪制、协议工资制和项目工资制。允许国有企事业单位使用自主设立的高层次人才资金对作出突出贡献的科技人才发放激励性报酬，不计入单位绩效工资总额管理。鼓励企业对科技人员实施股权、期权和分红激励。科技人员在取得股权激励时的个人所得税递延至取得股权分红或转让股权取得收入时并原则上在 5 年内分期缴纳。实行柔性引进人才弹性考核制度，突出研究进度和绩效，不受在岗工作时间限制。

制定科研人员分类评价标准，强化发明专利、技术转让等实践能力的评价。深化职称改革，完善评价标准，将技术创新和创造、科技成果转化及创造的经济社会效益等作为职称评审的重要条件。探索在新型研发机构、大型骨干企业、高新技术企业开展职称自主评定试点，畅通海外引进人才申请高级职称认定绿色通道。制定应用型科研院所职称评聘分离办法，取得专业技术资格的人员，通过竞聘上岗方式择优聘用，工资福利待遇实行以岗定薪、岗变薪变。

探索新型科研组织管理模式，按研究任务需要组建科研团队，实行科研项目负责人制度，赋予创新领军人才更大的技术路线决策权、经费支配权和资源调度权。

二、大力引进海内外优秀人才

围绕重点产业和创新发展需求，坚持突出重点、重在使用、高端引领、分层实施原则，制定更具吸引力的引才政策，实施重大引才工程，充分发挥企业、高校、科研院所等引才主体作用，支持其与海内外名校名院名企的战略合作，突出“高精尖缺”导向，采取高端研发平台、高端研发计划、高端人才团队“三高合一”支持方式，着力引进重点创新工程和产业发展需要的“适用人才”，加快引进首席科学家、科技领军人才、高级研发人才、高级经营管理人才和创新团队。力争五年内引进 100 名首席科学家、1000 名高级研发人才和 10000 名研发工程师。

实施海内外高层次人才引进工程。设立高层次人才引进专项资金，健全市场化引才机制，充分发挥用人单位的引才主体作用，下大力气引进一批全职创新创业团队特别是领军人才，鼓励通过项目合作、技术开发、科技咨询、学术交流等方式柔性引进人才。建立人才市场化认定标准和奖励机制。

探索建立高层次人才一站式公共服务平台，对引进的高层次人才给予必要的科研经费资助和孵化项目股权投资政策，并提供居住签证、户籍办理、家属安置、子女入学、医疗保障、社会保险等便利。落实关于加强外国人永久居留管理服务的政策规定，给予符合条件的外籍高层次人才工作许可、人才“绿卡”、签证和居留等便利，争取开展技术移民试点。支持持有外国人永久居留证的高层次人才在渝创办科技型企业等创新活动，落实国家相关政策。

鼓励我市有条件的人力资源服务机构在国内外科技发达地区建立分支机构，加强与境内外人力资源机构合作，引进和培育一批知名猎头机构，网罗各类高端人才。有序推进人力资源市场对外开放，鼓励用人主体与海内外人力资源服务机构开展需求发布、对接洽谈、高级人才寻访等人才引进合作。建立海外高层次人才及全球顶尖科技人才信息和联络库，完善人力资源服务体系。

三、优化创新型人才培养模式

深化实施重庆“两江学者”“百人计划”“特支计划”等人才项目，构建结构合理、梯级递进的专家培养选拔体系，培养一批学科带头人和技术带头人，储备一批创新创业的后备人才，引进一批基础创新人才，提高源头创新能力。

开展探究式、启发式、研究式教学方法改革试点，加强中小学实验、实作、实践教育，培养学生创新意识、创新思维和创新能力。加强普通教育与职业教育的衔接，建立课程互选和学分互认制度，推动部分市属高校向应用型技术高校转型，实行校企联合招生、联合培养，造就一大批服务我市支柱产业和新兴产业的高素质、应用型高技能人才。加强创新实践基地建设，提高研究生培养质量。

鼓励高校、科研机构和企业设立博士后流动站、工作站，支持有条件的博士后工作站独立招收博士后研究人员。支持企业创建国家级技能大师工作室和首席专家工作室，鼓励我市企事业单位与市内外高校和科研机构的博士后流动站、工作站建立联合培养机制。推行跨境创新交流便利化政策，支持留学人员来渝创新创业，支持青年科技人才到国外进修访学、参加国际学术会议和开展科研项目合作。探索建立访问学者制度。对国有企事业单位科研人员和专业技术人员因公出国（境），据实审批出国（境）的人数、批次及在外停留时间。

实施创新型企业家培养计划，建立企业培育和市场化选聘相结合的职业经理人制度。支持企业家主导企业创新活动决策，依法保护企业家的创新收益和财产权。试行研究建立企业家评价指标体系，设立企业家经营业绩档案和人才数据库。搭建职业经理人与企业的有效对接、优胜劣汰、合理流动的市场平台，培养造就一支勇于创新、敢于冒险的创新型企业家队伍。

四、畅通人才双向流动渠道

改革科技人员薪酬、职称和岗位管理制度，完善社保关系转移接续政策，促进人才在事业单位和企业间合理流动。建立“双师”流动兼职制度，支持企业工程师兼职当教师、教师到企业兼职当工程师。试点将企业任职经历作为高校新聘工程类教师的必要条件。选择部分科研院所、高校开展从事科研工作的“双肩挑”领导人员科技创新改革试点，准许其在完成岗位任务的前提下，在渝兼职从事技术研发、产品开发、技术咨询、技术服务等成果转化活动，并取得相应合法报酬，或者在渝创办、领办、联办科技型企业，并取得相应合法股权或薪资；鼓励“双肩挑”人员离岗转化科技成果、创办领办科技型企业。

第九章　深化科技管理体制改革

紧紧围绕促进科技与经济社会发展深度融合，推动政府简政放权、放管结合、优化服务，建立健全符合科研规律、激发创新活力的体制机制，形成职责明晰、积极作为、协调有力、长效管用的创新治理体系，加快实现从研发管理向创新服务转变。

一、健全科技创新治理机制

准确把握创新规律，顺应创新主体多元、活动多样、路径多变的新趋势，推动政府管理创新，形成多元参与、协同高效的创新治理格局。转变政府职能，强化政府战略规划、政策制定、环境营造、公共服务、监督评估和重大任务实施等职能，重点支持市场不能有效配置资源的基础前沿、社会公益、重大共性关键技术研究等公共科技活动，大力推动技术开发和转化应用，积极营造有利于创新创业的市场和社会环境。竞争性的新技术、新产品、新业态开发交由市场和企业来决定。加快建立科技咨询支撑行政决策的科技决策机制，推进重大科技决策制度化。建设高水平科技创新智库体系，发挥好首席专家、高校和科研院所高水平专家在战略规划、咨询评议和宏观决策中的作用。增强企业家在创新决策体系中的话语权，发挥各类行业协会、科技社团等在推动科技创新中的作用，健全社会公众参与决策机制。

二、构建新型科技计划体系

深化科技计划管理体系改革。聚焦重大战略产品和重大产业化目标，着眼科技创新的实际需求，从引导科研开发活动和提供双创支撑服务两个层面优化布局科技计划体系，形成科技研发和科技平台两大类计划。科技研发计划包括基础与前沿技术、决策咨询与管理创新、社会事业与民生保障、重点产业共性关键技术创新、企业自主创新引导等专项计划，科技平台计划包括科技研发平台、科技服务平台和科技创业平台等专项计划。采取“计划 + 专项 + 项目”方式组织实施，发挥市场对技术研发方向、路线选择和创新资源配置的导向作用，高效组织科研活动。

三、进一步完善科研项目和资金管理

健全科研项目生成立项机制。坚持遵循规律、需求导向、竞争立项，优化科研项目生成机制。对于基础前沿研究，完善稳定支持和竞争性支持相协调的机制，支持科研机构自主布局科研项目，扩大高校、科研院所学术自主权和个人科研路线选择权。放宽公益类项目申报条件，改革管理方式，建立支持“非共识”创新项目的机制。市场类项目聚焦新兴产业领域和关键核心技术需求，以多维评价、效益优先原则实施竞争择优。

严格实行目标任务验收。由政府购买第三方机构的专业服务，严格按照任务目标导向对科研项目进行独立、专业化验收。未通过验收的项目按规定组织财务审计，清算和追缴财政结余资金及违规资金。逐步建立依托第三方机构的科研项目全流程管理机制。

实行科研项目法人负责制。充分发挥项目承担单位在科研项目实施和资金管理使用方面的责任主体作用，将科研项目实施过程以及科研经费支出管理权下放项目承担单位。项目承担单位按照本单位的科研和财经管理制度自行确定和调整政府资助经费的支出结构。

改革科研项目资金管理方式。重点解决简单套用行政预算和财务管理方法管理科技资源等问题，让经费为人的创造性活动服务。优化财政科研经费的配置方式，厘清政府与市场的关系，准确定位、实行分类支持。市场类产业化项目更多以后补助的方式予以支持，促进企业成为技术创新的主体力量，自主决策、先行投入。产业共性关键技术创新项目实行事前引导与事后补助相结合的约束性支持方式，按目标进度拨付；企业个性技术创新项目采取奖励性后补助，一次性到位。按照“放管服”结合原则，深化财政科技经费管理改革。简化科研项目预算编制，下放科技计划项目各具体支出项目间预算调剂权限；大幅度提高科研人员经费比例，增加间接费用比例；探索建立科研财务助理制度，加强事中事后监管，提高财政资金使用效率；允许科技计划项目结余资金由项目承担单位自主安排用于科研活动。研发机构或研发团队承担的横向合作项目，在职称评聘、业绩考核、科技奖励等方面，与纵向课题一视同仁。放开横向科研项目经费管理，加大科研绩效奖励力度，鼓励科研人员承接企业研发服务任务。

四、强化科技管理基础制度建设

建立统一的市级科技计划项目管理信息系统，对科技计划实行全流程痕迹管理。建立科技报告制度，促进科技信息开放共享，将科技报告呈交和共享情况作为对项目承担单位后续支持的依据。完善科研信用管理制度，建立覆盖项目决策、管理、实施主体的全面信用管理机制，提高科研诚信意识。建立科研项目管理信息公开制度，将财政科研项目的资金配置情况、科研项目组织实施情况等信息向社会公开，接受社会监督。进一步完善科技统计制度。

五、完善创新导向的评价制度

改革科技评价制度，建立以科技创新质量、贡献、绩效为导向的分类评价体系，正确评价科技创新成果的科学价值、技术价值、经济价值、社会价值、文化价值。推进高校和科研院所分类评价，实施绩效评价，把技术转移和科研成果对经济社会的影响纳入评价指标。推行第三方评价，探索建立政府、社会组织、公众等多方参与的评价机制，拓展社会化、专业化评价渠道。改革完善国有企业评价机制，把研发投入和创新绩效作为重要考核指标。

第十章　推进全方位开放式创新

统筹国内国际两个大局，以开放的视野谋划创新，积极融入全球创新网络，以打造西部创新中心为重点，整合国内外创新资源，促进创新资源的集聚与高效流动，全方位提升科技创新水平。

一、面向全球加快引进科技创新资源

围绕我市支柱产业和战略性新兴产业发展需要，面向全球加快引进研发机构、研发团队和优势技术等各类创新资源，优化招商引资方向，完善招商引资政策，以园区和企业为主体，围绕主导产业链，积极与全球百强创新型企业、著名科学研究机构和知名大学建立研究开发合作关系，并力争其中部

分单位来渝设立研发公司和创新中心，吸引国内外一流科研院所入驻设立分院分所。支持我市企业参股国内外新型研发公司，加强与国内外科技组织、标准化组织、检验检测及科技咨询机构的合作，引导其来渝设立总部或分支机构。完善高端研发机构引进激励政策。推进开放创新合作园区建设工程，打造一批有产业特色、有技术优势的中外创新合作园。

支持行业龙头企业通过各种方式到海外设立、兼并和收购研发机构。优化境外创新投资管理制度，探索建立科技创新并购基金，支持本市企业以境外投资并购等方式获取关键技术和到海外设立研发中心及试验基地。放活对外科技交流管理机制，国际研发合作项目所需付汇，实行研发单位事先承诺，市级相关部门事后并联监管。鼓励我市企业加入国际产业联盟、技术联盟和产业协会等组织，与世界一流专家平等交流，把握国际规则、搭建更多合作关系。推进科技兴贸，提高技术、高新技术产品和成套装备出口比重。

二、促进国内科技合作

积极对接国家科技战略，深化部市会商机制，加强国家科技计划和市级科技计划的互动合作，探索推动国家科技资源与我市科技资源梯次配置和合理布局的新机制。加强与港澳台、沿海发达省市和西部地区开展“近联远引”科技合作。以“一带一路”战略和长江经济带建设为契机，积极对接沿线国家科技发展战略和有关省市创新驱动发展规划，引导高端研发平台和优质创新资源，打造协同创新共同体。探索渝川、渝陕、渝黔等区域协同创新机制，促进人才合作、资源互利、利益共享和市场互通。支持企业、高校和科研院所与中国 500 强企业、十二大军工集团、中国科学院、中国工程院、北京大学、清华大学、浙江大学等共建研发和产业化基地，共同策划实施一批重大项目，联合开展科学研究和技术攻关，力争在引进知名研发机构、高端创新人才和科技企业方面取得实质性突破。

三、推动产学研协同创新

实施产学研协同创新示范工程，鼓励龙头企业依据发展需要，联合国内外大学、科研院所，在集成电路、智能机器人、高性能医学诊疗设备、新型平板显示、轨道交通、汽车制造、通信设备、智能制造、新材料、页岩气开采及装备等领域，构建优势互补、利益共享、风险共担的产业技术创新联盟，从事产业关键技术研究开发，并着重在知识产权运用与保护、科技成果分享机制上积极探索。探索建立政府支持、理事会领导、依托大学、面向企业、联结院所、各种创新主体共同参与并实行会员制、法人化的新型协同创新研究机构，从事竞争前共性技术研究，以技术许可方式实现科技成果转移转化。通过建立财政稳定扶持、竞争纵向课题和横向市场合作等经费来源机制，实现协同创新研究机构和平台的可持续发展。

促进科技人员深入基层创新。加强高校和科研院所服务基层创新的机制建设，鼓励区县（自治县）与高校、科研院所开展校（院）地合作，支持高校和科研院所建立各种类型的科技中介机构，强化科技成果中试熟化服务，提升高校知识产权经营与成果转化服务能力。着力拓宽科技人员服务基层的渠道，鼓励和支持高校院所科技人员服务企业创新，推动百名科学家、千名博士、万名研究生到企业开展科技创新，选聘优秀科技企业家到高校担任产业教授，实现高校、科研院所和企业人才的双向流动。深入实施科技特派员行动，鼓励科技特派员与农业企业、农业合作社建立利益共同体，充分调动农业科技人员积极性，加速农业科技成果转化和产业化进程。

专栏 21　科技特派员

坚持按需选派，精准对接，不断完善科技特派员制度，壮大科技特派员队伍，培育新型农业经营和服务主体，健全多元化农村科技创新服务体系。落实精准扶贫战略，瞄准贫困地区存在的科技和人才短板，创新扶贫理念，开展创业式扶贫。聚集市区各级科技、信息、资金、管理等现代生产要素，促进科技特派员深入农村基层和产业一线、农业科技园区和“星创天地”，开展科技创新创业和服务，实现“五个一”目标：转化推广一批科技成果，培育提升一批高效产业（企业），建立一批新型农村科技服务机构，培养一批科技创业人才，带领一方农民致富。

四、推动军民融合创新

开展军民融合协同创新体制改革试点，建立完善军民融合体制机制，统筹协调军民创新资源，加快创建国家军民融合创新示范区。建立军民融合重大科研任务形成机制，实行从前沿与应用基础研究到关键技术研发、集成应用等创新链一体化设计，推进军民基础共性技术一体化、基础原材料和零部件通用化。

加强军民协同创新，促进军工企业和国防科研机构参与民用紧缺技术研发，支持地方企业承接国防装备制造和技术研发，引导优势民营企业进入军品科研生产和维修领域；支持企业、高校、科研院所与军工企业、国防科研机构等共建军民融合创新研究院和产业化基地，打造军民融合创新服务平台，促进军民科技成果双向转移及产业化互动。

第十一章　营造良好创新生态环境

以更开阔的眼界、更有力的手段，建立多要素多层面联动的生态系统，发扬多元、开放、包容、共享的创新创业文化，激发全社会创新激情，使创新成为全社会的普遍共识和自觉行动。

一、实施知识产权强市战略

实施知识产权强市推进工程。强化知识产权制度在区域经济和社会发展中的政策导向作用，建成一批具有示范带动作用的国家知识产权强区、强县、强园区，形成引领支撑产业结构升级和经济发展提质增效的增长极。支持两江新区、国家级和市级高新区等创新区域搭建知识产权综合服务平台。

实行严格知识产权保护制度。建立健全市、区县两级专利行政执法体系，完善知识产权行政司法保护衔接机制，推进知识产权案件民事、行政、刑事“三审合一”，探索对侵权行为实施惩罚性赔偿并纳入其信用记录。探索建立创新主体知识产权状况评估与分级认证制度。建立重点产业和重点专业市场知识产权保护机制，完善重点企业知识产权保护直通车制度。健全知识产权维权援助和举报投诉机制，建立知识产权保护民间救济和行业自律机制，探索知识产权风险防范和涉外纠纷快速应对机制，强化跨区域知识产权保护。完善知识产权维权援助体系建设，在两江新区建立汽车摩托车等重点产业知识产权快速维权中心。

促进知识产权全面运用。实施知识产权"三个一工程"，滚动实施1000项专利运用及成果产业化，积极培育1000家知识产权运用标杆企业，大力培养1000名专利经纪人。推行知识产权集群管理，加大政府采购对知识产权密集型产品的支持，培育发展知识产权密集型产业。加强知识产权评估、交易、运营、投融资、保险体系建设，推动知识产权交易、转化和产业化。打造一批知识产权强企、强校和强所。鼓励知识产权创造，优化专利申请资助政策，重点资助有效发明专利授权、专利合作条例（PCT）国际专利申请。加快知识产权信息大数据和综合服务云平台建设，向社会提供各类低成本知识产权服务。推进版权兴业工程，建成一批版权兴业强势企业和版权兴业示范基地。

二、持续推进质量、标准和品牌战略

健全技术标准体系，统筹推进科技、标准、产业协同创新，健全科技成果转化为技术标准机制。开展质量标杆和领先企业示范活动，普及卓越绩效、六西格玛、精益生产等先进质量管理模式和方法，支持企业提高质量在线监测、在线控制和产品全生命周期质量追溯能力。夯实质量基础，加快国家质检基地建设。

支持开展重大技术标准研制，鼓励企业积极参与国际标准、国家标准、行业标准制定，积极稳妥培育和发展团体标准。加强标准与知识产权结合，支持具有自主知识产权的技术和专利及时转化为标准，全面提升标准化总体水平。加大国际标准和国外先进标准采用力度。

实施名企名品塑造工程。加强品牌企业资源库建设，引导企业制定品牌管理体系，围绕研发创新、生产制造、质量管理和营销服务全过程，提升内在素质，夯实品牌发展基础。加强地理标志培育，深化商标富农工作。扶持一批品牌培育和运营专业服务机构，开展品牌管理咨询、市场推广等服务。鼓励企业通过国际化运营，创建国际品牌。建设品牌文化，引导企业增强以质量和信誉为核心的品牌意识，树立品牌消费理念，提升品牌附加值和软实力。

三、完善激励创新公共政策

改革产业准入制度和技术政策，明确并逐步提高生产环节和市场准入的环境、节能、节地、节水、节材、质量和安全相关标准；完善市场化的工业用地价格形成机制，以要素价格倒逼企业创新，促使企业从过度依赖消耗资源能源的粗放式发展，向依靠先进标准和创新优势的内涵式发展转变。

完善与科技创新驱动发展相适应的财政科技投入保障机制。优化整合财政科技资金的支持方向和结构，着眼于放大政府财政科技资金的引导作用，实现财政资金从注重资金投入总量增加向注重提高资金使用绩效转变、从注重事前立项审批向注重事后补助转变、从单一市级资金来源向与企业和区县（自治县）共同筹集转变、从多渠道分散支持向整合资源集中支持转变。

落实结构性减税政策，加大普惠性财税政策对科技创新的支持力度。全面落实企业研发费用加计扣除等政策，简化办理手续，优化办理流程，做到“应享尽享”。开展“创新券”补助政策试点，促进企业或创新团队加强与高校、科研机构、科技中介服务机构及科技资源共享服务平台有效对接。对适用于公共服务的企业首台（套）创新产品和服务，应纳入政府采购目录并优先采购。探索建立创新产品及服务的远期约定政府购买制度，促进创新产品的研发和规模化应用。完善以创新研发体系引进为核心的招商引资政策措施。

统筹协调创新政策。加强科技政策与财税、金融、贸易、投资、产业、教育、知识产权、社会保障、社会治理等政策的协同，提高政策的系统性、可操作性。建立创新政策协调审查机制，及时废止有违创新规律、阻碍新兴产业和新兴业态发展的政策条款。

四、强化科技金融服务支撑

推进融资体系与创业体系的有机衔接融合，构建多层次、全覆盖、高效率的融资体系，形成各类金融工具协同支持创新发展的良好局面。

壮大创业投资规模。实施创投资金倍增计划，发挥政府引导基金作用，制定分红让利等优惠政策，撬动更多社会资本参与天使投资和创业投资，吸引有产业和技术背景的优秀创业投资管理团队来渝设立各类子基金，引导创投管理基金在渝落户。发挥市级创业种子投资引导基金、天使投资引导基金、风险投资引导基金、产业引导股权投资基金等政府引导基金的引导作用，与区县（自治县）、园区、高校、科研院所合作，吸引社会资本组建各类投资基金，形成覆盖科技型中小微企业从种子期、初创期、成长期到成熟期的梯形投资体系。争取国家新兴产业引导基金和保险资金支持，新设立一批战略性创投基金，市级引导基金以一定比例出资参股。积极引进外商参股的创业投资基金。落实国家对各类创新投资活动的扶持政策，调整创业投资企业投资高新技术企业的条件限制，允许有限合伙制创业投资企业法人合伙人享受投资抵扣税收优惠政策。到 2020 年，在我市注册成立全社会创投基金规模力争达到 1000 亿元。

支持金融机构创新服务模式。探索设立科技创新银行、科技创业证券公司等新型金融机构，鼓励开发性金融机构和商业银行在产业园区、科技园区设立科技支行或专营机构，实行专门的客户准入、信贷审批和风险管理，为科技型企业提供专业性金融服务。鼓励银行业加强差异化信贷管理，放宽科技型中小微企业不良贷款容忍度。支持开展知识产权质押融资、信用贷款、科技保险等金融创新业务。鼓励和引导银行机构、小贷公司与创投基金、股权投资机构及保险机构合作，实现投贷保联动，为企业提供融资服务。政府通过建立风险补偿金、配套财税政策等方式，对为科技型中小微企业提供融资和担保的各类金融机构，实行差异化的财政激励政策。建设各类科技金融服务资源数据库，建立科技型小微企业信用体系，依托全市科技金融服务平台，为科技型中小微企业提供投融资对接、项目路演、创业大赛、创业培训以及财务、法律、知识产权评估等综合科技金融服务。

利用资本市场支持技术创新。建立科技型企业上市后备资源库，指导企业制定上市路线图，引导企业通过多层次资本市场上市融资。鼓励科技型企业与上市公司开展并购重组。支持重庆股份转让中心（OTC）设立科技创新板，专门提供科技型企业挂牌展示、融资路演和资本课堂等服务，支持实施股权投资基金份额转让，提供退出渠道。推动孵化成熟的高新技术企业在主板、创业板以及境外资本市场开展股权融资，拓宽科技型企业直接融资渠道。优先支持符合条件的创新创业企业发行公司债、项目收益债等债务融资工具，募集资金用于研究开发。探索开展股权众筹融资试点。

五、加强科学技术普及

深入实施《全民科学素质行动计划纲要（2006—2010—2020 年）》（国发〔2006〕7 号），以青少年、农民、城镇劳动者、领导干部和公务员等为重点人群，广泛开展科技教育、传播与普及，提升全民科学素质。强化科普基础设施建设，引导社会力量建设专业科普场馆，构建社会化、专业化的科普基地体系，支持社会力量建设科技传播设施。支持各类科普设施积极开展科普活动，鼓励科研机构和企业面向市民开展长期稳定的科普日活动，组织开展多种形式的科学探索和科学体验活动。在中小学校、高校开设科普教育课程和专业，着力建设和培养一支高素质的科普教育师资队伍和专兼职相结合的科普人才队伍。实施科普进社区、进工业园区等行动计划。各级机关事业单位依托各级党校定期组织干部、职工开展科技知识学习活动，带头参与科普活动，履行科普义务。鼓励多种形式的科普作品创作，推动原创性优秀科普作品不断涌现。深入开展创新方法推广应用，培养一批拥有创新思维、掌握创新方法工具、服务企业转型升级的创新工程师、创新培训师和创新咨询师，形成一批创新方法应用的示范试点企业。

六、弘扬创新精神和创新文化

大力宣传广大科技工作者爱国奉献、勇攀高峰的感人事迹和崇高精神，在全社会形成鼓励创造、追求卓越的创新文化。倡导百家争鸣、尊重科学家个性的学术文化，增强敢为人先、勇于冒尖、大胆质疑的创新自信。建立鼓励创新、宽容失败的容错纠错机制，营造自由宽松的科研氛围，对单位和个人在创新活动中勤勉尽责但未达成预期目标的，不做负面评价。加强科研诚信建设，引导科技工作者恪守科学伦理和学术道德，建立对学术不端行为的惩戒制度。把创新精神、企业家精神和工匠精神结合起来，加强宣传和舆论引导，宣传改革经验、回应社会关切、引导社会舆论，为创新创业营造良好的社会环境。

第十二章　加强规划实施与监测管理

实施创新驱动发展战略、加快推进以科技创新为核心的全面创新，是一项事关重庆发展全局的系统工程，全市上下必须提高认识、高度重视，统筹谋划、系统部署，精心组织、扎实推进，形成规划实施的强大合力。

一、健全组织领导机制

加强党对科技创新工作的领导。党政"一把手"对创新驱动发展负有第一责任，要将"第一动力""第一生产力"放在全局工作中优先谋划、优先落实。充分发挥创新驱动发展联席会议制度的作用，完善跨部门、跨领域的沟通协商机制，统筹推进科技体制改革和创新驱动发展工作，及时解决工作推进中的重大问题，研究提出重大政策建议。各区县（自治县）、市政府各部门要强化科技发展部署，做好与规划总体思路和主要目标的衔接，抓好重点任务分解和落实。广泛动员各方力量，充分调动和激发科技界、产业界、企业界和社会各界的积极性，最大限度凝聚共识，共同推动规划顺利实施。

二、强化规划实施的协调与监测评估

加强科技创新工作年度计划与本规划的衔接，确保规划提出的各项任务落到实处。开展规划实施情况的动态监测和评估，把监测和评估结果作为改进政府科技创新管理工作的重要依据。完善科技创新统计监测机制，开展规划实施中期评估和期末总结评估，对规划实施效果作出综合评价，为规划调整和制定新一轮规划提供依据。在监测评估的基础上，根据科技创新最新进展和经济社会需求新变化，对规划指标和任务部署进行及时动态调整。加强宣传引导，调动和增强社会各方面落实规划的主动性和积极性。

四川省“十三五”科技创新规划

“十三五”时期是同步全面建成小康社会的决胜阶段，是我省全面创新改革驱动转型发展的关键时期。为深入实施创新驱动发展战略，加快建成国家创新驱动发展先行省，根据《四川省国民经济和社会发展第十三个五年规划纲要》和《四川省中长期科学和技术发展规划纲要（2006—2020年）》，制定《四川省“十三五”科技创新规划》。

一、发展基础和发展态势

（一）发展基础。“十二五”期间特别是党的十八大以来，全省科技创新工作认真贯彻落实省委、省政府的总体部署，按照“创新驱动、转型升级、支撑引领、全面小康”的总要求，深入实施创新驱动发展战略，深化科技体制改革，提升自主创新能力，实施科技创新“四大工程”，全面推进大众创业万众创新，全省科技创新综合实力不断加强，科技进步水平、区域创新能力稳步提升，完成了“十二五”规划确定的主要目标任务，为全省经济社会发展提供了有力的科技支撑。

1. 科技创新实力显著提升。“十二五”期间，全省科技创新综合实力不断加强，科技进步水平、区域创新能力实现了稳步提升。

科技人才队伍稳步增长。拥有各类专业技术人员 287 万人，科技活动人员 33 万人，比“十一五”末增长 21%；每万名就业人员中研发人员数量达 25 人年 / 万人。拥有两院院士 61 人，省学术和技术带头人 1909 人；省“千人计划”引进海内外高层次人才 595 人。

科技创新机构加快发展。拥有各类科技开发机构 1856 个，其中企业科技机构 1142 家，分别比“十一五”末增长 21% 和 22%。有国家及省重点实验室 117 个，国家及省工程实验室 83 个，国家及省工程（技术）研究中心 262 个。转化医学、高海拔宇宙线观测站、大型低速风洞等 3 个国家重大科技基础设施项目布局我省建设。

创新企业群体不断壮大。实施企业创新主体培育工程，高新技术企业达到 2707 家，比“十一五”末增长 1.3 倍；省级以上创新型企业 1623 家，国家及省级产业技术创新联盟 116 家。

科技创新投入持续增长。R&D 投入年均增长 14%，2015 年突破 500 亿元；R&D 经费与地区生

四川省人民政府办公厅，川办函〔2017〕4 号，2017 年 1 月 6 日。

产总值的比例为 1.67%，比“十一五”末提高 0.13 个百分点；全省财政科技支出达到 96.7 亿元。

2. 科技创新取得显著成效。“十二五”期间，实施产学研用协同创新工程，加强原始创新、集成创新和引进消化吸收再创新，取得了一批重大科技成果。

重大关键技术取得突破。参与国际热核聚变实验堆（ITER）计划取得积极进展，纳米膜层制备、复合材料工艺集成等关键技术达到国际领先水平，“汶川地震地质灾害评价与防治”等成果获国家科技进步一等奖，8 万吨大型模锻压机研制成功，北斗卫星移动通信系统打破国外技术垄断，以“华龙一号”为代表的三代核电技术成功走出国门，高速列车—轨道—桥梁动力相互作用安全评估关键技术的突破为我国高铁建设作出了重要贡献。

科技创新成果不断涌现。登记科技成果 8155 项，其中重大科技成果 400 余项。获得国家自然科学奖 5 项，国家技术发明奖 21 项，国家科技进步奖 142 项，获奖总数居西部第一。省级科技奖励 1276 项。专利申请 40.0 万项，授权 22.9 万项，其中发明专利申请 12.2 万件，授权 2.7 万件，位居全国前列、西部第一。

重点领域保持优势地位。在电子信息领域，军工电子、集成电路、信息安全等产业领跑全国。在重大装备领域，发电装备研制生产总容量居世界第一，重型燃气轮机研发制造居国内领先。在航空航天领域，航空发动机和飞机研发、设计、制造具有国内领先优势。在新材料领域，钒钛、稀土、石墨烯等方面研究开发和产业化取得重大成效。在核技术领域，具有研发、成套设计、制造、核燃料等方面完整的配套能力，核电装备占全国市场 50%。在生物技术领域，生物育种、口腔医学、生物治疗、可诱导生物材料等居全国领先水平。在中医药领域，针灸、中药以及糖尿病重症胰腺炎的中医药防治等居全国领先水平。

国际科技合作成效显著。建设了中国—新西兰猕猴桃联合实验室、高分子材料与工程国际联合研究中心等 53 个国家级、省级国际科技合作基地，初步形成了一批国际领先或填补国内空白的合作研究成果。加强以企业为主体、产学研机构协同的国际科技合作，形成了多主体共同参与、多渠道全面推进、多形式相互促进的国际科技合作新格局。

3. 区域创新格局不断优化。“十二五”期间，实施区域创新发展示范工程，进一步打造区域协同创新共同体，初步形成了各具特色的创新型区域。

重点区域创新协同发展。成都高新区获批西部首家国家自主创新示范区、国家知识产权示范园区；绵阳科技城获批比照执行国家自主创新示范区先行先试政策，纳入国家自主创新示范区管理序列；德阳在装备制造、新材料等高端成长性产业和新一代信息技术等战略性产业发展上成效显著；国家级攀西资源创新开发试验区启动，推进了钒钛、稀土、石墨等特色资源的综合开发利用，着力打造世界级钒钛产业基地和全国重要的稀土研发制造中心；川南高新区创新集聚发展态势进一步显现；川东北创新驱动新兴增长区、川西北创新驱动绿色发展区建设顺利推进。

科技园区建设步伐加快。新增 5 个国家高新区，全省拥有国家和省级高新区 11 个、高新技术产业化基地 56 个、农业科技园 102 个、可持续发展实验区 15 个、国际科技合作基地 53 个、科技企业孵化器（大学科技园）78 个，国家现代服务业产业化基地 6 个，国家级经济技术开发区 8 个。

4. 科技体制改革加快推进。“十二五”期间，我省聚焦体制机制的关键问题和环节，促进科技与经济的深度融合，充分激发了全社会创新创业活力。

大众创业万众创新蓬勃兴起。建成各类孵化器 565 家，孵化面积超过 880 万平方米，在孵科技企业 7000 家以上，举办各类创新创业活动 700 余场，新增科技型中小微企业 3 万家以上。聚集风投机构 300 家，风险投资规模近 1000 亿元。

科技体制专项改革系统推进。组织实施了企业创新主体培育、激励科技人员创业、军民融合发展等 3 个专项改革，7 家试点单位创新创业科技人员超过 720 人，创办领办科技型企业 72 家，离岗转化科技成果超过 200 项。

5. 科技创新支撑转型发展取得成效。“十二五”期间，实施产业创新牵引升级工程，科技支撑经济社会发展作用凸显，科技进步对经济增长的贡献率达到 50%。

科技成果加速转移转化。实施重大科技成果转化行动，初步建立了成果转化信息服务、技术转移、分析测试、区域服务、工程化、孵化及金融服务等七大科技成果转化平台，组织实施专项 15 个、重大成果转化项目 1500 项，累计带动实现产值 12000 亿元，建设国家级和省级重点科技成果转化示范平台 100 家以上；全省登记技术交易合同 5.8 万项、实现交易额 880 亿元，是“十一五”交易额的 3.8 倍。

高新技术产业蓬勃发展。实施《四川省战略性新兴产品“十二五”培育发展规划》，遴选培育战略新兴产品 702 个，集成资源，分层次培育，重点突破，实现产值 4500 亿元，引领和支撑了我省战略性新兴产业发展。科技服务业创新发展，我省成为首批国家科技服务业创新发展试点省，2015 年科技服务业营业收入超过 3000 亿元。2015 年高新技术产业实现总产值 15000 亿元，占规模以上工业的 27.9%，比“十一五”末提高 7.0 个百分点。

农业科技创新取得新突破。构建提升了生猪、水稻、肉鸡等 20 个四川特色优势农业产业链，研发、示范高效安全生产配套技术 400 余项，有力支撑了我省农业产业转型升级。种业科技创新总体水平居国内前列，水稻、玉米、小麦等部分领域居全国领先水平，育成农畜新品种 40C 余个，居全国省区第一，品种质量显著提升。农业科技成果转化应用持续加快，农畜新品种累计推广分别达到 2.1 亿亩以上和 3000 万头（只）以上，年均新增产值 10 亿元以上。全省主要粮食作物良种覆盖率达到 96%，农业科技进步贡献率达到 59%。

科技服务民生取得新成效。创建国家级可持续发展实验区 6 个，建成国家生物医药孵化基地、国家综合性新药研究开发大平台等一批国家级研发平台。艾滋病防治科技惠民试点示范、大骨节病综合防治取得阶段性成效。培育了川贝母、川芎等中药材大品种 6 个，具有自主知识产权的第一个抗癌药物“盐酸伊立替康注射液”获得英国药监局上市批件，自主研发的康柏西普注射液成为我国第一个获得世界卫生组织生物制品——融合蛋白国际通用名的国产药物。

（二）发展态势。“十三五”期间，我省科技创新发展面临新的机遇与要求。

世界科技发展呈现新趋势。新一轮科技革命蓄势待发，物质结构、宇宙演化、生命起源、意识本质等一些重大科学问题的原创性突破正在开辟新前沿新方向，一些重大颠覆性技术创新正在创造新产业新业态，信息技术、生物技术、制造技术、新材料技术、新能源技术广泛渗透到几乎所有领域，带动了以绿色、智能、泛在为特征的群体性重大技术变革，大数据、云计算、移动互联网等新一代信息技术同机器人和智能制造技术相互融合步伐加快。国际科技竞争日趋激烈，国际科技合作重点围绕全球共同挑战，向更高层次和更大范围发展。科技创新活动日益社会化、大众化、网络化，新型研发组织和创新模式将显著改变创新生态，优秀科技人才成为竞相争夺的焦点。新一轮科技革命和产业变革为我国开启了一个重要的战略窗口期和机遇期。

我国科技发展面临新形势。我国科技事业快速发展，在基础科学和前沿技术、战略高技术等关系国家安全和综合国力竞争的众多领域不断取得重大突破，科技创新对经济社会发展、民生改善的支撑作用不断增强，在许多领域实现了由跟跑向并跑甚至领跑的转变。当前，我国经济发展进入新常态，既处于大有可为的战略机遇期，同时也面临诸多矛盾叠加、风险隐患增多的严峻挑战，处在“速度变化、结构优化、动力转换”的关键阶段。新常态下，推动经济实现更高质量、更有效率、更加公平、更可持续发展，关键在于依靠创新打造发展新引擎，培育发展新动能，使创新成为“创新、协调、绿色、开放、共享”的发展理念之首、引领发展的第一动力。面向世界科技前沿、面向经济主战场、面向国家重大需求，实施创新驱动发展战略，是应对发展环境变化、把握发展自主权、提高核心竞争力的必然选择，是加快转变经济发展方式、破解经济发展深层次矛盾和问题的必然选择，是更好引领我国经济发展新常态、保持我国经济持续健康发展的必然选择。

我省科技工作面临新要求。目前，我省经济发展在新常态下进入新的发展阶段，呈现出“六个基本特征”，经济增长进入规模质量同步提升期、工业化城镇化处于加速期、多点多极发展进入整体跃升期、发展动力转换到了关键期、产业转型升级进入持续期、全面建成小康社会进入决胜期，既面临不少严峻挑战，又面临许多重大机遇，对科技创新提出了新的要求。

从推动产业升级的需求看，我省目前工业结构调整任务繁重，经济下行压力较大，部分传统产业产能过剩严重，面临不升级则迅速萎缩的现实压力。要积极运用先进适用技术改造传统产业，开发高附加值产品，延长产业链条，逐步走向精细化、高端化，提升产业供给质量，加快向产业链价值链中高端迈进，支撑供给侧结构性改革，做到经济总量大、经济结构优、创新能力强、质量效益好，推动三次产业结构进一步优化。

从培育经济发展新动能的需求看，我省经济发展进入新常态，传统发展动力不断减弱，粗放型增长方式难以为继，必须依靠创新培育新的增长点和增长极，着力寻找未来发展新动能。要突出高端化、智能化、绿色化、服务化方向，依靠创新着力提高供给体系的质量和效率，集中精力培育高新技术产业、战略性新兴产业和高端成长型产业，大力培育创新产品，以新兴先导型服务业为重点引领现代服务业发展，开辟发展新空间，使经济增长新引擎进一步形成。

从推动科技经济结合看，目前我省制约创新发展的体制机制障碍仍然突出，自主创新能力有待大力提高，区域创新资源配置不平衡，军工科技优势未得到充分发挥，创新环境还须完善，创新人才动力活力没有得到充分释放，科技与经济结合仍不够紧密等问题依然存在。同时，国家实施西部大开发、“一带一路”和长江经济带建设战略，系统推进全面创新改革试验，建设四川自贸试验区，加快建设成渝城市群，军民融合深度发展上升为国家战略，为我省发展提供了重大机遇。

因此，我们必须把握我国发展重大战略机遇期内涵的深刻变化，立足“欠发达、不平衡”的基本省情，顺应国内外转型发展的基本趋势，始终保持专注发展、转型发展的战略定力。《中共四川省委关于制定国民经济和社会发展第十三个五年规划的建议》和《中共四川省委关于全面创新改革驱动转型发展的决定》明确提出，树立“转型才能更好发展、后发也要高点起步”的理念，大力实施创新驱动发展战略，面向经济主战场，加快转方式调结构，积极培育发展新动能。必须主动适应、把握、引领新常态，抢抓发展机遇，有效应对挑战，进一步提高自主创新能力，通过深化全面创新改革开辟发展新空间，把创新驱动作为实现我省“两个跨越”的核心和关键，坚定不移推进供给侧结构性改革，推动三次产业结构进一步优化，经济增长新引擎进一步形成，发展的质量和效益进一步提高，为全省转型发展、科学发展提供强有力的科技支撑。

二、指导思想和发展目标

（一）指导思想。贯彻落实党的十八大和十八届三中、四中、五中、六中全会精神，深入学习习近平总书记系列重要讲话精神，坚持“四个全面”战略布局，坚持“创新、协调、绿色、开放、共享”发展理念，坚持“自主创新、重点跨越、支撑发展、引领未来”指导方针，认真落实省委《关于全面创新改革驱动转型发展的决定》，深入实施创新驱动发展战略，深化科技创新体制改革，全面推进大众创业万众创新，支撑引领供给侧结构性改革，培育转型发展新动能。着力增强自主创新能力，着力提升企业创新主体地位，着力推动军民深度融合，着力建设创新型人才队伍，加快建设国家创新驱动发展先行省。

“十三五”科技创新规划应坚持和遵循以下四条基本原则：

坚持改革创新。遵循社会主义市场经济规律和科技创新规律，破除制约创新驱动发展的体制机制障碍，建立系统完整的科技创新制度体系，形成充满活力的科技管理和运行机制，充分激发各类创新主体潜力与活力。构建支撑创新驱动发展的良好环境，提高创新体系整体效能，为创新发展提供持续动力。

坚持市场导向。充分发挥市场在创新资源配置中的决定性作用，推动企业成为技术创新决策、研发投入、科研组织、成果转化的主体，促进创新要素向企业和优势产业集聚。健全政府科技创新治理机制，处理好政府与市场的关系，在更大范围、更高层次、更有效率地配置创新资源。

坚持开放合作。以全球视野谋划和推动科技创新，坚持引进来和走出去相结合，开展全方位、多层次、高水平的国际科技合作与交流，充分利用全球创新资源，以更加积极的策略推动技术和标准输出，在更高层次上推动自主创新。

坚持人才为先。把人才作为创新驱动的第一资源，把建立完善激励人才作用发挥的机制放在优先位置，强化研发人员创新劳动同其利益收益对接，赋予创新人才更大的科研决策权。营造大众创业、万众创新的政策环境和制度环境。

（二）发展目标。到 2020 年，科技实力和创新能力大幅跃升，全面创新改革试验取得重要阶段成果，科技体制改革取得重大突破，大众创业、万众创新蓬勃开展，全省总体进入创新驱动发展阶段，创新型经济格局初步形成，加快建成国家创新驱动发展先行省和创新型四川。

自主创新能力全面提升。制约产业发展的关键共性技术取得重大突破，拥有一批具有自主知识产权的核心技术和创新产品，原始创新能力和国际竞争力显著提升，科技创新能力总体达到全国先进水平，部分领域进入全国领跑行列。全社会研发经费支出占地区生产总值的比例达到 2.0%，规模以上工业企业研发投入占主营业务收入比例提高到 0.8%，每万人发明专利拥有量 7.5 件。

人才队伍建设进一步壮大。每万名就业人员中 R&D 人员数达到 32 人年 / 万人，培养一批杰出青年科技人才和科技创新创业苗子，引进一批高层次领军人才，打造一批科技创新研究团队，人才优势位居全国前列。

创新创业环境更加优化。激励创新的政策法规体系更加健全，创新创业服务体系更加完善，技术市场交易额达到 400 亿元；公民科学素质大幅提升，具备基本科学素养的公民比例达到 8%，大众创业、万众创新氛围更加浓厚。

创新驱动作用显著增强。高新技术企业达到 5000 家，高新技术产业总产值规模超过 2 万亿元，其中工业总产值占规模以上工业总产值的比重超过 30%，科技（进步）对经济增长贡献率达到 60%。经济增长质量和效益明显提高，科技与经济深度融合，经济发展方式实现重大转变。

表 1　四川省“十三五”科技发展主要指标

指标	单位	2015 年	2020 年	属性
全社会研究开发经费支出占地区生产总值比重	%	1.67	2.0	预期性
每万名就业人员中 R&D 人员数	人年 / 万人	25	32	预期性
每万人发明专利拥有量	件 / 万人	3.5	7.5	预期性
高新技术企业数	个	2707	5000	预期性
高新技术产业工业总产值占工业比重	%	27.9	>30	预期性
技术市场交易额	亿元	296	400	预期性
科技进步贡献率	%	50	60	预期性
公民具备基本科学素质的比例	%	4.68	8	预期性
规模以上工业企业 R&D 投入占主营业务收入比例	%	0.58	0.8	预期性

（三）总体部署。未来 5 年，我省科技工作将紧紧围绕深入实施创新驱动发展战略，坚定不移推进供给侧结构性改革，深化科技机制体制创新，全面推进大众创业、万众创新等方面，加强系统谋划和部署。围绕产业链部署创新链，重点在高新技术、优势传统产业、现代农业、社会民生、生态环保、科技服务业六大领域加强原始创新、集成创新和引进消化吸收再创新，推动颠覆性技术创新，加快建设具有竞争力的产业技术新体系。

围绕打造优势特色产业发展新动能，加强创新资源整合，集中时效，加快实施科技创新重大专项，取得一批自主知识产权，培育一批重大战略产品，发展一批具有核心竞争力的创新型企业，形成一批优势特色产业集群。

围绕培育科技创新基础能力，强化前沿技术与应用基础研究，加快以重点实验室、工程实验室、工程（技术）研究中心为重点的科技创新平台建设，培育造就高层次科技创新人才和高水平创新团队，提升高校和科研院所、医疗卫生机构创新能力，持续为我省经济社会发展提供源头供给。

围绕提升区域创新体系整体效能，系统推进全面创新改革试验，完善科技经济结合的体制机制，深化科技计划管理改革；完善企业技术创新体系，加快科技成果转移转化，推动以国家自主创新示范区、绵阳科技城为重点的创新区域建设，布局建设一批高新区。开展贫困地区科技精准扶贫。

围绕构建大众创业、万众创新生态系统，加强创新创业政策支持，推进各类孵化载体建设，加强创新创业科技金融平台和服务体系建设，提高全社会公民科学素质，培育创新创业文化。

围绕融入全球创新网络，大力推进科技开放合作，打造国际科技创新平台，积极参与国际和区域性大科学计划和大科学工程；加强与港澳台地区的科技创新合作，推动跨区域和省院省校科技合作，促进创新资源跨境跨界流动。

三、重大任务

继续抓好科技创新“四大工程”[1]，全面深化科技体制改革，夯实科技创新基础，打造科技创新平台，增强现代产业技术创新竞争力，完善企业技术创新体系，推动科技成果转移转化，推动区域创新协调发展，推进大众创业、万众创新，全方位扩大科技创新开放合作，加强科技创新人才队伍建设，开展贫困地区科技精准扶贫。

（一）全面深化科技体制改革。围绕促进科技与经济社会发展深度融合，以系统推进全面创新改革试验为契机，推动以科技创新为核心的全面创新，促进军民融合深度发展，分类推进科研院所、医疗卫生机构深化改革，完善产学研用协同创新机制，深化科技计划管理改革，促进科技体制改革与其他领域改革的协同。

1. 系统推进全面创新改革试验。依托成德绵开展先行先试，基本构建起推进全面创新改革的长效机制，细化落实省委《关于全面创新改革驱动转型发展的决定》部署的各项任务，组织实施全面创新改革试验总体方案和年度计划。推进成德绵跨区域平台共建、资源共享、政策共用，在军民融合、协同创新、成果转移转化、院所改革、科技计划管理改革等方面取得重大改革突破，取得一批可复制可推广的改革举措和重大政策。

2. 创新军民深度融合发展机制。主动适应军民融合国家战略和创新驱动发展战略新要求，创建国家军民融合创新示范区。加强军民科技融合创新体系建设，组织实施一批军民融合重大科技攻关。加快推进一批特色军民融合产业园区建设，培育发展军民融合科技型企业。推动军民两用技术再研发和转移转化，打通军民两用科技成果转化通道，形成产业链。推进军民科技资源共建共享，建立军民企业、科研机构、高等院校的协同创新机制。围绕军民两用重点技术领域，鼓励共建军民协同创新平台。支持省属国有企业牵头设立军民融合产业发展基金，重点投资军民融合高技术产业。

专栏 1　军民科技融合发展

军民共用技术项目。重点实施军民用飞机整机、军民用航空发动机、重型燃气轮机、高端无人机、信息安全、核电装备及核燃料、智能制造与机器人应用、北斗导航系统、高分遥感应用等重大项目。

[1] “四大工程”指企业创新主体培育工程、产业创新牵引升级工程、区域创新发展示范工程、产学研用协同创新工程。

军民协同创新平台。建设面向行业的产学研联盟、工程（技术）研究中心、重点实验室、工程实验室等创新平台；建好国家军民两用技术交易中心、军民融合技术转移中心。

军民融合核心载体。建设银河·596、核技术产业基地、航空整机产业基地、航空发动机产业基地、通用航空产业基地、航天产业园、信息安全产业园、二次雷达科研生产基地、激光产业园等特色军民融合产业园区（基地）。

军民融合科技型企业。培育50户军民融合型骨干企业，发展壮大一批50亿元级、100亿元级大企业、大集团。

3. 完善产学研用协同创新机制。实施产学研用协同创新工程，探索以多种方式加强企业、高等院校、科研机构间的联合，搭建产学研用创新平台、信息平台，支持引导企业牵头开展联合攻关，打破企业和高校、科研机构的界限，建立跨界创新联盟，促进创新要素与生产要素的有机衔接。支持企业、科研院所、高等院校、医疗卫生机构探索建立合作共赢、风险共担、利益共享的合作机制，加快产学研用协同创新联盟建设，探索产学研用合作的长效稳定机制。坚持市场导向，围绕我省重大产业创新需求，建立不同形态的产学研用协同创新组织，打造一批行业协同创新中心，积极探索符合创新组织发展的运行机制和服务中小企业的技术创新模式，促进企业、院所、高等院校等创新资源优势叠加。

专栏2　产学研用联盟

加快建设新能源汽车、北斗导航、轨道交通、无人机、创新医疗器械等一批产学研用协同创新联盟和新型研发组织，打造一批国家级和省级的产学研协同创新中心，形成政府引导、企业主体、院校协作、多元投资、军民融合、成果分享的产学研用协同创新模式。到2020年，产业技术创新联盟超过160个，产学研协同创新中心达到80个左右。

4. 分类推进科研院所深化改革。选择一批符合条件的科研院所进行改革试点。推进公益类科研院所治理结构现代化，进一步建立健全科技人员激励机制，强化财政资金扶持，提升服务创新发展能力。对于前沿和共性技术类科研院所，建立财政经费、技术收益、社会投入等多元投入发展模式。推动具备条件的应用研究类、工程开发类科研院所转企改制。推进转制类科研院所股份制改造，建立完善现代企业制度。推进产业技术研究院等新型研发机构建设。支持中央在川科研院所参与全面创新改革试验，就地转移转化科技成果，服务地方经济社会发展。

专栏3　科研院所改革试点

转化一批。选取与我省重点产业融合度高的大院大所开展试点，通过建立成果就地转化机制、创新平台共建共享机制、常态化对接机制和服务联系机制，推进中央在川院所科技成果全面转移转化。

深化一批。在激励科技人员创新创业专项改革试点基础上，扩大试点范围，进一步探索解决科技成果权属改革、担任领导职务科技人员激励等关键问题。

改制一批。推进转制院所逐步建立混合所有制，全面建立现代企业制度，健全法人治理结构。

新建一批。着力培育集产业共性技术及关键技术研发、成果转化、企业孵化、公共技术服务和人才培养于一体的新型科研机构，按照市场化原则，重点建立一批利益共享、产权明晰、风险共担的四川产业技术研究院。

5. 深化科技计划管理改革。深化改革创新，形成充满活力的科技管理和运行机制。推动科技计划管理从研发管理向创新服务的转变，进一步强化顶层设计，优化科技计划布局，构建总体布局合理、功能定位清晰、适应创新驱动发展的科技计划体系。完善科技计划管理和资金管理制度，制定和修订相关计划管理办法和经费管理办法，改进和规范项目管理流程，探索建立专业机构管理项目机制，形成职责规范、科学高效、公开透明的组织管理机制。创新科研项目支持方式，建立竞争性与稳定性、有偿与无偿、事前支持和事后补助相结合的资助机制。完善保障和激励创新的分配机制，提高间接费用和人员费用比例。建立统一的科技计划监督评估机制，加强对计划实施和资金使用的监督和绩效评估。完善科研信用管理制度，建立覆盖项目决策、管理、实施主体的逐级考核问责机制和责任倒查制度。积极对接国家科技管理平台，建立统一的科技管理信息系统、专家库和省级财政科研项目数据库。实施科技报告制度，加强科技计划协调衔接，推进科研成果共享。

（二）大力夯实科技创新基础。面向世界科技前沿领域和重大科学问题，围绕我省优势学科及特色产业创新，突出原创性、颠覆性、系统性技术需求，强化前沿技术与应用基础研究，加强重大科技创新平台建设，提升高等院校、科研院所、医疗卫生机构、骨干企业的创新能力，充分发挥基础研究在科技革命和产业变革中日益重要的源头支撑作用，持续为我省经济社会发展提供知识积累和原始创新储备。

1. 加强前沿技术和应用基础研究。立足创新驱动发展战略全局，聚焦我省经济发展的重大需求和重点任务，把握科学前沿，加强前瞻部署，强化条件支撑，夯实创新基础，催生源头创新，围绕基础技术、通用技术、前沿技术、颠覆性技术的突破，充分发挥高等院校、科研院所、医疗卫生机构在科技创新中的骨干作用，持续加强前沿技术和应用基础研究，力争在更多领域引领世界科学研究方向，推动基础学科均衡发展和交叉融合。结合国家和我省对产业核心技术的迫切需求，聚焦重大主题，鼓励支持企业积极参与支撑引领产业发展的重大科学技术研究，系统开展一批能产生颠覆性技术的基础、前沿科学问题研究，形成一批具有国际先进、国内领先的原创性成果。

专栏 4　前沿技术和应用基础研究

对接国家重大战略需求开展重大前沿技术和基础科学研究。开展功能基因组学、发育与生殖生物学、干细胞及转化、蛋白质调控、脑科学、信息安全、生物医学材料、纳米材料、国际热核聚变实验堆计划、地质灾害防治等基础、前沿关键科学研究。

开展引领我省优势产业发展的重大科学问题研究。开展农业、生命、能源、材料、交通、电子信息等学科领域重大科学问题的基础研究和应用基础研究，进一步巩固和提升我省在转基因分子育种、人类重大疾病、页岩气、高端装备、智能制造、航空与燃机、轨道交通等产业和领域的全国优势地位。

推动基础学科交叉融合。加强基础学科之间、基础学科与应用学科的交叉融合，支持医学、纳米、生物信息学等综合交叉学科的发展。

2. 建设重大科技创新平台。依托全省最有优势的创新单元，整合全省创新资源，积极创建国家实验室，加强重点实验室、工程实验室、制造业创新中心、工程（技术）研究中心、临床医学研究中心等国家和省科技创新平台建设，形成功能互补、良性互动的协同创新新格局。搭建统一开放的大型科研设施与仪器开放共享网络平台。支持我省地方种质资源库、实验材料和生物标本资源库等建设。加强公共检测技术平台建设，支持国家级和省级检测技术机构建设。

专栏5　科技创新平台

实验室建设。积极争取筹建和参与核技术应用、空天、网络空间安全、深地科学、轨道交通等领域的重大科技创新基地建设。加强电子薄膜与集成器件、牵引动力、油气藏地质及开发工程、长寿命高温材料等国家重点实验室建设，充分发挥国家创新平台在基础性研究、学科建设、人才培养等方面的作用。围绕国家和我省优势、重点、特色产业发展、民生重大需求和创新领域，争取新创建1～2个国家重点实验室，规划新认定30个四川省重点实验室、150个省级工程实验室、20个省级临床医学研究中心。

工程（技术）研究中心建设。加强烟气脱硫、空管系统、电磁辐射控制材料、职业危害防治、煤矿瓦斯防治技术、生物医用材料等国家和省工程（技术）研究中心建设，充分发挥工程（技术）研究中心在行业共性技术研发、工程化研究开发、技术服务、成果转化等方面的作用。争取新建5个国家工程技术研究中心，规划新建60个省工程（技术）研究中心。

科技基础条件平台建设。搭建统一开放的大型科研仪器开放共享平台，建立专业化、网络化的科研设施与仪器服务机构群；加强计量测试与技术标准共享服务平台建设，为相关产业提供基础性、共性、关键技术支撑；推进科技文献信息及科学数据共享平台建设，持续集聚与深度整合文献资源；支持植物、实验动物、微生物等自然种质资源共享服务平台的建设，推进自然科技资源共享共用；推进科技金融服务平台建设，推动产业化公共服务平台建设。

重大科学基础设施建设。加快建设转化医学、高海拔宇宙线观测站和大型低速风洞等国家重大科技基础设施。

3.提升高校科研院所创新能力。完善“企业需求＋高校研究”的运行机制，发挥高等院校在人才培养、原始创新、协同创新、成果转化等方面的作用，选择30所在川部委属和省属高等院校开展创新改革试点。对接国家一流大学建设计划，重点建设一批高水平大学和具有国际影响力、竞争力的一流学科。深入实施高等学校创新能力提升计划，打造一批国家级和省级协同创新中心，全面提升人才培养、学科建设、科技研发“三位一体”创新水平，增强原始创新能力和服务经济社会发展能力。鼓励高校主动承接国家和我省重大科研任务，开展基础研究、应用研究和关键共性技术攻关。

加强科研院所、医疗卫生机构创新能力建设，优化自身科技布局，夯实学科基础，培育新兴交叉学科生长点。稳定支持科研院所、医疗卫生机构加强共性、公益、可持续发展相关研究，增加公共科技供给。支持科研院所、医疗卫生机构牵头或参与重点实验室、工程实验室、工程（技术）研究中心等创新平台建设；加大科研院所、医疗卫生机构创新人才培养和学科建设力度，积极培育具有区域特色和优势的科研创新团队。

（三）增强现代产业技术创新竞争力。实施产业创新牵引升级工程，聚焦我省重点发展产业需求，加强关键共性技术攻关和创新产品培育，加强知识产权的创造、运用和保护，强化技术标准的研制和导向作用，大力发展高新技术和战略性新兴产业，为我省经济实现中高速增长、产业迈向中高端水平提供有力技术支撑。

1.加强重大关键核心技术攻关。围绕我省优势重点产业，研究制定一批特色优势产业技术路线图，明确技术壁垒和知识产权风险，突破产业转型升级和新兴产业培育的技术瓶颈。围绕产业链部署创新链，开展系统性顶层设计，构建结构合理、开放兼容的产业技术创新体系，整合优势资源，加强重大关键核心技术、共性技术攻关，抢占产业发展竞争制高点，形成产业发展新引擎。加强为中小企业服务的关键共性技术的研发和推广。

2.深入实施知识产权战略。实施四川省知识产权战略行动计划，加强重大关键技术、工艺和关键零部件的专利布局，在关键技术领域储备一批支撑产业发展和提升企业竞争力的核心技术和知识产权组合，推动知识产权密集型产业发展。完善知识产权归属和利益分享机制，开展知识产权处置权和收益权改革试点，推动专利运用与产业化。发挥知识产权司法保护主导作用，加强知识产权刑事执法，加强重点领域行政执法，完善知识产权维权援助机制，加强知识产权执法信息公开，加强知识产权海关保护。

3. 全面推进技术标准战略。对接国家标准实施战略，加强基础性、通用性、关键共性标准和重要技术标准的研制，积极参与国际、国家、行业、地方标准的制修订和国内外标准化活动，推动优势技术与标准成为国际或国家标准，加快国际先进标准的转化和再创新。健全科技创新、专利保护与标准互动支撑机制，构建以自主知识产权为基础的技术标准体系。发挥标准在技术创新的引导作用，强化强制性标准制定与实施，形成支撑产业升级的标准群。开展军民通用标准制定和整合，推动军民标准双向转化，促进军民标准体系融合发展。加快推进四川省技术标准研发基地、技术标准创制中心建设。

4. 加强创新产品培育。在我省具有基础、优势和特色的战略性新兴产业、高端成长型产业等领域，遴选确定一批创新产品，集成资源、分层培育、重点突破，带动产品结构调整和产业结构优化升级。着力解决一批重大关键技术，重点培育发展重点新产品 600 个，加快形成一批新兴产业链和产业集群，引领和支撑全省战略性新兴产业、高端成长型产业快速发展。加强政策性引导和扶持，落实鼓励自主创新、促进产品出口、加强知识产权保护等方面的政策法规，加大创新产品和服务采购力度。鼓励采用首购、订购等非招标采购方式以及政府购买服务等方式予以支持，健全国产首台（套）重大技术装备市场应用机制，促进创新产品的研发和规模化应用。

（四）加快完善企业技术创新体系。实施新一轮国家技术创新工程和四川省企业创新主体培育工程，强化企业技术创新主体地位和主导作用，着力激发企业创新创造活力，促进创新要素向企业集聚，加快培育高新技术企业，大力发展科技型中小微企业。

1. 强化企业技术创新主体地位。增强企业自主创新能力，促进企业真正成为技术创新决策、研发投入、科研组织、成果转化的主体。建立政府支持企业技术创新、管理创新、商业模式创新的新机制。扩大企业创新自主权，竞争性产业技术创新的研发方向、技术路线和要素配置模式由企业依据市场需求自主决策，市场导向和产业目标明确的科技项目全部由企业牵头组织实施。扩大企业创新决策话语权，鼓励企业参与制定重大技术创新计划和规划，参与制定、修订行业标准。支持企业健全和完善技术中心，建立高水平研发机构。支持企业牵头联合高校院所建设工程实验室、工程研究中心，开展产业共性关键技术协同创新。支持企业积极参与国家重大科技计划项目和申报国家技术创新示范企业。加强对企业创新的政策支持，引导企业加大创新投入。

2. 加强创新型企业建设。实施高新技术企业倍增行动，大力培育高新技术企业，建立培育后备库，扩大高新技术企业的数量和规模。开展龙头企业创新转型试点，在重点产业领域遴选一批具有自主知识产权、自主品牌和创新引领能力的龙头骨干企业予以重点支持。

实施科技型中小微企业培育工程。探索培育科技型中小微企业的有效模式，分行业、分领域打造一批科技型中小微领军企业。支持科技型中小微企业创业基地、公共服务平台和创新服务体系建设，推动中小微企业向"专精特新"发展。探索加快发展科技型中小微企业的政策措施，推广实施创新券补助政策，支持科技型中小微企业向高等院校、科研院所、医疗卫生机构、科技中介服务机构及科学仪器设施服务平台购买科技服务。

3. 引导创新资源向企业集聚。统筹发挥市场配置创新资源的决定性作用和政府的引导服务作用，引导科研院所、高等院校更多地为企业技术创新提供支持和服务，促进技术、人才等创新要素向企业研发机构流动。坚持企业院士专家工作站、博士后工作站等科技人员服务企业的有效方式，完善评价制度，构建长效机制。加强重大科技基础设施和大型仪器设备面向企业的开放共享。建立高层次、常态化的企业技术创新对话、咨询制度。

（五）推动科技成果转移转化。围绕促进转方式调结构、建设现代产业体系、培育战略性新兴产业、发展现代服务业等方面需求，实施促进科技成果转移转化行动，完善科技成果转移转化服务体系，创新科技成果转移转化机制，开展科技成果转移转化试点示范，推动产业和产品向价值链中高端跃升。

1. 完善科技成果转移转化服务体系。构建科技成果信息汇交系统、技术交易网络系统，加强军民融合科技成果转化平台、知识产权服务平台建设，建立科技成果信息汇交制度，疏通科技成果信息收集渠道，畅通科技成果供需双方对接和互动渠道，实现供需对接、信息互通、资源共享。发展科技成果转移转化专业化服务机构，加快推进国家技术转移西南中心建设，打造区域性技术转移服务机构，建立高校和科研院所技术转移服务机构，培育发展区域性和行业性技术转移服务机构。依托有条件的高校、专业化技术转移机构，培育一批科技成果转移转化专业化队伍、领军人才和技术经纪人。建设四川省高端人才服务平台，提供科技咨询、人才计划、科技人才活动、教育培训等公共服务。

2. 创新科技成果转移转化机制。完善科技成果转移转化激励机制，草拟、审定《四川省促进科技成果转化条例》（修订稿）并提交立法机关审议，落实科技成果转移转化使用权、处置权、收益权和相关激励政策，强化科技成果转移转化的法治保障。建立有利于科技成果转化的绩效考核评价体系、科技人员分类评价体系，鼓励科技人员兼职到企业等从事科技成果转化活动，或者离岗创业。依托四川省科技成果信息汇交系统等平台，建立线上线下相结合的常态化的科技成果信息发布与对接机制。探索科技成果市场化评价评估机制，构建科技成果市场化评价评估体系。创新技术类无形资产交易制度，建立协议定价机制、交易公示机制，推动科技成果在技术市场挂牌交易，促进交易方式多样化和交易价格市场化。

3. 开展科技成果转移转化试点示范。推进重点产业领域的重大科技成果转移转化，遴选并组织实施一批具有自主知识产权、技术水平高、市场竞争优势强、支撑经济社会发展作用明显的新技术、新产品、新装备等中试放大、技术熟化、工程化配套和产业化科技成果转移转化示范项目，培育一批拳头产品。面向中小企业开展先进成熟适用技术成果推广应用，服务企业转型升级。

专栏 6　科技成果转移转化行动

组织实施科技成果转化项目 2000 项，其中：实施重大科技成果转化项目 500 项，推广应用先进成熟适宜技术成果 1500 项；重点建设成果转移转化专业化服务机构 200 家；全省技术合同登记交易额累计 2000 亿元。

（六）促进区域创新协调发展。实施区域创新发展示范工程，着力打造成都平原创新驱动发展

先导区，推动川南、攀西、川东北、川西北等区域创新发展，构建重点区域、创新园区、产业基地、创新平台为支撑的区域创新发展新格局，形成区域创新发展新优势。

1. 推进各具特色的创新型区域建设。发挥成德绵科技创新要素集聚优势和辐射带动作用，支持天府新区创新研发产业功能区建设发展，推动眉山、雅安、资阳、遂宁、乐山实现科技创新转型升级，把成都平原经济区建设成为创新驱动发展先导区。川南经济区重点推进区域协同创新，依靠科技振兴传统产业，发展节能环保装备制造、页岩气开发利用、再生资源综合利用等新兴产业，打造创新驱动重点突破区。攀西地区重点围绕战略资源综合利用，推进钒钛稀土科技创新平台建设，打造世界级钒钛产业基地和我国重要的稀土研发制造中心，加快建设国家战略资源创新开发试验区；依靠科技创新发展新能源、立体农业等特色产业。川东北经济区重点推进优势资源创新开发和现代农业科技创新，探索建立天然气、页岩气、石墨等资源科学开发机制，促进资源就地转化，加快建设国家天然气创新开发利用示范区，推进川渝合作示范区建设，打造创新驱动新兴增长区。川西北经济区重点围绕绿色生态经济，发展智慧旅游，促进农牧业新品种改良，推进中藏药现代化科技产业发展，加强地方病防治技术研发和推广，开展沙化治理、鼠害防治等生态安全屏障构建与技术示范，打造创新驱动绿色发展区。

2. 加快国家自主创新示范区和绵阳科技城创新发展。加快成都高新区国家自主创新示范区建设，充分发挥成都的产业优势和创新资源集聚优势，以国际创新创业中心为战略定位，以万亿高科技产业园区为总体目标，实施双创大引领、产业大智造、人才大汇聚、开放大融合、产城大提升、体制大突破和民生大保障“七大行动”计划，在推进创新创业、科技成果转化、人才引进、科技金融结合、知识产权运用与保护、新型创新组织培育、产城融合等方面开展先行先试，充分激发各类创新主体活力，着力研发和转化国际领先的科技成果，打造一批具有全球影响力的创新型企业，全面提高自主创新和辐射带动能力。

推动绵阳科技城加快发展，着力构建军民融合创新转化体系、产业培育体系、人才聚集体系、开放合作体系和服务保障体系。深化科技与金融结合试点，推进投融资机制创新；发展科技企业孵化器，加快培育科技型中小企业；推进科学新城、空气动力新城、航空新城等新三城建设，加快建设集中发展区；积极推进绵阳科技城大学建设；办好中国（绵阳）科技城国际科技博览会，促进区域技术转移和成果落地转化。把绵阳科技城建设成为军民融合示范地、科技创新策源地、科技成果集散地、创新人才汇聚地、高新技术产业集中地。

专栏 7　成都高新区国家自主创新示范区和绵阳科技城建设

到 2020 年，成都高新区国家自主创新示范区实现全口径产业总产值 10000 亿元，聚集科技企业 10000 家，聚集高层次创新创业人才 10000 人，发明专利授权累计超过 11000 件，制定国际、国家和行业标准 1000 项，努力成为创新驱动发展引领区、高端产业集聚区、开放创新示范区和西部地区发展新的增长极。

到 2020 年，绵阳科技城在军民融合、科技创新、产业发展、开放合作、城市建设、体制机制等方面取得新突破。军民融合深度发展，军民结合产业产值达到 3300 亿元。创新创业蓬勃发展，研发经费支出占地区生产总值比重达到 6.8%，科技企业孵化器面积达到 150 万平方米，科技型中小企业达到 10000 家。产业结构优化升级，高新技术企业数实现翻番、达到 230 家，高新技术产业产值占工业总产值的比重达到 60%，服务业增加值占地区生产总值比重达 45%。综合实力显著增强，城镇居民人均可支配收入达 45000 元；地区生产总值突破 2000 亿元。

3. 强化各类创新园区（基地）建设。按照集约式循环发展模式，大力支持高新区、农业科技园区、可持续发展实验区等园区建设。发展壮大国家级、省级高新区，修订省级高新区认定管理办法，扩大认定范围，优化高新区布局，支持省级高新区升级为国家级园区。打造各具特色的省级、国家级高新技术产业化基地，发展优势产业和产业集群。加强农业科技园区创新孵化载体和农业高新技术产业示范区建设，推进农业科技成果转化，孵化培育一批农业高新技术企业，促进农业高新技术产业快速发展，强化现代农业产业综合创新示范。加强可持续发展实验区建设，重点围绕生态农业、智慧旅游、清洁生产、循环经济、低碳发展等领域加大科技投入与创新，因地制宜探索不同地区可持续发展新模式，积极参与国家可持续发展实验区协同创新战略联盟工作，支持省级可持续发展实验区创建国家可持续发展实验区。

专栏 8　高新技术产业开发区

把高新区建设成为我省推进全面创新改革试验的创新平台和重大载体。到 2020 年，力争省级高新区达到 20 个，推动国家级高新区达到 8 个。

4. 推动创新型城市和智慧城市建设。发挥地方主导区域创新作用，统筹推进创新型城市、智慧城市建设发展。支持成都市、德阳市、绵阳市建设国家创新型城市，选择宜宾市、泸州市、攀枝花市、眉山市等开展创新型城市、智慧城市试点，推动城市转型发展。加快推进城镇化基础好、科技资源丰富的中心城区率先进入创新型县（市、区）行列。

5. 加强市县科技工作。实施县域创新驱动发展战略，加强县（市、区）科技试点示范。围绕县域经济社会发展的需求，以科技成果推广、应用和产业化为主线，推进一批重点科技项目的试点示范。加大对县域各类园区（基地）的支持力度，建设一批特色科技产业基地，引导创新要素进入县域经济，增强县（市、区）获取、推广和应用科技成果的能力。构建县域特色产业技术创新体系，提高县域经济的科技含量和竞争力。建立健全县（市、区）科技公共服务体系，加强科技信息平台建设，推进生产力促进中心、科技企业孵化等科技服务机构建设，开展科技培训、科技成果示范推广、科技信息咨询服务及科技型中小企业培育，深入推进科技特派员创新创业。

（七）推进大众创业万众创新。实施创业四川行动，夯实创新创业载体，激活创新创业主体，构建创新创业生态系统，打造“四众”“双创”支撑平台，积极创建国家“双创”示范基地。

1. 加快孵化载体建设。依托高新技术产业园区、大学科技园和龙头企业、新型研发机构等创新载体，支持建设一批“孵化 + 创投”“互联网 +”等新型孵化器和专业化众创空间，提高孵化器的科技成果转化率和在孵企业毕业率。加快建设孵化基地和科技型企业加速器，在全省逐步形成“创业苗圃（前孵化器）+ 孵化器 + 加速器 + 产业园”阶梯型孵化体系。引进国内外知名孵化机构落户四川，鼓励社会资本设立科技孵化基金，探索发展一批混合所有制孵化器。推进孵化楼宇、创业社区、创业小镇等创新创业集聚区发展，在重点产业领域，通过龙头企业、中小微企业、科研院所、高校、医疗卫生机构、创客等多方协同，打造产学研用紧密结合的众创空间，服务实体经济转型升级。构建“联络员 + 辅导员 + 创业导师”孵化辅导体系，开展信息咨询、创业交流、培训辅导、投融资对接等服务，实现创新与创业、线上与线下、孵化与投资相结合。加快实施新兴产业“双创”三年行动计划，加快推进国家“双创”示范基地建设。

专栏 9 创新创业平台

科技企业孵化器。鼓励有条件的市（州）建立一批孵化大平台，鼓励有条件的县（市、区）建立科技企业孵化器，推进全省工业园区普遍建设科技企业孵化器，支持龙头企业、高等院校、科研院所、医疗卫生机构建立专业化众创空间。

众创、众包、众扶、众筹等支撑平台。鼓励发展创客空间、创业咖啡、创新工场等专业空间众创。推进研发创意、制造运维和知识内容等众包。推动社会公共众扶、企业分享众扶和公众互助众扶。开展实物、股权众筹，规范发展网络借贷。积极争取众创空间纳入国家级科技企业孵化器的管理、服务与支持体系。

到2020年，各类创新创业载体达到700家，总孵化面积1200万平方米以上；孵化科技型企业数量达到30000家。

2. 激励“四路大军”[1]创新创业。深化科技体制机制改革，稳步推进高校院所分类改革试点，激励科技人员创新创业。强化大学生创新创业教育和培训体系创新，推进大学生创新创业俱乐部和创新创业园建设，实施“四川青年创业促进计划”和“大学生创业引领计划”，推动青年大学生创新创业。开展海外招才引智、省校省院省企战略合作、中国西部海外高新科技人才洽谈会等活动，完善社会服务机制，吸引海外高层次人才来川创新创业。大力开展群众性创新创业活动，扶持草根能人创新创业。

3. 加强创新创业政策支持。全面落实国家关于科技人员兼职取酬、离岗创业、提高成果转化收益分配比例和扩大企事业单位用人自主权等政策，激发科技人员创新创业创造活力。研究制定激励科技人员创新创业的若干政策，破除高等学校、科研院所、医疗卫生机构等事业单位在人才流动、成果处置、收益分配、人才激励等方面的政策束缚。制定出台《四川省高层次人才特殊支持办法》，加强支持力度，激发高层次人才干事创业活力。推动《促进科技成果转化法》和国务院若干规定的落地，强化科技成果转移转化法制保障。完善支持创新创业的财政政策，落实支持创新创业的税收政策。落实对投向种子期、初创期等创新活动投资的税收支持政策。落实科技型中小企业对科研人员科技成果转化股权激励的个人所得税优惠政策。落实对符合条件的众创空间等新型孵化机构适用科技企业孵化器税收优惠政策。

4. 促进科技和金融深度结合。发挥金融创新对科技创新的助推作用，完善科技金融结合机制，推动科技金融产业融合发展。创新财政科技资金投入方式，做实做强四川省创新创业投资引导基金和新兴产业创业投资引导基金，设立四川省科技成果转化投资引导基金，吸引社会资本共同支持创新创业和成果转化，培育壮大创业投资规模。完善科技型中小微企业信贷风险补偿机制。推动科技支行特色科技金融服务创新，针对科技企业“轻资产”特点，加大非抵押、非担保产品开发力度，量身打造不同金融产品和差异化金融服务。推进成都（川藏）股权交易中心建设，提升股权交易中心服务水平，打造科技型中小企业展示、定价、交易、融资的区域平台。推进国家促进科技和金融结合试点城市建设，在成都高新区积极探索政府控股型科技金融服务体系建设。在绵阳市探索建立“风险池”资金，激励科技信贷专营机构创新金融产品。选择 3 ~ 5 个有条件的市州启动省级促进科技

[1] “四路大军”指高校院所科技人员、“海归”等高层次人才、青年大学生、返乡人员等草根创业者。

和金融结合试点，积极探索具有地方特色的科技金融服务模式。构建省市县三级联动、分阶段梯级融资服务、实践探索与政策理论研究相互促进的科技金融服务体系，大力推广“盈创动力”科技金融服务模式，常态化开展科技金融对接活动，加大各类金融工具协同支持创新的力度。

专栏 10　科技金融

设立四川省创新创业投资引导基金，新设或增资参股天使投资基金 5 个以上，形成多阶段的股权投资体系。设立四川省科技成果转化引导基金。做实新兴产业创业投资引导基金，争取新设立 40 支国家参股创投基金。实现全省科技型企业融资总额 1500 亿元以上，服务我省科技型中小企业 10000 家以上，其中力争实现科技贷款额 1200 亿元以上，股权融资额 300 亿元以上。开展科技金融试点，推进成都、绵阳国家科技金融试点城市建设。

5. 推动科普能力和创新文化建设。加强科研与科普工作的结合，引导支持高等院校、科研机构和企业开展科普活动，鼓励有条件的单位对外开放实验室、技术中心和其他场地设施。推进科普示范基地建设，充分利用信息技术提升科普能力，开展好科技活动周、科普活动月、文化科技卫生“三下乡”等重大科普活动，传播科学思想，弘扬科学精神，普及科学知识，推广应用科技成果。推动公民科学素质能力建设，实施《中国公民科学素质基准》及测评，定期开展科普统计。

培育创新文化，弘扬创新精神。大力培育企业家精神和创客文化，实施“创业品牌塑造行动”，形成吸引更多人才从事创新活动和创业行为的社会导向。大力宣传创新企业、创新成果、创新品牌，树立一批先进典型，倡导尊重劳动、尊重知识、尊重人才、尊重创造，建立试错、容错和纠错机制，营造鼓励创新、宽容失败的良好氛围，激发全社会创新创造活力。

专栏 11　创业品牌打造行动

创办中国·成都全球创新创业交易会。开展“菁蓉汇”系列品牌活动，举办“创业天府—菁蓉汇”活动。举办大众创业万众创新活动周四川活动，展示、交流各地各部门和社会各界推进大众创业万众创新成效。举办中国创新创业大赛（四川赛区）、中韩青年创新创业大赛、中韩创新论坛、四川青年创新创业创富大赛、“创青春”四川省大学生创新创业大赛等赛事和活动，搭建创新创业展示和投融资对接平台。

（八）全方位扩大科技创新开放合作。大力推进科技开放合作，充分利用全球高端创新资源，主动融入全球创新网络，推进高端技术的联合研发和创新合作平台建设，促进创新资源跨境跨界流动。探索科技开放合作新模式、新路径、新体制，深度参与全球创新治理，全方位提升科技开放合作水平，提升四川在全球创新链、产业链中的地位。

1. 打造国际科技开放创新合作平台。实施国际科技合作计划，深化与欧美、日韩、澳新、俄罗斯、以色列等发达国家和地区在高端技术、重点技术领域的联合研究和技术、人才引进。大力支持我省科学家和科研机构参与国际和区域性的大科学计划和大科学工程，重点推进相关机构参与热核聚变实验反应堆关键技术研制等国际大科学工程计划，提升我省研发机构的国际影响力。打造国际科技合作平台，推进科技开放创新合作载体建设，大力推进中韩创新创业园、中德创新产业合作平台、中法成都生态园等国别园区建设。依托成都国际技术转移中心，推动中欧创新合作平台建设。支持我省产学研机构与国外一流研发机构、技术转移机构联合在川建立一批高水平的国际联合研究中心、联合实验室、国际技术转移中心、科技孵化器、众创空间等国际科技合作基地和开放创新平台，支持有条件的研发机构和企业在国外建立研发中心、科技园区或生产示范基地。扩大与“一带一路”沿线国家的科技合作与交流，开拓与非洲、拉美国家的科技合作，找准与各国科技创新发展的契合点，推动我省技术和产品出口，拓展产学研机构的国际发展空间。积极组织实施科技援助，促进技术和产品输出，帮助发展中国家提升技术水平。

专栏 12　科技开放创新平台

支持高分子材料与工程国际联合研究中心、中国—克罗地亚生态保护国际联合研究中心、中国—新西兰猕猴桃联合实验室、中国—孟加拉国水稻联合研究中心等科技开放合作载体的建设。依托成都国际技术转移中心（成都欧盟项目创新中心）建立中欧创新合作平台，推进四川新能源汽车产业技术联盟与匈牙利汽车联盟的合作。规划中韩创新创业园、中德产业园和合作平台，支持中法农业科技园、川法生态科技园、中德中小企业合作园、东盟国际产业园、厄立特里亚农业科技示范园等创新园区建设，打造具有示范效应和国际影响力的合作发展平台。

2. 加强同港澳台地区科技创新合作。进一步加强同港澳台地区科技机构之间的联系与合作，促进科技和学术交流，推动开展实质性合作。以通信信息技术、中医药、科技服务业等领域为重点，加强与香港的科技开发合作，推进园区和创新型企业合作，支持两地青年人才创新创业。积极发展与澳门在中医药、节能环保等领域的科技合作，借力澳门的桥梁作用，巩固和深化与欧洲的国际科技合作。加强与台湾在电子信息、生物技术、中医药、农业技术等领域的合作，积极推动两岸科研机构和企业的合作与交流。

3. 促进跨区域和省院省校科技合作。坚持部省会商、厅市（州） 会商，加强“9+2”泛珠三角区域、长江经济带科技合作，加强川浙、川渝科技合作及科技支撑平台建设，以及科技援藏、科技援疆、科技援青工作。推进清华大学、浙江大学、上海交通大学、同济大学等著名高校与四川高校、企业的深度合作，联合培育具有自主创新能力和核心竞争力的创新型企业，培育具有区域特色和产业支撑能力的产业技术创新联盟，培育具有较强技术服务能力和灵活运行机制的联合实验室、工程技术中心等创新平台。积极与中国科学院、中国工程院、中国工程物理研究院开展成果转化对接活动，加强合作，联合攻关，争取更多、更好的项目落地四川。支持中央在川高校参与全面创新改革试验，就地转移转化科技成果。

（九） 加强科技创新人才队伍建设。大力培养和引进各类高层次创新人才，创新完善科技人才培养、引进、流动、激励等机制和配套政策，进一步释放人才活力，不断发展壮大高水平创新创业人才队伍。

1. 强化创新人才培养。以经营型、科技型、成长型企业家为重点，实施创新型企业家培养计划，着力造就新一代川商。坚持高端引领、梯次开发、以用为本，系统实施四川省学术和技术带头人培养支持计划和青年科技基金、青年科技创新研究团队、科技创新创业苗子、科技创业人才支持计划，梯次培养开发创新型人才队伍。推广首席科学家、首席研究员、首席工程师制度，探索建立杰出科学家工作室，赋予科技领军人才更大的技术路线决策权、经费支配权、资源调动权。建立统一的人才工程项目信息管理平台，推动人才工程项目与各类科研、基地计划相衔接。

2. 促进创新人才引进。实施海内外高层次人才引进“千人计划”“天府高端引智计划”“留学人员回国服务四川计划”等引智工程，积极引进带着项目、技术的创新人才和创新团队来川从事科研和教学，实现产业、项目与人才的有机结合。建立海外高层次人才特聘专家制度，发挥在川世界500强企业的国际人才聚集平台作用，搭建引进省外、国（境）外人才和智力资源信息共享平台。支持国有企业采取高薪聘用、股权激励、特聘顾问等方式引进海内外高层次人才、创新团队和职业经理人。探索开展技术移民、海外人才离岸创新创业基地和在川外国留学生毕业后直接留川就业等试点。

3. 健全科技创新人才发展机制。着力建立和完善事业导向、利益驱动并重的人才评价激励机制，探索建立知识、技术等要素参与分配的有效机制，激发科技人员创新创业积极性，弘扬创新奉献精神。健全人才奖励体系，鼓励各地加大对优秀人才奖励力度，支持和规范社会力量设立科技类奖励。完善创新型人才流动机制，鼓励科技人员创新创业，在科研院所和高等院校、医疗卫生机构全面推行科技人员兼职取酬、保留身份离岗转化科技成果和离岗领办创办科技型企业。允许高等院校和科研院所、医疗卫生机构设立一定比例的流动岗位，吸引有创新实践的企业家和企业科技人才兼职。以天府新区、成都高新区、绵阳科技城、德阳重大装备科技产业化基地、攀西战略资源创新开发试验区为重点，分层分类建设一批人才优先发展试验区。

专栏 13　科技人才计划

到 2020 年，四川省学术和技术带头人培养支持计划支持 500 名左右中青年科技创新人才，四川省青年科技基金支持 300 名中青年科技创新人才，科技创新创业苗子工程培养 1000 名左右科技创新创业苗子，青年科技创新研究团队计划支持 100 个竞争力强、发展潜力大的创新团队。

“千人计划”“留学人员回国服务四川计划”和“天府高端引智计划”支持引进 1000 名能够突破关键技术、发展新兴产业、引领创新发展的高端人才和 100 个顶尖创新创业团队，吸引 10000 名留学归国人员，柔性引进急需领域的外籍专家。

（十）开展贫困地区科技精准扶贫。以建立完善科技服务体系为主要任务，以满足贫困地区科技需求和提升产业能力为导向，建立覆盖 88 个贫困县的科技服务网络体系，开展科技扶贫示范，集中力量实施科技精准扶贫，有效支撑全面建成小康社会。

1. 完善科技扶贫服务体系。构建科技扶贫服务平台体系，建设一批区域综合服务平台、创业孵化服务平台、产业示范服务平台、专家帮扶服务平台。构建科技扶贫产业技术支撑体系，开发转化一批新品种、新技术、新产品，培育壮大知名品牌。构建科技信息服务体系，建立科技成果对接机制，联结“小产品与大市场”。构建科技人才支撑体系，建立科研单位帮扶机制，建立科技扶贫团，动员和组织科研院所、医疗卫生机构、高等院校科技人员采取多种方式参与扶贫。构建科学普及和技术培训体系，加强农业生产、农民务工技术培训，培养一批农村脱贫致富带头人。全面推进“插花式”贫困地区科技扶贫工作。

2. 开展科技扶贫产业技术示范。在秦巴山区、乌蒙山区、高原藏区、大小凉山彝区选择一批典型县开展科技帮扶试点，重点在产业支撑、人才引进、项目支持、能力培训、科技普及等方面进行帮扶，为四大片区科技扶贫提供样板。

专栏 14　科技精准扶贫

建设省级科技扶贫示范县 10 个、示范乡镇 20 个、示范村 200 个、示范户 1000 户；12 个市（州）相应建设市级科技示范县 12 个、示范乡镇 24 个、示范村 48 个、示范户 240 户；88 个县建设示范村 352 个、示范户 1760 户，形成全省县乡村户科技示范体系。

统筹推进 1 个贫困县至少与 1 所高校和科研院所、1 家医疗卫生机构、1 户企业建立“1+3”对口帮扶关系。

四、重点领域

面向全省经济社会发展的重大需求，在高新技术、优势传统产业、现代农业科技、社会发展科技、生态环保科技、科技服务业六大领域，围绕原始创新、集成创新和引进消化吸收再创新，突破一批重大关键共性技术，获得一批自主知识产权，抢占事关长远和全局的科技战略制高点。

（一） 高新技术领域。依托四川科技优势和产业基础，以信息化、工业化深度融合为抓手，深入对接《中国制造 2025》，加快发展新一代信息技术、航空航天、先进能源电力、智能制造、先进轨道交通、节能环保、油气开采及加工、节能与新能源汽车、新材料和生物医药等高新技术领域，突破关键重大技术。

1. 新一代信息技术。高端集成电路与特色电子器件。开展安全可靠芯片、低功耗射频芯片、数字电视芯片、数模混合芯片等设计、中高端封装测试等技术攻关，开发微波器件及电路、光电子器件、高频大功率器件等产品。基础核心软件。开展移动终端操作系统、VR/AR 软件、图形图像智能搜索、工程设计、中间件、语言文字数据分析与处理、数字内容处理等软件技术攻关。未来网络与通信。开展新一代移动通信网络、移动互联、光通信、高端路由、北斗导航、低空空域监管等领域的技术攻关。信息安全。开展互联网监测预警与主动防御、云计算与大数据安全、金融支付安全、物联网及工业控制系统安全等技术攻关。云计算与大数据。开展云计算平台、云数据库、大数据集成分析与挖掘、数据共享及交易平台、大数据治理等技术攻关。物联网。开展物联网的低功耗超高频 RFID 标签芯片、多频小型化天线、传感器、传感数据采集及智能处理等技术攻关。人机交互与虚拟现实。开展虚拟现实、裸眼 3D 显示、数字内容版权管理与交易、新媒体管控平台、3C 融合及互动娱乐等技术攻关。

2. 航空航天。航空航天制造。开展航空大钣金制造、复材装配及快速修补、航天器大型结构件及精密阀件、大型旋压成型、智能化工艺装备、飞机大部件模块化制造及系统集成、试验验证及交付等技术攻关。通用航空。开展民用无人机设计应用、无人机群地面监视与控制、特种通用飞机的总体设计、通航飞机平台的改装、多模式通信导航监视等技术攻关。航空发动机及零部件。开展航空发动机整机设计、综合试车及验证研究，开展航空发动机叶片、整体叶盘、机匣等关键零部件先进制造技术攻关。航电系统。开展民机航电系统与设备的研发、集成、测试与保障等技术攻关。民用航空运行。开展新一代机场行李高速智能处理、新型先进的机场安全检查系统、机场场面及跑道安全监控、多机场终端区协同运行、机场助航新技术等技术攻关。航空维修。开展基于“互联网 +”和大数据的航电深度维修、航空发动机再制造维修、复合材料维修等技术攻关。

3. 先进能源电力。清洁高效燃煤发电装备。开展高参数先进超超临界机组、高效超低排放大容量火电机组和高效宽负荷机组的关键材料、关键部件设计和试验验证等技术攻关。燃气轮机发电装备。开展燃气轮机整机设计技术和试验验证研究，开展先进燃气轮机高压比大流量压气机、燃烧室和高温透平叶片等关键零部件的设计制造技术攻关。先进高效水电装备。开展流固耦合多物理场联合仿真、变速抽蓄、叶道涡控制等技术研究，开展变速抽蓄一体化、高水头冲击式机组、磁浮轴承等技术攻关。先进核电装备。开展超临界水冷堆关键设备、更大容量第三代及第四代核电装备、海上核动力平台主设备以及小堆主设备的关键技术及工程化试验验证，开展国产化核电站主设备设计制造攻关。风力发电装备。开展大容量风电整机、超导风电机组、风电场开发及运营等技术研究，开展大容量风电先进叶片等关键零部件、风电智能控制系统等技术攻关。太阳能发电装备。开展新型高效低成本光伏电池、智能化高效光伏电站、先进太阳能光热发电等技术攻关。其他新能源发电装备。开展氢能燃料电池分布式发电、富氢燃料制氢、生物质和垃圾清洁燃烧与气化、二噁英脱除及灰渣玻璃化处理等技术攻关。储能装备。开展大容量储能与储能站运行控制新技术研究，开展抽水蓄能、氢能燃料电池储能、大容量钠硫及锂电池储能、超级电容储能等技术攻关；开展水能、风能、太阳能及储能多元协同体系技术攻关及示范。智能电网技术与装备。开展智能变电站集成、特高压输变电设备运维保障和试验及状态评价、能源互联网等技术研究，开展电动汽车与电网互动、大电网广域保护与协调控制、多能源系统规划设计和运行、高可靠高压大功率电力电子组件和变流系统等技术攻关。

4. 智能制造。智能装备功能部件。开展具有感知、决策和执行等功能的智能装备功能基础件技术攻关。高档数控机床和机器人。开展面向智能制造及“互联网 +”的高档数控机床、工业机器人 / 服务机器人 / 特种机器人、3D/4D 打印等技术攻关。系统集成创新。开展智能制造体系、先进控制与优化、生产设备智能化、远程智能故障诊断与维护、产品制造过程智能化、绿色制造等技术攻关。

5. 先进轨道交通。新型城市轨道交通。开展中低速磁浮系统、悬挂式单轨系统和现代有轨电车系统的技术攻关。高速铁路。开展超高速铁路技术研究，开展中国高速铁路走向海外的适应性研究，开展高速铁路在艰险山区、高原高寒、地震断裂带等复杂地理条件下勘察设计、安全施工及运营养护维修等技术攻关。重载铁路。开展重载铁路线桥隧关键设备及技术标准、重载铁路运营与监测检测及故障处理与快速修复、重载机车的操纵控制优化、特殊条件下通信信号等技术攻关。核心零部件。开展先进轨道交通装备核心零部件设计制造、减振降噪新材料和高分子复合材料等技术攻关。

6. 节能环保。高效清洁节能锅炉。开展大型超超临界发电、大规模整体煤气化联合循环发电、燃煤烟气多种污染物综合脱除、煤炭高效清洁燃烧、燃煤替代及锅炉余热利用、锅炉智能燃烧等技术攻关。低温余热余能利用。开展新型高效换热器及余热锅炉技术，新型低温及超低温余热余能发电成套装备和利用技术，基于热管、蓄热、蓄能等高效换热器及余热锅炉，非稳态、间歇式余热余能回收利用等技术攻关。高效节能电机及电力装备。开展稀土永磁无铁芯电机、电动机用铜转子技术、基于新材料的高效电机、新型节能电力变压器、线路节能技术、有源滤波等电网节能技术攻关。环境污染防治、保护装备与技术。开展大气 / 水环境 / 土壤污染监测及防控成套装备、各类固体废物与危险废物收运处理处置及综合利用装备等技术攻关，开展噪声、电磁、核辐射污染监测及防治等技术研究。资源综合利用和环境监测仪器。开展报废汽车拆解及再制造、机械零部件再制造及材料回收、特色矿产资源及低品位表外矿产开采和综合利用、城市矿产资源循环利用、环境在线监测分析等技术攻关。

7. 油气开采及加工。页岩气钻采技术及装备。开展页岩气开采基础理论、钻完井、压裂改造、页岩气开发过程中环保监控与治理、页岩气开发地质描述及配套检测分析、地热利用等技术攻关。海洋及极端环境条件下油气钻采装备。开展海洋平台钻井、海洋天然气水合物开采等技术研究，开展针对极地高寒、深部钻探等极端环境条件下钻探装备的设计、制造、移运等技术攻关。油气储运与加工。开展大型炼化装置安全运行与状态检测（监控）、智能化油气储运装备等技术攻关。

8. 节能与新能源汽车。整车制造。开展整车底盘的融合设计制造、整车 NVH（噪声、振动与声振粗糙度）技术、车身车架轻量化材料应用、整车电气性能匹配、整车平台模块化系统集成等技术攻关。关键零部件。开展纯电动车高性能动力总成、混合动力总成、驱动电机及控制系统、大功率 CNG/LNG（压缩天然气 / 液化天然气）代用燃料动力、无线充电等技术攻关。动力电池及系统。开展高性能动力电池、高精度电池管理系统（BMS）技术、高性能电池充 / 换电技术、电堆工程设计及系统集成等技术攻关。整车级电控。开展高效行车及整车主动安全控制、电动辅助部件整车级协调控制、高性能车内网络、车际网等技术攻关。智能网联汽车。开展面向"互联网 +"的辅助驾驶、半自动驾驶、智能汽车专用传感器、智能网络物理架构及协议等技术攻关。

9. 新材料。钒钛与稀土新材料。开展钒钛磁铁矿和稀土矿的高效清洁化采、选、冶炼新技术攻关，开发钒钛微合金钢、钒铝合金、海绵钛、稀土永磁材料、稀土发光材料、全新钛合金材料等应用新材料。纳米材料。开展以石墨烯和碳纳米管为代表的碳纳米材料技术攻关，开发纳米磁性材料、纳米光电材料等纳米新材料。先进金属材料。开展高端装备用关键高性能合金材料、先进焊接材料、高精度不锈钢带材和铝箔、泡沫金属等技术攻关。特种高分子及复合材料。开展芳纶等高性能有机纤维材料、碳纤维及其复合材料技术攻关，开发高性能辐射改性材料、耐辐射材料、高分子与薄膜材料、可降解高分子与生物质基材料等新材料。电子信息与新能源材料。开展铁电、压电和磁性铁氧体等电子材料与薄膜器件、磁电光传感材料与器件、新一代储能电池关键材料、高效低成本光伏电池材料与钒电池材料等技术攻关。新型无机非金属材料。开展先进结构陶瓷、高孔隙率分离过滤陶瓷、高温气体除尘陶瓷膜材料、特种耐火材料、功能化特种玻璃等技术攻关。新材料设计与材料-基因组。开展重大关键新材料设计和服役评价技术、基于全生命周期的材料设计和基因组技术、材料-短流程、近终成型高效制备与加工等技术攻关。核电关键材料。开展快速卸压阀用耐高温材料、反应堆压力容器材料、核级焊材等关键材料的国产化技术攻关。

10. 生物医药。现代中药。开展中药材规范化种植、中药饮片生产技术规范、中药材 / 饮片和中成药质量控制体系、提取分离与制剂技术、中药材和中成药质量控制体系的建立、中药标准化、珍稀濒危中药材种子种苗繁育、中成药大品种的二次开发及提升、经典名方挖掘、中药新药研发、临床循证等技术攻关。化学药物。开展新靶点发现与验证、新药设计、高通量筛选、药物早期成药性评价、长效和缓控释制剂、杂质研究等关键共性技术研究，研发具有自主知识产权的创新药和仿创结合的改良型新药、临床急需的高端仿制药、高难度的重要手性药物、高附加值的原料药和关键中间体等一批创新产品。生物药物。开展生物药物相关的新靶点确认、基因编辑、药物设计与修饰、规模化制备与质控、新制剂与靶向给药系统、药效学、临床前评价与临床试验等技术研究，研发创新抗体药物、基因治疗药物、免疫细胞治疗制剂、干细胞治疗制剂、新型疫苗、融合蛋白与多肽药物、血液制品等一批重点创新产品。医疗器械。开展生物信息学、量值溯源、超精密医疗器械加工、多模态融合成像、人体工程学与仿生医学、生物传感、3D 生物打印、生物材料改性、辐射表面接枝改性生物材料、中医医疗和保健养生器材等技术攻关。健康产品。开展健康产品相关的功效评价方法体系、新型功能因子发掘、规模化提取与质控、作用机制、产品配方成型、“互联网 + 健康服务”等技术攻关。放射性药物。开展 90Sr、177Lu、68Ge 等核素生产的技术攻关，开发同位素及制品。基因检测。推动基因检测技术在遗传性疾病基因筛查和肿瘤、心脑血管疾病、感染性疾病等重大疾病防治中的应用，开展应用基因检测技术进行重大疾病的预测、早期诊断、个性化用药及治疗，促进具有自主知识产权的基因检测仪器、配套试剂及软件的产业化应用，开发系列高通量测序、基因芯片等基因检测新技术和新产品。

（二）优势传统产业改造提升。

1. 优势传统产业制造装备及产品升级。面向机械制造、食品白酒、纺织、冶金、轻工、建材等优势传统产业，以智能转型、节能降耗、绿色发展为目标，研发、推广和应用一批新技术、新工艺、新材料、新设备，提高装备和工艺水平。以市场为导向，立足产品结构调整，推进传统产业产品创新，提高和改善产品可靠性和质量，提高产品科技含量和附加值。

2. 提升优势传统产业网络化信息化智能化水平。探索服务型制造、众创 / 众包 / 众扶 / 众筹、个性化定制以及网络协同制造等制造服务新模式，开展产业价值链协同、云制造服务及制造大数据等核心技术研究。以设计数字化、制造装备数字化、生产过程数字化、管理数字化和企业数字化为主要内容，通过“两化融合”采用信息化技术改造传统产业；结合传统优势行业的工艺流程，推动物联网、机器人、智能化生产线等智能装备应用；提升优势传统产业企业的网络化信息化智能化水平、生产效率及产品质量，增强优势传统产业的制造服务能力、市场应变能力，以科技支撑传统产业迈向产业价值链高端。

3. 推进传统产业绿色改造升级。开展绿色设计、高能效低排放制造、制造系统高效低碳运行优化等关键技术研究；结合优势资源、特色产业和市场需求，建设绿色、低碳的产业创新链应用示范工程；推进汽车、机械、油气化工、能源电力、钢铁钒钛、食品白酒等传统产业向绿色制造转型升级。

（三）现代农业科技领域。坚持绿色发展，围绕生物种业、农产品安全、粮油产业、畜禽水产业、蜂蚕产业、现代林业与经济作物产业、农业生态环境保护、农产品精深加工及现代农业装备等重点领域，加强优势资源深度技术开发，构建全产业链技术体系，培育发展优势特色产业，发展农业高新技术产业，推动种养加一体、一二三产业融合发展，加快转变农业发展方式，促进农业转型升级，保障农产品有效供给，提高农业综合效益。

1. 生物种业。新材料创制与新方法研究。开展农作物、林竹和畜禽种质资源重要性状精准鉴定与基因型鉴定；开展杂种优势利用、诱发突变、分子标记、基因组选择、基因组编辑等育种理论、方法和关键技术研究，构建高效精准现代育种技术体系，创制目标性状突出的优异新种质和突破性育种材料。新品种选育与产业化应用。开展农作物、林竹和畜禽不同生态区优质、高产、多抗、高效、适宜机械化作业的突破性新品种选育，开展新品种标准化和规模化高效测试技术、规模化良种生产与繁殖技术、种子加工与质量控制技术、新品种（配套系）配套轻简高效种养殖技术研究，实现良种良法配套，加快新品种产业化开发、应用和推广。

2. 农产品安全。种养安全。开展农业投入品（农药、化肥、饲料、兽药等）安全生产质量控制及安全风险评估、新型安全投入品创制、农产品安全检测及预警技术体系、农产品标准化种养殖技术规程、农作物机械化施药技术等研究与应用示范。加工安全。开展农产品加工过程中物理、化学和生物安全风险评估等技术研究，加强加工安全隐患物质演变规律、新型安全添加物创制、有害物质消减、农产品加工危害关键因子控制等技术研究与应用示范。流通安全。开展农产品全生产周期安全风险评估、农产品及其加工产品贮运过程中安全隐患物质演变规律、终端产品安全质量标准、农产品有害物质快速检测与控制、主要农产品全程可追溯信息系统、农业大数据与“互联网 +”等技术研究与应用示范。

3. 粮食产业。粮食丰产增效。以水稻、玉米、小麦、马铃薯等主要粮食作物为重点，突破一批轻简高效、节水节肥、抗逆减灾等用养结合、高效种植的关键技术，构建适应新型农业经营主体的粮食安全技术保障和支撑体系；建立一批科技示范基地，集成示范全程机械化生产、肥水耦合高效利用、耕地质量提升、病虫害绿色防控等技术，创新现代粮食科技扩散模式和生产组织方式，确保粮食大面积高产增效。粮油作物产业技术链构建。开展主要粮油作物粮经复合模式与轻简高效栽培、加工专用优质原料“一控（水）两减（肥、药）”标准化生产、粮油产品精深加工与废弃物综合利用、绿色仓储与现代物流等技术研究与应用示范，构建主要粮油作物产业技术链。

4. 畜禽水产业。标准化养殖。开展生猪、蛋鸡、肉鸡、水禽、家兔、山羊、奶牛、水产设施化养殖与环境控制、饲料安全高效利用、畜禽粪便资源化利用与种养循环、产品质量溯源等技术研究与应用示范，整体提升我省畜禽水产规模化养殖技术水平；开展以饲草为主的种植模式、草食家畜养殖为主的养殖模式，以及种养废弃物循环利用等技术研究，构建粮改饲和种养加结合模式与技术体系。重大疫病综合防控。开展畜禽水产业重大病毒性疾病和细菌性疾病综合防控技术研究与集成示范，减少药物投入，保障养殖健康和产品质量安全。

5. 现代林业与经济作物产业。林业产业。开展重要用材林、经济林和珍贵树种资源收集、良种选育、优质种苗繁育、标准化栽培，绿色环保新型木材、智能化家具设计、高效加工与综合利用等技术研究与应用示范，构建核桃、油橄榄、林板家具、竹、森林食品、林下经济等特色现代林业产业技术体系。经济作物产业。开展加工专用原料标准化种植、轻简高效复合种植模式、工厂化育苗、自动化清洁生产、绿色储运保鲜等技术研究与应用示范，构建蔬菜、茶叶、泡菜、道地中药材、食用菌、柑橘、猕猴桃、蚕桑、蜜蜂等优势特色产业技术体系。

6. 农业生态环境保护。农业高效用水。开展植物高效用水规律与机理、节水产品与技术、节水灌溉、农用水跨区域跨流域科学调度与高效利用技术体系以及水资源高效利用技术模式等研究与应用示范，提高农业用水效率。农业生态环境保护。开展农业生态环境承载力、化肥农药农膜科学施用与高效利用、畜禽养殖减排综合技术、秸秆和畜禽粪便资源化利用、菌渣和林业废弃物综合利用、动植物病虫草害与疾病疫病绿色防控等技术研究与应用示范。农业面源污染与土壤重金属污染防控。开展农业面源污染源解析与减量、污染过程阻断与污染修复技术研究；开展土壤重金属污染监测与源解析、土壤与农产品重金属含量关联性、土壤重金属钝化机理、低积累作物品种选育、重金属污染防控产品等技术研究与应用示范。化肥农药减施增效。开展化肥农药减量高效施用方法、配套产品及施用装备研究，开展主要作物分区域“双减”技术研究与应用示范，构建化肥农药减施增效与高效利用的理论、方法和技术体系。美丽乡村。根据不同区域村镇发展现状、地域特色和民俗文化，重点开展村镇规划与管理、绿色宜居住宅建设、村镇环境建设、传统村落保护利用等共性关键技术研究与示范，促进地域特色明显、产居融合、环境优美的乡村建设。

7. 农产品精深加工。开展超级功能菌株选育及多用途直投式菌剂制备、自控连续发酵、高低倍浓缩汁、茶饮品与茶膳食等果蔬茶加工关键技术研究，开展川菜预调理制品、优质传统肉制品、高品质乳品等肉蛋奶加工关键技术研究，开展功能性食品、生粉（熟粉）与配粉（专用粉）、健康方便食品等粮薯豆加工关键技术研究，开展环保型人造板加工、绿色新型低（无）醛胶粘剂与阻燃剂等林竹加工关键技术研究，开展高品位生丝、高档丝绸面料、家用与专用纺织品等桑蚕加工关键技术研究，开展优势特色资源深度开发利用技术研究，开展在线检测、非热力灭菌、自动计量—灌装—封口、外包装专用机器人（手）、绿色自控智能、保鲜储藏与物联网、副产物高效综合利用等关键技术与装备研发，研究开发生物食品、功能（保健）食品、休闲（旅游）食品、低醇饮料食品、有机（生态）食品、高质农产品等新产品。

8. 现代农业装备。农作物机械化生产。开展不同农业生态区农作物耕种收、施肥、植保、节水灌溉、收获后处理等环节机械化生产技术研究及装备开发，提升水稻、小麦、玉米、油菜、马铃薯等主要粮油作物的机械化作业水平。畜牧水产标准化养殖。开展主要畜牧水产规模化、集约化养殖智能化环境管控、高效粪污处理、粪污储运还田、病尸无害化处理、生鲜水产健康储运等技术研究及设备开发，提升畜牧水产养殖机械化水平。经济作物机械化生产。以设施栽培、智能管控、自动化采收、气调保鲜等为重点，集成运用物联网、远程控制技术，开展作物生长信息、环境因子信息采集与处理、水肥药一体化实时监控、信息溯源等生产环节机械化技术研究与设备开发，提高茶叶、水果、蔬菜、蚕桑等经济作物机械化生产水平。同时，开展农机作业信息感知与精细化生产管控、基于数字设计的农机装备智能化设计等关键技术研究。

（四）社会发展科技领域。以保障人民群众健康与安全为出发点，充分利用现代科学技术，加强人口健康、资源保护与综合利用、公共安全以及文化旅游产业等相关研究，为促进我省经济社会资源环境协调可持续发展提供科技支撑。

1. 人口健康。疾病预防与临床转化。建设一批临床医学研究中心，加强重大疾病的风险评估、早期筛查、预警及干预技术研究；加强适合四川人群的出生缺陷预防技术研究；加强针对重大疾病的临床转化医学研究，突破一批临床急需的关键技术，发展个体化诊疗和数字化医疗技术，制订一批临床诊疗规范；筛选一批基层卫生适宜技术并建立区域协同共享的应用推广模式，提高基层医疗机构的技术水平和服务能力。健康促进与公共卫生。围绕健康和养老服务需求，开展老年人群健康、妇女儿童保健、残疾人和慢病患者康复、健康知识普及技术研究，提高全民健康水平；加强艾滋病等重大传染疾病、包虫病等地方病、尘（矽）肺病和新发、突发疾病的防控研究；提升对自然灾害等突发公共卫生事件的医疗应急能力。

2. 资源保护与综合利用。矿产资源综合利用。开展深地矿产资源及非常规矿产资源的勘查理论、技术和方法的研究；加强钒钛磁铁矿、碲铋矿、铁锰矿、稀土矿及镁、锂等有色、稀有金属矿的采选、加工、提炼等综合利用技术研究与示范，推进矿产资源就地转化。资源循环利用及资源承载力监测预警。开展资源循环利用共性关键技术研发，促进生产、流通、消费过程的减量化、再利用、资源化；开展资源承载力监测预警技术方法研究，构建资源承载力评价监测技术体系，建立涵盖我省国土空间的资源承载力预警系统。

3. 公共安全。食品安全。开展优势特色食品及其包装材质潜在风险因子研究，加工、流通、餐饮等过程安全控制关键技术研究与示范；选择性开展食品添加剂和加工助剂等通用防腐剂的潜在安全研究，加强食源性危害检测等速测技术研究，研究修订食品安全基础性标准；运用物联网、大数据等新技术开展优势特色食品的追溯关键技术及其体系研究，联合或独立构建立第三方安全食品检测技术平台。生产安全。开展“诊断—分析—设计—治理”（DADT）、安全隐患早期识别、排查治理、安全生产大数据预警体系建设、“理念—模式—机制—体制”示范体系研究；开展卫星遥感、地理信息空间技术和三维激光扫描技术等先进技术在安全生产领域的应用研究，建设一批安全生产技术示范工程。社会治安。开展信息关联共享、情报信息综合研判、突发公共安全事件指挥调度与应急处置、一体化打防管控、大数据技术应用、信息安全等技术体系研究；开展立体化社会治安防控技术网研发与示范应用。交通安全。开展交通运输安全、交通基础设施安全、交通应急等关键技术攻关；加强安全科技创新能力建设，加快交通安全科技成果推广应用及试点示范。消防安全。开展消防设备、灭火剂、阻燃材料与灭火工艺优化设计研究；加强建筑、电器、石油化工等重点领域消防管理、火灾调查与分析等研究；开展消防信息系统建设技术研究，提升消防安全综合能力。

4. 文化和旅游。公共文化服务。实施“互联网 + 公共文化服务”行动计划，进一步完善文化产业服务平台，提高公共数字文化服务能力和水平。运用现代新媒体传播渠道的优势和功能，通过动漫、游戏、数字出版等新型文化业态载体，结合四川文化元素，研发相关衍生文化产品，构建服务于四川省文化旅游、互动交易和数据分析平台，进一步拓展我省文化产业海外市场，打造四川文化品牌。旅游大数据应用。开展旅游大数据应用研究与示范，形成基于旅游大数据的统计分析研判和智能分析应用系统产品，提升旅游行业的服务水平。旅游管理应用。开展智慧旅游云（管理、营销和服务）关键技术研究，形成统一规划建设、共同维护管理、分级分权使用、互联互通和资源共享的旅游信息系统集群产品，提升旅游管理信息化水平和服务能力。旅游企业应用。开展面向旅游企业的创新技术与服务模式的研究，形成面向景区、宾馆饭店、旅行社和乡村旅游等旅游企业的基于 SaaS 模式的应用服务平台产品，快速提升旅游企业特别是乡村旅游及部分偏远地区景区的旅游信息化建设与应用水平。

（五）生态环保科技领域。坚持绿色发展理念，围绕我省重点区域、流域的环境和生态安全问题，加强环境治理、生态保护、减灾防灾等方面的技术研发与示范，为加快推进生态文明建设提供科技支撑。

1. 环境治理。大气污染防治。重点开展大气污染主要污染物来源和污染途径调查。开展成德绵等重点区域大气污染监测与预警、成渝地区环境立体监测、大气污染综合评价与信息系统建设、五年大数据平台建设、四川盆地灰霾成因与对策、区域大气污染联防联控、重点行业大气污染综合防控、大气污染防治高端设备、机动车尾气处理、烟气综合治理与利用、臭氧与 VOC（挥发性有机化合物）污染监测与防控、颗粒物高效综合防控、碳捕捉及封存等研究与应用示范，为我省大气污染防治提供科技支撑。水污染防治。重点开展水污染防治技术和装备的研发，开展重点流域水污染治理、重点行业污水深度处理及资源化利用、城市生活污水提标改造及深度处理、饮用水源地污染治理、典型行业持久性有机污染物对水环境影响、湖泊水环境保护、城市黑臭水体治理、海绵城市建设、污水深度处理和回用等关键技术研究及应用示范，探索水环境保护和水资源高效利用新模式。固体废弃物污染防治与利用。重点开展固体废弃物的综合利用和处理处置技术的研发，形成具有创新性、针对性的污染治理技术和产品。开展重点行业与区域固体废弃物污染现状调查及评估、钢铁化工等大宗工业废物处理利用、城市生活垃圾及餐厨废弃物处理、电子废弃物回收利用、危险废物污染防治、污水处理污泥及环保清淤疏浚污泥等大宗固体废物处理及综合利用等研究开发与示范，提高我省固废污染防治技术水平与能力。

2. 生态保护。自然生态系统保护。开展生态保护红线划定技术、管控对策和环境准入负面清单研究；加强天然林保护、自然保护区建设与生物多样性保护关键技术研究；开展自然湿地生态系统的保育技术研究；开展极小种群和濒危物种就地或迁地保护技术研究，推动在动植物保护区开展珍稀濒危野生药用动植物保护研究；开展四川省重要生物多样性保护优先区域功能分区技术研究；加强川西地区生态可持续保护模式与机制创新研究与示范；结合四川省主要生态系统类型搭建生态监测网络体系，完善生态监测站点资源共享方案和配套制度建设。生态修复与功能提升。针对沙化草地和退化湿地、干旱河谷、林草交错区、水土流失严重区域等典型脆弱生态系统，开展生态恢复治理技术集成及模式创新、重大工程创面植被恢复、人工林结构调整与功能提升研究；开展典型生态系统服务功能提升技术研究，探索生态服务功能提升与生态产业融合新模式。生物入侵防治。开展外来物种入侵早期预警与监测管控技术研究，构建和完善转基因生物检测和监测技术体系，提升外来生物入侵风险防范能力；开展重点外来入侵生物综合防除及资源化利用技术攻关，加强重点区域入侵生物防控的科技成果应用示范及外来入侵生物资源化利用风险评估。

3. 减灾防灾。灾害发育机理与预测预警。开展地质灾害主控因素、成灾机理、链生过程和边界条件与趋势研究，川东北山区与干旱河谷区暴雨和山洪灾害分布规律与形成机制研究。基于灾害发育机理，进行地质灾害预测、预警和突发灾害避让技术研究，地震易发区地震灾害监测预警技术研究，川东北山区和干旱河谷区暴雨与山洪灾害预测、预报和预警技术研究。应急测绘保障。开展泥石流滑坡、地震灾害灾情侦查、灾害快速调查技术研究，灾害现场救援处置技术装备和应急测绘服务技术产品研发，推进无人机、北斗卫星、LIDAR 等高精装备在防灾减灾中的示范应用。灾害工程治理与管理。开展以重点流域为单位的山洪地质灾害综合防治理论技术系统研究，灾害工程管理和非工程措施防治管理特别是群策群防体系管理研究，探索灾害防治保险与融资和管理模式。

（六）科技服务业。根据我省科技服务业发展基础、优势和潜力，重点推进研发设计、信息资源、科技中介、科技金融、科技文化融合、检验检测等领域加快发展。突破和掌握科技云服务、大数据、务联网以及分布式科技资源共享与精准服务关键技术，构建覆盖科技创新全链条的产业技术体系。发展众创、众包、众扶、众筹以及线上线下相结合、开放式创新等科技服务新模式；建设分布式专业科技服务平台和区域性综合科技服务平台，聚集重点领域优势科技资源，构建科技服务众创空间。培育一批科技服务龙头企业和知名品牌，壮大一批专业化科技服务机构，建设一批科技服务业集聚区，发展一批科技服务新业态。提升高新区、产业化基地和特色产业园区的科技服务能力；支持市（州）围绕优势产业集群发展，培育形成特色鲜明、功能完善、布局合理的科技服务业集聚区。打造重点领域科技服务产业生态，服务实体经济转型升级。

1. 研发设计。发展基于“互联网 +”的研发设计资源共享、研发设计外包众包及社会力量参与互动的研发设计新模式。构建第三方开放式创新服务平台，发展以知识或技术提供为核心的研究开发服务，培育第三方专业化研发机构，鼓励成立研发设计服务联盟，发展研发服务外包、合同研发组织等研发服务新业态。建设核心企业创新生态圈研发设计平台，汇聚研发设计资源，鼓励企业与合作伙伴、消费者之间构建开放的创新生态体系。面向区域特色产业集群，整合建设一批专业化研发设计资源服务平台与众包、众扶、众创平台，建设重点行业产品设计资源库，为中小企业提供专业化研发设计服务。研究分布式研发设计资源共享平台、工业设计服务、三维创新设计服务和 BIM 等研发设计服务新技术。

2. 信息资源。重点发展基础软件、嵌入式软件、工业软件，加快发展数据连接性及互联网通道服务。推进嵌入式软件在移动互联网、下一代通信网、智能终端网和务联网领域的产业化应用。支持国产数据库、操作系统和中间件的开发和应用，提升基础软件服务水平和网络空间安全可信水平，形成面向行业应用的软件产品体系。建设支撑产业链业务协同与科技资源共享的科技云服务平台，加快科技大数据与物联网技术开发，促进云服务、大数据和务联网在研发设计、生产制造、经营管理、销售服务等全流程与全产业链的综合集成应用。推进“互联网 +”协同模式及在智慧城市、智慧村庄、智慧医疗、智慧家庭的示范建设。鼓励研发制造业、电力、物流、水利、交通、金融等行业特色工业软件，加快工业软件应用和产业化进程，服务实体经济转型升级。

3. 创业孵化。研究创业孵化项目全生命周期服务与评估模型、虚拟孵化空间管理以及精准需求匹配与智能推送技术、在线孵化全流程服务支撑技术、在线项目路演与企业需求跟踪技术等；创新建设基于互联网的“众创四川”创新创业平台。推进科技企业孵化器建设，打造满足创新创业需求的孵化载体，构建一批众创空间，培育建设一批新型孵化器，构建阶梯型孵化体系。

4. 科技中介。围绕科技成果及技术转移，发展成果评价评估、成果推介、作价入股、融资担保、跟踪服务等链条式、专业化与市场化的科技中介服务，建设技术转移、成果与产权交易、科技信息互联互通等一体化科技中介服务平台，推进线上线下相结合的服务模式。围绕科技咨询，研究科技资源大数据技术、科技咨询运营流程与精准服务技术，建设开放式科技咨询服务平台，发展科技咨询众包服务、托管式服务、代运营服务等新型服务模式。支持生产力促进中心、技术转移中心、创新服务中心等开展专业化服务；培育具有较大业务规模和核心竞争力的技术转移机构；推进专利中介服务机构建设。推动全省技术成果交易、科技咨询和知识产权等科技中介服务业的创新发展。

5. 科技金融。研究科技金融征信服务技术、基于大数据的投资风险度评估技术，建设科技金融服务平台，建立金融征信信息基础数据库与科技金融企业征信评级规范体系，发展基于大数据的个人信用和企业信用服务、基于企业信用和风险评估的公司评级与公司债券定价服务、互联网保险业及其他互联网泛金融服务等新业态。探索互联网金融、产业链金融、众包/众筹、天使投资、风险投资、股权交易、信用服务等现代金融服务新模式。建立科技信贷风险补偿机制，推进互联网金融与科技产业融合发展。鼓励金融机构在科技金融的组织体系、金融产品和服务机制方面进行创新。

6. 科技文化融合。建设公共文化服务平台与数字文化资源服务平台，推进公共文化服务与科技融合发展。加强文化资源数字化保护和开发利用，重点针对文物、非物质文化遗产、典籍、民俗、宗教等保护需求，研究突破文化资源数字化关键技术，加强文物保护利用和古籍修复再造的技术创新，研究数字文化资源公益服务与商业运营并行互惠的运行模式，整合各类科普基地资源，开展科普数字化服务，整合各类文化机构传统文化资源，开展文化资源数字化公共服务与社会化运营服务示范。加强“文化四川云”数字化服务平台建设和地方数字文化资源库建设，拓宽公共文化服务现代传播渠道。加强公共图书馆、博物馆、文化馆、科技馆、农家书屋等文化公共服务平台的网络化和数字化建设，实现对公众文化产品的普惠和精准投放，推动全社会文化共享，提高文化消费力。

7. 检验检测。建设重点行业检验检测一站式服务平台，整合检验检测资源，大力开展计量校准、产品质量、食品药品、节能环保、新能源、新材料、大型科学仪器等专业检验检测服务，推进计量/校准、分析/测试、检验/检测、标准/认证一站式服务，构建我省重点产业、重点园区、重点区域检验检测综合服务体系。有序放开检验检测市场准入，鼓励社会力量开展第三方检验检测服务，整合不同所有制的检测资源。支持检验检测企业面向现代产业研发设计、生产制造、售后服务的全产业链技术服务，推进跨部门、跨行业、跨层级整合。探索“互联网+”和工业 4.0 时代下多元化、多层次检验检测科技服务新业态和新模式。

五、重大专项

按照省委、省政府部署，围绕我省经济社会发展重大需求，聚集资源、突出重点、集中时效，通过关键共性技术攻关和制约产业发展瓶颈问题突破，开发一批重大战略产品，实施一批高水平重大示范工程，培养科技创新创业领军人才和团队，打造具有核心竞争力的创新型企业，培育发展战略性新兴产业。

（一）信息安全与集成电路专项。重点开展网络空间安全、高性能密码理论和应用基础研究，研发以国产高性能密码产品、自主高安全专网、高端安全网络产品、安全服务器等为代表的信息安全产品；重点开展数模混合集成电路设计、封装、测试的核心技术研究，研发以安全可靠芯片、北斗芯片、高端射频芯片、数字电视芯片、新型功率半导体器件为代表的集成电路产品；建设覆盖基础理论、高端芯片、基础软件、整机装备、系统集成、检测评估、营运服务的信息安全、集成电路及北斗应用产业集群。

目标：信息安全与集成电路技术总体水平与国际先进水平的差距明显缩小，产业总体实力国内领先；培育产值超 50 亿元的龙头企业 3 ~ 5 个，建成国家级信息安全与集成电路工程中心、国家级重点实验室 1 ~ 2 个，产业规模达到 2000 亿元，带动信息安全与集成电路相关制造业和信息服务业规模突破 4500 亿元，将我省建成技术主导、规模翻番的国家信息安全和集成电路产业高地。

（二） 云计算与大数据专项。重点开展云计算框架、云操作系统、大数据分析挖掘的理论和应用基础研究，研发以个人与企业大数据治理工具、大数据集成分析与大知识挖掘工具、云数据库、数据共享及交易平台、支撑大数据处理的云计算应用平台等为代表的自主可控产品，建设具有行业影响力的云计算与大数据标准，在公共安全、政务服务、智慧城市、金融贸易、教育医疗、智能制造等领域开展示范应用。

目标：将我省建成国家云计算服务的核心节点和典型行业大数据应用领先省；建成产学研协同技术创新研发、设计、检测平台 10 个以上，区域、行业云计算中心 15 个以上；培育一批创新型云计算、大数据企业，形成业务形态丰富、模式创新多样、配套支撑完善的云计算、大数据产业集群。

（三） 航空及燃气轮机专项。重点发展通航整机设计制造、航空大部件、航空发动机、无人机、国产化航电系统、民用航空运行、航空维修与再制造等领域；开展燃气轮机整机设计和试验验证、关键零部件制造等技术研究，掌握 F 级先进 300 兆瓦等级重型燃气轮机关键技术。

目标：突破第三代航空发动机制造关键技术并形成整机制造能力，建立国产化航电系统适航认证体系，实现与 ARJ21、C919 等国产飞机的配套，建设高端公务机整机制造基地和无人机设计制造与应用服务基地；研制成功具有自主知识产权的 F 级 50 兆瓦燃气轮机产品，我省燃气轮机产业总体实力国内领先。在航空及燃机领域建成 2 ~ 3 个国家级创新中心 / 工程中心 / 国家级重点实验室，培育产值百亿元级企业 3 ~ 4 家，50 亿元级企业 4 ~ 6 家，产业规模超千亿元。

（四） 新能源汽车及智能网联汽车专项。重点开展电动汽车测试评价技术、标准、服务体系、商业模式等应用基础研究；开展数字化整车设计及优化、动力总成、动力电池与系统、高性能整车级电控系统、新型驱动电机、电动汽车驱动及传动系统、电动汽车智能化及电动辅助系统等核心关键技术攻关与产品研发；研究智能网联汽车关键技术，形成一批以自动驾驶为最终目标的智能汽车核心技术产品。

目标：形成新能源汽车及智能网联汽车产业的研发体系；培育相关创新企业 100 家，开发“三大三小及配套”等相关重点产品 200 个以上，形成 30 项地方标准及 10 项国家或行业标准，建成研发、设计、检测平台 20 个以上，新能源汽车产业总产值力争突破 1000 亿元，建成我国重要的新能源汽车及智能网联汽车整车制造和关键零部制造基地。

（五） 高档数控机床及机器人专项。重点开展面向智能制造及“互联网 +”的高档数控机床及机器人核心共性技术、远程服务技术研究；研制智能数控系统、高速电主轴、新型数控刀具等，研制具有国际水平的高精密、高档及专用数控机床等智能装备；研制机器人专用各类新型减速器、高速高性能机器人控制器、高精度机器人专用伺服电机及驱动器、高性能机器人专用传感器等核心部件及机器人产品；研发基于工业机器人 / 数控机床 / 生产线的柔性制造系统，开展数字化车间、柔性制造系统的集成应用；开展 3D/4D 打印技术、材料、关键部件等技术研究及产品开发。

目标：培育高档数控机床及机器人领域相关创新企业 20 家以上，开发重点新产品 30 个以上，建成产学研协同技术创新研发、设计、检测平台 10 个以上，实现产值 500 亿元以上，建成国家级精密数控机床检测检验中心。

（六）新型功能材料专项。在钒钛和稀土功能材料方面，重点开展高品质金属钛、钛合金、钒、钒合金、钒钛合金以及新型钛、钒氧化物功能材料及其在医疗、电子、能源及宇航领域的应用研究；重点开展高纯化稀土材料的高效制备技术、高性能及高性价比的稀土永磁材料、稀土光学玻璃与器件、长余辉蓄光发光材料以及新型高效稀土催化材料等研究。在纳米功能材料方面，重点开展石墨烯和类石墨烯材料的高品质和宏量制备以及产品化应用技术、碳纳米管及复合材料、纳米生物材料与检测技术、纳米催化与环境材料、纳米磁性与光电功能材料、纳米传感器与微纳机器人、3D 打印纳米材料等关键技术研究。在特种高分子及复合材料方面，重点开展芳纶等高性能有机纤维材料、碳纤维及其复合材料、防火阻燃高分子复合材料、绝缘材料及其加工技术、可降解高分子与生物质基材料、吸音降噪高分子复合材料、辐射接枝改性生物医学材料等新型高分子材料的研究。在核电材料方面，重点开展快速卸压阀用耐高温材料和反应堆压力容器材料等研发。

目标：研发出具有国际先进水平、自主知识产权的钒钛功能材料、稀土功能材料、纳米功能材料、特种高分子及复合材料等 100 种以上，申请专利 500 项以上，打造国内一流实验室、工程中心等研发平台 2 ~ 3 家，实现销售收入 1000 亿元以上，建成国内一流、国际知名的西部新型功能材料研究与产业发展高地。

（七）生物技术与医药专项。开展用于重大疾病防治的生物技术药物和生物治疗研究，创新化学药及制药关键技术研究，可诱导组织再生材料、3D 生物打印、干细胞转化和组织器官再生研究等。开展主要农林畜种质资源重要性状基因型鉴定，重要基因克隆与功能解析，杂种优势利用新方法与技术，分子标记与基因选择技术，转基因技术以及生物农药、生物肥料研发。开展中药材规范化种（养）殖、饮片炮制、制剂等关键技术研究，重点开展中药材大品种整合式全产业链系统研究和大健康系列产品开发。

目标：形成以创新企业为主体的技术创新体系和创新链，在化学药、生物药、生物治疗、干细胞转化应用、骨科、口腔和心血管生物材料及装备，3D 生物打印等领域形成 10 项以上有国际竞争力的创新技术和创新产品。发掘生物农业有利功能基因 50 个，创新生物技术新方法 3 ~ 5 个，鉴定有利资源、材料 200 份以上，育成突破性新品种 100 个，生物种业产业规模达到 1000 亿元。建立完善的道地药材生产与品质评价体系，培育全产业链产值突破 50 亿元的中药材大品种 2 ~ 3 个，超过 1 亿元的中成药大品种 20 ~ 30 个。

（八）环境治理与生态保护专项。以改善环境质量、降低污染风险、构建生态安全屏障为目标，突出资源节约、环境友好、绿色发展和生态修复的成套技术。开展典型脆弱生态区及重大工程扰动区地质灾害治理、土壤修复、植被重建技术的研发，重点区域大气主要污染物调查与防控技术研发，重点流域水环境综合治理集成技术研发，土壤污染机制、风险评估、治理技术的研发。开展环境治理、生态修复科技试点示范，为生态文明建设及环境污染防治“三大战役”提供科技支撑。

目标：在环境治理、生态修复领域突破关键共性技术 20 ~ 30 项，形成大气、水、土壤等环境修复及生态系统保护的成套技术 5 项，打造生态环保领域国内一流实验室、工程中心等研发平台 2 ~ 3 家，建设环境治理、生态修复综合整治试点示范区 2 ~ 3 个，提升我省在生态环保领域的创新能力和防治水平。

（九）核电与核技术应用专项。着力打造华龙一号等自主三代核电 ACP 型系列品牌；推动模块化小堆、浮动式核动力电站、核能海水淡化及城市供热等新型核能系统开发；加强超临界压水堆、钠冷快堆、铅铋堆、高温气冷堆、钍基熔盐堆等四代核能系统研发。加强核电关键设备的研制，提升批量化生产和集成供货能力。重点围绕第三代、四代核燃料元件制造技术研究，建立 CF2、CF3 燃料组件自主产业化体系。加快推动核技术应用产业发展，重点推动医用同位素生产堆建设，加快建设国产化同位素生产基地；积极推进核医学与放射性药物研发、核探测技术与装置研制；发展壮大辐射加工产业和辐射诱变育种；开展辐照技术处理、降解环境污染物关键技术研究。

目标：通过技术突破，培育形成四川核电及核电装备、核技术应用系列品牌，打造核电装备制造基地、核燃料供给基地、同位素国产化基地。到 2020 年，四川核产业带动新增产值突破 500 亿元，拉动相关产业成为地方产业经济新的增长点，实现国防建设和四川经济建设共赢发展。

（十）重大科学仪器设备专项。着力解决高端精密测试仪器仪表国产化问题，重点开展微纳器件超精尺寸、微观形貌、模态、能谱分析及材料性能压痕分析的计量、测试技术及仪器的研发，发展图像、超声、激光等非接触式缺陷无损检测评估技术及系统；开展航天器姿态导航传感关键设备及卫星导航用原子钟技术及系统的研发，开展面向特种重要敏感环境应用的电磁场、核辐射场及超高分辨率磁场测量技术及仪器研发，开展电动汽车安全行驶性能台架检测仪及关键部件（电池、电机）性能检测技术及系统研发，开展核电安全运行和人员安全防护专用检测仪器和系统研发；开展精密医学以及医疗设备质量检测成套设备、环境监测高端检测及三维激光扫描仪器研发，开展用于疾病治疗的新型数字化医疗、超导磁共振成像等高端医疗设备的研发。

目标：提升我省重大科学仪器设备产业的创新能力和竞争优势。培育在国内具有明显技术及市场竞争优势、产值超 5 亿元的创新龙头企业 3 ~ 5 个，产值 1000 万至 1 亿元的高新技术企业 10 个，开发形成具有自主知识产权、技术水平处于国内领先的重点产品 10 个以上，突破重大关键共性技术 20 项以上。

六、组织实施

（一）完善组织实施机制。充分发挥省科技教育领导小组统筹协调作用，加强部门联动，上下协调，共同研究解决重大科技创新问题，形成全省协同推进创新驱动发展的大科技工作格局。进一步完善和充分用好部省、厅市工作会商机制以及省院、省校合作工作机制，有效整合国家和地方科技创新资源，实现优势互补。

（二）完善落实创新政策。加强科技政策与财税、产业、金融、科技、知识产权、人才、教育、贸易等政策的协同，形成目标一致、部门配合的政策合力，提高政策的系统性和可操作性。全面推行国家自主创新示范区先行先试政策，落实研发费用加计扣除、政府采购、财政后补助等普惠政策。建立创新政策协调审查机制，组织开展创新政策清理，及时废止有违创新规律、阻碍新兴产业和新兴业态发展的政策条款。建立创新政策调查和评价制度，广泛听取企业和社会公众意见，定期对政策落实情况进行调查跟踪分析，并及时调整完善。

（三）加大科技创新投入力度。大力加强对科技创新的人、财、物支持力度。进一步加大各级财政对科技创新的支持力度，确保财政科技投入的稳步增长，显著提升引导性投入的比重。完善财政科技经费预算管理，制定科学合理的财政科技投入考核办法，提高经费使用效益。完善财政科技投入方式，带动创业投资、风险投资等更多的社会资本进入科技创新领域，形成多元化、多层次、多渠道的科技创新投融资体系。

（四）加强规划实施考核评价。各级科技管理部门要加强对科技规划的贯彻宣传，做好协调服务和实施指导，调动和增强社会各方面参与的主动性、积极性。各地、各部门要结合自身实际，强化本地、本部门科技发展部署，建立目标责任制，做好规划重大任务的分解和落实。建立健全规划实施的监督评估制度，把创新驱动发展成效纳入各级领导干部考核范围，定期督促检查和评估规划执行情况，确保规划实施。

贵州省“十三五”科技创新发展规划

为深入贯彻党的十八大、十八届三中、四中、五中全会精神，全面落实《国家创新驱动发展战略纲要》和《国家中长期科学和技术发展规划纲要（2006—2020年）》，完成《贵州省中长期科学和技术发展规划纲要（2006—2020年）》的任务目标，依据《“十三五”国家科技创新规划》《贵州省国民经济和社会发展第十三个五年规划纲要》制定本规划。

一、发展基础与形势

（一）“十二五”时期科技创新发展成效

创新驱动是推动经济增长的动力和引擎，是加快转变经济发展方式的中心环节，更是推动产业转型发展的内在动能。“十二五”期间，在省委、省政府的领导下，我省深入实施创新驱动发展战略，加快推进以科技创新为核心的全面创新，科技发展取得长足进步，科技支撑引领经济社会发展成效显著，基本完成了“十二五”规划目标任务，部分指标实现了历史性突破，为“十三五”时期的科技创新工作奠定了坚实基础。

——科技创新能力快速提升。“十二五”时期，贵州省科技创新能力快速提升，全社会创新氛围日益浓厚，创新成果不断涌现。科技进步贡献率从2010年的39.83%上升至2015年的45.42%，增加了5.59个百分点；高新技术产业产值从2010年的853.94亿元上升至2015年的2820.82亿元，年均增速为27.85%；专利授权41577件，年均增长35.5%，有效发明专利5428件，年均增长27.4%；全省技术交易额从2010年的21.90亿元上升至2015年的177.21亿元，年均增速为52.0%。

——科技体制改革着力推进。着力探索科技成果处置和收益分配制度改革，在公益类科研院所服务科技园区和产业发展等方面先行先试，出台了《支持贵州科学院、贵州省农科院深化科研体制改革试点推进科技创新和成果转化八条措施》；新增科研事业编制2000名，用于科研院所的改革发展；新成立贵州省生产力促进中心、贵州省产业技术发展研究院、贵州射电天文台、贵州省核桃

贵州省科学技术厅、贵州省发展和改革委员会，黔科通〔2016〕188号，2016年12月26日。

研究所、贵州省旅游产品研发中心，完成贵州省中科院天然产物化学重点实验室与贵州医科大学的整合工作；将原有近30个科技计划调整为基础研究计划、科技重大专项、科技支撑计划、科技成果应用及产业化计划、科技平台及人才团队建设五大计划体系，引入第三方评估机制，对科技重大专项和科技创新平台开展绩效评估；加大科技创新后补助力度，省级财政应用技术研究与开发资金约40%用于科技创新后补助，在全国率先实施普惠式科技创新券后补助政策。

——科技创新平台逐步健全。全省现有3个省级高新区和1个国家级高新区，农业科技园区51个，产业技术创新战略联盟28个，可持续发展试验区19个，省级生产力促进中心131家，高新技术产业化示范基地（园区）25个，省级以上重点实验室55家，工程技术研究中心103家，省级以上科技企业孵化器19个，其中国家级科技企业孵化器2个，院士工作站59家，省级以上大学科技园6家；“特种化学电源企业国家重点实验室”“中低品位磷矿及其共伴生资源高效利用企业国家重点实验室”“贵州大学国家科技园”“贵州师范大学国家科技园”先后获批建设，实现了高端创新平台建设的再次突破；“贵阳大数据产业技术创新试验区”通过科技部批复，成为全国第三个国家级科技创新改革试验区；贵阳火炬软件园成为国家火炬计划软件产业基地；贵州省农业科学院、贵州大学2家科技特派员创业培训基地上升为国家级；省遥感中心成为国家遥感中心贵州分部，中科院普定喀斯特岩溶观测站建成投入使用。

——科技合作领域深入拓展。争取国家支持，积极开展与大院名校合作。与科技部开展了3次省部会商会议，积极争取科技部出台支持我省科技发展的政策；与中科院、中国工程院、中国农科院、中国热科院签订省院科技战略合作协议，与北京大学、山东大学、浙江大学等国内知名高校建立了合作机制，有效整合创新资源，搭建了一批创新平台，聚集培育了一批人才，实施了一批科技项目，形成创新合力；中关村贵阳科技园从无到有，开创了贵州高位承接东部、发达省市高技术园区产业战略转移的新模式；先后同全球50多个国家开展了国际科技合作与交流，美国极特先进科技有限公司、英国巴茨医学院入驻贵州，一批国际科技合作项目立项实施；各市州对口城市帮扶活动为贵州引进、聚集一批创新创业平台和人才，省部、省院、省地、省校及国际科技合作的大开放格局正在形成。

——科技支撑企业创新发展。遴选培育了22家创新型领军企业、230家科技型种子企业及大学生创业企业、272家科技型小巨人（成长）企业、382家高新技术企业、166家省级以上创新型企业，5家企业被认定为国家知识产权示范企业和优势企业，扶持17家企业在新三板挂牌；搭建了科技资源服务平台，聚集了省内外金融、高校、科研院所、中介服务等创新服务机构，激活了人才、技术、资金等创新要素服务科技型企业发展；科技资源服务平台注册科技型企业5400家，入驻服务机构258家。

——人才队伍建设结构优化。先后出台了《中共贵州省委关于进一步实施科教兴黔战略大力加强人才队伍建设的决定》和《中共贵州省委　贵州省人民政府关于加强人才培养引进加快科技创新的指导意见》。截至2015年，全省拥有院士5名，科技活动人员数7.52万人，较2010年增加了1.89万人；R&D人员为4.05万人，较2010年增加了1.71万人；1.2万名科技特派员活跃在全省588个乡镇。

——科技创新政策环境日益优化。修订了《贵州省"十二五"高新技术及产业化发展规划》，出台了《中共贵州省委 贵州省人民政府关于加强科技创新促进经济社会更好更快发展的决定》及其实施意见、《贵州省关于加快培育和发展战略性新兴产业的若干意见》《贵州省关于加快大数据产业发展的实施意见》等鼓励科技创新的具体措施；制定下发了《贵州省应用技术研究与开发资金后补助管理暂行规定》《贵州省深化科研院所体制机制改革实施办法》《贵州省科技创新平台和服务体系建设实施办法》等24项管理办法和政策文件，为加快贵州科技事业发展和科技支撑全省经济社会发展提供了政策保障。

表1 "十二五"规划主要指标实现情况

指标名称	2010年	"十二五"规划目标	2015年	实现情况
综合科技进步水平指数（%）	37.37	47.37	38.56	未完成
科技进步贡献率（%）	39.83	45	45.42	完成
全省公民具备基本科学素质的比例（%）	1.54	3	3.56	完成
科技活动投入指数（%）	29.32	35.32	35.66	完成
R&D经费投入强度（%）	0.65	1.2	0.59	未完成
专利申请量（项）	4414	16100	18295	完成
专利授权量（项）	3086	13900	14115	完成
登记科技成果数（项）	125	250	115	未完成
科技活动人员（万人）	5.63	7	7.52	完成
R&D人员（万人）	2.34	3	4.05	完成
高新技术产业产值（亿元）	853.94	2400	2820.82	完成
高新技术企业数（家）	49	350	382	完成

（二）科技创新面临的新形势

全球新一轮科技革命和产业变革加速推进，科技创新更加活跃，人才、技术、资本等创新要素全球流动的速度、范围和规模达到空前水平，创新模式发生深刻变化。一些重要科学问题和关键核心技术已经呈现出革命性突破的先兆，带动关键技术交叉融合、群体跃进。大数据、云计算、3D打印、新能源、生物医药、新材料等领域颠覆性技术不断涌现，正在催生新产业、新业态、新模式，并将对社会生产方式和生活方式带来革命性变化。

"十二五"以来特别是党的十八大以来，党中央、国务院高度重视科技创新，做出深入实施创新驱动发展战略的重大决策部署。我国科技创新步入以跟踪为主转向跟踪、并跑和领跑并存的新阶段，正处于从量的积累向质的飞跃、从点的突破向系统能力提升的重要时期，在国家发展全局中的核心位置更加凸显，在全球创新版图中的位势进一步提升，已成为具有重要影响力的科技大国。

"十三五"时期是我省大有作为、奋发有为的重要战略机遇期，是实现弯道取直、后发赶超的关键时期，是脱贫攻坚、同步小康的决胜时期，但贫困落后是主要矛盾、加快发展是根本任务的基本省情没有变，既要“赶”又要“转”的双重任务没有变，“守底线、走新路、奔小康”的战略目标没有变，因此迫切需要进一步释放科技创新潜能，深入实施创新驱动发展战略，将创新驱动作为我省弯道取直、后发赶超的新路径和主动力，大力推进科技创新、路径创新、模式创新、制度创新、文化创新等各方面创新，大力培育发展新技术、新产业、新业态、新模式，推动大众创业、万众创新，释放新需求，创造新供给，加快实现发展动力转换，建设创新型省份。

同时，我们必须清醒地认识到，与建设创新型省份的要求相比，我省科技创新还存在一些薄弱环节和深层次问题，主要表现在：综合科技进步水平不高，区域之间的科技进步水平差异较大；“十二五”期间R&D投入强度呈现下降趋势，全省具有科研活动的单位仅477家，总体科技投入不足，结构不合理；企业创新动力不足，2015年全省规模以上工业企业为4482家，其中有R&D活动的企业仅为285家，占比为6.4%；科技创新人才基础薄弱，特别是领军人才、高层次创新人才匮乏，全省仅有两院院士5人、长江学者2人；创新链各环节之间衔接不够紧密，部门之间对接和协作渠道不顺畅；知识产权意识薄弱，专利的运用、经营、布局、资本化和品牌培育等方面的工作仍待加强。

二、发展目标与总体部署

（一）指导思想

全面贯彻党的十八大和十八届三中、四中、五中全会，全国科技创新大会精神以及省委第十一届六次会议精神，坚持“四个全面”战略布局，落实习近平总书记重要讲话特别是视察贵州的重要指示精神，牢牢守住两条底线，围绕主基调、主战略和两大战略行动，积极主动适应新常态，认真践行“五大发展理念”，立足资源禀赋，强化创新自信，着力超前布局，累积先发优势，坚持聚焦同步小康、聚焦重大需求、聚焦国民经济主战场，实现科技体制改革率先推进、关键技术率先突破、创新创业平台率先建成，实施以大数据为引领的区域科技创新差异化发展战略，推动科技创新供给侧结构性改革，打造创新驱动发展新引擎，为我省“守底线、走新路、奔小康”提供强大科技支撑。

（二）基本原则

——坚持深化改革创新发展。加强发展理念的突破，使创新成为支撑和引领发展的主要推动力，加快推进经济发展的模式由“投资拉动”“资源依赖”向主要依靠科技进步与提高劳动者素质转变，遵循改革需求，寓改革于发展中，在改革中探索特色发展、创新发展的新路子和新模式。

——坚持市场导向突出重点。充分发挥市场配置创新资源的决定性作用，着力探索技术创新组织、产学研合作、科技金融结合、创新资源整合的新机制，构筑开放高效、富有竞争力的区域创新体系，着眼于产业结构调整、民生科技和科技自身发展全局中的体制、机制、人才、环境和平台建设等重点问题，推动经济增长的重心由追求规模扩张向提高质量效益转变。

——坚持聚集需求推动发展。围绕我省全面建设小康社会的目标和经济社会发展的重大科技需求，结合经济社会所处的发展阶段和科技资源的现状、特点，主动谋划科技发展与产业振兴的结合，谋求产业发展重大、关键、共性技术问题的突破，以科技创新抢占制高点，着力构建现代产业技术体系，加快推动产业发展向高端化、高新化转变。

——坚持政策支撑协同创新。在科研布局、资源配置、科研组织机制、用人机制等方面实现整体协同与多元协同政策的有机统一。调整创新决策和组织模式，强化普惠性政策对企业技术创新投入的支持，降低享受政策的门槛和成本，调动企业创新积极性。

——坚持人才为本优化环境。完善科技创新体制机制，营造大众创业万众创新良好环境。实施科技创新人才培养引进行动，着力推动科技人才队伍建设，强化各类创新平台的人才资源聚集功能，完善创新人才评价机制和激励政策，打造创新创业人才新高地。

（三）发展目标

总体目标：到 2020 年，全省科技创新综合实力显著提升，发展驱动力转换初步实现，创新成为我省经济社会发展的主要推动力，高新技术产业成为经济增长的有力支撑，基本建成与现代产业体系相融合、适应贵州经济社会发展需要的支撑有力、布局合理、开放高效的区域创新体系，加快建设创新型省份。

具体指标：

——科技体制改革取得重要突破。技术创新市场导向机制更加健全，企业、科研院所、高等学校等创新主体充满活力、高效协同，科技管理体制机制更加完善，创新资源配置更加优化，创新能力明显增强，科技对经济社会发展支撑引领作用更加凸显。

——科技综合实力显著增强。R&D 经费投入强度达到 1.2% 以上，科技进步贡献率达到 50% 以上，综合科技进步水平指数达到 42% 以上，公民具备基本科学素质的比例达到 6.5%。大健康医药、磷化工、煤化工、锰化工、钾化工、有色金属、新能源汽车、新型建材、大健康和特色食品等区域性特色产业创新能力进入国家先进行列，打造具有创新活力和竞争力的创新型企业和产业集群。

——创新产出大幅增加。万人发明专利拥有量达到 2.5 件，技术市场合同交易额累计达到 800 亿元，专利申请量达到 17 万件，专利授权量达到 5 万件，其中发明专利申请量达到 3.2 万件，发明专利授权量达到 0.24 万件，发表科技论文达到 2.6 万篇，知识创造、知识应用与知识转移加速，科技成果转化及创新的经济社会效益明显提升。

——高新技术产业发展层次明显提升。高新技术产业产值年均增长 15% 以上，全省高新技术产业产值达到 5000 亿元，高新技术产业发展的质量明显改善；高技术产业产值占高新技术产业产值的比重达到 40%。

——科技型企业梯队初步形成。全省高新技术企业数量达到 700 家，科技型企业达到 10000 家，其中科技型种子企业 2000 家（含大学生创业企业），科技小巨人（成长）企业 1600 家，创新型领军企业 40 家。

——科技创新创业人才队伍进一步壮大。R&D 人员全时当量达到 3.8 万人年，万人研究与发展（R&D）人员数达到 10 人年，万名就业人员中科技活动人员数达到 45 人，培养院士 1 ~ 2 名，在大数据领域培养引进 10 名院士、长江学者、杰青等领军人才，高层次创新创业人才和团队加速集聚，成为西部地区重要的创新创业人才高地。

——创新创业平台更趋完善。新增 5 个省级高新技术产业开发区，实现各市（州）省级高新技术产业开发区全覆盖，国家级高新技术产业开发区达到 3 个，国家级农业科技园区达到 15 个。新建 1 ~ 2 个国家创新型试点城市。创建公共大数据国家重点实验室、中国科学院贵州射电天文台；新建 70 家省级以上重点（工程）实验室、工程（技术）研究中心、企业技术中心；建设 350 家省级以上众创空间、星创天地等创新创业服务平台。创建国家自主创新示范区和国家科技成果转移转化示范区。

表 2 “十三五”时期贵州省科技创新发展主要指标

指标名称	“十二五”指标情况			“十三五”规划目标	
	2015 年	2010 年	年均增长率（%）	2020 年	年均增长率（%）
R&D 经费投入强度（%）	0.59	0.65	−1.9	1.2 以上	15.3 以上
科技进步贡献率（%）	45.42	39.83	2.7	50	2
综合科技进步水平指数（%）	38.56	36.78	1	42	1.7
万人发明专利拥有量（件）	1.56	0.38	32.6	2.5	10
专利申请量（万件）	1.83	0.44	33.0	17	56.2
发明专利申请量（件）	7538	1322	41.7	32000	33.5
专利授权量（万件）	1.41	0.3	36.3	5	28.8
发明专利授权量（件）	1501	434	28.2	2400	9.8
发表科技论文（万篇）	2.07	1.63	4.9	2.64	5
高新技术产业产值（亿元）	2820.82	853.94	27.0	5000	12
高新技术企业数（家）	382	49	50.8	700	13
科技型企业（家）	2853	—	—	10000	28.5
R&D 人员全时当量（人年）	23537	15087	9.3	38000	10
万人研究与发展（R&D）人员数（人年）	6.67	4.34	9.0	10	8.5
万名就业人员中科技活动人员数（人）	38.61	31.79	3.96	45	3.1
公民具备基本科学素质的比例（%）	3.56	1.54	1.2	6.5	1.2

（四）总体部署

未来五年，科技创新工作将紧紧围绕深入实施创新驱动发展战略，有效支撑工业强省、城镇化带动主战略和大扶贫、大数据两大战略行动，加强系统谋划和部署。

——聚焦国民经济主战场。主动适应经济发展新常态，围绕我省经济发展主基调、主战略和两大战略行动，开展科技精准扶贫，支持以大数据为引领的电子信息产业技术研发和攻关，加快以高新技术改造提升传统产业，推动产业转型升级和产业结构调整，构建具有较强竞争力的现代产业技术新体系，发挥科技创新在供给侧结构性改革中的基础、引领和支撑作用。

——夯实创新基础能力。以重大需求为导向，加快建设高端创新平台，培育科技创新人才队伍，实施一批对经济社会发展和科学技术进步具有战略性、前瞻性、全局性和带动性的应用基础研究，加强知识产权创造、运用和保护，全面提升我省创新能力。

——提升创新体系整体效能。深化科技计划管理改革，全面推进科技计划优化整合，形成开放决策、运行高效、科学规范、监管有力、公正公开的科研项目和资金管理机制，构建集成高效的创新组织体系；强化企业技术创新主体地位，推进高等学校、科研院所改革，促进科技成果转化。

——构建“双创”良好生态。构建创新创业良好生态，推动政府职能从研发管理向创新服务转变，全面推进众创、众包、众扶、众筹，加快发展科技服务业，构建普惠性创新创业政策支撑体系，打造一批双创示范基地和平台，提高全社会公民科学素质，培育宽容失败的创新创业文化。

三、创新驱动支撑经济社会发展

（一）实施科技精准扶贫攻坚行动

扶贫开发是我省同步小康进程中必须着力解决的“短板”，是贵州最大的民生工程。为打赢脱贫攻坚战，必须围绕“五个一批”“六个精准”提供技术支持和人才保障，充分发挥科技创新对精准扶贫、精准脱贫的支撑作用。

1. 完善省、市、县三级联动科技扶贫机制

切实提高思想认识，转变观念，创新工作方式，采取超常规举措，加大科技扶贫力度，发挥科技优势，在做好与其他部门工作衔接的同时，立足县域的脱贫科技需求，加大对基层科技管理部门的支持力度，集成省、市、县三级创新资源，建立省、市、县三级科技部门联动的工作机制，链条部署，精准施策，形成合力。推动集中连片特困县和扶贫开发工作重点县建设成为科技成果转化示范县，开展科技成果转化政策的先行先试，创新科技成果转化和产业化模式，向全省提供示范，为“脱贫攻坚战”提供支撑。

2. 构建科技精准扶贫平台体系

建设科技扶贫精准识别平台。以扶贫云 + 国土云的融通应用为依托，实施“农村信息网格（ING）”科技重大专项，采集并实时更新农户住房、就业、教育、消费等数据，精准识别贫困人群，为实施精准扶贫、精准脱贫提供平台技术支撑。

建设科技扶贫创业孵化服务平台。支持在贫困地区建立科技企业孵化器，围绕区域主导产业和特色产业，拓展孵化器功能，整合创业孵化资源，打造创业服务产业链，构筑孵化载体、技术平台、人才培育、融资担保一体化等孵化服务体系。

建设科技扶贫产业示范服务平台。推动建设县域科技成果转化中心，促进适宜科技成果在县域转化。以现代山地高效农业园区、农业科技园区为载体，实施一批超高效农业示范项目，推广农业生产智能化、信息化、机械化，提高园区规模化、规范化、集约化水平。支持有条件的现代山地高效农业园区申报建设国家农业科技园区和农业高新技术产业园区。

3. 构建贫困地区科技成果转化新模式

强化产业扶贫技术支撑。围绕发展山地生态高效农业，提高精品水果、蔬菜、茶、食用菌、中药材、特色种养业等重点产业产品的科技成果供给，加快先进适用科技成果在贫困地区的转化应用，从“大

水漫灌”向“精准滴灌”转变，重点支持龙头企业、合作社、专业大户等新型经营主体成为科技成果转化应用示范样板，建设一批科技成果转化示范园区、示范村和示范户。

探索完善一批新模式。构建三产融合的全产业链，加强技术链协同攻关，形成一、二、三产融合产业技术支撑体系。探索企业带动技术脱贫模式，扶持龙头企业、农民合作社、专业大户、家庭农场、职业农民等新型农业经营主体，推广“公司＋合作社＋科技人员＋农户”农业生产方式，引导农户与龙头企业、合作社等建立合理的利益联结机制。支持乡村旅游、农产品产地初加工、农村养老服务、农村文化创意等农村新兴产业发展。

加快技术成果应用示范。实施美丽乡村建设科技示范项目，推广应用设施农业、农村污水处理、资源循环利用、观光农业等新技术，助力山地特色新型城镇化建设。结合“易地扶贫搬迁”推广工厂化建房项目，引进木骨架组合墙体技术，为群众提供建造速度快、成本低、宜居性高的民宅。依托“信息进村入户”工程，开发“三网融合”数字化设备，实现示范应用，为农户提供电视、电话、远程教育、电子商务、政务、远程医疗一体化服务。

4. 积极推进农村信息化建设

结合“四在农家·美丽乡村”六个小康行动计划的实施，建成覆盖省、市、县三级的农村信息服务平台，推动信息化与农特产品、乡村旅游、乡村医疗相结合，集成成熟农业信息技术开展典型应用示范，提升农村基层信息服务能力。

加快推进农村电子商务发展。大力发展农村电子商务，引导各类经营主体加大农产品网络营销力度，创新“专业合作社＋互联网＋电商”新型商业运行模式，围绕重点农产品，扶植建立一批跨区域、专业化的特色网站和交易平台，支持流通渠道的信息化改造，拓宽农产品销售渠道，联结“小产品与大市场”。

强化农村信息化技术支撑。在种植业标准化程度较高的地区开展种植业生产信息化示范建设，加快信息技术的推广应用，逐步实现信息技术与农业各业务领域的有效融合，完善农业专家远程可视化服务系统。选择区域内有代表性的作物，利用物联网、3S、3G 等现代信息技术，开展农情监测、精准施肥、智能灌溉、病虫草害监测与防治等方面的信息化示范，实现种植业生产全程信息化监管与应用，提升农业生产信息化、标准化水平，提高农作物单位面积效益和质量。

建立完善农村信息服务体系。支持贫困地区建立农村产业技术服务中心、技术转移中心等各类科技服务机构，充分利用现有条件开展农村信息化人才培训，对信息技术骨干和专兼职农村信息员进行培训；采取多种形式对广大农民开展信息化应用知识培训，提高农民信息获取和处理运用能力，培养有文化、懂技术、会经营的新型农民。

5. 支持科技人员进入扶贫主战场

选派各级科技特派员带成果带项目到园区、乡镇、企业、合作社，围绕农业全产业链开展技术服务，实施技术成果转化及示范推广，与农民结成利益共同体；实施“三区”科技人员计划，选派科技人员到“三区”提供“一对一”“一帮一”“一带一”的精准科技服务，开展本土科技人员培训，为“三区”培养本土科技服务人员。

发展面向农业农村的“众创空间”和“星创天地”，组织引导大学生、返乡农民工、退伍转业军人、退休技术人员、农村青年参加现代农业科技培训，培养一大批新型农民投身农业农村创新创业。

建立科研单位帮扶机制。选派科技特派员到贫困地区驻点帮扶，鼓励科技人员到贫困地区领办、创办、联办产业项目，组织动员科研院所、大专院校科技人员采取多种方式参与扶贫。

专栏 1　科技精准扶贫培育工程

建立贫困山区种养殖精准扶贫科技示范产业基地，实现贫困县全覆盖。每个示范产业基地覆盖农户 1000 户以上，农民来自主导产业的人均年收入达到 5000 元。支持 50 家企业开展 100 个新产品研发并投入市场，形成全产业链发展格局。“十三五”期间，每年选派 1000 名以上省市级科技特派员、4000 名县级科技特派员，培养科技示范户和乡土技术人才 5000 人，帮助 100 个园区解决关键技术和应用技术成果转化。实施万名农业专家服务三农行动。新建“四在农家·美丽乡村”科技示范村 50 个。

（二）着力突破大数据核心关键技术

加快推进贵州大数据产业技术创新试验区建设，围绕大数据产业发展重点方向，大力发展大数据关键应用技术，以重大项目为抓手，推动产业链向高端环节升级和转移。持续提升云计算、电子商务、新型电子元器件、家用视听和通信终端等消费类电子设备、电子仪器、电子装备、软件服务外包等技术水平与产业化规模，达到国内先进水平。

1. 大数据基础理论研究

加强数据科学理论体系、大数据计算系统与分析理论、大数据驱动的颠覆性应用模型探索等基础理论和应用基础理论研究。依托高等学校和科研院所，建立融合数理科学、计算机科学、社会科学及其他应用学科的大数据学科体系。面向网络、安全、金融、生物组学、健康医疗等重点需求，探索建立数据科学驱动行业应用的模型。布局大数据前瞻性研究，通过政产学研相结合的协同创新和基于开源社区的开放创新，研究大数据理论、算法和关键应用技术。

2. 大数据核心业态关键技术

推动大数据采集、存储、处理、分析、应用、可视化等技术环节创新，突破数据清洗、脱敏、分析、安全管理及块数据和多源数据融合等核心技术瓶颈。一是发展大数据获取技术。研发互联网、移动互联网、社交网络、物联网等数据采集核心技术，突破分布式高速可靠的大数据爬取或采集技术，研发高速数据解析、转换与装载等大数据整合技术。二是发展大数据存储与处理技术。研发可靠的分布式文件系统、能效优化的存储、内存计算等大数据存储技术，突破分布式非关系型大数据管理与处理技术，研究大数据建模技术，研发大数据索引技术，突破大数据移动、备份、复制等技术，开发大数据可视化技术。三是发展大数据分析技术。研发数据挖掘和机器学习技术，开发数据网络挖掘、特异群组挖掘、图挖掘等新型数据挖掘技术，突破基于对象的数据连接、相似性连接等大数据融合技术，研发用户兴趣分析、网络行为分析、情感语义分析等大数据挖掘技术。四是发展大数据安全技术，研究大数据安全理论体系，研发大数据安全存储及灾备技术和脱敏技术，探索大数据应用的隐私保护方法，研究大数据的认证和溯源技术，构建大数据安全风险评估体系，为大数据开放、共享和交易提供安全技术保障。

3. 大数据关联业态关键技术

围绕大数据关联业态发展，支持智能终端制造企业搭建技术创新平台，实施一批成果转化和产业化项目，集中力量攻克一批智能终端产品制造核心技术。一是发展新型智能交互技术，研发基于眼球追踪、语音识别、远程触控、体感控制、意念控制等前瞻智能交互技术的智能端产品。二是发展新型显示技术，研发柔性显示、3D 显示、微投影、电子纸等新型显示产品。三是发展新型智能端计算和存储技术，研发大容量存储、超高处理能力 CPU 的智能手机与平板电脑产品。四是发展智能传感器技术，研发微型化、集成化和系统化智能传感器技术的智能端产品。五是发展大规模分布式计算、内存计算的绿色大数据一体机、服务器和存储产品。六是发展智能端产品软件与应用服务技术，研发新一代操作系统、移动应用软件。

4. 大数据衍生业态关键技术

围绕“大数据 +”衍生业态发展，强化大数据技术对交通、教育、金融、物流、能源、农业、旅游、医疗、养老、社会治理等领域的支撑，形成一批在全国领先的行业大数据应用解决方案。研发移动电商、移动支付、精准产品搜索、虚拟现实购物平台、智能语音导购、智能推荐系统、电商大数据分析系统等技术，建设新一代以数据技术为基础的电商平台。

5. 大数据服务供给技术

着力推进大数据商用产品和服务，推进企业开展大数据存储、数据加工分析、数据安全、智能硬件等新产品研发；着力提供大数据民用产品和服务，加快实现智能互联，在交通运输、教育、文化、医疗卫生、社会保障、养老服务等重点民生领域实现技术研发体系创新；着力提供大数据政用产品和服务，开展公共大数据关键共性标准研究，加快推进政府和公共数据资源集聚和开放共享，鼓励科技型企业面向政府需求开发各类大数据应用产品、提供数据增值服务。

专栏 2　大数据应用技术

大数据。开展大规模数据采集和预处理技术；大规模分布式数据存储与处理平台关键技术；动态数据可视化技术、大数据挖掘技术、大数据网络传输关键技术，大数据安全、大数据展现和应用（大数据检索、大数据可视化等）；分布式数据汇聚与交换（消息中间件）技术；面向行业的大数据经济价值挖掘技术研究。

“互联网 +”。开展面向工业制造业领域的研发设计、生产、管理、销售、服务等环节构建的网络化协同制造关键技术研发及应用示范；互联网与交通、物流、金融、医疗、教育、旅游等领域融合创新发展的关键技术研发及应用示范；网络信息安全核心关键技术研发及应用示范。

工业控制与行业智能技术。开展嵌入式系统软件关键技术开发及应用；智能终端软件关键技术开发及应用；智能节能软件关键技术开发及应用；产品设计、工艺和控制软件开发及应用；基于大规模定制的分布式制造关键技术研发及应用示范。

物联网。加强物联网数据采集与智能处理技术研发及应用；物联网中间件技术研发及应用、新型感知技术及传感器件研发。

云计算。开展云计算关键技术研发及应用；基于广域网、移动互联网、泛在网的新一代集成协同技术研发及应用。

微电子技术。开展新型电子器件及关键技术、微纳芯片及集成电路设计及产品测试技术、微电子器件封装技术、高性能半导体集成电路技术、电子器件可靠性技术、消费电子类芯片设计与研发技术及 3D 电子打印技术研发。

智能终端。加强智能手机、平板电脑、服务器、液晶面板、互联网电视、教育多媒体机、北斗终端设备、可穿戴设备、智能家电等智能终端设备产品关键技术研发及产业化。

制造业信息化。开展基于 CPS 与物联网的智能工厂和数字化车间应用关键技术研究及示范；ERP/MES/DCS 系统集成关键技术研发与应用示范；产品全生命周期生产管控和质量安全溯源技术研发；机器人及智能自动化生产线应用技术示范；军工装备制造物联与制造服务系统关键技术研究；制造服务关键系统研发及示范；面向个性化需求的网络化制造技术研发。

人工智能。开展人工智能基础数据资源平台关键技术研发，真实文本的语料库构建及研制；改进特征提取、搜索算法、自适应算法等智能语音处理技术；开展政务服务机器人、智能助手等关键技术研发及典型应用。

空间信息技术。开展基于北斗的卫星导航产业应用技术研究；物联网与地理信息系统集成技术研究；基于射电望远镜空间探测数据的处理、分析、应用；新型遥感技术的智能化数据处理、解译、监测等关键技术研发及应用。

（三）构建现代产业技术体系

把握科技与产业变革的新趋势，聚焦经济社会发展重大需求，着力于经济社会发展的科技支撑和核心技术突破，强化重点领域关键环节的重大技术攻关，突破制约可持续发展和包容性发展的瓶颈问题，加快构建现代产业技术体系，切实提高经济社会发展的质量和效益。

1. 现代生态农业技术

立足自身资源禀赋、产业基础和市场需求，围绕现代山地高效特色农业产业发展战略，在做强草地畜牧业、生猪、蔬菜、茶叶、马铃薯、精品水果、中药材、核桃、油茶、刺梨、特色杂粮和特色渔业等主导产业和特色优势产业方面，着力突破特色种植业、特色养殖业资源发掘，新品种培育，农产品贮藏保鲜与精深加工等影响产业发展的技术瓶颈，推进农业标准化和信息化建设，构建品种、品质和质量安全等技术体系，推进农业一、二、三产融合发展，实现农业产业提质增效。

专栏 3　现代生态农业技术

种业。开展动植物和微生物种质资源发掘、动植物新品种选育、食（药）用菌新品种的驯化与筛选，重点开展地方优良种质资源创新利用研究；收集地方多样性野生资源，提纯复壮、选育一批地方特征显著、产量和主推品种保持一致并通过审定（认定、登记）的品种，重点培育一批适应轻简化生产要求的农作物新品种，筛选低重金属积累和抗病虫粮经作物新品种；开展菌种、种子、种苗及苗木规模化繁育、质量检测技术，畜禽、水产新品种繁育技术，动物胚胎高效生产及移植配套等技术攻关。

高效安全种养。开展工厂化育苗等农作物高效安全生产集成配套技术、设施园艺商品化生产技术、农作物水分高效利用与农艺节水技术、观光农业的景观品种选配等技术攻关；加强畜禽水产标准化健康养殖和质量控制技术、林下种养殖业技术、养殖业废弃物资源化与环境修复技术、饲料及饲料添加剂新产品关键技术研发与应用；低重金属积累的粮经作物筛选与配套技术攻关及农业投入品质量监测技术研发。

农产品及食品加工、储藏与物流。研发传统特色食品的标准化、自动化或半自动化生产技术和设备。重点开展粮油、果蔬、畜禽食品加工与制造关键技术和装备研究；符合绿色或有机标准的安全保鲜保质技术研发；地方特色农产品、食品的营养价值和危害物质分析技术研发；酒、酱油等原料产品生产和酿制产品标准化加工技术研发；高附加值的营养、保健型或日用精深加工产品和与之配套的工程技术研发；以茶叶、马铃薯为原料的新用途产品、农业副产物综合利用技术研发；油茶、核桃等木本油料资源开发与利用技术研发；具有民族特色的生态绿色食品研发；开展鲜活农产品贮运保鲜与物流配送技术研发；农产品及食品质量安全追溯与评价、检验检测技术研发。

动植物疫病防控。推动植物病虫害和动物疫病监测预警、预防控制、快速诊断、应急处理技术研发；病害或疫病检测技术、农药高效安全施用技术、疫苗生产技术和兽药生产技术应用研发；开展生态调控、生物防治、物理防治、科学用药等绿色防控体系构建与技术攻关，支持民族中兽药发展。

农用物资和设施装备。开展生物型杀（抗）菌、杀（抗）虫剂生产关键技术研究及应用示范；新型高效环保肥料、有机肥料和栽培基质的关键技术攻关；研发适合山区特点的小型化农机具、环保型设施栽培装备、饲草料加工技术与装备和集约化舍饲养殖关键设备。

林木资源培育及林产加工。开展景观园林绿化及观赏植物的筛选和培育；开展天然林、人工林及野生动植物等林业资源的保护、培育及开发利用；人工林木（竹）材改性处理技术和林化工产品加工技术研究。

2. 智能制造技术

积极发展航空航天装备、汽车与新能源汽车、数控机床和机器人、工程机械和能矿装备、电力与新能源装备、轨道交通装备、农业机械装备、增材制造（3D 打印）、微机电系统（MEMS）等特色主机智能装备或总成；推动特色装备智能化，促进智能整机装备快速发展。

加快新型传感、模块化 / 嵌入式控制系统设计、先进控制与优化、系统协同、故障诊断、高可靠实时通信网络、功能安全、特种工艺与精密制造、智能识别等智能制造技术的研发及终端产品研发；加强信息物理融合系统（CPS）、工业互联网、智能车间和智能工厂技术与系统的研究与应用示范。

专栏 4　智能制造技术

核心智能装备。研发航空航天装备、汽车与新能源汽车、数控机床、工程机械和能矿装备、电力与新能源装备、轨道交通装备、农业机械装备等特色主机智能装备，包括：民用无人机、航空发动机、纯电动驱动系统、纯电动客车、数控系统及数控机床、微机电系统（MEMS）等；开展面向制药、白酒及食品加工的生产、质量检测、智能控制、智能物流装备、异型物流智能装备等智能装备研发；工程机械动力及传动系统、全生命周期服务系统、数字矿山系统与智能、基于北斗的无线通信系统及智能终端等研发；研发适用于中国标准高速动车组、城际快速动车组的网络控制系统、高速铁路列控系统；开展山地农机智能装备研发。

工业机器人。开展机器人用减速器、伺服电机及控制器的关键技术攻关，加强精度智能测量技术、在线质量检测与控制、高速移载自动上下料、复杂多工位机器人集成应用等技术研究与应用示范；开展焊接机器人、搬运机器人、涂胶机器人、灾害救援空投机器人、储油罐清理机器人和超高压水射流机器人等研发，加强工业机器人在各类工业生产中的应用研究。

增材制造（3D 打印）技术与装备。开展机械设计与制造、数控、激光、新材料等学科快速成型技术研究，在大尺寸铸造砂型、非标复杂零件特种加工、数控系统、金属和非金属、陶瓷粉末材料制备成形、高分子材料加工、三维打印软件开发等方面进行技术创新与集成；开展航空航天领域大型复杂结构件、工程机械关键零部件整体式多路阀、铝用高性能复合材料整体成型、复杂模具设计与加工、生物器官成型、部分汽车复杂零部件等关键技术攻关和应用示范。

智能制造新技术与系统。构建适合业务需求的混合云；推进智能机器、交通运输系统和电网的嵌入式传感、处理、控制和分析技术创新；重点开展智能工厂 MBD 技术、物理仿真引擎系统架构、仿真模型等系统研发应用；基于 5G 应用的重型机械的运行远程控制、工厂自动化、生产设备与流程实时监控、智能电网和远程手术的新技术研发；高性能应用机器人、协同制造机器人、满足功能的安全可靠机器人以及智能可穿戴设备研发。

3. 新能源技术

加强页岩气、煤层气、浅层地温能、风电、太阳能、生物质能等新能源和清洁能源技术引进消化吸收再创新，开展新能源材料、技术及配套装备研发，推动能源供给向多元化和清洁化转型。

专栏 5　新能源技术

以煤层气为主的清洁能源。加强煤层气抽采率和资源综合利用率的关键技术攻关；开展煤炭、煤层气的洁净和高附加值利用研究。

以太阳能、风能为主的可再生能源。开展民用太阳能照明、太阳能供热等产品的研发；风能发电设备及其关键零部件制造技术研究；风力发电设备部件的研发；太阳能薄膜电池、太阳能级多晶硅制备研发。

清洁环保能源。开展甲醇燃料、甲醇汽油、二甲醚等产品应用技术及装备研发，重点推动甲醇燃料、甲醇汽油的产业化关键技术攻关及应用。

4. 新能源汽车技术

围绕新能源汽车动力电池、电机和电控技术、整车集成、充电设施的安全配套和能量存储等关键共性技术，开展纯电动汽车、插电式混合动力汽车和新能源城市物流车、环卫车等专月车技术集成攻关和应用示范，打造毕节、贵阳、遵义等新能源汽车研究试验基地。

专栏 6　新能源汽车技术

电池。开展大功率、长寿命锂离子电池动力系统设计关键技术攻关和动力电池管理系统研发；加强能量型磷酸铁锂、锰系列锂离子动力电池研发。

整车及装备。开展新能源汽车驱动电机、新能源汽车整车及系统总成、新能源汽车配套设施设计、制造、检测等关键技术攻关；超级电容电动汽车 ISG 启动电机、替代能源汽车加气设备、安全配套设备、中高端纯电动客车、插电式动力汽车、甲醇动力汽车的研发及应用示范，重点推进快速充换电设备、增程式电动汽车、替代能源混燃重型卡车、电动汽车电控系统、新能源汽车发动机等研发。

5. 新材料技术

围绕国家和我省在高端制造、能源开发、环境治理、绿色建筑、冶金化工等产业对新材料技术的重大需求，重点发展新型金属及合金材料、新型无机非金属材料、新型高分子材料、先进功能材料前沿技术及关键应用技术。

专栏 7　新材料技术

金属及合金材料。开展微纳尺度下金属材料及器件的制造关键技术攻关；开展金属材料跨尺度、多层次结构与性能的研究应用；金属材料多载荷协同疲劳行为及其在关键构件设计中的研究应用；发展超纯净、高均质合金材料的制备技术；开展金属合金材料高能表面改性与强化和晶粒超细化加工研究；金属间化合物及难加工合金材料的制备与成形技术研究；发展金属材料及制品抗疲劳制造技术；开展合金材料先进连接技术、金属材料精密成形及组织控制加工关键技术研究；发展新型金属耐磨材料制备技术；智能机器人用关键材料制造技术；极端环境服役条件下的新型金属及合金材料制造研究。

新型无机非金属材料。开展原子、分子尺度无机非金属材料的设计、加工制备研发及应用；发展新型无机非金属半导体材料、光电材料、电磁材料、高强韧工程陶瓷材料、催化材料设计与制造技术；开展石墨烯多功能复合材料（包括无机、金属、高分子复合材料）研发与制造研究；发展碳纤维复合材料制造技术和新型绿色建筑材料的设计与加工技术；开展能源、化工、冶金等行业用高性能无机非金属材料制造关键技术攻关。

高分子材料。开展高性能高分子复合材料制备关键技术攻关；分离膜、无卤阻燃、储能、导电、表面功能化高分子材料制备研发；发展生物基绿色热塑性高分子材料合成技术；开展可完全降解的环境友好高分子材料制备技术研究；橡胶、塑料环境友好功能助剂研发；发展轻量化高分子材料及成型加工关键技术；开展绿色建材高分子材料及其复合材料研究。

先进功能材料。以新型功能纳米材料、压电材料、铁电材料、稀土新材料、高性能膜材料、新型能源材料、高温超导材料、有机－无机半导体光电材料、高端生物医用材料为重点，开展新型功能材料关键共性技术攻关；开展融合材料基因工程提升新材料在重大工程中的设计应用研究。

6. 现代交通技术

围绕“综合交通、智慧交通、绿色交通、平安交通”，加强实用性关键技术研发，完善我省现代交通运输核心技术体系，提升我省交通运输业的核心技术竞争力和产业可持续发展能力，提升交通运输行业科技进步水平，为加快建成现代化的综合交通运输体系提供有力的科技支撑。

专栏 8　现代交通技术

综合交通技术。围绕现代物流、城乡道路客运一体化、城乡物流网络体系建设、综合运输枢纽运营管理等，开展客运“零距离换乘”和货运“无缝衔接”的关键技术研发。

智慧交通技术。发展基于交通云平台、交通运输、交通运营管理及运输服务等方面信息化智能化关键技术，重点开展交通运输数据采集、交通数据融合、干线路网协调控制、交通运输大数据应用等研究。

绿色交通技术。发展公路水路建设期及营运期环境监测、路域生态环境恢复、交通运输节能减排、交通废旧材料及废弃物的循环利用等技术；研发公路材料再生技术及设备；开展公路节能环保新材料、装备与产品研发。

平安交通技术。开展交通运输安全关键技术及装备、交通运输应急保障关键技术研究；发展复杂路域环境安全智能预警、通航枢纽与船闸安全风险防控与保障、路网运行状态监测与灾害预警等技术。

交通建设及养护技术。开展山区大跨径桥梁建设、山区高速公路深埋特长隧道建设与运营、山区复杂自然条件下高速公路建设与运营、在役山区公路扩容改造、千吨级通航枢纽建设等关键技术攻关；开展公路自动化养护、快速养护、科学养护等方面的研究。

城市轨道交通运营管理关键技术。加强城市轨道交通运营安全保障、运营组织与运营监管等方面的研究。

7. 生物与医药技术

围绕农牧业动植物育种和新材料创制、畜禽水产科学养殖和疫病防控、植物高效栽培及配套利用技术、动植物资源高效利用、病虫害有效防治以及生态环境改善中的重大科学问题，开展粮经饲作（植）物、畜禽草、水产新品种选育及繁育、农田资源高效利用、有害生物控制、生物安全及农产品安全等农业高产、优质、抗病、高效研究，构建可持续发展的农林草生态和综合农业系统。开展重大生物产品的合成新理论、新途径、新方法等研究。

加快发展医药医疗产业，做强健康医药产业，巩固壮大中药、民族药，做大做强苗药；培育发展生物制药，加快发展化学药，拓展新医药衍生产业，提升医疗器械及医用材料行业技术发展水平。创新发展智慧医疗，推动“互联网 + 医疗”发展。发展优势中药材产业和特色医药食品产业，重点开发基于药食两用资源的健康产品。加快发展健康管理服务产业，加快发展互联网 + 健康管理新模式，推进大数据、物联网、云计算等新一代信息技术与健康管理服务融合发展。打造一批大健康医药产业科技示范区和示范县，规划建设一批大健康医药科技产业基地（园区）。

专栏 9　生物与医药技术

生物农业。开展生物技术在特优作（植）物、畜禽、珍稀水产品种质创新和新品种培育中的融合研究；生物农药、生物兽药、动物疫苗、诊断试剂、生物肥料、绿色植物生长调节剂、生物饲草料添加剂等绿色农用生物产品研发；农业生产系统土壤肥力维持、生物防治病虫（草害）等生物学过程的研究。

生物制造。发展化工产品生物合成途径构建与优化、原料综合利用与生物炼制、工业生物催化与转化、生物 - 化学组合合成等关键技术；发展现代发酵工程技术；开展工程微生物与清洁发酵研究；发展新型工程菌、新型酶制剂、氨基酸、寡糖和生物基材料、生物质纤维、非粮发酵、绿色生物技术；开展缓释抗菌、抗氧化功能性新型绿色包装材料研发。

中药材种植。开展重要中药民族药种质资源保存及利用评价技术研究；发展重要中药材品种规范化生产技术；开展中药材产地加工和加工质量控制、气候生态环境要素与地道中药材产量、品质形成的关键技术攻关；中药材生产调控技术与专用肥、高效低风险农药研制；发展大品种中药材优良品种选育和繁殖技术。

中药标准化及技术提升。重点突破中药民族药重点品种技术提升与深度开发技术；发展《国家基本药物目录》和《国家基本医疗保险、工伤保险和生育保险药品目录》收录的中成药品种全过程质量控制技术；开展支撑苗药进入国家药典的关键技术研究。

创新药物及仿制药物研发。开展中药民族药新药研究与开发；研制具有较高临床应用价值、市场前景好且具有自主知识产权的化学药及生物药；推动治疗重大疾病、市场前景较好的化学仿制药及生物仿制药的研发；发展化学仿制药一致性评价的关键技术。

大健康产业链。开展以药食用资源为原料或主要成分的健康产品的研发；支持重点中药材品种进入“药食两用”名单关键技术研究；开展中药民族药生产及加工过程中废弃物综合利用技术，保健食品、新资源食品、化妆品添加剂、特殊医学用途配方食品的研发。

医药“互联网 +”。运用大数据、云计算技术，整合、汇集和建设中药民族药产业相关的中药材、口药饮片及中成药全产业链个性化、智能化互联网系统研发；开展药材质量溯源与“互联网 +”技术应用研究。

人口健康。开展严重影响人类健康的常见病、慢性疾病、多发病和地方病病因诊断、治疗及其并发症防治技术研究；开展中医、苗医等特色医疗集成示范；突破干细胞技术及基因检测技术；开展食品安全数据标准化制定及应用示范关键技术研究。

8. 环境保护与生态治理技术

围绕治水、治气、治土、治渣等污染控制，大力开展污染防治、生态保护和环境风险评估等关键共性技术研发，重点开展氮氧化物、重金属、农药残留、持久性有机污染物、黑臭水体、危险化学品、危险废物、核与辐射、环境与健康、环境应急等控制技术和农业面源污染防控治理等技术研究。推进生态脆弱区生态恢复重建相关技术、喀斯特高原山地混农林业石漠化治理技术、分散式低成本农村饮用水、生活污水、生活垃圾处理成套技术与设备研发。大力开展生态脆弱区、工矿区生态修复重建和土地复垦以及污染场地修复，解决水体富营养化等问题。围绕石漠化综合治理与生态衍生产业基础前沿研究、共性关键技术研发、应用示范与产业化推广进行全链条创新设计、一体化部署、分模块推进，开展石漠化综合治理与混农林业复合经营、生态经济集约经营、生态产业规模经营、自然遗产地山地旅游等共性关键技术与技术体系研发。

专栏 10　环境保护与生态治理技术

高效节能。发展冶金、矿产加工等行业余热余压利用和节能监测等节能降耗新技术；开展高效节能锅炉窑炉、高效节能电器、照明器具、建材等新产品研发；突破用能系统优化技术；发展能源梯级利用和高效利用技术；加强新型节能保温材料研发和新节能技术的研究应用，重点研制耗能行业数字化和智能化生产设备；发展预焙铝电解槽电流强化与高效节能综合技术； 加强工业企业能源管理中心及优化调控技术研究；突破低品位铝土矿高效节能生产氧化铝技术；开展新型节能集约锰电解装备的研发；发展蓄热高温空气燃烧技术；发展海绵钛还原蒸馏强制散热和多级性槽镁电解技术；开展铁合金、烧结和回转窑等烟气余热发电技术研究；发展制酸低温余热回收技术；研制高效节能、长寿命的大功率 LED 产品。

先进环保。加强污泥处理处置、渗滤液处理、黑臭水体治理等水污染防治技术研究；发展高效除尘、烟气脱硫脱硝、挥发性有机污染物等大气污染防治和重金属污染防治技术；发展电解锰无铬钝化技术的研究与应用和锰渣综合治理与应用技术；发展生活垃圾及危险废弃物处置、放射性污染防治技术；研制高效膜材料及组件；发展温室气体减排技术；开展新型环保应用技术和配套设备研发；发展细颗粒物 PM2.5 治理技术；突破煤气化灰渣高效资源化利用技术和赤泥干法处理新技术研发；开展电解锰渣污染治理及综合利用研究；发展钡渣污染治理及综合利用技术；发展各类废旧电池的回收利用技术；开展炼铁除尘灰综合利用技术研发；开展新型布袋收尘装置研发；突破重金属分离、阻断、修复和降低农药残留技术；开展水源地保护及污染防治研究；发展农村饮用水及生活污水处理新技术。

石漠化综合治理与生态衍生产业。开展流域尺度石灰岩与白云岩石漠化演变机理与驱动机制研究；开展石漠化治理与生态产业耦合机理与协同创新机制研究；开展资源能源结构优化与生态系统健康维持研究；开展生物多样性维系与景观格局构建集成示范；开展石漠化综合治理与混农林业复合经营研究；突破生态经济集约经营、生态产业规模经营模式等科学问题与前沿理论研究；加强石漠化水土流失生态阻控、水资源耦合利用、土地生产力提高、生物多样性保护、产业功能植被恢复、生态功能植被恢复、混农林业复合增效等关键技术攻关；发展表层水资源调蓄与高效利用、生物炭缓释功能提升石漠化坡地保水保肥土壤改良漏失阻控、退化植被群落优化配置生态修复与生态衍生产业培育等关键技术；开展基于生物多样性的生态产业规模化经营和科技创新联盟引领下的新型农合组织建设等关键技术研究；发展集成示范适宜石漠化治理智慧产业技术；构建生态系统与生态产业健康优化、绿色发展与精准扶贫的石漠化治理生态产业技术模式与技术体系。

世界自然遗产地保护与山地旅游产业。开展山地旅游开发与生态治理的耦合机理、世界遗产保护与山地旅游产业互馈机制等科学问题研究；发展基于山地旅游产业发展的生态治理核心技术；开展世界遗产保护与山地户外体验旅游产业、山地退化生态系统修复与山地旅游社区参与、生态治理景观重塑、峡谷漂流、“飞拉达”攀岩、SRT攀岩、户外徒步、洞穴地下空间休闲养疗等关键技术研究。

资源开发与综合利用技术。发展矿产资源开采及其加工过程中伴生资源的综合回收与利用技术；发展矿产资源绿色勘查开发利用技术；开展冶金工业生产过程中的资源综合利用关键技术研究；开展大宗及危险工业废弃物的无害化处置与资源化利用技术研究；加强城市生活垃圾和建筑垃圾资源化、农林废弃物资源化利用、水资源开发与高效利用、能源植物资源综合利用关键技术研究。

危险性外来有害生物控制技术。发展外来有害生物的监测预警技术；开展外来有害生物对生态环境的影响及机制研究；加强外来有害生物的综合防控技术研究；开展外来有害植物土生植物替代研究。

9. 现代服务技术

面向“互联网+”时代的平台经济、众包经济、创客经济、跨界经济、分享经济的发展需求，以新一代信息和网络技术为支撑，加强现代服务业技术基础条件平台建设，加强技术集成和商业模式创新，提高现代服务业创新发展水平。加强网络化、个性化、虚拟化条件下服务技术研发与集成应用，大力开展服务模式创新，重点发展数字文化、数字医疗与健康、数字生活、培训与就业、社保等新兴服务业。围绕企业技术创新需求，加快推进工业设计、文化创意和相关产业融合发展，提升重点产业创新设计能力，将贵州打造成为西部现代服务业与高新技术产业融合发展的重要基地。

专栏11　现代服务技术

健康服务数字化。开展以人为中心的智能感知、普适服务关键技术研究；推进云技术运用食品检测技术研究；加强大健康医药产业云建设关键技术研究。

现代物流。开展物流市场供需结构战略研究；物流射频识别、可视化及智能决策技术的研发与集成；供应链物流、电商物流、城市共同配送、农产品冷链物流、医药物流、应急物流等综合性和专业化物流平台应用集成示范；加强面向产业价值链的第三方物流服务协同技术研发；发展供应链管理优化技术。

电子商务。开展电子商务市场体系研究，形成智慧电子商务云服务、新一代服务技术架构及解决方案；开展市场可信交易服务技术与系统研究研发；推动电子商务服务模式与技术集成创新。

检验检测认证服务。加强在线智能化、多参数、信息化和网络化等工业检测应用技术研发；开展检验检测认证信息化综合服务新业态研究；推动食品药品、基因检测等第三方公共检测服务机构应用示范。

知识产权服务。支持知识产权代理、信息检索、分析评议、运营实施、评估交易、保护维权、投融资服务等知识产权服务机构发展，完善知识产权全链条服务。

四、推动大众创业万众创新

（一）加快推进创新创业平台建设

1. 加强创新创业载体建设

加快贵阳大数据产业技术创新试验区、贵阳中关村科技创新园、高新区、农业科技园区、可持续发展实验区和创新创业模范城市建设，鼓励和支持各地、各园区、大学和相关企业以多种方式建设众创空间、科技企业孵化器、创新工场、创业咖啡等新型创新创业载体，为创新创业者提供“创业保姆”式服务，坚持“企业化、产业化、专业化”的发展方向，构建创业苗圃 + 孵化器 + 加速器的创业孵化链条，推广孵化 + 创投的科技企业孵化模式，提高孵化器孵化能力。发挥高新区、农业科技园区、经开区、重点工业园区等各类园区的核心载体作用，推动创新主体集聚、创新资源聚合、创新服务聚焦、新兴产业聚变。

2. 推进创新平台建设

建成一批国家级和省级重点实验室、工程技术研究中心、企业技术中心等创新平台，加强省部共建药用植物利用与功效国家重点实验室创新能力建设，加快推动省部共建公共大数据国家重点实验室建设进程。优化国家实验室、重点实验室、工程实验室、工程（技术）研究中心布局，按功能定位分类整合，构建开放共享互动的创新网络。建立科学的绩效评估体系，对已建重点实验室、工程技术研究中心实施动态管理，择优给予持续支持。推动国家超算中心和中科院贵州射电天文台的申建工作。支持大中型企业建立技术研究院、技术研发中心、院士工作站、博士后工作站、海外专家工作站等平台，通过高端平台建设，培养和集聚高层次创新人才、服务和支撑产业发展。

3. 推进众创平台建设

实施“双创”行动计划，构建低成本、便利化、全要素、开放式的众创服务平台。支持大型企业开展内部众创，向创业者提供技术支撑服务，培育一批具有辐射带动作用的创新创业示范企业。发挥大数据、“互联网 +”集众智、汇众力的乘数效应，使其与大中小微企业、科研机构和高校相融合，形成线上与线下协同创新创业格局。打造一批“双创”示范基地，培育一批运行模式先进、配套设施完善、服务环境优良、影响力和带动力强的示范创业创新中心。

专栏 12　科技创新平台载体

创新能力平台建设。新增国家级重点实验室 2 ~ 3 个，省级重点实验室 10 个；国家级工程技术研究中心 2 ~ 3 个，省级工程技术研究中心 15 ~ 20 个；国家地方联合工程研究中心（工程实验室）10 个，省级工程研究中心（工程实验室）15 ~ 20 个；国家级企业技术中心 1 ~ 2 个，省级企业技术中心 50 个，布局建设 20 个临床医学研究中心。

创新服务平台建设。新建省级科技企业孵化器、众创空间、星创天地 350 家以上，大学科技园 8 家以上，产业技术创新战略联盟 15 个以上，院士工作站 30 ~ 35 家。

科技园区。新增 5 个省级高新技术产业开发区，国家级高新技术产业开发区达到 3 个。重点建设贵阳大数据产业技术创新试验区、贵阳国家高新区、黎阳高新区、铜仁高新区、娄山关高新区、中关村贵阳科技园、贵州科学城、平塘大射电科技园等。省级农业科技示范园区达到 300 个，国家级农业科技园区达到 15 个，创建农业高新技术产业园区 5 个。

（二）加快培育科技人才队伍

深入实施人才优先发展战略，坚持把人才资源开发放在科技创新最优先的位置，优化人才结构，注重高层次创新型人才的引进、培养和使用；创新人才培养、引进、使用的体制机制，为各类科技人才营造开放、共享的发展环境。

1. 加强科技创新人才的培养和引进

加大“百千万人才引进计划”“黔归人才计划”“高层次创新型人才遴选培养计划”“西部之光”访问学者、优秀青年科技人才培养计划、科技创新人才团队建设等人才引进培养计划实施力度。围绕我省五大新兴产业、战略性新兴产业和传统优势产业改造提升需求，引进用好一批领军人才、创新创业人才和专业技术人才，重点培养领军人才、青年骨干和优秀科研团队。拓展我省企业与国内外优秀科技服务人才、团队、项目线上线下交流对接渠道，加大急需紧缺应用创新人才柔性引进力度。

2. 建立健全科研人才双向流动机制

扩大科研事业单位用人自主权和评价激励自主权，建立适应不同科研活动特点和人才成长规律的分类评价机制。改进科研人员薪酬和岗位管理制度，破除人才流动的体制机制障碍，消除身份、职称、福利方面的人才流动障碍，建立创新人才“蓄水池”，创新能进能出的动态管理机制，促进科研人员在事业单位和企业间合理流动。在省级以上重点实验室、工程（技术）研究中心、工程实验室、博士后科研流动站、博士后科研工作站、院士工作站设立首席科学家、特聘研究员等特设岗位，实行“人在岗在、人走岗销”的管理方式。允许科研院所的科技人员经所在单位批准，在不影响本职工作和单位权益的条件下到企业兼职或在职创办企业进行成果转化。

3. 加快培养创新型企业家和高技能人才

完善创新型企业家、高技能应用创新型人才培养模式和评价机制，实行积极的政策激励措施。鼓励拥有丰富创业经验和创业资源的企业家、天使投资人等担任创业导师，支持创业导师在省内领办、创办、合办众创空间，开展创业辅导，根据工作业绩给予相应的资助和奖励。

把高技能应用创新型人才纳入创新人才团队培养计划，鼓励其承担各类科技计划项目。大力实施职业教育攻坚计划，提高城乡劳动者的职业素养和技能，夯实高技能应用创新型人才队伍建设基础，建设一批高水平职业院校和职业技能实训基地。

（三）强化企业技术创新主体地位

构建更加公平普惠的企业创新支持机制，着力解决企业创新动力不足、能力不强、风险过大、融资过难等问题，引导企业成为技术创新决策、研发投入、科研组织和成果应用的主体。

1. 加快科技型企业成长梯队培育

完善创新型领军企业、科技型小巨人（成长）企业、科技型种子企业遴选和再支持标准，与工业“百千万”工程、“百企引进、千企改造”工程做好衔接。加快组建以创新型领军企业、科技型小巨人企业为龙头，高校和科研院所、行业协会、专业服务机构等共同参与的产业技术创新战略联盟，推动科技型企业集群式发展。指导帮助科技型企业制定市场营销战略、商标品牌战略及转型升级技术路线，加强市场分析预测、技术发展趋势分析，支持企业开展技术创新、管理创新、商业模式创新。

2. 落实企业创新扶持政策

落实支持企业创新发展的各类优惠政策，发挥市场竞争激励创新的根本性作用，营造公平、开放、透明的市场环境，强化竞争政策和产业政策对创新的引导，促进优胜劣汰，增强市场主体创新动力。加大研发费用加计扣除、高新技术企业税收优惠、固定资产加速折旧等政策的落实力度，完善企业研发投入后补助机制，引导企业加大研发投入。对具有较大社会效益的创新产品和技术，通过落实税收优惠、保险等措施，降低新技术新产品进入市场的成本。持续加大政府采购创新产品和服务力度，对符合首购、订购条件的自主创新产品，按照政府采购有关规定实行首购、订购。完善使用首台（套）重大技术装备鼓励政策。

3. 探索企业主导的产学研用协同创新新机制

坚持以市场为导向、企业为主体、政策为引导，推进政产学研用紧密结合，制定支持产业技术创新战略联盟发展的政策措施，改革完善产业技术创新战略联盟形成和运行机制，探索企业主导、院校协作、多元投资、成果分享的合作模式。进一步优化产业技术创新战略联盟在重点产业和重点区域的布局，促进产业链和创新链深度融合。加强产学研结合的中试基地和共性技术研发平台建设。鼓励支持高等院校、科研院所科研人员带科研项目和成果到企业开展创新工作和创办企业。在高等学校和科研院所探索设立一定比例流动岗位，吸引有创新实践经验的企业家和企业科技人才兼职。

（四）健全科技服务体系

顺应大众创业、万众创新的新趋势，不断强化对创新创业的扶持力度，完善高效、便捷的服务体系，发挥金融创新对创新创业的重要助推作用，形成有利于创新创业的良好氛围，有效激发创新创业的活力。

1. 强化创新创业扶持

加强部门联动和创新、创业政策的衔接，构建普惠性政策扶持体系。统筹基础研究、应用研究、成果转化、产业发展的各环节，增加中、高端技术的有效供给，发挥科技创新在供给侧结构性改革中的关键作用。加快发展“互联网 +”创新创业公共服务网络，推动创新创业公共服务进基层、进社区、进高校，提供创新资源对接、知识产权服务，提高创新创业社会化服务水平。鼓励高等院校、科研院所开放基础设施、大型科研仪器和专利信息资源等，完善重点实验室、工程（技术）研究中心等科研平台（基地）向社会开放机制，为创新创业提供基础平台条件。在科技企业孵化器、众创空间等创业孵化载体中设立大学生创业孵化区或苗圃，鼓励大学生以创办独资公司、合伙企业、有限公司等多种形式创业，有效增加市场主体。

2. 加快发展科技服务业

积极推进生产力促进中心、科技创业服务中心、科技信息服务、科技咨询与评估、技术市场等中介服务机构的建设，重点开展研发设计、创业孵化、技术转移、技术标准与检测及知识产权等科技服务。培育和壮大第三方专业化服务机构，创新科技服务模式，促进科技服务机构专业化、网络化、规模化发展，形成覆盖创业全链条的科技服务体系；完善支持服务机构的奖补办法和创新券的有效支持方式，引导科技服务机构为创新创业企业和人才提供高质量服务，使创业更简单、创新更便捷。

3. 大力发展科技金融服务

建立健全科技贷款风险补偿机制，充分发挥各种融资平台作用，采用后补助、贴息、担保、股权投资、债权投资、基金支持等方式强化对科技型企业的信贷支持。鼓励金融机构设立科技分（支）行，开展天使投资、知识产权质押、科技保险等业务。发挥省高新技术产业发展基金、科技成果转化基金、创业投资引导基金等各类基金的引导和放大作用，鼓励更多社会资本发起设立创业投资基金，持续加大对创新成果在种子期、初创期的投入力度，缓解科技型企业“最先一公里”资金来源问题。鼓励和支持科技型企业到沪深交易所、新三板、贵州区域性股权交易市场上市或挂牌，借力多层次资本市场加快发展。支持互联网支付、网络信贷、众筹融资等互联网金融业态有序发展，拓展中小微企业融资渠道。

（五）加强科普和创新文化建设

营造崇尚创新的文化环境，加快科学精神和创新价值的传播塑造。营造鼓励探索、宽容失败和尊重人才、尊重创造的氛围，培育尊重知识、崇尚创造、追求卓越的创新文化。

1. 加强科学技术普及

加强推进科普信息化和现代化，发挥以互联网为基础的新媒体在科普工作中的作用，充分运用先进信息技术，融合、开发和分享科普信息资源，拓展科普传播渠道，创新科普手段、载体和机制。深入开展文化科技卫生“三下乡”工作，组织开展“科技活动周”“全国科普日”等重大科普活动。切实加强重点人群科学素质建设，重点加大对农村、边远贫困民族地区群众的科普服务力度。引导社会增加科普投入，加强科普人才队伍建设，加强科研与科普的结合，推动实施对科研项目的科普任务要求。促进高校、科研院所和企业的优质科普资源向社会开放，开展科普活动，不断扩大科普受益面。

2. 大力弘扬创新文化

进一步弘扬具有时代特征、贵州特色的创新文化，着力激发求真务实、勇于探索、团结协作、无私奉献的创新精神，在全社会努力营造尊重人才、尊重创造、鼓励创新、宽容失败的创新氛围。加强创新理论研究，不断探索创新规律，指导推进创新实践。充分尊重群众的首创精神，广泛开展群众性科技创新活动。全面实施素质教育，坚持把抓科普工作放在与科技创新同等重要位置，深入实施全民科学素质行动计划，全面提高公民科学素养和创新意识。充分运用各类媒体，加强对重大科技成果、典型创新人物和企业的宣传，加大对创新创造者的表彰奖励力度，让全社会创造活力竞相迸发、创新源泉充分涌流，为加快创建创新型社会提供坚实的文化保障。

五、深入推进科技体制改革

（一）深化科技计划管理改革

构建开放决策、运行高效、科学规范、监管有力、公正公开的科研项目和资金管理机制，进一步提升财政资金使用效益。加强重点改革措施的落实力度，促进科技计划管理改革和其他领域改革协同推进，推动政府职能转变和科技管理模式的根本改变。

1. 加快转变政府职能

围绕推进科技治理体系和治理能力现代化，加快推进科技投入机制改革，破除影响创新驱动的制度藩篱，建立适应不同科技创新主体和项目的财政资金支持机制。进一步处理好政府与市场的关系，发挥市场在应用研究的技术方向、路线选择和资源配置中的决定性作用。加快政府职能从研发管理向创新服务转变，市场导向明确的科技项目由企业牵头、联合高等学校和科研院所实施。探索政府支持企业技术创新、管理创新、商业模式创新的新机制。

2. 完善科研项目管理

完善决策、执行、监督既相互制约又相互协调的项目管理体制。建立由产业界、科技界的高层次专家和业务管理部门有关人员组成的科技计划项目战略咨询和综合评审专家智库，对科技发展战略、科技计划布局、重大专项设置和任务分解等提出咨询意见。建立评估监督与动态调整机制，对科技计划实施绩效、战略咨询和综合评审专家智库及项目管理专业机构履职尽责等情况进行评估评价和监督检查。建立健全科技报告制度，建立覆盖指南编制、项目申请、评估评审、立项、执行、验收全过程的科研信用记录制度，实行责任倒查。

3. 改进资金管理

完善财政科技投入方式，对高校和科研机构代表学科方向、体现前瞻布局的自主选题研究给予稳定支持；对以企业为主体的市场导向类创新和成果转化活动给予后补助、贷款贴息、投资入股等方式支持。支持企业自主决策、先行投入，开展重大关键共性技术的研发攻关。进一步加强对基础研究、前沿技术研究、社会公益研究和重大关键共性技术的支持，加大科技成果转化的投入力度。完善科研经费管理制度，提高资金使用效益。

（二）推进高等院校和省属科研院所改革

构建职责明确、评价科学、开放有序、管理规范的现代科研究所制度和产权清晰、权责明确、政企分开、管理科学的新型企业制度，着力解决省属科研院所体制机制不活、创新能力不足、成果转化渠道不畅等突出问题，强化科研院所创新骨干作用。

1. 深化高等院校科研体制改革

加强高等院校科研合作、学术交流和资源开发共享，推进科教紧密融合，开展高等院校科研组织方式改革试点，面向市场需求开展应用技术研发。鼓励高等院校改革创新科研机构设置和运行管理体制，根据经济社会发展需要、学科建设实际和科研资源条件设立新型科研机构，联合开展跨学科人才培养和开放合作研究，省级科研项目、研发平台等资源向新型科研机构倾斜。开展高等院校设立科技成果转化机构和岗位试点。

2. 推动省属公益类科研院所建立现代科研院所制度

深化省属公益类科研院所人事聘用制度改革，进一步完善专业技术岗位人员评聘分离，健全科研院所岗位责任制，完善科研院所内部考核管理，将考核结果作为续聘、解聘、增资、晋级、奖惩等的依据。强化领导班子及人员任期目标制，充分赋予用人单位用人自主权。完善科研院所内部决策结构，总结推广省属公益类科研院所法人治理结构试点工作经验，推动建立由主管部门、国内外专家、科研院所代表共同组成科研院所理事会。探索通过政府购买服务方式支持公益类科研院所稳定发展。

3. 坚持应用类科研院所企业化转制方向

推动以生产经营活动为主的转制科研院所深化市场化改革，通过引入社会资本或整体上市，积极发展混合所有制。对于承担较多行业共性科研任务的转制科研院所，可组建成产业技术研发集团，对行业共性技术研究和市场经营活动分类管理、分类考核。对于部分转制科研院所中基础研究能力较强的团队，在明确定位和标准的基础上，引导其回归公益，参与重点实验室建设，支持其继续从事公益研究。

4. 加快培育发展新型研发机构

鼓励企业与省内外高等院校、科研机构合作建立新型研发机构。支持省属公益科研事业单位通过科研事业编制统筹使用等方式，加快建立市场化、企业化运行机制，转制成为新型研发机构。创新产业技术研发组织方式，加强创新资源的统筹整合，推动产业技术创新战略联盟单位运用市场机制共建股份制新型研发机构。支持组建新型产业技术研究院，鼓励社会力量创办科技研发服务机构，实行企业化运营。制定完善支持社会化新型研发机构发展的政策措施。

（三）促进科技成果转化

实施创新驱动发展战略，构建面向市场，政产学研协同、开放高效的科技成果转化机制和模式，着力解决科研人员流动体制不畅、转化能力不强、中介服务市场不健全等问题，打通科技与产业发展结合的关键环节。推进供给侧结构性改革、支撑贵州产业转型升级和结构调整，促进大众创业、万众创新。

1. 鼓励科研人员领办创办科技实体

鼓励科研人员离岗创业。支持高等院校、科研院所科技人员在履行岗位职责、完成本职工作的前提下，经所在单位批准，自带科技成果，保留基本待遇到企业、园区、农村基层开展创新合作或创办企业。鼓励担任所属院系所及内设机构领导的科技人员，按照干部管理权限由党委（党组）审批后，到企业或民办非企业单位兼职从事科技成果转化活动，由所在单位根据科技成果转化收益情况给予适当奖励。对离岗到各类孵化载体创办、领办科技型企业的科研人员，在创业孵化期内，享受国家规定的基本工资待遇。

深入实施万名农技人员下基层和科技特派员创业行动计划，充分发挥基层科技管理部门作用，有计划地引导高等院校、科研院所科研人员，进园区、下企业、到农村，与基层单位结成更加紧密的利益连接机制，推动精准扶贫工作开展和农业园区创新能力提升。制定完善支持科技特派员服务基层的政策措施。

2. 改革科技成果使用、处置和收益权

赋予高等院校、科研院所科技成果使用处置权，将财政资金支持形成的科技成果，除涉及国家安全、国家利益和重大社会公共利益外，全部下放给符合条件的项目承担单位。单位主管部门和财政部门对科技成果在国内的使用、处置不再审批或备案，科技成果转移转化收入全部留归单位，纳入单位预算，实行统一管理，不上缴国库，扣除对完成和转化职务科技成果做出重要贡献人员的奖励和报酬后，主要用于研发和成果转化等相关工作，并对技术转移机构的运行和发展给予保障。提高科研人员科技成果转化收益分配比例。科技成果转化所获收益用于人员激励的支出部分，计入当年单位工资总额，不受当年本单位工资总额限制，不纳入本单位工资总额基数。加快实施专利导航产业发展计划，鼓励知识产权运营机构参与知识产权转移转化。

3.强化成果转化导向

改革科研评价制度，对从事基础研究、应用研究和成果转化的进行分类考核评价。落实科技成果转化报告制度，对单位科技成果转化绩效进行评价，对科技成果转化绩效突出的单位及人员加大科研资金支持力度。在高等院校、科研院所专业技术职称评聘与岗位考核中，将成果转化应用情况与论文指标要求同等对待，技术转让成交额与纵向项目指标要求同等对待。探索高级职称直聘制度，开展事业单位高级职称直接评聘试点。深化省级科技奖励改革，提高重点产业和企业主体科研成果获奖比例，优化奖种设置。加强对科技成果转移转化的管理、组织和协调，明确科技成果转移转化各项工作的责任主体，优化科技成果转移转化流程，设立科技成果转化岗位，加强科技成果转移转化队伍建设，建立专业化科技成果转移转化机构。

4.完善多层次的技术交易市场体系

研究制定促进技术市场发展的政策，以需求为导向，连接技术转移服务机构、投融资机构、研究开发机构、高等院校和企业等，集聚成果、资金、人才、服务、政策等各类创新要素，构建覆盖全省、服务企业的技术转移体系，促进科技成果转化。

鼓励省属科研机构和高等院校设立专门的技术转移机构，依托各级各类科技服务机构，建立覆盖全省的区域性技术转移机构。鼓励国内外技术转移机构在我省建立分支机构。鼓励技术转移机构与国内外技术转移机构开展深层次合作，引进国内外先进适用科技成果。建立贵州省技术产权（知识产权）交易中心，促进科技成果与资本的有效对接，推动科技成果挂牌交易与公示。

打造线上与线下相结合的技术交易服务平台，建设科技人才库、科技企业项目库、科技成果专利库、技术创新需求库和成果转化案例库，为科技成果转化提供一站式服务。加大培训力度，培养一大批懂专业、懂管理、懂市场的技术经纪人。建立技术转移服务评价标准，完善技术市场培育资金补助办法，对国家和省级技术转移示范机构，对从事技术交易中介、技术合同认定登记、网上技术市场信息服务、技术经纪人培训、技术市场平台管理等技术交易活动给予后补助支持。

（四）大力促进开放创新

构建省部省院联动、军地协同、面向世界的科技合作与交流机制，把引进消化吸收再创新作为现阶段快速提升科技创新能力的主要模式，搭平台、借外力，吸引创新资源将贵州打造为西部地区重要的创新资源聚集地。

1.完善开放创新机制

完善开放创新机制，深化我省与科技部、中国科协、中国科学院、中国工程院、中国农科院等国家部委的会商合作，完善合作机制，推动会商任务项目化、实物化落地。

完善跨区域科技合作机制，吸引创新要素跨境流动。利用贵州与发达省市建立的对口帮扶机制，推动省外高等院校、科研院所来黔建立分支科研机构，与我省高等院校、科研院所和科技企业合作成立联合实验室或联合研发中心，发展一批国际科技合作平台和基地，引进境内外高端人才和创新团队到贵州创新创业，促进创新资源对接转移。持续实施省、市（州）、高等院校、科研院所的科技合作计划。

充分发挥贵州的比较优势，加强与泛珠三角区域的全方位合作交流，加快融入“一带一路”和长江经济带发展战略。积极参与国家层面的重大科技合作计划，支持省内企业和科研机构走出去，在铝镁资源、磷矿资源利用等方面推动国际产能合作。

2. 完善军民融合创新机制

加强军民融合创新发展工作的统筹协调，强化与军队部门、省直部门和市（州）科技系统的联动，深入实施军民科技融合发展战略，加强省级层面统筹规划与部署，统筹协调军民科技发展战略、规划、任务、政策和科技资源。建立军民科技信息交互长效机制，推进军民融合信息交互共享。建立军民协同创新孵化器，组织实施军民科技协同创新工作，推进国防优秀科技成果转化及产业化。进一步协调和优化军民资源配置，促进科技要素在军民之间双向流动、转移和资源共享。支持“民参军”企业参与军品科研生产、零部件配套和维护维修。开展军工企业“内部众创”试点，支持军工企业科技人员携带非涉密技术成果到地方从事成果转化产业化活动，为军工企业提供外包服务。

支持贵安新区、安顺市民用航空国家高技术产业基地、遵义国家经济技术开发区、黎阳高新技术产业开发区等坚持军民融合特色产业发展。选择军工科技资源丰富、军民结合产业发达的区域，统筹布局一批军民融合科技创新示范基地，将示范基地建成为具有影响力的军民融合、创新驱动引领发展示范区。

六、强化规划实施保障

（一）落实和完善创新政策法规

围绕营造良好创新生态，强化创新的法制保障，加大普惠性政策落实力度，加大知识产权和技术标准运用力度，加强创新链各环节政策的协调和衔接，形成有利于创新发展的政策导向。

1. 完善支持创新的普惠性政策体系

营造公平、开放、透明的市场环境，强化竞争政策和产业政策对创新的引导，促进优胜劣汰，增强市场主体创新动力。对包括天使投资在内的投向种子期、初创期等创新活动的投资，认真落实相关税收支持政策。健全优先使用创新产品的采购政策，对应用于环保、健康等领域的创新产品和服务，或者中小企业提供的创新产品和服务，加大采购力度或实行首购、订购。对具有较大社会效益的创新产品和技术，通过落实税收优惠、保险、价格补贴和消费者补贴等，降低新技术进入市场的成本。加强《贵州省科技成果转化条例》的落实及执行检查力度，强化政策培训，切实扩大政策覆盖面。

2. 深入实施知识产权战略

加强分类指导，提升地区、园区、高校、院所、企业的知识产权创造、运用、保护、管理和服务能力。完善知识产权服务体系，发展壮大知识产权服务业，培育形成一批专业化、规模化和辐射广的服务机构。运用大数据和云计算技术，推动建立集专利、商标、著作权等知识产权信息管理和查询于一体的综合性、公益性服务平台。加快培育拥有自主知识产权、知名品牌和市场竞争优势的产业集群和优势中小企业，增强中小企业的整体技术创新能力和核心竞争力。全面落实专利申请资助、知识产权奖励、服务机构补助、知识产权优势企业培育等知识产权专项补助政策。加大国家、省相关知识产权法律、法规的贯彻落实，提升企业知识产权战略意识。实行严格的知识产权保护，依法查处专利侵权、假冒专利等专利违法行为。

3. 强化政策统筹协调

建立创新政策协调审查机制，组织开展创新政策清理，及时废止有违创新规律、阻碍新兴产业和新兴业态发展的政策条款，对新制定政策是否制约创新进行审查。加强科技体制改革与经济体制改革协调，强化顶层设计，加强科技政策与财税、金融、贸易、投资、产业、教育、社会保障、知识产权等政策的协同，形成目标一致、部门配合的政策合力，提高政策的系统性、可操作性。建立创新政策调查和评价制度，广泛听取企业和社会公众意见，定期对政策落实情况进行跟踪分析，并及时调整完善。

（二）加大科技创新投入

发挥好财政科技投入的引导激励作用和市场配置各类创新要素的导向作用，优化创新资源配置，引导社会资源投入创新，形成财政资金、金融资本、社会资本多方投入的新格局。

1. 加强规划任务与资源配置衔接

改革资源配置体制机制，围绕产业链部署创新链、围绕创新链优化资金链，集中资源、形成合力，突破关系全省战略目标的重大关键科技问题。把规划作为科技任务部署的重要依据，建立需求牵引规划、规划引导资源的配置机制，形成规划任务与资源配置的衔接运行模式。

2. 建立财政科技投入稳定增长机制

各级政府要切实履行《中华人民共和国科技进步法》等法律法规和政策规定的职责，将应用技术研究与开发资金纳入本级财政预算，切实做到各级财政科学技术支出的增长幅度高于财政经常性收入的增长幅度。创新财政科技资金投入方式，通过无偿资助、股权投资、贷款贴息、“后补助”等方式，引导社会资本加大对科技创新的投入力度，缩小我省全社会研究与试验发展经费投入强度与全国和西部省区平均水平的差距。

3. 提高财政科技投入配置效率

加强全省科技发展战略、创新发展优先领域、重点任务、重大项目和年度重点工作的统筹衔接，加强科技资金的综合平衡。按照财政科技计划（专项、基金等）布局，加强各类科技计划、各研发阶段衔接，根据各类科技计划（专项、基金等）的定位和内涵配置科技资源。加强科研资金监管与绩效评价，建立科研资金信用管理制度，逐步建立财政科技资金的预算绩效评价体系，建立健全相应的评估和监督管理机制。

（三）强化督促检查

推进规划顺利实施，必须加强组织领导，落实责任，强化实施中协调管理，形成规划实施的强大合力与制度保障。

1. 完善组织实施机制

加强规划实施组织，建立由科技主管部门牵头，各市（州）和县（市、区、特区）通过职能对接、任务会商等方式协调推进的规划实施机制。各市（州）要依据本规划，结合各自实际，突出各自特色，强化本部门、本区域科技发展部署，做好与本规划提出的战略思路和主要目标的衔接，做好重大科技项目和重点措施的规划相关性审查。加强规划的贯彻宣传，调动和增强社会各方的主动性、积极性。

2. 强化规划协调管理

建立省与市（州）之间、部门之间的工作会商制度和协调机制，加强与国民经济和社会发展规划的衔接部署，重视与人才、教育等其他规划以及各地方经济社会发展规划的协调。加强年度计划与规划的衔接，对主要指标应当设置年度目标，充分体现规划提出的发展目标与重点任务，确保规划提出的各项任务落到实处。

3. 加强规划实施监测评估

建立规划实施的年度监测制度体系，对规划目标的实现情况、任务部署和政策措施的落实情况进行年度监测，及时掌握规划实施情况。开展规划实施中期评估和期末总结评估，对规划实施效果做出评价，为规划调整和新一轮规划制定提供依据。加强规划实施的第三方评估。在监测评估的基础上，根据科学技术的新进展和社会需求的新变化，对规划指标和任务部署进行及时、必要的调整。

云南省“十三五”科技创新规划

为充分发挥科技创新对经济社会转型发展的支撑和引领作用，推进云南实现跨越式发展，根据《国家“十三五”科技创新规划》《云南省国民经济和社会发展第十三个五年规划纲要》《中共云南省委　云南省人民政府关于贯彻落实国家创新驱动发展战略的实施意见》，特制定本规划。

一、科技创新成效和创新发展新态势

（一）“十二五”科技创新成效

“十二五”以来，我省科技工作紧紧围绕省委、省政府的决策部署和经济社会发展重大需求，深入实施创新驱动发展战略和建设创新型云南行动计划，深化科技体制改革，推进区域创新体系建设，为建成创新型省份奠定了坚实的基础。

科技创新能力显著提升。“十二五”期间，云南省综合科技进步水平全国排名提升 1 位。全省财政科技投入、全社会 R&D 经费支出、获国家科技经费支持均实现翻番。科研论文综合指标全国排名第 9 位，猴基因编辑技术等基础研究取得重大突破。专利申请量、专利授权量、每万人口发明专利拥有量均实现翻番；获国家级科技成果奖系数全国排名第 10 位。技术成果市场化指标全国排名第 22 位，提升 4 位；技术市场合同交易总额实现翻两番。高新技术企业 918 户，数量居全国第 17 位，西部第 3 位；创新型（试点）企业 338 户；科技型中小企业 3288 户；有 R&D 活动的企业占比重全国排名第 14 位。

战略性新兴产业和高新技术产业发展迅速。六大战略性新兴产业培育取得重大突破，突破关键技术 1000 余项，开发新产品 1000 多个，战略性新兴产业增加值占地区生产总值比重达 7.6%。高新技术产业化水平综合指标全国排名第 17 位，提升 3 位；高新技术产业化效益全国排名第 7 位，提升 4 位。国家级高新技术产业开发区增至 2 个，技工贸总收入、高新技术企业销售收入保持两位数以上持续增长。自主研发的世界首个 Sabin 株脊髓灰质炎灭活疫苗、肠道病毒 71 型灭活疫苗达到国际先进水平；氯化法钛白粉量产技术、车用柴油发动机、高端数控机床、大型枢纽机场行李处理系统、

云南省人民政府办公厅，云政发〔2016〕107 号，2016 年 12 月 26 日。

大型铁路养护机械、红外技术及产品等全国领先；稀贵金属材料制备技术、电子级多晶硅生产技术、微型 OLED 显示器、EYE-BOOK 穿戴式计算机等全国先进。

科技支撑传统产业转型升级取得新突破。富氧顶吹炼铅工艺综合能耗、低温低电压铝电解技术吨铝电耗低于行业平均水平，国际领先；密闭直流电弧炉高钛渣生产、中低品位胶磷矿浮选、碳钢与不锈钢复合材料制备等技术国际先进；甲醇转化制汽油大型反应器、均四甲苯分离提纯结晶器等生产装置填补国内空白；“两段中和＋组合膜分离”、长距离固液两相输送、一步法煤变油、高浓度磷复肥生产、聚甲醛生产、合成氨生产等技术全国领先；高速铁路专用铜合金导线、高强度铝合金圆杆、宽幅铝合金板带、高强度钢筋、石油/天然气用管线钢、有色冶金工业阳极等一批具有全国领先水平的新产品实现了产业化生产。

科技支撑高原特色现代农业发展成效显著。累计获国家植物新品种保护授权量居全国前列；粮食产量实现“十二连增”，超级稻新品种“楚粳 28 号”创百亩连片平均亩产世界纪录；农业生物多样性与病虫害控制理论及技术应用全国领先；杂交水稻、杂交玉米、马铃薯、烟草、甘蔗、茶叶、橡胶、核桃、咖啡、澳洲坚果等品种选育及种植技术研发水平保持全国先进；花卉新品种数和种类居全国第 1 位，拥有自主知识产权的大宗鲜切花新品种占全国总数的 90% 以上；烤烟种子供种占全国 75% 以上；甘蔗糖分含量、出糖率、蔗糖单线生产规模全国第一；自主培育的“云岭牛”成为我国首个自主培育的三元杂交肉牛品种，累计扩繁云岭牛及其杂交肉牛 5.9 万头；“滇撒配套系”“滇陆”猪通过国家新品种审定。国家级农业科技园区增至 11 个；云南省国家农村信息化示范省建设试点工作取得重大进展，建成县、乡、村三级信息示范服务站 10971 个。

科技人才培养引进和条件平台建设持续加强。截至 2015 年，培引科技领军人才、高端科技人才 121 名，中青年学术和技术带头人后备人才、技术创新人才培养对象 1540 名，创新团队 149 个；全省 R&D 人员达 5.29 万人。国家级和省级创新平台（含重点实验室、工程实验室、工程/技术研究中心、企业技术中心）分别为 31 个、519 个；专家基层科研工作站、博士后科研流动站和科研工作站 163 个；云南空港国际科技创新园开工建设；云南省大型科学仪器设备协作共用网络平台建成运营，设备利用与共享水平居全国第 19 位。

科技创新不断增进民生福祉。中医药治疗艾滋病、早孕期一站式产前筛查等技术处于国内先进水平，建立了国内领先的自然周期体外授精—胚胎移植技术平台，肝移植技术研究成果应用于全国数十家大型肝脏移植中心，9 种体外诊断试剂填补国内空白，高原损伤性皮肤病研究及综合防治技术取得重大进展；中药、化学药、疫苗申报注册 71 项，获得临床批件 13 项，获生产批件 9 项，三七龙血竭胶囊获新药证书，认定“云药之乡”56 个，8 个中药材品种的 15 个基地通过 GAP 认证；高原湖泊治理、生态保护与修复、城市污泥资源化综合利用等一批关键技术应用示范取得新成效；建设国家和省级可持续发展实验区 19 个；森林火情预警、灾害气候预报、太阳能光伏取水、太阳能公共照明等技术得到广泛应用；选派 7814 名科技人员服务“三区”“三农”；科普人员达 8.5 万人以上，公民具备基本科学素质的比例达 3.29%。

科技创新环境持续改善。实施建设创新型云南行动计划，修订《云南省科学技术进步条例》，出台加快实施创新驱动发展战略 30 条突破性政策，以及深化科技体制改革、加快发展科技服务业和发展众创空间等重大举措；深入实施知识产权战略行动计划，加大知识产权行政执法、司法保护和维权力度；改革科技经费配置方式，实施研发投入后补助，落实企业研发费用税前加计扣除等普惠性政策；推进科技金融结合，搭建融资服务平台，成立科技成果转化与创业投资基金，多渠道引导和带动社会资本参与科技创新；深化国家科技部、国家自然科学基金委、中科院与省人民政府，以及省科技厅与州（市）人民政府等会商机制，形成共同推动创新发展的工作格局。

全方位推进科技合作创新取得新进展。推进科技入滇常态化，深化京滇、沪滇、滇港澳台、泛珠三角区域等科技合作，集聚国内优势科技资源，200 个科研平台、89 户科技型企业、387 项科技成果、134 个人才和团队入滇落地，建立院士专家工作站 197 个，全国 111 位两院院士及其团队在云南工作。加强与欧、美、澳、俄等发达国家合作，实现一批国外科技成果落地孵化、转化及产业化。启动建设中国—东盟创新中心、中国—南亚技术转移中心，规划建设面向南亚东南亚科技创新中心，建设国家级和省级国际科技合作基地 65 个，推进与老挝、斯里兰卡等国共建国家联合实验室，在老挝、越南、柬埔寨等国合作建立一批农业科技示范园，实现一批农作物品种和先进适用技术在周边国家转移转化。科技合作指标居全国第 14 位。

（二）创新发展新态势

新一轮科技革命和产业变革蓄势待发。当前，世界范围内信息技术、生物技术、新材料技术、新能源技术广泛渗透，带动以绿色、智能、泛在为特征的群体性技术突破，重大颠覆性创新不时出现，对国际政治、经济、军事、安全、外交等产生深刻影响，甚至改变国家力量对比，成为重塑世界经济结构和竞争格局的关键。美国实施再工业化战略，德国实施工业 4.0 战略，日本实施科学技术创新综合战略，韩国实施创造经济行动计划，俄罗斯实施 2020 创新发展战略，欧盟实施地平线 2020 计划。依靠科技创新培育新的经济增长点、抢占未来发展制高点已成为世界发展大势，我国既面临赶超跨越的难得历史机遇，也面临差距拉大的严峻挑战。

以科技创新为核心的创新驱动发展已成为国家战略。我国正处于传统增长引擎动力减弱与新兴产业力量成长壮大并行，经济保持中高速增长、产业迈向中高端水平的关键时期，稳增长、促改革、调结构、惠民生、防风险的任务艰巨，以往用拼投资、拼资源、拼环境“三拼”的老办法，走高投入、高能耗、高污染“三高”的老路已难以为继。面对经济发展新常态下的趋势变化和特点，习近平总书记提出“创新是引领发展的第一动力”的重大论断，我国确定了创新、协调、绿色、开放、共享的发展理念，深入实施创新驱动发展战略，提出建成创新型国家和世界科技强国的发展目标，做出了网络强国、国家大数据、人才优先、互联网 + 行动计划等重大战略部署，将大众创业万众创新作为经济发展新引擎。全国各地积极部署，北京、上海、深圳等地竞相建设全球有影响力的科技创新中心。

云南跨越式发展面临新机遇新挑战。国家加快实施“一带一路”、新一轮西部大开发、长江经济带建设战略，为云南创造了重大发展机遇。特别是新时期推进供给侧结构性改革，为科技创新拓展了更大发展空间。习近平总书记在考察云南时提出，努力将云南建设成为我国民族团结进步示范区、生态文明建设排头兵、面向南亚东南亚辐射中心，为云南确定了新坐标，明确了新定位，赋予了新使命。

面对创新发展新态势，省委、省政府作出了推进五网建设、重点发展八大产业、实施八大民生工程等重大部署，科技创新支撑云南跨越式发展的现实需求更加迫切。

同时，必须清醒地认识到，我省面临着既要赶又要转的双重任务，与进入创新型省份行列和与全国同步全面建成小康社会的要求相比，科技创新还存在一些薄弱环节和问题，主要表现在：制约创新发展的思想观念和深层次体制机制障碍依然存在，创新创业氛围不浓、环境不优；科技投入总量不足与投入分散并存，州（市）、企业研发投入严重不足；人才总量不足与结构不合理并存，领军人才缺乏；创新平台总量不足与使用效率不高并存，高水平平台不多；成果总量不足与转化率低并存，能有效支撑产业转型升级发展的成果数量不多。

综合判断，我省科技创新正处于可以大有作为的重要战略机遇期，也面临着创新竞争加剧的巨大挑战。经济发展新常态下，云南必须主动服务和融入国家战略，充分发挥"第一动力"的作用，增强创新自信，抢抓机遇，攻坚克难，在新的历史起点上创造经济社会发展的新优势，闯出一条跨越式发展的新路子。

二、指导思想、基本原则和主要目标

（一）指导思想

高举中国特色社会主义伟大旗帜，全面贯彻党的十八大和十八届三中、四中、五中全会以及习近平总书记系列重要讲话和考察云南重要讲话精神，坚持"创新、协调、绿色、开放、共享"的发展理念，坚持"自主创新、重点跨越、支撑发展、引领未来"的指导方针，坚持创新是引领发展的第一动力，主动服务和融入国家战略，聚焦云南经济社会发展重大战略需求，以将云南建设成为我国民族团结进步示范区、生态文明建设排头兵、面向南亚东南亚辐射中心为引领，以深入实施创新驱动发展战略、支撑供给侧结构性改革为主线，以深化科技体制改革为动力，以建设面向南亚东南亚科技创新中心为主要任务，强化科技支撑五网建设、八大产业和八大民生工程等省委、省政府中心工作，着力夯实科技创新基础，着力培育新兴产业和改造提升传统产业，着力满足生态文明建设、扶贫攻坚和惠及民生的重大科技需求，着力提高大众创业万众创新的科技服务能力，着力打造汇聚国内外科技资源的协同创新共同体，培育创新发展新动能，深入推进建设创新型云南行动计划，全面构建特色区域创新体系，为云南实现跨越式发展，与全国同步全面建成小康社会提供有力支撑。

（二）基本原则

1. 坚持改革创新。破除不利于科技创新的体制机制障碍，建立系统完整的科技创新制度体系，加强创新法治保障，加快政府职能从研发管理转向创新服务，打通科技成果向现实生产力转化的通道。

2. 坚持市场导向。发挥市场对技术研发方向、路线选择和各类创新资源配置的决定性作用，更好地发挥政府引导作用，规划重点部署市场不能有效配置资源的关键领域。

3. 坚持开放发展。全方位开放创新，深入推进科技入滇，强化"四个落地"，提升面向南亚东南亚的科技创新辐射能力，拓展发展新空间。

4. 坚持重点突破。聚焦八大产业重大科技需求，集中资源重点突破和研发关键核心技术及重大新产品，助推重点产业走“开放型、创新型和高端化、信息化、绿色化”发展道路，构建发展新优势。

5. 坚持人才优先。把人才资源开发放在科技创新最优先的

位置，创新培养、用好和吸引人才的机制，加大人才培养稳定支持和高层次人才引进力度，大兴识才爱才敬才用才之风，在创新实践中发现人才，在创新活动中培育人才，在创新事业中凝聚人才。

（三）主要目标

到 2020 年，为建设面向南亚东南亚科技创新中心打下坚实基础，力争区域创新能力排名全国中等、西部前列，形成特色鲜明的云南区域创新体系，进入创新型省份行列，有力支撑与全国同步全面建成小康社会的目标顺利实现。

——为建设面向南亚东南亚科技创新中心打下坚实基础。建成云南空港国际科技创新园，努力将科技创新中心打造成为南亚东南亚与国内创新资源交汇的枢纽、科技创新与经济转型发展的先行者、科技创新有效支撑产业升级的示范区，成为全国科技创新和创新驱动发展的区域性重要引擎。

——支撑引领生态文明建设排头兵取得新突破。在资源节约高效利用、生态保护、城乡宜居生态环境建设等领域突破应用一批共性关键技术，建设一批国家级、省级可持续发展实验区，科技支撑引领生态环境质量保持全国领先，助推云南成为美丽中国的示范区。

——支撑服务民族团结进步示范区建设成效显著。科技创新更加惠及民生，社会公益领域科技水平整体提升，适应民生改善需求的技术和产品得到大力发展；科技扶贫取得显著成效，实现一批重大科技成果在全省边远贫困地区、边疆民族地区、革命老区转移转化和应用推广，科技助农增收致富效果凸显，贫困地区发展能力和水平全面提升。

——创新驱动发展格局初步形成。自主创新实力不断增强，科技投入大幅增长，科技人才高度集聚，科技型企业快速壮大，园区和基地集群发展，创新基础条件持续改善，科技创新产出明显提高，在若干重点科技领域实现跨越式发展；若干重点企业和产品进入产业价值链中高端，构建我省经济跨越式发展新优势。经济发展的质量、速度和效益显著提升，由要素驱动转向创新驱动。

——科技创新环境更加优化。激励创新的制度环境和政策法规更加健全，人才、资本、技术、知识自由流动，创新活力竞相迸发，创新成果得到充分保护，创新价值得到更大体现，创新资源配置效率大幅提高，创新人才合理分享创新收益，形成崇尚创新创业、勇于创新创业、激励创新创业的价值导向和文化氛围，为进入创新型省份行列提供有力保障。

表　“十三五”科技创新规划指标与目标值

序号	指标	2015 年指标值	2020 年目标值
1	科技进步贡献率（%）	44.05	＞ 60
2	全社会 R&D 经费支出占 GDP 的比重（%）	0.80	＞ 1.5，力争达到全国平均水平
3	规模以上工业企业研发投入占主营业务收入的比例（%）	0.49	≥ 1.0

续表

序号	指标	2015 年指标值	2020 年目标值
4	每万名就业人员的研发人力投入（人年 / 万人）	10.30	＞25
5	每万人口发明专利拥有量（件）	1.61	≥3.5
6	被 SCI、EI、CPCI-S 收录的论文数（篇）	3946	5000
7	技术市场合同交易总额（亿元）	52.82	120
8	知识密集型服务业增加值占国内生产总值比例（%）	12.46	15
9	高技术产品出口额占商品出口额比重（%）	13.75	30
10	累计认定高新技术企业数量（户）	918	≥1500
11	公民具备基本科学素质的比例（%）	3.29	4.2

三、重大部署

未来五年，我省科技创新工作将围绕实施《国家“十三五”科技创新规划》《云南省国民经济和社会发展第十三个五年规划纲要》《中共云南省委　云南省人民政府关于贯彻落实国家创新驱动发展战略的实施意见》，主动服务和融入国家战略，充分发挥科技创新在推动产业迈向中高端、增添发展新动能、拓展发展新空间、提高发展质量和效益中的核心支撑引领作用。

一是强化经济社会发展科技支撑。围绕路网、航空网、能源保障网、水网、互联网五大基础设施网络建设的科技需求，部署重点研发计划，突破一批关键技术，支撑五网建设。聚焦八大产业，构建现代产业技术体系。围绕生物医药和大健康产业、信息产业、高原特色现代农业产业、新材料产业、先进装备制造业等重点产业部署创新链，体制机制上先行先试，全链条设计，协同攻关，一体化推进创新源头供给、技术研发、集成应用和产业化示范，集中力量实施重大科技专项，持续攻克一批关键核心技术，培育一批具有核心竞争力的大产品、大品牌、大企业，培育壮大重点产业。围绕旅游文化产业、现代物流产业、食品与消费品制造业等领域部署重点研发计划，突破一批共性关键技术，开发一批重大新产品，有力支撑云南产业转型升级。围绕实施脱贫攻坚、公共服务提升、教育提质惠民、创业促进就业、城乡居民增收、社保扩面提标、健康云南和人口均衡发展等八大民生工程科技需求，部署一批专项研究和工作，推进重大新技术研发、成果转化和产业化，为增强可持续发展能力、改善民生福祉、建设幸福云南提供重要支撑。

专栏 1　五网建设、八大产业和八大民生工程科技支撑重点

五网建设：

路网。围绕公路、铁路、城市轨道交通信息化、智能化、自动化等，实施重点研发专项。

航空网。围绕绿色和数字化机场建设、机场运控、航空安全及应急救援等，实施重点研发专项。

能源保障网。围绕水能、太阳能、风能、生物质能、高压特高压输变电技术装备、智能电网等，实施重点研发专项。

水网。围绕节水、引水、污水处理、供水安全和保障等，实施重点研发专项。

互联网。围绕大数据、云计算、人工智能、信息网络新技术等，实施重大科技专项和重点研发专项。

八大产业：

生物医药和大健康产业。围绕中药（民族药）、天然药物、生物技术药、化学药等，实施生物医药重大科技专项。围绕优质原料基地、健康产品、中药饮片、提取物、数字化诊疗与服务、医疗器械等，实施重点研发专项。

旅游文化产业。围绕文化创意、旅游文化等，实施重点研发专项。

信息产业。围绕云计算与大数据、空间技术应用、红外及微光夜视、金融电子等，实施电子信息与新一代信息技术重大科技专项。

现代物流产业。围绕电子商务、现代物流等，实施重点研发专项。

高原特色现代农业产业。围绕特色专用新品种选育、新品种产业化和农产品精深加工，实施生物种业和农产品精深加工重大科技专项；围绕种植业、养殖业、林业、农机、农业废弃物资源化利用、农业信息化等，实施重点研发专项。

新材料产业。围绕钛及钛合金新材料、稀贵金属新材料、锡新材料、化工新材料、半导体材料、新型储能电池、大容量动力电池、液态金属等，实施新材料重大科技专项。

先进装备制造业。围绕大型精密数控机床、自动化物流系统及装备、铁路大型养护机械、特种机器人、高原智能电工装备、3D打印装备等，实施先进装备制造重大科技专项。

食品与消费品制造业。围绕食品生产技术与装备、食品安全监测与检测等，实施重点研发专项。

八大民生工程：

围绕脱贫攻坚、公共服务提升、教育提质惠民、创业促进就业、城乡居民增收、社保扩面提标、健康云南和人口均衡发展等八大民生工程，完善省市县三级联动科技扶贫机制，科技支撑特色产业加快发展，强化技术技能培训及科学素质提升，支持面向“三农”的创新创业载体建设，支持科技人员服务“三区”，加强农村信息服务体系建设。组建产业共性技术创新大平台，构建开放共享互动的创新网络，强化技术转移转化服务，全面推进众创众包众扶众筹，推动科技金融深度融合。围绕细胞与免疫工程，重大传染性、慢性、地方病防控与诊疗，重大疾病入侵防控，产前遗传病诊断、优生优育，数字化诊疗与服务等，实施重点研发专项。

二是培育创新主体。培育一批科技型中小企业、创新型（试点）企业、高新技术企业、科技小巨人企业，发挥骨干龙头企业技术创新主体作用，增强对中小微企业的创新公共服务，支持科技型中小企业“升规”，深化科技型企业上市培育。强化高等学校、科研院所原始创新、前沿技术创新、创新人才培养能力。发挥高等学校、科研院所支撑行业重大关键共性技术研究的主力军作用。进一步加强“2011”协同创新中心建设。推动跨领域跨行业协同创新，推动企业、科研机构、高等学校、社会组织、创客等创新主体的协同，加快政产学研用创深度融合，鼓励构建产学研结合的产业技术创新战略联盟，探索产学研结合的新模式、新机制，完善产业创新链。科技支撑军民融合发展战略。

三是建设创新创业人才队伍。以科技创新专业人才队伍、科技型企业家队伍、科技管理服务人才队伍（简称“三支队伍”）建设为重点，坚持引进与培养相结合，建立市场发现、市场认可、市场评价的人才培引机制，改革和完善人才发展机制，培养推荐一批国家级科技人才，培养引进选拔一批省级科技领军人才、高端科技人才、高层次创业人才和海外高层次人才、产业技术领军人才、创新创业服务人才、科技管理服务人才（含科技特派员）、科技型企业家、中青年学术和技术带头人、技术创新人才和创新团队，深化院士专家工作站、专家基层科研工作站、博士后科研流动站和科研工作站建设，鼓励一批草根科技创业人才脱颖而出。

四是扩大科技对外开放。深入推进科技入滇，集聚国内外各方资源，实现科技型企业、科研平台、科技成果、科技人才和团队落地云南，提升引进消化吸收再创新能力。以孟中印缅经济走廊建设、中国—中南半岛经济走廊建设、澜沧江—湄公河合作为重点，开展区域性重大科学问题研究与技术联合攻关，推进沿边科技成果转化示范，促进平台、人才、技术等创新要素向海外有序流动，充分发挥中国—东盟创新中心和中国—南亚技术转移中心作用，全面提升面向南亚东南亚科技辐射能力。

五是打造区域创新高地。围绕建设面向南亚东南亚科技创新中心，打造若干区域创新高地，全面提高我省自主创新能力和对外科技创新辐射能力。重点建设云南空港国际科技创新园、国家级高新技术产业开发区和省级高新技术产业开发区，形成若干省级区域科技创新中心；建设县域科技成果转化中心，择优布局一批科技成果转化示范县，有序推进科技成果转化示范带建设，提升基层应用科技成果的能力；推进昆明高新技术产业开发区创建国家自主创新示范区，推动各类园区提升为国家级园区，推动具备条件的现有工业园区转型升级为省级高新技术产业开发区，打造省级、国家级创新平台升级版，形成若干高水平、有特色优势的产业聚集区。

六是深化科技体制改革。深入贯彻落实党中央、国务院以及省委、省政府关于深化科技体制改革的决策部署，加强统筹和协同创新，围绕创新链、产业链、资金链、政策链全面部署科技体制改革，重点建立技术创新市场导向机制、构建新型科技创新服务体制机制、推进科技管理体制创新、完善科技人才评价和激励机制，提高科技创新整体效能，推动形成以科技创新为核心的全面创新。重点推进省级财政科技计划管理改革，对现有科技计划进行优化整合，按照基础研究、重大科技专项、重点研发、创新引导与科技型企业培育、科技人才和平台等五个方面构建云南省科技计划体系。

四、重点任务

（一）实施重大科技专项

围绕产业链部署创新链，聚焦我省重点产业发展战略需求、产业化重大科技问题、重大成果转化应用等目标，举全省之力组织实施生物医药、电子信息与新一代信息技术、生物种业和农产品精深加工、新材料、先进装备制造、节能环保六个重大科技专项，加强协同攻关，突破核心关键技术，加快高新技术重大产品系列化和产业化进程，强化产业配套能力建设，完善技术链、产品链和产业链，培育一批大企业、大品牌、大产品，形成大企业带动、小企业集聚的产业发展新态势，培育经济发展新动力。到2020年，部分技术达到世界先进水平，一批新产品达到国内领先水平，涌现一批有区域影响力的创新型企业，形成具有一定影响力的产业化基地，部分高新技术产业达到国内先进水平。

1.生物医药重大科技专项

在中药（民族药）、天然药物、生物技术药、化学药等领域，积极支持新产品研发、上市品种二次开发及质量标准提升，开展创新产品的国际化研究，推动形成新产品、新工艺、新装备、新品种、新业态、新模式，为打造具有云南特色的生物医药和大健康产业提供支撑。

专栏2　生物医药重大科技专项重点方向及目标

中药（民族药）、天然药物。开展三七系列、灯盏花系列、天麻系列、美洲大蠊系列等上市品种二次开发，以及“老药新用”研究；研究开发一批新药和院内制剂；支持三七系列、草乌甲素等在美国FDA申请植物药临床试验和新

药上市；开展彝药、傣药、藏药等民族药的药理药效、药物加工、组方配伍、用药方法、药效再评价，质量标准提高等研究。到 2020 年，力争获得一批质量标准，盘活一批休眠品种，研发一批新药和院内制剂，打造一批品牌产品和知名企业。

生物技术药。开展肺炎结合疫苗、宫颈癌（HPV）疫苗、肿瘤治疗性疫苗、多联多价疫苗，以及诺如病毒和疱疹病毒基因工程疫苗等新型疫苗，赫赛汀、类克等系列单抗药物，GLP-1 降糖、细胞制剂等新型生物疫苣、抗体药物、干细胞制剂、新型生物检测试剂、血液制品及其他蛋白类、多肽类、核酸类药物新产品研发；促进生物疫苗上市品种二次开发及升级换代；研发单克隆抗体构建、大规模单克隆抗体高表达和纯化、新型疫苗生产、新型生物检测试剂等关键核心技术。到 2020 年，力争一批新药实现产业化，形成 5 个以上系列品种集群，培育一批行业领军企业，建成符合国际质量标准的疫苗生产供应基地和国内领先的单抗药物产业基地。

化学药。开展三七素、苯甲酸钾盐（dl-PHPB）、抗艾滋病注射用 DT-835 等新药品种和莫吉司坦、扎托布洛芬、盐酸纳美芬、帕瑞昔布钠等仿制药品研发；开展蒿甲醚、天麻素、磷酸萘酚喹等化学药大品种二次开发。到 2020 年，力争获得一批仿制药、化学原料药生产批件，培育一批行业领军企业。

2. 电子信息与新一代信息技术重大科技专项

以支撑实施“云上云”行动计划为目标，加快云计算和大数据关键技术研究开发，推进在若干重点领域的示范应用；军民融合推进卫星遥感、通信、北斗导航技术的综合应用，以及空间技术、其他信息技术融合应用，提升光电子产品技术水平；打造具有自主知识产权的金融电子装备品牌产品，科技创新推动信息制造业和服务业加快发展。

专栏 3　电子信息与新一代信息技术重大科技专项重点方向及目标

云计算与大数据。重点研发基于新型存储器件的并行存储、PB 级大数据分布式可扩展存储、大数据挖掘与语义分析、人工智能与机器学习、多元异构数据同化与深度融合及可视化等关键技术；支持若干大数据中心和云计算中心建设，推动重点领域的大数据与云计算服务。到 2020 年，力争突破一批用于整合、处理、管理和分析大数据的关键技术，建成支撑若干重点领域的大数据中心和云计算中心。

空间技术应用。围绕空间信息应用服务基础设施、“一带一路”卫星综合应用、长江经济带卫星综合应用、“互联网 + 天基信息 +”应用领域，搭建北斗位置服务综合平台、遥感卫星应用综合服务网络平台，推进卫星遥感技术、卫星通信技术、卫星导航技术的研发与综合应用，以及空间技术与其他信息技术的研发与融合应用。构建面向南亚东南亚的“南方丝绸之路空间信息走廊”，建设“人文环境及自然环境的地理空间信息服务平台”及“南方丝绸之路经济带大数据服务中心”，支撑面向南亚东南亚的资源、环境、科技、文化、旅游、物流、交通等领域专题应用，将“南方丝绸之路空间信息走廊”打造成为辐射南亚东南亚的空间信息服务平台。

红外及微光夜视设备。研发超大口径（$\varphi \geq 320 \sim 360$mm）红外光学锗晶体材料、大口径红外光窗、大焦距红外光学镜头系列产品；研发大尺寸（φ110mm）红外硫系玻璃材料、精密模压镜片和光学系统系列产品；研发 InGaAs 固体微光器件、数字化微光像增强器、紫外探测器、光电倍增管等新一代高性能微光器件。到 2020 年，力争形成 5 ~ 10 个具有自主知识产权的品牌产品。

金融电子装备。重点突破金融、财税专用设备整机方案设计、制造技术，手机支付系统、联机交易、中间业务处理、联网智能化自助服务技术，指纹识别及智能卡系统集成技术；开发多应用支付终端系列产品和金融自助服务终端新设备、新型专用打印机、金融电子设备核心功能部件等产品，实现产业化。到 2020 年，形成 3 ~ 5 个具有自主知识产权的品牌产品。

3. 生物种业和农产品精深加工重大科技专项

围绕确保粮食安全和主要农产品有效供给的战略需要，加快传统育种技术与生物育种技术的研究及组装集成，选育一批粮经饲作物、油料、畜禽和水产优良品种并实现产业化，打造一批现代种业龙头企业，构建以产业为主导、企业为主体、基地为依托，产学研相结合、育繁推一体化的现代种业体系。发展农产品加工业，研究开发一批新产品、新工艺、新技术、新标准，延伸农业产业链，提升农业产业化水平和效益。

专栏4　生物种业和农产品精深加工重大科技专项重点方向及目标

特色专用新品种选育。重点开展传统育种技术与生物育种技术的组装集成与应用，选育水稻、玉米、麦类、马铃薯、果蔬、花卉、油料等主要农经作物新品种，以及猪、牛、羊等畜禽和淡水鱼类新品种。到2020年，力争选育具有自主知识产权农作物新品种30个、畜禽新品种1个以上、淡水鱼类新品种（系）3～5个；实现农作物良种的大面积推广应用，畜禽、淡水鱼类新品种的产业化。

新品种产业化。加快培育"育繁推一体化"现代种业龙头企业，支持企业建立科研育种基地和繁育生产基地，扩大水稻、玉米、麦类、马铃薯、核桃、蔬菜、花卉、畜禽和淡水鱼类等新品种的省内外市场占有率，积极拓展南亚东南亚市场。创新推广模式，加快云南松、思茅松、西南桦、核桃、澳洲坚果、油橄榄、油茶、珍贵用材树种等林木新品种（良种）和优良树种的推广示范。到2020年，力争建成50万亩新品种示范基地，培育10家年销售收入过1亿元、具有竞争力的"育繁推一体化"龙头企业。

农产品精深加工。农产品精深加工新产品、新装备、新技术、新工艺研发推广；特色农产品贮藏保鲜加工关键技术研发推广；农产品传统加工技术提升改造。

4.新材料重大科技专项

突破新材料设计、制备加工、高效利用、安全服役、低成本循环再利用等关键技术，研发新型功能材料、先进结构材料和高性能复合材料等关键基础材料，提高关键材料供给能力和新产品研发能力，抢占新材料应用技术和高端制造新材料制高点。

专栏5　新材料重大科技专项重点方向及目标

钛及钛合金新材料。研发多应用型和专用型高档钛白粉、高品质超软海绵钛、电子级高纯钛、高品质钛及钛合金轧材和锻材、医用钛合金材、高品质球形钛粉和氢化钛粉、高品质钛及钛合金精密铸造件、钛材深加工制品；研发适应国产钛渣的沸腾氯化生产技术和大型沸腾氯化关键装置，以及真空自耗电弧炉熔炼、真空电子束冷床炉熔炼等钛材生产关键装置和配套工艺技术。到2020年，力争突破一批关键核心技术，开发新产品10～15个。

稀贵金属新材料。研发高性能装联材料、铱及铂制品、银基电接触材料、金基钎焊材料、贵金属靶材等特种功能材料；研发LTCC系列电子浆料、触摸屏及太阳能电池用导电银浆、电子浆料用有机高分子及无机黏结剂材料、喷墨打印用导电油墨、柔性显示用纳米银线材料等信息功能材料；研发新型催化前驱体材料、OLED用高效铱磷光分子材料、精细化工用新型均相催化剂、工业用新型载体催化剂、国V/VI汽油车及国IV/V柴油车尾气净化催化剂等贵金属化学与催化材料；研发高纯粉末、高纯溅射靶材、高纯蒸发材料等高纯材料；研发高纯铟、ITO粉及靶材、铟化合物等铟基新材料。到2020年，力争开发稀贵金属新材料100种以上，申请发明专利100项以上，制定或修订国家及行业技术标准30项以上。

锡新材料。研发超细焊锡粉、锡膏、小直径焊锡球、预成型焊片等微电子锡焊料及其高精密成型加工技术；研发助焊剂、电子用漆等焊料化工；研发光伏专用焊料及焊带，以及各种锡阳极材等锡基新材料；研发锡基系列稳定剂、锡基系列电镀材料、锡基系列催化剂、锡基新型阻燃剂等锡化工新材料。到2020年，开发锡系列新材料、新产品20～30个，建设锡基新材料、锡化工新材料产业化示范线。

半导体材料。研发PVT法、HVPE法、MVGF法大直径低位错密度光电子、微电子用碳化硅、氮化镓、磷化铟、砷化镓和锗单晶等半导体晶片及电子级多晶硅，加快第二代、第三代半导体晶片产品系列化和产业化进程；研发主动式OLED微型显示器、半导体照明灯具、液晶LED背光显示器，功率型及超高亮度LED外延片和芯片制造、高性能LED封装等关键技术，扩大产品应用领域。

新型储能电池和大容量动力电池。开发车用锂离子动力电池、基站及风光电站用储能电池、长寿命钛酸锂电池、超低温锂离子电池等系列产品，开展产业化电池制造工艺及制造装备研发；在铝空气电池领域，开发自助式随身电源，基站及边防哨所等用中型应急备用电源，矿山、医院及电梯用大型应急备用电源，电动汽车及轨道交通用动力电源等系列产品。到 2020 年，力争锂电池系列产品形成 10 亿 AH/ 年产能，铝空气电池形成随身电源 100 万台、中型备用电源 2.4 万台产能。

液态金属。开展室温液态金属综合应用研究，加快液态金属导热膏、液态金属导热片、液态金属电子油墨、液态金属电子手写笔、液态金属电子电路印刷技术等液态金属技术的创新应用和科技成果的产业化。到 2020 年，开发新产品 10 个以上。

化工新材料。重点研发高性能电子导热膜、电池隔膜、特种磷酸盐玻璃和高强度高韧性玻璃纤维及磷系阻燃工程材料；开发氟、氯改性天然橡胶新材料产品；发展合成树脂、合成纤维、特种橡胶及制品、特种涂料等石化新材料，并实现产业化。到 2020 年，力争开发化工新材料产品 5 ~ 10 个。

5. 先进装备制造重大科技专项

强化重大技术集成创新，攻克整机和功能部件制造关键技术，开发大型精密数控机床、自动化物流成套设备、轨道交通和铁路养护设备等先进装备，推进主机与功能部件协同发展；开发机器人和增材制造（3D 打印）装备，推进示范应用，支撑“中国制造 2025”云南行动计划实施。

专栏 6　先进装备制造重大科技专项重点方向及目标

大型精密数控机床。开展多型高性能数控机床及加工中心、柔性制造生产线、数字化车间的整体解决方案研究，多型高性能数控机床及加工中心、柔性制造生产线、数字化车间的多场耦合数字化建模、分析、仿真、优化研究；研发中大重型高精度数控镗铣床及加工中心、高刚高精数控车床及加工中心、精密复合数控机床及加工中心、重型超重型系列精密数控回转工作台、智能制造加工设备及柔性制造系统和机床监控系统；研发与精密数控机床设备配套的高速主轴、五轴联动 AC 铣头及伺服电机等关键功能部件。到 2020 年，力争突破一批关键核心技术，开发新型机床产品 5 ~ 10 个，形成 3 ~ 5 个具有自主知识产权的品牌产品。

自动化物流系统及装备。开展自动化物流系统的数字化、网络化、智能化设计和整体解决方案研究，自动化物流系统的数字化建模、分析、仿真、优化研究；研发智能化、信息化的物流配送成套装备和智能化仓储系统；开发自动导引车、高速堆垛机、高速分拣系统、高速输送系统、智能轨道车及系统、自动货柜、高速行李处理系统等物流配送关键设备及控制调度系统，提升物流配送系统、机场行李处理系统的整体技术水平。到 2020 年，力争突破一批关键核心技术，开发新产品 5 ~ 10 个，形成 3 ~ 5 个具有自主知识产权的品牌产品，带动一批配套企业发展。

铁路大型养护机械。开展各型铁路大型养护机械的多场耦合数字化建模、分析、仿真、优化研究；研发接触网综合维修车、正线道岔捣固稳定车、新型清筛车和地铁铣轨车，以及宽轨、窄轨系列出口产品；构建铁路大型养路机械整机及作业装置试验检测平台，研究高效振动筛、新型捣固、新型稳定等共性关键技术；制定铁路大型养路机械国际标准。到 2020 年，力争开发新产品 5 ~ 10 个，突破一批关键核心技术，形成 5 ~ 8 个具有自主知识产权的品牌产品，带动一批配套企业发展。

高原智能电工装备。以信息化、智能化、自动化为基础，发展智能变电站、智能配电系统、智能变压器、组合式变电站、智能型高低压开关柜、新型电线、电缆等先进电力装备，高原型机电产业和工业电器制造、面向高原地区及东南亚的电工标准研制。到 2020 年，实现一批高原智能电工产品在智慧工厂、智慧家居等领域广泛应用。

特种机器人。开展机器人多种识别技术、检测技术、控制技术，机器人可靠性、精度保持性，机器人运行状态监测及故障诊断研究；研发 AGV 搬运机器人、水下机器人、柔性作业机器人和直角坐标机器人；推进机器人在烟草、汽车制造、生物制药、冶金、化工、民爆等行业示范应用。到 2020 年，集聚机器人骨干企业 2 ~ 3 家和相关配套企业，突破关键核心技术 2 ~ 3 项，研发、生产及规模化应用具有自主知识产权的系列化、配套化重大新产品 2 个以上。

3D 打印装备。研发 DMLS 复合 CNC 金属材料 3D 打印机，SLS/SLA 高分子材料 3D 打印机；研发 ABS、尼龙、PC 等非金属 3D 打印专用材料，钛合金、铝合金和铜合金等金属 3D 打印专用材料；推进 3D 打印技术在工业设计与模具制造、汽车零配件、文化创意、生物医药及医疗器械等领域的应用示范。到 2020 年，力争集聚 3D 打印产业骨干企业 5 ~ 8 家，突破关键核心技术 3 ~ 5 项，研发具有自主知识产权的重大新产品 5 个以上。

6. 节能环保重大科技专项

强化节能环保技术和设备研发，突破污染防治和生态修复、清洁生产与循环经济、技术集成与装备研发等技术瓶颈，提升节能环保产业自主创新能力和市场竞争力，支撑绿色发展、产业转型升级、生态文明建设。

专栏 7　节能环保重大科技专项重点方向及目标

余热、余压利用技术和装备。开发新型余热锅炉、超低温余热发电技术、余热回用型蓄热式有机废气燃烧技术与关键设备、能量梯级利用技术、总能系统全工况特性分析与节能综合优化技术、冷热电联产及分布式能源综合应用技术。到 2020 年，力争培育发展一批科技型龙头企业，开发新产品新技术 3-5 个（项）。 水污染防治技术和装备。重点突破 9 大高原湖泊综合防治技术，研发重金属废水处理、资源化技术及装备，高浓度难降解工业废水成套处理装备、高效低耗智能化生活污水处理装置和节能型高效污泥安全处理装置。到 2020 年，力争培育发展一批科技型龙头企业，开发新产品新技术 5 ~ 10 个（项）。 大气污染防治技术和装备。研发大气污染联防联控相关技术并建立高效控制体系，冶金化工废气和挥发性有机废气净化、资源化技术及装备，高温电除尘器、含能废气净化及资源化技术及装备，以及工业窑炉废气脱硫脱硝及重金属协同控制装备技术及装备。到 2020 年，力争培育发展一批科技型龙头企业，开发新产品新技术 5 ~ 10 个（项）。 固体废物资源化无害化处理处置技术和装备。开发城镇污水处理厂污泥处理处置新技术及装备，重点行业工业固体废物及危险废物的减量化、资源化、无害化处理处置技术及装备，生活垃圾分类和源头减量化技术，生活垃圾处理处置新工艺及新装备，农业固体废物快速脱水、高效除臭发酵处理及资源化高值循环利用技术及装备，危险废物无害化处理技术。到 2020 年，力争培育发展一批科技型龙头企业，开发新产品新技术 3 ~ 5 个。 土壤污染修复技术及装备。研发土壤重金属、有毒有害有机物单一或复合污染的原位或异位修复技术，动植物和微生物的联合修复技术，物理化学和其他新修复技术，工业污染场地物化修复关键技术与设备，农田土壤强化生物修复关键技术与设备。到 2020 年，力争培育发展一批科技型龙头企业，开发新产品新技术 3 ~ 5 个。

（二）增强创新源头供给

依托基础研究计划、NSFC—云南联合基金等，推进优势基础学科建设，加强重点领域基础、应用基础及前沿技术研究，强化科学研究实验设施和科技资源信息平台建设，提升原始创新能力。

1. 推进优势基础学科建设

巩固提升生态学、植物分类学、植物化学、天然药物化学、动物遗传学、微生物学、天文学、古生物学、矿产地质学与地震地质学等优势基础学科水平，积极拓展新兴学科，推进学科交叉融合，加强生物多样性保护与利用、资源与环境、人口与健康、新材料与矿产资源综合利用等领域的基础研究，推进有特色高水平大学和科研院所建设，完善梯级人才资助体系，强化对优秀中青年人才和创新团队的培养，保持优势基础学科在国际国内的优势地位，为应用学科的发展奠定基础。

2. 加强重点领域基础、应用基础及前沿技术研究

围绕生物多样性、农业、人口与健康、资源与环境、材料与矿冶、先进制造、电子信息等重点领域，组织开展重大基础、应用基础及前沿技术研究，鼓励高等学校、科研院所和企业联合开展研究，增强创新驱动产业发展和社会进步的源头供给。

专栏 8 基础、应用基础及前沿技术研究重点

生物多样性。重点开展关键地区特殊重要物种、生态系统的起源、演变和响应机制，生物多样性在分子水平（遗传基因多样性）与宏观尺度（群落、生态系统）上的进化、演变和适应性机制，重要经济或功能性生物资源的基因工程，资源植物有用成分开发利用及其重要经济性状与抗性功能基因的发掘与应用，特色、重要生物种质资源的发掘、保护与利用，生物多样性理论和技术在农、林、牧、渔业等生产实践及环境保护中的应用，云南特有极小种群、跨境濒危物种保护，森林生态系统功能等方面的研究。

农业。重点开展优异农业生物种质资源收集鉴定与新基因挖掘，重大育种技术与材料创新，重要病虫害成灾机理及可持续控制，作物栽培方式控制水土流失的效应及机理，重要药用植物连作障碍机理，主要入侵有害生物防控，畜禽品种资源抗病力差异的遗传基础，主要养殖动物危险病原体监测预警与控制，转基因动植物的生物安全评估与环境安全监测等方面的研究。

人口与健康。重点开展高发病及地方病（如肿瘤、疟疾、艾滋病、毒品成瘾等）的流行病学、基础医学和生物学，健康老龄化的科学基础与有效干预，少数民族基因资源与疾病易感基因干细胞调控机制及转化应用，饮食习惯与疾病发生关联性，重大传染病的跨境传播规律及防治，人畜共患疾病跨境传播机制，重大疾病诊治的关口前移，新生儿高精准产前诊断和产后免疫接种实施、跟踪及数据管理；生物学技术药物、化学药物、天然药物及矿物药物，重要濒危药材生态繁育，资源昆虫培育及开发利用，灵长类实验动物标准化、规模化生产与动物模型创建，利用动物模型开发新型药物和治疗方法，天然活性多肽分子资源发掘及关键技术，重要资源植物的活性化合物发掘及关键技术等方面的研究。

资源与环境。重点开展绿色新型高效能量存储与转换、可再生能源及其低成本规模化开发利用；土壤退化机理、污染风险及修复；水资源保护与优化配置，城市面源污染成因与控制机理，村落污水及低污染水深度处理，高原湖泊环境演化、生态环境效应及污染治理，跨境流域生态安全监测与保护；工业固体废弃物堆存环境风险与资源化利用，重金属污染控制机理及资源化利用；典型自然灾害形成机理、预警与治理，典型脆弱区植被恢复及稳定性维护机理、林木应对气候变化的适应性机制和调控机理及林业碳汇（源）过程；矿产资源形成、勘查及环境效应等方面的研究。

材料与矿冶。重点开展有色金属及其化合物、稀贵金属、光电、化工、生态环境、新能源及传感等先进功能材料制备基础；低品位共伴生复杂难处理有色金属矿资源清洁高效提取，有色金属富集、提取及二次资源清洁高效综合利用新技术等方面的研究。

先进制造。重点开展多型高性能精密数控机床、FMS、数字化车间、各型铁路大型养护机械、自动化物流系统及装备、车用柴油机、车用混合动力总成、车用动力控制系统、新能源汽车、高原型电力装备、红外及微光夜视设备、半导体及半导体照明、机器人、3D 打印等整体设计制造，多场耦合数字化建模、分析、仿真、优化，功能模块和系统，共性关键功能部件及整机系统等方面的研究。

电子信息。重点开展与物联网和智能电网、汽车电子配套的终端集成电路、红外微光 OLED 显示和光纤传感电子器件、数据采集和云无线通信接入设备，电子浆料、电子功能材料和硅晶片的设计研制；移动通信和异质网元互联异构组与通信、云计算和海量大数据存储分析与挖掘、大规模资源调度与大型图数据库及信息安全模型和数据加密；面向工业、商务、政务、金融及中文与多语种处理应用系统软件和嵌入式软件开发；面向社会感知、社区医疗健康和远程医疗、智慧城市和旅游、人工智能和智能制造、高原农牧精准种植养殖及遥感卫星地理空间信息等方面的研究。

3. 强化科学研究实验设施和科技资源信息平台建设

围绕培育壮大战略性新兴产业、加快传统产业转型升级和建设重点学科的需要，整合、新建、提升一批重点实验室。围绕生命科学、空间和天文科学等领域，依托现有资源，推进农业、生物等若干领域的科学大数据中心、自然科技资源库和科学研究实验设施建设。加强对云南生态环境的科学考察，支持对植物志等重要科技文献、志书、典籍和图件的编研。鼓励建设学科交叉、综合集成的大型科研基地和基础设施。到 2020 年，力争建成 1 个国家实验室，新增 2 个以上国家重点实验室，新增 30 个省级重点实验室。

专栏 9　重大科学研究基础设施建设工程

自然科技资源库建设工程。继续开展自然科技资源的搜集、保藏和安全保护，推进中国西南野生生物种质资源库二期（植物、动物、微生物）及国家级果树、茶树等种质资源圃建设，完善功能定位，扩大保存规模，提升保存技术；建设面向南亚东南亚新型现代化农作物种质资源库；推进符合国际或国家标准的云南肿瘤样本库、脐带血造血干细胞库、少数民族脐带血与脐带间充质干细胞库、国家基因库云南分库等建设。到 2020 年，建成体现国际视野和独具区域特色，集物种保护、科学研究、公众服务和资源可持续利用为一体的动植物种质资源库、微生物菌（毒）种和人类遗传资源库、临床样本和疾病信息资源库。

科学研究实验设施建设工程。推进模式动物表型与遗传国家重大科技基础设施建设，推进景东哀牢山 90 米脉冲星射电望远镜、云南生态系统野外观测体系等重大科学研究实验设施建设。到 2020 年，建成探测能力位居世界前三，能有力支撑中国南方天文观测和研究集群建设的大口径脉冲星射电望远镜；建成覆盖我国西南，与国家互补，能反映生态系统与生物多样性对环境变化响应趋势的高水平地区性监测网络体系。

（三）加强重点领域科技创新

围绕经济社会发展重点领域，针对产业发展瓶颈、关乎民生福祉和社会发展重点问题，开展重大社会公益性研究和产业共性关键技术研究与产品研发，为国民经济和社会发展提供支撑。

1. 支撑工业转型升级

围绕烟草、冶金、石化、能源、建材、食品等传统优势产业，突出绿色化、信息化、智能化技术发展导向，研发工业节能技术、可再生能源综合利用技术、绿色化无害化资源回收再利用处理技术、食品现代加工关键技术等行业先进适用技术，推动技术创新成果的推广应用。推动工业化和信息化深度融合，支持传统产业在产品研发、生产装备和过程、企业管理和营销等方面广泛应用信息技术，推动制造业，特别是流程制造业的绿色化、智能化、数字化和柔性化，加强应用示范，提升自动化和信息化技术集成创新能力。

专栏 10　传统优势产业科技创新重点

烟草。生态安全型卷烟，烟用辅料、香精香料等烟草配套产品。

冶金。深部、外围探矿新技术；共伴生、低品位、复杂矿产资源综合高效安全开采、分选技术，高效分离新型浮选药剂与复配组合技术；有色金属尾矿资源高效利用技术、有用组分梯级回收技术、尾矿膏体充填技术；有色及稀贵金属二次回收技术；金属连续强化熔池熔炼、加压湿法冶金工艺成套技术及装备、短流程高效冶炼成套工艺技术；高强、高导铜合金以及弥散强化铜合金等铜基材料，高铝锌基热镀锌合金，超薄铝箔、电池级铝箔、高精度铝板带材及低损耗电缆铝材、交通运输和汽车轻量化用铝材等铝合金材料。新一代可循环钢铁流程技术，非高炉炼铁技术，高效低成本洁净钢生产技术，近终形连铸连轧成套装备技术，以及烧结脱硝脱硫、冶金工艺过程余热余能高效回收利用等技术；开发型钢、优钢、特钢、复合板材以及高强抗震钢等新产品。

石化。复杂条件下磷矿体高效安全开采技术；低品位、共伴生磷矿高效选别技术、选矿药剂；磷化工与选矿耦合技术；磷石膏、含磷尾矿、氟硅酸、黄磷尾气等综合利用技术；缓控释肥、水溶性肥、有机生物肥，电子级磷酸、高端精细磷化工产品。褐煤提质及副产物综合利用技术，大型高效煤气化技术，焦化副产品清洁高效利用和精深加工技术，新型水煤浆气化、干煤粉加压气化、新一代煤制烯烃、芳烃等煤炭清洁转化技术。

能源。精确探测、快速掘进和灾害预警等煤炭绿色安全开采技术，先进超临界发电、燃用低质煤发电等煤炭高效发电技术，二氧化硫、氮氧化物和颗粒物超低排放和重金属污染排放控制等煤炭污染控制技术；水能资源开发及综合利用技术；大规模间歇式电源并网与储能、高密度多点分布式电流并网、分布式供能、大电网智能分析与安全稳定控制系统、输变电设备智能化等技术；太阳能光伏发电系统与成套设备，太阳能电池及组件，太阳能光热利用系统与集热组件；高原型风力发电机组整机和零部件；生物质发电、燃料高效分解转化、气化集中供气、生物质直燃气化烘烤、固体燃料成型炭化等新技术、新装备和新产品。

建筑建材。水泥及非金属矿生产高效节能减排技术；水泥窑协同处置废弃物技术；特种水泥、水泥基材料和制品，高性能混凝土产品；绿色建材生产技术；高岭土、石墨、硅藻土、膨润土、石材等非金属矿产精深加工产品；新型墙体材料生产和推广应用技术等。

食品。食品高效分离与重组技术；食品发酵过程控制关键技术；食品添加剂与配料绿色制造技术；食品资源高值化利用技术；食品加工贮运的风险因子控制技术；蔗糖绿色加工与副产物高值利用技术；乳制品加工与贮运标准化生产技术；食品安全危害因子高精度快速检测技术；食品非热加工技术；天然产物（食品添加剂与配料）生物制备技术。

2. 强化高原特色现代农业科技创新

围绕高原粮仓、特色经作、山地牧业、淡水渔业、高效林业和开放农业等六大特色农业，加快主要粮食作物、特色经济作物、地方特色畜禽资源、淡水鱼类、油料等新品种推广应用，大幅提高农业生产良种覆盖率。加快特色农作物优质高产、绿色有机种植等关键技术、畜禽水产健康养殖技术和林业资源培育与利用技术等研发与集成应用，保障主要农产品有效供给。加强化肥农药减施增效、污染农田修复利用、农业重大灾害防控关键技术等研究，提高农业生态保护能力。推进农业信息化，研发推广实用信息技术和产品，发展农业物联网、互联网 + 农业、农产品，提高农业智能化和精准化水平。

专栏 11　高原特色现代农业科技创新重点

种植业。粮经作物新品种选育及种子种苗高效快繁技术；优质高产高效、生态绿色有机种植等关键技术；温带落叶果树抗性砧木选育及无病毒健康种苗繁育技术；设施农业技术；化肥农药减施增效、污染农田修复利用、农业重大灾害防控关键技术；生物农药生产技术及产品；节地、节水、节种、节肥、节药、节能和循环农业技术；农业生物资源综合利用技术等。

养殖业。畜禽及水产良种选育、扩繁及规模化生产技术；畜禽水产健康养殖、规模养殖和循环养殖技术；畜禽重大流行疫病监测检疫与防控技术；平衡饲料配制及饲料安全技术；兽药生产技术及产品；牛、羊良种胚胎工程及规模化生产技术。

林业。特色用材林、经济林良种（新品种）选育及种子种苗高效快繁技术；特色用材林、经济林高产优质栽培技术；特色木本花卉资源培育及应用；经济林、用材林、生态林及特用林经营管理技术；森林生态系统保育利用技术；重大森林灾害预警与绿色防控技术；木质和非木质林资源综合利用，林下资源综合开发与经营技术；林业重大病虫害防控关键技术等。

农机装备。中小型农机具、水肥药一体化施用、甘蔗茶叶收获、太阳能干燥、种子加工、水产养殖、智能温室等农机装备，无人机技术和农业航空植保技术推广应用。

农业废弃物资源化利用。畜禽粪便、秸秆和残膜等废弃物综合开发利用。

农业信息化。农业生产、资源、气象、运输、储存、加工和市场信息服务的网络化体系技术的研发和应用。

3. 加快现代服务业科技创新

围绕文化、旅游、商贸和物流等领域，实施“互联网 +”现代服务业科技行动，利用云计算、大数据、物联网、移动互联网等新一代信息技术，加强网络信息技术集成创新和商业模式创新，发挥互联网在促进现代服务业迈向高端、高质、高效新业态、新模式发展中的作用，推进现代服务业提速发展。

专栏 12　现代服务业科技创新重点

文化创意。在出版、印刷、传媒、影视、演艺、网络游戏、网络音乐、动漫等领域，加快数字文化创意、数字出版、数字影视制作、数字投送等创新技术应用，提高艺术生产装备水平和科技含量。建设文化资源数据库，研究物质和非物质文化遗产保护开发共享、知识产权保护、文化安全监管、文化诚信评价等文化管理共性技术，提高文化管理的科技服务水平。

旅游文化。重点开展地理信息位置服务、虚拟现实、增强现实、数字多媒体、电子商务综合服务和 O2O 模式（线上和线下）等技术集成创新与模式创新，推动观光型旅游向休闲度假、互动体验式转变，提升旅游业市场吸引力和运营管理水平。

电子商务。加快跨境电商、农村电商创新发展，开展电子商务云服务、电子商务可信交易、电子商务支撑服务、生产和生活资料电子商务服务、旅游电子商务服务、专业市场电子商务服务、国际贸易电子商务服务、移动电子商务服务等技术研发与应用示范。

现代物流。重点开展货物跟踪定位、无线射频识别、可视化技术、移动信息服务、智慧交通和位置服务、仓储物流、绿色物流、物流标准化、现代物流作业等技术的研发与集成应用，研发专业物流装备、物流安全检测技术与装备，提高物流产业综合服务能力和服务效率。

4. 加强生态文明建设科技创新

以生态安全屏障建设工程为抓手，重点在污染治理、生态修复、生态安全防治、资源循环利用等方面加强研发与推广应用，推进多种污染物综合防治，加强生态环境治理和生物多样性保护，提高环境质量，有力支撑生态文明建设。

专栏 13　生态文明建设科技创新重点

安全防控。西南边境地区外来入侵物种的普查与安全性考察；外来物种风险评估；出入境口岸检验检疫能力建设；生物多样性监测和安全防范体系建设；外来入侵物种入侵机理、扩散途径和防御技术体系建设；野生动物疫瘟疫病及林业有害生物防控关键技术；先进环境监测仪器、智能化生态和环境监测、预警技术等。

环境治理。主体生态功能区环境承载力与功能评估技术；工业污染防控技术；高原特色农业低碳循环发展生产技术及设备；资源节约、高效利用和污染减排生产技术；生态红线划定、污染损害评估、生态资产价值评估、生态监测、生态补偿等技术。

生态系统修复与重建。人工林复合生态系统构建技术；水土保持与石漠化综合治理技术；干热河谷区植被重建技术；天然林保护与修复、湿地保护与恢复、陡坡地生态治理、退化胶园生态修复等技术；生态破坏区、生态脆弱区生态功能自然修复与重建技术；石漠化生态区、干热河谷生态区和滇西北典型亚高山寒冷区现代农业与生态修复技术；城市生态隔离带生态修复与重建技术；水利水电等重大工程移民区、自然灾害区生态修复与重建技术等。

高原湖泊污染综合治理。重污染河流和高原富营养化湖泊综合防治技术、高原湖泊流域及湖泊周边生态脆弱区的综合整治技术；面源污染控制及湖泊径流区水污染控制技术；高原湖泊湿地保护与恢复技术；高原湖泊持久性有机污染物和新型污染物控制、环境安全及生态风险评估等。

水资源保护与利用。污水、雨水、地表水资源优化利用技术；再生水回用技术；水质标准与成套设备；不同水源水质，特别是富硒、高氟、高砷、病原微生物等农村饮用水净化成套技术；突发环境污染饮水安全保障技术；城市（镇）生活污水处理的节能、降耗、减排技术；村镇污水分散式、高效、低耗生化处理技术；化工、矿冶等重污染行业废水全过程治理与回用技术等。

土壤污染修复。重金属污染防控区及粮食、蔬菜基地等重要敏感区重金属污染土壤、农药化肥污染土壤及矿区废弃地修复技术示范；农村面源污染防治技术等。

大气污染防治。滇中城市群大气重要污染物形成条件和控制方法、二次污染控制关键技术途径，构建区域大气环境质量联防联控技术体系；开发火电、化工、冶金等典型工业行业烟气除尘、脱硫、脱硝及多种污染物协同控制技术等。

废弃物循环利用。大宗固体废弃物处理处置无害化、稳定化与资源化成套技术与装备；生活垃圾分选技术；填埋场垃圾渗滤液处理技术（含膜产业化）；污水处理厂污泥安全处理处置、医疗废物安全处置等成套实用技术等。

5. 提升人口健康水平

围绕重大疾病防控、优生优育、毒瘾戒断等领域，实施一批重大新技术研发和专项研究，建立更为完善的疾病监控、诊断技术体系，攻克一批中药材种植(养殖)关键技术，开发一批特色健康产品、中药饮片、提取物和医疗器械产品，全面提升云南边疆重大疾病预防诊疗水平和各族人民的健康水平，促进民族团结和社会和谐稳定。

专栏 14　人口与健康科技创新重点

细胞与免疫工程。干细胞获取、制备、安全及有效性鉴定新技术；干细胞库建设及干细胞一致化技术，及其在实验动物模型及临床验证；干细胞临床治疗新技术开发及治疗技术示范；重大疾病、常见病及多发病基因工程重组蛋白药物和抗体药物；代谢系统、神经系统等基因检测与诊断技术等。 重大传染性、慢性、地方病防控与诊疗。艾滋病、病毒性肝炎、禽流感、登革热、鼠疫、疟疾等重大传染性疾病的防控技术；地方病防控技术；心脑血管疾病、恶性肿瘤、呼吸系统疾患等慢性重大疾病基因诊断与快速诊断技术；民族医药防治重大疾病及常见疑难病等。 重大疾病入侵防控。建设边境地区重大疾病监测平台；建立传染病暴发疫情应急处置物资储备基地；25 个边境县（市）跨境传播传染病检测和防控系统；建立跨境疾病预防控制联防联控长效机制等。 产前遗传病诊断、优生优育。出生缺陷与遗传病监测和生殖健康检查等关键技术；少数民族高发病产前诊断技术；系列生殖医药、诊断试剂、器械和保健产品；建立人口、资源、环境、经济协调发展的动态模型、数据库及信息系统；人类遗传基因比较研究等。 毒瘾戒断。毒瘾戒断中西医药结合治疗研究和推广；戒毒者心理辅导的干预技术；毒品依赖者脱毒的临床研究；中药戒毒制剂、针灸戒毒的实验研究等。 数字化诊疗与服务。数字化（远程）诊疗技术及装备；数字化诊疗平台；中医数字化诊疗；移动医疗技术；国产诊疗装备在基层的普及化推广与应用；分级诊疗技术及装备；新型诊疗技术解决方案集成研究等。 优质原料基地。大品种、特色药材驯化种植及良种选育繁育研究；三七、天麻、石斛等药材品种安全性评价，重要品种功效等研究，运用信息、环保及基因技术开展中药材道地性评价、种植加工、三七连作障碍等关键技术攻关；研究制定一批中药材等健康产品的国内和国际标准；中药材种植先进设备研发及运用；中药材林下、野生抚育、仿原生境等种植技术研究。 健康产品。以三七、天麻、石斛、灯盏花等大品种，薏仁、茯苓等药食同源中药材品种，螺旋藻、红球藻、玛咖、辣木及核桃、茶叶、花卉等云南特色生物资源为原料，开发具有抗氧化、减肥、增强免疫力、辅助改善记忆、养护皮肤等功能的系列保健食品、特殊用途化妆品；重点研发生产一批特殊医学用途配方食品；开展健康食品生产加工技术水平提升研究。 中药饮片。云南特色中药材大品种饮片生产加工技术水平和标准提升研究；中药饮片质量标准及有害物质限量标准研制；新型饮片产品开发，配方颗粒饮片的研发及标准制定；构建技术、设备先进的现代化生产线；支持商业模式创新。 提取物。植物内在成分功效及应用研究；满足食品、药品、保健品、日化品、饲料产品等需求的动植物提取物新产品研发；高附加值植物原料药及植物精油产品研发；利用现代生物、信息、节能环保等先进技术，提升植物有效成分提取分离技术及质量水平；三七总皂苷、灯盏花素、茶多酚、辅酶 Q10、紫杉醇、冰片等提取物产品及迷迭香等香精、香料产品的质量提升和标准制定；新型中药提取成套设备研发应用。 医疗器械。中高端医疗器械、诊断类设备、生物医药材料、组织工程材料、介（植）入材料、基因芯片、诊断试剂、医用卫生材料等新型医疗器械和生物材料的研发；中医诊疗、中医药养生保健仪器设备、医药保健品辅料、健身用品等新产品开发。

6. 增强公共安全科技保障能力

重点围绕食品安全、防灾减灾、突发公共事件防范等领域，研发应用一批食品安全检测与保障，灾害监测、评估及防治，突发事件应急与快速处置等技术，初步建成公共安全保障技术体系，提升应对与处置能力。

专栏 15　公共安全科技创新重点

食品安全监测与检测。特色农产品、食品安全快速检测技术；食品安全和出入境检验检疫风险评估、污染物溯源、安全标准制定、有效监测检测等关键技术；食物污染防控智能化技术和高通量检验检疫安全监控技术等。

灾害监测预警、预测预报及风险评估。地震、灾害性天气、滑坡泥石流、森林火灾等主要自然灾害发生规律、预测预报、动态监测和风险评估技术；全球气候变化下主要自然灾害预测预报技术系统与应用示范；自然灾害损失快速调查与评估；地震、地质、气象、洪涝等主要自然灾害应急响应与决策支持；断层探测、地震安全性评价、结构震害预测推广；极端天气、地质灾害数据共享；农作物和森林病虫害动态模拟技术和数值预报方法。

灾害防治。防灾工程综合技术、减灾工程优化设计；减灾工程试验与示范；智能土建结构、新型建筑减灾技术；重大城市危机管理技术；险堤、险库的加固工程和山区的防塌、防滑工程技术；高等级公路边坡稳定与景观重建技术；桥梁、隧道建设安全探测预警技术；应急处理能力建设和先进适用救灾及工具推广；灾后恢复重建能力建设和区域联合救灾机制构建等。

突发公共事件防范与快速处置。个体生物特征识别、物证溯源、快速筛查与证实以及模拟预测技术；远程定位跟踪、实时监控、隔物辨识与快速处置技术及装备；高层和地下建筑消防技术与设备；爆炸物、毒品等违禁品与核生化恐怖源的远程探测技术与装备；危险废弃物安全处理处置技术；现场处置防护技术与装备等。

7. 推进新型城镇化与城市发展

在新农村建设、新型城镇化建设、现代交通等领域，加强新技术、先进适用技术的引进、集成创新和推广应用，大力建设智慧城市，提高城镇化与城市发展水平。

专栏 16　新型城镇化与城市发展科技创新重点

新农村建设。农村生物质能源、太阳能应用新技术研究及推广；新农村卫生、环境保护综合配套技术研究应用；农村污水治理技术研究及推广；农村清洁饮水处理技术；农业新型适用技术和科普教育培训；农村信息化技术研发及信息服务体系建设；新农村建设科技示范村（乡镇）试点示范等。

新型城镇化建设。新型城镇化科学规划和管理；城镇供排水系统健康安全循环技术；城镇土地资源合理利用和地下空间开发应用技术；小城镇新型建筑结构研究及其建设适用新技术；绿色建材开发；建筑智能化配套技术；绿色建筑技术；城市绿化、美化及形象规划设计综合配套技术研究等。

智慧城市建设。智慧城市公共信息平台构建及大数据运用；智慧社区（园区）建设；分布式能源接入、居民和企业用电的智能管理电网建设；发展智能水务，构建覆盖供水全过程、保障供水质量安全的智能供排水和污水处理系统；城市地下空间、地下管网的信息化管理和运行监控智能化；建筑设施、设备、节能、安全的智慧化管控；发展云南特色的智慧生态环境管理、智慧旅游、智慧文化等。

现代交通运输。特殊自然环境下的工程建设技术；高原公路建设和管养技术；安全高速的交通运输技术；桥梁、隧道建设和管养技术；港口建设和航道整治技术；管道运输技术；区域、城乡客运一体化、货运多式联运、城市轨道交通运营组织、互联网 + 运输等技术；事故预警、安全检测与评价、安全保障与灾害防治、应急救援等技术；高等级公路、口岸智能化交通管理技术；城市交通智能化管理系统；交通运输信息资源建设与共享技术；交通运输节能新材料、新技术、新工艺；绿色和数字化机场建设、机场运控、航空安全及应急救援等。

（四）强化技术创新引导

健全技术创新的市场导向机制和政府引导机制，通过风险补偿、后补助、创投引导等引导性支持方式发挥财政资金杠杆作用，加大普惠性财税政策落实力度，运用市场机制引导和支持企业技术创新活动，促进企业真正成为技术创新决策、研发投入、科研组织和成果转化的主体。

1. 强化企业技术创新主体地位

（1）培育壮大科技型企业

引导和支持行业领军企业编制产业技术发展规划和技术路线图，建立高水平研发机构，实施重大科技项目，鼓励开展基础性、前沿性创新研究，培育具有较强竞争力的创新型领军企业。支持大企业强化集成创新和产业应用，引导大企业带领产业链的中小企业共同发展，鼓励大企业向中小企业开放共享专业平台，鼓励大企业面向中小企业进行成果转移转化，鼓励大型企业提高产品本地配套率。支持大中型企业和有条件的中小企业建立企业研究院。鼓励中小微企业开展研发活动，引导中小企业围绕单项技术进行原创性开发，引导中小微企业走"专精特新"发展道路。加强对企业技术创新平台和环境建设投入，构建技术创新公共服务平台，完善科技型中小企业创新服务体系，鼓励商业模式创新。到 2020 年，高新技术企业达 1500 户以上，科技小巨人企业达 100 户以上，新增科技型中小企业 3000 户以上、创新型（试点）企业 200 户以上，推动科技型企业集群化发展。

（2）建立企业主导的产业技术创新机制

扩大企业在创新决策中的话语权，吸收产业专家和企业家参与研究制定技术创新规划、计划、政策和标准，有关专家咨询组中产业专家和企业家应占较大比例，并引入市场专家、创投专家。

市场导向明确的科技项目由企业牵头、政府引导、联合高等学校和科研院所实施。政府更多运用财政后补助、间接投入等方式，支持企业自主决策、先行投入，开展产业重大关键共性技术、装备和标准的研发攻关。

对企业技术创新的投入方式逐步转变为普惠性财税政策支持。建立健全支持采购创新产品和服务的政策，完善使用首台（套）重大技术装备鼓励政策，加大优先采购使用创新产品的支持力度。

2. 深化产学研协同创新机制

坚持以市场为导向、企业为主体、政策为引导，推进政产学研用创紧密结合。组建一批以企业为主导、产学研合作的产业技术创新战略联盟，支持联盟构建技术研发、专利共享和成果转化推广平台，承担重大科技项目，制定技术标准，推动联盟成员建立联合开发、共同投入、优势互补、成果共享、风险共担的产学研紧密合作机制，完善产业创新链。加强产学研结合的中试基地和共性技术研发平台建设。探索企业主导、院校协作、多元投资、成果分享的多种形式的产学研协同创新模式。到 2020 年，新建省级产业技术创新战略联盟 50 个。

（五）推动大众创业万众创新

大力发展科技服务业，重点发展研究开发、技术转移、检验检测认证、创业孵化、知识产权、科技咨询、科技金融、科学技术普及等专业科技服务和综合科技服务，延展科技创新服务链。培育壮大科技服务业市场主体，培育科技服务新业态，促进科技服务业专业化、网络化、规模化、国际化发展。顺应大众创业万众创新的新趋势，加强创新创业载体建设，完善多层次科技创新创业投融资机制，形成创新创业的综合支撑和服务体系，激发创新创业活力。

1. 组建产业共性技术创新大平台

构建和完善生物、新材料、先进装备制造、节能环保、新能源与新能源汽车、信息和现代服务等战略性新兴产业技术创新大平台；构建生物育种、动物疫病防控和诊疗等高原特色现代农业和农业大数据共性技术服务平台。整合现有平台资源，建设集实验动物质量检测、疾病动物模型产品研发、动物实验技术服务、产业化于一体的国际一流的现代实验动物公共服务平台。支持行业龙头骨干企业组建实体型产业技术研究院，提高产业共性技术研发和服务能力。

2. 构建开放共享互动的创新网络

创新组织模式，构建一批技术研发协作平台和科技资源共享平台。优化布局一批重点实验室、工程（技术）研究中心、工程实验室、企业技术中心，加强与重大科研基础设施的相互衔接。加快发展第三方检验检测、知识产权等技术创新服务平台。推进大型科研仪器设备、科技文献、科学数据等科技基础条件平台建设应用，加强重大科研基础设施和大型科研仪器向社会开放。构建开放共享互动的创新网络，建立面向企业特别是中小企业有效开放的机制。到 2020 年，新增国家工程实验室、国家工程（技术）研究中心 2 ～ 3 个，新增省级企业技术中心 100 个、省级工程（技术）研究中心 / 工程实验室 50 个。

3. 强化技术转移转化服务

培育和发展全省技术市场。建设科技成果信息系统，强化技术市场信息集散功能，向社会提供科技成果信息公共服务。运用云计算、大数据、移动电子商务、物联网等现代信息技术手段，建立集技术供需、知识产权、政策法规、专业人才、融资服务、中介服务于一体的数据平台，建设网上网下相结合的科技成果交易市场。完善云南农业科技成果展示与交易平台建设。培育一批技术转移示范机构、科技成果登记机构、技术合同认定登记机构、创新驿站、科技金融服务机构、生产力促进中心等专业服务机构和技术经纪人。制定实施“鼓励卖方、补助买方、支持中介”的补助政策，落实技术转移所得税收减免政策，完善技术转移政策体系。到 2020 年，新增国家技术转移示范机构 10 个、省级技术转移示范机构 70 个、省级生产力促进中心 40 个，建设科技成果转移转化示范区 1 ～ 2 个。

4. 建设服务实体经济的创业孵化体系

围绕实体经济转型升级，加强专业化、高水平的创新创业综合载体建设，建设一批双创基地，完善创业服务功能，形成高效快捷的创业孵化体系。依托高新技术产业开发区、经济技术开发区、高等学校、科研院所以及科技创新园、科技企业孵化器、大学科技园、生产力促进中心、创业投资机构、社会组织和有条件的企业，加强众创空间等创业载体建设，推进其向专业化、细分化方向发展。完善创业孵化服务链条，支持社会资本参与科技企业孵化器的建设与运营，推广“孵化 + 创投”、创业导师等孵化模式，鼓励持股孵化、阶段参股等。积极支持参与国家创新创业大赛，推进云南省创新创业大赛常态化。

5. 推动科技金融深度融合

加快推进云南省科技成果转化与创业投资基金建设运营，探索发展天使投资，大力培育发展创业投资和风险投资，加大对科技型中小企业的支持力度。支持符合条件的科技型企业进行 IPO 融资，鼓励上市公司利用资本市场再融资、并购重组支持科技创新，支持科技型中小企业到全国中小企业股份转让系统挂牌，鼓励科技型企业发行公司债券。鼓励商业银行设立科技支行或科技贷款服务中心，推广运用知识产权质押、股权质押、保证保险等多种融资担保方式，支持金融机构依法合规探索投贷保联动，创新金融服务科技型中小企业的方式和途径。大力发展科技保险，有效化解自主创新风险。开展科技金融结合试点。健全金融机构及科技管理部门联合协调机制，建立“风险补偿金”等金融机构风险补偿制度。

专栏 17　创新创业公共服务平台建设工程

战略性新兴产业技术创新大平台建设工程。以支撑全省新型工业化、信息化和现代服务业为重点，围绕生物、新材料、先进装备制造、节能环保、新能源与新能源汽车、信息和现代服务等领域，充分发挥现有行业性研发平台作用，整合国内外科技创新资源，构建和完善战略性新兴产业技术创新平台，开展共性技术研究及工程化技术开发，组织实施重大科技项目，推动科技成果转化和产业化。 现代生物育种创新平台建设工程。产学研结合，建立常规育种与生物技术结合的共性技术体系和专业队伍，创制育种新材料，开展育种材料共性鉴定等，打造全省生物育种科技研发核心源头、商业化育种孵化器。到 2020 年，建成公益性、开放式的高效生物育种创新平台，大幅提升我省农作物育种竞争力。 众创空间建设工程。充分发挥互联网开放创新优势，盘活资源，加强政策集成和协同，建设一批低成本、便利化、全要素、开放式、线上线下相结合的众创空间，提升各类研发平台和咨询、投资、法律、财务、知识产权等服务机构面向众创的资源共享和服务能力，发展众创空间金融服务体系，建立创业导师队伍，为创新创业者提供便利化、全方位、高质量的创业服务。到 2020 年，建成众创空间 150 个以上。 科技创新云服务平台建设工程。建立统一的云南省科技创新平台网络系统，将全省高等学校、科研院所和企业的科技基础条件资源以及公共科技服务资源纳入系统进行统一管理，分类整合纳入系统的仪器、专家、成果资源，根据支撑产业科技研发、成果转化、产业化对各要素的需求，建立产业领域服务中心，通过网络系统的有效运行与组织管理，提供研发服务、检验检测认证、技术转移、专家咨询培训等科技服务。

（六）加快科技人才队伍建设

把人才作为支撑跨越式发展的第一资源，立足重点产业发展需求，坚持引进与培养相结合，把创新创业教育融入人才培养，遵循人才成长规律，改革完善人才发展机制和创新政策，构建科学规范、开放包容、运行高效的人才发展治理体系，形成具有较强竞争力的科技人才制度优势，提高创新创业的环境吸引力，以“三支队伍”建设为重点，构建“金字塔”型人才结构，建设一支规模宏大、结构合理、素质优良的科技人才队伍。

1. 优化科技人才结构

（1）科技创新专业人才队伍建设

实施更加开放的创新人才政策，建立以创新能力为导向的人才培养模式，围绕重点学科和重点产业领域，以高端人才为引领，注重培养一线创新人才和青年科技人才，努力造就一批科技领军人才，大力引进一批我省紧缺急需的高端科技人才、高层次创业人才、海外高层次人才来滇创新创业，大力培养一批本土高水平的产业技术领军人才、中青年学术和技术带头人、技术创新人才，打造一批高质量的创新团队，培育一批国家级科技人才和团队后备力量。加快发展现代职业技术教育，大力培养面向产业发展急需的高层次技能应用型人才。

专栏 18　科技创新专业人才培引工程

两院院士及科技领军人才。强化服务，稳定支持在滇两院院士及团队开展自由探索，发挥其高端引领和战略科学家作用；重点培养院士有效候选人，支持其自主选题开展研究；加强科技领军人才的培养，给予稳定经费保障，

培养一批我省有实力竞争中国科学院、中国工程院院士的后备人才。到 2020 年，新增 20 名以上科技领军人才，力争新增 1 名以上院士。

高端科技人才和高层次创业人才。大力引进云南省经济社会发展紧缺急需的高端科技人才，吸引和聚集国内外高层次科技人才团队、科技型企业家来滇创业，提高企业高层次科技人才的比重，促进一批科技型企业的涌现和发展。到 2020 年，遴选高端科技人才和高层次创业人才达 130 名以上。

海外高层次人才和产业技术领军人才。引进一批能够突破关键技术、发展高新技术产业、带动新兴学科的海外高层次人才，选拔培养一批对云南产业发展起到重要支撑作用的云岭产业技术领军人才，加速国内外优秀人才集聚云南。到 2020 年，海外高层次人才达 150 名以上，选拔认定云岭产业技术领军人才达 200 名。

“两类”人才。培养一批中青年学术和技术带头人、技术创新人才，提升我省高层次科技人才创新水平。到 2020 年，新增云南省中青年学术和技术带头人后备人才、云南省技术创新人才培养对象 500 名以上。

创新团队。发挥优秀科技领军人才的带动作用，凝聚一批优秀的创新人才群体，提升各类科研创新平台和产业创新基地的创新水平，提高重点产业、行业的核心竞争力。到 2020 年，新增云南省创新团队 100 个以上。

（2）科技型企业家队伍建设

创新机制，加强创新培训和奖励引导，选拔培养一批高新技术企业和创新型企业经理人，造就一支具有全球视野、精通现代管理、崇尚自主创新、善于开拓市场的高素质企业家队伍。到 2020 年，培育科技型企业家 1000 名以上。

（3）科技管理服务人才队伍建设

加强科技行政管理部门、高等学校、科研院所、企业、基层及一线科技管理队伍建设，强化教育和培训，提高管理水平和服务能力，培养一支业务水平高、管理能力强、具有现代科学素质、创新意识和战略眼光的复合型、专业化、职业化科技管理人才队伍。以提高创新创业服务水平，加速科技成果转化为目标，加大政策扶持力度，完善科技服务认证和培训体系，重点培养一批具有较高专业技能的科研支撑人员，服务“三农”和“三区”、服务企业、面向南亚东南亚国家开展技术服务和创新创业的高素质科技特派员和科技服务人员，具有一定创新创业经验的创业导师，社会急需的商业模式创新人才，企业知识产权管理和中介服务人才，造就一支懂技术、懂市场、懂管理的专业化、职业化科技创新创业服务人才队伍。

2. 加强科技人才引进培养载体建设

加强院士专家工作站、专家基层科研工作站、博士后科研流动站和科研工作站建设，加大支持力度，引进省内外院士专家团队来滇创新创业，解决我省重点产业发展重大科技需求，服务经济建设主战场。到 2020 年，新建院士专家工作站 100 个、专家基层科研工作站 180 个、博士后科研流动站和科研工作站 30 个。

3. 加强新型科技创新智库建设

围绕深化科技体制改革、实施创新驱动发展战略和建设创新型云南，组建由科技界、产业界和经济界知名专家组成的云南科技创新智库。整合现有科技创新智力资源，重点在科技政策、产业创新、社会发展、国际区域合作等领域，造就一支在省内外具有较大影响力的专业化决策咨询队伍，打造云南科技创新智库品牌。到 2020 年，建成特色鲜明、制度创新、引领发展的新型科技创新智库，充分发挥科技创新智库支撑决策、资政建言、理论创新、社会服务等重要功能。

4. 完善人才发展机制

（1）健全科技人才流动机制

改进科研人员薪酬和岗位管理制度，破除人才流动的体制机制障碍，完善科研人员在企业与事业单位之间流动时社保关系转移接续政策。允许财政资金设立的高等学校、科研院所及其他研发、服务机构科研人员保留基本待遇到企业开展创新工作或创业。允许财政资金设立的高等学校、科研院所及其他研发、服务机构科研人员在技术转移、科技咨询、科技服务、成果推广、创新创业过程中根据有关规定持有股权、获取收益和报酬。支持高等学校、科研院所设立“科技创业岗”和流动岗位，支持企业设立“企业创新岗”，在高等学校推行产学研联合培养研究生的“双导师制”，加快建立高等学校、科研院所和企业之间科技创新人才双向流动机制。

（2）完善科技人才评价和激励机制

建立适应不同创新活动特点和人才成长规律的分类评价机制，按照基础研究、应用研究、技术成果转移转化和产业化、研发支撑服务及软科学研究等不同领域实行科技人才分类评价，以实际能力为衡量标准，突出专业性、创新性、实用性。强化科技计划支持人才导向，加快建立以激发科技人员积极性和创造性为核心的科技经费管理和使用方式，突出省级科技计划项目对科技人才的直接激励和后续培养。尊重科学研究灵感瞬间性、方式随意性、路径不确定性的特点，允许科学家自由畅想、大胆假设、认真求证。赋予领衔科技专家更大的技术路线决策权、经费支配权、资源调动权，实行以增加知识价值为导向的分配政策。深化高等学校、科研院所人事制度和收入分配制度改革，完善事业单位绩效工资制度，健全与岗位职责、工作业绩、实际贡献紧密联系和鼓励创新创造的分配激励机制，重点向关键岗位、业务骨干和做出突出贡献的人员倾斜。探索年薪制、协议工资制等多种分配方法。深化科技奖励制度改革，突出对产业发展有重大科技贡献的杰出科技人才团队和青年科技人才的奖励。

（3）建设科技人才创新试验区

依托国家高新技术产业开发区和经济技术开发区、滇中新区、云南空港国际科技创新园等建设科技人才创新试验区，按照“放活机制，先行先试”的方针，在人才管理体制机制、政策法规、服务体系、综合环境、薪酬、激励模式等方面先行先试、创新突破，为全省人才工作体制机制创新提供可复制、可推广的经验和模式。

（七）扩大科技对外开放

主动服务和融入国家战略，充分发挥和利用“一带一路”和长江经济带以及中国—中南半岛经济走廊、孟中印缅经济走廊在云南交汇叠加的优势，努力建设面向南亚东南亚科技创新中心，构建全方位开放创新格局，积极创造优惠条件和优良环境，吸纳国内外创新资源，加强区域协同创新，探索创制区域性国际科技合作公共产品，构建发展理念相通、要素流动畅通、科技设施联通、创新链条融通、人员交流顺通的创新共同体，打造面向南亚东南亚的科技创新辐射源。

1. 深化国际（地区）科技合作

（1）集聚国际（地区）创新资源

开展与美国和加拿大、欧盟国家、俄罗斯等独联体国家、澳大利亚和新西兰、以色列、日本、韩国、港澳台等发达国家和地区的创新合作，围绕重点产业领域，以滇中城市群为核心，以园区为载体，集聚全球创新资源。有序开放省科技计划，鼓励引导外资研发机构参与承担科技项目。组织实施一批特色明显的科技合作重点研发项目，强化集成与协同，深入开展基础前沿及产业关键共性技术、装备和标准的研发攻关，提升引进消化吸收再创新能力，着力打造辐射源。鼓励外商投资新兴产业、高新技术产业、现代服务业，支持外资机构在云南设立技术研发机构，实现引资、引技、引智相结合。到 2020 年，建成具有一定影响力的国际联合研究中心、国际技术转移中心 3 ~ 5 个。

支持企业、高等学校、科研院所按照国际规则并购、合资、参股国外创新型企业和研发机构，或设立海外研发中心、产业化基地，深度融入全球产业链、技术链，提高海外知识产权运营能力。推进海外人才离岸创新创业基地建设。

（2）提升面向南亚东南亚科技辐射能力

建立健全对外开放辐射机制。服务国家战略部署，继续落实与发展中国家的科技伙伴计划，以孟中印缅经济走廊建设、中国—中南半岛经济走廊建设、澜沧江—湄公河合作为重点，进一步建立健全与南亚东南亚国家科技合作机制。强化中国—东盟创新中心、中国—南亚技术转移中心、大湄公河次区域农业科技交流合作组、中国—南亚农业科技交流合作组的示范带动作用，促进北斗导航、铁路、生物种业、新能源、机械、制糖等优势技术、产品、标准、服务向南亚东南亚输出。

提升沿边州（市）对外科技合作水平。以国家重点开发开放试验区和边（跨）境经济合作区为核心区，推进沿边科技成果转化示范带建设。支持与越南、老挝、缅甸等国家的有关机构共建农业种业创新基地、海外科技合作示范园等。到 2020 年，新建 20 个以上境外或跨境科技产业基地和示范园区。

面向南亚东南亚布局创新网络。围绕生物育种、生物多样性保护、跨境水资源科学调控与生态安全、生物质能源、高原特色现代农业、智能电网、基础设施建设等领域，实施一批重大科技合作项目，开展区域性重大科学问题研究与技术联合攻关。支持与泰国、印度、巴基斯坦、孟加拉、斯里兰卡等国家的有关机构共建联合实验室。到 2020 年，在南亚东南亚主要国家新建联合创新平台 5 个；与南亚东南亚国家联合新建科技企业孵化器、技术转移和成果转化基地 5 个。

加大科技对外援助力度，支持科技人才面向南亚东南亚开展创新创业和科技培训。选派国际科技特派员赴南亚东南亚国家开展技术服务，邀请亚非国家青年科学家来滇工作。到 2020 年，培训南亚东南亚科技人员 200 人次以上，新选派国际科技特派员 30 名，新增一批杰出青年科学家到云南开展科研工作。

2. 深入推进科技入滇

主动融入长江经济带建设，深化京滇、沪滇、泛珠三角区域等科技合作，实现科技入滇常态化，大力承接东中部地区产业技术转移，引进国内先进技术成果，吸引高科技企业与创新创业融资机构进驻云南，推动产业技术研发与公共技术服务平台落地云南，集聚创新创业人才和团队，实现科研平台、科技型企业、科技成果、人才和团队“四个落地”。到 2020 年，推动一批企业在省外建立研发机构，新增入滇落地的科研平台 100 个、科技型企业 100 家、科技成果 500 项、科技人才和团队 200 个。

专栏 19　对外科技合作重大建设工程

中国—东盟创新中心。建成集技术展示、企业孵化、交流对接、信息分享、咨询服务、综合配套服务等功能为一体的中国与东盟科技合作的创新中心总部；建立面向东盟国家的研究和产品开发实验、检测、中试平台，设置多个专业化实验室和分析检测中心；在昆明高新技术产业开发区建设国际孵化器，加强研发与产业开发的创新合作。

中国—南亚技术转移中心。在现有5个分中心基础上，进一步与南亚各国科技主管部门指定的技术转移机构合作，在南亚国家共建双边技术转移中心，适时发布中国—南亚技术转移动态及活动信息，开展中国—南亚科技创新政策咨询与服务，促进国际技术和产业转移。

面向南亚东南亚育种中心。依托现有中国西南野生生物种质资源库，建设优势特色动植物种质资源库，开展资源收集保存、遗传多样性、育种技术等工作，促进粮经作物、特色生物资源、牛羊家畜等开发利用；整合全省优质种业基地开展新品种培育及试验区建设，积极开展面向周边国家的马铃薯、玉米、咖啡、花卉、水稻等新品种示范展示和推广应用。

南亚东南亚农业联合研究中心。围绕水稻、甘蔗、马铃薯、玉米、咖啡、坚果、茶叶、花卉、天然橡胶、植物保护、畜禽资源、淡水鱼类等领域，在南亚东南亚国家合作建设一批农业研究中心，开展联合研究。

东南亚生物多样性研究中心。中科院昆明分院牵头，联合国内其他科研机构，与东南亚国家相关机构合作，聚焦生物多样性保护、生物资源可持续利用和自然地理环境监测和保护等领域，开展联合科学研究、科技攻关和人才培养，建成覆盖东南亚各国的综合研究网络和教育平台。

（八）打造区域创新高地

围绕"一核一圈两廊三带六群"区域发展新空间，尊重科技创新的区域集聚规律，充分发挥部省、厅州（市）科技工作会商机制作用，上下联动，因地制宜探索差异化的创新发展路径，形成若干特色鲜明的区域创新高地，推动跨区域协同创新，加快区域转型发展，推动区域特色产业和社会事业发展，形成经济转型与产业升级的增长点、增长极、增长带。

1. 加快以滇中城市群为核心的区域创新中心建设

坚持两化互动、产城融合、绿色低碳、差异发展的原则，以云南空港国际科技创新园为核心，围绕生物、新材料、先进装备制造、"互联网 +"、大数据、云计算等新兴产业，强化体制机制创新、科研平台载体创新和产业技术创新。全方位汇聚各类创新要素，把滇中城市群打造成我国面向南亚东南亚科技创新中心的核心区、科技创新与技术转移高地和创新创业示范区，支持昆明深化国家创新型城市建设，在全省创新驱动发展中发挥核心支撑、辐射和示范带动作用。在滇西、滇东南、滇东北、滇西南、滇西北等城镇群，选择基础条件好的区域建设若干省级区域创新中心，增强创新示范和辐射周边，提升区域创新能力，为面向南亚东南亚辐射中心建设提供支撑。

2. 推动园区提质增效

发挥高新技术产业开发区、重点工业园区、农业科技园区等各类园区的核心载体作用，重点支持各类科技园区完善创新创业服务支撑体系，推动创新主体聚集、创新资源聚合、创新服务聚焦、新兴产业聚变。

专栏 20　园区提质增效行动

高新技术产业开发区创新发展。推进昆明高新技术产业开发区创建国家自主创新示范区，在深化科技体制改革和政策创新方面先行先试，结合功能提升和改革示范的需求建设创新特区。促进高新技术产业开发区、重点工业园区科技、人才、政策等要素优化配置，完善从技术研发、技术转移、企业孵化到产业集聚的创新服务和产业培育体系，推动省级高新技术产业开发区升级为国家级高新技术产业开发区，重点工业园区升级为省级高新技术产业开发区，打造省级、国家级创新平台升级版，形成若干高水平、有特色优势的产业聚集区。到 2020 年，力争创建国家级自主创新示范区 1 个，新增国家级高新技术产业开发区 2 个以上、省级高新技术产业开发区 10 个以上。

农业科技园区创新发展。加强农业科技园区建设，布局一批农业高新技术产业示范区和现代农业产业科技创新中心，培育壮大农业高新技术企业，构建覆盖全省高原特色现代农业的农业科技园区体系，使农业科技园区成为农业科技创新高地、创新创业服务集聚区和现代农业科技辐射源。到 2020 年，新增国家级农业科技园区 10 个、省级农业科技园区 20 个以上。

3. 建设县域科技成果转化中心和科技成果转化示范县

建设县域科技成果转化中心，探索多元化、个性化服务模式与运行机制，组织和协调科技型企业、科研平台、科技人才和团队、科技成果落地，促进县域经济社会发展。建设一批云南省科技成果转化示范县，开展科技成果转化政策先行先试，创新科技成果转化和产业化模式，向全省提供示范，为民族团结进步示范区建设提供支撑。到 2020 年，建成县域科技成果转化中心 129 个，科技成果转化示范县 30 个。

4. 推进可持续发展实验区建设

加强分类指导和建设，加强部门间沟通和协调，选择若干特色区域创新驱动和实验示范，广泛运用现代科技方法和手段，大力推进先进科技成果转化应用和推广普及，探索解决经济、社会、环境协调发展中面临的瓶颈约束问题和直接关系到人民群众的热点难点问题的有效模式，走符合当地实际、具有地方特色的可持续发展道路。完善实验区管理和评价机制，加大力度推广成功经验和模式，加快推进实验区联盟的成立和运行。到 2020 年，力争新增国家级可持续发展实验区 5 个以上，省级可持续发展实验区 20 个以上，为生态文明建设排头兵提供支撑。

（九）实施科技扶贫行动

以与全国同步全面建成小康社会为目标，以满足贫困地区科技需求和提升产业发展能力为导向，各级政府联动，创新科技扶贫模式，整合全省科技资源，设立科技扶贫专项资金，以点带面，精准发力，构建科技扶贫体系，提升全省贫困地区发展能力和水平，科技助农增收致富。

1. 完善省市县三级联动科技扶贫机制

切实提高思想认识，转变观念，创新工作方式，加大科技扶贫力度，发挥科技优势，在做好与其他部门衔接的同时，形成省、市、县三级科技部门联动的工作机制，立足县域的脱贫科技需求，链条部署，精准施策，集成省、市、县三级创新资源，形成合力，为推动精准脱贫做出切实贡献。

2. 科技支撑特色产业加快发展

围绕贫困地区种植业、养殖业、农产品精深加工、生物医药和大健康、太阳能及风能、水电和矿产资源开发等领域，以科技型企业和农村经济合作组织为依托，加强先进适用技术转移示范，打造优势品牌，培育新的增长点，促进特色产业加快发展。

3. 强化技术技能培训及科学素质提升

加强农业生产技术培训、农民务工技能培训，提升贫困地区生产水平，重点开展种养大户、家庭农场、农业专业合作社、农村专业技术协会等骨干培训，培养一批农村脱贫致富带头人。促进贫困地区农民科学素质提升，持续开展科技下乡活动，普及推广科技知识和先进适用技术。

4. 支持面向“三农”的创新创业载体建设

完善贫困地区创新创业服务体系建设，实施科技特派员创业行动。组织认定一批科技型农村经济合作组织和农产品深加工科技型企业，支持科技型农村经济合作组织作为省级科技计划项目的承担主体。以贫困地区农业科技园区、科技型农村经济合作组织、农产品深加工科技型企业等为载体，打造科技人员服务“三农”的农村创新创业基地 50 个。

5. 支持科技人员服务“三区”

实施“边远贫困地区、边疆民族地区、革命老区”科技人员专项计划。选派科技人员服务基层，深入云南省优质种业基地、农业科技示范园等科技园区和产业园区、农产品深加工科技型企业、高新技术企业、创新型试点企业及其他重点企业、经济合作组织、专业技术协会、家庭农场、种养大户开展创新创业，为贫困地区、藏区经济社会发展提供有效的科技人才支持和智力服务。

6. 加强农村信息服务体系建设

结合国家农村信息化示范省建设试点工作，加快推进国家农村信息示范省综合服务平台建设，进一步扩大网络资源整合度、集成技术运用、完善系统功能、挖掘运用大数据，推动信息化与农特产品、乡村旅游、乡村医疗相结合，形成覆盖全省县、乡、村三级的信息服务体系，全面建成国家农村信息化示范省。

专栏 21　科技扶贫行动

科技对口帮扶行动。整合科研院所、高等学校、农业科技型企业的专家人才资源，构建科技扶贫专家服务队伍。建立科技管理部门、科研院所、高等学校等单位联系帮扶贫困村、贫困户机制，开展驻点帮扶，加大精准扶贫、精准脱贫力度。选择一批典型县开展科技帮扶试点，重点在产业支撑、人才引进、项目支持、能力培训、科学技术普及等方面进行帮扶，开展科技精准扶贫示范村工作，为全省科技扶贫提供样板。依托科技培训基地，把贫困户务工务农技术培训作为地方科技培训的重点内容，提升贫困户发展能力。

农村科技特派员行动。从全省有关科研院所、高等学校、职业院校、各类科技创新平台建设依托单位及其他企事业单位中，选派科技人员到国家确定的 93 个集中连片特殊困难地区县，开展公益专业技术服务，或与服务对象结成利益共同体、创办领办科技型农村经济合作组织、农产品深加工科技型企业等，推进县域科技创新创业。利用京滇、沪滇等科技合作机制，鼓励省外选派科技人员到我省“三区”开展科技服务。

产业技术扶贫行动。围绕“一村一品”产业发展，在贫困地区培育推广一批新品种，集成转化一批新技术。探索贫困地区后发高起点的现代农业经营模式，建设一批产业特色鲜明、带动农民增收的科技园区（基地），推进现代农业规模化发展。

科技金融帮扶行动。将众创空间引向农业农村，建立科技金融对口帮扶机制，引导天使投资、创业投资和风险投资加大对涉农科技型中小企业的支持力度，支持草根能人、返乡农民工、大学生和退役士兵在贫困地区创新创业。

农民科学素质提升行动。利用“全国科普日”“文化科技卫生三下乡”“科技下乡”“科技活动周”“科普大篷车”等活动，带动开展农村科普工作。巩固提高农村科普“一站一栏一员”建设，分期分批组织开展农民技术技能培训，为农村经济社会发展提供人才保障和智力支持。

（十）全面深化科技体制改革

紧紧围绕促进科技与经济社会发展深度融合，统筹落实党中央国务院、省委省政府关于深化科技体制改革的决策部署，深化科技管理体制改革，推动政府职能从研发管理向创新服务转变，构建更加高效的科研体系，健全科技成果转移转化机制，激发“三支队伍”创新活力，充分发挥科技型企业家队伍创新创业主体作用、科技创新专业人才队伍研发主力军作用、科技管理服务人才队伍服务保障作用，建立激励创新的良好生态，提高创新体系整体效能。

1. 健全科技创新治理机制

转变政府职能，合理定位政府和市场功能，推动政府简政放权、放管结合、优化服务，强化政府战略规划、政策制定、环境营造、公共服务、监督评估和重大任务实施等职能，优化科技管理机构设置，重点支持市场不能有效配置资源的基础前沿、社会公益、重大共性关键技术研究等公共科技活动，积极营造有利于创新创业的市场和社会环境。打破条块分割，统筹科技资源，建立科技部门、经济部门、行业部门、州（市）人民政府协调创新机制和重大问题会商沟通机制，促进管理科学化和资源高效利用。加快建立科技咨询支撑行政决策机制，推进重大科技决策制度化。探索建立政府部门不再直接管理具体项目，主要负责科技发展战略、规划、政策、布局、评估和监管，专业机构具体管理项目，第三方机构评估评价，通过科技报告制度和网络系统共享信息的科技计划管理体系。

2. 深化科技计划管理改革

深化省级财政科技计划（专项、基金等）管理改革，改革完善计划设置、管理体制、运行机制、绩效考核等体制机制，构建目标明确、功能定位清晰、具有云南特色的科技计划体系和管理制度。按照基础研究、重大科技专项、重点研发、创新引导与科技型企业培育、科技人才和平台等五类科技计划重构云南省科技计划体系。建立科技计划评估和监管、动态调整和终止机制，提高科技资源的投入产出效率。推进科技报告制度、创新调查制度、科技信用管理体系等科技基础制度建设。

改革科技项目和经费管理。改革科技项目导向机制，推动科技资源分配由行政导向向市场导向转变，由事前资助向事后补偿补助转变。强化研发分类支持导向，建立稳定支持经费与竞争性经费相协调的投入机制，加大稳定支持力度，支持研究机构自主布局科研项目，扩大高等学校、科研院所学术自主权和个人科研选题选择权。组建战略咨询和评审委员会，探索建立专业机构管理项目机制，改革科技项目管理方式，创新财政科技资金投入方式，改进和规范项目管理流程，强化经费使用的目标导向和绩效导向，建立符合科研规律、高效规范的管理制度。完善科研资金使用监管机制，强化法人责任，下放单位预算调整权限，增加项目承担单位经费使用自主权，健全科技项目管理问责机制，提高资金使用效益。建立容错纠错机制，推进形成尊重创造、敢冒风险的创新创业环境。

3. 完善科技成果转移转化机制

改革科技成果使用、处置和收益权管理。结合事业单位分类改革要求，将财政资金支持形成的，不涉及国防、国家安全、国家利益、重大社会公共利益的科技成果的使用权、处置权和收益权，全部下放给符合条件的项目承担单位，单位主管部门和财政部门对科技成果在境内的使用、处置不再审批或备案，科技成果转移转化所得收入全部留归单位，纳入单位预算，实行统一管理，处置收益不再上缴。

完善科技成果转化激励机制。提高科研人员成果转化收益比例，高等学校、科研院所可将职务发明成果转让收益在重要贡献人员、所属单位之间合理分配，用于奖励科研负责人、骨干技术人员等重要贡献人员和团队的收益比例应不低于转让净收入的 60%。建立企业股权和分红激励制度，建立促进国有企业创新的激励制度，对在创新中作出重要贡献的技术人员实施股权和分红激励。

建立健全技术转移组织体系。推动高等学校、科研院所建立健全技术转移工作体系，加强高等学校、科研院所知识产权管理，建立专业化机构和职业化人才队伍。强化科技成果以许可方式对外扩散，财政资金支持形成的科技成果在一定期限内未转化的实施强制许可制度。建立完善高等学校、科研院所的科技成果转移转化年度统计和报告制度，建立和完善有利于技术转移的国有无形资产管理制度。

4. 深化科技评价制度改革

逐步建立符合各类科技人才、项目、成果、研发与服务平台的多元化评价体系。针对科技创新活动的多样性，建立包括基础研究、技术开发、试验发展、成果转化及产业化的分类评价标准，建立以科技创新质量、贡献、绩效为导向的分类评价体系，探索建立研发能力与服务能力考核相结合、团队考核与个人发展相结合、长周期考核与过程管理相结合的多维度评价方法体系。鼓励省内高等学校、科研院所承接省内企业研发项目，在业绩考核、职称评定中对横向项目与纵向项目同等对待。

5. 推动科研院所改革创新

完善科研院所法人治理结构，探索理事会制度，逐步推进科研事业单位取消行政级别，在有条件的单位对院（所）长实行聘任制。充分挖掘和发挥中央在滇科研院所服务云南发展的潜力，支持其研究方向面向区域国民经济发展主战场，提高重大技术系统集成能力。支持云南省科学技术院理顺体制、创新机制，成为云南产业发展、经济转型升级的重要支撑和聚集优秀科技人才的大平台。支持省属转制科研院所深化产权制度改革，改革管理体制和经营机制，优化资本结构，实现投资主体多元化，建立现代企业制度。推进省属公益类科研院所分类改革，落实科研事业单位在编制管理、人员聘用、职称评定、绩效工资分配等方面的自主权。鼓励各类机构、组织和个人建立企业法人、社会组织法人的新型研发组织，与传统科研机构在科研项目申请等方面享受同等待遇，对其提供公共科技服务，政府以购买服务等方式给予支持。逐步实施科研机构绩效评价制度，开展第三方独立评估，建立绩效拨款制度。

五、强化规划实施保障

（一）强化创新政策保障

健全保护创新的法治环境，加快薄弱环节和领域的立法进程，加快修订《云南省实施〈中华人民共和国促进科技成果转化法〉若干规定》，构建综合配套精细化的法治保障体系。发挥市场竞争激励创新的根本性作用，营造公平、开放、透明的市场环境，强化竞争政策和产业政策对创新的引导，促进优胜劣汰，增强市场主体创新动力。加大研发费用加计扣除、高新技术企业税收优惠、固定资产加速折旧、研发投入补助等普惠性政策的落实力度，推动设备更新和新技术利用。对包括天使投资在内的投向种子期、初创期等创新活动的投资，统筹研究相关支持政策。研究促进创业投资企业发展的优惠政策。通过落实税收优惠、保险、价格补贴和消费补贴等，促进新产品、新技术的市场化规模化应用。加强新兴产业、新兴业态相关政策研究。强化政策培训，完善政策实施程序，切实扩大政策覆盖面。建立创新政策协调审查机制，组织开展创新政策清理，及时废止有违创新规律、阻碍新兴产业和新兴业态发展的政策条款，对新制定政策是否制约创新进行审查。加强科技体制改革与经济体制改革协调，加强科技政策与财税、金融、贸易、投资、产业、教育、知识产权、社会保障、社会治理等政策的协同，形成目标一致、部门配合的政策合力，提高政策的系统性、可操作性。建立创新政策调查和评价制度，广泛听取企业和社会公众意见，定期对政策落实情况进行跟踪分析，并及时调整完善。

（二）增强科技投入保障

发挥好财政科技投入的引导激励作用和市场配置各类创新要素的导向作用，优化创新资源配置，引导社会资源投入创新，形成财政资金、金融资本、社会资本多方投入的新格局。加强规划任务与资源配置衔接，改革我省科技创新战略规划和资源配置体制机制，围绕创新链完善资金链，改革预算管理，把规划作为科技任务部署的重要依据，形成规划引导资源配置的机制。加强省级财政投入和地方创新发展需求衔接，争取国家支持，拓展政府资金来源，加大省级财政科技投入力度，特别是州（市）、县（区、市）财政研发经费投入力度。创新财政科技投入方式，加强财政资金和金融手段的协调配合，综合运用资金资助、创业投资、风险补偿、贷款贴息等多种方式，充分发挥财政资金的杠杆作用，引导金融资金和社会资本进入创新领域，完善多元化、多渠道、多层次的科技投入体系。创新财政资金支持科技型中小企业、创业团队的方式，探索实施“科技创新券”等试点工作。加强各类科技计划、各研发阶段衔接，优化财政科技资源在各类科技计划（专项、基金等）中的配置，按照各类科技计划（专项、基金等）定位和内涵配置科技资源。加强科研资金监管与绩效评价，建立科研资金信用管理制度，逐步建立财政科技资金的预算绩效评价体系，建立健全相应的评估和监督管理机制。

（三）深入实施知识产权战略

深化知识产权领域改革，加强知识产权运用与保护。优化知识产权行政管理，完善知识产权激励政策，提高知识产权数量和质量。推行知识产权管理标准，建设知识产权评价体系。支持专利技术转化运用，引导知识产权占股、转让、许可及质押融资，促进知识产权交易流转。加强科技计划的知识产权前瞻性布局，开展重大项目知识产权分析评议及重点产业专利预警。建立健全打击侵犯知识产权的长效机制和保护体系，加强知识产权综合行政执法，建立健全工商、版权、公安、质检等部门的行政执法联动机制。

（四）持续推进技术标准战略和品牌战略

健全技术标准体系，统筹推进科技、标准、产业协同创新，健全科技成果转化为技术标准的机制。加强基础通用和产业共性技术标准研制，加快新兴和融合领域技术标准研制，健全科技创新、专利保护与标准互动支撑机制，构建以自主知识产权为基础的技术标准体系。发挥标准在技术创新中的引导作用，及时清理落后标准，强化强制性标准制定与实施，逐步提高生产环节和市场准入环境、节能、节地、节水、节材、质量和安全指标及相关标准，形成支撑产业升级的标准群。支持我省企业、联盟和社团参与或主导国家标准研制，推动我省优势技术与标准成为国家标准。

实施科技创新品牌战略，加强产业科技创新品牌建设指导，鼓励和引导传统产业打造推广自主品牌，加大新兴产业技术扶持力度，加强品牌化经营，以品牌效益带动产业发展。

（五）加强规划实施与考核

推动形成“政府负责、部门协调、上下联动”的工作格局，建立规划实施工作目标责任制，完善规划跟踪、评估机制。把监测和评估结果作为改进政府科技创新管理工作的重要依据。各部门、各州（市）要依据本规划，结合实际，强化本部门、本州（市）科技创新部署，做好与规划总体思路和主要目标的衔接，做好重大任务分解和落实。健全部省会商、厅州（市）会商和部门会商机制，加强不同规划间的有效衔接。加强年度计划与规划的衔接，确保规划提出的各项任务落到实处。充分调动和激发科技界、产业界、企业界和社会各界的积极性，最大限度凝聚共识，广泛动员各方力量，共同推动规划顺利实施。加强规划落实的分工负责，牵头部门要落实责任，有关部门要按照职能职责积极配合，切实保障规划主要目标顺利完成。

将科技创新主要指标纳入州（市）党政领导班子和领导干部考核指标体系，增加相应的权重。对省级各部门落实科技创新规划任务分工进行考核。建立健全国有企业技术创新绩效考核制度，将科技创新纳入国有企业领导干部考核指标体系。

专栏 22　规划指标责任分工

1. 科技进步贡献率（省科技、发展改革、统计等行政主管部门牵头负责）
2. 全社会 R&D 经费支出占 GDP 的比重（省科技、财政、教育、统计等行政主管部门牵头负责）
3. 规模以上工业企业研发投入占主营业务收入的比例（省工业和信息化、国资等行政主管部门牵头负责）
4. 每万名就业人员的研发人力投入（省科技、人力资源社会保障等行政主管部门牵头负责）
5. 每万人口发明专利拥有量（省知识产权、科技、教育等行政主管部门牵头负责）
6. 被 SCI、EI、CPCI-S 收录的论文数（省科技、教育等行政主管部门牵头负责）
7. 技术市场合同交易总额（省科技、统计等行政主管部门牵头负责）
8. 知识密集型服务业增加值占国内生产总值比例（省发展改革、科技、统计等行政主管部门牵头负责）
9. 高技术产品出口额占商品出口额比重（省商务、科技等行政主管部门牵头负责）
10. 累计认定高新技术企业数量（省科技、财政、税务等行政主管部门牵头负责）
11. 公民具备基本科学素质的比例（省科协牵头负责）

（六）充分激发科研人员创新活力

改革科研项目经费管理，扩大高等学校、科研院所自主权，调动科研人员积极性、创造性。简化财政科研项目预算编制，将直接费用中多数科目预算调剂权下放给项目承担单位；项目年度剩余资金可结转下年使用，最终结余资金可按规定留归项目承担单位使用。大幅提高人员费比例，增加间接费用比重，大幅提高用于人员激励的绩效支出占直接费用扣除设备购置费的比例；对劳务费不设比例限制，参与项目的研究生、博士后及聘用的研究人员、科研辅助人员等均可按规定标准开支劳务费。差旅会议管理不简单比照机关和公务员，高等学校、科研院所可根据工作需要，合理研究制定差旅费管理办法，确定业务性会议规模和开支标准等。简化科研仪器设备采购管理，高等学校、科研院所对集中采购目录内的项目可自行采购和选择评审专家；对进口仪器设备实行备案制。合理扩大高等学校、科研院所基建项目自主权，简化用地、环评等手续，对利用自有资金、不申请政府投资的项目由审批改为备案。建立科研财务助理等制度，精简各类检查评审；强化高等学校和科研院所自我约束意识，完善内控机制，营造更好的科研环境。

（七）营造大众创业万众创新良好氛围

加大宣传教育，增强创新意识，为规划实施营造良好的舆论环境。大力弘扬创新精神、企业家精神和工匠精神，培育尊重知识、崇尚创造、追求卓越的良好环境，营造人人皆可创新、创新惠及人人的社会氛围。营造良好学术环境，弘扬学术道德和科研伦理，在全社会营造鼓励创新、宽容失败的氛围。加强科学普及，把科学普及放在与科技创新同等重要的位置，进一步完善科普基础设施体系，大力推进科普信息化，推动科普产业发展，促进创新创业与科普相结合，提高科普基础能力和水平，提高公民基本科学素质。支持各类创新创业大赛和创造创意活动，激发全社会创新创业活力。不断丰富创新文化内涵，大力发展创新文化，培育企业家文化，营造创新人才脱颖而出、创新效益充分显现的良好社会氛围，让创新在全社会蔚然成风。

西藏自治区“十三五”科技创新规划

“十三五”时期是全面建成小康社会的决胜阶段，也是进入创新型国家行列的冲刺阶段。为全面贯彻党的十八届五中全会、全国科技创新大会和中央第六次西藏工作座谈会精神，贯彻落实自治区党委八届八次全委会精神，认真实施《国家创新驱动发展战略纲要》《西藏自治区“十三五”时期国民经济和社会发展规划纲要》《西藏自治区中长期科学和技术发展规划纲要（2006—2020）》，充分发挥科技创新支撑引领经济社会发展和长治久安的重要作用，制定西藏自治区“十三五”时期科技创新规划。

一、发展基础与创新需求

（一）发展基础

“十二五”时期是全面实施自治区中长期科技发展规划纲要、科技发展取得明显成效的五年。在自治区党委、政府的坚强领导下，全区科技工作始终坚持围绕中心、服务大局，落实“建平台、攻专项、促转化、广普及”要求，完成了“十二五”时期的主要目标和任务，全区科技事业迈上了新台阶。

——科技支撑作用显著增强。科技创新为保障粮食安全、建设生态安全屏障发挥了关键作用，为高原特色农牧业、清洁能源、藏医药等特色优势产业发展提供了有效支撑，在抗震救灾、地方病防治、饮用水安全、应对气候变化等方面做出了重要贡献。“藏青 2000”等 17 个农作物新品种培育和示范推广确保如期实现了粮食 100 万吨目标；“金太阳”科技工程解决了近 13 万人用电问题；桥隧科技攻关有力保证了拉日铁路、拉林高等级公路等重大工程建设。

——科技投入产出持续增加。“十二五”期间，全社会研发经费年均增长 30.4%，地方财政科技支出占地方财政支出比重提高到 0.56%。专利申请及授权量显著增加，每万人发明专利拥有量由 0.37 件提高至 0.94 件。获国家科技进步特等奖 1 项、二等奖 2 项、何梁何利奖 1 人。科技进步对经济增长的贡献率达到 40%，农牧业科技进步贡献率达到 45%。

西藏自治区科学技术厅，藏科发〔2016〕171 号，2016 年 8 月。

——科技专项取得重大突破。组织实施青稞、饲草、藏药、金牦牛、金太阳、生态等8个科技重大专项，攻克了一批产业共性关键技术，取得了一批重要成果。“十二五”末“藏青2000”青稞新品种推广面积达全区青稞播种面积的42%，亩均增产25公斤以上；研制并颁布藏药材地方标准102项，数字化藏医药古典文献1600余部，研发了曲楂胶囊、罗堆多吉等多个藏药新药；引进国内外优质牧草品种218个，筛选出牧草新品系7个，建立牧草高产栽培示范基地2.4万亩；建立了那曲牦牛科技示范园和藏北高原生态系统恢复重建试验区。

——平台基地建设明显加快。认定国家级高新技术企业23家，孵化科技型企业60家；建成了自治区级重点实验室和工程技术研究中心33个、科技基础条件平台6个、行业创新平台和技术产业创新联盟9个；成功创建了日喀则国家农业科技园区、那曲国家农业科技园区、拉萨国家现代服务业文化旅游创意产业化基地、林芝国家可持续发展实验区；建成西藏自然科学博物馆并试运行，推进拉萨高新技术产业开发区和西藏高原特色生物种质资源库建设。

——科技创新队伍不断壮大。全区拥有各类专业技术人员6.23万人，年均增长10.7%，培育了一批创新团队和学科带头人，我区有9个对象入选国家“创新人才推进计划”，并实现了国家“万人计划”零的突破。国家“三区”人才计划科技专项快速推进。农牧民科技特派员覆盖全部行政村，达到1.09万人。

——科技体制改革稳步推进。科技创新制度建设步伐明显加快，着力推进了科技计划、科研经费、科技报告、科技奖励、职称评定、绩效考核、科技特派员、科技平台等管理制度改革和机制创新。科研院所改革试点有效推进，科技项目管理与监督机制不断健全，制定出台了促进“双创”的若干意见，激励创新创业的政策环境和社会氛围正在形成。

我区“十二五”科技工作取得了显著成就，但仍存在诸多短板和突出问题，主要表现在：科技体制改革相对滞后，全社会科技投入明显不足，高层次创新人才严重短缺，科研平台能力建设亟须加强，自主创新能力依然薄弱，成果转化应用有待加强，科技服务经济社会发展的能力有待进一步提升。

（二）形势需求

“十三五”时期是深入实施创新驱动发展战略、全面深化科技体制改革的关键时期，我区科技创新工作面临着新形势、新需求、新挑战。

——全面建成小康社会需要科技强力支撑。立足我区区情和阶段特征，要确保如期实现与全国一道全面建成小康社会，关键在于抓住科技创新这一“牛鼻子”、做好创新驱动发展这篇“大文章”，这就要求我们必须加强科技创新，转变发展模式，打造经济社会发展新引擎；必须加大科技供给，支撑产业转型升级和提质增效，促进科技与经济深度融合；必须协同推进创新创业，激发全社会活力，汇聚起经济社会发展的强大新动力。

——提高自我发展能力需要科技有效驱动。创新是引领发展的第一动力，提升我区自我发展能力，最终要靠科技进步。这就要求必须加快构建创新体系，增强科技创新能力，强化自我“造血”功能；必须加大科技援藏力度，柔性集聚创新资源，形成开放合作、互联互通的创新格局；必须加强科学技术普及，提高全民科学素质，建立一支规模宏大的高素质创新创业队伍。

——壮大特色优势产业需要科技重大突破。我区大部分产业仍处于价值链低端，要实现向中高端的跃升，迫切需要加大核心关键技术攻关，推广应用一批重大科技成果，以创新链延伸产业链，支撑实现标准化生产、品牌化经营、全产业链增值，培育形成更多新的经济增长点、增长极和增长带。

——促进生态文明建设需要科技系统引领。坚持生态保护第一、确保生态环境良好是中央赋予西藏的重要使命。筑牢国家生态安全屏障，必须依靠科技创新突破生态环境建设与保护的重大技术瓶颈；必须依靠科技创新支撑全产业链实现环境友好、资源节约、循环发展；必须依靠科技创新引领绿色、低碳、文明的生活方式。

——实施精准扶贫脱贫需要科技关键保障。我区是全国唯一的省级集中连片贫困地区，要打赢扶贫攻坚战，离不开科技创新的支撑和保障。要依靠科技创新壮大特色优势产业，拓展就业渠道，增加就业机会，推动就业脱贫；要发挥农牧业科技成果转化、农牧民科技特派员等技术集成、要素集聚、应用示范作用，辐射带动农牧民脱贫致富；要大力实施富民强县稳边科技重大专项，为县域特色产业发展提供新动能，促进精准脱贫。

二、发展目标与战略部署

（一）指导思想

高举中国特色社会主义伟大旗帜，以马克思列宁主义、毛泽东思想、邓小平理论、“三个代表”重要思想、科学发展观为指导，深入贯彻落实党的十八大和十八届三中、四中、五中全会、全国科技创新大会和中央第六次西藏工作座谈会精神，深入贯彻落实习近平总书记系列重要讲话精神，特别是“治国必治边、治边先稳藏”战略思想和“加强民族团结、建设美丽西藏”重要指示，坚持“依法治藏、富民兴藏、长期建藏、凝聚人心、夯实基础”重要原则，坚持“四个全面”战略布局，坚持“创新、绿色、协调、开放、共享”五大发展理念，以实施创新驱动发展战略、支撑供给侧结构性改革为主线，以深化科技体制改革为动力，系统推进“建平台、攻专项、促转化、广普及”，全面提高科技创新能力，为建设安居乐业、保障有力、家园秀美、民族团结、文明和谐的小康社会提供强有力的科技支撑。

（二）基本原则

——需求导向。围绕西藏与全国一道全面建成小康社会的重大科技需求，强化科技资源配置，贯彻生态优先理念，科学谋划创新布局，为我区经济社会发展和长治久安提供强有力的科技支撑。

——任务引领。坚持有所为、有所不为，选择具有一定基础和优势，关系社会稳定、产业发展、民生改善、扶贫攻坚、生态建设等的关键领域，集中力量组织实施重大科技专项，突破核心关键技术和产业共性技术，培育新业态，创造新产业，激发新活力。

——开放协同。立足我区特色和资源优势，积极融入“一带一路”建设，依托“互联网＋”等新技术，创新科技发展模式；提升科技援藏层次，打造多主体参与、多团队协作的跨区域协同创新机制，促进区内外科技资源开放共享，实现合作共赢。

——注重成效。加强科技评价，注重绩效考评，突出产业化导向和经济效益目标，强化科技服务民生、科技稳边兴藏、科技富民强县、科技精准扶贫，进一步发挥"科技第一生产力"作用，推动科技工作更加主动融入经济建设主战场，让创新成果由人民共享，提升民众获得感。

（三）发展目标

基本形成具有高原特色、符合西藏特点的科技创新体系，逐步确立企业技术创新的主体地位，初步建成西藏高原科技创新中心，科技创新能力接近或者达到西部地区平均水平，优势学科领域研究达到国内领先水平，特色优势产业核心关键技术取得重大突破，科技对西藏经济社会持续健康发展的支撑作用更加凸显。

——到 2020 年，全社会研发投入占 GDP 比重达到 0.6%。

——研发人员达到 5000 人，研发人员全时当量达到 2500 人年，较"十二五"末翻一番。

——高新技术产业产值每年增加 15% 以上，较"十二五"末翻一番。

——每万人发明专利拥有量达到 2.0 件，每万人科技论文数达到 1.2 篇，均较"十二五"末翻一番。

——科技进步对经济增长的贡献率达到 45%，农牧业科技贡献率达到 55%。

表 1 "十三五"时期西藏科技创新发展目标预测表

指标	2015 年预计	2020 年目标
全社会 R&D 投入占 GDP 的比重（%）	0.31	0.6
科技进步对经济增长的贡献率（%）	40.0	45.0
科技进步对农牧业发展贡献率（%）	45.0	55.0
国家级高新技术企业（家）	23	40
科技型中小企业（家）	44	100
专利申请量年均增长速度（%）	15.0	20.0
高新技术产业产值（亿元）	100	200
研发人员全时当量达到（人年）	1260	2500
每万人发明专利拥有量（件）	0.94	2.0
每万人科技论文数（篇）	0.52	1.2

（四）总体部署

今后五年我区科技创新的总体部署为：

——面向世界科技前沿、面向经济主战场、面向国家重大需求，结合我区实际，实施 8 个科技重大专项，力争在重点领域取得重大突破；

——围绕农牧业、特色优势产业、生态环境保护、社会民生 4 大领域，确定 18 个创新方向，加强科技攻关，力争突破一批核心关键技术和重大公益技术；

——优化创新基地与平台布局，提升基地平台创新能力，推进科技资源开放共享，建设创新创业载体，科技创新基地和平台能力建设取得重要进展；

——建立科技服务体系和成果转化基地，推动科技成果转化和示范应用，科技成果转化取得明显成效；

——实施科技创新人才培养工程和创新创业人才计划，壮大科技人才队伍，造就高层次科技领军人才和高水平创新团队；

——推进科技计划管理改革，优化科技创新体系，完善科技评价机制，创新科技援藏机制，加强科普能力建设，健全科技激励机制。

三、创新方向与主要任务

（一）重点研究方向

1. 农牧业科技创新

（1）高原种植业

重点实施农作物种业科技创新、粮食和果蔬绿色增产攻关、农产品加工技术研发，加强成果转化应用，持续提高农业综合生产能力，为建成国家重要的高原特色农产品基地、巩固我区粮食 100 万吨、实现蔬菜 100 万吨的目标提供科技支撑。

专栏 1　高原种植业科技创新重点

1. 农作物种业创新 开展主要农作物、果蔬种质资源的收集、保护、鉴定、评价和创新，构建主要农作物分子育种技术体系，培育一批广适、高产、优质、多抗新品种；建立规模化制种、繁育和种子加工技术体系。 2. 粮油绿色增产 研制粮油高产高效绿色增产栽培技术，引进、研发新型肥料和高效低毒低残留农药，研究针对有害生物的绿色防控技术，研制节水、节肥、节药、节本增效关键技术，建立粮油绿色增产科技示范基地。 3. 果蔬绿色增产 研究蔬菜、林果、食用菌、花卉等繁育和高产高效绿色栽培技术，建立非耕地蔬菜无土栽培技术示范基地。 4. 农产品加工 开发农产品精深加工技术和工艺，建立加工技术中试基地，开发系列特色产品。

（2）高原草牧业

重点开展良种选繁、饲草高效栽培、畜禽健康养殖、草畜产品加工等关键技术研发与集成示范，为实现我区 100 万吨肉奶和新增 100 万亩人工草地的目标提供科技支撑。

专栏 2　高原草牧业科技创新重点

1. 饲草种质改良 开展牧草种质资源的收集、保护、鉴定、评价和创新，建立主栽牧草高标准繁育基地。 2. 畜禽品种选育 开展畜禽、水产品种资源的收集、保护、鉴定和评价，重点开展牦牛、绒山羊、藏系绵羊、藏鸡、藏猪、奶牛

等本品种选育，开展特色畜禽、水产良种繁育技术研究与示范。

3. 人工草地建植

开展旱作人工草地建植和粮草间套复种技术研发与示范，建立人工牧草科技示范基地。

4. 畜禽健康养殖

开展畜禽、水产健康养殖关键技术研发与应用、牦牛设施化健康养殖关键技术研究与示范。研发藏兽药，建立畜禽疫病综合防控技术体系，研制养殖场废弃物资源化利用技术。

5. 草畜产品加工

开发草产品和畜产品精深加工技术，建立加工技术中试基地，开发系列特色产品。

2. 特色优势产业科技创新

（3）清洁能源产业

发挥我区水电、太阳能、地热、风能等清洁能源资源优势，重点开展光伏发电、风力发电、风光互补发电、光热利用等新技术的集成、示范和推广研究，提高清洁能源的利用率，有效解决城镇供暖供热供电和无电乡村用电问题，为建成国家综合新能源产业化示范基地和“西电东送”接续能源基地提供科技支撑。

专栏 3　清洁能源产业科技创新重点

1. 太阳能、地热、风能

开展太阳能建筑一体化研究与示范，试验性太阳能、地热能、风能和热发电技术研制与示范；建立新能源产品后期运营维护技术体系。

2. 水能

水能资源高效开发利用技术研究，高寒高海拔复杂地质条件下筑坝技术、大型水电工程施工及温控技术、“互联网＋”智能电站模式研究，开展大型水电建设环境影响监测评价和保护技术研究及示范。

3. 清洁能源综合利用

引进和示范适用于高原地区的清洁能源技术和产品，开展高原清洁能源综合利用、智能电网技术产品研发及示范应用。

（4）藏医药产业

重点开展藏成药经典古方、名方的改进提升和二次开发，加快现代科技在藏药研发中的应用，开发具有藏医治疗特色的新方法和新制剂，完善藏医药产业技术标准，推动我区藏医药产业发展。

专栏 4　藏医药产业科技创新重点

1. 藏医

藏医特色诊疗技术研究和临床标准体系建设，研发疑难杂症藏医诊疗技术与方法。藏医古籍挖掘与整理。

2. 藏药

开展藏药秘方古方验方挖掘整理与应用、藏药新药研制与开发、藏药材资源收集鉴定与保存、藏药材人工种植技术等研究，研制藏药炮制技术及炮制品质量标准和藏药饮片加工生产共性关键技术。

（5）天然饮用水产业

重点开展天然饮用水资源的勘查、评价、保护与利用，研制天然饮用水标准，开展天然饮用水水源地分级、评价与动态监测，构建天然饮用水产业技术体系，提高我区天然饮用水品牌知名度和市场竞争力。

专栏 5 天然饮用水产业科技创新重点

1. 资源勘查评价与保护 开展稀有矿泉水水源勘查与品质分析，研究天然饮用水资源的分布及其储量，开展天然饮用水及水源保护地的分级评价与动态监测，研究水源地生态保护技术。 2. 标准研制 研制西藏天然饮用水地方标准，研究中高端天然饮用水和功能性饮用水的加工技术。建立 3 ~ 5 个天然饮用水开发利用科技示范基地。

（6）绿色矿业

重点开展地质成矿规律、复杂条件矿产资源快速勘查和预测技术研究，鼓励企业研发矿产资源高效开采、绿色选冶、高效利用等重大技术与装备，推动矿产资源绿色可持续开发，为重要的国家战略资源储备基地建设提供科技支撑。

专栏 6 绿色矿业科技创新重点

1. 资源高精度勘探技术 重点研究矿产资源成矿规律和预测技术，发展航空地球物理勘查技术，开发三维高分辨率地震、高精度地磁以及地球化学等快速、综合和大深度勘探技术。 2. 矿产资源高效开发利用 开展有色金属矿产资源高精度勘测、高品位采选、高效能开发、精深加工与滚动增值等精准探矿技术的引进、研发和应用；开展共伴生矿产资源、尾矿综合利用关键技术和矿区生态环境修复研究与示范。

（7）智慧旅游业

重点开展智慧旅游关键技术研究，建立旅游数据分析和决策支持系统，推动实现旅游智慧化管理，提高旅游产品科技含量，促进我区旅游业发展。

专栏 7 智慧旅游业科技创新重点

1. 智慧旅游公共服务信息系统 开发旅游信息查询、电子导游、应急救援等公共信息服务系统，研制智慧景区建设关键技术。 2. 智慧旅游电商系统 开展智慧旅游电子商务系统研发、智慧旅游产品设计等。

（8）民族文化产业

重点开展民族传统文化资源抢救、挖掘、保护、数字化、传承等关键技术研究，研发特色民族文化产品，促进科技与文化有机融合，增强民族文化产业发展能力。

专栏 8 民族文化产业科技创新重点

1. 民族传统文化保护 开展具有西藏特色的文学、艺术、绘画、建筑、服饰、民俗、宗教、节庆等民族传统文化资源抢救、挖掘、保护、

数字化、传承等关键技术研究。

2. 文化产品研发

开展文化创意、现代传媒、动漫游戏、数字出版等关键技术研发与示范，研制具有西藏特色的文化产品。

（9）民族手工业

重点开展特色民族手工业产品研发、加工与包装等关键技术的引进、消化吸收与再创新，完善民族手工业技术创新体系，提高产品附加值。

专栏 9　民族手工业科技创新重点

1. 产品开发

运用计算机辅助设计、配色、印染、3D 打印等先进技术，研发具有民族特色的手工业新产品。

2. 工艺改进

开展民族手工业原料选用、生产线技术改造等关键技术研发，优化生产加工工艺，完善制定生产技术与质量标准体系。

3. 生态环境保护科技创新

（10）生态建设

重点加强青藏高原气候变化科学研究、观测与影响评估，开展退化生态系统修复关键技术与模式研究，研究典型生态系统对气候变化和人类活动的适应技术与模式，建设生态文明先行示范区，为建设重要的国家生态安全屏障提供技术支撑。

专栏 10　生态建设科技创新重点

1. 生态安全屏障保护与建设

开展生态安全屏障保护与建设监测技术、评估体系研究，评价西藏资源环境承载力，研究退化草地生态系统综合整治技术，开展气候变化对农牧业生产的影响及适应性技术研究与示范。

2. 资源普查

基于云计算的喜马拉雅南翼国土资源遥感综合普查，高原新一轮生态环境及生物多样性资源综合考察，编制自然资源资产负债表。

3. 生态文明先行示范区建设

建立 3 ～ 5 个可持续发展实验区和生态文明先行示范区。

（11）环境保护

重点开展高原重大工程建设生态环境保护和农村环境综合整治技术研究，建立高原生态环境功能变化监测与评估体系，建立具有高原特点的环境污染研究与综合防治技术体系，为建设美丽西藏提供科技支撑。

专栏 11　环境保护科技创新重点

1. 环境保护技术研发

开展城市机动车尾气排放、工业企业废气排放监测与控制技术研究，开展城市水环境综合治理与修复研究示范、生态产业发展技术集成与示范、土壤污染治理与修复技术研发示范，研究重大工程建设的生态环境保护技术。

4. 社会民生科技创新

（12）高原交通

重点研究道路建设、养护和生态保护关键技术，开展道路新型材料高原适应性、冻土区道路勘察建设技术研究，提升高原交通建设水平，保障高原交通运行安全。

专栏 12　高原交通科技创新重点

1. 道路建设

开展特殊地形和地质条件下公路建设技术与模式研究，研究高原大型桥隧建造与管理关键技术。

2. 交通设施养护

主要开展高海拔特殊环境条件下道路建设养护、沥青路面老化防治、重要路段地质灾害动态监测与防治、道路交通安全与应急保障等技术的研发与应用。

3. 道路生态保护

开展太阳能光伏路面融冰、公路建设生物多样性和湿地保护、道路建设材料循环利用、耐候性沥青材料及其混合料节能拌和等技术研究与应用。

（13）高原医学

重点开展高原环境对人体健康影响、人体适应高原环境的机理等高原健康保健的基础研究，研究高原病和地方病致病机理、高原病适应性诊疗技术、地方病防治技术；支持高原病、地方病防治新药研发，提升高原医学水平。

专栏 13　高原医学科技创新重点

1. 高原主要疾病防治

高原病的致病机理、综合防治技术及临床应用研究，高原地区慢性病、常见病和地方病的监测、预防、诊疗和康复技术研究。支持高原病、地方病防治新药研发。

2. 远程医疗

建立高原远程医疗信息服务系统。

（14）高原水利

重点开展水资源优化配置、高效节水灌溉、水生态与地下水资源保护关键技术研究与应用示范，全面提升水利科技支撑能力。

专栏 14　高原水利科技创新重点

1. 水利

开展农牧业高效节水灌溉、偏远高寒地区水利建设等关键技术研究与应用示范。

2. 水资源安全

开展高原河流水生态安全调查与评估、跨境河流水资源优化配置、重大水利工程安全监测预警、地下水资源保护、农牧区饮用水安全等关键技术研究。

（15）高原城镇化

重点研发具有民族特色的高原新型城镇化建设技术路径与模式，开展大数据支撑下的智慧城市建设技术研发与集成示范。

专栏 15　高原城镇化科技创新重点

1. 高原地区新型城镇化

开展高原民族特色新型城镇化的技术路径选择与质量提升技术、不同类型区域差异化城镇化发展的技术模式、西藏城镇空间布局优化关键技术、城市多规合一关键技术研究。

2. 高原智慧城市

开展大数据支撑下的高原智慧城市的信息感知、智能应用、信息安全和物联网等新一代信息技术的研发与集成示范。

（16）高原民居

重点研发具有地域特色和实用功能的高原新型民居建设技术，结合传统民居的民族建筑风格和风貌，研发民居抗震加固、建筑物光伏利用、保暖、节能环保和建筑风貌保真等技术。

专栏 16　高原民居科技创新重点

1. 建筑节能与保暖

开展高原地区既有建筑能耗、建筑保暖、光伏利用节能改造、节能评价技术研究，引进与开发适用高原环境的节能环保、经济适用型建筑材料和工艺技术。

2. 民居建筑工艺

开展建筑围护结构、防震加固等关键技术研究。研究高原民居建筑节能标准。开展传统民居建筑工艺挖掘技术研究。

（17）公共服务

重点研发数字化与智能化的西藏公共服务技术支撑系统，建立“双创”科技服务平台和科技信息惠民服务系统，推动互联网与经济社会各领域深度融合，加快智慧西藏建设。

专栏 17　公共服务科技创新重点

1. 公共服务技术支撑系统

研发基于互联网的教育、医疗、文化、社会保障于一体的公共服务技术支撑体系。

2. 科技公共服务系统

建立“双创”科技服务平台、科技资源信息共享和科技信息惠民服务系统。

（18）公共安全

重点构建安全生产、防灾减灾、反恐防暴、消防安全、疾病防控、食品安全、网络安全、信息安全等预警技术支撑体系，为保障社会安全和治边稳藏提供科技支撑。

专栏 18　公共安全科技创新重点

1. 网络安全平台

开展网络与信息安全应急基础平台、网络安全信息截获过滤管控技术系统、互联网安全监管支持系统和灾难备份等技术研发与集成应用。

2. 预警防控平台 建立公共安全信息数据库，研究公共安全信息共享系统，研制多灾种早期监测预警、风险评估、防治技术与应急系统。

（二）科技重大专项

聚焦我区经济社会发展重大战略需求，实施青稞种质创新与分子育种、特色家畜选育与健康养殖、牧草种质改良与利用、特色农产品加工技术与产品研发、太阳能利用技术研发与集成应用、藏医诊疗技术与藏药研发、生态保护技术研发与大数据平台建设、科技富民强县稳边等 8 个科技重大专项，力争在重点领域取得重大突破，解决制约西藏经济社会可持续发展的重大技术瓶颈。

1. 青稞种质创新与分子育种

重点开展青稞优异种质发掘、高产优质多抗新品种选育、高产高效绿色增产等关键技术研究、集成与示范，实现自主基因、自主品种、自主技术、自主模式的重大突破，为保障西藏粮食安全，增加农牧民收入提供强有力的科技支撑。

专栏 19　青稞种质创新与分子育种科技重大专项创新重点

1. 品种培育 以青稞功能基因挖掘为基础，开展优良品种培育与分子育种技术的研究攻关，制定良种繁育标准化技术规范。创制新种质 20 ~ 30 个，挖掘具有自主知识产权的功能基因 5 ~ 7 个，开发相应的分子标记，构建分子育种技术体系，培育适应不同生态类型的青稞新品种 5 ~ 8 个、专用品种 3 ~ 5 个。 2. 绿色增产 研制良种高产优质高效栽培技术，制定新品种配套标准化栽培规范 8 ~ 10 套，开展大面积丰产技术集成示范，示范面积达到 20 万~ 30 万亩。

2. 特色家畜选育与健康养殖

重点开展畜禽种质资源挖掘与保存、本品种选育和良种繁育、健康标准化养殖及育肥、重大疫病防控等关键技术攻关与集成示范，提升畜牧业生产水平，为畜牧业转型增效、保障食物安全提供强有力的科技支撑。

专栏 20　特色家畜选育与健康养殖科技重大专项创新重点

1. 品种选育 以家畜重要品质性状遗传和生理学研究为基础，选育出 1 ~ 2 个牦牛品系、1 ~ 2 个藏系绵羊新品种（系）、1 ~ 2 个绒山羊新品种，建设选育场、原种场、扩繁场和保种场，提高良种供应与推广能力。 2. 健康养殖 以饲草料基地建设为依托，开展健康养殖的饲草料全营养配比、放牧与补饲结合、主要疫病监测与防控等技术和饲养模式的研究应用，研发养殖过程管理的可追溯监控平台并示范，形成 6 ~ 8 个技术规程，建立 6 ~ 9 个健康养殖、产品加工、疫病防控科技示范基地，提高家畜生产性能 10% 以上。

3. 牧草种质改良与利用

重点开展野生牧草驯化和优良牧草新品种选育，研制人工草地、人工补播草地和复科饲草技术，研发草产品加工与利用技术，构建农区、半农半牧区草业技术和天然草地退化治理综合技术体系。

专栏 21　牧草种质改良与利用科技重大专项创新重点

1. 牧草品种选育

开展垂穗披碱草品种选育与繁殖技术研究，藏西旱生、藏北耐寒等抗逆野生牧草驯化与繁殖技术研究，优良牧草种子产业化生产技术研究示范。选育驯化牧草品种 2 ~ 4 个，建立优良牧草原种繁育基地 500 亩，草种扩繁基地 1 万亩。

2. 牧草时空拓展种植

主要开展宜草土地资源潜力和主栽饲草气候区划研究，人工草地水肥一体化的节本增效技术研究与示范，退化草地快速恢复和粮饲复种的技术集成示范。开发出草牧业时空拓展信息服务系统软件 1 套，退化人工草地改良技术示范 1 万亩。

3. 草产品加工

研究并示范发酵 TMR 二次发酵调控、干草制品及抗灾饲料和特色草产品添加剂等技术。

4. 特色农产品加工技术与产品研发

重点开展高原特色农畜产品有效成分提取及功效分析、精深加工技术研发、新产品研制和质量控制，构建产学研一体化的加工技术创新体系，强力支撑高原特色农产品基地建设。

专栏 22　特色农产品加工技术与产品研发科技重大专项创新重点

1. 农畜产品加工

重点围绕青稞、牦牛等特色农畜产品，开展加工关键技术研究，获得 10 ~ 15 项发明专利，研发 20 ~ 30 个特色产品，形成 20 ~ 30 套加工工艺，建立相应的中试生产基地。

2. 农畜产品质量控制

研究高原特色农畜产品质量安全控制与监测关键技术，建立主要农畜产品标准、加工技术规范、质量可追溯体系。

5. 太阳能利用技术研发与集成应用

重点开展太阳能光电和光热新技术、新材料与新设备的引进和研发，开展光伏施工、发电、输电、储能和产品检测维护等关键技术创新、集成与示范应用。

专栏 23　太阳能利用技术研发与集成应用科技重大专项创新重点

1. 光伏发电

研究城镇分布式光伏发电技术，开发太阳能微电网设备及智能并网关键技术。

2. 检测与维护

研究太阳能光伏产品检测技术；研究太阳能提质增效技术；建立太阳能电站的远程监控、运营维护技术支撑体系；建设太阳能户外试验场。

3. 光伏产品

高原光伏农业关键技术研究与示范应用。研发高效低成本的光伏新产品。

6. 藏医诊疗技术与藏药研发

围绕藏医药标准化、现代化，重点开展藏成药标准研制、藏药方剂配伍、藏药新药研发、藏医特色诊疗研究等的联合攻关、协同创新，提升藏医药科技创新水平，推动藏医药产业做大做强。

专栏 24　藏医诊疗技术与藏药研发科技重大专项创新重点

1. 藏药研发 收集整理藏药秘方、验方、古方、名方，建立数据库。研发治疗慢性病、高原病、疑难杂症的藏药新药。开展传统藏成药标准化技术研制和藏药衍生产品研发。开发 3 ～ 5 个新药，研制 30 ～ 50 个藏药产品质量标准。 2. 藏医诊疗 重点开展藏医特色诊疗关键技术研究与应用，研发疑难杂症藏医诊疗技术与方法。挖掘和整理藏医古籍。制定藏医诊疗标准化操作规范。

7. 生态保护技术研发与大数据平台建设

重点开展气候变化响应与适应、生态恢复等关键技术研究、集成与应用示范，开展高原生态环境综合科学考察，编制自然资源资产负债表，构建生态保护大数据，为西藏社会经济可持续发展和国家生态安全屏障建设提供技术支撑。

专栏 25　生态保护技术研发与大数据平台建设科技重大专项创新重点

1. 气候变化响应与适应 气候变化和人类活动对高寒草地生态系统的影响，高寒草地生态系统碳储量及碳汇量时空变化，西藏农牧业应对气候变化的适应途径、技术与模式。 2. 生态恢复 典型脆弱生态系统功能恢复技术模式与体系研究，重大生态工程生态系统监测评估技术及应用，生物灾害监测预报体系及治理，城镇化建设对生态环境的影响评估技术体系研究和示范。 3. 综合科学考察 开展资料匮乏区综合科学考察，研究典型地区自然和人文与资源环境要素相互作用机制，为开展第二次青藏高原综合科学考察奠定基础。 4. 自然资源资产负债表编制 西藏地区资源环境承载能力形成机理、驱动机制、监测预警和风险评估体系研究与应用，开展自然资源资产评估与资产负债表编制。 5. 生态保护大数据建设 研究西藏生态保护大数据汇交机制，建立生态保护大数据标准体系，研发大数据管理与分析系统，实现大数据开放共享。

8. 科技富民强县稳边

以重点贫困县、21 个边境县为重点，以科技扶贫精准脱贫为专项实施主要目标，着力加强基层科技公共服务能力建设，依靠科技进步培育特色产业，壮大县域经济，促进就业增收；大力实施科技成果转移转化行动，推广一批先进适用技术，促进地方支柱产业转型和提质增效；发挥农牧民科技特派员的示范带动作用，加强创业式、参与式科技扶贫，提高农牧民依靠科技增收致富本领，实现科技精准脱贫、科技富民强县、科技稳边兴藏。

专栏 26　科技富民强县稳边科技重大专项创新重点

1. 富民强县稳边 支持全区各县立足本地资源特色和优势，以科技项目为载体，集成转化一批产业相关的关键技术成果，培育和发展 1 ～ 2 个特色优势产业。重点支持 21 个边境县转化应用一批先进适用技术。强化基层科技管理与公共服务能

<table><tr><td>力建设。
2. 科技精准脱贫
开展科技精准扶贫模式研究，探索科技扶贫长效机制；组建科技扶贫队伍，开展创业式科技服务，解决产业扶贫中的关键技术问题；发挥科技特派员和“三区”人才作用，以科技项目为载体，面向农牧民开展技术培训、技术示范和技术服务。</td></tr></table>

四、成果转化与示范应用

（一）促进成果转化应用

把促进科技成果转化和推广作为科技工作的重要内容，实施促进科技成果转移转化行动，引导各类创新主体围绕产业目标、市场需求开展科技创新、成果转化。引导鼓励科研院所、高校与企业联合推进科技成果资本化、产业化。加强面向农牧区推广先进适用技术的机制建设，加大对农牧业技术成果推广的支持力度。支持面向特色优势产业的关键共性技术推广应用。加强知识产权保护，优化成果转化、技术转移政策环境。

专栏 27　成果转化应用建设重点

<table><tr><td>1. 农牧业成果转化应用
开展农牧业新品种、新技术、新工艺和新产品的集成示范和转化应用，支持农牧业企业与农牧民专业合作组织和农牧民形成利益联结机制。
2. 特色优势产业成果转化应用
重点开展藏医药、天然饮用水、清洁能源、绿色矿业、智慧旅游业、民族文化产业、民族手工业、高原医学等科技成果的示范和转化应用。</td></tr></table>

（二）建设成果转化基地

优化成果转化示范基地布局，建设一批科技园区、产业基地和成果转化基地，完善技术转移和产业化服务体系，积极推进新农村科技示范县乡村建设。

专栏 28　成果转化基地建设重点

<table><tr><td>1. 企业成果转化基地
推进拉萨高新技术产业开发区、西藏（拉萨）科技孵化器、拉萨国家现代服务业文化旅游创意产业化基地等建设。
2. 农牧业成果转化基地
加强拉萨国家农业科技园区、日喀则国家农业科技园区、那曲国家农业科技园区、林芝国家可持续发展实验区等建设。围绕青稞、牦牛、奶牛、藏系绵羊、绒山羊、藏猪、藏鸡、藏药材、蔬菜、林果等特色农牧产品，重点建设 10 个农牧业科技成果转化基地。</td></tr></table>

（三）完善科技服务体系

利用“互联网 +”新技术手段，提升现有生产力促进中心、创业服务中心、技术推广机构、工程技术研究中心、重点实验室等的科技服务能力；支持建设科技评估中心、科技招投标机构、知识产权与技术交易中心、人才中介市场等科技中介服务机构；加快建设科技公共服务平台，完善基层综合科技信息服务站网点，构建线上知识共享和线下技术传递相结合的科技服务网络。

专栏 29　科技服务体系建设重点

1. 科技服务体系 提升科技机构的服务能力，完善科技咨询和服务机构，建设科技资源共享服务、科技成果展示交易、创新创业服务等平台。建立科技惠民网络服务平台和基层科技信息服务体系。

五、创新基地与平台建设

（一）优化创新基地平台布局

按照择优布局的原则，继续完善现有各类创新基地与科研平台建设布局，围绕特色农牧业、藏医药、生态环境、天然饮用水、地质地理、高原医学、清洁能源等重点领域，积极创建高原特色突出、创新能力较强的国家重点实验室、国家工程技术研究中心、国家青藏高原科学数据中心；在关键产业技术领域，结合区域特色和优势科技资源，新建和扩建 50 个自治区级重点实验室和工程技术研究中心，新建一批自治区级野外观测、试验台站。通过优化布局、整合资源、加强建设、提升能力，初步建成具有国际影响力的高原科技创新中心。

专栏 30　创新基地与研发平台重点布局

1. 高原科技创新中心 联合国家和自治区科研机构，整合重点实验室、工程技术研究中心、青藏高原科学数据中心等科研平台，利用特色学科优势和技术积累，初步建成具有高原特色、西藏特点、在国内外具有一定影响力的综合性开放型高原科技创新中心。 2. 国家创新平台 加快培育和重点建设省部共建青稞和牦牛种质资源与遗传改良国家重点实验室、国家青藏高原科学数据中心、西藏羊国家重点实验室培育基地、高原生态国家重点实验室培育基地、藏医药国家重点实验室培育基地、高原医学国家重点实验室培育基地、国家藏文化数字化工程技术研究中心、国家高寒饲草种质改良及利用工程技术研究中心、国家高寒地区交通工程技术研究中心、国家青藏高原作物种质资源圃、西藏林芝森林生态系统国家定位观测研究站等。 3. 自治区重点实验室和工程技术研究中心 加强现有的 33 个自治区重点实验室和工程技术研究中心的资源整合和共享力度；改扩建西藏真菌、太阳能、高原草业、冰湖灾害与水资源等重点实验室和工程技术研究中心；支持新建高原特色种质创制、农畜产品加工、生态安全、公共安全、藏文信息化、高原公路交通等自治区级重点实验室和工程技术研究中心。 4. 自治区级野外观测、试验台站 针对西藏高原农田、草地、森林、湿地、荒漠、湖泊、冰川等生态系统优先布局野外观测台站，积极推进重点野外观测试验台站建设。

（二）提升基地平台创新能力

突出学科特色，发挥学科优势，夯实创新基地与科研平台学科建设和发展基础。加强高端拔尖人才和专职辅助人员培养，构建结构优化、衔接有序的学术梯队。加强仪器设备更新、升级、改造，保障创新基地与科研平台高效运行。支持鼓励科技人员依托创新基地与科研平台积极承担国家和自治区重大科研任务。加强创新基地、科研平台对外交流合作。

（三）推进科技资源开放共享

推动国家科技基础条件平台在西藏建立子平台或服务站。整合西藏大型科学仪器设备、科学数据、科技文献、网络科技资源、生物种质资源等科技基础条件资源，实施科技资源共享服务后补助机制，提高开放共享水平。

专栏 31　科技资源开放共享

1. 科技资源开放共享及后补助机制

推进大型科学仪器设备、生物种质资源、科学数据和科技文献等科技基础条件资源的开放共享，建立开放共享绩效考核评价机制。探索建立科技资源开放共享后补助机制。

（四）夯实创业创新服务载体

加快推动拉萨高新技术产业开发区升级工作。构建多层次创新创业空间，示范推广创客空间、创业咖啡、大学生创业实践基地等低成本、便利化、全要素、开放式的众创空间。加快西藏（拉萨）科技孵化器建设，完善“创业苗圃 + 孵化器 + 加速器 + 园区”全过程的孵化服务链条。积极争取在拉萨、日喀则、那曲国家农业科技园区创建国家级“星创天地”，鼓励农牧民开展创新创业活动。

专栏 32　创业创新服务载体

1. 拉萨高新区

以升促建，加快推进拉萨国家高新技术产业开发区建设。

2. 西藏（拉萨）科技孵化器

建设西藏（拉萨）科技企业孵化器。

3. 星创天地

依托拉萨、日喀则、那曲等国家农业科技园区，建设“星创天地”，面向“三农”开展创新创业服务。

4. 众创空间

支持建设面向大学生、专业技术人员和青年就业人口的众创空间和专业性的创客空间。

六、科技人才与创新团队

（一）壮大科技创新人才队伍

深入实施人才强区战略，加大科技人才遴选、培养、使用、激励力度，进一步扩大总量、优化结构、提高质量。依托国家创新人才推进计划、国家“三区”人才计划科技专项、“千人计划”西藏项目、“西部之光”和科技兴藏人才培养工程等，壮大科技创新人才队伍。围绕特色优势产业发展和重大工程、重大任务的实施，创建国家级科技领军人才创新驱动中心，积极推动科技创新急需人才的柔性引进和培养使用。加强实用人才培育，稳定基层科技人才队伍。加强农牧民科技特派员选派、培训和考核，提高组织化、专业化程度。

专栏 33　创新人才和团队建设重点

1.“三区”人才支持计划科技人员专项 选派科技人员深入基层一线提供科技服务，培养本土科技服务队伍和农村科技创新创业人员，与当地农牧民结成共同体开展科技创新创业活动。

（二）实施创新创业人才计划

实施“第三极”科技创新创业人才计划，遴选和培育国家级科技人才和创新创业团队，吸引和汇聚一批学术领军人才，扩大高端产业人才队伍规模，造就一批优秀学科带头人和创新创业团队。依托重大科研项目、重大工程项目、重点学科、重点科研基地和重点创新平台，培养遴选 15 ~ 20 名“第三极”杰出人才。

专栏 34　高层次科技领军人才和创新团队建设重点

1.“第三极”科技创新创业人才计划 围绕高原特色农牧业、藏医药、高原生态环境、高原医学、高原交通、清洁能源等重要领域，培养和遴选国家级科技人才和创新创业团队。

（三）支持科技人员创新创业

把支撑大众创业万众创新作为科技重大专项、重点科技项目的重要任务。积极推进各类科研机构、科研平台、科研设备向创新创业活动开放。鼓励企业、科研机构设立创新创业流动岗位，吸引科技人员开展技术创新和成果转移转化或创办企业。实施科技特派员创业行动计划，建立农牧民科技特派员创新创业服务平台，培育一批农牧民科技特派员创业带头人。鼓励支持有技能的农牧民带头建立专业技术合作组织、经济实体和社会化服务组织。积极推进区内创新创业师资队伍建设，加强大学生创新创业教育，鼓励全社会开展创新创业实践。

七、体制改革与机制创新

（一）推进科技管理改革

——加快政府职能转变。落实简政放权、放管结合、优化服务的改革要求，推动科技管理从研发管理向创新服务转变，统筹推进科技、经济、政府治理等三方面体制机制改革，激发全社会创新创业活力。

——优化科技计划布局。按照国家科技计划管理改革方案，结合西藏实际，强化需求导向，加强顶层设计，聚焦重点任务，有效配置资源，构建特色突出、布局合理、结构清晰、定位明确的科技计划体系。

——完善项目形成机制。加快完善广纳众言、广汇众智的项目论证程序，建立健全“自上而下”与“自下而上”相结合的项目形成机制，力争凝练形成的主攻方向和重大项目，既符合科研自身规律又满足全区发展需求。

——建立统一管理平台。对接国家科技信息管理系统，建立统一的自治区科技信息管理平台，实现科技创新管理全过程网上运行和痕迹化管理。落实国家科技报告制度，加强科技报告呈交、收藏、管理和共享。

——改进科技创新服务。围绕科技管理“全过程”和科技创新“全链条”，进一步优化流程、精简程序、创新管理，赋予科研院所和高校开展科研更大的自主权，为科研人员松绑助力，为科技创新活动提供更加优质高效的服务。

——推进分类评价试点。改革科技评价制度，建立以科技创新质量、贡献、绩效为导向的分类评价体系，正确评价科技创新成果和创新人才。开展第三方评价试点，探索建立政府、社会组织、公众等多方参与的评价机制。推进实施绩效评价，选择科研院所、高校及科技重大专项和重点项目开展评价试点。

（二）优化科技创新体系

探索构建布局合理、开放协同、充满活力、特色鲜明的区域创新体系。逐步确立企业在技术创新决策、研发投入、科研组织和成果应用中的主体地位。鼓励企业设立研发机构，牵头构建产学研协同创新联盟。强化科研院所和高校的源头创新地位，加强基础研究和原始创新，突破一批核心关键技术和重大公益技术。强化政府创新服务职能，面向大中小微等各类产学研用主体，围绕从研发到产业化应用的创新全链条，提供全方位系统化的创新服务。

（三）创新科技援藏机制

探索建立科技援藏沟通协商机制，推动与各对口支援省市、中央企业共同设计创新课题、互联互通创新要素、联合组织技术攻关，促进创新资源跨区域流动和集聚。紧密对接治边稳藏的重大战略需求，推进国家设立 1 ～ 2 个重点研发计划、技术创新引导专项，会同相关省市和中央企业共同实施。

（四）加强科普能力建设

把科学普及放在与科技创新同等重要的位置。推动政府科普管理机制建设，完善科普工作的领导、投入、考核、奖励等机制。加强科普基础设施建设和布局，提升西藏自然科学博物馆服务能力，发挥基层科普设施、各类科普基地和科技特派员的作用，广泛开展全社会科学普及活动，全面推进全民科学素质整体水平的提高，强化创新发展的群众基础。

专栏 35　科普能力建设要点

1. 科普基地与平台

加强西藏自然科学博物馆后续建设和展陈工作，完善科普功能。积极支持有条件的地市建设综合型科技馆和科普基地。充实更新和改造升级科普大篷车、流动科技馆、学校（网上）科技馆等科普设施。推动科研机构、高校、企业、园区向公众开放重点实验室、科研设施、陈列室、生产线等，发挥科普功能。依托乡镇村（居）文化室、卫生院（所）、活动室等开展科普活动。

2. 科普信息化

建设农村科普远程信息服务系统，支持开发手机 APP 等科普宣传新载体。支持喜闻乐见、通俗易懂、图文并茂、藏汉双语的科普作品创作，开发制作农牧业藏汉双语科教片。办好藏文版《西藏农牧科技》科普杂志。

（五）完善创新激励政策

深化科技成果权益管理改革，落实科技成果由完成单位自主决定转让、许可或者作价投资等成果转化权益分配政策。推动制定《促进科技成果转化法》实施办法，依法落实科研院所、高校职务科技成果转化收益分配制度，允许从技术转让（或者许可）所取得的净收入或者作价投资取得的股份（或者出资比例）中提取不低于 50% 的比例用于奖励职务成果完成人和为成果转化作出重要贡献的其他人员，对产业带动大、农牧民增收显著的要提高奖励比例。加大科技奖励力度，适当提高自治区科学技术奖奖金额度。落实好企业研发费用加计扣除和大幅提高人员费比例等政策举措。

八、规划实施与保障措施

（一）建立规划实施机制

创新驱动发展战略是一项全局性战略。各级党委、政府要高度重视本规划的实施，统筹协调、整合资源、督促落实。加强科技政策与教育、人才、财税、金融、投资、产业、贸易、消费、政府采购等政策的协同衔接、形成合力。各级科技行政管理部门要加强与有关部门、科研机构、高校、企业及社会团体的沟通协调和相互配合，充分调动各方面积极性，共同推动本规划的落实。要根据本规划确定的目标任务研究制定规划实施的相关配套政策，搞好本规划的宣传解读工作，形成全社会谋划创新、落实创新、推动创新的浓厚氛围。

（二）健全科技投入体系

加强规划任务与资源配置衔接，建立科技投入稳定支持与增长机制，自治区财政性科学技术研究、开发、示范与推广经费的增长幅度，要明显高于自治区财政经常性收入增长幅度。加大对基础研究、社会公益性研究、共性关键技术研究、科技基础条件建设的财政科技投入力度，切实提高财政科技投入配置效率。以政府投入为引导，鼓励企业加大研发投入。综合运用资金资助、创业投资、贷款贴息、以奖代补等多种方式，引导金融资本和社会资金投入科技创新活动，探索完善多元化、多渠道、多层次的科技投入体系。

（三）实施知识产权战略

加强知识产权创造、运用、管理、保护和服务。发挥好知识产权对创新创业的保障作用，研究商业模式等新形态知识产权的保护办法。积极推进知识产权交易，完善知识产权快速维权与援助机制。健全科技成果、知识产权和利益分享机制，提高骨干团队、主要发明人受益比例。积极开展地方知识产权立法工作，建立和完善促进知识产权事业发展的法规政策。加强对创新主体知识产权工作的分类指导。加大知识产权宣传力度。

（四）深化科技交流合作

加强与全国科研院所、高校、企业在特色资源开发、创新人才培养、科研平台建设等方面的合作，实现资源共享、合作共赢。强化政府间科技创新合作机制建设，务实推进特色优势领域的国际科技合作。实施科技“走出去”战略，积极参与“一带一路”建设科技创新合作，结合建设南亚大通道，搭建科技支撑平台与合作机制。加大国际科技合作支持力度，在重大国际合作项目资金配套、外国专家进藏等方面给予有关政策便利。

（五）强化规划监督评估

建立健全科技规划监督评估制度和动态管理机制，适时开展制度化、规范化的检查评估，并根据科技发展的新趋势和经济社会发展的新需求进行及时调整。建立规划实施主体责任制，将规划实施工作纳入地方和部门的年度考核体系，确保本规划贯彻落实。

陕西省“十三五”科学和技术发展规划（2016—2020）

为深入实施创新驱动发展战略，贯彻落实《“十三五”国家科技创新规划》和《陕西省国民经济和社会发展第十三个五年规划纲要》，加速推进创新型省份建设，最大限度发挥科技对经济社会发展的支撑引领作用，确保实现“三个陕西”奋斗目标，根据《中共陕西省委关于制定陕西省国民经济和社会发展第十三个五年规划的建议》（陕发〔2015〕16号）精神，结合全省经济社会和科技工作发展现状，制定本规划。

第一章　发展态势

一、发展成效

“十二五”以来，我省科技工作坚持“自主创新、重点跨越、支撑发展、引领未来”的指导方针，着眼促进科技与经济的结合，深入实施科技统筹创新工程，突出以企业为主体的技术创新体系建设，加速科技成果转化，努力推动产业转型升级，创新型省份建设全面展开，科技资源统筹初见成效，科技体制改革逐步深入，科技创新创业日趋活跃，企业自主创新能力不断提升，各级高新园区、创新平台和基地快速发展，科技创新对全省经济社会发展的驱动引领作用日益凸显。

（一）科技资源优势继续保持全国前列

“十二五”末，全省有各类科研机构1176家，各类高等学校116所，在陕两院院士64人、国家“千人计划”人选173人、享受国务院政府特殊津贴专家1832人、省有突出贡献专家1059人、重点科技创新团队115个、青年科技新星517人。2015年，我省综合科技进步水平居全国第九位，万人发明专利拥有量居全国第七位，万人科技论文数居全国第四位，技术交易额突破720亿元、居全国第四位，全省R&D经费投入强度居全国第八位。2014年全省科技进步贡献率达55.8%。

截至2015年，全省共有国家级重点实验室22个，省级重点实验室89个，省部共建重点实验

陕西省科学技术厅、陕西省发展与改革委员会，陕科发〔2016〕15号，2016年9月27日。

室3个；国家级工程技术研究中心7个，省级工程技术研究中心166个；成立了省级产业技术创新战略联盟38个；西安交通大学牵头组建的“高端制造装备协同创新中心”和西安电子科技大学牵头组建的“信息感知技术协同创新中心”入选国家“2011协同创新中心”；西安交通大学发起成立了“丝绸之路大学联盟”，有来自20余个国家和地区的100余所海内外知名高校加盟。省大型科学仪器协作共用网入网仪器设备总量超过8000台（套），仪器设备总价值超过50亿元；省科技文献共享平台集成的文献总量近2亿条。

（二）高水平科技成果不断涌现

“十二五”期间，我省共有164项科技成果荣获国家科技奖励（其中，由我省主持完成的13个项目荣获国家自然科学奖、23个项目荣获国家技术发明奖、39个项目荣获国家科技进步奖）。2013年和2015年，我省荣获国家自然科学奖的数量均居全国第三位。由西安交通大学主持完成的“内燃机低碳燃料的互补燃烧调控理论及方法”“弛豫铁电体的微畴－宏畴理论体系及其相关材料的高性能化”和“皮肤与牙热－力－电耦合行为机理”，以及西北工业大学主持完成的“机械结构系统的整体式构型设计理论与方法研究”等4个项目获得2015年度国家自然科学二等奖；西北有色金属研究院、西安建筑科技大学等多家单位共有16项成果（通用）获得国家技术发明二等奖。西安新通药物研究有限公司研制的肝靶向化学1.1类新药甲磺酸帕拉德福韦，成为世界首个乙肝靶向治疗新药；由中国重型机械研究院自主研发成功世界最大吨位的自由锻造油压机及世界最大夹持力矩的全液压锻造操作机，整体装机水平世界领先；延长石油集团自主研发的“鄂尔多斯盆地深层勘探技术”，在深层石油勘探技术方面取得重大突破；华电集团启动建设世界首套万吨级甲醇制芳烃工业试验装置，填补了甲醇制芳烃工业化技术的空白，使我国煤制芳烃大型产业链基本成型。

（三）企业技术创新能力逐步提升

2015年，我省企业R&D人员全时当量4.97万人年，在全省的占比为54%。“十二五”期间，我省企业R&D经费投入年均增速为18%，占比由37%上升到48%。2015年，全省技术合同成交额中，企业技术合同成交额占比超过60%；企业专利授权量占全省总量的39%，占全省职务专利授权量的57%。全省科技型中小企业超过2万家。“十二五”末，我省高新技术企业总数达到1609家，居全国第十四位。省属企业组建研发机构475个。培育省级创新型试点企业168家，其中创新型企业61家。

（四）园区/平台和基地承载能力显著增强

西安高新区获批建设国家自主创新示范区，宝鸡高新区获批为国家创新型科技园区，咸阳、渭南、榆林、安康等4个高新区成功升级为国家高新区，国家级高新区总数达7个；新建延安、蒲城、府谷、蟠龙、富平、凤翔、三原7个省级高新区。全省各级各类高新区成为支撑创新型省份建设、引领我省经济实现转型升级发展的重要力量。

6家工业技术研究院体制机制改革不断深入，陕西科技控股集团、陕西稀有金属科工集团成功组建，西安交大科技创新港、西安光机所光电产业园有望成为科技创新的核心平台。三星闪存芯片项目引发的“三星效应”，为加快发展我省半导体产业带来巨大机遇。中兴通讯将最大的智能终端生产基地落户于陕西，标志着西安高新区已经逐步形成完整的智能手机产业链，可望打造千亿元智能终端产业，形成龙头企业引领发展态势。

渭南、杨凌、榆林、汉中、咸阳、宝鸡、西咸新区、铜川等8个省级农业科技园区获批国家农业科技园区，新建澄城、眉县、神木、柞水、临渭等21个省级农业科技园区，建立了76个农业科技创业示范基地，国家级、省级星火技术密集区34个，省级专家大院112个，省、市、县三级科技特派员总数已达1.13万名。先后形成了以大学为依托的“试验示范站”推广模式、以企业为主体的“大荔模式”、以政府为主导的“科技特派员”服务模式，构成了具有我省特色的农业科技服务体系。

（五）创新服务体系进一步完善

涵盖研究开发、技术转移、创业孵化、知识产权、科技咨询等全方位的科技服务体系基本建立，建成各类企业孵化器79家，其中国家级科技企业孵化器有24家，在孵企业达3734家，累计毕业企业超过3000家；建立各级各类生产力促进中心73家，其中国家级生产力促进中心15家；建立技术转移示范机构51家，其中国家级技术转移机构21家。

建成全国领先的综合性科技创新服务平台——陕西省科技资源统筹中心，新建渭南、咸阳、宝鸡、沣东新城等科技资源统筹分中心，与省科技资源统筹中心联网运行，促进了科技资源开放共享。

科技与金融结合成效显著。设立了西北地区首家专业科技支行——长安银行西安高新科技支行；设立的国内第一支科技成果转化引导基金以及西北地区第一支天使投资基金——西科天使基金，已支持初创企业54家，投资额达1.2亿元，创业投资引导基金作用得到有效发挥，对科技成果就地转化和科技型中小微企业发展起到了积极的推动作用。西部首家股权众筹融资平台“创业中国股权众筹平台”开通运行。

（六）科技发展政策环境不断优化

“十二五”期间，省委、省政府在促进科学技术进步、加快关中统筹科技资源改革、促进科技与金融结合、实施统筹创新工程等方面出台了相关意见和决定，制定并启动了《陕西省创新型省份建设工作方案》，省科技厅联合相关政府部门在促进国有企业加大研发投入、促进中小企业发展、推动科技创新和产业发展、培育科技人才和创新团队、规范科技园区管理和研发基地管理、促进科技资源共享、加强科技资金监督管理等多方面，制定了一系列规范性文件，先后出台了《陕西省科学技术进步条例》《陕西省科技成果转化引导基金管理办法》等20余项政策文件，形成了多层次、多维度的科技政策法规体系，为科技发展创造了良好的政策环境。西安市入围国家全面创新改革试验区。

（七）科技支撑引领作用日益凸显

“十二五”期间，陕西科技助力“神十飞天”“嫦娥探月”“蛟龙下水”等一系列国家大工程。

在工业技术领域。陕鼓动力有限公司攻克了高效节能特大型轴流压缩机和TRT装置的核心技术，填补了国内空白，大型能量回收透平机组关键技术研究成果为国内外首创，达到国际领先水平。延长石油靖边园区煤油气资源综合转化项目，实现了全球首套煤油气综合转化项目一次试车成功。陕汽集团成功研制纯电动牵引车、大马力天然气重型载货汽车等，获国家授权专利 30 余项，并已实现产业化。

在民生科技方面。围绕人口健康、生态环境、公共安全等民生领域的重大技术需求，全省组织实施了 53 个重大科技惠民专项；建立了省级临床医学研究中心 28 个，市县分中心 19 个；建立了省级药用植物科技示范基地 47 个，初步构建了科技服务于民生的工作体系。

在农业技术领域。西北农林科技大学团队成功培育适宜机械化收割籽粒的"陕单 609"玉米品种，创全国春玉米高产纪录，成为我省主推品种；"西农 979"成为我国冬小麦四大品种之一，已成为黄淮麦区的主栽品种；"牛羊良种繁育关键技术研究与应用"达到国际领先水平；具有自主知识产权的苹果新品种"瑞阳"和"瑞雪"通过审定；省杂交油菜中心培育了目前世界上含油量最高的油菜品系；陕西省设施农业工程技术研究中心在日光温室主动采光蓄热理论与结构创新技术方面处于国际前列；旱区作物逆境生物学国家重点实验室在国际上首先揭示了小麦条锈菌致病性变异途径与机理。我省在旱区农业节水理论与技术方面处于全国领先水平。

但是应该看到，我省鼓励创新驱动的体制机制尚未形成，创新潜能未能充分释放；企业创新动力和活力不足，技术创新能力不强；产学研结合不紧密的症结未能有效化解，创新体系整体效能不高；军民科技资源共享程度不够，科技人才队伍大而不强，雄厚的科技资源优势未能充分发挥；科技与经济、成果与产业未能充分对接，经济发展未能真正转到依靠创新的轨道；激励创新的市场环境和社会氛围仍需进一步培育。

二、形势分析

党的十八大提出实施创新驱动发展战略，强调科技创新是提高社会生产力和综合国力的战略支撑，必须摆在国家发展全局的核心位置。十八届五中全会将创新摆在五大发展理念之首，强调推进以科技创新为核心的全面创新，让创新贯穿党和国家一切工作。2016 年，习近平总书记在全国科技创新大会上明确指出：要在我国发展新的历史起点上，把科技创新摆在更加重要的位置，吹响建设世界科技强国的号角。党中央颁布的《国家创新驱动发展战略纲要》确定我国科技事业发展的目标是，到 2020 年进入创新型国家行列、到 2030 年跻身创新型国家前列、到 2050 年建成世界科技创新强国。推动以科技创新为核心的全面创新，成为国家意志和全社会的共同行动。

"十三五"是全面建成小康社会、如期实现第一个百年目标的决胜期，是加快推进"三个陕西"建设迈向更高水平的关键时期，也是全面深化科技体制改革的攻坚期。

从全球看，新一轮科技革命和产业变革蓄势待发。物质结构、宇宙演化、生命起源、意识本质等一些重大科学问题的原创性突破正在开辟新前沿、新方向；科学技术从微观到宏观向纵深演进，学科多点突破、交叉融合趋势日益明显；信息网络技术、人工智能、生物技术、制造技术、新材料技术、新能源技术的加速渗透和深度应用，带动了以绿色、智能、泛在为特征的群体性重大技术变革，重大颠覆性创新随时迸发，催生新经济、新产业、新业态、新模式。世界主要发达国家为了抢占未来经济全球化的制高点，以及科技发展的先机和主动权，都在强化创新部署，创新要素和创新资源在全球范围内流动加速；全球创新版图正在加速重构，科技创新成为各国实现经济再平衡，打造国家竞争新优势的核心，对国家力量产生深刻影响。

从国内看，我国经济发展进入速度变化、结构优化和动力转化的新常态。产业发展进入高成本时代，工业化进入中后期阶段，城镇化步入加速阶段；受资源能源环境的瓶颈制约，我国许多产业仍处于全球价值链的中低端，一些关键核心技术受制于人，支撑产业升级、引领未来发展的科学技术储备亟待加强，原始创新能力薄弱；高端领军人才和高技能人才十分缺乏，创新型企业家群体亟须壮大；推进供给侧结构性改革，促进经济提质增效、转型升级，迫切需要依靠科技创新培育发展新动力，适应创新驱动的体制机制亟待建立健全；对新规则和新赛场变化的战略应对能力不足，全社会创新创业热情还没有充分调动和激发；科学精神和创新文化亟待完善。

从全省看，经过多年发展，陕西经济综合实力迈入中等发达省份行列。但是受国内外经济下滑影响，我省经济下行和提质增效的压力持续加大；环境资源约束加剧，经济发展的外部条件趋紧；多元支撑的产业格局尚未有效形成，重化工产业和能源产业占比较高，战略性新兴产业规模偏小，新型服务业态比重较小，结构调整进入倒逼阶段；科教优势发挥不足、投资环境不够友好、全面小康短板不少。

但是，我们更应该看到陕西站在历史新起点，处在追赶超越阶段，肩负着打造西部科技发展新引擎，建设内陆改革开放新高地的重大使命，“一带一路”建设，创新驱动发展等国家重大战略的实施，为我省创新驱动发展带来更多先试先行的政策机遇和市场机遇，有利于加快建设创新型省份、全面创新改革试验区、国家双创示范基地、国家自主创新示范区。面对新形势，我们只有站在新起点、谋划新发展，抓住机遇、应对挑战、破解难题、补齐短板，只有依靠以科技创新为核心的全面创新，才能保持中高速，迈向中高端。

第二章　战略布局

一、指导思想

贯彻党的十八届三中、四中、五中全会和省委十二届八次全会精神，特别是全国科技创新大会精神，坚持以“面向世界科技前沿、面向经济主战场、面向国家重大需求”为出发点，聚焦“四个全面”战略布局，聚焦“创新、协调、绿色、开放、共享”五大发展新理念，聚焦习近平总书记“追赶超越”和“五个扎实”新要求，聚焦同步够格全面建成小康社会硬任务，把增强自主创新能力、促进科技与经济结合为根本目的，按照“坚持双轮驱动、构建一个体系、推动六大转变”战略部署，深入实施创新驱动发展战略，加快提升自主创新能力，强化产学研/军民深度融合，加速科技成果转移转化，全面推进大众创业万众创新，加快建成具有陕西特色的区域创新体系，推动以科技创新为核心的全面创新，发挥科技创新在供给侧结构性改革中的关键作用，构筑发展新优势，让科技强带动陕西强，走出一条“创新强省”新路径，努力开创“三个陕西”建设新局面。

二、基本原则

坚持把“五大发展理念”作为根本遵循。坚持把创新作为引领发展的第一动力，把协调作为持续健康发展的内在要求，把绿色作为永续发展的必要条件，把开放作为繁荣发展的必由之路，把共享作为和谐发展的本质要求。加快推进要素驱动为主向创新驱动为主转变；“统筹关中道，协调南北中”，促进一、二、三产业同步发展；着力实现生态环境质量总体改善；加强与“一带一路”沿线国家和省份合作，以开放的主动赢得经济发展和区域竞争的主动；形成人人参与创新，人人共享成果的良好局面。

坚持把“追赶超越”和“五个扎实”作为新要求。牢记重托，不辱使命，在关系陕西长远发展的基础前沿领域，超前部署有望催生未来变革性技术的研究项目，增强创新源头供给，抢占发展制高点；在关系陕西经济结构调整的重点产业领域，聚集科技资源，强化链条部署，重点突破攻关，加快追赶超越步伐。

坚持把深化体制机制改革作为根本动力。强化科技与经济对接，遵循社会主义市场经济规律和科技创新规律，着力破除体制机制障碍，实现科技创新与体制机制创新“两个轮子”良性运转，最大限度激发科技第一生产力、创新第一动力的巨大潜能。

坚持把“双创”作为创新发展新引擎。大力推进大众创业、万众创新，着力发展众创、众扶、众包、众筹，加快培育新的经济增长点，以创新促创业、以创业推创新，打造创新发展新引擎。

坚持把人才作为创新发展第一资源。人才是创新发展的关键，要始终把人才资源开发与活力释放，放在科技创新最优先的位置，在创新实践中发现人才，在创新活动中培育人才，在创新事业中凝聚人才，改革人才培养、使用、评价机制，培育造就一批结构合理、素质优良的新型人才队伍。

坚持把科技惠民作为基本出发点。把科技创新与改善民生福祉相结合，发挥科技创新在解决人民群众紧迫需求、改善人民生活质量、促进就业创业、扶贫脱贫等方面的重要作用，让人民享受更多科技创新成果，为全面迈入小康社会提供有力的科技支撑。

三、发展目标

到 2020 年，在重点领域核心关键技术上取得重大突破，自主创新能力和科技成果转化能力显著提升，企业技术创新主体地位突出，军民融合更加深入，科技体制改革取得实质性突破，高端人才和核心研发团队不断聚集，科技资源配置更加优化，创新要素流动更加顺畅，科技对经济社会发展的支撑引领作用更加凸显，创新型省份建设进入新阶段，更多领域的创新发展进入全国第一方阵。

全省技术市场合同交易总额突破千亿元大关，高新技术企业数超过 2000 家。省级以上农业科技园区达到 30 个，特色工业园区达到 50 个。省级以上技术转移示范机构超过 70 家，创业投资机构超过 200 家，创新创业孵化器超过 200 家，全省财政科技支出占比和省本级财政科技支出占比，不低于上年全国平均水平。

表　陕西省“十三五”科技发展主要量化指标

指标	2015 年（实际值）	2020 年（目标值）
全省综合科技进步水平指数	62.96（2014）	68
科技进步贡献率（%）	55.8（2014）	60
全社会研发经费投入强度（%）	2.18	2.6
规模以上工业企业研发投入占主营业务收入比重（%）	0.88	1.1
每万名从业人员的研发人力投入（人年）	47（2014）	60
万人发明专利拥有量（件）	6	10
全省技术市场合同交易总额（亿元）	722	1000
百万人口 SCI 论文数（篇 / 百万人）	304（2014）	400
知识密集型服务业增加值占地区生产总值比重（%）	10.12（2014）	12

四、战略重点

“十三五”时期，深入贯彻落实全国科技创新大会和《国家创新驱动发展战略纲要》精神，以《“十三五”国家科技创新规划》为指引，围绕中省科技工作重大部署，全力推进创新型省份建设，发挥“自创区”和“试验区”先行先试的作用，切实树立“一个理念”[1]，扎实推进“两个围绕”[2]，充分发挥“三个作用”[3]，着力推动“四个示范”[4]，不断完善“五个保障”[5]，加快促进科技与经济结合、成果与产业对接。

（一）深化科技体制机制改革，“双轮驱动”释放活力

深入落实中央关于深化科技体制改革的决策部署，推动政府职能从研发管理向创新服务转变，切实把工作重心转向战略、规划、政策和服务四个方向，让体制机制创新成为科技创新的新动力，最大限度释放科技作为第一生产力的巨大潜能。

加强清单管理链条部署，构建新的省级科技计划体系，完善科技计划项目管理模式；创新财政科技投入方式，改进财政科研经费管理，实现从资金管理、项目管理到绩效管理的转变；完善科技成果转移转化机制，健全科技资源统筹体系，推动科研院所改革创新，加快事业单位分类改革。

完善人才发展机制，改革科技评价制度，优化我省人才结构，建立有利于创新的人才管理和激励机制，激发各类人才创新创业的内生动力。

[1] 一个理念：系统思维、清单管理、链条部署。

[2] 两个围绕：围绕产业部署创新、围绕创新培育产业。

[3] 三个作用：人才团队核心作用、企业技术创新主体作用、园区平台承载作用。

[4] 四个示范：产学研深度合作，军民融合创新发展，众创、众包、众扶、众筹，创新驱动县域发展。

[5] 五个保障：统筹科技资源、创新创业服务、科技与金融结合、创新政策体系、创新创业生态。

（二）强力提升自主创新能力，加快科技成果转移转化

夯实创新基础能力，充分发挥我省科研院所和高校在知识创新中的主体作用，围绕关系全局的重大科学问题和我省重点领域超前规划布局，打造先发优势，增强创新驱动源头供给，进一步提升我省在国家重大科学研究中的地位和影响力。

按照“科学—技术—样品—产品—商品”的转化路径，打通科技成果转化通道，明确企业、科研机构、高校、社会组织、创客等各类创新主体在创新链不同环节的功能定位，形成优势互补、协同高效的创新格局。让人才、技术、资金、市场等创新要素柔性汇聚、有效协同，构建“知识创新—技术创新—产品创新—商业模式创新”全链条创新体系。

实施园区、平台、基地提升工程，强化园区基地体系化建设，促进科技资源开放共享，增强科研基础条件保障能力，创新驱动县域发展，不断提升我省在科学发现、技术发明和产品产业创新方面的整体水平，力争在更多的领域走在全国前列，从追赶到超越。

（三）加强产学研 / 军民融合，促进创新—产业双向互动

围绕产业部署创新，围绕创新培育产业。紧紧围绕我省支柱、主导、先导产业链的重大、关键、共性、核心技术部署创新链，着力突破产业发展技术瓶颈，驱动产业转型升级和创新能力提升；充分发挥科技创新在推进供给侧结构性改革中的基础、支撑和引领作用，依靠新技术和新产品的研发来创造新供给、释放新需求、发展新业态，建立产业新体系、拓展发展新空间，实现无中生有、有中生新。

强化企业创新能力建设，推广“一院一所”模式，实施“四主体一联合”校企产学研合作示范，深化院校产学研合作，推进军民融合创新发展。

（四）营造良好创新创业生态，打造新引擎激活新动力

全面推进众创、众扶、众包、众筹，培育科技服务新业态，打造创新创业新载体，探索创新创业新模式；加大对众创空间、新型孵化器和星创天地的支持力度，深化科技与金融结合，建设服务实体经济的创业孵化体系。

加强科学技术普及，弘扬“敢为人先、追求创新、百折不挠”的创业精神，厚植创新文化，营造鼓励创新创业的良好社会文化氛围。构建有利于大众创业、万众创新蓬勃发展的政策环境、制度环境和文化氛围，打造发展新引擎，增强发展新动力。

第三章　总体部署

一、从研发管理向创新服务转变，释放激发创新潜能

深化科技管理体制机制改革，推进政府简政放权、放管结合、优化服务，重点在管方向、管政策、管引导、管评价，更好地面向“多主体”，更好地运用“服务”，更好地围绕“全链条”，更好地

营造“生态”履行创新职能。

（一）加强清单管理链条部署

强化系统思维、清单管理、链条部署。按照科技项目、人才团队、科技成果、园区平台四个维度，系统梳理我省各领域科技资源，实施“项目—人才—成果—平台”的链条部署；建立重大项目清单、重大基础研究前沿清单、重大研发平台清单、重大科技成果清单、领军人才清单、军民融合及改制院所清单、众创空间清单等科技资源数据库，实现清单管理、协同部署。

参照学科专业目录，依据产业规模与科技优势的匹配程度，按照“同时形成产业规模和科技优势、形成产业规模但不具备科技优势、具备科技优势但未形成产业规模”三个维度，逐一建立一级、二级产业清单，部署完整的产业链条，建立产业与技术间的对应关系，确定每个产业链条上的共性、关键、核心技术。

坚持需求导向，围绕创新链配置资源链，创新链前端加强基础研究和应用基础研究，创新链后端向市场转化、品牌培育、电商物流等延伸，形成“知识创新—技术创新—产品创新—商业模式创新”的全链条创新体系。

（二）整合优化省级科技计划

推进科技计划管理改革，充分发挥科技计划在提高社会生产力、提升竞争力、增强综合实力中的战略支撑作用，以及在公共科技资源配置中的引导性作用，按照全链条思路，强化基础及应用基础研究、应用开发、成果转化、示范推广，产业化发展全链条的统筹衔接；重点支持市场不能有效配置资源的基础前沿、社会公益、重大共性关键技术研究等公共科技活动，促进科技与经济的有效对接。

对照国家五大类科技计划，按照“权责明确、定位清晰、结构合理、运行高效”的原则，优化省级科技计划（专项、基金等）设置，构建新的省级科技计划体系，明确省级科技计划的定位和支持重点，建立科技计划绩效评价动态调整和终止机制，使科技计划更加符合科技创新规律，科技资源更加高效合理配置。

专栏1　省级科技计划体系

科技重大专项计划：主要围绕重点产业领域关键核心技术攻克，研发具有较强市场竞争力的重大战略产品（首台、套），推动专项成果的应用及产业化，解决制约我省经济社会发展的重大科技问题等，由省政府决策实施部署，整合、调动全省优势资源，在设定时限内进行集成式协同攻关。

重点研发计划：聚焦支撑我省支柱产业转型升级、战略性新兴产业发展和区域经济结构调整的重点领域，以及现代农业、能源资源、生态环境、健康等领域的重大社会公益性研究，围绕产业链部署创新链、围绕创新链培育产业链，凝练形成若干目标明确、边界清晰的产业链条，开展共性关键技术研究、产品研发、成果推广、实验示范及国际合作。

自然科学基础研究计划：着眼原始创新，支持前沿科学基础研究与应用基础研究。鼓励科学研究与创新人才培养相结合，鼓励自由探索与支撑产业需求相结合，鼓励项目带动与科研基地建设相结合。围绕重点学科建设和交叉学科的发展，着力解决先导产业、新兴产业发展急需解决的重大基础科学问题。

技术引导专项（基金）计划：支持以企业为主体的“产学研用”联合协同创新活动，运用市场机制引导和支持技术创新活动，促进科技成果转移转化和资本化、产业化。通过制定政策、营造环境，引导企业加大科技投入，成为技术创新决策、投入、组织和成果转化的主体。

创新能力支撑计划：支持各类科技创新平台、基地建设，促进科技资源开放共享；支持市县科技创新和技术推广，提升区域创新能力和科技服务能力；支持创新人才和优秀团队的科研工作，增强科研基础条件保障力度；支持科技政策和规划的前瞻性研究，为科技支撑引领经济社会发展提供决策依据；支持创新服务体系建设，加强创新创业载体建设和环境优化，激发我省创新活力。

建立由省科技部门牵头，财政、发改、工信等部门参加的科技创新联席会议制度，组建科技创新专家咨询委员会，负责省科技重大专项的顶层设计、建章立制、实施方案、指南论证等工作，协调解决专项推进的重大问题。

加快建立科技咨询支撑行政决策的科技决策机制，加强科技决策咨询系统，建设高水平科技智库。

专栏2　建立新型科技智库

大力支持以科技发展战略和科技政策为主要研究对象、以服务政府依法科学决策为宗旨的非营利性研究咨询组织，为政府制定科技战略、规划、布局、政策等方面提供决策咨询服务。重点围绕科技体制机制改革、科技发展战略、科技规划编制、科技计划指南、科技政策制定与执行评估、科技重大专项选择等方向开展决策咨询研究、政策研究和政策解读等工作，为政府决策提供学理支撑和事实数据支持。制定政府向智库购买决策咨询服务制度，凡属智库提供的咨询报告、政策方案、规划设计、调研数据等，均可纳入政府采购范围和政府购买服务指导性目录。

（三）完善科技计划管理模式

落实国务院《关于深化中央财政科技计划（专项、基金等）管理改革方案》（国发〔2014〕64号）精神，建立决策、执行、评估相对独立、互相监督的运行机制和评估监管体系，全面实施清单管理、链条部署。

加快从研发管理向创新服务转变，改进科研项目管理流程和评审模式。加强“战略研究—指南编制—申报受理—评审立项—过程管理—结题验收—后评价反馈”的全程服务，加快改进和完善项目管理各环节工作。推行网上评审、视频答辩、异地评审，定期或不定期组织评审。改进专家遴选方式，扩大企业专家、风险投资人、金融机构和行业协会专家参与市场导向类项目评估评审的比重，公布专家名单，强化专家自律，接受同行质询和社会监督。加强科技项目和经费信息公开，建立各类科技计划项目的绩效评估、动态调整、项目终止和考核问责机制。推进科技管理基础制度建设，全面实行科技报告制度，建立科研信用管理制度，强化科技信用体系建设。

专栏3　科技管理基础制度

科技报告制度：对财政资金资助的科研项目，必须呈交科技报告，实现科技资源持续积累、完整保存和开放共享；科技报告呈交和共享情况作为其后续支持的重要依据。

决策咨询制度：建立创新决策咨询机制，发挥科技界和智库对创新决策的支撑作用，吸收更多企业参与技术创新规划、计划、政策和标准的研究制定。

信息公开制度：除涉密及法律法规另有规定的，要及时向社会公开科研项目的相关信息，接受社会监督按规定向社会公开有关信息。

创新调查制度：开展对我省企业、研究机构、高等学校、创新基地等的创新活动进行统计调查，全面、客观地监测、评价我省的创新状况，为完善科技创新政策提供决策支撑服务。

建设科技计划和资金综合管理系统，委托专业机构参与项目管理，开展对计划项目的内容查重和科研鉴证。在现有的各类科技计划科研项目数据库基础上，建设省级科技管理信息系统和分类数据库，对省级财政科技计划的需求征集、指南发布、项目申报、立项和预算安排、跟踪问效、结题验收等全过程进行可申诉、可查询、可追溯的痕迹管理。

（四）改进财政科研经费管理

改进财政科技资金管理办法，建立科研财务助理制度。简化财政科研项目预算编制，精减各类检查评审，按照目标和结果导向，将经费管理的重点从前期预算评审和中期节点检查，转向事后绩效评估和全程服务；下放预算调整审批权限，将直接费用中多数科目的预算调剂权下放给项目承担单位；项目结余资金，可按规定留归项目单位统筹安排使用；完善科研项目间接费用管理制度，增加间接费用比重和绩效支出比重，强化绩效激励，合理补偿项目承担单位间接成本和科研人员的智力投入；大幅提高人员费比例，对劳务费不设比例限制；差旅会议管理不简单比照机关和公务员，高校、科研院所可根据工作需要，合理研究制定差旅费管理办法，高校和科研院所对集中采购目录内的项目可自行采购和选择评审专家。对企业委托省内高校院所开展研发的项目经费，实行有别于财政科研经费的分类管理。

（五）改革财政科技投入方式

改革财政科技投入方式，综合运用风险补偿、贷款贴息，股权投资、事后补助、政府购买等多种方式，充分发挥财政资金对促进创新链和资金链形成的杠杆作用，引导金融资金、创投基金和民间资本等进入科技创新领域；深入推进科技金融结合，加快科技金融服务体系建设，构建覆盖科技企业成长全过程的科技金融服务链。

对基础性、前沿性、战略性、公益性、共性技术类项目，主要实行前资助方式支持；对科技成果工程化产业化项目、科技创新平台的建设等，主要实行后补助方式支持；对科技公共服务平台、科技中介服务机构，主要实行政府购买服务方式支持。

（六）完善成果转移转化机制

制定修订相关配套制度措施。完善科技成果、知识产权归属和利益分享机制，强化尊重知识、尊重创新，充分体现智力劳动价值的分配导向；完善奖励报酬制度，加大科研人员股权激励力度，促进科技成果产权化、知识产权产业化，推动科技成果就地转化。

开展科技成果处置和收益权改革。将财政资金支持形成的，不涉及国防、国家安全、国家利益、重大社会公共利益的科技成果的使用权、处置权和收益权，下放给符合条件的项目承担单位；允许高校、科研院所自主决定对其持有的科技成果采取转让、许可、作价入股等方式开展转移转化活动，政府相关部门对科技成果的使用、处置和收益分配不再审批或备案；授权省属国有科研事业单位自主处置科技成果、分配科技成果收益，其转移转化所获得的收入不上缴国库，全部留归单位，实行统一管理；创造条件支持央属科研事业单位就地处置科技成果、分配处置收益。

加大科技成果奖励报酬力度。依法推进高校和科研院所科技成果（包括职务发明成果）转化收益分配，激励科技人员创新创业。对以技术转让或者许可方式转化职务科技成果，以科技成果作价投资实施转化的和在科技成果转化中做出重要贡献的人员，执行“三个不低于”50% 的规定[1]，鼓励有条件的单位按不低于 70% 执行。

统筹研究国家自主创新示范区实行的科技人员股权奖励个人所得税试点政策推广工作；依法实施科技成果转化风险免责政策。

建立科技成果转化年度报告制度。掌握高校和科研院所依法取得的科技成果的数量、实施转化情况以及相关收益分配情况，鼓励高校和科研院所通过市场化的方式推进科技成果转化；加大对财政资金支持形成的应用类科技成果转化的支持力度，建立重大应用类科技成果转化问责机制。

（七）健全科技资源统筹体系

加快推进统筹科技资源改革示范基地建设。按照《关中—天水经济区发展规划》总体布局，立足西安科技资源发展实际，以机制创新、政策引导、平台建设、资源整合、孵化加速为核心，着力打造科技研发区、成果转化区、产业发展区、科技服务区等四大板块。以推动科技公共服务平台建设为抓手，进一步提升基地高科技研发和创业孵化、高端制造中试服务和相关生产性配套服务等承载能力，有效推进资金、项目、人才的有机融合，力争将示范基地建设成为带动关天、辐射西部、面向全球培育战略性新兴产业的重要基地、科技创新资源聚集基地、科技成果中试与转化基地以及科技人员创业基地。

发挥市场在统筹科技资源中的决定性作用和政府的引导性作用，以“大统筹”思路，不断推进人、财、物等有形资源的统筹，以及政策、措施、办法等无形资源的统筹，构建具有支撑、示范、开放和共享功能的全省科技资源统筹体系；通过政策体系的改进和完善，推动科技资源合理配置、高效利用。

完善省科技资源统筹中心功能，支持设区市、重点区县立足当地资源禀赋，设立省科技资源统筹分中心，构建省科技资源统筹中心体系；发挥省科技资源统筹体系的承载、示范、展示和服务的功能作用，推动省中心与分中心联动发展；组建丝绸之路经济带科技资源统筹联盟，形成覆盖全省的“互联网 + 资源共享、科技创业、协同创新、科技金融、综合服务”科技资源统筹服务体系，将科技资源转化为生产力。

专栏 4　完善省科技资源统筹中心四大功能

进一步完善省科技资源统筹中心各系统的建设，建立统筹网络、数据库及应用平台，搭建包括省科技资源数据库、

[1]　《实施〈中华人民共和国促进科技成果转化法〉若干规定》（国发〔2016〕16 号）：以技术转让或者许可方式转化职务科技成果的，应当从技术转让或者许可所取得的净收入中提取不低于 50% 的比例用于奖励；以科技成果作价投资实施转化的，应当从作价投资取得的股份或者出资比例中提取不低于 50% 的比例用于奖励；在研究开发和科技成果转化中作出主要贡献的人员，获得奖励的份额不低于奖励总额的 50%。

追赶超越数据库、一带一路数据库等三大数据库的“大数据云平台”，发挥承载作用；建立众创空间示范基地，联合高校组建服务大学生的校园众创空间，联合科研院所组建服务高中端人才的众创空间，带动全省科技创业，培育新兴产业增长点，发挥示范作用；集中展示全省科技资源统筹内容及成果，发挥展示作用；通过四大平台的协同服务，成为全省科技资源统筹的“协调服务部”，发挥服务作用。

通过先行先试，将沣东新区建成战略性新兴产业重要基地、科技创新资源聚集基地、科技成果中试与转化基地以及科技人员创业基地，为陕西乃至全国提供样本。

（八）推动科研院所改革创新

科研院所要紧跟世界科技发展态势，优化自身科技布局，重点加强共性、公益、可持续发展相关研究；强化新储备，形成源源不断的新技术供给，打造全国乃至世界一流科研院所。

按照遵循规律、强化激励、合理分工、分类改革的原则，深化科研院所改革。大力推广西安光机所、西北有色院等研究院所产学研结合、军民融合、成果转化的创新模式。大力支持转制科研院所创新能力建设，发挥行业技术引领支撑作用，做大做强应用开发类转制院所，不断提升研发能力和科技成果转化能力；加快陕西科技控股集团和陕西稀有金属科工集团发展，完善现代企业制度，积极发展混合所有制，支持发展新型研发机构。完善 6 家工业技术研究院的运行机制，健全与岗位职责、工作业绩、实际贡献紧密联系的分配激励机制，搭建科技成果转化大工程平台。

（九）加快事业单位分类改革

推进公益类科研事业单位分类改革，提升公益类院所和事业单位服务政府和社会的能力。完善事业单位绩效工资制度，激励事业单位服务社会的积极性，落实科研事业单位在人员聘用、绩效工资分配等方面的法人自主权。在有条件的单位试行任期制或聘用制。开展政府购买公益类科研院所服务试点，对市场机制不能有效解决的社会公益研究和公益科技服务等公共科技活动，要逐步实现由竞争性项目支持方式为主转向面向机构的稳定支持为主，逐步建立财政支持的科研机构绩效拨款制度。

二、围绕产业部署创新，围绕创新培育产业

（一）夯实创新基础能力

加强目标导向的基础研究、应用基础研究和前沿技术研究，充分尊重科学家的学术敏感，引导科学家将学术兴趣与地方目标相结合，鼓励自由探索，支持非共识创新和变革性研究，探索新的科学前沿和新的学科生长点，提出更多原创理论，做出更多原创发现。引导高校院所面向我省重大战略需求和国家重大战略部署，瞄准世界科学前沿，准确判断科技突破方向，加强重大科学问题的研究以及战略和前沿导向的基础研究，力争在重要科技领域实现跨越发展，增强原始创新能力。

专栏 5　重大基础研究前沿

石墨烯及新材料：高性能石墨烯材料制备关键科学问题研究、石墨烯基二维、三维复合材料、基于石墨烯材料功能器件研究、石墨烯工程化基础；高性能 3D 打印材料的研究与开发、基于高能量密度储能电容器电介质材料及关键技术研究。

量子调控与量子计算：固态量子比特、固态量子门电路、固态量子信息测试与调控等关键技术，探索在量子信息和量子计算等领域的应用；光纤量子通信应用、量子无线电导航技术、量子雷达中的关键问题、连续变量量子密码通信研究。

信息技术：无线网络环境感知，动态频谱管理和利用，协作通信中的资源分配和管理技术，终端、系统和网络协作方式等方面取得突破与创新，实现认知无线电与协作通信系统的仿真和硬件平台；研究云计算平台、云计算虚拟化软件、面向应用的大数据解决方案关键科学问题、物联网共性技术。

生物医药：重大疾病诊断与治疗的生物学基础，与重大疾病（高血压、心脏病、恶性肿瘤等）相关的系统生物学和疾病模型的应用基础研究，创新药物的物质及其药理学研究；地理标志类道地药材有效成分的形成及动态变化研究；重要微生物、生物反应与生物分离研究。

装备制造：先进制造工艺、装备与系统；数字化、绿色化设计与制造的技术基础；微纳制造等特殊制造的技术基础；重大工程安全预警、监测及防灾减灾的技术基础；生物化工与化工过程新方法；航空用复杂构件制造、智能制造关键技术及其配套装置、航空航天、矿业、仪器装备制造中的物理学基础问题研究。

按照建设世界一流科研机构、一流研究型大学的目标，支持我省高校院所积极参与国家、国际大科学计划、大科学工程和国家实验室建设；加强基础学科之间、基础学科与应用学科、科学与技术、自然科学与人文社会科学交叉融合，加大新兴学科的前瞻性布局，增强知识积累和原创储备，实现重点科技领域的战略领先，为我省产业转型升级、迈上中高端、进入中高速，以及战略新兴产业发展提供创新源头供给。

（二）围绕产业部署创新

围绕我省支柱产业、主导产业和先导产业等三类产业链的重大、关键、共性、核心技术配置创新链，着力突破产业链的缺失环节、薄弱环节、延伸环节等关键节点上的技术瓶颈，促进产业关键技术研发和先进技术成果应用；延伸产业链条，推动主导产业由价值链低端向中高端攀升，引领战略新兴产业加快发展，支撑支柱产业转型升级发展。同时，对接国家重大战略布局，组织实施省重大科技专项，突破掌握一批核心关键技术，研发推广一批重大战略产品，培育壮大一批创新型产业集群和骨干企业。

1. 能源化工

以绿色低碳为方向，加快构建煤油气到基础化工产品、再到精细化工产品的完整产业链，推进煤电一体化、煤化一体化、油炼化一体化，加大煤油气清洁高效综合利用、煤制芳烃、大型煤炭清洁高效转化关键技术研发与应用示范，推广规模化利用废弃物的燃气成套技术和装备，提高能源效率。开展页岩气等非常规油气勘探开发综合技术示范，加快推进可再生能源与新能源技术大规模开发利用，推进我省能源化工走开源、节能、减排、精细化、绿色化发展的道路，推动我省能源化工产业转型升级，向高端化迈进。

专栏 6　能源化工技术

大型油气田及煤层气开采：重点攻克天然气、页岩气、煤层气经济有效开发的关键技术与核心设备，以及复杂油气田进一步提高开采收率的新技术。

煤油气安全清洁高效开发与综合利用：重点开展煤炭高效发电、煤炭清洁高效转化关键技术、燃煤污染物控制资源化利用、二氧化碳捕集利用与封存、工业余能回收利用、煤制芳烃等关键技术研发与应用示范。

石油化工：重点在高性能油田化学品，高端化学品的中间体和聚合单体，重劣质油高效综合利用等方面加强研发与应用示范。

煤化工：推进煤、油综合利用技术优化与升级。加强粉煤中低温热解 / 干馏的集成技术，中低温煤焦油提酚新技术，中低温煤焦油深度分离 / 加工技术，煤、油结合的共炼技术深度研发及产业化，开展煤基炭材料研发及产业化。

新能源：积极推进大功率低风速电机、薄膜及其他新型高效光伏电池和组件、中低温地热能发电、分布式能源、生物质能发电技术装备、石墨烯材料储能装备的研发及产业化。

2. 高端装备制造

跟踪全球工业 4.0 进展，实施“中国制造 2025 陕西行动计划”，重点围绕汽车工业、数控机床、电气装备、石化冶金矿山设备、航空航天装备等方向部署技术创新链；按照“互联网 + 先进制造业”“互联网 + 现代服务业”的思路，从模式、装备、基础三个层面推动我省装备制造产业向智能化、绿色化、服务化方向发展。

专栏 7　先进制造技术

高档数控机床与基础制造装备：重点攻克感知、决策和执行等高档数控系统关键智能技术和功能部件等瓶颈，形成高端数控机床整体配套产业链集群。满足航空航天、汽车两大领域对高精度、高速度、高可靠性高档数控机床的急需。

汽车工业：提升关键核心部件生产技术及生产能力，提高传统汽车节能环保和安全水平，加快高性能纯电动汽车车型、混合动力客车动力系统和关键零部件研发，提高动力电池的比能量和安全性、电池组的一致性和可靠性，加快驱动电机及控制器的安全性和高性能技术产业化。

航空航天装备：提升通信、导航、机电、仪表等综合航电系统研制水平。新一代民用 GPS/OEM 主板产品、北斗用户机系列产品。

船舶海洋装备：积极推进数字化造船，海工装备系列化研发，大功率中压柴油发电机组，动力定位系统，半潜式钻井平台、浮式生产储油卸油装置（FPSO）产业化。

智能制造：重点攻克智能装备（机器人、数控机床、其他自动化装备等），硬件设施（机器视觉、传感器、RFID、工业以太网），基础软件（ERP/MES/DCS 等）关键共性技术，大力发展激光制造、增材制造、绿色制造。

电气装备：研发新型电力电子产品，推进新型产业技术、智能化组件产业化。

石化冶金矿山设备：推进关键重型技术装备大型化、成套化、国产化，发展大型化工成套设备，冶金成套增值服务设备，推进煤炭采掘设备高端化、智能化、成套化。

轻工设备：研发自动缝料厚度检测、自动压脚压力检测、自动缝线张力控制，高速运动机构的无油、少油技术，推进传递动力及控制技术智能化。

3. 新一代信息技术

发挥信息技术产业对我省支柱产业、主导产业的带动和引领作用，针对新一代信息技术网络化、泛在化、智能化的发展趋势，加快云计算、遥感与导航、大数据、移动互联网、物联网、宽带通信、高性能计算、智慧城市等技术研发和综合应用，加大对集成电路、基础软件等自主软硬件产品和网络空间安全技术攻关和应用推广，提高我省相关产业核心竞争力，推动产业快速发展。

专栏 8　新一代信息技术

集成电路：重点攻克硅片生产环节关键技术，集成电路设计、制造、封装环节关键技术，第三代半导体关键技术。

云计算：云计算与大数据移动互联网融合、应用快速移植与服务构造技术，云计算服务基础设施，云计算应用服务供应体系建设。

大数据：数据管理与分析技术，大数据与云计算、物流网、移动互联网融合技术，重点领域大数据服务平台建设。

移动互联：软硬件操作界面基础软件和嵌入式软件研发，移动互联网与物联网的融合发展和集成应用，移动智能终端。

物联网：研究物联网系统架构与参考模型，信息物理系统感知和控制等基础理论体系，突破物联网智能硬件技术与系统、物联网低功耗可信泛在接入等核心关键技术。

北斗系统与卫星导航：北斗高精度地面基准站网构建，北斗差分信息处理，北斗系统空间信号精度增强。卫星调制解调器和 VSAT 卫星通信网，可共用共享的卫星遥感数据获取，卫星遥感行业应用。卫星导航与重点行业领域和大众应用的深度融合。

4. 新材料

围绕我省产业发展重大技术需求，从基础前沿、重大共性技术到应用示范进行全链条设计。大力发展新型生物材料、先进复合材料、高性能结构材料、新型能源材料、有色金属材料、石油化工新材料以及其他前沿新材料，部署若干新材料技术创新链，遴选有限目标，统筹战略集成，集约板块发展，推动新材料产业规模化发展，为我省高端装备制造、新一代信息技术、资源开发、节能环保等领域发展提供支撑。

专栏 9　新材料技术

先进电子材料：以第三代半导体材料与半导体照明、新型显示为核心，以大功率激光材料与器件、高端光电子材料及其元器件、新一代与微电子材料及其核心芯片为重点，构建基础研究、前沿技术、重大共性关键技术、典型应用示范的全创新链。

先进复合材料：高性能碳纤维及其复合材料、树脂基复合材料等在通用飞机、航天器、风电、交通运输等领域的研发与应用。片状模塑料（SMC）复合材料外观部件，能源和环保多孔复合材料及技术开发。

先进结构材料：高性能铝合金、镁合金、钛合金和高强高韧钢结构材料、高温陶瓷材料、材料表面防护技术；高温合金叶片及轮盘锻件等关键部件的电力设备结构材料；高强、高韧、高耐损伤容限航空航天结构材料；安全、节能、环保型建筑桥梁道路结构材料。

先进功能材料：以稀土材料、膜分离材料、新型电池材料、高温超导材料、智能 / 仿生 / 超材料、国产高端生物医用材料为重点，提高关键功能材料的供给能力，强化国产新材料在重大工程中的优先应用能力。

有色金属材料：加强钛及钛产品的低成本化制备技术及深加工技术，钼资源整合与深加工技术，钒、锌矿的高效采集与生产技术改造，核级 / 高纯锆的深加工技术，航空航天、核电等特种用途材料、铂族贵金属催化等性能提升技术开发。

石油和化工新材料：氟硅材料、特种橡胶、煤制烯烃（芳烃）下游深加工产品与技术、化工催化剂材料、其他化工新材料。

其他前沿新材料：贵金属纳米材料，智能高分子材料、磁流变液体材料、储能关键材料、石墨烯宏量制备及相关新材料、3D 打印关键材料的制备及其关键技术。

5. 资源环境与公共安全

在资源环境与生态环保领域，重点围绕水污染防治、大气污染防治、固体废物污染防治、土壤污染防治、生态环境保护和修复、清洁生产和循环经济、环境监测与预警、环境与健康等方向开展技术攻关和应用示范。

专栏 10　资源环境与生态环保技术

环境监测与预警：不同污染特征地区典型污染物识别及控制，不同污染因子条件下人群健康风险评价，环境与健康综合监测方法体系构建等；基于农产品质量安全的土壤和水体监测；调蓄水库的水质污染风险评估和控制，多水源供水管网水质污染风险评估及控制，大气污染监测、成因分析及控制，大气污染物扩散与累积的物理与化学过程及模拟，城市气候环境空间管控等技术研发。

环境保护与治理：渭河流域和汉丹江流域污染治理，关中城市群空气污染治理，典型工业场地、矿区和油田区、农业废弃物等土壤污染治理技术；基于城市污水处理厂总氮总磷去除的提标改造、重点工业点源氨氮、石油类、新型有机物的削减及清洁生产技术。

资源利用：再生水地下人工回灌，再生水补充城市水体的水质安全保障，西北半干旱区再生水回用于农业灌溉与生态安全，再生水生态处理稳定资源化，农业废弃物资源化处置，城市污水处理厂剩余污泥处理处置及资源化，大型能源化工园区高盐废水“零排放”及资源化，含硫废气、含碳固废资源化利用。

环境健康与生态保护：秦巴山区生物多样性与生态安全保障，秦岭敏感区及资源开发区生态修复，汉丹江流域农业面源污染防治，关中地区农田面源污染控制，生态退化区域污染治理及生态恢复、新农村污染控制及人居环境质量综合评价等技术，陕北能源化工基地生态工业绿色发展。

公共安全领域，重点围绕公共安全监测预警与控制、突发事件应急处置与救援、煤矿重大事故预测预警与防控、基于全产业链的食品质量检测与控制、绿色高效智慧现代化建筑建造、信息安全等方面的关键科技瓶颈问题开展技术攻关和应用示范。

专栏 11　食品安全技术

现代食品制造技术：开发全产业链食品质量控制、食品绿色制造、添加剂与配料、高效节能速冻和食用农产品贮运等技术与装备。

食品安全与质量控制：突破食品质量检测识别技术、评估预警技术及溯源控制技术。

食品物流：研究物流过程食品品质劣变的生物学机制，突破品质劣变智能检测与控制、智能化全供应链电子商务平台构建、物流过程营养品维持与功能评价等前沿技术、研创智能化绿色专用装备、包装材料与包装设计、绿色防腐等适用技术。

6. 人口健康与生物医药

发展普惠精准的人口健康技术，加快人口健康科技发展，以生物技术创新带动生命健康、生物制造等产业发展。重点开展重大疾病防控技术研究、生物技术与新一代信息技术和新材料技术等的交叉研究，创新药物与新型医疗器械研制、中医药现代化研究等。促进转化医学与临床医学相结合，形成一批新的诊疗技术规范，研发一批新型医疗器械，大力推进前沿科技向医学应用转化。

专栏 12　人口健康与生物医药

疾病防治：心脑血管疾病、恶性肿瘤、代谢性疾病、精神神经疾病以及免疫性疾病等常见、多发慢性疾病防、诊、治的基础研究；分子诊断、免疫诊断、影像诊断、生物治疗、微创治疗、介入治疗、物理治疗、中医药诊疗等诊疗技术研究；恶性肿瘤、心脑血管疾病、神经精神疾病等重大疾病的发病机制研究，以及针对我省常见病、多发病的诊疗新技术。

创新药物研发：重点开展药物早期发现、罕见病及特殊人群用药的研发及产业化，中药创新药物研发及中药现代化；生物类似物重大品种国产化、通用名药物重大品种再创新、特定人群膳食补充剂开发；建立抗体/蛋白质药物产业化工程链；突破化学药的绿色合成新技术，开发一批重大化学药产品，形成一批具有自主知识产权、具有巨大市场潜能的新药产品。

医疗器械：基于新材料的外科基础器械、植入器械，以及电阻抗动态图像监测设备、集成化医疗信息系统、新型心脏起搏器、新型手术器械、组织工程产品、信息化口腔医学设备、四维超声成像和强性超声成像设备、诊疗一体化放射治疗设备。

健康服务：健康管理和亚健康干预研究；生物大数据开发与利用关键技术研究，重点突破生物大数据汇集、管理、共享与利用等技术，加快构建基于信息技术和网络技术的全民健康数据管理系统和个人健康服务平台，建立健康大数据系统，开发多发病、常见病的综合防治和健康维护的新方案。

7. 现代农业

围绕农业产业结构重大调整和供给侧改革，重点抓好主要粮油、果产业领域和新兴战略产业重大科技创新，部署农业科技创新链条，提升市场竞争能力和供给水平，加快我省现代农业发展。

专栏 13　现代农业技术

作物育种：重点围绕小麦、玉米、油菜、马铃薯等主要农作物，创制具有性状优异新种质，培育高产、优质、广适、多抗和适宜机械化作业的优良新品种。开展育种基础理论和育种新方法的研究，利用分子育种技术，建立现代育种技术体系。创新良种生产加工和质量控制技术，建立种业科技创新高地，藏粮于技、藏粮于地。

现代果业：重点围绕苹果、猕猴桃、核桃、红枣等特色果业，开展优质多抗新品种选育，集成高效栽培技术模式，研究果园肥水高效利用、重大病虫害防控、采后商品化处理、多元化加工技术和果园简易机械设备，建立以市场为导向的果业可持续发展技术体系，促进果业转型升级。

设施农业：重点围绕设施农业提质增产增效，开展设施蔬菜、瓜果、花卉新品种引种、选育，在设施栽培模式、新型温室设计、农业小型机械、信息化管理等方面开展技术攻关，构建精准化、智能化设施农业技术体系，全面提升设施利用水平及效益。

畜禽养殖：重点围绕秦川牛、奶山羊、生猪等持续开展新品种选育与品种改良研究，在健康养殖、疫病防控、粪污处理、排泄物综合利用、产品精深加工等方面开展关键技术研究，引进选育适合我省环境条件的饲草品种，选育开发粮改饲新品种，优化种养结构，提升畜牧业养殖效益。

农产品加工：重点围绕果业、特色畜禽、秦巴山区生物资源等区域优势农产品，开展精深加工及综合利用关键技术攻关及技术集成，开发高附加值产品，培育优势品牌，运用“互联网+”提高市场竞争力，以创新链延伸产业链、提升价值链。

农业装备：重点围绕农业产业节本增效，开展机器人、物联网、信息化、无人机等先进技术研究，在“粮食生产全程机械化”“丘陵山地小型农业机械”“果园作业机械”“设施农业智能机械”“农产品加工机械”等方面攻关，创制新型智能化装备。

生物资源开发：重点围绕秦巴山区野生资源开发利用，开展人工驯化、繁育、加工技术研究。开发生漆、魔芋、黄姜、食用菌等地方优势植物新品种，培育区域特色产业。开展秦巴山区中药材种植、加工技术研究，培育新兴产业。利用野生果树、花卉资源，挖掘培育特色果树、花卉新品种。抓好特色动物大鲵、林麝、冷水鱼等规模化养殖与产品精深加工技术研究。

节水农业 ：重点围绕渭北、陕北干旱地区开展作物抗旱生理、节水技术研究。集成小麦、玉米、马铃薯、小杂粮旱作关键技术，开发技术装备与产品，研究陕北山地苹果、红枣、设施林果节水增效模式，构建旱作技术支撑体系。

8. 现代服务业

围绕科技服务、大数据与信息服务、文化创意服务、金融服务、现代物流服务、健康服务、现代农业服务、现代旅游服务、电子商务服务等领域部署创新链。

专栏 14　现代服务业

大数据信息服务技术：大数据、云服务、移动互联网服务等相关信息技术服务，开拓数字消费服务、卫星应用服务、社会公共服务等新兴信息服务。

文化创意服务技术：数字动漫技术，创新文化设备与集成控制技术，文化创意解决方案与全流程服务（文化设施建设、文化休闲旅游、展览展示工程等领域），文化创意产品制造与管理。

金融服务技术：培育新兴互联网金融业态（第三方支付、电子银行等），研发移动互联网展业工具和专属软件，提供移动线上、自助式金融服务。

现代物流服务：物联网技术、智能交通系统、地理信息系统，无线射频识别（RFID）技术集成，物流管理云平台系统（集基础数据库、信息服务、电子签证、联运售票于一体），物流服务模式（生产线物流、快件物流、逆向物流等服务模式）。

健康服务：制定健康服务技术标准，利用互联网、移动互联网平台，创新商业模式，形成健康服务产业集群。

现代农业服务：农产品电子商务服务，应用推广"互联网+"技术，构建农业产品选种、农产品种植、农产品销售以及农业技术咨询的网络服务平台，发展大数据农业管理、农产品营销等互联网农业服务。

现代旅游服务：建设旅游信息资讯、营销、管理网络平台，加强对微博、微信、手机 APP、新闻客户端、旅游手机报等网络新媒体、新技术的应用以及信息化旅游技术、终端设备的现场展示，打造智慧旅游。

电子商务服务：加强客户数据监测和整合，打造智慧电子商务服务平台，实现电子商务服务平台与海关申报系统、邮政 EMS 监管系统等服务平台对接。

（三）围绕创新培育产业

充分发挥我省科研院所、高等院校科技资源富集优势，重点针对"有科技优势、缺产业规模"的领域，精准部署基础研究及应用基础研究的重点方向，超前部署有望催生未来变革性技术的研究项目和研发平台，推动基础研究优势转化为技术创新优势；加强商品创新、商业模式创新，加快形成新的增长点，将科技创新转化为产业活动，将我省的科技优势转化为产业优势。

推动大数据、云计算、移动互联网、3D 打印、无人机、机器人、石墨烯、量子通信、基因工程等先行发展，抢占先发优势，培育先导产业。支持互联网环境下的各类创新，发展物联网技术和应用，发展互联网 + 装备制造、互联网 + 生物医药，以新技术形成的新供给方式，满足新的消费需求，促进互联网和经济社会融合发展。重点推进第一产业、第二产业和第三产业的融合，拓展产业发展新空间，加快培育新的经济增长点。

专栏 15　培育新产业

新能源汽车产业：重点突破整车控制系统、插电式深度混合动力系统、氢能源与先进动力电池等关键技术。

工业机器人、高档数控机床等智能化装备：推进工业机器人整机及关键零部件产业化，推动精密专用机床集成化、通用机床规模化和功能部件高端化。

大型运输机及航空装备产业：推进民用无人机研制和产业化，提升重大机型配套制造份额，拓展整机维修、维护业务，建设世界一流的飞机研制生产基地。

3D 打印产业：推进 3D 打印在高端装备、医疗器械、文化创意等领域的研发和产业化，打造全球 3D 打印产业发展高地。

大数据与云计算产业：打造以云计算软硬件环境为基础，以电子政务、电子商务、先进制造等领域大数据服务创新为核心全国领先的产业生态体系。

半导体产业和光电产业：开展高端存储芯片技术研发和产业化，形成高端芯片和智能终端产业集群。

新材料产业：面向航空航天、高铁、核电、医疗等高端市场，开展高性能陶瓷基复合材料、超导及高性能特种稀有金属等新材料开发及产业化，延伸钛及钛合金、钼及钼合金、铝镁合金、超导材料、复合材料等核心产业链。

生物医药和生物育种产业：加快发展新药创制、新型医疗器械、先进诊疗技术等产业，推进高产小麦、杂交油菜、秦川牛等良种选育，解决我国干旱半干旱地区农业可持续发展问题。

节能环保产业：重点研发大气治理、新型水处理、垃圾处理、污染土壤修复以及环境监测等方面核心技术，积极推广节能降耗新技术、新设备和资源综合利用。

石墨烯规模化工业制备技术研发：基于石墨烯的新型储能器件研发，石墨烯制备半导体器件研发，石墨烯导热导电薄膜规模化制备及其应用研究，开拓石墨烯在航空航天、新材料、文物保护、生物医药等领域的应用研究。

三、促进产学研协同创新，加强军民深度融合

（一）强化企业创新能力建设

调整创新决策和组织模式，加大企业和企业家在政府创新决策中的话语权。增强企业创新动力、创新活力、创新实力，促进企业成为技术创新决策、研发投入、科研组织和成果转化的主体，使创新转化为实实在在的产业活动。

强化竞争政策和产业政策对创新的引导。加大税收优惠、政府采购、研发费用加计扣除、研发设备加速折旧、高新技术企业认定、股权奖励、科技企业孵化器等鼓励企业创新的优惠政策的落实力度；加强政策宣贯培训，扩大政策覆盖面，完善政策实施程序，建立政策落实的部门协调机制，开展政策实施情况的监测评估。

实施企业创新能力提升工程。出台《全面提升企业创新能力实施细则》，发挥省科技奖励对企业技术创新的引导激励，优先奖励企业牵头或产学研合作完成的重大科技创新及产业化成果；省级科技计划优先支持市场导向明确、企业牵头组织实施的产业化科技项目。

选择我省有代表性的行业龙头企业开展创新转型试点，自建或共建多种类型的企业研发机构或企业技术中心，提高工程化开发和产品研发能力；支持有条件的企业开展基础研究和前沿技术攻关，推动企业向产业链高端攀升；推动创新型企业做大做强，聚焦经济转型升级和新兴产业发展。

完善科技型中小企业创新服务体系，完善政府采购向科技型中小企业预留采购份额、评审优惠等措施，引导各类社会资本为符合条件的科技型中小微企业提供融资支持，促进科技型中小微企业技术创新和改造升级，向“专精特新”发展。

鼓励大型企业（集团）建设高水平研发机构，以研发平台为载体，以重大科技创新工程为牵引，以激励机制为手段，以“不求所有，但求所用”的理念，吸引高端科技人才和创新创业人才青睐企业，向企业聚集；针对不同产业领域，培育一批高层次企业技术创新团队。

（二）推动产学研深度合作

深化校企产学研深度合作。以校企合作为突破，创新产学研合作模式。支持在企业设立博士后工作站、研究生示范站，培养应用型技术创新人才；重点是支持企业依托高校建立“四主体一联合”（企业作为需求主体、投资主体、管理主体、市场主体）的新型研发中心，发挥高校人才资源、科研设施和科技成果的优势，降低企业研发成本、提高研发效率；对研发中心按需求导向自主确定的

研发项目，省级各类科技计划应给予重点支持。

深化院校产学研合作。支持院所与高校通过“双导师制”联合培养研究生的方式，促进目标导向研究与自由探索相互衔接、优势互补。

发挥科技计划作为资源配置和动员手段在促进产学研深度合作中的引导作用。支持以企业为主体，产学研合作，共建重点实验室、工程（技术）研究中心和新型研发机构。支持以龙头企业牵头，高校院所、金融投资机构和专业服务机构共同参与产业技术创新战略联盟，开展协同创新，面向产业集群开展共性技术研发，加快科技成果应用与产业化。

（三）推进军民融合创新发展

推进军民融合科技创新体制机制改革，积极探索、先行先试，形成可复制、可推广的经验做法。建立军民融合工作对接机制，构建军民协同创新体系，创建军民融合发展的政策特区。加快国防知识产权解密和转化、科技成果处置权和收益权改革；鼓励军工单位自主创办或与地方合作创办新的股份制企业，推动军工科技成果就地转化。

推动军民技术双向转化。鼓励军工单位联合省内高校院所、企业组建产业技术战略联盟，培育军民联合研发团队，支持开展军民两用技术联合攻关，共同承担国防预研、研制等项目，共同参与国家相关专业标准制定工作。依托实施北斗导航、大型飞机、载人航天、两机专项等国家重大工程，打造军民融合创新平台，建设一批军民融合科技创新示范基地，推动一批军民两用重大科技成果服务于战略性新兴产业发展。

促进军民科技资源双向流动和共享。搭建区域军民融合公共服务平台，面向地方高校、院所开放军口研发需求，特别是预研和基础研究需求，发布军口非涉密、可转化成果包，促进军口科技成果与民口资本对接，推动民参军众包。加强军民科技信息资源和科技情报共享，实现国家科技报告和国防科技报告制度的衔接。

（四）推广“一院一所”模式

推广西安光机所“开放办所＋专业孵化＋择机推出＋创业生态”四位一体模式和西北有色院“科研＋中试＋产业”三位一体模式，建立陕西科研院所数据库，遴选不少于30个适合推广“一院一所”模式的试点单位，引导科研院所在保持并持续提升研发效能的前提下，充分发挥其人才、平台等要素资源优势和“众创”引擎作用，加快产品、企业培育，形成新的经济增长点。支持试点单位建设专业化孵化器及各类科技创新创业平台，吸引海内外高层次人才进入孵化器创新创业，着力培育新的产业体系。

四、完善人才激励机制，激发创新创业内生动力

深入实施陕西省科技创新人才推进计划，按照“人尽其才、才尽其用、用有所成”的思路，激发各类人才创新创业的内生动力，培育一支符合创新发展的人才队伍。

（一）完善科技人才激励机制

推进科研评价与奖励制度改革，完善人才评价和激励机制。赋予创新领军人才更大的资源支配权、技术路线决策权；通过加大成果收益权、股权激励和科技奖励等手段，给予科技人员更多的利益回报和荣誉奖励，鼓励人才弘扬奉献精神。担任高校、科研院所领导的科技成果持有人可同等享受科技成果转移转化收益。

修订和完善《陕西省科学技术奖励办法》，逐步完善推荐提名制，突出对重大科技贡献、优秀创新团队和青年人才的激励，加大对享受政府特殊津贴、突出贡献专家、"三秦学者""百人计划""三五人才"、青年科技新星以及科技创新团队的支持力度。引导和规范社会力量设奖，制定陕西省关于鼓励社会力量设立科学技术奖的指导意见。

加快推进科研事业单位收入分配制度改革，健全鼓励创新的激励机制。研究制定陕西省事业单位高层次人才收入分配激励机制的政策意见。下放科研事业单位绩效工资分配自主权，完善内部分配机制，重点向关键岗位、业务骨干和做出突出贡献的人员倾斜。优化工资结构，保证科研人员合理工资待遇水平。

（二）实行科技人员分类评价

推进我省人才发展体制机制改革，建立健全各类人才培养、使用、吸引、激励机制。改进人才评价方式，建立科技人员分类评价制度，建立以创新质量、创新贡献、创新效率为导向的分类评价体系，对科技人员和科研活动进行"双分类"评价。改革职称评价导向和标准，促进职称评价结果和科技人才岗位聘用有效衔接，探索基础研究类科研人员的代表作评议制度，强化应用研究和技术开发类科研人员的成果贡献评估，引导科研辅助和实验技术类人员提高服务水平和技术支持能力；对企业一线创新技术人才予以政策倾斜，放开参评年限限制。试点将企业任职经历作为高等学校新聘工程类教师的必要条件。

（三）培养引进各类创新人才

坚持引进和培养并举，完善创新人才培养模式。发挥政府投入引导作用，鼓励企业、高等学校、科研院所、社会组织、个人等有序参与人才资源开发和人才引进，更大力度引进急需紧缺人才。按照"人才（团队）+项目（基地）+成果转化"的模式，鼓励和支持科技领军人才通过承担各级各类重大科研项目和重大工程任务，培养、造就和集聚人才；在若干重点领域扶持和培育一批有基础、有潜力的重点科技创新团队，给予长期稳定支持，制定青年人才培养特殊政策，打造一批创新人才培养示范基地，特别是加强对市场运营人才、资本运作、中介服务等非科学研发人员的培养和吸引力度。优化我省人才结构，形成各类科技人才有序衔接、梯次配备、合理分布、协调发展的格局。努力造就一批能够把握科技发展大势、研判科技发展方向的战略科技人才；培养一批善于凝聚力量、统筹协调的科技领军人才；培养一批勇于创新、善于创新、具有科技背景的管理投资人才、科技中介人才、创业指导人才。

开展校企联合招生、联合培养试点，鼓励普通高校、职业院校、社会教育机构、企业等共建创新型人才培养示范基地。探索科教结合的学术学位研究生培养新模式，建立以科学与工程技术研究为主导的导师责任制和导师项目资助制，推进产学研联合培养研究生的“双导师制”。

加大创新创业人才培养力度，加大大学生创业孵化基地建设支持力度。鼓励和支持高校教学、科研人员和在校学生进入校企联合科研机构参与科研工作，分别计入教职工工作量和学生实践学分。

（四）完善科技人才流动机制

健全人才流动和服务保障机制，促进人才合理流动。允许符合条件的高等学校和科研院所科研人员经所在单位批准，带着科研项目和成果、保留基本待遇到企业开展创新工作或创办企业。允许高等学校和科研院所设立一定比例流动岗位，吸引有创新实践经验的企业家和企业科技人才兼职。改进科研人员薪酬和岗位管理制度，加快社会保障制度改革，促进高校、科研院所与企业之间的人才双向流动。

五、实施园区 / 基地提升工程，强化园区体系化建设

实施园区基地创新发展工程，按照“政府引导、市场运作，面向产业、服务企业，资源共享、注重实效”的总体思路，坚持政府引导与社会广泛参与相结合，坚持公益性服务与市场化服务相结合，坚持促进产业升级与服务中小企业发展相结合，坚持资源开放共享与统筹规划、重点推进相结合，以科技园区、产业基地体制机制创新为突破口，促进创新要素向园区基地聚集，形成新的经济增长点和就业拉动点。

（一）构建高新区协同发展体系

1. 构建高新区发展体系

深化体制机制创新，优化我省高新区建设布局，实施分类管理、互补式发展。支持西安高新区在本地高校设立“飞地”科技园，吸纳高校富集的科技资源，支撑西安高新区有可持续的创新源头供给；鼓励西安高新区托管省内其他高新区的部分区域，支持省内其他高新区在西安高新区布局设立“飞地”科技园区，反向派驻“科技特派员”；引导陕南、陕北高新区在关中带高新区布局设立分园区，形成“西安为中心，辐射南北中”的全省高新区体系，推动西安富集的科技资源优势向全省释放和转化，推动全省各级高新区联动发展。

2. 支持西安高新区建设“自创区”

支持西安高新区建设国家自主创新示范区（简称“自创区”），不断提升知识创新和孕育创新能力、产业化和规模经济能力、国际化和参与全球竞争能力、高新区可持续发展能力。进一步完善建设“自创区”的政策措施，按照“核心区 + 托管区”的发展模式，适时将西安自创区政策范围扩展至省内其他科技资源聚集区域。组建高新区联盟，建立“自创区”与其他园区的联动机制，发挥“自创区”作为西安全面创新改革试验区的核心区、创新型省份建设先行先试区的作用，探索通过技术服务、产业链协同、异地孵化、飞地经济、模式输出、成立园区联盟等方式，建设关中创新示范带。适时将“自创区”政策复制推广，辐射带动全省乃至“关中 - 天水区域”创新发展。

专栏 16　促进高新区特色发展

发挥国家级高新区的创新优势，相互融合、协同发展，发挥集聚和示范引领作用。重点支持西安高新区打造全球研发中心聚集地，建设世界一流科技园区，成为国家级自主创新示范区。加快推进杨凌示范区建成国际知名的干旱半干旱现代农业示范园区，打造旱区“种业硅谷”和世界知名的农业科技创新城市。推进宝鸡高新区建设国际一流的新材料产业基地，打造“中国钛谷”。支持咸阳高新区建设中西部一流、国内领先的创新型特色园区，着力打造承接产业转移的示范区、科技创新的样板区、高新产业的聚集区的“创新之都、科技新城”。推进渭南高新区建设国内一流的增材制造产业基地。推进榆林高新区特色高新技术产业发展，为榆林市全面推动百年战略发挥强劲的引领和带动作用。推进安康高新区绿色循环发展，加快现代城市新区、高新技术产业聚集区和创新示范区建设。

支持延安等省级高新区升级为国家级高新区，以升促建，稳步推进省级高新区升级；加快建设汉中高新区等一批省级高新区，推动高新区提质增效，提升发展水平。

以西安市建设国家全面创新改革试验区为契机，以破除体制机制障碍为主攻方向，发挥“试验区”先行先试的优势和引领示范作用，按照大西安的定位，制定涵盖西安、咸阳、西咸新区、杨凌的全面创新改革试验区方案，开展系统性、整体性、协同性改革的先行先试，探索具有时代特征、陕西特色的创新驱动发展新路径，在一些重要领域和关键环节上实现改革突破，取得一批重大改革成果，向全国提供一批可复制、可推广的改革举措和重大政策，打造国家高新技术集群发展示范带，引领、示范和带动全省加快实现创新驱动发展。

（二）支持专业科技园区特色发展

支持各类专业科技园区结合地方特色，按照专业化、集群化发展的思路和“一区一产业”发展模式，建设 50 个特色工业科技园区，引导每个园区确定 1 ~ 2 个具有较强区域带动作用的产业集群，建设产业相对集中、服务能力较强、规模效应明显的科技企业聚集区，构建创新核心区和产业集群，形成产业聚集效应，推动专业园区发展。

进一步加大农业科技园区建设力度。对已建成的园区重点支持在成果转化、品牌培育、“物联网 + 现代农业”、科技金融结合等方面开展科技创新；支持 30 家国家级、省级农业科技园区建设，构建布局合理、特色鲜明、层次分明、功能互补，覆盖全省农业主导产业的全省农业科技园区体系，使农业科技园区成为现代农业科技示范基地、科技成果转化基地、农村科技创新创业基地和农村人才培养基地。

（三）加强科技产业基地建设

支持国家高新技术产业化基地和现代服务业产业化基地建设，新建 10 家省级高新技术产业、现代服务业及科技文化融合示范基地；完善医药产业技术创新支撑体系，促进医学研究成果惠及百姓，建设 10 个省、市级医药科技产业园区，30 个省级药用植物科技示范基地，组织建设 20 个左右临床医学研究中心；依托大中型企业和科研院所，在优势产业领域建立成套技术、关键技术中试基地，依托园区基地，建立产业共性技术中试基地，服务中小企业技术创新。加快沣西新城大数据及云计算产业基地、蔡家坡中国西部汽车及零部件制造基地等特色科技产业基地建设。

（四）发展军民融合产业基地

按照“产业链构建，集群化发展”的思路和“三个一”模式（依托一个央企，建立一个基地，形成一个产业集群），以军民融合产业基地为载体，加快建设军民融合产业化基地，支持西安阎良国家航空产业基地、国家航天产业基地、国家级经开区兵器工业基地、国家级高新区军民融合产业园等四大基地（园区）建设；发展军民融合科技产业集群和军工技术的民品产业集群，形成民用航空产业集群，北斗卫星产业集群，以及光电子、精密机械、精细化工、电子装备、元器件、软件等产业集群，推动航空材料、航空电子、航天动力、航天通信等领域的民品产业集群发展。

支持军转民项目和军品配套项目向基地集聚，做大做强航空、航天、专用设备制造、电子信息、新能源、新材料、特种化工等七大军工特色主导产业，形成军民融合创新发展的集聚区和军民融合改革的政策特区。

（五）打造丝路国际科技合作基地

抓住“一带一路”战略机遇，积极利用全球科技资源推动我省科技创新能力建设，不断加强我省科技的外向型力度，力争在拓展合作领域、创新合作方式和提高合作成效三个方面取得新突破，努力把我省打造成“丝绸之路经济带”科技合作交流核心区、内陆改革开放创新区和高端生产要素聚集区。

坚持开放创新、合作创新原则，围绕我省产业发展，自主开展国际科技合作；围绕我省重点产业发展急需的技术，开展重点技术引进、消化吸收再创新工作。大力开展跨省、跨国科技合作与交流。实施“引进来＋走出去”战略，以我省国际科技合作计划项目为引导，打造国际性科技合作交流平台。支持在陕高校、科研院所、企业积极参与政府间的合作交流、重大科学工程、重要国际会议及组织，加强与国内外著名机构、高校、公司的战略合作，建立以技术和资本为纽带的合作机制；鼓励和支持“研发中心互设行动”，吸引国内外机构在我省设立全球（区域）研发中心、实验室、企业技术研究院等新型研发机构和开放式创新平台，同时支持省内机构在省外、海外设立研发中心。

建设国际科技合作产业基地。参照“项目—人才—基地”有机融合的模式，建立一批国际科技合作基地，如能源科技合作基地、装备科技产业合作基地、现代农业科技合作基地、科技服务合作基地等，引导国外科研院所、高校、企业在基地落地，共同开展技术研发和成果转化；推进中亚科教合作中心、中俄丝绸之路高科技产业园、陕韩产业园区、杨凌现代农业国合基地建设。

专栏 17　建设“丝路国合科技园”

“中俄丝绸之路高科技产业园”建设：充分发挥沣东新城统筹科技资源改革示范基地的作用，依托我省科研和现代工业基础，建设以高新技术研发为先导、现代产业为主体、第三产业和社会基础设施相配套的高科技产业园区。

“中哈国际农业科技示范园”建设：鼓励和支持中方企业、科研机构参与农业科技园区建设，并按照互利共赢原则，与哈方有关机构和组织以技术合作和产业合作的形式共同建设。

六、实施平台提升计划，促进科技资源开放共享

（一）提升重点实验室建设水平

全面提升重点实验室的原始创新能力，增强基础研究对科技进步、战略性新兴产业发展的源头供给作用，依托高校和科研院所新建一批省级重点实验室；强化企业创新主体作用，增强科技创新引领行业技术进步的能力，依托省内企业布局和建设重点实验室；聚焦重大任务，鼓励重点实验室开展跨机构、跨部门的协同创新；鼓励基础研究水平高、创新能力强、运行规范的省重点实验室服务国家战略需求，建设成为国家重点实验室或省部共建国家重点实验室；积极培育国家实验室（空天动力、智能制造等）；坚持“开放、流动、联合、竞争”的方针，规范和加强实验室管理，着力构建实验室稳定支持机制，保障重点实验室高效运行。

专栏 18　培育国家重点实验室

重点在石墨烯、量子通信、第五代移动通信、自旋磁存储等领域超前部署，建设重点实验室。支持省重点实验室聚焦重大任务，联合优势学科和优势产业，通过重大基础研究项目的资助，力争在信息技术、新材料、能源化工等领域，培育出国家重点实验室。

（二）升级改造工程技术研究中心

以促进校企、院企产学研合作为导向，依托科技实力雄厚的骨干企业，联合高校和科研院所，新建一批由企业负责管理的省级工程技术研究中心，针对我省重点产业链的缺失环节、薄弱环节、延伸环节，开展联合科技攻关，为满足企业规模生产提供成熟配套的技术工艺和技术装备，持续不断地将具有重要应用前景的科研成果进行系统化、配套化和工程化研究开发，推动相关行业、领域的技术进步和新兴产业的发展。

对现有省级工程（技术）研究中心进行整合优化、改造升级，实施分类管理，实行差异化评价和支持，强化工程中心的技术开发和工程化能力，推动设备、人才、成果资源开放共享，将社会用户的评价纳入考核指标，鼓励依托单位加大对工程技术研究中心的支持和投入，打造一批集技术研发、人才集聚、成果转化为一体的综合性企业创新平台，推进科技成果产品化，抢占技术制高点，确立行业的领先地位。

支持西安交通大学创新港建设，以国家和区域经济社会发展的重大需求为牵引，重构学科建设组织架构，把人才培养、学术研究、社会服务、文化传承创新等四大功能有效地整合起来，探索建立一个“校区、社区、园区”三位一体的全新的大学形态，打造集国家科研、高新技术成果转化、高端人才培养、高新企业孵化于一体的研发大平台，创建优质教育、高端科研、产业承载、创新创业新模式，发挥强大的示范效应。

（三）增强科技资源共享平台服务能力

完善科研仪器/设施、科学数据、科技文献、实验材料等的科技资源共享服务平台体系建设，

强化对前沿科学研究、企业技术创新、政府决策与管理、大众创新创业等的支撑；加强科技资源数据库建设，强化科技资源挖掘与利用，面向社会重大需求提供高水平专题服务。建立科技资源信息公开制度，鼓励科学数据汇交与共享。建立健全对共享服务平台运行管理的绩效考核，提升科技资源共享服务平台的服务能力。

夯实科技创新的物质和条件基础，建立对公共科研基础条件的稳定支持机制，强化科研条件保障能力。

专栏 19　科技资源共享服务平台建设

提供陕西省公共检测服务平台服务能力，扩大陕西省大型科学仪器设备协作共用网规模；加强与国家及各省市相关平台的信息交流与数据汇交；巩固和扩大省科技文献共享平台的文献种类和数量，完善平台的分析功能，开展满足“众创”需求和政府决策需求的知识服务；进一步扩大科学数据资源的收集和保存范围，提高科技公共数据的供给能力；加强实验动物品种资源与质量监督检测中心建设，研究制定相应的管理制度与运行机制。加强动物、植物、微生物菌种等种质资源保护、利用与共享体系建设。

实施知识产权战略行动计划，提高知识产权的创造、运用、保护和管理能力。加强各类技术和知识产权交易平台建设，逐步建立省级科技计划知识产权目标评估制度，推动知识产权与企业管理、研发、生产、服务有效融合，促进创新成果知识产权化。构建服务主体多元化的知识产权服务体系，培育一批知识产权服务品牌机构。

加强基础通用和产业共性技术标准研制，健全科技创新、专利保护与标准互动支撑机制，发挥标准在技术创新中的引导作用，形成支撑产业升级的技术标准体系。支持我省企业、联盟参与或主导国家标准研制，推动我省优势技术与标准成为国家标准。

七、打造“双创”新引擎，完善创新创业服务体系

加强创新创业综合载体建设，完善创新创业服务体系，探索新模式、形成新业态，引领生产方式、生活方式和治理方式的转变。

（一）培育科技服务新业态

以“围绕创新链，完善服务链”的思路，构建完整的创新创业服务体系，积极培育科技服务新业态。重点培育研发设计、技术转移、检验检测认证、创业孵化、知识产权、科技信息与情报、科技咨询等专业科技服务和综合服务，基本形成覆盖科技创新全链条的科技服务体系。以政府购买服务、后补助等方式支持公共科技服务发展。通过创新服务模式、丰富服务内容、完善服务方式，促进各类科技服务机构的优势互补和信息共享，全面提升全链条科技服务能力。

专栏 20　科技服务重点方向

研发设计服务：大力发展外观设计、结构设计、功能设计等产品设计服务。积极推进生产技术、技能和工艺改进与产品创新设计服务，鼓励制造企业外包工业设计服务。

创业孵化服务：大力发展科技企业孵化器，提升科技企业孵化器和大学科技园的服务能力，推动市场化运营，

加强科技孵化业网络化建设；积极探索建立种子基金或孵化基金；大力扶植多种类型孵化器的发展。

科技咨询服务：大力发展科技战略研究、科技评估、管理咨询等科技咨询服务业。加强科技信息资源的市场化开发利用，支持发展科技情报分析、科技查新和文献检索等科技信息服务，开展网络化、集成化的科技咨询和知识服务。

技术转移服务：建立具有技术咨询评估、成果推介、融资担保等多种功能的技术转移服务机构，大力发展专业化、市场化的科技成果转化服务。

检验检测服务：支持检验检测企业发展面向设计开发、生产制造、售后服务全过程的观测、分析、测试、检验、计量、标准、认证等一站式服务；探索多元化、多层次协同服务模式。

发挥技术市场促进科技成果转化的主渠道作用，探索应用研发、技术转移、创业孵化、创业投资相互融合的成果转化全链条服务模式，形成完整的技术成果孵化、培育、转化支持的技术市场服务体系。

专栏 21　完善技术转移服务体系

推进国家技术转移西北中心建设，形成技术转移集聚区。加强技术转移示范机构能力建设，探索互联网＋服务新模式，构建网上常设技术市场，完善技术市场管理和监督体系建设，培育一批新的技术转移示范机构；培育一支结构合理、素质优良的技术转移人才队伍，大幅提高技术转移效率和整体服务能力，加速推进科技成果转移转化。

（二）打造创新创业新载体

制定我省落实国家《加快发展众创空间服务实体经济转型升级实施意见》的政策，实施众创空间高校全覆盖计划。结合各高校特点，针对其特色专业，支持高校建立校园众创空间；鼓励龙头骨干企业围绕主营业务方向建设众创空间，形成以龙头骨干企业为核心、高校院所积极参与、辐射带动中小微企业成长发展的产业创新生态群落；鼓励科研院所建设以科技人员为核心、以成果转移转化为主要内容的众创空间，通过聚集高端创新资源，增加源头技术创新有效供给，为科技型创新创业提供专业化服务。

加大星创天地支持力度，完善社会化农业科技服务体系，切实为科技特派员、返乡农民工、职业农民营造专业化、社会化、便捷化的农村科技创业服务环境，打造农业农村创新创业众创空间。

鼓励和支持多元化主体参与构建专业孵化器、创新型孵化器和综合孵化器，不断扩大孵化规模，创新孵化模式，完善孵化功能，提升孵化能力。鼓励高新区、科技企业孵化器、大学科技园延伸孵化链，在服务空间、服务内容、服务手段、商业模式等方面积极探索基于互联网的新型孵化方式。推广“创业苗圃＋孵化器＋加速器”的创业孵化服务链模式，提供便捷高效的全链条一站式服务。

增强对创业创新的融资支持，通过“孵化＋创投”的创业孵化模式，引导和鼓励国内资本与境外合作，设立新型的创业孵化平台，引进境外先进的创业孵化模式，加强创业孵化国际合作。

（三）探索创新创业新模式

全面加强众创、众包、众扶、众筹，加快推进“企业内创推动腾笼换鸟、院所自创推动军民融合发展、高校众创推动科技成果转化”三种众创模式。

加大对陕西众创空间、孵化基地的支持，鼓励符合条件的单位举办各级各类、多领域、多种形式的创新创业大赛，使其常态化、长效化，形成线上线下持续性大赛平台。搭建科技成果众包、众筹平台，形成“众创大赛 + 众包平台 + 种子天使”有机结合的助推模式。

建立健全创业辅导制度，鼓励高校设立创业教育课程，培育一批专业创业导师。支持社会力量举办创业沙龙、创业大讲堂、创业训练营等创业培训活动，通过创新与创业相结合、线上与线下相结合、孵化与投资相结合，为创新创业者提供良好的工作空间、网络空间、社交空间和资源共享空间。探索建立可推广、可复制的创新创业经验和模式，营造适合于创新创业的良好生态。

专栏 22　“三创”模式

企业内创：发挥企业需求主体、投资主体、管理主体、市场主体的作用和在资金、服务等方面的优势，吸纳高校、院所的优秀人才、成果，瞄准战略新兴方向建立专业孵化器，实现转型升级和高端化发展。

院所自创：充分利用院所自身技术成果，借鉴光机所“人才团队 + 技术成果 + 金融资本 + 科技服务”成果转化模式，构建良好的机制和环境，建立专业化众创孵化器，加快成果转化、企业孵化。

高校众创：发挥在校大学生的创新创业活力和潜能，联合高校、社会资本在高校设立低额度、广覆盖的微种子、微天使基金，探索“新型研发中心 + 校园众创 + 微种子 / 微天使”三位一体的众创模式。

（四）深化科技与金融结合

完善科技与金融结合机制，发挥金融创新对技术创新的助推作用，创新科技金融结合工具和方式，让各类金融工具协同支持科技创新。围绕技术创新链，建立从实验研究、中试到规模化生产的全过程、多元化和差异性的科技创新融资模式，做大科技风险投资基金供给规模。发挥财政资金的杠杆作用，稳步扩大我省成果转化引导基金规模，并对接国家引导基金，促进科技成果资本化、产业化。

支持发展新型科技金融组织，建立微天使、微种子基金等，改善科技型小微企业融资条件，强化对处于种子期、初创期的创业企业的直接融资支持。加大对进入主板、创业板、中小板、新兴板、创新板的科技型企业的投资和增值服务。

创新商业模式，大力发展互联网金融，支持科技项目进行网络融资，开展股权众筹融资试点；探索投贷结合的融资模式，通过科技贷款风险补偿资金等政策工具，建立科技保险保费补偿机制，用好首台（套）重大技术装备保险补偿政策；开展专利保险试点，建立知识产权质押融资市场化风险补偿机制，简化质押融资流程。

探索发展“企业＋金融＋中介服务”“互联网＋金融平台”等新型科技金融服务组织，创新服务模式，建立适应创新链需求的科技金融服务体系；完善科控集团的投融资功能，打造我省科技金融服务品牌。

（五）加强科学技术普及

加强科普能力建设和科普人才队伍建设，创新科普工作管理体制和运行机制，建设以信息化为核心的现代科普体系，提升青少年、农民、城镇劳动者、领导干部和公务员等重点人群的科学素质。加大科技教育与培训力度，激发青少年的科学兴趣，增强青少年的创新意识、学习能力和实践能力。鼓励群众性科普活动开展，提高社区科普益民服务质量，普及尊重自然、绿色低碳、科学生活、安全健康、应急避险等的知识和观念，在全社会塑造科学理性精神。

推进科普信息化建设，发挥新兴媒体的优势，促进科普服务模式的全面创新，提高科普原创能力，繁荣科普创新与展教品研发。加强科普教育基地和基础设施建设，制定鼓励科普事业发展的激励政策，促进高校院所等的大型仪器设施向社会开放开展科普活动，引导社会增加科普投入，鼓励捐赠等多渠道社会资金投入。

加强科普人才队伍建设，建立完善科普人才激励机制，推进科研和科普工作的结合，鼓励高端人才从事科普工作，坚持开展“科技活动周”“科普宣传月”等重大科普活动，做好公民科学素质调查和科普统计工作，全面提高公民科学素质。

八、创新驱动县域发展，促进三大区域协同互动

发挥关中地区科技资源优势和陕南、陕北的特色资源优势，按照关中协同创新、陕北转型持续、陕南绿色循环发展总体战略部署，结合主体功能区定位、资源优势和全省产业布局，以调结构、转方式、促进县域经济提质增效的总体思路，强关中、稳陕北、兴陕南，实现区域之间资源互动和协调发展，打造“一县一产业”的县域经济发展格局。

（一）加强创新型市县建设

实施创新型市县建设工程，支持西安、宝鸡建成国家创新型城市，支持咸阳、榆林等成为国家创新型试点城市。深入推进省级创新型县（市、区）试点工作，支持建设一批创新型试点县（市、区）。

（二）支持县域特色产业发展

以农民致富、财政增收、龙头企业培育、区域特色优势产业壮大以及发挥科技对县市经济社会发展的支撑和引领为目标，围绕县域优势特色产业，找准需求，举全省科研之力，解决制约县域主导产业发展的技术难题，构建“县域特色产业创新链”，深入实施科技惠民计划、县域重点工程，新建一批科技示范基地，探索“依靠科技创新实现经济持续发展，带动脱贫致富”的新路子，以科技支撑“一县一产业”的县域经济发展。

（三）加强县域科技服务体系建设

引导培育各类专业化的科技服务主体，发展市场化的科技服务模式，壮大县域科技服务业规模，为科技型中小企业培育和高新技术产业发展提供支撑；建设一批开放式、低成本、专业化的众创空间，形成众创空间集聚区，有条件的县（市、区）要规划建设“创业苗圃 + 孵化器 + 加速器”链条化的科技企业孵化体系，促进科技创新资源向创新创业者开放。发挥科技园区辐射带动县域经济发展的作用，特别是发挥国家及省上农业科技园区示范辐射带动作用，大力推进县域农业现代化，完善农业科技服务体系，促进更多科技成果在县域示范推广。

（四）探索创新驱动县域经济发展途径

深入落实中央和我省脱贫攻坚工作会议精神，统筹协调各方力量，调动人才、技术、项目多方

资源，继续推进“厅市会商”工作，发挥省、市、县三级科技部门职能，共同谋划科技发展思路、共同推动重大科技工作、共同实施重大科技项目、共同探索体制机制创新。建立“一市一县一院所”“一市一县一高校”合作机制，组织实施“一市一策”“一县一策”，着力强化对地市主导产业的长期、稳定、多元支持，积极探索科技创新驱动县域经济发展的有效途径和手段，助推我省区域经济结构调整。

专栏 23　科技创新驱动县域经济发展示范工程

建成 5 个科技创新示范县，对示范县倾斜支持相关项目。示范县建设内容：每个示范县组建一支工作队伍；成立一个专家咨询组；支持县域重点产业创新链，培育支柱产业；建设一个创新平台；出台创新创业政策；建立“一县 N 高校”联系制度；建立科技联络员制度。通过营造创新氛围、实施创新项目、吸引创新人才、建设创新平台、转化创新成果、构建创新体系，积极探索、总结科技创新驱动县域经济发展的有效途径，在全省总结可复制、可推广的科技创新发展模式。

第四章　保障实施

一、组织领导协调保障

建立省级各行政管理部门之间、省与市县之间的工作会商制度和协调机制，形成规划实施的强大合力与制度保障。强化一把手责任制，确保规划提出的各项任务落到实处。

建立规划符合性审查机制。相关部门在制定科技计划、部署科技重大项目及政策措施时，要对任务与规划的相符性进行审查。加强相关规划间的有机衔接，计划与规划的有效对接，体现规划对未来五年我省科技发展的指引作用。

二、规划实施机制保障

建立规划实施年度监测制度。对规划主要指标的实现进度、任务部署和政策措施的落实情况进行年度监测与评估，及时掌握规划实施进展情况。建立第三方评估机制，开展规划执行情况的中期检查和期末总结评估，对规划实施效果进行评价，为规划调整和新一轮规划制定提供决策依据。

建立技术预见与动态调整机制。及时把握科学技术发展的最新动态，跟踪已纳入本规划的重点领域和重大项目的新变化，及早预见重点领域可能出现的重大科技突破、技术变革，以及重点产业新出现的核心关键技术，对规划指标和任务部署进行及时、必要的调整。

加强规划的宣贯工作。开展对规划的解读和宣传，提高社会各界增强对规划重要意义的认识，理解规划制定的背景依据、战略构想和任务部署，营造保障规划实施的社会环境。

三、财政科技投入保障

发挥财政科技投入的引导激励作用，把财政科技投入作为预算保障的重点，创新财政科技投入方式。切实加强对基础性、战略性、前沿性、公益性研究的支持力度，完善稳定性支持和竞争性支持相互协调的机制。保障对科研基础条件建设的稳定支持，夯实科研基础支撑能力；优化科技投入结构，逐步增加重大科技专项经费在科技投入中的比重。

四、政策统筹落实保障

建立创新政策制定的统筹协调机制，加强科技体制改革与经济体制改革的融合，保证科技政策与财税、金融、产业、教育、社会保障和知识产权等相关政策的协同，形成目标一致、相辅相成的政策合力，组成系统配套的“政策工具箱”，提高政策的系统性和可操作性；组织开展科技政策清理，及时废止有违科技规律，不利于创新驱动战略实施的政策条款；建立创新政策调查和评价制度，开展对政策执行情况的评估，广泛听取社会各方的意见，定期对政策落实情况进行跟踪评价，为政策的调整完善提供依据，并确保已出台政策的有效落实。

附录　重点领域技术创新链清单

一、支柱产业

（一）能源化工领域

1. 煤炭清洁高效转化利用技术创新链

粉煤中低温热解/干馏集成，中低温煤焦油提酚，中低温煤焦油深度分离/加工，煤、油结合的共炼，煤基炭材料。

2. 石油—天然气化工技术创新链

重劣质油高效综合利用，高端化学品中间体和聚合单体生产，高性能油田化学品制备，汽、柴油加氢脱硫新型催化材料；

天然气、煤、油综合利用技术优化与升级，天然气直接转化制芳烃和氢气技术，零散天然气的综合利用。

3. 新能源产业技术创新链

积极推进大功率低风速电机、薄膜及其他新型高效光伏电池和组件、中低温地热能发电、分布式能源、生物质能发电技术装备、石墨烯材料储能装备的研发及产业化。

（二）装备制造领域

1. 新能源汽车技术创新链

基础科学（面向电动化的能源科学、轻量化的材料科学、智能化的信息科学），共性核心技术（动力电池、电机驱动与电力电子、电机控制与智能化），动力系统（纯电力动力、插电/增程式混合动力、燃料电池动力系统），汽车集成（纯电动汽车、燃料电池汽车、混合动力汽车），充电系统（充电桩、充电站系统）集成开发。

2. 数控机床技术创新链

数控机床高速化，模块化和可重构化，复合加工数控机床（多轴联动铣头结构技术、数控加工工艺技术和高速加工技术、柔性制造技术、在线检测与诊断技术、在线控制补偿技术、网络控制技术、绿色制造技术），高效柔性智能化新一代制造系统（智能化、柔性化技术），网络化制造单元，机床成套装备开发和应用。

3. 通用航天航空技术创新链

主要部件（机身、机翼、起落架、机轮刹车等）研发制造，大型航空模锻件制造工艺，航空新材料，航电与管控系统，检测试验与故障诊断系统。

航天新材料，控制系统（空间用计算机、地面测发控计算机、核心电子器件、特种集成电路、电动舵机及其控制系统），跟踪测量系统，应用服务系统（卫星通信广播、导航终端及位置服务、空间基准授时、自主遥感信息、增雨防雹等）。

4. 船舶与海洋工程装备技术创新链

船舶数字化设计与建造，船用中高速大功率动力系统设计及集成，半潜式钻井平台研发制造。

5. 电气装备技术创新链

核心设备（特高压输变电系统换流阀、变压器、开关、避雷器、绝缘子等），特高压输变电系统成套设计集成化，高中低压输配电设备（系列化、配套化），开关控制产品（大容量、小型化、智能化、高可靠性），微特电机与大功率交流伺服电机及控制系统研制。

6. 石化冶金矿山设备技术创新链

大型能源化工非标设备设计、制造关键技术，大型化工成套设备、高压厚壁设备、特种材料设备的研制。

大型轴流压缩机、能量回收透平装置成套系统、大型空分装置、低温余热发电设备、纯低温透平压缩机、智能自电控集成系统、炉前设备、转炉设备、精炼设备、连铸设备、冷 / 热板带轧制设备、金属压延设备、大型薄板冷热连轧成套设备及涂镀层加工成套设备的设计和制造。

2000kW 以上超大功率年产千万吨级重型电牵引采煤机，500 ~ 2000kW 交流电牵引采煤机系列化，300kW 以上岩巷掘进机、运输机和液压支架等大型煤炭综采设备的设计、制造。

7. 轻工设备技术创新链

工业缝纫机研制，缝料自动检测，机械手辅助缝纫、无人化缝纫，缝制流水线视频识别，服装生产全过程物联网控制。

二、主导产业

（一）现代农业领域

1. 粮油安全保障技术创新链

种质创新（高产优质抗逆、抗病抗旱耐瘠薄基因的发掘与创新，优异种质资源引进、创制及利用），品种选育（高产优质、广适多抗、早熟耐密植、适应机械化作业的新品种，杂种优势群体构建与改良，常规、杂交种高产高效制种），示范推广（丰产栽培，高产高效，水肥资源高效利用，抗逆减灾，全程机械化生产）。

2. 现代优势果业技术创新链

种质创新（苹果、猕猴桃、桃、红枣、葡萄等优势果业果树资源保存、种质创新），品种选育（高效育种），示范推广（精准化栽培管理与水肥高效利用，病虫害防治），精深加工及产品开发，“互联网 +”果品物流，全程质量安全管控。

3. 现代安全养殖技术创新链

种质创新—品种培育—良种繁育—健康养殖—疫病防控—产品开发—质量安全—示范推广。

优质安全肉：肉畜精准繁育，节粮环保型优良品种选育，健康养殖（绿色饲料开发，疫病快速诊断及防控），畜禽粪便资源化利用，肉产品加工（优质安全肉生产技术标准和环境友好，质量安全管控，快速检测和诊断）。

健康营养乳：奶畜精准繁育（奶畜优质高效功能基因挖掘和分子育种），优良品种选育（节粮环保型，适应机器挤奶的奶畜新品种），健康养殖（绿色饲料开发，疫病快速诊断及防控），产品开发（功能性配方奶粉及液态奶等），质量安全管控（奶制品安全快速检测和诊断），互联网 + 产业化。

4. 农产品深加工及副产物高值化利用技术创新链

羊乳脱膻—提高益生菌菌粉活性、液态乳品及功能性乳品稳定性—液态乳、功能性乳产品开发。

杂粮淀粉改性修饰—粗粮细粮化—功效成分分离提取—休闲、方便、功能食品开发。

特色农产品（粮食、水果、肉等）加工—副产物（下脚料等）综合利用—质量安全监测—安全追溯体系。

5. 现代农业装备技术创新链

农机作业田间载荷大数据及其变化规律（农业机械大数据），主要农业作业状态监测与控制，适应不同区域、不同作物、不同作业的动力底盘、农机装备智能化设计与敏捷制造。

6. 互联网 + 现代农业技术创新链

动物、植物生长模型与智能决策，基于移动互联的网络化信息获取，基于多源信息融合的智能分析与处理，互联网 +（粮食作物重大病虫害预测预报、优势果品生产精准管理、畜禽精准养殖、设施蔬菜高效栽培）。

7. 现代设施园艺技术创新链

温室大棚标准化组装式结构创新，温室大棚采光蓄热材料，温室环境因素调控，主要设施园艺作物高效生产，设施园艺土壤连作障碍防治。

（二）信息技术领域

1. 集成电路技术创新链

基础材料（大尺寸高纯度电子级单晶硅等），集成电路设计（移动终端芯片、导航芯片、FPGA 芯片，以及新型存储器、新一代半导体），集成电路制造（8 吋特殊工艺制造、光刻，12 吋存储器），集成电路封装测试（高频高密度封装、小体积高密度封装、MEMS 产品）。

2. 导航与位置服务技术创新链

导航地面基础设施（北斗高精度地面基准站网等），基础类产品（电子地图，芯片、天线、算法、软件、引擎等），终端产品（卫星导航接收机，车载终端、船载终端、手持终端等），应用系统、应用运营平台。

3. 卫星通信技术创新链

通信卫星及部件、分系统（天线、通信、遥控指令、控制、电源等）研制，运营服务（固定电信、移动通信、邮政通信、电视广播、专用网络），地面设备（天线设备、接收与发送设备、终端设备、电源设备、系统集成等），通信协议、数据处理，应用服务平台（卫星远程教育、远程医疗等）。

4. 卫星遥感技术创新链

遥感卫星及关键部件研制，卫星遥感数据获取，卫星遥感数据处理（遥感器、图像库、地物波谱库、标准尺度效应库、模型库、超级计算机），卫星遥感应用系统（农业产量评估、河流水文监测、森林、气象、地理测量、资源物探等）。

（三）新材料领域

1. 电子信息材料技术创新链

电子器件材料：关键材料（电子元器件用覆铜板、电子铜箔、新型高性能磁致伸缩材料、高能射线探测材料、太赫兹发生与探测材料、压电与系统信息处理材料、高热导率陶瓷材料、高端电子浆料、金属氧化物半导体场效应管、宽禁带半导体材料、新型光纤材料、柔性压电材料、微波介质材料）研发和规模化制备，大尺寸多晶硅、单晶硅研发和产业化、面向电 - 声 - 光产业链的高性能大尺寸压电单晶材料研发和产业化。

新型显示材料：关键材料（有机发光显示器 OLED 用高纯有机材料、导电玻璃基板、电子封装材料）研发和规模化制备，中小尺寸 OLED 的技术开发和产业化应用，大尺寸 OLED 相关技术和工艺集成，柔性触摸屏、可伸缩性导电薄膜显示器件等高分辨率、轻薄节能新产品研发及产业化。

2. 新型生物材料技术创新链

生物组织修复和再生材料：植入体、骨钉和敷料等可降解和吸收生物材料，皮肤再生、支架、水凝胶—多孔支架、3D 打印活体组织用的组织修复和再生材料，水凝胶生物活体细胞培养和发光材料。

生物诊断和治疗材料：疾病诊断和治疗的生物材料（纳米氧化物、硫化物、石墨烯、量子点等），药物控制释放和热治疗的材料生物材料（纳米磁性氧化物、纳米贵金属）。

生物降解材料：用于废气废水生物净化和有机污染物降解的生物材料，石油、重金属、农药等污染物的生物降解和修复。

3. 先进复合材料技术创新链

航空航天器用复合材料：高性能超高模高强碳纤维、环氧树脂复合材料、E 玻璃纤维 / 环氧树脂复合材料，飞机结构件（翼梁、机身梁、水平安定面、操纵面等）、机身及蒙皮；树脂基体材料、多孔铝合金和铝锂合金等，可重复使用抗烧蚀碳/碳复合材料。

交通运输新材料：先进复合材料—汽车发动机部件（气门室阀盖罩、油底壳、进气歧管），片状模塑料（SMC）复合材料—汽车外观部件，碳纤维复合材料—汽车结构部件，纤维增强热塑性复合材料—汽车蓄电池壳。

能源和环保新材料：碳纤维预浸料技术、碳纤维/玻璃纤维混杂编织技术、真空导入工艺—新型风电叶片，结构功能一体化复合材料—大型电厂烟气脱硫设备，碳纤维复合材料—复合芯铝导线、杆塔、超高压真空开关用触头—电网；硫化物、氮氧化物吸附与降解多孔 MOF 复合材料。

4. 高性能结构材料技术创新链

电力设备结构材料：高温合金叶片、高温合金轮盘锻件，及其在超临界火电机组锅炉管、叶片、转子、燃机中的应用，大轴锻件、抗撕裂钢板、薄镜板锻件—水电机组。

航空航天结构材料：高性能铝合金、镁合金、钛合金和高强高韧钢—大规格锻件、型材、大型复杂结构等。

建筑、桥梁和道路结构材料：节能环保建筑陶瓷薄板、废渣基多孔保温泡沫玻璃、高性能特种陶瓷铸造砂、高性能水泥、钢筋、钢板、沥青—保温绝热材料、防水材料、涂料和墙体材料—建筑、桥梁、道路。

5. 新型能源材料技术创新链

光伏应用材料：低成本、低能耗、高质量单晶和多晶硅材料—多晶硅铸锭炉、多线切割机及硅锭破锭设备—大面积超薄晶体硅切片—薄膜电池生产装备、检测设备—高效晶体硅电池及组件、薄膜电池组件。

生物质能材料：生物质能（垃圾、污泥、秸秆等）资源化利用—工业和生活垃圾生产沼气—生物质能燃烧用循环流化床。

6. 有色金属材料技术创新链

钛、钼、钒、锆、锌等采矿、选矿、冶炼、改性、合金，型材（板材、棒材、丝材等），特种用途材料（航空航天、核电等），冶炼加工设备，节能环保（三废处理、回收和再利用）新技术。

7. 石油和化工新材料创新链

氟硅材料：无水氟化氢、氯仿、绿色制冷剂，含氟高分子材料，深加工产品，工程塑料（聚碳酸酯、聚甲醛、聚酰胺、聚苯硫醚），高分子材料（通用树脂改性材料、专用料）；六氟磷酸锂、特种橡胶制、纳米高防腐涂料、高混合碳四制丙烯催化剂，氟化工产品、煤化工专用催化剂。

8. 其他前沿新材料技术创新链

贵金属纳米材料：高性能贵金属基纳米材料研制，高比表面积、纳米孔贵金属薄膜材料；及其在燃料电池、环境治理、透明电极和生物医疗等领域应用。

储能关键材料：纳米碳管、石墨烯、氧化物半导体及其复合材料，太阳能电池材料、动力电池材料和超级电容器材料，锂离子电池和超级电容器，混合动力汽车公共交通、电子产品和工业设备等方面的应用。

智能材料：基础材料，智能材料，形状记忆合金、应变电阻合金、磁致伸缩材料、智能高分子材料和磁流变液体材料。

（四）生物医药领域

1. 疾病预防诊治技术创新链

我省常见病、多发病发生发展规律研究，中医方剂挖掘、前沿技术（干细胞、组织工程、纳米材料、合成生物学等）医学应用，临床诊疗关键技术，诊疗技术规范，疾病风险评估、早期筛查、预测预警及综合干预技术，健康测量和健康管理、生物大数据库，中医及中西医结合诊疗与评价体系。

2. 创新药物技术创新链

常见重大疾病创新药物开发，基于新靶点的人源化抗体构建及表达技术，基于结构的小分子药物筛选技术，模式动物药物筛选体系，基于个体化医疗的基因表型检测技术，化学药物绿色合成，人源化抗体的制备、抗体工程生物药、检测试剂盒，新药研发协同机制、研发平台建设。

3. 医疗器械技术创新链

急需紧缺的中高端诊疗器械、面向基层的高性价比医疗器械，基于疾病动态监测技术的疾病筛查、病情监测设备，基于多模态医学成像技术的疾病检查、诊断设备，基于新材料的外科基础器械、植入器械。

4. 中药现代化技术创新链

大宗地道中药材规范化栽培及珍稀濒危药材种苗繁殖，中药活性物质发现及成药性评价，大品种中成药自控生产工艺优化升级，中药制剂及其产业化，上市中成药大品种再评价。

（五）生态环境领域

1. 生态环境政策与标准研究创新链

环境容量及环境承载力研究→政策标准研究→倒逼转型。环境容量及环境承载力，环境经济政策，生态红线制定，生态环境保护机制。

2. 水污染防治技术创新链

水污染治理→水环境修复→水资源高效利用→水质保障。基于水质保障的污水再生强化处理，重点工业行业水污染物减排，流域污染治理、水质预警及生态修复，面向海绵城市的雨水及中水综合利用，饮用水水质保障，地下水污染控制、预警及修复。

3. 大气污染防治技术创新链

污染成因解析→源头减排→区域控制。颗粒物的一次污染、二次污染过程机制，重点工业点源超低排放，有机废气及持续性有机物处理，大气污染来源追踪及控制，气候智慧城市管理，油品综合保障和监管。

4. 固体废物污染防治技术创新链

源头减量→过程控制→安全处置。一般固体废物和危险废物减量化，生活垃圾填埋新工艺，危险废物环境风险评价，城市污水处理厂污泥处理处置与资源化利用。

5. 土壤污染防治技术创新链

污染识别→控源修复→安全保障。典型工业场地、矿区和油田区土壤污染调查、监测、风险评估、控制与预警，农业废弃物污染土壤修复，重金属污染地区识别及生态修复，土壤环境质量评估与安全性划分。

6. 生态保护技术创新链

污染控制→生态调控→资源高效利用。农村垃圾、污水、畜禽养殖污染控制，城市生态承载力估算方法和水土资源高效配置利用，重点区域 / 流域生态环境恢复与重建，生态系统和生物物种资源监测，生态系统过程调控与生态系统管理。

（六）公共安全领域

1. 环境安全技术创新链

因子识别→机理解析→数据集成→监测预警→风险控制→效率提升。生态环境风险调查与评估，环境监察和环境应急管理，区域性环境健康风险控制，陕西省环境大数据综合管理。

2. 食品安全技术创新链

食品（特色果蔬食品，肉制品，羊乳制品）全产业链（节点）安全危害的控制核心技术与装备，食品安全因子数据库、大数据计算模型、快速检测试剂盒，食品质量安全全产业链系统解决方案，食品质量安全地方标准。

3. 公共安全技术创新链

公共安全（公共安全突发事件，煤矿重大事故）动态连续监测，重大事故预测、预警，突发事件救援（技术、装备），应急处置、职能控制。

4. 绿色建筑技术创新链

绿色设计：绿色低能耗建筑气候设计，绿色建筑空间模式设计，绿色建筑环境模拟标准化，绿色建筑物理环境评价，绿色建筑云计算设计，城市生态环境综合优化。

新型建筑：新型围护结构技术，被动式低能耗建筑，建筑综合绿化，乡村建筑绿色设计建造，建筑工业化建造。

绿色建材：绿色建筑材料成套应用，绿色建材评价认证。

监测诊断：建筑绿色运行与改造，建筑环境健康保障，城市微气候改造。

（七）现代服务业

1. 大数据信息服务技术

大数据、云服务、移动互联网服务等相关信息技术服务，开拓数字消费服务、卫星应用服务、社会公共服务等新兴信息服务。

2. 文化创意服务技术

数字动漫技术，创新文化设备与集成控制技术，文化创意解决方案与全流程服务（文化设施建设、文化休闲旅游、展览展示工程等领域），文化创意产品制造与管理。

3. 金融服务技术

培育新兴互联网金融业态（第三方支付、电子银行等），研发移动互联网展业工具和专属软件，提供移动线上、自助式金融服务。

4. 现代物流技术

物联网技术、智能交通系统、地理信息系统，无线射频识别（RFID）技术集成，物流管理云平台系统（集基础数据库、信息服务、电子签证、联运售票于一体），物流服务模式（生产线物流、快件物流、逆向物流等服务模式）。

5. 健康服务技术

制定健康服务技术标准，利用互联网、移动互联网平台，创新商业模式，形成健康服务产业集群。

6. 现代农业服务技术

农产品电子商务服务，应用推广“互联网 +”技术，构建农业产品选种、农产品种植、农产品销售以及农业技术咨询的网络服务平台，发展大数据农业管理、农产品营销等互联网农业服务。

7. 现代旅游服务技术

建设旅游信息资讯、营销、管理网络平台，加强对微博、微信、手机 APP、新闻客户端、旅游手机报等网络新媒体、新技术的应用以及信息化旅游技术、终端设备的现场展示，打造智慧旅游。

8. 电子商务服务

加强客户数据监测和整合，打造智慧电子商务服务平台，实现电子商务服务平台与海关申报系统、邮政 EMS 监管系统等相关服务平台对接。

三、先导产业

（一）新一代信息技术

1. 智能安全大数据计算关键技术研究

开展基于三元空间（信息空间、物理世界和认知空间）融合的智能计算新模式。面向三元空间融合新范式，重点开展基于三元空间的海量数据的存储、传输、语义网构建及可视化、图像 / 视频分析与重构、检测与跟踪分类与识别等关键技术。

2. 5G 无线网络构架与关键技术研发

支持高速移动互联的新型网络架构。无线网络资源虚拟化管理、完成基于统一信令的 4G/5G/WLAN 无线融合机制、多连接传输技术、统一的无线接入网资源管理、无缝的移动性管理、控制承载分离技术等关键技术。超高密度自组织组网技术及实验系统验证，仿真评估与原型样机的开发与验证。高效的新型多址接入技术。5G 高频段通信技术方案与试验系统研发，超密网络环境用户体验保障的业务分发理论和关键技术。

3. 5G 核心芯片研发与产业化

5G 核心芯片总体结构，5G 核心芯片设计技术研究，5G 核心芯片加工制造与封装技术研究。

4. 量子通信

量子通信软硬件理论与实验研究，量子通信与量子网络，量子多体理论与计算、新奇量子态性质及其作为量子通信中继的研究，高速长距离连续变量量子密码通信基础理论，连续变量量子密码通信实际安全性及其安全监控新机制，连续变量量子密码通信与实际光通信系统融合性，连续变量量子密码系统设备研制。

（二）大数据

开展大数据基础研究，分类学基本方法和建模技术研究；建立大数据共性基础、工程技术研究和检验检测等研发平台，攻克海量数据环境下的异构数据采集、融合、信息可用性理论、数据密集型计算环境下的数据管理、海量感知数据处理与分析、基于内存计算的实时数据分析、面向领域的数据挖掘关键技术和高端芯片、传感器和传感网组网关键设备制备关键技术。

围绕电子商务、智慧医疗、食品安全、智慧教育、智慧交通、公共安全、科技服务等具有大数据基础的领域，探索“数据、平台、应用、终端”四位一体的新型商业模式的示范应用。

（三）云计算

云计算基础设施（计算类、存储类、门户类、监控类），云计算平台（运行平台、管理平台、开发测试部署迁移平台），云计算应用软件及解决方案，云计算应用服务硬件设备（服务器、存储设备、网络设备），云计算系统集成，云资源与应用服务，云计算应用终端。

（四）增材制造

1. 增材制造关键技术攻关

自适应分层、扫描路径和工艺支撑的智能算法；成形过程中的温度场与保护气氛控制方法，多激光头扫描技术和多喷嘴打印技术，基于增材制造的节材轻质结构设计方法、工艺与质量控制技术及工艺的质量评价标准；功能驱动材料与结构一体化设计和生物制造技术；新型合金和技术间化合物和多材料体系的成形工艺与性能评价；组织与器官个性化组织植入物和定位导航模板的设计与打印技术。

2. 增材制造材料制备

高性能镍基高温合金、钛合金、铝合金、高强钢、模具钢等微细（粒径 50 微米以下）金属粉末制备技术及其装备；高性能塑料、高性能光敏树脂、高性能陶瓷材料、复合材料、喷墨黏结剂等非金属材料制备技术及其装备。推动材料与制造产业融合。

3. 增材制备装备研制

喷胶打印头和可变激光光斑金属送粉器及其与制造系统开发；开发多材料多结构多工艺增材制造装备及关键器件；面向航空航天的大尺寸高精度增材制造关键设备；面向复杂零件修复并与切削加工、铸造、锻压与模具、焊接、粉末冶金等传统工艺相结合的高效高精度的设备；面向高温高性能聚合物及其复合材料的高效高精度设备；建设增材制造数据规范、软件系统平台、工艺库及制造标准体系，材料工艺数据库，实现增材制造装备关键零部件和系统集成。

4. 增材制造应用示范

在航空航天、汽车制造、生物医疗、新材料、文化教育等产业领域开展示范应用。组织开展增材制造技术与传统制造工艺的技术集成，增材制造服务业对社会化生产组织模式变化的影响，效益驱动的分散增材制造资源与传统制造系统的动态配置，分散社会智力资源和增材制造资源的快速集成，探索建立云制造环境下的增材制造生产模式，建立服务体系，实现网络环境下制造支撑平台和交货支付体系。

（五）智能机器人

工业机器人核心功能部件研发，工业机器人的集成应用技术。医疗家政等服务机器人研发（微创手术机器人、助老伴行服务机器人、康复机器人、智能假肢、助老助残外骨骼机器人、智能家居机器人、导游机器人、娱乐机器人）。重点支持软体机器人的研发、基于电活性软材料的驱动器及传感器开发、智能化设计与智能控制基础理论研究、机器人精度及运动稳定性研究、多传感器信息融合和机器人视觉研究。

甘肃省“十三五”科技创新规划

为深入实施创新驱动战略，发挥科技创新在全面创新中的引领作用、在产业转型升级中的支撑作用，加快建设创新型省份，依据《“十三五”国家科技创新规划》（国发〔2016〕43号）、《甘肃省国民经济和社会发展第十三个五年规划纲要》（甘政发〔2016〕23号）、《甘肃省中长期科学和技术发展规划纲要（2006—2020年）》（甘政发〔2006〕27号）编制本规划。规划期为2016—2020年，远期展望至2030年。

一、发展环境

“十二五”以来，党中央、国务院对科技创新做出一系列重大决策部署，科技创新在国家发展全局中的战略核心地位显著提升，甘肃科技创新对各领域支撑日益凸显。2011—2014年，R&D经费投入年均增长16.58%，2015年综合科技进步水平居全国第18位，科技对经济增长的贡献率达到50.3%。科技投入持续加大，通过20亿元兰白科技创新改革试验区技术创新驱动基金的开放运作，财政效益进一步放大。企业为主体、市场为导向、产学研相结合的区域创新体系逐步健全，企业研发投入占全社会研发投入比重达到61.6%。万人研发人员投入10.5人·年，两院院士19人，领军人才1008人，培育了一批创新优势明显的人才群体。科研基地和平台建设效果显著，截至2015年，省内各类创新平台达575个，各类各级科研院所132家，拥有国家实验室1个、国家重点实验室10个、国家工程技术研究中心5个、国家高新区2个、国家农业科技园区8个、高新技术企业320家。万人发明专利拥有量1.59件，PCT国际专利申请受理19件。技术市场合同交易额达到130.31亿元。体制机制改革不断深入，系统推进了科技创新组织模式、科技项目组织管理方式、科技奖励制度、人才评价等重点领域改革。创新创业环境持续完善，积极推广创客空间、创业咖啡、创新工场等新型孵化模式，构建了一批综合性创业服务平台，形成了“创业苗圃＋孵化器＋加速器＋产业园”的孵化链条。实施兰白科技创新改革试验区“3510”行动，将改革创新与试验发展紧密结合，形成具有创新示范和带动作用的区域性创新平台。修订和出台了一系列科技政策，创新政策体系日趋完善。科技惠民进程步伐加快，实施科技惠民示范工程项目，建立了一批民生科技综合试验示范基地。积

甘肃省人民政府办公厅，甘政办发〔2016〕166号，2016年9月30日。

极参与“丝绸之路经济带”甘肃段建设，通过多层次科技研发合作、技术转移合作、技术创新联盟、国际学术会议等形式，科技合作交流深层拓展。

“十二五”时期，甘肃科技发展总体水平达到西部平均水平以上，主要目标实现程度达到94.06%，是改革开放以来完成最好的一次。但甘肃科技创新发展仍存在一些突出矛盾，市场在资源配置中的决定性作用较弱，人才、资本、技术、知识自由流动的动能较差，全社会创新活力和创造效率较低。自主创新能力依然以外援性为主，内生性和竞争性创新能力缺乏。经济与科技对接、产业与创新成果对接、现实生产力与创新项目对接、研发人员创新劳动与其利益收入对接的自觉性尚未形成。产学研之间的耦合度只有三成，高校和科研机构实现产业化和规模效益的成果不足一成，R&D 人员居全国倒数第 6 位，52.7% 的企业没有开发自主知识产权新产品能力，大众创业、万众创新的政策环境和制度环境尚未有效建立。

“十三五”期间，甘肃省面临着由加快经济发展速度向加快发展方式转变、由规模快速扩张向提高发展质量和效益转变的重要机遇期，经济社会发展对科技的依赖日益加深，迫切需要以科技创新为核心的全面创新，助推经济社会转型跨越发展，形成经济转型、生态保护和民生改善协同推进、良性互动的可持续发展格局。

甘肃作为西部内陆欠发达地区，正处在传统产业的转型期和升级期、新兴产业的成长期和聚集期，经济结构的矛盾比较突出。2015 年，甘肃全年实现生产总值 6790.32 亿元，人均生产总值 26165 元，城镇化率 43.19%，工业化率 26.19%，三次产业结构调整为 14.06 ∶ 36.74 ∶ 49.20，第三产业比重连续两年超过第二产业，但是成果转化与工程化能力薄弱依旧是制约我省创新效率的重要因素。按照国际工业化阶段和经济周期理论，甘肃处于工业化中期向后期过渡的阶段特征明显，投资拉动与创新驱动两种力量并存。因此，“十三五”时期甘肃将进入创新驱动发展战略的窗口期、科技体制改革的攻坚期、创新要素聚集的发力期。

二、思路目标

（一）指导思想。全面贯彻党的十八大和十八届三中、四中、五中全会精神，以马克思列宁主义、毛泽东思想、邓小平理论、“三个代表”重要思想、科学发展观为指导，深入学习贯彻习近平总书记系列重要讲话，坚持“五位一体”总体布局和“四个全面”战略布局，坚持创新发展、协调发展、绿色发展、开放发展、共享发展，按照中央“科技三会”部署，围绕“自主创新、重点跨越、支撑发展、引领未来”的科技工作指导方针，深入实施创新驱动发展战略，深化科技体制改革，积极适应和引领经济发展新常态。围绕“一带一路”战略，培育国际创新竞争合作新优势，以提高发展质量和效益为中心，促进科技经济有机结合，加快企业技术升级改造，在供给侧和需求侧两端发力促进产业迈向中高端。推动大众创业、万众创新，扶持创新型企业和新兴产业成长，形成竞争新优势。聚集创新资源和人才资源，促进科技成果区域转移和快速转化，进一步完善区域创新体系建设，让科技创新成为引领经济发展新常态和确保全面建成小康社会的重要支撑。

（二）基本原则。突出问题导向、产业导向、目标导向、需求导向、效率导向，围绕“深入实施创新驱动发展战略、推动经济社会发展全面转型升级”的战略主线，推动以科技创新为核心的全面创新。

（1）普惠原则。推动政府职能从研发管理向创新服务转变，提高面向创新全链条的服务水平，降低政策门槛和准入成本，构建普惠性的创新支持政策体系，为各类创新主体松绑减负、清障搭台。

（2）协同原则。在科研布局、资源配置、创新组织等方面进行改革，加强各类创新主体间合作，促进产学研用紧密结合，构建多主体协同互动与大众创新创业有机结合的开放高效创新网络。

（3）精准原则。精准对接市场需求，精准投放科技资源，精准评价创新绩效，集聚集约集成发展。高起点、高质量、高标准布局科技项目，推动产业向价值链中高端跃进。

（4）法治原则。努力实现改革决策与立法决策相结合，不断完善区域特色科技创新地方法规政策体系。健全科技决策、项目执行、创新评价相对独立和互相监督的运行机制。

（5）开放原则。面向国际国内两个市场、两种资源，深度融入国家对外开放战略新布局，打造面向"一带一路"开放的创新共同体，深度开展合作与交流。

（三）总体思路

（1）科技创新与经济发展相融合。推动科技创新与经济社会发展紧密结合，在关系区域发展的战略必争领域、科技发展前沿实现重大突破，提升产业层次，提振经济质量，提高发展效率。

（2）研发机构与产业需求相融合。建立政府、高校、科研院所、企业、投融资机构的会商机制，引导构建产业技术创新联盟，推动跨领域跨行业协同创新，构建符合产业发展方向的大科研机制。

（3）研发活动与成果转化相融合。建立从实验研究、中试到生产的全过程科技创新模式，促进科技成果资本化、产业化。构建以技术创新为核心，原始创新、制度创新等相融合的大创新生态系统。

（4）科技人员与激励机制相融合。健全科技人员双向流动机制，优化人力资本配置，提高横向和纵向流动性。完善人才评价激励机制和服务保障体系，营造有利于人才脱颖而出的创新环境。

（5）创新驱动与市场发展相融合。发挥市场对技术研发方向、路线选择和各类创新资源配置的导向作用。健全市场在资源配置中起决定性作用和更好发挥政府作用的制度体系。

（四）发展目标

1. 战略目标

科技实力和创新能力大幅跃升，兰白科技创新改革试验区建设取得实质进展，科技体制改革在重要领域和关键环节取得重大突破和决定性成果，实施"六个一百"企业技术创新培育工程，科技进步对经济增长的贡献率达到 55%，力争综合科技进步水平进入全国 17 位以内，迈进创新型省份行列，有力支撑与全国同步进入小康社会目标的实现。

2. 具体目标

（1）科技体制改革全面推进。围绕影响和制约创新驱动发展的全局性、根本性、关键性重大问题，突破束缚创新的制度藩篱，推进科技组织、评估评价、企业创新、科技投入、创新治理、法制保障等重点领域的改革。建立以提升自主创新能力为核心的科技计划管理体系，深化科研院所分类改革和高校科研体制机制改革，完善科研运行管理机制，形成高效的研发组织体系，进一步突出企业的技术创新主体地位，使企业真正成为技术创新决策、研发投入、科研组织、成果转化的主体。

（2）自主创新能力大幅提升。科技创新投入总量达到 500 亿元，财政科技投入占财政支出比重达到 1.5%，研发 500 个左右新产品。重点领域自主创新能力和技术水平进入国内先进行列，优势领域技术水平跻身国际先进水平。

（3）支撑引领能力显著增强。创新体系更加协同高效，落地转化 1000 项左右重大成果。企业研发投入占全社会研发投入的比例达到 75%，科技重大专项产学研耦合度达到 50%。培育一批国内领先的创新型企业、商标品牌和技术标准。

（4）创新人才规模与质量大幅提升。引进海内外高层次人才 800 人，选拔科技领军人才 1500 人，建设 500 个具有自主知识产权和持续创新能力的科技创新团队，重点引进一批提升产业层次或填补产业空白的高层次创新创业人才。

（5）创新创业环境不断完善。区域特色创新体系基本建成，创新治理水平大幅提升，激励创新的政策法规体系更加健全，特色智库体系建设完善，建设 500 个特色科技平台、创新高地、转化基地和各类创新战略联盟，建设 100 个众创空间。

专栏 1　“十三五”时期科技发展主要指标

	指标	2015 年	2020 年
1	综合科技进步水平（位）	18*	17
2	科技进步贡献率（%）	50.3*	55
3	R&D 投入占 GDP 的比例（%）	1.12*	2.0
4	万名就业人员研发人力投入（人）	27.06*	35
5	万人发明专利拥有量（件）	1.59	3.5
6	PCT 国际申请量（件）	19	100
7	规模以上企业 R&D 投入占主营业务收入比例（%）	0.51*	1.0
8	高技术产业增加值占工业增加值比重（%）	4.64*	15
9	技术市场合同成交额（亿元）	130.3	200
10	高技术产品出口额（亿美元）	2.48*	10
11	高新技术企业数（家）	320	1000
12	公民具备基本科学素养的比例（%）	3.95*	7.0

注：* 为 2014 年数据。

三、重点部署

实施“14610”重点部署计划，推进兰白科技创新改革试验区建设，提升 4 个现代产业创新集群，完善 6 个科技创新示范区，实施 10 大科技创新工程。以创新要素的集聚与流动促进产业合理分工，推动区域创新能力和竞争力整体提升。聚焦区域发展战略，充分发挥科技创新在促进跨越式发展中的核心作用和主导力量，充分动员和激发全社会创新活力和创造潜力，激发调动市场主体创造新的动能。发挥创新主体功能区作用，优化区域创新布局，打造区域经济增长极，驱动经济社会持续创新发展。

（一）区域布局

立足于我省资源禀赋、区位优势、产业基础和发展潜力，以兰白科技创新改革试验区建设为核心，以现代产业创新聚集为优势，以区域特色优势发挥为示范，推动产业技术体系创新，提升现代产业创新集聚区优势，完善科技创新示范区功能。

1. 推进兰白科技创新改革试验区建设。依托兰州新区、兰州高新技术产业开发区、兰州经济技术开发区和白银高新技术产业开发区，整合政策资源和创新要素，打造创新核心区域。实施《兰白科技创新改革试验区发展规划（2015—2020 年）》，推动兰白科技创新改革试验区全面提质增效。推进“三大计划”“五大工程”“十项改革”落地，通过体制机制改革、创新资源配置、产业优化升级、科技合作交流等方面先行先试，促进经济社会发展和科技创新深度融合，最大限度地激发科技第一生产力、创新第一驱动力的巨大潜能，提高科技进步对经济发展的贡献率。

专栏 2　兰白科技创新改革试验区建设要点

1. 实施“三大计划”。传统特色产业提质增效、战略性新兴产业提速发展、自主创新能力提升。

2. 推进“五大工程”。创新型企业培育工程、创新人才聚集工程、创新平台建设工程、创新生态优化工程、兰白一体化和产城一体化工程。

3. 探索“十项改革举措”。市场与政府作用机制创新改革、科技与经济深度融合创新改革、人才激励机制创新改革、开放合作模式创新改革、科教体制机制创新改革、评估评价制度创新改革、财税制度创新改革、科技服务机构创新改革、企业发展机制创新改革、新型城镇化制度创新改革。

围绕甘肃产业发展特色和空间布局，以兰白核心区为支撑，跨区域整合创新资源，发挥区位和资源优势，以点带面、以面建区、试点示范，形成各具特色、错位发展、优势互补、多元支撑的创新驱动发展格局，推动区域全面创新改革试验和跨区域协同创新。

专栏 3　兰白试验区空间布局

1. 核心创新区。位于兰州新区南部，面积 5.7 平方公里。加速形成多形态、全要素、产业化的全链条孵化体系和科技服务体系，构建集高端研发、孵化、综合服务为一体的科技创新基地，打造成为西部知名的科技创新中心、企业孵化中心和创业服务中心。

2. 兰州新区。实施“产业立城、创新强城、创业兴城”三大行动计划，实施“百家创新企业培育、百名高端人才引进、百个科技平台建设、百项创新成果转化、百亿创新金融推进、百个重点新产品研发”六大工程，打造现代产城融合新城区。

3. 兰州高新区。推进“产业集群培育、创新创业主体强化、科技金融融合发展、产城一体化建设、创新创业生态建设”五项工程，加快发展总部经济园区，建设电子信息、生物医药、留学人员创业园等专业孵化器和众创空间。

4. 兰州经济区。建设融资发展、产业发展、国际港务区三个平台，充分发挥区域高科技企业、航空航天工业、有色新材料产业、高校创新优势，推进科技服务业、高新技术产业、军民融合产业链条式发展。

5. 白银高新区。探索重大技术（装备）规模化、循环化扩张模式，推动科技企业孵化器建设。以产业转型升级引领区、高新技术产业聚集区和优势资源集约利用示范区建设为目标，强化技术合作交流，产学研深度整合，建设创新型专业园区和开放型经济园区，提升园区内的人才、技术、项目、企业聚集能力。

2. 提升现代产业创新集聚区优势。加快科技产业深度融合，以科技创新推动产业转型升级、引领产业集群发展。按照区域化、规模化、配套化原则，结合新型城镇化建设，促进产业向国家级和省级开发区以及工业集中区集聚；改造提升县区工业集中区，支持符合主体功能定位的产业集约集团发展。充分发挥国家级开发区和省级开发区平台作用，培育优势产业集群，完善酒嘉、金武、天水、陇东 4 个现代产业创新集群，推进各类园区的高新技术产业改造提升。

专栏 4　4 个现代产业创新集群

1. 酒嘉新能源产业创新集群。以酒泉、嘉峪关两市丰富的风光热资源为基础，形成以新能源和新能源装备制造以及冶金、有色、石油化工、建材等为主的新能源产业创新集群。

2. 金武新材料产业创新集群。以金昌、武威两市区域和资源优势为基础，打造国家重要的有色金属新材料研发基地和循环经济示范区，形成新材料产业创新集群。

3. 天水电子信息产业创新集群。以天水市电工电器产业为基础，形成电子信息、装备制造产业集群，打造天水“电谷”，大力发展具有高技术含量、高附加值的电工电气产品。

4. 陇东能源化工产业创新集群。以平凉、庆阳、华亭省级工业园区和泾川、灵台、崇信工业集中区为载体，做大做强煤炭、火电、煤化工、石油化工、高载能五大优势产业，发展循环经济，开展资源综合利用，形成能源化工产业创新集群。

3. 完善科技创新示范区功能。依据全省主体功能区规划，充分考虑各地资源禀赋、生态环境容量和承载力，坚持差异化定位和协同化发展，发挥重要节点城市的辐射带动作用，着力构建特色鲜明、分工协作、相互促进、优势互补的对外开放新格局，打造区域科技创新示范引领高地，增强科技创新发展的辐射带动功能。加快 6 个科技创新示范区建设，突出科技创新创业特色，建设张掖科技创新创业示范区；加强生态功能区保护建设，建设甘南黄河上游生态文明示范区和高寒特色农畜产业科技创新示范区；探索民族地区特色产业发展，建设临夏清真食品产业科技创新示范区；推进现代农业科技融合发展，建设定西马铃薯中药材科技创新示范区；创新特色农业发展新格局，建设陇南特色农产品科技创新示范区；弘扬丝路文化和绿洲文化，建设敦煌文化科技创新示范区。

专栏 5　6 个科技创新示范区

1. 张掖科技创新创业示范区。强化科技支撑，发挥张掖国家级小微企业创新创业示范基地作用，加大载体平台创新示范、公共服务创新示范、投融资创新示范、体制机制创新示范力度，有效释放市场活力，激发大众创业、万众创新积极性。

2. 甘南黄河上游生态文明示范区和高寒特色农畜产业科技创新示范区。构筑黄河上游生态安全屏障，加快构建生态文明科技创新体系，强化生态文明建设科技支撑能力。以特色产业和绿色环保为重点，开发牦牛、藏羊、香猪等特色畜产品和草原生物资源、中草药、菌类等特色产品，建设生态经济产业基地和创新基地。

3. 临夏清真食品产业科技创新示范区。加强科技创新和产品研发，推动民族地区特色产业发展，做大做强清真饮食和民族用品产业，推进清真产品的高端化、多样化，打造兰临绿色清真产业产品、民族民俗产品出口加工商贸物流基地，建设国家重要的绿色农畜产品生产和加工基地。

4. 定西马铃薯中药材科技创新示范区。充分发挥科技在马铃薯、中药材、草食畜等产业中的支撑引领作用，依托定西国家农业科技园区，做强优势行业、做优骨干企业、强化项目建设，打造马铃薯、道地中药材种植、加工示范基地。推进马铃薯主粮化战略，发展马铃薯深加工技术和配套产业。

5. 陇南特色农产品科技创新示范区。加快科技创新步伐，加强科技支撑能力，发挥陇南地区天然特色农产品资源优势，调整产业结构，发展适合地域条件的特色产业。通过“互联网 +”等方式，带动种植业、加工业和包装、仓储、物流等相关产业的发展。

6. 敦煌文化科技创新示范区。加大对传统文化、工艺美术的科技支撑力度，加强核心、关键、共性技术攻关。依托科技创新、文化创意和体制创新，发展科技型文化产业，发挥敦煌在古丝绸之路上的独特历史文化优势。

（二）科技创新工程

围绕科技区域布局，全面统筹科技资源，以产业引领、平台建设为抓手，纵横交错、点面结合，在关系全省整体建设和长远发展的重点领域强化部署，实施十大科技创新工程，成为引领技术创新的“发动机”、引领产业创新的“新高地”、引领制度创新的“源动力”。

专栏 6　十大科技创新工程

1. 传统产业转型升级工程。攻克关键共性技术和装备，传统特色产业向智能化、绿色化、高端化转变，培育新兴产业爆发点。支持制造业由生产型向生产服务型转变，引导制造企业延伸产业链条，支持传统特色产业装备、产品、技术、标准等走出去。

2. 新兴产业引领聚集工程。建设战略性新兴产业集聚区，扶持新兴业态，重视颠覆性技术创新发展。瞄准市场，推进知识工作自动化、云计算、人工智能等新技术的应用，形成一批拥有自主知识产权和核心竞争力的创新型企业。

3. 现代农业科技创新工程。开展特色动植物优良新品种选育及产业标准化生产技术体系、农产品质量安全监管追溯体系、农业社会化服务体系研究，加强旱作农业、农田节水、设施农业、循环农业等技术和装备研发，加大特色农畜产品加工技术研发创新和品牌建设力度，加快农业科技园区、电商等平台建设，支撑现代农业轻简、效率、智能、品质发展。

4. 科技惠民示范普及工程。培育区域带动性特色支柱产业，支持科技脱贫、医疗卫生、生态环境、公共安全等改善民生的新技术与装备。开展科普活动，构建有利于大众创业、万众创新的政策环境、制度环境和公共服务体系。

5. 生态恢复环境友好工程。以建设国家生态安全屏障综合试验区为平台，科技支撑“三屏四区”建设。支持河西内陆河地区、中部沿黄河地区、甘南高原地区、南部秦巴山地区、陇东陇中黄土高原地区生态建设技术创新项目。加强节能减排、资源节约新技术应用，开展大气、水、土壤污染治理技术创新，健全生态环境监测系统。开展多污染防治技术、城镇化建设环保技术研发，推进生态建设与产业协调发展。

6. 文化科技融合创新工程。加快现代公共文化科技服务体系建设，促进文化科技融合发展。开展文物保护关键技术攻关，创新传统文化传播模式，重视相关技术标准制定，推进科技成果在文化中应用。加快形成文化和科技融合的产业链，促进一批新兴业态的文化科技企业集聚发展。

7. 创新人才队伍聚集工程。优化人力资源配置模式，引进一批带动新兴学科发展的杰出人才和研究团队，培养一批熟悉市场、具有较好专业基础的产业领军人才。重视工程实用人才和技能人才培养，在优势特色产业开展高技能人才培训。建立“人才池”，支持人才多向流动。

8. 高新技术优势培育工程。培育发展一批创新能力强、成长速度快、市场潜力大的高新技术企业，形成较为完整的产业链集聚和产业集群创新优势，高度专业和协作配套结合，加快建设产业集群研发中心，发展自主创新载体和高新技术产业基地。

9. 创新平台基地建设工程。完善组织制度、运行机制，构建结构合理、功能完善、特色鲜明的科技创新服务体系，发展科技服务业。健全科技孵化体系，提高知识产权服务水平。依托“互联网＋”构建创新平台，支持发展众创空间、产业联盟创新服务中心等，发挥科技大市场作用，推动科技资源开放共享互动。

10. 创新治理水平提升工程。强力推动科技体制改革，吸收国家自主创新示范区（试验区）先进的管理经验，落实国家和地方创新法规政策，制定适合区域特色的政策措施。完善科技创新投入保障机制，强化创新治理协调管理，形成科技创新政策新体系。

四、着力实施科技重大专项

围绕全省战略目标，统筹创新资源，在重大战略任务、共性关键技术、重要民生改善、重点产品研发等方面集中力量，实现产业化突破。“十三五”期间，继续实施科技重大专项计划，同时部署一批关系全局和长远的重大科技项目，形成梯次接续的项目布局，创新重大专项组织模式，探索新的产业技术发展路线，培育新的经济增长点。

（一）科技重大专项。

围绕传统产业改造升级，在特种钻井、热交换、物料干燥、新型煤化工、高低压电器、有色冶金等方面实施7项科技重大专项，研发具有全局影响、带动性强的共性关键技术，提升区域传统产业综合竞争力。

专栏7　传统产业科技重大专项

1.特种钻井技术及装备。研发适应特殊环境、海洋和岩性地层类油气资源钻采设备，研制深海和极地冰区钻机、多用途海洋模块化钻机、超低温列车式钻机、车装钻机、钻机试验装置等，开发海工装备技术、非常规油气开采装备技术、生物化工技术、海洋能源利用技术、深海水下分离系统关键技术等。建设甘肃石油钻采装备工程技术中心、重点实验室，构建石油钻采新型产业技术研发基地。

2.热交换技术装备与平台。开发核电站乏燃料处理板式热交换器、大型板壳式换热器、可拆卸板式热交换器等，建设大型公共热工测试平台。

3.物料干燥技术与工艺。开发气流干燥、喷雾干燥、流化床干燥、旋转闪蒸干燥、红外干燥、微波干燥、冷冻干燥等工艺设备，研发冲击干燥、对撞流干燥、过热干燥、脉动燃烧干燥、热泵干燥等新型干燥技术，实现连续化工业生产和高效环保节能。

4.新型煤化工和煤炭分质利用技术。研发煤制天然气、煤制甲醇及下游产品烯烃、煤制合成氨—精细化工、煤气化联合循环（IGCC）热电联产及电网调峰、煤炭分质利用为主的煤炭清洁利用创新链和工程包，开展煤焦油全馏分加氢精深加工关键技术研究及产业化示范、煤炭液化关键技术攻关和示范。

5.高低压电器技术工艺。开发核电、高铁专用开关设备关键核心技术，智能化环保型开关设备研发和先进制造系统，中高压空气绝缘开关设备产业化技术，研发箱式变电站智能系统、智能电网电力有源滤波和低压高性能大功率起重专用变速器等技术。

6.高端黑色金属和不锈钢技术工艺。重点研发优质合金钢、高端新型不锈钢、高强度建筑用钢工程包，研发新型一步法冶炼工艺、脱磷处理工艺、炉外精炼工艺，建设高品质低成本绿色钢铁（金属）制备基地。

7.有色冶金技术。研发红土矿的新型冶炼技术、新型电解铝技术及设备，建成符合个性市场需求的镍铁合金和低成本铝生产基地，开发矿渣、废旧电池和电子产品中有价元素回收以及稀贵金属冶炼的新型、环保技术，研发有色冶金过程绿色智能生产关键技术、冶金行业工业炉窑的节能减排技术等。

围绕新兴产业培育，在新能源、新材料、装备制造、电子信息、生物医药、节能环保、检验检测、文化保护等领域实施18项科技重大专项，部署新兴产业前沿关键技术研究，开辟新的产业发展方向。

专栏8　新兴产业科技重大专项

8.新能源和镍钴新材料技术。研发新能源发电及电动汽车电池核心材料，支持太阳能薄膜电池、镍基电池、锂电池等新材料及成套装置研发。开展智能电网关键技术研发，开发大规模可再生能源并网发电运行控制系统。研发核电、化工等领域高温耐蚀镍钴新材料及其产品深加工技术。

9.新能源送出与消纳技术。开展高比例风光电送出与消纳、大容量储能关键技术研究，开展太阳能光热发电及多联产综合利用，开发新能源资源监测评估与发电监控系统平台。开展大规模高比例新能源交直流外送与协调控制关键技术研究与应用示范、高比例新能源发电综合利用关键技术研究与应用示范。

10.检验检测认证技术。开发先进重大装备在线监测技术、平台和设备，开展设计开发、生产制造、售后服务全过程的分析、测试、计量、检验等服务，建立国家级电子电器、金属材料、装备制造、食品药品等行业检验检测分析试验中心。开发清真产业检测认证技术。

11.特种新材料技术。开发稀土新材料、有色金属新材料、化工新材料、能源新材料、轻工新材料、军工新材料、铝镁合金及其复合材料的特种新材料和新型结构材料、铜及铜合金特种新材料、高分子材料，以及陶瓷、石棉、微晶玻璃、激光晶体、光导纤维等新型无机非金属材料和新型短流程加工技术、纳米新材料及材料的表面改性技术。

12. 水性高分子功能材料。研发深水和极地冰区油气工程特殊材料、压力容器用抗氢合金钢材料、水性功能高分子技术，开发水性聚氨酯产品、水性高分子农药、水性超纤合成革等功能化产品，重点突破智能化产品电变、温变、遥控、分解有害化学物质驱动、记忆等技术，实现产品从环保化向功能化和智能化升级。

13. 石墨烯和新型碳材料技术。发展石墨烯锂离子电池和超级电容、石墨烯防腐涂料、透明导电膜及膜沉积装备开发、石墨烯纤维复合材料、细结构石墨、碳纳米管复合材料，特种碳素新材料、生物炭、锂电池负极等新型碳材料技术工艺，建设先进碳材料产业集群。

14. 航空航天设备制造与工艺。开发超级电容器电源集成化技术，高价态电解液离子与电极材料的匹配技术，超级电容器工艺改进及大规模生产技术，研制航空精密仪器、特种材料、核心部件、微电子及封装产品、民用轻型飞机和无人直升机，通用小型直升机等。

15. 高精数控装备。开发高档数控液压机、机械伺服压力机、数控金属切削机床、大型智能成套装备等整机，突破高刚性机床结构、高性能主轴、高精度旋转工作台等关键技术。开发数控系统、功能部件、工业机器人及刀具等关键共性技术，完善测试试验条件，形成配套能力。

16. 集成电路封装测试。研发高精度、高可靠性、低成本的芯片封装技术和芯片、高速器件接口等测试技术，支持高性能集成电路设计、超大晶圆功率器件封装技术研发及产业化。

17. 新一代宽带移动通信网。支持移动数据，移动 IP、信息安全等移动互联的主流业务研发，研发 5G 芯片及终端、系统设备，突破 LTE 关键技术，降低资费，实现大规模商用。研发多形态新型移动智能终端，研制共性应用平台。

18. 信息化集成技术。通过实施大数据、云计算、云服务等相关的关键技术研究，实施信息资源有效融合，研究信息资源有偿交换策略，实现基于云计算的工业大数据存储与开发、拓展大数据应用新领域。建设云计算及大数据服务平台，打造多样化终端服务，支撑智慧城市建设。开展轨道交通信息集成与网络化运营调度指挥系统研发，电子商务平台集成与应用，物联网技术应用与示范。

19. 生物技术药物。加快新型疫苗、新型抗体药物、新型免疫治疗药物、基因治疗药物、生物类似物药物、蛋白及多肽药物、生物诊断试剂等生物技术药物的研发和产业化。突破动物细胞大规模培养和病毒基因工程疫苗的关键技术，重点解决细胞驯化、无血清培养基和生物基质材料开发、病毒基因工程株的构建、生物反应器工程和病毒分离纯化等疫苗生产关键技术以及疫苗生产关键原辅材料开发及产业化。

20. 中医药大健康产品。发挥中医药在增强人体免疫力、抗衰老、抗疲劳等方面的保健作用，集成现代高新技术，以药食用同源、药菜两用中药材为主要原料，开发具有高科技含量的保健食品、药膳、化妆品、日用品等新型健康产品，提高产品科技含量和附加值。

21. 高性能医疗器械。研发制造医用重离子加速器示范装置，优化性能指标，制订技术标准，完成注册检验和临床试验，取得医疗器械产品注册证，加快医用重离子加速器临床应用，形成相关配套产业链。突破钛镍记忆合金颈椎前路融合器和脊柱撑开器等新产品的关键技术，加快产业化进程。研发心脏医用导管、导丝、球囊及涂覆支架等新产品，构建人工机械心脏瓣膜相关产业链。

22. 温室气体减排与控制技术。开展煤炭清洁高效燃烧、转化及排放控制，温室气体排放监测技术研发与应用，高炉炼铁二氧化碳减排与煤气高效利用关键技术研发，绿色智能交通系统集成技术研发，建设清洁燃油国家工程技术研究中心。

23. 低碳城镇技术集成示范。开展城镇区域规划建设评价指标体系和城市生态居住环境质量保障以及绿色可再生能源等技术研究；开展节地、节能、节材绿色建筑规划与标准、绿色建造与施工等关键技术研究，建立绿色建筑技术集成的应用与示范，建设西北低碳城镇国家工程技术研究中心。

24. 文化遗产保护数字化。开展基于大数据架构的丝绸之路设计文化遗产保护与传承云服务平台建设。研究设计文化遗产的保护技术，开发丝绸之路设计文化遗产的保护知识库，提供计算机辅助设计文化遗产保护服务。

25. 3D 打印技术设备和工艺。研发 3D 打印关键技术和大型设备，开发应用沙土材料、金属材料、聚酯材料、水基材料、硅基材料等低成本打印材料，开发通用标准工艺和个性特种工艺关键技术，拓展 3D 打印技术应用领域。

围绕提高资源利用率、土地产出率、劳动生产率，提升农业品质，推进农业现代化，促进一、二、三产业融合发展，实施 8 项科技重大专项，支撑农业高效、安全、节约、可持续发展。

专栏 9　现代农业科技重大专项

26. 优良新品种选育。开展大宗农作物、畜禽淡水渔业、特色经济作物优良新品种引进选育及辐射育种技术。建设种质资源库，制定技术规范。建设一批集研发、示范、生产于一体的新品种示范基地。

27. 设施农业技术。支持农业设施工程建筑、设施农业生产、设施农业机械制造与应用技术集成，支持温室作物机械化耕作、温室大棚电动卷帘、保温被覆盖、二氧化碳增施、温室补光、热风炉加温、温室微灌、温室烟雾机病虫害防治等技术研发与推广应用。

28. 精准灌溉技术。研发集约化精细地面灌溉关键技术与设备、精准灌溉施肥一体化与自动技术、低压抗堵微灌系统及配套产品、渠系优化设计及自动化量水技术与产品、防冻等功能材料及配套产品等，开发新型农田节水灌溉智能决策及预报系统，建立灌溉渠系设计技术体系及数据库。

29. 中药材规范化种植养殖。围绕道地大宗药材品种，开展良种繁育和规范化种植养殖技术研发，提升药材品质。制定中药材种植养殖、采集、储藏技术标准，促进中药材种植养殖业绿色发展。实施中药材质量保障工程，建立中药材生产流通全过程质量管理和质量追溯体系。

30. 高端制种技术及装备。开发作物品种小区精确种植与收获装备、智能化制种玉米去雄喷雾一体化装备、多通道玉米剥皮装备、智能化种子精细加工处理技术与集成装备、特色种子加工机械设备等，建设种业种质资源库，建设种业机械质量标准体系。

31. 农村与农业信息化。实施主要粮食作物、主要畜禽产品、主要林果业等生产全过程信息化关键技术集成与应用、主要农贸市场信息平台建设、农村现代服务业交互支撑平台建设、农村远程医疗信息服务系统构建与示范应用、农村信息服务网络及内容分发系统关键技术集成应用、村镇能源资源环境与建筑一体化系统关键技术研发与应用等工程。

32. 农产品精深加工及储运技术。开发优势农产品精深加工技术工艺，加强品质控制及生产效益提升关键技术研发与示范。开发农产品储运过程制冷技术，开展鲜活农产品的采后处理、产地贮藏保鲜、物流配送及相应的物联网技术。

33. 草食畜产业配套技术研发与应用。开展优质牧草品种选育与草产品加工利用、牛羊等畜种改良、安全高效养殖与产品深加工等关键技术攻关。推广应用牧草种子包衣、根瘤菌拌种等牧草栽培技术以及优良品种引进、改良技术，草畜产品精深加工技术等，重点推广“五良”（良舍、良种、良法、良料、良医）综合配套技术，提高草畜产业科技含量和经济效益。

围绕民生，在人口健康、城市交通、公共安全、生态环境领域实施 4 项科技重大专项，突破一批关键性技术，加强应用示范，为保障民生安全提供支撑。

专栏 10　民生领域科技重大专项

34. 大病慢病防治。重点开展重大多发病、传染病、地方病的预防控制、临床综合诊断和治疗康复关键技术研究。发展预防和治疗人用及动物用新型疫苗、基因工程药物、诊断试剂、生物转化药品等生物制品及新型医疗器械。加强对重大疑难疾病、重大传染病防治的联合攻关和对常见病、多发病、慢性病的中医药防治研究，形成一批防治重大疾病、治未病的重大产品和技术成果。

35. 城市交通技术及装备。开展城市交通设计、现代交通信息集成技术研究，研制轨道交通、电动汽车、新能源汽车等轻便化、低碳交通装备。研发城市智能交通应用软件系统，实施智能运输与交通工程。

36. 公共安全集成系统与装备。围绕环境安全、食品安全、生产安全、核安全、社会安全以及防灾减灾和检验检疫等领域，集成公共安全技术，研发公共安全产品及装备，建立公共安全应急平台体系。

37. 生态保护与环境治理示范。开展防风固沙、水源涵养、水土保持、生态保护修复关键技术研发，实施沿边、沿坝防护林带和山区水土流失综合治理示范工程。在重污染行业或企业，开展大气污染治理、退化与污染土壤修复、水污染治理、重污染场地修复、清洁生产等集成技术综合应用示范，提出从源头控制到生态修复的系统解决方案。积极发展集生态商业、生态旅游、生态物流、生态文化、生态教育、生态交通等生态性服务业相关技术体系。

（二）部署长远重大科技项目。

面向 2030 年，选择一批面对国家重大战略需求，着眼于甘肃经济社会长远发展的重大科技项目，坚持有所为有所不为，跨区域借力借势，力争在高端装备制造、新能源、新材料、电子信息、生物医药、现代农业、公共安全等重点方向有所突破。

1. 工业领域。围绕高端装备制造、新能源、新材料、生物医药、新一代信息技术和大数据等领域，部署企业实施一批重大科技创新产业化项目，并择优支持一批科技服务机构。

专栏 11　工业领域面向 2030 年的重大科技项目

1. 高端大型成套先进装备制造关键技术研发。
2. 核电装备零部件的研制。
3. 新能源高端装备研发及产业化应用。
4. 航天军民两用及军转民关键技术。
5. 民用飞机、低空飞行器、机电、航空等关键零部件及设备。
6. 动力电池关键技术研发。
7. 高速高精度大型光机电一体化设备研发。
8. 超大晶圆功率器件等高性能集成电路设计、封装技术及产业化。
9. 非金属新材料和新型节能环保材料研发。
10. 工业用水循环利用技术和节水型生产工艺研发。
11. 装备制造业关键共性技术平台建设。
12. 煤分质低温干馏工艺技术研究与应用。
13. 工业废弃物循环利用关键技术开发与产业化。
14. 智能化制造与智能物流技术研发及产业化应用。
15. 新一代互联网、物联网核心设备和智能终端设备研发。
16. 制造业信息化支撑软件开发技术。
17. 高功率半导体激光器及大色域投影显示设备。
18. 先进制造领域机器人数字化生产线开发。
19. 智能化生产系统及网络化分布式生产设施的实现。
20. 高性能石墨烯基复合新材料制备关键技术及产业化应用。
21. 冶金、有色特种新材料工艺技术研究与产业化。
22. 石油化工与煤化工耦合循环系列成套技术与装备研发。
23. 异氰酸酯生产关键技术（成套技术）工程化研究。
24. 石油树脂加氢技术与新型纳米催化剂研究及工程化。

2. 农业领域。支持生物育种、现代种业、农业装备、农产品生产与质量安全、中药材等重点领域的技术创新与产业化集成，推进农业科技园区、创新平台、农村信息化和科技服务体系建设。

专栏 12　农业领域面向 2030 年的重大科技项目

1. 优势经济作物现代种苗繁育关键技术研发与示范。
2. 农业轻简化生产体系技术支撑与示范。
3. 小型沟播机具、特种作物收获机具等农业装备技术研发与示范。
4. 规模化制种关键技术设备研发。
5. 水资源优化配置与规模化节水灌溉技术集成。
6. 优势道地中药材规范化生产与产业化开发关键技术研究示范。
7. 作物种质资源保护、种质创新及产业化开发关键技术研究。
8. 分子育种技术和基因组合技术在动物品种选育中的应用研究。
9. 农畜产品安全评价与质量追溯系统建设与应用。

10. 循环畜牧业关键技术集成与示范。 11. 畜牧新品种的高效繁育新模式研究与应用。 12. 酿酒原料加工技术改造及酒庄建设技术支撑工程。 13. 特色林果基地高新技术集成与示范。 14. 基于物联网的农产品精深加工与现代冷链物流。 15. 农产品加工废渣废水生物再利用关键技术研究及应用示范。 16. 特色农产品流通和农村电商体系关键技术集成与示范。

3. 社会发展领域。支持人口健康、生态环境、文化传承、循环经济、公共安全等重点领域的科技研发与产业化应用，加大科技惠民力度，建设创新平台，完善科技创新体系。

专栏 13　社会发展领域面向 2030 年的重大科技项目

1. 智慧城市智能交通一体化建设。 2. 大气污染综合防治技术及应用。 3. 城市污染物控制及资源化利用关键技术。 4. 农村能源工程建设重点项目。 5. 地质灾害多发区的生态修复与保护关键技术。 6. 祁连山生态恢复与保护。 7. 沿黄灌区水资源合理开发利用。 8. “两江一水”流域水土流失综合治理。 9. 重大新药创制及新型医疗器械研发。 10. 固体废弃物资源化利用与生产环境提升技术。 11. 数字文化产业平台数据库建设。 12. 文物保护、文物数字化与拓展应用。 13. 云计算智慧社区平台建设。 14. 食品质量安全追溯体系建设。 15. 城市交通软件包研发。 16. 公共安全软件包研发。 17. 农业农村综合治理、清洁生产技术。

五、科技创新支撑产业发展

深入贯彻“互联网 +”行动、大数据发展行动纲要和《中国制造 2025 甘肃行动纲要》，提升产业装备数字化、网络化、智能化、绿色化水平，完善产业体系。推动新技术、新产业、新模式、新业态发展，推动产业向中高端迈进，构筑引领发展的支撑基点。

（一）支撑传统产业转型升级。继续加大对石油化工、冶金有色、新型煤化工、装备制造、轻工食品产业的科技创新支撑能力建设，结合重大工程、重大项目、重点平台，着力攻克一批关键共性技术和成套装备，促进传统产业向信息化、集群化、绿色化、高端化、循环化发展，开发高附加值、高技术含量新产品，培育知名品牌。

专栏 14　支撑传统产业转型升级

1. 石油化工。研发新工艺、新技术、新产品，改造炼化产品、精细化工、有机原料、无机化工生产流程，提升技术装备、环境保护、安全生产、绿色工艺水平。

2. 冶金有色。提升优质合金钢、高端不锈钢、高强度建筑用结构钢、深海和极地冰区油气工程新材料、铝及铝合金特种新材料、铝基复合新材料、高端工业铝型材等工艺装备，改善能效环保水平。

3. 新型煤化工。煤制天然气、煤制甲醇、烯烃及合成氨、煤气化联合循环、热电联产、煤分质装备研发与工艺创新。

4. 装备制造。围绕关键基础件、高档数控机床、智能电工电器、工程机械与农业机械设备、绿色镀膜装备、真空装备、检测控制设备、行业通用检测平台等产品，提升数字化、柔性化、节材化、集成化水平。

5. 轻工食品。提升棉纺织、毛纺织、特种纺织、造纸、皮革、家具、印染及其制品的装备水平。提升无公害粮油及畜产品、马铃薯及玉米淀粉、中藏药材、玫瑰、百合、高原夏菜、小杂粮、酒与饮料、清真食品和洁食食材、功能性食品等产品的品质，增加科技含量和附加值。

（二）引领新兴产业突破发展。加大科技创新对战略性新兴产业骨干企业和中小企业的引领，打造新能源、新材料、智能制造、生物医药、信息技术、节能环保等战略性新兴产业集聚区。推进各领域新兴技术跨界创新，加快发现和培育新的产业爆发点，大力扶持新兴业态。

专栏 15　引领新兴产业突破发展

1. 新能源。开发光热发电系统、多能互补供能系统、生物天然气、区域特色建筑一体化光伏光热组件、有机废弃物沼气规模生产技术、高效蒸发冷却采暖、超低温空气源热泵等关键技术和装备。研发核电、氢能辅助装备和循环利用技术，开发深海深地油气、页岩气勘探开发综合技术，加快超导电站技术装备集成应用和智能电网发展。提升能源互补能力，建立新能源消纳技术支撑体系，推进能源结构调整和优化，建设国家新能源科技进步基地。

2. 新材料。研发镍铜钴新材料、动力电池材料、铅锌及轻合金新材料、高纯及稀贵金属新材料、碳素特种材料、化工新材料、纳米材料、超导材料、智能材料、新型稀土功能材料制品及其应用技术产业化，突破三元前驱体、新型生物质材料、超大规模和特殊结构复合材料的制备工艺和材料表面改性技术。

3. 智能制造。加快互联网、云计算、大数据等在制造业中的深度应用，推动制造业向自动化、智能化、服务化转变。积极支持智能交通工具、智能工程机械、智能家电、智能照明电器、新型传感器、智能控制系统、材料设计合成与加工，推进数字制造、可持续制造、纳米制造、柔性电子制造、增材制造、产品个性化定制、先进成形与连接等装备研发和产业化。

4. 生物医药及高性能医疗器械。加强原研药、首仿药、现代中药、新型制剂、高端医疗器械等的研发和产业化，积极推进中医药国际合作和中医药产品国际注册认证及推广应用。

5. 信息技术。加强类人智能、自然交互与虚拟现实、微电子与光电子等研究，推动宽带移动互联网、云计算、物联网、大数据、高性能计算、移动智能终端等装备研发和综合应用，加大集成电路、工业控制产品、感知设备、卫星导航、航空电子电器、行业应用软件、计算机芯片、网络安全产品研发和推广。

6. 节能环保。发展污染治理和资源循环利用的技术与产业。研发高精度在线实时监控与预测预警技术，加大高效煤粉锅炉、蓄热换热装备、节能电气设备、大气和水污染防治技术设备、资源循环利用设备、绿色再制造和节水设备研发和产业化。建立城镇生活垃圾资源化利用、再生资源回收利用、工业固体废物综合利用等技术支撑体系。推动绿色建筑、生态城市等领域关键技术应用。

7. 发展引领产业变革的颠覆性技术。应用移动互联技术、量子信息技术、天地一体化技术，推动增材制造装备、智能机器人、智能汽车、4D 打印技术等发展，重视基因组、干细胞、合成生物、再生医学等技术对生命科学、生物育种、工业生物领域的深刻影响，开发氢能、燃料电池、燃气泵等新一代能源技术。

（三）提升农业现代化水平。加大现代农业科技成果转化应用，发展节水农业、设施农业、农机装备、循环农业、有机农业、智能农业，推动有机、绿色、无公害生产、加工、储运关键技术研发和产业化。把产业链、价值链等现代产业发展理念和组织方式引入农业，创新生产经营方式，提高土地产出率、资源利用率、劳动生产率，促进产业融合、农业增效、农民增收。

专栏 16　提升农业现代化水平

1. 突破生物育种、航天育种关键技术，推进良种重大科研联合攻关，培育推广优质高产多抗广适新品种。推广粮食丰产、中低产田改造、小流域治理等技术，开发标准化、规模化的现代养殖技术，建设环境安全、清洁生产、生态储运的农产品安全技术体系。
2. 推进现代种业科技创新，科技支撑玉米制种、瓜菜花卉制种、马铃薯脱毒种薯繁育"育繁推一体化"体系建设。
3. 建设农产品标准化生产示范基地、绿色生态加工基地，提高特色农畜产品加工转化率和附加值，加快培育竞争力国内一流的现代种业、农机装备、农畜产品加工企业。
4. 推进农村信息公共服务工程，建设农村信息化"最后一公里"技术支撑体系，建设集信息服务、生产调度、经营管理、资源利用等功能为一体的农业大数据平台。
5. 推进"互联网 +"现代农业，发展农村电商，探索农产品个性化定制服务，发展休闲农业、乡村旅游、创意农业、农耕体验、会展农业、农业众筹等新兴业态。
6. 加强新型城镇化建设科技创新，开展农村医疗卫生与营养健康、人居环境、饮水安全、农林生物质综合开发利用、低成本集中式农业住宅技术开发与示范，加大农村集中式沼气、分布式风光能源等新型能源设施建设。

（四）促进服务业融合创新。培育发展科技服务业。以满足科技创新需求和提升产业创新能力为导向，统筹科技资源，完善政策环境，壮大市场主体，创新服务模式，促进科技服务业专业化、网络化、规模化发展。培育一批能力较强的科技服务机构和龙头企业，形成覆盖科技创新全链条的科技服务体系和科技服务产业集群。推动科技服务企业建立现代企业制度，鼓励具备条件的科技服务事业单位转制，开展市场化经营。加快科技服务业创新团队培养，推动科技服务机构牵头组建以技术、知识产权、标准为纽带，面向企业和科研机构的科技服务联盟，开展协同创新。

专栏 17　加快发展科技服务业

1. 实施科技服务业发展示范工程，开展研究开发、技术转移、检验检测认证、创业孵化、知识产权、科技咨询、科技金融、科学技术普及等专业科技服务和综合科技服务。
2. 建设兰州科技大市场、张江兰白技术转移中心、北大技术转移甘肃中心等，推动科技金融服务、创客创业服务、技术交易转移服务。
3. 组建甘肃省科技服务发展联盟（中心），完善甘肃科技文献共享平台、大型科学仪器开放共享科技服务平台、检验检测科技服务平台、创业孵化综合科技服务平台、知识产权科技服务平台、科技金融服务平台，建设综合性科技创新平台。
4. 建设兰州新区科技创新城，推进中小企业孵化器建设和创新创业、投融资、公共服务、成果转化平台建设。
5. 认定为高新技术企业的科技服务业企业，执行加计扣除政策。
6. 提高科技服务业支持力度，重点支持科技服务业示范项目、科技服务业示范企业、科技服务业示范基地建设。
7. 完善科技服务业统计调查制度，将科技服务内容及其支撑技术纳入重点支持的高新技术领域。

推进科技创新与服务业融合发展。发展支撑商业模式创新的现代服务技术，建设现代服务业技术支撑体系和平台，推动科技与文化、金融、物流、信息、旅游等服务业态的融合创新，发展工业设计、文化创意和相关产业。

专栏 18　科技与服务业融合发展

1. 拓展数字消费、电子商务、现代物流、互联网金融、网络教育等新兴服务业。

2. 加强虚拟现实、文物保护与修复、非物质文化遗产传承保护、考古装备等技术研发与集成，建设非物质文化遗产数字资源数据库。

3. 加快兰州新区大数据中心、西北云计算中心、物联网产业园和超级计算联盟建设发展，搭建全国知名电商企业合作平台。

4. 发展智慧产业，建设集智慧管理、智慧服务、智慧营销、智慧旅游、电子商务于一体的智慧城市公共服务平台，推进三网融合、云计算、大数据、电子商务、APP 终端发展。

5. 发展排放权、排污权、碳收益权等为抵（质）押品的绿色信贷。

六、科技支撑和改善民生

围绕科技脱贫、医疗保健、生态环境和公共安全等重大需求，加快一批共性关键技术突破和应用示范，实现科技的包容性、普惠性、个性化发展，为形成绿色发展方式、增强可持续发展能力、改善民生福祉提供重要支撑。

（一）科技脱贫技术集成示范。以提高贫困地区内生发展为动力，深入推进科技特派员制度，带动人才、技术、信息、管理、资本等现代生产要素向贫困地区逆向流动，瞄准贫困县、贫困村和建档立卡贫困户实际发展需求，依靠创新驱动，突出创业脱贫，营造双创环境，构建长效机制，有针对性地开展先进适用技术的服务和培训，为打赢脱贫攻坚战提供强有力的科技支撑和引领。

专栏 19　科技脱贫技术集成示范

1. 开展科技精准脱贫工作。实施“一县一项目一产业”科技惠民示范工程，建立一批民生科技综合试验示范基地，突破一批核心关键技术，推广普及一批先进适用技术成果，培育发展一批农村科技新兴产业。到 2020 年，每个贫困村至少有 1 名科技特派员和 2 户科技示范户，每个贫困县培育 2 个科技脱贫示范村。

2. 建设“星创天地”和农业科技园区。围绕科技特派员、农村中小微企业、返乡农民工、大学生等农村创新主体，提供创业创意空间、创业实训基地，构建科技咨询、质量检测、科技金融、创业培训辅导等新型科技服务体系，发展规模化、专业化的“星创天地”200 个。建设一批省级农业科技园区，打造成为创新要素高度集聚的现代农业科技示范基地、农业科技成果转化基地、农村科技创新创业基地和农村人才培养基地。

3. 深入实施科技特派员基层创业工程。建立科技特派员创新创业基地和培训基地，鼓励科技人员深入农村流通领域开展科技创业。以科技特派员为技术依托建立一批特色农产品电商平台。全省各种类型的科技特派员团队 1000 个、科技特派员 1 万名。

4. 推进“三区”人才支持计划科技人员专项计划工作。加快建设甘肃省边远贫困地区、民族地区和革命老区科技人才和农村科技创新人才队伍，每年选派 960 名科技人员到“三区”提供科技服务、开展农村科技创新创业，依托我省国家级和省级科技特派员培训基地等培训机构，为“三区”培养 600 名科技服务人员和农村科技创新创业人员。

5. 推动农业信息化建设。延伸 12316、12396 服务体系，开发建设信息进村入户综合服务平台。利用信息技术传播和转化最新农业科技成果，开发以掌上智能终端为主的信息技术。构建电子商务，将电子商务平台与线下农产品产地市场结合，创新农产品营销。

（二）普惠健康技术集成示范。围绕“健康甘肃”目标，以提高人民群众健康水平为中心，开发数字医疗、远程医疗、移动医疗技术，推进预防、医疗、康复、保健、养老社会服务网络化、定制化，发展一体化健康服务新模式，提升健康产业技术水平，为构建普惠的公共卫生和医疗服务体系、提高全民健康水平、保障人口安全提供科技支撑。

专栏 20　普惠健康技术集成示范

1. 重大疾病防治。重点开展重大多发病、传染病、地方病、慢性病的预防控制、临床综合诊断和治疗康复关键技术研究，突破重点人群和重点疾病的防治技术，提高疾病防治水平。鼓励互联网企业与医疗机构合作建立医疗网络信息平台，提高重大疾病防控能力。支持第三方机构构建医学影像、健康档案、检验报告、电子病历等医疗信息共享服务平台，逐步建立跨医院的医疗数据共享交换标准体系。建立区域疾病监测科技网。鼓励有资质的医学检验机构、医疗服务机构联合互联网企业，发展基因检测、疾病预防等健康服务模式。

2. 优生优育。提高人口调控、优生优育和生殖健康的技术水平，开展生殖健康适宜技术、出生缺陷与遗传病防控的筛查、诊断和治疗技术研发。建立育龄人口和出生人口队列，开展高质量临床研究。建立生殖健康相关疾病综合防治示范应用平台。开发更安全、有效、适宜的避孕节育、优生优育、生殖保健的新技术、新产品。

3. 保健养生。支持智能健康产品创新和应用，推广全面量化健康生活新方式。推动新型技术与医疗健康服务融合创新，建立基于新型共享、知识集成、多学科协同的集成式疾病诊疗服务模式。鼓励中医药机构充分利用生物、仿生、智能等现代科学技术，研发一批保健食品、保健用品和保健器械器材。加快中医治未病技术体系与产业体系建设。推广融入中医治未病理念的健康工作和生活方式。鼓励中医医院、中医医师为中医养生保健机构提供保健咨询、调理和药膳等技术支持。

4. 养老助残。建立科技养老服务标准体系，通过“互联网 +”推广兰州“智慧养老”模式。鼓励养老服务机构应用基于移动互联网的便携式体检、紧急呼叫监控等设备，提高养老服务水平。构建农村居家养老服务网络和村镇集中养老平台。以智能服务、功能康复、个性化适配为方向，建立基于信息共享、知识集成、多学科协同的集成式、连续式健康管理服务模式。发展面向残障人士的专用技术和设施，建立现代慈善保障体系。

（三）生态环境技术集成示范。落实生态文明总体布局，通过集成创新和协同创新，提高生态环境承载力，确保生态建设、环境保护与经济发展协调推进，发展和应用资源节约型、环境友好型、防灾减灾型、低碳发展型、生态适应型、公共安全型产业技术，发展生态服务业。支撑河西内陆河、中部沿黄、甘南高原、南部秦巴山、陇东陇中黄土高原综合治理生态安全工程。创新多污染物协同控制机制，突破多污染源综合防控技术。

专栏 21　生态环境技术集成示范

1. 科技支撑“三屏四区”建设。以开发水源涵养、湿地保护、荒漠化防治技术为重点，着力构建河西祁连山内陆河生态安全屏障。以水源涵养、草原治理、河湖和湿地保护技术为重点，构建黄河上游生态安全屏障。以保护生物多样性、涵养水源技术为重点，构建长江上游生态安全屏障。以水土保持和流域综合治理技术为重点，促进陇东黄土高原丘陵沟壑水土保持生态功能区、石羊河下游生态保护治理区、敦煌生态环境和文化遗产保护区和肃北北部荒漠生态保护区建设。

2. 多污染联防技术。联合推进大气、水、土壤污染防治行动计划，重点突破大气污染监测预报预警技术、饮用水质健康风险控制技术、土壤环境监测与污染预警技术。推进造纸、焦化、氮肥、有色金属、印染、农副食品加工、原料药制造、制革、农药、电镀等行业清洁化技术创新。研发畜禽养殖污染防治技术、农作物病虫害绿色防控和统防统治技术。

3. 城镇环保技术。推动城镇群资源环境承载力协调发展、城市地下空间开发利用、绿色建筑性能提升与运营优化、室内空气污染物控制等技术研发。全面推广综合回收利用、焚烧发电、生物处理等资源化利用技术，统筹餐厨垃圾、园林垃圾、生活垃圾与污水等无害化处理和资源化利用。

4.“两型社会”产业技术。探索生态建设与产业协调发展模式，推进生态建设产业化、产业发展生态化，推广“城市矿产”“环境医院”“沙产业”“生态机具”等，逐步形成以生态农业为基础、以先进制造业和高技术产业为主导、以现代服务业为支撑的环境友好型和资源节约型产业技术体系。

5. 化学品环境风险防控。结合甘肃省化学品产业结构特点和化学品安全需求，加强化学品危害识别、风险评估与管理、化学品火灾爆炸及污染事故预警与应急控制等研究。

（四）公共安全技术集成示范。围绕食品安全、生产安全、社会安全、地质灾害防治、国土安全等领域的重大科技需求，加强公共安全科技领域的技术攻关，力争实现突发事件监测预警、防控、应急处置等关键技术的持续创新，提升公共安全核心技术与装备的自主研发与工程化能力，强化公共安全科技支撑。

专栏 22　公共安全技术集成示范

1. 食品安全创新管理。加强食品安全的全过程管理，创新食品安全监管新模式，实现溯源预警、产品评估、安全检测等全过程电子化监管，探索制订涉及食品安全产业不同行业、不同层级的食品安全标准。构建基于物联网技术的食品溯源体系，促进形成质量安全追溯创新链条。

2. 生产安全技术攻关。开展煤矿领域、金属非金属矿山领域、危险化学品领域、冶金有色等工贸行业领域、职业病危害领域、应急救援领域科技攻关和安全生产技术装备示范推广。围绕安全生产科技支撑平台建设与布局，在高危行业建立一批安全生产技术服务中心试点示范，扶持创建政产学研用协同创新体系，大力发展安全科技产业。

3. 立体化社会治安防控技术体系。加快社会治安综合治理信息化进程，完善社会治安监测预警和案（事）件侦查技术，实现城市管理、社会服务管理、社会治安三网融合，支撑智慧城市建设。支持事故灾难、公共卫生突发事件、社会安全突发事件的预防、预警、调查、处置、恢复等各环节关键技术、装备的研发集成和推广应用。地质灾害科技支撑能力。

4. 研究揭示地质、水文、冰雪、气象等重大突发性自然灾害及灾害链的形成机理，提高预测预报科技水平。基于大数据，研究应用自然灾害预测预报与监测预警技术、重大自然灾害灾情与综合风险评估技术系统、重大自然灾害应急救助与决策指挥关键技术。研发土地退化防治技术和受损生态系统的快速修复技术，增强应对重大突发性自然灾害的科技能力。

七、优化科技创新创业环境

围绕主体培育、平台建设、环境优化、开放合作、政策普惠等措施，集中政府资金和资源，优化创新资源配置效率，坚持产业调整方向，提升关键核心技术和基础技术产品的供给能力，为技术研发侧改革提供基础支撑，引导提升区域创新驱动能力。

（一）构建产业协同创新体系。以企业为主体、市场为导向、应用为目的，建立和完善以企业为主体的产业技术创新体系。支持企业、科研院所和高校协同建设产业技术创新战略联盟，建立从实验研究、中试到生产的全过程创新链条，推动各领域新兴技术跨界创新，培育发展区域产业协同创新中心。围绕产业链需求部署创新链与资金链、布局创新项目，通过产学研联盟实现技术群体突破。以兰白科技创新改革试验区为核心，依托现有各类园区和工业集中区，沿陇海—兰新—包兰—兰渝线优化布局、培育改造一批高新技术产业园区和农业科技园区，建立创新特征明显、带动能力较强的产业创新集群。

专栏 23　产业协同创新体系重点计划

1. 建立石化合成材料及精细、新型化工材料、铜铝合金及深加工、镍钴新材料及二次电池材料、能源装备、智能装备、稀土功能材料及其应用、中藏药和生物医药等 10 个创新型产业集群，完善产业链、创新链和服务链。 2. 培育 15 个高新技术产业园区、30 个农业科技园区。 3. 实施以工程化为核心的产业化机制，开展苗圃、孵化、加速、市场全流程的产业创新方式。 4. 建立产业创新图谱机制，制定产品、企业、产业创新图谱。

（二）提升创新平台建设水平。在基础前沿领域和新兴交叉学科领域，按照择优布局的原则，在高校和科研院所推进国家重点实验室建设，扶持省内应用型大学积极创办国家重点实验室及省级重点实验室。结合技术创新工程实施，加强企业国家重点实验室建设。在关键产业技术领域，结合区域特色和优势科技资源，建设一批工程技术研究中心、产业技术创新战略联盟和国际技术转移中心。进一步完善平台建设布局，形成涵盖科研仪器、科研设施、科学数据、科技文献、实验材料等科技资源的共享服务平台体系。建立健全共享服务平台运行绩效考核、后补助和管理监督机制。建立科技资源信息公开制度，完善科学数据汇交和共享机制，加强科技计划项目成果数据的汇交。

专栏 24　创新平台建设重点计划

1. 培育 3 个国家重点实验室或省部共建国家重点实验室、3 个以上国家工程技术研究中心、80 个省级重点实验室和工程技术研究中心、300 个产业技术创新战略联盟。 2. 建设酒泉节水技术国际合作园区，建设国家级科技成果转化服务示范基地，建设 10 个以上技术转移中心。 3. 建设新型机制运作、产学研联合的产业技术研究院和创新研究院。 4. 加快兰州科技大市场、“科聚网”等科技创新公共服务平台建设。

（三）强化知识产权保护利用。深化知识产权法制建设和管理，建立司法、行政、行业、企业、院所、高校相结合的知识产权保护机制，探索建立知识产权法庭。实施企业知识产权管理促进工程，在产业发展的重点领域和新兴领域，参与有关国际标准的制定。搭建以企业为核心的知识产权产业化实施平台，创新技术交易服务形式和知识产权交易平台。建立质押贷款、风险投资、上市、证券化等多层次的知识产权投融资体系。建立第三方知识产权服务机制，鼓励省内外专利代理机构设立专利服务站。

专栏 25　知识产权保护应用重点计划

1. 培育 150 家知识产权优势企业，推行国家标准《企业知识产权管理规范》。 2. 设立兰白科技创新改革试验区知识产权法庭。 3. 建立知识产权质押贷款风险补偿基金，专利权质押融资贷款规模达到 20 亿元。 4. 加强重点产业知识产权风险评估和预警。

（四）推进大众创业万众创新。加快大学科技园、留学人员创业园、文化创意产业园、科技创新城等科技企业孵化器建设，加快众创空间发展，建设服务实体经济的创业孵化体系，健全支持科技创新创业的金融体系，促进创客迅速成长。利用“互联网 +”积极发展众创、众包、众扶、众筹“四众”新模式。支持科研人员、高校师生以技术、专利等作价创办科技型企业或科技服务机构。落实国家各项创业投资企业税收优惠政策，健全优先使用创新产品的采购政策。

专栏 26　创新创业重点计划

1. 推进创业创新支撑平台、创业创新示范园、大学创新园建设。 2. 围绕陇原创业创新千亿元产业行动计划，实施大众创业万众创新“百千万工程”，建设 10 个大众创新创业示范城市，扶持各类众创空间 100 个，创业导师超过 1000 人，各类创新创业人员超过 1 万人，带动超过 10 万人就业。 3. 完成张掖国家小微企业创业创新示范基地等平台建设目标。

（五）健全军民融合创新体系。加强与军工集团、军工科研院所、民营企业、创新联盟等各类主体的协同创新，共建军民两用技术研发中心、重点（工程）实验室、工程技术研究中心等平台。打造军工创新创业人才高地，发挥军工企业的人才和装备优势，提高地方企业军民两用技术的开发能力。加强重大科技创新任务的军民协同，强化对民用高技术转化应用的支持，促进军民两用技术联合攻关和成果双向转化应用。促进军民科技资源互动和开放共享，完善军民融合公共服务平台和装备采购信息发布公共服务平台，促进军民科技创新资源整合与开放共享。

专栏 27　军民融合创新体系重点计划

1. 在兰白科技创新改革试验区建设 4 个军民结合专业产业技术园。 2. 推进航空航天高端装备制造、新材料、核工业、精细化工军民两用技术和产品开发和应用。 3. 建设 5 个以上军民结合新型产业创新平台。 4. 培育军民结合产业知名品牌 10 个以上。

（六）改善四新经济发展环境。推进科技创新从技术维度的单一创新转向“新技术、新业态、新模式、新产业”的集成创新，创新政府管理服务模式，主动顺应市场经济规律和“四新经济”特点，放宽对创新要素合理流动的诸多限制，用市场化、社会化机制推动产学研用一体化发展。培育企业家精神，发挥资本推力作用，鼓励支持企业加强技术改造和技术创新，采用数字化、智能化、绿色化制造及电子商务等新的生产经营模式，发展新经济、新产能，不断催生新的经济增长点，推动产业创新和经济转型。

专栏 28　四新经济重点计划

1. 跟踪信息技术、智能技术、新材料等发展趋势，发展纳米材料、军工融合、3D 打印、机器人制造、检验检测等新技术。 2. 推动产业结构迈向中高端，发展文化旅游、健康休闲、公共安全、现代服务业和新型科技服务业等新产业。 3. 促进信息等技术升级应用，发展大数据、电子商务等新业态。 4. 优化组合传统产业要素，技术支撑联盟经济、共享经济、包容经济等新模式发展。

（七）持续加强应用基础研究。面向基础前沿，加大科技人员个人兴趣、自主选题的基础研究支持力度，鼓励非共识创新和变革性研究，探索新的学科生长点。推动学科均衡协调发展，统筹基础学科、传统学科、薄弱学科、新兴学科、交叉学科、边缘学科布局。稳定支持和竞争性支持相协调，提高应用基础研究投入的比重，完善多元化的应用基础研究投入体系。围绕我省传统优势产业改造提升和战略性新兴产业培育难点、焦点，超前部署一批具有战略性、前沿性的应用基础研究重大项目。

专栏 29　应用基础研究重点计划

1. 支持地学、生态、高能物理、催化剂、草业、航天器件、新能源、疫苗制品、超导等学科领域，保持学科领先地位。 2. 在新能源、装备制造、新材料、生物医药、信息技术等领域逐步建设 15 个具有国际影响力的优势特色学科。 3. 在高端通用芯片、集成电路装备、节能环保设备、有色冶金、新药创制等关键核心技术方面取得突破。

（八）调整人才聚集发展机制。依托国家重大人才计划，围绕科技重大专项和战略性新兴产业发展需求，重点引进一批从事国际前沿科学技术研究、带动新兴学科发展、提升产业层次或填补产业空白的杰出科学家和研究团队。以通用性强、技术含量高、社会需求大的职业工种为重点，优先在特色优势产业和战略性新兴产业开展高技能人才培训。建立以兰白科技创新改革试验区为中心、辐射省内区域产业集群和科技示范区的“人才池”，支持高校教师和科研人员到企业挂职锻炼，并从教学考核、职称评定、知识培训、科研经费等方面对创新创业人员给予倾斜支持。

专栏 30　人才聚集发展重点计划

1. 制定人才普惠政策，健全完善高层次人才引进措施，选拔科技领军人才，建设 500 个具有自主知识产权和持续创新能力的科技创新团队。 2. 培养企业高技能人才 1.5 万名，选聘企业研究生导师 600 名。 3. 培育本土化创新创业人才梯队，建立兰白科技创新改革试验区“人才池”。 4. 鼓励用人单位采取股权、期权、扩大技术入股比例等多种形式对人才进行奖励。

（九）深化科技开放合作机制。加强与“一带一路”沿线国家的交流合作，积极开展招商引资引智，培育技术转移机构，促进国际科技合作向纵深发展。强化与国际组织科技创新对话，鼓励企业引进更多的创新成果在省内实现产业化。深化部省会商合作机制，强化与国家自主创新示范区（试验区、高新区）的密切合作，积极开展与上海张江国家自主创新示范区东西区域合作，共建技术转移中心和产业创新园，加强企业合作对接。加强区域间和省级院校科技合作，实施双边与多边的科技经济合作项目，共同建设技术转移中心和产业创新园，推动一批创新研究机构及重大技术项目落户甘肃。

专栏 31　科技开放合作重点计划

1. 探索“一带一路”沿线国家战略协同创新共同体建设模式，联合建设国际科技创新中心、国际联合研究中心、国际科技合作基地。 2. 建设中国—中西亚、中瑞、中德等国际技术转移中心。 3. 鼓励企业到境外设立研发机构或参股并购境外科技型企业。 4. 探索长效机制的部省会商、省际合作、省院（校）战略合作新模式，促进创新机构、基地及重大技术项目落户甘肃。 5. 组建国内外智库协同创新中心和研究联盟。

（十）提高科学普及普惠水平。加强科普基础设施的系统布局，推进科普示范基地和特色科普基地建设，提升科普基础设施服务能力，实现科普公共服务均衡发展。构建科普信息化服务体系，加大科普宣传力度，创新科普传播形式，提升科普讲解水平，出版科普专著译著，增强科学体验效果，满足公众科普信息需求。推进科普资源公共服务平台建设，完善科普资源公共服务机制，形成公

共性、集聚化的科普资源开发利用格局，培育一批第三方科普专业机构，培养科普专业人才。集成科普信息资源，充分发挥重点实验室、工程技术研究中心的科普功能，鼓励对公众开放展览，为社会和公众提供资源支持和公共科普服务。完善包容创新的文化环境，倡导敢为人先、勇于冒尖、宽容失败的创新文化。

专栏 32　科学普及普惠重点计划

1. 具备基本科学素养的公民比例超过 7%。
2. 国家级科普教育基地达到 20 个，省级科普教育基地达到 50 个。
3. 建设科普资源公共服务平台。
4. 培育 5 个以上第三方科普专业机构，培养 1000 名以上科普专业人才。
5. 完善中小学生、大学生、高新技术企业等各类创新创业竞赛机制。

八、推进重点领域重大改革

围绕促进科技与经济社会发展深度融合，深化体制机制改革创新，改善成果转化侧的质量和结构，提高科技需求侧的活力和动力，减少技术研发侧的供给抑制。意识上增强创新自信、行动上聚焦科技供给、组织上发挥建制优势、操作上实施工程举措、人才上坚持分类指导，着力提高供给体系质量和效率，提振经济持续增长动力。

（一）改革科技计划体系。改革科技计划管理流程和组织模式，建立和完善涵盖科技计划实施全流程的管理制度体系。参照中央财政科技计划（专项、基金等）管理改革，建立以需求导向、绩效导向为目标的新型科技计划管理体制。以构建科技计划管理综合服务平台为基础，实施新的科技计划项目组织方式，将现有科技计划整合为科技重大专项计划、重点研发计划、技术创新引导计划、创新基地与人才计划、知识产权计划五大类科技计划，结合全省发展战略需求，动态增设若干专项（基金）。建立科技计划管理联席会议运行机制，加强科技计划管理和重大事项统筹协调。依托现有科技服务事业单位，遴选、改造、组建一批运行公开透明、制度健全规范、管理公平公正的项目管理专业机构，提高专业化管理水平和服务效率。

专栏 33　科技计划体系改革突破点

1. 面向经济社会发展重大需求及科技发展优先领域，建立“5 个基本计划 +X 专项”科技计划体系，全链条设计，组织实施系列重点研发计划。
2. 统筹科技资源，建立公开统一的科技计划管理平台。
3. 推行科研信用管理制度，对项目承担单位、科研人员、评估评审专家、中介机构等主体，建立信用评级，并根据信用评级实施分类管理。

（二）改革研发组织体系。发挥科研院所和高校创新主力军作用，加快科研院所分类改革，建立健全现代科研院所制度和创新绩效评价制度，落实和扩大科研院所法人自主权。加快省属科研院所资源整合，坚持技术开发类科研机构企业化转制和股份制改革方向，加快建设特色高水平科研院所。强化区域内高校科研合作、学术交流和资源开放共享，开展面向市场需求的应用技术研发，统筹推进高校教育创新、科技创新、体制创新、开放创新和文化创新，加快现代大学制度建设。完善以产业技术创新战略联盟为核心的技术研发、资源共享和成果转化组织模式，创新产学研结合机制，形成从产品确定研发、从企业确定创新、从产业确定集群、从产业链确定创新链的科技供给倒逼机制。培育发展面向市场的新型研发机构，形成跨界跨域研发服务网络，推进科技中介机构市场化运作。

专栏 34　研发组织体系改革突破点

1. 加强协同创新，促进多学科交叉融合，推动高校、科研院所和企业协同创新。 2. 加快推进建设面向重大需求的创新研究院、面向科技前沿的创新中心与大科学研究中心、面向产业需求的特色研究所和高水平科技智库。 3. 落实《中共中央办公厅国务院办公厅关于进一步完善中央财政科研项目资金管理等政策的若干意见》《国务院关于改进加强中央财政科研项目和资金管理的若干意见》。 4. 培育众创众包、用户参与、云设计的新型研发机构。 5. 优先支持联盟承担国家和地方科技创新项目。

（三）改革企业创新机制。强化企业创新主体地位，深入实施企业技术创新培育工程，引导各类创新要素向企业集聚，加快建设以企业为主体、市场为导向、产学研相结合的技术创新体系，深入推进创新链、产业链、资金链、政策链、服务链融合发展。健全符合科技创新的现代企业制度，大力推动国有企业改制上市、混合所有制改革。推行国有企业引进职业经理人和创新团队机制，探索建立更加符合科技创新、鼓励战略投资的国有企业领导人任期制度。健全国有企业技术创新经营业绩考核制度，对管理人员实施市场化的激励和约束机制。培育壮大企业内部众创，积极培育创客文化，拓展创新领域和能力。加快公司制、股份制改革，健全法人治理结构，推动具备上市条件的企业实现境内主板、中小板、创业板以及境外资本市场上市。积极引导国有资本从产能过剩行业向战略性新兴产业和公共服务领域转移，提升有效供给，创造有效需求。鼓励非公企业参与国有企业改革，更好激发非公有制经济活力和创造力。鼓励各类社会资本通过出资入股、收购股权、认购可转债、安全退出等多种形式，参与国有企业改制重组。完善和落实激励企业创新的普惠性政策，建立企业主导的产业技术创新战略联盟组织机制、合作机制和运行机制，加快产业共性技术研发和重大科技成果应用。支持重要公共产品、重要民生等领域的核心骨干企业在保持相对控股的基础上，通过合资合作，打造一批体制新、机制活、优势明显的混合所有制企业。

专栏 35　企业创新改革突破点

1. 企业在国有资本经营预算中安排一定比例用于支持自主创新。 2. 鼓励企业新增国有资本投向高新技术产业、战略性新兴产业、科技基础条件设施、公共科技服务、国际科技合作。 3. 鼓励规模以上企业通过技术改造、“五小”（小发明、小创造、小革新、小设计、小建议）活动、创新工作室等方式开放建设众创空间和创新平台，吸引社会力量和社会资本。 4. 鼓励非公有制企业科技创新，培育一批掌握行业“专精特新”技术的科技“小巨人”企业。 5. 落实加计扣除和税收优惠政策，对成功申报高新技术企业、重点实验室、工程技术研究中心的企业实施奖励。 6. 政府采购鼓励使用本省企业的创新产品，在土地使用税方面给予科技型企业相应优惠。

7. 建立以企业需求和投资为主、政府扶持的技术创新项目和科技资源调配机制，对创新效益较好的企业给予后奖励或后补助，改革“纯利润”式的科技投入方式。

（四）改革评估评价模式。改革创新评估评价机制，建立以科技创新质量、贡献、绩效为导向的分类评价体系。推行第三方评价，由政府评估评价为主向社会评估评价为主转变，逐步减少政府为主的评估评价活动，探索建立政府、社会组织、公众等多方参与的评价机制，规范发展第三方评估机构和知识产权专业估值机构。发布企业、高校、科研院所创新能力评估指导意见，完善政府资助项目评估指标体系和绩效考核办法。改进人才评价方式，对从事基础和前沿技术研究、应用研究、成果转化等不同活动的人员建立全学科分类创新评价制度体系。完善科技人才职称评价标准和方式，增加用人单位评价自主权，尤其是高层次人才选拔培养和资助重点向科技成果转化人员倾斜。完善科研信用管理制度，建立覆盖项目决策、管理、实施主体的逐级考核问责机制和责任倒查制度。完善国民经济核算体系，改革完善国有企业评价机制，把研发投入和创新绩效作为重要考核指标。

专栏 36　评估评价模式改革突破点

1. 利用情报检索、市场分析、技术研究等综合手段，开展项目执行评价、成果产出评价、机构效率评价，探索开展专利技术、企业商标等知识产权价值评估。

2. 构建公开透明的科研资源管理和项目评估评价机制，实行以综合绩效和开放共享为重点的评价。

3. 建立以市场为导向的人才评价标准，建立分类评价制度。

4. 推行项目储备和信用管理制度，利用创新图谱、知识产权预警、技术预见预测等手段，完善立项与监督制度。

5. 推进高校、科研院所和企业分类评价，把技术转移和科研成果对经济社会的影响纳入评价指标，将评价结果作为财政科技经费支持的重要依据。

（五）改革科技投入方式。健全竞争性经费与稳定支持经费相协调的投入机制，强化财政对公共科技活动的投入保障，引导社会资本投向科技创新和参与重大科技基础设施建设。建立健全符合科研规律和科技企业发展的科技创新项目财政资金投入机制。改革研发支出核算方法，完善激励企业研发的普惠性政策，引导企业成为研发投入的主体。加大财政资金支持众智、众包、众扶、众筹等创新创业融资平台和科技金融综合服务平台建设。以兰白科技创新改革试验区技术创新驱动基金、甘肃省战略性新兴产业创业投资引导基金为源头，引导省级财政企业扶持资金进行基金化转型，引入天使投资、风险投资等不同种类的功能型基金群，鼓励和支持兰白科技创新改革试验区及省内各市县参股设立子基金。开展知识产权等无形资产评估、质押融资。加快发展科技保险，开展专利保险试点，完善专利保险服务机制。鼓励商业银行组建科技支（分）行，鼓励社会资本设立中小型银行等金融机构，引导民间资本参股、投资金融机构及融资中介服务机构。鼓励创新投贷结合方式，探索银行与创投机构间多渠道融资模式。

专栏 37　科技投入方式改革突破点

1. 创新和完善兰白科技创新改革试验区技术创新驱动基金、甘肃省战略性新兴产业创业投资引导基金投入方式，支持科技成果转化和重点产业发展。

2. 建立知识产权质押融资市场化风险补偿机制，简化知识产权质押融资流程，开展专利保险试点。

3. 推广政府与社会资本合作 PPP 融资模式。
4. 推行科技创新券方式支持企业利用创新资源和创新平台。
5. 组建一批科技支（分）行，鼓励社会资本设立金融机构。
6. 完善国有资本、社会资本的退出机制。

（六）改革成果转化机制。深入推进科技成果使用、处置、收益和科技人员股权激励改革试点，引导社会资本支持科技成果转化。在财政资金设立的科研院所和高校中，将职务发明成果转让收益在重要贡献人员、所属单位之间合理分配。结合事业单位分类改革，尽快将财政资金支持形成的科技成果使用权、处置权和收益权，全部下放给符合条件的项目承担单位，科技成果转移转化所得收入全部留归单位，纳入单位预算，实行统一管理，处置收入不上缴国库。完善职务发明、科技成果、知识产权归属和利益分享机制，提高骨干团队、主要发明人受益比例。建立促进国有企业创新的激励制度，对国有企业在创新中做出重要贡献的技术人员和经营管理人员实施股权和分红激励政策。发布高校和科研院所科技成果目录，强化科技成果以许可方式对外扩散，鼓励以转让、作价入股等方式加强技术转移。

专栏 38　成果转化机制改革突破点

1. 落实《甘肃省促进科技成果转化条例》，全面建成功能完善、市场化的科技成果转移转化机制。
2. 建立高校和科研院所科技成果转化年度统计和报告制度。
3. 依托兰白科技创新改革试验区、兰州科技大市场、创新型城市等，建设科技成果转移转化示范区。
4. 支持建设通用型和行业性科技服务平台，搭建科技成果工程化和产业化载体。

（七）改革创新治理机制。打破创新单元独立发展状态，提高创新体系建制化发展的整体效能，构建符合产业发展方向的大科研体制。健全技术创新的市场导向机制和政府导向机制，进一步减少对市场的行政干预，凡是市场机制能有效调节的经济活动，一律取消审批，最大限度发挥市场配置创新资源的决定性作用；进一步下放行政审批权。加大效能建设力度，建立和完善政府创新管理机制和政策支持体系。建立部门科技创新沟通协调机制，加强战略规划、政策制定、环境营造、公共服务的统筹协调，优化科技资源配置。建立科技创新决策咨询机制，发挥好科技界和智库对创新决策的支撑作用。加快创新调查、科技报告、科技评价制度建设，大幅度提高科技创新治理能力和管理水平。建立公开统一的科技管理平台，建立专业机构管理项目机制。支持研究机构自主布局基础研究科研项目，在基础研究领域建立包容和支持“非共识”创新项目的制度。建立创新治理的社会参与机制，增强企业家在创新决策体系中的话语权，发挥各类行业协会、基金会、科技社团等在推动创新驱动发展中的作用。

专栏 39　创新治理机制改革突破点

1. 下放行政审批权限，推进负面清单模式。
2. 建立甘肃省科技创新咨询委员会，推进重大科技决策制度化。
3. 创新治理模式，重点实施第三方监督评价、专业机构管理、政府购买服务等治理手段改革，建立健全科技项目决策、执行、评价监督的运行机制。

4. 扩大高校、科研院所学术自主权和科研人员选题权。
5. 发挥社团组织的作用，健全用户和公众参与机制。

九、保障机制

为有力推进规划顺利实施，围绕科技发展部署，加强实施机制，落实主体责任，强化监督管理，形成规划实施的强大合力与制度保障，全面构建和完善有利于创新发展的新体制和新机制。

（一）加强党的领导。切实增强党对创新驱动发展的领导，完善党领导经济社会发展工作体制机制。坚持党总揽全局、协调各方，发挥各级党组织的领导核心作用，加强制度建设，改进工作体制机制和方式方法，强化决策和监督作用。坚决贯彻党中央决策部署，落实本规划确定的发展理念、主要目标、重点任务、重大举措。

（二）强化组织实施。做好组织协调服务，把落实各项任务、增强持续创新能力、促进产业提质增效真正摆到全局工作的突出位置，形成系统、全面、可持续的工作格局。建立健全保障机制、协调决策机构，从组织领导、监督检查、配套衔接等方面，形成规划实施的有力保障。各市州、各部门要按照职责分工，明确具体工作任务，将规划确定的相关任务纳入年度计划，制定实施方案。规划提出的发展指标、重大任务和重点工程项目，作为约束性指标分解落实到省直各有关部门和市州，明确责任和进度要求，确保实施落实。改进考评机制，加强激励约束，定期检查、督促落实。

（三）做好规划衔接。加强与《国家中长期科学和技术发展规划纲要（2006—2020 年）》《“十三五”国家科技创新规划》《甘肃省国民经济和社会发展第十三个五年规划纲要》《兰白科技创新改革试验区发展规划（2015—2020 年）》以及地方城市规划、产业规划、土地利用规划、环保规划等的密切衔接。各科技管理部门强化规划意识，提高规划实施水平，坚持规划先行，充分发挥规划的先导作用、主导作用和统筹作用，以本规划目标和任务为指导，加强沟通协调，认真做好专项规划的编制与衔接，使其在政策实施、项目安排、制度创新、空间布局、时序安排等方面协调一致，强化对本规划的支撑，确保规划整体性和协调性。

（四）加强评估监测。开展规划实施情况评估和阶段总结，每半年进行 1 次检查通报，每年进行 1 次评估，适时开展经验总结与推广工作，发现问题，及时解决。推进完善社会监督机制，鼓励社会公众参与规划实施的监督。规划确定的高新技术产业化、创新能力建设等重大项目，优先纳入“3341”项目工程。完善符合规划特点的统计指标与体系，纳入统计规范联网直报系统，每年发布《科技进步统计监测报告》。开展创新图谱编制、技术预警预测。建设储备项目库与人才库，保障规划目标的完成。加大宣传力度，增强社会各方共同实施规划的主动性和积极性。

（五）科技计划改革。强化规划指引下的计划执行制度，进一步完善“权责明确、定位清晰、结构合理、运行高效”的科技计划体系，依靠现代化信息平台和制度体系建设，推进科技计划管理的公正、公开、公平和高效。充分利用绩效考评、信用管理、信息公开、第三方评估与监理、监察审计等多种方式和手段，健全科技计划项目管理的监督规范。建立健全科技项目决策、执行、评价监督的运行机制。完善科技项目组织管理流程，建立科学合理的项目形成机制和储备制度。健全科技项目管理的法人责任制，实施科技项目公平竞争和信息公开公示制度。

（六）政策法治保障。全面推进依法行政，制定发布相关政策法规，明确规划实施主体和各职能部门法定职责。优化区域间协调联动和资源配置机制，规范科技创新与成果转化、科技金融结合、土地利用、人才激励、开放合作等法律行为，推动相关政策和改革举措形成合力、落到实处，创新法治人才培养机制等。深入实施知识产权战略行动计划，培育知识产权运维和管理体系，健全激励知识产权创造应用和侵权惩治的知识产权保护体系。建立规划符合性审查机制，科技重大任务、重大项目、重大措施的部署实施，要与规划任务内容对接并进行审查。建立高效的法治监督与保障体系，确保规划在开始实施阶段即纳入法制化轨道，促进和保障体制机制创新和长远发展。

青海省“十三五”科技创新规划

“十三五”时期是我省与全国同步全面建成小康社会的决胜阶段，是深入实施创新驱动发展战略、全面深化科技体制改革、加快推进创新型省份建设的关键时期。为加快推动以科技创新为核心的全面创新，根据《国家创新驱动发展战略纲要》《“十三五”国家科技创新规划》《青海省国民经济和社会发展第十三个五年规划纲要》，编制《青海省“十三五”科技创新规划》。

一、规划编制背景

（一）“十二五”发展回顾。

“十二五”以来，省委、省政府高度重视科技创新工作，作出了加快创新型省份建设的一系列决策部署。全省科技工作紧紧围绕“三区”建设目标，深入实施创新驱动发展战略，不断深化体制机制改革，强化政策举措，优化发展环境，提升创新能力，科技工作得到全面加强，为全省经济社会发展提供了强有力的支撑。“十二五”期间，全省累计取得科技成果1814项，较“十一五”增长63. 4%；每万人有效发明专利拥有量达到1.14件，增长近3倍；技术市场交易额147.2亿元，年均增长34. 5%。到2015年，高技术产业增加值占工业增加值比重达到6. 2%；公民具备科学素质的比例达到3. 24%，全省科技进步对经济增长的贡献率达到50%，科技促进经济社会发展指数达到61.6%。“十二五”科技发展规划主要目标基本完成。

科技支撑农牧业发展迈上新台阶。围绕油菜、马铃薯、蚕豆、蔬菜、中药材、特色果品、牛羊肉、奶牛、毛绒、饲草料十大特色农牧业产业，实施“1020”生态农牧业重大科技支撑工程。审定109个农作物新品种，选育的青薯9号马铃薯、青海13号蚕豆、昆仑14号青稞、高原437小麦等优良品种在省内外实现了大面积推广种植；建立了全国最大的甘蓝型春油菜制繁种基地，良种覆盖全国80%的春油菜区，并推广到蒙古、俄罗斯等国；人工种草、健康养殖、畜疫防控等关键技术的突破，形成了“暖季放牧＋冷季补饲”为核心的生态畜牧业发展模式；推进“国家农村信息化示范省”建设，建立了青海省农村信息化综合服务平台；全省5个国家级和31个省级农业科技园区引进各类新品种、新技术392项，建成核心区面积18.7万亩，促进一二三产融合发展，实现总产值128亿元。实施“重

青海省人民政府办公厅，青政办〔2016〕178号，2016年9月13日。

建社会主义新玉树科技引领行动计划”，形成了生态保护、绿色建筑、农牧业生产三大技术体系，取得了良好的科技示范效果。

科技支撑优势产业实现新突破。实施“123”科技支撑工程，突破一批重大关键技术，形成一批重大装备和战略产品，大幅提升了工业企业科技创新能力。在新能源领域，攻克多晶硅生产等核心技术，基本形成多晶硅铸锭、光伏组件到光伏电站建设的全产业链，建成世界上规模最大的850兆瓦水光互补并网光伏电站、7兆瓦分布式离网光伏电站及国内首座商业化运营的10兆瓦塔式太阳能热发电站。在新材料领域，攻克高性能磷酸铁锂正极材料等生产技术，建成国内规模最大的自动化磷酸铁锂正极材料生产基地，基本形成完整的锂电产业链；攻克硬质铝合金、铝镁合金等系列产品生产技术，电解铝产能就地转化率达到80%以上；开发低能耗多晶硅、蓝宝石、化成箔等生产技术，光电材料产业初具雏形。在盐湖领域，攻克正浮选—冷结晶工艺生产氯化钾、盐湖低品位难开采钾盐高效利用技术，支撑我省成为国内最大的钾肥生产基地；通过高镁锂比盐湖卤水提锂技术开发，形成多条万吨级碳酸锂生产工艺；突破水氯镁石氨法制备氢氧化镁生产技术，建成10万吨级氢氧化镁、氧化镁生产基地，以盐湖镁、锂、钾、氯化工为代表的循环经济产业技术创新体系初步形成。柴达木盆地油气地震勘探技术难题的突破，青海油田新增油气储量2.8亿吨，为建成千万吨级油气田奠定了基础。在装备制造业领域，开发出具有国际国内先进水平的数控加工中心等12种新装备，成功研制出680MN多功能压机并挤压出世界第一长度的P91无缝钢管。在生物医药领域，攻克特色生物资源高值开发等关键技术，促进了高原特色生物创新型产业集群发展。

科技支撑生态文明建设迈出新步伐。在三江源等重点区域，开展生态系统演化机理、生态环境监测、畜牧业优化升级等关键技术的攻关和集成示范，繁育出三江源生态治理适宜栽培草种，研究提出退化草地治理模式，三江源地区“黑土滩”治理难题得到破解；青海湖流域建成水资源系统动力学模型和生态环境综合监测系统，形成了水资源利用技术和优化配置方案；祁连山水源涵养区形成了天然草地保护与利用及退化草地修复模式。大力实施节能减排科技行动，大幅提升重点行业节能减排技术水平，有效支撑了全省节能减排任务的全面完成。

科技创新体系建设取得新成效。加快构建以企业为主体、市场为导向、产学研结合的协同科技创新体系。青海国家高新技术产业开发区、国家大学科技园、企业国家重点实验室、省部共建国家重点实验室获国家批复，实现了零的突破。统筹科技资源，与科技部建立工作会商制度，与12个省（市）签订了科技援青协议，与中国科学院、中国工程院深化了合作机制，与国家自然基金委设立了柴达木盐湖化工科学研究联合基金，与3个市（州）建立了工作会商制度。培育认定高新技术企业103家、科技型企业219家、创新型企业33家，组建省级重点实验室66家、工程技术研究中心54家、院士工作站3家，全省科技活动人员达到20207人、R&D人员6675人，培养学科带头人321人、人才小高地创新团队30个。

科技体制机制改革取得新进展。强化科技创新和体制机制改革顶层设计，出台《青海省科学技术进步条例》《青海省贯彻〈中共中央国务院关于深化科技体制改革加快国家创新体系建设的意见〉的实施意见》《关于深化科技体制改革加快创新型青海建设的若干政策措施》《青海省贯彻〈“十二五”国家自主创新能力建设规划〉实施意见》等25项政策性文件，形成了覆盖科技创新全过程的政策链。

实施省属转制科研院所改革，建立经营者业绩评价体系和劳动分配等激励机制；改革省级科技计划和财政科技资金管理体制，形成重大科技专项、重点研发与转化计划、企业创新引导资金、基础研究计划、创新平台建设专项等五大类科技计划体系。积极改革科技项目管理制度，对科技项目实现网络管理，全面引入专家评审制，落实后补助、加计扣除、财政奖补等普惠性财税政策。着力推进科技与金融结合，设立青海科技创新、青海国科创业和青海华控科技创业等投资基金。开展专利等科技成果质押贷款业务，促进知识产权创造、运用、保护、管理和服务能力提升。初步建立从天使投资、风险投资到科技融资担保等支持企业创新链的科技金融支撑体系。

（二）“十三五”发展面临的机遇与挑战。

“十三五”时期，全球科技创新呈现新趋势，国内经济社会发展进入新常态，面对我省经济社会发展、生态环境保护、保障和改善民生对科技创新工作的新要求，必须坚持创新驱动发展，为产业转型升级和经济结构调整提供新动力、拓展新空间。

世界新一轮科技革命和产业变革蓄势待发。全球科技创新呈现新的发展态势。学科交叉融合加速，新兴学科不断涌现，前沿领域不断延伸，众多基础科学领域正在取得重大突破性进展。新技术突破加速带动产业变革，对世界经济结构和竞争格局产生了重大影响。移动互联网、大数据、云计算等新一代信息技术将带动众多产业变革和创新；新能源、绿色经济、低碳技术等新兴产业蓬勃兴起；生命科学、生物技术将带动形成庞大的健康、现代农牧业、环保等产业；人工智能、数字制造、工业机器人、3D 打印等现代制造技术的不断突破，将颠覆传统制造业的发展格局。科技已成为重塑世界经济结构和竞争格局的关键力量。面对新一轮科技革命和产业变革浪潮，我省既面临传统产业转型升级的巨大挑战，又在新能源、新材料、生物技术等方面迎来了“弯道超车”的历史机遇，必须努力在创新发展上超前部署，紧跟世界发展趋势，主动迎接科技革命和产业变革带来的挑战，把握产业转型发展的主动权。

创新成为引领我国经济社会发展的第一动力。我国经济发展呈现速度变化、结构优化、动力转换三大特点，增长速度从高速转到中高速，经济结构优化升级，发展动力从依靠资源等要素驱动、投资驱动逐步转换到创新驱动。同时，在“十三五”期间，我国面临三期叠加，跨越中等收入陷阱等挑战，面对在2020年全面建成小康社会的艰巨任务，面对新常态，必须深入实施创新驱动发展战略，紧紧抓住科技创新这个“牛鼻子”，推动经济发展转方式、调结构，加快形成以创新为主要引领和支撑的经济体系和发展模式。党的十八大以来确立了“创新、协调、绿色、开放、共享”的发展理念，提出创新是引领发展的第一动力，必须摆在国家发展全局的核心位置。

我省正处于转型升级提质增效的关键时期。我省经济发展进入新常态，传统发展动力减弱，依靠资源消耗为主的发展方式难以为继。同时，我省位于青藏高原和三江源头，肩负着保护中华水塔，筑牢中华民族生态屏障、改善民生、维护稳定等重大历史使命，要协调好生态环境保护和发展的关系，加快推进“生态文明先行区、循环经济发展先行区和民族团结进步先进区”建设步伐，实现经济绿色循环低碳发展，促进产业结构更趋合理，必须贯彻创新发展理念，探索创新驱动发展之路，大力调整产业结构，增加有效供给，培育新的经济增长点，推动产业层次向中高端迈进、供需平衡向高水平跃升，塑造更多依靠创新的引领型发展，使创新成为推动青海经济社会发展的主要驱动力。

具有青海特色的创新体系初步建成。通过“十二五”的努力奋斗，我省在创新投入、创新人才、创新平台和创新产出等方面都有了长足的进步，初步建立了具有青海特色的开放型区域创新体系，为“十三五”科技创新实现跃升奠定了坚实基础。同时，依托我省特色资源，以新能源、新材料、特色生物、装备制造为代表的高新技术产业快速发展，也为我省科技创新提供了广阔的发展空间。国家“一带一路”和西部大开发战略的深入实施，对口支援力度的不断加大，以及国家科技援青工作的开展为青海科技创新发展带来新的发展机遇和有利条件。

同时，我们也清醒地认识到，与建设创新型省份的要求相比，我省科技创新还存在着一些不足和问题，主要表现为：第一，科技体制机制改革不到位，具有青海特色的开放型区域创新体系尚未完全建立，科技决策与协调机制不完善，市场在资源配置中的决定性作用未能得到有效发挥。第二，创新供给能力较弱，自主创新技术缺乏，创新引领发展的源动力不足，表现为高新技术企业数量少、核心竞争力不强，许多产业处于价值链中低端，科技对经济发展的支撑作用没有得到充分发挥。第三，创新要素聚集度低，科技创新投入偏少，科技基础条件薄弱，创新平台建设相对滞后。科技创新人才队伍总量不足、层次低、分布不合理，全社会研究与试验发展经费支出占地区生产总值比例与全国平均水平存在较大差距。第四，科技成果转化与市场化程度较低，科技成果转化服务机构发展滞后，科技成果处置权、收益权、分配权导向不明确，制约了社会整体创新活力的释放。

二、总体部署

（一）指导思想。

以邓小平理论、“三个代表”重要思想、科学发展观为指导，全面贯彻党的十八大和十八届三中、四中、五中全会及习近平总书记系列重要讲话精神，坚持“四个全面”战略部署和“五位一体”总体布局，坚持创新、协调、绿色、开放、共享的新发展理念，坚持创新是引领发展的第一动力，以体制机制改革激发创新活力，以开放合作凝聚创新资源，以技术创新支撑产业升级，以人才队伍建设筑牢创新根基，着力推进以科技创新为核心的全面创新，为建设创新型青海提供有力支撑。

（二）基本原则。

坚持绿色发展。发挥自然资源优势，突出领域特色和区域特点，大力发展绿色产业，引领经济转型升级、提质增效，形成发展新优势，实现绿色循环低碳发展。

坚持深化改革。改革创新治理结构，加强政府对科技活动引导，充分发挥市场配置技术创新资源的决定性作用，以改革释放创新活力，实现科技创新和体制机制创新双轮驱动，构建支撑创新驱动发展的良好环境。

坚持重点突破。面向经济主战场，围绕产业链部署创新链，集中财力、人力、物力等科技创新资源，破解制约产业发展的核心技术瓶颈，推动关键领域和重点产业实现新突破，使科技创新成为经济发展的主要驱动力。

坚持人才优先。把人才作为创新第一资源，尊重创新人才价值，完善激励机制，加大人才培养和引进力度，激发各类人才积极性和创造性，建设结构合理、素质优良的创新人才队伍。

坚持开放合作。积极探索开放、联合的创新机制，强化对外合作交流，充分利用国家对口支援、省院合作等各种合作机制，全面对接国内外技术和人才，最大限度用好省内外创新资源，激发创新活力，增强创新能力。

（三）发展目标。

总体目标：到 2020 年，具有青海特色优势的区域创新体系建设取得重大进展，初步进入创新型省份行列。绿色产业体系初步形成，循环经济发展走在全国前列，转型发展取得重大突破，创新能力得到大幅提升，创新体系更加协同高效，创新环境不断得到优化，创新成为推动经济社会发展的主要驱动力。

——创新能力得到大幅提升。突破一批制约经济社会发展的重大科技瓶颈，在特色产业领域形成独特优势。研究与试验发展（R&D）经费支出占全省生产总值的比重达到 1. 5%，企业研发投入占全社会 R&D 经费的比重达到 75% 以上，专利申请量、万人发明专利拥有量年均增长 20%，每万人有效发明专利拥有量达到 2 件以上，科技成果登记数较“十二五”增加 50%。

——创新支撑作用显著增强。科技创新支撑经济增长和可持续发展的作用更加突出，科技进步贡献率达到 55%。知识密集型服务业增加值占全省生产总值的比重达到 15%，高技术产业增加值占全省工业增加值比重达到 12%。形成一批具有强大辐射带动作用的区域创新增长极，新产业、新经济成为我省发展的新动力。

——创新人才队伍不断壮大。集聚一批科技创新领军人才、杰出人才、拔尖人才以及高技能人才，人才队伍不断发展壮大，全省科技人员总量达到 3 万人，企业 R&D 人员占全社会 R&D 人员总量的比重提高到 60%，引进培养高层次创新型科技人才 1000 名以上，研发人员全时当量达到 6000 人年。

——创新体系更加协同高效。以企业为主体、市场为导向的技术创新体系更加健全，产学研用机制更加科学，创新要素更加完善，创新活力不断增强，创新效率大幅提高。建设和完善 100 个以上企业工程（技术）研究中心和重点实验室、1000 家以上科技服务机构，全省科技型企业达到 400 家，高新技术企业达到 200 家，产值过亿元科技“小巨人”企业达到 50 家，国家高新技术产业开发区技工贸收入突破 600 亿元。

——创新创业环境更加优化。大幅提升对外科技服务能力，新建 5 个国家级科技创新平台，建成重点实验室、工程技术中心、农业科技园区、可持续发展实验区、循环经济示范区等国家级科技创新平台 25 个。创新政策法规更加健全，执行更加有力，形成崇尚创新创业、勇于创新创业、激励创新创业的价值导向和文化氛围，具备基本科学素质的公民比例达到 4. 5%。

专栏 1　青海省“十三五”科技创新规划主要指标

主要指标	2015 年指标值	2020 年目标值
科技进步贡献率（%）	50	55
研究与试验发展经费投入强度（%）	0.48	1.5
研发人员全时当量（人年）	4008	6000
高技术产业增加值占工业增加值比重（%）	6.2	12

主要指标	2015 年指标值	2020 年目标值
知识密集型服务业增加值占国内生产总值的比例（%）	11.18	15
科技型企业数量（家）	219	400
高新技术企业数量（家）	103	200
科技小巨人企业数量（家）	31	50
农业科技园产值（亿元）	128	200
每万人口发明专利拥有量（件）	1.14	2
国家级科技创新平台数量（个）	20	25
公民具备科学素质的比例（%）	3.24	4.5

（四）战略任务。

未来五年，我省科技创新工作将紧密围绕《国家创新驱动发展战略纲要》及《青海省国民经济和社会发展第十三个五年规划纲要》，以建设创新型省份为目标，大力实施创新驱动发展战略。坚持有所为、有所不为，不断改造提升传统产业，发展壮大战略性新兴产业，培育发展新产业、新业态，提升产业核心竞争力。推进创新突破与产业发展深度融合，助力产业转型升级，加快构建八大绿色产业技术体系，实施五项重大科技创新工程，推进八项重大科技行动，有针对性地解决一批制约产业发展的关键技术和共性技术问题，在若干优势产业领域抢占科技制高点，为我省产业迈向价值链中高端提供有力的科技支撑。

三、构建绿色产业技术体系

把握产业变革新趋势，围绕我省产业转型升级的技术需求，强化重点产业关键领域的重大技术研究，聚焦产业升级和链条拓展，突破产业转型升级和新兴产业培育的技术瓶颈，构建新能源、新材料、先进制造、现代生物、现代农牧业、生态环保、高原医疗卫生、新一代信息技术等八大绿色产业技术体系，在推进重要产业集群的基础上，打造若干创新集群。

（一）新能源产业技术体系。

加强低成本高效率太阳能光伏组件、热发电系统、熔盐储热材料等关键技术研发，在光电转化率、光热发电等方面不断取得新突破；引进开发推广大型化学储能、太阳能制氢等能源利用技术，开展新能源并网、智能电网、远距离输电、高载能行业直流直供等技术研究，建设国家级高水平太阳能发电实证基地，并积极促使其成为新型国家实验室；以示范园区、公共设施、居民住宅、农业设施等为依托，推广分布式光伏发电和微电网技术，优化城镇和农牧区用能体系，为建设全国最大的可再生能源基地，建成以太阳能、水能、风能等为主体的绿色能源示范省提供技术支撑。

专栏 2　新能源技术

1. 光伏新能源。开展低成本高效率太阳能光伏综合利用的系统部件、装备、材料产业化研发，提升水风光储输一体化和智能化互补水平；实施分布式微网、新能源并网、远距离输电等技术，智能电网高比例消纳和送出可再生

能源的关键技术的应用示范；开展高倍聚光太阳电池、薄膜太阳电池及组件等新工艺新产品研发，支持形成从晶硅等光电转化材料到新型太阳能电池和光伏并网发电的完整光伏系统制造产业链，支撑我省成为全国重要的光伏产业基地。

2. 光热新能源。开展聚光反射镜、集热器、储热熔盐、热交换器及相关设备的研发应用，支持形成日光反射—集热—储热—热交换—日光跟踪等系统及相关设备的太阳能光热发电系统制造产业链；发展相变储能太阳能热利用、中高温太阳能集热应用，复合热源大规模集中式太阳能热水、采暖、制冷、联供等技术，推动新型原材料及关键零部件自主研发生产，提高生产及制造工艺。

3. 风电新能源。加快适合高原风能特点的风力发电技术和设备研发应用，支持发展风机零部件、整机制造和风电场运营维护等风能产业链。

4. 农牧区新能源。攻克和集成适宜高原环境条件的农牧区新能源利用关键技术，开展分布式光伏发电、风能、生物质能、地热能、低能耗建筑能源系统等新型清洁能源开发利用技术，加强清洁能源在农牧区的集成示范及推广应用，实现农牧区用能方式转变。

（二）新材料产业技术体系。

围绕盐湖钾、镁、锂、钠、硼等资源深度开发和利用，着力攻克高镁锂比盐湖提取电池级碳酸锂、高能量密度和高安全性单体电池、高功率密度电池系统技术；攻克铝基、镁基、钛基和锂基等新型轻金属材料和化工材料，铜铝箔、碳化硅、氮化铝等电子材料，高纯氧化铝、蓝宝石等人工晶体材料关键技术；发挥纳米加工、石墨烯制备等高新技术对新材料产业发展的引领作用，发展新型锂电池、镁基电池、石墨烯电池、先进晶体、复合材料等产品，构建具有青海特色的新材料产业技术创新体系。促进盐湖化工与石油天然气化工、有色金属冶炼以及轻金属合金、先进晶体材料加工制造等产业互补融合，推动集群发展，支持建设全国有影响力的千亿元新材料产业基地。

专栏 3　新材料技术

1. 锂电新材料。攻克盐湖电池级碳酸锂开发技术，新型锂电池正极材料、负极材料、电解液、隔膜材料、箔材料等开发技术以及高能量密度锂离子动力、储能电池技术，完善以锂电材料为核心的上下游产业链条，支持形成新能源汽车、电子数码、工业储能等千亿元锂电产业。

2. 金属合金新材料。大力发展镁合金、铝合金、铜合金、镍合金、钛合金、高品质特种钢等金属合金新材料，重点攻克盐湖金属镁一体化关键核心技术，铝大型电解槽优化技术，新型铝镁锂合金系列产品开发技术等，支持形成国内高端铝材加工基地、钛及钛合金专业化生产基地和金属镁及镁合金生产基地。

3. 光电新材料。开展高纯氧化铝、蓝宝石晶体及衬底材料、氮化铝陶瓷材料、电子级碳化硅及外延片、LED 光电材料，三基色荧光粉、激光及光学显示材料，光纤预制棒及光纤等新产品开发，重点攻克大尺寸蓝宝石晶体切割技术、碳化硅单晶衬底等生产技术，支持形成“高纯氧化铝—蓝宝石晶体—切片—衬底—外延片—LED 芯片—LED 封装—LED 应用”“碳化硅晶体—碳化硅衬底—外延片—芯片—碳化硅光电器件—应用”等产业链。

4. 新型化工材料。重点攻克高端镁化合物系列优质耐火材料、高端无卤阻燃材料、绿色环保型镁建材、熔盐相变储能材料、碳材料、石膏新材料和氟硅新材料、树脂材料、功能性膜材料等新型无机和有机化工新材料产业化技术，支持建成以盐湖特色材料为基础的化工材料产业基地。

（三）先进制造产业技术体系。

实施《中国制造 2025 青海行动方案》，加强青海特色制造业基础能力建设，推广智能装备和新一代信息技术在特色装备制造企业中的示范应用，提升重点产业基础零部件、基础工艺、基础软件等共性关键技术和装备水平；用新型技术装备和先进制造技术对冶金、有色、化工、建材等传统产业实施绿色智能化改造，增加品种、提升品质、争创品牌，提高节能降耗水平，促进行业转型升级；发展增材制造、装配式建筑等先进制造加工技术，建立适应互联网与制造业融合发展的技术体系，支撑发展先进制造业。

专栏 4　先进制造技术

1. 高端装备制造。开展高端数控机床、增材制造、工业机器人等前沿技术和装备技术研究，开发大型精密铸锻系列产品和精深加工产品，重点发展高速铁路专用机床、多轴联动系列加工中心、重型数控卧式镗车床、生活垃圾处理成套化设备等高端装备。

2. 基础零部件和工具。开展曲轴、轴承等专用零部件和量具、刃具、检具等新产品研发，攻克军民两用高端锻件、大型异型轴类件和大型阀体等生产技术，支持建成国内重要的铸锻高端、专业化生产基地。

3. 特色化工。加快推进镁、锂、钾、钠、氯循环产业发展的关键技术研发，开展难开采钾和深层卤水资源开发、盐湖卤水补采平衡，推进盐湖硝酸钾、硝酸钠等高品质硝酸盐开发及盐湖镁资源高效开发利用，开展盐湖铷铯铀资源分离提取和盐湖锂、硼等资源高值利用及锂同位素分离等技术开发，重点攻克金属镁一体化产业化技术和油气化工、盐湖化工、煤化工一体化产业化技术，支持形成千亿元盐湖特色化工产业基地。

4. 专用设备和新能源汽车。开展专用车、环保设备、石油机械和矿山机械设备等专用设备研发，发展乘用车、商务车等新能源汽车制造技术，支持专用设备制造产业链和新能源汽车相关产业链发展。

（四）现代生物产业技术体系。

突破特色生物资源深度开发关键技术，积极发展生物制造、生物医药和生物农业等产业。建设特色生物种质资源库，加强枸杞、沙棘、白刺、冬虫夏草、大黄、红景天、藏茵陈、蕨麻等优势特色生物资源抚育和保护，构建高原特色生物资源安全保障和开发利用技术标准体系；开展高效活性成分生物制品、特色保健品开发和精深加工技术研究，实现生物资源的规模化精深加工和综合利用；开展中藏药等民族医药深度研究，开发一批新产品、新剂型，推进标准化、规范化、产业化和现代化。构建生物制造产业技术体系，大力推动生物技术在农业、食品、医药、环保等领域的应用示范，推动特色生物产业发展。

专栏 5　现代生物技术

1. 特色生物资源保护繁育。重点开展冬虫夏草、贝母、羌活、大黄、红景天、水母雪莲等高原特色野生生物种质资源保护研究，突破特色生物资源原生地保护、驯化选育、中藏药材规范化种植等关键技术。

2. 特色生物资源开发利用。开展枸杞、沙棘、白刺、蕨麻等有效成分及功效学研究，突破高效活性成分分离提取和精深加工关键技术，开发功能性新产品 10 种以上。开展藏羊、牦牛等动物皮毛、脏器、骨、血液等为原料的生物制品精深加工研究，开发新产品 10 种以上。

3. 中藏药开发。开展中藏药质量标准制定和传承研究，完成 5 个藏药新药临床前研究，对 10 个传统藏药品种进行二次开发。

（五）现代农牧业产业技术体系。

建立高原特色现代种业技术支撑体系，提升畜禽、农作物、水产、牧草、林木等高原特色农牧业良种保障能力，为农作物良种、畜禽良种、水产良种、牧草良种 4 大种业工程提供有效技术支撑；不断提升农业装备水平，深入开展节水农业、循环农业、有机农业等技术研发示范，大力发展现代精准农业；集成生态治理、草产业发展、健康养殖、有机畜产品加工等先进技术，开展智慧生态畜牧业发展关键技术推广应用，促进畜牧业发展方式转变；推广高标准农膜、可降解农膜的应用和秸秆还田等综合利用技术，破解畜禽规模化养殖和有机肥加工一体化发展技术瓶颈，实现农牧业废弃物资源化利用和无害化处理。

专栏 6　现代农牧业技术

1. 高原特色现代种业技术。建设现代种业技术重点实验室和工程技术研究中心，开展畜禽、农作物、水产、牧草、林木种质资源挖掘研究，促进种质资源得到有效保护。突破新品种选育、良种繁育、种子加工等核心关键技术，培育推广一批具有优良性状的新品种，主要农作物良种覆盖率达到 98%，蔬菜良种覆盖率达到 99%，牧草良种覆盖率达到 80%。开展畜禽经济杂交、冷水鱼工厂化育苗研究示范，畜禽良种覆盖率达到 77%，水产良种覆盖率达到 98%。

2. 生态农牧业发展技术。围绕天然草地保护与利用、饲草料产业发展、健康养殖与环境控制、废弃物无害化处理与资源化利用、草牧业全产业链提质增效等方面，开展优质牧草培育种植、专用饲料加工、冷季育肥等技术研究示范。农用残膜回收率、秸秆综合利用率和畜禽粪便资源化利用率分别达到 90%、85% 和 60% 以上。开展冷水鱼养殖关键技术研究，突破冷水鱼饲料生产与育苗等技术。

3. 特色农作物高效优质生产技术。充分挖掘作物增产潜力，重点突破提质增效的技术瓶颈，实施良种良法集成示范，粮油作物单产有明显提升。大力推广节水农业、旱作农业、水肥一体化等技术，农田灌溉水有效利用系数达到 0.5，肥料利用效率提高 10% 以上。

4. 农畜产品深加工技术。开展冷鲜肉制品、谷物、蔬菜等大宗农畜产品深加工研究，农畜产品加工率达到 60% 以上。

（六）生态环保产业技术体系。

开展青藏高原气候变化、三江源地区生态系统维护及退化生态系统恢复重建机理等技术研究，探索适宜于不同类型生态系统功能恢复和持续改善的技术支持模式，加强退化草地治理、荒漠化治理、病虫鼠害防治及天然林保护、湿地保护、水资源保护与节水等技术研发和应用，建立以三江源高寒草甸湿地生态功能区为屏障，以青海湖草原湿地生态带、祁连山水源涵养生态带建设和修复技术支撑体系；推进高分辨率卫星遥感、无人机等先进技术在生态环保、环境监测及产业发展中的应用；推进重点区域、重点流域、重点行业清洁生产技术研发和改造，推广适于高原寒冷地区生活污水、生活垃圾、企业污染物处理等相关适用技术和装备，促进废弃物资源的清洁化回收和规模化利用。

专栏 7　生态环保技术

1. 三江源地区。通过退化草地治理、荒漠化治理、湿地与河湖生态系统保护技术研究，支撑三江源国家公园和建设二期工程，有效遏制生态退化趋势，森林覆盖率提高到 5.5%，草地植被覆盖度平均提高 15% ~ 20%；湿地生态系统状况和野生动物栖息地环境明显改善，生物多样性保护成效显著，建成“天地一体化”生态监测技术体系。

2. 祁连山地区。通过林地、草地、冰川环境保护、矿山地质生态环境修复等技术研究示范，提高水源涵养功能，植被覆盖度达到 50% ~ 70%，进一步提高生态服务功能。

3. 青海湖流域。重点加强湿地、草地、沙漠化治理及裸鲤保护等技术研究，促进草地、湿地、森林生态系统和鱼鸟共生的水生态系统良性循环，天然草地覆盖度达到 75% 以上。

4. 河湟地区。加强水土流失、水污染防治相关技术研发推广，推进黄河、湟水河两岸南北山重点区域造林绿化，着力改善人居环境。

5. 柴达木地区。重点开展节水及荒漠化治理等技术研究，保护原生态地表地貌，恢复沙区林草植被，适度开发利用林田、草原、水土光热资源，推进柴达木盆地绿洲建设。

（七）高原医疗卫生与食品安全技术体系。

开展高原病、地方病、常见病、多发病临床医学研究，促进高原医学、民族医药、生物工程等多领域创新融合发展。加强医学技术集成示范，研发推广先进、有效、安全、便捷的规范化诊疗技术，提升重大疾病、重大疫情防控水平；加强基因组、干细胞、合成生物、再生医学等技术在高原医学、生命健康等领域应用，发展精准医学；发展食品药品质量安全控制技术，建立食品药品质量安全保证体系和质量安全追溯体系；实施"数字民生"重点工程，推进预防、医疗、康复、保健、养老等社会服务网络化、定制化，发展一体化健康服务新模式，提高人口健康保障能力，有力支撑健康青海建设。

专栏 8　高原医疗卫生与食品安全技术

1. 重大疾病防治。开展重大疾病、多发病及常见病等防治技术研究，推广规范化诊疗技术，推进重大疾病诊疗技术引进、集成及示范，加强包虫病、结核病等疾病的预防诊治、示范应用等一体化技术布局，提升防治水平。

2. 高原医学研究。开展高原医学基础理论、诊疗技术、疗效评价及标准等系统研究，推动国家人类遗传资源管理库青藏分库建设，有效保护和合理利用我国的人类遗传资源，加强人类基因的研究与开发。结合基因组、干细胞等技术在高原医学中的应用，提升高原人口健康与治疗水平。

3. 食品药品质量安全控制。开展食品营养学品质调控、营养组学、功效评价等研究，开发多样性、个性化的特色营养健康食品和中藏药产品，建立食品药品质量安全保证体系和质量安全追溯体系，提高食品药品质量安全保障水平和安全风险防控能力。

（八）新一代信息产业技术体系。

发展电子元器件、光纤光缆、传感器、智能监控等相关产品，加强智能终端、智能语音、信息安全等关键软件的应用及关键系统推广；发展基于"互联网 +"的研发设计、技术转移、知识产权、教育文化、交通旅游、金融保险等现代服务业，促进信息技术与工业、现代服务业融合发展；推进国家农村信息化示范省建设，构建统一的农牧业信息综合服务云平台和精准扶贫信息化服务平台，开展农牧业生产、医疗、教育、民生等信息化示范；推进"宽带青海""数字青海"，建设云计算大数据中心和信息产业基地。推广网络宽带化和应用智能化创新技术，健全和完善智能信息技术管理数据库，推动物联网、大数据等智能信息网络安全技术与社会管理深度融合，提高社会管理服务信息化、智能化水平，建设智慧城市。

专栏 9　新一代信息技术

1. 农牧业信息化。开展农情监测、精准施肥、病虫草害监测与防治、气象灾害监测及应对等方面的信息化示范，建设食品安全溯源系统，发展精准农业、智能农业、感知农业等技术，构建全省统一的农牧业综合服务云平台，支撑国家农业信息化示范省建设。

2. 制造业信息化。开展移动互联网、大数据、云计算、物联网等新一代信息化技术在制造业中应用示范，开展智能制造、智能监测监管、工业自动化控制、机器人替代等应用，加快青海新型工业化进程。

3. 服务业信息化。利用大数据、云计算、移动互联网等现代信息技术，创新服务模式，开展网络化、集成化的科技咨询、知识产权、舆情监测、旅游、电子商务、物流、金融、健康养老、医疗、交通等信息服务，提升服务业信息化水平。

四、实施重大科技创新工程

围绕提升产业竞争力、生态环境保护、农牧业发展、改善民生、创新能力建设的战略需求，以实现重点产业和重点领域战略领先为目标，加强重点领域的系统部署，大力培育和建设以创新集群为引领的重点领域科技创新基地，不断引领我省产业转型升级，为创新发展打造新引擎、提供新支撑。

（一）特色产业科技创新工程。

建立新能源、新材料、特色生物、装备制造等重点领域科技创新基地，解决一批可再生能源综合利用、新材料产业发展、高端专用装备制造等制约产业发展的关键共性技术，在若干优势产业领域抢占科技制高点。到 2020 年，实施 30 项重大科技专项，每年实施 100 项改造提升工程和 100 项创新攻坚工程，推动盐湖资源、太阳能、锂电池、复合材料、先进晶体材料、特色生物等创新集群发展，支撑建设锂电、新材料、光伏光热和盐湖资源综合利用 4 个千亿元产业基地。

新能源领域科技创新基地。加强青海光伏产业科研中心建设，打造百兆瓦级国家太阳能发电验证实验基地和十兆瓦级太阳能热发电创新基地，建成光伏发电工程、光热发电、高海拔电力研究等工程技术研究中心和重点实验室、太阳能产业技术创新战略联盟，开展以新能源与可再生能源为主的关键技术研发，加强太阳能建筑一体化等的示范应用，引领我省能源结构向以太阳能为主，集水能、风能等可再生能源为主体的新型绿色低碳能源结构转型，促进太阳能综合利用创新集群发展，推进我省成为绿色能源示范省。

新材料领域科技创新基地。加强国家盐湖特色材料、光伏材料高新技术产业化基地建设，重点建设硅材料、铝合金、镁及镁合金、钛及钛合金等工程技术研究中心和镁、锂产业技术创新联盟等，以有色金属矿产、盐湖化工等优势产业为基础，延伸产业链，构建具有青海特色的新材料产业体系，支撑铝镁合金及深加工创新集群、复合材料创新集群、先进晶体材料创新集群发展，推动建设全国有影响力的千亿元新材料产业基地。

盐湖领域科技创新基地。发挥盐湖资源综合利用产业技术创新战略联盟作用；加强国家盐湖资源综合利用工程技术研究中心建设；建立以龙头企业为核心的新型盐湖创新研究院；建立盐湖镁资源开发、精细化工等工程技术研究中心；建立产学研用协同创新的锂产业创新发展研究院。深入发展盐湖综合利用梯级产品及其深加工产品，实现对盐湖钾、锂、镁、硼等资源深度开发和高端利用，促进盐湖相关产业发展，打造“盐湖化工—煤化工—天然气化工—冶金”为一体的盐湖资源综合利用创新集群。

特色生物领域科技创新基地。收集保存野生生物种质资源，建立道地药材的质量标准体系及种质资源库。加快建设国家藏医药产业技术创新服务平台、藏药新药开发国家重点实验室和中藏药工程技术中心等创新平台，为中藏药产业发展提供公共技术服务。推动浆果等一批生物产业技术创新战略联盟、院士工作站的建设，构筑特色生物产业技术创新体系，推动青藏高原特色生物资源与中藏药创新集群发展。

大数据“互联网 +”科技创新基地。围绕大数据中心和信息产业基地建设，推动大数据、互联网技术在科技、教育、医疗、文化、旅游、农牧业、社会管理、现代服务等各领域的融合应用。加快新一代信息技术与制造业深度融合，推进基于企业数据平台的全产业链决策支持系统建设。建立生态监测大数据中心，加快推进生态环境遥感监测和生态综合数据服务中心等基础能力建设，利用高分辨率卫星遥感、无人机等先进技术，加强重点生态功能区生态系统演变机理与气候变化响应相关研究监测工作，积极推进生态评估预警能力建设。

资源勘探开发科技创新基地。坚持以矿产资源的科学合理利用和有效保护为前提，建立高原地区高效快速地质勘查理论技术体系，推广应用一批矿产资源领域先进成熟的物探、化探、遥感、钻探、测试等新技术新方法，提高矿产资源调查评价与勘探、开发利用与保护技术水平，实现绿色矿业发展格局，为我省经济的长远发展提供资源保障。

（二）生态环保科技创新工程。

按照国家生态安全的主体功能要求，针对三江源、青海湖、祁连山等重点生态区，积极开展草原、森林、荒漠、湿地与河湖生态系统保护和恢复，支撑全国生态文明先行区建设。

三江源区生态保护。围绕三江源国家公园建设和三江源生态保护与建设二期工程，依托三江源生态与高原农牧业省部共建重点实验室及三江源生态环境和气候变化监测科研基地，加快建设三江源“天地一体化”生态监测体系，促进其成为国家大科学工程，为三江源生态保护提供服务。以草地生态功能提升为目标，构建全新的三江源区智慧生态畜牧业新模式，大力推进生产方式转变。

重点区域生态保护。祁连山水源涵养区开展封山育林、水源地保护、沙化治理、湿地保护、黑土滩治理、典型矿区生态修复技术示范，为水土保护和冰川环境保护提供技术支持；青海湖地区开展水源涵养能力建设、湿地保护、退化草地治理、裸鲤增殖放流等生态综合治理与恢复技术示范，青海湖裸鲤种苗增殖放流达到 2000 万尾，实现流域、林地、草地、湿地生态系统和生物多样性生态系统良性循环；河湟地区开展小流域综合治理、城镇生活污水处理、垃圾处理处置等技术示范，确保干流水质达到Ⅳ类标准，实现区域生态环境保护和人居环境改善；柴达木水源涵养区开展盐碱地治理、沙区林草植被保护、退牧还草、退耕还林草、经济林建植、节水灌溉等生态环境保护和综合治理技术示范，推进柴达木盆地生态保护与可持续发展。

节能减排。围绕重点工程需求和节能城市建设，搭建节能设备制造和节能技术服务等科技平台，培育一批能源消耗低、资源利用率高的科技型企业，开展面向环境、材料、能源及装备制造业的绿色生产技术示范，推动低碳工业园区发展；加强绿色建筑建材、装配式建筑、余热余压利用、大宗工业废弃物循环利用等应用示范，建立环境友好产品、节能减排与循环经济技术的标准体系，大力推动以污水处理、垃圾处理、大气治理、土壤修复、环境监测等为重点的节能环保产业发展，支撑全省节能减排目标任务的实现。

（三）农牧业科技创新工程。

以农业科技园区和国家农村信息化示范省建设为重点，深入实施“1020”生态农牧业重大科技支撑工程。开展高原生态畜牧业产业化集成示范、高原特色农作物高效生产等 10 项重大科技专项，实施现代种业、种养一体化循环农牧业等 10 项特色农牧业工程，着力打造特色更加鲜明、产业集约循环、资源永续利用、环境有效治理、生产生活生态互利共赢的高原特色现代生态农牧业产业技术支撑体系，为马铃薯、油菜、青稞、蚕豆、果蔬、肉牛、肉羊、奶牛、冷水鱼和饲草等 10 大重点特色农牧业产业发展提供有效技术供给，促进农牧业生产、加工和服务业深度融合，支撑粮油种植、畜牧养殖、果品蔬菜和枸杞沙棘 4 个百亿元特色农牧业产业发展。

“1020”生态农牧业重大科技支撑工程。围绕十大重点特色农牧业产业，选育一批高产、优质、广适、多抗等强优势杂交种，建立国家级高原农作物制繁种及种畜繁育基地和标准化、专业化的推广服务机构，打造育繁推一体化的农牧业种业科技创新体系，建设面向全国的优质杂交油菜、脱毒马铃薯等特色作物制种成果转化基地。结合海南国家生态畜牧业可持续发展实验区和三江源智慧生态畜牧业平台建设，积极推动高原生态畜牧业生产方式转变。加强农业标准制订和实施，建立健全农产品质量安全标准体系、生产操作规程应用体系，稳步发展无公害、绿色、有机和地理标志农产品，推进农业标准化。围绕高原特色农作物及生态畜牧业高效生产，开展先进农牧业装备、设施农业生产、节水农业、健康养殖、农业资源环境保护等技术示范，推进农牧业生产现代化、智能化和精准化。积极推进林业特色资源培育、林下经济产业、森林保护和灾害防控科技工程及生态系统监测与评估体系等建设工程的开展，形成高原特色农牧业可持续发展新格局。

农业科技园区建设。集成现代日光温室、设施园艺种植、自动控制等综合技术，建设一批集休闲观光、果蔬生产、科技成果展示和培训示范推广等功能于一体的高原现代科技生态园（高原之家），实现自然与生态、科技与农业、文化与旅游、科普与休闲等多种创新元素融合示范。大力推广海东国家农业科技园区“星创天地”创新模式，发挥科技特派员等深入基层开展科技创新创业的作用，积极推动新技术新成果的转化与应用。加强西宁、海北、海南、海西等国家农业科技园区及生态畜牧业国家可持续发展实验区建设，立足园区特色主导产业，充分汇集技术、信息、服务等创新要素，通过种养加、产学研、政银企结合，积极促进一二三产深度融合，培育新型农业技术传播体系，打造高原绿色农畜产品优势品牌，提高整体效益。努力发挥园区示范引领作用，新建 15 家省级农业科技园区，实现农业园区总产值突破 200 亿元，园区内农牧民人均收入高于当地平均水平 30%。

国家农村信息化示范省建设。构建统一的农牧业信息综合服务云平台，推进关键技术研究与应用，开展个性化、智能化、精准化的农村信息化主动推送服务，创新农业科技服务模式。推进农畜产品全程溯源和质量安全控制技术研发示范，加强特色农畜产品质量安全溯源、农村信息化电商等平台建设，促进特色农畜产品质量溯源系统和农村电子商务融合发展，不断培育新业态。

（四）科技惠民工程。

紧密围绕民生领域，着力加强科技在精准扶贫、医疗卫生、社会服务等方面的支撑作用，切实提高基本公共服务能力，有力提升民生保障水平。

科技精准扶贫。围绕打赢脱贫攻坚战，强化科技创新对精准扶贫及精准脱贫的支撑作用，积极开展经济作物种植、牛羊舍饲半舍饲、林下产业、优质牧草和中藏药种植等实用新技术的示范推广，推动贫困县、乡、村特色产业发展。利用信息技术等手段，加强对贫困县、贫困村和贫困户的精准识别、精准服务、精准管理、精准评价。加强定点扶贫力度，有针对性地采用一村一品、一户一策等方式，提供脱贫致富技术，推动发展脱贫致富产业，结合农村电子商务等扶贫方式，帮助农牧民增产增收。支持“三区”科技人员深入贫困县、乡、村开展精准扶贫。

医疗卫生。围绕健康青海建设，以提升全民健康水平为目标，依托高原医学重点实验室开展高原病、地方病等重大疾病防治示范，加大科技成果临床应用和推广工作力度，制定医药食品药品质量控制标准及规划，协同推进医药卫生科技创新体系建设。组织实施创新医疗技术及产品科技成果转移转化行动，共同推进健康产业技术创新战略联盟建设，促进健康产业发展壮大，统筹建设我省人口健康信息服务平台，推动信息计算与健康服务的深度融合，打造“数字民生”重点工程。

社会服务。建立智能信息技术管理数据库，开展智慧城市、智慧交通等社会化智能管理信息技术示范应用，推动物联网、大数据等智能信息网络安全技术与社会管理深度融合。建立高原地区消防、地震、气象、生物等灾害预警与防治技术体系，综合提升突发事件防范及应急处理能力。

（五）科技创新能力提升工程。

围绕基础研究和科技创新平台、新型研发机构发展，明确各类创新主体的功能定位，系统推进高效协同的创新体系建设，实现各类创新主体协同互动、创新要素高效配置，激发创新活力，提升创新能力。

基础研究能力。面向全省战略需求的基础前沿研究，做好基础研究的前瞻性布局，加大对盐湖化学、新材料科学、分子生物学、高原医学、新能源科学等领域的基础研究和高技术研究攻关力度，综合提升科研机构的基础研究能力和水平，为产业技术进步和科技成果转化应用提供新的动力来源。

科技创新平台建设。强化“省部共建三江源生态与高原农牧业国家重点实验室”和“藏药新药开发国家重点实验室”建设，推进太阳能光伏研究基地、盐湖领域重点实验室、高原医学重点实验室、藏药工程技术中心等重点创新平台向国家级平台迈进。完善三江源生态环境监测与研究、科技文献以及大型科学仪器共享服务平台建设，着力推进大学科技园、科技孵化器等创新创业集聚区建设，不断优化科技基础条件平台布局，实现科技资源的高效配置和共享利用。到 2020 年，建设和完善 100 个以上企业工程（技术）研究中心，建成 25 个国家级科技创新平台、新型国家实验室和国家大科学工程。

新型研发机构建设。加快构建以企业为主体、市场为导向、产学研相结合的开放型区域科技创新体系，引导和支持有条件的企业联合高等学校和科研院所面向经济社会发展主战场开展协同创新，强化校企、校地合作。试点建立“民办官助”的非营利性新型研发机构。重点在新能源、盐湖资源综合利用、中藏药、特色生物资源和生态环境等领域建立 3 ～ 5 家提供公共服务的共性基础技术研发机构。

五、推进重大科技行动

部署科技型企业培育、科技成果转移转化、创新人才队伍建设、科技与金融结合、区域科技创新、科技交流合作、大众创业万众创新和全民科学素质提升“八项重大科技行动”，确保绿色产业技术体系的构建和重大科技工程的顺利开展。

（一）科技型企业培育行动。

健全技术创新的市场导向机制。促进企业真正成为技术创新决策、研发投入、科研组织和成果转化的主体。引导和支持企业建设和完善重点实验室、工程技术研究中心等研发平台，鼓励企业主导构建产业技术创新联盟，承担产业共性技术研发。加大财政资金支持，落实研发费用加计扣除等普惠性财税政策。

推动科技型企业创新发展。实施科技型、高新技术企业“两个倍增”工程和科技“小巨人”计划，支持一批中小微企业向科技型企业发展，支持科技型企业向高新技术企业发展，支持高新技术企业发展成为科技“小巨人”企业。开展龙头企业创新转型试点，探索政府支持企业技术创新、管理创新、商业模式创新的新机制，加快培育和发展一批核心技术突出、集成创新能力较强、引领特色产业发展的创新型领军企业。选择一批技术、产品和市场基础好的科技型企业和高新技术企业给予重点扶持，引导资金、技术、项目、人才等创新要素向企业集聚。

专栏 10　科技型企业培育行动

1. 两个倍增工程：探索政府支持企业技术创新、管理创新、商业模式创新的新机制。实施科技型企业和高新技术企业倍增计划，科技型企业数量达到 400 家，高新技术企业数量达到 200 家，全省高技术产业增加值占工业增加值比例达到 12%。

2. 科技“小巨人”计划：选择一批技术、产品和市场基础好的科技型企业、高新技术企业给予重点扶持，引导资金、技术、项目、人才等创新要素向企业集聚，产值过亿元的高新技术企业达到 50 家。

（二）科技成果转移转化行动。

健全政策保障体系。贯彻落实《中华人民共和国促进科技成果转化法》《国务院关于实施〈中华人民共和国促进科技成果转化法〉若干规定的通知》《国务院办公厅关于印发〈促进科技成果转移转化行动方案〉的通知》《青海省科学技术进步条例》等政策措施，加快制定《青海省促进科技成果转化条例》《青海省促进科技成果转移转化行动方案》等促进科技成果转化的相关政策法规，下放省内财政资金形成的科技成果使用、处置和收益权，形成有利于成果责任分担和利益分享的新机制。

发展科技服务业。加强各类技术成果和知识产权交易平台、科技孵化器及大学科技园等科技成果产业化基地建设，促进创新要素的高效流动和有效配置，促进省内外高新技术开发区、大学、科研院所和企业在青海进行高新技术科技成果转化。实施科技服务入园，依托“互联网 +”对接重点产业科技需求，加快研发设计、技术转移、科技咨询、电子商务等科技服务业发展。深入开展创新方法推广应用工作，培养一批具有创新思维、掌握创新方法工具、服务企业转型升级的创新工程师、创新培训师和创新咨询师，形成一批创新方法应用示范试点企业。

扩大科技创新引导基金规模。每年安排 1 亿元财政资金，五年投入 5 亿元，并争取国家科技成果转化、中小企业创新、新兴产业培育等引导基金，带动社会资本投入创新。鼓励和吸引社会资本设立多种形式的风险投资基金、创业投资基金，在新能源、新材料、特色生物等领域建立科技成果转化基金。逐步形成以财政投入为引导，企业投入为主体，银行贷款为支持，社会筹资为补充，多层次、多渠道的科技成果转化投融资体系。建立有利于促进科技成果转化的绩效考核评价体系，加快科研项目和成果的市场交易体系建设和利益分配体系建设。

构建技术转移转化服务体系。建立完善专业化技术转移机构，提升研发设计、中试熟化、创业孵化、检验检测、认证评价、知识产权等各类科技服务能力。发展规范化、专业化、市场化、网络化技术和知识产权交易平台，培育一批技术转移示范机构和技术转移服务经纪人，完善技术交易市场体系。

畅通技术转移转化通道，推动科技成果与产业、企业需求有效对接。支持产业技术创新联盟承担科技成果转化项目，探索联合攻关、利益共享、知识产权应用的有效机制，鼓励企业引进先进国内外技术，开展技术革新和改造升级。

实施国家重大科技成果转化工程。积极承接推进新一代宽带无线移动通信、高档数控机床与基础制造装备、大型油气田及煤层气开发、重大新药创制等国家重大科技专项和重点研发计划成果向我省转移转化，培育发展新兴产业。用好柴达木盐湖化工科学研究联合基金，扩大支持领域，促进重大科技成果转化应用。

专栏 11　科技成果转移转化行动

1. 科技服务机构。建立和完善青海省网上技术市场交易服务平台、科技文献和成果信息服务平台、大型科学仪器共享服务平台、中试转化平台，建立大学科技园等科技成果产业化基地。全省科技服务机构达到 1000 家以上，科技服务业占全省第三产业比重达到 10%，技术合同交易额达到 100 亿元。

2. 科技成果产业化基地。依托国家高新技术产业开发区、国家农业科技园区、国家可持续发展实验区、国家大学科技园、战略性新兴产业集聚区等创新资源集聚区域以及研究开发机构、高校、行业骨干企业等，建设 100 个科技成果产业化基地，引导科技成果对接特色产业需求转移转化，培育新的经济增长点。

3. 科技创新引导基金。财政资金设立 5 亿元规模的科技创新引导基金，带动社会资本投入创新。

4. 技术交易市场。整合全省技术转移和创新服务资源，集聚成果、资金、人才、服务、政策等各类创新要素，建立连接技术转移服务机构、投融资机构、研究开发机构、高校和企业等的青海省网上技术交易市场平台，形成统一开放、线上线下结合、产学研介等各方主体扁平化合作的全省技术市场。

（三）创新人才队伍建设行动。

科技人才引进。全面落实《青海省关于深化人才发展体制机制改革的实施意见》《青海省“高端创新人才千人计划”实施方案》等，建立更加灵活的人才管理激励机制，不断优化人才创新创业环境，利用省部会商、科技援青、柴达木盐湖化工科学研究联合基金和国际科技合作等机制以及“西部之光”“博士服务团”等计划，瞄准青海产业发展技术瓶颈，重点引进和留住一批拥有关键技术的项目带头人、技术领军人才和团队。鼓励以短期聘用、人才兼职、技术引进、合作研究、项目招标、技术指导等柔性引才的方式，引进重点产业、重点学科紧缺急需的高层次科技人才和团队，畅通科技引才引智“绿色通道”。

科技人才培养。按照“人才＋项目＋基地”的培养模式，依托高校和科研院所培养企业急需的中高级技术人才。建立人才培养与重大项目紧密结合的机制，以科技项目为纽带，以重大科技创新工程为依托，凝聚和培养优秀创新人才。加大自然科学基金对青年科技人才、学科带头人、创新团队和高端创新人才的支持力度。加强产学研结合，依托高校和科研院所培养企业急需的中高级技术人才。支持科技特派员和“三区”科技人才深入农牧区生产一线开展科技服务，形成功能完善、科学规范、服务全面、长效发展的新型技术推广服务体系。

科技人才评价。改革科研院所科技人才的绩效评价制度，加强创新创业实践的考核评价。深化职称制度改革，将专利创造、标准制定及成果转化等科研实际贡献能力作为科研系列职称评审的重要依据。在科研项目立项、省级重点实验室、工程技术研究中心等创新平台的建设与评估中，将培养、引进优秀科研人员作为一项重要评价指标。推动高校和科研院所为我省企业培养中高级技术人才。

专栏 12　创新人才队伍建设行动

科技创新人才：引进和培养高层次科技人才、工程技术人才、科技创业人才、优秀青年科技人才、科技创新团队、服务农村牧区的实用科技人才等。通过“西部之光”等人才培养计划的实施，培养科技管理及创新人才 150 人以上。在科技创新、产业发展、企业管理等领域，汇聚 1000 名以上高端创新人才，全省科技人员总量达到 3 万人。

（四）科技与金融结合行动。

建立市场化投融资机制。推进融资体系与创新创业体系的有机衔接，构建多层次、全覆盖、高效率并适应创新链需求的科技金融服务体系，为科技创新创业提供更加便利的融资支持。建立科技投资风险补偿机制，引导民间资本进入科技创新创业投资领域。建立由政府引导、吸引社会资本参与入股的包括天使投资、风险投资在内的多种科技创新风险投资机制。扩大青海省科技创新引导基金规模，强化大学生创新创业投资引导资金作用，带动社会资本投入创新。

创新科技金融产品和服务。推动银行业金融机构设立科技支行、科技信贷中心、科技金融事业部等专营机构，强化科技信贷支持。鼓励金融机构与创业投资、天使基金、科技担保基金、产业投资基金、省科技创新引导基金等结成投贷联动战略联盟，以“股权 + 债权”模式支持科技型企业。发展科技担保和保险，支持科技信贷专营机构发展，推进专利质押融资、科技贷款担保等工作，拓宽科技型中小微企业融资渠道。支持符合条件的科技型企业到主板、创业板、新三板及区域性股权交易市场上市挂牌融资。

专栏 13　科技与金融结合行动

1. 产业投资基金。联合金融机构设立总规模 100 亿元的产业投资基金，重点支持新材料、新能源、装备制造、生物医药等领域高新技术企业、成长型科技企业、高成长型现代服务业企业发展。 2. 科技创新保险服务。鼓励保险机构设立创投基金、新型战略产业基金或以股权投资的方式提供资金支持。

（五）区域科技创新促进行动。

构建区域创新发展格局。加强地方科技创新能力和科技创新体系建设，继续推进厅市（州）科技会商工作，强化省、市（州）、县在科技创新工作上的联动，探索建立与市（州）在科技项目、平台建设等方面共同扶持的机制。根据各市（州）区位优势及资源禀赋形成各具特色的科技创新发展格局。西宁市加快创新型城市建设，培育西部地区具有特色和竞争力的创新型产业集群。海东市发挥各类园区产业集群效应，培育高原现代农业创新区和全省科学发展新增长极。海西州重点围绕战略性新兴产业，着力建设成为全国重要的循环经济示范区、新型工业化基地和城乡发展一体化的创新示范区。海南州、海北州推动高原特色生态农牧业科技成果转移转化，提升特色旅游、生态保护及新能源开发等产业发展水平。玉树州、果洛州、黄南州强化生态保护、后续产业发展、智慧生态畜牧业、精准扶贫和防灾减灾等方面的科技创新，全力支撑三江源国家公园建设。

提升产业园区创新能力。加快建立以科技创新、节能环保、产出高效为导向的园区创新发展评价体系，促进科技资源、人才资源和金融资本向园区集聚，大力发展高新技术产业，打造产业科技创新中心和新兴产业发展高地。加快国家级和省级高新区建设，建成 4 家省级高新区，并将科技基础条件较好、体制机制健全的省级高新区努力升级为国家级高新区。完善科技企业孵化器、大学科技园、众创空间等创新创业载体的运行服务机制，推动创新要素集聚。优化各园区管理运行机制，促进产城融合，鼓励园区在产业链配套、多元化投资、市场化经营以及现代化管理方面改革创新，激发园区发展活力。理顺青海国家高新区的管理体制，推动与大学科技园融合发展，使高新区更好地发挥对创新驱动发展的引领作用，实现园区由产业集群向创新集群跃升，率先在创新驱动、转型发展等方面取得突破，率先成为绿色循环低碳发展的示范区。

专栏 14　区域科技创新促进行动

1. 西宁市、海东市。依托东部城市群，重点围绕西宁市国家创新型城市建设，加快向创新驱动发展转型。大力推进国家高新技术产业开发区和西宁市中关村科技成果产业化基地建设，建设生物医药等特色产业创新聚集区，打造北川高新技术产业带。加强海东国家农业科技园区和中关村科技园建设，大力发展现代农业和战略性新兴产业。

2. 海西州。推进柴达木国家循环经济示范区和格尔木创新型城市建设，支持德令哈、格尔木工业园区建设成为省级高新区。大力发展盐湖化工创新集群，打造太阳能光伏和光热科研基地，建设生物资源生产及精深加工科研基地。

3. 海南州、海北州。建立生态畜牧业实验示范基地，加强海南、海北等国家农业科技园区及生态畜牧业国家可持续发展实验区建设。在海南州建设国家级大型光伏发电实验验证基地，在黄南州建立科技与文化结合科技示范基地。

4. 玉树州、果洛州、黄南州。围绕三江源国家公园体制试点，统筹推进草原、湿地与河湖、荒漠等生态系统保护建设的科技支撑。大力推进高原生态园建设，推进其成为科技成果展示推广的基地，改善农牧区民生水平。

（六）科技交流合作行动。

国际科技合作与交流。坚持招商引资与提升科技创新能力相结合，积极融入“一带一路”战略，加大与沿线国家及地区开展全方位合作，支持特色优势产业向境外拓展，提升我省对外科技交流合作能力。统筹国内外创新资源，在盐湖产业、高原医学、高原农牧业、节水农业、生态保护与利用等领域，利用区位、人文和资源等优势，建设面向沿线国家的科技创新基地。继续深化与欧美等发达国家和地区，及以色列等与我省在特色资源上相近但具有独特技术优势国家的交流合作。

国内科技合作与交流。依托省部会商机制，将我省重点科技工作纳入国家层面，提升重点产业科技创新能力。完善与中国科学院、中国工程院合作机制，通过战略咨询、成果转化、人才培养等方式，扎实推进与两院的科技合作，支撑青海绿色循环发展。全面加强省市对口支援和科技援青工作，广泛开展创新协作，联合攻克一批产业关键核心技术。加快实施“科技援青规划”，加强与科技援青省市的交流合作，建立国家支持、对口支援和促进产业转移“三位一体”有机结合的新型“科技援青”模式。坚持引进项目与引进高新技术及高端人才相结合，大力推进全方位、高层次、多领域的科技创新开放合作，不断集聚创新发展新动力。

区域科技合作与交流。围绕青藏高原现代农牧业发展、藏医藏药、生物资源开发、新能源及旅游等重点特色产业，推动青海与周边省区联合实施重大科技项目和工程，突破产业发展技术瓶颈，促进区域合作交流及融合互动发展。

专栏 15　科技交流合作行动

1. 国际合作。培育和建设具有青海特色的国际科技合作基地 5 个以上。

2. 国内合作。“十三五”期间促成技术合作 300 项以上，组织“科技援青”重点科技项目 40 项以上。加大科技招商力度，组织协调、引进各类资源，实现招商引资 50 亿元以上。

（七）大众创业万众创新行动。

建设创新创业公共平台。围绕实体经济转型升级，加快发展众创空间等新型创业服务平台，有效整合资源，完善服务模式，围绕区域主导产业和经济发展特点，引进和创建一批低成本、便利化、全要素、开放式创客空间、创业咖啡、创新工厂等新型众创空间，构建创新与创业、线上与线下、孵化与创投相结合的新型孵化平台和公共服务体系，为创业企业或创新团体提供工作空间，优化投资促进、培育辅导、法律咨询、媒体延伸、创客孵化等公共服务，降低创新创业门槛。以农业科技园区等为载体，面向科技特派员、大学生、返乡农民工、职业农民等打造融合科技示范、技术集成、融资孵化、创新创业、平台服务于一体的“星创天地”，营造专业化、社会化、便捷化的农村科技创业服务环境。

培育发展创新型小微企业。适应小型化、智能化、专业化的产业组织新特征，鼓励企业开展商业模式的创新，支持各类创业孵化器与天使投资、创业投资相结合，引导社会资本参与面向中小微企业的社会化创新创业孵化基地和平台建设。推动创业孵化与高校、科研院所创新成果的转移转化相结合，培育一批具有竞争力的创新型中小微企业。促进西宁经济技术开发区、柴达木循环经济试验区、海东工业园区等园区和青海大学科技园与众创空间协同发展，提高创新创业孵化能力，引导中小微企业向“专精特新”发展。

营造大众创业万众创新氛围。营造崇尚创新的文化环境，加快科学精神和创新价值的传播塑造，积极营造宽松和谐、健康向上的创新舆论氛围、文化氛围和社会氛围，大力弘扬敢于冒险、勇于创新、追求成功、宽容失败的创新文化，动员全社会积极投身科技创新，鼓励进取拼搏的创新意识和创新精神，实现以创业带动就业，以创新促进发展，构建大众创业、万众创新蓬勃发展的良好局面。大力培育企业家精神和创客文化，形成吸引更多人才从事创新活动和创业行为的社会导向，鼓励创新创业组织建立有效激励机制，实现创新价值的最大化。

专栏 16　大众创业万众创新行动

1. 众创空间。建设 50 家以上低成本、便利化、全要素、开放式创客空间、创业咖啡、创新工厂等新型众创空间。
2. 创业孵化基地。建设省、市州级创业孵化基地，为创业者、未就业大学生提供创业咨询、项目推荐、专家指导、小额贷款、风险评估等“一条龙”服务。

（八）全民科学素质提升行动。

提升全民科学素质。深入实施全民科学素质行动计划纲要，面向青少年、农民、城镇劳动者、领导干部和公务员等重点人群，广泛开展科技教育、传播与普及，提升全民科学素质整体水平。完善基础教育阶段的科学教育，大力开展农业科技教育培训，全方位、多层次培养各类新型职业农民和农村实用技术人才，突出科技知识和科学方法的学习培训及科学思想、科学精神的培养。

加强科普能力建设。大力推进科普信息化，推动科普产业发展，提高科普基础服务能力和水平。

推进特色科普基地建设，提升科普基础设施服务能力，推进信息技术与科技教育、科普活动融合发展，推动实现科普理念和科普内容、传播方式、运行和运营机制等服务模式的不断创新。推动科普场馆、科普机构等面向创新创业者开展科普服务，鼓励科研人员积极参与创新创业服务平台和孵化器的科普活动。

加大科普宣传力度。鼓励社会力量参与科普，加大科学素质教育和科学宣传普及的力度，构建公众科学教育和传播体系，重视科学教育，丰富教学内容和形式，实施重点人群科学素质行动，开展重大科普活动，广泛开展全国科普日、科技周、科普与青海三区建设同行等系列科普活动，提升科普创作能力与产业化发展水平，推动产生一批水平高、社会影响力大的科普品牌。

专栏 17　全民科学素质行动

1. 全民科学素质。面向青少年、农民、城镇劳动者、领导干部和公务员等重点人群，广泛开展科技教育、传播与普及，提升全民科学素质整体水平。公民具备科学素质比例达到 4.5%。

2. 科普工作。推进特色科普基地建设，提升科普基础设施服务能力，推动科普场馆、科普机构等面向创新创业者开展科普服务。

3. 科普经费。人均科普经费由 1 元提高到 2 元。

六、深化科技体制机制改革

全面深化科技体制机制改革，推动政府职能从研发管理向创新服务转变，简政放权、放管结合、优化服务，增强创新主体能力，提升创新服务水平，形成多元参与、协同高效的创新治理格局，促进科技与经济社会发展深度融合。

（一）构建高效的科研创新体系。

积极推动政府管理创新，合理定位政府和市场功能，强化政府战略规划、政策制定、环境营造、公共服务、监督评估和重大任务实施等职能，推动政府管理职能从研发管理向创新服务转变。发挥各类行业协会、科技社团作用，支持企业自主决定技术、产品和业态创新，构建企业为主体、全社会参与创新发展的新机制。改革创新治理体系，统筹推进科技、经济和政府治理三方面体制机制改革和政策协调，推动科技智库建设，建立行政决策和科技咨询相结合的科技决策机制，形成多元参与、协同高效的创新治理格局。建立创新联席会议制度，统筹协调创新政策、改革举措和重大科技任务，加快建设运行公开透明、制度健全规范、管理公平公正的专业机构，提高专业化管理水平和服务效率。建立科研资金信用管理制度，逐步完善财政科技资金的绩效评价体系，建立健全相应的绩效评价和监督管理机制，开展第三方评估。完善管理信息平台，加快构建覆盖科技计划管理全过程的监督和评估制度，积极落实科技报告制度。

（二）建立多元化投入新机制。

改革财政投入机制，持续增加各级财政投入，建立稳定支持和竞争性支持相协调的投入机制，加强省级财政投入和地方创新发展需求衔接，引导地方政府加大科技投入力度。创新财政科技投入方式，充分发挥财政资金的杠杆作用，引导金融资金和民间资本进入创新领域，完善多元化、多渠道、多层次的科技投入体系。政府财政科技投入年均增幅不低于20%。落实企业研发加计扣除、后补助、政府购买服务、财政奖补、税收优惠等普惠性财税支持政策，引导支持企业成为创新投入主体。对科技型企业由财政科技经费按照当年研发费用加计扣除免税额给予10%补贴，最高补贴200万元。对符合条件的省内科研机构，给予基本科研业务费，用于自主选题开展研究、聘请研发人员等科研活动。改革省级科技计划项目资金管理，实施项目定额资助试点，简化财政科研项目预算编制，将多项科目预算调剂权下放给项目承担单位，劳务费不设比例限制。下放差旅费管理权限，高校、科研院所可根据教学、科研、管理工作实际需要，自行研究制定差旅费管理办法。项目间接费用比重提高到不超过直接费用扣除设备购置费的30%，取消绩效支出比例限制，绩效支出安排与科研人员在项目工作中的实际贡献挂钩，间接费用使用由项目承担单位统筹安排。

（三）健全分类创新评价体系。

强化对高校、科研院所科研活动分类考核，突出中长期目标导向，对基础和前沿技术研究开展同行评价，重点评价研究质量、原创价值、实际贡献和应用开发类研究的市场转化应用情况。把技术转移及科研成果对经济社会的贡献和效益纳入评价体系，实施绩效评价，评价结果作为财政科技经费支持的重要依据。健全创新评价及奖励制度，支持各类评估机构发展，推行第三方评价，探索建立政府、社会组织等多方参与的评价机制。健全公平竞争的项目遴选机制，将具体项目评审工作交由专业机构进行。改革完善科技奖励制度，依据经济社会发展水平逐步提高省、市（州）、县（区）科技奖励额度。鼓励社会力量设立科技奖。完善面向创新的国民经济核算体系，加强科技对经济社会发展贡献的分析研究，建立完善的科技统计年报制度，将反映创新活动的研发支出纳入生产总值统计，完善科技服务业统计调查分析，全面反映创新活动对经济的贡献。

（四）强化知识产权体系建设。

深入实施国家知识产权战略，提高知识产权创造、运用、保护和管理能力。实施专利推进工程、企业专利战略引导工程，推进重点产业知识产权创造运用。以知识产权利益分享机制为纽带，促进创新成果转移转化。推动知识产权保护法治化建设，加大侵权行为惩治。完善标准体系，提高标准水平，鼓励团体标准制定，形成支撑产业升级的标准群。发挥企业在标准研制中的主体作用，支持鼓励引导企业广泛采用国家标准和行业标准，制订更为严格的企业标准，积极申请获得国际标准认证。逐步建立健全高原现代农业标准化体系，推进生态环境标准化工作。推动质量和品牌建设，全面实施以质取胜战略，逐步完善质量诚信体系，提升产品、工程、服务和环境质量，提高产品质量总体水平。加大优势特色品牌培育力度，形成一批品牌形象突出的优势企业和产品。

（五）建立健全科技服务体系。

围绕创新链完善服务链，大力发展专业科技服务和综合科技服务。重点发展研究开发、技术转移、检验检测认证、创业孵化、知识产权、科技咨询等业态，基本形成覆盖科技创新全链条的科技服务体系。充分运用现代信息和网络技术，依托各类科技创新载体，整合科技服务资源，推动技术集成创新和商业模式创新，积极培育科技服务新业态。优化科技服务业区域和行业布局，促进各类科技服务机构优势互补和信息共享，提升面向创新主体的协同服务能力。建立健全科技服务的标准体系，促进科技服务业规范化发展。壮大科技服务市场主体，培育一批拥有知名品牌的科技服务机构和龙头企业，形成一批科技服务产业集群。采取多种方式对符合条件的科技服务企业予以支持，以政府购买服务、后补助等方式支持公共科技服务发展，鼓励有条件的地方采用创业券、创新券等方式，引导科技服务机构为创新创业企业和团队提供高质量服务。支持技术交易机构探索基于互联网的在线技术交易模式，加强各类创新资源集成，提供信息发布、融资并购、公开挂牌、竞价拍卖、咨询辅导等线上线下相结合的专业化服务。鼓励技术交易机构创新服务模式，发展技术交易信息增值服务，为企业提供跨领域、跨区域、全过程的集成服务。

七、保障措施

围绕“十三五”科技发展战略部署，切实加强组织领导，强化科技政策落实，加强统筹协调，建立绩效考评机制，确保规划目标顺利实现。

（一）切实加强组织领导。

加强政府科技创新宏观管理能力，成立由省政府主要领导任组长，分管领导任副组长，相关部门和地区为成员单位的全省科技体制改革和创新体系建设领导小组，统筹协调全省创新发展的全局性工作，建立科技创新联席会议制度及各市（州）联动机制，健全科技部门与经济、社会部门的沟通协调机制，加强创新政策、规划和改革举措的统筹协调和有效衔接。集成全社会科技资源，形成纵横向科技工作联动机制。加强对基层科技工作的指导，完善各级政府科技进步目标责任制，发挥基层科技机构的管理、指导、协调和服务职能。加强组织机构建设和科技管理干部培训，强化各级科技管理部门能力，不断提高科技工作管理水平。强化规划的约束性，加强年度计划与规划的衔接。年度计划指南应具体落实规划内容，并将与规划、计划的一致性作为立项的重要依据。加强对规划的细化和落实，在整体规划基础上，制定落实具体实施方案，并细化到年度目标。发挥省级科技创新规划对基层科技工作的指导作用。各市（州）根据区域布局做好科技创新规划、计划的衔接。

（二）强化科技政策落实。

加强科技法律法规体系建设，全面落实《国家创新驱动发展战略纲要》《中共青海省委青海省人民政府关于深化体制机制改革加快创新驱动发展的实施意见》等文件精神，结合实际，积极组织推动政策落地实施。落实国家有关税收优惠政策，探索适合青海自身实际的科技成果处置收益、股权激励、科技金融、人才等政策，激发全社会创新活力。加快科研机构分类、分配、岗位设置、职称评审评定等体制机制改革，加大科研院所自主权，发展社会化新型研发和服务机构，释放科技人员创业创新活力。加快高新区建设，使之成为创新政策先行先试的实验田和创新驱动发展的示范区。

（三）加强统筹协调推进。

建立健全规划实施协调机制，发挥规划对科技发展的指导性作用，结合全省国民经济社会发展计划总体部署，加大财政资金对科技创新的支持力度，引导加大企业科技创新投入，吸引社会资本投入创新，形成财政资金、企业投资、社会资本多方投入科技创新的新格局。强化财政科技投入增长保障机制，调整和优化财政科技投入结构，加强对基础、社会公益性、前沿高技术和重大科技问题以及科技基础条件建设的支持力度。强化政府财政计划资金的放大效应，以财政科技投入撬动社会资金，建立财政科技稳定投入增长机制。试点省级科技经费与市（州）科技经费联合支持科技创新方式，引导地方加大科技投入。强化企业科技创新投入主体地位，落实普惠性支持政策，引导和鼓励企业不断加大创新投入。引导银行、投资机构等社会资本参与创新活动，扩大科技创新投入总量。以规划为依据，统筹协调当前与长远发展，通过完善配套措施、加大落实力度、提升管理水平、开展绩效考评，为全省创新驱动发展提供有力保障。根据规划确定的发展目标、重点领域和主要任务，加强部门间协调配合和上下衔接，制订和实施各类科技计划，建立公示制度和公众参与制度，增强公开性和透明度。

（四）建立绩效评估机制。

各市（州）党委、政府和省直相关部门要强化大局意识、责任意识，细化落实规划提出的主要目标和重点任务，加强年度计划与规划的衔接，确保规划提出的各项任务落到实处。建立绩效评估机制，加大各地科技创新监测力度，利用第三方力量定期对规划实施情况进行评估，将综合评价结果作为年度考核的重要依据。建立动态调整机制，根据宏观形势最新变化，及时调整工作重点和方式方法，调整资源配置结构和强度，使之更加符合实际，确保取得良好效果。加强宣传引导，调动和增强各方面落实规划的主动性和积极性。

宁夏科技创新“十三五”发展规划

“十三五”时期，是宁夏全面建成小康社会的决胜期，也是全面深化改革、扩大开放的攻坚期，爬坡过坎、转型升级的机遇期，缩小差距、追赶发展的关键期。为充分发挥好科技创新支撑引领作用，实现创新驱动与协调发展有机结合，根据《国家科技创新“十三五”规划》《国家创新驱动发展战略纲要》《宁夏回族自治区国民经济和社会发展第十三个五年规划纲要》等规划部署要求，特制定本规划。

第一章　基础和机遇

一、发展成就

自《自治区“十二五”科学技术发展规划》实施以来，在自治区党委、政府的正确领导和科技部等有关部委的指导支持下，在区直有关部门（单位）的积极配合下，通过实施“七个一”科技实力培育工程，科技创新取得明显进步，科技创新潜力从全国第 16 位跃升至第 8 位，科技进步贡献率达到 49%，比“十一五”末提高了 6.2 个百分点。

（一）科技研发及成果转化绩效明显提高。通过组织实施一批重大科技专项、攻克一批支撑产业发展共性关键技术，科技研发及成果转化取得实质性突破。一是攻克一批制约产业升级的关键技术。大型水面舰艇阻拦装置用特种钢丝绳生产技术、高性能 NbO 粉核心制备技术、高温铌钨合金涂层技术、电网继电保护省地一体化整定计算系统等技术处于国际先进水平。高效节水农业、农业物联网等方面取得一批国内领先的重要成果，农业科技进步贡献率达到 57%。二是取得并转化一批重要科技成果。组织实施国家和自治区重点科技项目 870 项，取得重要科技成果 1056 项，比“十一五”增长 29.46%。“十二五”期间，发明专利申请量年均增长 51%，申请发明专利 7888 件，比“十一五”增长 782.32%，万人拥有发明专利量达到 1.74 件。连续 4 年获得国家科技进步奖 8 项，获得何梁何利基金科技创新奖 3 人。

（二）企业创新主体地位明显增强。以培育一批创新创业典型企业为抓手，通过实施企业科技

宁夏回族自治区人民政府，宁政发〔2016〕88 号，2016 年 11 月 15 日。

创新后补助等政策，引导企业加大科技投入，企业研发经费占全社会 R&D 经费支出比重达到 75%，成为研发投入和技术创新主体。大力培育科技型企业，全区创新型（试点）企业达到 50 家，知识产权示范（优势、试点）企业达到 52 家，科技型中小企业达到 274 家，高新技术企业达到 62 家，高新技术企业总产值达到 200 多亿元。

（三）创新平台与载体建设步伐明显加快。按照“整合、共享、服务、创新”的基本思路，构筑一批紧贴产业需求的创新平台、科技园区和资源共享平台。一是创新平台建设取得明显进展。国家和自治区重点实验室达到 24 个、工程实验室 26 个、工程技术研究中心 44 个、技术创新中心 174 个、企业技术中心 72 个，各类公共研发平台 340 个，比“十一五”末增长 134.48%。建立国家和自治区科技企业孵化器 11 家，生产力促进中心 7 家，促进了中小企业发展壮大。二是科技园区和基地建设加快推进。石嘴山国家高新技术产业开发区及石嘴山、固原、中卫 3 个国家农业科技园区获批建设。国家高新技术产业开发区达到 2 家、国家级农业科技园区达到 5 家，国家级大学科技园 1 家，实现国家农业科技园区市级全覆盖，成为全国国家级科技园区密度最大的省区。建立国家科技示范基地 10 个、自治区农业科技示范园区 30 个和科技惠民示范基地 22 个，石嘴山市被评为全国首批“小微企业创业创新基地城市示范”。三是科技资源共享平台建设稳步推进。宁夏大型科学仪器共享服务平台在仪器设备集中的高校、科研、检测等机构开展仪器集中开放共享服务，服务企业 428 家。宁夏科技文献资源共享平台拥有各类文献数据库 60 个，文档回溯能力超过 100 年，资源总量 18.5 亿条，2015 年科技文献服务工作跻身全国十强。

（四）科技人才队伍建设明显加强。围绕经济社会发展需要，加快培养结构合理的科技创新人才队伍。一是科技人才政策环境持续优化。制定出台支持人才培养、引进和使用的政策措施 50 多项，有效优化了科技人才创新创业政策环境。二是科技人员数量持续增长。先后柔性引进院士 119 人、知名专家 338 人，全区从事科技活动人员数量达到 3.12 万人，比“十一五”末增长 20%。三是科技创新创业人才队伍持续壮大。引进培育科技人才 1200 多名，全区科技创新团队总数达到 77 个，涵盖能源化工、新材料、先进装备制造、现代农业、医药卫生等多个领域。大力推进科技特派员创业行动，全区科技特派员队伍总人数达到 4825 人。

（五）对外科技合作与交流水平明显提升。以培育对外科技合作示范基地为抓手，加快推进对外科技合作与交流。一是国内科技合作不断深化。自治区人民政府与科技部建立会商工作机制，先后与北京、陕西等科技强省（市）和中科院、中国工程院等大院大所实施合作项目 200 多个，中科院银川产业育成中心进驻银川科技园，中关村科技产业园落户中卫。二是与发达国家科技合作取得重要成果。先后与 40 多个国家和地区建立科技合作关系，引进先进适用技术 60 多项，与 50 多家企业、科研院所、高校实施国际科技合作项目 50 余项。三是中阿科技合作迈入新阶段。2015 年，中阿技术转移中心落户宁夏，在沙特、阿联酋（迪拜）、阿曼、约旦等国家和阿拉伯科技与海运学院等机构成立双边技术转移中心 5 个。依托中阿技术转移中心，中阿双方在椰枣、现代节水农业、农业物联网等领域开展了有效合作。

（六）科技体制机制改革持续推进。聚焦科技创新与经济发展，着力完善科技管理机制。一是推动自治区科技计划改革。制定科技计划管理改革方案、科研项目和资金管理办法，科技计划管理体系不断完善。二是创新财政科技投入机制。建立财政稳定支持基础性、社会公益性科研机制，对企业创新实行“先期引导＋后补助”机制，运用科技与金融结合机制缓解中小微企业融资难题。三是促进产学研协同创新。“十二五”以来先后组建产业技术创新战略联盟 9 个，成为促进产学研协同创新的重要载体。

二、问题与短板

“十二五”以来，全区科技事业取得较快发展，但科技自身实力不强、支撑经济社会发展能力弱的问题依然突出，与推进以科技创新为核心的创新驱动发展战略要求相比，还存在一些问题和短板：一是科技创新工作还未真正居于重要位置。市、县（区）还没有把科技创新与经济发展同规划、同部署，与经济形势同分析、与年度绩效同考核。二是科技投入强度明显不足。2015 年，全区 R&D 经费支出占 GDP 比重仅为 0.88%，R&D 水平在全国排名 24 位，相当于同期全国平均水平的 44%，实现 2020 年 R&D 经费支出占 GDP 比重 2.0% 的目标还有很大难度。三是高层次创新人才短缺，特别是“两院院士”“千人计划”等领军人才更是十分缺乏，严重影响全区科技创新能力提升。四是科技体制机制改革还需深化。全区科技创新资源“碎片化”、重复投入问题突出，统筹协调和整合集成不够。五是科技与经济结合不够紧密，科技服务体系还不完善。市场配置科技资源机制不完善、作用发挥不充分，科技供给数量不足、质量不高，科技成果转化渠道还不通畅，产学研协同创新层次不高、深度不够，科技与经济“两张皮”现象依然突出。六是企业科技创新主体地位作用发挥不够。科技型企业数量少，在国内外有较强影响力的高新技术企业更少，大部分企业存在着“四少一低”现象，即科技投入少、科技创新平台少、科技创新人才少、科技成果数量少和研发水平低。2015 年全区 1178 家规上工业企业中有科研平台的企业不足 20%，低于全国同期 27% 的平均水平。

三、机遇与挑战

“十三五”时期，全球新一轮科技革命和产业变革加速推进，创新创业进入高度密集活跃期，人才、知识、技术、产业、资本等创新要素流动的速度、范围和规模达到空前水平，创新范式发生深刻变化。我国经济发展进入速度变化、结构优化、动力转换的新常态，协调推进“四个全面”战略布局，实现“五位一体”的总体布局，都迫切需要进一步释放科技创新潜能，培植发展新动力。党的十八届五中全会提出“创新、协调、绿色、开放、共享”五大发展理念，确立“三去、一降、一补”的战略任务，推进供给侧结构性改革，都对“十三五”时期科技创新提了新的要求，也为科技创新开拓了新的发展空间。

“十三五”是宁夏依靠创新驱动打造经济升级版的关键时期，实现经济社会可持续发展，真正把经济发展转移到科技进步和提高劳动者素质的轨道上来，就必须把科技创新作为优化经济结构和转变增长方式的中心环节，大力推动技术创新升级，努力走出一条科技含量高、经济效益好、资源消耗低、环境污染少的可持续发展道路。“十三五”时期也是宁夏科技创新大有作为的黄金时期，自治区党委、政府关于融入国家“一带一路”、打赢脱贫攻坚战、打造内陆开放试验区、中阿合作先行区和丝绸之路战略支点等重大战略目标的实现都对科技创新提出更高要求。

第二章　思路和目标

一、指导思想

全面贯彻党的十八大、十八届三中、四中、五中、六中全会和全国科技创新大会精神，按照“四个全面”战略布局和“五位一体”总体布局的要求，以“创新、协调、绿色、开放、共享”发展理念为统领，以深入实施创新驱动发展战略为主线，以深化体制机制改革为动力，以提升发展质量和效益为核心，以支撑产业转型升级和供给侧结构性改革为主攻方向，以实施《国家创新驱动发展战略纲要》、助推融入国家“一带一路”、打赢脱贫攻坚战、打造内陆开放示范区、建设沿黄科技创新改革试验区和深化对外科技合作与交流为重点，坚持需求和问题导向，着眼补齐科技创新短板，推动以科技创新为核心的全面创新，更好发挥科技第一生产力、创新第一动力、人才第一资源的作用，促进科技与经济紧密结合，把创新驱动发展战略真正落实到发展新经济、培育新动能、促进经济转型升级中，着力提高自主创新能力，为推进开放宁夏、富裕宁夏、和谐宁夏、美丽宁夏建设，实现全面建成小康社会的目标。

二、基本原则

（一）坚持创新驱动与供给侧改革相结合。把科技创新作为推动供给侧结构性改革的重要环节，突出科技创新引领全面创新，强化科技同经济对接、创新成果同产业对接、创新项目同现实生产力对接、研发人员创新劳动同其利益收入对接，在战术上抓住关键，精准施策。

（二）坚持政府引导和市场主导相结合。在加强市场配置创新资源决定性作用的同时，更好发挥政府在战略规划、政策制定和监督评估中的宏观调控作用，强化创新服务职能。营造公开透明、公平竞争、开放有序的创新生态环境，充分释放创新活力和改革红利，开创大众创业万众创新新局面。

（三）坚持科技创新与产业发展相结合。从提升科技创新能力入手，加快科技同经济、创新成果同产业、创新项目同现实生产力结合，增强科技成果的供给能力和转化能力，以创新引领产业发展。

（四）坚持科技创新与改善民生相结合。发挥科技创新在提高人民生活水平、促进高质量就业创业、精准扶贫、民族团结等方面的重要作用，让人民共享更多科技创新成果，为迈入全面小康社会提供重要支撑。

（五）坚持创新驱动和以人为本相结合。激发各类人才的积极性和创造性，把人才资源开发放在科技创新最优先的位置，在创新实践中发现人才，在创新活动中培育人才，在创新事业中凝聚人才，改革人才发展体制机制，培育造就规模适宜、结构合理、素质优良的人才队伍。

三、发展目标

（一）总体目标。

围绕自治区经济社会发展和产业结构调整需求，继续实施“七个一”科技实力培育工程，推进产业链、创新链、资本链、人才链、政策链“五链融合”。到 2020 年，基本建成具有宁夏特色的区域创新体系，科技创新活力和动力显著提升，科技对产业支撑引领作用明显增强，科技成果转化应用能力大幅提高，企业自主创新能力普遍增强，科技创新环境显著改善，成为国家区域科技创新改革试验区、中阿科技合作与交流先行区、科技支撑“一带一路”建设试验区、科技助力精准扶贫示范区、科技助推民族团结进步排头兵。全社会 R&D 经费支出占 GDP 比重达到 2.0% 以上，专利申请量和授权量年均增长 10% 以上，万人有效发明专利数达到 3.5 件，全社会科技进步贡献率达到 55% 以上，公民具备科学素质的比例超过 6.3%。

（二）具体目标。

1. 科技创新平台规模明显扩大。围绕自治区重点产业研发平台的优化布局和功能提升，搭建一批创新资源配置更优、联合创新能力更强、开放服务水平更高、具有良性自我发展机制的科技创新平台，力争国家和自治区级重点实验室达到 30 个、工程实验室（研究中心）40 个、工程（技术）研究中心 50 个、国家（自治区）级企业技术中心达到 80 个、自治区技术创新中心 300 个，各类科技创新平台总量达到 500 个以上，科技企业孵化器数量达到 20 家以上。

2. 企业创新能力显著增强。全区高新技术企业发展到 100 家，科技型中小企业发展到 1000 家，科技型“双创”主体培育到 10000 家。自治区主导产业中高新技术产业比重明显提升，高新技术产业增加值年均增长 14%，高新技术产业总产值占工业总产值比重达到 20%。

3. 科技投入强度大幅提升。建立稳定支持科技创新的财政投入增长机制，创新财政科技投入方式，基本形成财政投入为引导，企业投入为主体，金融、风险投资等多元化的科技投入结构。

4. 高层次人才队伍快速增长。按照人才梯队培养需要，围绕自治区主导产业和特色优势产业发展需要，力争每年培训基层科技服务业从业人员 2 万人次以上，引进高层次科技人才 200 名左右，选拔 10 名左右具有申报院士潜质的领军人才进行重点培养。自治区科技创新团队增加到 100 个以上，培养领军人才 130 名以上、高层次创新型科技人才 1000 名以上。

5. 科技体制改革全面推进。以启动省部共建沿黄科技创新改革试验区为抓手，加快实施一批重要科技创新计划、科技创新工程和科技创新改革举措，努力形成一批创新型城市、创新型园区和产业技术创新战略联盟。借鉴中关村等国家自主创新示范区政策措施，聚焦科技资源配置、研发投入、科技金融发展、科技人才评价与激励、科技成果评价与转化、知识产权市场化、产学研月协同创新等方面，实施系列科技体制及综合配套改革，推出一系列重要举措，力争在行政体制、科教体制、知识产权、科技金融、人事制度及收入分配制度等方面取得重大突破。

6. 科技产出效益实现跃升。突破一批重点产业重大技术瓶颈，形成一批新产品、新技术、新工艺、新装备，修订或制定一批具有自主知识产权的技术标准，使全社会创新价值得到充分体现，创新资源配置效率大幅提高。

表　宁夏科技创新“十三五”发展主要指标

一级指标	主要指标	2015 年	2020 年
科技投入	全社会 R&D 经费支出占 GDP 比重（%）	0.88	2.0 以上
	科技创新团队（个）	77	100 以上
科技基础设施与平台建设	科技基础设施和共享平台（个）	2 ~ 3	8 ~ 10
	各类科技创新平台（个）	340	500 以上
	科技企业孵化器（个）	11	20 以上
科技产出	科技进步贡献率（%）	49	55 以上
	发明专利申请量绝对数（件）	2626	4200
	发明专利授权量绝对数（件）	442	710
	万人发明专利拥有量（件 / 万人）	1.74	3.5 以上
	公民具备基本科学素质比例（%）	4.01	6.3 以上
支撑发展	高新技术产业总产值占工业总产值比重（%）	15	20
	科技型中小企业数（家）	274	1000 以上
	国家级高新技术企业数（家）	62	100 以上
	科技服务型企业（家）	200	500

第三章　加快夯实科技创新基础

按照“整合、建设、共享、服务”的基本思路，集聚创新要素，优化资源配置，强化基础研究，构建行业技术创新研发、服务平台，形成保障有力、运行高效、发展机制良性循环的科技创新基础。

一、部署一批重大应用基础研究项目

根据我区科技发展目标和经济建设需求，重点围绕现代工业、特色产业、医疗卫生、公共安全、生态环保、防灾减灾等领域，部署一批对我区科技、经济和社会发展具有重大影响的应用基础研究和前沿技术研究重大项目；稳定人才队伍，加快高层次学术、技术带头人的培养和人才梯队建设；推进我区优势技术领域发展和拥有自主知识产权科研成果培育；增加科学技术储备，促进我区科学技术进步和经济社会发展。

二、建设一批科技创新研发平台

围绕自治区重点产业、重点领域、重点项目，新建和完善煤炭清洁利用、新材料、智能制造、现代农业、生物医药、电子信息、能源环保等领域创新平台。探索研发平台建设与管理新模式，健全产业公共创新平台体系。按照学科建设和优势领域相结合的要求，积极推动国家重点实验室、省部共建重点实验室和企业重点实验室建设，加快建设一批高水平自治区重点实验室、自治区重点科

研基地、野外观测站，进一步优化自治区级重点实验室结构布局，全面提升实验室综合实力。鼓励和支持龙头骨干企业建立工程实验室、工程技术研究中心、企业技术中心和技术创新中心等研发机构，增强企业研发创新能力。鼓励支持总部或研发机构在区外的企业来宁建立研发机构和中试基地，开展技术创新和成果转化。

围绕清真牛羊肉、现代纺织、物联网、大数据、智能制造等新兴产业，培育新建一批集成优势科技资源开展研究、中试及示范推广的科技创新平台，突破新兴产业技术发展瓶颈，支撑产业发展壮大。积极探索科技创新平台建设新模式，支持校企合作，引进支持国内科研院所、高等院校在宁建立独立研发机构或设立分支机构，建成宁夏工程技术研究院。到 2020 年，力争全区各类创新平台达到 500 个左右，在全区产业集群和高新区中建成布局合理、功能完善的创新研发平台。

专栏 1　重点研发平台建设项目

●新材料领域功能平台：重点围绕钽铌铍钛稀有金属新材料、光伏材料、铝镁合金轻金属材料、碳基材料、聚酯纤维及羊绒材料、建筑节能材料等新材料的研发，加快组建或提升一批企业技术中心、技术创新中心、工程技术研究中心、工程实验室，提高科技对新材料产业贡献率。

●智能制造领域功能平台：重点围绕高档数控机床、煤矿综采设备、新能源设备制造、装备再制造、自动化仪表等优势产品关键生产技术研发，以及模压淬火机床工程技术、煤矿机械先进制造工程技术、数字化逆变电焊机工程技术等智能制造技术研发，组建或提升一批技术支撑平台。

●现代农业领域功能平台：聚焦“一特三高”现代农业发展，围绕现代信息技术、生物技术、节水技术、智能装备、农产品加工等共性技术和农业特色优势产业关键技术，鼓励企业与科研单位、高校共建一批技术研发平台，培育提升设施园艺工程技术研究中心、光伏农业研究院、智能灌溉重点实验室、瓜菜研究所、节水设备研究中心、农业有机合成工程技术研究中心、中药材研究所、反刍动物营养工程技术研究中心等一批创新平台，创建技术研发与转移推广深度融合的协同创新机制，整体提升产业的科技支撑能力。

●生物医药领域功能平台：围绕我区生物技术及其产业领域的重大科技需求，加快组建或提升一批技术支撑平台，加快开展生物医药、生物农业、生物能源、生物环保等关键技术研究，促使高附加值生物医药和生物制剂产品快速发展，有效丰富和完善回族医药产业发展体系。

●电子信息领域功能平台：重点开发金融、物流、网络教育、传媒、医疗、旅游、电子政务和电子商务等现代服务业领域发展所需的高可信网络软件平台，研发大型应用支撑软件、中间件、嵌入式软件、软件系统集成等关键技术，提供整体解决方案。

●能源环保领域功能平台：加快组建或提升一批能源环保领域技术支撑平台，加快风电、太阳能、生物质能等新能源的规模化应用，开展新型煤化工高附加值产品链技术研发及其示范、规模化二氧化碳捕获和利用、三废处理、绿色建筑等关键技术集成应用及示范推广。

●现代服务业领域功能平台：整合部门和地方资源，完善现代服务业技术支撑体系、科技创新体系和产业支撑体系，加快组建或提升一批技术支撑平台，有效支撑旅游技术应用示范、现代物流领域关键技术应用示范和电子商务服务技术应用示范。

●林业创新空间平台：开展林业创新团队创建工作，按照“1+1+1+1+N”的创建模式，在区内建设若干个“1 个名人工作室 +1 个创新团队 +1 个创新实验基地 +1 个林创空间 +N 个市场转化渠道”的创新体系。

三、建设一批科技创新服务平台

围绕科技服务业创新发展，按照“前瞻布局、强化优势、弥补短板”的总体思路，针对宁夏科技服务业发展滞后、市场主体发育不健全、服务机构专业化程度不高、高端服务业态较少等问题，整合重组各类政府科技服务机构，支持社会力量创办科技服务机构，鼓励社会资本参与建设公共技术服务平台，形成良性循环的区域创新生态系统。加快发展研究设计服务、技术转移转化服务、检验检测认证服务、创业孵化服务、知识产权服务、科技咨询服务、科技金融服务、创新方法应用、科学技术普及和综合科技服务等各类科技服务，完善技术交易市场体系和技术转移体系，强化对创新创业全链条的服务支撑，促进科技服务业向专业化、网络化、规模化发展。充分利用国家科技信息服务企业创新平台和自治区科技文献资源及科技创新云服务平台等信息资源，为企业开展成果转化、专利信息推广、专利工程师及创新工程师等培训、专家技术指导跟踪和成果分析等提供“一站式”服务。优化科技中介服务机构的组织制度、运行机制和发展环境，培育“组织网络化、功能社会化、运行规范化、服务产业化”的科技中介服务体系。强化高新技术创业服务中心、科技企业孵化器、技术转移中心等科技中介和成果转化类创新基地的功能，实行分类管理，切实提高为企业和产业服务的能力和水平。积极推进各种基础资源类创新平台建设，提高公共科技资源利用率。到 2020 年，培育科技中介机构 100 家，形成科技服务产业聚集区 4 ~ 5 个，科技服务业增加值占第三产业比重达到 8% 左右。

专栏 2　创新服务平台建设重点项目

●宁夏科技资源统筹中心：在整合相关部门科技服务业务职能的基础上，搭建资源共享、研究开发、科技金融、成果转化、综合服务等五大科技创新服务平台，形成仪器设施共享、科技文献共享、科学数据共享、自然科技资源共享、研发基础条件、公共检测服务、技术转移服务、科技金融服务等业务系统，发挥整合共享、交流研讨、学习培训、展示展览、交流交易、融资孵化、供需对接、服务政府等服务功能，为我区实施创新驱动发展战略提供服务支撑。

●宁夏科技创新大数据服务平台：基于云计算、大数据等技术，集成全国科技创新资源、科技数据，加快科技服务和科技管理的互联互通和开放共享，不断提升服务科技创新的质量和效率，为实施创新驱动发展战略营造良好的信息服务环境。重点建设宁夏科技政务门户网站、宁夏科技资源云数据中心、宁夏科技管理云平台、宁夏科技创新云服务平台、宁夏技术成果云服务平台。整合科技信息资源，实现共享、开放、交换，开展大数据深度挖掘服务工作。

第四章　全面提升企业创新主体地位

以科技创新引领全面创新，突出企业创新主体地位和主导作用，重点围绕主导产业、传统优势特色产业和战略性新兴产业关键共性技术的突破与跨越，统筹建设布局，加强资源整合，引导各类科技创新资源要素向企业集聚，形成科技型领军企业做大做强，科技型中小企业迅速成长的良好发展格局。

一、培育一批高新技术企业

进一步完善自治区高新技术企业认定管理办法，夯实自治区级高新技术企业认定工作基础。围绕国家重点支持的高新技术领域，从科技型中小企业、企业工程技术中心、重点实验室和企业技术中心的依托单位以及规模以上有较高研发投入的企业中，遴选一批有基础、有潜力、有条件的企业，建立自治区高新技术企业备选库进行重点培育。建立培训、帮扶、受理、评审长效机制，每年对高新技术企业认定评审及考核。制定自治区高新技术企业成长路线图，对自治区级高新技术企业实行全覆盖、重点跟踪服务，促进其发展成为国家级高新技术企业。通过支持高新技术企业优先开展专利试点示范工作，优先通过知识产权交易获取专利，优先申请自治区级重点新产品认定，优先申请国家重点新产品认定，优先承担各类科技计划项目，产品优先列入政府集中采购目录和重点新产品名录等政策，推动高新技术企业持续加大研发力度，扩大规模。到 2020 年，全区国家级高新技术企业达到 100 家以上。

二、培育一批科技型企业

实施科技型龙头企业培育计划，筛选培育一批主业突出、关联度大、创新力强的科技型行业龙头企业。引导创新资源向科技型企业集聚，形成龙头引领、链条延伸、集群共进的发展局面。鼓励龙头企业建设研发机构、加大研发投入、构建产业技术创新战略联盟。支持科技型企业牵头组织实施重大产品开发、应用技术研究和成果转化项目。完善科技型企业梯队培育机制，重点围绕信息技术、大数据、新材料、新能源、高端装备制造等产业发展，引进一批成长性良好的科技型企业，转化一批能够尽快实现产业化的高新技术成果，建设一批服务功能完备的新型孵化器。对引进的科技型企业、实现产业化的高新技术成果、建立的新型孵化器等给予支持。推进知识产权强企工程建设，开展企业知识产权管理规范推广工作。到 2020 年，全区科技型中小企业达到 1000 家左右，科技企业孵化器数量达到 20 家以上。

三、培育一批科技服务型企业

加快发展一批从事计算机系统服务、数据处理、软件和信息服务、文化创意、咨询策划、动漫游戏设计、电子商务、翻译服务、工业设计、股权投资等经营项目的现代科技服务型企业。支持各类所有制科技型企业从事和发展科技服务外包，推动科技服务型企业专业化、规模化、品牌化发展。引导科技服务型企业通过兼并重组，优化资金、技术、人才等资源要素配置，实现优势互补。综合运用贸易、出口信贷、对外投资合作等多种措施，支持科技服务型企业“走出去”，引进先进技术、经营方式和管理经验，开展高附加值项目合作。支持企业建设众创平台，对于具有众创形式的互联网平台给予重点扶持并建立政府购买机制。支持科技服务型企业参加各类展会，建立境内外接包网络，巩固传统市场，开拓“一带一路”沿线国家和地区等新兴市场。依托银川 IBI 育成中心，搭建对阿技术外包信息服务平台，对接阿拉伯国家经贸、文化、旅游、现代服务业领域服务需求，扩大中国对阿技术服务外包能力。到 2020 年，全区科技服务型企业达到 500 家，其中科技服务外包企业达到 200 家左右，获得国际资质认证科技服务外包企业达到 30 家以上，具有较强竞争力的自治区级龙头科技服务企业达到 10 家以上。

专栏 3　企业创新能力提升重点项目

●千家科技型中小企业培育工程：探索“孵化 + 创投”“创业导师 + 持股孵化”“创业培训 + 天使投资”“天使投资 + 创新产品培育”等新型孵化模式，用 5 年时间重点培育和扶持 1000 家科技型企业，形成技术水平领先、竞争能力强、成长性好的科技型中小企业群。

●百家创新型企业培育工程：培育 100 家能够持续开展技术、品牌、管理、市场开拓、理念和文化等创新活动，在不同领域培育不同类型、具有示范带动作用的创新型企业，促进创新要素向创新型企业集聚，推动创新型企业快速发展，形成以大型创新型企业为支柱、中小型科技企业蓬勃发展的产业发展新格局。

●实施创新型企业成长路线图计划：引导尚未建立研究开发院的创新型企业组建集研究开发、成果转化、科技服务、综合管理于一体的综合型企业研究开发院；引导已建立研究开发院的创新型企业制订和实施企业创新路线图，培育壮大一批具有较强国际竞争力的龙头创新型企业。

第五章　推进大众创业万众创新

放开市场、放活主体、放宽政策，构建普惠性政策体系，推动资金链引导创业创新链、创业创新链支持产业链、产业链带动就业链，打造新引擎、形成新动力。

一、构建创新创业新平台

全面落实自治区发展众创空间推进大众创新创业政策措施，制定自治区众创空间认定管理办法。大力发展各类科技企业孵化器，重点培育区域标杆示范孵化器，建立和完善“创业苗圃 + 孵化器 + 加速器 + 产业园”创新创业孵化链条，吸引新成立的“双创”型企业入孵。探索“孵化 + 创投”“创业导师 + 持股孵化”“创业培训 + 天使投资”“天使投资 + 创新产品培育”等新型孵化模式，满足不同成长阶段“双创”型企业发展需求，推动“双创”型中小企业做大做强。加快完善现有各类园区、孵化器、协同创新中心、科技金融服务中心、创新方法应用推广服务工作站等创新创业平台的服务功能，提升发展一批众创空间。鼓励相关机构盘活现有存量资产或利用传统孵化器的基础与条件，建设创业咖啡、创新工场、创业大街、创业特色社区、返乡创业园等新型创新创业孵化平台。加快打造“互联网 +”创业创新网络服务体系，建设一批小微企业“双创”基地。支持举办创业培训、创业创新大赛、创新成果和创业项目展示推介等活动，举办中国创新创业大赛（宁夏赛区）赛事活动，搭建创业者交流平台。充分发挥中小企业公共服务平台网络的作用，鼓励大型企业发展创业平台。建好用好创业创新技术平台，向社会开放国家级、自治区级科研平台，鼓励依托 3D 打印、网络制造等先进技术和发展模式，开展面向创业者的社会服务。建设银川区域性创业创新城市，加快推进石嘴山小微企业创业创新基地城市建设，提升银川 IBI 育成中心孵化功能，将其建成国内具有重要影响力的创业创新平台。依托各级农业科技园区或科技示范基地，结合科技特派员等工作，打造农业农村领域众创空间“星创天地”，为科技特派员开展农村科技创业营造专业化、便捷化的创业环境。建立创业政策集中发布平台、创业者交流平台，向社会开放国家级、自治区级科研平台，开展面向创业者的社会服务。

二、拓展农村创新创业新领域

围绕破解农村青年创业创新难题，加快完善农村创业创新孵化和技术支撑服务，拓展市场化、集成化、网络化农村青年众创空间，实现创新与创业、线上与线下、孵化与投资相结合，为农村创业者提供低成本、便利化、全要素、开放式的综合服务平台和发展空间。深入实施农村青年创业富民行动，支持家庭农场、创业人员围绕休闲农业、乡村旅游、农村服务业等开展创业，激发农村创业创新活力。加强科技特派员社会化服务制度建设，引导各类科技创新创业人才和单位整合科技、信息、资金、管理等现代生产要素，深入农村基层一线开展科技创业和服务，培育新型农业经营和服务主体，健全农业社会化科技服务体系，促进农村一二三产业深度融合。制定自治区科技特派员队伍分类管理办法，按照主体多元化、服务专业化、运行市场化要求，进一步创新科技特派员创新创业保障制度、工作制度、专项资金管理制度、激励制度等，促进利益共同体建设。加强创业辅导，有效提升科技特派员在技术创新、产品开发、创业实体经营管理、产品营销等方面的能力。开展“众筹农业”试点工作。加快落实科技特派员创业各项优惠政策，深入推进农村领域科技特派员创新创业。到 2020 年，力争培养产业领衔型科技特派员 500 名以上，创新创业型科技特派员 1000 名以上，培育科技特派员创业基地 50 个，培育壮大法人科技特派员 100 家以上。

三、加大创新创业政策支持

建立自治区创业创新投资引导基金，与国家新兴产业、科技型中小企业创业、科技成果转化、中小企业发展等投资引导基金协同捆绑、联动推进。实行自主创新产品政府首购制度，在政府投资的重大建设工程项目中，将承诺采购自主创新的高新技术产品作为申报立项条件。整合各类支持中小企业创新创业财政资金，设立信贷风险补偿资金，促进商业银行成立科技分（支）行或事业部。引导社会资本投资建立高新技术中小企业担保公司，在政府认定和授权的条件下，为中小企业提供融资担保。通过开展对认定和授权担保公司采取再担保试点工作，共同支持中小科技型企业的发展。通过财政补贴支持科技型企业在主板、创业板、新三板等资本市场挂牌融资。扩大小微企业风险补偿资金规模，推进小微企业贷款保证保险试点，完善小微企业贷款风险分担机制。探索股权、科技研发与成果转化互联网众筹融资试点，推进知识产权质押融资、科技保险等新型融资，引导社会资金和金融资本支持创业创新活动。探索建立公共服务新模式，通过创业券、创新券、服务券等方式，对创业者和创新企业提供社会培训、管理咨询、检验检测、软件开发、研发设计等服务。鼓励高校院所及其他企事业单位开放重点（工程）实验室、工程（技术）研究中心等公共技术平台。对创新创业企业提供技术服务，经评审认定对服务良好成效显著的区内公共技术服务平台，按服务费用的一定比例给予经费补助。对主办或承办自治区安排的创业大赛、创业论坛、成果展会、创业大讲堂等各类创业活动企业、社会机构，按照其举办创业活动实际支出给予一定比例经费补助。

专栏 4　促进大众创业万众创新专项行动

●创新创业专项资金支持行动：发挥财政资金杠杆作用，通过市场机制引导社会资金投入，培育发展天使投资群体，支持初创期科技型中小企业发展。为创业者提供创业补贴、场租补贴、融资担保、贷款贴息等扶持；设立大学生创业就业专项基金，对大学生创业进行项目补助、生活补贴、租房补贴等。

●开展融资活企专项活动：开辟股权出质、出资和动产抵押登记绿色通道，搭建银企合作平台。开展互联网股权众筹融资试点。规范和发展服务小微企业的区域性股权市场。鼓励银行业金融机构为科技型中小企业提供金融服务。

●创新创业公共服务平台搭建行动：支持中小企业公共服务平台和服务机构建设，促进科技基础条件平台开放共享，加强电子商务基础建设。完善专利审查快速通道，对小微企业核心专利申请予以优先审查。

●新型创新创业孵化平台搭建行动：通过招商引资、自办、联办、挂牌共建等方式为创业者提供“场地＋资金＋实训＋服务”一体化的孵化服务，加快建设一批专业化孵化器、加速器。构建一批低成本、便利化、全要素、开放式的众创空间，为广大创新创业者提供良好的工作空间、网络空间、社交空间和资源共享空间。鼓励相关机构盘活现有存量资产或利用传统孵化器的基础与条件，建设创业咖啡、创新工场、创业大街、创业特色社区、返乡创业园等新型创新创业孵化平台。

●科特派创新创业行动：围绕自治区农业优势特色产业的延伸拓展，聚集和整合科技特派员创业行动优势资源，鼓励和引导科技特派员介入产业链建设的各个环节，沿着产业链，建设创业链，设立工作站，形成以科技特派员创业行动为主导的一体化、联动式、合作型、长效性的产业技术联合体。

第六章　提升各类各级科技园区创新创业能力

把拓展以国家及自治区高新区、经开区、农业科技园区、可持续发展试验区等各类创新发展新空间，作为增强区域创新能力的一项奠基工程，为创新人才、科技成果等各类创新要素有效集聚提供基础条件。

一、促进高新技术产业开发区转型升级

出台自治区推进高新技术产业开发区发展有关政策意见和自治区高新技术产业开发区认定管理办法，加快落实国家高新区建设主体责任。进一步明确国家高新区的建设任务、产业化政策、创新机制、管理体制及保障措施。建立“区市县和部门联动、政策集成、资金聚集、资源整合”的国家高新区建设协同推进机制，协调自治区各职能部门共同支持园区建设。坚持把培育和发展战略性新兴产业作为主攻方向，加快技术研发和科技成果产业化，形成具有较强带动作用的产业创新集群，培育现代产业体系，打造高新技术产业的核心载体和科技创新的战略高地，带动全区产业结构调整、引领发展方式转变和经济增长极的重要引擎。银川国家高新区加快构建较为合理的空间发展格局，实现高新区运行机制高效完善，高端产业集群发展，带动银川市 R&D 经费支出占 GDP 的比重达到 2.5% 以上。石嘴山国家高新区积极探索资源枯竭型城市产业转型升级新路径，支撑战略性新兴产业发展。银川国家经济技术开发区面向高端装备制造、战略性新材料、生产性服务业、绿色健康消费品、节能环保、互联网＋等产业，培育龙头优势企业 100 家，加快建设园区科技创新服务体系，完善科技创新政策环境。宁东国家循环经济示范区采取引进、合作等方式建立起较为完善的循环经济科技支撑体系，推动节能减排、废弃物资源化利用的共性技术开发和转化应用，培育一批符合循环经济要求的试点示范企业，加快延长煤焦化、煤气化、煤液化、煤制电石乙炔和煤基精细化工等产业链，

形成以循环经济模式为核心的工业体系。吴忠清真食品及穆斯林用品产业示范区成立自治区清真食品和穆斯林用品产业研发中心，重点开发研究清真食品和穆斯林用品深加工与高附加值产品，努力建成国内清真食品和穆斯林用品设计、生产、认证、集散、博览“五大中心”。宁夏生态纺织产业示范区，建设一批科技研发平台，打造从纺织新材料到色纺、色织、服装设计、检测、制造、数码印花等高效、节能、环保的现代纺织技术支撑体系，成为创新能力突出、产业结构优化、生态环境优美、全面协调可持续发展的承接产业转移示范区。

专栏5　高新（经济）技术开发区建设项目

●银川（灵武）国家高新技术产业开发区：构建起较为合理的“一区多园”空间发展格局，加强国家重点实验室、工程技术（研究）中心、生产力促进中心、科技企业孵化器、高新技术企业培育和建设，形成在全国乃至全球具有影响力的产业集群，使园区成为具有创新驱动能力、符合区域发展特点和特色优势突出的国家创新型特色园区。

●石嘴山国家经开区、国家高新技术产业开发区：加强科技创新载体建设，引入一批科技企业孵化器，着力发展研发服务业，发展以科技中介服务业为主的生产性服务业，将园区建成服务全区乃至西部地区的有色金属新材料产业基地和矿山机械装备制造基地，成为加快战略性新兴产业发展和传统产业改造升级的示范区。

●银川国家经济技术开发区：向高端装备制造、战略性新材料、生产性服务业、绿色健康消费品、节能环保、互联网+等产业，培育100家龙头优势企业，加快建设园区科技创新服务体系，到2020年实现100家重点培育企业产值超过500亿元，形成5个产值过100亿元的产业集群，建设成为西北地区最适宜创业的开发区和宁夏高新技术产业、特色优势产业的示范区。

●宁东国家循环经济示范区：开展煤炭资源精深加工和循环利用研究及示范，采取引进、合作等方式建立起较为完善的循环经济科技支撑体系，推动节能减排、废弃物资源化利用的共性技术开发和转化应用，培育一批符合循环经济要求的试点示范企业，加快延长煤焦化、煤气化、煤液化、煤制电石乙炔和煤基精细化工等产业链，形成以循环经济模式为核心的工业体系。力争用5～10年时间，建成国内领先、有重要国际影响的煤化工循环经济示范区。

●吴忠清真食品及穆斯林用品产业示范区：成立自治区清真食品和穆斯林用品产业研发中心，重点开发研究清真食品和穆斯林用品深加工与高附加值产品，努力建成国内清真食品和穆斯林用品设计、生产、认证、集散、博览“五大中心”。

●宁夏生态纺织产业示范区：建设一批科技研发平台，打造从纺织新材料到色纺、色织、服装设计、检测、制造、数码印花等高效、节能、环保的现代纺织技术支撑体系，成为创新能力突出、产业结构优化、生态环境优美、全面协调可持续发展的承接产业转移示范区。

二、提升农业科技园区服务和带动能力

出台自治区进一步加快推进国家农业科技园区建设发展的相关政策意见，创新国家农业科技园区建设机制，推进创新要素集聚，提升国家农业科技园区科技创新能力、科技创业服务能力和带动产业发展能力。按照统一规划，分类指导的原则，聚焦发展“一特三高”现代农业和推进中阿科技合作关键技术需求，强化体制机制创新，强化要素支撑，强化可持续发展，突出产业集聚，全方位开放，全产业链布局，将5个国家农业科技园区打造成为产出高效、产品安全、资源节约、环境友好的现代农业发展新引擎。强化市县政府国家农业科技园区建设的主体职责，建立“投资、贷款、担保、基金”一体化的高效投融资平台，创建高效灵活的市场化运营管理模式。制定农业高新技术企业认定管理办法，启动农业高新技术企业培育工程，加快培育一批农业高新技术企业，加快构建政府支持、企业主体、市场导向、产学研用结合的园区科技创新体系。聚焦人才支撑，建立人才引

进新机制，将园区建设成为国内外高端人才、自治区创新人才、地方本土人才集聚的高地。拓展园区休闲观光、科普教育、扶贫培训、农事体验等功能，大力推进园区一、二、三产业融合发展。同时，按照核心区、示范区、辐射区三区布局，推动先进技术成果和管理模式快速梯度转移转化，带动建设高标准自治区级科技示范园区30个，整体提升宁夏特色农业现代化水平。到2020年，自治区国家农业科技园区发展水平明显跃升。

专栏6　农业科技园区建设项目

●银川国家农业科技园区：围绕“一区两平台三基地”发展定位，着力打造宁夏最优、西北第一、国内知名、国际有影响力的现代园艺综合示范园。

●吴忠国家农业科技园区：围绕发展现代节水型一体化草畜、名优瓜菜、高端林果产业，打造引领宁夏、示范西北、全国知名的综合性农业科技园区。

●石嘴山国家农业科技园区：围绕发展现代种业、肉羊产业和外向型蔬菜产业，打造以种业为基础、服务宁夏、面向全国的育繁推一体化产业集聚示范园。

●固原国家农业科技园区：围绕发展现代生态型冷凉蔬菜、肉牛、马铃薯、中药材产业，打造全国领先的科技支撑、产业扶贫、生态致富的精准扶贫示范区。

●中卫国家农业科技园区：围绕发展优质枸杞、砂地特色瓜菜、生态草畜、精品苹果等产业，以科技创新园为统领，着力打造集科技、金融、信息、创业等功能为一体的现代特色精品农业平台。

三、科技支撑生态文明示范区建设

深入贯彻落实国家、自治区关于加快推进生态文明建设的政策措施，以绿色发展、协调发展、共享发展为重要抓手，以落实自治区“十三五”规划提出的建设全国生态文明示范区为目标，以彭阳县国家可持续发展试验区、沙坡头区国家可持续发展试验区两大国家试验区为主要载体，以南部山区水土保持与植被修复、中部干旱带沙化治理与水资源高效利用、北部灌区盐渍化改良和资源循环高效利用以及沿黄经济带等“三区一带”为重点，坚持问题导向，需求牵引，选取不同资源环境禀赋、不同主体功能的区域，开展生态文明科技示范区建设。通过加大新技术引进集成示范，以点带面地推动生态文明建设，破解宁夏资源环境瓶颈制约，探索生态文明与经济社会协调发展新模式，为宁夏乃至全国同类地区生态文明建设提供示范样板。

把科技支撑示范引领放在生态文明示范区创建的突出地位，以实现“百姓富”和“生态美”有机统一为目标，针对宁夏生态文明建设中的关键问题，集成林草配置、生态系统恢复、节水及湿地保护、退化砂田修复和美丽乡村建设等技术，重点研发南部水源涵养与植被修复、中部沙化治理与水资源高效利用、北部盐渍化改良和沉陷区植被恢复等技术，构建符合主体功能定位、适合不同区域的生态文明建设指标体系、集成模式和科技示范区。通过5年左右的努力，建设一批科技示范园区，基本形成符合主体功能定位的开发格局，形成可复制、可推广的生态文明科技示范样板，为美丽宁夏建设提供理论和技术支撑。

专栏 7　科技支撑生态文明示范区建设项目

●沙坡头区国家可持续发展示范区：加速促进黄河、沙漠两大文化元素的新融合，努力把沙坡头区国家可持续发展试验区建成资源节约、生态改善、环境友好、经济持续、社会和谐、人民小康、综合实力显著增强，城乡、山川共同繁荣的国家可持续发展试验示范区。

●彭阳县国家可持续发展试验区：以绿色生态农业提质增效、发展生态休闲旅游经济、生态环境保护与资源循环利用、打造城乡生态宜居环境四大可持续发展重点领域为突破口，使区域综合实力明显增强，实现由生态立县向生态富民、生态强县的转变，为同类地区可持续发展提供借鉴和经验。

四、着力打造国家级中药材产业基地

坚持“市场引导、政府扶持、企业带动、创新驱动、品牌经营”的产业开发思路，立足中医药资源优势与特色，根据区域自然地理环境和天然药材资源自然分布状况及适生条件，以区域大群体、产业广覆盖、发展可持续为基本模式，以品牌建设为杠杆，以培育龙头企业和建设规模化种植基地为抓手，主攻道地品种、质量提升、加工增值三个重点，构建完善技术创新、市场中介、质量监控三大体系，强化科技支撑，推动规模化发展、规范化种植，做实做强中药农业，做新做特中药工业，改造提升中药商贸流通服务业，繁荣中药回药文化，打造回药系列品牌。到 2020 年，形成中药材种植区域化、中药材基地规范化、道地中药材品牌化、中药材加工精深化、中药材龙头企业集群化、中药材市场信息化的中药材产业发展新格局，把我区打造成西北乃至全国重要的中药材产业基地。

第七章　加快促进科技成果转化

认真贯彻落实新修订的《中华人民共和国促进科技成果转化法》和国务院关于支持科技成果转移转化五大政策，规范科技成果转化活动，打通科技与经济结合通道，使科技创新在促进群众增收、改善群众生活、推进民族团结中发挥更大作用。

一、鼓励研发机构和人员转让科技成果

建立科技成果转化引导基金，支持区外科研院所、高校、企业、园区、领军人才带科研成果来宁孵化、转化，推动科技成果产业化。鼓励研究开发机构、高等院校通过转让、许可或者作价投资等方式，向企业或者其他组织转移科技成果。自治区设立的研究开发机构、高等院校应当建立健全技术转移工作体系和机制，其持有的科技成果，可以自主决定转让、许可或者作价投资，除涉及国家秘密、国家安全外，不需审批或备案。深化科技成果收益分配改革，除事关国防、国家安全、国家利益和重大社会公共利益外，赋予高等（职业）院校、科研院所科技成果使用权、处置权和收益管理自主权，行政主管部门不再审批和备案。科技成果转化收益，按照不低于 70% 的比例归成果完成人（团队）所有。自治区设立的研究开发机构、高等院校科技人员在履行岗位职责、完成本职工作的前提下，经征得单位同意，可以兼职到企业从事科技成果转化活动，或离岗创业，在原则上不

超过3年时间内保留人事关系，从事科技成果转化活动。

二、建设科技成果转化平台

加快建设各类科技成果转化平台，构建技术转移转化市场，以及与之相适应的税收、政策环境。强化中阿技术转移中心、知识产权服务机构、科技成果转化基地、示范基地、工业园区等科技中介和成果转化类创新服务基地功能和科技成果孵化功能，匹配科技成果供给和需求，缩短转化时间，提升转化效益。建设自治区科技成果转化服务平台、知识产权信息共享平台，选择一批企业开展科技成果、专利文献信息帮扶。建设银川科技大市场，大力培养技术经纪人队伍，为全社会提供“一站式”科技服务。建立市场化的科技成果转化机制，建设科技成果展示、技术评估、成果交易、科技金融、创业服务等科技市场。建设科技成果评估、评价和推送平台，助推科技成果转移转化。加强技术和知识产权交易平台建设，建立从实验研究、中试到生产的全过程科技创新融资模式，促进科技成果资本化、产业化。建成宁夏技术转移科技成果转化公共服务平台和展示厅，采取线上线下相结合的方式，打造联结企业、高校、科研院所、投资机构、中介等的交易平台，推动科技成果加快向现实生产力转化。支持贫困地区农村信息化建设，推进“互联网+”与扶贫开发相对接，为产业脱贫、就业脱贫提供科技支撑。

三、完善科技成果转化体系

（一）创建一批产业技术创新联盟。发挥高等院校、科研院所学科优势，加强政产学研协同创新，建立产业技术创新联盟。深入推进“校企联盟”行动，吸引区内外高校院所与宁夏企业新建一批校企联盟。在建设好“枸杞产业”“草畜产业”“葡萄与葡萄酒”“设施瓜菜”等产业技术创新联盟的基础上，加快红枣、马铃薯等产业技术创新联盟的培育与组建。

（二）创建一批产学研合作基地。围绕产业链向高端攀升的需求，发挥高校、地方政府、高新园区等多重主体的协同作用，打造一批具有产业技术研发、专业技术服务等产业集聚功能的产学研联合重大创新载体。加强校企合作，支持高等院校与行业重点企业建立联合研发实体。大力推进产学研结合示范基地建设，鼓励企业将研发中心建在校内，鼓励高校在地方或企业设立产业研究院，加强产学研结合，大幅提高高校科技资源的使用效率和效益。在已有“瓜菜产业研究中心”的基础上，支持高等院校与地方建立葡萄与葡萄酒产学研合作基地、现代煤化工产学研合作基地等。支持高等院校面向未来新兴技术和中小企业发展需求，建立新兴产业技术开发和共性技术研发平台，促进高校科技成果的快速转移。

（三）建设一批地方产业技术研究院（中心）。支持高等院校和科研院所围绕自治区“一县一业”发展战略部署和各地资源禀赋，加快与地方政府建立“宁夏草牧业发展研究院”“宁夏道地中药材产业发展研究中心”“宁夏小杂粮产业发展研究院”等产业研究院。

（四）建设一批科技扶贫服务团队。以创建国家科技助力精准扶贫示范区、科技助推民族团结进步示范区为目标，以有效改善群众生产生活条件、提升少数民族群众科学素质、发挥科技创新在推动精准扶贫中的作用为重点任务，围绕自治区特色优势产业，加强科技服务团队建设，通过产业岗位科学家、自治区党委专家服务团、自治区现代农业科技示范园区首席专家、自治区科技特派员、自治区科技扶贫指导员、“三区”科技人才、自治区级产业技术咨询专家等形式，促进科技成果转化，助力扶贫攻坚。选派一批科技特派员把科技成果转化作为提高科技工作显示度、助推扶贫开发的重点，探索和运用“科研 + 基地 + 农户”“科研 + 企业（协会）+ 农户”等多种科技成果转化模式，切实解决科技成果转化率低的问题。实施“三区”科技人员计划，选派科技人员为 14 个“三区”县培养本土科技服务人员，深入推进区县联动，强化产业科技服务，探索创业脱贫。按照国家和自治区关于加大扶贫开发工作力度的总体要求，以提高贫困村农民科技素质、实用技能和经营能力为核心，支持 100 名科技扶贫指导员在中南部地区重点贫困村实施以促进科技成果转化应用为目的科技扶贫项目，运用科学有效手段对扶贫对象实施精确识别、精确帮扶、精确管理，实现脱贫致富。

（五）推进科技成果转化为科普资源。对各类科技、教育资源进行开发和转化。积极发挥科技社团和科技工作者的作用，探索学术交流与科普活动紧密结合，推动学术资源向科普资源转化。加快高校、科研机构、工程中心（实验室）、高新技术企业等向公众开放实验、展示室等科技类设施，推动高端科研资源科普化，促进科技创新资源向科普资源转化。建立科研与科普相结合机制，在符合条件的国家和自治区科技计划项目中增加科普任务，将科普工作作为科技创新工作的有机组成部分，提高科普成果在科技考核指标中所占比重，积极推动高校、科研院所、企事业单位的专家带头面向公众开展科普活动。到 2020 年，全区重点高校、科研院所类设施对外开放率达 80% 以上。探索科技创新和科普产业有效结合机制，培育科普产业市场。搭建科普创客空间，支持创客参与科普产品创新、创造、创业。鼓励有条件的地方建立科普产业园区和产业基地，鼓励科技项目承担者传播科技成果，加大政府购买科普产品和服务的力度。

专栏 8　科技成果转化重点支持项目

●设立科技成果转化引导基金：通过设立科技成果转化基金、创业投资子基金、科技贷款风险补偿和绩效奖励等方式，支持自治区内的科技成果转化，促进科技创业和科技型中小企业的发展。

●建设科技资源产权交易机构：依托现有机构，建设宁夏股权报价交易系统等场外科技资源产权交易市场，不断完善产权交易体系，提高交易效率，为科技型中小企业的产权（股份）转让、知识产权质押物流转、资产处置、招商引资等提供服务。

●建设银川科技大市场：通过整合信息资源建立网络技术市场，加快形成功能全面的科技大市场平台体系，打造链条完善的服务体系，探索科技资源市场化服务模式，创新载体、创新模式、创新服务，形成良好的运行架构和团队，着力搭建现场服务和网络服务两个平台，实现成果展示、技术交易、设备共享、信息服务和合作交流“五位一体”功能。

第八章　健全科技创新投融资体系

加快建立以财政拨款、企业投入、金融贷款、社会资金投入相结合的多渠道、多层次的科技投入体系，逐步提高全区科技经费投入的总体水平，确保 2020 年全社会 R&D 经费支出占 GDP 比重达到 2.0% 以上。

一、加大财政科技创新投入力度

按照《宁夏回族自治区实施〈中华人民共和国科学技术进步法〉办法》中关于加强政府科技创新投入力度的规定和自治区人民政府与五市人民政府签订的《“十三五”科技创新发展目标任务责任书》中确定的R&D经费投入增长两倍的约束性指标要求，加快建立“定标准、定责任、入预算”的财政科技投入稳定增长机制，力争2020年全区R&D经费中政府投入［包括中央财政投入、区本级财政投入和市、县（区）财政投入］达到18.5亿元以上。在科技基础研究、重点研发、技术创新引导计划等方面制订详细的年度投入计划。进一步加大科技后补助力度，继续提高企业科技创新后补助前期引导资金的补助比例和额度，加大企业和科研院所、高校开展协同创新、科技成果转化方面的支持力度。县级以上人民政府应当将科技经费投入作为财政预算保障的重点，加大投入力度，提高本部门、本系统、本区域科技创新能力。自治区财政支出预算每年列出专项经费，用于科技贷款贴息、新产品开发、科技成果奖励、科技普及、高层次科技创新型人才引进和培养，以及科技活动其他专项开支。自治区财政、科技、统计等部门，应建立完善的科技经费投入统计、监督制度。

二、强化企业创新投入主体作用

鼓励和引导企业增加研发投入，充分发挥其对技术创新的示范引领作用。强化企业家的创新意识和主体责任，健全有利于自主创新的企业财务制度和核算体系，建立适应经济发展新常态的技术创新投入机制。充分发挥财政资金的激励引导作用，对企业引进人才、建设中试装置等予以支持，引导企业成为研发投入主体。鼓励符合条件的银行业机构先行先试，探索为企业创新活动提供股权和债权相结合的融资服务方式。鼓励和引导企业按照规划和市场需求先行投入开展研发项目。建立健全规模以上企业技术创新经营业绩考核制度，加强对不同行业研发投入和产出的分类考核。到2020年，企业R&D经费投入达到64亿元左右。

三、拓宽科技创新投融资渠道

充分调动全社会科技投入积极性，着力开拓科技创新融资渠道，建立科技成果转化引导基金、创业投资基金等科技金融投资方式，逐步形成创业投资、风险补偿、费用补贴、资本金注入等多种财政科技经费使用方式，为处于不同发展阶段的科技型中小企业融资需求提供支持。推动合作银行开发针对科技型中小微企业的特色金融产品，加大对科技型中小微企业的信贷支持。引导鼓励经营稳定、业绩优良、市场信誉好的科技型中小微企业，通过发行企业债券、中期票据、短期融资券等方式筹集资金。推动合作银行设立专门服务中小企业的科技支行等专营信贷机构。加大风险补偿、科技金融、创新券等创新补贴力度。加快引导区内外创业风险投资机构对区内科技型中小企业、初创企业开展股权投资。建立科技型中小企业信用评价体系，设立科技担保公司、科技小额贷款公司，建立多层次资本市场，拓宽中小企业融资渠道。鼓励科技型中小企业在境内外上市，充分发挥宁夏区域股权交易市场的作用，鼓励科技型中小企业挂牌交易。发挥债券市场融资工具作用，组织中小企业发行中小企业集合债、高收益债。探索开展科技保险试点，鼓励保险公司设立中小企业贷款保险机构和信用保险机构。鼓励创新投贷结合方式，探索银行业与创投机构之间多渠道融资和综合性金融服务模式。

专栏 9　科技金融重点项目

●建设宁夏科技金融服务中心：依托现有科技中介机构，建立科技金融服务中心，为科技型中小微企业提供创业风险投资、银行信贷、产品保险、贷款担保、金融产品推介、企业上市等一站式咨询服务。

●建设科技金融项目储备库：通过分类梳理各类科技项目资源、资金来源，建立政府产业引导基金（科技领域）备选项目库、科技型中小微企业融资需求库等科技金融项目库，搭建资金方和项目方对接平台，帮助各类资金方与项目方精准对接。

●设立科技成果转化引导基金：通过设立科技成果转化基金、创业投资子基金、科技贷款风险补偿和绩效奖励等方式，支持自治区内的科技成果转化，促进科技创业和科技型中小企业的发展。

●建设科技小额贷款公司：依托银川国家高新区、银川国家经济技术开发区等科技型中小微企业聚集地区，推动银行业金融机构与民间资本深入合作，建立面向科技型中小微企业的科技小额贷款公司，探索适合科技型中小微企业的信贷管理模式，促进民间资本投向科技创新创业。

●科技担保公司建设项目：设立专门向科技型中小企业提供贷款担保的担保机构，推动建立科技型中小企业贷款风险多方分担机制，逐步完善科技型中小企业融资担保体系。

●建设科技资源产权交易机构：依托现有机构，建设宁夏股权报价交易系统等场外科技资源产权交易市场，不断完善产权交易体系，提高交易效率，为科技型中小企业的产权（股份）转让、知识产权质押物流转、资产处置、招商引资等提供服务。

第九章　培育壮大创新型人才队伍

贯彻落实自治区关于促进人才队伍建设的一系列政策措施，加快建立以人才为核心的科技资源配置机制，加大创新创业型科技人才队伍建设力度，真正发挥科技人才在全区创新中的核心作用。

一、加大创新人才引进培养力度

坚持创新创业并重，围绕自治区重点产业、重点领域、重点项目，加快创新创业人才引进培养，突出引进带项目、带成果、带技术的领军人才，加快吸引和集聚国内外优秀科学家、科技大奖获得者、重大前沿核心技术掌握者等优秀领军人才或团队来宁创业。建立“高层次高技能人才绿色通道”，完善柔性引才机制和人才政策，吸引各类优秀人才来宁创业创新。建立高端人才引进和跟踪服务机制，用好和留住人才。到 2020 年，多种形式引进国（境）外科技创新团队 5 个、国内科技创新团队 10 个，新组建自治区科技创新团队 25 个以上，引进一批海外高层次科技人才、国内急需紧缺高层次人才和外国专家。

二、健全完善创新人才培养体系

借助高等院校、科研院所的人才优势，在重点行业、大型企业建设一批人才培养基地和继续教育基地，鼓励企业培养科技领军人才、学术技术带头人、高水平技术支撑人才和高层次管理人才。在企业、科研院所大力推广创新方法的应用，培养一批具有创新能力的工程师、咨询师。每年选送部分行业或学科领军后备人才到海内外高校、科研机构及有关组织研修深造。鼓励和支持领军后备人才承担政府重大科技项目。到 2020 年，培养科技创新型和产业领军型人才 150 名左右，选拔具备申报院士潜质的领军人才 10 名左右进行重点培养，选拔 100 名国家级、300 名自治区级学术技术带头人后备人选、500 名自治区优秀青年后备骨干人选进行重点培养，培养创新工程师 300 名，创新咨询师 50 名。

三、打造创新型人才创业平台

加强与高校及科研机构的合作与交流，创造条件，吸引一批国家、省部属高校和科研机构来宁夏设立分支机构，共建重点实验室、科技企业孵化器、研发中心、工程技术中心、技术转移或转化中心、中试基地，实现科技资源共享，依托高等院校、科研机构和重点科研项目，集聚和培养高层次创新型人才。加快科技研发中心及各类中介机构建设。加强政策及资金支撑，扶持一批企业研发中心、科技服务中介机构、科研实践基地，为各类高层次人才提供来宁夏实施科研成果转化的平台，吸引他们来宁夏发展，为宁夏经济社会发展提供动力。依托高新技术开发区、科技园区和经济技术开发区，加强国家大学科技园建设，为区内外大学生在宁创新创业搭建平台。加快留学人员创业园区建设，提升创业园区的服务功能，建立畅通的创业融资、成果转化及项目合作交易渠道，充分发挥留学人员创业园区在自主创新中的载体功能。对新批准设立的留学人员创业园，给予适当的建园资助。加快博士后科研工作站建设。积极鼓励和帮助有条件的企事业单位建立一批特色鲜明、与宁夏产业导向密切相关的博士后科研工作站，不断壮大宁夏博士后研究人员队伍。争取用 5 年时间，宁夏博士后科研工作站达到 25 家以上。

专栏 10　创新人才队伍建设重点项目

●领军人才培养工程：培养科技创新型和产业领军型人才 150 名左右，选拔 10 名左右具备申报院士潜质的领军人才进行重点培养。

●青年拔尖人才培养工程：选拔 100 名国家级、300 名自治区级学术技术带头人后备人选，500 名自治区优秀青年后备骨干人选进行重点培养。

●科技创新（研发）团队建设工程：引进 5 个国（境）外、10 个国内科技创新团队，培育 25 个左右自治区科技创新团队，全区科技创新团队达到 100 个以上。

●创新型人才创业载体建设工程：加强高新技术开发区、留学人员创业园、院士工作站、博士后科研工作站（流动站）、重点实验室、工程技术研发中心、专家服务基地等人才载体建设。

第十章　全面提升科技合作领域和层次

立足服务国家“向西开放”战略和开放宁夏战略，树立“大视野、大开放、大合作”的科技合作与交流观念，利用内陆开放试验区、中阿博览会、综合保税区等重要对外开放平台，着力构建全面开放、深度开放、科学开放的对外科技交流与合作新格局，推动重点产业领域和关键技术对外合作与交流取得新突破。

一、拓展国内外科技合作领域

（一）继续加强与发达国家的科技交流与合作。积极拓展与发达国家和科技强国的合作，在国家重点（工程）实验室、工程（技术）研究中心、企业技术中心等各类科技创新平台建设方面加强合作，建设产业化示范基地、科技转化服务示范基地和科技创新改革试验区。加强与欧美国家企业间的合作，开展关键核心技术、工艺等领域的科技合作，完善产业链。引进、消化、吸收一批我区急需的先进技术及设备，实施再创新，提高我区装备制造的技术水平。

（二）深化面向阿拉伯国家的技术转移与装备输出。立足中阿博览会平台，加快中国—阿拉伯国家技术转移中心建设，共建共享联合实验室、科技示范园区及阿拉伯国家研究院，全方位推动中阿科技和人才交流合作。积极推进中阿国家技术转移中心各国分中心及协作网络的建设，扩大先进适用科技成果“走出去”，加强与阿拉伯国家和穆斯林地区及非洲、中亚的科技合作。围绕农业物联网、无醇葡萄饮品、清真肉制品、节水农业、马铃薯种苗培育及病虫害综合防治、卫星导航、新能源等重点领域组织实施一批中阿科技合作项目。依托宁夏西部云基地、数字宁夏建设等，与阿拉伯国家共同建设一批云计算、物联网、移动互联网、智慧城市、公共服务领域技术合作示范项目，举办应用示范项目成果展，推广成功经验。探索建立中国与阿拉伯国家在智慧城市领域合作机制，加强标准制定、技术研发、设备生产、智慧应用等方面合作。

（三）扎实推进与国内大院大所及科技强省的合作。加快制定出台自治区鼓励支持对外科技合作交流管理办法，为全区对外科技合作工作提供指导意见。引进和利用区外资源，吸引急需的专业技术人才到宁夏开展合作研究和创业。充分挖掘与中科院、中国工程院、中国农科院等国内大院大所及科技强省的科技合作潜力，加快完善科技合作机制，积极启动“中国枸杞研究中心”“中科院产业技术研究院”等重要载体的建设，建立更加良好的合作平台和环境，促进在产业、企业层面开展更加广泛的科技合作。聚焦优势主导产业、“1+4”特色优势产业和沿黄科技创新改革试验区建设的重大技术需求，选择新型煤化工、先进装备制造、清真食品和穆斯林用品、新能源、新材料、石油化工、现代纺织、生物医药、葡萄、枸杞等优势产业作为对外科技合作的重点领域，组织国内高层次专家来宁进行短期讲学、调研考察、技术诊断、技术推介发布、技术洽谈、产业合作等多种形式的技术合作，实现对外科技合作的新突破。

二、完善对外科技合作机制与模式

加大重大科技项目对外合作的力度，整合国内外科技创新资源，提高科技创新能力。鼓励自治区大型企业、科研院所、高校、重点实验室、试验基地与国内外大型企业和相关科研院所以多种形式共建技术开发机构、高新技术转化基地及分支机构，建立长期协作关系，形成开放、流动、竞争、协作的运行机制。支持高校、科研院所从区外引进两院院士及学科带头人来宁任职、兼职，为我所用。充分发挥对方在人才、信息、成果和科研设施等方面的优势，与我区合作建设人才高地。引导支持中小企业通过协会、国际组织、产业技术创新战略联盟等方式开展国际科技合作。

组织高校、研究机构、高新技术企业开展产品展示、技术示范、交易洽谈等活动，大力推动和促进新技术、新成果的转移转化。支持有实力的企业和科研院所“走出去”，到境外独立或合作创办研究开发机构、技术转移机构，进行技术开发、产品设计和市场拓展，扩大高新技术产品的品牌效应和出口份额。支持高新技术企业到国外、区外独资或合资兴办企业，扩大宁夏高新技术、先进实用技术在国内外市场份额，充分利用国际、国内两个市场，大力推进对发展中国家的经济技术合作。

三、建立开放合作载体与平台

（一）建设一批对外科技合作平台。广泛收集科技合作资源信息，建立对外科技合作备选项目、专家、交流渠道资源库。有针对性地举办和参加国内外学术交流、技术合作、产品交易和专题论坛等活动，为区内有关科研院所、高校和企业搭建对外科技合作交流平台。充分发挥国家级、自治区高新技术开发区、科技孵化园和大型企业的作用，在重点园区、重点工程、重点企业，联合实施一批对经济发展和产业升级影响大、关联度高的对外科技合作重点项目。实施“引智”计划，吸引国内外著名大学或科研院所落户宁夏建立分支机构。

（二）建设一批对外科技合作示范基地。加快培育建设一批联合研究中心、联合实验室、博士后示范区流动站、技术成果转移转化中心，成为自治区级“对外科技合作示范基地”，有效发挥合作基地在对外科技合作中的引领和示范作用，努力实现对外合作方式向“项目—基地—人才”相结合的战略转变。

（三）培养一批对外科技合作人才。通过研修培训、挂职交流等方式，培养一支能够承担对外科技合作与交流工作重任的管理人才队伍。在现有科技管理体制的基础上，建立对外科技合作与交流管理机构、配备专职人员，鼓励支持科研院所、重点企业建立对外科技合作与交流管理机构，加强对外科技合作与交流的指导。加强国内外引才力度，依托重点学科、科研基地、国际科技合作与交流项目、重大科技专项和重点产业建设项目引进优秀人才，培育科技创新团队。积极探索职业资格国际、地区间互认。

专栏 11　对外科技合作重点项目

●科技强国及国际组织合作：引进欧美、日韩等科技强国的先进技术及设备，通过开展联合研究、技术引进解决制约我区产业发展的瓶颈。

●国内科技强省合作。围绕我区装备制造、羊绒加工、农产品深加工等特色优势产业与北京、陕西等科技强省开展联合研究、技术攻关、新产品开发和新技术、新成果引进等形式的科技合作。

●国内大院大所及重点高校合作：充分利用中科院技术和人才资源，围绕枸杞、葡萄、先进制造等我区优势特色产业开展前沿基础研究，把中科院创新人才优势和产出的大量高科技成果，引进转移到我区相关产业进行转化。

●合作建设高水平的研发平台：引导宁夏科研院所、高校、企业与国内大院大所和高校共建研究院、研究中心、联合实验室。启动建设产业技术研究院、中国葡萄与葡萄酒研究院和中国枸杞研究中心。

●高层次创新人才培养与学术交流：依托重点学科、科研基地、对外科技合作项目，通过科研合作、研修培训、科技副职、学术交流等方式，引进、培养一批高层次创新人才。

●中阿技术转移服务平台项目：加快中阿技术转移中心建设，推进在阿拉伯国家的双边技术转移中心落地。共建一批联合实验室、联合研究中心。开展科技交流活动，组织先进适用技术和科技创新管理培训。

●中国—阿拉伯国家科技园：以银川科技园、银川国家农业科技园科研开发区为载体，集成科技创新要素和科技资源，采取“一园两区 +”的空间布局和“政府引导、中阿合作、市场化运作”的组建模式，有效集成国内高新技术成果，开展面向阿拉伯国家所需的技术研发熟化、组装集成、定制配套和示范展示。

第十一章　全面深化科技体制改革

以创建国家科技创新改革试验区为目标，加快宁夏沿黄科技创新改革试验区建设，聚焦产学研用协同创新、聚焦营造良好创新生态环境、聚焦政府科技管理改革等难点，把科技创新作为供给侧结构性改革的重要环节，协同推动科技创新和体制机制改革“两个轮子”，依靠改革驱动创新，依靠创新驱动发展，更加重视创新环境营造和创新生态建设，激发各个创新主体的积极性和创造性。

一、推进科技计划管理改革

按照《自治区人民政府印发关于深化财政科技计划（专项、基金等）管理改革方案的通知》（宁政发〔2016〕15 号）精神，强化顶层设计，打破条块分割，改革管理体制，统筹科技资源，加强部门功能性分工，建立公开统一的自治区科技管理平台，建立部门联席会议制度，依托专业机构管理项目，发挥战略咨询与综合评审委员会的作用。建立统一的评估和监管机制，根据绩效评估和监督检查结果以及相关部门的建议，提出科技计划（专项、基金等）动态调整意见。建立全区统一的科技管理信息系统和科技报告系统，通过统一的信息系统，对科技计划（专项、基金等）的需求征集、指南发布、项目申报、立项和预算安排、监督检查、结题验收等全过程进行信息管理，强化流程控制与信息公开。整合优化现有科技计划（专项、基金等），将自治区有关部门管理的科技计划（专项、基金等），通过撤、并、转等方式，优化整合为 4 类科技计划（专项、基金等），并将其全部纳入统一的自治区科技管理信息系统管理，制定相应的管理办法，加强对项目的审查、监督、检查和评价，避免重复申报、重复部署、重复投入，提升财政科研资金使用效益。

二、推进市场与政府作用机制改革

建立“企业先投入、市场再评价、市县先补助、自治区后补助”的机制，重点推进“四个转变”，即变传统科技评审立项支持为后补助和奖励支持，变科技专项经费切块支持为按市场机制竞争择优支持，变自由申报、专家评审为市场化、社会化第三方评价，变注重项目自身的科技含量和水平为注重项目对经济社会发展的贡献度。实现“三个不直接”，即科技部门不直接受理企业申报，不直接裁量科技项目，不直接前置拨付科技经费，全面取消行政自由裁量权。推进负面清单管理模式，建立和完善政府创新管理机制和政策支持体系。最大限度发挥市场配置创新资源的决定性作用，通过合同、委托、招标等方式实施和推广政府购买服务，全面放开竞争性领域商品和服务价格，加快构建统筹协调、职责清晰、规范高效、公开透明、监管有力的科研项目和资金管理机制。建立依托专业机构管理科研项目方式，建立健全有利于科技项目的决策、执行、评价监督的协调运行机制。

三、推进科技成果转化制度改革

按照“科研投入成果化、科技成果产业化”的要求，健全技术创新市场导向机制，发挥市场对技术研发方向、路线选择、要素价格、各类创新要素配置的导向作用，建立主要由市场决定技术创新项目和经费分配、评价成果的机制。进一步完善企业研发费用计核方法，贯彻落实研究开发费用税前加计扣除政策。加强政府支持的科研成果的信息发布，让全社会获得科研成果知情权。尽快下放科技成果使用、处置和收益权。将财政资金支持形成的，不涉及重大社会公共利益的科技成果的使用权、处置权和收益权，全部下放给符合条件的项目承担单位。试行科研机构科技成果公开交易制度，使科技成果可以通过在技术市场挂牌等方式确定价格并实现交易。强化对科技成果转化人员和团队的激励，提高科技成果转化收益奖励比例，在利用财政资金设立的高等学校和科研院所中，将职务发明成果转让收益在重要贡献人员、所属单位之间合理分配，重点用于提高奖励科研负责人、骨干技术人员等重要贡献人员和团队的收益比例。完善职务发明制度和奖励报酬制度，促进国有企业创新的激励制度、企事业单位成果转化奖励办法，完善技术转移机制。鼓励高校、科研院所支持科技特派员转化科技成果，发挥国家科技成果转化引导基金、自治区产业引导基金等财政资金杠杆作用，引导金融机构加大信贷支持。强化科技成果转化导向，鼓励企业采取股权奖励、股票期权、项目收益分红等方式，激励科技人员实施成果转化。实行以增加知识价值为导向的分配政策，提高科研人员成果转化收益分享比例。改革科技成果产权制度，培育技术和股权期权市场，完善股权和期权税收优惠政策和分红奖励办法，促进科技成果资本化、产业化。

四、推进产学研协同创新制度改革

提高企业主导产业技术创新的能力，增强科研院所、高校的原始创新和服务发展能力，加快发展各类新型研发机构和创新服务组织，培育壮大充满生机活力的创新主体。克服创新中的“孤岛化”和“碎片化”现象，着力提高产学研协同创新水平，使创新各主体、各环节、各方面有机互动、高效协作。整合各类技术创新要素，大力推进产学研协同创新，建立研究方向明确、组织有序、责权利相统一的产学研协同创新联盟，通过市场机制形成区域产学研战略联盟。支持高校和科研院所找准协同创新的定位，在不断深化与企业合作的同时，协调好与企业之间的各种关系。加快建立现代企业制度，支持企业真正成为技术创新的投资主体、利益主体、风险主体。支持企业发挥自身优势，积极寻求建立与其他企业、高校以及科研机构的创新联盟，不断提高技术创新的能力。进一步探索产学研合作机构或平台的运行和利益分配机制，推动有条件的研究机构向实体化运营模式转变，鼓励以项目实体运营、合资建立公共研发平台、引入风险投资等多种形式捆绑利益，真正形成利益共享、风险共担、共同发展、长效合作的新机制。

五、推进科技评估评价制度改革

探索评估评价机制由政府评估评价为主向社会评估评价为主转变，规范发展第三方评估机构和知识产权专业估值机构，强化过程监管和后续跟踪，完善纠错和问责制度。组织对重大科技项目实施情况进行年度监督检查和第三方评估，及时发现和解决问题，宣传和推广典型经验。发布企业、高校、院所创新能力评估指导意见，扩大创新绩效拨款试点范围，扩大有序承接政府转移职能试点并加快形成制度化。完善政府资助项目评估指标体系和绩效考核办法。开展重大成果产出评价和科技机构效率评价，加快建立创新调查和科技报告制度。积极发展企业人才评价机构。完善以市场和出资人认可为核心的企业经营管理人才评价体系，建立社会化的职业经理人资质评价制度和知识型、技术型人才评价机制。

六、推进科技财税制度改革

围绕创新发展的优先领域、重点任务、重大项目，充分发挥财政资金的示范、引导和放大效应，不断提高财政资金的使用效益。健全竞争性经费与稳定支持经费相协调的投入机制，强化财政对公共科技活动的投入保障，引导社会资本投向科技创新和参与重大科技基础设施建设。推进预决算公开，建立跨年度经费平衡机制。建立健全符合科研规律和科技企业发展的科技创新项目财政资金投入机制和管理机制，制定进一步完善高校和科研院所科研项目资金管理政策的实施办法，为科研人员潜心研究创造良好制度环境。加大财政资金支持科技金融综合服务平台建设，优化科技投融资环境。

以石嘴山国家小微企业创业创新基地示范城市为样板，推广政策工具引导企业技术创新。经认定的高新技术企业和科技服务企业，执行高新技术企业税收优惠政策或西部大开发 15% 优惠税率政策。完善企业研发费用加计扣除政策，扩大固定资产加速折旧实施范围，落实有限合伙制创投企业投资抵扣、高新技术企业向个人转增股本及股权奖励、居民企业非独占许可使用权技术转让和小微企业等税收优惠政策。贯彻落实企业与科研院所从事技术交易活动增值税优惠政策。

七、推进人才工作体制机制改革

实施更加积极开放的创新人才引进政策，降低人才流动和开发成本，实现人才资源的合理布局。加快高等院校和科研事业单位去行政化改革。改进科研人员薪酬和岗位管理制度，鼓励符合条件的科研人员带项目带成果到企业开展创新工作或创办企业，原单位保留其人事关系、连续计算工作年限、发放基本工资。鼓励有创新实践经验的企业家和企业技术人才到高校和科研机构兼职，促进科研人才双向自由流动。对于创新人才创业给予担保贷款支持，落实各项税收优惠政策。建立企业与高校、科研院所人才联合聘用机制，允许兼职兼薪。鼓励创新人才职务成果自主转化、单位转化和对外出售。鼓励和支持科技人员参与扶贫攻坚。加强人才中介服务体系建设，引进人才中介服务机构，做好人才服务。深化人才的业绩分配和激励机制，探索建立技术、知识产权等无形资产入股制度和技术创新人员持股制度。鼓励企业、科研机构、高校大胆创新分配方式，提高特殊人才的待遇水平。建立健全人才培养开发、评价发现、柔性引进、选拔任用、流动配置和激励保障机制。完善科技奖励评审制度，注重科技创新质量和实际贡献，建立有利于培养中青年优秀科技人才的评审机制。充分发挥“塞上英才”等奖励表彰作用。

第十二章　实施一批重大科技项目

按照“成熟一项、启动一项”的原则，围绕先进装备制造、新材料、新能源、特色优势农业、智慧城市、医疗卫生、生态文明建设等七个领域，分批启动20个以上重大科技项目。

一、先进装备制造领域

以推动宁夏制造业转型升级和优化发展为目标，分批启动铸造用工业级3DP打印设备研发，CRH380高速动车组用牵引变压器研制，海洋油气工程用水下控制阀研发，高档数控机床，高性能铍铜合金、C70250铜合金水平连铸技术研发与产业化等重大科技项目。

二、新材料领域

重点实施精纺高支羊毛纺纱关键技术研发及新产品开发，钽铌铍、碳基材料、石墨烯、氮化铝等合金粉末技术研发，高铁、地铁滚动轴承用润滑脂国产化研究与开发，高性能合金材料及铸件研发、高效N型单晶硅高品质、高生产效率制备工艺研发等重大科技项目。

三、能源领域

重点实施煤炭间接液化制航空煤油研究与开发，混合醇醚燃料添加制备高性能清洁煤基柴油产品研究等重大科技项目。

四、智慧城市建设领域

重点实施“智慧宁东”数字一体化系统的研究和应用专项，开展智慧基地服务体系、智慧民生服务体系和研究与应用，打造全新的、绿色的宁东能源化工基地，为“智慧宁夏”建设奠定良好基础。

五、现代农业领域

聚焦“1+4”特色优势产业和区域性主导产业发展重大技术瓶颈，系统集成国内外最新研究成果，重点实施贺兰山东麓优质葡萄酒生产关键技术研究与示范、枸杞高效低损智能化采收关键技术与装备研发、资源高效利用型设施蔬菜健康生产关键技术研究、特色农业高效生产智能化装备研究与开发、主要粮食作物肥药减施增效关键技术研究与示范、优质肉牛高效养殖及草畜一体化关键技术研究与示范、羊只生态高效养殖技术开发及配套机械创制、动植物新品种选育、秸秆综合利用、农产品加工、保护性耕作关键技术研究与示范等重大科技项目。

六、医疗卫生领域

重点实施宁夏脑计划——颞岛神经网络及癫痫与脑认知功能的基础与临床研究、肠道微生态在慢病防治中的临床功能研究及应用、枸杞功效的重大基础研究及功能产品研发、道地中药材标准体系构建及产地加工关键技术研究与示范、回医药优势病种诊疗规范及特色产品开发、间充质干细胞质控标准建立及其临床研究项目等重大科技项目。

七、生态文明建设领域

实施生态文明建设重大科技问题集成研究与示范专项，开展水、大气、土壤等环境要素的保护及污染治理集成技术、环境污染预测及预警研究，重点研发南部水源涵养与植被修复、中部沙化治理与水资源高效利用技术体系，构建符合主体功能定位、适合不同区域的生态文明建设指标体系、集成模式和科技示范区，为美丽宁夏建设提供理论和技术支撑。

专栏 12　科技创新重大专项

●先进装备和智能制造领域重大科技项目：重点实施铸造用工业级 3DP 打印设备研发，CRH380 高速动车组用牵引变压器研制，海洋工程用水下控制阀研发，高铁、地铁滚动轴承用润滑脂国产化研究与开发，高性能铍铜合金、C70250 铜合金水平连铸技术研发与产业化，高性能合金材料及铸件研发等 6 个科技专项。

●新材料领域重大科技项目：重点启动精纺高支羊毛纺纱关键技术研发及新产品开发，高效 N 型单晶硅高品质、高生产效率制备工艺研发等 2 个科技专项。

●新能源领域重大科技项目。重点启动煤炭间接液化制航空煤油研究与开发，混合醇醚燃料添加制备高性能清洁煤基柴油产品研究等 2 个科技专项。

●智慧城市建设领域重大科技项目：重点启动“智慧宁东”数字一体化系统的研究和应用专项。自行研发智慧环保、智慧安监、智慧能源、智慧园区、智慧金融、智慧交通和应急管理系统，为“智慧宁夏”建设提供良好基础。

●特色优势农业领域重大科技项目：聚焦“1+4”特色优势产业和区域性主导产业发展重大技术瓶颈，重点实施贺兰山东麓优质葡萄酒生产关键技术研究与示范，宁夏特色农业高效生产智能化装备研究与开发，设施园艺调优栽培关键技术研究与示范，主要粮食作物肥药减施增效关键技术研究与示范，优质肉牛高效养殖及草畜一体化关键技术研究与示范，羊只生态高效养殖技术开发及配套机械创制等 6 个科技专项。

●医疗卫生领域重大科技项目：重点实施道地中药材标准体系构建及产地加工关键技术研究与示范，枸杞功效的重大基础研究及功能产品研发，宁夏脑计划——颞岛、癫痫与脑认知研究，肠道微生态在慢病防治中的临床功能研究及应用，回医药优势病种诊疗规范及特色产品开发，间充质干细胞质控标准建立及其临床研究等 6 个科技专项。

●生态文明建设领域重大科技项目：重点实施生态文明建设重大科技问题集成研究与示范专项，开展水、大气、土壤等环境要素的保护及污染治理集成技术、环境污染预测及预警研究，重点研发南部水源涵养与植被修复、中部沙化治理与水资源高效利用技术体系，构建符合主体功能定位、适合不同区域的生态文明建设指标体系、集成模式和科技示范。

第十三章　强化规划实施保障

加强与国家科技创新规划、战略性新兴产业规划的对接，加强与自治区国民经济发展总体规划、人才规划等衔接配套，着力完善科技创新规划实施、监督、评估、评价等工作机制，保障各项工作顺利推进。

一、建立落实规划责任制

在自治区科教体制改革工作领导小组的组织协调下，加快推进科技创新规划的实施，建立科技创新重大决策协调机制和科学规范的管理机制、规划实施的责任机制，保障规划任务的全面落实。建立“自治区抓推动、市县抓落实、部门抓服务”的科技创新工作推进责任体系，强化市县推进主体责任，建立市县创新能力评价制度，开展分类评价，将结果纳入市县政府目标管理考核，形成上下联动推进科技创新的工作局面。加强科技计划、产业发展计划与科技创新规划的衔接，强化科技创新规划对组织实施科技项目、产业发展项目的指导作用；加强科技创新规划宣传，调动全区各方实施科技创新规划的主动性和积极性。县级以上人民政府应保持科学技术行政部门工作机构和人员的相对稳定，保障科学技术进步工作有效开展。

二、充分发挥财政资金杠杆作用

将全社会R&D经费支出占比达到2.0%以上确定为约束性指标，研究提出科学合理的财政、企业、全社会等三方科技投入比例及具体落实方案。强化政府财政科技投入，加大财政资金对科技创新的稳定支持力度。根据地方科技发展需求因地制宜地设计科技投入政策，引导地方政府加大科技投入力度。创新财政科技投入方式，加强财政资金和金融手段的协调配合，综合运用无偿资助、创业投资、风险补偿、贷款贴息等多种方式，充分发挥财政资金的杠杆作用，引导金融资金和民间资本进入创新领域，完善多元化、多渠道、多层次的科技投入体系。建立健全稳定、有效的基础研究投入的新机制。提高财政科技投入配置效率，加强科技创新战略规划、科技计划布局设置、科技创新优先领域、重点任务、重大项目和年度重点的统筹衔接，强化科技资金的综合平衡。加强科研资金监管与绩效评价，建立科研资金信用管理制度，完善政府科技投入绩效考核评价机制。

三、建立落实规划监督机制

建立科技创新规划重点任务推进流程图和规划实施监督机制，试行项目巡查制度，严格规范科技创新重点项目实施行为，实时监督各项任务进展，强化限期整改等约束措施，保障科技创新规划顺利实施。出台推进自主创新重大政策实施效果绩效评估方案，加快完善科技项目监督评估制度，建立独立的项目执行监管验收制度。尽快制定科技创新规划评估指南，建立阶段性规划任务完成情况评估机制，建立评估结果的公开发布和反馈机制。通过加强政府与公众的沟通和公众的参与及监督，提高科技创新规划执行的透明度，并不断改进评估质量。根据科技和产业发展的新趋势和新变化，按严格程序适时调整科技创新规划相关内容。

四、落实好科技创新激励政策

进一步健全保护创新的法治环境，加快薄弱环节和领域的立法进程，修订不符合创新导向的法规文件，废除制约创新的制度规定，构建综合配套精细化的法治保障体系。积极推动我区科技立法。切实完善支持创新的普惠性政策体系，发挥市场竞争激励创新的根本性作用，营造公平、开放、透明的市场环境，强化竞争政策和产业政策对创新的引导，促进优胜劣汰，增强市场主体创新动力。

加大研发费用加计扣除、企业科技创新后补助、企业创新平台建设扶持、产学研联合攻关、高新技术企业税收优惠、固定资产加速折旧等政策的落实力度，推动设备更新和新技术利月。开展后补助项目及政策绩效评价工作，根据需要进一步完善后补助机制。加快推进自治区知识产权管理体制改革。深入实施知识产权战略，健全知识产权侵权查处机制，引导支持市场主体创造和运用知识产权。开展知识产权法律法规宣传普及，完善知识产权申请代理、信息检索、质押融资等相关服务。围绕科技创新的重点领域、重点任务，加强创新主体知识产权保护，开展知识产权执法维权行动，做好专利纠纷调处工作。实施科技进步影响评价制度。

五、提高基层科技工作服务能力

把推进县（区）科技工作列入主要内容加强部署和指导。加快推动科技创新资源向基层集聚，充实基层科技管理服务力量，改善基层科技工作条件，推动基层科技工作扎实有效开展。加强基层科技管理人员培训，提高县（区）科技管理干部队伍素质。

六、建立科技创新绩效评价制度

加快完善自治区科技创新绩效评价和奖励制度，制定导向明确、激励约束相容并重的科技创新规划目标完成情况评价标准和办法，更加注重科技创新质量和实际贡献。建立面向应用需求的科技评价制度，制定科技创新规划实施分类考核方案和激励办法，对重点工作目标、指标及其重大项目实施过程及完成情况进行绩效考核。健全国有企业技术创新经营业绩考核制度，将反映科技创新活动和绩效的指标纳入对国有企业领导的评价考核和问责机制，加大科技创新在国有企业经营业绩考核中的比重。制定针对应用研究活动激励约束并重的评价办法，主要采用企业评价和第三方评价，侧重体现技术先进性和实用性。支持科研院所和高校充分发挥考核评价指挥棒作用，改进和完善科研考核评价体系和科研激励机制，实现以考核数量、规模为主向以质量、水平、能力考核为主转变。进一步完善科技综合统计报表制度，为制定科技政策和强化科技管理提供有效支持。

新疆维吾尔自治区“十三五”科技创新发展规划

“十三五”是全面实施创新驱动发展战略的关键时期，也是建设创新型新疆的决胜阶段。为全面落实中共中央、国务院《关于深化体制机制改革加快实施创新驱动发展战略的若干意见》及《国家创新驱动发展战略纲要》，认真贯彻自治区第九次党代会精神和自治区科技创新大会精神，依据《国家“十三五”科技创新规划》《自治区国民经济和社会发展“十三五”规划纲要》《自治区关于贯彻落实〈国家创新驱动发展战略纲要〉的实施意见》，制定本规划。

一、背景与趋势

（一）发展基础。

“十二五”以来，在自治区党委、自治区人民政府的正确领导下，在科技部等国家部委的大力支持下，全区科技系统紧紧围绕社会稳定和长治久安总目标，加快推进创新型新疆建设，不断深化科技体制改革，加速推进科技创新和成果转化，科技对全区经济社会发展的支撑引领作用日益增强，为加速“五化”同步发展，实现资源开发可持续、生态环境可持续提供了有力支撑。

——科技创新环境不断优化。自治区党委政府高度重视科技创新工作，把加快科技发展摆在突出位置。相继出台了加快科技创新体系建设、推进自治区科研机构发展、激励科技人员创新创业等一系列政策措施，在全社会形成了重视科技、支持创新的政策法制环境和浓厚舆论氛围。2013 年出台了《关于实施创新驱动发展战略加快创新型新疆建设的意见》，开启了科技兴新战略强化实施的新阶段。

——科技创新能力不断提高。全区整体科技创新能力与全国先进地区的差距有所缩小，科研水平持续提升，一批重点领域核心关键技术取得重大突破，电子信息、新材料、先进制造、新能源等一些优势特色领域在国内成为或保持“并跑者”地位，在太阳能、风能、特高压输变电方面甚至成为“领跑者”；企业技术创新活动日趋活跃，全区已建成科技企业孵化器 16 家。高新技术企业总数

新疆维吾尔自治区人民政府，新政发〔2017〕50 号，2017 年 4 月 7 日。

达到 424 家，实现地州市全覆盖。中小微企业发展迅速，已成为万众创新的重要平台。

——科技支撑引领产业不断升级。科技创新有力推动了我区特色优势产业升级发展。石油石化、煤炭煤化工、矿产资源勘探开发、林果业、设施农业、农产品深加工、马产业等特色优势产业的技术水平和竞争力大幅提升。高新技术发展和产业化取得显著成绩，战略性新兴产业不断壮大。

——科技创新人才队伍日益壮大。两院院士增加到 7 位，培养重大科技专项的首席专家 143 人、高层次创新型科技人才 160 余人。科技人力资源投入明显提高，2015 年新疆全社会 R&D 人员投入 16949.1 人年，较“十一五”末增加了 2567.1 人年，“十二五”期间年均增长速度 2.36%。创业人才队伍规模不断壮大，科技特派员近 9000 名。

——科技经费投入持续增长。2015 年，全社会研究与试验发展经费支出（R&D）52 亿元，较“十一五”末增长 1.95 倍，占新疆生产总值的 0.56%。财政科技拨款总额为 41.64 亿元，较“十一五”末增长 2.06 倍，“十二五”期间年均增长速度达 15.58%，占当年财政支出总额的 1.09%。科技与金融结合健康发展。

——科技创新条件不断改善。“十二五”期间，自治区重点实验室达 54 家，工程技术研究中心有 129 家；高新技术产业开发区（园区）达 17 个，较“十一五”增长 83.3%。经国家和自治区批准设立的农业科技园区共 20 个，其中国家级达到 7 个。全区已基本形成集行业（产业）技术创新中心、生产力促进中心、产学研合作基地、工程技术（研究）中心、科技企业孵化器、重点实验室、科技信息交流与共享平台等多种形式的区域创新体系。

——科技成果产出显著增长。“十二五”期间，32 项重大科技成果获得国家级科学技术奖励，677 项科技成果获得自治区级科学技术奖励。自治区科技成果奖励数“十二五”比“十一五”增长 1.88 倍。2015 年，全区专利申请与授权量是“十一五”末的 3.44 倍、3.42 倍，企业专利申请与授权量分别是 4.89 倍、5.93 倍，发明专利申请量与授权量分别是 3.31 倍、5.03 倍。2015 年年底我区每万人发明专利拥有量达到 1.34 件，较 2014 年增长 28.85%。

——科技惠及民生作用彰显。深入推进科技强警，在国家安全、反恐维稳和边防安全等领域开展高技术应用研发，进一步提升了新疆维护社会稳定和长治久安的能力。大力实施科技民生工程，积极组织实施国家科技惠民计划，加快推进人口健康、食品药品安全、防灾减灾等科技创新，科技惠民得到有力彰显。

——全国科技援疆不断深化。全国已形成科技援疆长效机制，国家六部委援疆工作不断深入，各援疆省市支持力度进一步加大。2010 年以来，新疆与 20 多个省市共同实施科技援疆计划项目 585 项，安排自治区财政经费 1.2 亿元，带动社会投资 29 亿元，引进先进技术 302 项，转化科技成果 392 项，吸引高层次科技人才 1351 人，培养新疆本地优秀科技人才 1628 人。

（二）发展趋势。

新时期“五大发展”理念，为新疆科技创新提出了新要求。党的十八大提出了创新驱动发展战略，十八届五中全会提出了“创新、协调、绿色、开放、共享”的发展新理念，对科技创新提出新的更高要求。新疆科技创新工作要紧紧围绕五大发展理念，积极落实中央重大决策，加强系统部署和谋划。

实施创新驱动发展“三步走”战略，为新疆科技创新提出了新目标。在全国科技创新大会、两院院士大会、中国科协第九次全国代表大会上，习近平总书记发表重要讲话，明确了建成世界科技强国的时间表和路线图，确定了三步走重大战略目标，强化了以科技创新为核心带动全面创新的战略地位。新疆科技创新工作必须把思想行动统一到以习近平同志为核心的党中央创新驱动发展重大决策部署上来，科学谋划我区科技创新发展目标，为建设世界科技强国做出新疆贡献。

经济发展进入新常态，为新疆科技创新提出了新挑战。我国经济发展进入新常态，在发展方式、经济增速、结构优化、动力转换方面正在发生重大变化。新疆发展必须按照适应新常态、把握新常态、引领新常态的总要求进行战略谋划，重点抓好供给侧结构性改革去产能、去库存、去杠杆、降成本、补短板“五大任务”，着力解决新常态下经济发展的突出问题，这对科技创新提出了新的挑战，科技创新要积极应对、主动作为。

第二次中央新疆工作座谈会确立新疆工作总目标，为新疆科技创新提出了新任务。以习近平同志为核心的党中央把实现社会稳定和长治久安确定为新疆工作的总目标。自治区第九次党代会明确指出，要坚定不移贯彻落实党中央治疆方略，树牢社会稳定和长治久安总目标。新疆的一切工作都要服从服务于这一总目标。在新疆正处于稳定发展两个“三期叠加”的特殊时期，反恐维稳和推进经济更好更快发展的任务艰巨繁重，迫切需要更多更好的科技手段来提升反恐维稳能力、维护国家安全和社会稳定，迫切需要更多更好的科技创新来促进转方式调结构、培育发展新动能，迫切需要更多更好的科技成果来推动社会进步、保障民生改善，迫切需要更多更好的科技力量来保护生态环境、建设美丽新疆。

努力打造丝绸之路经济带核心区，为新疆科技创新发展创造了新机遇。中央把新疆确立为丝绸之路经济带核心区，自治区党委确定了区域性的交通枢纽中心、商贸物流中心、金融中心、文化科教中心、医疗服务中心“五大中心”建设，为新疆全面向西开放提供了发展机遇，也为科技创新创造了新机遇。要坚持深化科技援疆机制和国际科技合作，对内开放与对外开放相互促进，将力促新疆建设中亚区域具有重要影响力和辐射力的科技中心和产业合作基地、构建向西开放的国际科技合作新格局。

面对新形势、新任务与新需求，新疆的科技创新既有难得发展机遇，也面临着重大挑战。新疆综合科技创新实力与全国的差距仍然较大，存在着科技体制机制不顺畅、创新活力不足、重大突破性原创性成果少、科技投入低下、创新人才匮乏等诸多突出问题，严重制约科技创新发展。因此，我们必须把科技创新摆在更加突出的位置，加快创新型新疆建设，以科技创新带动全面创新，为社会稳定和长治久安、全面建成小康社会提供不竭动力。

二、思路与目标

（一）指导思想。

全面贯彻党的十八大和十八届三中、四中、五中、六中全会精神，贯彻落实《国家创新驱动发展战略纲要》和全国科技创新大会精神，坚持“创新、协调、绿色、开放、共享”发展理念，按照自治区第九次党代会的决策部署，紧紧围绕并服从服务于社会稳定和长治久安的总目标，把创新驱动发展作为优先战略，充分发挥科技创新在全面创新中的引领作用、以体制机制改革激发创新活力，以高效能的科技创新体系支撑创新型新疆建设，以科技引领创新发展、带动协调发展、支撑绿色发展、拓展开放发展、促进共享发展，为努力实现社会稳定和长治久安、努力实现全面建成小康社会、努力实现贫困人口如期脱贫和努力实现生态环境良好提供更加强有力科技支撑。

（二）总体思路。

贯穿"一条主线"。科技创新要始终坚定不移地服从服务于社会稳定和长治久安这一总目标，坚持以总目标统领科技创新工作这一主线，按照"深化改革、自主创新、重点突破、加速转化、驱动发展"的总体思路来谋划和推动科技创新。

坚持"双轮驱动"。推进科技创新和体制机制创新协同发力。一方面要依靠科技创新在制约我区未来发展的关键领域打开新的突破口，实现创新牵引；另一方面要通过体制改革和机制创新，打破常规、先行先试，充分释放创新潜能。

落实"三大保障"。在科技创新投入、创新人才引进培养、创新环境营造三个方面，采取实质性举措加大保障力度，切实加大科技投入，强化人才强区战略，进一步营造支持、保护和崇尚创新的良好环境，激发全社会创新创业活力。

突出"四个着力"。着力提升创新能力，突破一批关键核心技术，打造一批科技创新平台；着力实施科技维稳、科技惠民和科技精准扶贫攻坚三大专项行动；着力完善科技创新体制，转化一批科技创新成果，培育一批创新型企业；着力推进大众创业万众创新，建设好丝绸之路经济带创新驱动发展试验区，全面提升新疆科技创新水平。

做到"五个面向"。面向维护社会稳定和长治久安的需求，持续增强科技维护稳定的能力；面向保障和改善民生的需求，持续增强科技惠民的能力；面向经济持续快速健康发展的需求，持续增强科技创新驱动载体的能力；面向全面打赢脱贫攻坚的需求，持续增强科技精准扶贫精准脱贫的能力；面向建设美丽新疆的需求，持续增强科技服务生态文明建设的能力。

（三）发展目标。

到2020年，科技促进经济内生增长和引领可持续发展的能力大幅提升，科技增进民生福祉和保障公共安全的能力显著增强，新疆总体创新水平全面提升，进入全国创新型省区行列，基本建成开放型区域创新体系，初步形成创新型经济格局，有力支撑新疆全面建成小康社会目标的实现。建成一批科技创新平台和重大科技基础设施，掌握一批关键核心技术，创造一批重大科技成果，培育一批具有国际竞争力的创新领军企业和产业集群。

——科技创新水平持续提升，科技产出明显增长。科技贡献率达到60%，科学普及率达到或略高于全国平均水平。每万人发明专利拥有量达到2.5件，科技成果转化成效大幅提升。

——高新技术产业发展壮大。开发出一批具有市场竞争力的高新技术产品，培育出一批具有一定规模和影响力的高新技术企业和产业集群。形成若干创新型领军企业。全区技术市场合同交易总额达到 8 亿元，高新技术企业数量达到 1000 家。

——科技创新条件明显改善。科技投入持续增长，全区研究与试验发展（R&D）经费支出与地区生产总值比例力争提高到 2%，财政科技投入占财政一般公共预算支出比重力争提高到 2.5%，规模以上工业企业研究与试验发展经费支出占主营收入比重提高到 1%。新建一批各类高新区、重点实验室、工程技术（研究）中心。

——科技人才数量稳步增长，科技队伍整体素质不断提高。结构和布局趋于合理，高层次创新型科技人才的培养、引进和交流取得重要进展，创新创业环境得到优化。

——国际科技合作迈上新台阶。在重大国际合作项目、合作基地建设、科技援助行动、组织高层论坛、科技展示会、人才培养等诸多方面取得突破性进展，不断增强新疆在中亚及周边国家的科技影响力和辐射。

——科技维护稳定和惠及民生能力大幅提升。社会稳定、公共安全、人口健康、精准脱贫、新型城镇化、新农村建设、生态环境治理技术体系得到广泛应用。科技维稳、科技惠民、科技扶贫、科技保护生态的支撑能力显著提高。

——科技创新体制机制不断完善。逐步形成以企业为主体、市场为导向、产学研结合的技术创新体系，知识产权创造和运用能力大幅提高，科技资源得到进一步优化配置和有效利用。激励创新的政策法规更加完善，形成有利于科技创新的政策体系，形成崇尚创新创业、勇于创新创业、激励创新创业的价值导向和政策环境。

表　自治区“十三五”科技创新发展主要目标指标

指标	2015 年 实际数	2020 年 目标值
研究与试验发展经费支出与生产总值比例（%）	0.56	2.0
财政科技投入占财政一般公共预算支出比重（%）	1.09	2.5
每万就业人员中研究与试验发展人力（人年 / 万人）	14.18	25
每万人发明专利拥有量（件 / 万人）	1.34	2.5
全区技术市场合同成交总额（亿元）	3.53	8
规模以上工业企业研究与试验发展经费占主营收入比重（%）	0.45	1.0
高新技术企业数（个）	424	1000
公民具备基本科学素质的比例（%）	3.97	8
科技进步贡献率（%）	50	60

按照创新驱动发展三步走战略部署，到 2030 年，新疆总体创新水平进入我国西部创新型省区前列，成为中亚西亚地区具有带动影响力的科技创新中心。到 2050 年，把新疆建设成为丝绸之路经济带上独具优势的科技强区。

三、部署重点任务

“十三五”科技创新任务总体部署，坚持围绕总目标、服务总目标，坚持“创新、协调、绿色、开放、共享”发展理念，突出重大科学问题的导向、突出市场导向、突出面向企业和社会发展的需求导向、突出深化改革的绩效导向。结合新疆实际，全面部署科技创新任务。

（一）坚持创新发展，打造科技引领性力量。

——深入实施创新驱动发展战略，深化科技体制改革，发挥科技创新在全面创新中的引领作用，培育发展新动力，激发创新创业活力，推动我区产业转型和新技术、新产业、新业态蓬勃发展。

——加快推进丝绸之路经济带创新驱动发展试验区建设，创建以龙头企业为核心的多种形式创新单元和创新体系，打造信息化创新平台、科技金融创新平台、创新品牌培育平台和国际科技合作平台，强化技术创新和体制机制创新“双轮驱动”，瞄准培育一批新产品、新产业和新业态，加快提高新疆的科技创新能力和科技成果转化能力，形成科技创新的引领性力量。

——围绕国家发展战略和我区资源优势，在大型油气田及煤层气、大型射电望远镜等领域承担或参与一批国家级重大科技项目。聚焦自治区重大战略任务和重大产业发展，部署一批自治区重大科技专项。

——围绕事关民生的重大社会公益性研究，事关产业核心竞争力、整体自主创新能力的重大基础研究、重大共性关键技术和产品部署创新任务。围绕打造新疆现代产业体系构建，推动新技术新产业新业态加速成长，引导企业创新品种、提升品质、打造品牌。围绕产业链部署创新链，按照全链条、一体化部署一批重点研发任务，为我区经济社会发展提供持续性的支撑。

——进一步夯实科技创新基础能力，增强创新驱动源头供给，在中医药民族医药、农牧机械等方面新建一批国家重点实验室和国家工程技术研究中心，加快国家高新技术产业开发区、国家农业科技园区建设，推进新疆国家现代农业科技城建设和国家农村信息化示范省建设。

（二）坚持协调发展，发挥科技带动作用。

——以科技创新带动全区工业农业协调发展、城市乡村协调发展、南疆北疆协调发展、兵地融合发展。优化区域创新布局，提升区域创新发展水平和整体效能，加速我区新型工业化、农牧业现代化、新型城镇化、信息化和基础设施现代化同步发展。

——科技进步促进天山北坡经济带建设。重点支持新能源、新材料、电子信息、装备制造等产业发展，积极发展电子商务、现代物流、金融、技术咨询和工业设计等生产性服务业，开展以研发设计服务新业态、技术转移和交易平台、科技创业孵化链、科技金融合作平台为重点的科技成果转化平台建设工程。

——科技创业和服务促进贫困地区特色产业发展。落实《自治区全民科学素质行动计划纲要实施方案（2016—2020 年）》。加快先进适用技术集成应用和示范推广，促进农牧民运用科技致富、树立健康文明现代的生产生活方式，自觉抵御宗教极端思想的渗透，夯实社会稳定与长治久安的思想基础。通过科技创业和技术服务促进南疆发展面向中亚、南亚和西亚的出口商品加工基地和维吾尔医药产业。

（三）坚持绿色发展，增强科技支撑能力。

——加快发展资源保护与开发技术，实现资源优化配置与高效利用，加大特殊生物资源保护与开发力度，加强战略性矿产资源的综合研究与勘查，着力实现水资源的高效利用，大力开展水能、风能和太阳能等产业的技术创新，提高可再生能源开发利用水平和效率。

——以提高环境质量为核心，切实加强重点河流、湖泊、草原、湿地等生态环境的综合治理，大力发展生态系统恢复重建关键技术，加强荒漠生态脆弱区和重大工程建设区的荒漠化防治，形成支撑和保障新疆生态建设的科学管理体系，支撑绿洲生态安全屏障建设。

——坚持树立节约集约循环利用的资源观，加快清洁生产和循环经济等领域的技术集成与创新，以推动产业链整体解决方案为主线，重点突破绿色设计、绿色工艺、绿色回收资源化等绿色制造关键和共性技术，推动低碳循环发展。加快节能减排共性和关键技术研发，深入推进节能减排技术创新。

——加快大气污染治理、水污染治理与生态整治技术研究，在城市与工业污染治理、农村面源污染治理、废弃物资源化利用等方面加强技术研发，改善区域环境质量。加强脆弱生态修复技术研究，加强城镇区域规划与动态监测，促进环境治理、保障环境安全。

（四）坚持开放发展，拓展科技发展空间。

——依托丝绸之路经济带沿线国家创新资源的互补优势，推动建设面向中亚和西亚的科技创新高地，推进落实“上海合作组织科技伙伴计划”，重点深化联合研究和先进技术示范与推广，共建技术转移中心、联合实验室、农业科技示范园、高新技术产业园等。

——做大做强“丝绸之路经济带核心区科技中心”，聚集国内外资源，积极建设面向中亚区域的“一站式”国际科技交流合作中心。支持新疆高新技术企业与产品、先进装备、技术标准和品牌“走出去”，鼓励企业面向中亚、西亚、南亚建立海外研发中心，加大技术标准和技术规范的输出力度。

——深入实施全国科技援疆规划，全面落实科技援疆各项任务。进一步强化对科技援疆工作的指导与统筹协调，与各援疆省市前方指挥部建立起常态化的统筹协调机制、信息共享机制。做大做强“中科援疆基金”，为科技援疆提供资金支持。联合和借助援疆省市的力量，建立面向中亚、西亚的协同创新平台，提升跨地区、跨国界配置创新资源的能力。

（五）坚持共享发展，促进科技惠及民生。

——加强健康新疆科技支撑。加强卫生保健与疾病防治研究，提高人口健康科技水平。加强慢性非传染性疾病、重大传染病的综合防控能力与技术，降低各类重大疾病的发生率、致残率和疾病负担；加大环境污染物与人群健康效应研究，加快中医药民族医药传承与创新发展，提高人民生活质量。

——加强平安新疆科技支撑。加大公共安全保障技术研究，维护社会稳定。加强食品安全危害因素检测技术和食品安全监管；开展灾害事故防治关键技术研究，安全避险、应急救援关键技术与装备研究。加强标准计量、检验检测、监测质量技术基础研究。加强安全生产技术支撑平台建设。

提高灾害监测、预警、评估及信息发布能力，健全灾害防御方案，增强全社会灾害防御意识和知识水平。

——加强基层科技创新创业服务能力建设。推进科技富民强县、知识产权试点示范、创新型城市建设试点（示范）、小微企业创新创业示范城市、科技强警工作。部署县域创新驱动示范建设。

——实施科技脱贫行动，加大科技扶贫力度。加快先进适用科技成果在贫困地区转化应用，实施精准扶贫、推动精准脱贫，推进科技特派员农村科技创新创业，加大产业扶贫支撑力度。实施边远贫困县市科技人员专项支持计划。强力推动科学普及“去极端化”工作，不断提升各族群众科学文化素质。

四、实施重大行动

（一）“丝绸之路经济带创新驱动发展试验区”建设。

按照自治区党委的统一部署，联合科技部、深圳市和中国科学院共同建设“丝绸之路经济带创新驱动发展试验区”（以下简称“新疆创新试验区”）。新疆创新试验区建设旨在特定空间范围内设立以科技创新为核心的全面创新改革“试验田”，探索适合于新疆自然、社会、经济、历史和文化特点的创新道路、创新模式和创新机制。试验区通过“点”上的突破，孵化聚集新产业、新业态和新动力，示范带动新疆实现产业转型升级，力争成为支撑新疆未来发展方向的高地，以及推动新疆形成核心竞争力和长远竞争力的高地。按照“一区多园”顶层设计思路，系统部署试验区空间布局，搭建最具吸引力的科技成果转化平台，形成以企业为主体的创新体系，建成若干个以龙头企业为支撑的创新园区，培育发展一批新产品、新产业和新业态。打造“两示范、两中心”，即：丝绸之路经济带创新引领示范区，丝绸之路经济带科技成果转化示范区，丝绸之路经济带新兴产业集聚中心，丝绸之路经济带国际科技创新中心。

专栏 1　丝绸之路经济带创新驱动发展试验区建设

试验区战略定位：为打造“两示范、两中心”，即：丝绸之路经济带创新引领示范区，丝绸之路经济带科技成果转化示范区，丝绸之路经济带新兴产业集聚中心，丝绸之路经济带国际科技创新中心。

试验区建设“八大任务”：

1. 开拓产业升级新空间。2. 培育创新型企业集群。3. 打造科技创新平台。4. 建设科技成果转移转化示范区。5. 建设“人才特区”。6. 建设科技金融平台。7. 打造国际科技合作平台。8. 建设高效服务型政府。

（二）重大科技专项。

重大科技专项要聚焦自治区重大战略任务和重大产业发展部署，集中突破对产业竞争力整体提升具有全局性影响、带动性强的关键共性技术与重大科技产品（工程），强化需求导向和应用导向，提高项目的系统性、针对性和实用性，重点支持系列化、系统化、关联性的技术项目。项目实行集成式协同攻关，形成大联盟和集团化组织方式，以企业为主体、产学研结合，多学科交叉、跨单位联合协作攻关。

专栏 2　重大科技专项优先方向

专栏 2　重大科技专项优先方向
1. 先进装备与通用基础件
2. 绿色智能制造
3. 清洁能源
4. 现代煤化工
5. 高分子和金属新材料
6. 纺织精深加工
7. 基于云计算与大数据的信息安全
8. 电子商务
9. 智慧旅游
10. 特色林果
11. 特色食品
12. 民族药物创制
13. 重大疾病防治
14. 盐碱地治理
15. 水安全

（三）重点研发专项。

重点研发专项要聚焦维护社会稳定和经济社会发展重大任务，遵循研发和创新活动的规律和特点，并针对不同研发任务特点，加强顶层设计，从应用基础研究、重大共性关键技术到应用示范的纵向研发链，以及横向协作的产业价值链进行全链条一体化设计。

1. 实施科技维稳专项行动。

紧紧围绕社会稳定和长治久安总目标和自治区党委重大部署，以攻克维护稳定的核心技术、装备研发及应用为重点，加大公安大数据关键技术应用，实现警务工作信息化、网络化、智能化、数字化。积极配合国家推进网络空间安全技术研发平台建设，实现多元数据挖掘、加油气站安全监管、边防封控等综合应用。不断织密反恐维稳"科技武装"的"天罗地网"，强化主动出击、防范在先能力。

2. 发展现代农业。

以培育现代农业产业发展为导向，系统加强动植物种业、农产品加工业、智能装备、新型肥药、设施农业、信息农业等现代农业产业科技创新，推进现代农业一二三产业融合发展，延伸农业产业链。

以构建现代绿色农业为导向，重点加强农业集约化种植养殖、粮食提质增效、循环农业、中低产田改造、节水农业、设施农业、农林生态环境保护等共性技术集成与示范。

以科技支撑新农村建设为目标，围绕美丽乡村和农村城镇化发展需求，充分利用清洁能源，重点发展非耕地农业，构建安全、可循环农业生态环境，拓展南疆农业发展空间，建立沙漠戈壁阳光村镇及非耕地废弃物资源循环利用型设施农业和生态保护技术与装备体系，形成新农村建设样板。

以提升农村综合信息服务能力为导向，在统一数据、服务和系统构架标准下整合全疆涉农网络信息资源，建立全区多语种综合农村信息共享服务平台，实现面向三农的信息垂直应用、农产品市场和农业产业的信息预测和电子拍卖交易、跨行业的农业内外部数据交换与整合。

专栏3 现代农业科技创新工程

1. 优势农业产业。重点加强棉花产业、肉牛肉羊产业、马产业、家禽业、淡水渔业、葡萄酒产业、农业装备、新型肥药等产业提质增效关键技术研发。

2. 生物种业。重点加强优势粮食作物、经济作物、特有畜禽水产品种、优质饲草料作物等新品种培育以及种业发展关键技术研发与应用。

3. 农产品加工产业。重点加强特色林果、特色畜禽水产及农林生物质资源等农副产品深加工关键技术。

4. 现代绿色农业。重点加强节水农业、设施农业、循环农业、光伏农业、面源污染治理等综合技术集成示范。

5. 美丽乡村建设。重点加强智慧农村信息化示范基地、休闲生态能源技术、农村清洁能源与饮水安全等技术应用。

3. 发展优势产业和新兴产业。

加快传统产业转型升级。紧密围绕石油石化、煤炭煤化工、非常规能源、纺织服装、轻工食品、民族手工业等特色传统产业发展技术需求，加强重大关键共性技术研发和集成应用，提升产业核心竞争力，促进提质增效。

推动战略性新兴产业发展。在新能源、新材料、电子信息、先进装备制造、生物医药、节能环保等战略性新兴产业领域，加强关键技术和先进工艺的研发和应用，抢占高技术产业制高点。

加快培育新业态。以核心技术研发和商业模式创新为抓手，积极培育云计算、大数据、物联网、移动互联网、跨境电子商务、文化科技、智慧旅游、医疗健康等新业态，形成新兴产业生长点。以研发设计、技术转移、检验检测、孵化体系为重点，大力发展科技服务业。

专栏4 现代工业科技创新工程

1. 特色产业升级：重点攻克煤炭高效洁净发电、煤制天然气、氯碱化工、煤层气综合开发利用、纺织印染废水处理、新型建筑材料等关键技术，提升产业核心竞争力。

2. 新兴产业培育：重点开展风电机组智能控制、光伏并网、干空气能利用、新材料、多语种、信息安全、新型农牧机械、石油机械、煤炭机械、新能源汽车等关键技术和先进工艺的研发和应用。

4. 实施生态科技惠民工程。

加强矿产资源高效勘探开发。开展浅埋藏金属矿产高效勘查评价技术研究，加强优势矿产资源成矿规律及开发利用技术研究，研发有色金属矿产资源绿色、高效、安全利用技术，构建矿产资源信息共享数据库和服务平台。

加强特殊生物资源保护与开发。加强干旱区特有生物资源的有效保育，开展珍稀濒危物种保护救护技术研究，重点开展野果林保护与利用，构建关键区域生物多样性数据库，形成干旱区典型生态系统的生物多样性保育与利用技术体系。深度开发利用我区特色药食同源生物资源。加强自然遗产地生态保护与管理技术，建立自然遗产地的分类分区分级保护技术体系，促进旅游产业发展。

加强生态环境保护。以防沙治沙、流域生态修复、污染治理、生态产业发展为重点方向，形成支撑和保障新疆生态建设的管理体系。围绕“三条红线”，发展水资源优化配置模式与综合管理关键技术，建立基于总量控制的水资源调控模式。建立重点行业环境污染综合防治技术体系，推广重点流域水污染、重点区域大气和土壤污染的综合治理技术集成示范。

加强气象与气候变化研究。不断提升我区重大灾害性天气精细化预报预警水平，发展极端天气气候事件监测和短期气候预测技术；加强气候变化影响评估和空中水资源区划、监测、开发利用潜力评估；开展重点区域污染的气象监测及预警技术研究。

专栏 5　生态科技惠民工程

1. 生态修复。重点开展新疆典型脆弱生态区域的生态环境负荷能力与生态防范底线的生态监控、预警技术及生态修复与重建关键技术研究。

2. 环境管理。开展矿产资源开发适应性环境保护技术研究、环境预警技术体系与环境风险管理技术。开展环境功能综合区划及分区管理的技术方法研究。

3. 污染防治。开展大气污染、农牧区面源污染、土壤污染、重金属污染、水污染以及典型污染场地修复技术研究。开展石油天然气工业，煤炭、煤电及煤化工工业，金属或非金属矿工业等重工业，以及棉浆粕、造纸等轻工业开发中的污染预防、过程控制、污染治理与清洁生产工艺研究。

5. 实施医疗科技惠民工程。

加强人口生育、卫生保健与疾病防治。加强高发疾病成因、慢性非传染性疾病、重大传染病的综合防控能力与技术研究，开展出生缺陷及妇幼保健的相关研究，降低致残率，提出干预职业损害的新策略。开展心脑血管疾病、肿瘤等慢性非传染性疾病综合干预和防控措施研究，提升高发或常见疾病、复杂性疾病的中医及民族医学防治技术水平；加强重大慢性疾病综合防治的示范推广。

加强中医药民族医药传承与创新发展。加强创新药物的研制和药物大品种的升级改造，开展创新药物临床前及候选药研究，突破一批药物创制关键技术和生产工艺；开展维吾尔药材饮片生产、炮制工艺及传统制剂生产规范化研究及示范。

专栏 6　医疗科技惠民工程

1. 人口健康。重点开展孕期不良环境与胚胎发育异常相关性研究。加大艾滋病、结核病、肝炎等重大和新发传染病原体诊断技术和方法研究。开展我区新发及再发传染病流行病学研究。开展不同职业人群健康状况调查、研究职业危害因素和影响健康的环境致病因子的识别与监测。

2. 疾病防治。重点开展心脑血管疾病、肿瘤等慢性非传染性疾病综合干预和防控措施研究。开展高发或常见疾病、复杂性疾病的中医及民族医学规范诊疗研究。发展面向全区的分层级、分阶段的康复医疗、急救医疗、微创治疗等适宜技术。

6. 实施安全科技惠民工程。

加强生产安全、食品药品安全检测、防灾减灾技术研究。开展煤矿、非煤矿山、油气管道和城市生命线等常见灾害事故预测及风险评估研究；建立智能化快速决策系统和应急救援模拟仿真与演练系统，加快应急技术及装备的研发。加强食品检测标准及检测设备、全链条质量追溯系统研究。发展基于大气边界层及复杂地形条件下的大风、沙尘和暴雨雪等灾害天气预警研究；开展致灾临界气象条件和气象干旱灾害风险指标和影响评估动力模型研究，提升灾害天气预警水平。

专栏 7　安全科技惠民工程

1. 社会安全。重点加强公安大数据关键技术应用，推进公安视频图像信息化工程。推动现场勘验、图像分析、语音识别、电子物证等技术应用。研究社会安全态势风险评估和监测预警系统。

2. 食品安全。重点加强主要农畜产品和加工食品中的高风险药残、有毒致癌污染物、内分泌干扰物、重金属污染和重要食源性致病菌等化学及生物危害因子的快速监测检测技术。建立食品安全溯源体系的数据中心。

3. 生产安全。重点加强煤矿、非煤矿山等常见灾害事故预测防治，发展危险化学品储运安全保障及化工园区安全生产管控一体化技术装备。建立智能化快速决策系统和应急救援模拟仿真与演练系统。研发典型职业危害的过程监控及防护技术装备，开展职业卫生风险评估研究。

4. 防灾减灾。重点加强沙尘天气数值预报方法、灾害性天气精细化预报预警技术研究。开展致灾临界气象条件和气象干旱灾害风险指标和影响评估动力模型研究。

7. 加强基础研究。

水资源开发与管理。重点围绕小流域来水与洪水预报、水资源承载能力与节水灌溉、河流污染控制与生态保护需水、水资源监测调配与供水红线控制等方向开展基础研究。

地质演化过程与资源环境。开展天山增生造山成矿系统与成矿过程、大型矿集区深部精细结构与矿床定位机制、新构造运动与中巴经济走廊地壳结构稳定性、重大工程地质灾害形成机制与防御等基础地质研究。

生态环境保护。以新疆生态敏感区的典型生态问题为研究对象，开展气候变化背景下干旱区典型生态系统变化过程与互馈机制、干旱区内陆河流域生态系统完整性维持与调控机制、塔里木盆地大气污染来源与控制研究、干旱内陆区污染物环境行为与归宿等重大生态问题研究。

生物多样性与生物资源开发。开展干旱区重要濒危动植物多样性丧失及濒危机制、干旱区极端抗旱耐盐植物抗逆过程解析及其分子机制、绿洲－荒漠交错带生物多样性功能与外来种入侵风险评估等开展研究。

基础学科交叉领域研究。开展促进自然科学与工程科学及社会科学交叉融合的科学研究。

农业科学。开展农林作物、畜禽、鱼类重要功能基因、作物生长生理与品质形成机理、畜禽和鱼类繁殖生理和分子机制、作物病虫害与畜禽疫病发生机理、农业物种资源与基因资源挖掘等基础研究。

（四）科技成果转化示范专项。

1. 设立新疆科技成果转化引导基金，引导社会力量加大科技成果转化投入，发掘科技成果的市场价值和科技企业成长价值，形成以市场为导向的投融资新模式，促进科技成果资本化、产业化，加快推动我区科技成果转化应用。

2. 发挥科技成果转化资金对公益性项目的支持作用，支持一批科技成果转化项目，发布科技成果信息和“成果包”，建立技术服务站点网络，推动科技成果与产业、企业需求有效对接。

3. 加快全区技术转移服务机构建设，统筹全区技术转移机构布局与发展。搭建科技成果转化服务平台，整合平台信息。建设丝绸之路经济带国家技术转移中心。建设国家或自治区级的科技成果产业化示范基地。搭建由孵化器、加速器、产业园区共同构成的科技创业孵化链，促进新型孵化载体建设。充分运用众创、众包、众扶、众筹等基于互联网的创新创业新理念，发挥资本、人才、服务在科技成果转移转化中的催化作用。

（五）创新环境（人才、基地）建设专项。

1. 培育创新创业人才队伍。深化实施国家和自治区重点人才工程，发挥人才工程的引领、示范和带动作用，突出开发创新型科技人才。启动实施“天山创新团队”计划，重点支持青年科技创新人才培养和科技创新团队建设。加强创新型企业家队伍建设。重视农村科技特派员培养、少数民族科技骨干培养、科技兴新农牧民培训。加强服务科技创新创业，强化成果转化推广、技术经纪、知识产权评估、科技风投等技术市场服务人才体系建设。

2. 加大创新基地建设力度。加快国家级和自治区级高新技术产业开发区、农业科技园区建设。在中亚高发病成因与防治、中亚植物资源化学与民族药、农牧机械等方面新建若干个国家重点实验室和国家工程技术研究中心。初步形成包含国家重点实验室、省部共建国家重点实验室、省部共建国家重点实验室培育基地、自治区重点实验室的实验室体系。建设一批技术水平高、带动性强的技术创新平台和产业化示范基地，构建一批高水平的产业技术创新战略联盟，培育一批具有国际竞争力的创新型企业，加大由企业主导的各类创新基地建设力度。

专栏 8　创新基地建设工程

1. 在中亚高发病、民族医药等方面新建 2 ～ 3 个国家重点实验室。
2. 新建国家高新技术产业开发区 2 ～ 3 家、国家农业科技园区 3 ～ 5 家。
3. 建成国家新疆现代农业科技城。
4. 新建 3 ～ 5 家国家工程技术研究中心、3 ～ 5 家国家产业技术创新战略联盟、20 家自治区产业技术创新战略联盟。
5. 培育一批高新技术企业，力争“十三五”末国家高新技术企业达到 1000 家。
6. 建设 50 个企业技术创新中心。

（六）区域协同创新专项。

实施“上海合作组织科技伙伴计划”，面向上合组织成员国的重大需求，围绕成员国共同面对的社会经济发展中的科技问题，开展联合研究和先进技术示范与推广、共建技术转移中心、共建数据共享及应用平台、共建联合实验室（联合研究中心）、举办先进适用技术培训、共建农业科技示范园、共建高新技术产业园和邀请杰出外国青年科学家来华工作等。

加快丝绸之路经济带核心区科技中心建设。充分利用多方协同机制，积极推动科技中心建设相关任务和科技工程的实施。成立科技中心建设的领导机构，督促和检查科技中心规划的实施和落实情况。要从创新要素区域差异化部署出发，采取非对称措施和功能互补思路，统筹构建科技中心总体布局，在乌鲁木齐建立科技中心总部，优先规划建设喀什分中心，逐步建立若干个特色型区域科技中心，促进区域创新体系建设。推动设立科技中心合作基金，加快推进科技金融有机结合，加大科技合作的深度与广度。

集聚全国科技力量深入开展科技援疆工作，发挥“21+2”科技援疆机制，建立区内外联合、多方参与、协同创新发展的产学研合作基地，以高新区和各类产业聚集区为载体建立各类创新基地和成果转化基地，合理承接发达地区的先进技术产业转移，协同推进产业聚集区建设和产业集群发展。建立援疆创新创业基金项目库，以“中科援疆基金”示范推动科技援疆工作的开展，推动大众创业、万众创新向纵深发展。

（七）天山众创行动。

以营造良好的科技创新创业环境、促进就业为目标，以激发全社会创新创业活力为主线，统筹创新资源，建立创新、创业、创客、创投“四创联动”机制，探索“众创、众包、众扶、众筹”新模式，组织实施“天山众创行动”。依托基层科技兴新素质工程培训基地和培训机构，扶持一批科技兴新众创基地。办好每年一届新疆创新创业大赛，为投资机构与创新创业者提供对接平台。坚持创新与创业、线上与线下、孵化与投资、城市与农村相结合，按照顶层设计、统筹部署、分类实施、多级联动的原则，通过市场化机制、专业化服务和资本化运作方式，形成多领域、多层级、全方位的创新创业服务体系。

专栏 9　天山众创行动

1. 众创空间：新建、改建一批低成本、便利化、全要素、开放式的众创空间，自治区级众创空间达到 60 家。
2. 星创天地：以农业科技园区、农业科技型企业、科技特派员服务站等为载体建设一批星创天地，自治区级星创天地达到 40 家。
3. 科技企业孵化器：构建创业苗圃、孵化器、加速器的全链条孵化体系，自治区级企业孵化器达到 30 家。
4. 科技兴新众创基地：建立 50 个科技兴新众创基地，建立 300 人以上的集技能培训、创业辅导于一身的科技兴新众创基地师资队伍，孵化 200 家以上科技型中小微企业，带动就业 2500 人次。

（八）科技兴新行动。

持续推进科技富民强县工程。围绕地县优势资源开发和特色产业发展，重点推广应用一批市场前景好、对农牧民增收致富带动性强的科技成果，发展一批辐射面广、能充分发挥劳动力资源优势的产业，培育一批新型产业化龙头企业，带动农牧民致富、企业增效和财政增收，实现科技富民强县。

进一步加强县市区科技创新能力建设。围绕县域支柱产业的发展，加强科技服务体系和科技公共服务平台建设，加强乡土人才和高技能人才培养，不断提升县市区科技管理能力、科技创新与服务能力。

深入推进创新型县市区建设。选择一批产业基础好、经济发展水平高、创新能力强、辐射带动作用大的县市区，开展自治区创新型县市区创建试点，通过在体制机制和创新政策、措施等方面先行先试，打造创新发展新高地，示范引领更多的县市走上创新驱动、内生增长之路。

强化科学普及和职业技能培训。针对生产一线的城乡劳动者、城镇未就业人员、农村富余劳动力、各级领导干部、企事业科技管理人员等开展多渠道、多层次、多形式的科技兴新素质工程培训。大力开展科学普及“去极端化”工作，提高各族群众科学素质基准。

专栏 10　县市科技创新能力提升工程

1. 科技富民强县工程：每年在 10 个县实施“科技富民强县工程”项目。
2. 县市区科技创新能力建设：每年在 5 个县市区实施“县市区科技创新能力建设专项”项目。
3. 创新型县市创建工程：在天山北坡经济带和创新资源较为密集的区域，遴选 8~10 个的县市持续开展自治区创新型县市区建设。
4. 科技兴新素质工程：科技兴新素质工程培训基地发展到 120 家。编印一批“双语”科普教材，在南疆四地州举办“去极端化”科普主题培训班。

（九）科技精准脱贫攻坚专项行动。

充分发挥科技在精准扶贫精准脱贫中的重要基础作用。立足 35 个贫困县的脱贫科技需求，制定《自治区科技精准脱贫攻坚专项规划》。按照“一县一案”的总体布局研究制定“一县一案”精准扶贫方案。落实以项目引导全国科技援疆省区“一对一扶贫”、支持贫困农民专业技能培训、扶持发展贫困县支柱产业技术项目、支持农村富余劳动力就业转移、支持发展乡村旅游、支持发展双语教育配套软件技术开发、支持贫困县村医疗健康、支持科技下乡和农村科普、支持科技特派员联户联村、支持贫困县电子商务等十项措施，使每个重点村至少有一个村集体经营的项目。大力推广农村实用技术，加强劳动技能培训，加大农牧区科技明白人培养。

（十）知识产权战略行动。

组织实施知识产权试点示范工程、年度专利事业发展战略推进计划、专利导航试点工程和知识产权贯标工程。加大对知识产权战略的财政支持力度，继续发挥政府对知识产权战略实施的引导作用，加速推进全疆知识产权战略的实施。加强知识产权人才队伍建设，开展知识产权人才培育“百千万工程”。开展对重大经济、科技项目的知识产权评议，建立重大关键技术领域预警机制，健全知识产权维权援助中心服务体系。培育知识产权服务市场，发展壮大知识产权服务机构，支持知识产权服务平台建设。深入推进知识产权援疆，完善知识产权保护体系，营造尊重和保护知识产权的政策法规环境。

专栏 11　知识产权战略行动

1. 实施知识产权贯标工程：指导和帮助企业强化知识产权创造、运用、管理和保护，实现对知识产权的科学管理和战略运用，提高国际、国内市场竞争能力，完成知识产权贯标企业 100 家。
2. 知识产权评议、预警和导航：利用全球专利信息资源，开展重大经济科技活动知识产权评议，把握核心专利和基础专利的技术要点，提出预警建议，规避风险。指导重点产业和企业开展专利导航工作。
3. 知识产权综合服务平台建设：建设中国—中亚知识产权合作中心，构建涵盖知识产权信息利用、维权援助、人才培训、专利代办、专利运营与对外交流等功能的综合性知识产权服务平台。
4. 营造知识产权保护环境：依托国家开展的各项知识产权专项行动，不断提高我区执法人员水平，完善人民法院与行政机关诉调衔接，营造良好的市场经济知识产权保护环境。

五、深化机制改革

（一）推进科技计划管理体系改革。

围绕科技管理体制中的突出问题，以科技计划管理改革为突破口，稳步推进科技管理体制改革。出台《自治区深化科技体制改革实施方案》，优化形成重大科技专项、重点研发专项、成果转化示范专项、创新环境（人才、基地）建设专项、区域协同创新专项及科技成果转化引导基金等“五大板块 + 基金”的科技计划体系。

创新科技管理模式，构建公开统一的科技管理信息平台，完善自治区科技管理信息系统，继续推进科技计划（专项）信息的互联互通，实现系统集成。推动建立财政科研项目数据库和科技报告制度，实现科研信息开放共享。

改进和完善科研项目和资金管理流程，贯彻中办、国办《关于进一步完善中央财政科研项目资金管理等政策的若干意见》，研究制定符合改革要求的自治区科技计划和资金管理办法，规范和完善费用支出管理，改进项目结转结余资金管理。全面落实项目承担单位科研经费使用自主权。推动建立专业机构管理科技项目的管理机制。

（二）优化科技创新资源配置方式。

根据创新驱动发展战略需求，明确科技计划定位和支持重点，加强对科技发展优先领域、重大项目、重点任务等决策前的统筹协调，推动跨部门跨行业跨区域的协同创新，合理高效地配置科技创新资源。

完善对基础性研究、共性技术研究、产业化开发、成果转移转化和应用示范的差异化支持机制，建立稳定性支持和竞争性支持相互协调的资源配置机制。

完善“科研项目、科技人才、创新基地、知识产权”四位一体科技项目资源整合方式。推进大型科学仪器设备、科技文献、科学数据等公共科技资源的开放共享，各类科普设施免费向社会开放，建立科研院所、高等学校和企业科技资源、科研设施开放共享的运行机制和服务管理模式，制定推进科技资源开放共享的管理办法，提高科技创新资源配置的效率。

建立科技创新资源统一的管理数据库，完善科技创新资源配置的绩效评估、动态调整和终止机制，制定相应的评价标准和监督奖惩办法。

（三）完善企业为主体的技术创新机制。

充分发挥企业创新主体和主导作用，逐步改革支持企业技术创新方式，依法落实自主创新财税政策等措施，鼓励和引导企业加大研发投入，使企业真正成为技术创新和成果转化的主体。

激励企业加强研发能力和品牌建设，建立健全技术储备制度，提高持续创新能力和核心竞争力，形成具有自主知识产权、自主品牌和较强核心竞争力的创新型企业集群。引导企业与科研院所、高等学校联合组建产业技术创新战略联盟、专利联盟、技术研发平台和科技成果转化实体，合作承担产业共性技术重大项目研发。

支持企业建立研发机构，健全技术研发、产品创新、科技成果转化及产权化的机制，大幅提高大中型工业企业建立研发机构的比例。

实施科技型企业培育成长行动，启动新疆科服网建设，整合各类科技资源，加大政策扶持力度，全力推动科技型企业成长壮大，培育一批技术创新能力强、发展势头强劲、带动作用明显的科技型企业。

（四）建立健全区域创新体系。

强化创新型试点城市建设，充分发挥乌鲁木齐、昌吉、克拉玛依、库尔勒等中心城市区域创新中的主导带动作用。在有条件的地州选择一批县、市开展创新型县（市）试点建设。

落实建设丝绸之路经济带核心区战略部署，推进“丝绸之路经济带科技中心”建设，广泛开展国际科技合作，促进优势资源领域发展并带动其他领域科技进步，推动创新要素向我区特色产业聚集，推动传统产业优化升级，培育一批具有国际竞争力的产业集群。

加快高新技术产业区、农业科技园区等区域创新高地升级和建设，促进科技创新资源和科技成果聚集和转化。支持内地科研机构、科技园区、产业技术创新战略联盟在新疆设立分支机构。鼓励科技中介服务机构的积极参与，加强基层科技综合服务能力。进一步加强与新疆生产建设兵团的科技合作与交流，进一步促进兵地科技融合和共同发展。

（五）改革科技成果转化机制。

贯彻落实《中华人民共和国促进科技成果转化法》，进一步制定、完善和落实促进科技成果转化和技术转移的相关优惠政策，修订出台《自治区实施〈中华人民共和国促进科技成果法〉的办法》，创新科技成果转化工作机制，建立市场导向、政府服务、企业主体、产学研结合的科技成果转移转化体系，推动科技成果商品化、资本化、产业化。建立以财政投入为引导，金融信贷、创业投资和民间资本等多元化、多渠道、多层次的科技成果转化投入体系。

进一步研究制定促进科技成果转化的相关政策，落实《关于激发科研机构和科研人员创新活力促进科技成果转化的若干政策》，推进科技成果使用权、处置权、收益权改革。对在研究开发和科技成果转化中作出主要贡献的人员，按照不低于科技成果转化收入总额 70% 的比例给予奖励。允许企业以股权奖励、股票期权、项目收益分红等方式，提高科研人员成果转化收入，进一步激发和调动广大科技人员和全社会创新活力。

建立健全技术市场服务体系，培育一批技术转移示范、技术转移中介、技术合同登记等机构和一批技术经纪人，完善技术市场的服务功能，提升科技成果转化的服务能力。

（六）推进知识产权制度改革。

强化科技创新和科技管理工作中的知识产权导向作用，建立健全科技管理全过程的知识产权管理机制，推动科研院所、高等学校、企业等创新主体建立知识产权管理制度和组织机构，建立知识产权专业管理队伍，制定与自身发展相适应的知识产权战略和工作制度，形成从研究开发到产业化和产品销售全过程的知识产权管理体系。

深入实施知识产权战略推动创新驱动发展行动计划，提升知识产权的创造和运用能力，完善中小微企业知识产权服务，实施知识产权优势企业培育工作，继续推行贯彻《企业知识产权管理规范》国家标准工作，引导和帮助企业建立标准化的知识产权管理体系，促进企业的知识产权综合管理能力和战略运用能力快速提升。

加强知识产权司法保护和行政执法力度。建立知识产权快速维权平台及服务体系。联合援疆省市开展知识产权海外护航，支持行业、企业建立知识产权海外维权联盟。

不断营造知识产权法治环境，完善专利法规政策体系建设，建立知识产权信用制度，建立司法和行政执法联动打击违法行为工作机制，强化科技创新中知识产权保护。

（七）完善科技创新评价激励机制。

试点开展科研评审、人才评价和机构评估，规范“三评”工作的时间、周期和方式等，形成合理的评价机制，激发科技人员和各类创新载体的创新活力；结合深化科技体制机制改革，优化完善分类评价体系和操作办法，区别公益性和非公益性研究，开展高校、科研机构、企业试点；加强战略性、公益性和基础性科研投入，提高人员性支出比例和扩大分配范围。

鼓励高等学校、科研院所将科技成果转化和技术交易逐步纳入考核评价体系。建立企业技能人才自主评价机制，推动有条件的大中型企业开展专业技术人员职称自主评审。推行第三方评价，建立政府、社会组织、公众等多方参与的评价体系。修订《新疆维吾尔自治区科学技术进步奖励办法》《新疆维吾尔自治区科学技术进步奖励办法实施细则》，健全提名推荐制度，规范评审流程和办法，完善评价标准和指标体系。

六、完善保障体系

（一）健全科技投入保障体系。

依法完善财政科技投入稳定增长机制，持续增加科技创新投入。按照国务院关于改进加强科研项目和资金管理的精神，加强财政资金使用绩效评价，围绕创新链调整优化自治区科技计划设置和资金投入结构，使得科技计划和资金投向进一步科学规范、公正公开，始终适应科技创新发展的规律和要求。

创造性地综合利用各类政策工具，充分发挥财政科技资源的杠杆和导向作用，撬动金融资本、社会资本多方投入科技创新，让有限的投入放大投资倍数，引导全社会资源向科技创新聚焦，推动创新链、产业链、资金链的有机衔接。开辟、拓宽全社会科技投入的渠道，鼓励企业加大科技创新投入。推动有条件的高新技术企业在国内主板和中小企业板上市。引导社会资金参与科技基础设施建设和科技人才培养等工作。

（二）健全科技人才保障体系。

建立健全自治区科技人才创新驱动保障机制，构建由各级政府、科技型企业、高等学校、科研院所及全社会共同参与的科技人才协同保障机制。

整合自治区政策、资金、技术和服务等各类资源要素，形成集中、系统的科技人才扶持政策与培养体系。建立以科技型企业为主体的科技人才引进与使用体系，补全科技人才短板。

充分发挥市场化人才中介机构和各类社会组织作用，鼓励搭建各类科技人才交流平台，促进科技人才流动。建立科学合理的科技人才工作评价体系和激励机制，营造适宜创新的科技人才工作环境，吸引并留住高层次创新型科技人才，培养科技后备人才。

（三）发挥全国科技援疆作用。

完善和深化科技援疆合作机制，优化科技援疆功能，推动新疆与国家部委、援疆省市科技合作不断深化，使项目、资金、技术、成果、人才、信息等各种优势科技资源向新疆进一步集聚，不断提升新疆区域创新与发展能力，努力形成大科技援疆格局。

充分发挥科技援疆机制，引导内地科研机构、高校、企业与新疆联合，在疆设立分支机构、研发基地和成果转化基地，开展多种形式的产学研合作，共同推进关键核心技术研发，联合组织实施科技援疆重大项目，形成多方参与、协同创新、资源共享的良好格局，促进内地科技创新成果在我区实现产业化。依托援疆省区的创新资源，搭建金融平台，做大做强“中科援疆基金”，扩大援疆基金规模，重点支持有利于新疆产业升级的重大科技成果产业化项目和高新技术企业。

（四）推动科技金融健康发展。

推进建立自治区各级科技部门与各级政府金融主管部门项目合作机制，引导和鼓励各类社会资本设立天使投资、创业投资等股权投资基金，大力推广政府和社会资本合作模式，支持大众创新创业和科技型中小企业创新发展。

推动创业投资与科技孵化体系的深度融合，激活创新创业活力。鼓励金融机构开发新的贷款模式、产品与服务，并综合采用买（卖）方信贷、知识产权贷款、股权质押贷款、融资租赁、科技小额贷款、公司（企业）债券、集合信托、科技保险等金融产品，支持企业技术创新的全过程。

鼓励互联网金融发展和模式创新，支持网络小额贷款、第三方支付、网络金融超市、大数据金融等新兴业态发展。引导和鼓励金融机构对重大科技项目给予优惠的信贷支持，建立健全鼓励中小企业技术创新的信用担保制度。鼓励金融机构改善和加强对高新技术企业，特别是对科技型中小企业的金融服务。鼓励保险公司加大产品和服务创新力度，为科技创新提供全面的风险保障。推动各地州市建设科技融资信息服务平台。

（五）加强科技创新统筹协调。

建立健全自治区科技创新领导体制，加大自治区党委政府对科技创新工作的决策领导力度。建立自治区科技创新高层专家智库系统与咨询机制，加强科技创新发展的总体统筹协调。进一步加大自治区科技主管部门与地州市、县（市）区、行业科技会商机制，实现区地联合创新。建立科技报告制度，促进科技资源开放共享。完善科研信用体系和责任倒查机制，提高科技管理法制水平。开展科技创新资源调查，继续实施科技进步统计监测制度，统筹技术创新、知识创新、区域创新和科技服务体系建设。坚持和完善兵地定期会商机制，实现兵地融合。

（六）推行创新驱动绩效考核。

全面推进依法行政，加快推进科技治理体系和治理能力现代化，建立规范性文件合法性审核机制，探索实施政策制度的法律合规性审查和重大决策的规划符合性审查机制，建立健全监督考核协调机制和评价办法，明确创新驱动战略目标，分解任务，强化责任，落实监督与检查。把推进科技进步和提高创新能力作为各级政府、部门目标考核的重要指标。建立“十三五”科技创新发展规划的任务分工机制，加强责任考核，切实保障规划各项任务落到实处、顺利实施，全面推进创新型新疆建设。

“十三五”时期兵团科学技术发展规划

“十三五”时期是国家全面建成小康社会的决胜时期，是新疆维护社会稳定和实现长治久安的关键时期，是兵团全面完成科技中长期规划纲要部署更好发挥稳定器大熔炉示范区作用的重要时期，也是兵团实施创新驱动发展战略的第一个五年规划期。根据《兵团中长期科学和技术发展规划纲要（2006—2020年）》和《兵团国民经济和社会发展第十三个五年规划纲要》确定各项任务和要求，制定《“十三五”时期兵团科学技术发展规划》，明确未来五年科技发展思路、目标、重点任务及科技创新重大工程，大力推进兵团科技创新驱动发展战略，实现建成创新型兵团和全面建成小康社会的战略目标。

一、发展基础与面临的新形势

（一）发展基础与成就。

“十二五”以来，在兵团党委的正确领导下，在科技部等国家部委的大力支持下，兵团科技工作以科学发展观为指导，贯彻“自主创新、重点跨越、支撑发展、引领未来”的科技方针，围绕中央和新疆维吾尔自治区党委的总体部署，认真落实《兵团科学技术发展第十二个五年规划》，积极推动实施创新驱动发展战略，大力推进创新型兵团建设，不断深化科技体制改革，各方面科技工作取得新进展、新成效、新突破，科技进步对兵团经济社会发展的支撑引领作用日益增强，为加速“三化”协同发展，实现兵团经济、社会、生态可持续发展提供了有力支撑。

科技创新环境进一步优化。兵团党委、兵团出台了《关于深化科技体制改革加快兵团创新体系建设的意见》《关于支持企业技术创新的意见》，新设立了企业技术创新引导资金，用于支持企业技术创新和创新能力建设。科技创新体系建设不断推进，科技、金融、企业与市场结合日益紧密。石河子创新型城市获批建设，兵团大型仪器设备、技术开发等共享平台建设的不断推进，有效促进了科技资源的高效利用。科技管理体制改革进一步深化，科技计划管理、区域创新能力、知识产权和科普等方面科技政策建立健全，优化了创新环境，有效促进了科技进步与发展。

新疆生产建设兵团，新兵办发〔2016〕62号，2016年7月15日。

科技经费投入持续增长。兵团本级科技投入年均递增 25.07%，增速高于 15% 的目标；兵团科技研发经费占生产总值的比重达 1.3%。兵团争取国家科技类经费达 9.24 亿元，较"十一五"增加 5.54 亿元，增长 149.75%。

科技进步与经济社会发展结合更加紧密。"十二五"期间，兵团全社会科技进步贡献率达到 56.4%。围绕兵团现代农业"三大基地"建设的重大需求，集成优势科技资源，促进了农业科技创新能力提高，农业科技进步贡献率达到 59.5%。新型工业化快速发展，高新技术产业年均增速 21%，其中生物医药、新材料、新能源三大产业产值占兵团高新技术产业产值 80% 以上，企业的技术创新能力显著提升，对产业结构调整和发展方式转变发挥了重要作用。强力推进城镇化建设，围绕环境改善、居民健康、灾害应急、资源节约利用等领域进行科技攻关，取得良好效果。科技进步对兵团经济社会发展服务能力进一步增强。

科技基础条件平台建设成效显著。"十二五"期间，兵团石河子高新区升格为国家级高新区，石河子大学兵团科技园升格为国家大学科技园。创建国家级农业科技园区 4 个，国家遥感中心新疆兵团分部成立，科技部批准成立了石河子大学新农村发展研究院，新疆农垦科学院南疆分院、兵团林业科技研究院挂牌成立。省部共建绵羊遗传改良与健康养殖国家重点实验室通过论证，纳入国家重点实验室序列，新建兵团重点实验室 5 个、农业（工业）科技园区 11 个、兵团可持续发展实验区 13 个、工程技术研究中心 23 个。加快企业技术创新能力建设，建设产学研技术创新战略联盟 5 个、兵团创新型试点企业 9 家、科技部科技中介服务机构 2 家。

科技人才队伍建设取得新突破。新增中国工程院院士 1 位，获批科技部中青年领军人才 2 人，科技创新创业人才 4 人，长江学者特聘教授 2 人，千人计划专家项目 5 人，教育部创新团队 2 个。积极落实国家创新人才政策，组织实施兵团杰出青年创新资金、中青年科技创新领军人才项目 21 项，建设科技创新团队 25 个，培养和稳定了一大批高层次人才。"十二五"末，每万就业人员中研究与试验发展（R&D）人员达到 36 人，获得兵团青年科技奖 19 人。

国内外科技合作不断扩大。全国科技援兵团全面推动，兵团与援疆省市及中科院、中国工程院、清华大学等知名院校科技合作不断深化，合作领域遍布兵团各行业。与发达国家、中亚国家的科技合作不断增强，新建国际科技合作基地 3 个。

科研成果产出丰硕。获得国家科技进步奖 3 项，兵团科技进步奖 322 项，其中：一等奖 25 项，二等奖 106 项。研究水平达到国际领先水平 4 项，达到国际先进水平 4 项，达到国内领先水平 43 项。专利申请和授权数量得到快速发展，年均递增率分别达到 31.2%、53.2%。科技成果转化力度加大，立项国家农业科技成果转化资金项目 42 项，一大批科研成果被转化推广，服务新疆经济社会发展。

知识产权工作取得长足进展。2012 年，兵团编委批复，兵团科技局兼挂兵团知识产权局牌子，明确兵团科技局（兵团知识产权局）是兵团知识产权工作主管部门；成立了兵团知识产权信息中心，建立了兵团中外专利信息服务平台，提高兵团用户检索和利用专利信息的能力。"十二五"期间，累计申请专利 4756 件，获得授权 2728 件，获得"中国专利优秀奖"专利 6 项；3 个产品被评为中国名牌产品，10 件商标被认定为中国驰名商标，91 件商标获得新疆著名商标，72 个产品被评为新疆名牌产品。累计申请国家级植物新品种 24 个，获批国家地理标志特色农产品 11 个。

科普与基层科技工作不断加强。全兵团公民具备基本科学素质的比例由 2010 年的 1.9% 提高到 2015 年的 4.42%。石河子市被中国科协批准为“全国科普示范区”，建成全国科普示范社区 12 个、兵团科普示范社区 39 个；12 家单位被命名为“全国科普教育基地”，29 家单位被命名为“兵团科普教育基地”；建成科技馆 1 个，城镇社区科普活动室 35 个，青少年科学工作室 7 个。实施科技人员服务南疆、科技兴边富民、科技扶贫、科技特派员等专项 135 项，引导技术、信息、项目等科技要素向边境团场，特别是少数民族聚居团场集聚，基层科技工作取得了显著成效。

在取得显著成就的同时，兵团科技发展仍然存在着一些急需解决的问题。兵团科技创新成果数量和质量在全国处于相对落后位置，在西部地区领先程度不高；研发投入尚不能满足经济社会发展对科技的多元化需求；区域创新体系尚不健全，企业技术创新主体地位还没有真正确立，以企业为主的产学研结合不够紧密，科技中介服务机构发展滞后；高层次、领军型创新创业人才匮乏，科技人员积极性创造性没有得到充分发挥；自主创新能力较弱，科技对经济社会发展的引领支撑能力仍急待加强。

（二）面临的形势与挑战。

科技全球化和研发国际化加快推进，国际产业转移呈现出层次高端化、产业链整体化、企业组团化的新特点。我国确立了创新驱动发展战略，提出了“创新、协调、绿色、开放、共享”发展理念，将科技创新作为提高社会生产力和综合国力的战略支撑。适应国际经济格局重大变化及我国经济社会发展的战略性转变，维护新疆社会稳定和实现长治久安，成为兵团科技创新发展的必然要求。

“十三五”时期是兵团发挥三大作用的重要时期。两次中央新疆工作座谈会为新时期维护新疆社会稳定和实现长治久安做出重大决策部署，并将新时期兵团功能定位为“安边固疆的稳定器、凝聚各族群众的大熔炉、先进生产力和先进文化的示范区”，这是新时期党和国家对兵团发展方向的战略定位，也是包括兵团科技工作在内的一切工作的战略基点。要发挥好兵团稳定器、大熔炉、示范区的作用，兵团比以往任何时候都更加倚重科技进步和创新驱动。提高自主创新能力，全面推进科技进步，充分发挥科技支撑引领作用，是新时期兵团科技工作的重大使命。

“十三五”时期是兵团自主创新能力跃升的重要战略机遇期。当前，创新驱动战略摆在了在国家发展全局的核心位置，成为全国各省区改革发展的自觉实践；西部大开发进入加速发展阶段，推进大众创业万众创新、打造发展新引擎，对各种创新资源的需求更加迫切；全国对口支援新疆和兵团建设工作机制逐步完善，“科技援疆”成效初显；国家“一带一路”战略规划已全面实施，丝绸之路经济带核心区建设正在加快推进。这一系列战略举措将引导人才、技术、管理、资金等向新疆和兵团持续汇集，促进兵团在对内对外开放新格局中不断强化维稳戍边职能，将切实推动兵团实现科技引领、创新驱动发展，进一步推进科技发展与经济社会深度融合，为兵团率先实现小康社会做出实质性贡献。

“十三五”时期是兵团科技体制改革的攻坚时期。当前，国家改革开放进入深水区，科技体制面临重大变革，兵团也进入了攻坚时期；经济新常态形势下生态环境和资源约束愈发趋紧，经济与科技竞争更加激烈。迫切需要兵团不断完善以企业为主体的科技创新体系，提升协同创新能力；不断改革科技管理体制，强化科技成果转化与应用能力；不断提升发展的科技含量，推动兵团经济发展方式更加注重发展质量和效益；努力抢占新一轮竞争制高点，赢得未来发展主动权。充分发掘兵团创新潜力，加快创新驱动发展，确保兵团经济社会可持续发展。

二、指导思想、基本原则与发展目标

（一）指导思想。

认真贯彻落实党的十八大及十八届五中全会精神、全国科技创新大会精神，深入学习贯彻习近平总书记系列重要讲话精神，坚持“四个全面”战略布局，坚持“创新、协调、绿色、开放、共享”发展理念，坚持创新是引领发展的第一动力，坚持“自主创新、重点跨越、支撑发展、引领未来”的指导方针，以深入实施创新驱动发展战略为主线，以解决关系兵团未来发展的关键技术问题和促进科技成果转移转化为导向，以全面深化科技体制改革为动力，以统筹各类科技资源为抓手，着力增强兵团自主创新能力，着力建设创新型科技人才队伍，着力扩大对外科技合作与交流、着力推动兵地融合发展，着力加大南疆科技资源投入，为全面建成小康社会、提升兵团维护新疆社会稳定和实现长治久安能力提供强大科技支撑。

（二）基本原则。

——坚持把科技创新支撑兵团社会经济发展作为根本任务。跟踪世界科技发展前沿与产业发展趋势，围绕兵团“三化”建设需求和关系兵团发展的重大科技问题，促进优势特色产业成长，加快高新技术发展，培育战略性新兴产业，全面支撑兵团经济发展方式转变与经济结构战略性调整。

——坚持把深化改革作为根本动力。发挥市场在资源配置中的决定性作用和兵团行政在战略规划、政策制定和监督评估中的基础性作用，强化科技服务职能，营造公正透明、公平竞争、开放有序的创新生态，让创新成果更好更快地转化，创造出价值。

——坚持把人才作为实现创新驱动发展的第一要素。把人才作为创新的第一资源，更加注重培养、吸引、用好各类人才，创新人才培养和优化配置模式；更加注重强化激励机制，提高科技人员收益分享比例；更加注重发挥企业家精神，激发全社会的创新活力。

——坚持把主动融入全球创新网络作为重要途径。以丝绸之路经济带核心区建设和“对口援疆”为契机，依托兵团大农业、节水、化工等优势领域，利用国际国内两种资源和两个市场，发挥兵团科技的示范和带动作用，推进兵地融合，以技术合作带动产业合作，全面拓展兵团创新网络。

——坚持把激发创业创新活力作为发展新引擎。充分发挥兵团集约化、组织化、规模化优势，将创新驱动发展建立在大众创业万众创新的基础上，积极落实创业投资的优惠政策，保障创业、创新主体的权益，营造“双创”的良好环境，推动新技术、新产业、新业态蓬勃发展。

（三）发展目标。

“十三五”科技发展的总体目标是：兵团科技实力和创新能力大幅提升，创新驱动发展战略实施取得实质性进展，兵团创新体系更加完善高效，科技支撑引领作用显著增强。

——自主创新能力显著提升。科学和技术领域取得重大突破，取得一批具有自主知识产权的标志性成果，原始创新能力和区域竞争力显著提升。全社会研究与试验发展经费投入强度达到2%，兵团本级科技发展专项经费每年投入递增20%以上，规模以上工业企业研发投入占主营收入比例达到1.0%；每万人口发明专利拥有量达到3件，科技创新的产出能力显著增强。

——科技支撑引领作用显著增强。科技与经济社会发展深度融合，在促进经济发展方式转变和可持续发展中的作用更加突出。全社会科技进步贡献率达到60%以上，兵团技术市场合同交易总额达到2亿元；建成一批区域性创新型企业、品牌，科技支撑可持续发展和改善基本公共服务的能力显著增强，生态环境质量得到改善，创新成果更多为人民享受。

——创新型科技人才队伍进一步壮大。以科技创新人才引进、中青年创新领军人才培养、科技管理与实用技术人才培养、创新团队搭建为核心内容，切实加强兵团创新人才队伍建设，推进兵团科技创新能力提升，建成满足兵团社会稳定、长治久安以及“三化”建设需求的德才兼备、专业素质高、创新能力强、团队结构优的创新型科技人才队伍。人力资源结构和就业结构得到显著改善，每万就业人员中研发人员数量达到41人年。

——科技创新体制机制更加完善。科技体制改革取得明显进展，激励自主创新的政策有效落实，以企业为主体、市场为导向的技术创新体系更加健全，高等学校、科研院所发展机制更加科学，兵地融合创新机制得到落实。科技创新基础性制度体系基本形成，科技创新决策科学化水平显著提升。形成功能明确、结构合理、良性互动、运行高效的兵团创新体系。

——创新创业环境更加优化。公民科学文化素质明显提高，具备基本科学素质公民的比例达到7.5%。科技创新政策法规不断完善，人才、技术、资本等创新要素流动更加顺畅，知识产权得到有效保护，科学精神和创新文化进一步弘扬，创新环境进一步优化，全社会特别是科技人员创新创业活力得到有效激发。

表　兵团“十三五”科技发展规划指标与目标值

序号	指标	2020年目标值
1	科技进步对全社会的贡献率（%）	>60
2	研究与试验发展经费投入强度（%）	2
3	每万名就业人员的研发人力投入（人年/万人）	41
4	规模以上工业企业研发投入占主营收入比例（%）	1.0
5	每万人口发明专利拥有量（件）	3
6	兵团技术市场合同交易总额（亿元）	2
7	公民具备基本科学素质的比例（%）	7.5

三、主要任务

（一）推动高新技术产业创新，促进新型工业化。

面向工业发展领域以及相关高新技术行业的重大科技需求，以科技为支撑，紧跟国内高新技术产业发展趋势，努力培育节能环保、新材料、信息、生物、装备制造等新兴产业，加大节能减排技术的改造，提升传统产业的升级换代，提高企业自主研发能力，发挥高新技术培育和壮大新兴产业的能力，大力实施“纺织服装产业绿色发展科技创新工程”“农机装备制造业科技创新工程”，促进科技与经济紧密结合。

1. 加快技术创新，提升装备制造水平。

持续推动互联网与先进制造融合创新，突破兵团先进制造产业中的重大技术瓶颈问题，做大做强先进制造产业。加快物联网、云计算、大数据等信息技术在制造业中的应用，发展基于互联网的协同制造新模式，实现兵团先进制造向“网络 + 制造 + 服务”的转型升级。

专栏 1　先进制造领域发展重点

先进装备：引导氯碱化工绿色制造关键技术与装备研发；扶持新型煤化工关键技术与装备研发；引导微网发电技术与装备研发；扶持硅、铝产业清洁生产技术与装备研发；引导非金属加工新技术与装备研发；扶持农产品精深加工装备研发；引导节水新技术与装备研发；扶持制氢技术与发电装备研发。

“互联网 + 制造”：研究面向行业制造的网络化、数字化、智能化技术应用，建立产品网络化和智能化设计制造平台；重点研究流程工业智能制造关键技术；引导开展虚拟制造、集团管控与制造业信息化示范等方面的研究；扶持机器人研制与应用；引导基于互联网 + 数字医疗装备研发；扶持基于互联网的大型农机装备制造与全生命周期协同管理系统研究。引导云服务与制造业协同技术研究，重点建立集团企业云制造技术、资源聚集与共享技术研发平台、制造业产业链上下游与企业群协同创新研发设计平台；扶持企业间业务协同、系统互联互通体系研究。

2. 加强传统产业升级新技术研发，支撑企业提质增效。

重点在纺织服装、氯碱化工、煤化工、盐湖化工、铝硅、钢铁等传统产业开展转型升级新技术研发；推进产业链上下游延伸，提高各类资源的使用效率，实现企业节能减排提质增效。建立产学研技术研发平台 3 个以上，开发新技术、新工艺 50 项以上。

专栏 2　产业升级发展重点

纺织服装产业：引导开展聚酯 – 涤纶 – 纺织 – 服装、氨纶及纺织服装产业等一体化关键技术研究；支持纺纱短流程、新型纺纱、新型功能性整理等技术研究；扶持棉纺织、毛纺织、新型纤维纺织面料，染整后整理关键技术研究。

化工产业：氯碱化工扶持电石生产节能及自动化、工业废渣高值化利用；引导等离子体煤裂解制乙炔产业化关键技术研发；扶持开展等离子体应用新技术研发；引导乙炔法聚氯乙烯节能减排、无汞催化等技术研究。煤化工重点扶持焦化行业清洁生产与煤层气净化及综合利用研究；燃煤烟气污染物低排放新技术研究；煤化工废水治理与循环利用技术研究；引导新型煤化工关键催化剂及其产业链延伸产品的关键技术研发；扶持二氧化碳减排与综合利用技术研发。

硅铝产业：引导铝业对微电网支撑技术研究；扶持铝冶炼装备智能化技术应用研究；引导开展工业和交通领域高性能铝合金生产技术研究；扶持铝冶炼废弃物资源化再利用技术研究；引导开展减少阳极消耗和碳排放关键技术研究。扶持多晶硅、单晶硅、有机硅、碳化硅、蓝宝石等生产节能和副产物高效循环利用等新技术研发；引导开展还原高效产能、氢化转化、精馏高效提纯等关键技术研究与应用。

盐湖化工：扶持盐湖卤水高效提取钾盐的关键技术研究；引导钾镁硫复合肥的生产工艺技术研究；扶持盐湖资源综合利用技术研究。

钢铁产业：支持高效、低耗烧结和焦化多种污染物一体化脱除及资源化利用技术研究；引导短流程电炉冶炼、特种钢材定制化生产关键技术等研究；扶持钢铁制造流程绿色化与智能化技术集成研究，扶持二次能源高效转化、低品质余热回收利用、主要污染物减排与无害化、产品高质量稳定性的智能化控制与热处理工艺组合研究。

3. 强化生物技术研发，促进生物技术产业升级。

立足新疆特有生物资源，以生物发酵、生物医药、生物化工、生物加工、生物环保为重点，加强生物技术研发和产业化。加强农业生物药物靶标发现、新载体发掘利用、多功能微生物及代谢产物高通量挖掘等前沿领域和关键技术研究。

专栏 3　生物技术领域发展重点

工业微生物资源的挖掘与利用：引导嗜热、嗜冷等特殊生境工业微生物资源挖掘研发；扶持表面活性剂、手性药物中间体、微生物多糖等产品开发。

纺织生物技术：支持高活性果胶酶、纤维素酶、淀粉酶、蛋白酶、过氧化氢酶等产酶菌株的筛选和酶固定化技术及其在退浆、精炼、漂白和织物后处理中关键技术研究；开展生物基纤维纺织品加工整理等关键技术研究。

生物环保技术及产品：支持有机污染物、城镇垃圾、土地污染的生物降解技术及产品的研发；支持医用生物材料替代产品研发；支持微生物新品种筛选和新型发酵产品开发；支持生物法丁二酸及 PBS 等可降解塑料研发。

4. 注重新材料新能源技术研究，推进新兴产业发展。

新材料：完善新材料产学研研发平台，着重解决化工、高分子、金属、非金属、功能、纺织、新型建材、储能、半导体等新材料工业中的关键技术与工艺。

专栏 4　新材料领域发展重点

硅铝产业：支持第三代半导体碳化硅（SiC）智能化晶体生长炉研制和大尺寸晶片关键技术研究；支持多晶硅、单晶硅、工业硅、有机硅材料高值精细化技术、电子级制备技术及新产品开发；支持硅铝新材料开发。

高性能通用高分子及功能材料：支持高性能 PVC 糊树脂、高抗冲 PVC 复合材料、高性能氯化高聚物（CPVC、氯化 CPE、氯化 CPP 等）、高性能多元共聚树脂以及防水、保温、隔热、缓控释等功能新型材料研发；支持高性能通用高分子及功能材料的生产加工技术研发。

新型建筑材料：支持新型水泥、陶粒、玻璃、节能保温墙体、PVC 建筑模板等新型建筑材料研发；支持开展工业废弃物等环保节能型建筑材料研发。

非金属矿材料：支持玄武岩、花岗岩、石英石、膨润土、蛭石、云母、石棉、菱镁矿等非金属新材料研究及产品开发。

纺织材料：支持生物基纤维纺织新型材料应用研究及产品开发；支持高分子量合成纤维纺织新材料研发；支持高品质长效阻燃纤维、热湿舒适功能纤维、高保形功能纤维材料的制备工艺与应用研究。

其他：支持超级电容器用电极材料研发；支持大尺寸蓝宝石衬底材料、特高压电极箔材料等关键技术研究与智能化装备开发。

新能源：重点支持风、光热、光伏和生物质发电技术研究；支持电能储备、氢能源、生物质能源等技术研究。

专栏 5　新能源领域发展重点

发电与电能储备：支持光伏、光热、生物质发电及并网技术研究；扶持风力发电技术研究；引导超级电容器和锂离子电池关键技术及产品研发；支持燃料电池分布式发电系统、固定式不间断电源、移动式应急电源和救灾应急便携式电源等技术研发。

智能电网并网技术：支持大规模间歇式电源并网与储能、高密度多点分布式电流并网、分布式供能研发；扶持输变电设备智能化、电网智能调度和安全防御系统研发；引导多能互补的分布式能源与微网并网等关键技术研究。

生物质能源：支持秸秆气化及综合利用技术与装备研发；扶持荒漠微藻规模化制备、低温沼气燃料制备、农业废弃物资源化利用等关键技术和装备研发。

氢能源：支持氢能源发电装备关键技术研究；引导太阳能直接分解水制氢、生物质制氢、固体电解质纯水电解制氢等清洁制氢新技术研发。

5. 提振科技服务新业态，推进大众创业万众创新。

科技服务新业态：重点支持建立高效便捷创新创业服务体系，积极探索兵团科技服务新业态发展模式并试点；摸索建立适合兵团发展的创新创业投融资新体系，加快推进支撑"双创"发展的科技金融结合示范，加强文化和科技的融合。

众创空间和星创天地：重点发展双创支撑平台建设，完善创业孵化服务与网络，支持科技类创新创业大赛和兵团创新创业大赛。

专栏 6　科技服务新业态与众创空间发展重点

科技服务新业态：重点发展围绕"研究开发、技术转移、检验检测及认证、创业孵化、知识产权、科技咨询、科技金融、科学技术普及、综合科技服务"等公共服务技术形成的新产业，开展兵团科技服务新业态发展模式探索与试点；支持特色鲜明、功能完善、布局合理的科技服务新业态；开展支撑"双创"发展的科技与金融结合试点，强化资本市场对创新创业的支持，壮大创新创业投资规模；加强文化和科技融合，支持屯垦戍边动漫技术和军垦文化产业数字化等研究；支持屯垦及西域文化资源深度挖掘和利用技术研究；支持军垦特色非遗文化旅游资源开发研究。

众创空间与星创天地：支持"互联网 +"创业网络体系与投融资相结合的创业空间、网络空间、社交空间和资源共享空间的关键共性技术研究；开展科技特派员、大学生创新创业引领计划和"双创"试点示范区建设，支持大学生开展"互联网 +"新兴业态的创新创业项目；扶持特色鲜明、功能完善、布局合理的"双创"集聚区建设及聚集区内具有较强市场竞争力的众创空间、创新茶屋、创新工场等众创空间建设；引导"创业苗圃 + 孵化器 + 加速器 + 产业园"创业链试点示范区建设；支持科技类创新创业大赛和兵团创新创业大赛。

6. 加强信息技术应用研究，推动信息产业集聚发展。

利用互联网 +，提升信息技术的集成应用，促进信息和空天领域产业化发展，围绕嵌入式软件、大数据分析与智能决策以及物联网等技术研发，形成信息技术在兵团生态环境安全、农业现代化、新型工业化、现代服务业等领域的应用与示范；在重大突发事件应急响应、智慧城市建设等重点领域开展利用卫星遥感、无人机（有人机）数据获取、智能化处理与融合分析、卫星导航（北斗）位置服务等技术的研究。

专栏 7　信息与空天技术领域发展重点

大数据分析与智能决策：支持大数据获取、存储、分析、服务等关键技术研究；扶持复杂数据智能处理技术与方法在兵团现代农业、数字医疗、智慧城市、先进制造业、空间信息、生态环境等领域的应用研究。

空天信息：支持多平台、多尺度遥感数据快速获取与智能处理；引导国产高分辨率卫星在农业、生态、公共安全领域的应用关键技术研究及服务平台研发；扶持面向区域的遥感综合验证场关键技术研究与建设；支持基于北斗卫星的农机导航、位置服务系统和平台的应用研究。

农业信息与物联网：支持农业资源信息获取关键技术研发；引导基于智能搜索与大数据挖掘技术研究；支持远程运维与故障实时诊断和协同决策关键技术研究；支持农业无线传感网络关键技术研发；扶持基于云服务的数字灌区物联网平台研究开发。

（二）加快农业科技进步，促进农业现代化。

围绕“三大基地”建设、先进生产力示范区建设、创新性兵团建设及加快在南疆发展的总要求，加强农业关键技术突破和成果转化应用，加快农业科技体制机制创新，构建和完善现代农业产业技术体系，积极推进“棉花产业提质增效创新工程”“草食家畜科技创新工程”“特色果蔬园艺提质增效科技创新工程”“节水灌溉科技创新工程”，为新常态下兵团现代农业高效可持续全面发展提供科技支撑。

1. 加强农业生物种质创新，推进现代种业快速发展。

统筹主要农作物、畜禽水产和林果蔬草，紧密围绕兵团生物种业产业链关键环节，按照种业科技创新链布局，开展优异种质资源鉴定与新基因挖掘、重大育种技术与材料创新、重大新品种选育以及良种繁育与产业化等关键技术攻关，加速动植物新品种和新技术大规模示范应用。创制性状优异生物新种质 10 份以上，培育拥有自主知识产权的突破性生物新品种 5 个以上；创新育种核心技术 2 项以上，取得核心专利 6 项以上。

专栏 8　现代种业发展重点

主要农业生物种质资源挖掘与创新利用：引导主要农作物、林果蔬草、畜禽水产等农业生物种质资源安全保存、基因源分析与种质创新技术体系研究；支持遗传效应大、优势强的种质资源挖掘以及具有产权的新种质创制研究。

农业生物育种：支持主要农作物、林果蔬草和畜禽水产等的高产、优质、抗逆、抗病虫、资源高效利用等性状的连锁标记研究；引导农业生物复杂性状全基因组选择、基因组编辑等技术的应用研究；支持高效生物育种技术体系和优良新品种培育研究。

良种繁育：支持农业生物新品种规模化高效高产制（繁）种技术研究；扶持种子（苗）规模化生产控制、采收及加工技术研究；引导种子 DNA 指纹检测技术研究；支持种子安全储藏、物流与质量控制等技术开发。

2. 注重高新技术研究，增强现代农业优势。

重点围绕兵团农业结构调整，加强提升棉花、粮油、林果蔬草以及畜禽水产优质、高效与安全生产能力的新品种、新产品、新技术、新标准、新体系中关键节点创新研究，加强农业生物技术、农业气象预测技术、农业信息技术及现代物流技术的研究与应用，为农业提质增效、重大病虫（害）的绿色防控以及智慧农业提供技术支撑。建立高效优质综合技术体系和创新核心技术 5 项以上，取得核心专利 10 项以上，挖掘功能性生防微生物菌株 8 株以上，研制高效新型生物农药和肥料 2 种以上。

专栏 9　现代农业生产、经营技术发展重点

主要作物抗逆抗病虫的遗传及栽培调控体系：支持棉花等主要作物抗病虫、抗逆的遗传、生理生态以及新型种植模式研究；支持具产权的重要新基因的鉴定、分离以及多基因聚合创制新种质研究；引导主要作物的抗逆栽培新策略和新方法研究；支持作物、病原菌、昆虫的协同进化研究；引导以生物技术为核心的新型高效育种和栽培调控体系的建立研究。

主要农作物、林果主要病虫害及动物重大疫病预警及绿色防控：支持开展主要农作物、林果病害诊断、预警和高效防控技术研究；扶持新型生物农药（肥）研发；支持畜禽主要疫病新型诊断技术及新型疫苗、新型兽药研发；扶持农产品优质安全生产综合技术体系和产业化开发模式研究。

牛、羊标准化高效健康规模养殖：支持优良饲草料品种筛选、高效种植技术研究；扶持牛、羊等地方品种种质资源保护、优良基因挖掘、地方专门化品种的选育研究；扶持建立牛、羊规模绿色养殖标准。

果蔬产业绿色生产：支持红枣、葡萄、香梨、核桃等标准化生产技术开发；引导果树节水灌溉、养分利用及营养诊断优化技术研究；支持果蔬品质调控及果品高商品率技术体系研究。

特色设施农业：支持区域化的优化节能设施结构及配套装备研究；扶持基于物联网的设施资源调控决策、栽培管理及病虫害预报的决策与诊断技术及平台建设。

生产咨询决策信息系统：支持基于物联网、云计算与大数据技术的生产咨询决策、精准管理与远程控制等关键技术及产品研发；扶持建立农情信息采集、监控、传输与决策综合平台；扶持建立基于物联网的农业水分养分等信息化管理平台。

农产品现代物流：扶持标准化的物流信息组织机构建设；扶持农产品信息技术互联的行业标准制定；支持农产品物流关键技术研究；扶持发展农业信息市场平台及电子商务平台。

3. 加大农业装备研发，提升农业机械化水平。

以主攻薄弱环节机械化、推广先进适用农业机械化技术和装备为重点，研发适合兵团农业特点的多功能作业关键机械与装备，突破智能化农机技术与装备核心关键技术，重点开展农作物、畜禽、林果农机农艺融合的全程一体化生产技术集成研究与示范。形成优势农机产品和智能农机装备两大农用装备制造体系，打造兵团农机装备中小微制造企业发展基地 2 ~ 3 个。

专栏 10　农业装备及制造领域发展重点

智能农业装备与高效设施技术与装备：支持农机远程智能测控以及自主导航技术的集成应用与示范；扶持农林产品生产智能栽植和采收、农用航空和农业机器人等技术的集成应用。

多功能高效农机关键部件及整机装备：支持粮、棉、油等作物生产、加工过程使用的农机具研发；扶持精益制种、精密播栽、精准施药、高效收获、产后加工、残膜回收等粮棉作物及林果蔬草生产的农机农艺融合的重大装备关键部件、工艺以及整机装备组装研究。

绿色智能畜禽养殖关键装备技术：支持规模化养殖自动化饲喂技术与配套装备研发；扶持规模化养殖状态及环境自动监控技术与装备研发；扶持粪便自动清理与无害化处理技术与装备研发。

4. 强化农产品加工及质量安全控制研究，提高农产品附加值和安全性。

为促进兵团农产品加工及质量安全水平的提升，提高农产品的市场竞争力和效益，重点开展特色林果产地预冷、绿色保鲜及质量追溯；大宗果品加工新产品研发；畜、禽宰后分割分级、保鲜、冷链运输及其副产物的综合利用；传统乳制品加工技术优化和功能性发酵乳制品的研发及其有害物残留控制技术研究与示范；农产品安全生产与质量控制技术研究。

专栏 11　农产品加工及质量安全领域发展重点

特色果蔬加工：支持特色果蔬精深加工、综合利用、采后贮运绿色保鲜技术研究；扶持高效杀菌、绿色节能干燥、高效分离、快速冷冻、生物制造、功能包装等技术研究；引导特色果蔬新产品研发。

畜产品加工：支持畜禽加工制品品质和功能提升技术研究；扶持低温、生物防腐剂生物工程制造及畜产食品保鲜技术研究；引导新型或功能性畜产品食品研发。

特色农产品质量安全：支持现代信息技术在生产、加工、流通、销售等环节应用研究；扶持生鲜农产品供应链信息管理、质量追溯管理系统研究。

5. 加强生态农业、循环农业研究示范，促进农业可持续发展。

按照兵团农业现代化建设总体要求，以“减量、清洁、循环”和提高农业资源利用率为主线，以耕地质量提升、水肥高效利用、农田生态循环、农药减量等关键技术为研究重点，建立并推广新型种养模式和生态循环农业技术体系，发挥兵团农业科技示范辐射作用，促进新疆农业可持续发展。土壤有机质提高 20% 以上，农业灌溉水有效利用系数达 0.58 以上，化肥利用率达到 45%，年病虫害危害损失率控制在 5% 以内。

专栏 12　农田水土高效利用领域发展重点

绿洲农田耕地地力提升：支持绿洲农田土壤改良、地力培肥技术体系研究；扶持新型肥料、土壤改良制剂研发；支持耕地质量监测和综合管理利用系统建立研究。

土壤盐渍化综合防治：支持绿洲盐碱地改良利用区划及综合治理模式研究；支持盐碱化低产田与新垦农田盐渍化改良及示范研究。

作物水分养分高效利用：支持生物节水、农艺节水和工程节水等关键技术研究；支持环保型节水、保水制剂新材料、智能化给水关键产品研发；扶持滴灌作物水肥一体化高效利用模式研究；扶持灌区田间自动化灌溉关键技术研发与示范。

绿洲农田污染防控：支持以农业防治、物理防治、生物防治等绿色防控技术研究；扶持高效低毒易降解化学农药合理施用技术研究；扶持农用可降解膜示范应用。

（三）强化智慧绿色低碳技术开发应用，推进新型城镇化建设。

围绕兵团城镇协同发展和人居环境优化，以完善城镇功能、提升城镇质量为主线，以智能集约、绿色低碳、可持续发展为方向，重点开展城镇空间布局与协同发展、城镇规划与功能提升、绿色建筑技术、城镇景观工程改造与提升、兵团社区治理模式与智能技术应用等研究。积极推进“绿色城镇建设科技创新工程”，实现人与自然和谐相处，促进区域经济社会协调发展。

专栏 13　城镇化领域发展重点

城镇空间规划布局：支持城镇空间优化配置资源社会 - 经济 - 生态复合系统研究；支持兵团城镇的生态化空间组织方式研究；扶持生态城镇规划和城镇转型发展与城镇体系重构规划技术体系构筑。

城镇景观工程改造与提升：开展地域特色的景观规划设计研究；支持低碳、可持续施工技术在景观工程中集成应用研究；支持智能化集成控制技术在景观环境维护中的应用研究。

兵团社区治理模式与智能技术：开展兵团特色的城市社区和团场社区以及兵地互嵌型和民族互嵌型社区治理模式研究；研究制定社区管理服务指南、服务标准以及数据采集、处理和应用规范；支持社区公共服务平台智能化等关键技术研究。

（四）加强民生科技发展，推进科技富民固边。

围绕面向社会发展领域及相关行业的重大科技需求，以科技为支撑，把改善医疗水平、生态环境治理作为长治久安的结合点、着力点，充分利用科技援疆机遇，立足以人为本，加强民生领域技术与产品的研发和推广应用，积极推进“医疗科技创新工程”，使科技创新成果更多惠及民生。

1. 加快医药技术创新，提升疾病防诊治水平。

围绕影响人口与健康领域的重大关键技术问题和诊疗技术，实施人畜共患病监测研究，集成和示范适宜技术，提高区域性高发 / 多发疾病防诊治能力，全面提升兵团科技创新惠及民生水平。开展新疆中药资源的可持续发展与综合利用协同创新，开发 6 个以上植物药提取物、新药品种、保健品等产品。

专栏 14　人口与健康领域发展重点

人兽共患传染病：建立人兽共患传染病生态学调查体系及预警体系；研发人兽共患传染病适宜诊断技术和“联防联控”体系；开展人兽共患传染病自然病程的流行病学、免疫学、病理生理学和分子生物学机制的相关研究。

新疆重大疾病临床诊疗：开展常见肿瘤筛查、早期诊治和规范化、个性化诊疗适宜技术的集成应用；建立急危重病人自主型诊疗体系，研发规范化的诊疗模式，并在兵团范围进行示范应用。

新疆中药资源可持续发展：开展中药材引种驯化以及野生抚育研究；支持新疆中药资源综合利用研究；建立规模化种植基地，个别品种实现 GAP 种植。

创新药物研究和开发：重点发展创新复方中药和新疆特色民族药的研究；支持化学药物主要开展 1 类新药、仿制新药和缓释、控释、靶向等现代制剂研究与开发；支持中药有效组分和有效成分新药的成药性研究。

2. 加强水资源优化配置研究，提高利用效率。

以提高绿洲水资源利用综合效率为目标，开展绿洲生产用水、生活用水和生态用水的优化配置技术研究，提高绿洲水资源高效利用与管理技术。研发新型节水灌溉产品 5 个以上，开发节水利用新工艺 5 个以上，构建灌区水利信息化基础平台建设技术研究与示范基地 2 个。

专栏 15　水资源领域发展重点

水资源优化配置：开展绿洲水资源总量及时空分布变异特征的研究；支持生态修复的水资源优化配置技术研究；开展构建地面地下水多水源多目标联合调度模型以及对灌区进行地表水与地下水联合调度研究。

膜下滴灌生产生态协同调控：开展长期膜下滴灌生态环境评价指标研究；支持长期膜下滴灌水肥盐调控关键技术研究；开发清洁型多功能液态地膜系列产品；建立膜下滴灌生产生态协同调控关键技术集成示范区。

灌区综合节水：研究开发工业用水循环利用技术和节水型生产工艺；开发灌溉节水、旱作节水与生物节水综合配套产品；引导灌区库渠高效输配水关键技术研究；研发水文预报、河道（渠道）水情监测以及土壤墒情监测技术，开发大型灌区信息化建设关键技术产品。

3. 推进环境治理技术研究，促进生态文明建设。

以兵团边境团场、风沙危害严重团场等生态严重区为重点，开展荒漠植被与防护林网结合的防风固沙体系的整体协同配置技术研究，形成兵团生态预防、调控和恢复的科学技术保障体系，促进兵团在新时期经济的可持续发展，集中在土地开发等重大工程的生态效应评估，减轻风沙危害，构建生态修复区 1 个。

专栏 16　生态环境领域发展重点

土地开发对生态环境影响研究：研究土地开发对流域生态系统完整性、活力与恢复力的影响，及时提出评价、预警和调控措施，减轻和防治对生态环境的影响，促进区域生态保护与经济的协调发展。

兵团生态脆弱区域生态系统功能的恢复重建：支持防风固沙体系的整体协同配置技术和困难立地条件造林技术研究；开展防护林经济树种更新和功能提升的定向调控技术研究；开展适宜强的防护林选育研究与示范。

4. 强化公共安全防控技术研究，提升应对突发事件能力。

面向兵团公共安全和应对突发事件的需求，在公共安全、维稳防突、社会治安、防灾减灾等方面开展关键共性技术开发，开展自然灾害预防和应急处置、重要基础设施与重大工程设施安全监测监控及应急处置等技术的创新，加快发展安全生产科技服务产业，进一步提高人民生命财产安全保障水平。开发公共安全指挥决策平台1个。

专栏17　公共安全领域发展重点

公共安全应急：支持全方位无障碍危险源探测监测、精确定位和信息获取技术研究，开展多尺度动态信息分析处理和优化决策技术研究；开展一体化公共安全应急决策指挥平台集成技术研究，构建兵团公共安全早期监测、快速预警与高效处置一体化应急决策指挥平台。

重大生产事故预警与救援：支持研究开发矿井瓦斯、突水、动力性灾害预警与防控技术；开发燃烧、爆炸、毒物泄漏等重大工业事故防控与救援技术及相关设备。

突发公共事件防范与快速处置：研究开发个体生物特征识别、物证溯源、快速筛查与证实技术以及模拟预测技术，远程定位跟踪、实时监控、隔物辨识与快速处置技术及装备。

食品安全检验检疫：研究食品安全和检验检疫风险评估、污染物溯源、安全标准制定、有效监测检测等关键技术，开发食物污染防控智能化技术和高通量检验检疫安全监控技术。

信息安全与网络舆情监控：开展网络访问控制、隐私保护机制以及基于Web攻击的异常检测模型建立和网络流量分析研究；支持基于领域知识的位置感知数据时空演变过程的聚类模型、网络舆情采集与提取、网络舆情话题发现与追踪、网络舆情倾向性分析等关键技术研究。

（五）加强科技创新平台建设，提升创新驱动支撑能力。

以兵团科技创新研发平台、兵团科技资源共享平台、兵团科技中介服务平台、兵团科技合作交流平台建设为核心内容，建成产学研创新主体活跃、共享机制高效、服务功能完善、合作交流通畅的兵团科技创新平台，大力实施“大众创业万众创新科技示范工程”，为兵团实施创新驱动发展战略提供基础支撑和重要保障。

1. 加强科技创新研发平台建设，夯实自主创新基础。

围绕公共安全与应急突发事件、氯碱化工资源综合利用、土壤改良与植物营养等，进一步整合优化兵团科技资源存量，明确兵团各层级重点实验室的职能定位，形成层次递进、梯队合理的重点实验室创新平台，新建兵团重点实验室5个以上。围绕作物高效用水、耕地保育与农业土壤改良、农业生态环境保护等方面，建设野外科学观测试验站3个以上。

加强企业技术创新平台建设，支持企业与科研院所和高等院校联合建设行业中试平台和产业技术创新战略联盟，整合产业内科技资源和科技力量，加快兵团先进制造、化工、建筑、纺织、食品加工等产业技术创新战略联盟的组建，新建产业技术创新联盟3个以上。加强兵团工程技术（研究）中心建设和支持力度，加快产品研发及技术成果的转移转化；加大在信息技术、新材料、农用装备、医药、化工、农副产品加工等领域对企业技术研究中心创新活动的支持力度，新建工程技术（研究）中心5个以上。

支持区域特色科技创新平台建设，进一步完善农垦科学院、各师科研机构等科研条件建设，引导和推动科技成果向现实生产力加速转化，实现互利共赢、共同发展。

2. 完善科技资源共享平台建设，保障科技资源高效利用。

围绕西域文化与丝路文明、兵团生物种质资源和兵团农业科技信息资源等推进资源共享平台建设，完善大型仪器设备共享平台。加强和完善网络科技环境、科学数据、科技文献、科学仪器设备等科技资源共享平台建设，为实现科技资源开放、共享和服务提供数据支持；建立健全科技资源共享体系和规章制度，建立平台运行及服务标准、规则和规范，保障科技资源有效共享，加强对科技资源共享平台的稳定支持与利用。通过科技资源共享平台建设为兵团高等院校、科研机构、科技企业、政府部门以及社会公众提供系统、全面、方便、高效的与科技研发活动有关的公共服务，提高科技研发活动效率。

3. 聚焦科技服务平台建设，推动科技成果转化和产业化。

依托兵团现有的国家高新技术产业开发区、经济开发区、经济技术开发区、农业科技园区、大学科技园等平台优势，打造科技服务业聚集区和示范区。搭建研发设计、信息服务、金融服务、专业技术服务、展示交易、中介服务等六大公共服务支撑平台，以服务示范带动加快科技成果转移转化，增强创新要素吸附能力、产业支撑能力和辐射带动能力。结合兵团产业布局和向南发展战略需求，积极在设施农业、装备制造业、氯碱化工、节水灌溉、城镇化建设等方面加快科技服务业试点示范。

鼓励“两校一院”及骨干企业建设技术创新研发设计应用平台，向社会提供专业化的技术研发与服务，建立具备独立法人资格按市场化机制运行的研发设计服务机构 25 个以上。鼓励社会资本建立具有科技咨询、评估与鉴定、成果推介、创业培训、市场开拓等多种功能的技术转移服务机构；扶持各类检验检测及认证机构探索市场化运营模式，开展第三方检验检测及认证服务。培育技术转移服务机构和科技咨询服务机构以及第三方评估、检验检测认证机构，构建创业孵化综合服务平台 10 个。

4. 助推基地与园区建设，促进企业做大做强。

加快高新技术产业开发区建设，全面推进兵团高新技术产业园区建设。着重培育高效益、高技术、高附加值的新兴产业，做大做强第三产业，加速发展孵化研发、总部基地、装备制造业和创新型服务业。完善科技资源信息、公共技术平台等基础设施，推进高新技术产业研发与孵化等基地建设。重点发展石河子国家级高新技术产业开发区，培育和新建兵团高新技术产业开发区 2 ~ 3 家、兵团大学科技园 1 ~ 2 个，建立农产品加工中试、农机装备中小微制造企业发展基地 2 ~ 3 个。加强创新型试点企业创建、培养、认定工作，加强创新型企业评价工作，培养更多企业成长为国家级创新型（试点）企业。

5. 加快“双创”平台建设，促进创业新发展。

引进推广创客空间、创业咖啡、创新工场等新型孵化模式，发挥行业领军企业、创业投资机构、社会组织等社会力量的主力军作用，构建一批低成本、便利化、全要素、开放式的众创空间，加强“小微企业创业基地”“高等院校双创示范基地”“城镇创新示范基地”“团场职工创业园”等创新创业平台建设。兵团创业孵化器数量达到 30 家以上，培育创业投资机构和天使投资人 8 家以上，形成具有一定影响力和兵团特色的众创队伍。

（六）加强创新型科技人才队伍建设，提升科技创新能力。

以科技创新人才引进、中青年科技创新领军人才培养、科技管理与实用技术人才培养、创新团队搭建为核心内容，切实加强兵团创新人才队伍建设，推进兵团科技创新能力提升。实施“‘321’科技创新人才工程”，建成满足兵团社会稳定、长治久安以及“三化”建设需求的德才兼备、专业素质高、创新能力强、团队结构优的创新型科技人才队伍。研发人员总量达到 0.5 万人以上，高层次创新型科技人才总量达到 300 人以上。

1. 注重高层次科技人才引进培养，打造科技创新领军人才队伍。

结合兵团各行业及产业发展的特点，充分利用“千人计划”新疆项目、“万人计划”、博士服务团、青年拔尖人才支持计划、“西部之光”访问学者、科技部创新人才推进计划等国家人才计划，依托重大科技创新工程、重大科技项目和重点创新项目，引进和培养急需紧缺人才；充分利用科技援疆机制，建立联合培养人才机制，加大对口援疆单位对新疆人才的培养；大力实施兵团特聘专家工作、“兵团英才”选拔培养工程，重点支持高校和科研院所引进国内外学科带头人，培养一批优秀青年科技领军人才；支持重点企业围绕高新技术产业和战略性新兴产业布局和发展，引进创新领军人才；建立产业集聚带动人才引进模式，依托兵团优势和特色产业基础和载体平台，构建具有兵团特色的产业集聚带动人才引进的平台；健全“项目 + 基地 + 人才”的引进模式，充分发挥载体引进人才的基础作用。“十三五”期间，引进和培养急需紧缺专业青年科技人才 150 人以上，新增国家级人才 10 人以上。

2. 强化管理与实用科技人才培养，建设现代实用科技人才体系。

围绕兵团农业机械制造、种业、化工、建筑、纺织、食品加工等优势产业，加强企业技术创新人才的培训、培养，实现兵团主要产业实用科技人才的供需平衡；定期开展科技特派员培训、区域特色农业技术人员培训，加快边远地区科技人才队伍建设，提升科技创新和成果运用能力，建设现代农业实用科技人才队伍；适应国家和兵团科技管理体制改革的要求，加强兵团各级科技管理人员培训、培养，提升科技管理人员的管理能力和服务水平，打造现代科技管理人才队伍。兵团科技特派员科技创业链达到 30 个以上，创业培训基地达到 8 个，实现兵团“三化”建设实用科技人才的供需平衡。

3. 完善柔性引进人才机制，广纳急需紧缺科技人才。

制定柔性引进人才管理办法。鼓励国内外高层次人才在兵团高校、科研院所、重点实验室、各类工程技术中心从事兼职、咨询、讲学及合作研究。加大院士工作站、博士后工作站、产学研基地、工程技术研发中心等引智平台的建设力度，吸引更多的优秀人才到兵团经济社会发展主战场建功立业。充分利用新一轮对口援疆机遇，加大科技人才培训，注重发挥援疆干部人才在科技工作中的独特作用。根据兵团经济社会发展规划和产业布局，在电子信息、现代农业、现代医药、化工、新材料、先进装备制造业、纺织等产业柔性引进科技创新领军人才 50 人以上，在自然科学重点学科（领域）、人文社会科学领域等引进骨干人才 50 人以上，为兵团经济社会发展提供强有力的智力支持。

（七）深化对外科技合作与交流，扩大兵团科技影响力。

坚持开放发展，坚持“多方合作、互利共赢、开放创新”的科技发展理念，加强对外科技合作与交流，引进、消化和吸收国内外的先进科技成果，提升自主创新能力。充分利用好科技援疆机制，积极搭建科技合作平台，发挥主体性、主导性、主动性，不断完善“科技援疆”的资金保障、平台支撑与人才服务机制，积极吸纳各方技术、人才和资金融入兵团科技与经济发展。抓住“一路一带”纵深发展、新疆丝绸之路经济带核心区建设不断推进的契机，主动作为，完善兵团与丝绸之路经济带沿线国家的科技合作机制，深入开展国际合作，建立国际科技合作信息平台和网络、国际科技合作示范基地，拓宽国际科技合作渠道，创新合作方式，在重点领域努力开展高端深层次的科技合作。围绕兵团发展战略需求，力争在科技园区、科研平台、科技人才、科技信息化、科普能力建设、引进科技创新型企业和重点科技合作项目等方面开展实质性深入合作，积极探索与发展中国家、中亚国家分享科研成果的途径，在合作中输出兵团先进技术，实现双方或多方共赢，不断提升兵团科技发展国际化水平。

1. 利用科技援疆机制，拓宽科技合作的空间。

按照《兵团科技援疆规划（2011—2020 年）》的总体部署，通过扩大与内地多种形式的科技合作与交流，支持南疆发展，采取“一省一市扶持一园区、一团场”的形式打造区域科技制高点，助力提升园区、团场自主创新能力和科技成果转化能力。中国科学院等全国科技系统及对口援疆省市为南疆师市培养、培训科技人才 500 人次以上。

支持对口支援省市的国家级高新区或开发区到兵团构建一批重大创新基地、科技企业孵化器、高新技术产业中试平台、科研攻关和开放平台，推动援疆省市的重点科研院校、重点实验室与兵团科研院校、重点实验室建立联合科研基地，形成各具特色、优势明显的区域创新体系。支持全国科技系统及对口援建省市知名企业建设以装备制造、纺织服装产业、农副产品精深加工、节能环保、文化旅游为重点的“园中园”，提升兵团优势产业新技术新成果的转化和应用水平。鼓励对口支援省市科研院所科技人员到兵团企业、团场进行适用技术研发、创新和转化，享受与兵团同等申报条件，增强基层技术创新能力。

鼓励对口支援省市重点科研院校、重点实验室联合建立工程技术研究中心、科技成果转移转化中心、科技中介服务等平台，服务兵团企业，加快推进科技成果转化速度。支持东中部地区的知名企业和科研院所学科带头人到兵团进行科技研发合作或联合技术攻关，形成一批具有前瞻性、领先性的核心关键技术，为兵团转变发展方式提供有力支撑。

2. 加强与发达国家的科技合作，提升科技创新基础能力。

围绕兵团重大发展战略的科技需求，积极扩大科技对外开放，瞄准前沿技术、关键技术和有利于提升兵团核心竞争力的战略技术制高点，加强与发达国家开展实质性合作，消化吸收世界前沿的科技成果，提升兵团利用国际科技资源的能力。加快推进兵团科研院校、科技型企业的国际化程度，提升兵团技术引进、消化吸收和再创新能力。

支持建立国际科技合作基地，鼓励兵团科研机构、企业与发达国家在食品、能源、现代农业、人口健康等方面开展技术合作，引进和吸收新技术和新成果。

3. 深入推进与发展中国家的科技合作，扩大科技合作范围。

以平等互利、合作共赢、共同发展为原则，充分发挥兵团现代农业、新型工业化及城镇化建设的成果优势和技术经验，积极参与科技部、商务部援外的国际科技或行业技术培训及合作活动，树立良好合作形象，扩大兵团科技影响力。

利用国家科技援外政策，向发展中国家输出兵团现代农业、绿色建筑、新能源、食品和医疗卫生等方面的先进适用技术，积极推动国际产能合作，促进兵团科技成果“走出去”，不断延伸合作空间与合作内容，帮助发展中国家提升科技创新能力。

以创新引领发展，鼓励兵团企业与科研机构加强在医疗卫生、粮食增产、健康养殖、资源环保、生物多样性等领域与发展中国家开展联合研发、技术推广、技术培训，不断扩大科技合作范围，实现共赢目标。

4. 加强“一带一路”框架下的国际科技合作，提高科技合作水平。

把握建设丝绸之路经济带核心区的战略机遇，利用政府间科技合作机制、上海合作组织科技领域合作机制、中俄哈蒙阿尔泰区域合作机制及中国—亚欧博览会、霍尔果斯和喀什国家经济开发区兵团分区等平台，加强面向中亚、西亚、南亚国家的科技合作和智库建设，进一步拓展合作领域，创新合作方式，深化合作内容，提升合作水平，实现从一般性合作和单纯的学术交流向以需求为导向的合作和共同研发转变；从侧重项目合作向项目、人才和基地相结合全方位合作转变，积极构建具有特色、富有成效的国际科技合作与交流新格局。

一是以中亚国家为重点，通过建设联合研究中心，举办援外技术培训，实施国际科技合作项目等方式，进一步强化兵团与“一带一路”沿线国家科技交流与合作关系。二是以中国—中亚科技合作中心兵团分中心为平台和窗口，整合兵团对外科技合作资源，扩大兵团对外科技合作影响力。三是发挥好兵团科学技术交流中心对外科技合作的作用，积极申报国家技术转移中心。

专栏 18　国际合作发展重点

国际科技合作项目：继续加强在现代农业、轻纺工业、荒漠化治理、环保生态、新材料、物流信息化和民族特色医学等方面合作，吸纳中亚国家相关人员来华参加技术培训，适时派出国际科技特派员等形式，提升科技合作层次与水平。支持以农作物及家畜育种、节水灌溉技术、现代农机装备、精准农业技术为主要领域，统筹资源，优先启动绵羊优良种质资源开发与应用、人畜共患病等联合研究项目。

中国—中亚科技合作中心兵团分中心：通过技术示范与推广、技术培训、技术服务、学术交流、政策研究、科研捐赠等对外援助形式，完善援建国家科技能力建设，延伸国际合作空间。

（八）加强科普能力建设，提高全民科学素质。

围绕提高全民科学素质的总体目标，进一步加强科普基础设施与信息化建设，加大科普资源开发与共享力度，组织开展重大科普活动和科普示范创建等活动，全面提高公民科学素养，为实现创新型兵团奠定坚实基础。

1. 加强科普基础设施与信息化建设，提高科普服务能力。

加强科普基础设施建设，加大对公益性科普设施建设和运行经费的投入。重点建设基层团场，尤其是南疆师（市）、团场科普场所、科普活动室、科普长廊、流动科技馆、科普大篷车等建设。丰富、完善石河子科技馆展教功能，加大支持南疆师市筹建科技馆建设力度，创建兵团科普教育基地 15 个以上，社区科普活动室 30 个以上，青少年科学工作室 8 个以上。

以“互联网 + 科普”行动为重点，积极推进科普信息化建设工作。建成新疆生产建设兵团科协网站，推动传统科普与互联网的深度融合，建成内容丰富、形式多样的网络交流互动和信息互换平台，实现科普精准推送服务，定向、精准地将科普文章、科普视频、科普微电影、科普动漫等科普信息资源送达基层群众；加强科普资源开发与共享，将科普信息列入教育信息网共享使用，支持创作优秀科普图书、科普影像制品、科普挂图等，重点支持双语科普作品开发，开发适合城镇社区和基层团场使用的科普展教作品和网络作品，丰富基层科普资源。

2. 组织重大科普活动，加强重点人群科学素质建设工作。

完善《科学素质纲要》实施的长效机制，不断优化公民科学素质建设的政策环境和社会环境，全面提升“五大”人群科学素质，到 2020 年兵团公民具备基本科学素质的比例达到 7.5%。组织好“科技活动周”“科普日”“安全生产月”和“防灾减灾日”等重大科普活动，提高活动效果；围绕重大事件和热点问题开展专题性科普活动，提高公众对重大事件的认识和应对能力；深入开展文化、科技、卫生“三下乡”活动，加强对基层，特别是贫困、边远团场群众进行科普服务。继续配合做好“科技之冬”活动，提高活动的针对性、实用性；不断丰富科普活动内容，创新科普活动形式，更好发挥科普大篷车、中国流动科技馆的作用。组织科技专家积极开展科技进校园、社区、企业、机关、军营、乡村等活动；持续开展大手拉小手科技传播、走进科学殿堂、高校科学营等青少年科学教育活动，联合教育部门共建青少年科技活动中心，鼓励在校学生参与科技实践活动，培养和提高青少年的科技创新意识和能力。

3. 实施基层科普行动计划，推进科普示范创建活动。

通过实施科普惠农兴村计划和社区科普益民计划，积极推进实施“基层科普行动计划”。对科普工作成绩突出、效果显著、群众认可、有较强区域示范作用、辐射性强的团场专业技术协会、科普示范基地、科普带头人进行评选表彰；每年培养科普工作成绩突出、具有示范引领作用的兵团科普示范社区 3 ~ 5 个，向中国科协推荐表彰。

继续组织开展科普示范市、科普示范社区等创建活动，选择条件较好、积极性高的市进行重点培养，向中国科协推荐创建全国科普示范单位；开展兵团科普示范工作，探索科普示范团建设新途径；加强科普示范单位管理工作，及时总结先进经验，加大宣传、推广力度，全面推进兵团基层科普事业发展。

（九）实施知识产权战略，支撑创新驱动发展。

贯彻落实《国务院关于新形势下加快知识产权强国建设的若干意见》《深入实施国家知识产权战略行动计划（2014—2020）》《全国专利事业发展战略推进计划》，着力推动“专利导航创新工程”，提升兵团知识产权创造、运用、保护、管理和服务能力，为加快推进兵团“三化”进程，培育和发展战略性新兴产业，建设创新型兵团提供有力支撑。

1. 加强知识产权创造运用，提升兵团科技创新能力。

围绕丝绸之路经济带核心区建设，适应兵团经济发展新常态，实施专利导航创新工程，在特色优势产业领域形成一批有影响力的发明创造，促进兵团支柱产业竞争力提升和产业集群水平提高；实施知识产权试点示范工程，积极开展兵团知识产权试点示范城市建设工作，推动石河子市进入国家知识产权示范城市行列，择优支持建立知识产权示范园区 1 ～ 2 个；实施中小企业知识产权战略推进工程，深入开展科技型中小企业专利“消零”行动和知识产权托管行动；专利申请、授权量年均递增 15% 以上，万人发明专利拥有量达到 3 件；支持兵团现代农业发展，加强植物新品种权、特色农产品品牌、商标及农产品地理标志的创造运用。

2. 提高知识产权保护能力，优化创新驱动发展环境。

建立健全具有兵团特色的知识产权执法体制机制，筹建兵团知识产权维权援助中心，完善兵地知识产权行政执法协调联动机制，开展知识产权联合执法行动；加大知识产权行政执法力度，加强对重点行业、领域和垦区的知识产权保护，维护权利人及社会公众的合法权益；针对知识产权保护需求强烈的产业集聚区，探索建立专利快速维权工作机制，提供快速确权、维权等服务；完善企业海外知识产权维权援助机制，加强企业涉外领域知识产权预警，建立海外重点国家和地区知识产权环境状况报告制度。

3. 提升知识产权管理效能，完善科技创新驱动机制。

改进兵团知识产权宏观管理，优化行政管理体系，加强知识产权政策对科技创新的引导作用，健全兵、师两级知识产权管理机构和管理职能，形成各相关部门联动工作机制，提升知识产权行政管理效能；积极参与知识产权强国、强省和强市建设，争取将兵团“师市合一”的县级市纳入知识产权对口援疆范围；引导企业加强知识产权管理机构和制度建设，支持中小企业知识产权集中管理、委托管理等模式，“十三五”期间，重点支持建设知识产权示范企业 3 家和知识产权优势企业 5 家；鼓励高等院校和科研院所设立职能一体化知识产权管理机构，强化知识产权管理在科技项目、创新创业管理过程中的支持作用。

4. 培育知识产权服务体系，提升科技创新服务能力。

制定知识产权服务业发展促进政策，支持知识产权服务业业态创新发展，培育一批知识产权服务品牌机构，提升知识产权专业服务水平；培育知识产权服务市场体系，重点支持知识产权一站式服务平台、远程教育系统、专利预警数据库等项目建设；重点支持企业专利信息利用项目，建立兵团专利信息利用与企业专利信息需求对接的工作模式；创新知识产权宣传模式，围绕热点话题开展知识产权主题活动，提高公众知识产权意识，树立知识产权文化理念，净化知识产权生态环境；开展知识产权普及型教育，积极推广兵团学生知识产权素质教育；加强知识产权人才队伍建设，培养国家知识产权领军人才 3 人，兵团级知识产权领军人才 10 人，知识产权经营管理高层次人才 100 人，知识产权企事业骨干人才 1000 人；尝试建立知识产权投融资服务平台，引导企业拓展知识产权质押融资范围。

四、科技创新重大工程

科技创新重大工程是支撑兵团经济社会发展现实需求的战略选择。确定科技创新重大工程的原则是：立足集成创新和引进消化吸收再创新，聚焦技术应用和科技成果转化及产业化；突出对兵团经济社会发展产生重大影响和推动作用，为培育发展战略性新兴产业、调整产业结构、加快转变经济发展方式的重大项目；突出对产业竞争力整体提升具有全局性、带动性强的关键共性技术；突出解决制约兵团经济社会发展的重大瓶颈问题。根据这一原则，结合兵团未来五年发展目标，确定了11 项兵团科技创新重大工程。

（一）棉花产业提质增效创新工程。

早熟优质多抗丰产适宜机采资源节约型棉花新品种选育、良繁及产业化示范：重点筛选早（早中）熟、优质、丰产、多抗、适宜机采棉花新品种，完善良繁体系，推进良种产业化，建立资源高效利用栽培新模式、水肥精准信息化管理技术、绿色植保技术以及农机农艺有机融合的新型栽培技术体系。机采棉原棉质量提升智能装备研制与关键技术集成、示范：重点开展机采棉加厚膜密植栽培配套机具、脱落叶剂机具智能化、残膜高效回收、籽棉清理加工智能化等关键技术研发，实现棉花种、采、加工全过程技术升级。

到 2020 年，选育出适应不同生态适宜机采抗逆资源高效利用优质棉花新品种 3 ~ 5 个，建立信息化技术、农机农艺有机融合的高效栽植、采收新模式并示范，形成机采棉智能减损清理加工工艺，原棉品级由目前的 3 ~ 4 级提高到 2 ~ 3 级，二级棉占比提升 10 个百分点，切实降低植棉成本，显著提升植棉效益，为兵团棉花产业高效可持续发展提供科技支撑。

（二）草食家畜科技创新工程。

新疆牛、羊种质资源利用与标准化养殖技术示范：开发利用引进品种和本土牛、羊遗传资源；开展高产、优质、抗逆牛、羊新品系杂交繁育；探索形成不同生态区牛、羊繁育及标准化养殖新模式；建立适于全程机械饲养的生产关键技术体系并示范。饲草料高效利用技术：建立不同生态条件下人工草场重建模式；形成农副产品、秸秆废弃物资源化高效利用技术标准；开展优良饲草料品种选育、种植和加工调制技术集成创新与示范。牛、羊标准化规模养殖疫病防控及粪污无害化处理技术集成与示范：研究并形成人兽共患病生态学调查体系及预警体系；建立牛、羊高发疫病或重大疫病适宜诊断技术和免疫防控技术模式；进行规模化养殖场粪污机械化、资源化处理技术与装备集成示范。

到 2020 年，引进和培育出适应不同生态区牛、羊新品系 2 ~ 3 个；全面实现种养结合，建立标准化的规模适度的饲草种植、加工调制基地；完善地方和专门化品种的选育和品种供给体系；建立规模化养殖疫病防控技术体系，构建不同生态区牛、羊高效养殖模式，为兵团牛羊养殖步入高效、优质、安全的健康发展提供科技支撑。

（三）特色果蔬园艺业提质增效科技创新工程。

特色林果区域规模化种植及节本增效生产管理技术集成与示范：引进筛选苹果、梨、核桃、葡萄等特色林果优良品种，开展农机园艺相融合的简易化高效栽培模式研究与集成示范。现代设施农业综合配套技术开发与示范：引进与筛选国内外优良蔬果品种，开展优质高效生产模式研究；开展"基质栽培"集约高效标准化技术集成与示范；开展蔬菜、林果水肥一体化关键技术集成与示范。特色果蔬采后处理加工关键技术集成与示范：开展特色果蔬产品采后保鲜、贮藏及冷链运输技术及相关配套装备的集成应用，建立特色果蔬采后贮藏保鲜运输处理标准技术体系；集成浓缩果蔬汁加工技术、果品制干技术、现代提取及胶囊化与造粒技术等，形成主要果蔬精深加工产品及标准。

到 2020 年，引进、筛选、繁育适应新疆不同产区的特色果蔬优良品种 15 ~ 20 个；研制低成本稳态复合配方基质 2 ~ 3 个，开展光水高效利用新型基质无土栽培示范，形成生产技术体系 2 ~ 3 套；建立农机园艺融合的林果标准化优质高效生产示范基地 4 个；果蔬保鲜商品率达到 90% 以上，货架期延长 15%，开发新型加工产品 5 ~ 6 个。

（四）节水灌溉科技创新工程。

地表水高效输配及节水滴灌配套新型管材产品的研发与示范：开发新型滴灌器材、大口径 PVC 管材；开展自压管道化输配水系统关键技术及配套过滤、调压设备研发；开展地表水自压管道化输配水自动化灌溉技术集成示范。泵前原位低能耗过滤系统的研发与示范：开发泵前低压渗透过滤系统；开展地表水新型悬移质沉淀设施、新型过滤装备等集成与示范。

到 2020 年，研究开发出适应不同大田作物小流量高抗堵滴灌产品 1 ~ 2 个，开发系列大口径 PVC 管材；建立新型地表水节水灌溉示范系统 2 ~ 3 个。

（五）农机装备制造业科技创新工程。

新疆主要作物及特色林果关键机械装备研发及智能化提升：开展主要作物、特色林果栽植、田间管理、收获及产后加工处理等关键技术研究与智能化装备开发。农机装备制造业体系建设与示范：围绕培育兵团农机装备制造产业集群雏形，引导和扶持农机装备制造业不断聚集，促进主要农用机械核心装备研发能力提升；加快新型农机产品、装备开发速度，完善农机装备制造业体系。

到 2020 年，通过与国内外优势力量联合，开发新型装备产品 8 ~ 10 种，引进开发智能化农机制造关键装备 5 ~ 8 套，建设智能农机装备制造产业示范区 2 个。

（六）纺织服装产业绿色发展科技创新工程。

新型纺织印染清洁生产工艺技术研发：开展纤维无水、少水染色工艺技术研发，原液纤维应用技术研发，新型环保染化料助剂研发与应用，纺织印染废水处理新技术与循环利用。高附加值功能性纺织面料及服装的开发：开展天然纤维与新型功能纤维染色、纺纱、织造、整理工艺技术研究与应用；开展人体数码扫描技术和裁剪缝纫自动组合技术及装备的集成应用；开展服装生产流程智能化关键技术研究与应用。棉毛纺织生产关键技术研究与示范：棉纺织开展棉纺清梳联、细络联等纺纱流程工序技术、新型纺织技术及新型整理技术研发，长绒棉高支纱应用及产品开发。毛（绒）纺织开展弹性纱线、超细纱线、低扭矩纱线、多组分纱线等特殊毛（绒）纺纱技术，混合纤维纺纱技术等研发。

到 2020 年，攻克一批制约棉纺织、毛（绒）纺织产业优化升级的关键、共性技术，建设棉纺绿色生产示范区 3 个、毛纺绿色生产示范区 2 个，培育纺织服装龙头企业，形成百万套件各类服装年生产能力。

（七）绿色城镇建设科技创新工程。

绿色节能建筑关键技术集成与示范：利用“互联网 +”技术开展绿色节能建筑的设计、研发；开展兵团城镇化建设空间规划布局技术研发与示范；支持建筑节能、绿色建材、绿色性能开发、绿色施工、关键部品研制。城镇居住环境提升关键技术集成与示范：开展兵团城镇住区景观工程改造与提升技术集成，完善城镇基础设施建设与功能提升，提高新型城镇人居环境品质。兵团智慧城镇关键技术集成与示范：集成运用信息技术，加强城镇民生、环保、公共安全、城镇服务、工商业等活动的智慧管理和运行，建设兵团智慧城镇、社区示范点。

到 2020 年，应用建筑信息模型（BIM）技术体系，建成兵团绿色节能建筑示范城镇（区）2 个、智慧城镇示范点 2 个，形成适合兵团的绿色建筑、生态城镇和兵团城镇转型或重构的评价体系、标准。

（八）医疗科技创新工程。

远程医疗健康服务系统开发与示范：以兵团边远、贫困、少数民族聚居地区为重点，研发和集成平台关键技术、支持信息系统，构建远程医疗健康服务系统，探讨服务模式并开展示范。重大疾病关键技术研发与应用：针对新疆常见多发疾病、急危重病人诊疗、精神心理等重大疾病，开展规范防诊治关键技术集成与示范、应用。

到 2020 年，建设以三级综合医院为数据中心和管理中心的远程健康服务体系及配套工作模式；提高本地区重大疾病、地方病的综合防诊治水平。

（九）大众创业万众创新科技示范工程。

开发众创空间新型创业服务平台：开展“互联网 +”的创业空间、网络空间、社交空间和资源共享空间的关键共性技术研发；支持先进制造、新材料、现代物流、数字医疗、文化创意、电子商务、网络信息、智慧旅游、多语种数字教育、特色农业、农产品加工、手工制品等领域开展创新创业项目和众创空间建设。建设新业态新引擎下的孵化器平台：立足大学科技园、创客空间、创业工坊、专业孵化器、综合孵化器发展需求，利用国家高新技术产业开发区、国家经济技术开发区、国家农业科技园区、国家大学科技园、科技企业孵化器、文化创业园、大学生创业实习基地和高等院校、科研院所等有利条件，构建一批低成本、便利化、全要素、开放式的孵化器平台。扶持“双创”综合服务平台建设：探索“天使投资 + 创业导师 + 专业孵化”的模式，建立双创标准规范体系，支撑“创业苗圃 + 孵化器 + 加速器 + 产业园”创业链试点示范区建设，建成创业投资、天使投资、科技企业孵化器、技术转移中心、成果转化中心、网商创业中心、科技合作交流中心等综合创新创业服务机构。

到 2020 年，以三大平台为支撑，建设一批有效满足大众创新创业需求、具有较强专业化服务能力的众创空间，孵化一批创新型中小微企业，培育一批创业投资机构和天使投资人。培育具有一定影响力和兵团特色的众创队伍，初步形成创业主体大众化、孵化主体多元化、创业服务专业化、组织体系网络化、创业路径资本化、建设运营市场化、创业模式多样化的发展格局。

（十）“321”科技创新人才工程。

以高等学校、科研院所和科技园区为依托，支持石河子大学、塔里木大学和农垦科学院等建设创新人才培养示范基地，完善人才培养政策、体制和机制，聚合人才，打造“先行先试”的人才特区。围绕兵团“三化”建设，依托国家和兵团重大科研项目和重点工程，以特色果蔬、设施农业、现代健康养殖、农业生物技术与育种、农业资源高效利用、循环农业与可持续发展、农业信息化与智能装备技术等为重点，建设农业现代化领域创新团队。以农副产品及中药精深加工、智能装备开发、新型材料研发、矿产资源开发利用为重点，建设新型工业化领域创新团队。以城镇规划、生态宜居环境建设、建筑节能、绿色节能建材等为重点，建设特色城镇化领域创新团队。以物流配送、商贸流通领域信息网络、农产品电子商务交易平台、农产品质量安全追溯体系等方面为重点，建设电子信息与现代物流创新团队。以提升兵团卫生领域科研水平、提高疾病预防和诊治能力为重点，建设人口健康与公共服务领域创新团队。以数字化采集、整理，构建数字文化旅游综合服务系统为重点，建设特色文化领域创新团队。瞄准世界科技前沿和战略性新兴产业，重点培养中青年科技创新领军人才，造就一批创新创业带头人。

到 2020 年，建设 3 个“创新人才培养示范基地”，20 个“重点领域科技创新团队”，100 名“中青年科技创新领军人才”。

（十一）专利导航创新工程。

开展专利“消零”行动和专利托管行动，引导企业对专利活动进行科学布局，形成与产业发展相匹配的专利储备体系；建立以市场需求为导向的专利创造体系，强化两校一院、科研院所高水平专利创造能力，提升专利质量。鼓励以专利资源为纽带，构建企业主导，高校院所、金融机构、专利服务机构等多方参与的专利运用协同体，开展协同创新和专利协同运用，实现资源共享、利益共享、风险共担、协同运行。强化专利保护与司法保护的协调运作机制，形成联合执法协调机制、维权援助机制和争端解决机制，加强对重点行业、领域和地区的专利保护；加快组建行业、区域专利保护联盟，促进行业协会开展专利保护工作；建设专利信用体系，营造良好的专利保护环境。建立健全专利服务网络，完善专利服务功能，贯彻《企业知识产权管理规范》国家标准，充分利用专利信息开展专利分析评议活动，提升兵团特色优势产业发展水平和龙头企业的创新能力。

到 2020 年，兵团万人发明专利拥有量达到 3 件，专利申请、授权量年均递增 15% 以上，专利导航兵团产业发展机制初步形成。

五、实施保障措施

（一）加强党对科技工作的领导，强化科技创新顶层设计。

进一步统一思想、提高认识，全面推行兵团党委“科教兴兵团”战略。坚持主要领导对本地区的科技进步与创新负总责，落实党政一把手抓第一生产力的要求，完善党政领导科技进步目标责任制，树立以提高自主创新能力促进科技进步的政绩观。

建立和完善兵团科技发展智库，发挥智库专家对兵团科技宏观发展的指导作用。按照科技发展的总体部署，统筹协调、科学有序地实施规划确定的重点任务和重大科技工程。强化科技创新服务兵团经济社会发展的绩效考核，通过建立严格的监督考核制度，把监督、检查和考核贯穿于科技创新工作的全过程。加强规划的贯彻宣传，调动和增强社会各方面的主动性、积极性。

（二）深化科技体制改革，完善科技发展的制度体系。

顺应国家科技体制改革发展要求，推动以科技创新为核心的全面创新，深化兵团科技体制改革。建立和完善科技治理体系，促进治理能力现代化，为实现发展驱动力的根本转换奠定体制基础；健全技术创新市场导向机制和政府引导机制，便捷科技创新与经济社会发展通道，加速科技创新成果转化为现实生产力；深化科研机构体制机制改革，优化和完善科研机构创新绩效评价办法，增强科研机构在编制管理、人员聘用、职称评定、绩效工资分配等方面的自主权，不断减少研发机构与科技人员科技创新创业束缚，充分调动和激发科技人员的积极性和创造性；以强化奖励的荣誉性和对人的激励为重点，不断深化科技奖励制度改革。

加强兵、师、团科技管理机构建设，健全和完善科技管理体系和运行机制，加快转变科技管理方式与职能；积极探索构建支撑“双创”发展、科技成果转化及产业化、区域协同创新、兵地融合发展的科技计划体系，形成并推行与之配套的、统一的科技计划管理信息系统及科技信用管理系统；建立推行第三方评价机制，注重科技创新质量、实效和实际贡献，制定导向明确、激励约束并重的评价标准和方法。

（三）健全科技可持续投入机制，完善科技投入体系。

加强科技投入工作，加快完善围绕科技创新和规划目标的科技投入持续增长机制，建立竞争性经费与稳定支持经费相协调的科技投入机制，探索形成适合兵团科技事业发展的科技与金融结合模式。充分利用市场机制和政策调控措施，创建科技风险投资基金，引导企业、社会加大科技投入，促进技术应用与成果转化及产业化，加快形成行政引导、企业为主、社会参与的多元化科技投入体系。

加快建立适应科技创新规律、职责清晰、科学规范、公开透明、监管有力的兵团科研项目和资金管理机制，使科技资源配置更加聚焦于兵团经济社会发展重大需求，聚焦于加速科技成果转化及产业化，不断优化应用基础科学研究、科技创新基础条件、创新人才建设的经费分配结构，大幅提升财政资金的使用效益，充分发挥科研人员的积极性和创造性，使科技对经济社会发展的支撑引领作用不断增强，为实施创新驱动发展战略提供有力保障。

（四）重视创新文化建设，营造良好创新氛围。

以制度创新推动创新文化的发展，逐步破除垄断和行政干预对科技创新的不利影响，创建有效激励创新的制度和规范体系，加强科技信用体系建设，加强科研活动的社会监督，加大对科研、学术不端行为的惩处力度，构建公平有效竞争环境。围绕供给侧结构性改革需求，研究制定有利于科技成果加速转化和公共科技供给大幅增加的政策措施，营造激发兵团创新发展内生动力、调动科技人员创新创业活力的政策环境；大力提倡敢为人先，勇于担当的科研精神，引导和鼓励科研人员干事创业。倡导"淡泊名利、甘于寂寞、专心科研"的学术精神，形成尊重劳动、尊重知识、尊重人才、尊重创造的文化氛围。

（五）强化区域协调发展，全面提升科技创新能力。

紧紧围绕落实兵团党委在南疆发展战略，创新兵团科技发展体制机制，加大南疆科技资源投入，依托科技援疆机制、兵团农业技术辐射带动工程和科技特派员行动、重大科技项目实施和加快科技成果向南疆转移、转化与示范等，不断优化和提高南疆产业结构及产出水平，强化南疆各师科技人员培养力度，完善南疆兵团科技基础设施条件，建设一批南疆兵团科技创新创业平台，加大科技精准扶贫力度，引领与支撑南疆经济社会又好又快发展。

以增强区域协同创新能力为目标，加快推进兵地科技融合发展。统一规划，共同推进"丝绸之路经济带创新发展试验区"建设，健全和完善兵地融合协作机制，促进新疆科技创新创业水平全面提升；发挥兵团在农业现代化和农业技术推广方面的优势，大力实施"农业技术辐射带动工程"等，通过联合开展技术培训与服务、先进实用技术示范、设施农业及配套项目共建等方式，不断提高新疆科技创新能力。

（六）建立有效的规划实施机制，确保科技发展规划目标的顺利推进。

建立健全规划实施协调机制，发挥"十三五"规划对未来五年兵团科技发展的指导性作用，加强规划与计划的衔接。根据"十三五"规划确定的总体思路、战略目标和重点任务，结合兵团国民经济社会发展规划的总体部署，制订和实施兵团科技计划。各师、各行业从各自的发展实际出发，制订定相应的科技计划。

建立规划实施的年度监测制度和体系，动态跟踪和定期评估兵团"十三五"科技发展规划执行情况，对规划指标的实现进度、任务部署和政策措施的落实情况进行监测，及时掌握规划实施情况。开展规划实施中期评估和期末总结评估，对规划实施效果作出评价，为规划调整和制定新一轮规划提供依据。在监测评估基础上，根据科学技术的新进展和社会需求的新变化，对规划指标和任务部署进行及时、必要的调整。

大连市科学技术（知识产权）发展“十三五”规划

为深入贯彻党的十八大和十八届三中、四中、五中全会精神，全面落实“五位一体”总体布局和“四个全面”战略布局要求，牢固树立并切实贯彻创新、协调、绿色、开放、共享的发展理念，加快实施创新驱动发展战略，充分发挥科技创新在全面创新中的引领作用，根据《大连市国民经济和社会发展第十三个五年规划纲要》的整体部署，制定本规划。

一、现实基础与发展环境

（一）“十二五”时期主要成就。“十二五”期间，大连市科技工作坚持“大科技、大服务、大协同”三大理念，实施“人才先行、协同创新、知识产权、国际视野”四大战略，取得了一系列重要成就，科技创新环境得到全面优化，自主创新能力显著增强，科技支撑和引领经济社会发展的作用更加突出，为“十三五”发展奠定了坚实基础。

1. 人才支持政策深入实施，人才发展环境全面优化。“十二五”期间，围绕“人才先行”战略的全面推进，先后出台了《大连市支持高层次人才创新创业若干规定》《大连市人才服务管理办法》等 5 个人才政策创新文件和 22 个实施细则，重点实施高层次人才创新支持、科技人才创业支持、重点领域创新团队支持、重点产业紧缺人才引进、海外优秀专家集聚等 5 个专项计划及相关配套服务。依托中国海外学子创业周活动实施“海外学子归国创业工程”，大力推进人才住房保障，积极打造国家级人才管理和改革试验区。围绕区域重点产业发展实际，支持大连理工大学等在连高校院所增设集成电路、互联网等学科，培养专业人才。[1]

2. 协同创新机制逐步完善，科技与经济结合日益紧密。依托行业领军企业组建了先进制造与智能制造、重大技术装备、新能源等十大产业技术研究院。梳理出大数据技术、高性能电池及储能技术等 31 个创新链和智能化高端装备、高性能数控系统等 107 个创新节点，凝练了 38 个攻关方向，组织实施产学研协同创新驱动重大项目。围绕大连产业发展亟待突破的关键技术，组织实施一批重大科技成果转化项目。高新技术产业取得跨越式发展，2015 年规模以上工业企业实现高新技术产品

大连市人民政府办公厅，大政办发〔2016〕31 号，2016 年 4 月 18 日。

增加值 754.6 亿元。全市现有国家高新技术企业和技术先进型服务企业 679 家，企业数量占全省的 40.8%，软件和服务外包企业上千家，产值突破 1000 亿元。

3. 知识产权战略全面实施，自主知识产权创造、运用、保护、管理能力显著增强。全面贯彻落实《国家知识产权战略纲要》，出台了《大连市深入实施国家知识产权战略行动计划（2015—2020 年）》，加大专利创造、运用、保护、管理工作力度，引导发明创造和专利成果转化。着力推进重点领域核心技术研发，2011 年以来共有 45 个项目获得国家科技奖励，其中包括 1 项国家最高科学技术奖、1 项国家技术发明奖一等奖和 2 项国家科技进步一等奖，对重点产业核心竞争力形成全面支撑。截至 2015 年年底，全市有效发明专利拥有量 8153 件，每万人口发明专利拥有量达到 12.2 件。成功举办两届中国国际专利技术与产品交易会，共吸引来自 17 个国家和地区及全国 21 个省（市）自治区、100 多个城市、1700 余家企业的 6000 多项专利技术参展，成交项目 800 余项，实现交易额 33.8 亿元。成功举办知识产权宣传周和中国专利周活动，开通大连市知识产权综合服务平台，开展专利“护航”专项行动，优化知识产权工作环境。

4. 开放式创新全面推进，“走出去”与“引进来”能力大幅提升。秉承“平台高端化”“机制长效化”的理念，全面推进开放式创新，与中科院系统加强院地合作，结合产业技术发展需求，组织相关企业与中科院研究院所进行科技成果对接。大连市科技局与中科院沈阳分院签订共同推进中国科学院科技成果在大连转移转化合作协议，开启大连与中科院系统院地合作新模式，建立长效的合作机制和开放的交流平台，助力东北再振兴。加强国际科技合作基地建设，全市 17 家国家级国际科技合作基地在装备制造、软件及信息服务、生物医药、现代农业等领域，与美、英、日等国家科研机构和企业进行联合研发，成为我市承担国际科技合作项目、人才培养和创新团队建设的重要载体。

5. “科技指南针”顺利开通，科技综合服务再上新台阶。坚持政府科技工作向服务转型的理念，进一步整合政府和民间科技服务资源，开通第一个全市性科技创新资源综合服务平台——大连“科技指南针”，平台设有技术市场、仪器共享、专利服务、创业孵化、科技金融、招商合作、协同创新、科技咨询等 8 个子系统，发展会员单位 1500 家。全面推进科技创新服务体系建设，被科技部确定为全国科技创新服务体系建设试点地区之一。在国内率先实践一系列孵化器超前发展理念，市级以上孵化器达到 39 家，其中国家级科技企业孵化器 11 家，国家大学科技园 2 家，累计孵化企业 4000 多家，整体水平位居全国前列。大连理工大学技术转移中心等 6 家国家级示范机构获批建设。2015 年，全市登记技术合同交易额达到 78.4 亿元，比 2010 年增长 58%。

6. 科技创新政策体系逐步完善，“双创”环境得到整体优化。为满足创新驱动发展新需求，修订了《大连市科技进步条例》，出台了《中共大连市委　大连市人民政府关于加快推进科技创新的若干意见》《关于支持企业创新和发展的政策措施》《大连市创新发展科技金融实施方案》《大连市高新技术企业培育工作实施方案》等科技创新政策，各区市县、先导区针对本区域内的具体问题出台了专门的扶持政策，市、区两级科技创新政策体系基本形成。成功举办大连市科技创业大赛，有效营造全民参与创新创业的良好氛围。加强科普基地建设，市级以上科普基地达 79 家，其中国家级 14 家、省级 41 家。精心组织策划科技活动周，加大科普宣传力度。

（二）“十三五”时期发展环境。

1. 面临的有利条件：

一是全球科技创新革命向纵深发展，是全面吸纳国际创新资源和科技走出国门的重大历史机遇。全球科技创新取得突破性进展，科技发展交叉融合，大数据科学日益受到世界各国重视，正在成为继理论、实验、计算之后的第四种范式，人类可持续发展的重大问题成为全球科技创新的焦点，科技创新链条更加灵巧，技术更新和成果转化更加快捷，产业更新换代不断加快，原始科学创新、关键技术创新和系统集成的作用日益突出。科技创新的全球化进程不断突破地域、组织、技术界限，已成为创新体系的竞争，各国政府加大科技项目的国际合作，跨国公司加速布局全球性研发机构，为大连参与国际合作和提高科技创新水平奠定了基础。

二是国家创新驱动发展战略和《中国制造 2025》行动纲领的实施，对大连科技支撑经济转型提出全新要求。十八大指出，坚持走中国特色自主创新道路，实施创新驱动发展战略，必须把科技创新摆在国家发展全局的核心位置。《中国制造 2025》行动纲领提出中国制造强国建设三个十年的“三步走”战略，是大连顺应科技发展趋势，加快实施创新驱动发展战略，增强科技创新实力，转变经济发展方式，提升国际竞争力，发展制造产业科技创新的关键支撑。

三是东北老工业基地全面振兴，对大连科技在东北振兴中的引领作用产生强大需求。《国务院关于近期支持东北振兴若干重大政策举措的意见》指出，要巩固扩大东北地区振兴发展成果、努力破解发展难题、依靠内生发展推动东北经济提质增效升级，尤其是面对“三期叠加”、经济下行压力加大的严峻形势，大连必须坚持走科技引领、创新驱动之路，积极响应东北振兴中的强大科技需求，紧紧抓住和用好新一轮科技革命和产业变革的机遇，通过科技创新增强发展的内生动力和活力，支撑大连经济社会发展，引领和示范东北经济转型升级。

四是国际国内区域竞争加剧，提升创新能力成为区域竞争优势富集的关键。国际国内先行地区抢抓新一轮科技革命和产业变革的历史机遇，积极打造全球和区域科技创新中心，纽约、伦敦、新加坡、东京、首尔等先后提出了建设全球或区域科技创新中心的目标，并出台了相应的战略规划，北京和上海正在从全国科技创新中心向全球科技创新中心迈进，深圳、杭州、南京、武汉、重庆等城市创新创业活动活力迸发，区域科技创新中心地位突显。提升区域创新能力已经成为区域竞争优势富集的关键，大连创建区域性创新创业中心已经成为刻不容缓的重要任务。

2. 面临的制约因素：

一是企业技术创新主体地位尚未真正确立，产学研合作有待全面深化。地区经济发展仍然依赖传统产业，企业技术创新能力薄弱，核心技术受制于人，关键技术自给率低。新兴产业虽然得到各方面的重视，但企业技术创新基础和支撑的条件仍然薄弱。产学研相结合的创新体系有待完善，企业、高校、科研院所以及金融机构、中介机构之间缺乏有效的沟通合作渠道，多呈现单打独斗局面，科技创新尚未成为主导和引领经济发展的核心动力。

二是科技金融创新缺少有效抓手，市场化的科技投融资体系尚需完善。大连虽形成了以创投基金为先导、以自有资金为主体、以银行资金为补充的政府主导科技金融体系，但科技金融服务体系建设仍然处于初级阶段，金融产品品种单一、资源覆盖面小、全流程服务较少、后续服务协调缺乏。

政策体系还不完善，中介组织还不健全，金融资源和科技企业有机结合的科技金融聚集效应尚未形成。民营天使投资、风险投资（VC）、私募股权投资（PE）等科技投融资机构发展不活跃，市场化的科技投融资体系亟待完善。

三是社会文化氛围与大众创业、万众创新的发展需求不相适应，社会文化有待进一步培育完善。在计划经济条件下形成的“等”“靠”“要”的心理习惯依然存在，海洋资源富足和工业基础雄厚使大连过于依赖资源，缺少开拓意识和进取精神，随着市场化进程的不断加快，这种文化缺陷已经严重与大众创业、万众创新的需求不相适应，亟待树立崇尚创新、宽容失败的价值导向，大力培育企业家精神和创客文化，营造敢为人先、敢冒风险的氛围与环境。

二、总体部署和发展目标

（一）指导思想。以党的十八大及十八届三中、四中、五中全会和习近平总书记系列重要讲话精神为指导，牢固树立并切实贯彻创新、协调、绿色、开放、共享的发展理念，坚持“自主创新、重点跨越、支撑发展、引领未来”的方针，把创新摆在发展全局的核心位置，聚焦实施创新驱动发展战略，以全面深化科技体制改革为主线，不断推进以科技创新为核心的全面创新，推动大众创业、万众创新，释放新需求，创造新供给，推动新技术、新产业、新业态蓬勃发展，把大连建设成为区域性创新创业中心，为率先实现老工业基地全面振兴、加快“两先区”建设提供支撑和引领。

（二）工作思路。牢牢抓住国家实施《中国制造 2025》行动纲领、“互联网 +”行动计划和“一带一路”建设战略的历史机遇，把创新摆在大连发展全局的核心位置，不断推进理论创新、制度创新、科技创新、文化创新等各方面创新，充分发挥科技创新在全面创新中的引领作用，全面推进科技工作“一、二、三、四、五、十”整体布局，营造有利于创新驱动发展的市场和社会环境，全面激活大连科技创新的资源潜力，大幅提升大连科技创新在经济转型发展中的核心作用。

一个目标：建设区域性创新创业中心。

二个体系：营造科技创新创业的环境优势，完善具有区域特色的创新和创业两个体系，奠定区域性创新创业中心的资源基础。

三大理念：大科技、大服务、大协同。

四大战略：人才先行、协同创新、知识产权、国际视野。

五项任务：开展重点领域核心技术研发，加快推进国家自主创新示范区建设，促进科技服务业发展和科技人才队伍建设，全面提升知识产权创造、运用、保护和管理能力，加强国际国内科技创新合作与交流。

十大工程：创新型企业培育工程、产学研协同创新促进工程、产业化基地建设工程、科技创新服务质量提升工程、科技金融保障工程、众创空间营造工程、高层次创新人才工程、高校院所科技成果转化促进工程、知识产权信息服务工程、创新国际化工程。

（三）基本原则。

坚持全面创新原则。依托增强自主创新能力和破除体制机制障碍两个轮子，协同推进科技体制、经济领域相关体制和政府科技管理体制的改革，营造激励创新、保护创新的制度环境，完善拉动创新的市场环境、优化创新的社会环境。

坚持市场导向原则。健全技术创新市场导向机制，发挥市场在技术研发方向、路线选择、要素价格形成、各类创新要素配置等方面的基础性作用。强化企业在技术创新中的主体地位，发挥大企业在创新中的骨干带头作用，激发中小企业的创新活力。

坚持统筹协调原则。充分发挥政府在战略规划、政策法规制定和监督指导等方面的作用，加强科技创新创业公共基础设施和服务平台建设，促进创新资源合理配置和高效利用，强化知识产权创造、运用、保护和管理，营造有利于创新创业的法治环境和文化环境。

坚持落实落地原则。规划的目标和方向立足当前、着眼长远，区域性创新创业中心建设分步实施、有序推进。明确各项任务的具体分工，强化任务的责任担当，确保可操作、可评估，各项任务和措施抓实推进、取得实效。

（四）发展目标。到 2020 年，以企业为主体、产学研协同、大连地区特色鲜明的区域创新体系基本形成；科技创业资源集聚、科技创业孵化载体多元、科技创业服务功能完善、科技创业文化蔚然成风的区域科技创业体系初步形成；科技体制改革取得重大突破，基本形成较为完善的区域政府科技管理统筹协调机制、科技创新创业法治环境和政策体系；科技成果转化效率、科技资源配置和使用效率大幅提高，产业关键技术自主开发能力大幅提升；形成鼓励创新、宽容失败的城市创新创业文化；建成国家创新型城市，形成比较完善的科技创新创业体制和机制，初步建设成为区域性创新创业中心。

表 1　规划指标

序列	指标	单位	2015 年	2020 年
1	研究与试验发展经费投入强度	%	1.9	2.5
2	每万人发明专利拥有量	件	12.2	17
3	科技进步贡献率	%		60

三、开展重点领域核心技术研发

（一）《中国制造 2025》智能装备制造。

1. 智能制造技术。在现代传感、网络、自动化等先进制造技术基础上，通过智能化感知、人机交互、决策和执行技术，实现设计过程、制造过程和制造装备智能化，攻克一批前沿核心技术和共性关键技术，加强整机与系统相结合、加工工艺技术与控制技术相结合，通过横向拓展实现主导产品系列化与规模化，通过纵向延伸拉长产业链条，推进智能制造高新技术产业化基地建设。

2. 智能装备制造技术。突破工业机器人与专用机器人重大共性关键技术、基础前沿、产业瓶颈技术等核心技术研究，开展具有自主知识产权机器人产品的研发。重点发展智能型焊接与搬运机器人等系列化智能工业机器人、基于物联网的智能型公共服务机器人等服务机器人与特种机器人、面向3C产业的智能加工装配机器人等面向重点行业的工业机器人集成应用。

3. 集成电路制造和装备相关技术。重点攻关智能制造装备用集成电路IC设计、智慧城市建设用集成电路IC设计，传感器芯片产品，基于倒装、芯片级封装等先进封装技术装备，软焊料装片机以及其他极大规模集成电路制造装备，用于半导体封装设备智能搬运系统的全自动智能机器上片臂。重点突破无接触吸附技术，降低芯片搬运破损率，提高芯片运送速度。

4. 增材制造技术及装备（3D打印）。研究基于增材制造技术的结构创新设计、创新型工艺方法、功能梯度结构设计与制备、工艺缺陷在线检测及修复技术等增材制造创新型工艺原理与方法。开展增减材复合制造基础理论、工艺软件、关键技术与装备以及超大幅面激光3D打印装备、打印材料及应用等增材制造装备核心与关键理论及零部件研制。

5. 高端船舶与海洋工程技术。突破高端船舶与海洋工程关键技术，提升高端船舶与海洋工程基础共性技术自主研发能力，重点开展高端船舶多学科并行设计优化、高端船舶及海洋工程结构性能仿真预报、高速船运动控制与推进等技术研究，掌握绿色和新型船舶、海上油气海洋工程装备以及高端船舶与配套设备关键技术。

6. 轨道交通技术。提升轨道交通的运营管理及技术装备水平，形成标准化、模块化的系统模式体系及标准体系，实现城市轨道交通智能化与信息化。重点开展列车自动控制系统等自动化设备研发，直线电机成套技术系统、导向式轨道交通新技术等研发，新型车辆材料、新型车辆结构等研发，面向城市轨道车辆控制的列车总线控制等技术研发。

7. 高端轴承技术。围绕航空航天、精密机床、城市轨道交通、工程机械、能源装备等领域所需的高端轴承产品，研究高端轴承产品的应用基础理论，掌握关键部件的核心技术与共性技术，研制出一批具有自主知识产权的高端轴承产品。重点开展轴承材料等高端轴承应用基础技术研发，热处理技术等高端轴承制造技术，高速度高精度数控机床轴承等高端轴承产品研发。

（二）《中国制造2025》新能源新材料制造。

1. 高性能电池及储能技术。围绕液流电池、锂电池和质子交换膜燃料电池3个技术创新方向，重点支持液流电池规模化中试、电池系统集成及管理控制技术，锂电池的材料制备及批量化生产技术，质子交换膜燃料电池的材料装备技术研发，取得一批自主知识产权，培育一批具有国际竞争力的创新型企业。

2. 新能源装备技术。突破核电装备超长使役安全评估等关键技术，在核电装备制造方面取得一批创新成果。围绕风电齿轮箱、变流系统等风电装备核心零部件，进行风场载荷特性、齿轮箱构型原理等应用基础研究，掌握风电齿轮箱设计、制造、试验、风电变流和风机主控等核心共性技术。

3. 纳米材料技术。围绕经济社会发展重大战略需求，瞄准国内外纳米技术前沿方向，重点研发快速响应节能多稳态显示介晶材料技术、环保型微—纳米活性镁系阻燃剂规模化制备技术及纳米活性阻燃剂的应用技术，推动纳米技术“基础研究—应用研究—技术转移”的一体化进程，加快创新性成果的转化速度，推动纳米科学技术产业化。

4. 化工新材料技术。开展航空航天、电子电气、轨道交通、新能源等领域所急需的高性能工程材料、精细化功能高分子材料、先进聚合物基复合材料及特殊功能的催化材料研究。开展先进聚合物基复合材料的合成及其工程化研究，通过学科间的交叉融合集成，创制高附加值的功能化高分子新产品，开发绿色化、清洁化先进制造新方法。

5. 催化产业技术。围绕煤化工、天然气化工、DMTO 等三大领域，重点突破煤化工中低碳资源的高效清洁催化转化技术、煤化工与石油化工协调发展的新技术、CO_2 的资源化利用技术、催化基础与催化新反应技术、分子筛合成技术、甲醇及其衍生物转化技术、合成气制化学品技术、烃类转化研究、催化新过程放大与开发技术等。

6. 特种金属及复合材料技术。围绕具有特殊性能的超轻金属材料、多孔金属材料、高温合金材料、高纯金属材料、耐磨合金材料等，突破一批引领未来发展的关键材料和技术，形成一批布局合理、特色鲜明、产业集聚的特种金属材料产业基地。重点研究特种金属材料设计与优化、材料熔炼提纯技术、材料制备技术、材料加工技术、材料热处理技术等。

7. 半导体照明技术。力争突破一批共性关键技术，提高 LED 光源、灯具及控制系统的设计和制造水平，重点开发新型健康环保的半导体照明标准化、规格化产品。重点研发高质量外延晶体生长技术、低成本高性能芯片制造技术、LED 封装产业关键技术、照明产品关键技术等。

十大工程之一：创新型企业培育工程

实施创新型企业培育工程，建立覆盖企业从初创、成长到壮大各个发展阶段的支持体系，打造金字塔结构的企业上升通道。发挥市场对技术研发方向、路线选择和各类创新资源配置的导向作用，调整创新决策和组织模式，强化普惠性政策支持，促进企业真正成为技术创新决策、研发投入、科研组织和成果转化的主体。到 2020 年，形成“百、千、万”创新型企业发展态势，包括 100 家创新型领军企业、1000 家高新技术骨干企业、10000 家科技型中小企业。

（三）“互联网 +”行动计划科技支撑。

1. 物联网技术。围绕海洋、港口、城市道路、桥梁、地下管网、公共交通工具、输变电设备、重大机械装备等应用领域，开展智能传感、射频识别、动态感知和智能控制等集成技术研究，研发多应用自主化物联网标识体系、海量物体互连组网等关键技术。重点研发物联网标识体系关键技术，物联网通信关键技术，智能传感器集成应用技术，微型化、智能化、安全化、多功能化、系统化和网络化传感器关键技术。

2. 大数据技术。围绕城市信息与知识资源开发与共享应用需求，集成国内外智慧城市大数据相关技术成果，综合应用知识科学与工程理论与方法，研究开发大数据与知识服务关键技术。重点研发空地一体化智能网络大数据管理技术，多感知传感网体系结构关键数据传输技术，物联网智能大数据信息处理技术，多样性大数据采集挖掘技术，海量大数据管理与处理技术，大数据智能识别、传感与适配技术。

3. 云计算技术。围绕国内外云计算前沿技术，结合智慧城市建设综合应用计算需求，研究智慧化环境下云计算与安全保障支撑关键技术与系统。重点研发云中心网络容错能力和可扩展性技术等数据中心网络设计技术，分布式环境下的并行虚拟机云平台技术等虚拟化技术云平台，密钥管理等云环境下安全技术，云计算环境下面向数据本地性的任务调度等资源管理与调度技术。

4. 应用与服务技术创新链。围绕智能交通、智慧社区、智慧口岸、智慧校园、智慧医疗、智慧海洋、智慧政府、智慧科技等应用领域，开展服务平台系统研究、重点技术集成与示范。重点研发智慧公共安全信息系统技术，智慧公共服务平台应用技术，智慧大数据分析、应用技术，智慧数据应用安全技术。

（四）生物医药科技。

1. 天然药物与生物技术药开发技术。针对重大疾病、常见病用药和生物技术与医药产业的需求，研究开发中药天然活性物质、海洋生物活性物质开发关键技术和生产工艺，包括开展药用植物、海洋生物中生命活性成分的制备、纯化等关键技术研究。加快开发现代化中药新药，研发新型疫苗、细胞治疗药等关键技术研究与产品开发。

2. 化药创制技术。在恶性肿瘤、心脑血管疾病、糖尿病、感染性疾病等重大疾病和多发性疾病领域，开发具有自主知识产权的化学新药及高端仿制药。对大连制药产业现有药物品种进行主要给药途径、适应证扩大研究，对新药物分子实体、新靶点、新作用机制的新药开展临床前研究、临床实验，对国际化合物专利即将过期的医药品种开发研究。

十大工程之二：产学研协同创新促进工程

培养创新链，提升产业链。围绕产业链布局创新链，整合企业、高校和科研机构创新资源，以市场为导向，设置重大关键技术课题。以产业技术研究院建设为抓手和载体，组织开展协同创新、集成攻关，破解企业发展难题。在集成电路、3D 打印、机器人技术、高端轴承技术等领域，实施产业链攻关计划，从基础工艺、零部件和材料研发入手，实施新产品攻关计划，实现产业链与技术链的深度融合。

（五）环保和公共安全科技。

1. 食品安全检验、监测关键技术。针对当前我市食品质量安全，特别是海洋食品安全急需解决的问题，加强食品安全源头控制，开展食品生产加工与流通过程中影响其安全的关键监控技术、关键检测技术和相关设备研究。针对动源性食品抗生素、兽药、激素残留等问题，开展绿色生物饲料添加剂的研发工作，全面提升食品安全科技支撑突发事件的预防、准备和应对的能力。

2. 污水处理与水资源综合利用技术。结合我市化学需氧量、氨氮约束性减排目标和水环境质量改善目标，重点突破大连地区水污染防治关键技术、饮用水安全保障技术、水环境监控预警技术和海水淡化综合利用技术，为解决大连地区水资源短缺问题，保障饮用水安全提供科技支撑和保障。

3. 绿色建筑技术。围绕绿色建筑共性关键技术、技术标准规范和综合评价服务体系等开展研究，形成具有自主知识产权的成套绿色建筑技术体系。突破一批绿色建筑节能、绿色建材的关键技术，建立起较完备的大连地区绿色建筑评价技术和标准体系。

十大工程之三：产业化基地建设工程

大力推进高端轴承等国家高新技术产业化基地和现代服务业产业化基地，以及核电装备、数控机床等国家火炬特色产业基地建设，提升产业集聚效应与核心竞争力。进一步加快金州、旅顺国家农业科技产业园区和农业风险示范园建设，强化综合服务功能，扩大示范带动效应。有效整合产业资源，发展物联网、云计算、海工装备、工业机器人等 20 个特色产业集群，以软件及互联网技术、智能制造、新能源装备 3 个产业技术集群为主导，打造多个千亿级产业集群。

4. 固体废物处理及资源化利用技术。针对我市城区、农村、工业园区、化工园区固体废物和化学品污染控制，研发一批科技含量高、应用前景广的固体废物污染控制与处理处置关键技术、成套工艺及装备，提升我市固体废物污染控制科技水平。针对餐厨垃圾、污泥、农村生产生活垃圾等可降解有机废物，研发厌氧消化、热解气化等资源化、无害化处理关键技术和成套设备。

5. 环境与生态修复保护技术。围绕大连周边海域、大气、土壤环境污染问题，开展环境监测、环境污染综合控制、快速高效的污染治理等关键技术研究，提高环境保护与生态修复技术装备水平，加强技术示范和推广，促进高科技产品和技术手段在生态保护与修复领域应用。

6. 防灾减灾关键技术。围绕重大自然灾害，以地震、强（台）风、风暴潮为主要灾种，全面提升我市监测、预报预警、指挥决策、应急救援等各个环节的科技水平。完善地震地质灾害与气象水文灾害等主要自然灾害的监测预警关键技术，改善优化不同区域的综合灾害风险评价模型，建立基于 GIS 平台的防灾减灾智能辅助决策系统，分阶段稳步提升抵御重大自然灾害能力。

7. 公共安全监测控制与应急系统关键技术。围绕生产安全、社会安全等领域的重大科技需求，加强安全事故与突发事件预防控制、监测预警、应急处置等关键技术的持续创新，形成公共安全核心技术与装备的自主研发与工程技术能力，为提升公共安全保障能力提供科技支撑。

（六）现代农业科技。

1. 海珍品苗种繁育与健康养殖关键技术。加强鱼、虾、鲍、参、贝、藻等海珍品种质选育，形成具有显著特色、高附加值的地方养殖品种。研究解决海珍品良种繁育技术、生产管理技术、病害生物防治技术，研发高效循环水养殖工艺及设备。构建生态牧场化增养殖技术模式和节能减排与资源化利用技术体系。

2. 畜牧新品种选育及健康养殖关键技术。以具有良好市场声誉的畜禽产品为主，采取农科教、产学研紧密结合的有效形式，把畜禽新品种选育、健康养殖、重大疫病防治、废弃物处理等作为重点攻关方向，提高畜禽产品的产量和质量，消除食品安全隐患，确保我市畜牧业持续健康发展。

3. 果蔬与粮油新品种选育及高效种植技术。推进我市水果、蔬菜、粮油新品种育种和苗种繁育，研制出针对病虫害有效预防和治疗方法，研究开发高效丰产栽培技术与标准。重点研发特种水果、蔬菜苗种繁育及高产栽培技术，玉米新品种引进、繁育及高产栽培技术，设施农业栽培及综合增产技术，农产品深加工技术等。

4. 高档花卉新品种选育与工厂化栽培技术。以百合、大花蕙兰、蝴蝶兰等在我市具有一定规模和影响力的花卉品种为主，提升花卉新品种的选育与种苗繁育、花卉的高效栽培与标准化栽培技术，研究开发花卉的包装、保鲜、贮运、加工技术与设备，促进我市花卉产业快速发展。

四、加快推进国家自主创新示范区建设

（一）国家自主创新示范区区域布局和功能定位。大连市参与沈大国家自主创新示范区依托的主要区域为大连高新技术产业开发区（含金普新区马桥子区块）。功能定位是充分发挥区位和创新资源集聚优势，积极开展创新政策先行先试，激发各类创新主体活力，着力培育良好的创新创业环

境，深入推进大众创业、万众创新，全面提升区域创新体系整体效能，打造东北亚科技创新创业中心，努力建设成为东北老工业基地高端装备研发制造集聚区、转型升级引领区、创新创业生态区、开放创新先导区。重点开展“互联网+”协同制造、促进装备制造“走出去”和科技服务业发展方面的试点示范，大力发展智能制造、新能源、软件及网络技术等高新技术产业。

（二）落实《中国制造2025》促进产业转型升级示范。贯彻落实《中国制造2025》，充分发挥大连在软件和装备制造等领域的优势，积极推动信息化和工业化深度融合，促进石化、装备制造、电子信息、造船等重点优势产业的转型升级，促进传统产业转型升级和新兴产业融合发展。加大新兴产业培育力度，重点发展以软件开发、大数据、云技术、互联网、电子商务、工业设计、物联网等为核心的软件及网络技术产业集群，以智能制造基础技术与部件、智能化高端装备、智能化自动生产线技术、数控机床、工业机器人关键零部件等为核心的智能制造产业集群，以风电、核电等清洁能源产品、质子交换膜燃料电池等为核心的新能源产业集群。积极发展海洋工程、大型装备、轨道交通、集成电路、汽车及零部件、生物医药等技术密集型产业，并在相关技术研发上取得显著进展。

（三）搭建重大创新平台促进科技创新发展示范。充分发挥大院大所在研发、转化以及吸纳人才和团队的优势，倾力打造国内外有影响力的研发平台，形成科技资源聚集的高地。大力培育新型研发组织，建设一批工程技术研究中心、重点实验室等高水平创新载体，努力提高产业核心技术创新能力，实现创新引领和超越。结合大连产业发展方向，全面深入梳理产业生态链和技术创新链，积极开展创新战略布局，面向装备制造、软件物联网、新能源、生物医药等支柱和新兴产业，集中科技资源，支持优势大学及国家级科研机构与区域政府及企业开展创新型产业技术研究院共建。

（四）拓展众创空间促进科技创业发展示范。实施众创空间载体构建计划，打造一批产业创新活跃、高端创新资源丰富、孵化服务功能完善的高新众创空间，探索“互联网+”时代无处不在、无时不在、无所不有的“泛在式”科技创业新模式。鼓励企业、社会组织、投资机构等建设一批低成本、便利化、全要素、开放式的众创空间。充分发挥高校院所科技创新资源富集优势，构建一批新型孵化服务机构，孵化培育一批创新型企业，加快高校院所科研成果本地转化。完善大连“科技指南针”功能，重点依托大连高新区开展科技服务业区域试点，培育一批新型科技服务业态，努力形成大众创业、万众创新的良好生态。

五、促进科技服务业发展和科技人才队伍建设

（一）提升科技服务业功能。

1. 构建城市综合科技服务平台。以“科技指南针”平台为载体，全面推进公共科技设施、研发服务平台、科技融资平台、人才信息平台、创业孵化体系建设，加快有利于创新的环境建设。推进科技创业服务体系完善工程，利用3～5年时间，整合各类高校、科研院所、中介服务机构、金融机构超过500家，服务于5000家以上的科技企业。以“科技指南针”为枢纽，链接全市各科技创新资源和用户，坚持线上线下结合和科技资源开放共享，使之成为我市科技服务产业发展的引领力量。

十大工程之四：科技创新服务质量提升工程

升级和完善“科技指南针”综合服务平台，推进平台物理空间建设，优化平台网络系统功能，与科技信息网并网融合，实现线上线下综合服务。将“科技指南针”平台建设成为科技创业者（科技创业企业）与科技资源和创业服务的互动平台，使科技创业者或科技创业企业既可以在平台上展示新技术、新产品，又可以在平台上交流新创意、新观念。到 2020 年，整合各类高校、科研院所、中介服务机构、金融机构超过 500 家，服务于 5000 家以上的科技企业和上万名科技工作者及创新创业人才。

2. 建立科技基础设施共享平台。集聚大连市高校、科研院所和企业等单位的大型科技仪器设备，建立大型仪器共享平台，面向公众提供技术检测服务。在软件、生物医药、集成电路设计、新材料等领域，培育专业化、外包化、集成化的检测服务认证企业平台。大力支持“重大装备制造协同创新中心”“洁净能源国家实验室”“大连先进光源”等科技基础设施建设和共享。

3. 加快科技与金融深度融合。依托大连股权交易中心和大连产权交易所，搭建创新创业投融资平台，开展股权场外交易、专利交易、债权交易、创业小公司产权交易等业务，支持中小型科技企业拓宽融资渠道、增强融资能力。发挥大连市产业（创业）投资引导基金作用，吸引社会资本投入，采取市场化运作方式，扶持中小科技型企业发展。大力发展风险投资和创业投资，鼓励科技企业债券融资，支持科技企业境内外上市融资，推动企业“新三板”和“四板”市场挂牌交易。发展科技银行、科技保险、科技租赁、科技担保等金融特色机构，积极推广科技金融产品与工具应用。建立创新创业项目和投融资机构数据库，定期举行项目融资评估会，实现项目和资本的对接。

十大工程之五：科技金融保障工程

搭建科技创业投融资平台。采取政府引导、企业主体、社会广泛参与的方法，设立科技金融专项基金，通过履约保证、风险补偿、贷款贴息、跟进投资等方式，调动银行、创业投资、风险投资、天使基金、私募股权投资的积极性，吸引更多的社会资本投向科技企业。创新科技金融合作模式，推动金融机构组建科技银行、科技事业部，为科技企业提供一站式、系统化金融服务，推广知识产权质押贷款、科技保险等金融产品；探索互联网科技金融服务平台建设运营。

4. 建设专业化高端科技服务平台。发展以合同研发组织、研发众包等为代表的新型研发平台。建设高校院所技术转移、成果交易平台。发展“孵化 + 创投”“创业导师 + 持股孵化”“创业培训 + 天使投资”等新型孵化平台和创业苗圃。开展基于大数据应用的专业化专利运营平台建设研究，提供互动体验式科技咨询平台建设研究。

十大工程之六：众创空间营造工程

鼓励企业、社会组织、投资机构等建设一批低成本、便利化、全要素、开放式的众创空间，鼓励形成特色科技创业孵化体系。继续推进“苗圃 + 孵化器 + 加速器”的孵化链条建设示范工程，推进新型孵化器与传统孵化器的结合，既发挥科技企业孵化器、大学科技园等孵化机构的基础服务资源优势，又发挥新型孵化器在项目发现、团队构建、投资对接、商业加速等方面高端服务优势，促进社会资本和创业孵化的深度融合，打造科技创业孵化全链条服务体系。

5. 搭建科技创业活动新型载体。实施“科技创业进校园”“科技创业导师伴你行”“科技创业独董”等一系列计划，创建有大连特色的科技创业服务品牌。支持各类科技创业服务机构利用社会资源，举办多种形式的创新创业大赛、创客大赛、大学生创业大赛等，积极参与省、国家及国际科技创新创业大赛。支持社会力量举办创业沙龙、创业大讲堂、创业训练营等创业培训活动。

（二）建设区域科技人才高地。

1. 加大人才引进和培养力度。创新驱动实质是人才驱动。深入实施高层次人才创新支持计划、科技人才创业支持计划、重点领域创新团队支持计划、领军人才培养工程和专业技术人才知识更新工程，推进高层次人才开发。发挥“海创周”引才纳智平台作用，拓展“政校企”招聘协作平台，支持社会力量引才荐才，全方位拓展人才招聘渠道。健全高技能人才引进、培养机制。鼓励设立高校毕业生创新创业基金，引导大学毕业生在连就业创业。探索建立新型企业学徒制模式下的“校企共同体”。依托职业院校、技工院校，加强重点产业紧缺技能人才培训，激发职业教育办学活力，积极发展现代职业教育。实施“大连工匠”培养选树计划，培育一批具有工艺专长、掌握高超技能的专业人才。

2. 支持高端人才科技创业。鼓励和吸引拥有自主知识产权或掌握核心技术，具有自主创业经验，熟悉相关产业领域的海内外高层次人才在我市开展创业活动。重点支持国家“千人计划”创业人才人选、国家创新人才推进计划科技创新创业人才人选等，创业人才承担国家科技计划项目且在连实施，按政策予以配套支持。

十大工程之七：高层次创新人才工程

坚持“着眼长远、面向高端”的原则，重点支持具有较高学术造诣、较强创新能力、较大社会影响力的顶尖领军人才，培养杰出青年科技人才，支持企业引进和培养以领军型人才或技术型专家为核心的创新团队，依托我市重点发展领域的平台和项目，实施有望突破核心技术、提升产业技术水平的创新活动。对那些具有突出创新能力的国内外顶尖人才，以及对我市经济社会发展作出突出贡献的高层次人才，可按“一事一议、特事特办”的原则，实施个性化支持政策。

3. 发挥企业家精神在科技创新中的作用。企业家精神是地区科技创新中的稀缺资源，要充分发挥企业家精神在科技创新中的作用。建立高层次、常态化的企业技术创新对话、咨询机制，充分发挥企业家在我市科技创新决策中的重要作用。吸收更多企业参与研究制定地方科学技术规划、技术创新实施方案、科技计划和政策，产业专家和企业家在地方相关专业咨询机构中占较大比例。

4. 创新人才激励机制和政策。推进人才管理制度改革，完善以实践能力为主导的人才评价体系，健全人才奖励荣誉制度。鼓励高校科研院所创新人才、企业高级管理人员在职离岗创业。对高校大学生休学创新创业的，纳入创业扶持政策范围。研究制定发明人参与高校科研院所及国有企业科技成果收益分配的相关办法。完善人才“一站式”服务，妥善解决各类人才住房、医疗、子女入学等现实问题，营造高效、便利的人才服务环境。健全完善人才工作重大事项报告、重要情况通报和市、区人才工作联动制度。支持金普新区创建国家级和省级人才管理改革试验区，在人才管理体制机制、政策法规、服务体系和综合环境等方面先行先试，打造大连人才工作创新发展的改革试验区。

六、全面提升知识产权创造、运用、保护和管理能力

（一）促进知识产权创造运用，支撑产业转型升级。

1. 提升产业知识产权创造能力。在光电子、数控、装备制造、海洋生物等重点行业和优势领域，推动建立以企业为主体的知识产权创新机制，提升企业知识产权创造能力。以信息产业、软件产业、创意产业和新材料等高新技术产业为重点，培育一批核心竞争力较强的优势产业，推进优势产业的知识产权创造。围绕石油化工、装备制造、软件和电子信息、新能源材料等优势支柱产业，开展专利布局，构建支撑产业发展和提升企业竞争力的专利储备。加强植物新品种、农业技术专利、地理标志和农产品商标推广运用，扶持一批拥有自主知识产权的农业龙头企业，促进农业标准化示范基地建设。积极支持企业申请 PCT 国际专利。

2. 促进知识产权转化和运用。通过财政、税收、金融、投资等政策引导，促进企业创新成果实现商品化、产业化，挖掘知识产权的市场价值。促进高等院校、科研机构知识产权的转化，通过合作开发、委托开发、技术转让、联合共建等形式，加快高校、科研机构技术转移，推进一批具有自主知识产权的成熟技术和科技成果在我市产业化。深入推进科技成果使用、处置和收益管理改革，强化对科技成果转化的激励，推动地方人大修订《促进科技成果转化法》和相关政策规定，将职务发明成果转让收益在重要贡献人员、所属单位之间合理分配。完善事业单位无形资产管理，探索建立适应无形资产特点的国有资产管理考核机制。建立和完善专利交易市场体系，促进专利运营业态健康发展。鼓励文化领域商业模式创新，加强文化品牌开发和建设，建立版权交易平台，增强文化创意产业核心竞争力。

十大工程之八：高校院所科技成果转化促进工程

引导在连高校院所服务地方科技和经济。打造高校科研院所知识产权和科技成果转移平台，支持在连高校、科研机构的专利技术和科技成果在本地转化；与知名大学和科研院所建立稳定的知识产权与科技成果转化合作机制，吸引其在连建设“技术转移＋创业孵化”新型产业技术研究院，引进和培育更多的高端人才和高端项目来连创业。在高校院所建立一批服务地方科技经济发展的高端智库，支撑地方政府科学决策。

3. 推动知识产权服务产业发展。大力发展知识产权服务业，推动服务业向高端发展，支持服务机构开展特色化、高端化服务，培育服务新业态。积极承接国家知识产权局区域专利信息服务中心建设，建设集专利、商标、版权、集成电路布图设计、植物新品种等信息于一体的综合知识产权公共服务平台，推动知识产权信息传播利用和共享。完善知识产权投融资服务平台，引导企业拓展知识产权质押融资范围。增加知识产权保险品种，加快培育并规范知识产权保险市场。加强专利协同运用，建立具有产业特色的专利运营与产业化服务支撑平台。支持知识产权服务机构采取联合经营、上市融资等方式发展壮大，培育一批知识产权服务企业。

（二）加强知识产权保护，营造良好市场环境。

1. 加强重点领域知识产权行政执法。积极开展执法专项行动，重点查办跨区域、大规模和社会反映强烈的侵权案件，加大对民生、重大项目、优势产业和食品药品行业等领域侵犯知识产权行为

的打击力度。加强大型商业场所、展会知识产权保护制度建设，提高知识产权保护水平。加强对视听节目、文学、游戏网站和网络交易平台的版权监管，严厉打击网络侵权盗版行为。加强海关知识产权保护监控体系建设，依法严厉打击进出口货物侵权行为。

2. 全面推进知识产权的社会保护和信息公开。加强软件正版化工作。建立和完善机关、企事业单位软件正版化工作长效机制，确保软件正版化工作常态化和规范化。建立企业正版化信用档案，提高企业使用正版软件的自觉性和主动性。推进知识产权纠纷社会预防与调解工作。开展知识产权纠纷诉讼与调解对接工作，依法规范知识产权纠纷调解工作，完善知识产权纠纷行业调解机制，培育一批社会调解组织，培养一批专业调解员。加强知识产权行政执法信息公开。坚持文明执法，扎实推进侵犯知识产权行政处罚案件信息公开，震慑违法者。将恶意侵权行为纳入社会信用评价体系，向征信机构公开相关信息，提高知识产权保护社会信用水平。

（三）强化知识产权管理，提升管理效能。

1. 强化科技创新知识产权管理。将知识产权管理纳入全市科技重大专项和科技计划全过程管理，建立科技重大专项和科技计划完成后的知识产权目标评估制度，落实重大专项和科技计划项目管理部门、项目承担单位等知识产权管理职责。鼓励高校和科研院所建立知识产权转移转化机构，促进知识产权转移转化。

2. 实施重大经济活动知识产权评议。推动建立重大经济活动知识产权评议制度，对全市使用财政性资金或国有资产投入支持的重大建设项目、重点引进项目、核心技术转让等重大经济活动开展知识产权评议。加强知识产权主管部门和产业主管部门间的沟通协作，制定发布重大经济活动知识产权评议指导手册，提高知识产权评议机构服务能力。引导企业自主开展知识产权评议工作，规避知识产权风险。

十大工程之九：知识产权信息服务工程

认真落实国家知识产权产业和知识产权服务业统计调查制度，开展知识产权统计监测，全面反映我市知识产权的发展状况，建立健全知识产权服务业发展监测和信息发布机制。强化大连市专利信息服务平台的作用，建立知识产权预警应急机制，支持企业和行业建设知识产权专业信息库，加强行业自律，健全诚信管理、信用评价和失信惩戒等管理制度，加快发展知识产权代理、咨询、评估、鉴定、交易、诉讼、援助等各类知识产权服务业。

3. 引导企业加强知识产权管理。贯彻《企业知识产权管理规范》，引导和支持企业建立知识产权管理制度，推动企业在并购、股权流转、对外投资等活动中加强知识产权资产管理。制定企业知识产权委托管理服务规范，引导和支持知识产权服务机构为中小微企业提供知识产权委托管理服务。加强海外知识产权维权援助机制建设，帮助企业及时获得知识产权援助，为企业“走出去”提供专业服务。

七、加强国际国内科技创新合作与交流

（一）鼓励和支持科技创新实体开展国际合作。鼓励和支持企业、科研机构创新科技合作方式，与国内外开展合作研究、委托研究、共建技术联盟，整合国际科技资源，尽快缩小与先进技术的差距。

科学运用风险补偿、贷款奖励等政策组合防范风险，解除金融机构服务科技型中小企业的后顾之忧。鼓励、支持以优势高校和科研院所为代表的高端研究实体积极拓展国际合作的渠道，支持科技人员到国外的科研和教学机构开展短期的合作研究和进修，拓宽国际视野，追踪高新技术的发展趋势。鼓励建立一批中外联合研究室，推动国外高水平大学院所与在连机构建立联合实验室，推动海外机构与本地大学院所合作在连建立面向成果转化和产业应用的联合研究院。

十大工程之十：创新国际化工程

发挥大连在东北地区以及东北亚的人才优势和区位优势，进一步优化创新、创业、服务、政策、人居等环境要素，积极吸引国内外人才、资金、技术、创新型企业、研发中心等创新资源向大连集聚。建立与美国、欧盟、俄罗斯、日本、韩国、以色列等国家和世界著名创新区域的长期稳定合作渠道，继续推进科技企业海外并购，加大科技招商和技术引进力度。在广泛开展国际合作、参与国际市场竞争的同时，向全球产业价值链中高端挺进。

（二）建设高水平的国际科技合作与交流平台。举办和参加国内外大型国际科技活动，扩大我市的国际影响和声誉，提供科技合作与交流的机会，吸引海外人才和先进技术。积极实施“基地 + 项目 + 人才”相结合的国际科技合作新模式，建设一批国际科技合作基地，鼓励专业园区和骨干企业对接全球产业与创新资源，积极推动基地由以项目为主的国际合作向多领域、产学研一体化、多主体合作转变。整合海外技术转移机构和国内技术中介机构，逐步形成国际技术转移协作网络，建设与不同国家政府间的跨国技术转移官方机制和针对相关领域的跨国技术转移专业机制。建设一批国际产业孵化园，瞄准国际上出现的新型产业，全面引进国际上产业链上下游的相关技术和企业进行集成孵化。

（三）“走出去”和“引进来”有机结合。积极吸引跨国公司或跨国研究开发机构在连建立研究开发机构，鼓励外资研发机构与本地创新资源组成国际产业战略联盟，促进具有国际先进水平的科技成果产业化。建立海外研发机构和设计中心、产业化基地，获取国际科技资源，拓展海外市场和发展空间。抢抓“一带一路”战略新机遇，加快我市科研机构和高科技企业“走出去”步伐，鼓励企业和国外大学研究机构联合成立海外研发中心，突破并掌握产品和重大装备的关键核心技术。尝试建设一批国际科技产业园，将国际上产业化条件较成熟的技术和企业集群“引进来”，通过在园区内开展合作实现本地企业“走出去”。

八、保障措施

（一）深化地方科技体制机制改革。

1. 完善稳定增长的财政科技投入机制。优先保障科技投入，优化财政科技投入结构，建立对应用基础研究、产业关键共性技术研究持续、稳定的经费投入支持机制，集中优势科技资源，加大对科技基础条件平台和创新平台建设、战略性新兴产业培育、科技队伍建设的支持力度。

2. 推进科技计划和科技经费管理制度改革。加强市区联动和部门协同，建立跨部门的财政科技项目统筹决策和联动管理制度。调整优化现有各类科技计划（专项），切实提高科技资源配置效率。

综合运用风险补偿、后补助、政府采购、创投引导等多元化方式支持科技创新项目，发挥财政资金的杠杆作用，提高财政资金配置效率。完善科技评价和奖励制度，制定导向清晰、激励约束并重的评价标准和方法，加强获奖项目的跟踪与推广应用。降低政府采购和国有企业采购门槛。完善科技创新券制度，扩大创新券购买服务范围。探索建立科技创新基金。

3. 依托各类载体健全产学研用协同创新机制。鼓励依托高等院校、科研机构和科技型企业组建重点实验室，开展高水平的应用基础研究和应用技术开发，聚集和培养优秀科技人才，使其成为开展学术和技术交流的重要基地。依托本市行业实力雄厚的科技型企业、高等院校和科研院所组建工程技术中心，形成管理机制健全、自我良性循环发展的创新型组织或实体。鼓励构建以企业为主导、产学研合作的产业技术研究院，制定促进研究院发展的措施，按照自愿原则和市场机制，进一步优化研究院在重点产业的布局。探索在战略性新兴领域采取企业主导、院校协作、多元投资、成果分享的新模式，整合形成若干产业创新中心。

（二）着力营造有利于创新创业的社会文化。

1. 大力培育创新理念意识。积极搭建各类对话交流平台，开展创意设计大赛、创业辅导培训、专题论坛讲座等各类社会活动，支持有条件的地方建设众创空间的实体展示体验中心，加强公众对创客产品的切身体验，激发公众对创客产品的兴趣热情。加强对大众创业、万众创新的舆论导向，广泛宣传创新创业的先进人物和优秀团队，树立一批创新创业典型人物，激发全社会关心支持创新创业的热情，营造人人支持创业、人人参与创新的舆论环境和良好氛围。加强科学技术普及工作，全面提高公众的科学文化素质。

2. 积极倡导创新创业文化。树立鼓励创新、宽容失败的崇尚创新、创业致富的价值导向，大力培育企业家精神和创客文化，鼓励将创新创意转化为实实在在的创业活动。加大对成功创业者、青年创业者、天使投资人、创业导师、创业服务机构的宣传力度，推出城市创业先锋系列宣传片、城市创业故事和城市科技创业公益广告。遴选城市创业代表，通过演讲、沙龙、论坛、专题访谈等形式传播城市科技创业精神。促进科技创业社区发展，支持高新区、金普新区等有条件的区市县打造科技创业街、中小企业金融街和创客活动基地，开展各种科技创业活动。利用各种新媒体广泛报道，让大众创业、万众创新在全社会蔚然成风。

（三）加强组织领导和统筹协调。

1. 依法推进科技和知识产权行政管理工作。认真贯彻落实《中共中央关于全面推进依法治国若干重大问题的决定》《中华人民共和国科学技术进步法》《中华人民共和国促进科技成果转化法》《中华人民共和国专利法》等法律法规，全面推进科技和知识产权依法行政。深化科技管理体制改革，进一步简政放权，建立权力清单。完善行政执法机制，加强规范性文件管理，建立完善重大行政决策相关制度，全面推进政务公开。加大专利执法和保护力度，营造有利于创新创业的市场环境。

2. 大力推进政府科技管理创新。从根本上解决多头管理、职能交叉、力量分散等问题，推动政府职能从研发管理向创新服务转变。建立部门科技创新创业沟通协调机制，加强创新创业规划制定、任务安排、项目实施等的统筹协调。全面清理阻碍创新创业的投资审批、经营监管等事项，优化创新创业服务。放宽“互联网 +”等新兴行业市场准入管制，改进新技术、新产品、新商业模式的准入管理。构建“一站式”创新创业服务平台。

3. 建立健全创新驱动导向评价体系。研究建立科技创新、知识产权与产业发展相结合的创新驱动发展评价指标，并纳入国民经济和社会发展规划。健全国有企业技术创新经营业绩考核制度，加大技术创新在国有企业经营业绩考核中的比重。对国有企业研发投入和产出进行分类考核，形成鼓励创新、宽容失败的考核机制。把创新驱动发展成效纳入对各级领导干部的考核范围。

4. 进一步完善科技政策体系。全面深入落实国家、省、市现有的推进科技创新的税收、财政补贴等方面的优惠政策，重点宣传、落实高新技术企业税收优惠、研发费用加计抵扣等政策，简化申报流程。鼓励和支持企业进行高新技术企业认定申报，加强统筹协调，简化认定程序，采取多种形式为企业提供免费政策培训。加强科技、经济、社会等方面的政策、规划和改革举措的统筹协调和有效衔接。建立创新政策调查和评价制度，定期对政策落实情况进行跟踪分析，并及时调整完善，构建科技创新激励机制。

宁波市“十三五”科技创新规划

“十三五”时期是我国以科技创新助推经济快速绿色增长、实施创新驱动发展战略和全面深化改革新阶段。为积极适应和引领经济发展新常态，发挥科技创新对经济社会发展的引领带动作用，根据国家《关于深化科技体制改革加快国家创新体系建设的意见》《国家创新驱动发展战略纲要》《“十三五”国家科技创新规划（2016—2020年）》，以及《宁波市国民经济和社会发展第十三个五年规划纲要》的部署要求，制定本规划。规划年限为2016年至2020年。

第一章　迈向一流产业技术创新中心

第一节　现实基础

“十二五”期间，宁波以企业为主体的科技创新特色进一步强化，自主创新能力不断提升，科技对经济转型发展的支撑能力日益显现。

一是创新主体从小众到大众。全市创新主体从以少数骨干企业为主，发展到目前以中小民营科技企业为主体，高端人才/团队、高校院所共同发展的多元化格局。2015年全市开展R&D活动的规模以上企业达到3592家，占规模以上企业总数的比重为47.84%，较2011年提高了11.79个百分点。全社会R&D活动人员从2010年的4.87万人年增长到2015年的7.93万人年。

二是创新能力由弱到强。“十二五”期间，全市坚持把提升创新能力作为促进经济社会发展的重要着力点，全面推动创新能力提升。2015年全社会R&D投入占GDP比重由2010年的1.6%上升到2.4%，拥有市级以上企业工程（技术）中心1082家（其中国家认定企业技术中心12家，省级高新技术企业研究开发中心313家）。2011—2015年共获国家科学技术进步奖22项，省级科技进步奖131项，发明专利授权量年均增长39.7%以上，专利申请稳居全国副省级城市前列，科技进步相对变化水平连续位居全省首位。

三是创新层级从低到高。“十二五”期间，全市实现从最初的企业技术引进、模仿跟随式创新，到产学研合作集成创新、原始创新以及商业模式创新相结合，在部分细分领域突破了一批关键核心

宁波市人民政府办公厅，甬政办发〔2016〕172号，2016年12月9日。

技术，涌现了一批行业隐形冠军。截至2015年，全市各企业技术创新团队主持（参与）制定国家标准433项，行业标准409项。超级电容、注塑机、钕铁硼磁性材料等细分领域实现全国领跑，100多个产品在行业中形成了较强的竞争力；籼粳杂交水稻成为通过农业部认定的籼粳亚种间超级杂交稻推广品种。

四是科技创新成为经济换挡新动力。“十二五”期间，全市科技对经济增长、调结构驱动作用日益显现，成为新常态下我市经济发展的新动力。2015年全市高新技术产业实现总产值5383.4亿元，占规模以上工业总产值比重为39.1%，较2010年上升近14个百分点；实现高新技术产业增加值952.7亿元，对GDP的贡献强度由2010年的9.4%上升到12.08%，新产品产值率由2010年的17.1%上升到2015年29.4%。

五是创新要素集聚能力显著提升。“十二五”期间，全市以科技创新环境营造为着力点，通过构建集“预孵化、孵化、加速”于一体的科技创业体系，全力打造新材料科技城，建设中科院上海药物所宁波生物产业创新中心、中科院慈溪应用技术研究与产业化中心等一批高端平台，创新科技政策支持方式等系列举措，加快创新资源集聚。截至2015年，全市共引进国家“千人计划”人才60名、省“千人计划”人才154名、海外高层次人才5000余名，授牌成立了47家众创空间、创客服务中心。中小民营企业通过股权收购、技术合作、技术购买等加快全球创新资源利用，“十二五”期间累计并购金额超过15亿美元。

虽然“十二五”时期宁波科技创新取得了重大成就，但也应该看到，全市科技创新发展还存在一定的问题和不足，主要表现在：一是全市高端创新要素仍相对不足，科技创新源头少，链接全球创新高地资源、对外科技合作能力仍有待加强。二是创新创业服务环境有待进一步完善，开放化、平台化的创新服务生态尚不健全，专业化、市场化科技服务机构发展不足。三是创新活力尚未充分激发，中小企业自主创新能力及水平有待提升，束缚科技创新的障碍仍然存在，在科技资源开放共享、企业自身技术创新积累等方面仍不够。

总体来看，全市科技创新发展存在的问题，与长期以来宁波传统发展模式的路径依赖，以及以石化等传统产业占主导的产业格局密切相关，科教智力等创新资源先天匮乏、中小民营企业创新能力较弱等客观条件在一定程度上影响着全市科技创新工作的开展。如何吸引聚合全球高端创新资源，释放民营企业创新创业活力，真正实现科技创新全面引领驱动经济转型发展，是宁波科技创新工作在“十三五”时期必须加以解决的课题。

第二节　面临形势

创新全球化时代，世界创新发展的新格局正在形成，我国经济进入新常态，创新驱动战略与全面深化改革深入推进。宁波“十三五”时期科技创新发展面临着新的发展机遇和挑战。

一是创新全球化时代，新一轮科技革命和产业革命爆发为社会带来巨大的影响，创新已成为最显著的时代特征。创新要素加速流动，新业态、新产品、新商业模式层出不穷，开放式创新、跨界融合创新成为新的创新手段，区域创新体系更加系统化、平台化，更具开放性，不同地区、不同行业的升级发展面临机遇。为此，宁波需把握创新创业新趋势和规律，用全新的思维、手段和管理方式，促进科技创新与产业的耦合发展。

二是我国创新驱动战略深入实施，科技创新摆在全局最重要的位置。未来五年，国家将不断深化科技体制改革，推动“大众创业　万众创新”，使创新成为经济发展的主要驱动力。宁波要积极创造良好环境氛围，加快培育市场新主体，重塑创新创业生态。

三是制造业创新能力成为主题。伴随新一代信息技术与制造业深度融合，在中国制造 2025、“互联网 +”战略下，有利于完善以企业为主体、市场为导向、政产学研用结合的制造业创新体系，提高制造业创新能力。

四是构建创新创业生态成为科技工作的核心抓手。在创新全球化时代，全球创新资源流动主要围绕创新创业活动开展，而创新创业活动依赖于一个活跃、宽松、自由、具有良好自发生长机制的创新生态系统，哪里的创新生态系统更活跃，创新资源就流向哪里。

五是长三角城市群规划上升为国家战略。在国务院出台发布的长三角城市群规划中，明确提出建设以上海为中心、宁杭合为支点、其他城市为节点的网络化创新体系，加快将上海建设成为全球影响力的科技创新中心，集中打造南京、杭州、合肥、宁波等创新节点，构建协同创新格局，共筑长三角城市群开放型创新网络。同时明确提出将宁波都市圈作为重点打造的长三角都市圈之一，打造形成长江经济带龙头龙眼和“一带一路”战略支点。

与此同时，在复杂多变的国内外形势下，宁波科技创新亦面临不少挑战，主要表现在以下几个方面：一是当前创新要素跨区域流动日益频繁和便捷，各区域对资本、人才、技术等高端创新资源争夺日趋激烈；二是我国经济进入“新常态”发展阶段，“要素驱动、投资驱动、外需拉动”传统发展模式难以为继，宁波作为传统产业主导的区域，过去以大项目、大产业、大平台、大招商为主要手段所依赖的要素红利日渐式微，科技驱动转型发展的压力较大。在当前宁波港口经济圈建设战略，以及加快进入全国大城市第一方队的战略要求下，要全面提高科技创新的战略位势，将科技创新摆上利全局、利长远的核心地位。

第三节　总体要求

（一）指导思想

深入贯彻十八大以来党中央、国务院关于创新驱动、深化改革的要求，认真落实习近平总书记系列重要讲话精神，把握国家“互联网 +”战略和推进实施“中国制造 2025”战略的机遇，以“创新、协调、绿色、开放、共享”为发展理念，按照全面创建国家自主创新示范区、建设长三角重要城市创新节点、跻身全国大城市第一方队的要求，坚持把科技创新摆在全市发展全局的核心位置，聚焦发力科技创新这一短板，加快形成科技引领经济发展新常态的体制机制和发展方式。坚持把科技创新作为全市经济增长的第一驱动力，以科技创新推动产业竞争力提升，培育发展智能经济新动力、拓展新应用。坚持科技创新在全面创新中的引领作用，全面促进科技与经济深度融合，以科技创新推动供给侧结构性改革，推动城市发展品位提升。以新理念、新思路、新措施，着力建设创新型城市，全面支撑宁波国际有影响力的制造业创新中心、港口经济圈和现代化国际港口城市建设。为宁波都市圈创新发展，乃至构筑长三角城市群开放型创新网络提供强力支撑。

（二）基本原则

政府引导，市场主体。发挥市场在资源配置中的决定性作用，激发企业内生动力和创新活力。加强政府在科技管理中的引导和宏观管理，推动政府职能向创造良好发展环境、提供优质公共服务转变，营造良好公平竞争的市场环境。

整体推进，重点跨越。充分发挥科技创新在全面创新中的引领作用，让科技创新贯穿渗透经济、社会、民生各个领域。围绕事关全局的关键核心领域和发展需求，突出重点，实施若干重大专项和工程，实现产业重点领域率先突破、跨越发展。

自主创新，开放协同。既要充分整合运用现有创新资源，强化企业的创新主体地位，加快自主创新能力提升，又要积极利用链接全球技术、人才、资本等资源，更好地利用两个市场、两种资源，推动互利共赢、共同发展。

引领发展，应对挑战。坚持把科技创新作为经济社会发展的基点，切实提高科技对制约经济社会发展关键问题的支撑能力。准确把握新一轮科技革命，积极应对生态、安全等问题挑战，加强科技创新的战略谋划和前瞻部署。

（三）总体部署

“十三五”时期，全市科技创新工作将紧紧围绕培育创新创业生态这一核心，通过践行五大路径，加快形成推进科技创新的强大合力，全面构建创新驱动发展格局。加快提升区域创新发展的辐射带动能力，构筑区域协同创新格局，推动宁波都市圈乃至长三角城市群开放创新网络建设。

一是核心技术突破和商业模式创新并举，助推产业高端发展。把增强自主创新能力作为实现全市经济发展的根本路径。围绕服务智能经济发展，培育智能产业及应用，实施技术创新引导计划，启动实施一批重大专项，在重点领域实现关键技术突破；启动“互联网＋设计”示范专项，发展新型研发组织模式，以新商业模式的应用进行集成创新，融合发展突破提升产业发展层级。

二是推动大众创业万众创新，培育经济新动能。坚持以科技创业推动新兴产业培育，加快引进培育一批创业“新四军”，培育一批创新型企业，启动建设众创空间等新型创业服务平台，大力发展科技金融、知识产权等科技服务业，以完善的创新创业环境，加快推进科技创新创业、培育新的经济增长点。

三是全面推动创新平台建设，夯实创新基础。以创建国家自主创新示范区为抓手，全面拓展创新发展新空间，加快建设创新公共服务平台，布局科学研究基础设施建设等，构建完善区域创新载体，强化对自主创新支撑。

四是提升创新资源配置能力，构筑开放创新网络。着力链接国际高端创新资源，开展与北京中关村、深圳等国内创新高地的科技合作。加强推动与上海、杭州、南京等创新资源互联共享及人才引进交流。着力宁波都市圈创新链和产业链融合发展，强化宁波人才、技术、平台等创新资源与台州、舟山资源流动共享。

五是完善创新环境，提升创新体系整体效能。全面推进科技计划管理、协同机制、科技成果转化机制等科技体制改革，构建普惠性创新支持政策体系，提高全社会公民科学素质，厚植创新创业文化。

（四）目标愿景

以建设“全国一流的产业技术创新中心”为愿景目标，到2020年，全市科技创新实现跨越发展，率先进入国家创新型城市前列，初步建成全国一流的产业技术创新中心，发展成为国际一流的新材料产业技术创新中心、全国领先的先进制造技术协同创新中心、区域创新资源配置中心、全国有影响力的创新创业之城。以产业技术创新中心的建设加快融入上海全球影响力的科技创新中心，打造成为长三角城市群重要创新节点。

——国际一流的新材料产业技术创新中心。成为全球新材料高端资源集聚区，成为全球新材料技术创新策源地，成为国际一流、国内领先的新材料创新中心。

——国内领先的先进制造技术协同创新中心。成为石化、家电、纺织服装等传统产业技术突破、高端化发展示范区，智能装备、新能源汽车等新兴产业培育取得突破，产业竞争力不断提升。

——区域创新资源配置中心。成为创新资源丰富、创新要素市场机制健全、全球资源配置能力突出的长三角产业创新资源配置中心。

——全国有影响力的创新创业之城。成为创业政策与服务优良，创新创业文化氛围浓厚，高层次创新创业人才“追梦”的优选地之一。

力争到“十三五”末，全市科技创新整体实现“四力提升”，产业技术创新能力跻身全国大城市第一方队，科技创新引领制造业转型升级，产业关键技术领域、新兴产业发展实现跨越。“四力提升”具体表现为：

——创新资源的聚合力。全社会R&D经费支出占GDP比重，累计国家、省“千人计划”，科技创业人才，R&D活动人员以及各类股权投资基金规模等指标不断提升。

——创新成果的支撑力。每万人发明专利拥有量、规模以上工业新产品产值率、累计制定修订国家标准、列入国家首台（套）产品数量显著提升。

——新兴产业的驱动力。高新技术企业数量、创新型初创企业、高新技术产业产值、战略性新兴产业增加值、高新技术产业增加值占规模以上工业增加值比重不断提升。

——创新环境的吸引力。技术交易成交额、科技服务业、规模以上企业建立研发机构的比例显著提升。

表　“十三五”宁波市科技创新发展核心指标

核心指标	2020年目标
全社会R&D经费支出占GDP比重（%）	3.2
全社会R&D活动人员（万人年）	12
每万人拥有有效发明专利授权数（件/万人）	38

核心指标	2020 年目标
高新技术企业（家，累计）	2600
创新型初创企业（家，累计）	12000
高新技术产业增加值占规模以上工业增加值（%）	43
规模以上企业建立研发机构的比例（%）	60
技术交易额（亿元）	100
全社会劳动生产率（万元 / 人）	23

第二章　创新驱动引领产业发展

第一节　加快重点领域技术布局

实施技术创新引导计划。以强化科技创新在经济社会发展的全面引领和支撑作用，驱动经济转型发展为导向，围绕全市智能经济及产业转型发展，聚焦国家重大前沿产业布局和全市产业链攀升需求，重点在智能经济、绿色石化、新材料、高端装备、节能环保、时尚产业、健康产业等千亿级产业及现代农业领域，全面组织动员企业、科研院所、高校等加大研发投入，健全研发机构，开展科技攻关。综合运用产业、税收、科技、人才等各项政策，激发中小企业、高校院所开展技术协同创新的积极性。力争到 2020 年，全市 50% 以上的规模以上企业开展研发创新活动。新材料、高端装备等战略性新兴产业技术水平整体进入行业前沿，拥有 50 个在全国领跑、并跑的重点产品。在家电、模具等优势传统产业领域催生 500 个全国领跑、并跑产品。科技支撑城市可持续发展和服务民生重大需求的能力显著提升。

专栏　重点布局十大领域创新方向

1. 智能经济。重点加快智能传感、安全通信、人机交互、数据挖掘等关键技术开发，发展智能芯片、传感器件以及关键智能基础部件，突破大数据、云计算、人工智能、虚拟现实等技术的集成应用。

2. 新材料。重点支持高性能金属材料、高性能磁性材料、先进高分子及合成材料、电子信息材料、海洋新材料、高性能复合材料、先进碳材料、纳米材料与器件、特种功能材料、材料基因组等关键前沿技术攻关。

3. 高端装备。重点支持智能制造装备及产品、汽车零部件及新能源汽车、先进轨道交通装备、航空航天装备及关键基础件等领域的核心技术攻关。

4. 节能环保。重点突破天然气、可再生能源等清洁能源的关键技术，发展节能装备、资源综合利用装备、智能电网等领域关键技术。

5. 绿色石化。重点发展提升聚苯硫醚、芳纶原料等基础化工和聚氨酯及其衍生品等绿色化生产技术；开发芳纶类、聚酮类纤维、水性聚氨酯（树脂）、绿色溶剂、高性能无卤阻燃剂等高技术含量、高附加值精细化工产品关键技术，着力推动过程节能、清洁化生产等关键技术和工艺。

6. 时尚产业。重点推动时尚纺织服装、家用电器、高端模具、精品文具等领域的创意设计。

7. 健康产业。积极发展化学药物、现代中药的研发及工艺创新，重点突破体外诊断、高端医学影像设备、高性能治疗及康复设备、口腔医疗器械、微创介入器械、组织修复替代材料与人工器官等领域一批核心关键技术。

8. 海洋产业。重点发展海洋工程装备及高端船舶设计制造、先进远洋渔业捕捞加工技术与装备，支持海洋环境监视监测技术产品、海洋污染处置生物与化学制剂产品和污染物入海处理设备的研发，开展海洋环保与服务领域新产品与新技术攻关。

9. 现代物流。重点开展轨道、桥梁、隧道、离岸深水港等交通基础设施建设及养护关键技术研发，围绕综合运输智能管控与协同运行，突破交通射频识别跟踪技术、多式联运基础设施一体化运营服务等关键技术。

10. 现代农业。开展生物育种、生物质能源与生物质综合利用、农产品安全质量监管、农产品加工贮运等技术研发，加快海洋生物育种及健康养殖、动植物种质创新与新品种培育等技术。

第二节　组织实施重大科技专项

推动重点产业关键核心技术突破。面向宁波产业转型发展方向，梳理聚焦重点创新任务，结合国家科技重大专项、国家重点研发项目及“中国制造2025”等重大创新布局，确定重点创新突破方向，积极学习发达国家的组织经验，参照国家重大科技专项的相关做法，按照产业链布局创新链，全产业链一体化组织实施，前瞻布局高端精细化工、新型磁性材料与器件、高性能金属材料、先进碳材料、高档数控机床及工业机器人、智能芯片及基础软件、智能信息设施及产品等12个重大专项，谋划启动100个重大装备、重大关键技术专项。引导企业、高等院校、科研院所联合开展重大产业关键共性技术、装备和标准的研发攻关。到2020年重点领域实现500项关键技术突破。

专栏　12个重大专项

1. 高端精细化工。重点加快研发高性能工程塑料、生物基芳香高分子材料、高端膜材料、高强高模特种纤维、甘油加氢制备1，3-丙二醇、甘油脱水制丙烯醛等生产技术，突破高效定向催化、先进聚合工艺、材料新型加工和应用等行业共性关键技术。

2. 新型磁性材料与器件。重点开发高丰度钕铁硼永磁材料、低重稀土永磁材料，研发高性能磁性材料在新型电机中的应用技术，发展精密驱动等器件。重点开发高频稀土软磁材料、新型非晶软磁材料，研发高性能磁性材料在能源领域的应用技术；重点开发新型软磁、磁致伸缩等敏感材料，及其在微力、弱磁场探测以及可穿戴设备中的应用技术。

3. 高性能金属材料。以轻质、高强、耐腐蚀为发展方向，重点发展汽车轻量化用铝合金、镁合金材料，海洋工程用钢材料；培育发展交通运输用高强高导铜合金材料、航空航天用低成本高性能钛合金材料、镍铝系新型高温合金产品；布局具有高机械强度和抗疲劳性能、生物相容性好的医用钛合金、钴合金等高端医用材料。

4. 海洋新材料。实现海水淡化用反渗透膜材料、高固厚膜防腐涂料产业化的突破，研究开发隔热保温高分子材料和海底管道用功能高分子材料、应用于风力发电叶片的高端碳纤维等，突破重点品种海洋防护涂料工程化技术。

5. 先进碳材料。重点开发低成本、高质量的石墨烯原料的产业化关键技术，开发石墨烯复合材料的结构设计、制造工艺、质量控制等综合技术，发展先进石墨烯材料在下一代高容量电池、光电器件，以及石墨烯海洋重防腐涂料。研发类金刚石薄膜材料、碳纳米管改性材料等应用与技术。

6. 高档数控机床与机器人。重点发展高精度复合数控金切机床、大型柔性数控加工中心、大型数控成型冲压设备。发展工业机器人、服务机器人、特种机器人，开展高精度运动控制、高可靠智能控制基础共性技术研发，发展伺服电机、传感器控制系统等关键核心零部件，突破船舶及海洋工程、电力装备用等高档数控系统和高性能功能部件。

7. 关键基础零部件。重点发展轻小型、高精度气动元件，突破精密复杂模具，及高参数、高精度、高可靠性轴承的设计、制造和批量生产关键技术。发展高压智能液压元件，高强度紧固件和大型及精密高效塑料、铸造模具等关键基础件。

8. 智能芯片及基础软件。重点发展面向智能电网、汽车电子、工业控制、医疗电子等领域应用自主知识产权的高性能芯片，攻关解决物理仿真、人机互动、智能控制、系统自治等关键技术，发展智能终端操作系统、嵌入式操作系统、工业控制实时操作系统等基础软件。

9. 智能信息设施及产品。重点开发新一代专用物联网技术和设备、高速超宽传输全光通信网络，推动智能型光电传感器、智能型接近传感器、高分辨视觉传感器、高精度流量传感器等智能信息工业；大力发展智能可读写设备、工业便携 / 手持智能终端、工业物联网、工业可穿戴设备等。

10. 清洁能源装备。重点研发智能配电变压器、微电网设备、智能配电开关、电池储能装置、高温超导储能装置及电池管理系统等技术；突破高效低成本太阳电池及光伏应用系统关键技术，突破太阳能高效集热、储换热系统，以及 5MW 以上等级风力发电机组叶片设计技术。

11. 高性能诊疗设备。重点开发高通量检验设备、分子诊断设备与可视化探针、集成式及全实验室自动化流水线检验分析系统等产品；突破健康监测产品、健康大数据与健康物联网、远程医疗等关键共性技术。

12. 新能源汽车。重点研发高性能新能源汽车整车控制系统产品、车载及场站充电机产品，重点研发高功率型和高能量型动力电池材料关键技术、动力电池组系统集成与应用技术，开发动力电池、电机电控等核心零部件技术。

第三节　强化科技支撑民生

启动实施社会发展科技计划。围绕改善民生和促进可持续发展的迫切需求，按照新型城镇化、智慧宁波建设、五水共治等重要战略需求，重点在资源环境、人口健康、公共安全、海洋开发等领域加快关键技术攻关和产业化应用，为形成绿色发展方式和生活方式、全面提升人民生活品质和促进包容发展提供技术支撑。

专栏　民生科技计划

1. 人口健康。重点开展恶性肿瘤、心脑血管疾病等重大慢性非传染性疾病防控研究；开展辅助生殖技术、出生缺陷发生等生殖健康及重大缺陷防控研究；突破发展可穿戴式医疗、健康状态辨识等数字健康关键技术研究；开展老年服务技术研究。

2. 环境保护。以“五水共治”技术需求为纽带，重点突破污废水资源化能源化与安全利用等关键技术，推动大气、水和土壤污染监测、预警与防治技术研发；开发环境污染健康评价与管理技术、高风险化学品的环境友好替代技术、交通大气污染防控关键技术。

3. 城乡建设。围绕新型城镇化建设需求，重点开展轨道交通基础设施建设关键技术开发，突破隧道结构设计及施工综合技术、综合运输智能管控技术。加快高效安全生态种养殖、农产品监测及安全生产技术、绿色建筑等领域技术攻关与集成示范。

4. 公共安全。重点研究城镇多灾害风险识别与评估技术，城镇灾害应急与综合治理技术；开展人口监测、人才管理、社会治安防控等社会治理关键技术，以及基于生物技术的农产品及食品品质安全快速检测技术研究。

5. 海洋开发。面向中小海岛开发的基本需求，基于光伏、风电、潮汛能等清洁能源与蓄电池混合能源供给技术，开发模块化海岛基本生存保障技术、装备和系统，包括公共服务、海水淡化、基本照明、空调取暖、环境监测、植物工场等功能模块系统。最终实现多个以 3 ~ 50 人基本需求为单位的基于清洁能源的模块化海岛基本生存保障单元的设计和示范应用推广。

第四节　推动“互联网 +”模式创新

实施“互联网 +”模式创新示范。抢抓国家实施“互联网 +”行动计划的重大机遇，充分发挥互联网在生产要素中的优化和集成作用，加快互联网与实体经济嫁接，推动传统产业转型升级。重点在家电、纺织服装等优势领域实施“互联网 + 设计”示范专项，发展研发众包、云设计等新型研发组织模式，支持行业大企业在内部建立对外开放的创客工场，开展基于个性化产品的服务模式和商业模式创新。面向汽车及零部件、家电等优势离散制造、流程制造行业，支持加快推进中小企业传统生产线或生产系统的智能化改造，支持互联网、软件及开发服务、贸易流通、生产型企业整合上游原材料以及下游销售企业等，搭建覆盖整个产业链的行业服务平台，培育发展平台型企业。

专栏　“互联网 +”创新专项

1.“互联网 +”创新设计示范专项。服务家电、服装、文具等消费型优势产业高端发展需求，按照分布实施、分类管理原则，择优选取有条件的制造领域龙头企业搭建内部创客平台，专业服务公司搭建创客创新创业公共平台，推广众包、用户参与设计、生产资源众筹、云设计等新型研发组织模式。加快推进新产品的研发，助推产业高端化发展，促进产业生态形成。力争到 2020 年，100 家以上企业建有“互联网 +”创新平台。

2. 智能制造示范专项。在装备制造、汽车制造、电工电器、船舶工程等重点离散制造行业，支持企业加强数字化技术的集成应用，围绕产品全生命周期建立智能化管理系统；在石化、家电、汽车、纺织等重点流程制造行业，实施关键工序智能化、关键岗位机器人替代、生产过程智能优化控制、智能物流体系建设。到 2020 年，开展智能制造企业达到 1000 家。

3. 智能工厂示范专项。重点面向家电、汽车、纺织等领域，实施数字化生产，组织开展数字化车间试点示范项目建设；组织开展智能工厂示范项目建设。到 2020 年，建成 100 家重点领域智能工厂 / 数字化车间。

4. 平台型互联网企业发展示范专项。推动消费互联网向产业互联网转变，支持互联网企业为传统行业企业提供平台服务、软件服务、数据服务等专业服务，为传统企业量身定制个性化的互联网解决方案，并提供咨询、设计、数据分析挖掘、流程优化、运营管理等服务。到 2020 年，跨界融合互联网企业达到 10 家。

5. 传统企业互联网化发展融合示范专项。重点支持一批有条件的制造业骨干企业应用互联网、云计算、大数据等先进技术，整合线下服务资源，搭建开放性采购平台、供应链管理平台，发展总集成总承包、内容增值服务等新业态。支持有条件的大型企业电子商务平台向行业平台转化，依托国家跨境电子商务综合试验区加快发展跨境电子商务。到 2020 年，成功培育出 100 家平台型企业。

第三章　推动大众创业万众创新

第一节　强化创业引领

加快各类创业载体建设。顺应网络时代大众创业、万众创新的新趋势，围绕“预孵化、孵化、加速”全产业链发展体系加快完善创业载体建设。按照专业化、特色化要求加快推动宁波众创空间等一批新型创业服务平台建设，大力推动现有孵化器和专业园发展线上与线下相结合的创业咖啡、创业驿站、创新工场等新型众创空间，为创业者提供便利化的工作空间、网络空间、社交空间和资源共享空间。重点支持本地高校院所自建或共建，以及吸引国内外优质科教资源在宁波建设以初创园、科技园、孵化园为载体的集科研、技术转移、孵化服务等为一体的孵化创业平台。借鉴中关村创业大街等地的经验，打造若干创业资源集聚、服务能力突出的特色创业街区 / 小镇，在有条件的创新型领军企业推行内部创客机制，建立服务大众创业的开放创客平台。至 2020 年，建成 100 家众创空间和创客服务中心。

不断提升创业服务能力。支持领军企业、产业联盟、行业协会、社会中介等各类产业组织开展创业大赛、头脑风暴会、创业沙龙、创业路演、创业大讲堂等活动，建立创客人才和初创企业全程跟进服务机制，集成包括项目筛选、创业导师、团队构建、投资对接、商业加速和后续支持的全过程孵化服务。积极与国内创业高地开展创新创业方面的互动，鼓励各类创业服务机构积极与银行、天使投资机构、风投机构等开展合作，提升自身的投融资对接服务能力。健全以公共服务量、服务收入和服务支撑效果为重点的创新服务绩效考评机制，通过后补助及政府购买服务等支持方式，支持智库机构、媒体、行业协会等第三方机构为创业者提供专业化服务。

培育创业“新四军”。重点培育科技人员、海外留学归国者、民营企业家以及“企二代”创业者、青年大学生为代表的“新四军”投身创新创业大军。充分发挥宁波家电、服装、模具、文具等制造领域的产业优势，支持社会中介、企业牵头组织参加中关村创业大街、深圳等创客高地的各项创业活动，吸引全国乃至全球创客来宁波创新创业。支持本地民营领军企业利用行业资源、平台、管理等优势和产业整合能力，面向外部创业者提供技术支撑等；借助“国际家族企业论坛”、市“创二代”联谊会等平台作用，搭建“企二代 ”交流合作平台，加快形成宁波特色的“创二代”队伍。建立“优秀创客项目动态库”，建设产品发布和众筹平台，提升创客产品知名度。至 2020 年，吸引集聚各类创业人才超过 10 万人。

第二节　突出企业创新主体地位

推进创新型初创企业培育工程。充分发挥政府引导作用，支持创新型初创企业制定企业发展路线图，建立创业培训、市场拓展、投融资等服务机制，重点发展中小企业发展基金、风险投资等，引导各类社会资本为科技型初创企业提供融资服务，加强对企业技术创新平台和环境建设投入，支持创新型初创企业技术创新。到 2020 年，累计培育创新型初创企业 12000 家。

开展新一轮创新型高成长企业培育工程。推动高成长企业创新发展，支持企业建立系统化、规范化现代企业制度，建立标准管理流程，提升品牌管理能力和产品创新能力，重点面向高成长企业，构建企业创新不同环节、不同阶段提供支撑服务业的市场化、专业化、社会化、网络化平台。到 2020 年，培育一批掌握产业“专精特”技术的隐形冠军，累计培育创新型高成长企业 300 家。

加快培育创新型领军企业。大力推进领军企业创新能力建设，支持企业实施创新管理战略，建立企业创新管理制度，支持有条件的企业、科研机构和高等院校承担国家工程实验室、国家重点实验室、国家工程（技术）研究中心建设任务，引导企业与高校院所联合共建研究中心、院士工作站、博士后工作站，联合承担国家科技计划等，着力推动企业强化以自主知识产权为核心的竞争力提升，按照国家高新技术企业的方向发展壮大。到 2020 年，全市高新技术企业数量达到 2600 家，年产值超 50 亿元的创新型领军企业超过 20 家。建成 20 家国家级企业技术中心，20 家省级重点企业研究院，1000 家市级企业工程技术中心。

第三节　加快提升科技金融支撑力

加快发展天使创业投资。加快集聚国内外知名天使投资机构，支持本地企业家从事天使投资，加快将民间金融资本转化为促进创业创新的产业资本。支持开展对天使投资者的培训活动，支持天使投资者组建 “俱乐部”，组织开展论坛、讨论会等活动，提高天使投资的专业水平。加快建立完善的社会信用体系，试行税收抵扣、匹配投资等政策，吸引国内外知名创业投资机构在甬注册和设立分支机构，引导天使投资、风险投资、创业投资、私募基金等投资机构加速集聚。支持“互联网+金融”创新，发展互联网众筹新业态。力争到2020年，集聚知名天使投资机构（人）达到600家（人）以上，引导100亿元以上社会资金投资创新型初创企业发展。

发展间接融资市场。加快发展科技银行，支持银行业金融机构设立科技金融事业部、科技分行等专营科技型中小企业信贷机构；创新科技信贷产品，支持银行金融机构积极面向中小科技企业，大力发展股权质押、知识产权质押、信用放款等金融产品；支持银行业金融机构开展“股权+银行贷款”等投贷联动融资服务方式。加快全国保险创新综合示范区建设，支持保险公司在宁波成立科技保险专营机构，面向创新型企业提供产品研发责任保险、知识产权融资保险、知识产权侵权责任保险、小额贷款保证保险、科研人员保障类保险等新型科技保险产品。

发展多层次资本市场。加快将宁波股权交易中心建设成为成长型科技企业综合金融服务平台，鼓励企业进场挂牌、融资。引导企业在规范化股份制改造的基础上，对接利用多层次资本市场。推动各阶段的优质科技企业在“新三板”挂牌和创业板、中小板、主板及海外资本市场上市融资。支持优势科技型企业利用资本市场平台开展兼并重组。至2020年，新增股份制企业400家以上，宁波股权交易中心挂牌企业累计1500家以上，“新三板”挂牌企业累计200家以上，境内外上市企业总数达100家。

第四节　提升科技服务能力

提升知识产权服务能力。争取国家知识产权局专利局专利审查协作浙江中心落户宁波，支持“天一生水”知识产权交易转化平台建设，推广应用“天一通宝”，提升宁波市知识产权公共服务平台质量。支持知识产权战略研究、知识产权运营、知识产权金融、知识产权转移转化、知识产权评估等服务机构发展，推动组建产业知识产权联盟。根据专利导航产业发展原则，实施知识产权区域布局试点工程。形成由知识产权展示机构、知识产权分析机构、专利风险投资公司、专利运营公司等组成的多层次知识产权服务体系。深入开展知识产权“双打”专项执法行动，建立健全重大案件的会商通报制度、移送制度，完善执法协调机制。创新知识产权维权援助工作模式，探索建立知识产权快速维权中心，推进知识产权巡回法院建设。建立企业知识产权海外预警机制，建立完善知识产权信用体系，建设宁波市知识产权仲裁委员会，积极推进专利行政执法队伍建设。

加快科技交易市场建设。加快宁波科技大市场建设，完善集成展示洽谈、信息发布、撮合对接、在线交易等集成服务功能，到2020年，全市实现技术交易额100亿元。整合现有知识产权服务、科技文献平台等数据资源，加快建成格式标准规范的全市公共科技成果资源数据库，面向全市产业发展需求，定期发布技术预见报告，为公众提供基于技术需求的科技成果信息推送、科技检索导航等服务。

壮大发展科技中介服务。按照市场化、专业化、社会化的发展要求，加快引进和认定培育一批技术转移、检测认证、科技咨询、科技信息等中介服务机构。设立宁波市科技中介机构发展专项资金，通过前资助、政府购买服务等方式推进科技中介机构服务创新，面向中小企业提供技术预测、成果鉴定评估、推介最新技术成果等专业化、个性化服务，面向社会提供科技战略研究、科技评估、科技信息服务、竞争情报分析等科技咨询服务；鼓励社会力量建立各类科技服务平台，推动研发众包、第三方外包、线上互联网交易等新模式、新业态发展。组织开展技术经纪人培训和职业实训，加快建立专职和兼职相结合的技术经纪人队伍。

推进科技服务开放共享。全面对接宁波市大型仪器共用网，加快推动全市行业龙头企业、高校及科研院所建设开放实验室，支持引导科研院所大型仪器设备、图书情报和各类实验室等科技设施向本市企业开放，制定大型科学仪器设施共享的评估制度，探索政府购买、补贴机制，鼓励公共技术研发平台为中小企业提供服务。以“科技云服务平台”为抓手，加快建立完善集成知识产权服务、科技文献服务、技术交易服务、科技金融服务、创新管理服务、技术转移服务等科技服务系统的综合科技服务云平台。

第四章　拓展创新发展新空间

第一节　全面争创国家自主创新示范区

着力打造国家自主创新示范区核心区。全力推动以宁波国家高新区为核心载体的国家自主创新示范区创建工作，打造国家自主创新示范区核心区。按照“全球一流、国内领先的新材料创新中心”的发展目标，以民营经济创业创新为主线，以优化提升创业创新生态为抓手，围绕新材料产业、智能经济新业态，以技术创新和创业孵化为核心，重点实施高端研发机构集聚计划，加快引入一批行业内有影响力的科研机构、大型企业研究中心或分支机构。启动科技成果转移转化、科技金融、人才管理等方面的改革试点，深入推进国家以科技服务业支撑新兴产业示范工程、国家科技服务业创新发展区域试点建设。到2020年，实现集聚各类研发机构300家，国家级科研平台和创新服务机构数量超过50家，成为全市创新驱动体制机制改革的示范样板。

联动区县（市）创新发展。创新一区（城）多园发展机制，引导省级及以上集聚区与宁波国家高新区采取“合作共建、整合托管、一区多园”等方式，辐射带动各区县（市）级集聚区联动发展。鼓励有条件的集聚区争创省级、国家级高新园区，支持各集聚区内创业孵化、知识产权、质量检测、人才培训、管理咨询等服务机构发展。推动全市重点产业集聚区按照“一区一特”的发展要求围绕主导产业开展产业链招商，力争到2020年，各集聚区主导产业的产值占比达到70%以上。建成5个省级高新园区，努力争创国家级高新区。

建立健全区域协同发展机制。坚持战略共谋、资源联动、协作共享的原则，按照“民营经济转型先行区、创新驱动发展示范区、开放协同创新引领区、新兴产业发展集聚区、制造业升级样板区”的目标定位，发挥宁波国家高新区的辐射带动作用，推动宁波人才、技术、平台等创新资源与温州、台州、舟山资源流动共享、合作交流，加强新材料、先进制造等产业在浙东南地区跨区域企业对接合作、产业基地/园区合作共建，提升浙东南城市带的整体产业创新能力，成为区域具有较强辐射能力和核心竞争力的创新高地，协同助推环杭州湾创新体系及高新技术产业带建设，打造成为全国民营经济创新创业高地。

第二节　加快构建“一带两湾”新格局

重点打造沿江创新创业带。依托沿江两岸的科技园区、高等学校、科研院所等资源，科学谋划、加强统筹、精心打造，发展科技创新、创业孵化、技术研发等主要功能，规划建设沿江创新创业带，打造宁波创新创业中心轴，辐射带动全市经济创新发展。重点推动宁波国家高新区、北高教园区、鄞州南部商务区创新集聚区、南高教园区、江北创新中心等重大创新平台建设。

专栏　沿江创新创业带重要平台

● 宁波国家高新区（新材料科技城）。坚持以“创新、创业、产业化”为核心，重点提升中科院宁波材料所、兵科院宁波分院等辐射力和影响力，通过集聚高端创新要素资源，构建创业创新服务体系，引进和建设一批重大创新平台、宁波市科技金融广场，打造全市创新驱动体制机制改革的示范样板。

● 中官路创业创新大街。以中官路为轴线，依托宁波材料所、宁波大学以及宁波工程学院等重点区块，主要聚焦创意设计、新材料、智能制造研发、人才培养等，打造宁波科技创新新地标。

● 江北创新中心。重点推动江北高新技术产业园、浙江大学工业转化技术研究院、宁波牙科工业孵化园等平台建设。

● 南部商务区创新集聚区。重点推动清华长三角研究院宁波分院、中物科技园、摩米创新工场、科技信息孵化园等平台建设。

● 南高教园区。重点推动宁波诺丁汉大学、浙江万里学院、浙江大学宁波理工学院、浙江医药高等专科学校等大学建设。

加快两个创新湾区建设。规划建设杭州湾、象山湾两个创新湾区。按照创新功能、产业功能与城市功能有机融合的要求，依托重大创新平台，加快建设若干集创业与工作、生活与休闲为一体的创新经济集聚区。其中象山湾重点加快国际海洋生态科技城、奉化创新集聚区、宁海创新集聚区、象山创新集聚区等建设；杭州湾重点加快杭州湾新区、余姚创新中心、慈溪创新中心建设。

专栏　象山湾（创新区）重要平台

● 国际海洋生态科技城。加快建设宁波海洋研究院、留学生创业园等平台，集聚一批海洋科教、研发创新机构，成为国际知名的海洋科技创新示范区和海洋经济发展核心示范区。依托梅山保税港区及相邻区域，规划建设宁波梅山新区。

● 宁波航天智慧科技城。谋划建设航天产业、智能装备创新研发基地、职业技术培训基地、工业旅游基地、航天云网服务中心等，建设成为国家军民融合创新示范区、宁波市创新发展的新平台和新的经济增长点。

● 奉化创新集聚区。重点推动奉化滨海新区、浙江大学奉化气动流体控制技术研究院、奉化市科技创业园等平台建设。

● 宁海创新集聚区。重点推动宁波生物产业园、中科院上海药物所宁波生物产业创新中心、浙工大宁海海洋研究院等平台建设。

● 象山创新集聚区。重点推动象山海洋科技人才创业园、宁波中科大数据智慧应用研究院、宁波工程学院象山研究院等平台建设。

专栏　杭州湾（创新区）重要平台

● 宁波杭州湾新区。重点推动杭州湾新区汽车学院、复旦大学宁波研究院、中国汽车技术研究中心华东分中心、吉利汽车研究院、卡达克机动车质量检验中心等建设。

● 慈溪环杭州湾创新中心。整合文化商务区、科教园区等区块，重点推动中科院慈溪生物医学工程研究所、中科院慈溪技术转移转化中心、宁波大数据云基地等平台建设。

● 余姚创新中心。重点推动浙江“千人计划”余姚产业园、中国兵科院余姚研究所等平台建设。

第三节　建设国家科技成果转移转化示范区

围绕重点领域加快创新示范。按照国家科技成果转移转化示范区的建设要求，发挥企业主体作用，以链接国内、国际资源为核心主线，重点推动以企业为主体的国内外合作创新，强化以产学研方式合作开展研究开发、成果应用与推广等，充分利用“两种资源、两个市场”。重点以民间资本融入创新创业强化科技金融创新，加快将民间资本转化为创业创新的产业资本，实现“资本”对接“知本”。重点探索先进技术与模式和传统产业集群融合发展新机制，通过产业集群吸引国内外相关产业领域的先进技术、项目、人才、资本等在宁波集聚，助推产业提质增效。重点加快构建完善的市场化科技创新服务体系，培育专业化服务机构，推动科技成果市场化配置。

全面构建协同转移转化体系。发挥企业在科技成果转移转化中的主体作用，推动企业以委托开发、研发外包、合作开发等方式，与高校院所建立紧密的产学研合作关系。推动高校院所建立面向企业的技术服务网络，基于供需双方的技术领域及需求，推动科技成果进入企业，或结合企业需求转化科技成果。引导科技人员、高校院所承接企业项目委托和难题招标，聚众智推进开放式创新。组织开展形式多样的科技成果合作洽谈、信息交流，拓宽企业与高校、科研机构的科技对接渠道。

第五章　建设重大创新服务平台

第一节　谋划重大科技基础设施和公共实验平台

谋划布局重大科技基础设施。积极对接国家重大科技基础设施建设、中国科学院“创新 2020”工程，集聚整合全市科技资源，加快推动材料基因组工程等重大基础项目建设，并积极围绕资源开放共享进行制度建设和试点推动。力争到 2020 年建成 1 个国家重大科技基础设施。

推动公共研究开发服务平台建设。按照“公共、专业、开放、共享”的原则要求，依托全市重点开发区域在石墨烯及纳米材料、金属新材料等领域启动建设一批中试实验工场、中试车间，承接重大科研成果产业化前期的中间性、放大性试验试制或工程化试验，为科技人员、创客团队开展成果转化提供拎包入驻、全链条一站式的服务。力争到 2020 年，全市公共实验工场达 20 个、新建企业试验车间 100 家。

第二节 推进现代高校院所建设

加快建立现代科研院所制度。按照“高水平、高水准、有特色”的方向，重点推动中科院宁波材料所、兵科院宁波分院建立现代院所制度，推进科研去行政化，按照产学研用一体化思路，紧密结合宁波发展进行技术攻关和成果转化，加快向国家一流的研究型机构迈进。

提升高等学校科研能力及创新水平。支持宁波大学、宁波诺丁汉大学努力建设适应和服务区域经济发展的高水平研究型大学，推动宁波工程学院、宁波财经学院等创新学科组织模式，按照国家应用技术型大学建设要求，聚焦宁波产业需求设置学科专业，推动建立产教融合创新机制，培养技术技能型人才。

第三节 建设新型研发组织

加快新型产业技术研究院建设。重点围绕新材料、新装备、海洋高技术、节能环保等产业创新发展需求，按照“科研＋产业＋资本”的院所建设模式，支持全市企业、科研机构牵头，联合国内外知名科研机构、大型企业研究中心推动建设一批新型产业技术研究院，开展关键产业技术创新、标准制定等工作。创新理事制、股份制等企业化管理模式，推动协同创新模式等机制创新。力争到2020年，建成50个高水平的新型产业技术研究院。

建设制造业创新中心。围绕全市产业发展技术需求，坚持政府支持、市场化运作的原则，采用联盟制、理事制等组织模式，采取政府与社会合作、政产学研用合作等方式组建材料基因、智能制造、绿能交通、生物制造等制造业创新中心，以实体制、联盟制等多元化形式整合行业创新资源，联合开展共性技术、瓶颈性技术和关键性技术攻关。力争到2020年，建成3～5家省级制造业创新中心、1家国家级制造业创新中心。

专栏 重点制造业创新中心

1. 材料基因工程技术创新中心。重点开发高通量组合材料基因芯片技术及制造装备，为中小企业及用户提供高通量、高效率、高速度、高质量、低成本的新材料研发，加速产业发展进程。

2. 磁性材料及应用创新中心。围绕磁性材料及应用领域重大共性需求，开展关键共性重大技术研究和产业化应用示范。

3. 石墨烯创新中心。面向国家战略需求，通过终端产品与终端用户牵引，开展石墨烯产业发展及产业链构建中面临的关键共性技术研究。

4. 智能制造创新中心。重点围绕智能成套装备和核心智能部件及装置、工业机器人、3D打印等开展关键技术研究。

5. 未来能源和绿能交通创新中心。重点围绕轨道交通、新能源汽车等领域，开展超级电容器、驱动电机等核心系统部件、现代无轨电车、高效储能等关键技术攻关。

6. 精密驱动与控制技术创新中心。聚焦航空航天、高端装备制造和机器人及新能源汽车等产业的重大需求，重点突破电机优化设计技术、高性能电机制造技术、伺服电机驱动系统等技术。

7. 宁波模具制造创新中心。重点围绕高附加值的精密、大型模具的生产研发，攻克提高模具寿命、精密加工和自动化等技术。

8. 宁波高压节能液压元件创新中心。聚焦高端智能液压产品、大型油压设备及注塑机配套高端液压产品，开展液压元件高压化、电液融合控制等关键技术研发，满足重大装备和高端装备对液压基础元件的需求。

9. 宁波国际密封技术研究中心。重点攻克反应堆压力容器C环密封研制、堆顶密封结构试验等核心技术。

10. 宁波大数据中心。聚焦新材料、智能装备、智能家电等产业，研发产业大数据获取与预处理技术、产业大数据管理与分析模型、产业大数据集成应用平台，重点推动基于云计算的大数据基础设施和区域性、行业性大数据中心平台建设。

11. 生物制造创新中心。围绕健康问题和环境问题，聚焦生物材料与器械、康复器械与系统开展科学研究，提升生化诊断试剂、海洋创新药物、个体化医疗产品研发水平。

第六章　培养科技型创新人才

第一节　引进培养创新创业人才

深入推动高端创业创新团队和海外高层次人才引进工作。围绕重点产业发展需求，深入实施“3315计划”“泛3315计划”，着力引进一批具有国际国内领先学术技术水平的领军人才和团队。加快人才引育“五网”（宁波帮亲情网、顶尖人才网、莘莘学子回归网、海外工程师引智网、高技能人才培育网）体系建设，积极举办有影响力的海内外引才活动，主动对接国家、省“千人计划”，大力汇聚科学家、企业家、投资家、创客帮等。到2020年，累计自主申报入选国家、省“千人计划”专家超过300人，引进1000名海外高层次人才和200个高端创新创业团队入选“3315计划”。

加快引进培养高层次专业人才。深入实施“海外工程师”引进计划，扩大“海外工程师”政策覆盖面，着力引进一批外籍研究员、工程师、教授等高层次专业人才。支持企业依托重大科研攻关项目、国际学术交流与合作项目等，培养技术专家、管理专家和拔尖人才。

注重培养一线创新人才和青年科技人才。继续实施工业科技特派员专项行动，鼓励支持科研院所、高校科技人员进驻企业，帮助企业攻破技术难题、实现成果转化。支持高校院所面向本区域重点发展产业领域，完善学科专业建设，以自然科学基金等为依托，加快培养高校科技青年人才，提升研究能力。

改革科技创新人才培养模式。探索支持应用技术型高等学校与企业联合，开展校企联合招生、联合培养试点，鼓励高校院所、企业单位探索建立创新型人才“柔性聘用”方式，支持两院院士、海外高层次人才到重点企业、服务机构等担任兼职教授、客座教授、访问学者、技术顾问和指导专家。支持创新实践经验的企业家和企业科技人才兼职，支持高校院所建立高层次“人才驿站”，研究制定人才分类评价办法，建立健全以创新质量和实际贡献为导向的科技创新人才评价机制。

第二节　加快科技管理人才队伍建设

大力培育优秀企业家人才。启动新甬商精英培育工程，深化双百双高企业家培养工程，培养一批具有较强科技创新能力、经营管理能力和持续创新能力的科技企业家。面向企业管理人员实施“科技管理领导人才培育计划”“科技管理精英培育计划”，支持企业在职科技管理人员到知名高校进修深造，培育一批懂新兴产业组织方式和发展规律的创新管理人才。

加快科技服务专业人才队伍建设。积极引进和培养技术经纪人、孵化器专业管理人才、创业导师、技术成果评估师、科技金融专业人员等专业科技服务人才队伍。将技术转移、知识产权、科技金融等科技服务人才需求纳入年度紧缺急需人才引进指导目录。鼓励科技人才在职和离岗创办科技服务企业，或兼职从事其他组织的科技服务活动，加强高层次科技服务人才的培养。

提升领导干部创新管理能力。优化培养方式，加强领导干部创新管理能力培养，选派一批科技干部到发达地区学习锻炼，选拔一批创新管理能力强的领导干部。围绕强化社会服务，完善政府购买工作服务制度，建立健全综合考核评价制度和考核激励机制，健全职业能力评估机制和薪酬制度。

第七章　全面推动开放创新合作

第一节　创新科技合作模式

强化技术创新的开放协同。抢抓国家“一带一路”发展机遇，着力链接美国、欧盟、以色列等区域的一流研发资源，深入推动与中东欧等沿线国家的国际合作，吸引跨国公司、国际知名研究机构、国际学术组织和产业组织在宁波设立研发中心和分支机构。鼓励企业在海外设立研发中心，或与国外知名大学、研究机构联合共建实验室、科研中心等，围绕全市重点产业发展需求，开展重大科技攻关。

创新资本、项目对接模式。按照“区外孵化＋市内加速”一体化建设的思路，鼓励园区和骨干企业以 PPP 模式在国内外创新高地建立一批“科技企业孵化器”，以“基金＋孵化器”模式，吸引新兴创业项目向宁波集聚。强化与大型企业合作，吸引航天科技集团、中车、中船等国内领军型企业在宁波设立中试基地，承接重大产业化项目布局落户。

着力资源联动共享。按照中央要求唱好杭甬“双城记”的发展部署，全面加强与杭州都市圈、杭州国家自主创新示范区的对接及融合发展。主动对接上海全球科技创新中心建设，加快推动与上海、南京等城市在高端创新创业人才、产学研合作、金融、科技服务业等领域的深入对接。着力宁波都市圈创新链和产业链融合发展，强化宁波与台州、舟山资源流动共享，打造区域增长新引擎。

第二节　搭建创新合作平台

加强区域合作基地建设。着力推进宁波国家高新区（新材料科技城）、宁波国际海洋生态科技城、宁波杭州湾新区以及省级高新技术产业园区等重点产业集聚区与上海张江、北京中关村等一流园区建立园区层面战略合作长效机制，围绕全市重点产业发展需求，吸引企业在宁波设立中试、产业化基地，联合建立合作园。支持本地企业与市内外军工单位开展科技合作，建设军民融合技术转移基地，促进军民两用技术双向转化，推动新材料、航空航天、高技术船舶等产业集聚和规模化发展。力争到 2020 年，建成 2 ~ 3 家国内合作基地。

推动国际创新合作园布局。推动企业 / 第三方中介牵头，吸引新材料、智能制造领域跨国公司、国际知名研究机构、国际学术组织和产业组织在宁波建设国际合作园，围绕技术转移、技术孵化、中试等开展国际合作。探索推进民间资本借助 PPP 模式以租用、独立运行、自建等方式建设境外科技园区，重点支持宁波诺丁汉中英科技创新园、鄞州中德工业园、镇海北欧工业园、宁海中瑞科技园、慈溪中捷（宁波）国际产业合作园、余姚中意宁波产业园等境内合作园建设。

搭建合作交流平台。谋划建设宁波国际科技商务平台，加强科学引导，提供专业服务，提升企业国际化经营能力。提升宁波人才科技周、宁波智博会、浙洽会、消博会、中东欧博览会等平台影响力，持续举办国际科技招商团活动、中国新材料与产业化国际论坛、开展欧洲宁波周等科技招商活动。通过多种形式重大科技合作活动，吸引国内外专家、企业、社会组织参加科技对接交流。

专栏　国际科技商务合作平台

谋划建设宁波国际科技商务平台，为跨国并购及绿地投资企业了解国际市场信息、规避投资风险、适应海外市场提供服务，为宁波企业引进国际技术提供转移转化服务。加强信息平台与交流平台建设，对东道国的相关法律、准入政策、财税制度、对外关系等信息进行收集发布，运用信息技术发展远程监测诊断、运营维护等服务，帮助企业开拓海外市场；通过举办国际技术研讨会、协助入驻机构开展商务推介活动等进行技术、商务交流；设立国际技术转移中心，推动国际技术在宁波落地产业化，加快宁波国际技术引进。

第三节　提升开放合作服务能力

绘制全球创新资源链接地图。紧抓创新全球化趋势，围绕全市主导产业，聚焦新材料、新装备、新一代信息技术等行业全面梳理分析高层次领军人才信息、高水平研发机构、产业先进技术等学术研究和技术开发资源，以及国际知名孵化器、创投基金等创业服务机构分布情况，编制形成全球创新资源地图，向全市企业、研究机构等发布创新地图，支持与创新尖峰地区开展技术链接、资本链接、产业链接。

畅通国际要素流动渠道。争取国家部委支持，建立人才申请永久居留市场化渠道，降低外籍人才和科技创新团队成员永久居留证办理门槛，创造更加宽松的人才流动环境。开展科技企业境外人民币借款和发行人民币债券试点，探索试点企业外债“比例自律管理”、跨国公司外汇资金集中运营管理，争取更多涉外金融改革在宁波先行先试。

完善区域协同创新机制。以融入长三角城市群创新网络体系，提升宁波在宁波都市圈建设中的辐射带动功能为主线，着力完善宁波与杭州、上海、南京等在重大专业创新平台的互联共享、合作交流机制，促进区域联动创新和人才引进交流。建立健全宁波都市圈工作推进机制，加强各地、各部门对都市圈工作的领导和协调，推动市场体系统一开放、基础设施共建共享、公共服务统筹协调。

第八章　优化创新发展环境

第一节　全面推进科技管理体制改革

提升政府科技创新治理能力。健全科技创新治理体系，推动政府职能从研发管理向创新服务转变，强化创新宏观引导，推进技术创新预见，科学布局创新方向。进一步下放科技管理权限，赋予科研人员更多经费使用权，更多创新成果使用、处置和收益权。建立技术创新市场导向机制，充分运用主要由市场决定要素价格的机制，促使企业从依靠过度消耗资源能源、低性能低成本竞争，向依靠创新、实施差别化竞争转变。充分发挥环境资源配置在产业转型升级中的作用，建立健全产业生态发展倒逼机制。推进要素市场化交易改革，建立社会资本参与创新平台建设管理机制。

创新重大科技专项组织模式。对接落实国家科技计划优化整合和制度建设，建立健全“企业出题、政府立题、协同破题”的科技计划项目指南制定和发布机制，全面掌握市场科技创新需求。探索试行“创新团队协同”“优势企业主导”“产业联盟协作”“研发实体制”等组织模式，以联盟制形式联合上游研究机构和企业、下游应用企业共同开展技术攻关。探索完善联盟制的科技成果合作共享机制，建立资金投入、知识产权权属和利益分配机制，按照合同约定依法享受利益和承担风险。

优化财政资金配置机制。建立财政科技资金优先向创新企业流动的配置机制，凡具有产业化目标的科技项目，要求企业作为主体牵头承担，高校院所作为参与合作方共同实施。建立健全竞争性分配与普惠性支持、直接资助与间接资助、事前资助与事后补助相结合的经费分配机制。

改进科技经费使用管理。简化科技经费预算编制，推动科研经费分类使用管理改革，对涉及成果转化与产业化的技术开发类科技项目，适当提高间接费用、劳务费用比例，合理扩大科研经费使用范围。建立统一的科技项目管理信息系统，实行科技报告制度，加强科技项目承担单位的预算审核把关。

第二节　完善科技成果转移转化机制

落实科技成果“三权”改革。全面贯彻国家《促进科技成果转化法》《促进科技成果转移转化行动方案》等系列决策部署，加快推动科技成果处置、收益分配制度改革，将职务科技成果处置权完全下放至高校院所，转化收益全部归单位所有。围绕科技成果产业化的全过程，明确单位、科研团队、科技人员相应的处置权、使用权和收益权。

健全科技成果转化收益分配机制。推动高校院所开展股权、期权激励改革，可自主决定采用科技成果转让、许可、作价投资。完善职务发明法定收益分配制度、提高转化收益分配比例。试点开展经费试点改革，允许高校、院所科研团队自行支配横向课题经费。研究制订高校院所绩效评价办法，建立与绩效评价相挂钩的高校院所科技经费支持机制。

优化创新人才管理机制。建立健全人才流动机制，落实市属高校院所科技人员离岗创业政策，完善科研人员在企业与事业单位之间流动的人事、社保关系转移接续政策，促进科技人员在企业与科研院所、高校之间自由双向兼职。建立健全以创新质量和实际贡献为导向的科技创新人才评价机制。推动高等学校与企业联合，开展校企联合招生、联合培养试点，探索建立创新型人才“柔性聘用”方式。

推进科技体制改革先行先试。深入贯彻国家改革总体部署，抓住国家科技成果转移转化示范区建设机遇，按照市场化、专业化发展要求，开展企业化运作的新型研发组织建设试点，推动专业化众创空间建设试点。依托高校院所开展市场化技术转移机构建设、启动人才分类评价和双向流动试点。推动有条件的金融机构开展投贷联动和科技保险等融资服务模式创新试点，引导推动民间资本开展境外研发创新投资试点。在有条件的企业中开展研发准备金制度，创新自主创新产品应用机制改革试点，以体制创新推动科技创新，为“大众创业、万众创新”营造良好的环境。

第三节　营造创新文化环境

加强科学技术普及。深入实施全面科学素质行动，创新科普工作的管理体制和运行机制，建设以信息化为核心的现代科普体系。强化健康、环境、大数据、互联网 + 等重点领域的科学技术普及。加大科技教育与培训力度，激发青少年的创新意识、学习能力和实践能力。提高社会科学益民服务质量，普及绿色低碳、“科学是生活”等知识和观念。大力推动科普信息化和基础设施建设，创新提升现代科技馆体系，促进高校科研院所等向社会开展科普活动。

培育深化新甬商精神。大力宣扬“鼓励创新、宽容失败”创业文化，定期举办创业者沙龙、创业训练营、创新创业论坛和创业大赛，搭建众创空间、投融资机构及创业者的互动合作平台，为创业创新提供平台，鼓励帮助优秀创业者脱颖而出。传承“自主创新、民族品牌、产业报国”甬商精神，弘扬“千方百计提升品牌，千方百计保持市场，千方百计自主创新，千方百计改善管理”的新四千精神，打造新常态下的甬商文化，推动民营经济再创新优势。

强化创新创业文化宣传。在全市乃至全省各类媒体开设“创业汇”“创业梦想秀”“创业新锐”等栏目，加强对创新创业的宣传，讲好创业故事，展示创业成果，宣传典型案例，推广成功经验，加快构建尊重知识、崇尚创造、包容开放的创新文化。加强在全球创新高地的宣传力度，办好“三创大赛”，积极争取中国创新创业大赛新材料行业总决赛、中国创新挑战赛等永久落户宁波，成为国家“双创周”分会场，打响“创业宁波”品牌。

第九章　强化组织保障

第一节　优化完善组织领导

进一步加强与国家、省“十三五”科技规划纲要的衔接部署，发挥市创新型城市工作领导小组作用，定期召开创新型城市工作领导小组专题会议，加强重大事项的会商和协调，分解、落实重点任务，并及时研究规划落实中存在的问题。完善科技部门与其他部门在政策制定与落实、产业技术创新等方面的协调机制，加强工作联动和创新资源的整合。继续推进科技管理部门与区县（市）的“区局工作”会商制度，加大对区县（市）培育新兴产业和创新集群以及重大民生的引导和支持力度，协同推动规划组织实施。

第二节　强化创新投入保障

认真落实《宁波市科技创新促进条例》，确保各级财政科技投入增幅高于本级财政经常性收入增幅。组建宁波市科技创新发展基金，整合现有天使投资引导基金、科技信贷风险池等资金，以股权投资和风险补偿为主要手段，撬动更多的社会金融资本进入科技创新创业领域。推动规划任务与资源配置衔接，建立需求牵引规划、规划引导资源配置机制，把规划作为科技任务部署的重要依据，聚焦全市经济社会发展的重大问题，集中资源，形成合力。

第三节　落实和完善创新政策法规

全面落实“高新技术企业所得税优惠”“企业技术开发费用加计抵扣”等鼓励创新的税收政策，复制推广中关村先行先试政策。大力推动产业政策前置，强化政策的创新激励导向，按照产业链部署创新链、配置政策链的要求，综合运用研发资助、用户方补贴、创新券等多种供需双方激励政策工具，以政府采购、企业“首购首用”风险补偿等支持方式，加大对新产品新技术的推广应用，加快构建形成“研发—转化—应用”一体化、链条式推进的创新驱动政策体系，推进科技政策和经济政策、供给侧和需求侧政策更好结合。

第四节　加强评估监测考核

完善创新发展规划指标体系的评价制度，加强规划实施的跟踪分析，组织开展规划实施中期和期末评估，分析检查规划实施效果，找出规划实施中存在的问题，提出解决问题的对策措施。突出对创新研发、企业成长性、生态环境保护和政务服务水平等方面的考核和督促，建立基于创新主体、创新投入、创新产出、科技计划等的科技统计监测体系。强化创新绩效评价考核，科学建立对各区县（市），产业功能区的考核评价机制，将创新成果产出及转化、创新环境建设，以及对区域的辐射力和带动力等作为重要指标，促进和推动区域创新能力提高。

厦门市“十三五”科技创新发展规划

“十三五”时期是我市面临改革开放新机遇、适应经济发展新常态、深入实施创新驱动发展战略、推动以科技创新为核心的全面创新、解放和激化科技创新第一生产力的巨大潜能、引领和支撑经济社会发展和产业转型升级的关键时期。科学制订《厦门市“十三五”科技创新发展规划》，准确把握科技发展战略机遇，遵循“创新、协调、绿色、开放、共享”的发展理念，发挥科技创新在供给侧结构性改革中的基础、关键和引领作用，提升供给质量和效率，加快实现发展动力转换，推动建设国家自主创新示范区，为建成美丽中国典范城市作出贡献。

一、“十二五”科技创新发展回顾

“十二五”期间，厦门先后获批国家创新型试点城市、首个国家科技成果转化服务示范基地、国家知识产权示范城市、国家战略性新兴产业（生物）区域集聚发展试点、小微企业创新创业基地城市示范等一系列荣誉和称号，我市科技工作进入新的发展阶段，“十二五”科技创新规划目标基本完成，产业自主创新能力显著增强，创新创业环境明显改善，创新型城市建设进入新阶段。

（一）高新技术产业快速发展

全市高新技术企业突破 1000 家，其中上市高新技术企业 75 家。高新技术产业规模以上工业产值从 2010 年的 1315.28 亿元增至 2015 年的 3315.86 亿元，占全市规模以上工业产值 65.9%。光电、生物与新医药、新材料、软件、集成电路等战略性新兴产业和科技产业快速发展。“十二五”期间，光电产业产值从 771.89 亿元提高至 1230 亿元，成为海西光电产业发展最大、最重要的产业集聚地和辐射地；平板显示成为我市三个千亿产业链之一，国家半导体照明工程产业化基地被评为全国半导体照明领域仅有的 2 家 A 类基地之一。软件与信息服务产业产值从 259.36 亿元提高至 922 亿元，厦门软件园是国家科技部首批认定的、福建省唯一的国家级软件产业基地，基地科技活动经费占基地总收入的比重达到了 5.5%，在全国火炬计划软件产业基地评价中“成长性”排名第七。生物医药产业产值从 84.9 亿元提高至 337 亿元，入选国家“战略性新兴产业区域集聚发展试点”，研制出全

厦门市人民政府，厦府〔2016〕222 号，2016 年 6 月 27 日。

球第一支戊肝疫苗，世界第三支、中国第一支宫颈癌疫苗，拥有基因重组药物、神经生长因子等一批具有较强市场竞争力的优势产品。新材料产业所拥有的钨钢硬质合金、半导体发光材料等一批产品、技术跻身国际一流行列。

科技产业招商取得突破性进展。联电 12 英寸晶圆项目、天马 TFT 平板显示二期、三安 LED 产业化项目和集成电路项目、清华紫光 IC 设计产业园项目、日本电气硝子玻璃基板项目、润晶光电蓝宝石晶体项目、ABB 工业中心项目、乾照 LED 蓝绿光外延片芯片和照明产业项目、开发晶超高亮度蓝光 LED 外延片产业项目、宸鸿穿戴式及 3D 触控模块产业项目等一批产业带动性强、发展潜力大的龙头项目相继落户并顺利开工。

（二）科技创新体系逐步完善

以企业为主体、市场为导向、产学研结合的技术创新体系逐渐形成。全市共有国家级创新型企业 7 家、试点企业 7 家；省级创新型企业 38 家、试点企业 37 家；市级创新型企业 115 家、试点企业 216 家。组建了 16 个高水平“产学研资”产业技术创新战略联盟。

形成了重点实验室、工程实验室、工程（技术）研究中心、企业技术中心、科技创新公共服务平台、众创空间、科技企业孵化器、加速器、科技园区的科技创新创业载体体系。全市共有国家重点实验室 4 家、省部共建重点实验室 2 家、省级 10 家、市级 47 家；国家级工程中心 2 家、省级 33 家、市级 72 家；国家（地方共建）工程实验室 6 家；国家级企业技术中心 15 家、省级 38 家、市级 124 家；博士后工作站 25 个。新建公共技术服务平台 52 个，全市布局建成的公共技术服务平台达到 77 个，集中分布在生物与新医药、新材料、集成电路、软件信息、半导体与光电等 11 个领域。拥有科技企业孵化器 12 个（其中国家级 4 个、省级 4 个），加速器 2 个；经认定的市级众创空间 35 家，其中省级 5 家。投入 3.3 亿元建设了第一家面向台湾科技人才创业和技术转移的孵化基地“厦门台湾科技企业育成中心”。厦门（海沧）生物医药港、厦门科技创新园、软件园三期四期、海西微电子产业园、同安国家农业科技园等科技园区相继规划并建设。成为第二批中国创新驿站试点区域，建成“国家科技成果转化（厦门）示范基地”，在全国首次推出网上在线对接交易会新模式。

（三）创新创业环境更加优化

创新政策环境进一步完善。出台了《中共厦门市委厦门市人民政府关于深化科技体制改革全面加快区域创新体系建设的实施意见》《关于全面推进大众创业万众创新创建小微企业创业创新基地示范城市的实施意见》《厦门经济特区鼓励留学人员来厦创业工作规定》《厦门经济特区专利促进与保护条例》《厦门市加快生物与新医药产业发展的若干措施》《厦门市人民政府鼓励在厦设立科技研发机构的办法》《关于加快建设海西人才创业港大力引进领军型创业人才的实施意见》《厦门市引进海外高层次人才暂行办法》《厦门市实施“海纳百川”人才计划打造“人才特区”2013—2020 行动纲要》等一系列重大科技政策法规。

科技创新资源进一步集聚。面向中国科学院系统、国家级科研机构、央企的院地科技合作工程和面向全国重点理工科大学的市校科技合作工程取得明显成效。与中国科学院四个分院建立了长期合作关系，与国内 20 多所高校院所签订战略合作协议，与台湾 20 多个县市建立了科技合作关系。两岸清华大学在厦共建“清华海峡研究院”，设立了北京化工大学厦门生物产业研究院，与国防科技大学等共建“军民融合协同创新研究院”，引进中船重工 725 所设立厦门材料院，中科院在厦设立了稀土材料研究所、赛特（厦门）薄膜技术研究院、厦门市石墨烯工业技术研究院等。率先成立两岸（厦门—台北）科技产业联盟、“LED 光电集成一体化技术两岸联合研发中心”。与以色列国家农业研究开发总院（ARO）签订合作框架协议。中欧两地汽车产业界在厦成立“厦门市国际新能源核心零部件产业技术创新战略联盟”。德国红点在厦门设立了中国唯一的落地活动——厦门国际设计营商周，成为国内工业设计领域顶尖的设计服务平台。涌现出“一品威客”网上创意产品交易、“科易网”网上技术交易等新型营销模式，“爱特咖啡”“弘信创业工场”等创业服务品牌。

（四）科技体制改革初见成效

改革科技投入方式，大力发展科技金融，建立了多元化科技投入体系。科技投入向贷款贴息、担保贷款、股权投入转变，以财政科技资金为引导，撬动银行、企业、社会资金加大对科技的投入。2011—2015 年，全市财政科技投入共计 78.32 亿元，市本级财政科技投入共计 53.99 亿元。共立项支持市级科技计划项目 1810 项，引导社会资金总投入约 153 亿元。

设立科技成果转化与产业化基金，到位资金 1.5 亿元，以股权直接投入或跟投的形式支持企业发展，对 20 家企业的约 5000 万元的投资已落地。发展科技担保贷款，注资 9000 万元成立专营科技型中小企业担保业务的科技担保分公司，至 2015 年年底，共有 170 余家企业获得 15.1 亿元科技担保贷款。设立风险补偿资金，安排科技担保贷款风险补偿专项资金 2000 万元及科技保证保险贷款风险补偿专项资金 1000 万元，专项用于合作银行、担保公司、保险公司等金融机构为科技型中小企业提供担保融资服务的风险补偿。设立科技保险专项，覆盖险种 12 种，采取后补贴和分类补贴的方式，减轻科技型中小企业保险负担。

（五）科技创新绩效显著提升

全社会科技投入（R&D）占 GDP 的比重逐年增长，由 2010 年的 2.47% 提高至 2015 年的 3.03%；研发人员比“十一五”增加了 65%。科技进步对经济增长的贡献率提高到 64%。共承担国家各类科技项目 3000 多项，获得国家资金支持 22.6 亿元，是“十一五”的 2.3 倍。通过实施市级科技计划项目，预计可新增销售收入 639 亿元，新增税收近 36 亿元。全市专利申请量 58666 件，较“十一五”增长 196.4%；专利授权量 42627 件，增长 189%，其中发明专利授权量 5133 件，是“十一五”的 3 倍；每万人有效发明专利拥有量 14.13 件，是“十一五”末的 3.7 倍；技术合同交易额 185.54 亿元，是“十一五”的 2.9 倍。

支持高层次人才引进和创新创业，共引进国家“千人计划”专家 90 名，省“百人计划”110 人，市“双百计划”640 人，“海纳百川”计划 1120 人，创新创业团队 1000 余个。全市各类人才总量达 118 万。“十二五”期间，厦门市辖区内企事业单位获得国家科学技术进步奖 6 项，其中国家自然科学奖二等奖 4 项、国家科技进步奖二等奖 1 项、国际科技合作奖 1 人；中国专利金奖 1 项、中国专利优秀奖17项和中国外观设计优秀奖5项。厦门大学疫苗研究团队荣获2015年度香港求是基金会“求是杰出科技成就集体奖”，填补了该奖项三年的空白。

（六）科技创新成果惠及民生

“十二五”期间，厦门市率先启动了“科技惠民计划”，积极打造食品安全梦、健康幸福梦、环境生态梦科技惠及民生三大梦。在全国率先实施医疗卫生领域重大科技创新平台项目12项，建设厦门市社会发展科技领域省级临床医学（转化医学）研究中心2个。充分发挥各医疗机构的优势资源，在专业领域内整合设备、科研、人才等资源，开展技术攻关，提升医院的科研水平，创造条件引进国内外高端人才，打造特色专科，医疗水平达到国内领先，造福厦漳泉及周边百姓，并惠及金门同胞。麦克奥迪数字病理远程诊断系统纳入卫生部公立医药改革信息化建设肿瘤病理诊断中心、卫生部质控网络体系；建设“冠心病急症的远程诊断和区域协同救治”重大科技创新平台，厦门成为全国区域性协同医疗救治网络建设模式的典范。

厦门市思明区获批“国家可持续发展实验区”，在同时获批的全国15个“国家可持续发展实验区”中排名第一。加强防震减灾，提升地震监测预报能力，构建了多学科相结合、专群互补的厦门市地震监测体系，保障本区地震监测能力达1.5级。积极创建国家级海洋生态文明示范区、国家生态市和国家生态文明建设示范区；成为国家级文化和科技融合示范基地。此外，在科技强警、智慧城市、资源环境、大气污染治理、生态保护、公共安全等各方面推广运用新技术、新成果，提高人民的健康水平和生活质量，用科技成果惠及广大百姓民生。

专栏1　“十二五”规划主要目标完成情况

指标名称	单位	完成情况
R&D投入占GDP比例	%	3.03
市本级财政科技投入占同级财政可安排财力比例	%	4.06
科技进步贡献率	%	64
每百万人专利拥有量	件	1457
发明专利占专利授权比例	%	12.04
高新技术企业数	家	1000
高新技术产业规模以上工业产值占全市规模以上工业总产值比例	%	65.9

（七）“十三五”科技创新发展形势

当前，全球新一轮科技革命和产业变革蓄势待发，人才、知识、技术、资本等创新要素加速流动，创新版图加速重构，对国际竞争格局产生深远影响。世界各国都在积极强化创新部署，科技创新已成为大国竞争的新赛场。我国经济发展进入新常态，处于速度变化、结构优化和动力转换的重要时期，“十三五”是全面建成小康社会和步入创新型国家行列的决胜阶段，也是深入实施创新驱动发展战略和“中国制造2025”，实现要素驱动转向创新驱动的关键时期，党和国家对科技创新提出了新的更高要求，迫切需要进一步发挥科技创新潜能，打造发展新动力，提高发展的质量和效益。

“十三五”期间，我市科技发展既充满机遇又面临挑战。从机遇看，国际国内的发展形势以及中央支持福建进一步加快经济社会发展，赋予厦门“深化两岸交流合作综合配套改革试验区”“自由贸易试验区”“21 世纪海上丝绸之路”战略支点城市等一系列政策支持，正在建设的两岸新兴产业和现代服务业合作示范区、两岸金融中心，“互联网 +”的快速发展，对科技创新提出更加迫切的需求，同时也为我市建成国家创新型城市，推动福厦泉自主创新示范区厦门片区、促进科技和金融结合试点城市建设创造了良好条件，提供了难得的历史机遇。从挑战看，各地抢占新兴产业发展先机和制高点的竞争日益激烈，产业结构转型进入关键期。与先进城市相比，我市产业核心竞争力还不够强，产业发展后继乏力，产业转型升级面临巨大压力；创新创业体系不够健全，尤其是科技服务体系还比较薄弱，影响到科技成果的转化和产业化；创新生态环境还不够完善，科研机构和高层次科技人才队伍还需要进一步加强；科技型中小企业融资难依然存在，多元化的投融资机制有待完善；科技体制改革还不够深入，产学研用脱节现象仍然一定程度存在。这些都是我市科技创新发展的制约因素和需要重点解决的薄弱环节。

总体而言，“十三五”是我市产业转型和创新发展的关键期，面对新形势、新机遇、新挑战，我市要坚定不移地走创新驱动发展道路，找准科技创新的定位和突破口，打造发展新动力，推动产业沿着智能制造迈向中高端，适应和引领经济发展新常态，大幅提高科技进步对经济社会发展的贡献率，为产业结构调整和经济社会高质量发展提供更加坚实的支撑。

二、指导思想与发展目标

（一）指导思想

深入贯彻党的十八大和十八届三中、四中、五中全会精神，坚持“五大发展”理念，坚持创新是引领发展的第一动力，坚持“自主创新、重点跨越、支撑发展、引领未来”的指导方针，深入实施创新驱动发展战略，充分发挥海丝核心区和战略支点城市的作用，主动融入“一带一路”，加强对台科技合作，全力推进福厦泉国家自主创新示范区建设，在科技体制机制创新先行先试，全面推进大众创业万众创新，提升自主创新能力。

（二）发展原则

坚持“五大发展”理念，建设国家创新型城市，必须遵循以下原则：

——创新发展。加快推进以科技创新为核心的全面创新，健全区域特色的创新创业体系，围绕产业链部署创新链，围绕创新链配置科技资源，集中力量、部署一批科技重大专项，重点突破重大关键、共性技术，实现自主创新大跨越，产业竞争力大提升。

——协调发展。加快形成以创新为主要引领和支撑的经济体系和发展模式，加快推动经济发展方式的转变，增强产业的核心竞争力和可持续发展能力，推动产业结构的转型升级，实现科技创新和产业发展的协调发展和相互促进。

——绿色发展。深入推进绿色、循环、低碳的科技创新和产业发展的重要方向，攻克节能环保、绿色制造、生态环境等重大瓶颈问题，突出科技创新在形成绿色发展方式和生活方式，建设生态文明城市中的关键作用。

——开放发展。借助自贸区建设契机以及对台区位环境等综合优势，通过全面的、更高水平的对外开放，不断打破人才、技术与信息交流的壁垒，积极推动跨国技术转移，最大限度地吸纳和利用国内外创新资源，强化协同创新，融入国际创新链，营造全国一流的创新生态环境。

——共享发展。大力推动大众创业、万众创新，推进科技资源的供给侧结构性改革和共享服务，加快科技创新成果转化应用，以人为本，科技惠民，让人民共享更多创新成果，提升厦门民众生活品质。

（三）发展目标

紧密围绕“创新驱动发展”主线，加快建成国家创新型城市、国家自主创新示范区、科技和金融结合试点城市，在基础条件、创新投入、创新绩效、创新环境四个方面达到发达国家水平，居国内同类城市前列。

到 2020 年，科技进步贡献率达到 65%，全社会科技研发投入（R&D）占 GDP 的比例达到 4%，每万人有效发明专利拥有量 18 件以上，高新技术产业增加值占全市规模以上工业增加值比例达到 70%，技术合同成交总额达到 100 亿元，建成具有国际竞争力的区域科技产业创新中心。

专栏 2　“十三五”科技创新发展主要目标

序号	指标名称	单位	2020 年
1	科技进步贡献率	%	65
2	R&D 投入占 GDP 比例	%	4
3	每万人有效发明专利拥有量	件	18
4	高新技术产业增加值占全市规模以上工业增加值比例	%	70
5	技术合同成交总额	亿元	100

三、主要任务

围绕建设福厦泉国家自主创新示范区厦门片区，进一步增强政策先行先试力度，推动厦门科技体制机制创新，完善科技创新体系，落实创新创业保障措施和支持措施，营造创新创业的良好生态环境，抓好科技、人才、政策等要素配置组合，加快实施供给侧结构性改革和创新驱动发展战略，对接实体经济的发展和现代产业体系的培育。

（一）健全区域特色的创新创业体系

把创新作为引领转型发展的第一动力，加快构建具有地方特色的创新体系、创新服务体系，推进军民融合，促进协同创新，推动以科技创新为核心的全面创新，打造驱动发展的强劲动力。

1. 知识创新体系

充分调动在厦高校院所开展基础学科、交叉学科和新兴学科建设，加强生命科学与生物医药、纳米及二维功能材料、宽禁带半导体、低温化学与海洋生物化学、海洋环境与海工装备等优势学科的前沿技术研究，推动在厦高校院所建设若干具备国际先进水平的知识创新平台，提升应用基础研究实力。

有针对性地引进国内重点高校、应用型研发机构和创新团队。鼓励民办科研机构发展。加快发展新型研发组织，建立适应不同类型科研活动特点的管理体制和机制，支持其承担国家、省、市科技计划项目。

2. 技术创新体系

完善以企业为主体、市场为导向、产学研用相结合的技术创新体系。充分发挥企业在技术创新中作为决策、投入、组织及应用的主体作用。鼓励我市骨干企业、高校、科研院所联合申报国家科技重大专项、国家重点研发计划等国家重点科技计划项目，鼓励科技型企业申报国家政策性引导类计划项目，支持企业牵头组织实施重大科技成果产业化项目，提升研发水平、抢占行业技术制高点，全面提升我市产业发展的质量和效益。

鼓励企业与国内一流高校、国家级科研院所共同设立研发机构、中试基地等，在厦开展科技成果转化和产业化；支持企业设立研发中心，鼓励设立具有独立法人资格的研发机构；支持企业承担国家重点实验室、国家工程实验室、国家工程中心等建设任务。

支持行业骨干企业与高校、科研机构联合建设研发平台和组建产业技术创新战略联盟，深化联盟机构间在人才培养与输送、协同创新基地共建、利益与风险匹配机制方面的合作，加强聚合效应，加强企业标准化建设，有效提升运营水平。加强产业链上下游企业合作，开展产业共性关键技术的联合攻关，探讨联盟股份制运营机制，加强创新战略联盟市场化运作。

做好研发机构与企业技术需求的对接，借鉴台湾“三业四化”（制造业服务化、服务业科技化与国际化、传统产业特色化）服务团模式，由政府牵头，组建包含技术研发、经营管理、金融等机构在内的“服务团”，与企业建立帮扶关系，市场化运作、整合资源，促进企业自主创新。

3. 科技服务体系

积极培育和扶持科技创新服务机构。根据产业链和创新链的需求，培育扶持能为产业发展和企业创新提供全覆盖、全链条、全天候的科技服务机构，包括研究开发、技术转移转化、检验检测认证、创业孵化、知识产权、科技咨询服务、科技金融、市场营销与销售、人力资源等。构建服务机构联盟网络，形成涵盖项目发现、团队构建、投资对接、商业加速和后续支撑的创业发展全过程服务。力争在“十三五”期间培育50家创新能力较强、服务水平较高、具有一定影响力的科技服务骨干机构，促进其服务范围辐射至海西等周边地区。

加大科技研发成果、高新技术新产品的宣传推介力度。做好每年全市科技研发新成果、高新技术新产品的收集和统计工作，利用各种媒体、网络等多渠道帮助企业宣传推介。

强化知识产权保护。加强知识产权行政执法能力建设，探索建立知识产权“三合一”的行政执法队伍，加强展会知识产权保护，加大网络侵权行为打击力度，强化执法维权协作机制建设，完善知识产权案件“信息共享、事先介入、联合行动、优势互补”打假维权合作长效工作机制。健全知识产权维权援助体系，力争建立知识产权快速确权维权中心，完善举报投诉奖励制度和社会信用体系建设，依法查处专利违法行为。

4. 军民融合体系

全面推进科技、产业、人才等各领域的军民融合，积极探索新模式、新路径，促进科技与经济深度融合、国防建设与经济社会发展有机统一。健全军民融合创新的体制机制，在搭平台、聚人才、出成果等各个环节加大力度，联合开展关键技术攻关，形成地方、军队、企业、社会协同创新的发展格局。

构建军民融合的协同创新体系，积极创新军用高新技术成果民用化机制，实现军民创新资源双向流动的规范化、制度化，合力推动军民融合深度发展。积极承接军工体系科技成果转化，引导优势民营企业进入军品科研生产和维修领域。积极参与军民通用标准化体系建设。打造军民融合创新示范区，增强先进技术、产业产品、基础设施等军民共用的协调性。

加快推进军民融合协同创新研究院建设。重点推进海洋科学、信息技术、网络安全、新能源、智慧城市、智能装备、新材料、机器人等领域的军民融合产业发展，联合共建军民融合高技术创新中心、孵化器、高新技术产业园，推动项目成果转化，带动厦门产业转型升级。

5. 成果转化体系

建立“政、产、学、研、金、介”六位一体相结合的科技成果转化新机制。发挥市场配置资源和政府引导集聚资源的作用，将高校科研院所的应用基础研究优势与企业的工业化开发优势相结合，建立高校科研院所适合市场需求的科技成果转移机制，形成产业的创新优势；将高校科研院所的前沿技术难点攻克能力，与中介机构的行业动态信息捕捉力、企业的生产和营销能力相结合，形成产品的技术优势和市场优势；将政府政策的引导和调节优势，与金融机构的资本运作经验相结合，形成成果转化和产业化的环境优势。

打通成果转化的“全链条”，建立以企业为主体、市场为导向、产业化为目标的科技成果转化模式。科技研发阶段，支持转化应用前景明确的科技研发项目，强调前瞻性、应用性和市场性相结合的原则，促进科技研发由政府投入推动向市场应用拉动转型；成果转化和市场导入阶段，选择产业化前景比较明朗的科技成果，支持开展中间试验，并将中试产品投放市场，接受市场检验；推广应用和产业化阶段，在发挥市场机制作用的基础上，通过示范应用、组织协调、政策集成、政府采购等手段，以企业为主体，带动社会资本进入，利用市场化的运营模式推动科技成果产业化，培育新的产业形态。

6. 开放合作体系

发挥科技合作对共建 “一带一路”的先导作用，提升科技创新合作的层次和水平，加强与“一带一路”沿线国家的科技合作，支持企业走出去，利用科技创新优势，开发新产品、新资源，开拓新市场；支持与沿线国家合作共同培养科技人才，与沿线国家共建联合研究中心、技术转移中心、技术示范推广基地等科技创新合作平台；支持与沿线国家在生态系统保护、环境治理、世界遗产保护等公益性科技领域的实质性合作。加强与国际知名高校院所、世界百强企业的交流合作，推进厦门融入全球创新体系。发挥厦门在两岸关系中的国家战略支点作用，加强对台科技合作，发挥两岸产业技术创新战略联盟的作用，在光电、生物与新医药、新材料、集成电路产业和科技服务等领域广泛开展合作和对接，推进国家级对台科技合作与交流基地建设。推动建立副省级城市或计划单列市科技创新联盟，加强与兄弟城市的全方位交流合作，取长补短，减少同质化竞争，共谋特色发展之路。拓宽合作渠道、创新合作模式，开展形式多样的技术合作，提升厦门产业科技核心竞争力，突破我市区域的资源限制。

（二）营造全国一流的创新生态环境

建设全链条、全要素的创新创业服务平台、聚集区，加大金融支持和政策支持，完善人才保障机制，降低创新创业的门槛和成本，营造良好的创新创业生态环境，激发各类人才创造活力，推动大众创业、万众创新。

1. 载体支撑

建设“众创空间 + 孵化器 + 加速器”的创新创业孵化服务链条。在主要产业和新兴产业园区规划布局，引导企业、社会资本参与投资建设以专业化众创空间为重点、新型孵化器和加速器为支撑、产业化基地为依托的创业孵化网络。

建设新兴科技园区，“腾空间、强功能、上层次”，进一步推动专业性科技园区，如厦门生物医药港、厦门微电子育成暨产业基地、两岸集成电路自贸区产业基地、清华紫光集成电路产业园、软件园三期四期、同安国家农业科技园等建设。做强做大现有 5 个国家火炬计划特色产业基地和 1 个国家高技术产业化基地，力争获批新的国家特色产业基地和产业化基地。配套布局一批公共技术服务平台，为生物医药、软件、集成电路、新能源、新材料等产业提供科技信息、仪器共享、技术支持、成果转化、科技融资等方面服务。

拓展创新创业空间。市、区财政对创新创业空间、示范基地建设给予专项补贴，支持运营机构以低廉的价格为创业者提供基本空间保障和软硬件设施。支持国有企业或具实力的民营企业对老旧、废弃厂房等进行改造，或利用富余的拆迁安置房等社区资源，构建众创空间集聚的“梦想家园”。打造思明文创企业家和创客空间集聚区、湖里文化科技融合和电子商务企业集聚区、集美软件和大学生创业集聚区、海沧生物医药和台商聚集区、翔安微电子和台湾贸易企业集聚区、同安农民创业集聚区、火炬高新产业创业创新综合集聚区等七大特色的“三创”集聚区；建设海沧两岸青年创业创新创客基地、海沧创客家园、龙山文创园、龙头山文化科技融合产业园、集美众创综合区等特色示范基地，形成具有厦门特色的创新创业承载体系。争取到 2020 年，厦门众创空间培育 10000 家以上创新型小微企业。打造创新社区，积极改善创业条件，降低创业成本，激发创新活力，培育创新文化，构建创新生态圈。推进创新创业与城市功能结合，营造满足创业者需求的工作、学习、生活、消费等良好环境，推进产业转型升级、城市转型发展、社会转型融合。

2. 金融支持

积极推进国家促进科技和金融结合试点城市建设。构建全过程、全周期的科技金融支持保障体系。以政府投入为引导、社会投入为主体，构建股权融资与债权融资、直接融资与间接融资相结合，覆盖科技创新全过程（研发—中试—产业化）以及科技企业成长全周期（初创—成长—壮大）的多层次、多渠道的金融支持和保障体系。

构建科技金融政策支持体系。推进科技企业信用体系建设，引入专业信用评级机构，试点开展科技企业信用评级和创新能力评估工作，为科技企业对接金融资本提供保障和参考；建设全市统一的信用信息基础数据库和共享平台，促进信用信息整合应用；加大基于企业信用的金融创新产品供给，将企业（企业主）的综合信用评价结果作为支持的必要条件，对不诚信企业采取惩戒措施。推进科技金融载体建设，完善科技金融服务平台、科技创新创业服务平台等综合服务平台的建设，新增入驻一批金融和科技服务机构；大力发展科技银行、科技担保公司、科技小额贷款公司、科技保险公司、科技创业证券公司、科技融资租赁公司等科技金融专营机构和团队，引进和推动发展投资银行，对科技金融专营机构实施差别化的信贷管理制度和监督、考核机制。健全风险补偿机制，建立银政企风险共担体系，扩充风险补偿资金池，建设地方"统贷"平台和科技融资专业平台，缓解科技型中小微企业"融资难"问题。建立财政奖补政策体系，对金融机构为科技企业提供融资的，给予奖励；对金融机构为科技企业提供优惠融资成本的，给予补助。完善企业融资补贴奖励政策，通过贷款贴息、科技保险补贴、科技担保补贴、股份制改造补贴、融资租赁补贴等政策缓解科技型中小微企业"融资贵"问题。

构建覆盖科技金融各领域创新产品体系。不断丰富和创新科技金融产品，改进服务模式，积极发展区域性资本市场，开发跨机构、跨市场、跨领域的金融产品和金融服务，综合利用科技信贷、科技保险、融资租赁、债券融资、股权融资、上市融资、众筹融资等方式，不断拓展科技金融政策覆盖的深度和广度。

3. 人才引领

加强人才引进。不断完善人才政策，抓好引进人才计划的制订、组织实施、待遇落实等各个环节。继续实施"双百计划""海纳百川"等人才计划，面向国内外招聘拔尖人才和领军人才，吸引一大批高端创新创业人才和产业领军人才汇集厦门，有计划地引进一批专业技术骨干，加大吸纳国内外顶尖大学硕博士毕业生的力度。

强化人才培养。不断完善人才培养机制，健全工作制度，抓好培养计划的制订、实施、考核等工作。加大专业技术人才培养力度，继续与国内外高校和科研院所联合培养高层次专业技术人才，采取校企对接、订单式培养等形式，鼓励全国各类职业技术院校为厦门输送高技能毕业生。注重以重大科研项目和重点实验室为依托，造就一批在本学科领域内具有高知名度的专业技术骨干和学科带头人。

进一步加大人才政策宣传，做好后续跟踪服务工作，及时掌握人才在发挥专业技能、创新创业过程中遇到的问题并加以解决，掌握人才项目真实落地并实现产业化的动向，用实用足用活扶持政策。根据产业发展需要，有组织地帮助企业招聘人才。

4. 服务保障

建设完善公共技术服务平台。新建、整合公共技术服务平台。包括以提供研究开发前沿性技术、重大共性和关键技术为主的技术研发平台，以提供检测、试验条件为主的检测实验平台，以提供科技文献、标准、情报等信息服务为主的科技信息平台，以提供促进科技成果转化服务为主的技术转移平台等，并提高公共技术服务平台开放共享和运营服务水平。建立、健全平台共享机制，克服“孤岛”效应，实现与国家相关大型数据库网的联接共享，大力推动各类政府公共服务平台的数据共享和业务协同，有效整合孤立、分散的公共服务资源，放大公共资源服务效用。促进重大科技设备、实验室等公共科技资源向社会开放，同时加强对平台的服务成效考核，支持其不断调整和壮大。

进一步促进技术市场发展。完善技术市场激励政策。进一步修订完善鼓励技术转移机构、技术经纪人开展技术交易服务相关政策，加大对技术交易及服务机构奖励范围和力度，促进技术要素流通与产学研合作。优化技术转移服务体系。启动技术转移人才培养计划，激励我市技术转移机构与国内国际技术转移组织交流合作，推进技术转移服务机构向市场化、专业化方向发展，重点扶持在市场中成长、在市场中站稳脚跟的技术转移服务机构，发挥其示范作用，提升技术转移机构的整体服务水平。积极推进技术进出口，巩固和扩大我市高新技术产品占出口重点国家的市场份额，鼓励服务贸易企业引进先进技术、购买国外技术含量高或业务模式新的高端服务，推动服务贸易转型升级。建设全国性网上技术交易平台。完善国家技术转移示范基地运营平台，以互联网模式和科技创新服务相结合为方向，构建全国性网上技术交易平台，推动不同地市、不同部门的资源共享与优势互补，提升整体服务能力。

（三）强化产业转型的科技支撑作用

把握全球最新的科技、产业发展动态，主动对接“中国制造 2025”，加快实施供给侧结构性改革，构建以先进制造业和现代服务业为主导、战略性新兴产业为引领、一二三产业融合发展的现代产业体系，推动产业结构迈上中高端，不断提高产业核心竞争力。

1. 制定产业科技规划和产业技术路线图

充分发挥科技在供给侧结构性改革中的创新引领作用，梳理各个产业链条，明确产业技术水平及价值定位，确定其发展趋势、核心技术、技术壁垒等重点技术方向及项目，找出可提升的技术空间，可延伸的领域、可配套完善的环节，分别实施优化产业结构、提升产业层次、壮大产业规模、延长产业链条的科技创新工程。

2. 加强高新技术企业认定培育

做好高新技术企业优惠政策宣传，帮助企业尽快了解相关认定政策；上门服务，积极引导，帮助企业完善软硬件条件，帮助准备相关申报材料；针对重点企业，采取“一对一”模式，深入企业现场指导申报工作。科技计划项目优先支持纳入高新技术企业后备梯队的企业，有针对性地鼓励企业加大研发投入力度，指导符合条件的企业做好科技项目研发费用归集、高新技术产品认定、专利申报等高新技术企业认定前期工作。

3. 以高新技术改造提升传统产业

贯彻“中国制造 2025”，提升传统产业技术创新能力，加大技术改造力度，向价值链高端延伸。全力支持龙头企业和产业联盟开展产业核心技术攻关，突破制约企业发展、产业升级的重大难题和关键技术。加快制造业信息化，努力推进信息化和工业化深度融合，提升工业生产制造、研发设计、采购营销等环节信息化水平和工业产品智能化水平，利用高新技术改造提升传统产业。

4. 加大产业科技招商力度

增强产业招商的目的性、针对性。做好产业链条中龙头骨干企业招商，对产业发展带动能力强的科技龙头企业采取“一企一策”，加大力度引进。加强产业链中缺失节点以及延伸领域的招商，完善产业配套能力，做长产业链。强化各产业的专项招商，做大产业集群。建立产业招商项目库，实施跟踪对接。进一步跟踪国际基础应用研究的动态和趋势，引进有产业前景的科技产业项目及其研究机构，为新兴产业提供源头活水。

5. 培育科技“小巨人”企业

大力支持“小微企业创业创新基地城市示范”建设，以“新产业、新技术、新平台、新业态、新模式”为发展重点，全力营造创新创业生态体系。实施科技小巨人工程，通过支持企业技术创新、发挥园区载体功能、完善公共技术服务平台、加大融资支持等措施，推动一大批处于成长期的科技型中小企业实现快速发展。

6. 加快实施知识产权战略纲要

建立健全知识产权维权援助制度，组建厦门市知识产权服务联盟。实施重点企业知识产权管理促进工程，建立和完善企业知识产权制度，开展重大技术与装备引进、企业并购、技术出口的知识产权法律监督或审议。加大知识产权保护力度，加快知识产权的产业化应用，提高全社会知识产权意识和管理水平。

（四）深化市场导向的科技体制改革

改革科研管理体制、科技成果收益权和处置权、市场科研经费管理制度、基础研究领域科研计划管理方式等，构建符合市场需求的科研成果转化机制，实行市场导向的分配政策，健全促进自主创新的动力机制和激励机制。

1. 继续推进财政资金投入方式改革

完善财政科技经费的支持方式。政府资金按照市场需求配置，技术创新由企业来实施，引导创新资源向企业集聚，促进技术、人才等创新要素向企业流动。发挥财政资金引导作用，拉动企业、银行、社会对科技的投入，使企业成为科技投入的主体。围绕重点领域，支持公共服务支撑体系建设，如公共技术平台、重点实验室、企业孵化器和环境建设等；支持产业核心技术攻关项目，特别是产学研联合攻关。加大对基础应用研究、社会公益性研究、前沿高技术研究的支持，重点解决区域经济社会发展中的重大科技问题。创新科技投入方式。发挥市场对技术研发方向、路线选择和各类创新资源配置的导向作用，不断探索和创新财政投入与市场化机制结合的方式方法，加大政府财政科技投入的“金融化”程度。综合运用无偿资助、股权投资、创业投资引导、风险补偿、贷款贴息以及后补助等多种方式，引导和带动推动银行、证券、保险、担保、再担保、种子基金、风险投资、产业引导基金等金融资源向科技企业集聚。

2. 推进科技管理机制改革

科技管理更多向制定规划、制定政策、营造环境、监督管理、跟踪服务转变。推进科技项目管理改革。建立全市统一的产业扶持项目申报与管理平台，实现一个平台对外政策宣传和项目受理、初审、评审、公布等。加强科技计划项目顶层设计，建立健全科技项目决策、执行、评价相对分开、互相监督的运行机制。完善项目生成、评审、筛选机制，按照经济社会发展需求确定应用型重大科技任务，建立项目储备制度。进一步简政放权，培育项目管理专业服务机构，探索通过购买服务、公开招标等方式，确定科技项目管理的专业服务机构。简化项目管理流程，规范项目立项、过程管理和验收。建立科研信用体系，完善科技经费监督管理和绩效评估体系，改善科技投入绩效评估，形成“制度 + 合同 + 技术”的三位一体监督评估模式，提高科技经费使用效益，营造良好的科研氛围。深化科技评价和奖励制度改革。注重科技创新质量和实际贡献，制定导向明确、激励约束并重的科技评价标准和方法。

3. 构建符合市场需求的科研成果转化机制

改革高校、科研院所、国有科技型企业科技成果使用、处置管理制度。改革科技成果的定价方式和收益管理，实行增加知识价值为导向的分配政策，加强对科技成果完成人及促进成果转化人员的股权、分红奖励，健全促进自主创新和促进成果转化的动力机制和激励机制。支持高校科研院所等事业单位科研人员到企业兼职或离岗创业。

4. 激发科研事业单位创新机制

实行科研机构创新绩效管理、定岗定责，明确主业，建立面向产业化、市场化的研发机制。实施“研发团队企业化运行、研发目标产业化导向、服务团队聘用制管理、团队绩效市场化考核”的新机制。

（五）建立区域协同的创新创业机制

加大开放合作，充分发挥对台区位优势，实现与台湾在资源条件、产业结构、市场开拓方面的优势互补，建设两岸在创新创业资源上的双向流动机制。加强协同创新，与国内外企业、高校院所、科研机构建立多样化的合作关系，增进资源共享和技术交流，提升研发实力。

1. 构筑互动互补、共同发展的两岸科技创新新机制

鼓励和支持台湾企业、高校、科研院所、行业协会及其投资主体在厦创办各种形式的研发机构和实验室；加强与台湾高校、科研院所的合作与交流，推进其与我市签订全面合作协议；建设具有国际竞争力的科研平台，争取两地高校、科研院所共建创新团队、技术联盟等，联合开展前瞻性的科学研究，拓展更广阔的国际科技合作空间，在某些新兴产业领域抢占科研前沿的制高点，提升两岸科技水平和创新能力；创新台湾高层次人才引进新机制，吸引台湾人才来厦创新创业，打造“台湾人才特区”；吸纳台湾地区机构参与两岸科技产业合作园区的规划建设和管理运营，使厦门成为国家对台科技合作的重要基地和桥头堡。

2. 建设两岸技术交易和转移新机制

利用自贸区政策，成立两岸技术交易和转移中心，内设技术交易市场、技术评估中心等专业机构，建立多元的投融资体系，促进两岸技术、资本等创新要素自由流动、聚集和融合；规避台湾对大陆的技术转移限制，引进台湾先进的技术成果来厦落地转化；提供有效的孵化机制，吸引台湾

科技人员来厦创办科技企业；建立适用于两岸的知识产权保护管理制度，推动两岸技术创新成果转化。

3. 强化开放共享的合作机制

优化国家重点实验室、工程实验室、工程（技术）研究中心布局，建立向企业特别是中小企业有效开放的机制，实现各类技术平台互联互通，资源共享和服务协同。探索在战略性新兴产业领域采取企业主导、院校协作、多元投资、军民融合、成果分享的新模式，整合形成若干产业协同创新中心。鼓励跨部门、跨区域、跨领域协作，构建多渠道、多形式、网络化协同创新格局，加强厦漳泉区域创新合作。

4. 推动产学研合作机制

引导科研院所、高等院校、企业发挥各自优势，加大重大创新项目的联合攻关。鼓励国内外高校院所来厦设立联合实验室、研究开发中心。深化院地合作和市校合作，支持企业与院校共建研发中心、实验室、博士后工作站、工程硕士培养项目以及培训中心。围绕厦门产业发展急需的关键技术和共性技术，面向国内外院校研发团队招标实施重大科技攻关项目。支持企业以委托研究、共同开发等形式，加强同国内外高等院校和科研机构的研发合作。

（六）加强惠及民生的科技成果应用

提高民生领域的科技推动作用，以先进科技成果促进基础民生建设，以科技创新促进社会管理模式创新，提升社会治理水平，切实改善民生。推动绿色低碳技术的研发和推广，提升城市环境质量，改善居民生活环境。

1. 完善民生科技发展机制

加大投入，健全机制，完善政策，促进民生科技产业发展。围绕人民群众最关心、最直接、最现实的民生和社会发展重大需求，提升人口健康、食品药品安全、防灾减灾、生态环境、绿色建筑、公共教育等民生领域的技术创新和推广应用能力，让科技创新成果惠及民生。加强智慧城市建设，充分利用大数据创造更加利民便民的信息服务。加强文化科技创新，推进文化与科技融合，提高科技对文化事业和文化产业发展的支撑能力。

2. 加快社会管理领域科技支撑体系建设

加强统筹协调，创新应用模式，强化综合集成、信息共享和资源整合。以科技创新促进社会服务管理模式创新，提升社会管理效能和精细化程度。运用信息技术实施社会建设织网工程。推进交通运输、城市管理、社会保障、社区自治、公共安全等社会管理领域的科技创新和信息化进程，实现信息共享、互联互通，提高社会管理水平。

3. 促进城市低碳绿色发展

鼓励建设低碳技术研发创新平台，支持开展低碳技术研发攻关、成果转化和应用推广，力争在节能与能效技术、可再生能源技术、二氧化碳捕集利用技术、固碳技术等方面取得突破，形成一批拥有自主知识产权的低碳技术成果。推广清洁生产技术，加快清洁能源开发利用，强化技术节能，提高能源利用效率。构建资源综合利用与循环利用技术体系，促进资源再利用产业规模化发展。

四、重点领域

围绕“5+3+10”现代产业支撑体系，着眼于做强产业链，以产业链布局创新链，以创新链提升产业竞争力，支撑产业结构调整，引领发展方式转变。为“五个一批”谋划更多的高科技项目，根据我市科研优势及产业基础，重点聚焦于软件信息服务、计算机与通信设备、半导体与集成电路、生物与新医药、新材料、智能制造、文化创意等产业。

（一）软件信息服务

4G /5G 无线接入的普及和提速，改变了网络服务的模式和业态，深刻影响信息产业的发展。努力在新型信息产品、行业应用软件与系统、移动互联网、物联网、云计算与大数据、信息安全等方面形成创新优势，培育发展新业态、新模式、新产业，打造新的产业增长点。

实施路径：

布局攻关产业前沿技术。在云计算、大数据、网络信息安全、卫星导航、卫星遥感和 GIS 地理信息服务、4G 和 5G、物联网、数据检索挖掘、VR（虚拟现实）等方面开展关键共性技术攻关。

加大行业应用软件与系统的开发应用。推动数字医疗、社会管理、智慧城市、企业管理、金融、税务、网上教育等行业应用软件与系统的产品化，强化三网融合增值业务平台建设以及政务管理平台；依托以地下管廊、海绵城市等新型城市空间为载体的基础应用，形成以软件服务为主导的运营平台。

加快电子商务模式创新。大力发展电子商务，在电子商务服务、互联网金融服务、智慧物流、跨境电子商务、电子商务大数据分析、网络信用体系建设等领域探索创新，积极打造有影响力的电子商务平台，推动电子商务及互联网经济发展。推进虚拟经济和实体经济相结合。加快发展各类专业电子商务平台，重点支持 O2O 服务交易、技术市场、智慧交易、文化创意设计交易等非实物交易电子商务平台型移动互联网企业发展。

发展移动互联服务。重点发展移动互联网在生活、娱乐、商务的应用，以及各业务应用服务平台建设。加快基于新一代移动网络技术的增值服务平台、第三方交易平台等建设。大力发展移动应用软件 app 的开发，集聚 app 研发团队和人才，打造移动应用软件产业。推动符合国际标准和国家标准的移动支付应用服务。

发展云计算服务。支持建设云计算中心、云存储中心等公共云平台，支持企业依托厦门的公共云平台，提供信息安全、大数据分析、虚拟主机等各类云服务。

专栏　软件信息服务领域重大创新专题

项目 1：可穿戴设备

支持数字手表、GPS 鞋、智能眼镜等高端可穿戴设备的创新研发，构建以大数据平台为支持服务的可穿戴设备产业生态圈。

项目 2：公共云计算平台

推进闽台云计算产业示范区建设，支持云计算中心、云存储中心等公共云计算平台建设，为企业提供各类云服务。

项目 3：物流综合信息系统服务平台

开发物流综合信息服务平台，实现政府、物流服务企业、企业之间实时、可靠的信息交互。平台对接物流企业、生产企业，对接口岸物流、电子口岸通关，促进港口、公路、铁路、管道等多种运输方式之间以及国际贸易、海关、口岸管理、服务部门之间的信息融合。

项目 4：大数据开放共享服务平台

开展政务、交通、健康、金融、教育等大数据应用，推进厦门大数据产业发展。

（二）计算机与通信设备

计算机与通信设备市场空间广阔，高速无线网络的普及推动了网络设备、服务器、移动终端的快速发展。重点发展高性能服务器、云计算存储系统、计算机整机、移动终端、平板笔记本等硬件产品设备。发展高性能路由器、无线基站、光通信设备等网络设备，跟踪研究量子通信等新一代通信技术。

实施路径：

支持高性能计算机的开发。发展高性能工作站、服务器，满足企业工业设计及网络机房的需求；发展三防高可靠性计算机，满足特种行业及工矿车间等的应用需求。

支持新型移动终端的开发。支持新型智能手机产品的开发；支持新型平板笔记本的开发。推动高性能高可靠性配套零部件的开发，提升笔电产品的质量。开展移动芯片、移动终端传感器、人机交互等物联网核心关键技术攻关，使智能终端制造业跃入高端化；设计与研发可穿戴设备、互联网电视、智能路由器等趋势性终端产品。建设完善的智能终端评测验证环境，实现智能终端软硬件的协同优化。

支持通信设备的开发。大力支持光传输中新型关键模块、器件及塑料光纤的研究与开发；云计算数据中心 40 ~ 100G 高速数据传输光电芯片 / 光器件 / 光收发模块 / 有源光缆研发及产业化；移动互联网 4G 移动通信网络光收发组件的研发及产业化；宽带无线接入系统产品的研究与开发；LTE 基站、终端、芯片的研发及产业化；应用于物联网的光电传感器开发研制等。支持厦门企业形成系统集成服务能力，并在局部关键器件模块形成技术领先。

延伸、完善光通信产业链。吸引光通信产业链上的配套企业，特别是引入台湾光通信器件自动化制造企业，提升产业规模；实现厦门光通信产业与省内微波产业链的衔接，解决微波光电子关键技术，带动相关中小企业的成长。

跟踪量子通信、LED 可见光通信技术的最新进展。支持相关研究工作，为未来量子通信、LED 可见光通信技术的发展做好技术储备。进一步提升光通信的芯片设计能力，打造厦门光通信产业的核心优势。

专栏　计算机与通信设备领域重大创新专题

项目 1：高性能服务器开发

开发通用高性能服务器，力争使运算能力、可靠性、扩展性等重要指标与国际先进水平同步。

项目 2：移动终端及关键组件开发

开发高性能高可靠光电传感器、新型触摸屏组件、摄像头组件、电源管理单元等关键组件。开发新型智能手机、平板笔记本等终端产品。

项目 3：通信核心元器件研制

攻关研制高性能高可靠的光纤接入网中的关键组件和光模块、激光驱动器芯片、限幅放大器芯片、跨阻放大器芯片、模数转换芯片。

（三）半导体和集成电路

集成电路是信息技术产业的核心，其基础性、战略性、先导性作用地位进一步凸显。发展以集成电路、平板显示、LED 照明产业为主的优势半导体微电子技术产业，加快拓展上下游产业链，提升从芯片设计、制造、封装测试、应用模组研发、终端及系统产品生产整个产业价值链。

实施路径：

加强技术创新支撑平台建设，提升芯片设计能力。以集成电路设计公共服务平台为基础，重点支持先进工艺的器件模型及先进算法的 IP 库建设和 EDA 工具的开发，鼓励发展移动通信、光纤通信及高清电视的数据传输处理芯片、高质量 LED 的电源驱动芯片、工业应用控制芯片、音视频编解码芯片、加解密算法安全芯片等设计技术，设计开发一批具有国内领先技术水平和较好市场前景的 SoC 及 ASIC 产品。为提供以芯片为核心的成套应用解决方案，大力发展自动控制程序编程能力，尤其是面向装备的智能控制程序等。

合作引进、消化吸收，打造先进芯片制造能力。在引进 28nm 级先进晶圆生产线和砷化镓高速芯片及氮化镓功率芯片的特色工艺线基础上，继续支持建设砷化镓和氮化镓外延片生产线和引进更先进、有特色的晶圆生产线，重点做好生根落地计划，培育本地集成电路领域相关的微电子工艺技术研发队伍。在全面提升我市晶圆制造和特色材料外延片生产能力的基础上，同步提升我市芯片封装测试及特色器件工艺开发能力，为产业链的下游应用提供高质量芯片和有特色器件产品。

扶持本地企业发展，挖掘企业产品创新能力。鼓励本地企业利用自身技术或市场渠道优势，参与半导体与集成电路新产品的开发。针对厦门优势的智能终端和系统产品所需的配套元器件或部件，大力支持有关新型 MEMS 器件、高性能传感器、光电一体化器件等创新产品开发，提高终端或系统产品性能，提升本地产品市场竞争力。同时，鼓励本土企业参与开发高可靠性及军工级电子器件，不断开拓电子元器件新品种，提升企业产品附加值。

结合本地产业优势，加强芯片产品应用开发能力。针对厦门 LED 和平板显示的产业优势，以现有的 4、6 英寸兰宝石 PSS 衬底和同质 GAN 衬底的外延技术为基础，支持开发大功率倒装芯片和小间距 LED 芯片工艺技术，支持发展 LED 大功率 COB 集成封装、晶圆级封装、集成模块化封装等封装技术，支持拓展紫外及红外 LED 应用开发技术；以现有的平板显示产品加工技术为基础，支持发展中大尺寸触控屏、挠式显示器件、内嵌式（in-cell）触控面板等的触控、驱动、显示一体化产品加工技术，支持跟进 AMOLED 面板、量子点 LED 显示、小间距 LED 及 3D 显示等显示屏生产技术；以现有 LED 灯具和照明产品为基础，支持开发智能照明技术，提升产品安全性、可靠性和性价比，拓展在农业、医疗、车辆、可见光通信等方面的新应用。

开展产业链招商引资，完善集成电路产业链。积极承接台湾微电子产业的技术转移，成立集成电路产业基金，大力支持吸引台湾的资金注入、关键核心技术转移、高级技术管理人才的输入，借力提高产业水平；支持龙头企业通过技改、增加投入，兼并、扩大规模，积极引进国内外有创新能力的半导体企业到厦门发展，加强产业链关联度，提升产业价值链。

专栏　半导体和集成电路领域重大创新专题

项目 1：先进的数字处理芯片

瞄准 28nm 以及先进的工艺线，设计开发和产业化生产高精度高速数模转换芯片、宽带数据传输处理芯片、工业控制处理芯片、音视频处理芯片、手机多核处理器芯片、网络安全信息处理芯片、高速存储处理芯片、记忆体芯片、DSP、FPGA 等产品。

项目 2：有特色的传感器芯片

瞄准新材料及特色工艺生产线，研发有特色的高频、大功率器件及高精度、高可靠性传感器芯片，并实现产业化，包括 IGBT、HMET、VCSEL、MEMS 等特色器件和超高温高压、速度位移、电流电量、微尘烟雾等传感器，力争多种传感器及半导体器件产品达到世界先进水平。

项目 3：高质量大圆径新材料单晶及异质结或二维材料

瞄准大尺寸液晶显示应用及新器件开发技术，以硅基材料为主体结合碳基等新材料，开发或引进吸收再创新相关的半导体材料、光电子材料、碳化硅和石墨烯等新材料技术，实现产业化应用。

项目 4：整机设备智能化、模块化、网络化和微型化集成创新

瞄准集成电路及传感器芯片应用，重点研发整机设备智能化技术，结合先进工业总线技术及射频识别技术，融合应用具有自主知识产权的 IC 芯片和 MEMS 传感器芯片产品，实现整机设备的模块化、微型化和智能化。

项目 5：集成电路产业创新支撑（平台）项目

重点支持以晶圆制造、高端封装、芯片检测等集成电路产业链重要环节的工艺技术开发和基础研究条件建设，为集成电路产业发展提供良好的生态环境。

项目 6：集成电路 IP 库建设及设计工具开发项目

重点支持以集成电路知识产权保护和自主设计能力提升为宗旨的器件工艺模型与 IP 库建设和 EDA 工具开发，鼓励产学研合作共同开发具有自主知识产权的专利技术或平台工具。

项目 7：内嵌式（in-cell）触控面板

重点支持面向显示面板创新应用的触控技术开发，结合新型触控传感器及其驱动芯片应用，开发一体化集成（TDDI）的内嵌式（in-cell）触控面板，加速成果产业化与产品推广应用。

（四）生物与新医药

以生物医药、生物制造和生物服务为核心，大力发展包括海洋生物、生物农业、功能食品、化妆品等日化用品、健康器材、健康服务和医药电子商务的大健康产业。发挥产业基础优势，重点发展诊断试剂与疫苗、基因工程药物和海洋生物技术。

实施路径：

建设一批支撑产业发展的基地和平台。以生物医药港为基础，建设具有对台合作特色的生物医药与健康产业基地。加快建设台湾生技产业园、生物医药企业加速器、双百人才孵化器等基地，加强园区配套建设，发展产业社区。围绕产业发展的重点领域和薄弱环节，建设和强化一批技术创新和技术服务平台和市场交易平台，重点支持实验动物中心、生物等效性临床试验中心、生物安全Ⅲ级实验室（P3）等产业急需平台的建设，支持厦门市食品药品质量检验研究院强化检测评价能力建设，争取获批药品、医疗器械注册检验资质。

加强产学研用深度融合，支持一批重点产业化项目。充分发挥厦门大学的生物医药科技优势，支持诊断试剂与疫苗国家工程中心、分子疫苗学和分子诊断学国家重点实验室等科研平台建设，不断加强诊断试剂与疫苗、基因药物、分子抗体等的原始创新能力和成果转化能力。筛选一批重点产业化项目，包括基因工程疫苗、治疗性抗体药物、长效性蛋白质药物、抗肿瘤药物、海洋活性药物、诊断试剂、医疗器械、生物医用材料、功能性食品、高端化妆品等。

推动一批重点技术创新。发展合成生物学技术、组学技术、高通量测序技术等行业平台技术以及抗体工程、干细胞、生物治疗、组织工程等行业前沿技术。推动大数据分析技术、生物信息分析技术、云计算技术、3D 打印技术、纳米技术等在生物与新医药领域的交叉，形成新应用。

加强科技招商与国际合作。办好 2017 年世界医药健康信息学大会，吸引国内外资本和技术落户厦门。支持我市有条件的企业开展国际认证和产品国际注册，参加国际展览，发掘海外市场。积极争取世界卫生组织药品注册亚太培训基地落户厦门。

专栏　生物与新医药领域重大创新专题

项目 1：高端医疗设备及新一代诊断试剂

以现有诊断试剂产业优势为基础，开发一批用于精准医疗的个性化诊断试剂，突破化学发光免疫分析技术，实现高端医疗器械及其诊断试剂的一体化，加快国产体外诊断试剂升级换代，打破国际寡头在国内高端市场的垄断。

项目 2：新型疫苗和抗体药物

以厦门大学国家传染病诊断试剂与疫苗工程技术研究中心为核心技术支撑，打造一批在国内外具有显著技术优势的产品，重点推进宫颈癌疫苗和尖锐湿疣疫苗等新型高端疫苗的上市，储备一批具有良好市场前景的抗体药物以及生物活性原料。

项目 3：海洋生物医药

应用高效分离技术、发酵技术、基因工程和生物催化等现代生物技术，开发具有资源特色和自主知识产权的海洋新药物、海洋功能性食品、海洋生物制品和海洋生物材料等。海洋生物有效成分提取技术达到国际先进水平。

项目 4：基因工程蛋白质药物及其修饰药物制造

完成现有重组人干扰素、重组人促红素等优势基因工程重组蛋白质药物新药临床研究，实现多个储备的一类新药上市销售；开发多个具有显著技术优势的基因工程药物。

项目 5：生物医药创新服务平台建设

以现有重点实验室、工程研究中心和骨干企业技术研发中心为依托，建设生物工程药物专业评价、试验、孵化器，开展中试、临床前实验、临床试验和检测、实验动物综合性服务、培训教育等服务，建成贯通研发、孵化、中试及产业化等成果转化环节一站式服务与整体性解决通道。

（五）新材料

发挥新材料技术对相关产业升级的带动作用。加强新材料特色细分产业核心技术联合攻关、公共技术服务平台策划建设和产业链集群式成果转化能力示范建设。形成在特种金属及功能材料、铝材料、高性能膜材料、稀土材料、纳米及二维功能材料、纤维材料、防火防腐涂料、生物材料以及新能源材料等方面具有技术和市场优势的新材料细分产业。

实施路径：

支持前沿新材料的基础研究。支持厦大等高校院所开展纳米及二维材料、高性能金属材料、催化剂、生物医学材料等的基础研究，支持引进国内知名高校院所联合组建各新材料研究院，打造新材料应用研发平台，开展石墨烯材料、富勒烯、纳米材料、二维半导体材料 MX2 等共性基础材料的机理研究、制造技术和应用开发。

推动新材料的应用研究和产业化。进一步推动钨钼材料及超硬合金工具的创新和产业化，鼓励中科院厦门稀土材料研究所等科研院所加强材料产业创新研发，开发稀土材料及稀土储氢、稀土电池、稀土发光等稀土功能材料及产品。进一步推进海洋材料研发和产业化，支持中船七二五所厦门材料院与相关高校企业联合推进海洋先进结构材料、新型功能材料和高性能复合材料的研发和产业化。

创新新产品延伸产业链。鼓励开发新型纳滤膜、反渗透及海水淡化、污水处理、药品分离等膜材料，进一步支持膜分离技术的集成，推进海水淡化、污水处理、楼宇直饮水、药品生产等膜分离应用；研发新能源汽车电池材料、催化剂及光触媒、功能高分子材料、新型半导体材料、高端显示材料等新型功能材料；研发高强度碳纤维材料、高性能热塑性弹性体和先进纤维材料、无机陶瓷纤维等高性能纤维材料，推动相关纤维复合材料的开发生产；研发多功能环保型防护涂料，推进其在海洋工程、高端装备、建筑工程等领域的应用；加快组织修复与再生生物医药材料的研究、开发和应用，推动生物材料的发展。

专栏　新材料领域重大创新专题

项目 1：海水淡化膜材料及大型成套设备研制

开发生产国内领先的高效能高可靠性低成本的海水淡化反渗透膜、大型成套海水淡化设备。

项目 2：新型动力电池材料开发

支持新型高性能锂离子电池、燃料电池等的电解液、隔离膜、电极、储氢材料等新材料的创新研发，力争在新能源动力电池材料领域取得重大突破。

项目 3：石墨烯应用关键技术联合攻关

按照工信部发布的工业 2025 技术路线图，组织厦门相关产学研用机构，联合攻克石墨烯核心制造技术、石墨烯在海洋重防腐蚀涂料、锂离子电池材料、导电油墨材料、LED 封装材料等的应用关键技术，推进厦门石墨烯基海洋重防腐蚀涂料等材料的产业化发展。

项目 4：建设厦门市聚合物基复合材料研发中心

研发聚合物基复合材料，包括高性能纤维的开发及其在高技术领域的应用，聚合物 - 无机固体废弃物的复合技术与综合利用、复合材料加工技术、聚合物基纳米复合材料，促进聚合物材料产业集群的形成。

（六）智能制造

围绕“中国制造 2025”，加快突破制约高端装备制造业发展的关键共性技术、核心技术和系统集成技术，发展以车辆、工程机械、输配电与电力电器、特种船舶、轻型飞机、工业机器人、数控机床、自动化智能化生产线、关键零部件等为代表的现代装备制造产业。加快航空维修产业发展，支持卫浴橱柜、运动器材等传统制造业的创新和研发。提升厦门工业设计水平，实现产品技术与美的结合。

实施路径：

提高智能制造水平。通过生产线的优化和配置，工业机器人的应用，增强制造业与信息化的融合，实现数字化、网络化、智能化，提高生产效率与质量，降低成本，使装备制造业升级为智能制造业。

突破关键零部件的开发制造瓶颈。重点发展高端（高压、高精度、高可靠性等）液压元器件的设计制造，高档数控机床及控制系统，高性能传感器、车辆电子控制系统，飞机零配件设计与制造等，从源头上打造厦门制造竞争力。

支持数字化设计和制造技术研究。优先支持全数字化、模块化设计与制造集成关键技术，数控与智能化技术，虚拟仿真与试验研究，NVH 分析与应用，轻量化技术，高精度加工技术，关键加工处理工艺及质量控制技术，虚拟制造，3D 打印技术。

支持系统集成技术研究。通过各种先进技术和部件的集成，研发生产新型高性能车辆、船舶、海工装备、轻型飞机、工业机器人、盾构机等地下空间开发装备、市政环保装备、应急救援工程装备、自动化成套生产线等大型智能化装备。

发展智能电网设备。研发智能化高可靠的电网设备、节能环保新型电气设备，积极形成成套集成服务能力。建设厦门高压电器质量检测中心，提供绝缘试验、容量试验、温升试验等相关公共检测服务。

发展绿色制造及再制造技术。加强对传统制造业进行绿色化改造，推行低碳化、循环化和集约化，提高制造业资源利用效率；强化产品全生命周期绿色管理，构建高效、清洁、低碳和可循环利用的新型制造业。加快发展航空维修、船舶返修、装备安装维修、汽车连锁维修、盾构及工程机械再制造等维修业。

发展智能电网设备。研发智能化高可靠的电网设备、节能环保新型电气设备，积极形成成套集成服务能力。

发展新能源汽车。打造从整车、电池、电机、电控、检测到商业运营、智能充换电配套服务完整的新能源汽车产业链，在整车、动力电池等领域形成国内领先优势。

专栏　智能制造领域重大创新专题

项目 1：机器人

支持机器人本体、高精度传感器、高精度伺服电机及液压动作器、智能数控系统、工业机器人系统及成套集成应用等。支持生活服务类机器人的研发生产。

项目 2：新能源汽车

支持新能源汽车动力电池（锂离子电池、石墨烯电池、燃料电池）及电池管理系统、车用驱动电机及电机控制系统、智能充电系统、整车控制系统和整车制造等的研发及产业化。鼓励和支持超高强度钢、碳纤维等复合材料在新能源汽车上的应用。

项目 3：船舶先进制造关键技术研究及应用

开发船舶产品数据管理与战略、智能决策系统平台；船舶 CAD 和虚拟仿真等关键技术研究；精益造船模式的应用；船舶涂层新工艺研究与可再生能源技术的应用；游艇设计与制造技术研发应用。

项目 4：工程机械研发与集成创新平台建设

建设开放式工程机械研发与集成创新平台，重点建设工程机构结构件 CAE 应用设计中心、液压仿真设计与试验中心和工业中心等研究机构。

（七）节能环保

加强节能环保领域的技术创新，大力发展技术领先、绿色低碳的节能环保技术装备与产品。坚持应用拉升，推广先进节能环保技术、工艺和装备，形成拥有龙头企业和优势产品，推广应用能力强的节能环保产业。

实施路径：

加快环保新技术的创新研发和推广应用。创新大气脱硫脱硝除尘装备及技术，完善固体废物资源化利用技术、垃圾焚烧处置技术、等离子焚烧技术及先进污染控制系统；开发膜法和化学吸收法等污水处理技术。

提升工业节能技术和服务水平。加快创新先进电机变频技术、海水源热泵技术、高效热交换技术、电磁加热技术，无功补偿技术等工业节能技术。开发永磁变频电机、变频风机、变频水泵、海水源热泵、节能配电变压器等节能产品，加快工厂余热余压的回收利用。大力扶持工业节能服务公司和综合能效管理业务公司的发展。

提高建筑节能及建筑工业化技术研发与推广力度。推进绿色建筑与建筑节能技术深化发展，加快建筑工业化关键共性技术研究和集成示范，促进建筑工业化与信息化深度融合，推动建筑垃圾资源化处理，开发应用绿色建筑材料。

专栏　节能环保领域重大创新专题

项目 1：绿色建筑材料创新与应用

开发应用轻质、高强、保温、隔热、节能、利废的新型墙体材料、防水保温隔热材料、建筑节能玻璃、新型节能门窗、环保型功能建筑涂料、高性能混凝土、高性能建筑陶瓷、低 VOC 装饰装修材料、新型玻璃隔热膜等。

项目 2：推动静脉产业示范园建设

静脉产业园产业链应包括资源回收利用以及废弃物无害化处理的分解产业，使园区形成“自然资源、产品、再生资源”的循环经济闭合环路，并为园区中的制造企业提供再生的原材料，以解决内部信息不对称的问题，搭建起完善供需双方之间的信息桥梁。

项目 3：节能环保产业公共技术服务平台建设

集中力量突破节能环保产业共性技术难题，为整个节能环保产业提供公共技术服务。制定和发布节能技术政策，大力组织行业共性技术的推广应用，加快节能环保产业整体向前推进。

项目 4：海水源热泵示范工程

在大嶝机场、两岸新兴产业和现代服务业合作示范区等近海筹建海水源热泵供热供冷工程，以项目带动厦门的海水源热泵、高效耐腐蚀热交换器、变频电机等制造和系统集成的发展。推广厦门近海工业区和小区的海水源热泵集中供热供冷改造，以及厦金海域生态修复关键技术集成与示范工程。

项目 5：建设覆盖全市的水处理、中水回用示范工程

整合全市污水处理、中水回用系统，完善同安、翔安、正在开发和规划开发区的水处理系统，形成全市统一的水处理工程。

项目 6：绿色建筑及建筑工业化关键共性技术研究

围绕建筑领域节能减排、优化升级和建筑工业化的重大科技需求，加快绿色建筑与建筑工业化的新技术、新装备、新模式等关键共性技术研发，包括：建筑用能管理与节能优化技术，既有建筑节能和绿色化改造技术，建筑工业化设计、生产、施工、检测与评价技术、建筑垃圾资源化循环利用技术、污染监测等。

（八）文化创意

以厦门市文化和科技融合示范基地为基础，搭建公共技术服务平台，重点发展数字内容与新媒体，加强文化对信息产业的内容支撑和创意设计提升，加快培育双向深度融合的新型业态。

实施路径：

加强文化与科技融合。研究和攻克关键共性技术在文化产业中的应用，包括高效快速的数字内容编码压缩和传送技术、海量文化内容的存储、管理检索和深层次挖掘利用；加快超算中心、存储中心建设，创新云计算服务技术和模式；研发大型多媒体屏幕拼接技术，声光电等全息技术，实现生产高像素大型多媒体屏幕能力。推动以软件园为基地，聚焦高清、三维和虚拟现实的内容制作，影视作品后期制作中的调色、渲染和特效合成技术。

数字内容开发。开发动漫游戏产品及其开发工具，建设动漫游戏产品的测试和互动游戏平台，推广以 VR 为引领的数字虚拟技术，改善用户交互体验，创造动漫衍生产品。

走本土特色发展道路。充分利用厦门优越的自然、人文景观，承接来厦影视拍摄的剧组在厦进行后期制作。深入挖掘闽南文化资源，促进文化创意产业与其他现代服务业门类和高新技术产业的互动融合，推动有文化内涵的新产品和新业态的发展，大力发展文化衍生产品，并有效接驳旅游市场，提升厦门文化创意品牌的输出能力。

建平台，促发展。搭建“动漫游戏产业科技创新服务平台”“工业设计科技创新服务平台”“公共社交平台”等文化和科技融合创新公共服务平台。推动文化创意和设计服务与相关产业融和发展。

专栏　文化创意领域重大创新专题

项目 1：文化创意产业科技创新服务平台

依托厦大软件学院等高校，构建公共服务平台，研究攻关游戏引擎设计、动作捕捉、虚拟现实、影视数字制作处理、高清三维多媒体等的关键共性技术，推动新技术的应用。

项目 2：数字内容编码压缩和传送

研究应用高效快速的数字内容编码压缩和传送技术，争取形成标准。

项目 3：设立数字内容后期制作孵化器

支持数字内容后期制作技术的发展，重点引进美国、加拿大、我国台湾等国（境）内外相关产业的龙头企业或标杆品牌，开展数字内容服务外包项目，建设数字内容后期制作人才培训基地，促进本地数字内容产业的发展。

（九）现代农业

重点发展现代种苗业、智能设施农业、农产品精深加工业等现代都市农业，发展具有厦门特色的农林作物种子与种苗规模化繁育、质量检测技术和种质资源保护收集利用。推广优质抗病畜禽、水产、特种养殖新品种及快速扩繁、规模化标准化健康养殖和质量控制技术，研发低碳轻面源污染农业新技术。

实施路径：

发展高科技种苗业。大力支持生物育种，培育动植物新品和，示范和推广优新品种、农业标准化生产。构建以产业为主导、企业为主体、基地为依托、产学研相结合、育繁推一体化的现代种业体系，提升种业科技创新能力。

发展智能设施农业。加快推进物联网等新兴信息技术在大田种植、畜禽养殖、设施栽培、健康养殖、精深加工、储运保鲜、农产品流通及农产品质量安全追溯等领域的应用，实现农业生产经营的可视化、数字化、智能化、精准化及高效化，进一步提高农产品产量和质量，推动农业产业升级，实现高效种养与环境友好同步发展。

发展农产品精深加工业。开展农产品深加工技术，优先开展名特优农产品精深加工贮藏保鲜新技术、新产品、新工艺研发；特色畜禽、果蔬、茶叶、水产品的精深加工技术研发；特色农产品功能成分提取、纯化及应用研究。

提高农产品质量安全水平。利用农业物联网的存储、传输和查询功能，通过信息化平台实现农产品追溯，提高农产品质量安全标准；研究畜禽养殖和动植物病虫害绿色防控新技术，建立动植物健康栽培（养殖）管理平台，指导农民合理施肥和安全用药，有效降低农药残留危害人体健康及污染环境的概率，保护农业生态环境。

以交流合作提升产业水平。充分利用在厦高校、科研院所的科研力量，加强与国内外知名农业科研机构的交流合作，引进我国台湾和以色列等先进的现代农业技术，结合厦门地理、气候等条件，建立高效现代农业技术应用的示范基地，提升我市现代农业技术水平。

专栏　现代农业领域重大创新专题

项目 1：创新农副产品生产销售新模式

积极探索互联网 +、创意 + 与一产、二产和三产的融合，发展第六产业，打造现代农业全产业链，充分运用高新技术进行农副产品精深加工，提高产品附加值。

项目 2：建设高效栽培示范与新优品种引繁基地

开展与台湾种苗业的合作，通过对台湾农业优良品种、先进技术和先进管理经验引进吸收再创新，建立设施化高效栽培示范基地，进一步提高厦门现代农业发展水平和产品质量；依托龙头企业，重点发展水产（含观赏生物）、林业（含花卉、芳香植物、药食同源保健植物）、果蔬等三大类优良种苗引繁，使厦门成为优良种苗繁育基地。

项目 3：建设现代农业公共服务系统

建立农业新品种育繁、种苗研发及相关技术研发（可降解育苗容器技术、种子包衣技术、人工种子技术、微生物菌肥在育苗中的应用技术、新型植物育苗生根促进剂技术、太空种子繁育技术）公共平台，加强农业技术培训和新技术推广应用；实施科技特派员创业行动，示范带动农村青年创新创业。

项目 4：休闲观光农业示范工程

按照“合理规划、有序发展、保护生态、群众受益、突出特色”的原则，加大扶持力度，建设一批有特色、上档次、成规模的休闲农业（含都市型设施园艺）、林业和渔业示范点；发展乡村主题休闲农业旅游、森林生态旅游、滨海休闲渔业旅游等休闲观光农业。

项目 5：建立作物健康栽培管理平台

根据现代都市农业和设施农业发展的需求，研发作物栽培管理、土壤检测、病害快速检测、诊断、防治、化学和生物农药剂量选择、毒理研究、环境影响评价等关键技术，建立作物健康栽培管理平台，由专业的“植物医生”协助农民解决作物栽培过程所遇到的问题，指导农民合理施肥和安全用药的原则，有效降低农药残留危害人体健康及污染环境的概率，进而降低生产成本，提高农产品品质。

（十）民生科技

重点围绕人民群众最关心的民生和社会发展需求，提升人口健康、生态环境、海洋经济、绿色建筑、资源、防灾减灾、公共安全等民生领域的技术创新和推广应用能力，让科技创新成果惠及民生，为实现“机制活、产业优、百姓富、生态美”提供科技支撑。

实施路径：

社会管理方面，重点加强社会安全预警、监控和防范；生产安全预警、监测及应急保障；食品安全溯源、检测及预警处置；健康安全检测、预警与疾病防治技术研究。开展现代信息技术在智慧交通、数字医疗、数字家庭的研究和应用。开展跨海大桥、海底隧道和轨道交通公共安全和养护管理技术研究。

医疗卫生方面，不断提高医疗水平和服务能力，保障百姓的身体健康。围绕重大疾病的诊断与治疗，根据厦门历年健康报告所展示的重大疾病谱分布情况及重大传染性疾病，重点支持肿瘤、心脑血管、代谢性疾病、呼吸系统等疾病诊断体系和应用，推动优势专业诊疗和研究平台的建设与推广，形成“开放、流动、联合、竞争”的运行机制；推广医疗卫生创新技术的应用，促进学科交叉融合和发展，加快转化医学的发展和产学研合作体系建立。

专栏　民生科技领域重大创新专题

项目 1：智能交通诱导技术创新项目

建立基于 GIS 的城市智能交通诱导系统，将先进的信息技术、数据通信传输技术、电子传感技术、控制技术及计算机技术等有效地集成运用于整个地面交通管理系统，为驾驶员提供及时动态交通信息，并实现智能交通指挥控制。

项目 2：重大传染病防控体系建设

研究重大传染病的防控技术和体系，建立预警和应急处理方案，严防 MERS 等新型重大传染病进入我市。

项目 3：可信二维码公共服务平台

提供企业和产品二维码标识注册申请、产品信息展示、产品追溯 / 防窜货 / 营销二维码统一接入登记展示、可信二维码检测等公共服务，实现政府管理部门、企业、消费者之间的信息透明与共享。

项目 4：环境监测、应急和预警系统开发与应用

建立包含空气、地表水、近岸海域、生态环境、城市噪声、污染源等环境监测网络，重点开发适应本地需要的环境自动监测、应急监测、急需的常规监测以及环境应急处理技术与系统（设备）。大力支持重点污染源自动监控技术的研发和应用。

五、保障措施

围绕营造良好创新生态，加大普惠性政策落实力度；发挥好财政科技投入的引导激励作用和市场配置各类创新要素的导向作用，优化创新资源配置；强化组织领导，形成规划实施的强大合力与制度保障，推进规划顺利实施。

（一）加强组织领导，健全监督考核机制

1. 完善科技规划实施机制。切实加强对科技规划的组织领导，督促制订年度工作计划，部署科技规划的实施工作，将规划工作任务逐项分解到各相关部门，做到责任明确、任务具体、时限清楚。加大对科技规划实施的指导、协调和统筹力度，各区、各部门每年年底向政府有关部门书面报告本年度科技规划实施进展情况，及时研究解决规划实施过程中出现的困难和问题。确保对规划进行必

要的动态调整与适时修订，保障规划制订、执行的科学性。

2.强化规划实施评估监督。不断完善“一把手抓第一生产力”工作机制，将科技规划实施绩效纳入领导干部目标管理考核责任体系，为科技发展提供组织、制度、机制和环境上的保障。加强规划实施情况评估，监督重大项目的执行情况，提高科技规划的实施效果。完善规划指标统计制度，为科学评估提供支撑。加强规划宣传，着力推进规划实施的信息公开，健全政府与企业、市民的信息沟通和交流机制，提高规划实施的透明度。发挥新闻媒体、群众社团的桥梁和监督作用，促进科技规划的有效实施。

（二）加大科技投入，助力产业创新发展

1.加大科技投入力度。政府财政应逐步增加财政科技经费的投入，各级政府全力保障科技创新发展经费的需求。整合各部门的产业扶持资金，统筹建立“产业扶持资金池”，围绕我市产业发展规划和布局，重点向科技攻关、科技成果转化与产业化、科技公共服务平台和产业基地等领域加大扶持力度。

2.加强科技工作宏观统筹。建立市、区科技部门的工作会商制度，完善科技部门与其他部门在政策制定和工作协同方面的协商机制。加强科技资源的整合，以重大科技计划项目为纽带，形成各级科技部门目标聚焦、资源集聚、工作集成的联动机制；以资源共享、优势互补、规范竞争、行业自律为导向，推动产学研整合、联合，实现协同发展。按照一个产业规划配一个政策原则，在产业技术研发、成果转化和产业化、示范应用、空间保障、人才引进等方面给予大力支持。

（三）强化政策落实，加大行政执法力度

1.贯彻执行国家激励自主创新政策。充分利用国家财政税收政策，支持和鼓励企业加大科技投入；认真执行国家金融政策，建立健全鼓励中小企业技术创新的信用担保制度和科技创新创业投融资体系；切实贯彻国家有关政府采购的政策法规，加大政府采购对企业自主创新的引导和扶持力度。

2.加大科技行政执法力度。开展对我市科技进步法规执行情况的调研和检查监督，特别要确保财政科技投入的依法增长和科技创新与研发资金的高效使用，认真落实专利促进与保护条例和专利资助办法，依法查处各类专利案件。

（四）加强科技宣传，培育发展创新文化

1.大力培育和弘扬创新文化。树立创新理念，发扬敢闯敢试、勇于创新，追求卓越、宽容失败，开放包容、崇尚竞争，富有激情、力戒浮躁的创新精神，构建有利于创新人才成长的文化环境。加强科研职业道德和科研诚信建设，遏制科学技术研究中的浮躁风气和学术不良风气。注重舆论引导，加强对重大科技成果、典型创新人物、创新型企业的宣传，加大对创新创造者的奖励力度，充分激发创新创业活力，在全社会营造更加浓郁的创新创业氛围。

2.加强科学技术普及，全面提高公民科学素养和创新意识。开展科技活动周、科普日、科技讲座等形式多样的科普活动，在全社会大力弘扬科学精神，宣传科学思想，推广科学方法，普及科学知识。充分尊重群众的首创精神，广泛开展群众性科技创新活动，动员广大群众积极投身到建设创新型城市的具体实践中来，夯实推动创新发展的社会基础。

“十三五”青岛市科技创新规划

“十三五”时期是我市深入实施创新驱动发展战略，推动以科技创新为核心的全面创新，加快建设国家东部沿海重要的创新中心、国家重要的区域服务中心、国际先进的海洋发展中心和具有国际竞争力的先进制造业基地（以下简称“三中心一基地”），着力打造创新之城、创业之都、创客之岛，建设宜居幸福的现代化国际城市的关键时期。依据《“十三五”国家科技创新规划》《青岛市国民经济和社会发展第十三个五年规划纲要》，结合我市科技创新实际，制定本规划。

本规划是“十三五”期间青岛市科技创新发展的指导性文件和行动纲领。

一、把握科技创新大势

（一）科技创新工作情况。“十二五”以来，我市大力实施创新驱动发展战略，加快创新型城市建设，深化科技体制机制改革，推动创新布局从“小科技”向“大科技”、创新主体从“小众”向“大众”、创新资源配置从“小投入”向“大投入”转变，创新生态不断优化，创新能级迅速攀升，科技支撑经济社会发展的作用进一步增强，为“十三五”科技创新发展打下良好基础。

1. 创新要素加速集聚。青岛海洋科学与技术国家实验室、国家深海潜水器基地、国家海洋科学综合考察船等重大平台建成投入运行。与中国科学院开展战略合作，形成“2 所、8 基地、1 中心、1 园区”（中科院海洋研究所、中科院生物能源与过程研究所；光电院、声学所、应化所、软件所、自动化所、兰州化学物理所、工程热物理所等青岛研发基地；中科院青岛育成中心；中科院青岛科教园）发展格局。山东大学青岛校区、哈尔滨工程大学青岛船舶科技园、天津大学青岛海洋技术研究院、中海油青岛重质油加工工程技术研究中心、中船重工青岛海洋装备研究院等一批高校、央企研发园区启动建设。惠普、日东电工株式会社等国际知名公司在青岛设立产业基地及研发中心。全市现有普通高校 22 所，国家级驻青科研院所 22 家，省属科研机构 6 家；科研与技术开发机构近 800 家，较“十一五”期间增长 40%；人才资源总量达到 160 万人，比 2010 年增加 40 万人，共有两院院士 27 人、外聘院士 35 人，全社会研发活动人员总量 46171 人年。

2. 技术创新取得突破。高速列车、新型显示、智能家电等一批产业关键技术取得重大突破。拥

青岛市人民政府办公厅，青政办发〔2016〕32 号，2016 年 10 月 28 日。

有国家级重点实验室 9 家、省部级重点实验室 91 家、市级重点实验室 66 家，国家工程技术研究中心 10 家、省级工程技术研究中心 52 家、市级工程技术研究中心 176 家，国家认定企业技术中心 33 家；组建各级产业技术创新战略联盟 82 家，高新技术企业 964 家、科技型中小企业达到 7309 家、“千帆计划”入库企业 1573 家。“十二五”期间，全市发明专利申请共计 135281 件、发明专利授权 12600 件，累计获国家科学技术奖励 48 项、省科学技术奖励 379 项。

3. 投入体系日趋完善。建立了科技投入与社会资金搭配机制和市场选择项目机制，调整财政科技资金投入方向和创新投入方式，撬动各类社会资本支持创新创业。2015 年全市研发经费投入 263.71 亿元，占 GDP 比重 2.84%，较 2010 年分别增加 139.42 亿元和 0.64 个百分点。获批国家科技金融试点城市，创业投资日趋活跃，全国首创专利权质押保证保险贷款“青岛模式”，组建 12 支天使投资引导基金，累计为 60 家初创型企业投资 4.05 亿元；建立 13 个风险补偿金池，准备金池和高创科技担保公司为 306 家科技型中小企业提供累计 10.2 亿元信贷支持。

4. 新兴产业快速发展。着眼于产业转型升级，大力培育新一代信息技术、高端装备制造、新材料、生物医药、节能环保、新能源及新能源汽车、海洋等新兴产业。2015 年，战略性新兴产业产值 3490.2 亿元，占规模以上工业总产值比重 20.1%；高新技术产业产值 7113.42 亿元，占规模以上工业产值比重 41.0%。获批海洋装备、海洋新材料、机器人等 6 个国家高新技术产业化基地，石墨烯、海洋生物医药等 4 个国家火炬特色产业基地。加快新能源汽车推广应用，累计推广新能源汽车 10000 辆，建成充换电站点百余个，充电终端 9000 个，有效促进新能源汽车产业集聚与发展。

5. 科技服务卓有成效。不断涌现科技服务新模式，形成较为完善的科技服务业体系。目前，全市范围各类科技服务机构总数超过 1500 家，科技服务业增加值突破 243 亿元。2015 年技术合同交易额 89.54 亿元，是 2010 年的 5.5 倍。全市孵化器建设面积达 1203 万平方米，投入使用 727 万平方米，市级以上孵化器 32 家，入驻企业 5178 家，累计毕业企业 546 家，集聚创新创业人才近万人。获批国家现代服务业创新发展示范城市，数字家电、橡胶与轮胎、交通科技服务业行业试点，服务业综合改革试点、“智慧城市”技术和标准试点城市，及国家知识产权局青岛专利代办处。

6. 创新环境不断优化。全面推进创新型城市建设，成为全国唯一的国家技术创新工程和国家创新型城市“双试点”城市。推动科技创新管理体制机制改革，成立青岛市科技创新委员会及其办公室，加强科技创新的统筹协调能力。先后出台《关于加快创新型城市建设的若干意见》《关于大力实施创新驱动发展战略的意见》《关于实施“千帆计划”加快推进科技型中小企业发展的意见》等 30 多项科技政策，为优化创新环境提供有力政策支撑。大力弘扬鼓励创新、宽容失败创新文化，全社会创新创业氛围日益浓厚。

（二）科技创新趋势。当前，我国经济发展进入新常态，亟须依靠科技创新提升在全球价值链中的位势。我市也进入建设宜居幸福的现代化国际城市的关键时期，必须紧紧依靠科技创新打造发展新引擎，创造一个新的更长的增长周期。

1. 科技创新重塑全球竞争新格局。世界范围内新一轮科技革命和产业变革正在孕育兴起，信息技术、生物技术、新材料技术、新能源技术广泛渗透，带动以绿色、智能、泛在为特征的群体性技术突破，重大颠覆性创新不时出现，成为重塑世界经济结构和竞争格局的关键。科技创新链条更加灵巧，技术创新成果转化更加快捷，创新要素在全球范围内快速流动组合并呈现系统性东移，带来激烈的全球创新竞争，正推动全球科技创新格局深度调整。特别是随着互联网新技术、新应用、新模式的不断涌现，带来了生产方式、生活方式、消费方式以及社会管理方式的深刻变革，对经济结构、社会形态和创新体系将产生全局性的影响。面对经济科技格局的新变化、新挑战，世界主要国家积极推出科技创新战略，谋求竞争新优势。新的科技革命与产业变革与我国转型发展形成历史性交汇，为实施创新驱动发展战略提供了难得的重大机遇。我国既面临赶超跨越的难得历史机遇，也面临差距进一步拉大的风险。我市必须以全球视野谋划和推动创新，积极融入国际创新网络，整合集聚全球创新资源和创新链条，把握产业转型升级主动权，努力在新一轮科技革命和产业变革中赢得先机。

2. 科技创新成为引领发展重要引擎。我国经济发展进入新常态，呈现出速度变化、结构优化和动力转换三大特点，其中动力转换最为关键，决定着速度变化和结构优化的进程和质量。适应新常态、把握新常态、引领新常态，是当前和今后一个时期我国经济发展的大逻辑。《中华人民共和国国民经济和社会发展第十三个五年规划纲要》提出实施国家大数据战略、制造强国战略、“互联网 +”行动计划和海洋强国等一系列重大战略和行动，努力抢占新一轮竞争制高点，积极推进“一带一路”等区域战略，支持北京、上海建设具有全球影响力的科技创新中心，勾画出新时期区域创新发展的新格局。我市应顺应创新驱动发展大势，坚持把科技创新作为提高社会生产力和综合实力的战略支撑，摆在城市发展全局的核心位置，全面增强自主创新能力，打造新常态下的青岛经济“新强态”。

3. 科技创新打造城市核心竞争力。未来五年，经济转型升级提速、区域合作发展深入推进、改革红利加速释放等为我市经济发展提供了重大机遇。同时，也面临传统发展动力减弱、经济下行压力增大、新兴产业发展壮大、资源环境承载力接近饱和、民生品质改善需求迫切等诸多风险挑战。我市必须坚持把科技作为第一生产力、把人才作为第一资源、把创新作为第一动力，充分激发调动全社会的创新创业激情，持续发力，加快形成以创新为主要引领和支撑的经济体系和发展模式，加快实现经济发展动力从要素和投资驱动为主向创新驱动为主的战略转换。

二、确立科技创新思路

（一）指导思想。高举中国特色社会主义伟大旗帜，全面贯彻党的十八大和十八届三中、四中、五中全会精神，坚持“四个全面”战略布局和“五位一体”总体布局，坚持创新、协调、绿色、开放、共享发展理念，以深入实施创新驱动发展战略为主线，着力推进高端资源集聚、高端服务提升、高端产业培育和高效体制改革，加快形成更多依靠创新驱动、更多发挥先发优势的引领型发展，加快建设“三中心一基地”，建成特色鲜明的创新之城、创业之都、创客之岛，为建设宜居幸福的现代化国际城市奠定更加坚实的基础。

（二）基本原则。

——坚持市场主导与政府引导相结合。既要充分发挥市场在科技创新资源配置中的决定性作用，强化企业的技术创新主体地位和主导作用，又要更好发挥政府作用，引导全社会共同参与创新治理，形成科技创新合力。

——坚持科技创新与体制机制创新相结合。既要坚持原始创新、集成创新、引进消化吸收再创新，增强自主创新能力，又要破解影响和制约创新驱动发展的体制机制障碍，加快以科技创新为核心的全面创新。

——坚持创新需求与科技供给相结合。既要聚焦经济社会发展战略需求，重点部署能够驱动经济转型发展和民生品质提升关键领域的创新活动，又要聚集高新技术、高端装备、高级人才和高水平服务，推动新技术、新产业、新业态、新机制融合发展，创造新供给，培育新的增长点。

——坚持国家战略和城市特色相结合。既要积极对接海洋强国、中国制造 2025、“一带一路”等国家战略，找准定位，精准发力，构建开放型科技创新格局，又要以世界眼光谋划未来、以国际标准提升工作、以本土优势彰显青岛特色，实现重点跨越，带动整体跃升。

（三）总体目标。到 2020 年，科技创新体系进一步完善，科技创新人才作用更好发挥，科技成果转化更加顺畅，企业创新主体地位持续增强，创新创业生态环境全面优化，在实施创新驱动发展战略方面走在全国前列，率先建成特色鲜明的科技强市。

——科技创新投入大幅提升。政府引导下的多元化投融资体系进一步完善，社会资本投向创新创业的活跃程度进一步提高。财政科技经费增幅高于财政经常性收入增幅，全社会研究与试验发展（R&D）活动经费支出占 GDP 比重达到 3.2%，全社会研发活动人员总量达到 73000 人年。

——自主创新能力显著增强。源头创新与关键核心技术创新能力大幅提升，在智能制造、新一代信息技术、新材料、新能源和生物技术等领域掌握一批具有自主知识产权的关键核心技术。有效发明专利拥有量达到 25 件／万人，《专利合作条约》（PCT）国际专利申请量达到 1000 件以上。

——蓝高新产业取得新突破。大力培育和发展蓝色高端新兴产业，新产业、新业态、新技术和新模式成为经济增长主引擎。高新技术产业产值占规模以上工业总产值比重达到 46%，科技服务业增加值占 GDP 比重达到 4.2%。

——企业主体地位持续增强。企业创新意识普遍增强，规模以上企业普遍建有研发机构，研发投入占主营业务收入的比重持续提高。高新技术企业达 2000 家，科技型中小企业达 15000 家，技术市场合同交易额达 200 亿元。

——高端创新资源加速集聚。各类创新要素资源高度集聚，创新资源配置效率大幅提高，成为全球创新网络的重要节点。争取落户若干面向世界、服务全国的重大科技基础设施，建成若干国际化、高水平的创新机构，打造一批国家级创新平台。国家级创新中心、重点（工程）实验室、工程（技术）研究中心等达到 100 家以上，建成 10 家具有国际影响力的重大科技创新中心。

——创新创业生态不断优化。建成要素丰富、主体多元、平台高效、服务完善、市场发达、文化繁荣的创新创业生态系统，为企业成长和创客发展提供低成本、便利化、全要素、开放式服务。各类创业载体数量达到 300 家，孵化面积达到 1300 万平方米。

表　“十三五”青岛市科技创新发展主要指标

序号	指标	单位	2015 年	2020 年
1	全社会研发投入占全市生产总值（GDP）比重	%	2.84	3.2

序号	指标	单位	2015 年	2020 年
2	全社会研发活动人员总数	人年	46171（2014 年数据）	73000
3	有效发明专利拥有量	件 / 万人	13	25
4	PCT 国际专利申请量	件 / 年	339	1000
5	高新技术企业数量	家	964	2000
6	高新技术产业产值占规模以上工业总产值比重	%	41.0	46.0
7	技术市场合同交易额	亿元	89.54	200
8	科技服务业增加值占全市生产总值（GDP）比重	%	2.1	4.2

（四）总体部署。

——着眼供给侧结构性改革，推进自主创新。围绕培育经济发展新动力，促进产业迈向中高端，提升自主创新能力。前瞻布局未来产业技术创新，在智能制造、新一代信息技术、新材料、新能源和生物技术等领域，突破一批重大共性关键技术。围绕资源、生态环境、人口与健康、公共安全、节能环保等领域，加强关键共性技术突破和应用示范。发展以技术、品牌、质量为核心的新产品、新产业和新市场。

——着眼企业创新主体，推进大众创业万众创新。围绕培育科技型中小企业，形成一批具有国际竞争力的创新型领军企业。加快众创空间等新型创新创业载体建设，鼓励发展众创、众包、众扶、众筹支撑平台，增强各类市场主体的创新活力，扶持一批创新能力强的科技型中小微企业快速发展壮大。

——着眼创新驱动力，强化科技服务。围绕加速形成覆盖科技创新全链条的科技服务体系，切实增强服务科技创新能力。培育壮大科技服务市场主体，创新科技服务模式，延展科技创新服务链条，搭建公共科技服务平台，开展重点领域试点和示范。提升科技服务市场化水平和国际竞争力，培育一批拥有知名品牌的科技服务机构和龙头企业，涌现一批新型科技服务业态，形成一批科技服务产业集群。

——着眼开放型创新，推进高端要素汇融。围绕统筹国内国际创新资源，全面提升科技合作水平，积极做好高端创新要素的汇聚融合。大力集聚以技术、信息、制度、人才和企业家才能为代表的创新要素，发挥市场配置资源决定性作用，优化配置创新要素和发展布局，拓展网络经济和蓝色经济新空间，完善资源开放共享机制，深度融入全球创新网络，构建开放协同创新格局。

——着眼政府职能转变，推进科技体制改革。围绕推动政府职能由研发管理向创新服务转变，营造良好创新生态，不断深化科技体制机制改革。健全自主创新动力机制和激励机制，形成市场配置资源与政府宏观调控有机结合、科技成果有效转移转化的新模式。积极构建支持创新、鼓励创新、保护创新的政策体系，大力营造有利于知识产权创造和保护的法制环境、公平竞争的市场环境和崇尚创新创业的文化环境。

（五）重点任务。“十三五”时期，我市在科技创新发展战略部署上，立足发展需求，对接国家目标，应对未来挑战，重点建设十大科技创新中心、布局面向未来产业的十大科技创新中心、搭建十大科技服务平台、实施十大科技创新工程，全面提升科技创新引领和支撑经济社会发展的能力。

1. 十大科技创新中心

（1）青岛海洋科技创新中心。依托青岛海洋科学与技术国家实验室，创新体制机制，集聚创新资源，构筑创新高地，加速成果转化，建设海洋生物医药、深海与海工装备、蓝色粮仓等海洋科技创新分中心，打造国际一流的海洋科技创新中心。

海洋生物医药科技创新中心重点依托青岛海洋生物医药研究院，进一步完善海洋生物医药公共研发平台功能，发挥我市海洋生物医药的科研优势，承接海洋国家实验室成果转化，通过建立智库基金、产业发展基金等多种形式，密切科技金融合作，形成人才集聚效应，促进海洋生物医药技术成果转移转化，加快推进糖工程药物、生物制造及各类功能制品的开发，建成国内海洋生物医药新技术、新产品原创地与孵化器，为全市海洋生物医药产业发展发挥重要的引领支撑作用，形成具有国内影响力的海洋生物医药科技创新中心。

深海与海工装备科技创新中心发挥中船重工集团在海西湾已经形成的船舶与海工装备产业优势，以中船重工海洋装备研究院（黄岛）项目为基础，进一步集聚高端人才或团队，形成我市依托中船重工发展船舶与海工装备的新优势。加强邮轮关键技术储备和突破，初步掌握豪华邮轮自主设计及装备制造能力，建设邮轮科技创新中心。加快建设深海基地、天大海洋技术研究院、哈工程船舶科技园、中乌特种船舶研发设计院、710 所海洋装备研发基地等重点项目，构建完备的深海与海洋工程装备创新体系，重点开展深海勘探开发技术、高端船舶和海洋工程装备及其配套设计制造技术的研发和转化，提升海洋装备领域成果转化和产业孵化能力，构建国际领先的深海与海工装备科技创新中心。

蓝色粮仓科技创新中心以青岛海洋科学与技术国家实验室为创新源头，以黄海水产研究所、中科院海洋所、中国海洋大学、国家海洋局一所和山东省海洋生物研究院等科研院所为创新支撑，发挥我市在海水养殖与育种技术领域的基础研究优势，重点开展高效健康增养殖技术、基因工程与种苗培育技术、高效多层循环水养殖技术、智能化养殖技术研究，开展海洋牧场建设、高效养殖装备、饲料、病害防治、冷链物流等技术的开发及应用示范，打造辐射带动全国的蓝色粮仓科技创新中心。

（2）高速列车国家技术创新中心。围绕提升“聚智、协同、转移、辐射、合作”功能，建设“三平台、两中心、一基地”（面向行业基础共性前沿技术、促进成果转化的高速列车技术与产品研发平台，科研成果产业化平台，大数据应用与服务平台；面向全球的高速列车产业技术合作、转移与辐射中心，设施先进的国际化轨道交通装备检测认证中心；具有全球影响力的产业化基地），形成开放的、国际化、专业化协同创新资源网络，提升高铁装备产业发展质量。

（3）橡胶材料与装备科技创新中心。围绕橡胶新材料开发、高性能子午线轮胎研发与制造、数字化轮胎成套装备与系统等共性关键技术，开展技术研发与产业化研究，推进国家火炬青岛橡胶行业专业化科技服务特色产业基地建设，创建国家橡胶产业技术创新中心，打造具有国际影响力和竞争力的橡胶科学研究与技术创新平台。

（4）智能制造科技创新中心。围绕机器人、3D 打印、传感器等智能装备及核心部件的研发与产业化，建设工业机器人、3D 打印等公共研发平台，突破机器人高性能运动控制、3D 打印材料、光纤传感器等关键技术，推进国际机器人产业园、中德金属 3D 打印产业基地等建设，打造国家智能制造产业创新基地。

（5）虚拟现实科技创新中心。开展可视素材虚拟场景生成技术、多源数据驱动的智能化高效场景建模理论与方法等研究，重点建设青岛虚拟现实科技研发平台暨北航青岛虚拟现实研究院，打造内容开发、医疗仿真和电子商务等虚拟现实创新平台，推动虚拟现实技术在文化、娱乐、科研、教育、培训、医疗、航天等领域应用，建成国内领先的虚拟现实科技创新与产业孵化中心。

（6）科学仪器设备科技创新中心。围绕环保、食品、医疗、生物、海洋等领域，着力突破环境污染源采集及分析、电波传播检测监测分析、综合电子通信测试等关键技术，重点研发石油预警平台系统、电池测试系统、电子通信测试系统、微波毫米波测试仪器、新型海洋监测分析仪器、新型环境采集及分析仪器设备、新型生物医疗检测及分析仪器设备等科学仪器设备。搭建青岛市科学仪器设备公共研发平台，设立市科学仪器产业发展基金，打造国内科学仪器设备产业高地。

（7）新材料科技创新中心。围绕石墨烯、海藻纤维等新材料开展全产业链的创新与应用，实现石墨烯材料、海藻纤维材料在下游应用领域的技术创新与市场化应用，建成促进科技成果转化、培养高新技术企业和企业家的科技创业服务载体，建设国际石墨烯创新中心，形成国内海藻纤维材料等产业技术引领地位。

（8）生命健康科技创新中心。围绕疾病诊疗和健康服务，开展基因测序、重大疾病早期诊断、器官组织修复、转化医学、精准医疗、新药开发等技术研发，开发基于分子检测的疾病超早期肿瘤筛查诊断、靶向药物治疗监控等技术或产品，探索安全有效的肿瘤个体化精准诊疗模式；以早期精确诊断、微创精准治疗为目标，开展医学影像三维重建、计算机辅助手术、临床智能应用、虚拟电生理等技术研发，开展新型数字诊疗技术解决方案，开发新型数字化诊疗设备，实现个性化、精准化、微创化治疗，引进华大基因检测中心，建设精准医学等科技创新中心，打造国内一流的生命健康科技创新高地。

（9）新一代信息技术科技创新中心。围绕集成电路、数字化网络化信息通信设备、传感器与物联网、新型显示技术、下一代互联网、大数据与云计算等领域，突破激光元器件、光电集成芯片、大数据分布式存储与并行处理等关键技术，建设大数据应用研究中心，推进国家通信产业园、家电电子产业集聚区等园区发展，打造新一代信息技术产业高地。

（10）新能源汽车科技创新中心。重点加强新能源汽车电机电控、动力电池等核心零部件，以及自动驾驶、储能材料、智能充电等关键技术研发，超前开展新型燃料电池技术研发、建设新能源汽车应用示范工程，打造充电网、车联网、互联网融合的新能源汽车应用网络，建设国内新能源汽车领域领先的“互联网 +”应用平台和新能源汽车检测中心。

2. 面向未来产业的十大科技创新中心

（1）脑科学科技创新中心。重点开展阿尔茨海默症、帕金森综合征等脑疾病机理研究与早期诊断和干预手段研发，支持类脑模型与智能信息处理、类脑器件与系统、脑功能联接图谱等技术研究，实现类脑器件、芯片和类脑机器人等类脑智能软硬件系统的突破。

（2）量子信息科技创新中心。支持量子安全直接通信、量子隐形传态、量子纠缠密钥分发等前沿技术研究，研制半导体量子芯片、量子集成光学芯片，推进量子密码技术、量子纠缠通信技术等在航空航天通信，及控制、网络通信、特殊场所通信等领域的应用。

（3）纳米技术与材料科技创新中心。重点开展纳米电子、纳米传感器、纳米药物、纳米机械和纳米制造等技术研发，推动纳米技术与材料在医疗健康、电子、复合材料、太阳能电池、海水淡化、食品、国防等领域的广泛应用。

（4）深空深海探测科技创新中心。主要围绕卫星应用和载人航天等应用领域，开展探测器的高效推进技术、智能自主技术、测控通信技术、新型轨道设计技术等关键技术研发。重点研究大深度水下运载技术、生命维持系统技术、高比能量动力装置技术、高保真采样和信息远程传输技术、深海作业装备制造技术和深海空间站技术。

（5）氢能与燃料电池科技创新中心。支持高效低成本的化石能源和可再生能源制氢技术与富氢燃烧节能技术、经济高效氢储存和输配技术、燃料电池基础关键部件制备和电堆集成技术、燃料电池发电及车用动力系统集成技术等关键技术研究，形成氢能和燃料电池技术规范与标准。

（6）再生医学科技创新中心。开展干细胞、遗传工程、生物材料等前端关键技术攻关，实现人工生物器官的合成、培养，促进三维（3D）打印技术、影像学技术和生物反应器技术等在再生医学上的联合应用。

（7）无人技术科技创新中心。支持自适应巡航、激光测距、定位导航、安全控制等无人驾驶技术研究，实现地铁等城市轨道交通的全自动驾驶，开发无人车、无人机、无人潜航技术等，推动无人驾驶系统等在物流、城市管理、农业、电力、抢险救灾、视频拍摄等行业的应用。

（8）人工智能科技创新中心。开展具有自主学习能力的人工智能系统研发，支持深度学习算法、大规模神经网络建模、并行计算、自主认知机制等技术研究，推动人工智能在语音处理、图像识别、数据检索与分析、人机交互等通用领域的应用。

（9）合成生物学科技创新中心。主要围绕自然与合成遗传物质的某些组成成分的组合来设计、研制和制造功能生物体，推动合成生物学在疫苗、新药和改进药物的创制，以及以生物学为基础的制造、可再生能源的开发、环境污染的生物治理、生物传感器的研发等领域的应用。

（10）超高速管道交通科技创新中心。利用高温超导磁悬浮技术、气垫悬浮技术等开展真空管道高速列车、超高速管道运输等超高速交通系统研究。

3. 十大科技服务平台

（1）研发创新服务平台。依托公共研发平台、工程技术研究中心、重点实验室等载体，开放共享科学仪器设施资源。以仪器资源为基础，为开展新技术、新产品、新工艺、新材料研发等提供综合研发咨询及检验检测等服务，推动形成以产品开发为纽带的新型产学研合作模式。

（2）新型孵化服务平台。推广“人人创客”模式，完善孵化链条，推进众创空间、孵化器、加速器、产业园区有机结合，打造创业项目与各类创新创业资源对接平台，形成创客人才聚集地、创新研发聚集地、创业孵化聚集地。

（3）国家海洋技术转移平台。集聚全国海洋科技成果，建设海洋生物、海洋仪器仪表、海洋新材料、海洋工程和海水养殖等领域的海洋技术转移分中心，开展海洋领域的科技成果评价与咨询、检验检测、工程化开发、集成熟化和转移转化，搭建全球化的海洋技术第四方交易平台。

（4）知识产权服务平台。促进知识产权代理、法律、信息、商用化、咨询、培训等各类服务机构集聚发展，推进设立知识产权银行，建立专利运营基金，提高知识产权创造、运用、保护和管理能力，推动知识产权服务与产业融合发展。

（5）投融资服务平台。汇聚各类科技金融专营机构，创新科技金融产品和服务机制，开展科技保险、科技担保、知识产权质押等服务，建设综合性科技金融服务平台，实现科技资源与信贷资源的常态化、交互式对接。

（6）检验检测服务平台。建立面向设计开发、生产制造、售后服务全过程的观测、分析、测试、检验、标准、认证等一站式、协同服务模式，建设一站式协同检验检测服务平台。加强公共检验检测机构信息化建设，依托国家海洋设备检验检测中心，构建海洋领域的认证公共服务平台。

（7）科技基础资源服务平台。依托青岛科技创新综合服务平台，对科技人力、财力、仪器设施和信息数据等资源进行整合，结合创新创业需求，搭建科技资源大数据管理系统，以科技创新地图、政策超市、业务系统集成等形式，构建服务于不同领域、行业的科技大数据服务平台。

（8）科技智库公共服务平台。集聚各类创新资源，开展产业发展战略、技术预测、信息咨询、情报分析、模式创新等研究服务，促进科技创新与决策咨询的深度融合，为各类创新主体提供智力支持。

（9）数字科普网络服务平台。推进科普信息化和现代化建设，利用现代传媒手段和互联网技术实现互通互联，建设由市级播控平台、数字科普资源库，分布在镇、村和社区的开放式服务场所，及公众文化活动场所、交通医疗、购物旅游等人群集聚场所的数字播放终端等三部分构成的数字科普网络，打造我市数字科普网络服务平台。

（10）产业集群科技服务平台。围绕设备研发、服务设计、金融服务、成果转化、公共技术咨询服务等环节的科技服务需求，整合集聚产业链上下游资源，组织相关企业和科研院所深化产学研合作，为产业链提供全方位集成服务，开展数字家庭、智能交通、橡胶轮胎等产业链科技服务创新示范，促进特色产业向智能化、网络化转型升级，推动科技服务业和产业的融合发展。

4. 十大科技创新工程

（1）创新资源集聚工程。在基础性、前瞻性、战略性科技创新领域，引进建设符合国家科技创新规划和布局的、具备国际先进水平的科研基础设施，重点推进海洋科学与技术国家实验室和深海基地等的建设，拓展基础应用科学研究的深度和广度，提高原始创新活力。深化与中科院的战略合作，实现院市双方深度融合发展。引进国内外知名高校和科研院所，创建各类研发机构和创新成果产业化示范基地。积极融入国家“一带一路”战略，与沿线国家开展科技合作交流。吸引国际知名研究机构和实验室、跨国公司、国际技术转移机构在我市设立研发机构。鼓励有实力的企业在境外设立研发机构或开展国际并购。到 2020 年，建成若干个国际化、高水平的科技基础设施和国家级创新平台，争取引进国家级科研院所 10 家，国家重点大学研发基地 10 家，大企业研发中心 10 家，引进国际研发机构和技术转移机构 10 家，建设企业海外研发中心 10 个。

（2）科技型中小企业培育工程。实施“千帆计划”，培育一批科技型中小企业，通过“靶向”

精准政策扶持引导，形成小微企业创业、成长、升级的梯次发展格局，使一批小微企业成长为大中型企业，成为推进经济社会持续、稳定、健康发展的重要力量。到 2020 年，科技型中小企业达 15000 家，高新技术企业达 2000 家。

（3）创新创业人才引进培育工程。深入落实“青岛英才 211 计划”，加快引进能突破关键技术、发展高新技术产业、带动新兴学科和新兴产业发展的高端创业创新人才及团队，优先支持高层次人才领衔科技重大专项。依托我市科技重大专项计划、市级以上重点实验室、国际科技合作基地等平台，培养一批具有较强创新能力的学科带头人，培育一批基础研究、前沿技术和新兴产业领域的后备人才。到 2020 年，引进培育高层次创新创业人才 2000 名，努力把我市建设成为创新创业人才高度集聚、新兴产业蓬勃发展、充满创新活力和发展动力的人才集聚区。

（4）众创空间建设工程。以营造良好创新创业生态环境为目标，分区域、分层次发展各具特色的众创空间。依托“互联网 +”，集成创业服务资源，打造众创空间、孵化器、加速器、产业园区有机结合的创新创业孵化体系。到 2016 年，全市众创空间超过 100 个，培养创业导师 1000 人，集聚和服务创客 5 万名，形成 10 个具有示范性的众创空间集聚区和苗圃—孵化—加速科技创业孵化链条。到 2020 年，基本形成开放、高效、富有活力的创新创业生态系统。

（5）科技惠民示范工程。着力解决医疗卫生、公共安全、公共交通、社会管理等关系民生的重大科技问题，部署实施精准医疗、环境生态治理、水安全等重点专项，突破一批关键技术。加强推广转化民生科技成果，推动一批先进适用技术成果的示范应用，提高城市人口健康、防灾减灾、管理治理水平与能力。到 2020 年，组织实施 50 ~ 80 项示范工程。

（6）科技金融结合工程。创新科技投入方式，撬动社会资本投向创新创业。探索发展新型科技金融组织和服务模式，建立适应创新链需求的科技金融体系。支持银行、证券公司、保险公司、各类投资机构以及知识产权评估、信用评级机构等加强业务合作，为种子期、初创期、成长期、成熟期等不同成长阶段的科技创新企业提供全生命周期金融服务。引导科技型企业发行企业债、短期融资券、中期票据等债务工具进行融资。推动股权投资创新发展，完善风险投资机制，支持发展天使投资、创业投资、私募股权投资、重组并购等股权投资基金，支持互联网金融稳步发展，实现传统金融业务与服务转型升级。支持各类股权众筹平台创新业务模式，推动科技创新企业通过股权众筹平台募集资金。到 2020 年，政府引导资金规模达到 20 ~ 30 亿元，引导建立各类产业投资基金达到 100 亿元，为科技型中小企业提供的科技信贷资金达到 100 亿元。

（7）技术转移促进工程。建立全覆盖、多层次技术（产权）交易市场架构，形成“政府、行业、机构、技术经纪人”四位一体的技术市场服务体系，重点推进国家海洋技术转移中心建设，打造国家级海洋技术转移交易平台。创新科技成果转化交易机制和模式，推动科技成果集中公开交易常态化。制定落实促进科技成果转化法的相关政策，为科技成果转化、技术转移提供保障。到 2020 年，建成线上线下一体的国家海洋技术交易平台，技术合同交易额达到 200 亿元。

（8）军民融合科技创新工程。贯彻落实军民深度融合发展的战略部署，以青岛高新区和西海岸新区为中心，引进国家级军工研究机构及国防军工院校，搭建军民融合知识创新平台、技术创新平台和服务创新平台，开展海洋工程装备、海洋防腐、海洋新材料等涉海军工尖端技术的研发。建设西海岸新区古镇口海洋科技创新区，打造国家级军民融合创新示范区。到 2020 年，形成产业集聚、结构合理、布局优化、核心竞争能力突出的军民融合科技创新产业发展格局。

（9）科技大数据工程。实施科技大数据战略，在整合科技人力、科技财力、科技设施装备和科技信息数据等各类科技资源的基础上，搭建青岛科技大数据体系，推动政府信息公开和公共数据互联开放共享；推进科技资源数据的汇集和发掘分析，梳理各类科技资源对产业发展的服务功能，探索科技服务新模式；科学规范使用大数据，切实保障数据安全。通过促进科技大数据体系发展，提升科技管理水平，发挥科技资源有效支撑科技创新、促进产业转型升级的作用。到 2020 年，建成具有区域影响力的科技大数据平台。

（10）知识产权强市工程。深入实施知识产权战略行动计划，加快建设知识产权强市，全面提升知识产权创造、运用、保护、管理和服务综合实力，推动知识产权与经济社会和科学文化事业互促发展。建设专利导航产业发展实验区，推动专利战略与产业运行决策深度融合，以战略性新兴产业和传统优势产业为重点，培育一批以拥有核心技术专利为标志的知识产权优势企业。建设国家知识产权服务业集聚发展试验区，优化知识产权服务业发展环境，设立专利运营基金，培育一批对提升产业知识产权实力形成有效支撑的知识产权服务业企业。到 2020 年，培育知识产权优势企业 100 家，知识产权服务业企业 200 家，全市每万人口有效发明专利拥有量达到 25 件，知识产权密集型产业和知识产权服务业增加值对经济总量的贡献度显著提升。

三、增强创新源头供给

聚焦未来 5 到 10 年可能产生重大变革的前沿技术，打造我市未来经济和社会发展竞争新优势。围绕国际科技前沿和我市经济社会发展重点领域，支持战略前沿技术研究，引进高层次创新人才，集聚国内外知名研究机构，积极承接国家重大科学计划（工程），加快建设青岛海洋国家实验室等国家重大创新平台，争创国家海洋科学中心。加快原始创新成果向应用技术、产品研发转化速度，为创新驱动发展提供支撑。

（一）支持战略前沿技术研究。提高战略前沿技术创新能力，推进科技创新和产业创新向基础创新和知识创新延伸。在脑科学、量子信息、纳米技术与材料、深空深海探测等方向部署和开展一批战略前沿技术研究。

1. 脑科学技术。开展阿尔茨海默、帕金森综合征等脑疾病机理研究及早期诊断和干预手段研发，支持类脑模型与智能信息处理、类脑器件与系统、脑功能联接图谱等技术研究，实现类脑器件、芯片和类脑机器人等类脑智能软硬件系统的突破。

2. 量子信息技术。支持量子安全直接通信、量子隐形传态、量子纠缠密钥分发等前沿技术研究，研制半导体量子芯片、量子集成光学芯片，推进量子密码技术、量子纠缠通信技术等在航空航天通信及控制、网络通信、特殊场所通信等领域的应用。

3. 纳米技术与材料。开展纳米电子、纳米传感器、纳米药物、纳米机械和纳米制造等技术研发，推动纳米技术与材料在医疗健康、电子、复合材料、太阳能电池、海水淡化、食品、国防等领域的应用研究。

4. 深空深海探测技术。重点开展深空测控通信技术、新型轨道设计技术、水下信号采集技术、传输与控制技术、海底立体观测等技术研究，突破高比能量动力装置、水下大型载人运载装备系统总装集成等关键技术，研发无人及载人潜水器等深海勘察装备。

5. 氢能及燃料电池技术。支持高效低成本制氢技术、富氢燃烧节能技术、经济高效氢储存和输配技术、燃料电池基础关键部件制备和电堆集成技术、燃料电池发电及车用动力系统集成技术等关键技术研究，形成氢能和燃料电池技术规范与标准。

6. 再生医学。开展干细胞技术、遗传工程技术、生物材料技术等前端技术攻关，实现人工生物器官的合成、培养与制造，加快三维（3D）打印等技术在再生医学中的应用。

7. 无人技术。支持自适应巡航、激光测距、定位导航、安全控制等无人技术研究，实现地铁等城市轨道交通的全自动驾驶，开发地面无人车、无人机等，推动无人技术在物流、城市管理、农业、电力、抢险救灾、视频拍摄等行业应用。

8. 人工智能技术。开展具有自主学习能力的人工智能系统研发，支持深度学习算法、大规模神经网络建模、并行计算、自主认知机制等理论模型研究，推动人工智能技术在语音处理、图像识别、数据检索与分析、人机交互等通用领域的应用。

9. 合成生物学。开展以生物学为基础的生物制造、可再生能源开发、环境污染的生物治理和生物传感器等技术研发，推动合成生物学在疫苗、新药物研制及新能源开发、环境保护等领域的应用。

10. 超高速管道交通技术。支持高温超导磁悬浮技术、气垫悬浮技术等技术研发，开展真空管道高速列车、超高速管道运输等超高速交通系统研究。

（二）建设海洋国家实验室。组建海洋动力过程与气候、海洋生物学与生物技术、区域海洋动力学和数值模拟、海洋渔业科学与食物产出过程、海洋矿产资源评价与探测技术、海洋药物与生物制品、海洋地质过程与环境、海洋生态与环境科学等 8 个功能实验室；建设高性能科学计算与系统仿真平台、科学考察船队及基础条件公共平台、海洋创新药物筛选与评价平台、海洋高端仪器设备研发平台、海洋分子生物技术公共实验平台、海洋同位素与地质年代测试平台等 6 个平台；建设海上试验场和工程水池等大型科研平台；突破深潜器、深海机器人、油气矿产资源勘探开采装备等关键技术，实施“透明海洋”、海洋生物基因库等重大项目，提高海洋资源可持续开发利用能力；建立网络化创新合作机制，加强与国内各类涉海创新载体的互动与协同，推进与伍兹霍尔等世界六大海洋科研机构的交流与合作，实现实验室全面运行。

（三）建设重大科研基地平台。加快提升基础科学研究、战略高技术研究、应用技术研究能力，力争在海洋科技、生命科学等领域建设符合国家科技规划和布局、具备国际先进水平的科研基础设施。推进山东大学青岛分校等研究型高等院校布局和建设，加快与中科院等科研机构联合建设创新载体。建设深海科考码头等科研保障设施，完善海洋科学综合考察船、深海重大装备等国家重大科研装置管理运行体系，争取大洋钻探船建设，拓展基础科学和前沿技术研究的深度和广度，提高原始创新活力。

（四）争创青岛国家海洋科学中心。争取建设海洋类重大科技基础设施集群，开展多学科交叉前沿研究，构建跨学科跨领域协同创新网络，支持中国海洋大学、中科院海洋所等建设国际一流大学和科研院所，吸引海内外研究院所、高校、跨国公司来青设立海洋领域研发中心，汇集培育全球一流的人才团队，为科技、产业持续创新提供源头创新，探索建立国家海洋科学运行管理新机制，在服务海洋强国战略中发挥更大作用。

四、培育新兴产业策源

围绕新一代信息技术、高端装备制造、海洋、新材料、生物技术、新能源、数字创意等领域，全链条部署先进轨道交通装备、石墨烯、智能机器人、大数据及云计算、增材制造（3D 打印）、新能源汽车、重大新药创制等一批重点专项，构建贯通基础研究、重大共性关键技术到应用示范的纵向创新链与横向协作的产业链，孵化和培育一批新兴产业，发展科技服务业新兴业态，构建结构合理、具有国际竞争力的现代产业技术体系，以技术的群体性突破支撑引领新兴产业集群发展。

（一）提高装备制造智能化水平。部署实施先进轨道交通装备、智能机器人、高档数控机床、重大智能成套装备、增材制造（3D 打印）、新能源汽车等重点专项，加快创新载体建设，打造高速列车国家技术创新中心，建设橡胶材料与装备、智能制造、新能源汽车等科技创新中心，开展智能车间 / 工厂、网络协同制造等试点示范，推动制造业不断向智能化、网络化、绿色化、服务化、高端化方向演化，打造具有国际竞争力的先进制造业基地。

专栏 1　智能制造产业创新路线图

时间节点	2018 年	2020 年
发展目标	部署实施 1 ～ 2 个重点专项，突破共性关键技术 20 项，搭建各类创新载体 10 家，培育拥有自主品牌和较大市场影响力的骨干企业 20 家，建设高速列车、橡胶材料与装备、智能制造等科技创新中心。	部署实施 1 ～ 2 个重点专项，突破共性关键技术 15 项，搭建各类创新载体 6 家，培育骨干企业 10 家，创新型产业集群 1 个。高速列车、橡胶材料与装备、智能制造等科技创新中心初步建成。
发展路径	1. 关键技术突破：突破机器人整机设计、关键核心部件、集成应用等技术，开发面向行业需求的工业机器人、特种机器人和服务机器人；开发橡胶及轮胎智能成套设备、智能化纺织成套装备、3D 打印与激光制造装备、智能化绿色铸造锻压成套设备、智能物流装备等；突破时速 400 公里以上高速动车组关键技术；突破地铁、轻轨、低地板有轨电车等多系列城市轨道交通车辆关键技术，实现整车及关键配套装备产业化；突破载重车桥等商用车关键部件研发、高能量密度与高功率密度动力电池等关键技术，实现新型特种车辆、智能充电装备等产业化。	1. 关键技术突破：突破信息物理融合系统关键技术，建立基于 GPS 与物联网的智能工厂；研发新型智能传感、五轴联动高档数控机床；实现智能化印刷包装设备、智能化成套装备研制及产业化；突破轨道车辆的结构模块化、健康监测、能源智能匹配、绿色低碳等技术，开发信号及综合监控与运营管理系统；开展纯电动汽车整车集成与关键部件攻关，实施智能充电、快速换电、动力电池回收利用等示范，建立基于大数据的电动车辆及充电设施安全运行监控系统。

时间节点	2018 年	2020 年
	2. 创新载体搭建：建设高速列车、智能机器人、3D 打印、橡胶材料与装备等科技创新中心，推进储能、轨道交通装备等产业技术研究院建设，加强重点实验室、工程技术研究中心、公共研发平台、专业孵化器、产业技术创新战略联盟等载体建设。 3. 试点示范建设：智能充电、快速换电等示范。 4. 产业集群培育：高速列车、橡胶机械、纺织机械、特种车及汽车零部件等产业集群。	2. 创新载体搭建：建设高速列车、智能机器人、3D 打印、橡胶材料与装备和新能源汽车等科技创新中心，支持在智能制造、新能源汽车等领域建设公共研发平台、工程技术研究中心、产业技术创新战略联盟等创新载体。 3. 试点示范建设：智能工厂、数字化车间试点示范建设。 4. 产业集群培育：工业机器人、新能源汽车等产业集群。

（二）推动新一代信息技术产业跨越发展。围绕关键电子元器件、宽带移动互联网、移动智能终端、云计算与大数据等重点领域，开展关键共性技术攻关，部署新一代光电集成技术芯片、大数据及云计算等重点专项，实施科技大数据工程，积极引进国内外信息技术研发机构，建设新一代信息技术科技创新中心，建设通信终端装备、大数据等专业孵化器，加快建设北斗卫星导航产业基地、国家通信产业园等园区，大力培育新兴服务业态，引导企业创新产业组织模式，推动新一代信息技术产业跨越发展。

专栏 2　新一代信息技术产业创新路线图

时间节点	2018 年	2020 年
发展目标	部署实施 1 ~ 2 个重点专项，突破共性关键技术 15 项，建设各类创新载体 10 家，在基础电子制造、通信终端装备、服务业应用软件研究、云计算、大数据等领域培育国际性企业 5 ~ 10 家，建设新一代信息技术科技创新中心。	部署实施 1 ~ 2 个重点专项，突破共性关键技术 10 项，建设创新载体 8 家，培育国际性企业 3 ~ 5 家，建成新一代信息技术科技创新中心。
发展路径	1. 关键技术突破：重点突破激光显示、立体显示等新型显示技术；研发光电集成技术芯片；发展个性化、定制化智能信息产品；开展基于互联网的大数据应用技术研究，推动新一代移动终端研发与应用，培育信息服务新业态。 2. 创新载体搭建：加快新一代信息技术科技创新中心、大数据与智慧城市应用研究中心、云计算及互联网研发基地、健康大数据与服务研究中心等载体建设，引进建设国内知名信息技术研究机构，建设通信终端装备产业孵化器、云计算和大数据应用产业等孵化器。 3. 产业园区建设：加快建设北斗卫星导航产业基地、中关村青岛软件园、银江软件园、中国航天科工三院青岛产业园、千万平方米软件产业园区等，推进崂山国家通信产业园、开发区家电电子产业聚集区转型升级。 4. 产业集群打造：家电电子产业集群。	1. 关键技术突破：重点突破激光元器件、高光谱成像探测器、太赫兹器件关键技术，加大高端通用芯片研发力度，实现通信终端装备零部件本地化生产。 2. 创新载体搭建：建设大数据应用平台、面向创客的服务平台和创业社区。

（三）壮大海洋高新技术产业。

1. 船舶与海工装备。重点在船舶与关键配套设备、海洋油气资源勘探开发装备、深海运载作业等领域开展前沿技术研究和共性关键技术突破，部署实施深海及海洋工程装备等重点专项，引进和建设高水平研发机构，加快建设深海与海工装备科技创新中心、中船重工海洋装备研究院、天津大学青岛海洋工程研究院等创新载体，培育拥有较大市场影响力的骨干企业，构建功能明确、结构合理、运行高效的产业链，打造千亿级产业集群。

专栏 3　船舶与海工装备产业创新路线图

时间节点	2018 年	2020 年
发展目标	部署实施 1-2 个重点专项，突破共性关键技术 20 项，搭建各类创新载体 10 家，形成一批拥有自主知识产权的产品，培育骨干企业 20 家，建设深海与海工装备科技创新中心。	部署实施 1 ～ 2 个重点专项，突破共性关键技术 10 项，搭建各类创新载体 6 家，培育骨干企业 10 家，建成深海与海工装备科技创新中心。
发展路径	1. 关键技术研发及产业化：重点开展特种船舶设计与建造、大型船舶节能减排、高技术高附加值船舶和修理改装技术、绿色环保修船技术及低碳化船用设备改造改装技术、海洋工程装备腐蚀监测与长效防腐、深海装备用浮力材料、水下焊接等关键技术攻关，实现导航系统、船舶电力推进系统、新型船舶压载水等配套装备产业化，开发海底观测网接驳盒、水下滑翔机等装备。 2. 创新载体搭建：推进海洋国家实验室、国家深海基地、中船重工海洋装备研究院、哈工程青岛船舶科技园、哈工大青岛科技园、天津大学青岛海洋工程研究院等建设。 3. 产业基地和园区建设：加快建设青岛国际海洋装备科技城和中船重工海洋装备产业园。 4. 产业集群培育：推进海西湾、董家口、女岛等产业集聚区的发展。	1. 关键技术研发及产业化：掌握大型油轮、LNG 船、集装箱船等高附加值船舶的设计建造技术，开发高精度勘探系统、深水平台、水下生产系统及辅助作业、水密接插件等装备及深海通用产品。 2. 创新载体搭建：建设海洋仪器装备检测中心等。 3. 产业集群培育：在海西湾、董家口、女岛形成错位发展、产业链完善的船舶与海工装备产业集群。

2. 海洋生物医药。在海洋生物医用材料、海洋药物、海洋生物功能制品和海洋功能食品等领域，实施海洋生物医药聚集开发“310”计划（10 个一类药，10 个改良型新药，10 个高端引领性生物功能制品），建设海洋生物医药科技创新中心、国家海洋生物基因库，推进海洋生物医药产业基地建设，打造产业链条较为完善、研发实力明显增强、企业竞争力显著提升的海洋生物医药产业体系。到 2020 年，海洋生物医药产业产值达到 500 亿元，引进知名企业 10 家以上，培育过百亿元企业 1 家、过 50 亿元企业 2 ～ 3 家、过 10 亿元企业 10 ～ 15 家，基本建成国内一流、国际先进的海洋医药与生物制品产业研发、孵化和生产基地城市。

专栏 4　海洋生物医药产业创新路线图

时间节点	2018 年	2020 年
发展目标	突破共性关键技术 10 项，搭建各类创新载体 7 家，形成一批具有自主知识产权的产品，培育拥有自主品牌和较大市场影响力的骨干企业 15 家，建设海洋生物医药科技创新中心。	开发 10 个一类药、10 个改良型新药、10 个高端引领性生物功能制品，引进知名企业 10 家以上，培育过百亿元企业 1 家、过 50 亿元企业 2 ~ 3 家、过 10 亿元企业 10 ~ 15 家。
发展路径	1. 关键技术突破：海洋生物医用敷料、包材、辅料的研究与开发，海洋药用生物新资源挖掘技术；海洋药物先导化合物高效、靶向发现新技术，海洋药物新剂型制剂技术，海洋新药成药性早期评价技术，海洋生物功能制品。 2. 创新载体搭建：药源海洋生物种质资源库，海洋现代药物研发服务平台，药物安全性评价研发服务平台，海洋药物中试孵化服务平台，海洋医用胶囊工程技术中心。 3. 产业园区建设：推进蓝谷海洋医药科技产业园、高新区蓝色生物医药产业园，崂山、黄岛海洋生物产业园和胶州生物医药产业园建设。	1. 关键技术突破：高效海洋生物创新药物、海洋动物疫苗与诊断试剂、海洋生物兽药、海洋动植物生物反应器药物研究与开发，海洋天然产物高通量活性筛选技术，海洋创新药物研究开发中试与工程化技术。 2. 搭建创新载体：国家海洋生物基因库，药物药效学筛选评价与技术服务平台，动物用生物制品研发中试服务平台。 3. 产业集群培育：海洋生物医药、海洋生物制品等产业集群。

3. 海水健康养殖与海洋生态环境监测。按照“突破育种核心技术、促进海水健康养殖、保障水产品质量安全、修复渔业环境和拓展产业空间”的发展思路，重点在良种创制与种苗繁育、健康养殖设施及模式、海水养殖生物安保技术、海水养殖配套保障技术体系等领域，强化海水健康养殖共性关键技术研究，建设蓝色粮仓科技创新中心。在资源节约与环境友好的基础上实现养殖对象良种化、养殖设施工程化、养殖模式生态化，建设海洋牧场，推动传统海水养殖模式向安全、高效、优质、生态、可持续的现代海水健康养殖发展。

专栏 5　海水健康养殖领域创新路线图

时间节点	2018 年	2020 年
发展目标	突破共性关键技术 8 项，搭建各类创新载体 4 家，形成一批具有自主知识产权的产品。建设蓝色粮仓科技创新中心。	突破共性关键技术 5 项，搭建各类创新载体 2 家。建成蓝色粮仓科技创新中心。
发展路径	1. 关键技术突破：重点突破一批分子育种、细胞工程和基因工程育种的核心关键技术，开发新品种规模扩繁、种质资源保育、潜在养殖种类苗种繁殖等技术，创制一批海水养殖新种质、新品种；建立节能减排型工业化养殖、浅海底生态高效增养殖等新技术和新模式；改进营养饲料加工工艺，建立病虫害检测与防控技术体系；优化水处理设备配置和水处理工艺、养殖环境调控机械化技术，完善增养殖水域生态环境调控与修复技术体系。 2. 创新载体搭建：构建海洋生物优良品种的研发及测评平台，搭建病害快速检测与预警平台，建设海洋生物种质资源库，发展增殖型人工鱼礁区。	1. 关键技术突破：构建海洋生物优良品种信息数据库、联合育种网络系统等，完善现代海洋生物育种技术体系；开展深远海智能化养殖装备及技术、生态型人工鱼礁及海洋牧场开发；推广远程会诊平台，建立病害实用化防控生产体系；完善海洋资源容量评估与增殖养护技术体系。 2. 创新载体搭建：建立以岛屿为核心的区域性海洋牧场，构建海水健康养殖在线自动监测平台。 3. 产业基地建设：建设抗病疫苗临床示范基地。

时间节点	2018 年	2020 年
	3. 产业基地建设：建设高档海水苗种繁育基地、节能减排型工业化循环水养殖示范基地和蓝色粮仓科技发展基地。	

聚焦海洋观测平台、海洋传感器、海洋污染及灾害、海洋生态卫星监测导航及通用技术等领域，加快重大关键共性技术的突破和产业化进程，培育海洋环境观测仪器研发生产企业，建设海洋立体监测平台等创新载体，推动海洋环境监测产业快速发展。

专栏 6　海洋生态环境观测领域创新路线图

时间节点	2018 年	2020 年
发展目标	突破共性关键技术 20 余项，搭建各类创新载体 10 家，形成一批具有自主知识产权的产品，培育拥有自主品牌和较大市场影响力的骨干企业 4 家。	突破共性关键技术 10 余项，搭建各类创新载体 5 家，培育骨干企业 6 家，打造产业集群 1 个。
发展路径	1. 关键技术突破：重点突破海洋生态环境监测关键参数传感器及微缩实验室技术，近海海洋环境养殖污染、自然灾害及突发性污染物的监测、检测、预报及治理修复技术，自主卫星的海洋生态遥感和海洋导航定位通信技术，水下数据实时传输技术和传感器总线式处理控制技术等，开发满足本地行业特色需求的海洋环境观测、预测产品。 2. 创新载体搭建：支持海洋立体监测平台、海洋数据分析处理中心、海洋环境观测仪器产业技术创新战略联盟建设。 3. 产业园区建设：海洋环境观测装备仪器产业园等。	1. 关键技术突破：微流控芯片、放射性监测、能源获取传输及管理、试验场标准体系构建、试验场海域“透明场”建设、试验场试验平台建设、岸基—海面—海底的联合试验模式建立和水下多平台联合作业等技术，实现观测平台设备仪器的产业化。 2. 产业集群培育：海洋环境观测配套装备制造产业集群。

4. 海洋新能源。重点在海洋潮流能、温差能、海洋能集成等领域开展基础前沿研究、重大共性关键技术攻关和应用示范，构建国际性海洋新能源开发产学研联盟，突破海洋能基础理论、关键技术和储备技术，开发高转化率海洋能装置，推进海洋能示范工程建设，实现海洋新能源的产业化应用。

专栏 7　海洋新能源领域产业创新路线图

时间节点	2018 年	2020 年
发展目标	开展 3 ~ 5 项示范工程，突破共性关键技术 9 项，研制新产品和关键装置产品 5 件，搭建各类创新载体 8 家，研制 3 项技术标准，申请和获得发明专利 6 项以上。	开展 2 ~ 3 项示范工程，突破共性关键技术 7 项，搭建各类创新载体 2 家，研制 3 项技术标准，申请和获得发明专利 6 项以上。
发展路径	1. 关键技术突破：海洋温差能热力循环效率研究，海洋能装置能量转换与传递机理与配套关键优化技术，海洋能装置阵列化开发关键技术，海洋能装置安全可靠性关键技术，海洋温差能氨透平密封、高速电机集成。 2. 创新载体搭建：打造海洋新能源开发利用数据公用平台和研发创新平台，支持海洋能试验测试平台与示范基地建设，加快推进青岛市海洋可再生能源重点实验室、国家海洋局一所温差能实验室、海洋能发电系统测试与评估平台、海洋新能源产业技术创新战略联盟等载体建设。 3. 示范工程建设：斋堂岛海洋能综合示范基地；海岛海洋能集成供电示范系统。	1. 关键技术突破：海洋能关键设备氨透平叶轮效率研究，海洋能换热设备关键热工参数，海洋能冷海水管道热力及应力分析的研究，海洋能装备海上施工综合成套关键技术，海洋能—电能全过程能量模拟与优化关键技术，冷海水管道的海底敷设，海洋能平台垂直安装。 2. 创新载体搭建：完成海洋能装备测试场建设，搭建包括效率、换热器热工、透平叶片效率测试平台。 3. 示范工程建设：离岸式海洋能独立能源岛、兆瓦级海洋温差能发电装置陆上应用等。

（四）提升新材料支撑引领能力。围绕先进高分子材料、高性能复合材料、纳米前沿材料等领域，部署石墨烯、海藻纤维、新型显示材料、先进半导体材料、印刷电子材料、碳纤维及其复合材料等重点专项，加快建设新材料科技创新中心，提升新材料产业链上中下游企业协同创新和配套能力，打造一批新材料产业技术创新平台，完善新材料产业化及应用体系，扩大新材料高端化应用，推动新材料产业做优做强。

专栏 8　新材料领域产业创新路线图

时间节点	2018 年	2020 年
发展目标	部署实施 1 ~ 2 个重点专项，突破共性关键技术 20 项，搭建各类创新载体 15 家，形成一批具有自主知识产权的产品，培育拥有自主品牌和较大市场影响力的骨干企业 30 家，建设新材料科技创新中心。	部署实施 1 ~ 2 个重点专项，突破共性关键技术 15 项，搭建各类创新载体 10 家，培育骨干企业 20 家，形成新材料特色产业集群 10 个以上。
发展路径	1. 关键技术突破：重点突破石墨烯制备技术和应用关键核心技术；突破新型高性能吸油 / 分离材料的低成本制备及可降解技术、高性能碳化硅常压烧结技术、化纤柔性化高效制备技术、第三代半导体照明芯片制备技术，环境友好生物基润滑材料结构与功能设计、制备工艺、复配技术等关键共性技术；实现耐高温密封油橡胶材料、高性能橡胶循环材料、高性能碳纤维复合材料、家电用高性能 TPE/TPR 类材料、结构性防火隔热材料、药物缓释载体材料、高性能生物基润滑材料、以量子点为代表的高性能发光材料等产品产业化。 2. 创新载体搭建：推进橡胶新材料、纺织服装新材料、金属基复合材料、先进纳米材料等领域重点实验室、工程技术研究中心、产业技术研究院和专业孵化器等创新载体建设。	1. 关键技术突破：在钕铁硼永磁材料、小型化多铁材料微波器件、高性能水处理膜材料、光热转换材料、石墨烯基电子器件、透明电光陶瓷及高性能电光器件等领域取得技术突破；实现石墨烯修饰电极、高温合金及金属间化合物制品、碳纳米管复合强化铝合金等产品产业化。 2. 创新载体搭建：推进储能材料、半导体材料、稀土新材料、润滑材料、生物医用材料等领域的创新载体建设。

时间节点	2018 年	2020 年
	3. 产业园区建设：围绕石墨烯、先进碳材料、光电新材料、橡胶新材料、纺织新材料等领域建设产业园区，形成特色产业聚集区。 4. 国内外合作：引进瑞典查尔姆斯理工大学、意大利石墨烯研究中心、上海交大等国内外知名科研机构设立研发中心。	3. 产业园区建设：围绕印刷电子材料、碳纤维复合材料等领域形成特色产业聚集区。 4. 国内外合作：加强与美国、欧盟等先进国家合作，共建研发中心和成果转移基地。

（五）增强生物技术产业竞争力。重点在生物制造、生物能源、生物医药、生物医学工程、生物农业等领域，部署实施Ⅰ类创新药物、干细胞药物、数字医疗设备等重点专项，搭建生物制造产业技术研究院等创新载体，培育拥有自主品牌和较大市场影响力的骨干企业，打造具有国际先进水平的生物技术产业集群。

专栏 9　生物技术领域产业创新路线图

时间节点	2018 年	2020 年
发展目标	部署实施 1 ～ 2 个重点专项，突破共性关键技术 14 项，搭建各类创新载体 10 家，培育骨干企业 10 家。	部署实施 1 ～ 2 个重点专项，突破共性关键技术 10 项，搭建各类创新载体 2 家，培育骨干企业 10 家、行业龙头企业 3 ～ 5 家，形成生物制造产业集群 1 个。
发展路径	1. 关键技术突破：重点开展新型靶向药物、Ⅰ类创新药物、新型疫苗、新型诊断试剂的研发与应用；开发新型工业酶制剂、先进发酵催化工艺与装备、环境友好新型生物兽药、绿色高效生物农药及环境友好型制剂；突破生物液体燃料的高效制备、生物质能源循环利用等技术。 2. 创新载体搭建：建设药物药效学筛选评价与技术服务平台、生物制造产业研究院等创新载体。	1. 关键技术突破：重点研发治疗性抗体药物、蛋白质和多肽类药物、干细胞药物，形成中成药标准化生产工艺；开发环境友好生物化工产品；开发医学与健康装备，提高生物产业软环境服务能力。 2. 创新载体搭建：建设药物安全性评价研发服务平台、药物临床实验质量管理规范（GCP）药理平台等载体。 3. 产业集群培育：生物制造产业集群。

（六）推动新能源技术应用示范。以分布式、智能化、低碳化为主攻方向，围绕风能、太阳能、生物质能、低品位能源、能联网应用等领域加强关键共性技术攻关，建设能源互联网、热泵技术应用示范基地等示范工程，加快能源装备制造创新平台建设，形成具有国际竞争力的能源装备工业体系。

专栏 10　新能源领域产业创新路线图

时间节点	2018 年	2020 年
发展目标	突破共性关键技术 20 项，搭建各类创新载体 6 家，培育拥有自主品牌和较大市场影响力的骨干企业 10 家，建设新能源示范区（基地）1 ～ 2 个。	突破共性关键技术 10 项，搭建各类创新载体 2 家，培育骨干企业 8 家，开展 3 ～ 5 项示范工程。

时间节点	2018 年	2020 年
发展路径	1. 关键技术突破：完成 5MW 以上全功率变换型风电机组中大功率发电机和全功率变流器的研发，制造 10 ~ 20MW 超大型风电机组样机；突破冶金法制造太阳能级多晶硅材料，硅电池用正面银浆、背面铝浆等关键技术；开发生物能源工业化技术及专业化装备；突破城市地下空间废热源供热供冷技术，近海浅滩源热泵工程应用，污水、土壤及太阳能等复合源热泵系统应用，多源能源互联微网应用和基于城区的小型能源互联网应用等技术。 2. 创新载体搭建：建设低品位能源利用重点实验室、新能源材料技术研究院、新能源为基础的能源互联网产业技术创新战略联盟，推进企业技术中心建设。 3. 示范工程建设：国家热泵技术应用（青岛）示范基地、中德生态园能源互联网示范区。	1. 关键技术突破：研发基于风电机组与风电场的智能能源互联网接入技术，开展硅基太阳能一体技术的高效利用，开发大面积的柔性有机和钙钛矿太阳能电池，发展低成本电网储电电池技术。 2. 创新载体搭建：推进中科院生物燃料重点实验室、青岛能源研究所等建设。 3. 示范工程建设：开展太阳能光伏农业示范电站。

（七）促进数字创意产业蓬勃发展。围绕数字创意、文化创意、设计服务等领域加强关键共性技术攻关，加强数字文化创意内容产品创作与供给，提升设计服务行业创意水平和整体实力，推进数字创意与相关产业融合发展。创新数字创意技术和装备，开展动漫游戏、创意设计、数字影视等领域关键技术攻关，建设虚拟现实科技创新中心，加快形成文化引领、技术先进、要素齐备、链条完整、结构合理、效益良好的数字创意产业发展格局，为引领社会新风尚、满足健康美好现代生活方式提供有效供给。

专栏 11　数字创意产业创新路线图

时间节点	2018 年	2020 年
发展目标	部署实施 1 ~ 2 个重点专项，突破共性关键技术 20 项，搭建各类创新载体 6 家，形成一批具有自主知识产权的数字创意装备产品，培育骨干企业 5 家，开展 3 ~ 5 项示范工程，建设虚拟现实科技创新中心。	突破共性关键技术 10 项，搭建各类创新载体 3 家，培育骨干企业 6 家，开展 2 ~ 3 项示范工程。
发展路径	1. 关键技术突破：重点开展工业设计、计算机图形图像（CG）、虚拟/增强现实（VR/AR）、人机交互（NHCI）、智能语音等关键技术研发，研发新型可穿戴智能装备、沉浸式体验平台、应用软件及辅助工具等数字创意装备，提升服务交互性和体验感。 2. 创新载体搭建：建设虚拟现实科技研发平台、工业设计服务平台、数字创意双创服务平台，发展数字创意产业众创空间等新型孵化器。 3. 示范工程建设：重点推进青岛创意 100 文化产业园、青岛国际动漫游戏产业园、中联 U 谷 2.5 产业园、中艺 1688 创意园、青岛国家广告产业园、青岛影视产业园、西海岸数字媒体产业基地等一批数字创意园区和重点项目建设。	1. 关键技术突破：开展自然人机交互、智能语音等关键技术研发，开发新型数字创意装备，推动数字创意与设计、制造、商贸、旅游、教育、医疗等领域集成应用和融合发展。 2. 创新载体搭建：推进数字创意产业网络众创空间、数字创意产业实验室等建设。 3. 示范工程建设：开展数字创意与制造、旅游、会展等产业融合发展示范。

（八）发展科技服务业新兴业态。围绕公共研发、创业孵化、技术转移、知识产权、科技金融、检验检测、科技咨询等服务领域，重点开展研发设计、分析测试、大型检测设备虚拟共享、技术价值评估、前沿技术发展预测、互联网金融信用与认证等一批共性关键技术攻关，建设行业关键技术支撑和服务集成平台，发展新型科技服务业态，延展科技创新服务链条，实施重点领域的试点和示范工程，促进大数据、云计算、移动互联网等现代信息技术与科技服务业融合，推动科技服务业市场化、集成化、专业化、国际化发展。到 2020 年，引进 100 家高端科技服务机构，培育 1000 家科技服务骨干机构，全市科技服务业增加值达到 560 亿元。

专栏 12　科技服务业创新路线图

时间节点	2018 年	2020 年
发展目标	部署应用示范工程，突破共性关键技术 4 项，搭建各类服务平台 10 家，引进高端科技服务机构 60 家，培育 400 家科技服务骨干机构，建设科技服务业集群和示范区 5 个。	突破共性关键技术 6 项，搭建各类服务平台 5 家，建设科技服务业集群和示范区 5 个。引进 100 家高端科技服务机构，培育 400 家科技服务骨干机构。
发展路径	1. 关键技术攻关：研究创业项目的评估技术、推演与验证技术，实现项目的前置验证，提高研究开发成功率；突破企业社交网络构建技术、创意自动识别提取技术、协同创新的支撑技术等，支撑企业快速构建创新生态圈；开展基于互联网的技术价值评估方法模型与技术研究，形成技术成果价值评估的支撑技术体系；研究技术预测的大数据模型与算法，解决前沿新兴技术的科学评价与评估。 2. 应用示范打造：开展重点领域一站式协同检验检测服务示范、面向创新创业的全链条集成式科技服务示范、面向高新区的科技服务综合应用示范。 3. 服务平台搭建：推进家电云制造服务平台、服装个性化定制平台、橡胶轮胎云制造服务平台、新能源汽车充电服务平台、3D 打印云智造服务平台等的建设，筹建节能减排、海洋环保等一批检验检测认证公共服务平台，搭建创客云服务平台、企业创新生态圈支撑平台、大型检测设备虚拟共享平台。 4. 产业集群培育：打造海洋特色国家级蓝色经济检验检测高技术服务集聚区。	1. 关键技术突破：开展研发实验设计、建设与运营管理一体化研究；研究概念仿真技术、快速原型开发技术，实现创意的可视化；开展检验检测大数据挖掘与分析技术攻关，发掘监测数据价值；突破分布式资源巨空间构建与服务关键核心技术、基于大数据的全量咨询方法与知识管理技术、互联网金融信用与认证等关键技术，逐步形成科技服务技术体系。 2. 应用示范打造：开展研究开发服务应用示范、基于大型互联网平台的在线孵化示范、互联网金融新业态平台应用示范。 3. 服务平台搭建：形成概念验证和原型测试的服务平台，搭建检验检测行业信息物理系统（CPS）与数据服务云平台、产品性能与质量众包测试服务平台、开放式创新平台。 4. 产业集群培育：打造滨海创新创业集聚带，建设国家知识产权服务业集聚发展试验区。

五、提升社会服务能力

发挥科技创新在改善民生和促进社会发展中的支撑引领作用，围绕重大疾病、大气污染、食品安全、交通拥堵、健康医疗等重大需求，实施精准医疗、环境生态治理、水安全等重点专项，推动一批先进适用技术成果的应用，提高城市人口健康、防灾减灾、管理治理水平与能力，提升民生福祉。

（一）提升健康医疗水平。加强重大慢性疾病、重要病原性疾病、生殖健康及出生缺陷防控，在移动医疗、精准医疗、组织器官修复替代、转化医学、健康医疗等领域突破一批共性关键技术，建设生命健康科技创新中心。开展地方常见病、多发病医学研究，倡导绿色健康与疾病预防。加快基因检测技术应用，推动精准医疗发展。探索健康保险、居家养老、慢病管理等方面的技术攻关和创新服务应用，为社会可持续发展创造良好人口健康环境。

专栏 13　人口健康领域创新路线图

时间节点	2018 年	2020 年
发展目标	在重大疾病、移动医疗、精准医疗、组织器官修复替代、转化医学等领域部署实施 1 ~ 2 个重点专项，突破共性关键技术 10 项，搭建各类创新载体 10 家，建设生命健康科技创新中心。	在精准医疗、器官移植等领域突破共性关键技术 5 项，搭建创新载体 5 家。
发展路径	1. 关键技术突破：开展肿瘤、心脑血管疾病、代谢性疾病、老年性疾病和传染病的早期诊断及防治技术攻关；研究干细胞及转化医学临床应用关键技术；突破医疗大数据的存储、分析与应用技术，建设互联网医疗 B2B2C 模式；开展基于全面放开二孩高龄孕妇优生优育关键技术的研究。 2. 创新载体搭建：建立基因检测与个体化用药指导重点实验室、心血管疾病转化医学实验室、生殖健康及出生缺陷防控重点实验室、甲状腺恶性肿瘤诊断及手术治疗实验室、重大急慢性传染病诊断的综合技术平台等。 3. 示范工程建设：3D 虚拟影像手术系统、数字社区远程诊疗服务系统等 5 ~ 8 个示范工程。	1. 关键技术突破：开展恶性肿瘤早期检测技术研究；互联网医疗社群模式的研究；研究器官移植免疫耐受发生的细胞分子机制，开发肝、肾等器官移植新技术。 2. 创新载体搭建：建立器官移植重点实验室等。

（二）保障城市安全运行。围绕生产安全、食品安全和社会安全等领域的科技需求，加强在突发事件预防预警、救援处置、应急产品等领域的关键技术攻关，强化应用研发、集成示范和产业培育，提升科技支撑突发事件的预防、准备和应对能力，为全市应急管理提供科技支撑，培育发展应急科技产业。

专栏 14　公共安全领域创新路线图

时间节点	2018 年	2020 年
发展目标	突破 10 项预防预警和救援处置关键技术，建设 2 ~ 3 个公共安全工程技术研究中心，研发 10 项具有自主知识产权的应急装备产品，开展 8 ~ 10 项示范工程。	突破 6 项关键技术，建设测试中心，构建多学科交叉的公共安全科技共享平台，研发具有自主知识产权的应急装备产品。
发展路径	1. 关键技术攻关：重点支持突发事件风险评估、监测预测综合研判、应急资源优化配置等技术攻关；建立城市危险化学品重大风险分布、评估和预警系统；突破海上遇险目标的快速定位及高效处置技术、搜救及探测机器人技术等；研发区域灾情监测、生命探测技术和装备；基于物联网的食品追溯方法与技术。 2. 创新载体搭建：建设应急装备工程技术研究中心和热安全工程技术研究中心等。 3. 示范工程建设：食品溯源、燃气泄漏预警、危化品运输在线监测、安全生产在线监测等工程。	1. 关键技术攻关：重点开展重大安全事故的预防与控制技术，以及雾霾、浒苔等自然灾害的监测和预警预报；建立饮水、食材中环境持久性污染物监控系统；研发安全避险、应急处置与救援装备。 2. 创新载体搭建：建设通用应急装备测试中心。 3. 示范工程建设：城市地下管网监测等工程。

（三）发展绿色现代农业。以智能、生态、安全、可持续为发展方向，重点在现代种业、农（畜）产品精深加工、农产品安全、新型农业投入品、智能化农业装备、智慧农业等领域，加快重大关键共性技术的突破和产业化进程，推进创新载体建设，开展示范工程建设，提升农业科技创新能力，推动绿色现代农业快速发展。

专栏 15　现代农业领域创新路线图

时间节点	2018 年	2020 年
发展目标	突破共性关键技术 15 项，搭建创新载体 5 个，选育具有自主知识产权的动植物新品种 5 ～ 8 个，研发具有自主知识产权的农业投入品 3 ～ 5 个，培育骨干企业 5 家，建设农业园区及示范工程 5 ～ 8 个。	突破共性关键技术 10 项，搭建各类创新载体 3 个，选育具有自主知识产权的动植物新品种 3 ～ 5 个，研发具有自主知识产权的农业投入品 2 ～ 3 个，培育骨干企业3家，开展农业示范工程3 ～ 5个。
发展路径	1. 关键技术突破及产业化：作物、畜禽高效育种技术体系构建；农作物减肥增效栽培技术；土壤改良及培肥技术；规模化畜禽健康养殖关键技术；新型生态高效化学农药和生物农药、环境友好型制剂、水溶性肥料研发；农产品高值精深加工技术；作物全程机械化装备等智能化农机装备研发；农产品智能分选技术；光伏农业产品研发等。 2. 创新载体搭建：青岛市作物种质资源保护中心、青岛市现代农业公共研发平台、校企联合种业研究院、青岛市设施农业工程技术研究中心、国家光伏农业工程技术研究中心。 3. 示范工程建设：青岛大沽河流域国家农业科技园区、青岛农业大学现代农业科技示范园、青岛畜牧科技示范园、大沽河流域高效生态农业示范工程、西海岸品牌农业示范工程、光伏农业示范工程等。	1. 关键技术突破及产业化：主要农作物、蔬菜、果茶、畜禽规模化良种生产与繁育技术；主要农作物、蔬菜种子加工与质量控制技术；农产品加工副产物综合利用技术；生物活性物质提取与利用技术；种业机械装备研发。 2. 创新载体搭建：青岛市数字农业重点实验室、青岛市智慧农业工程技术研究中心、青岛市耕地保育与可持续利用工程技术研究中心。 3. 示范工程建设：农产品安全溯源示范工程、保护性耕作示范工程、现代果园示范工程、智慧农业示范工程等。

（四）打造绿色低碳社会。重点在水处理、大气污染防治、土壤污染防治、高效节能装备、清洁能源及绿色建筑节能技术、在线监控和预警、生态修复、减震降噪设备、环境监测与应急处理等领域开展重大共性关键技术攻关，开发具有市场竞争力的节能环保装备和产品，开展生物燃气、城镇废弃物资源化利用、有机废气治理、清洁煤燃烧技术等示范工程，形成富有特色的绿色低碳城市发展模式。

专栏 16　节能环保领域创新路线图

时间节点	2018 年	2020 年
发展目标	突破共性关键技术 8 项，实施 1 ～ 2 个重点专项，搭建公共研发平台 4 家，形成一批具有自主知识产权的产品，培育骨干企业 10 家，推进示范工程 5 ～ 8 项。	突破共性关键技术 6 项，搭建公共研发平台 2 家，培育骨干企业 10 家，推进示范工程 5 ～ 8 项。

时间节点	2018 年	2020 年
发展路径	1. 关键技术突破：重点突破耗能设备能效迭代升级技术、能量系统优化技术、能源消费的信息化智能化管控技术、节能家电和商用冷链技术装备；大气颗粒物来源解析及区域联动控制技术、土壤污染修复技术；便携式监测分析仪器样品自动采集和前处理技术、高效快速检测技术和分离技术；低温废热回收利用技术、循环发电技术及产品。 2. 创新平台搭建：建设环境与能源产业技术研究院、土壤污染修复技术平台，建立节能环保装备产业技术创新战略联盟。 3. 示范工程推进：生物燃气、城镇废弃物资源化利用等工程。	1. 关键技术突破：突破能源消费的信息化智能化管控技术、节能高效锅炉等产品；开展污染场地修复工程示范、工业废弃物的深度利用技术、农村污水与垃圾源头减量化技术工程示范。 2. 创新平台搭建：建设环境监测与预警重点实验室、低品位能源利用工程中心等。 3. 产业园区建设：建设再生资源利用产业园、仪器仪表产业园。 4. 示范工程推进：有机废气治理、清洁煤燃烧技术等工程。

（五）提升水安全保障能力。围绕水污染控制与治理、水环境检测预警、饮用水安全保障、海水资源综合利用等开展关键技术攻关，突破水环境快速检测、饮用水深度处理、膜（热）法海水淡化、膜材料与膜组件、海水高压泵及蒸发器、浓海水梯级利用等关键技术及装备，培育 2 ~ 3 家龙头骨干企业，构建以水处理膜材料及装备产业、工业废水处理与资源化产业、海水综合利用产业为特色的水安全产业链，提升城市的水安全保障能力，率先建成全国水生态文明示范区。

专栏 17　城市水安全领域创新路线图

时间节点	2018 年	2020 年
发展目标	突破 10 项关键技术，搭建各类创新载体 3 个，培育 2 ~ 3 家水安全产业龙头企业，研发 10 项具有自主知识产权的装备产品，形成较为完整的水安全产业体系，建成全国水生态文明示范区。	突破 5 项关键技术，搭建各类创新载体 2 个，水安全产业科技水平显著提升，形成完善的城市水安全保障体系，成为国际知名的水生态文明城市。
发展路径	1. 关键技术突破：重点突破饮用水安全保障、水质检测与预警等关键技术，建立完善的城市供水水质检测预警系统；支持膜法海水淡化技术的膜材料与膜组件、能量回收装置、高压泵的研发，低温多效蒸馏法蒸发器、高性能传热材料、耐海水腐蚀材料的研发与工程应用；研发水环境快速检测、海水淡化处理与利用的技术和装备。 2. 创新载体搭建：组建水安全领域产业技术创新联盟，建设水安全产业孵化器、海水淡化工程（技术）研究中心，培育水安全创新型企业和产业科技创新中心。 3. 示范工程建设：海水淡化示范工程，全国水生态文明示范区，全国海绵城市。	1. 关键技术突破：研发水环境关键指标的在线监测与遥测、预警预报，饮用水品质提升等关键技术；实现反渗透膜法关键设备、热法核心部件与关键材料本地制造与产业化。 2. 创新载体搭建：建设国际水安全先进技术联合研究中心和国际技术转移中心。 3. 示范工程建设：浓海水资源综合利用示范工程，国际知名的水生态文明城市。

（六）推进智慧城市建设。重点在物联网、大数据、云计算、高端软件等领域开展共性关键技术攻关，推进智能产业技术研究院、智能信息系统重点实验室等创新载体建设，形成以城市运行要

素为单元的融合化智慧应用体系，打造“智慧青岛”，推进国家智慧城市技术和标准试点城市建设。

专栏 18 智慧城市领域创新路线图

时间节点	2018 年	2020 年
发展目标	突破共性关键技术 5 项，搭建创新载体 3 家，开展 3 ~ 5 项示范工程。	突破共性关键技术 3 项，搭建创新载体 2 家，开展 2 ~ 3 项示范工程。
发展路径	1. 关键技术突破：突破交通动态运行大数据采集和处理技术、基于物联网的港口物流智慧管理、医疗大数据研究与远程医疗应用等，建立智慧决策支持系统，促进物联网、云计算、大数据、行业应用软件、通信设备等技术在交通、物流、社区管理的应用，推进智慧产业发展。 2. 创新载体搭建：推进智能产业技术研究院、智能信息系统重点实验室、城市综合云计算服务平台等载体建设。 3. 示范工程建设：智慧社区、智慧交通等 3 ~ 5 项工程。	1. 关键技术突破：重点支持云计算、大数据、卫星应用、智慧应用软件等关键技术攻关，实现智能公交集群调度、停车收费电子化和监管智能化，探索开展远程医疗服务，推进景区智能化建设。 2. 创新载体搭建：建立智慧景区信息服务平台、网络安全综合保障公共平台等。 3. 示范工程建设：智慧物流和智慧医疗等 2 ~ 3 项工程。

六、激发创新创业活力

构建众创空间，整合创新创业服务资源，完善孵化链条，提升服务能力，营造良好的创新创业社会环境。进一步完善科技金融服务体系，构建科技成果转化体系，大力发展科技型中小微企业，推进小微企业创新创业基地城市示范工作，探索支持小微企业创新创业的新机制，激发创新创业活力。到 2020 年，全市科技型中小企业达 15000 家，各类创业载体数量达到 300 家，孵化面积达到 1300 万平方米，技术市场合同交易额达 200 亿元。

（一）培育科技型中小微企业。围绕产业发展梯度培育初创期、成长期和壮大期等各类科技型企业，构建“金字塔”型企业创新体系，通过“靶向”精准政策引导，加快培育自主创新型中小微企业群，激发企业技术创新活力，增强经济发展新动力。支持科技型中小微企业建立技术创新中心，走专业化、精细化、特色化、新颖化发展道路，培育一批具有国际竞争力的创新型领军企业。支持科技型中小微企业与大型企业、高等院校、科研院所开展战略合作，探索产学研深度结合的有效模式和长效机制，积极开展技术项目合作，联合建设创新平台，推动科技成果向科技型中小微企业转移转化。

（二）打造特色创新创业平台。实施众创空间倍增计划，引导领军企业、高校、科研院所、新型研发组织等多元主体建设众创空间、孵化器、加速器，打造特色创新孵化集聚区。建设线上线下结合的众包平台，鼓励企业与研发机构等通过众包平台分发设计与研发任务，征集产品创意，促进产品规划与市场需求无缝对接。积极开展各类众筹模式创新，鼓励消费电子、智能家居、特色农业等行业开展创新产品实物众筹，根据市场需求不断完善众筹平台服务功能，实现创意到产品的快速转化。稳步推进股权众筹融资试点，鼓励科技型中小微企业和创业者通过股权众筹融资方式募集早期股本。

（三）完善科技金融服务体系。畅通直接融资渠道，建立财政科技投入与社会资金搭配机制，广泛吸纳社会资本，建立创业投资引导基金；支持高校院所、领军企业和创投管理机构，设立服务特定领域的投资基金；支持孵化器独自设立或参与设立种子资金，为初创企业、创业团队提供融资支持。创新金融服务产品，鼓励金融服务机构开发股权融资、知识产权质押、融资租赁等特色金融产品，全方位服务科技企业融资发展。发展社会化科技金融专营机构，鼓励社会资本设立科技投资公司、科技融资担保公司、科技融资租赁公司等多业态的混合所有制科技金融机构。引导科技型中小企业在多层次资本市场融资，鼓励企业上市融资，支持在“新三板”挂牌企业发行债券和优先股，为企业提供股权融资、债权融资、并购融资、资产证券化等产品和服务。打造科技信用服务体系，建设综合性科技金融服务平台，实现科技资源与信贷资源的常态化交互式对接。

（四）构建科技成果转化体系。建立市、区（市）全覆盖的多层次技术（产权）交易市场架构，形成“政府、行业、机构、技术经纪人”四位一体的技术市场服务体系，积极探索基于互联网的在线技术交易模式，推动科技成果集中公开交易常态化。引导和支持社会第三方机构开展技术转移服务，鼓励高校院所设立科技成果转化服务机构，鼓励有实力的企业、产业联盟、工程中心等面向市场开展中试和技术熟化等集成服务，构建完善的科技成果转化服务体系。吸引投融资机构、银行、证券等各类金融机构加入科技成果转移转化服务体系，引导技术转移服务机构开展科技成果权益化、商品化、资本化试点。重点推进国家海洋技术转移中心建设，建立面向各专业领域的技术转移分中心，完善海洋科技成果转移转化体系。

（五）营造创新创业文化环境。倡导鼓励创新、宽容失败、敢为人先、脚踏实地的城市理念，营造崇尚创新创业的社会氛围，大力弘扬新时期工匠精神。研究制定创业风险援助资金及失业保险金等政策，探索建立鼓励创新、宽容失败的考核机制。实施全民科学素质行动计划，全面提升公民科学素质和创新意识。加大创新型城市建设工作的宣传力度，鼓励各行各业支持创新、方方面面服务创新。打造“千帆 1+N”系列品牌，举办创业大赛、路演、训练营等各类创业活动，推出一批创业形象大使和创业者偶像，推广先进经验和模式，激发全社会创新动力和创业激情，打造优良的创新创业生态环境。

七、优化创新资源配置

以全球视野谋划创新，主动布局，充分发挥市场在资源配置中的决定性作用，围绕我市重点产业创新需求，优化配置创新资源。加强创新创业高层次人才引进与培养，集聚高端创新资源，积极融入国际创新网络，整合创新链条，提升统筹国际国内两种资源的能力，构建开放合作新格局。

（一）引进培养创新创业人才。加强人才培育体系和机制创新，积极培育各类创新创业人才。围绕大企业转型升级需求，引导企业建设并开放孵化平台，鼓励领军企业衍生连续创业者，形成各类特色“创业系”。支持高校院所开展成果处置、收益分配、人才评价机制改革，激励科技人员创新创业。支持高校开展创业教育培训，鼓励和培育大学生创新创业。积极营造创客发展环境，支持创客群体发展。

实施创新创业人才引进培育工程，落实“青岛英才 211 计划”高层次人才引进政策，采用以重大项目、创业基地等为载体的多种人才引进模式，集聚国际国内高端创新人才和团队。创新人才服务模式，在居住、户籍、出入境、医疗、保险等方面为高层次科技人才提供优质服务。打造国际人才自由港，探索建设海外人才离岸创业基地，广泛吸引海内外人才来青创新创业。

（二）集聚国内高端创新资源。全面落实与中科院战略合作协议，实现院市双方深度融合发展，共建中国科学院科教融合基地。支持引进院所创新发展，破解制约引进院所快速发展的体制障碍。提高引进院所服务我市发展的能力，开展引进院所融合青岛行动计划，帮助引进院所尽快融入、服务地方。推进与国内重点高校的沟通交流，结合我市产业发展需求，引进哈尔滨工程大学、天津大学、四川大学、西南交通大学等重点大学在青设立海洋、信息、新能源、新材料等领域的研发机构，将我市建设成为国内重点高校研发及成果转移转化集聚基地。全面落实与中海油、中船重工、航天科工等央企签署的科技战略合作协议，做好规划布局，着力引进一批央企研发机构，重点推进中船重工海洋装备研究院、中船重工 702 所青岛深海装备试验基地、中船重工 725 所海洋新材料研究院建设，引领我市相关产业发展。实施军民融合科技创新工程，建设西海岸新区古镇口海洋科技创新区，打造国家级军民融合创新示范区。

（三）建设高端公共研发平台。围绕我市战略性新兴产业发展需求，依托骨干研发机构、高校和行业龙头企业组建轨道交通、海工装备、海洋生物医药、橡胶轮胎及新材料、新能源汽车、检验检测等领域科技创新中心和产业技术研究院，开展行业共性关键技术研发、成果转化、企业孵化、技术服务和人才培养，逐步建立起满足产业发展需求的技术支撑体系。发挥重点实验室、工程技术中心等创新源头作用，围绕经济社会发展需求开展创新型研究。支持高校院所设立青岛发展研究院，强化对我市产业发展的技术支撑能力。

（四）推动开放共享协同创新。支持高校院所和企业联合参与新一代信息通信、新能源、新材料、生物医药、智能制造和机器人、深海探测、脑科学、健康保障等国家重大科技专项，力争突破一批共性关键技术，获得一批自主知识产权成果。鼓励和支持企业牵头承担国家新能源、新材料、高端装备、海工装备等领域的重大项目和工程。推动高校院所、企业向社会开放科研基础设施和科研仪器设备。鼓励技术领先企业向标准化组织、产业联盟等贡献基础性专利或技术资源，推动产业链协同创新。建立部门协同、区（市）联动的创新协同机制，统筹优化整合全市各类创新资源。积极推进山东半岛自主创新示范区建设，建立健全与济南、淄博、烟台、潍坊、威海等城市间的创新发展协调合作机制，实现各高新区功能布局和主导产业的错位、协同发展。

（五）提升国际科技合作水平。对接“一带一路”国家发展战略，打造国际科技合作新空间。鼓励和吸引海外研发机构、技术转移机构、跨国公司在青建立研发中心、技术转移平台和国际科技合作基地。支持企业与境外研究机构开展研发合作、参与国际科技重大合作项目、建立海外研发中心，提高研发、制造等环节的国际化水平，提升国际竞争力。

建立世界海洋科技创新联盟，与联盟城市开展海洋科技合作。加强与欧盟的科技合作，建立与欧盟成员国交流合作机制。依托青岛海洋科学与技术国家实验室，与世界顶级海洋科研机构共建联合实验室，整合优势资源建设国际一流的功能实验室和大型科研平台，组织和参与国际海洋领域大科学计划，定期举办海洋国际高峰论坛，逐步建成链接全球的网络化科技合作平台。加强与海上丝绸之路沿线国家的海洋科技合作与交流，引进海洋等领域的领军人才。支持涉海高校院所向“一带一路”沿线国家开展人才培训、技术输出。

八、统筹区域创新布局

按照“布局合理、功能互补、区带协同、多园支撑、要素聚集、辐射带动”总体思路，在“十三五”时期基本形成“三核一带一区”的科技创新发展空间布局，“三核”指由蓝色硅谷核心区、高新区胶州湾北部园区和西海岸新区组成的科技创新核心区；“一带”指从蓝色硅谷核心区沿滨海一线延伸到李沧区的滨海创新创业带；“一区”指从城阳和胶州一直向北延伸到即墨、平度、莱西的北部科技创新拓展区。

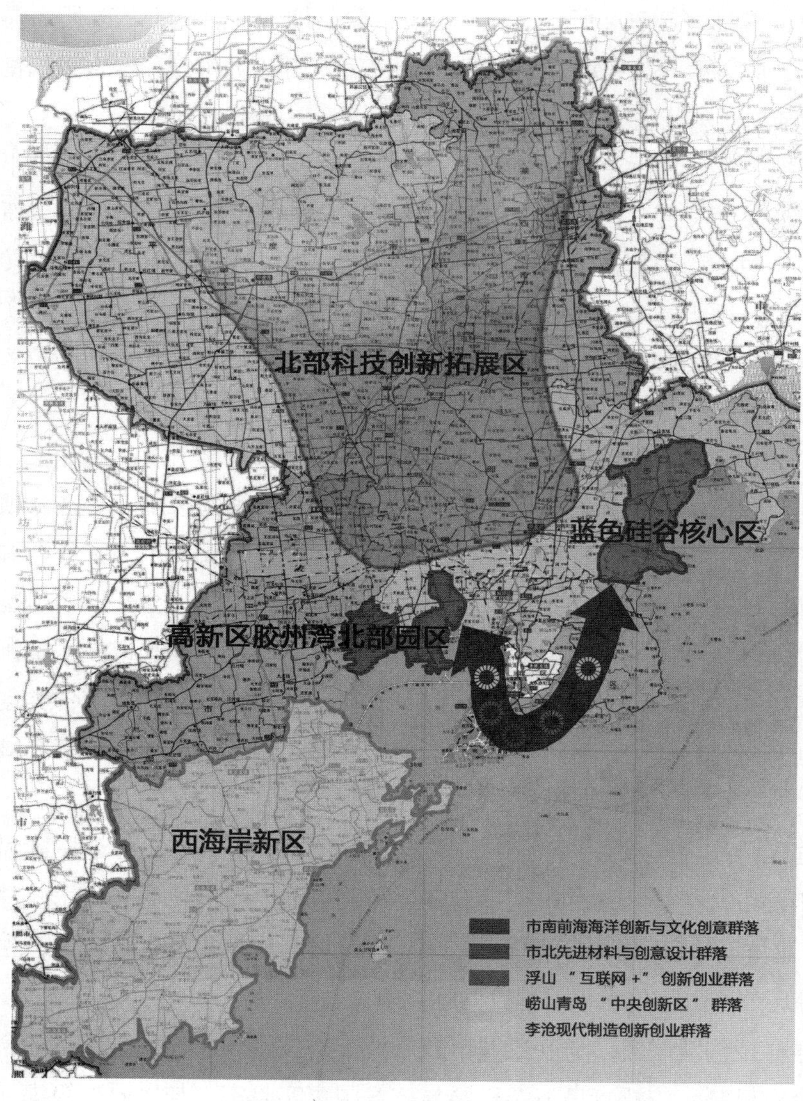

图　科技创新发展空间布局

（一）打造科技创新核心区。主要定位于打造科技和产业创新资源集聚的科技创新核心区，引领山东半岛国家自主创新示范区建设，形成创新源头。

专栏 19　科技创新核心区

1. 蓝色硅谷核心区：加快海洋高科技研发、人才、产业和服务机构集聚，聚焦海洋生物医药、海洋新材料、海洋装备制造、高端养殖、海水资源综合利用、海洋可再生能源、海洋环保与防灾减灾等七个重点领域的科技创新，重点建设青岛海洋科学与技术国家实验室、国家深海基地两大战略性工程，加快山东大学青岛校区、哈工大青岛科技园、天津大学青岛海洋技术研究院、大连理工新能源材料技术研究院、国家海洋设备质检中心、中船重工 725 所海洋新材料研究院等重点项目建设，着力打造蓝色硅谷科技创新集群。规划建设与新兴产业功能区相配套的高等职业技术学院。完善创业孵化体系，培育初创型企业。实施引才聚才计划，打造蓝色人才高地。

2. 高新区胶州湾北部园区：重点集聚海洋高端产业创新资源，建设全市科技创新示范区。聚焦科技服务业、软件与信息技术、高端智能制造、蓝色生物医药、海工装备研发、节能技术与新材料等“1+5”产业发展，加快部署中船重工海洋装备研究院、中船重工 710 所青岛海洋装备研发及产业化基地、中科院青岛分院、中科院光电研究院、中科院自动化所青岛研发基地、国际石墨烯创新中心等创新载体建设，推进海洋装备产业园、蓝色生物医药产业园、国际机器人产业园、北斗卫星导航产业基地、中关村青岛软件园、中国航天科工三院青岛产业园等重点产业化项目，深入开展国家科技服务业区域试点，建设新型创业孵化载体和集聚区，建设生态科技新城。

3. 西海岸新区：依托青岛经济技术开发区和新技术产业开发试验区、古镇口军民融合创新示范区、董家口循环经济区、前湾保税港区、中德生态园等重点功能区建设，推进海西湾船舶与海洋工程产业基地、前湾国际物流园区和海洋生物产业园、斋堂岛海洋能技术试验基地建设升级，规划建设中国科学院科教融合基地、古镇口海洋科学城、大学科教园、现代渔业试验基地、大型深海装备、科研仪器海上试验场。建立与全球海洋人才密集区联通的国际人才市场网络和人才评价体系，加快顶尖人才、领军人才、紧缺人才和专业技术人才引进培育，建设山东半岛蓝色经济引智示范区。

（二）构筑滨海创新创业带。滨海创新创业带联接市南、市北、李沧、崂山等城区，聚焦研究开发、技术转移、检验检测、创业孵化、科技金融、科技咨询、科学普及和综合科技服务等科技服务业发展，重点推动各具特色的创新创业载体和特色园区建设，形成 5 个特色创新创业群落。依托千万平米孵化器建设工程，推进孵化载体提质增效发展，制定众创空间建设规划，实施特色创业孵化集聚区工程，依托社区和大学科技园，加快部署创客空间、集中办公区和创业孵化集聚区，引进专业孵化服务和运营团队，提升孵化载体创业服务能力，培育产业发展新增长点。

专栏 20　滨海创新创业带

1. 市南前海海洋创新与文化创意群落：发挥中国海洋大学（鱼山校区）、中科院海洋所、黄海水产研究所、海洋地质研究所、海信研发中心等高校院所研发能力，发展连城海洋生物科技、联创科技、创意 100、老转村等孵化器，推进科技与文化深度融合，打造海洋创新与文化创意群落。

2. 市北先进材料与创意设计群落：加快青岛科技大学国家大学科技园、都市科技园、橡胶谷、纺织谷、中航工业青岛科技园等先进材料创业孵化载体建设发展，推进青岛千帆创业学院、工业设计产业园、建筑创意产业园、天幕城等创意设计创业孵化载体建设发展，打造先进材料与创意设计群落。

3. 浮山“互联网 +”创新创业群落：围绕软件、信息、动漫、创意等互联网新兴产业，推动市南软件园、动漫产业园、中国海洋大学国家大学科技园、青岛大学国家大学科技园、青岛创客大街等孵化载体建设，打造“互联网 +”创新创业群落。

4. 崂山青岛“中央创新区”群落：依托中科院青岛生物能源与过程研究所、海尔研发中心、海信研发中心、朗讯科技等高校院所和研发机构，发挥金家岭金融财富管理试验区和蓝海股权交易中心的金融资本聚集优势，加快国际创新园、留学人员创业园、海信创智谷等孵化载体建设发展，打造青岛“中央创新区”群落。

5. 李沧现代制造创新创业群落：加快吉林大学科技园、M6 创业产业园、新起点大学生创业基地、托普创业基地、中艺 1688 孵化器、鲁强机械模具科技孵化器、青岛监测技术企业孵化器、青岛制造业孵化器、恒星学院新媒体孵化器等孵化载体建设，打造制造业创新创业群落。

（三）建设北部科技创新拓展区。北部科技创新拓展区主要定位于打造特色科技园区和产业化基地，形成承接技术成果产业化和战略性新兴产业发展的科技创新拓展区。

专栏 21　北部科技创新拓展区

1. 城阳：主要聚焦轨道交通、页岩气、节能环保、新材料、特种车辆、精密机械等产业，依托轨道交通产业区和总部经济集聚区建设，重点推动轨道交通产业园、页岩气产业园、新一代信息产业园、特种车产业园等特色园区和博士创业园建设发展，加快轨道交通车辆系统集成国家工程实验室、轨道交通产业技术研究院、中科院长春应化所新材料产业基地等创新载体建设，打造轨道交通装备制造创新型产业集群和千亿级轨道交通产业链。

2. 胶州：重点推动国家级开发区加速发展壮大，推动西安交大青岛研究院竣工启用，加快中国机械科学研究总院高端装备制造研发与产业基地建设，大力引进航空航天、智能装备制造、新能源汽车、新材料、电子信息制造、生物医药、海洋工程装备等领域产业龙头项目或产业高端项目，打造高科技机电产业链和家电、冷链、风电、数字化装备、锅炉及辅机、金属结构制造、生物医药等七大产业集群。以 4F 级胶东国际机场建设为带动，加速壮大国际物流港，以临空经济和现代物流业为主导，打造高端临空经济区。

3. 即墨：加快发展汽车、发电装备、造船等先进制造业，依托汽车产业新城、女岛船舶工业功能区等，重点推动一汽大众华东生产基地、一汽商用车基地、青岛捷能集团发电装备产业园等项目建成投产。全面推进通裕重工临港产业园建设，加快打造海洋工程产业集群。着力发展新能源、新材料、生物医药、新能源汽车等战略性新兴产业，推进昌盛日电太阳能产业基地、云路、宝鉴科技、森麒麟轮胎、红帆能源、华纳三迪等项目，打造战略性新兴产业集群。搭建纺织服装产业提升平台，依托中国（即墨）服装品牌孵化中心、酷特智能 C2M 电子商务平台、即墨市服装设计研发孵化基地等，促进纺织服装产业从制造向品牌转型。优化农业布局，抓好大沽河沿岸现代农业示范区建设，加快推进青岛农湾孵化器建设，打造现代农业创新型产业集群。加快中科院国家技术转移中心青岛创新中心、中国汽车技术研究中心青岛工作部等创新服务平台建设。

4. 平度：主要打造城区、新河、平南三大板块和明村组团“3+1”的新型工业发展格局，加快建设海信家电产业园、机械配件产业集群、城区工业板块，推进青岛新能源材料科技产业园规划建设。以省道 218 改线为带动，在经济开发区拓展市区食品饮料产业聚集区，高水平建设国家级新型工业化产业示范基地。加快新河生态化工科技产业基地基础设施配套建设，着力打造国家级循环经济示范区。在平南滨河新城规划建设临空产业园，建设海信配套产业园。在明村组团板块，加快前楼区域基础配套，满足橡胶新材料绿色生产联合示范基地建设需要。

5. 莱西：主要依托经济开发区和姜山先进制造业功能区，以建设现代特色产业园区为导向，大力推进日韩产业园、精密机械产业园、汽车备件产业园、华通高新装备产业园、中一实业产业园等重点园中园建设，争创国家级经济技术开发区，全力打造先进制造业承接发展平台。沽河食品谷依托雀巢公司、九联集团等龙头企业，着力引进高水平技术研发中心和物流配送中心。充分利用南墅石墨资源优势，打造石墨新材料产业园。

九、建设知识产权强市

以知识产权与经济社会深度融合为主线，以运用知识产权制度提升创新驱动发展能力为导向，着力提升全民知识产权保护意识，提升优势产业知识产权创造和运用能力，创新完善知识产权管理、保护体系，大力培育和发展知识产权服务业，加快推进专利导航产业发展实验区，营造知识产权良好发展环境，打造东北亚知识产权服务中心，全力建设知识产权强市。

（一）加强知识产权创造运用。增强企业自主知识产权创造能力，引导企业加大创新投入，加强专利信息利用，建立专利管理师、分析师全程参与创新活动的工作机制，促进高质量专利产出，推进我市专利数量与质量协调发展。实施专利导航工程，围绕新兴产业领域，构建支撑产业发展和提升企业竞争力的专利储备，推动新兴产业成为专利密集型产业。发挥驻青高校院所和领军企业创新优势，依托大学科技园、重点实验室、工程技术中心、孵化器等科技创新平台和基地，创造一批关键性、前沿性的核心基础专利。

健全市场化知识产权运营机制，搭建运营公共服务平台，建立知识产权交易市场，设立知识产权运营基金，引导社会资本投资设立专业化知识产权运营公司。鼓励知识产权运营公司与高校院所、重点企业，联合开展知识产权创造、布局、引进、转让等活动，促进高价值专利的培育和运营。支持银行、证券、保险、信托等机构广泛参与知识产权金融服务，鼓励商业银行开发知识产权融资服务产品。

（二）加大知识产权保护力度。加强知识产权保护法律体系和规范化市场建设，制定与我市经济社会发展需要相适应的知识产权法规规章。完善市、区（市）两级执法体系，优化基层执法条件，加强执法队伍建设。提高专业市场知识产权保护水平，积极创建国家知识产权保护规范化市场。依托中德生态园，开展知识产权保护与标准国际化试点，探索建立符合国际标准的知识产权保护示范区。

完善知识产权保护机制，优化知识产权行政执法资源配置，建立跨地区、跨部门联合执法和案件信息共享、移送、会商机制，创新进出口环节执法协作机制。加强知识产权司法与行政保护的有效衔接，探索建立行政调解司法确认机制，完善快速维权机制，支持仲裁机构强化知识产权争议仲裁功能。在食品、药品、环保等涉及民生的领域，高新技术领域和进出口环节，严厉打击知识产权违法行为，将知识产权违法信息纳入企业或个人社会信用评价体系。设立知识产权维权专项资金，重点支持中小微企业和创客维护自身知识产权权益。

（三）提高知识产权管理水平。探索建立专利、商标、版权一体的知识产权综合管理和综合执法模式，逐步形成职责清晰、管理统一、运行高效的知识产权行政管理体制，推进创新主体实施知识产权标准化管理。研究建立重大科技经济文化活动知识产权评议工作机制，对政府资金资助的重大科技经济文化项目、创新创业人才引进项目、涉及国家利益的企业并购和技术出口活动以及重大展会等，开展知识产权审查评估，规避知识产权风险。

（四）完善知识产权服务体系。进一步加强市知识产权公共服务平台建设，推进知识产权公共服务向区（市）和重点产业园区延伸，形成多层次、多功能、全覆盖的市、区（市）和产业园三级公共服务网络。完善知识产权专业服务市场，培育知识产权服务业。落实有关现代服务业政策，吸引高水平知识产权服务机构来青设立分支机构，鼓励我市实力较强的服务机构开展跨地区经营。支持知识产权代理、咨询、评估、法律等服务机构采取联合经营、上市融资等方式发展壮大，培育一批经营效益好、服务层次高、人员规模大的知识产权服务企业和人才队伍。深入推进青岛国家知识产权服务业集聚发展实验区的建设。

进一步加强国家知识产权局（青岛）专利信息服务中心建设，推动专利、商标、版权等各类知识产权基础信息互联互通，构建知识产权大数据。鼓励社会机构对知识产权信息进行深加工，提供专业化、市场化的知识产权信息服务，满足社会多层次需求。支持企业利用专利信息开展专利导航预警、专利布局保护和研发战略规划等分析研究工作，提升企业的市场竞争力。

十、提升创新治理能力

深化科技体制机制改革，优化科技创新投入机制，让市场成为优化配置创新资源的主要手段；健全普惠的创新政策体系，创新科技管理机制，构建有利于激发人才创新创业活力的体制机制，为实现发展动力的根本转换奠定体制机制基础。

（一）优化科技创新投入机制。深化科技与金融的融合，建立政府引导下的多元化投融资机制，促进全社会资金更多投向科技创新。改革科技资金投入方式，建立财政科技投入与社会资金搭配机制，放大财政资金效益，实现从“小投入”到“大投入”的转变。健全国有企业技术创新经营业绩考核制度，加大技术创新投入在国有企业经营业绩考核中的比重，把创新驱动发展成效纳入对领导干部的考核范围。运用财政补助机制激励引导企业普遍建立研发准备金制度，对已建立研发准备金制度的企业，根据经核实的企业研发投入情况，由市、区（市）两级财政实行普惠性财政补助，引导企业有计划、持续地增加研发投入。

（二）落实完善自主创新政策。加快构建支持创新、鼓励创新、保护创新的政策体系，全面落实企业研发费用税前加计扣除、高新技术企业税收优惠、科技企业孵化器建设用地等普惠性激励政策，推进落实国家自主创新示范区相关政策并推广示范。完善支持采购创新产品和服务的政策措施，加大创新产品和服务的政府采购力度，采用首购、订购及政府购买服务等方式，促进创新产品研发和规模化应用。加快落实使用首台（套）重大技术装备鼓励政策。落实《中华人民共和国促进科技成果转化法》，推动科技成果使用处置和收益权改革，完善收入分配激励约束机制，促进高等学校和科研院所成果转化。加强科技创新政策法规体系和监督评估体系总体设计，建立统一的政策法规评估监督和动态调整机制。

（三）推进人才管理体制改革。推动人才合理流动和共享，完善人才在企业、高等院校、科研院所之间的流动机制。允许和鼓励高等院校与科研院所科技人员经单位批准，带科研项目和成果、保留基本待遇到企业开展创新工作或创办企业。鼓励科技人员以智力和技术等多种要素形式参与创新收益分配，实行股权激励、分红、年薪制等办法，增强对关键岗位、核心骨干的激励，激发创新人才的创新热情和活力。改革人才评价制度，推行人才分类评价，建立与单位职能、岗位职责、个人绩效相挂钩的综合评价机制，试点用人单位自行设置评价标准，充分给予用人主体评价人才、激励人才、吸引人才的自主权。

（四）改革科技创新管理机制。抓好创新驱动发展战略顶层设计，发挥市科技创新委员会对科技体制改革的统筹领导作用，协调全市创新工作。转变政府科技管理职能，更加注重科技发展战略、规划、政策、布局、评估和监管，推动政府职能从研发管理向创新服务转变。深化科技计划和经费管理改革，建立统一的科技创新综合管理平台，优化科技计划（专项、基金）布局，提高财政资金使用效益。完善科技决策咨询制度，加强科技战略研究，建设高水平科技智库。深化科技评价与科技奖励制度改革，逐步探索将项目评价、项目绩效、科技奖励、验收审批等职能转移给第三方机构承担，对人才团队、科技创业者给予科技奖励。扩大科技计划对外开放，积极鼓励和引导外资研发机构和企业参与承担科技计划项目。建立高等院校和科研院所服务地方的绩效评估机制，评估结果作为优先列入政府共建支持的重要依据。

（五）加强规划组织实施保障。建立健全规划实施协调机制，加强与国家、省的沟通协调与衔接，强化规划对年度计划执行和重大项目安排的统筹指导，加强对区（市）科技创新工作的指导，确保规划提出的各项任务落到实处，形成部市联动、省市联动、市区（市）联动机制。健全规划评估和动态调整机制，提高规划实施效果。

深圳市科技创新“十三五”规划

“十二五”期间，深圳牢固树立创新驱动、质量引领的发展新理念，全力构建综合创新生态体系，着力突出科技创新的全面引领支撑作用，大力推进科技创新质量整体提升，有力推动产业结构转型升级，是深圳经济特区在新三十年起点上，实现发展理念重大转变、发展内涵显著跃升、发展动力持续增强的五年，是深化改革、全面创新取得重大突破的五年，是现代化国际化创新型城市和更高水平的国家自主创新示范区[1]建设取得巨大成就的五年。

“十三五”是深圳经济特区迈向“四个全面”的新征程，是在经济发展新常态下实现“高位过坎”，攻坚克难的关键五年。牢固树立创新、协调、绿色、开放、共享发展理念，前瞻布局，聚集创新驱动发展主战略，激发科技创新源动力，深化供给侧结构性改革，强化深圳质量领先优势，打造高质量的科技创新供给体系，是深圳加快建设现代化国际化创新型城市和国际科技、产业创新中心的必然选择。

依据《国家中长期科学和技术发展规划纲要（2006—2020 年）》《中共中央国务院关于深化体制机制改革加快实施创新驱动发展战略的若干意见》《国家创新驱动发展战略纲要》《“十三五”国家科技创新规划》《“十三五”广东省科技创新规划（2016—2020 年）》《珠江三角洲地区改革发展规划纲要（2008—2020 年）》《深圳市国民经济和社会发展第十三个五年规划纲要》《深圳国家自主创新示范区发展规划纲要（2015—2020）》等，制定本规划。

本规划是“十三五”期间深圳市科技创新的指导性文件和行动纲领。

一、发展基础与面临形势

（一）发展基础

“十二五”期间，深圳坚持把创新驱动作为城市发展主导战略，践行深圳质量、深圳标准，全面深化科技体制改革，加快推进以科技创新为核心的全面创新，科技创新生态体系显著完善，科技创新质量明显提高，战略高技术水平持续提升，新兴产业发展迅猛，科技创新正从“跟跑”向“并

深圳市科技创新委员会、深圳市发展和改革委员会，深科技创新〔2017〕110 号，2017 年 4 月 24 日。

跑”“领跑”转变，在全球创新版图中的位势进一步提升，引领支撑经济社会发展的作用显著增强。

1. 综合创新能力持续增强

深入实施国家创新型城市总体规划，成为全国首个以城市为单元建设的国家自主创新示范区。顶层设计不断强化，发布实施经济特区技术转移条例、创新驱动发展“1+10”等一系列全局性、前瞻性的政策文件。全社会研发投入占 GDP 比重由 2010 年的 3.47% 增加到 2015 年的 4.05%，规模实现五年翻番。2015 年 PCT 国际专利年申请量超过 1.33 万件，较 2010 年增长 138%，占全国 46.9%，连续十二年稳居全国首位。多次位居福布斯中国大陆创新城市榜首。

2. 科技创新加速向引领式创新迈进

聚焦目标、突出重点、集中力量，围绕战略性、前沿性领域，主动布局重大科技计划项目，突破核心关键技术瓶颈，取得一批重大科技成果。“十二五”期间，共获国家技术发明一等奖、国家科技进步一等奖等 56 项国家科学技术奖励，较“十一五”期间增长 70%。大亚湾中微子“第三种振荡”科研成果入选《科学》杂志年度全球十大科学突破。4G 技术、互联网、基因测序、3D 显示、柔性显示、新能源汽车、超材料和无人机等领域创新能力处于世界前沿，其中华为、中兴在第四代移动通信 TD-LTE 技术领域的基本专利占全球 1/5，并率先在 5G 领域布局，光启拥有全球超材料领域 86% 以上的核心专利，华大基因新一代基因测序能力与超大规模生物信息计算分析能力居全球第一，北科生物建成亚洲最大的综合性干细胞库群和全球首个通过美国血库学会认证的综合干细胞库。

3. 高端创新资源集聚能力显著增强

实施人才强市战略，努力打造人才宜居宜业宜聚城市。大力实施引进海外高层次人才的“孔雀计划”，举办国际人才交流大会，集聚海内外各类创新型人才。累计引进省“珠江人才计划”创新团队 31 个、“孔雀计划”创新团队 64 个、“千人计划”人才 154 名、“海归”人才约 6 万人。2 人获得陈嘉庚青年科学奖，9 人入选福布斯发布的“中美创新人物”。面向全球引进优质教育资源，推进高等教育开放式跨越发展。加快推进深圳大学、南方科技大学高水平大学建设，哈尔滨工业大学深圳研究生院获教育部同意筹备本科教育，加快深圳北理莫斯科大学、清华 - 伯克利深圳学院等一批专业化、开放式和国际化特色学院建设。广泛开展国际创新合作，积极参与中微子实验国际合作项目、国际基因组计划和国际植物组学研究等国际大科学计划，微软、英特尔、甲骨文和三星等一批跨国公司研发中心落户深圳，华为、中兴分别累计在全球布局了 47 个和 18 个研发中心。

4. 创新载体呈现裂变式发展

主动顺应全球新一轮科技革命潮流和趋势，建设了一批开放式的重大科技基础设施、创新载体和服务平台。国家超级计算深圳中心、大亚湾中微子实验室和国家基因库建成使用。国家、省、市级重点实验室、工程实验室、工程（技术）研究中心和企业技术中心等创新载体由 2010 年的 419 家增加到 2015 年的 1283 家，规模增长逾 2 倍。瞄准前沿领域，培育了集科学发现、技术发明、产业发展“三发”一体化发展的新型研发机构近 70 家，这些机构以其突出的创新能力和巨大的增长潜力，成为引领源头创新和新兴产业发展的重要力量。

5. 创新型经济“主引擎”作用更加突出

大力实施生物、互联网、新能源、新材料、文化创意、新一代信息技术和节能环保七大战略性新兴产业规划和政策。七大产业规模年均增长 20% 以上，为同期 GDP 增速的 2 倍，总规模由 2010 年的 8750 亿元增加到 2015 年的 2.3 万亿元，增加值占 GDP 比重由 2010 年的 28.2% 提高到 2015 年的 40%。2015 年电子信息产业增加值 5085 亿元，占 GDP 比重达 31.8%。在此基础上，又先后前瞻布局了生命健康、海洋经济、航空航天、机器人、可穿戴设备和智能装备等未来产业，着力打造梯次型的现代产业体系，培育创新型经济新的增长点，2015 年未来产业总规模已突破 4000 亿元。

6. 企业向全球创新链、价值链上游攀升

进一步强化企业在技术创新体系中的主体地位，实施高新技术企业培育计划。科技型企业超过 3 万家，国家级高新技术企业由 2010 年的 1353 家增加到 2015 年的 5524 家，五年增长超过 3 倍，形成了强大的梯次型创新企业群，成为我国企业参与国际竞争的先锋队。一批具有国际竞争力的创新型龙头企业迅速崛起，腾讯、华为入选波士顿咨询公司评选的“2015 年全球最具创新力企业 50 强”，比亚迪成为全球同时具备新能源电池和整车生产能力的先进企业，研祥智能是全球第三大特种计算机研发制造厂商。大疆、超多维、光峰光电和柔宇科技等一批高成长性的创新型中小企业不断涌现。

7. 综合创新生态体系日益完善

加快科技金融试点城市建设，全面推进科技、产业、管理、金融、文化、商业模式等方面创新，VC/PE 机构达 4.6 万家，本地企业中小板、创业板上市总量连续 9 年居大中城市首位。在移动互联、云计算、基因和北斗卫星等领域建立 45 个产学研资联盟和 10 个专利联盟，推动新兴产业协同创新。与科技部共建国家技术转移南方中心，获批成为国家首批科技服务体系建设试点城市和“中国创新驿站”首批试点地区。提出“创新、创业、创投、创客[2]”的“四创联动”[3]新思路，成功举办首届国际创客周，弘扬“敢于冒险、勇于创新、追求成功、宽容失败、力戒浮躁”的创新文化，柴火创客空间等一批众创空间[4]蓬勃发展，高交会、IT 领袖峰会、BT 领袖峰会等成为促进创新创业的重要平台，大众创业、万众创新氛围更加浓厚。

专栏 1 “十二五”科技发展目标完成情况

序号	指标名称	“十一五”完成值	“十二五”目标值	2015 年完成值	完成情况
1	全社会研发投入占地区生产总值的比重（%）	3.47	4	4.05	提前完成
2	科技进步贡献率（%）	56	60	60.1	按期完成
3	每万人口年度发明专利授权量（件）	9.3	>12	14.9	按期完成
4	高新技术产业增加值占 GDP 比重（%）	32.16	35	35	按期完成
5	自主知识产权高新技术产品产值比重（%）	60	62	62	按期完成
6	战略性新兴产业增加值占全市生产总值比重（%）	—	40	40	按期完成
7	大专以上受教育人口比重（%）	—	20	25	提前完成
8	累计引进海外高层次人才团队（个）	—	>50	83	提前完成

序号	指标名称	“十一五”完成值	“十二五”目标值	2015 年完成值	完成情况
9	累计引进海外高层次人才（名）	—	>1000	1364	提前完成
10	累计吸引带动各类海外人才（名）	—	>10000	>70000	提前完成
11	国家级创新载体累计数量（家）	41	>50	80	提前完成
12	累计新增省市级创新载体（家）	378	>300	716	提前完成

（二）面临形势

随着世界经济科技发展新格局的形成，我国创新驱动发展战略[5]深入实施，建设世界科技强国已经拉开序幕，深圳科技创新发展跨入新阶段，面临新的发展机遇和挑战。

1. 新一轮科技革命和产业变革蓄势待发

当今，科技革命和产业变革正在孕育兴起，一些重要科学问题和关键核心技术呈现革命性突破先兆，脑科学、量子计算和材料基因组等前沿科技领域展现重大应用前景。多学科、多技术和多领域交叉融合创新趋势更加明显，尤其是信息技术、生物技术和材料科学等不同领域的新技术相互渗透、互为支撑，跨学科创新成果、颠覆性技术层出不穷，新技术、新产品、新业态和新模式不断涌现，成为全球新一轮产业竞争的制高点与经济发展的新增长点。

全球创新版图正在加速重构，多节点、多中心、多层级的全球创新网络正在形成，人才、知识、技术、资本等创新资源全球流动的速度、范围和规模达到空前水平。面对科技创新和产业发展新趋势，世界主要创新型国家和地区纷纷推进实施创新驱动发展战略，力争抢占未来经济、科技发展的先机。美国最新的《国家创新新战略》提出了精准医疗、大脑计划、先进汽车等九大优先发展方向；欧盟“地平线 2020”计划重点推动信息技术、生物技术和先进制造技术等领域发展；德国在连续三次颁布高技术战略基础上制定工业 4.0[6] 计划，重塑其在高端制造业方面的优势；日本《科学技术基本计划（2016—2020）》重点布局机器人、传感器、生物技术、纳米技术和材料、光量子等技术领域；以色列出台《产业创新促进法》，大力推动物联网、数字媒体、健康医学和智能机器人等领域发展。

2. 科技创新成为新常态下培育发展新动力的必然选择

当前，我国经济进入速度变化、结构优化和动力转换的新常态。推进供给侧结构性改革，促进经济转型升级、提质增效，迫切需要依靠科技创新培育发展新动力。

十八大以来，以习近平同志为核心的党中央提出了一系列新思想、新论断和新要求，把创新驱动发展作为国家的优先战略，以科技创新为核心推动全面创新，以体制机制改革激发创新活力。出台了《国家创新驱动发展战略纲要》《“十三五”国家科技创新规划》，吹响了建设世界科技强国的号角，力争成为国际科技产业新规则的制定者和新赛场的主导者，把握发展的战略主动权，在全球科技创新格局中占据优势地位。

国内城市立足自身实际，围绕国家战略，陆续启动新一轮创新战略布局。北京提出建设全国科技创新中心，打造成为全球科技创新引领者、高端经济增长极、创新人才首选地、文化创新先行区和生态建设示范城；上海提出建设具有全球影响力的科技创新中心，力争成为全球创新网络的重要枢纽和国际性重大科学发展、原创技术和高新科技产业的重要策源地；天津、合肥、成都、武汉和西安等城市纷纷推出行动计划，打造区域创新高地。

3. 深圳开启建设国际科技、产业创新中心新征程

“十二五”期间，科技创新发展虽然取得显著成效，形成了创新发展的深圳特色，但是仍存在一些薄弱环节和深层次问题，主要表现为：科技创新基础仍然薄弱，缺乏大院大所，基础设施规模偏小、数量偏少；高端创新人才和高技能人才缺乏，与创新驱动发展战略要求不够匹配；关键核心技术和前沿技术掌握不足；科技创新管理体制有待进一步深化改革，与动员和吸引全球创新资源要求相比仍不适应；综合创新生态体系有待进一步完善，创新要素的高效联动和协同等问题依然存在。

新时期，深圳肩负着国家赋予的在“四个全面”[7]中创造新业绩、增创新优势、迈上新台阶的新使命，承担着建设国际科技、产业创新中心的战略任务，必须把科技创新摆在更加重要的位置，优化科技事业发展布局，更加注重优势优先和弥补短板协同推进，力争在科技体制机制、科技基础设施、关键核心技术、高端科技研究机构和人才队伍建设等领域取得重大突破，为落实创新驱动发展战略、践行“五大发展理念”探索新路径、创造新经验。

二、指导思想、基本原则和发展目标

（一）指导思想

认真落实党的十八大以来中央各项决策部署，深入学习贯彻习近平总书记关于创新驱动发展战略的重要论述和对深圳工作的重要批示精神，坚持“四个全面”战略布局，牢固树立创新、协调、绿色、开放、共享发展理念，按照“坚持双轮驱动、构建一个体系、推动六大转变”总体部署。大力实施创新驱动发展战略，深化供给侧结构性改革，释放新需求，创造新供给，强化深圳质量、打造深圳标准，更加突出培育科技创新源动力，更加突出面向全球集聚创新资源，更加突出企业推动技术创新的主体地位；更加突出“创新、创业、创投、创客”的联动发展；更加突出国家自主创新示范区的辐射带动作用，更加突出创新驱动“八大抓手”[8]重点工作任务，切实推进全面创新改革试验，完善多要素联动、多主体协同、跨行业跨区域合作的综合创新生态体系，加快建设现代化国际化创新型城市和国际科技、产业创新中心，为建设世界科技强国作出更大贡献。

（二）基本原则

——坚持重点突破，加速引领创新。把握前沿发展态势，遵循科技创新规律，聚焦科技创新重大目标，实施“非对称”战略[9]，加强创新链与产业链、资金链融合，整合和统筹各方创新资源，在创新驱动重点任务、重点领域、关键环节上实现新突破，提高科技创新供给质量。

——坚持争优攀高，聚焦质量创新。促进产业链、技术链、资金链协同联动，最大限度调动、激发全社会创新能力和创新活力，不断提升科技供给质量。充分保护创新成果，推动科技成果加速转化，全面激发创新活力，极大发现创新价值，大幅提升创新质量，构筑质量型发展的支撑基点。

——坚持人才为本，激发源头创新。深刻把握创新驱动的实质是人才驱动，紧紧抓住人才是创新发展的第一资源，把人才资源开发摆在科技创新最优先的位置，全力激发创新发展核心源动力，

力争在重要科技领域实现跨越发展。在创新活动中发现人才、培养人才、凝聚人才，打造规模宏大、结构合理、素质优良的人才队伍。

——坚持开放合作，促进协同创新。把握开放、创新新趋势，放眼全球配置创新要素和资源，积极主动融入世界创新网络，支持社会资本多元化跨国并购技术，实现引资、引技、引智相结合。优化科技创新资源综合配置，构筑湾区协同创新共同体，提高开放型区域创新体系整体效能。

——坚持服务发展，支撑全面创新。将科技创新作为服务经济社会发展的主战场，支撑生态文明建设、城市安全发展和社会管理等领域发展，以科技创新引领产品、品牌、组织、模式、文化等全面创新，不断提高科技进步对经济增长、绿色发展和社会民生服务的贡献度。

（三）发展目标

“十三五”科技创新发展的总体目标：科技创新质量实现新跨越，综合创新生态体系效能显著提升，形成创新能力卓越、创新经济领先、创新生态一流的国际科技、产业创新中心基本框架体系，建成更高水平的国家自主创新示范区。

1. 自主创新能力大幅提升

强化战略导向，聚焦重点领域，实施关键核心技术攻关计划，核心技术创新能力大幅提升，部分达到世界领先水平，创新驱动源头供给显著增加。到 2020 年，科技进步贡献率达到 62%，全社会研发投入占 GDP 比重达到 4.25%，PCT 国际专利申请量 24000 件，国内有效发明专利 118000 件。

2. 科技创新基础显著增强

着眼提升源头创新能力，布局十大重大科技基础设施，打造国家级创新平台。组建十大基础研究机构，开展前沿科学探索、基础研究、关键技术研发、高端人才培养。规划十大诺贝尔奖科学家实验室，充分发挥顶尖科学家龙头聚集和创新引领作用。打造十大海外创新中心，着眼全球加大开放创新布局力度，打造国际协同创新平台，集聚全球创新能量。

到 2020 年，国家、省、市级重点实验室、工程实验室、工程（技术）研究中心和企业技术中心等各类载体达到 2200 家，重点在国家、省级载体数量上实现突破。

3. 知识产权密集型产业[10]高度集聚

跟踪前沿技术方向，持续关注世界产业变革，实施十大重大科技产业专项，大力培育和发展新兴产业，形成一批创新性产业集群，推动“四新经济”[11]成为经济增长主引擎。到 2020 年，战略性新兴产业规模达到 3 万亿元，未来产业规模达到 1 万亿元，战略性新兴产业增加值占全市生产总值的比重达到 42%。国家级高新技术企业力争达到 15000 家。

4. 创新人才队伍不断壮大

创新型人才规模质量同步提升，基本建成全球高端创新创业人才集聚的人才高地。面向世界凝聚一批走在世界科学前沿的高水平人才团队，造就一支宏大创新创业人才队伍，到 2020 年，每万名就业人员中研发人员达到 190 名，重点培养一批具有成长为中国科学院、中国工程院院士潜力的人才并争取入选 3 ～ 4 名，引进诺贝尔奖科学家 10 名左右、海内外院士 100 名左右，高层次人才创新创业团队 100 个以上，海外高层次人才 2000 名以上，带动引进留学人员 20000 名以上。

5. 综合创新生态更趋优化

科技创新政策法规体系进一步健全，科技创新体制机制不断完善，科技创新管理法治化水平明显提高，知识产权保护显著增强，科技成果得到有效转移转化，科技与金融结合更加紧密，科技创新服务能力大幅提升，科技创新共享网络愈发开放，科学精神进一步弘扬，创新创业文化氛围更加浓厚，创新创业理念更加深入人心。

专栏 2　“十三五”科技创新发展目标

序号	指标名称	2020 年目标值
1	全社会研发投入占地区生产总值的比重（%）	4.25
2	科技进步贡献率	62
3	国家、省、市重大科技攻关项目（项）	1000
4	国家级高新技术企业（家）	15000
5	战略性新兴产业规模（万亿元）	3
6	未来产业规模（万亿元）	1
7	新兴产业增加值占全市生产总值比重（%）	42
8	每万名就业人员中研发人员（人年）	190
9	累计引进高层次创新团队（人）	100
10	累计引进海外高层次人才（名）	≥ 2000
11	PCT 专利申请量（件）	24000
12	国内有效发明专利（件）	118000
13	启动重大科技基础设施（个）	≥ 10
14	基础研究机构（个）	≥ 10
15	诺贝尔奖科学家实验室（个）	≥ 10
16	国家、省、市创新载体累计数（家）	2200
17	重大科技产业专项（个）	≥ 10
18	海外创新中心（个）	≥ 10
19	制造业创新中心（个）	≥ 10
20	创客空间（个）	240
21	创客服务平台（个）	80
22	“双创”[12] 示范基地（个）	≥ 10

三、发展路径

充分发挥科技创新对提高社会生产力和城市综合竞争力的战略支撑作用，找准驱动创新着力点，增强创新发展后劲，把提高科技创新竞争力和探索科技创新发展模式作为“十三五”科技创新的重要举措，紧密对接国家、省创新体系，注重优势优先与补齐短板协同推进，广聚创新资源，优化创新综合环境，降低创新综合成本，全面提升科技创新体系整体效能和竞争力，赢得新一轮科技创新发展的新优势。

（一）释放深化改革新动力

充分发挥市场配置科技资源的决定性作用和政府的引导作用，持续推进简政放权、放管结合、优化服务改革，积极探索科技创新发展模式，建立符合科技创新规律的政府管理制度，提升科技创新治理水平。加强科技高端智库建设，建立技术预测长效机制，完善科技创新重大决策制度。正视科技创新风险，强化政府引导创新、承担风险的担当意识，优化科技创新综合评价体系。全面实行科技报告制度，完善科技创新信用管理机制。改革科技资源配置机制，加强科技资源开发共享，提高科技资源利用效率，让更多的科技资源为全社会所用。

（二）激活科技创新源动力

提升高标准、高质量的源头科技创新供给能力，着力加强基础研究和战略高技术的前瞻部署和重大科技设施、重点研究机构建设；推进高水平、研究型高等院校布局和建设；发挥以企业为主体的技术创新优势，加强原始创新、集成创新和引进消化吸收再创新，重视颠覆性技术创新。树立全球视野，积极参与国际大科学计划和国家、省重大科技专项。服务国家战略，立足深圳基础布局实施科技重大专项和科技应用示范工程。

（三）激发科技人才创新力

积极营造良好的人才发展环境，充分发挥人才在创新中的核心作用，更好地激发各类人才创新创业创造活力。在前沿科技创新领域吸引若干国际一流的科学家和创新创业团队来深发展；在主导产业、应用创新和社会服务等领域，吸引和培育一大批科技领军人才、青年拔尖人才，为促进深圳经济社会全面创新发展提供不竭的智力支持和创新动力。

（四）提高创新合作协同力

贯彻“一带一路”[13]国家发展战略，主动参与国际经济、产业竞争与合作，积极对接国际高端人才、先进技术、资本和研发资源，打造全球城市网络重要节点，成为我国参与国际竞争的“先锋队”。推进粤港澳大湾区的创新体系建设与协同，拓展深港、深莞惠、泛珠三角合作新领域、新方式和新内容，打造具有紧密互动的区域创新共同体，共创协同发展、互利共赢的新优势。围绕军民融合战略顶层设计，结合我市产业优势，构建军民融合创新体系，推动军民融合深度发展。

（五）强化科技创新辐射力

强化科技创新辐射带动，为经济社会发展注入新动力。聚焦3D打印、虚拟现实、人工智能、生命健康和脑科学等前沿领域，孵化和培育一批新兴产业。落实“互联网+”[14]行动计划，推动移动互联、大数据、云计算和物联网等与各行各业相结合，不断创造商业新模式、催生产业新形态，切实提升实体经济创新力和生产力。把科技创新与改善民生福祉相结合，发挥科技创新对改善民生工作的支撑和引领作用，加强推广转化民生科技成果，着力解决人口与健康、生态与环境、城市安全和应急管理等关系民生的重大科技问题。

（六）增强创新生态吸引力

完善科技金融公共服务体系，以资金链服务创新链，营造科技、金融、产业一体化的生态环境。培育一批知名科技服务机构和市场化新型研发组织、研发中介和研发服务外包新业态，鼓励组建技术联盟、产业联盟、标准联盟等。推进创新成果的知识产权化和标准化，发展以知识产权保护为核心的司法鉴定、公证、律师等专业服务机构和团队，切实保护创新企业商业秘密、专利技术等领域的合法权益。弘扬创新创业文化，营造尊重劳动、知识、人才和创造的公众意识。加快科普基础设施建设，开展形式多样的全民参与的科普活动，在全社会推动形成讲科学、爱科学、学科学和用科学的良好氛围。

四、重点技术领域布局

根据“立足当前、着眼长远，需求牵引、重点跨越”的原则，面向世界科技前沿、面向经济主战场、面向国家重大需求，结合深圳市科技与产业发展基础，以实施“十大行动计划”为抓手，聚焦新一代信息技术、智能制造、新材料、新能源、生命科学与生物技术、航空航天、海洋科技和节能环保等八大领域，规划建设十大重大科技基础设施、十大基础研究机构、十大诺贝尔奖科学家实验室和实施十大重大科技产业专项。重点在5G移动通信、石墨烯、虚拟现实与增强现实、机器人与智能装备、微纳米材料与器件、精准医疗、智能无人系统、新能源汽车、金融科技等方向，开展前沿科学探索、关键技术研发，集中资源全链条着力突破，掌握一批核心共性关键技术，提升城市的核心竞争力。到2020年，实施国家、省、市重大科学技术攻关1000项以上。

（一）新一代信息技术

以建设信息经济为先导的智慧城市、打造国际一流信息港、推动信息基础产业高端化发展为目标，重点研究量子通信、未来网络、类脑计算、人工智能、全息显示等技术；重点突破虚拟现实/增强现实、5G通信、大数据、云计算、嵌入式软件、新型网络、物联网、区块链、集成电路设计及封装测试等核心关键技术；探索量子信息与控制技术、认知神经学、人类行为的计算机模型等技术。努力打造信息产业生态链。

专栏3　新一代信息技术

1. 虚拟现实/增强现实技术。突破VR/AR显示驱动芯片和渲染芯片等技术；重点突破VR专用芯片、VR专用显示屏、VR专用传感器、3D内容制作及研发、VR沉浸式人机智能交互技术、VR可视计算技术。

2. 通信技术。发展第五代移动通信、下一代高速光传输、下一代光接入、可见光通信、量子通信，太赫兹通信以及卫星宽带通信等方面技术；重点突破非正交接入技术、自干扰消除技术、信道编解码技术、毫米波通信融合雷达技术、量子保密通信技术等技术。

3. 大数据技术。发展大数据的获取、清洗、存储、挖掘、展示和安全等关键技术，重点突破大数据获取与质量保证技术，大数据存储与管理技术，大数据处理与分析技术，大数据安全技术。

4. 云计算技术。研究云操作系统体系结构以及云安全等方面理论和技术；重点突破异构设备的协同计算和虚拟化技术；突破能耗感知的综合调度技术、面向不同行业的高效云应用开发及相应云安全关键技术；研发面向典型关键任务领域的低延迟高可用云计算系统。

5. 嵌入式软件。突破嵌入式操作系统轻量化、低功耗和构件组件化技术；强化嵌入式系统支撑开发环境集成、智能优化、仿真建模技术研究；支持系统能源管理、混成技术发展；研发以应用为中心的多功能、高可靠、低成本、小体积和低功耗的嵌入式软件系统。

6. 新型网络技术。发展新型网络核心技术和体系架构，突破内容中心网络、数据中心网络、天地一体化信息网络等网络关键技术；重点突破网络智能、网络虚拟化和可重构等关键技术；突破天地一体化融合信息网络核心技术。

7. 物联网技术。研究物联网网络系统架构与传输机制、信息物理系统感知和控制等基础理论体系；突破物联网性能优化、物联网频谱资源精准投放、用户行为感知低耗通信、物联网与可穿戴设备融合、海量感知数据的智能分析与处理等核心关键技术。

8. 区块链技术。研究模块化与插件化、高性能、数据一致性、互操作等区块链通用技术；突破包括通信、存储及共识机制等核心技术；突破区块链融合的跨数据库中间件、区块链存储平台及数字货币原型技术。

9. 集成电路设计。力争在极低功耗电路设计技术、高性能多核异构 SOC 设计技术、面向 5G 通信的算法和实现技术、超大规模超高性能 FPGA 及其开发工具设计、高速 AD/DA 技术、高速硅基光电子技术等芯片实现核心技术方向取得突破。

10. 集成电路封装与测试。重点支持高密度三维系统集成技术、芯片级封装（CSP）、系统级封装（SiP）、多芯片封装（MCP）、多芯片组件封装（MCM）、堆叠封装（PiP、PoP）等新型集成电路封装测试技术的研发。

（二）智能制造技术

深入贯彻落实中国制造 2025[15] 战略和《深圳市机器人、可穿戴设备和智能装备产业发展规划（2014—2020 年）》，重点突破微纳米超精密加工、高性能控制器、传感器、机器学习、无人控制、智慧工厂等关键技术；重点研发先进制造工艺及工业检测设备、精密制造装备及专用成套设备、智能机器人和无人飞行器、无人驾驶车、无人艇等智能无人系统，大力推进制造业向智能化发展。

专栏 4　智能制造技术

1. 先进制造工艺与工业检测技术。重点突破激光加工、3D 打印、超精密加工等先进制造工艺技术，研发相关制造装备；突破高性能的位置、力觉、视觉等传感器技术以及工业精密检测技术，研发生产在线监测仪器、产品质量测试仪器。探索石墨烯等新材料的制造工艺与检测技术。

2 . 精密制造装备与专用成套设备。重点突破制造装备精度与可靠性技术。研发高档数控机床，以及主轴电机、数控系统、导轨、光栅尺等关键部件；研发面向光电器件、半导体芯片的成套装备，研发动力电池制造装备和新能源汽车生产线，研发自动化物流成套设备。探索生物制造专用成套装备。

3. 网络协同制造。重点突破工业信息物理融合、工业大数据技术。研发智慧数据空间、智慧工厂异构集成等关键技术与大数据软件平台，面向 3C 等行业开展“互联网 +”制造业的新型研发设计、智能工程、云服务、个性化定制等应用。探索智能协同制造的复杂网络基础理论。

4. 智能机器人技术与系统。重点突破伺服电机、减速器、控制器、传感器等基础件技术，突破环境感知、人机交互、学习决策等共性关键技术。研发面向柔性装配、人机协作等生产环节的工业机器人；研发医疗手术和康复机器人以及生活服务机器人；研发面向抢险救灾、能源电力、海洋工程、微纳科学等领域的特种机器人。探索机器学习前沿理论、拟人机器人以及机器人群组协作技术。

5. 智能无人控制技术与系统。重点突破多模态传感融合、自主控制、任务规划、故障诊断、遥操作等共性关键技术。研发无人飞行器、无人驾驶车、无人艇、无人潜航器、室内 AGV 等系列自主无人系统，面向城市安全、公共服务及防灾减灾等领域开展应用。探索自主无人控制系统的安全性、可靠性关键技术。

（三）新材料技术

围绕重点基础产业和战略性新兴产业对新材料的重大需求，加快新材料技术突破和应用。重点研究电子信息、新能源和生物医药等支撑领域新材料；重点突破先进碳材料、高分子材料和复合材料等优势领域新技术；探索材料基因工程关键技术和材料设计、筛选、应用全流程工艺技术，为深圳新材料产业迈向全球价值链中高端提供有力支撑。

专栏 5　新材料技术

1. 电子信息材料。重点研究高端集成电路制造用电子材料、第三代半导体、平板显示和光电 / 电光转换等材料；重点突破绿色印刷电子材料、新一代透明导电、传感器和压电材料的制备及应用关键共性技术；重点研究大尺寸硅单晶 [16] 和碳化硅单晶 [17] 等半导体材料。重点研究电可控及智能超材料，探索曲面微结构超材料的仿真计算。

2. 新能源材料。重点研究锂离子电池正 / 负极材料、功能电解液及隔膜等关键材料和技术；重点突破基于纳米碳管、新型二维材料、导电高分子及其复合物的超级电容器关键技术；重点突破高效太阳能薄膜电池材料和技术；探索燃料电池、金属空气电池等高能量密度和功率密度的下一代动力与储能电池材料制备及应用技术。

3. 生物医用材料。重点研究可降解材料在心血管、骨科等领域的降解调控、降解产物的体内代谢及其生物安全性改良技术；重点突破可降解金属材料的精密管材超细晶加工、表面改性和可降解高分子材料的改性加工技术；探索激光加工、离子注入、3D 打印、微弧氧化等新技术在医用材料领域的应用。

4. 先进碳材料。重点研究常规碳材料的高附加值改性加工和应用技术、单壁碳管批量生产和物性调控技术；重点突破高强度碳纤维材料和金刚石及类金刚石薄膜制备技术。重点研究高质量石墨烯绿色低成本制备技术；重点突破石墨烯在新能源领域及先进功能材料领域的应用技术；探索新型二维材料的前沿制备及应用技术。

5. 高分子材料。重点研究生物降解环境友好材料、低表面能防污材料、新型阻燃材料和发泡材料；重点突破超高分子量聚合物材料体系的核心技术；重点突破 3D 打印专用光敏树脂和工程塑料的研究。

6. 复合材料。重点研究树脂基、陶瓷基等非金属基复合材料和铝 / 钛 / 镁等金属基复合材料；重点突破以高性能纤维、碳纳米管、功能性颗粒为增强体的先进复合材料的核心技术；探索新型碳材料与传统材料的复合应用研究。

7. 材料基因工程。重点研究以材料基因芯片为核心的物化特性实时、高通量表征技术；重点突破机器学习在高通量实验及高通量计算产生的密集数据处理技术；探索超材料基因组研究；重点突破先进结构材料和功能材料从筛选至应用的全流程工艺技术。

（四）新能源技术

围绕能源结构优化发展需求，促进新能源技术提升和应用。重点研究新能源汽车、核电、可再生能源等领域的关键点突破燃料电池和氢能关键技术；探索能源互联网先进理论和核心技术。

专栏 6　新能源技术

1. 新能源汽车关键技术。重点研究整车集成和机电耦合系统控制技术；重点突破新能源汽车轻量化和电池热管理技术、高能量密度 / 高安全性动力电池技术和超级电容 / 动力电池协同互补技术；探索废旧动力电池的修复和回收、功率组件高密度集成、电池热 - 电耦合和智能辅助驾驶等技术。

2. 核电技术。重点研究先进核燃料组件、海上小型堆、核电站智能建造与智慧运营；重点突破加速器驱动先进核能系统、放射性废物减容与减害、核废料处理和乏燃料循环等关键技术；开发安全防护监测系统、实时保护系统等核电配套设备。

3. 太阳能、风能、生物质能利用技术。重点研究新型太阳能电池、中小型风机、生物质能等技术；重点突破新型高效率风电装备、大容量生活垃圾焚烧炉等关键技术；探索太阳能热电联用、风机智能化设计模拟、沼气发电及生物柴油技术的研发。

4. 燃料电池技术。重点研究燃料电池关键材料、电堆、系统集成技术和高效制氢技术；重点突破燃料电池诊断方法、过程机理模型和电池寿命预测及提高方法等技术；探索高压氢气加注、加氢站智能安全管理等技术。

5. 能源互联网。重点研究微网与大电网互联、智能电网按需供电运行和自我保护技术；重点突破分布式发电功率预测、电能质量控制、电能优化及调度控制技术；探索能源互联网路由器、智能电网实时检测、负荷需求预测和优化调度技术。

（五）生命科学与生物技术

围绕健康中国建设需求，以提升全民健康水平为目标，力争在脑与认知科学、健康保障等重点方向上有所突破。重点研究重大疾病预防干预、生殖健康及出生缺陷防控、创新药物开发、医疗器械国产化等人口健康关键技术；重点突破数字生命、精准医疗等前沿交叉领域关键技术；加强生命科学研究、疾病防治技术及推广和临床新技术产品转化应用，为加快提升卫生与健康水平，实现生命经济新突破提供强有力的科技支撑。

专栏 7　生命科学与生物技术

1. 脑科学与类脑研究。重点分析模式动物和人类基因组信息，研究脑认知的基本规律和重大神经精神疾病发病机理。整合神经网络示踪技术、高时空精准的神经调控和脑功能读取技术，研发中枢神经再生和康复技术等新技术。

2. 合成生物学技术。重点研究生命体系定量预测、合成再造和人工调控的技术，建立人工干预和调控途径；核心突破基因组人工合成新技术；促进合成生物学技术在诊断与治疗中的应用。

3. 生命信息技术。开展大规模队列研究，加快生命信息数字化，重点提升生命信息挖掘能力，建立覆盖全方位全周期的生命信息大数据，促进生命信息在健康管理和疾病诊疗中的应用。

4. 基因检测分析。重点提升新一代基因测序能力与超大规模组学数据的计算与分析能力，核心突破下一代基因组测序技术，多组学的分析技术，推动构建完整的多组学数据库和生物样本库。

5. 生物治疗技术。重点发展基因治疗、免疫细胞治疗、干细胞治疗等新型治疗技术。积极推进深圳综合细胞库、区域细胞制备中心、临床研究协同网络的建设。

6. 医学影像技术。重点研究具有自主知识产权的新一代高场 MRI、PET、CT 以及多功能医学超声、生物光学、医学光声及内窥成像等关键部件和多模态医学成像仪器系统。重点突破静态 X 光源、高灵敏换能器 / 探测器、超声神经调控、PET-MR 融合技术、快速高分辨磁共振成像、多通道并行发射射频等制约高端医学影像装备核心技术。探索多模态靶向分子影像、超分辨光学、人工智能影像等前沿技术。

7. 生物医学传感与监护技术。重点研究生理参数监测新技术、新型低功耗高灵敏生物传感器及关键元器件；研发面向个人的健康监测、神经功能重建及感知关键技术等康复医疗器械。重点突破先进医学传感器核心技术。探索纳米发电机驱动植入传感器 / 起搏器技术、微纳米手术 / 给药智能化机器系统、类皮肤柔性生物电子等前沿技术。

8. 体外检测、培养与诊断技术。重点研究液体活检、微纳流控技术及光电检测技术，研究快速、高灵敏的临床病理精准诊断技术，发展针对疾病诊断、干细胞、药物筛选、遗传病及环境、食品检测等的新型诊断试剂、技术和设备。重点突破高通量、微量、快速、低成本的生化分析仪、干细胞培养仪和基因检测仪等生物测量仪器。探索极微量生物检测技术、基因 / 标志物 / 影像 / 病理信息融合、全链条精准诊断与远期预警技术。

9. 组织工程与植入介入性医疗器械。重点研究基于新型材料或制造工艺的组织工程产品以及介入医疗器械领域的核心关键技术；重点发展用于组织再生及替代的生物医用材料，促进组织修复、功能重建的生物材料的设计和开发；发展先进的激光 / 声波 / 太赫兹生物成像与治疗技术，开展相关仪器设备攻关。

10. 生物育种技术。建立主要农作物及经济藻类植物特异种质资源安全保存、基因源分析与种质创新技术体系。

重点突破杂种优势利用，分子设计育种等现代种业关键技术，定位高产、优质、抗逆、抗病虫等重要性状基因，获得可供育种利用的分子标记。

（六）航空航天技术

在航空领域重点开展航空发动机关键部件制造技术、航空电子关键零组件及集成技术、微小卫星关键技术、深空测控与通信技术、空间环境能源供给技术、航天生态控制与健康监测技术和航空航天先进材料等核心技术研究，取得一批国际领先、填补国内空白的技术成果，为保障国家安全提供技术支撑。

专栏 8　航空航天技术

1. 航空发动机关键部件。围绕航空发动机材料、制备和工艺，重点研究高超纯净高温合金母合金制备技术、超细 3D 打印用粉末高温合金制备技术；重点突破高效气冷涡轮叶片精密铸造技术及修复工艺、双性能粉末冶金涡轮盘的设计与制备等关键技术；探索新一代发动机研制过程的新方法。

2. 航空电子关键组件与集成技术。重点突破关键机载电子设备系统集成、地空通信、人机智能交互、基础元器件材料及工艺等核心技术，布局陀螺仪、航空航天用微电机系统及核心零组件技术。

3. 微小卫星关键技术。围绕微小卫星信息、轨控、导航、服务以及新型载荷机理，重点研究卫星重构技术、微小卫星离轨技术、新型 X 射线探测器机理研究及导航应用技术、天地一体化卫星智能服务技术等。重点突破低轨短数据通信卫星星座系统、脉冲星导航空间基准星座系统、光学遥感纳星星座系统等，探索可型谱化的新体制微小卫星、新型载荷及高品质服务新思路。

4. 宇航空间机构及控制技术。重点研究适应宇航空间复杂操作任务的空间机构构型创新设计与在轨控制、空间机械臂可重构设计理论与方法，突破空间目标捕获的关键技术。

5. 空间环境能源供给技术。围绕空间能源的获取、传输、配送研究方向，重点研究复杂天文环境下长时间飞行及巡视能源供给问题，重点解决适用于空间环境的高效率、高可靠、长寿命的功率变换技术以及空间新能源技术，探索极限环境下提供极致性能能源供给的新途径、新方法，并可辐射至高危环境下的生命保障等领域。

6. 航天生态控制与健康监测技术。重点突破特殊环境大气调控、可再生能源、水质安全与深度净化等环境控制技术，重点解决穿戴式健康监测、微流控体液检测、个体化健康预警等健康监测技术，探索生态控制的新机理、新技术，为实时便捷健康监测提供新的手段。

7. 航空航天材料及应用技术。围绕航空航天领域对特殊材料的需求，重点研究高性能增强纤维、先进树脂基复合材料、高性能陶瓷基复合材料、功能涂层材料等高性能复合材料，以及高温合金材料、高端轻质高强度金属材料等先进高分子材料产品，推进新材料在关键零部件的应用，探索可在航空航天领域产生颠覆性创新的新材料、新技术相关科学问题与应用研究。

（七）海洋科学技术

围绕全国海洋经济科学发展示范市及深圳海洋综合管理示范区建设任务，实施国家海洋工程装备应用示范工程，重点研究海洋资源高效可持续利用适用技术，支持大型海洋工程装备的研发与制造，构建立体同步的海洋观测体系，加强海洋科技创新平台建设，为深入认知海洋、合理开发海洋、科学管理海洋提供有力的科技支撑。

专栏 9　海洋科学技术

1. 海洋环境监测技术。重点研究海洋环境自动监测技术、近岸海域生态修复技术，重点突破近海环境质量监测传感器和自动化仪器装备、深远海自动化观测仪器装备，提升海洋环境灾害的监测和防治能力。

2. 海洋资源高效开发利用技术。重点研究渔业加工废弃产品再利用技术、海产品精深加工技术、海水淡化技术，探索天然气水合物开发、海洋矿产等新型资源开发利用关键技术。

3. 海洋信息技术。重点研究海洋空间数据获取、多元数据复合与同化、海洋环境仿真技术。发展海洋探测传感技术，重点突破光纤水听器及其阵列技术、水下成像关键技术、采样和信息远程传输技术等。

4. 海洋工程技术与装备。重点研究海洋油气开采与配套技术，深海资源勘探与水下作业技术，跟踪水下运载工具、高比能量动力装置等关键技术。

5. 海洋生物产业。重点研究海洋天然生物材料技术、海洋微生物资源开发利用技术、海洋生物基因育种技术、海洋生物工厂化养殖及深加工技术、药源及高价值的海洋生物健康养殖技术、海洋生物贮运与保鲜技术，研发新型海洋药物及制品。

（八）节能环保技术

围绕可持续发展和改善民生的迫切需求，突出深圳海绵城市建设及生态文明建设工作重点，重点研究清洁低碳、安全高效的节能环保技术，形成源头控制、清洁生产、末端治理和生态环境修复的成套技术；重点突破高效节能、环境治理、生态修复等重大共性关键技术，提高生态环境检测立体化、自动化、智能化水平，加大工业化建造、GIS 和 BIM、无线通信与监测、信息实时分析等技术在节能环保领域的应用，为我市环境污染控制、环保产业竞争力提升提供科技支撑。

专栏 10　节能环保技术

1. 节能技术。重点研究高效节能变频调速控制、空气源热泵、稀土永磁电动机、节能风机等技术；开发新型节能建筑材料、LED 光电等产品和高效节能电器、节能监测、余热余压利用、节能型锅炉窑炉等设备。

2. 资源循环利用。重点研究汽车零部件和机电产品再制造、工业和建筑固体废弃物资源综合利用等技术，重点突破生物质废弃物和再生资源循环利用、海水淡化等技术。

3. 水环境保护。重点研究黑臭水体治理技术、废水深度处理技术、地下水污染修复技术、饮用水安全保障技术、污泥无害化资源化处理技术、重点污染源环境风险预警及应急处置技术、城市径流污染防治技术等。

4. 大气污染防治。重点发展烟气减排与处理技术、挥发性有机物减排技术、机动车尾气治理技术，开展大气污染物迁移转化规律、源识别方法、大气污染与人体健康关系等研究。

5. 土壤污染防治与修复。重点突破土壤典型污染物检测技术、土壤及地下水污染阻隔技术、污染场地安全利用技术，研制功能材料、土壤调理剂、修复药剂和土壤污染快速检测设备，开展土壤污染物迁移转化规律、污染生态效应等研究。

6. 固体废弃物处理处置与资源化。重点研究建筑垃圾处置技术、新能源汽车废旧电池循环利用技术、餐厨垃圾处置技术、垃圾飞灰无害化处置技术、城市污泥与河道底泥利用技术等。

7. 物理环境提升。重点研究改善城市通风和热环境技术方法、区域物理环境预测评估技术，研究室内环境与人体健康的关系，开发室内环境净化和在线监测技术等。

8. 生态保护与修复。重点研究近岸海域生态修复技术、红树林湿地污染防治与生态保护技术、城市生态修复治理技术，研究海岸带生态系统退化机理、生态稳定维持理论、“海绵城市”建设开发规划设计方法等。

五、重点工程

面向经济建设主战场，面向民生建设大领域，围绕打造国际科技、产业创新中心，建成国家自主创新示范区的总目标，对接国家科技重大专项，推进实施“十大行动计划”，加速驱动创新，引领创新驱动，实施创新基础提升、人才高地建设、协同创新促进、重大科技应用和创新生态优化等五大工程。

（一）创新基础提升工程

加快布局重大科技基础设施，组建基础研究机构，规划诺贝尔奖科学家实验室，优化重点实验室、工程实验室、工程（技术）研究中心和企业技术中心，着力提升科技创新公共服务能力，突破引领核心关键技术，全面提升源头创新能力，建成国家高水平的科技创新基地。

1. 布局十大重大科技基础设施

以国家重大战略需求为导向，充分发挥深圳在市场机制、产业创新、资金筹集、人才聚集、毗邻港澳的综合优势，整合国内外高端科技资源，在工程技术、生命健康、材料科学、空间与海洋等领域系统布局和规划建设一批具有战略性、前瞻性、基础性的国家重大科技基础设施，开展具有重大引领作用的跨学科、大协同技术攻关。按照“成熟一个、启动一个”的原则，加快筹建网络空间科学与技术、生物信息与健康国家实验室，推进未来网络实验设施、国家超级计算深圳中心（二期）和深圳国家基因库（二期）建设，引进建设空间环境地面模拟拓展装置、空间引力波探测地面模拟装置和多模态跨尺度生物医学成像设施，规划布局脑解析与脑模拟设施、人造生命设计合成测试设施等基础设施。

2. 设立十大重点基础研究机构

落实国家“非对称”赶超战略，坚持全球视野，结合国家战略、城市定位、产业优势及发展需求，实施基础类科研机构行动计划，努力催生原创性重大科技突破。部署数学、数字生命等十大基础研究机构，开展前沿科学探索、基础研究、关键技术研发和高端人才培养聚集，取得一批颠覆性技术，强化未来科技持续发展能力，使我市技术创新向基础研究、原始创新进军，增强我市原始创新能力。

3. 组建十大诺贝尔奖科学家实验室

充分发挥诺贝尔奖科学家聚集效应及其源头创新的引领作用，推动我市高端人才引进和集聚，结合我市产业发展规划和布局，柔性引进 10 名以上诺贝尔奖科学家。以诺贝尔奖科学家为核心，在化学、生物、光电等领域建设 10 个以上科学实验室，吸收、培养一批科技人才，打造具有世界影响力的创新平台，夯实创新发展基础，实现一批重大创新成果，增强我市科研水平，提升我市原始创新能力和产业核心竞争力。

4. 大力提升和建设一批科技创新载体

继续推进虚拟大学园、大学科技园、留学生创业园等各类创新机构建设。争取国家发展改革委、科技部、工信部等部门支持，将更多的创新机构落户深圳，大力支持企业、科研机构和高等院校在深圳承担国家重点实验室、国家工程实验室、国家工程（技术）研究中心和国家认定企业技术中心建设任务。提升一批重点实验室、工程（技术）研究中心。充分利用央企混合所有制改革、科研院所市场化改制、新一轮军队科研院所改革的契机，支持央企与深圳企业合作建设一批创新载体。

5. 打造极具竞争力的创新企业集群

强化企业自主创新主体地位，培育具有国际竞争力的创新型企业，重点支持华为、中兴、腾讯、比亚迪等龙头企业发展，突出大型企业在技术创新中的龙头作用；实施大中型企业研发机构全覆盖行动，引导和支持企业普遍建立研发准备金制度，建设一批工程研究中心、重点实验室、企业研究院、产业共性技术研发基地和产学研创新联盟。加快建立高新技术企业数据库，完善高企入库培育标准和管理制度。引导中小微企业走“专精特新”发展道路，加快培育自主创新型中小企业群。围绕产业发展构建“金字塔”型企业创新体系，通过“靶向”精准政策扶持引导，形成合理的梯级提升机制，调动企业创新争优的积极性，增强经济增长的支撑力。

专栏 11　创新基础提升计划

1. 科技基础设施。在网络空间科学与技术、生命科学与健康等领域建设国家实验室，推进未来网络实验设施、国家超级计算深圳中心（二期）和深圳国家基因库（二期）建设，引进建设空间环境地面模拟拓展装置、空间引力波探测地面模拟装置和多模态跨尺度生物医学成像设施，规划布局脑解析与脑模拟设施、人造生命审计合成测试设施等基础设施。

2. 基础科研机构。在数学、新材料、数字生命、脑科学、医学科学、数字货币、量子科学、海洋科学、环境科学、清洁能源等领域谋划十大基础研究机构。

3. 诺贝尔奖科学家实验室。以诺贝尔奖获得者为核心，在化学、生物、光电等领域建设十个科学实验室。

4. 高等院校和科研机构。支持深圳大学、南方科技大学、香港中文大学（深圳）等现有高校做大做强，加快推进北京大学深圳校区、清华大学深圳校区、哈尔滨工业大学深圳校区、中山大学深圳校区等工程，推动深圳技术大学、清华－伯克利深圳学院等高等院校和特色学院落地筹设。

5. 创新载体。在重点发展领域，组建或提升一批重点实验室、工程实验室、工程技术研究中心等创新机构。力争到 2020 年国家、省、市级重点实验室、工程实验室、工程（技术）研究中心和企业技术中心等达到 2200 家以上。支持航天科技、航天科工、中航工业和兵器工业等央企与深圳企业合作建设相关实验室。

6. 创新企业集群。重点支持华为、中兴、腾讯、比亚迪、中航国际等龙头企业技术创新，引导中小微企业草根创新，走“专精特新”发展道路。推动年产值 5 亿元以上的大型工业企业实现研发机构全覆盖。到 2020 年，争取进入世界 500 强企业数量达到 8 ～ 10 家。

（二）创新人才高地建设工程

深入实施人才优先发展战略，以重点平台建设为依托，以人才体制机制改革创新为核心，以构建国际化、实用型人才团队为目标，实施十大人才工程。深入推进人才评价制度改革，完善人才流动支持机制，健全人才服务和保障机制，构筑具有全球影响力的人才高地，为科技创新和经济社会发展提供核心支撑。

6. 加快推进人才体制机制改革创新

以国家自主创新示范区和前海蛇口自贸片区为平台，加快推进人才发展体制机制改革创新。开展产学研用联合培养人才试点，支持企业、高等院校和科研院所联合培养人才。优化人才评价激励机制，提高人才创新效率，强化科技人员创新劳动同其利益收入对接，提高创新回报。完善社会保障制度。构建统一高效共享的一体化信息系统、完善数据资源共享平台，加大人才管理服务力度。鼓励我市高校、科研院所等事业单位科研人员创业，拓宽体制外人员流向事业单位参与科技创新的途径。

7. 完善人才创新创业创富环境

进一步完善落户、居留、出入境、住房、子女教育、配偶安置和医疗等方面的政策支持。利用特区立法权，加快出台《深圳经济特区人才工作条例》，形成有利于人才发展的法制环境。进一步完善人才引进政策体系，营造鼓励人才创新创业的政策环境。加大人才安居实施力度，围绕人才集聚区统筹规划建设生活配套设施，为人才提供舒适便捷的宜居宜业环境。构建海外引才网络，加快引进人才中介服务机构，完善人力资源服务体系。

8. 加快创新创业人才载体建设

突出“高精尖缺”导向，加快建设高层次人才创新创业基地。推进前海全国人才管理改革试验区建设，加快“千人计划”创业园、“孔雀计划”产业园和市人才研修院、人才主题公园建设，完成留学生创业园二期工程，启动大学科技园区连廊建设工程，优化虚拟大学园配套环境，支持龙岗大学城建成高水平的学术交流中心。鼓励优先发展的学科领域和产业方向的境外知名高等院校、科研机构来深办学，设立研究机构和产学研基地。推进一批高水平大学和特色学院建设，建成国际大学园，为创新型企业提供特色人才支撑。结合深圳国际生物谷等重点片区开发，探索建设大学校区、科技园区、居民社区融合的国际知识创新村。鼓励高校、科研机构和企业设立博士后流动站、工作站和创新实践基地，争取每批新增博士后工作站不少于15家，每年新增创新实践基地不少于30家。支持和引导各类主体依托产业园区、科研院所、新型研发机构、大型龙头企业等建设创客空间和创客服务平台，每年新增创客空间40个、新增创客服务平台10个。加大高端战略专家的引进和培养，加快推进新型智库建设。

专栏12　创新人才高地建设计划

1. 人才载体。举办中国国际人才交流大会、海外人才政策推介活动，建立10个以上集人才培养和研发于一体的实训基地。新建博士后工作站20个。建成高技能人才培训基地120家。创客服务平台达到80个，创客空间达到240个。建设“双创”示范基地10个以上。

2. 创新创业人才队伍。依托“千人计划”“孔雀计划”、高等教育机构和各类科研机构，构建海外引才新网络，打造一支现代化、国际化的规模宏大、结构合理、素质优良、具有明显国际竞争优势的科技创新人才队伍，引进海内外院士100名，海外高层次创新团队100个，海外高层次人才2000名以上；吸引各类海外人才10000名以上；培养博士1000名以上，博士后1000名以上；实现每万名就业人员中研发人员达到190名。

（三）协同创新促进工程

主动服务对外开放和“一带一路”国家发展战略，积极参与全球科技创新治理，主动设置全球性创新议题，深化城市间创新对话机制，提升全球创新资源配置能力，推动深港澳科技创新合作迈上新台阶，打造湾区协同创新体系。

9. 强化国际科技创新合作

加大国家级科技创新合作基地建设的力度，对接全球创新资源，融入全球创新体系。支持企业、高等院校、科研机构和新型产业组织承担、组织或参与欧盟地平线2020、国际基因组等国际科技合作计划、大科学计划、国际标准制定和应用推广。吸引跨国企业、境外机构来深设立研发中心。创建一批以企业为主体的国际产业技术创新联盟，争取重要国际科技组织在深建立总部或分部，提升科技服务国际影响力。建设知识产权跨境交易平台，支持国际学术组织、产业组织等搭建创新交流合作平台，形成国际科技交流合作新模式。与发达国家和地区合作共建科技园区，推进深圳密歇根联合创新中心、中以科技创新中心建设。加大全球创新创业资源的开发力度，支持企业在创新资源高度密集的国家和地区建设10个以上海外创新中心，搭建海外人才和技术引进的平台，探索“在国外创新孵化、在深加速转化”的新型创新创业模式。

10. 推动深港澳科技创新合作

完善深港创新圈建设机制，促进深圳创新创业环境与香港科研、信息优势有机融合。依托前海建设科技信息一体化平台，拓展深港澳科技合作新空间。建立深港澳保护知识产权协调机制。加快与香港科技园共建国家现代服务业产业化（伙伴）基地，设立双向双币科技风险投资基金，与香港机构和专业团队合作，在前海打造聚合创业者、天使投资人和产学研转换平台的深港创新创业生态系统。创立深港澳青年创业协会联盟，利用各自比较优势，加快科技创新成果转化，提升人才吸引力，共同建设深港澳创新圈。加快推进落马洲河套地区开发，规划和建设港深创新及科技园，推动形成更多实质性合作成果。

11. 建设湾区协同创新共同体

落实国家“一带一路”战略，建设海上丝绸之路科技合作与转化中心等科技信息共享、产业对接平台。建设协同创新体系，加强与“一带一路”主要科技创新中心的联系，积极参与新疆“丝绸之路经济带创新驱动发展试验区”建设、喀什“中巴经济走廊”建设，携手开拓中亚、南亚市场，实现共赢发展。强化珠三角产业集聚的低成本、全配套产业优势，推动深汕特别合作区和深莞惠经济圈（3+2）发展，推进区域一体化创新平台建设、建立健全科研基础资源共享机制，完善区域协同创新产业生态体系。

12. 打造军民技术融合深度发展典范

深入实施国家军民融合发展战略，发挥我市改革开放前沿阵地的综合优势，主动承担国家自主创新示范区在军民融合工作中的使命，着力构建军民协同创新体系，积极建立科技军民融合创新平台，推动经济建设与国防建设融合发展。探索军民融合创新研究院，加快引进军工重大项目，培育壮大军民融合产业，推动军民融合发展活力进一步释放，承担军品任务层级进一步提升。

专栏13　协同创新促进计划

1. 国际科技创新合作。重点支持企业海外研发中心、企业为主体的国际产业技术创新联盟、知识产权跨境交易平台建设。推进深圳密歇根联合创新中心、中以科技创新中心建设。在美国、欧洲、以色列等创新资源密集地建设10个海外创新中心。

2. 深港澳科技创新合作。推进深港澳保护知识产权协调机制、前海深港创新创业生态圈、深港澳青年创业协会联盟等重点项目建设。

3. 湾区协同创新。加强与“一带一路”主要科技创新中心联系，加强深汕特别合作区和深莞惠经济圈（3+2）建设。

4. 军民技术融合。建设军民融合创新研究院，培育一批军工保密认证企业，推进高档数控机床、国产首台（套）重大技术装备在军工领域的应用。依托国家自主创新示范区，争取努力成为首批科技军民融合创新平台。

（四）重大科技应用工程

积极对接关系国家全局和长远的重大科技项目，重点推进与民生相关的普惠精准的人口健康技术、智慧绿色低碳的新型城镇化技术、可靠高效的公共安全与社会治理技术、生态环保技术、资源高效利用技术的成果转化和产业化示范。在平安深圳、低碳深圳、健康深圳和美丽深圳等领域开展先行先试，为改善民生福祉提供有力保障，让全社会享受更多科技成果红利。

13. 推进智能制造技术应用

落实“中国制造 2025”发展战略，着力发展智能装备和智能产品，推进生产过程智能化，培育新型生产方式，全面提升企业研发、生产、管理和服务的智能化水平，努力打造中国重要的制造业创新中心和“中国制造 2025”先锋城市。以产品设计和产品制造过程为对象开展智能制造核心技术研发，促进通信、计算机、自动化等计算资源与制造装备、生产线等物理资源紧密融合与协同，发展智能装备、智能生产和智慧企业。加强工业互联网基础设施建设规划与布局，建设低时延、高可靠、广覆盖的工业互联网。建设十大制造业创新中心，提升机器人、可穿戴设备、智能装备等技术创新水平。

专栏 14　智能制造技术应用计划

1. 制造业区域创新基地。建设十大制造业创新中心，支持区域制造业创新基地的建设和发展。优先聚焦重点领域，围绕 5G、机器人、石墨烯、增材制造、新能源汽车等创新发展的重大共性需求，积极争取国家制造业创新中心落户深圳。

2. 智能工业制造系统示范应用。支持龙头企业建设数字化车间和智能工厂示范，推动中小微企业进行智能生产线改造。面向汽车、电子信息等劳动密集型以及生物医药制造等对生产环境要求严格的产业实施工业机器人应用示范。

3. 服务机器人与智能设备示范应用。面向公共服务和生活服务开展服务机器人和智能设备示范应用。开展社区监控、家庭服务机器人的智能小区示范，开展智能无人设备的物流交通行业示范，开展康复机器人的医疗行业示范。

14. 推进低碳绿色技术应用

大力发展低碳经济，推进生态文明、建设美丽深圳。建设低碳环保技术研发创新平台，力争在高能效发电技术、能源梯级综合利用技术、可再生能源技术、生物固碳与固碳工程技术等节能环保、低碳循环技术方面取得突破，建立低碳技术目录，加快核心技术专利化、标准化进程，形成拥有自主知识产权的绿色低碳技术成果体系。综合利用低碳、节能、环保、宜居技术，加快推进深圳低碳生态城市建设。

专栏 15　低碳绿色技术应用计划

1. 绿色发展示范。加快推进绿色港口、绿色机场、绿色公交、绿色货运、绿色社区、城市低排放控制区等应用示范。

2. 低碳园区与城区。开展绿色园区建设，提升园区建设科技与生态水平，加快低碳生态示范街道和示范社区建设。加快建设前海深港现代服务业合作区、大运新城等国家绿色建筑示范区和低碳生态示范城区，探索低碳生态城市发展模式。加快国际低碳城启动区分布式能源站、碳汇森林公园、中美低碳建筑与社区创新实验中心、丁山河综合整治、智能化固废垃圾回收示范等项目建设。

3. 循环发展试点。推进餐厨废弃物资源化利用与无害化处理，加快东部环保电厂、老虎坑垃圾焚烧发电厂三期工程、妈湾城市能源生态园建设，开展动力电池梯级利用及回收、建筑废弃物综合利用等试点。

4. 绿色制造。推行清洁生产和资源循环利用。加大重点企业清洁生产审核力度，积极推进绿色供应链建设，推动跨行业、跨企业资源循环利用联合体建设，提高资源综合利用效率，研发和示范一批新型环保材料、药剂和环境友好型产品。

15. 强化人口健康技术普惠应用

实施新型健康技术惠民工程，形成涵盖重大疾病防治、健康基础保障服务和前沿医疗技术突破的整体布局。培育发展生命信息服务，拓展高端医疗和健康管理服务；加快推进医疗信息化，大力推进电子病历，推进电子处方和医生执业资格的电子认证；研究制订健康信息数据标准及医疗数据使用规范；加快慢病筛查、智慧医疗等关键技术应用，加强疾病防治技术普及推广和临床新技术新产品转化应用力度。

专栏 16　人口健康技术应用计划

1. 生命信息。培育发展基因诊断、基因治疗、基因疫苗、基因重组药物开发等领域生命信息专业服务机构，支持个人基因组测序、分析、解读业务试点示范，支持基于电子商务的生命信息服务新模式应用推广。

2. 精准医疗。支持建设国际先进的个体化治疗专科医院、深圳区域细胞制备中心，建立个体化生物治疗标准，开展肿瘤、糖尿病、心脑血管疾病等个体化预防和治疗。支持基因筛查防治项目的推广示范，推动出生缺陷早期筛查等一系列个体化精准应用的快速发展。

3. 医学检测。引进和培育 2 ~ 3 家具有国际水平、获得国际认可的独立第三方医学检测机构。支持第三方医学检测机构开展特色服务，推进无创产前检测、疾病的分子诊断、特殊影像学等检验服务试点及示范应用，培育发展基因相关领域生命信息专业服务机构，支持个人基因组测序、分析、解读业务试点示范。

4. 健康管理及重大疾病防治。推进医疗信息化，推广电子病历。开发健康管理、健康状态识别、疾病筛选监控预警、临床适宜、数字化医疗等健康管理技术。重点发展针对禽流感、登革热等对深圳有较大威胁的新发突发传染病的防控技术。开发重大疾病和传染病的早期筛查、分子分型、个体化治疗、疗效预测及监控等精准化应用解决方案和决策支持系统，推动医学诊疗模式变革。

5. 中医保健。支持开展中医养生保健与现代医学检测相结合的护理服务试点。支持商业模式创新，建设科学规范的综合性中医养生机构，推动中医药诊疗技术现代化。推进中医养生标准化、现代化合作。开发中药功能食品和健康产品，助力大健康产业发展。

16. 加快构建智慧交通运输服务体系

利用互联网信息技术，提升交通智慧化设施和管理水平。整合多元交通信息服务，推进交通运输资源在线集成，强化交通数据开放共享，拓展丰富的智慧化交通出行服务；发展交通物联网，提升交通状况感知能力和交通基础设施整体把控能力，实现覆盖交通运输全过程、多方式的综合一体化信息服务，全面提升交通运输科学治理能力。

专栏 17　智慧交通运输服务计划

1. 智慧交通设施建设。依托深圳超算中心建设交通云数据资源中心，推进运行分中心建设，建设运行分中心协同联动系统，完善巩固“1+16”运行指挥体系。

2. 交通智慧化管理。扩展深圳市中观交通模型，完善深圳市交通排放监测平台。建立智能化交通指数综合管理系统，完善道路交通运行、道路碳排放、公交服务等方面的交通指数体系，完善智能化交通监测体系，实现对路网交通流量监测、视频监控、交通事件监测的集成与综合。充分利用国家超级计算深圳中心打造高性能交通云计算环境，建设覆盖全市重点交通基础设施的骨干通信网络，汇聚海、陆、空、铁各类交通数据，打造交通云数据资源中心。

3. 智慧出行服务。以"互联网＋交通"推进智慧交通建设，依托大数据、云计算、移动互联网、物联网，为市民提供海、陆、空、铁、地全方位、多模式的综合交通信息服务。

4. 物流公共信息平台。鼓励骨干物流企业加快建设跨行业、跨领域的物流信息服务平台，提高物流供需信息对接和使用效率。鼓励企业应用智能化物流技术与装备提升仓储、配送效率。加快推进货运车联网与物流园区、仓储设施、配送网点等信息互联。鼓励发展社区化配送模式。推动建立危险货物运输监管系统及危险货物运输电子运单，实现对危险货物运输全过程监管。

（五）创新生态优化工程

聚焦实施创新驱动发展面临的突出问题，深化科技体制机制改革，最大限度激发科技第一生产力、创新第一动力的巨大潜能。围绕产业链部署创新链，围绕创新链完善资金链，加速科技创新链与金融资本链的相互融合共生，积极促进科技和金融有效结合。着力培育和壮大科技服务市场主体，加强科技服务平台建设，提升科技创新公共服务能力。强化创新、创业、创投、创客"四创联动"，壮大创新创业群体、大力弘扬双创文化、努力推进全民科技普及，营造大众创业、万众创新良好局面。

17. 深入推进科技体制改革

着力推动政府职能从资源配置向创新服务转变，深化科技计划管理改革，构建多元化科技投入体系。加大科研投入方式的实效评估和优化研究。加强科技创新基础制度建设。扩大企业家在政府创新决策咨询中的话语权，鼓励企业家参与制定技术创新规划、计划、政策和标准。构建以知识价值为导向的收入分配机制。加强高等院校、科研机构科技成果转化收益激励。推进新型科研组织模式、高层次人才引进方式、项目管理、科技评价、协同创新和科技资源开放共享等方面的改革创新。落实以增加知识价值为导向的分配政策，提高科研人员的积极性，激发全社会创新创业活力。

18. 深化科技金融结合

加快形成多元化、多层次、多渠道的科技创新投融资体系，加速科技创新链与金融资本链的相互融合共生。率先开展投贷结合的创新试验，发展高新技术企业信贷债权转股权机制。完善多层次、多元化的创新创业企业贷款担保服务体系，增强创新创业企业融资能力。推动知识产权质押融资、专利许可费收益权证券化、专利保险等服务常态化、规模化发展。鼓励社会资本设立创客投资基金，开展创客发展专项融资试点。以前海蛇口自贸片区为核心，建设科技产业与融资租赁新业态融合的深港融资租赁产业生态圈。

19. 提升科技创新公共服务能力

以项目为载体、资本为纽带，加强创新成果与产业应用对接，加强创新项目与市场需求对接，为企业和社会提供研发创新、技术验证及产业化服务。支持高等院校、科研院所联合大型企业集团，在新一代信息技术、下一代互联网、智能制造、医学健康、科技服务、智慧城市和绿色建筑等重点领域搭建一批产业技术创新联盟，推动产业技术创新联盟开展技术合作，形成产业技术标准，建立公共技术平台，实行知识产权共享，为提升产业整体竞争力服务。在科技成果转化、科技资源共享与交易、公共检测和科技信息等领域建设一批公共服务平台。

20. 壮大创业创客群体

鼓励龙头骨干企业围绕主营业务方向建设众创空间，鼓励高等院校、科研院所围绕优势专业领域建设众创空间，打造十大“双创”示范基地，推动众创空间的国际合作。支持创客团队在深发展，建立创客自由探索支持机制。举办“深圳国际创客周”、中国（深圳）创新创业大赛，广聚国内外创客和创客团队。壮大创客导师队伍，为创客提供创新指导和创业辅导。开展创客教育，开发创客教育培训课程，举办深圳学生创客节，加强学生创客创新交流。

21. 加强创新文化建设

积极倡导“鼓励创新、宽容失败”的城市文化，加强对重大科技成果、杰出科技人才和创新型企业的宣传，加大对创新创业者的奖励力度。大力培育企业家精神，形成吸引更多人才从事创新活动和创业行为的社会导向，使谋划创新、推动创新、落实创新成为城市自觉行动。引导创新创业组织建设开放、平等、合作的组织文化，尊重不同见解，承认差异，促进不同知识、文化背景人才的融合。

22. 推进全民科技普及

提升工业展览馆、少年宫的科普功能，加快推进深圳科技馆（新馆）、深圳市规划展览馆等的建设，引导社会力量建设专业科普场馆。大力推进创客教育，支持各类科技科普设施积极开展丰富的科普活动。依托自主创新大讲堂等品牌科技活动，定期举办各种层次的科普讲座。鼓励高等院校、科研机构和企业开展长期稳定的科普日活动，组织开展多种形式的科学探索和科学体验活动。实施科普进社区行动计划。加大高交会等科技展会面向公众开放的力度，提高公众参与科技活动的积极性。各级机关事业单位定期开展科技知识学习活动，带头参与科普活动，履行科普义务。鼓励多种形式的科普作品创作，推动原创性优秀科普作品不断涌现。

专栏 18　创新生态优化计划

1. 深化科技金融结合。推动知识产权质押融资、专利许可费收益权证券化、专利保险等服务常态化、规模化发展。鼓励社会资本设立创客投资基金，开展创客发展专项融资试点。探索设立深圳市科技型中小企业贷款风险补偿资金和产业风险发展基金，探索以前海蛇口自贸片区为核心，建设科技产业与融资租赁新业态融合的深港融资租赁产业生态圈。

2. 提升公共服务能力。围绕新一代信息技术、下一代互联网、智能制造、医学健康、科技服务、智慧城市、绿色建筑等重点领域搭建科技创新资源服务网络，建设产业技术创新联盟。在科技成果转化、科技资源共享与交易、公共检测、科技信息等领域建设一批公共服务平台。

3. 众创空间。打造十大“双创”基地。重点支持创新与创业相结合、线上与线下相结合、孵化与投资相结合、具备可持续发展能力的新型众创空间建设。

4. 创客活动品牌。重点打造“深圳国际创客周”品牌，支持将“深圳制汇节”打造为全球创客集会，举办创客高峰论坛。

5. 创客团队。持续支持中国（深圳）创新创业大赛，开发创客教育培训课程，举办深圳学生创客节。

6. 全民科技普及。加快推进深圳科技馆（新馆）、深圳市规划展览馆等建设，鼓励开放科普日、科普进社区、科普作品创作等活动，扩大高交会等科技展会和论坛面向公众开放的力度。

六、保障措施

（一）创新体制机制

强化创新法治保障，完善实施创新驱动发展战略顶层设计，加大普惠性政策落实力度，加强创新链各环节政策的协调和衔接，形成有利于创新发展的政策导向。加快出台自主创新示范区条例和人才促进条例，进一步在知识产权、人才流动、国际合作、金融创新、激励机制和市场准入等重要领域先行先试。进一步深化行政审批制度改革，精简科技创新审批项目，再造审批流程，实行跨部门串并联组合审批，提高行政效率。注重可操作、可考核、可督查，确保改革举措落地生根，形成标志性成果。

（二）优化创新投入

推动财政对科技投入的稳定增长，建立健全稳定性和竞争性支持相协调的政府科技经费投入机制。优化科技专项资金结构和方式，加强对基础性、公益性、前沿性项目及重大科技成果转化的支持，保障十大重大科技基础设施、十大基础研究机构、十大诺贝尔奖科学家实验室、十大重大科技专项、十大海外创新中心等“十大行动计划”实施。充分发挥市场配置资源的决定性作用，增强政府财政科技资金的引导作用，撬动社会资本增加对科技创新的投入，构建多元化科技投入体系。

（三）拓展发展空间

瞄准建设国际一流高科技园区目标，依托深圳国家自主创新示范区体制机制优势，做好高新区“高”和“新”文章，谋划和推动高新区升级发展和空间扩容。以国家高新技术产业园区为核心，以土地供给侧结构性改革为契机，加快推进深圳国家自主创新示范区建设，形成发展有序、功能互补的“一区十园”空间发展格局。支持各区（新区）创新发展，形成“各具特色，均衡发展”的科技创新格局。加强土地空间资源集约节约利用，创新科技产业用地供应模式，深化差别化土地政策，优先安排新技术、新产业和新业态发展用地，为规划各项任务落地提供空间保障。

（四）营造法治环境

加快建设知识产权强市，强化知识产权维权保护、源头创造和运用管理。建立健全行政执法、维权援助工作体系，加大执法打击和维权服务工作力度，实现重点园区维权工作站全覆盖；完善知识产权行政和司法保护衔接机制，加大协调协作力度；发掘知识产权价值，推动知识产权资本化建设，推动标准化提升；拓宽知识产权产业化和资本化便捷通道，促进一批重大知识产权成果产业化，积极营造有利于知识产权创造和保护的法治环境、公平竞争的市场环境，为科技创新保驾护航。

（五）强化组织实施

市科技主管部门牵头推进规划实施，加强与全市经济社会发展规划的协同推进，强化对年度计划执行和重大项目安排的统筹分解，确保规划提出的各项任务落到实处。各区各部门要把科技创新摆在发展全局的核心位置，加强领导，统筹协调，明确责任，切实做到组织到位、责任到位、工作到位，保障各项目标任务顺利完成。完善督查和考核机制，将本规划主要发展指标实施情况纳入各区及有关部门绩效评价与考核的重要内容，定期开展督促检查工作。健全科技规划实施的监测评估和动态调整机制，开展规划中期评估、专项监测与跟踪分析，为规划的动态调整和顺利实施提供依据。

附件 1：重点名词解释

[1] 国家自主创新示范区：经国务院批准，在推进自主创新和高技术产业发展方面先行先试、探索经验、做出示范的区域。深圳建设国家自主创新示范区于 2014 年 6 月获批，成为我国首个以城市为基本单元的国家自主创新示范区。

[2] 创客：最早来源于英文单词“Maker”，指出于自身兴趣与爱好，努力把各种创意转变为现实，同时希望实现创意的知识产权价值最大化的创新创业者。

[3] 四创联动：创新、创业、创投、创客的联动。

[4] 众创空间：顺应用户创新、大众创新、开放创新趋势，把握互联网环境下创新创业特点和需求，通过市场化机制、专业化服务和资本化途径构建的低成本、便利化、全要素、开放式的新型创业服务平台。

[5] 创新驱动发展战略：党的十八大明确提出“科技创新是提高社会生产力和综合国力的战略支撑，必须摆在国家发展全局的核心位置”，强调要坚持走中国特色自主创新道路、实施创新驱动发展战略。

[6] 工业 4.0：德国政府提出的一个高科技战略计划，旨在提升制造业的智能化水平，建立具有适应性、资源效率及人因工程学的智慧工厂，在商业流程及价值流程中整合客户及商业伙伴，其技术基础是网络实体系统及物联网。

[7] 四个全面：全面建成小康社会、全面深化改革、全面依法治国、全面从严治党。

[8] “八大抓手”：高新技术企业培育、新型研发机构建设、企业技术改造、孵化育成体系建设、高水平大学建设、自主核心技术攻关、创新人才队伍建设、科技金融结合等八个方面。

[9] “非对称”战略：2013 年 8 月 21 日，习近平总书记在听取科技部汇报时的讲话率先提出“非对称”赶超战略。要求充分利用自身独特的结构性优势和资源禀赋，在转型变化的重要历史时刻，准确捕捉到重大战略机遇，以己之长、攻人之短，甚至利用重大科技创新历史机遇变不利为有利，进而实现赶超。

[10] 知识产权密集型产业：以自主知识产权的大量创造和运用为主要依托，使用专利、版权或者商标保护广泛的产业。

[11] 四新经济：新技术、新产品、新业态和新模式。

[12] 双创：大众创业，万众创新。

[13] 一带一路：丝绸之路经济带和 21 世纪海上丝绸之路。

[14] 互联网 +：把互联网的创新成果与经济社会各领域深度融合，推动技术进步、效率提升和组织变革，提升实体经济创新力和生产力，形成更广泛的以互联网为基础设施和创新要素的经济社

会发展新形态。

[15] 中国制造 2025：是我国实施制造强国战略第一个十年的行动纲领。提出坚持“创新驱动、质量为先、绿色发展、结构优化、人才为本”的基本方针，坚持“市场主导、政府引导，立足当前、着眼长远，整体推进、重点突破，自主发展、开放合作”的基本原则，通过“三步走”实现制造强国的战略目标。

[16] 硅单晶：是一种良好的半导体材料，用于制造半导体器件、太阳能电池等。纯度要求达到 99.9999% 以上。单晶硅圆片直径尺寸越大，对材料和技术要求越高，大尺寸单晶硅是指直径在 18 英寸及以上的高纯硅片，处于半导体集成电路硅晶圆制造的最前沿，但是在实现大直径、无位错、电阻率径向均匀的硅单晶制造技术工艺和装备开发有待推进。

[17] 碳化硅单晶（SiC）半导体材料：继第一代元素半导体材料（Si）和第二代化合物半导体材料（GaAs、GaP、InP 等）之后发展起来的第三代宽带隙半导体材料之一，但是碳化硅单晶生长在晶型控制和缺陷消除方面存在的技术瓶颈有待攻克。

附件 2：深圳市科技创新“十三五”目标责任分工表

序号	指标名称	2020 年目标值	责任单位
1	全社会研发投入占全市生产总值的比重（%）	4.25	市科技创新委
2	科技进步贡献率	62	市科技创新委
3	国家、省、市重大科技攻关项目（项）	1000	市科技创新委
4	国家级高新技术企业（家）	15000	市科技创新委
5	战略性新兴产业规模（万亿元）	3	市发改委
6	未来产业规模（万亿元）	1	市发改委
7	新兴产业增加值占全市生产总值比重（%）	42	市发改委
8	每万名就业人员中研发人员（人年）	190	市科技创新委
9	累计引进高层次创新团队（个）	100	市科技创新委
10	累计引进海外高层次人才（名）	≥ 2000	市人力资源保障局
11	PCT 专利申请量（件）	24000	市市场和质量监督管理委
12	国内有效发明专利拥有量（件）	118000	市市场和质量监督管理委
13	启动重大科技基础设施（个）	≥ 10	市发改委、科技创新委
14	基础研究机构（个）	≥ 10	市科技创新委
15	诺贝尔奖科学家实验室（个）	≥ 10	市科技创新委
16	国家、省、市创新载体累计数（家）	2200	市发改委、科技创新委、经贸信息委
17	重大科技产业专项（个）	≥ 10	市发改委
18	海外创新中心（个）	≥ 10	市科技创新委
19	制造业创新中心（个）	≥ 10	市经贸信息委
20	创客空间（个）	240	市科技创新委
21	创客服务平台（个）	80	市科技创新委
22	“双创”示范基地（个）	≥ 10	市发改委